U0211503

欧美数学经典著作译丛

线性代数与几何

Linear Algebra and Geometry

[俄罗斯] 伊戈尔·R. 沙法列维奇 (Igor R. Shafarevich)
[法] 阿列克谢·O. 雷米佐夫 (Alexey O. Remizov) 著
晏国将 译

HITP
哈爾濱工業大學出版社
HARBIN INSTITUTE OF TECHNOLOGY PRESS

黑版贸登字 08－2023－035 号

内容简介

本书的第 1 章到第 7 章介绍了一般线性代数课程包含的内容，在此基础上还介绍了仿射空间、射影空间、外积与外代数、二次曲面、双曲几何，给出了群、环和模的基本概念，最后还阐述了表示论的基础知识. 本书是关于线性代数的讲义，对于一些重要的知识和需要仔细思考的细节，作者会不惜笔墨力图把问题讲清楚，这是本书与同类书籍相比的一大优点. 本书作者是优秀的数学家与数学教育家，读者不仅能从本书中学到基础的数学知识，还能从中理解作者对代数学的感悟.

本书适合于数学系专业的师生以及数学爱好者参考使用.

图书在版编目(CIP)数据

线性代数与几何/(俄罗斯)伊戈尔 · R. 沙法列维奇(Igor R. Shafarevich)，(法)阿列克谢 · O. 雷米佐夫(Alexey O. Remizov)著；晏国将译. —哈尔滨：哈尔滨工业大学出版社，2023. 4(2025. 1 重印)

书名原文：Linear Algebra and Geometry

ISBN 978－7－5767－0603－1

Ⅰ. ①线…　Ⅱ. ①伊…②阿…③晏…　Ⅲ. ①线性代数②几何学　Ⅳ. ①O151. 2②O18

中国国家版本馆 CIP 数据核字(2023)第 030327 号

First published in English under the title
Linear Algebra and Geometry
by Igor R. Shafarevich and Alexey O. Remizov
Copyright © Springer-Verlag Berlin Heidelberg，2013
This edition has been translated and published under licence from
Springer-Verlag GmbH，part of Springer Nature.

XIANXING DAISHU YU JIHE

策划编辑　刘培杰　张永芹
责任编辑　张永芹　穆方圆
封面设计　孙茵艾
出版发行　哈尔滨工业大学出版社
社　　址　哈尔滨市南岗区复华四道街 10 号　邮编 150006
传　　真　0451－86414749
网　　址　http://hitpress. hit. edu. cn
印　　刷　哈尔滨市工大节能印刷厂
开　　本　787 mm×1 092 mm　1/16　印张 31.75　字数 543 千字
版　　次　2023 年 4 月第 1 版　2025 年 1 月第 3 次印刷
书　　号　ISBN 978－7－5767－0603－1
定　　价　68.00 元

(如因印装质量问题影响阅读，我社负责调换)

◎ 前言

本书是伊戈尔·R.沙法列维奇于20世纪50年代到70年代期间在莫斯科国立大学力学与数学系讲授线性代数与多维空间几何的系列课程的成果.其中一些讲座的笔记保存在学院的图书馆里,本书的编写用到了这些资料.我们也加入了当时在学生研讨会上讨论的某些专题内容.本书中包含的所有材料是两位作者共同工作的成果.

我们在书中用到了一些多项式代数的结果,这些内容通常会在代数的标准课程中讲授(其中大部分内容可以在本书第2章到第5章找到).我们只用了少数几个不带证明的结果:多项式相除的带余除法;复系数多项式有复根;每个实系数多项式可以分解为有限个不可约一次因式与二次因式的积;多项式的非零根的个数至多为多项式的次数.

为了给这门课提供一个直观的基础,我们偶尔会提及前置的解析几何入门课程的相关内容.此外,本书包含的一些专题和例子并非线性代数与几何课程的一部分,介绍它们旨在阐述各个专题的内容.这些章节标有星号,如不需要,可以略过.

为了方便读者阅读,我们在此介绍一下本书所用的记号体系.我们用大写正体字母 L,M,N,…表示向量空间;用黑斜体字母 $\boldsymbol{x},\boldsymbol{y},\boldsymbol{z}$,…表示向量;用花体字母 $\mathcal{A},\mathcal{B},\mathcal{C}$,…表示线性变换;用大写斜体字母 A,B,C,…表示相应的矩阵.

在此我们感谢 M. I. Zelinkin,D. O. Orlov 和 Ya. V. Tatarinov,他们阅读了本书的早期版本的部分内容,并提出了诸多有用的建议.我们也非常感谢我们的编辑 S. Kuleshov,他非常仔细地阅读了手稿.在他的建议下,我们做了许多重要的变动和补充.特别地,本书的某些部分能以现在的形式呈现出来,离不开他的参与.我们也要对译者 David Kramer 和 Lena Nekludova 将本书译为英文致以衷心的感谢,特别感谢他们纠正了俄文版中出现的许多不准确的地方和印刷错误.

编　者

2022 年 5 月

◎目录

第0章 预备知识

在本书中，我们将会使用集合论的一些概念. 这些概念出现在大多数数学课程中，所以对一些读者来说将是熟悉的. 不过为了方便起见，我们在此回顾一下.

0.1 集合与映射

集合是任意选取的对象的汇集，这些对象由某些精确指定的性质定义(例如，所有实数构成的集合，所有正数构成的集合，给定方程的解构成的集合，给定几何图形中的点构成的集合，给定森林中的狼或树构成的集合). 如果一个集合由有限个元素构成，那么它称为有限的，否则，它就称为无限的. 对某些重要的集合，我们会用标准的记号来表示，用$\mathbb{N}$表示自然数集，$\mathbb{Z}$表示整数集，$\mathbb{Q}$表示有理数集，$\mathbb{R}$表示实数集，$\mathbb{C}$表示复数集. 不超过给定自然数 n 的自然数构成的集合，即由 $1,2,\cdots,n$ 构成的集合，记作$\mathbb{N}_n$. 构成集合的对象称为集合的元素，有时称作点. 如果 x 是集合 M 中的一个元素，那么我们写作 $x\in M$. 如果我们需要指出 x 不是集合 M 中的元素，那么我们写作 $x\notin M$.

由集合 M 中的某些元素构成的集合 S(即集合 S 中的每个元素也是集合 M 中的元素) 称为集合 M 的一个子集，我们写作 $S\subset M$. 例如，对任意的 n，都有$\mathbb{N}_n\subset\mathbb{N}$，并且类似地，我们有$\mathbb{N}\subset\mathbb{Z}$，$\mathbb{Z}\subset\mathbb{Q}$，$\mathbb{Q}\subset\mathbb{R}$和$\mathbb{R}\subset\mathbb{C}$. 由元素 $x_\alpha\in M$(其中下标 α 取遍一个给定的有限集或无限集) 构成的 M 的一个子集记作$\{x_\alpha\}$. 这样可以很方便地把在集合 M 的子集中不包含任何元素的集合包含在内. 我们称不包含任何元素的集合为空集，并记作 $\varnothing$.

设M和N为两个任意的集合．由同时属于集合M与N的所有元素构成的集合称为M与N的交集，记作$M\cap N$．如果我们有$M\cap N=\varnothing$，那么我们称集合M与N是不相交的．由属于集合M或N（或同时属于两个集合）的元素构成的集合称为M与N的并集，记作$M\cup N$．最后，属于M但不属于N的元素构成的集合称为N关于M的补集，记作$M\setminus N$．

我们称集合M有一个定义在其上的等价关系，如果对于M中的每对元素x和y，元素x和y要么是等价的（在这种情形中，我们写作$x\sim y$），要么是不等价的（$x\nsim y$），另外，满足如下条件：

（1）M中的每个元素与自身等价：$x\sim x$（自反性）．

（2）如果$x\sim y$，那么$y\sim x$（对称性）．

（3）如果$x\sim y$且$y\sim z$，那么$x\sim z$（传递性）．

如果一个等价关系定义在集合M上，那么M可以表示为一些（有限或无限个）集合M_α的并集，这些集合M_α称为等价类，具有以下性质：

（a）每个元素$x\in M$只包含于一个等价类M_α．换句话说，这些集合M_α是不相交的，它们的并集（有限并或无限并）是整个集合M．

（b）元素x和y是等价的（$x\sim y$），当且仅当它们属于同一个子集M_α．

显然，其逆命题也成立：如果我们给定一个集合M，它可以表示为满足性质（a）的子集M_α的并集，那么$x\sim y$当且仅当这些元素属于同一个子集M_α．我们得到了关于M的一个等价关系．

根据以上推理，显然，由此定义的等价是完全抽象的，我们并不清楚如何确定两个元素x和y是等价的．等价关系只需满足以上的条件（1）到（3）．因此，在一个特定的集合M上，我们可以定义各种各样的等价关系．

我们来考虑几个例子．设集合M为自然数集，即$M=\mathbb{N}$．那么在这个集合上可以定义一个满足如下条件的等价关系$x\sim y$：x和y除以一个给定的自然数n之后有相同的余数．这显然满足上述条件（1）到（3），并且$\mathbb{N}$可以表示为n个类的并集（在$n=1$的情形中，所以自然数是互相等价的，所以只存在一个类；如果$n=2$，那么存在两个类，即奇数和偶数；依此类推）．现在，设M为平面或空间中的点构成的集合，我们可以定义一个满足如下规则的等价关系$x\sim y$：点x和y到一个给定的定点O的距离相等．那么等价类是（在平面的情形中）以O为圆心的所有的圆或（在空间中）以O为球心的所有的球．另外，如果我们想要考虑两个点是等价的，或者说它们之间的距离为某个给定的数，那么我们就不能得到一个等价关系，因为这不满足传递性．

在本书中，我们会遇到许多类型的等价关系（例如，在方阵构成的集合上的等价关系).

从集合 M 到集合 N 的一个映射是这样一个规则，给集合 M 的每个元素赋值对应集合 N 中的某个元素. 例如，如果 M 是地球上现存的所有的熊构成的集合，N 是正数集，给每头熊赋予体重 N(比如，以千克为单位)，这就构成从 M 到 N 的一个映射. 我们将从集合 M 到 N 的这样的映射称为在 N 中取值的在 M 上的函数. 我们通常将这样的赋值用字母 $f,g,\cdots$ 或者 $F,G,\cdots$ 中的某一个来表示. 从集合 M 到集合 N 的映射用一个箭头表示，写作 $f:M\to N$. 元素 $x\in M$ 所赋值的元素 $y\in N$ 称为函数 f 在点 x 处的值. 它用带尾箭头表示，写作 $f:x\mapsto y$，或者写作等式 $y=f(x)$. 以后我们会经常把集合间的映射以如下的形式表示

$$M\xrightarrow{f}N$$

如果集合 M 与 N 相等，那么 $f:M\to N$ 称为 M 到其自身的一个映射. 集合到其自身的映射，其中给每个元素 x 赋值相同的元素 x，称为恒等映射，记作字母 e，如果有必要指定底集 M，那么记作 e_M. 因此用我们规定的记号，有 $e_M:M\to M$ 以及对于每个 $x\in M$，都有 $e_M(x)=x$.

映射 $f:M\to N$ 称为单射，如果集合 M 的不同的元素赋值为集合 N 的不同的元素，也就是说，如果 $f(x_1)=f(x_2)$ 总蕴涵 $x_1=x_2$，那么称它是单射的.

如果 S 是 N 的一个子集，并且 $f:M\to N$ 是一个映射，那么使得 $f(x)\in S$ 的所有元素 $x\in M$ 构成的集合称为 S 的原像或逆像，记作 $f^{-1}(S)$. 特别地，如果 S 由单个元素 $y\in N$ 构成，那么 $f^{-1}(S)$ 称为元素 y 的原像或逆像，写作 $f^{-1}(y)$. 使用这一术语，我们称映射 $f:M\to N$ 是一个单射，当且仅当对于每个元素 $y\in N$，它的逆像 $f^{-1}(y)$ 由至多单个元素构成，用词"至多"蕴涵某个元素 $y\in N$ 有空集的原像. 例如，设 $M=N=\mathbb{R}$，并设映射 f 给每个实数 x 赋值 $f(x)=\arctan x$. 那么 f 是单射，因为如果 $|y|<\frac{\pi}{2}$，那么逆像 $f^{-1}(y)$ 由单个元素构成；如果 $|y|\geqslant\frac{\pi}{2}$，那么原像 $f^{-1}(y)$ 为空集.

如果 S 是 M 的一个子集，并且 $f:M\to N$ 是一个映射，那么对于某些 $x\in S$，使得 $y=f(x)$ 的所有元素 $y\in N$ 构成的集合称为子集 S 的像，记作 $f(S)$. 特别地，子集 S 可以是整个集合 M，在这种情况下，$f(M)$ 称为映射 f 的像. 我们注意到，f 的像不必由整个集合 N 构成. 例如，如果 $M=N=\mathbb{R}$ 且 f 是平方运算(取二次方)，那么 $f(M)$ 是非负实数集，不与集合 $\mathbb{R}$ 相等.

如果 S 还是 M 的一个子集，并且 $f:M\to N$ 是一个映射，那么只对集合 S 的元素用该映射定义一个映射 $f:S\to N$，称为映射 f 对 S 的限制. 换句话说，限制

映射定义为对每个$x \in S$取和之前一样的$f(x)$，但只是忽略了所有$x \notin S$的情况. 反之，如果我们从一个只定义在子集S上的映射$f:S \to N$开始，再以某种方式对剩余元素$x \in M \backslash S$定义$f(x)$，那么我们就得到一个映射$f:M \to N$，称为f对M的扩张.

映射$f:M \to N$是双射，如果它是单射且像$f(M)$是整个集合N，即$f(M)=N$. 等价地，一个映射是双射，如果对于每个元素$y \in N$，恰好存在一个元素$x \in M$使得$y=f(x)$[①]. 在这种情形中，可以定义一个从N到M的映射，它给每个元素$y \in N$赋值唯一的元素$x \in M$，使得$f(x)=y$. 这样的一个映射称为f的逆，记作$f^{-1}:N \to M$. 现在，假设我们给定集合M,N,L和映射$f:M \to N$与$g:N \to L$，我们用以下的方式来表示

$$M \xrightarrow{f} N \xrightarrow{g} L \tag{0.1}$$

然后用f与g定义一个从M到L的映射，它由下述规则得到：首先应用映射f: $M \to N$，它给每个元素$x \in M$赋值一个元素$y \in N$，接下来应用映射$g:N \to L$，它给一个元素y赋值某个元素$z \in L$. 因此，我们得到了一个从M到L的映射，称为映射f与g的复合，写作$g \circ f$或简写为gf. 使用这一记号，复合映射可由以下公式定义：对于任意的$x \in M$，都有

$$(g \circ f)(x) = g(f(x)) \tag{0.2}$$

我们注意到，在等式(0.2)中，表示两个映射的字母f和g以与式(0.1)中相反的顺序出现. 我们稍后会看到，这样的安排会有诸多优势.

作为复合映射的一个例子，我们给出等式

$$e_N \circ f = f, \quad f \circ e_M = f$$

对于任意的映射$f:M \to N$都成立，类似地，等式

$$f \circ f^{-1} = e_N, \quad f^{-1} \circ f = e_M$$

对于任意的双射$f:M \to N$都成立.

复合映射有一个重要的性质. 假设除式(0.1)所示映射之外，我们也有一个映射$h:L \to K$，其中K是一个任意的集合. 那么我们有

$$h \circ (g \circ f) = (h \circ g) \circ f \tag{0.3}$$

这一断言的真实性根据定义可以立即得到. 首先，显然，等式(0.3)的两边都包

---

① 英译者注：术语“一一”也用于此上下文中. 然而，它的使用可能令人困惑：单射有时称为一一映射，而双射有时称为一一对应. 在本书中，我们将努力坚持使用单射和双射这两个术语.

含一个从 M 到 K 的映射. 因此,我们需要证明,应用任意的元素 $x \in M$,两边给出集合 K 的相同的元素. 根据等式(0.2),对于等式(0.3) 的左边,我们得到

$$h \circ (g \circ f)(x) = h((g \circ f)(x)), \quad (g \circ f)(x) = g(f(x))$$

将上述第二个等式代入第一个等式,我们最后得到 $h \circ (g \circ f)(x) = h(g(f(x)))$. 类似地推理表明,我们恰好得到了与等式(0.3) 右边相同的表达式.

等式(0.3) 表示的性质称为结合性. 结合性在本课程和数学的其他分支中都起着重要作用. 因此,我们将在此暂停一下,要更详细地讨论这个概念. 为了不失一般性,我们将考虑任意对象构成的集合 M(它们可以是数、矩阵、映射等),在该集合上定义乘法运算,该运算把两个元素 $a \in M, b \in M$ 关联到某个元素 $ab \in M$,我们称其为积,使其具有结合性

$$(ab)c = a(bc) \tag{0.4}$$

等式(0.4) 的关键是,在没有它的情况下,只有当相乘的顺序由括号指出时(表示哪些相邻元素对可以相乘),我们才能够计算元素 $a_1, \cdots, a_m$(其中 $m > 2$) 的积. 例如,当 $m = 3$ 时,我们有两种可能的括号排列:$(a_1 a_2) a_3$ 和 $a_1(a_2 a_3)$. 当 $m = 4$ 时,我们有五种变形

$$((a_1 a_2) a_3) a_4, \quad (a_1(a_2 a_3)) a_4, \quad (a_1 a_2)(a_3 a_4),$$
$$a_1((a_2 a_3) a_4), \quad a_1(a_2(a_3 a_4))$$

依此类推. 如果对于三个因数($m = 3$),积不由括号的顺序决定(即满足结合性),那么对于任意多个因数,它将不由括号的排列决定.

对 m 用归纳法容易证明这一结论. 事实上,我们假设它对于 m 个或者更少的元素的所有积是成立的,那么我们来考虑括号的所有可能的排列,$m+1$ 个元素 $a_1, \cdots, a_m, a_{m+1}$ 的积. 容易看到,在这种情形中,存在两种可供选择的情形:要么元素 a_m 与 a_{m+1} 之间没有括号,要么有一个括号. 根据归纳假设,结论对 $a_1, \cdots, a_m$ 成立,那么在第一种情形中,我们得到积 $(a_1 \cdots a_{m-1})(a_m a_{m+1})$,而在第二种情形中,我们有 $(a_1 \cdots a_m) a_{m+1} = ((a_1 \cdots a_{m-1}) a_m) a_{m+1}$. 引入记号 $a = a_1 \cdots a_{m-1}, b = a_m$ 和 $c = a_{m+1}$,我们得到积 $a(bc)$ 和 $(ab)c$,由等式(0.4) 可知两者相等.

在特殊情形 $a_1 = \cdots = a_m = a$ 中,积 $a_1 \cdots a_m$ 记作 a^m,称为元素 a 的 m 次方.

还有一个与复合映射有关的重要概念.

设 R 为一个给定的集合,我们用 $\mathfrak{F}(M,R)$ 构成表示所有映射 $M \to R$ 构成的集合,并且类似地,用 $\mathfrak{F}(N,R)$ 表示所有映射 $N \to R$ 构成的集合. 那么每个映射 $f: M \to N$ 关联于某一映射 $f^*: \mathfrak{F}(N,R) \to \mathfrak{F}(M,R)$,它称为 f 的对偶,定义如下:对每个映射 $\varphi \in \mathfrak{F}(N,R)$,对其赋值映射 $f^*(\varphi) \in \mathfrak{F}(M,R)$,这是根据以

下公式得到的

$$f^{*}(\varphi)=\varphi\circ f \tag{0.5}$$

等式(0.5)表明,对于一个任意的元素 $x\in M$,我们都有等式$f^{*}(\varphi)(x)=\varphi\circ f(x)$,它也可以表示为

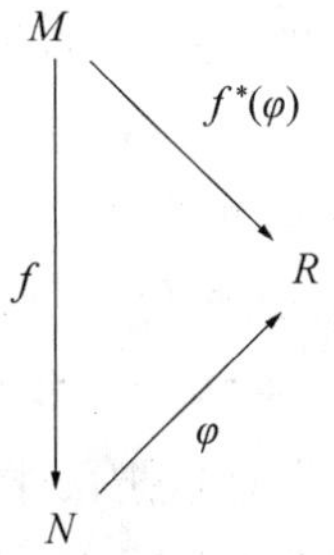

在这里,我们熟悉了一般的数学事实:函数是按与定义的集合相反的顺序来写的.这一现象将会出现在本书中,也会出现在与更复杂的对象(例如微分形式)相关的其他课程中.

对偶映射f^{*} 具有以下重要性质:如果我们有集合的映射,如式(0.1)所示,那么

$$(g\circ f)^{*}=f^{*}\circ g^{*} \tag{0.6}$$

事实上,我们得到了对偶映射

$$\mathfrak{F}(L,R)\xrightarrow{g^{*}}\mathfrak{F}(N,R)\xrightarrow{f^{*}}\mathfrak{F}(M,R)$$

根据定义,对于$g\circ f:M\to L$,对偶映射$(g\circ f)^{*}$ 是从 $g\circ\mathfrak{F}(L,R)$ 到 $\mathfrak{F}(M,R)$ 的一个映射.从等式(0.2)可以看出,$f^{*}\circ g^{*}$ 也是相同集合的一个映射.我们还需证明$(g\circ f)^{*}$ 与$f^{*}\circ g^{*}$ 可以给每个元素 $\psi\in\mathfrak{F}(L,R)$ 赋值集合 $\mathfrak{F}(M,R)$ 中的同一个元素.根据等式(0.5),我们有

$$(g\circ f)^{*}(\psi)=\psi\circ(g\circ f)$$

类似地,考虑到等式(0.2),我们得到关系式

$$f^{*}\circ g^{*}(\psi)=f^{*}(g^{*}(\psi))=f^{*}(\psi\circ g)=(\psi\circ g)\circ f$$

因此,为了证明等式(0.6),只需验证结合律:$\psi\circ(g\circ f)=(\psi\circ g)\circ f$.

至此,我们已经考虑了单个变量的映射(函数).多个变量的函数可以通过集合的积的运算化为这个概念.

设$M_1,\cdots,M_n$ 为任意的集合.考虑有序集$(x_1,\cdots,x_n)$,其中x_i 是集合M_i 中的一个任意的元素.用词"有序"表示在这样的集合中,考虑到了元素x_i 的序列的顺序.例如,在$n=2$ 且$M_1=M_2$ 的情形中,如果$x_1\neq x_2$,那么数对(x_1,x_2) 和(x_2,x_1) 被认为是不同的.由所有有序集$(x_1,\cdots,x_n)$ 构成的集合称为集合

$M_1, \cdots, M_n$ 的积,记作$M_1 \times \cdots \times M_n$.

在特殊情形$M_1 = \cdots = M_n = M$中,积$M_1 \times \cdots \times M_n$ 记作M^n,并称为集合M的n次方.

现在,我们可以定义任意多个变量的函数,其中每个变量都从它本身的集合中取值. 设$M_1, \cdots, M_n$为任意的集合,我们来定义$M = M_1 \times \cdots \times M_n$. 根据定义,映射$f: M \to N$给每个元素$x \in M$赋值某个元素$y \in N$,也就是说,它给$n$个元素$x_1 \in M_1, \cdots, x_n \in M_n$按照指定的顺序赋值集合$N$中的元素$y = f(x_1, \cdots, x_n)$. 这是一个含$n$个变量$x_i$的函数,其中每个变量都从它本身的集合$M_i$中取值.

0.2　某些拓扑概念

至此,我们一直在谈论任意形式的集合,并没有假设它们具有任何其他的性质. 一般来说,这是不够的. 例如,假设我们希望比较两个几何图形,特别地,为了确定它们"相似"或"不相似"的程度. 我们把这两个图形看作集合,其元素是平面或空间中的点. 如果我们限定于以上引入的概念,那么会很自然地认为那些之间存在双射的集合是"相似的". 然而,在 19 世纪末,Georg Cantor 证明了线段上的点与正方形内的点之间存在一个双射①. 同时,Richard Dedekind 猜测我们对图形的"相似性"的直观观念与它们之间建立连续双射的可能性有关. 但对于这一点,有必要定义映射是连续的说明什么.

研究抽象集合的连续映射,并且只精确考虑带有连续双射的对象的数学分支称为拓扑学. 在本书中,我们用 Hermann Weyl 的话来说,"拓扑学的山脉将赫然耸现在地平线上". 更确切地说,我们只是偶尔介绍某些简单的拓扑概念. 现在我们就来表述它们,但我们很少用到它们,只是为了表明我们考虑的对象与其他数学分支之间的联系,读者可以在其他课程或教材中做更详细地了解. 这些例子可以根据需要去阅读或略过,它们将不会在本书其余部分用到. 为了定义一个连续映射$f: M \to N$,首先有必要定义集合M和N上的收敛的概念. 在某些情况下,我们将根据$\mathbb{R}$和$\mathbb{C}$中的收敛的概念(假设读者在微积分课程中已经熟悉了)来定义集合上的收敛(例如,在向量空间、矩阵空间或射影空间中). 在

① 这个结果让他颇为吃惊,正如 Cantor 在信中所写的那样,在很长一段时间中,他都认为这是不对的.

其他情况下,我们将利用度量的概念.

集合M称为一个度量空间,如果存在一个函数$r: M^2 \to \mathbb{R}$,给每对点$x, y \in M$赋值一个数$r(x, y)$,满足以下条件:

(1) 当$x \neq y$时,$r(x, y) > 0$,并且对于每对$x, y \in M$,都有$r(x, x) = 0$.

(2) 对于每对$x, y \in M$,都有$r(x, y) = r(y, x)$.

(3) 对于任意三个点$x, y, z \in M$,我们都有不等式

$$r(x, z) \leqslant r(x, y) + r(y, z) \tag{0.7}$$

这样一个函数$r(x, y)$称作M上的一个度量或距离,在其定义中列举的性质构成了从初等几何或解析几何中所知的距离的通常性质的公理化.

例如,所有实数构成的集合$\mathbb{R}$(也可以是它的任何子集)是一个度量空间,如果对于每对数x和y,我们引入函数$r(x, y) = |x - y|$或$r(x, y) = \sqrt{|x - y|}$.

对于任意的度量空间,自动定义了空间中的点的收敛的概念:如果当$k \to \infty$时,$r(x_k, x) \to 0$,那么称在$k \to \infty$时,点的序列$\{x_k\}$收敛于点x(记号:$x_k \to x$).点x在这种情况下称为序列$\{x_k\}$的极限.

设$X \subset M$为M的某个子集,且M为带有度量$r(x, y)$的一个度量空间,即映射$r: M^2 \to \mathbb{R}$满足以上给出的三个条件.显然,$r(x, y)$对子集$X^2 \subset M^2$的限制也满足这些条件,因此,它在X上定义了一个度量.我们称X是一个度量空间,其度量由闭空间M的度量诱导得到,或者称$X \subset M$为一个度量子空间.

子集X称为在M中是闭的,如果它包含X中每个收敛序列的极限点;它称为有界的,如果存在点$x \in X$和数$c > 0$使得对于所有$y \in X$,都有$r(x, y) \leqslant c$.

设M和N为集合,在每个集合上都定义收敛的概念(例如,M和N可以是度量空间).如果对于集合M中的点的每个收敛序列$x_k \to x$,都有$f(x_k) \to f(x)$,那么映射$f: M \to N$在点$x \in M$处称为连续的.如果映射$f: M \to N$在每个点$x \in M$处都是连续的,那么我们说它在集合M上是连续的,或者简单地说它是连续的.

映射$f: M \to N$称为一个同胚,如果它是一个带有单逆映射$f^{-1}: N \to M$的单射,两者都是连续的[①].集合M和N称为同胚的或拓扑等价的,如果存在一个同胚$f: M \to N$.容易看出,集合之间的同胚的性质(对于给定的收敛的定义)是

① 我们想要强调最后一个条件是必要的:我们可能无法从f的连续性得出f^{-1}的连续性.

一个等价关系.

给定两个无限集 M 和 N，其上最初未定义度量，那么，如果我们用第一个定义，然后用另一个定义来为它们提供度量，我们将得到同胚 $f:M\to N$ 的不同概念，并且它能够证明，在一种类型的度量中，M 和 N 是同胚的，而在另一种类型的度量中，它们不是同胚的. 例如，在任意的集合 M 和 N 上，我们定义所谓的离散度量，由关系式 $r(x,y)=1$（对于所有 $x\neq y$）和 $r(x,x)=0$（对于所有 x）定义. 显然，具有这样的定义，度量的所有性质都是满足的. 但是同胚 $f:M\to N$ 的概念就空了：它仅与双射的概念一致. 因为事实上，在离散度量中，序列 $\{x_k\}$ 收敛于 x，如果从某个下标 k 开始，所有的点 x_k 都等于 x. 由上述给出的连续映射的定义可知，这说明每个映射 $f:M\to N$ 都是连续的.

例如，根据 Cantor 的一个定理，在离散度量下，一条线段和一个正方形是同胚的，但是如果我们把它们看作，例如，在平面中的度量空间，如初等几何课程中那般定义距离（我们说使用笛卡儿坐标系），那么这两个集合就不再是同胚的.

这就表明，离散度量不能反映我们在几何课程中所熟悉的距离的某些重要性质，其中之一是，对于一个任意小的数 $\varepsilon>0$，存在两个不同的点 x 和 y，使得 $r(x,y)<\varepsilon$. 因此，如果我们要表述两个集合 M 和 N 的"几何相似性"的直观观念，就必须不使用任意的度量来考虑它们，而是使用反映这些几何概念的度量.

我们不打算深究这一问题，因为就我们的目的而言，这是不必要的. 在本书中，当我们"比较"集合 M 和 N 时，其中至少有一个（比如说 N）是平面中（或空间中）的一个几何图形，那么就以通常的方式确定距离，由它所在平面中（或空间中）的度量诱导出 N 上的度量. 我们还需要定义集合 M 上的度量（或者收敛的概念），使得 M 和 N 是同胚的. 这就是我们如何准确地表达比较的概念.

如果图形 M 和 N 是平面或空间中的度量子空间，带有如初等几何那般定义的距离，那么对于它们，存在一个非常形象的拓扑等价的概念的解释. 想象图形 M 和 N 是用橡胶做的. 那么它们是同胚的就说明我们在不撕裂也不黏合任何点的情况下可以把 M 形变为 N. 最后的条件（"不撕裂也不黏合任何点"）使同胚的概念比简单的集合的双射更强.

例如，任意无自交的连续闭曲线（如三角形和正方形）与圆是同胚的. 相反，具有自交的连续闭曲线（如数字 8）与圆不是同胚的（如图 0.1）.

在图 0.2 中，我们类似地描述了三维空间中同胚与非同胚的例子.

我们通过引入一些将在本书中用到的其他简单的拓扑概念来结束本章.

度量空间 M 中的一条道路是一个连续映射 $f:I\to M$，其中 I 是实线的一个

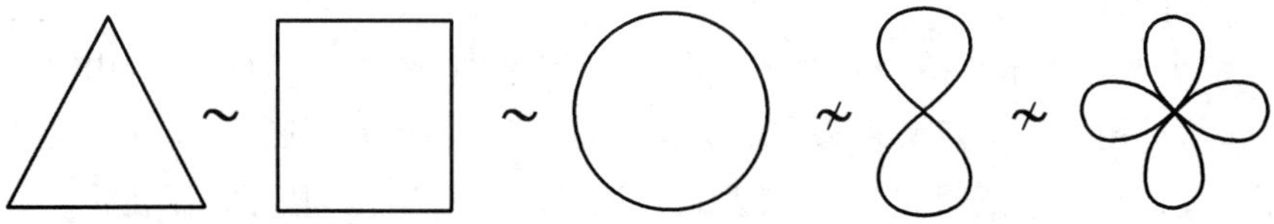

图 0.1　同胚曲线与非同胚曲线(符号“～”说明两个图形是同胚的，而符号“≁”说明两个图形不是同胚的)

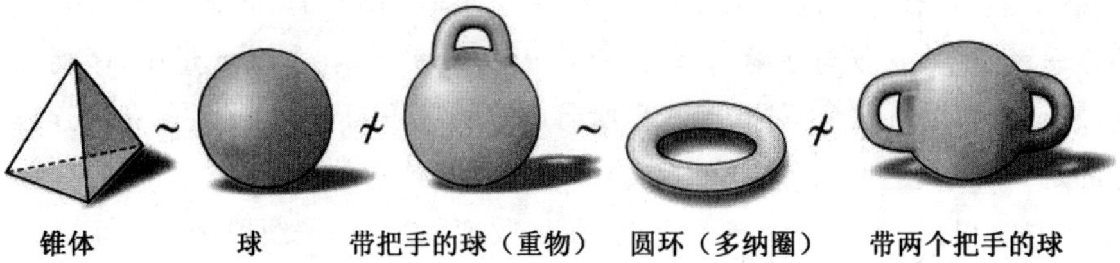

图 0.2　同胚曲面与非同胚曲面

区间. 为不失一般性，我们假设 $I=[0,1]$. 在这种情形中，点 $f(0)$ 和 $f(1)$ 称为道路的起点和终点. 两个点 $x,y\in M$ 称为可相互连续形变的，如果存在一条道路，其中 x 是起点且 y 是终点. 这样一条道路称为 x 到 y 的形变，我们把 x 和 y 是可相互形变的用符号表示为 $x\sim y$.

空间 M 中的元素可相互连续形变的性质是 M 上的一个等价关系，因为定义这一关系的条件(1) ～ (3) 是满足的. 事实上，自反性是显然的. 为了证明对称性，只需观察，如果 $f(t)$ 是从 x 到 y 的一个形变，那么 $f(1-t)$ 就是从 y 到 x 的一个形变. 现在，我们来验证传递性. 设 $x\sim y$ 且 $y\sim z$，$f(t)$ 是从 x 到 y 的一个形变，$g(t)$ 是从 y 到 z 的一个形变. 那么映射 $h: I\to M$ 由等式 $h(t)=f(2t)$(其中 $t\in[0,\frac{1}{2}]$) 确定，并且 $h(t)=g(2t-1)$(其中 $t\in[\frac{1}{2},1]$) 是连续的，对于这一映射，等式 $h(0)=f(0)=x$，$h(1)=g(1)=z$ 是满足的. 因此，$h(t)$ 给出了从点 x 到点 z 的连续形变，所以我们有 $x\sim z$.

如果度量空间 M 的每对元素都可以互相形变(即关系“～”定义了单个等价类)，那么空间 M 称为道路连通的. 如果不是这种情形，那么对每个元素 $x\in M$，我们考虑等价类 M_x，它由使得 $x\sim y$ 成立的所有的元素 $y\in M$ 构成. 根据等价类的定义，度量空间 M_x 是道路连通的. 它称为包含点 x 的空间 M 的道路连通分支. 因此，由连续形变定义的等价关系把 M 分解为一些道路连通分支.

在一些重要的情况下，分支的个数是有限的，于是我们得到表示 $M=M_1\cup\cdots\cup M_k$，其中 $M_i\cap M_j=\varnothing(i\neq j)$ 并且每个 M_i 都是道路连通的. 容易看出这样的表示是唯一的. 集合 M_i 称为空间 M 的道路连通分支.

例如，单叶双曲面、球面和锥面都是道路连通的，但是双叶双曲面不是道路连通的：它有两个道路连通分支. 由条件 $0<|x|<1$ 定义的实数集有两个道路连通分支（一个包含正数，另一个包含负数），而由同样的条件定义的复数集是道路连通的. 同胚所保持的性质称作拓扑性质. 因此，例如，道路连通性是拓扑性质，道路连通分支的个数也是如此.

设 M 和 N 为度量空间（我们用 r 和 r' 表示它们相应的度量）. 映射 $f:M\to N$ 称为等距映射，如果它是双射且保持点之间的距离不变，即对于每对点 x_1，$x_2\in M$，都有

$$r(x_1,x_2)=r'(f(x_1),f(x_2)) \tag{0.8}$$

由等式(0.8) 可以自动得出，等距映射是嵌入. 事实上，如果在集合 M 中，存在点 $x_1\neq x_2$，它们满足方程 $f(x_1)=f(x_2)$，那么从度量空间定义中的条件(1) 可知，等式(0.8) 的左边不等于零，同时右边等于零. 因此，双射的要求在此处简化为条件：$f(M)$ 的像与整个集合 N 相等.

度量空间 M 和 N 称为等距的或度量等价的，如果存在一个等距映射 $f:M\to N$. 容易看出，等距映射是同胚，并推广了刚体在空间中的运动的概念，因此，我们不能把集合 M 和 N 任意相互形变，就好像它们是由橡胶制成的（没有撕裂和黏合）. 我们只能把它们看作是由刚性的或可挠的，但不可压缩或伸长的材料制成的（例如，一张纸的等距变换是通过把它弯曲或卷起来得到的）.

在带有由初等几何所熟悉的方法确定的距离的平面或空间中，等距变换的例子有平移、旋转和对称变换. 因此，例如，平面中的两个三角形是等距的，当且仅当它们是“相等的”（即在学校几何课程中定义的全等，即边和角相等），两个椭圆是等距的，当且仅当它们有相等的长轴和短轴.

最后，我们观察到，在同胚、道路连通性和道路连通分支的定义中，度量的概念只起辅助作用. 我们用它来定义点的序列的收敛的概念，所以我们可以讨论映射的连续性，从而引入依赖于这个概念的概念. 收敛是基本的拓扑概念. 它可以由各种度量来定义，它也可以用另一种方式来定义，就像通常在拓扑中所做的那样.

线性方程

第1章

1.1 线性方程与函数

在本章中，我们将要研究一次方程的方程组. 设方程的个数与未知数的个数是任意的. 我们从选择适当的记号开始. 因为未知数的个数可以是任意多个，所以仅使用字母表中的26个字母x，y，…，z是不够的. 因此，我们将用一个字母来表示所有未知数，并用一个指标(或下标：x_1，x_2，…，x_n，其中n是未知数的个数)来区分它们. 我们也将用同样的原理来表示方程的系数，一个一次方程将写为

$$a_1x_1+a_2x_2+\cdots+a_nx_n=b \tag{1.1}$$

一次方程也称为线性方程.

我们也将用同样的原理来区分各种方程. 但是由于我们已经使用了一个指标来指定未知数的系数，所以我们引入第二个指标. 我们用a_{ik}表示第i个方程中x_k的系数. 在第i个方程右边加上符号b_i. 因此，第i个方程可写为

$$a_{i1}x_1+a_{i2}x_2+\cdots+a_{in}x_n=b_i \tag{1.2}$$

那么一个含n个未知数的m个方程组成的方程组是

$$\begin{cases}a_{11}x_1+a_{12}x_2+\cdots+a_{1n}x_n=b_1\\a_{21}x_1+a_{22}x_2+\cdots+a_{2n}x_n=b_2\\\quad\vdots\\a_{m1}x_1+a_{m2}x_2+\cdots+a_{mn}x_n=b_m\end{cases} \tag{1.3}$$

数b_1，…，b_m称为常数项或方程组(1.3)的常数. 有时我们将把注意力集中到方程组(1.3)中未知数的系数上，那么我们将用

$$\begin{pmatrix} a_{11} & a_{12} & \cdots & a_{1n} \\ a_{21} & a_{22} & \cdots & a_{2n} \\ \vdots & \vdots & & \vdots \\ a_{m1} & a_{m2} & \cdots & a_{mn} \end{pmatrix} \tag{1.4}$$

表示，它有 m 行 n 列. 这样一个矩形数组称为一个 $m\times n$ 矩阵或者 (m,n) 型矩阵，数 a_{ij} 称为矩阵的元素. 如果 $m=n$，那么矩阵是一个 $n\times n$ 方阵. 在这种情形中，元素 $a_{11},a_{22},\cdots,a_{nn}$ 每个都位于具有相同下标的行和列中，构成矩阵的主对角线.

矩阵(1.4) 的元素是方程组(1.3) 的未知数的系数，称为方程组的相伴矩阵. 除矩阵(1.4) 以外，我们也经常考虑包含常数项的矩阵

$$\begin{pmatrix} a_{11} & a_{12} & \cdots & a_{1n} & b_1 \\ a_{21} & a_{22} & \cdots & a_{2n} & b_2 \\ \vdots & \vdots & & \vdots & \vdots \\ a_{m1} & a_{m2} & \cdots & a_{mn} & b_m \end{pmatrix} \tag{1.5}$$

这个矩阵比矩阵(1.4) 多了一列，因此它是一个 $m\times(n+1)$ 矩阵. 矩阵(1.5) 称为方程组(1.3) 的增广矩阵.

我们来更详细地考虑方程(1.1) 的左边. 在此，我们通常讨论的是试求满足方程(1.1) 的未知数 $x_1,\cdots,x_n$ 的具体值，但是也可以从另一个角度来考虑表达式 $a_1x_1+a_2x_2+\cdots+a_nx_n$. 我们可以对表达式中的未知数 $x_1,x_2,\cdots,x_n$ 代入任意数

$$x_1=c_1,\quad x_2=c_2,\quad \cdots,\quad x_n=c_n \tag{1.6}$$

每次可以得到某个数

$$a_1c_1+a_2c_2+\cdots+a_nc_n \tag{1.7}$$

从这个角度来看，我们处理的是某类函数. 在给定的情形中，我们将值构成的集合(1.6) 与初始元素相关联，该集合仅由数 $(c_1,c_2,\cdots,c_n)$ 构成的集合决定. 我们把这样一组数称为长为 n 的行. 它与一个 $1\times n$ 矩阵是相同的. 我们将表达式(1.7)(它是一个数) 与行 $(c_1,c_2,\cdots,c_n)$ 相关联. 然后用第 3 页的记号，我们得到了在 N 中取值的集合 M 上的一个函数，其中 M 是长为 n 的所有行构成的集合，N 是所有数构成的集合.

定义 1.1 一个函数 F，它在长为 n 的所有行构成的集合上，并在所有数构成的集合中取值，如果存在数 $a_1,a_2,\cdots,a_n$，使得 F 把每行 $(c_1,c_2,\cdots,c_n)$ 与数(1.7) 相关联，那么称其为线性的.

我们接着用单个黑斜体字母表示一行，例如$\boldsymbol{c}$，并通过线性函数F将其与数$F(\boldsymbol{c})$相关联.因此，如果$\boldsymbol{c}=(c_1,c_2,\cdots,c_n)$，那么$F(\boldsymbol{c})=a_1c_1+a_2c_2+\cdots+a_nc_n$.

在$n=1$的情形中，线性函数与众所周知的正比例的概念相同，这对中学数学的读者来说是很熟悉的.因此，线性函数的概念是正比例的一个自然的推广.为了强调这个类比，类比于数的算术运算，我们定义在长为n的行上的某些运算.

定义 1.2 设$\boldsymbol{c}$和$\boldsymbol{d}$为固定长为n的行，即

$$\boldsymbol{c}=(c_1,c_2,\cdots,c_n),\quad \boldsymbol{d}=(d_1,d_2,\cdots,d_n)$$

它们的和是行$(c_1+d_1,c_2+d_2,\cdots,c_n+d_n)$，用$\boldsymbol{c}+\boldsymbol{d}$表示.行$\boldsymbol{c}$和数$p$的积是行$(pc_1,pc_2,\cdots,pc_n)$，用$p\boldsymbol{c}$表示.

定理 1.3 在长为n的行构成的集合上的函数F是线性的，当且仅当它具有以下性质：对所有的行$\boldsymbol{c}$，$\boldsymbol{d}$和所有的数p，有

$$F(\boldsymbol{c}+\boldsymbol{d})=F(\boldsymbol{c})+F(\boldsymbol{d}) \tag{1.8}$$

$$F(p\boldsymbol{c})=pF(\boldsymbol{c}) \tag{1.9}$$

证明：性质(1.8)和(1.9)是众所周知的正比例的直接类比.

性质(1.8)和(1.9)的证明完全是显然的.设线性函数F把每行$\boldsymbol{c}=(c_1,c_2,\cdots,c_n)$关联到数(1.7).根据以上定义，行$\boldsymbol{c}=(c_1,\cdots,c_n)$和$\boldsymbol{d}=(d_1,\cdots,d_n)$的和是行$\boldsymbol{c}+\boldsymbol{d}=(c_1+d_1,\cdots,c_n+d_n)$，由此可见

$$\begin{aligned}F(\boldsymbol{c}+\boldsymbol{d})&=a_1(c_1+d_1)+\cdots+a_n(c_n+d_n)\\&=(a_1c_1+a_1d_1)+\cdots+(a_nc_n+a_nd_n)\\&=(a_1c_1+\cdots+a_nc_n)+(a_1d_1+\cdots+a_nd_n)\\&=F(\boldsymbol{c})+F(\boldsymbol{d})\end{aligned}$$

它就是性质(1.8).以完全相同的方法，我们得到

$$F(p\boldsymbol{c})=a_1(pc_1)+\cdots+a_n(pc_n)=p(a_1c_1+\cdots+a_nc_n)=pF(\boldsymbol{c})$$

现在，我们来证明逆命题：长为n的行构成的集合上的，其数值满足性质(1.8)和(1.9)的任何函数F都是线性的.为了证明它，我们考虑行$\boldsymbol{e}_i$，其中除第i项以外，其他项都为零，而第i项为1，即$\boldsymbol{e}_i=(0,\cdots,1,\cdots,0)$，其中1在第$i$位上.令$F(\boldsymbol{e}_i)=a_i$，我们来证明，对于一个任意的行$\boldsymbol{c}=(c_1,c_2,\cdots,c_n)$，以下等式成立：$F(\boldsymbol{c})=a_1c_1+a_2c_2+\cdots+a_nc_n$.由此我们得到函数$F$是线性的.

为此，假设我们证明了$\boldsymbol{c}=c_1\boldsymbol{e}_1+\cdots+c_n\boldsymbol{e}_n$.这几乎是显然的：我们考虑在行$c_1\boldsymbol{e}_1+\cdots+c_n\boldsymbol{e}_n$的第$i$位上的数.在任意的行$\boldsymbol{e}_k$(其中$k\neq i$)中，第$i$位上的数是0，因此，$c_k\boldsymbol{e}_k$也是如此，这说明在行$c_i\boldsymbol{e}_i$中，第$i$位上的数是$c_i$.因此，在完全

和$c_1\boldsymbol{e}_1+\cdots+c_n\boldsymbol{e}_n$中，第$i$位上的数是$c_i$. 这对任意的$i$都成立，这蕴涵我们考虑的和与行$\boldsymbol{c}$是相等的.

现在，我们来考虑$\boldsymbol{F}(\boldsymbol{c})$. 利用$n$次性质(1.8)和(1.9)，我们得到

$$\begin{aligned}F(\boldsymbol{c})&=F(c_1\boldsymbol{e}_1)+F(c_2\boldsymbol{e}_2+\cdots+c_n\boldsymbol{e}_n)\\&=c_1F(\boldsymbol{e}_1)+F(c_2\boldsymbol{e}_2+\cdots+c_n\boldsymbol{e}_n)\\&=a_1c_1+F(c_2\boldsymbol{e}_2+\cdots+c_n\boldsymbol{e}_n)\\&=a_1c_1+a_2c_2+F(c_3\boldsymbol{e}_3+\cdots+c_n\boldsymbol{e}_n)=\cdots\\&=a_1c_1+a_2c_2+\cdots+a_nc_n\end{aligned}$$

如断言的那样. □

我们很快就会证明线性函数的这些性质是有用的. 现在我们来定义后续会遇到的线性函数的运算.

定义 1.4 设F和G是长为N的行构成的集合上的两个线性函数. 它们的和是函数$F+G$，在同样的集合上，对于每个行$\boldsymbol{c}$，由等式$(F+G)(\boldsymbol{c})=F(\boldsymbol{c})+G(\boldsymbol{c})$定义. 线性函数$F$与数$p$的积是函数$pF$，由关系式$(pF)(\boldsymbol{c})=p\cdot F(\boldsymbol{c})$定义.

利用定理 1.3，我们得知$F+G$与pF都是线性函数.

我们现在回到线性方程组(1.3). 显然，它可以写为

$$\begin{cases}F_1(\boldsymbol{x})=b_1\\ \quad\cdots\\ F_m(\boldsymbol{x})=b_m\end{cases}\tag{1.10}$$

其中$F_1(\boldsymbol{x}),\cdots,F_m(\boldsymbol{x})$都是由关系式

$$F_i(\boldsymbol{x})=a_{i1}x_1+a_{i2}x_2+\cdots+a_{in}x_n$$

定义的线性函数，行$\boldsymbol{c}$称为方程组(1.10)的一个解，如果把$\boldsymbol{c}$代入$\boldsymbol{x}$，所有方程都转化为恒等式，即$F_1(\boldsymbol{c})=b_1,\cdots,F_m(\boldsymbol{c})=b_m$.

注意“如果”这个词！并不是每个方程组都有解. 例如，含 100 个未知数的两个方程的方程组

$$\begin{cases}x_1+x_2+\cdots+x_{100}=0\\x_1+x_2+\cdots+x_{100}=1\end{cases}$$

显然无解.

定义 1.5 至少有一个解的方程组称为相容的，而无解的方程组称为不相容的. 如果方程组是相容的且只有一个解，那么它就称为定的，如果它的解不止一个，它就是不定的.

定方程组也称为唯一确定的，因为它恰好有一个解.

我们经常遇到定方程组，例如，从外部考虑，显然只有一个解. 例如，假设我们想要求由方程 $x=y$ 和 $x+y=1$ 定义的直线上的唯一点；如图 1.1. 显然这两条直线是不平行的，因此恰好有一个交点. 这说明由这两条直线的方程构成的方程组是定的. 通过简单的计算，容易求得它的唯一解. 为此，我们将条件 $y=x$ 代入第二个方程. 这就得到 $2x=1$，即 $x=1/2$，又因为 $y=x$，所以我们也有 $y=1/2$.

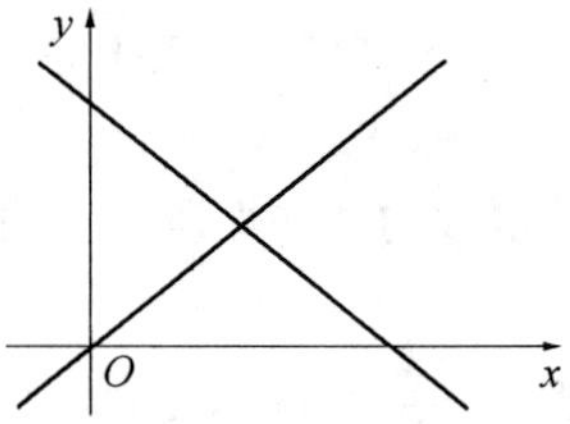

图 1.1　两直线相交

读者在中学时肯定遇到过不定方程组，例如，方程组

$$\begin{cases} x-2y=1 \\ 3x-6y=3 \end{cases} \tag{1.11}$$

显然，第二个方程是由第一个方程左右两边都乘以 3 得到的. 因此，满足方程组的所有的 x 和 y 也满足第一个方程. 从第一个方程我们得到 $2y=x-1$，或者等价地，$y=(x-1)/2$. 现在，我们对 x 选取一个任意的值，可以得到对应的值 $y=(x-1)/2$. 因为方程组有无穷多解，因此，它是不定的.

现在，我们已经看到以下类型的方程组的例子：

(a) 无解(不相容的).

(b) 有唯一解(相容且定的).

(c) 有无穷多解(例如，方程组(1.11)).

我们来证明只存在这三种情形.

定理 1.6　如果一个线性方程组是相容且定的，那么它有无穷多解.

证明：根据定理的假设，我们有一个线性方程组，它是相容的，且有不止一个解. 这说明它至少有两个不同的解：$\boldsymbol{c}$ 和 $\boldsymbol{d}$. 现在，我们将构造无穷多解.

为此，我们考虑，对于一个任意的数 p，行 $\boldsymbol{r}=p\boldsymbol{c}+(1-p)\boldsymbol{d}$. 我们先证明行 $\boldsymbol{r}$ 也是一个解. 我们假设把线性方程组写成(1.10) 的形式. 那么我们必须证明对于所有 $i=1,\cdots,m$，都有 $F_i(\boldsymbol{r})=b_i$. 利用性质(1.8) 和(1.9)，我们得到

$$F_i(\boldsymbol{r})=F_i(p\boldsymbol{c}+(1-p)\boldsymbol{d})=pF_i(\boldsymbol{c})+(1-p)F_i(\boldsymbol{d})=pb_i+(1-p)b_i=b_i$$

因为 $\boldsymbol{c}$ 和 $\boldsymbol{d}$ 是方程组(1.10)的解，即对于所有 $i=1,\cdots,m$，都有 $F_i(\boldsymbol{c})=F_i(\boldsymbol{d})=b_i$.

还需验证，对于不同的数 p，我们得到不同的解. 那么我们就已经证明了它有无穷多解. 我们假设两个不同的数 p 和 p' 得到相同的解 $p\boldsymbol{c}+(1-p)\boldsymbol{d}=p'\boldsymbol{c}+(1-p')\boldsymbol{d}$. 我们观察到，我们可以像对数字一样对行作运算，我们可以把项从等式的一边移到另一边，并从括号内的项中提出公因式. 这是因为我们用构成行的数的运算定义了行的运算. 因此，我们得到关系式 $(p-p')\boldsymbol{c}=(p-p')\boldsymbol{d}$. 由于根据假设 $p\neq p'$，我们可以消去因式 $p-p'$. 这样做的话，我们就得到 $\boldsymbol{c}=\boldsymbol{d}$，但是根据假设，$\boldsymbol{c}$ 和 $\boldsymbol{d}$ 是不同的解. 从这个矛盾我们得到，p 的每个选取都得到一个不同的解. □

1.2 Gauss 消元法

现在，我们的目标是演示这样一种方法，它可以确定一个给定的线性方程组属于前一节中提到的三种类型中的哪一种，也就是说，它是不是相容的，如果是，它又是不是定的. 如果它是相容且定的，那么我们就要找到它的唯一解，如果它是相容且不定的，那么我们要用一些有用的形式来写出它的解. 存在一个简单的方法，它在每种具体情况下都是有效的. 它称为 Gauss 消元法，或 Gauss 法，我们现在就来介绍它. 在此，我们将用归纳法来证明它. 即从最简单的 $m=1$ 的情形开始，我们接着讨论 $m=2$ 的情形，依此类推，因此，在考虑 m 个方程的线性方程组的一般的情形时，假设我们已经证明了不超过 m 个方程的方程组的结果.

Gauss 消元法是基于将给定的线性方程组替换为具有相同解的另一个方程组的思想. 考虑方程组(1.10)和以下有相同未知数的另一个线性方程组

$$\begin{cases} G_1(\boldsymbol{x})=f_1 \\ \quad\cdots \\ G_l(\boldsymbol{x})=f_l \end{cases} \tag{1.12}$$

其中 $G_1(\boldsymbol{x}),\cdots,G_l(\boldsymbol{x})$ 是其他某些 n 个未知数的线性方程. 称方程组(1.12)与方程组(1.10)是等价的，如果两个方程组有完全相同的解，即方程组(1.10)的任意解也是方程组(1.12)的解，反之亦然.

Gauss 消元法的思想是在方程组上使用某些初等行运算，将方程组替换为一个等价但更简单的方程组，对其上述解的问题的答案是显然的.

定义 1.7 方程组(1.3)或(1.10)上的 Ⅰ 型初等行运算是两行的对换. 为了使我们所要说明的内容没有不确定性，我们更精确地描述一下：在该行运算下,第 i 个方程和第 k 个方程交换位置,方程组的其他方程保持不变.

因此,Ⅰ 型初等行运算的个数等于数对 $i,k(i \neq k)$ 的个数,即从 m 个数中任取 2 个,这样的所有组合的个数.

定义 1.8 Ⅱ 型初等行运算是用另一个方程组替换给定方程组,其中第 i 个方程加上 c 乘以第 k 个方程,其他方程保持不变.因此,方程组(1.3)中的第 i 个方程变为

$$(a_{i1}+ca_{k1})x_1+(a_{i2}+ca_{k2})x_2+\cdots+(a_{in}+ca_{kn})x_n=b_i+cb_k \tag{1.13}$$

Ⅱ 型初等行运算取决于下标 i,k 和数 c 的选取,因此,存在无穷多个该型行运算.

定理 1.9 应用Ⅰ 型或 Ⅱ 型初等行运算产生的方程组等价于原方程组.

证明:在 Ⅰ 型初等行运算的情形中,结论是显然的:方程组的解与方程的排序无关(即方程组(1.3)或(1.10)的顺序).我们甚至无法对方程编号,但可以把它们每个都写下来,例如,写到不同的纸片上.

在 Ⅱ 型初等行运算的情形中,结论也是相当显然的.替换后的第一个方程组的任意解 $\boldsymbol{c}=(c_1,c_2,\cdots,c_n)$ 满足在该初等行运算下得到的方程组中的除第 i 个方程外的其他方程,只因它们和原方程组中的方程是相同的.关于第 i 个方程的问题还有待解决.由于 $\boldsymbol{c}$ 是原方程组的一个解,那么我们有

$$\begin{cases} a_{i1}c_1+a_{i2}c_2+\cdots+a_{in}c_n=b_i \\ a_{k1}c_1+a_{k2}c_2+\cdots+a_{kn}c_n=b_k \end{cases}$$

将其中第二个方程乘以 c 再加到第一个方程后,我们得到了等式(1.13),这里 $x_1=c_1,\cdots,x_n=c_n$.这说明 $\boldsymbol{c}$ 满足新方程组的第 i 个方程,即 $\boldsymbol{c}$ 是一个解.

还需证明结论的逆,即通过 Ⅱ 型初等行运算得到的方程组的任意解都是原方程组的解.为此,我们观察到,将 $-c$ 乘以第 k 个方程再加到方程(1.13),得到原方程组的第 i 个方程.也就是说,原方程组可由新方程组用因数 $-c$ 通过 Ⅱ 型初等行运算得到.因此,前面的论证表明,由 Ⅱ 型初等行运算得到的新方程组的任意解也是原方程组的解. □

现在我们来考虑 Gauss 消元法.作为我们的第一个运算,我们在方程组(1.3)上作 Ⅰ 型初等行运算,把第一个方程与其他 x_1 的系数不为 0 的方程对换.如果第一个方程具有该性质,那么不需要进行这样的对换.现在,x_1 可能出现在系数为 0 的所有方程中(即 x_1 根本不出现在方程中).在该情形下,我们可以改变未知数的编号,用 x_1 表示某个方程中出现的具有非零系数的未知数.在做完这个

初等变换后，我们得到$a_{11} \neq 0$. 为了完整起见，我们应该检验一个极端情形，其中所有方程中的所有未知数的系数都为 0. 但是在这种情形下，情况很简单：所有方程都是 $0=b_i$ 的形式. 如果所有的b_i 均为 0，那么我们有恒等式 $0=0$，它满足对x_i 的所有的赋值，也就是说，该方程组是相容且不定的. 但是如果有一个b_i 不等于 0，那么第 i 个方程不满足未知数的任意值，于是方程组是不相容的.

现在，我们来作一系列 Ⅱ 型初等行运算，对第二个、第三个直到第 m 个方程分别加上第一个方程乘以$c_2, c_3, \cdots, c_m$，使得这些方程中每个x_1 的系数都等于 0. 显然，要做到这一点，我们必须设$c_2=-a_{21}a_{11}^{-1}, c_3=-a_{31}a_{11}^{-1}, \cdots, c_m=-a_{m1}a_{11}^{-1}$，这是可以做到的，因为我们假设了$a_{11} \neq 0$. 由此，我们已经得到了方程组

$$\begin{cases} a_{11}x_1+\cdots+a_{1n}x_n=b_1 \\ a'_{22}x_2+\cdots+a'_{2n}x_n=b'_2 \\ \qquad\cdots \\ a'_{m2}x_2+\cdots+a'_{mn}x_n=b'_m \end{cases} \tag{1.14}$$

由于方程组(1.14) 是由原方程组(1.3) 通过初等行运算得到的，从定理1.3 可知，两个方程组是等价的，也就是说，任意方程组(1.3) 的解已经简化为更简单的方程组(1.14) 的解. 这正是Gauss 消元法背后的思想. 事实上，它把问题归结为求含 $m-1$ 个方程的方程组的解

$$\begin{cases} a'_{22}x_2+\cdots+a'_{2n}x_n=b'_2 \\ \qquad\cdots \\ a'_{m2}x_2+\cdots+a'_{mn}x_n=b'_m \end{cases} \tag{1.15}$$

现在，如果方程组(1.15) 是不相容的，那么显然，更大的方程组(1.14) 也是不相容的. 如果方程组(1.15) 是相容的，并且我们知道解，那么我们可以得到方程组(1.14) 的所有解. 即，如果$x_2=c_2, \cdots, x_n=c_n$ 是方程组(1.15) 的任意解，那么我们只需把这些值代入方程组(1.14) 的第一个方程. 因此，方程组(1.14) 的第一个方程取得以下形式

$$a_{11}x_1+a_{12}c_2+\cdots+a_{1n}c_n=b_1 \tag{1.16}$$

对于剩余的未知数x_1，我们有一个线性方程，它可以用众所周知的公式来解

$$x_1=a_{11}^{-1}(b_1-a_{12}c_2-\cdots-a_{1n}c_n)$$

这是可以做到的，因为$a_{11} \neq 0$. 这一推理特别适用于 $m=1$ 的情形(如果我们比较 Gauss 消元法和归纳的证明方法，那么这就给出了归纳的基本情形).

因此，Gauss 消元法把对有 n 个未知数、m 个方程的任意方程组的研究简化为对有 $n-1$ 个未知数、$m-1$ 个方程的方程组的研究. 我们将在证明关于这类

方程组的几个一般定理之后对此加以说明.

定理 1.10 如果方程组中未知数的个数多于方程的个数,那么该方程组要么是不相容的,要么是不定的.

换句话说,通过定理 1.6,我们知道任意线性方程组的解的个数是 0,1,或无穷.如果方程组中未知数的个数多于方程的个数,那么定义 1.8 断言,解的个数只可能是 0 或无穷.

定理 1.10 的证明:我们通过对方程组中方程的个数 m 用归纳法来证明该定理.我们首先考虑 $m=1$ 的情形,在该情形中,我们有单个方程

$$a_1x_1+a_2x_2+\cdots+a_nx_n=b_1 \tag{1.17}$$

根据假设,我们有 $n>1$,如果一个 a_i 不为 0,那么我们可以对未知数进行编号,使得 $a_1\neq 0$.那么我们得到了方程(1.16)的情形.我们看到,在该情形中,方程组是相容且不定的.

但是还有一种情形需要考虑,即对于所有 $i=1,\cdots,n$,其中有 $a_i=0$.如果在这种情况下,$b_1\neq 0$,那么显然我们有一个不相容的"方程组"(由单个不相容的方程构成).然而,如果 $b_1=0$,那么解由一列任意数 $x_1=c_1,x_2=c_2,\cdots,x_n=c_n$ 构成,即"方程组"(由方程 $0=0$ 构成)是不定的.

现在,我们来考虑 $m>1$ 个方程的情形.我们用 Gauss 消元法.也就是说,在将方程组写成式(1.3)的形式后,我们将它变换为等价方程组(1.14).方程组(1.15)中的未知数的个数为 $n-1$,因此,它大于方程的个数 $m-1$,因为根据定理的假设,$n>m$.这说明方程组(1.15)满足定理的假设,根据归纳法,我们可以得出,定理对该方程组是成立的.如果方程组(1.15)是不相容的,那么更大的方程组(1.14)也是如此.如果它是不定的,即有不止一个解,那么初始方程组也有不止一个解,即方程组(1.3)是不定的.

现在我们来关注定理 1.10 的一个重要的特例.线性方程组称为齐次的,如果所有常数项都等于零,即在方程组(1.3)中,我们有 $b_1=\cdots=b_m=0$.齐次方程组总是相容的:它有明显的解 $x_1=\cdots=x_n=0$.这样的解称为零解.我们得到了定理 1.10 的以下推论. □

推论 1.11 如果在齐次方程组中,未知数的个数多于方程的个数,那么方程组有一个不同于零解的解.

如果我们(如我们一直做的那样)用 n 表示未知数的个数,用 m 表示方程的个数,那么,我们考虑了 $n>m$ 的情形.定理 1.10 断言,当 $n>m$ 时,线性方程组不可能有唯一解.现在,我们继续考虑 $n=m$ 的情形.我们有如下令人惊讶的结果.

定理 1.12 如果在线性方程组中,未知数的个数等于方程组的个数,那么

有唯一解的性质只取决于系数的值，而不取决于常数项的值.

证明：用 Gauss 消元法容易得到该结果. 把该方程组写成(1.3) 的形式，其中 $n=m$. 我们分开处理(在所有方程中) 系数a_{ik} 等于 0 的情形，在该情形中，无论b_i 是多少，方程组都不能唯一确定. 事实上，如果单个b_i 不等于零，那么第 i 个方程给出了一个不相容的方程；如果所有b_i 都为 0，那么对于x_i 的值的每个选取都给出一个解，即方程组是不定的.

我们对方程($m=n$) 的个数用归纳法来证明定理 1.12. 我们已经考虑了所有系数a_{ik} 都等于零的情形. 因此，我们可以假设在系数a_{ik} 中，某些是非零的，并且方程组可以写成等价形式(1.14). 但是(1.14) 的解完全由方程组(1.15) 决定. 在方程组(1.15) 中，同样是方程的个数等于未知数的个数(都等于 $m-1$). 因此，通过归纳推理，我们可以假设对于这个方程组，定理已经证明了. 然而，我们已经看到，方程组(1.14) 的相容性与确定性和方程组(1.15) 的是一样的. 综上所述，还需注意到，方程组(1.15) 的系数a'_{ik}通过以下公式从方程组(1.3) 的系数得到

$$a'_{2k}=a_{2k}-\frac{a_{21}}{a_{11}}a_{1k},\qquad a'_{3k}=a_{3k}-\frac{a_{31}}{a_{11}}a_{1k},\qquad \cdots,\qquad a'_{mk}=a_{mk}-\frac{a_{m1}}{a_{11}}a_{1k}$$

因此，唯一解的问题取决于原方程组(1.3) 的系数. □

定理 1.12 可以重新表述为：如果方程的个数等于未知数的个数，并且对于常数项的某些值b_i，方程组有唯一解，那么对于常数项的所有可能的取值，方程组都有唯一解. 特别地，作为这些“特定”的值的一个选取，我们可以把所有常数取为零. 那么，我们得到了和方程组(1.3) 的未知数的系数一样的方程组，但是现在，方程组是齐次的. 这样的方程组称为与方程组(1.3) 相伴的齐次方程组. 我们看到，如果方程的个数等于未知数的个数，那么，方程组有唯一解当且仅当其相伴方程组有唯一解. 由于齐次方程组总有零解，那么它有唯一解等价于它不存在非零解，于是我们得到以下结果.

推论 1.13 如果在线性方程组中，方程的个数等于未知数的个数，那么它有唯一解当且仅当其相伴齐次方程组没有除零解以外的其他解.

这一结果是出乎意料的，由于不存在不同于零解的解，它导出了一个不同的方程组(有不同的常数项) 的解的存在性和唯一性. 在泛函分析中，这一结果称为 Fredholm 择一性[①].

---

① 更确切地说，Fredholm 择一性包括几个结论，其中之一类似于上面建立的断言.

为了关注 Gauss 消元法背后的理论,我们强调其"归纳"特征:它将线性方程组的研究简化为一个类似的,但方程和未知数更少的方程组.可以理解的是,在具体的例子中,我们必须重复这一过程,每次都用前一次得到的方程组,并一直持续到过程停止(即直到不能再用这一过程为止).现在,我们来弄清楚最后得到的方程组的形式.

当我们把方程组(1.3)转化为等价方程组(1.14)时,会出现这样的情况,并非所有未知数$x_2,\cdots,x_n$都出现在对应的方程组(1.15)中,也就是说,在所有方程中,某些未知数的系数为零.此外,从原方程组(1.3)不易推出这一点.我们用k来表示方程组(1.15)的至少一个方程中出现的系数不为零的第一个未知数的下标.显然$k>1$.现在,我们对这个方程组用相同的运算.由此,我们得到等价方程组

$$\begin{cases} a_{11}x_1+\cdots+a_{1n}x_n=b_1 \\ a'_{2k}x_k+\cdots+a'_{2n}x_n=b'_2 \\ a''_{3l}x_l+\cdots+a''_{3n}x_n=b''_3 \\ \quad\cdots \\ a''_{ml}x_l+\cdots+a''_{mn}x_n=b''_m \end{cases}$$

在此,我们已经选取了$l>k$,使得在舍去前两个方程的方程组中,系数不为零的未知数x_l至少出现在其中一个方程中.在该情形中,我们有$a_{11}\neq 0$,$a'_{2k}\neq 0$,$a''_{3l}\neq 0$以及$l>k>1$.

我们将尽可能重复这一过程.那么什么时候我们会被迫停止呢?我们在用初等运算达到某个情形(第r个方程中,x_s是第一个系数不为零的未知数)时停止,在该情形中,在所有剩余的方程中,从第$s+1$个到第n个未知数的系数都将化为0.那么方程组有以下形式

$$\begin{cases} \bar{a}_{11}x_1+\cdots+\bar{a}_{1n}x_n=\bar{b}_1 \\ \bar{a}_{2k}x_k+\cdots+\bar{a}_{2n}x_n=\bar{b}_2 \\ \bar{a}_{3l}x_l+\cdots+\bar{a}_{3n}x_n=\bar{b}_3 \\ \quad\cdots \\ \bar{a}_{rs}x_s+\cdots+\bar{a}_{rn}x_n=\bar{b}_r \\ 0=\bar{b}_{r+1} \\ \quad\cdots \\ 0=\bar{b}_m \end{cases} \tag{1.18}$$

在此,$1<k<l<\cdots<s$.

可能出现 $r=m$ 的情形，那么，在方程组(1.18) 中不存在 $0=\bar{b}_i$ 的形式的方程. 但是如果 $r<m$，那么会出现 $\bar{b}_{r+1}=0,\cdots,\bar{b}_m=0$，这就会使得 $\bar{b}_{r+1},\cdots,\bar{b}_m$ 中的某个数不为零.

定义 1.14 方程组(1.18) 称为(行) 阶梯形. 这样的方程组对应的矩阵称为(行) 阶梯形矩阵.

定理 1.15 每个线性方程组都等价于一个阶梯形方程组.

证明:因为我们把初始方程组用一系列初等行运算变换为(1.18) 的形式，由定理 1.9 可知，方程组(1.18) 的形式等价于初始方程组. □

因为任意形如(1.3) 的方程组都等价于阶梯形方程组(1.18)，那么关于方程组的相容性和确定性的问题可以通过研究阶梯形方程组来回答.

我们从相容性的问题开始. 显然，如果方程组(1.18) 包含方程 $0=\bar{b}_k$(其中 $\bar{b}_k\neq 0$)，那么这样的方程组是不相容的，因为未知数的任何值都不满足等式 $0=\bar{b}_k$. 我们来证明如果方程组(1.18) 中不存在这样的方程，那么方程组是相容的. 因此，我们现在假设在方程组(1.18) 中，后 $m-r$ 个方程已经化为恒等式 $0\equiv 0$.

我们称在方程组(1.18) 中从第一个、第二个、第三个 …… 第 r 个方程开始的未知数 $x_1,x_k,x_l,\cdots,x_s$ 为主要的，其余未知数(如果存在) 为自由的. 因为方程组(1.3) 中的每个方程从它自身的主未知数开始，所以主未知数的个数等于 r. 我们回忆一下，我们已经假设了 $\bar{b}_{r+1}=\cdots=\bar{b}_m=0$.

我们给自由未知数赋以任意数值，并将其代入方程组(1.18) 中. 因为第 r 个方程只包含 x_s 一个主未知数，其系数为 $\bar{a}_{rs}$，它不为零，我们得到了一个关于 x_s 只含一个未知数的方程，它有唯一解. 将这个关于 x_s 的解代入前面的方程中，我们再次得到一个关于方程主未知数只含一个未知数的方程，它也有唯一解. 在方程组(1.18) 中从下往上重复这样的操作，我们看到，主未知数的值由自由未知数的赋值唯一确定. 因此，我们证明了以下定理.

定理 1.16 线性方程组是相容的，其充要条件是，在把它化为阶梯形后，不存在形如 $0=\bar{b}_k$(其中 $\bar{b}_k\neq 0$) 的方程. 如果满足这个条件，就可以给自由未知数赋以任意的值，而主未知数的值(对于自由未知数的取值的每个给定的集合) 是由方程组唯一确定的.

现在，我们来解释一下，什么时候方程组在我们所研究的相容性的条件满足的假设下是定的. 根据定理 1.16，这个问题很容易得到解答. 事实上，如果方程组(1.18) 中存在自由未知数，那么这个方程组肯定是不定的，因为我们可以给每个自由未知数任意赋值，根据定理 1.16，主未知数的赋值由方程组确定.

另外，如果不存在自由未知数，那么所有未知数都是主要的. 根据定理 1.16，它们由方程组唯一确定，这说明方程组是定的. 因此，确定性的充要条件是方程组 (1.18) 中不存在自由未知数. 反过来，这等价于方程组中的所有未知数都是主要的. 但是显然，它等价于等式 $r=n$，因为 r 是主未知数的个数，n 是未知数的总数. 这样我们就证明了以下结论.

定理 1.17 一个相容方程组是定的，其充要条件是，方程组(1.18) 在化为阶梯形后，我们有等式 $r=n$.

备注 1.18 任何 n 个未知数、n 个方程的方程组(即有 $m=n$) 化为阶梯形后可以写成形式

$$\begin{cases}\bar{a}_{11}x_1+\bar{a}_{12}x_2+\cdots+\bar{a}_{1n}x_n=\bar{b}_1\\ \qquad\quad \bar{a}_{22}x_2+\cdots+\bar{a}_{2n}x_n=\bar{b}_2\\ \qquad\qquad\qquad \cdots\\ \qquad\qquad\qquad\quad \bar{a}_{nn}x_n=\bar{b}_n\end{cases} \tag{1.19}$$

(然而，并非每个形如(1.19) 的方程组都是阶梯形，因为某些 $\bar{a}_{ii}$ 可以是零). 事实上，式(1.19) 表明，在方程组中，当 $i<k$ 时，第 k 个方程不取决于未知数 x_i，阶梯形方程组自动满足这个条件.

形如(1.19) 的方程组称为上三角形. 方程组(1.19) 对应的矩阵称为上三角形矩阵.

根据这一观察，对于 $m=n$ 的情形，我们可以用另一种形式表述定理 1.15. 条件 $r=n$ 说明所有未知数 $x_1, x_2, \cdots, x_n$ 都是主要的，这说明在方程组(1.19) 中，系数满足 $\bar{a}_{11}\neq 0, \cdots, \bar{a}_{nn}\neq 0$. 这就证明了以下推论.

推论 1.19 方程组(1.3) 在 $m=n$ 的情形中是相容且定的，当且仅当将其化为阶梯形后，我们得到系数 $\bar{a}_{11}\neq 0, \bar{a}_{22}\neq 0, \cdots, \bar{a}_{nn}\neq 0$ 的上三角方程组 (1.19).

我们看到这个条件独立于常数项，因此，我们得到了定理 1.12 的另一个证明(尽管它也是基于 Gauss 消元法的思想).

1.3 例　　子*

现在，我们给出一些 Gauss 消元法的应用的例子，并借助它得到一些具体问题的研究的新结果.

例 1.20 表达式

$$f = a_0 + a_1 x + a_2 x^2 + \cdots + a_n x^n$$

称为未知数 x 的多项式，其中a_i 是一确定的数. 如果$a_n \neq 0$，那么数 n 称为多项式 f 的次数. 如果我们用某个数值 $x = c$ 替换未知数 x，我们得到数$a_0 + a_1 c + a_2 c^2 + \cdots + a_n c^n$，它称为多项式在 $x = c$ 时的值，记作 $f(c)$.

我们经常遇到以下类型的问题：给定两组数$c_1, \cdots, c_r$ 和$k_1, \cdots, k_r$，使得$c_1, \cdots, c_r$ 是不同的. 有没有可能找到一个多项式 f 使得对$i=1, \cdots, r$，有 $f(c_i) = k_i$？构造这样一个多项式的过程称为插值. 当在不同时刻$c_1, \cdots, c_r$ 用实验法测量某个变量(比如温度) 的值时，就会遇到这类问题. 如果这样的插值是可能的，那么得到的多项式提供了与实验测量值一致的温度的一个公式.

我们可以通过以下方式更形象地描述插值问题：说明我们正在寻找的 n 次多项式$f(x)$，使函数 $y=f(x)$ 的图像在笛卡儿坐标系中经过给定点(c_i, k_i)(对于 $i=1, \cdots, r$)(如图 1.2).

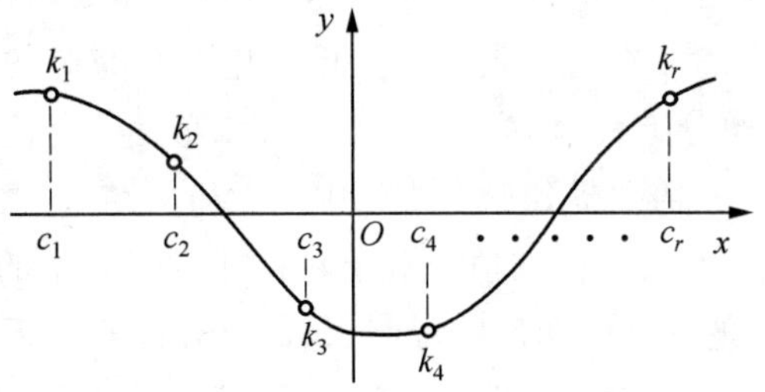

图 1.2　过给定点集的多项式的图

我们来明确地写出问题的条件

$$\begin{cases} a_0 + a_1 c_1 + \cdots + a_n c_1^n = k_1 \\ a_0 + a_1 c_2 + \cdots + a_n c_2^n = k_2 \\ \cdots \\ a_0 + a_1 c_r + \cdots + a_n c_r^n = k_r \end{cases} \tag{1.20}$$

对于要求的多项式 f，我们得到关系式(1.20)，它是一个线性方程组. 数$a_0, \cdots, a_n$ 是未知数. 未知数的个数为 $n+1$(这里不是从通常的a_1 开始计数，而是从a_0 开始计数). 数 1 和c_i^k 是未知数的系数，$k_1, \cdots, k_r$ 是常数项.

如果$r=n+1$，那么它就是定理1.12及其推论的情形. 因此，当$r=n+1$时，插值问题有唯一解，当且仅当相伴方程组(1.20) 只有零解. 这个相伴方程组可以写为这样的形式

$$\begin{cases} f(c_1)=0 \\ f(c_2)=0 \\ \quad\cdots \\ f(c_r)=0 \end{cases} \tag{1.21}$$

使得 $f(c)=0$ 的数 c 称为多项式 f 的根.一个简单的代数定理(Bézout 定理的一个推论)表明,多项式的根的个数不大于其次数(除了所有 a_i 都等于 0 的情形,在该情形中,次数是未定义的).这说明(如果数 c_i 是不同的,这是一个自然的假设)当 $r=n+1$ 时,方程组(1.21)只有在所有 a_i 都等于 0 的时候是满足的.我们得到,在这些条件下,方程组(1.20)(即插值问题)有一个解,并且解是唯一的.我们注意到,得到多项式的系数的显式公式并不是特别困难.这将在第 2.4 节和第 2.5 节中完成.

接下来的例子难度更大一些.

例 1.21 从物理学中的许多问题(例如当在固体表面保持已知温度时的固体中的热分布,或者当在物体表面保持已知电荷分布时的物体的电荷分布,等等)可得出一个微分方程,称为 Laplace 方程.它是一个偏微分方程,我们不需要在这里描述它,只需要提到一个称为中值性质的结果,根据该结果,未知数(满足 Laplace 方程)在每点上的值都等于它在"附近"点上的算术平均值.我们不需要对"附近点"的含义做明确的说明(只需要知道它有无穷多个,并且这个性质是用积分来定义的).然而,我们将演示求 Laplace 方程的近似解的方法.仅为简化演示,我们考虑二维的情形而不是以上描述的三维的情形.也就是说,我们将检验一个二维图形及其边界,而不是一个三维物体及其表面,如图 1.3(a).为了在平面上构造一个近似解,我们构造一个相同小正方形的格子(正方形越小,近似越好),图形的轮廓由最接近的小正方形的边所替换,如图 1.3(b).

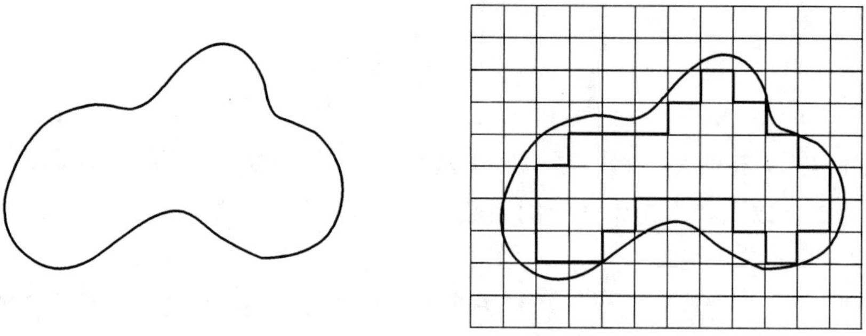

(a) (b)

图 1.3 构造 Laplace 方程的近似解

我们只检验在小正方形的顶点上的未知数(温度,电荷等)的值.现在,“附近点”的概念获得了明确的含义:格子框架中的正方形的每个顶点正好都有四个附近点,即“附近”顶点.例如,在图1.4中,点a有附近顶点b,c,d,e.

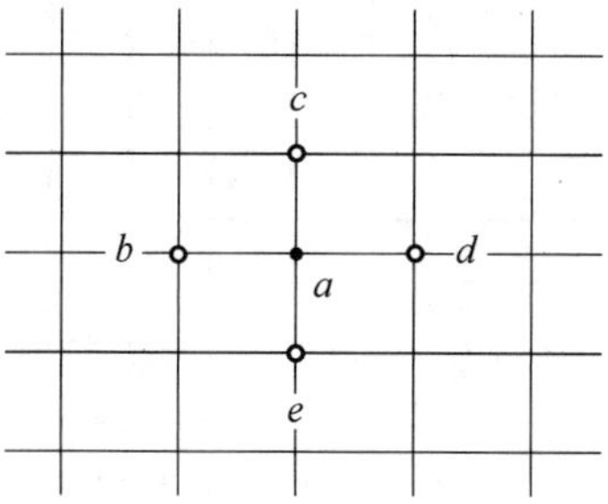

图1.4 a的“附近顶点”是点b,c,d,e

我们考虑与边界相交的正方形的所有顶点a,作为某些给定量x_a(图1.3(b)中的粗直线),我们对位于该轮廓内的正方形的顶点寻找这样的值.现在,图1.4中点a的中值性质的近似模拟是关系式

$$x_a=\frac{x_b+x_c+x_d+x_e}{4} \tag{1.22}$$

因此,轮廓内的未知数和顶点一样多,并且每个这样的顶点都对应一个形如(1.22)的方程.这说明我们有一个线性方程组,其中方程的个数等于未知数的个数.如果顶点b,c,d,e中的某个位于轮廓上,那么相应的量x_b,x_c,x_d,x_e中的那个必须赋值,在这种情形中,方程(1.22)是非齐次的.我们将证明线性方程组的理论的一个结论:无论我们如何在图形的边界上赋值,相伴线性方程组总有唯一解.

我们清楚地发现这是推论1.13的情形,因此,它足以验证相伴齐次方程组只有零解.相伴齐次方程组对应于图形边界上的所有值都等于零的情形.我们假设它有一个解$x_1,\cdots,x_N$(其中N是方程的个数),它不是零解.如果在数x_i中至少有一个正数,那么我们用x_a表示最大的正数.那么方程(1.22)(其中x_b,x_c,x_d,x_e中的任意一个都等于零,如果相关的点b,c,d,e都在轮廓上)只有当$x_b=x_c=x_d=x_e=x_a$时是满足的,因为算术平均值不超过数的最大值.

我们可以对点b进行类似的推导,并且我们发现每个附近点的值都等于x_a.通过继续向右移动,最后到达轮廓上的点p,由此我们得到$x_p=x_a>0$.但这与轮廓上的点p的值x_p等于零的假设相矛盾.例如,对于图1.5的简单轮廓,我们得到等式$x_b=x_a,x_c=x_b=x_a,x_d=x_a,x_e=x_a,x_p=x_a$,最后一个是不可能的,因为$x_a>0,x_p=0$.如果解中的所有的数$x_i$都是非正的,但不都等于零,那么我们可以重复上述论证，取x_a为其中最小的数(绝对值最大的数).

上述论证可以用于(通过极限) 证明 Laplace 方程的解的存在性[①].

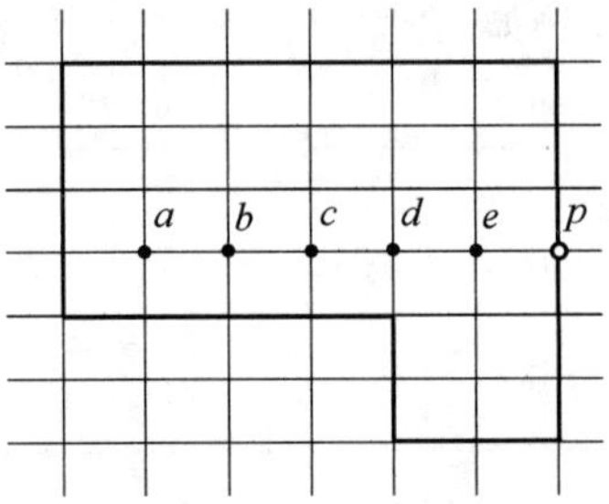

图 1.5　Laplace 方程近似解的简单轮廓

例 1.22　本例涉及电网. 这样的网络(如图 1.6) 由导体组成，我们考虑每个导体都是均匀的，把连在一起的点称为节点. 在网络中的一点处，一条直流电i流入，而在另一点，电流j流出. 由于每个导体是均匀的，所以流过的电流也是均匀的.

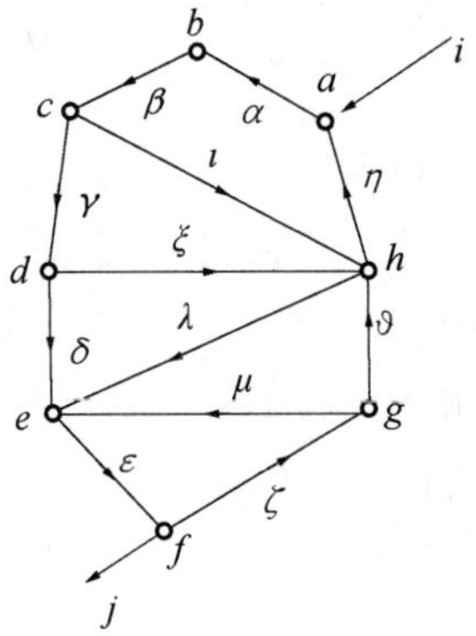

图 1.6　电网

我们用希腊字母$\alpha,\beta,\gamma,\cdots$来表示导体，用$i_\alpha$来表示导体$\alpha$中的电流强度. 已知电流$i$，我们想求出在网络中的所有导体$\alpha,\beta,\gamma,\cdots$中的电流$i_\alpha,i_\beta,i_\gamma,\cdots$和电流$j$. 我们用$a,b,c,\cdots$表示网络的节点.

在此，我们需要做一个额外的改进. 由于导体中的电流沿特定方向流动，因此，用符号指示方向是有意义的. 对于每个导体，这种选择是任意的，我们用箭

① 这一证明是由 Lyusternik 给出的，我们在这里给出的证明和论点都取自 I. G. Petrovsky 的 *Lectures on Partial Differential Equations*，Dover Books on Mathematics，1992. 本书中译本：彼得罗夫斯基，《偏微分方程讲义》，人民教育出版社，1960.

头指定方向. 由导体连接的节点称为其起点和终点，箭头从导体的起点指向终点. 导体 α 的起点记作α'，终点记作α''. 电流i_α 视为正的，如果它沿着箭头的方向流动，反之，则视为负的. 我们称电流i_α 从节点a 流出（从节点a 流入），如果导体 α 的起始（结束）节点是 a. 例如，在图 1.6 中，电流i_α 从节点a 流出，并流入 b；因此，根据我们的记号，有$\alpha'=a$，$\alpha''=b$.

我们进一步假设所讨论的网络满足以下自然条件：两个任意节点 a 和 b 可以由某组节点$c_1,\cdots,c_n$ 连接，使得每对 a,c_1；c_1,c_2；$\cdots$；c_{n-1},c_n；c_n,b 都由一个导体连接. 我们称网络的这个性质为连通性. 不满足此条件的网络可以分解为若干子网络，每个子网络的节点不与任意其他子网络的任意节点相连（图 1.7）. 那么，我们可以分别考虑每个子网络.

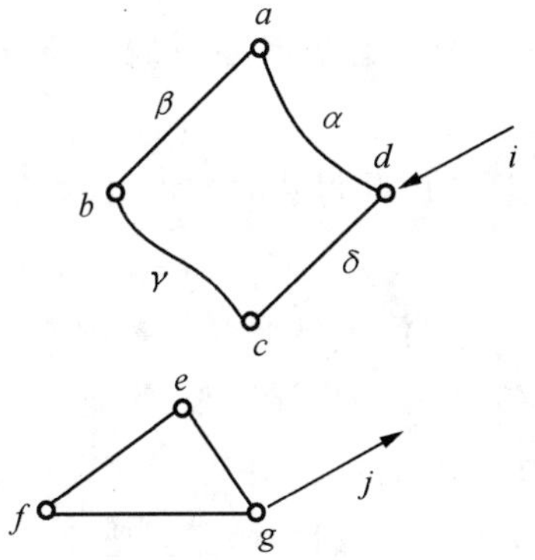

图 1.7　可分解网络

一些节点$a_1,\cdots,a_n$ 连接导体$\alpha_1,\cdots,\alpha_n$，使得导体α_1 连接节点a_1 和a_2，导体 α_2 连接节点a_2 和a_3，……，导体α_{n-1} 连接节点a_{n-1} 和a_n，导体α_n 连接节点a_n 和a_1，以上连接方式形成的电路称为闭合电路. 例如，在图 1.6 中，可以选择节点 a,b,c,d,h 和导体$\alpha,\beta,\gamma,\xi,\eta$ 作为闭合电路，或者，例如，节点 e,g,h,d 和导体μ,ϑ,ξ,δ 作为闭合电路. 闭合电路中的电流分布由两个众所周知的物理定律决定：Kirchhoff 定律（第一定律和第二定律）.

Kirchhoff 第一定律适用于网络的每个节点，并断言流入节点的电流之和等于流出节点的电流之和. 更确切地说，在导体中，终点为节点 a 的导体中的电流总和等于起点为节点 a 的导体中的电流总和. 这可以用以下公式表示：对每个节点 a，有

$$\sum_{\alpha'=a} i_\alpha - \sum_{\beta''=a} i_\beta = 0 \tag{1.23}$$

例如，在图 1.6 中，对于节点 e，我们得到方程

$$i_\varepsilon - i_\delta - i_\lambda - i_\mu = 0$$

Kirchhoff 第二定律适用于由网络中的导体构成的任意闭合电路. 也就是说,如果导体α_l 构成电路 C,那么在指定此电路的方向后,这个定律由以下方程表示

$$\sum_{\alpha_l \in C} \pm p_{\alpha_l} i_{\alpha_l} = 0 \tag{1.24}$$

其中p_{α_l} 是导体α_l 的电阻(它总是一个正数,因为导体是均匀的),如果导体选定的方向(由一个箭头表示)与电路中电流方向一致,那么取加号;如果导体选定的方向与电流方向相反,那么取减号. 例如,对于具有节点 e,g,h,d 的闭合电路 C,如图 1.6 所示,并且具有指定的电流方向,Kirchhoff 定律给出方程

$$-p_\mu i_\mu + p_\vartheta i_\vartheta - p_\xi i_\xi + p_\delta i_\delta = 0 \tag{1.25}$$

由此,我们得到了一个线性方程组,其中未知数为$i_\alpha, i_\beta, i_\gamma, \cdots$ 和 j. 这样的方程组在许多问题中都会遇到,例如运输网络中的负荷分配和管道系统中水的分配.

现在,我们的目标是证明由此得到的方程组(对于给定的网络和电流 i) 有唯一解.

首先,我们观察到,流出电流 j 等于 i. 从物理上考虑,这是显然的,但是我们必须从 Kirchhoff 定律的方程中推导出来. 为此,我们集齐网络的所有节点 a 的 Kirchhoff 第一定律的方程(1.23). 在得到的方程中,我们多久会遇到导体 α? 当我们检查对应节点 $a=\alpha'$ 的方程时,我们遇到过一次,另一次是节点 $a=\alpha''$ 的时候. 此外,电流i_α 出现在两个符号相反的方程中,这说明它们相互抵消了. 结果方程中剩下的是电流 i(对于电流流入的点) 和 $-j$(对于电流流出的点). 这就得到方程 $i-j=0$,即 $i=j$.

现在,我们注意到,并非所有对应于 Kirchhoff 第二定律的方程(1.24) 都是独立的. 我们称闭合电路$\alpha_1,\cdots,\alpha_n$ 为一个单元,如果在$\alpha_1,\cdots,\alpha_n$ 中,其每对节点仅由$\alpha_1,\cdots,\alpha_n$ 中的一个导体连接. 每个闭合电路可以分解为若干个单元. 例如,在图 1.6 中,具有节点 e,g,h,d 和导体μ,ϑ,ξ,δ 的电路C 可以分解为两个单元:一个具有节点 e,g,h 和导体μ,ϑ,λ,另一个具有节点 e,h,d 和导体λ,ξ,δ. 在这种情形中,对应于电路的方程(1.24) 是对应于单个单元(带有适当的电路方向) 的方程的和. 例如,对于具有节点 e,g,h,d 的电路C,方程(1.25) 为对应于具有节点 e,g,h 的单元和具有节点e,h,d 的单元的以下方程的和

$$-p_\mu i_\mu + p_\vartheta i_\vartheta + p_\lambda i_\lambda = 0, \quad -p_\lambda i_\lambda - p_\xi i_\xi + p_\delta i_\delta = 0$$

因此,我们可以把注意力限制在网络单元的方程上. 那么,我们来证明,在对应于 Kirchhoff 第一定律和第二定律的整个方程组(1.23) 和(1.24) 中,方程

的个数将等于未知数的个数. 我们用N_{cell}，N_{cond}和N_{node}分别表示网络中的单元、导体和节点的个数. 未知数i_α和j的个数等于$N_{\text{cond}}+1$. 每个单元和每个节点给出一个方程. 这说明方程的个数等于$N_{\text{cell}}+N_{\text{node}}$，我们需要证明等式

$$N_{\text{cell}}+N_{\text{node}}=N_{\text{cond}}+1 \tag{1.26}$$

这是一个常见的等式. 它来自于拓扑学，称为 Euler 定理. 这很容易证明，就像我们现在将要演示的那样.

我们做出一个重要的观察，我们的网络位于平面上：导体不必是直线段，但它们必须是平面中不相交的曲线. 我们对单元的个数作归纳法. 我们去掉其中一个“外部”单元的“外”边（例如，图 1.8(a) 中的边(b,c,d)）. 在这种情形中，单元的个数N_{cell}减 1.

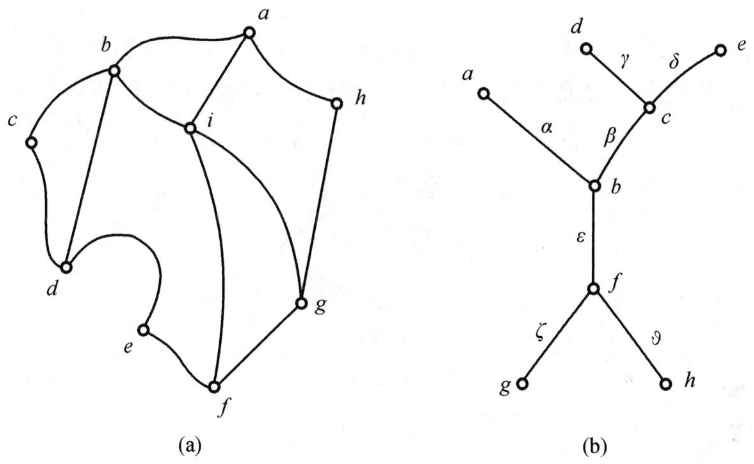

图 1.8　Euler 定理的证明的电路

如果“去掉”的一边有k个导体，则数N_{cond}减k，而数N_{node}减$k-1$. 总之，$N_{\text{cell}}-N_{\text{cond}}+N_{\text{node}}-1$不变. 在此过程中，没有破坏连通性. 事实上，初始网络的任意两个节点都可以由节点序列$c_1,\cdots,c_n$连接. 如果该序列的一部分由单元的“去掉”边的顶点构成，那么我们可以用“未去掉”边的节点序列来替换它们.

该过程将证明简化为$N_{\text{cell}}=0$的情形，即不包含闭合电路的网络. 现在，我们必须证明，对于这样的网络，有$N_{\text{node}}-N_{\text{cond}}=1$. 我们现在对数$N_{\text{cond}}$用归纳法. 我们去掉任何“外部”导体，至少其一终点不是另一个导体的终点（例如，图 1.8(b) 中的导体α）. 那么，数N_{cond}和N_{node}都减 1，并且$N_{\text{cond}}-N_{\text{node}}$不变. 我们容易证明，在这种情形中，连通性再次得到保留. 因此，我们得到$N_{\text{cond}}=0$，但$N_{\text{node}}>0$. 由于网络必须是连通的，我们有$N_{\text{node}}=1$，显然，我们有等式$N_{\text{node}}-$

$N_{cond} = 1$.

现在,我们注意到满足关系式(1.24)的网络的一个重要性质,该关系式来自 Kirchhoff 第二定律(对于给定电流i_α).对于每个节点 a,可以关联一个数r_a,使得对于从 a 开始,到 b 结束的任意导体 α,满足以下方程

$$p_\alpha i_\alpha = r_a - r_b \tag{1.27}$$

为了确定这些数r_a,我们选取某个节点 x,并为其赋值任意数r_x.那么,对于通过某个导体 α 连接到 x 的每个节点 y,我们设$r_y = r_x - p_\alpha i_\alpha$,如果 x 在α 的起点,y 在终点,在相反的情形中,设$r_y = r_x + p_\alpha i_\alpha$.那么,以完全相同的方式,我们来确定通过导体连接到检查节点 x, y 等中的一个的每个节点的数r_z.考虑到连通性条件,我们最终到达网络的每个节点 t,我们对其赋值数r_t.但仍有必要证明这个数r_t与我们从x 到t 的路径无关(即我们选作 y 的点,选作 z 的点,等等).为了实现这一点,需要注意到,连接节点x 和t 的两个不同路径构成一个闭合电路(图 1.9),我们要求的关系式遵循 Kirchhoff 第二定律(方程(1.24)).

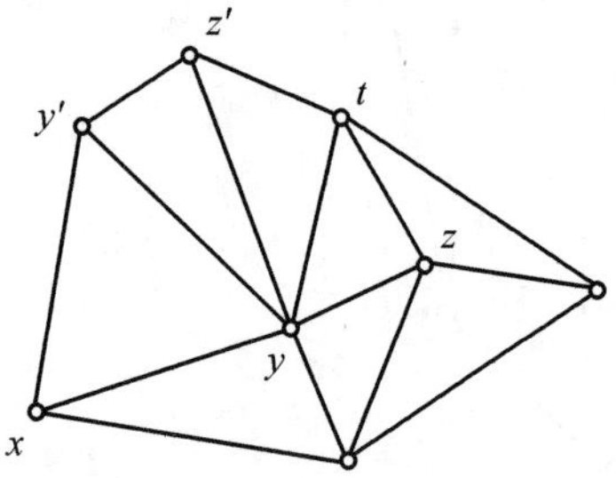

图 1.9　包含节点 x 和 t 的闭合电路

现在,容易证明,对于所有节点由 Kirchhoff 第一定律得到的线性方程组(1.23)和对于所有单元由 Kirchhoff 第二定律得到的(1.24)有唯一解.为此,我们知道,只需证明相伴齐次方程组仅有零解.该齐次方程组是在$i=j=0$时得到的.

当然,“从物理上讲”,这是显然的,如果我们不给网络中加上电流,那么它的导体中就不会有电流,但是我们必须证明这特别符合 Kirchhoff 定律.

为此,考虑和$\sum_\alpha p_\alpha i_\alpha^2$,其中和覆盖网络中所有导体.我们把项$p_\alpha i_\alpha^2$ 拆为两个因式:$p_\alpha i_\alpha^2 = (p_\alpha i_\alpha) \cdot i_\alpha$.我们基于关系式(1.27),用$r_a - r_b$ 替换第一个因式,其中 a 是导体α 的起点,b 是终点.我们得到和$\sum_\alpha (r_a - r_b) i_\alpha$,我们合并与特定节点$c$ 相关的含第一个因式r_a 或$-r_b$ 的项.那么我们可以把数r_c 提到括号外,括号内保持和$\sum_{\alpha'=c} i_\alpha - \sum_{\beta''=c} i_\beta$,根据 Kirchhoff 第一定律,它等于零.最后,我

们得到 $\sum_{\alpha} p_{\alpha} i_{\alpha}^{2}=0$,因为电阻$p_{\alpha}$为正,所以所有电流$i_{\alpha}$必须都等于零.

最后,我们提到,数学中出现的网络称为图,而“导体”成为图的边.在图的每条边都指定一个方向(例如,带有箭头)的情形中,那么,该图称为有向的.该定理不适用于任意图,但仅适用于那些,比如我们在本例中考虑的网络,它们可以在平面上画出来,并且没有交叉的边(对此,我们省略精确的定义).这样的图称为平面图.

矩阵与行列式

第2章

2.1　二阶与三阶行列式

我们首先考虑含有两个未知数、两个方程的方程组

$$\begin{cases} a_{11}x_1 + a_{12}x_2 = b_1 \\ a_{21}x_1 + a_{22}x_2 = b_2 \end{cases}$$

为了确定x_1，我们试图从方程组中消去x_2. 为此，只需将第一个方程乘以a_{22}，将第二个方程乘以$-a_{12}$，再将所得两式相加. 我们得到

$$(a_{11}a_{22} - a_{21}a_{12})x_1 = b_1a_{22} - b_2a_{12}$$

我们考虑$a_{11}a_{22} - a_{21}a_{12} \neq 0$的情形. 那么我们得到

$$x_1 = \frac{b_1a_{22} - b_2a_{12}}{a_{11}a_{22} - a_{21}a_{12}} \tag{2.1}$$

类似地，为了求出x_2的值，我们将第一个方程乘以$-a_{21}$，第二个方程乘以a_{11}，再将所得两式相加. 同样假设$a_{11}a_{22} - a_{21}a_{12} \neq 0$，我们得到

$$x_2 = \frac{b_2a_{11} - b_1a_{21}}{a_{11}a_{22} - a_{21}a_{12}} \tag{2.2}$$

出现在公式(2.1)和(2.2)的分母上的表达式$a_{11}a_{22} - a_{12}a_{21}$称为矩阵$\begin{pmatrix} a_{11} & a_{12} \\ a_{21} & a_{22} \end{pmatrix}$的行列式(称为二阶行列式，或$2\times 2$行列式)，记作$\begin{vmatrix} a_{11} & a_{12} \\ a_{21} & a_{22} \end{vmatrix}$. 因此，根据定义，我们有

$$\begin{vmatrix} a_{11} & a_{12} \\ a_{21} & a_{22} \end{vmatrix} = a_{11}a_{22} - a_{21}a_{12} \tag{2.3}$$

我们看到，在公式(2.1)和(2.2)的分子中也出现了形如(2.3)的表达式. 使用我们已经引入的记号，可以把这些公式改写为以下形式

$$x_1=\frac{\begin{vmatrix}b_1 & a_{12}\\ b_2 & a_{22}\end{vmatrix}}{\begin{vmatrix}a_{11} & a_{12}\\ a_{21} & a_{22}\end{vmatrix}},\quad x_2=\frac{\begin{vmatrix}a_{11} & b_1\\ a_{21} & b_2\end{vmatrix}}{\begin{vmatrix}a_{11} & a_{12}\\ a_{21} & a_{22}\end{vmatrix}} \tag{2.4}$$

表达式(2.3)不仅适用于对称地写出含有两个未知数的两个方程，而且在很多情况下都会遇到它，因此它有特殊的名称和记号. 例如，考虑平面上各自坐标为(x_1,y_1)和(x_2,y_2)的两点A和B；如图2.1. 不难看出，$\triangle OAB$的面积等于$(x_1y_2-y_1x_2)/2$. 例如，我们可以从$\triangle OBD$的面积减去矩形$ACDE$，$\triangle ABC$和$\triangle OAE$的面积. 由此，我们得到

$$\triangle OAB=\frac{1}{2}\begin{vmatrix}x_1 & y_1\\ x_2 & y_2\end{vmatrix}$$

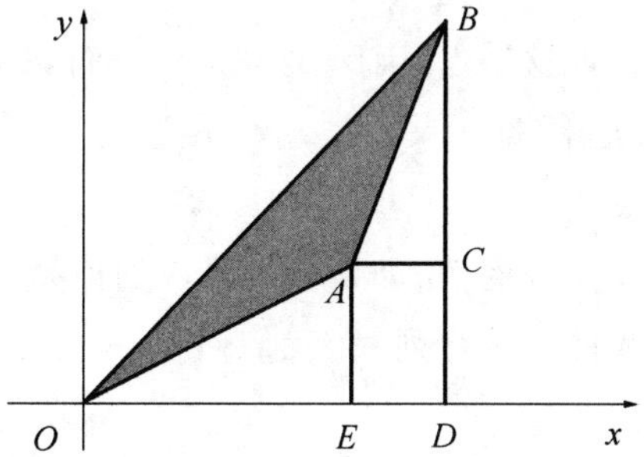

图 2.1

有了含有两个未知数、两个方程的方程组的解的公式，我们可以求解其他某些方程组. 例如，考虑以下含有三个未知数的齐次线性方程组

$$\begin{cases}a_{11}x_1+a_{12}x_2+a_{13}x_3=0\\ a_{21}x_1+a_{22}x_2+a_{23}x_3=0\end{cases} \tag{2.5}$$

我们对该方程组的非零解感兴趣，即至少有一个x_i不等于零的解. 例如，假设$x_3\neq 0$. 对两式左右两边同时除以$-x_3$，并设$-x_1/x_3=y_1$，$-x_2/x_3=y_2$，我们可以把方程组写为以下形式

$$\begin{cases}a_{11}y_1+a_{12}y_2=a_{13}\\ a_{21}y_1+a_{22}y_2=a_{23}\end{cases}$$

这是我们已经考虑过的一种形式. 如果$\begin{vmatrix}a_{11} & a_{12}\\ a_{21} & a_{22}\end{vmatrix}\neq 0$，那么由公式(2.4)给出

表达式

$$y_1=-\frac{x_1}{x_3}=\frac{\begin{vmatrix}a_{13} & a_{12}\\ a_{23} & a_{22}\end{vmatrix}}{\begin{vmatrix}a_{11} & a_{12}\\ a_{21} & a_{22}\end{vmatrix}},\quad y_2=-\frac{x_2}{x_3}=\frac{\begin{vmatrix}a_{11} & a_{13}\\ a_{21} & a_{23}\end{vmatrix}}{\begin{vmatrix}a_{11} & a_{12}\\ a_{21} & a_{22}\end{vmatrix}}$$

不出所料，我们从方程组(2.5)中确定的不是x_1，x_2，x_3，而仅是它们之间的相互关系：从这样的齐次方程组中容易得出，如果(c_1,c_2,c_3)是一个解且p是一个任意数，那么(pc_1,pc_2,pc_3)也是一个解. 因此，我们可以设

$$x_1=-\begin{vmatrix}a_{13} & a_{12}\\ a_{23} & a_{22}\end{vmatrix},\quad x_2=-\begin{vmatrix}a_{11} & a_{13}\\ a_{21} & a_{23}\end{vmatrix},\quad x_3=\begin{vmatrix}a_{11} & a_{12}\\ a_{21} & a_{22}\end{vmatrix}\tag{2.6}$$

任意一个解都可由这个解通过对所有x_i乘以p得到. 为了使我们得到的解具有更对称的形式，我们观察到，我们总是有

$$\begin{vmatrix}a & b\\ c & d\end{vmatrix}=-\begin{vmatrix}b & a\\ d & c\end{vmatrix}$$

借助公式(2.3)，容易验证这一点. 因此，公式(2.6)可以写成以下形式

$$x_1=\begin{vmatrix}a_{12} & a_{13}\\ a_{22} & a_{23}\end{vmatrix},\quad x_2=-\begin{vmatrix}a_{11} & a_{13}\\ a_{21} & a_{23}\end{vmatrix},\quad x_3=\begin{vmatrix}a_{11} & a_{12}\\ a_{21} & a_{22}\end{vmatrix}\tag{2.7}$$

公式(2.7)给出了x_1，x_2，x_3的值，如果我们依次划掉第一列、第二列和第三列，那么得到具有交替符号的二阶行列式. 我们回忆一下，这些公式是基于以下假设得出的

$$\begin{vmatrix}a_{11} & a_{12}\\ a_{21} & a_{22}\end{vmatrix}\neq 0$$

容易检查我们已经证明的结论是成立的，如果在公式(2.7)中出现的三个行列式中至少有一个不等于零. 如果三个行列式都是零，那么，公式(2.7)再次给出一个解，即零解，但是现在我们不能再断言所有的解都是通过乘以一个数得到的(事实上，这不是真的).

现在，我们来考虑含有三个未知数、三个方程的方程组的情形

$$\begin{cases}a_{11}x_1+a_{12}x_2+a_{13}x_3=b_1\\ a_{21}x_1+a_{22}x_2+a_{23}x_3=b_2\\ a_{31}x_1+a_{32}x_2+a_{33}x_3=b_3\end{cases}$$

为了得到x_1的值，我们再次想要从方程组中消去x_2和x_3. 为此，我们将第一个方程乘以c_1，第二个方程乘以c_2，第三个方程乘以c_3，再将所得的三个方程相加. 因此，我们将选取c_1，c_2和c_3使得在得到的方程组中，带有x_2和x_3的项都等于

零. 设相伴系数为零,对于c_1,c_2 和c_3,我们得到以下方程组

$$\begin{cases}a_{12}c_1+a_{22}c_2+a_{32}c_3=0\\a_{13}c_1+a_{23}c_2+a_{33}c_3=0\end{cases}$$

这与公式(2.5) 是同类型方程组. 因此,我们可以利用我们推导出的公式(2.6),取

$$c_1=\begin{vmatrix}a_{22}&a_{32}\\a_{23}&a_{33}\end{vmatrix},\quad c_2=-\begin{vmatrix}a_{12}&a_{32}\\a_{13}&a_{33}\end{vmatrix},\quad c_3=\begin{vmatrix}a_{12}&a_{22}\\a_{13}&a_{23}\end{vmatrix}$$

因此,我们得到关于x_1 的方程

$$\left(a_{11}\begin{vmatrix}a_{22}&a_{32}\\a_{23}&a_{33}\end{vmatrix}-a_{21}\begin{vmatrix}a_{12}&a_{32}\\a_{13}&a_{33}\end{vmatrix}+a_{31}\begin{vmatrix}a_{12}&a_{13}\\a_{22}&a_{23}\end{vmatrix}\right)x_1$$
$$=b_1\begin{vmatrix}a_{22}&a_{23}\\a_{32}&a_{33}\end{vmatrix}-b_2\begin{vmatrix}a_{12}&a_{32}\\a_{13}&a_{33}\end{vmatrix}+b_3\begin{vmatrix}a_{12}&a_{13}\\a_{22}&a_{23}\end{vmatrix}\tag{2.8}$$

等式(2.8) 中x_1 的系数称为矩阵

$$\begin{pmatrix}a_{11}&a_{12}&a_{13}\\a_{21}&a_{22}&a_{23}\\a_{31}&a_{32}&a_{33}\end{pmatrix}$$

的行列式,记作

$$\begin{vmatrix}a_{11}&a_{12}&a_{13}\\a_{21}&a_{22}&a_{23}\\a_{31}&a_{32}&a_{33}\end{vmatrix}$$

因此,根据定义,有

$$\begin{vmatrix}a_{11}&a_{12}&a_{13}\\a_{21}&a_{22}&a_{23}\\a_{31}&a_{32}&a_{33}\end{vmatrix}=a_{11}\begin{vmatrix}a_{22}&a_{23}\\a_{32}&a_{33}\end{vmatrix}-a_{21}\begin{vmatrix}a_{12}&a_{13}\\a_{32}&a_{33}\end{vmatrix}+a_{31}\begin{vmatrix}a_{12}&a_{13}\\a_{22}&a_{23}\end{vmatrix}\tag{2.9}$$

显然,等式(2.8) 的右边是通过从x_1 的系数中用a_{i1} 替换$b_i(i=1,2,3)$ 得到的. 因此,等式(2.8) 可以写为以下形式

$$\begin{vmatrix}a_{11}&a_{12}&a_{13}\\a_{21}&a_{22}&a_{23}\\a_{31}&a_{32}&a_{33}\end{vmatrix}x_1=\begin{vmatrix}b_1&a_{12}&a_{13}\\b_2&a_{22}&a_{23}\\b_3&a_{32}&a_{33}\end{vmatrix}$$

我们假设x_1 的系数(即行列式(2.9)) 不为零. 那么我们有

$$x_1=\frac{\begin{vmatrix} b_1 & a_{12} & a_{13} \\ b_2 & a_{22} & a_{23} \\ b_3 & a_{32} & a_{33} \end{vmatrix}}{\begin{vmatrix} a_{11} & a_{12} & a_{13} \\ a_{21} & a_{22} & a_{23} \\ a_{31} & a_{32} & a_{33} \end{vmatrix}} \tag{2.10}$$

我们容易对x_2和x_3作同样的计算.那么,我们得到公式

$$x_2=\frac{\begin{vmatrix} a_{11} & b_1 & a_{13} \\ a_{21} & b_2 & a_{23} \\ a_{31} & b_3 & a_{33} \end{vmatrix}}{\begin{vmatrix} a_{11} & a_{12} & a_{13} \\ a_{21} & a_{22} & a_{23} \\ a_{31} & a_{32} & a_{33} \end{vmatrix}}, \quad x_3=\frac{\begin{vmatrix} a_{11} & a_{12} & b_1 \\ a_{21} & a_{22} & b_2 \\ a_{31} & a_{32} & b_3 \end{vmatrix}}{\begin{vmatrix} a_{11} & a_{12} & a_{13} \\ a_{21} & a_{22} & a_{23} \\ a_{31} & a_{32} & a_{33} \end{vmatrix}}$$

正如二阶行列式可以表示面积一样,三阶行列式存在于许多体积公式中.例如,一个以 O(坐标原点),$A(x_1,y_1,z_1)$,$B(x_2,y_2,z_2)$ 和 $C(x_3,y_3,z_3)$ 为顶点的四面体的体积(如图 2.2) 等于

$$\frac{1}{6}\begin{vmatrix} x_1 & y_1 & z_1 \\ x_2 & y_2 & z_2 \\ x_3 & y_3 & z_3 \end{vmatrix}$$

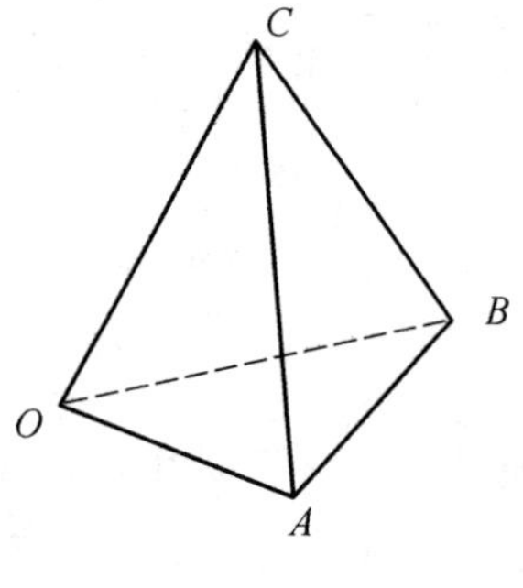

图 2.2

这表明,我们已经引入的行列式的概念在数学的许多分支中都遇到过.现在,我们回到求解含有 n 个未知数、n 个线性方程的方程组的问题上来.

显然,我们可以将同样的推导方法应用于由含有四个未知数的四个方程构成的方程组.为此,我们为了求解含有四个未知数的三个方程的齐次方程组,需要基于公式(2.9) 推导出类似于(2.7) 的公式.那么,为了在含有四个未知数的

四个方程的方程组中消去x_2, x_3, x_4，我们对四个方程分别乘以c_1, c_2, c_3, c_4，再把所得方程相加. 系数c_1, c_2, c_3, c_4将满足含有三个方程的齐次方程组，我们可以求解该方程组. 这将给出未知数$x_1, \cdots, x_4$的唯一可解线性方程(与前面含有两个和三个变量的情形一样，对于任意个数的未知数，思想是相同的). 我们称未知数的系数为四阶行列式. 求解由此得到的线性方程组，我们得到类似于公式(2.10)的表示未知数$x_1, \cdots, x_4$的值的公式. 因此，可以得到具有任意个数的方程和相同个数的未知数的方程组的解.

为了推导出含有n个未知数、n个方程的方程组的解的公式，我们必须引入$n \times n$方阵

$$\begin{pmatrix} a_{11} & a_{12} & \cdots & a_{1n} \\ a_{21} & a_{22} & \cdots & a_{2n} \\ \vdots & \vdots & & \vdots \\ a_{n1} & a_{n2} & \cdots & a_{nn} \end{pmatrix} \tag{2.11}$$

的行列式的概念，即n阶行列式.

之前的分析表明，我们通过归纳法定义$n \times n$行列式：当$n=1$时，我们考虑矩阵(a_{11})的行列式等于数a_{11}，并假设$n-1$阶行列式已定义，我们继续定义n阶行列式.

公式(2.3)和(2.9)给出了应该如何做到这一点. 在这两个公式中，n阶(即二阶或三阶)行列式表示矩阵(2.11)的第一列元素(即元素$a_{11}, a_{21}, \cdots, a_{n1}$)乘以$n-1$阶行列式的代数和. 通过从原矩阵中去掉第一列和给定元素所在的行，得到与第一列的给定元素相乘的$n-1$阶行列式. 然后用交错符号把n个乘积相加.

我们将在下一节给出$n \times n$行列式的一般定义. 上述讨论的唯一目的是使这样的定义易于理解. 本节介绍的公式在本书中将不再使用. 事实上，它们将是我们推导任意阶行列式公式的推论.

2.2 任意阶行列式

$n \times n$方阵

$$A = \begin{pmatrix} a_{11} & a_{12} & \cdots & a_{1n} \\ a_{21} & a_{22} & \cdots & a_{2n} \\ \vdots & \vdots & & \vdots \\ a_{n1} & a_{n2} & \cdots & a_{nn} \end{pmatrix}$$

的行列式是一个与给定矩阵相关的数.它是对数 n 作归纳法来定义的.当 $n=1$ 时,矩阵 (a_{11}) 的行列式只是数 a_{11}.假设我们知道如何计算任意 $n-1$ 阶矩阵的行列式.那么,我们定义方阵 A 的行列式为乘积

$$|A|=a_{11}D_1-a_{21}D_2+a_{31}D_3-a_{41}D_4+\cdots+(-1)^{n+1}a_{n1}D_n \tag{2.12}$$

其中 D_k 是 $n-1$ 阶行列式,通过矩阵 A 删除第一列和第 k 行得到.(读者应该验证,当 $n=2$ 和 $n=3$ 时,我们得到了与上一节中给出的二阶和三阶行列式相同的公式.)

现在,我们引入一些有用的记号和术语.矩阵 A 的行列式记作

$$\begin{vmatrix} a_{11} & a_{12} & \cdots & a_{1n} \\ a_{21} & a_{22} & \cdots & a_{2n} \\ \vdots & \vdots & & \vdots \\ a_{n1} & a_{n2} & \cdots & a_{nn} \end{vmatrix}$$

或者简记为 $|A|$.如果我们删除矩阵 A 的第 i 行和第 j 列,并保持其余元素的顺序,那么,我们最终得到一个 $n-1$ 阶矩阵.其行列式记作 M_{ij},称为矩阵 A 的余子式,或者更确切地说,称为元素 a_{ij} 的相伴余子式.使用此记号,公式(2.12)可以写为以下形式

$$|A|=a_{11}M_{11}-a_{21}M_{21}+a_{31}M_{31}-\cdots+(-1)^{n+1}a_{n1}M_{n1} \tag{2.13}$$

该公式可以用文字这样表述:一个 $n\times n$ 矩阵的行列式等于第一列每个元素乘以其相伴余子式,从加号开始,正、负号交错使用,将各项相加所得的和.

例 2.1 假设一个特定的 n 阶方阵具有这样的性质:除第一行的元素外,其第一列中的所有元素均等于零.即

$$A=\begin{pmatrix} a_{11} & a_{12} & \cdots & a_{1n} \\ 0 & a_{22} & \cdots & a_{2n} \\ \vdots & \vdots & & \vdots \\ 0 & a_{n2} & \cdots & a_{nn} \end{pmatrix}$$

那么,在公式(2.13)中,除第一项外的所有项都等于零.那么,由公式(2.13)给出等式

$$|A|=a_{11}|A'| \tag{2.14}$$

其中矩阵

$$A'=\begin{pmatrix} a_{22} & \cdots & a_{2n} \\ \vdots & & \vdots \\ a_{n2} & \cdots & a_{nn} \end{pmatrix}$$

是 $n-1$ 阶的.

现在,我们要证明等式(2.14)的一个有用的推广.

定理 2.2 对于 $n+m$ 阶方阵 $\overline{A}$ 的行列式,我们有以下公式,其中前 n 列与后 m 行相交处的每个元素都为零

$$|\overline{A}|=\begin{vmatrix} a_{11} & \cdots & a_{1n} & a_{1n+1} & \cdots & a_{1n+m} \\ \vdots & & \vdots & \vdots & & \vdots \\ a_{n1} & \cdots & a_{nn} & a_{nn+1} & \cdots & a_{nn+m} \\ 0 & \cdots & 0 & b_{11} & \cdots & b_{1m} \\ \vdots & & \vdots & \vdots & & \vdots \\ 0 & \cdots & 0 & b_{m1} & \cdots & b_{mm} \end{vmatrix}$$

$$=\begin{vmatrix} a_{11} & \cdots & a_{1n} \\ \vdots & & \vdots \\ a_{n1} & \cdots & a_{nn} \end{vmatrix}\cdot\begin{vmatrix} b_{11} & \cdots & b_{1m} \\ \vdots & & \vdots \\ b_{m1} & \cdots & b_{mm} \end{vmatrix} \tag{2.15}$$

证明:我们再次运用行列式的定义,即公式(2.13),现在是 $n+m$ 阶,我们再次对 n 作归纳法.在该情形中,公式(2.13)的后 m 项都等于零,因此,我们得到

$$|\overline{A}|=a_{11}\overline{M}_{11}-a_{21}\overline{M}_{21}+a_{31}\overline{M}_{31}-\cdots+(-1)^{n+1}a_{n1}\overline{M}_{n1} \tag{2.16}$$

现在显然,$\overline{M}_{i1}$ 是与 $\overline{A}$ 同类型的行列式,但它是 $n-1+m$ 阶的.因此,通过归纳假设,我们可以将定理应用于该行列式,得到

$$|\overline{M}_{i1}|=M_{i1}\cdot\begin{vmatrix} b_{11} & \cdots & b_{1m} \\ \vdots & & \vdots \\ b_{m1} & \cdots & b_{mm} \end{vmatrix} \tag{2.17}$$

其中,对于行列式 $|A|$,M_{i1} 与公式(2.13)中的 M_{i1} 有相同意义.将表达式(2.17)代入公式(2.16),并对于 $|A|$ 应用公式(2.13),我们得到关系式(2.15).定理得证. □

备注 2.3 有人可能会问,为什么在我们的定义中第一列起到特殊的作用,如果我们用第二列、第三列、……,而不是第一列来阐述定义,我们会得到什么样的表达式?正如我们将要看到的,所得表达式与行列式至多相差一个符号.

现在,我们来考虑行列式的某些基本性质.稍后,我们将看到,在行列式的理论中,正如在线性方程组的理论中一样,初等行运算起着重要的作用.我们注意到,诸如Ⅰ和Ⅱ初等行运算都可以应用到矩阵的行上,无论它是否是方程组的矩阵.定理 1.15 表明,任意矩阵都可以变换为阶梯形和三角形.

因此，了解矩阵行上的初等运算怎样影响矩阵的行列式是非常有用的.关于这一点，我们将为矩阵 A 的行引入某些特殊记号：我们用 $\boldsymbol{a}_i$ 表示 A 的第 i 行，$i=1,\cdots,n$. 因此

$$\boldsymbol{a}_i=(a_{i1},a_{i2},\cdots,a_{in})$$

我们将证明行列式的几个重要性质.我们将通过对行列式的阶数 n 用归纳法，来证明下面的性质 2.4，2.6 和 2.7. 当 $n=1$ 时（或对于性质 2.6 来说是当 $n=2$ 时），这些性质是显然的，我们将省略证明.因此，我们可以在证明中假设对于 $n-1$ 阶行列式，这些性质已经得到证明.

根据公式(2.13)，行列式是一个函数，它给矩阵 A 赋值一个特定的数 $|A|$. 现在，我们假设矩阵 A 除第 i 行以外的所有行都是固定的，我们将解释行列式是如何依赖于第 i 行 $\boldsymbol{a}_i$ 中的元素.

性质 2.4 矩阵的行列式是矩阵任意一行的元素的线性函数.

证明：假设我们想要证明矩阵 A 的第 i 行的这个性质.我们将用公式(2.13)证明其中每一项都是第 i 行元素的线性函数.为此，只需选取数 $d_{1j},d_{2j},\cdots,d_{nj}$ 使得

$$\pm a_{j1}M_{j1}=d_{1j}a_{i1}+d_{2j}a_{i2}+\cdots+d_{nj}a_{in}$$

对于所有 $j=1,2,\cdots,n$（见第 13 页线性函数的定义）都成立.我们从项 $\pm a_{i1}M_{i1}$ 开始.由于余子式 M_{i1} 不依赖于第 i 行的元素（在计算中会忽略第 i 行），它仅作为第 i 行的函数的常数.我们设 $d_{1i}=\pm M_{i1}$ 且 $d_{2i}=d_{3i}=\cdots=d_{ni}=0$. 那么，第一项以所需形式表示，实际上是矩阵 A 的第 i 行的线性函数.对于项 $\pm a_{j1}M_{j1}(j\neq i)$，元素 a_{j1} 不出现在第 i 行中，但矩阵 A 的第 i 行的所有元素除了 a_{i1} 都出现在余子式 M_{j1} 的某行中.因此，根据归纳假设，M_{j1} 是这些元素的线性函数，即存在数 $d'_{2j},\cdots,d'_{nj}$，使得

$$M_{j1}=d'_{2j}a_{i2}+\cdots+d'_{nj}a_{in}$$

设 $d_{2j}=a_{j1}d'_{2j},\cdots,d_{nj}=a_{j1}d'_{nj}$，以及 $d_{1j}=0$. 我们确信 $a_{j1}M_{j1}$ 是矩阵 A 的第 i 行的一个线性函数，但这说明函数 $\pm a_{j1}M_{j1}$ 也是如此.因此，$|A|$ 是第 i 行的元素的线性函数的和，由此，$|A|$ 自身是一个线性函数（见第 14 页）. □

推论 2.5 如果我们将定理 1.3 用于作为其第 i 行的函数的行列式[①]，那么

① 在此，我们的语言有点草率.我们已经将行列式定义为一个函数，该函数将矩阵赋值为数，所以当我们谈到“行列式的行”时，这是底层矩阵的行的缩写.

我们得到以下断言：

(1) 矩阵 A 的第 i 行的每个元素乘以数 p，行列式 $|A|$ 乘以相同的数 p.

(2) 如果矩阵 A 的第 i 行的所有元素都是 $a_{ij}=b_j+c_j$ 的形式，那么其行列式 $|A|$ 等于两个矩阵的行列式的和，这两个矩阵中，每个矩阵除第 i 行以外的元素和原矩阵是一样的，第一个矩阵的第 i 行，a_{ij} 换为 b_j，第二个矩阵的第 i 行，a_{ij} 换为 c_j.

性质 2.6 行列式的两行的对换改变其符号.

证明：我们再次从公式(2.13)开始. 我们假设已经交换了第 j 行和第 $j+1$ 行的位置. 首先，我们考虑项 $a_{i1}M_{i1}$，其中 $i\neq j$ 且 $i\neq j+1$. 那么，交换第 j 行和第 $j+1$ 行不影响元素 a_{i1}. 对于余子式 M_{i1}，它包含原矩阵的第 j 行和第 $j+1$ 行的元素(除了每行的第一个元素)，其中它们再次填充相邻的两行. 因此，根据归纳假设，当行转置时，余子式 M_{i1} 变号. 因此，每项 $a_{i1}M_{i1}$(其中 $i\neq j$ 且 $i\neq j+1$)随着第 j 行和第 $j+1$ 行的对换而变号. 剩余的项有形式

$$(-1)^{j+1}a_{j1}M_{j1}+(-1)^{j+2}a_{j+1,1}M_{j+1,1}=(-1)^{j+1}(a_{j1}M_{j1}-a_{j+1,1}M_{j+1,1}) \tag{2.18}$$

通过第 j 行和第 $j+1$ 行的对换，容易看到，项 $a_{j1}M_{j1}$ 和 $a_{j+1,1}M_{j+1,1}$ 交换位置，这说明整个表达式(2.18)变号. 这就证明了性质 2.6. □

接下来，方阵

$$E=\begin{pmatrix}1 & 0 & \cdots & 0\\ 0 & 1 & \cdots & 0\\ \vdots & \vdots & & \vdots\\ 0 & 0 & \cdots & 1\end{pmatrix} \tag{2.19}$$

将发挥重要作用，其中主对角线上的所有元素都等于 1，且非主对角线上的元素都等于 0. 这样的矩阵 E 称为单位矩阵. 当然，对于每个自然数 n，都存在一个 n 阶单位矩阵，当我们想要强调所考虑的单位矩阵的阶时，我们写作 E_n.

性质 2.7 单位矩阵 E_n(对于所有 $n\geqslant 1$)的行列式都等于 1.

证明：在公式(2.13)中，若 $i\neq 1$，则 $a_{i1}=0$，且 $a_{11}=1$. 因此，$|E|=M_{11}$. 行列式 M_{11} 有与 $|E|$ 相同的结构，但其阶为 $n-1$. 根据归纳假设，我们可以假设 $M_{11}=1$，这说明 $|E|=1$. □

在证明性质 2.4，2.6 和 2.7 时，有必要用到公式(2.13). 现在，我们来证明行列式的一系列性质，这些性质可以从这三个性质推导得出.

性质 2.8 如果矩阵某行的所有元素都等于 0，那么该矩阵的行列式等于 0.

证明：设$a_{i1}=a_{i2}=\cdots=a_{in}=0$. 我们可以设$a_{ik}=p\,b_{ik}$，其中 $p=0$，$b_{ik}\neq 0$，$k=1,\cdots,n$，并应用推论 2.5 的第一个结论. 我们得到 $|A|=p|A'|$，其中 $|A'|$ 是它某个行列式，且数 p 等于 0. 我们得出结论 $|A|=0$. □

性质 2.9 如果我们转置行列式的任意两行(不必相邻)，那么行列式变号.

证明：我们来转置第 i 行和第 j 行，其中 $i<j$. 通过相继转置相邻行可以得到相同的结果. 也就是说，我们首先转置第 i 行和第 $i+1$ 行，然后转置第 $i+1$ 行和第 $i+2$ 行，依此类推，直到第 i 行移到与第 j 行相邻的第 $j-1$ 行的位置. 在这一点上，我们已经进行了 $j-i-1$ 次对换. 然后，我们转置第 $j-1$ 行与第 j 行，从而使对换次数增加到 $j-i$ 次. 然后，我们转置第 j 行和与它相邻的行，使其占据第 i 行的位置. 最后，我们交换第 i 行和第 j 行的位置，所有其他行在其原来的位置上. 在进行此过程中，我们将相邻行转置了$(i-j-1)+1+(i-j-1)=2(i-j-1)+1$次. 这是一个奇数. 因此，根据性质 2.6，它断言交换矩阵的两行会使行列式变号，该过程中所有对换的结果是行列式变号. □

性质 2.9 也可以这样表述：行列式的行上的 Ⅰ 型初等运算使其变号.

性质 2.10 如果矩阵 A 有两行相等，那么行列式 $|A|$ 等于 0.

证明：我们转置矩阵 A 相等的两行. 那么显然，行列式 $|A|$ 不变. 但是根据性质 2.9，行列式变号. 那么，我们有 $|A|=-|A|$，即 $2|A|=0$，由此，我们得到 $|A|=0$. □

性质 2.11 对行列式作Ⅱ 型初等运算，结果不变.

证明：假设对矩阵 A 的第 j 行乘以 c，将其加到第 i 行，我们得到行列式 $|A'|$，它的第 i 行是两行的和，根据推论 2.5 的第二个结论，我们得到等式 $|A'|=D_1+D_2$，其中$D_1=|A|$. 至于行列式D_2，它与 $|A|$ 的不同之处在于，在第 i 行中，它是第 j 行乘以 c. 根据推论 2.5 的第一个结论，可以把因子 c 提到行列式外. 那么，我们得到一个行列式，其第 i 行与第 j 行相等. 根据性质 2.10，这样的行列式等于零. 因此$D_2=0$，进而 $|A'|=|A|$. □

我们注意到，上述证明的性质为我们提供了一种计算 n 阶行列式的简单方法. 我们只需应用初等运算把矩阵 A 化为上三角形

$$\overline{A}=\begin{pmatrix} \overline{a}_{11} & \overline{a}_{12} & \cdots & \overline{a}_{1n} \\ 0 & \overline{a}_{22} & \cdots & \overline{a}_{2n} \\ \vdots & \vdots & & \vdots \\ 0 & 0 & \cdots & \overline{a}_{nn} \end{pmatrix}$$

我们假设在这个过程中，我们做了 t 次 Ⅰ 型初等运算和若干次 Ⅱ 型初等运算. 因为 Ⅱ 型初等运算不改变行列式，Ⅰ 型初等运算使行列式乘以 -1，我们得到 $|\overline{A}|=(-1)^t|A|$. 现在，我们来证明

$$|\overline{A}|=\overline{a}_{11}\overline{a}_{22}\cdots\overline{a}_{nn} \tag{2.20}$$

那么

$$|A|=(-1)^t\overline{a}_{11}\overline{a}_{22}\cdots\overline{a}_{nn} \tag{2.21}$$

这是一个计算 $|A|$ 的公式.

我们通过对 n 作归纳法来证明公式(2.20). 因为在矩阵 $\overline{A}$ 中，第一列除 $\overline{a}_{11}$ 以外的所有元素都等于零，根据公式(2.14)，我们有等式

$$|\overline{A}|=\overline{a}_{11}|\overline{A}'| \tag{2.22}$$

其中行列式

$$|\overline{A}'|=\begin{vmatrix}\overline{a}_{22} & \overline{a}_{23} & \cdots & \overline{a}_{2n}\\ 0 & \overline{a}_{33} & \cdots & \overline{a}_{3n}\\ \vdots & \vdots & & \vdots\\ 0 & 0 & \cdots & \overline{a}_{nn}\end{vmatrix}$$

具有类似于行列式 $|\overline{A}|$ 的结构. 根据归纳假设，我们得到等式 $|\overline{A}'|=\overline{a}_{22}\overline{a}_{33}\cdots\overline{a}_{nn}$. 把该表达式代入公式(2.22) 得到关于 $|A|$ 的公式(2.20).

我们已经证明的行列式的性质让我们得出关于线性方程的一个重要定理.

定理 2.12 n 个未知数、n 个方程的方程组有唯一解，当且仅当方程组的矩阵的行列式不为零.

证明：我们把方程组化为三角形

$$\begin{cases}\overline{a}_{11}x_1+\overline{a}_{12}x_2+\cdots+\overline{a}_{1n}x_n=\overline{b}_1\\ \qquad\quad \overline{a}_{22}x_2+\cdots+\overline{a}_{2n}x_n=\overline{b}_2\\ \qquad\qquad\qquad\qquad\cdots\\ \qquad\qquad\qquad\quad \overline{a}_{nn}x_n=\overline{b}_n\end{cases}$$

根据推论 1.19，方程组有唯一解，当且仅当

$$\overline{a}_{11}\neq 0,\quad \overline{a}_{22}\neq 0,\quad \cdots,\quad \overline{a}_{nn}\neq 0 \tag{2.23}$$

另外，方程组的矩阵的行列式是乘积 $\overline{a}_{11}\overline{a}_{22}\cdots\overline{a}_{nn}$，因此，它不为零当且仅当满足公式(2.23). □

推论 2.13 n 个未知数、n 个方程的齐次方程组有一个非零解，当且仅当方程组的矩阵的行列式等于零.

这个结果是定理的一个显然的结论,因为齐次方程组总是至少有一个解,即零解.

定义 2.14 行列式非零的方阵称为非奇异的.反之,行列式等于零的矩阵是奇异的.

在第 2.1 节中,我们将二阶行列式看作平面中的三角形的面积,而 3×3 行列式看作三维空间中的四面体的体积(具有适当的系数).显然,仅当三角形退化为线段时,其面积才减少到零,仅当四面体退化为平面时,其体积才为零.

这样的例子给出了矩阵的奇异性的几何意义.在第 2.10 节中,我们引入逆矩阵的概念,最重要的是,在后续章节中,当我们考虑向量空间的线性变换时,奇点的概念将变得更加清晰.

2.3 刻画行列式的性质

在前一节中,我们说过,行列式是一个为方阵赋值数的函数,并且证明了行列式的两个重要性质:

(1) 行列式是每行中的元素的线性函数.

(2) 行列式的两行的转置改变其符号.

现在,我们将证明,行列式实际上完全由这些性质刻画,如以下定理所示.

定理 2.15 设 $F(A)$ 为一个函数,它给 n 阶方阵 A 赋值某个数.如果该函数满足上述性质(1) 和(2),那么存在数 k 使得

$$F(A)=k\mid A\mid \tag{2.24}$$

在这种情形中,数 k 等于 $F(E)$,其中 E 为单位矩阵.

证明:首先,我们观察到,从性质(1) 和(2) 得知,如果我们对矩阵 A 应用 Ⅱ 型初等运算,那么函数 $F(A)$ 不变,而如果我们对其应用 Ⅰ 型初等运算,函数变号.这就证明,从以上性质(1) 和(2) 可知,我们有行列式的相应性质(第 2.2 节的性质 2.9 和 2.11).

现在,我们用初等运算把矩阵 A 化为阶梯形.我们把由此得到的矩阵写为以下形式

$$\overline{A}=\begin{pmatrix} \overline{a}_{11} & \overline{a}_{12} & \cdots & \overline{a}_{1n} \\ 0 & \overline{a}_{22} & \cdots & \overline{a}_{2n} \\ \vdots & \vdots & & \vdots \\ 0 & 0 & \cdots & \overline{a}_{nn} \end{pmatrix} \tag{2.25}$$

然而,我们并不断言$\overline{a}_{11} \neq 0, \cdots, \overline{a}_{nn} \neq 0$. 我们总是可以得到这样的形式,因为对于阶梯形方阵,所有元素$a_{ij}, i > j$,即主对角线以下的元素都等于零. 我们假设在从A化为$\overline{A}$的转换过程中,做了t次 Ⅰ 型初等运算,而其他运算都为 Ⅱ 型初等运算. 因为在 Ⅱ 型初等运算下,$F(A)$与$|A|$都不变,而在 Ⅰ 型初等运算下,两个表达式都变号,由此得到

$$|A| = (-1)^t |\overline{A}|, \quad F(A) = (-1)^t F(\overline{A}) \tag{2.26}$$

为了在一般情形中证明公式(2.24),现在,只需证明对形如公式(2.25)的矩阵$\overline{A}$成立,即建立等式$F(\overline{A}) = k|\overline{A}|$,显然,反过来,它遵循关系式

$$|\overline{A}| = \overline{a}_{11}\,\overline{a}_{22} \cdots \overline{a}_{nn}, \quad F(\overline{A}) = F(E) \cdot \overline{a}_{11}\,\overline{a}_{22} \cdots \overline{a}_{nn} \tag{2.27}$$

我们观察到,这些等式中的第一个等式正是上一节中的等式(2.20). 此外,它是第二个等式的结果,因为正如我们所展示的,行列式$|A|$也是具有性质(1)和(2)的$F(A)$型的函数. 因此,对于具有给定性质的任意函数$F(A)$,证明了公式(2.27)中的第二个等式,我们再次证明对于行列式也成立.

因此,余下只需证明公式(2.27)的第二个等式. 考虑到性质(1),我们可以把因子$\overline{a}_{nn}$从$F(\overline{A})$中提出来

$$F(\overline{A}) = \overline{a}_{nn} \cdot F\left(\begin{pmatrix} \overline{a}_{11} & \overline{a}_{12} & \cdots & \overline{a}_{1n} \\ 0 & \overline{a}_{22} & \cdots & \overline{a}_{2n} \\ \vdots & \vdots & & \vdots \\ 0 & 0 & \cdots & 1 \end{pmatrix}\right)$$

现在,我们对最后一行乘以数$-\overline{a}_{1n}, -\overline{a}_{2n}, \cdots, -\overline{a}_{n-1n}$,再分别加到第1行、第2行,……,第$n-1$行. 在这种情形中,除最后一列的所有元素都不变,最后一列除第n个元素(依然等于1)以外都等于零. 然后,我们对前$n-1$行和前$n-1$列的元素组成的更小的矩阵应用类似的变换,依此类推. 每一次,数$\overline{a}_{ii}$都从F中提出来. 这样做n次后,我们得到

$$F(\overline{A}) = \overline{a}_{nn} \cdots \overline{a}_{11} \cdot F\left(\begin{pmatrix} 1 & 0 & \cdots & 0 \\ 0 & 1 & \cdots & 0 \\ \vdots & \vdots & & \vdots \\ 0 & 0 & \cdots & 1 \end{pmatrix}\right)$$

这就是公式(2.27)的第二个等式. □

2.4 行列式沿列的展开式

在定理2.15的基础上,我们可以回答在第2.2节中提出的一个问题:对于

n阶行列式，第一列在公式(2.12)和(2.13)中是否具有特殊的作用？为了回答这个问题，我们构造一个类似于公式(2.13)的表达式，但取的是第j列而不是第一列. 换句话说，我们来考虑函数

$$F(A)=a_{1j}M_{1j}-a_{2j}M_{2j}+\cdots+(-1)^{n+1}a_{nj}M_{nj} \tag{2.28}$$

显然，该函数为每个n阶矩阵A赋值一个特定的数. 我们来验证它满足上一节的性质(1)和(2). 为此，我们只需检查第2.2节中的性质的证明，并确认我们没有使用过这一事实：第一列的元素恰好与它们各自的余子式相乘. 换句话说，这些性质的证明逐字地应用于函数$F(A)$. 根据定理2.15，我们有$F(A)=k|A|$，我们只需确定公式$k=F(E)$中的数k.

对于矩阵E，当$i\neq j$时，所有元素a_{ij}都等于零，元素a_{jj}都等于1. 因此，公式(2.28)简化为等式$F(a)=\pm M_{jj}$. 由于在公式(2.28)中，符号交替出现，因此项$a_{jj}M_{jj}$具有符号$(-1)^{j+1}$. 显然，M_{jj}是$n-1$阶单位矩阵E的行列式，因此，$M_{jj}=1$. 因此，我们得到$k=(-1)^{j+1}$，这说明

$$a_{1j}M_{1j}-a_{2j}M_{2j}+\cdots+(-1)^{n+1}a_{nj}M_{nj}=(-1)^{j+1}|A|$$

现在，我们把系数$(-1)^{j+1}$移到左边

$$|A|=(-1)^{j+1}a_{1j}M_{1j}+(-1)^{j+2}a_{2j}M_{2j}+\cdots+(-1)^{j+n}a_{nj}M_{nj} \tag{2.29}$$

我们把乘以元素a_{ij}的表达式$(-1)^{i+j}M_{ij}$称为其代数余子式，记作A_{ij}. 因此，我们得到以下结果.

定理2.16 矩阵A的行列式等于其任意列的元素乘以其相伴代数余子式的和

$$|A|=a_{1j}A_{1j}+a_{2j}A_{2j}+\cdots+a_{nj}A_{nj} \tag{2.30}$$

在该陈述中，每一列所起的作用与任意其他列所起的作用相同. 第一列用于定义行列式的公式. 公式(2.29)和(2.30)称为行列式沿第j列的展开式.

作为定理2.16的应用，我们可以得到行列式的一系列新的性质.

定理2.17 性质2.4，2.6，2.7，2.8，2.9，2.10，2.11及其所有推论不仅对行列式的行成立，也对列成立.

证明：从公式(2.30)可知，行列式是第$j(j=1,\cdots,n)$列元素的一个线性函数. 因此，性质2.4对列成立.

我们通过对行列式的阶n作归纳法来证明性质2.6. 当$n=1$时，结论为空. 当$n=2$时，可以用公式(2.3)来检验. 现在设$n>2$，我们假设转置了编号为k和$k+1$的列. 对$j\neq k,k+1$，我们运用公式(2.30). 那么，第k列和第$k+1$列都

会出现在每个余子式M_{ij} ($i=1,\cdots,n$) 中. 根据归纳假设,在两列的换位下,每个余子式都会变号,这说明作为一个整体的行列式会变号,这就证明了性质2.6对于列成立. 我们观察到,在性质 2.7 中,陈述不讨论行或列,其余性质形式上遵循前三个性质. 因此,所有七个性质及其推论对于行列式的列都成立. □

与定理2.15类似,从定理2.17可以得出,矩阵的列的任何多重线性反对称函数[①]必定与矩阵的行列式函数成比例. 因此,我们有类似于公式(2.24) 的公式,其中函数 $F(A)$ 满足对于列重新表述的性质(1) 和(2)(第 46 页). 在这种情形中,容易看出,值 k 保持不变. 特别地,对于任意下标 $i=1,\cdots,n$,我们有类似于(2.30) 的公式

$$|A|=a_{i1}A_{i1}+a_{i2}A_{i2}+\cdots+a_{in}A_{in} \tag{2.31}$$

它称为行列式 $|A|$ 沿第 i 行的展开式. 行列式关于行或列的展开式有一个概括的推广,称为 Laplace 定理. 它包含这样一个事实:一个 n 阶方阵不仅沿单个列有展开式,而且对于任意 m 列($1\leqslant m\leqslant n-1$),也有类似的展开式. 为此,只需确定的不是单个元素的代数余子式,而是任意 m 阶的余子式,例如,Laplace 定理可以通过对数 m 作归纳法进行证明,但我们不这样做,而是将其精确阐述和证明往后放到第10.5节(第350页),它将作为更一般的概念和结果的一种特殊情形.

例 2.18 在例 1.20(第 24 页) 中,我们证明了插值问题,即找出过 $n+1$ 个给定点的一个 n 次多项式,它有唯一解. 定理 2.12 证明了线性方程组(1.20) 对应的矩阵的行列式不为零. 现在,我们容易计算这个行列式,并再次验证该性质.

当 $r=n+1$ 时,方程组(1.20) 的矩阵的行列式有如下形式

$$|A|=\begin{vmatrix} 1 & c_1 & c_1^2 & \cdots & c_1^n \\ 1 & c_2 & c_2^2 & \cdots & c_2^n \\ \vdots & \vdots & \vdots & & \vdots \\ 1 & c_n & c_n^2 & \cdots & c_n^n \\ 1 & c_{n+1} & c_{n+1}^2 & \cdots & c_{n+1}^n \end{vmatrix} \tag{2.32}$$

它称为 $n+1$ 阶 Vandermonde 行列式. 我们将证明这个行列式等于所有的差 c_i-c_j ($i>j$) 的乘积,也就是说,它可以写为以下形式

$$|A|=\prod_{i>j}(c_i-c_j) \tag{2.33}$$

① 关于反对称函数的定义和讨论,见第 2.6 节.

我们通过对数 n 作归纳法来证明公式(2.33). 当 $n=1$ 时,结果是显然的

$$\begin{vmatrix} 1 & c_1 \\ 1 & c_2 \end{vmatrix} = c_2 - c_1$$

为了证明一般的情形,我们利用行列式在 Ⅱ 型初等运算下不变的事实(第 2.2 节中的性质 2.11),此外,从定理 2.17 可知,该性质对于行和列都成立. 我们从第 $n+1$ 列减去第 n 列再乘以c_1,接着对第 n 列减去第 $n-1$ 列再乘以c_1,依此类推,一直到对第二列减去第一列乘以c_1. 根据所指的性质,行列式在这些运算下不变,它呈现以下形式

$$|\overline{A}| = \begin{vmatrix} 1 & 0 & 0 & \cdots & 0 \\ 1 & c_2 - c_1 & c_2(c_2 - c_1) & \cdots & c_2^{n-1}(c_2 - c_1) \\ \vdots & \vdots & \vdots & & \vdots \\ 1 & c_n - c_1 & c_n(c_n - c_1) & \cdots & c_n^{n-1}(c_n - c_1) \\ 1 & c_{n+1} - c_1 & c_{n+1}(c_{n+1} - c_1) & \cdots & c_{n+1}^{n-1}(c_{n+1} - c_1) \end{vmatrix}$$

利用定理 2.17,我们将类似于(2.12) 的公式应用于由此得到的行列式的第一行(由单个非零元素构成). 因此,我们得到

$$|\overline{A}| = \begin{vmatrix} c_2 - c_1 & c_2(c_2 - c_1) & \cdots & c_2^{n-1}(c_2 - c_1) \\ \vdots & \vdots & & \vdots \\ c_n - c_1 & c_n(c_n - c_1) & \cdots & c_n^{n-1}(c_n - c_1) \\ c_{n+1} - c_1 & c_{n+1}(c_{n+1} - c_1) & \cdots & c_{n+1}^{n-1}(c_{n+1} - c_1) \end{vmatrix}$$

对于最后一个行列式,我们应用第 2.2 节的推论 2.5,并提出每一行的公因式. 我们得到

$$|A| = |\overline{A}| = (c_2 - c_1)\cdots(c_n - c_1)(c_{n+1} - c_n) \begin{vmatrix} 1 & c_2 & \cdots & c_2^{n-1} \\ \vdots & \vdots & & \vdots \\ 1 & c_n & \cdots & c_n^{n-1} \\ 1 & c_{n+1} & \cdots & c_{n+1}^{n-1} \end{vmatrix} \tag{2.34}$$

最后一个行列式是一个 n 阶 Vandermonde 行列式,根据归纳假设,我们可以假设公式(2.33) 对其成立. 将 n 阶 Vandermonde 行列式的表达式(2.33) 代入表达式(2.34),我们得到所需的 $n+1$ 阶 Vandermonde 行列式的公式(2.33). 因为我们已经假设所有数$c_1,\cdots,c_{n+1}$ 是不同的,差$c_i - c_j(i>j)$ 的乘积必不为零,我们得到结果(所描述的多项式插值有唯一解) 的一个新的证明.

2.5 Cramer 法则

现在,我们来推导 n 个未知数、n 个方程的方程组的解的显式公式,我们已经为这些公式发展了行列式的理论. 该方程组的矩阵 A 是一个 n 阶方阵,我们假设它不是奇异的.

引理 2.19 行列式的任意一列(此处为第 j 列)的元素 a_{ij} 分别与任意其他列(此处为第 k 列)的元素对应的代数余子式 A_{ik} 的乘积的和等于零

$$a_{1j}A_{1k}+a_{2j}A_{2k}+\cdots+a_{nj}A_{nk}=0, \quad k\neq j$$

证明:我们把行列式 $|A|$ 中的第 k 列替换为其第 j 列. 因此,我们得到行列式 $|A'|$,根据第 2.2 节的性质 2.10,对列做了重新表述,它等于零. 另外,我们把行列式 $|A'|$ 沿第 k 列展开. 由于在构造该列的代数余子式时,消去了第 k 列的元素,因此,我们得到了和原来行列式 $|A|$ 中相同的代数余子式 A_{ik}. 因此,我们得到

$$|A'|=a_{1j}A_{1k}+a_{2j}A_{2k}+\cdots+a_{nj}A_{nk}=0$$

这就是我们想要证明的. □

定理 2.20 (Cramer 法则) 如果 n 个未知数、n 个方程的方程组的矩阵的行列式不为零,那么其解由下式给出

$$x_k=\frac{D_k}{D}, \quad k=1,\cdots,n \tag{2.35}$$

其中 D 是方程组的矩阵的行列式,D_k 是通过从 D 中将矩阵的第 k 列替换为常数项的列得到的.

证明:通过定理 2.12,我们知道对于 $x_1,\cdots,x_n$,存在唯一的值构成的集合把方程组

$$\begin{cases}a_{11}x_1+\cdots+a_{1n}x_n=b_1\\ \cdots\\ a_{n1}x_1+\cdots+a_{nn}x_n=b_n\end{cases}$$

变换为恒等式. 我们来确定给定 k 的未知数 x_k.

为此,我们完全按照第 2.1 节中两个和三个方程的方程组的情形来求解:我们把第 i 个方程乘以代数余子式 A_{ik},然后对所有得到的方程求和. 在此之后,x_k 的系数有以下形式

$$a_{1k}A_{1k}+\cdots+a_{nk}A_{nk}=D$$

当 $j\neq k$ 时,x_j 的系数有以下形式

$$a_{1j}A_{1k}+\cdots+a_{nj}A_{nk}$$

根据引理 2.19,这个数等于零.最后,对于常数项,我们得到表达式

$$b_1A_{1k}+\cdots+b_nA_{nk}$$

如果我们把行列式D_k 沿第 k 列展开,那么我们恰好得到了这个表达式.因此,我们得到了等式

$$Dx_k=D_k$$

因为 $D\neq 0$,所有我们有$x_k=D_k/D$.这就是公式(2.35). □

2.6 排列,对称与反对称函数

对行列式性质的仔细的研究引出许多与任意的有限集有关的重要的数学概念,事实上,这些概念可能已经更早地出现过了.

我们回顾一下,在第1.1节中,我们把线性函数作为长为n的行的函数来研究.在第 2.2 节中,我们把行列式看作方阵的函数.如果我们感兴趣的是行列式对其基础矩阵的行的依赖性,那么可以将其考虑为它的 n 行的一个函数:$|A|=F(\boldsymbol{a}_1,\boldsymbol{a}_2,\cdots,\boldsymbol{a}_n)$,其中对于矩阵

$$A=\begin{pmatrix}a_{11}&a_{12}&\cdots&a_{1n}\\a_{21}&a_{22}&\cdots&a_{2n}\\\vdots&\vdots&&\vdots\\a_{n1}&a_{n2}&\cdots&a_{nn}\end{pmatrix}$$

它的第 i 行用$\boldsymbol{a}_i$ 表示

$$\boldsymbol{a}_i=(a_{i1},a_{i2},\cdots,a_{in})$$

在此,我们遇到了集合M的n个元素的函数$F(\boldsymbol{a}_1,\boldsymbol{a}_2,\cdots,\boldsymbol{a}_n)$的概念,作为一种规则,它把集合 N 中的某些元素分配给按特定顺序排列的 M 中的任意 n 个元素.因此,F 是从M^n 到 N 的一个映射(见第 7 页).在我们的例子中,M是固定长为 n 的所有行构成的集合,N 是所有数构成的集合.

我们为后续内容介绍某些必要的记号.设 M 为由 n 个元素$\boldsymbol{a}_1,\boldsymbol{a}_2,\cdots,\boldsymbol{a}_n$ 构成的一个有限集.

定义 2.21 集合 M 的n 个元素上的函数称为对称的,如果它在其自变量在任意重排下不变.

用指标 $1,2,\cdots,n$ 对集合M 的 n 个元素编号之后,我们可以认为我们已经按照指标递增的顺序对它们进行了排列.它们的一个排列可以认为是以另一种

顺序的重排，如我们接下来所写. 设$j_1, j_2, \cdots, j_n$ 分别表示相同的数 1,2,…,n，但可能以不同的顺序列出. 在这种情形中，我们称($j_1, j_2, \cdots, j_n$) 是数(1,2,…,n) 的一个排列. 类似地，我们称($\boldsymbol{a}_{j_1}, \boldsymbol{a}_{j_2}, \cdots, \boldsymbol{a}_{j_n}$) 是元素($\boldsymbol{a}_1, \boldsymbol{a}_2, \cdots, \boldsymbol{a}_n$) 的一个排列.

因此，对称函数的定义可以写为等式

$$F(\boldsymbol{a}_{j_1}, \boldsymbol{a}_{j_2}, \cdots, \boldsymbol{a}_{j_n}) = F(\boldsymbol{a}_1, \boldsymbol{a}_2, \cdots, \boldsymbol{a}_n) \tag{2.36}$$

对于所有数(1,2,…,n) 的排列($j_1, j_2, \cdots, j_n$) 都成立.

为了确定是否处理对称函数，不必对所有排列($j_1, j_2, \cdots, j_n$) 都验证等式(2.36)，但我们不能把自己限制在某些简单形式的排列上.

定义 2.22 集合($\boldsymbol{a}_1, \boldsymbol{a}_2, \cdots, \boldsymbol{a}_n$) 的两个元素的排列称为对换.

第 i 个元素和第 j 个元素(即 $\boldsymbol{a}_i$ 和 $\boldsymbol{a}_j$) 的转置下的对换记作$\tau_{i,j}$. 显然，我们可以总是假设 $i < j$.

关于排列，我们有以下简单的事实.

定理 2.23 对于从取值为 1 到 n 的不同自然数的任意排列($i_1, i_2, \cdots, i_n$)，可以通过一定次数的对换得到一个任意的排列($j_1, j_2, \cdots, j_n$).

证明：我们对 n 作归纳法. 当 $n=1$ 时，定理的结论是一个重言式：只存在一个排列，因此不必引入对换. 在一般情形中($n > 1$)，我们假设j_1 位于排列($i_1, i_2, \cdots, i_n$) 中的第 k 位上，即$j_1 = i_k$. 我们在该排列上进行置换$\tau_{1,k}$. 如果$j_1 = i_1$，那么不需要进行对换. 我们得到排列($j_1, j_2, \cdots, i_1, \cdots, i_n$)，其中$j_1$ 在首位上，i_1 在第 k 位上. 现在，我们需要运用对换来从排列($j_1, i_2, \cdots, i_1, \cdots, i_n$) 得到定理的陈述中给出的排列($j_1, j_2, \cdots, j_n$).

如果我们从这两个排列中把j_1 消去，那么剩余部分是数 α($1 \leqslant \alpha \leqslant n, \alpha \neq j_1$) 的排列. 现在，对于这两个只包含 $n-1$ 个数的排列，我们可以应用归纳假设，从第一个排列得到第二个排列. 从对换$\tau_{1,k}$ 开始，我们可以从排列($i_1, i_2, \cdots, i_n$) 得到排列($j_1, j_2, \cdots, j_n$). 在某些情形中，不需要应用对换(例如，如果$j_1 = i_1$). 也会遇到一种极限情形，其中不需要使用任何对换. 容易看出，这种情形只发生在$i_1 = j_1, i_2 = j_2, \cdots, i_n = j_n$ 时. 在这种情形中，定理的结论是正确的，但使用的对换构成的集合是空的. □

这个简单的论点可以做如下说明. 我们假设在音乐会上，受邀的客人坐在第一排，但并不是按照管理员的来宾名单的顺序来坐的. 他怎样才能达到要求的顺序呢？显然，他可以确定应该坐第一个位置的客人，并要求坐在第一个椅子上的人与之交换位置. 然后，他将对坐在第二个、第三个等位置的客人做同样的调整，最终达到所需的顺序.

从定理 2.23 可以得出，在确定一个函数是对称的时候，对于由$(1,2,\cdots,n)$经过一次置换后的排列，只需验证通过单个对换从排列$(1,2,\cdots,n)$得到的排列的等式(2.36)，即检验对任意$\boldsymbol{a}_1,\cdots,\boldsymbol{a}_n$，$i$ 和 j，有

$$F(\boldsymbol{a}_1,\cdots,\boldsymbol{a}_i,\cdots,\boldsymbol{a}_j,\cdots,\boldsymbol{a}_n)=F(\boldsymbol{a}_1,\cdots,\boldsymbol{a}_j,\cdots,\boldsymbol{a}_i,\cdots,\boldsymbol{a}_n)$$

事实上，如果满足这个性质，那么依次对函数 $F(\boldsymbol{a}_1,\cdots,\boldsymbol{a}_n)$ 应用各种对换，我们总会得到同样的函数，根据定理 2.23，我们最终得到函数 $F(\boldsymbol{a}_{j_1},\cdots,\boldsymbol{a}_{j_n})$.

例如，当 $n=3$ 时，我们有三种对换：$\tau_{1,2}$，$\tau_{2,3}$，$\tau_{1,3}$. 例如，对于函数 $F(\boldsymbol{a}_1,\boldsymbol{a}_2,\boldsymbol{a}_3)=\boldsymbol{a}_1\boldsymbol{a}_2+\boldsymbol{a}_1\boldsymbol{a}_3+\boldsymbol{a}_2\boldsymbol{a}_3$，在对换$\tau_{1,2}$下，项$\boldsymbol{a}_1\boldsymbol{a}_2$保持不变，但其他两项位置互换. 其他的对换也有同样的变化. 因此，该函数是对称的.

现在，我们考虑一类在某种意义上与对称相反的函数.

定义 2.24 集合 M 的 n 个元素上的函数称为反对称的，如果在其元素的对换下，函数变号.

换句话说，对任意$\boldsymbol{a}_1,\cdots,\boldsymbol{a}_n$，$i$ 和 j，有

$$F(\boldsymbol{a}_1,\cdots,\boldsymbol{a}_i,\cdots,\boldsymbol{a}_j,\cdots,\boldsymbol{a}_n)=-F(\boldsymbol{a}_1,\cdots,\boldsymbol{a}_j,\cdots,\boldsymbol{a}_i,\cdots,\boldsymbol{a}_n)$$

对称函数和反对称函数的概念在数学和数学物理中起着极其重要的作用. 例如，在量子力学中，由 n(通常是一个很大的数) 个单一类型的基本粒子 $p_1,\cdots,p_n$ 构成的系统中的某个物理量的状态由波函数 $\psi(p_1,\cdots,p_n)$ 描述，该函数取决于这些粒子，并假定其为复值. 在某种意义上，在“一般情形”中，波函数是对称的或反对称的，是这两种情形中的哪一种只取决于粒子的类型：光子、电子等. 如果波函数是对称的，那么粒子称为玻色子，在这种情形中，我们称所考虑的量子力学系统属于 Bose-Einstein 统计. 相反，如果波函数是反对称的，那么粒子称为费米子，我们称这个系统属于 Fermi-Dirac 统计①.

我们将在本书的最后几章回过头来考虑对称函数和反对称函数. 现在，我们来回答以下问题：反对称函数在下标的任意排列下如何变换？换句话说，对于下标$(1,\cdots,n)$的任意排列$(i_1,\cdots,i_n)$，我们想用 $F(\boldsymbol{a}_1,\cdots,\boldsymbol{a}_n)$ 来表示 $F(\boldsymbol{a}_{i_1},\cdots,\boldsymbol{a}_{i_n})$. 为了回答这个问题，我们再次转到定理 2.23，根据该定理，排列$(i_1,\cdots,i_n)$可由$(1,\cdots,n)$通过若干次(k 次) 对换得到. 然而，反对称函数的特点是，它在两个参数的对换下变号. 因此，在 k 次对换后，其符号变为$(-1)^k$，我们得到关系式

$$F(\boldsymbol{a}_{i_1},\cdots,\boldsymbol{a}_{i_n})=(-1)^kF(\boldsymbol{a}_1,\cdots,\boldsymbol{a}_n) \tag{2.37}$$

---

① 例如，光子是玻色子，而构成原子的粒子(电子、质子和中子) 是费米子.

其中,集合 M 中的元素 $\boldsymbol{a}_{i_1},\cdots,\boldsymbol{a}_{i_n}$ 的集合由元素 $\boldsymbol{a}_1,\cdots,\boldsymbol{a}_n$ 的集合通过 k 次对换得到.

关系式(2.37)有一定的模糊性.也就是说,数 k 表示从 $(1,\cdots,n)$ 到 $(i_1,\cdots,i_n)$ 的阶段中所做对换的次数.但这样一个阶段可以通过很多方法来完成,所以所求的数 k 可以假设为多个不同的值.例如,从 $(1,2,3)$ 到 $(3,2,1)$,我们可以从对换 $\tau_{1,2}$ 开始,得到 $(2,1,3)$.然后,我们可以应用对换 $\tau_{2,3}$,得到 $(2,3,1)$.最后,再次进行对换 $\tau_{1,2}$,得到 $(3,2,1)$.我们一共进行了三次对换.另外,我们可以进行单次置换 $(\tau_{1,3})$,它可以由 $(1,2,3)$ 立刻得到 $(3,2,1)$.然而,我们注意到,这与公式(2.37)并没有任何不一致之处,因为两个 k 值,即 3 和 1,都是奇数,因此,在两种情形中,系数 $(-1)^k$ 有相同的值.

我们来证明,从一个给定的排列转换到另一个排列的对换的次数的奇偶性仅取决于对换本身,而不取决于对换的选取.假设我们有一个反对称函数 $F(\boldsymbol{a}_1,\cdots,\boldsymbol{a}_n)$,它取决于集合 M 中的 n 个元素,并且不等于零.最后一个假设说明存在集合 M 中的一组不同的元素 $\boldsymbol{a}_1,\cdots,\boldsymbol{a}_n$ 使得 $F(\boldsymbol{a}_1,\cdots,\boldsymbol{a}_n)\neq 0$.将对换应用于这组排列 $(i_1,\cdots,i_n)$,我们得到 $(\boldsymbol{a}_{i_1},\cdots,\boldsymbol{a}_{i_n})$,其值 $F(\boldsymbol{a}_1,\cdots,\boldsymbol{a}_n)$ 与 $F(\boldsymbol{a}_{i_1},\cdots,\boldsymbol{a}_{i_n})$ 由式(2.37)联系起来.如果我们可以通过两种不同的方法从 $(1,\cdots,n)$ 得到 $(i_1,\cdots,i_n)$,即用 k 次和 l 次对换,那么从公式(2.37)可知,我们有等式 $(-1)^k=(-1)^l$,由于 $F(\boldsymbol{a}_1,\cdots,\boldsymbol{a}_n)\neq 0$,因此,数 k 和 l 奇偶性相同,也就是说,要么都是偶数,要么都是奇数.

我们知道存在一个函数具有这个性质,即行列式(作为矩阵的行的函数)!事实上,第 2.2 节中的性质 2.9 断言,行列式是其行的反对称函数.存在 $\boldsymbol{a}_1,\cdots,\boldsymbol{a}_n$,使得这个函数是非零的.例如,$|E|=1$.换句话说,为了证明这个结论,只需将矩阵 E 的行列式考虑为其 n 行 $\boldsymbol{e}_i=(0,\cdots,1,\cdots,0)(i=1,\cdots,n)$ 的反对称函数,其中第 i 位为 1,其余各位都为零.(在我们的论证过程中,这些行都作了对换,因此,实际上,我们将考虑比 E 更复杂的矩阵的行列式.)因此,通过一个相当迂回的路线,利用行列式的性质,我们得到了排列的下述性质.

定理 2.25 对于通过对换从排列 $(1,\cdots,n)$ 到排列 $\boldsymbol{J}=(j_1,\cdots,j_n)$ 的方法(由于定理 2.23,这总是可能的),对换的次数的奇偶性与这两个排列之间的任何其他方式的奇偶性相同.

因此,n 项的所有排列构成的集合可以分为两类:可以通过偶数次对换与可以通过奇数次对换从排列 $(1,\cdots,n)$ 中得到的排列.第一类排列称为奇的,第二类排列称为偶的.如果某个排列 $\boldsymbol{J}$ 是通过 k 次对换得到的,那么我们引入记号

$$\varepsilon(\boldsymbol{J})=(-1)^k$$

换句话说，对于偶排列 $\boldsymbol{J}$，数 $\varepsilon(\boldsymbol{J})$ 等于 1，对于奇排列，我们有 $\varepsilon(\boldsymbol{J})=-1$.

我们利用行列式的性质迂回地证明了奇排列和偶排列的概念的一致性. 事实上，我们只需得到任何不等于零的反对称函数，我们用到一个我们熟悉的函数：把行列式看作其行的函数. 我们本可以调用一个更简单的函数. 令 M 为一组数，对于 $x_1,\cdots,x_n\in M$，我们设

$$F(x_1,\cdots,x_n)=(x_2-x_1)(x_3-x_1)\cdots(x_n-x_1)\cdots(x_n-x_{n-1})=\prod_{i>j}(x_i-x_j) \tag{2.38}$$

我们来验证该函数是反对称的. 为此，我们引入以下引理.

引理 2.26 任何对换都可以由相邻元素的奇数次对换（即形如 $\tau_{k,k+1}$ 的对换）得到.

实际上，当我们在第 2.2 节中从性质 2.6 推导出性质 2.9 时，我们在本质上证明了这个定理. 在那里，我们没有使用“对换”这个术语，而是讨论行列式的行的互换. 但是这个简单的证明可以应用到任何集合的元素上，因此我们不再重复这个论点.

因此，只需证明函数(2.38) 在交换 x_k 和 x_{k+1} 后会变号. 但在这种情形中，方程的右边的因式 $(x_i-x_j)(i\neq k,k+1,j\neq k,k+1)$ 不变. 因式 (x_i-x_k) 和 $(x_i-x_{k+1})(i>k+1)$ 改变位置，(x_k-x_j) 和 $(x_{k+1}-x_j)(j<k+1)$ 也改变位置. 余下单个因式 $(x_{k+1}-x_k)$ 变号. 显然，对于值 $x_1,\cdots,x_n$ 的任意不同的组，函数(2.38) 不为零.

现在，我们可以把公式(2.37) 应用到由公式(2.38) 给出的函数上，由此我们证明了定理 2.25，这说明排列的奇偶性的概念是良定义的. 然而，我们注意到，我们的“更简单”的方法非常接近我们开始的时候使用的“迂回”的方法，因为公式(2.38) 定义了 n 阶 Vandermonde 行列式（见第 2.4 节的公式(2.33)). 我们以 $x_1<x_2<\cdots<x_n$ 的方式来选取数 x_i（例如，我们可以设 $x_i=i$). 那么在公式(2.38) 的右边，所有因式都是正的.

现在，我们写出类似于 $F(x_{i_1},\cdots,x_{i_n})$ 的关系式. 因为排列 $(i_1,\cdots,i_n)$ 把数 x_{i_k} 赋值到公式(2.37) 中的数 x_k，我们得到

$$F(x_{i_1},\cdots,x_{i_n})=\prod_{k>l}(x_{i_k}-x_{i_l}) \tag{2.39}$$

$F(x_{i_1},\cdots,x_{i_n})$ 的符号由公式(2.39) 右边负因式的个数决定. 事实上，如果因式的个数是偶数，那么 $F(x_{i_1},\cdots,x_{i_n})>0$，而如果因式的个数是奇数，那么 $F(x_{i_1},\cdots,x_{i_n})<0$. 当 $x_{i_k}<x_{i_l}$ 时，就会出现负因式 $(x_{ik}-x_{il})$，考虑到选取

$x_1 < x_2 < \cdots < x_n$，这说明$i_k < i_l$. 因此，负因式对应于满足 $k > l$ 且$i_k < i_l$ 的一对数 k 和 l. 在这种情形中，我们称排列$(i_1, \cdots, i_n)$中的数i_k 和i_l 按逆序排列，或它们构成一个逆序. 因此，根据排列包含逆序个数的奇偶性，可知排列的奇偶性. 例如，在排列(4,3,2,5,1)中，数对(4,3)，(4,2)，(4,1)，(3,2)，(3,1)，(2,1)，(5,1)都是逆序. 总共有七个，这说明 $F(4,3,2,5,1) < 0$，排列(4,3,2,5,1)是奇的.

利用这些概念，我们现在可以得出以下定理.

定理 2.27 n 阶方阵的行列式是长为n 的n 行的唯一的函数$F(\boldsymbol{a}_1, \boldsymbol{a}_2, \cdots, \boldsymbol{a}_n)$，它满足以下条件：

(a) 它是任意一行的线性函数.

(b) 它是反对称的.

(c) $F(\boldsymbol{e}_1, \boldsymbol{e}_2, \cdots, \boldsymbol{e}_n) = 1$，其中$\boldsymbol{e}_i$ 是第 i 位为 1，其他位为零的行.

这是对行列式最“科学”的定义，尽管远非是最简单的定义.

在本节中，我们没有给出行列式新的性质，而是详细讨论了它的行的反对称函数的性质. 其原因是行列式的反对称性与数学中的大量问题有关. 例如，在第 2.1 节中，我们引入了 2 阶和 3 阶行列式. 它们具有重要的几何意义，即表示简单几何图形的面积和体积(图 2.1 的(a)和(b)).

但是在此，我们遇到了一个矛盾的情况：有时，面积(或体积)为负值. 容易看出，我们得到的$\triangle OAB$ 的面积(或四面体 $OABC$ 的体积)是正值还是负值，取决于顶点 A，B(或 A，B，C)的顺序. 更确切地说，如果我们能由射线 OB 绕顺时针旋转三角形得到射线 OA，$\triangle OAB$ 的面积是正的；如果我们能由射线 OB 绕逆时针旋转三角形得到射线 OA(换句话说，旋转的角度总是小于 π)，那么$\triangle OAB$ 的面积是负的. 因此，行列式表示给定边的顺序的三角形的面积(其系数为$\frac{1}{2}$)，如果我们颠倒顺序，面积会变号. 也就是说，它是一个反对称函数.

对于体积的情形，顶点的顺序的选取与空间方向的概念有关. 同样的概念也出现在维数$n > 3$的超空间中，但对于现在来说，我们不会对这些问题做太深入的研究；我们将在第 4.4 节和第 7.3 节中再讨论它们. 我们只能说，这个概念对于构建体积理论和积分理论是必要的. 事实上，在 $n = 1$ 的情形中，就已经出现方向的概念了，当我们把线段 OA(其中O是直线的原点，即点 0，点 A 的坐标为 x)的长度看作一阶行列式 x 时，当 A 在O 的右边时，行列式为正. 类似地，如果点 B 的坐标为 y，那么线段 AB 的长等于 $y - x$，如果 B 在 A 的右边，那么该值为正. 因此，线段的长度取决于其端点的顺序，如果端点交换位置，其值变号

(因此长度是一个反对称函数). 只有根据类似的约定,我们才能说 $OABC$ 的长等于OC的长(图 2.3). 如果我们只使用正的长度,那么,$OABC$ 的长为 $|OA|+|AB|+|BA|+|AC|=|OC|+2|AB|$.

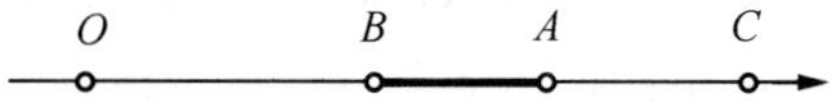

图 2.3　径长

2.7　行列式的显式公式

为了计算 n 阶行列式,我们在第 2.2 节中使用的公式(2.12) 用较小的阶的行列式表示该行列式. 假设该方法可以依次用于这些阶数更小的行列式,并由此得到阶数越来越小的行列式,直到得到 1 阶行列式,对于矩阵(a_{11}),该行列式等于a_{11}. 由此,我们得到矩阵

$$A=\begin{pmatrix} a_{11} & a_{12} & \cdots & a_{1n} \\ a_{21} & a_{22} & \cdots & a_{2n} \\ \vdots & \vdots & & \vdots \\ a_{n1} & a_{n2} & \cdots & a_{nn} \end{pmatrix}$$

用其元素表达的行列式的表达式. 这个表达式相当复杂,为了推导行列式的性质,使用第 2.2 节中给出的归纳过程是较为简单的. 现在我们准备发现这个复杂的定义. 首先,我们来证明一个引理,它初看似乎是显然的,但仍需证明(尽管它非常简单).

引理 2.28　如果对于长为 n 的行 $\boldsymbol{x}$,线性函数 $f(\boldsymbol{x})$ 有两种写法

$$f(\boldsymbol{x})=\sum_{i=1}^{n} a_i x_i,\quad f(\boldsymbol{x})=\sum_{i=1}^{n} b_i x_i$$

那么$a_1=b_1,a_2=b_2,\cdots,a_n=b_n$.

证明:$f(\boldsymbol{x})$ 的两个方程对任意 $\boldsymbol{x}$ 都一定成立. 我们假设,特别地,$\boldsymbol{x}=\boldsymbol{e}_i=(0,\cdots,1,\cdots,0)$,其中第 i 位为 1(在定理 1.3 的证明中我们已经遇到过行$\boldsymbol{e}_i$). 那么,由初始假设,我们得到 $f(\boldsymbol{e}_i)=a_i$,由第二个假设,我们得到 $f(\boldsymbol{e}_i)=b_i$. 因此,对于所有 i,都有$a_i=b_i$,这就是要证明的. □

我们把行列式 $|A|$ 看作矩阵 A 的行$\boldsymbol{a}_1,\boldsymbol{a}_2,\cdots,\boldsymbol{a}_n$ 的函数. 正如第 2.2 节所示,行列式是矩阵任意行的一个线性函数. 长为 n 的任意 m 行的函数称为多重线性的,如果它的每行(其他行保持不变) 都是线性的.

定理 2.29 多重线性函数 $F(\boldsymbol{a}_1,\boldsymbol{a}_2,\cdots,\boldsymbol{a}_m)$ 可以表示为

$$F(\boldsymbol{a}_1,\boldsymbol{a}_2,\cdots,\boldsymbol{a}_m)=\sum_{(i_1,i_2,\cdots,i_m)}\alpha_{i_1,i_2,\cdots,i_m}a_{1i_1}a_{2i_2}\cdots a_{mi_m} \tag{2.40}$$

如果像往常一样,$\boldsymbol{a}_i=(a_{i1},a_{i2},\cdots,a_{in})$,其和取遍数组 1,2,…,$n$ 中的数$(i_1,i_2,\cdots,i_m)$的任意集合,其中$\alpha_{i_1,i_2,\cdots,i_m}$ 是某些系数,它们仅取决于函数 F,而不取决于行$\boldsymbol{a}_1,\boldsymbol{a}_2,\cdots,\boldsymbol{a}_m$.

证明:这个证明是通过对 m 作归纳法得出的. 当 $m=1$ 时,根据线性函数的定义,定理的证明是显然的. 当 $m>1$ 时,我们要用到以下事实:对于任意$\boldsymbol{a}_1$,都有

$$F(\boldsymbol{a}_1,\boldsymbol{a}_2,\cdots,\boldsymbol{a}_m)=\sum_{i=1}^{n}\varphi_i(\boldsymbol{a}_2,\cdots,\boldsymbol{a}_m)a_{1i} \tag{2.41}$$

其中系数φ_i 取决于$\boldsymbol{a}_2,\cdots,\boldsymbol{a}_m$,也就是说,它们是这些数的函数.

我们来验证所有函数φ_i 都是多重线性的. 例如,关于a_2 是线性的. 利用函数 $F(\boldsymbol{a}_1,\boldsymbol{a}_2,\cdots,\boldsymbol{a}_m)$ 关于$\boldsymbol{a}_2$ 是线性的,我们得到

$$F(\boldsymbol{a}_1,\boldsymbol{a}'_2+\boldsymbol{a}''_2,\cdots,a_m)=F(\boldsymbol{a}_1,\boldsymbol{a}'_2,\cdots,\boldsymbol{a}_m)+F(\boldsymbol{a}_1,\boldsymbol{a}''_2,\cdots,\boldsymbol{a}_m)$$

或

$$\sum_{i=1}^{n}\varphi_i(\boldsymbol{a}'_2+\boldsymbol{a}''_2,\cdots,\boldsymbol{a}_m)x_i=\sum_{i=1}^{n}(\varphi_i(\boldsymbol{a}'_2,\cdots,\boldsymbol{a}_m)+\varphi_i(\boldsymbol{a}''_2,\cdots,\boldsymbol{a}_m))x_i$$

其中$x_i=a_{1i}$,即任意x_i 都成立. 由此,根据引理,我们得到

$$\varphi_i(\boldsymbol{a}'_2+\boldsymbol{a}''_2,\cdots,\boldsymbol{a}_m)=\varphi_i(\boldsymbol{a}'_2,\cdots,\boldsymbol{a}_m)+\varphi_i(\boldsymbol{a}''_2,\cdots,\boldsymbol{a}_m)$$

同样,我们可以验证定理 1.3 中的线性函数的第二个性质. 从这个定理可以看出,函数$\varphi_i(\boldsymbol{a}_2,\cdots,\boldsymbol{a}_m)$关于$\boldsymbol{a}_2$ 是线性的,并且类似地,它们是多重线性的. 现在,通过归纳假设,我们得到它们各自的表达式

$$\varphi_i(\boldsymbol{a}_2,\cdots,\boldsymbol{a}_m)=\sum_{(i_2,\cdots,i_m)}\beta^{i}_{i_2,\cdots,i_m}a_{2i_2}\cdots a_{mi_m} \tag{2.42}$$

($\beta^{i}_{i_2,\cdots,i_m}$ 中的指标 i 表示与函数φ_i 相关的这些常数). 为了完成证明,我们还需改变记号,设 $i=i_1$,将表达式(2.42) 代入(2.41) 中,并设$\beta^{i_1}_{i_2,\cdots,i_m}=\alpha_{i_1,i_2,\cdots,i_m}$.

□

备注 2.30 关系式(2.40) 中的常数$\alpha_{i_1,i_2,\cdots,i_m}$ 可由以下公式得到

$$\alpha_{i_1,i_2,\cdots,i_m}=F(\boldsymbol{e}_{i_1},\boldsymbol{e}_{i_2},\cdots,\boldsymbol{e}_{i_m}) \tag{2.43}$$

其中$\boldsymbol{e}_j$ 再次表示行(0,…,1,…,0),其中第 j 位为 1,其他位为零.

事实上,如果我们把$\boldsymbol{a}_1=\boldsymbol{e}_{i_1},\boldsymbol{a}_2=\boldsymbol{e}_{i_2},\cdots,\boldsymbol{a}_m=\boldsymbol{e}_{i_m}$ 代入关系式(2.40),那么,项$a_{1i_1}a_{2i_2}\cdots a_{mi_m}$ 就是 1 了,而其余乘积$a_{1j_1}a_{2j_2}\cdots a_{mj_m}$ 都等于 0. 这就证明了公式(2.43).

现在,我们把定理2.29 和公式(2.43)应用于行列式 $|A|$,该行列式看作矩

阵 A 的行 $\boldsymbol{a}_1,\boldsymbol{a}_2,\cdots,\boldsymbol{a}_m$ 的函数.由于我们知道行列式是多重线性函数,它必定满足关系式(2.40)($m=n$),系数 $\alpha_{i_1,i_2,\cdots,i_n}$ 可由公式(2.43)确定.因此,$\alpha_{i_1,i_2,\cdots,i_n}$ 等于矩阵的行列式 $|E_{i_1,i_2,\cdots,i_n}|$,该矩阵的第一行等于 $\boldsymbol{e}_{i_1}$,第二行是 $\boldsymbol{e}_{i_2}$,……,第 n 行是 $\boldsymbol{e}_{i_n}$.考虑到第 2.2 节的性质 2.10,如果数 $i_1,i_2,\cdots,i_n$ 中有相等的,那么 $|E_{i_1,i_2,\cdots,i_n}|=0$.因此,仍需验证行列式 $|E_{i_1,i_2,\cdots,i_n}|$ 在 $(i_1,i_2,\cdots,i_n)$ 是数 $(1,2,\cdots,n)$ 的一个排列的情形.但是这个行列式是由单位矩阵的行列式 $|E|$ 得到的,如果我们通过对排列 $(i_1,i_2,\cdots,i_n)$ 作行的运算.此外,我们知道行列式是其行的一个反对称函数(见第 2.2 节中的性质 2.9).因此,我们可以对其应用反对称函数的公式(2.37),我们得到

$$|E_{i_1,i_2,\cdots,i_n}|=\varepsilon(\boldsymbol{I})\cdot|E|,\quad 其中\ \boldsymbol{I}=(i_1,i_2,\cdots,i_n)$$

因为 $|E|=1$,我们有等式 $\alpha_{i_1,i_2,\cdots,i_n}=\varepsilon(\boldsymbol{I})$,如果排列 $\boldsymbol{I}$ 等于 $(i_1,i_2,\cdots,i_n)$.

由此,我们得到矩阵 A 的行列式的表达式

$$|A|=\sum_{\boldsymbol{I}}\varepsilon(\boldsymbol{I})\cdot a_{1i_1}a_{2i_2}\cdots a_{ni_n} \tag{2.44}$$

其中和的范围是数 $(1,2,\cdots,n)$ 的所有排列 $\boldsymbol{I}=(i_1,i_2,\cdots,i_n)$.表达式(2.44)称为行列式的显式公式.有必要用文字来重新表述这一点:矩阵 A 的行列式等于这样的项的和,其每一项都是矩阵 A 的 n 个元素 a_{ij} 的乘积,取自每一行和每一列.如果此类乘积的因数按行数递增的顺序排列,那么该项符号是正还是负取决于对应的列数是构成偶排列还是奇排列.

2.8 矩阵的秩

在本节中,我们引入几个基本概念,并用它们来证明关于线性方程组的几个的新结果.

定义 2.31 如果矩阵 A 的第 i 行与该矩阵的第 i 列相同(对所有 i),那么该矩阵称为矩阵 A 的转置,记作 A^*.

显然,如果我们用 a_{ij} 表示位于矩阵 A 的第 i 行、第 j 列的元素,用 b_{ij} 表示矩阵 A^* 的对应元素,那么 $b_{ij}=a_{ji}$.如果矩阵 A 为 (n,m) 型,那么矩阵 A^* 是 (m,n) 型.

定理 2.32 方阵的转置的行列式等于原矩阵的行列式,即 $|A^*|=|A|$.

证明:考虑矩阵 A 的以下函数

$$F(A)=|A^*|$$

该函数表现出第 2.3 节(第 46 页)中表述的性质(1)和(2).事实上,矩阵 A 的列

就是矩阵A^*的行，因此，对于矩阵A的行，函数$F(A)$（也就是把行列式$|A^*|$看作矩阵A的函数）具有性质(1)和(2)，这个结论等价于以下结论：行列式$|A^*|$的列具有相同的性质. 这是从定理2.17得出的. 因此，定理2.15适用于$F(A)$，由此得出

$$F(A)=k|A|$$

其中$k=F(E)=|E^*|$，E为$n\times n$单位矩阵. 显然，$E^*=E$，因此，$k=|E^*|=|E|=1$. 由此得出$F(A)=|A|$，这就完成了定理的证明. □

定义 2.33 方阵A称为对称的，如果$A=A^*$；方阵A称为反对称的，如果$A=-A^*$.

显然，如果a_{ij}表示位于矩阵A的第i行、第j列的元素，那么条件$A=A^*$可以写为$a_{ij}=a_{ji}$，而$A=-A^*$可以写为$a_{ij}=-a_{ji}$. 由最后一个关系式可知，反对称矩阵的主对角线上的所有元素a_{ii}都必定等于零. 此外，由行列式的性质可知，奇数阶反对称矩阵是奇异的. 事实上，如果A是一个n阶方阵，那么根据矩阵数乘的定义和在每行中行列式的线性，我们得到关系式$|-A^*|=(-1)^n|A|$，由$A=-A^*$得到$|A|=(-1)^n|A|$，它在n为奇数的情形中，仅当$|A|=0$时成立.

对称和反对称矩阵在数学和物理中起着重要作用，我们会在接下来的章节遇到它们，例如在研究双线性型的时候.

定义 2.34 矩阵

$$A=\begin{pmatrix} a_{11} & a_{12} & \cdots & a_{1n} \\ a_{21} & a_{22} & \cdots & a_{2n} \\ \vdots & \vdots & & \vdots \\ a_{m1} & a_{m2} & \cdots & a_{mn} \end{pmatrix} \tag{2.45}$$

的r阶余子式是从矩阵(2.45)中通过消去除了给定r行和给定r列以外的所有项而得到的r阶行列式. 在此，我们显然必须假设$r\leqslant m$和$r\leqslant n$.

例如，一阶余子式是矩阵的单个元素，而n阶方阵唯一的n阶余子式是整个矩阵的行列式.

定义 2.35 矩阵(2.45)的秩是其非零余子式的阶的最大值.

换句话说，秩是最小的数r，使得秩$s>r$的所有余子式都等于零或不存在这样的余子式(如果$r=\min\{m,n\}$).

我们注意到定理2.32的一个显然的推论.

定理 2.36 矩阵的秩不受转置影响.

证明:矩阵A^*的余子式是由矩阵 A 的余子式转置得到的(在转置的时候,行和列的下标交换位置).因此,矩阵A^*和 A 的秩一样. □

我们回顾一下,在第 1.2 节中介绍 Gauss 消元法时,我们引入了在方程组的方程上的 Ⅰ 型和 Ⅱ 型初等行运算.这些运算改变了未知数的系数和常数项.现在,如果我们只关注未知数的系数,那么,我们正在对方程组的矩阵的行作初等运算.这使我们有可能用 Gauss 消元法来确定矩阵的秩.

矩阵的秩的一个基本性质表述为以下定理.

定理 2.37 矩阵的秩在其行或列的初等运算下不变.

证明:我们对 Ⅱ 型初等行运算进行证明(对于 Ⅰ 型初等行运算,证明是类似的,甚至更简单).将第 j 行乘以 p,再加到第 i 行上,我们得到一个新的矩阵;称其为 B.我们用算符 rk 表示矩阵的秩,并假设 $\mathrm{rk}\,A=r$.如果在矩阵 A 的 r 阶非零子式中,至少存在一个不包含第 i 行的余子式,那么它在给定的运算下不变,因此,它就是矩阵 B 的一个非零余子式.因此,我们可以得出 $\mathrm{rk}\,B\geqslant r$.

现在,我们假设矩阵 A 的所有 r 阶非零余子式都包含第 i 行.设 M 为这样的一个余子式,包含 $i_1,\cdots,i_r$ 行,其中 $i_k=i$(存在这样的 k,$1\leqslant k\leqslant r$).我们用 N 表示矩阵 B 的余子式,其中包含与 M 有相同下标的列.如果 j 为 $i_1,\cdots,i_r$ 中的一个,那么矩阵 A 的这一变换也是余子式 M(转化为 N) 的一个初等变换.由于行列式不受 Ⅱ 型初等变换的影响,我们必定有 $N=M$,由此得出 $\mathrm{rk}\,B\geqslant r$.

现在假设 j 不在 $i_1,\cdots,i_r$ 中.我们用 M' 表示矩阵 A 的余子式,其中包含与 M 相同的列,行编号为 $i_1,\cdots,i_{k-1},j,i_{k+1},\cdots,i_r$.换句话说,$M'$ 是通过把矩阵 A 的第 i_k 行用第 j 行替换而从 M 得到的.由于行列式是其行的线性函数,因此,我们有等式 $N=M+pM'$.但是根据我们的假设,$M'=0$,因为余子式 M' 不包含矩阵 A 的第 i 行.因此,我们得到等式 $N=M$,由此得出 $\mathrm{rk}\,B\geqslant r$.

因此,在所有的情形中,我们都证明了 $\mathrm{rk}\,B\geqslant \mathrm{rk}\,A$.然而,由于矩阵 A 反过来可以由 B 通过 Ⅱ 型初等运算从 B 得到,因此,我们得到反向的 $\mathrm{rk}\,A\geqslant \mathrm{rk}\,B$.由此,显然有 $\mathrm{rk}\,A=\mathrm{rk}\,B$.

通过类似的论证,但是对列进行运算,我们可以证明,矩阵的秩在初等列运算下不变.此外,如果我们使用定理 2.36,那么对于列的结论可以从关于行的类似的结论得到. □

现在,我们可以回答由定理 1.16 和 1.17 解决的问题,不是将方程组化为阶梯形,而是使用由系数决定的显式表达式.将方程组化为阶梯形将会出现在我们的证明中,但不会出现在最终的公式中.

我们假设,通过初等变换,我们已经把方程组化为阶梯形(1.18).根据定理

2.37,方程组的矩阵的秩和增广矩阵的秩保持不变.显然,方程组(1.18)的矩阵的秩等于 r:前 r 行和编号为 $1,k,\cdots,s$ 的 r 列的相交部分的余子式等于 $\overline{a}_{11}\ \overline{a}_{2k}\cdots\overline{a}_{rs}$,这蕴涵它不为零,任何其他更高阶的余子式必然包含一行零,因此等于零.因此,原方程组(1.3)的矩阵的秩等于 r.

方程组(1.18)的增广矩阵的秩也等于 r,如果所有常数 $\overline{b}_{r+1}=\cdots=\overline{b}_n$ 都等于零,或者如果不存在这样的个数 $(m-r)$ 的方程组.然而,如果数 $\overline{b}_{r+1},\cdots,\overline{b}_n$ 中至少有一个不为零,那么增广矩阵的秩将大于 r.例如,如果 $\overline{b}_{r+1}\neq 0$,那么包含增广矩阵的前 $r+1$ 行和编号为 $1,k,\cdots,s,n+1$ 的列的 $r+1$ 阶余子式等于 $\overline{a}_{11}\ \overline{a}_{2k}\cdots\overline{a}_{rs}\ \overline{b}_{r+1}$,它不为零.因此,定理 1.16 中表述的相容性准则也可以用秩来表述:方程组(1.3)的矩阵的秩必定等于方程组的增广矩阵的秩.由于根据定理 2.37,初始方程组(1.3)的矩阵和增广矩阵的秩都等于方程组(1.18)的对应矩阵的秩,因此,我们得到了称为 Rouché-Capelli 定理的相容性条件.

定理 2.38 线性方程组(1.3)是相容的,当且仅当方程组的矩阵的秩等于增广矩阵的秩.

做同样的考虑,定理 1.17 可以重新表述为以下形式.

定理 2.39 如果线性方程组(1.3)是相容的,那么它是定的(即它有唯一解),当且仅当方程组的矩阵的秩等于未知数的个数.

我们可以通过引入一个更深层次的概念(一个本身很重要的概念)来进一步解释矩阵的秩的概念在线性方程的理论中的意义.

定义 2.40 假设我们给定长为 n 的 m 行:$\boldsymbol{a}_1,\boldsymbol{a}_2,\cdots,\boldsymbol{a}_m$.相同长度的行 a 称为 $\boldsymbol{a}_1,\boldsymbol{a}_2,\cdots,\boldsymbol{a}_m$ 的一个线性组合,如果存在数 $p_1,p_2,\cdots,p_m$ 使得 $\boldsymbol{a}=p_1\boldsymbol{a}_1+p_2\boldsymbol{a}_2+\cdots+p_m\boldsymbol{a}_m$.

我们提到线性组合的两个性质.

(1) 如果 $\boldsymbol{a}$ 是行 $\boldsymbol{a}_1,\cdots,\boldsymbol{a}_m$ 的一个线性组合,其中每个依次是同一组行 $\boldsymbol{b}_1,\cdots,\boldsymbol{b}_k$ 的一个线性组合,那么 $\boldsymbol{a}$ 是行 $\boldsymbol{b}_1,\cdots,\boldsymbol{b}_k$ 的一个线性组合.

事实上,根据线性组合的定义,存在数 q_{ij} 使得

$$\boldsymbol{a}_i=q_{i1}\boldsymbol{b}_1+q_{i2}\boldsymbol{b}_2+\cdots+q_{ik}\boldsymbol{b}_k,\quad i=1,\cdots,m$$

和数 p_i 使得 $\boldsymbol{a}=p_1\boldsymbol{a}_1+p_2\boldsymbol{a}_2+\cdots+p_m\boldsymbol{a}_m$.在最后一个等式中,用 $\boldsymbol{b}_1,\cdots,\boldsymbol{b}_k$ 替换行 $\boldsymbol{a}_i$,我们得到

$$\boldsymbol{a}=p_1(q_{11}\boldsymbol{b}_1+q_{12}\boldsymbol{b}_2+\cdots+q_{1k}\boldsymbol{b}_k)+p_2(q_{21}\boldsymbol{b}_1+q_{22}\boldsymbol{b}_2+\cdots+q_{2k}\boldsymbol{b}_k)+\cdots+p_m(q_{m1}\boldsymbol{b}_1+q_{m2}\boldsymbol{b}_2+\cdots+q_{mk}\boldsymbol{b}_k)$$

去括号,再合并同类项,得到

$$\boldsymbol{a}=(p_1q_{11}+p_2q_{21}+\cdots+p_mq_{m1})\boldsymbol{b}_1+(p_1q_{12}+p_2q_{22}+\cdots+p_mq_{m2})\boldsymbol{b}_2+\cdots+(p_1q_{1k}+p_2q_{2k}+\cdots+p_mq_{mk})\boldsymbol{b}_k$$

即把 $\boldsymbol{a}$ 表示为行$\boldsymbol{b}_1,\cdots,\boldsymbol{b}_k$ 的一个线性组合.

(2) 当我们将初等运算应用于矩阵的行的时候,我们得到的行是原矩阵的行的线性组合.

对于 Ⅰ 型和 Ⅱ 型初等运算来说,这是显然的.

我们对秩为r的矩阵A应用Gauss消元法.通过改变行和列的计数,我们假设在矩阵的前r行和前r列有一个r阶的非零余子式.那么通过在其前r行上作初等运算,矩阵化为以下形式

$$\overline{A}=\begin{pmatrix}\overline{a}_{11} & \overline{a}_{12} & \cdots & \overline{a}_{1r} & \overline{a}_{1r+1} & \cdots & \overline{a}_{1n}\\ 0 & \overline{a}_{22} & \cdots & \overline{a}_{2r} & \overline{a}_{2r+1} & \cdots & \overline{a}_{2n}\\ \vdots & \vdots & & \vdots & \vdots & & \vdots\\ 0 & 0 & \cdots & \overline{a}_{rr} & \overline{a}_{rr+1} & \cdots & \overline{a}_{rn}\\ \overline{a}_{r+11} & \cdots & \cdots & \cdots & \cdots & \cdots & \overline{a}_{r+1n}\\ \vdots & \vdots & & \vdots & \vdots & & \vdots\\ \overline{a}_{m1} & \cdots & \cdots & \cdots & \cdots & \cdots & \overline{a}_{mn}\end{pmatrix}$$

其中$\overline{a}_{11}\neq 0,\cdots,\overline{a}_{rr}\neq 0$.现在,我们可以从第$r+1$行减去第一行乘以一个数的乘积,使得由此得到的行的第一个元素等于零,然后减去第二行乘以一个数的乘积,使得由此得到的行的第二个元素等于零,依此类推,直到我们得到矩阵

$$\overline{\overline{A}}=\begin{pmatrix}\overline{a}_{11} & \overline{a}_{12} & \cdots & \overline{a}_{1r} & \overline{a}_{1r+1} & \cdots & \overline{a}_{1n}\\ 0 & \overline{a}_{22} & \cdots & \overline{a}_{2r} & \overline{a}_{2r+1} & \cdots & \overline{a}_{2n}\\ \vdots & \vdots & & \vdots & \vdots & & \vdots\\ 0 & 0 & \cdots & \overline{a}_{rr} & \overline{a}_{rr+1} & \cdots & \overline{a}_{rn}\\ 0 & 0 & \cdots & 0 & \overline{\overline{a}}_{r+1r+1} & \cdots & \overline{\overline{a}}_{r+1n}\\ \vdots & \vdots & & \vdots & \vdots & & \vdots\\ 0 & 0 & \cdots & 0 & \overline{\overline{a}}_{mr+1} & \cdots & \overline{\overline{a}}_{mn}\end{pmatrix}$$

由于矩阵$\overline{\overline{A}}$ 是用一系列初等运算从 A 得到的,因此,它的秩必定等于 r.

我们来证明矩阵$\overline{\overline{A}}$的整个$r+1$行由零构成.事实上,如果存在$k=1,\cdots,n$,使得在行$\overline{\overline{a}}_{r+1k}\neq 0$ 中存在一个元素,那么矩阵$\overline{\overline{A}}$ 的余子式由前 $r+1$ 行和编号为 $1,2,\cdots,r,k$ 的列的相交部分构成,它由以下形式给出

$$\begin{vmatrix} \overline{a}_{11} & \overline{a}_{12} & \cdots & \overline{a}_{1r} & \overline{a}_{1k} \\ 0 & \overline{a}_{22} & \cdots & \overline{a}_{2r} & \overline{a}_{2k} \\ \vdots & \vdots & & \vdots & \vdots \\ 0 & 0 & \cdots & \overline{a}_{rr} & \overline{a}_{rk} \\ 0 & 0 & \cdots & 0 & \overline{\overline{a}}_{r+1k} \end{vmatrix} = \overline{a}_{11}\,\overline{a}_{22}\cdots\overline{a}_{rr}\,\overline{\overline{a}}_{r+1k} \neq 0$$

这与$\overline{\overline{A}}$的秩等于r这一既定事实相矛盾.

这个结果可以表述为:如果$\overline{\boldsymbol{a}}_1,\cdots,\overline{\boldsymbol{a}}_{r+1}$是矩阵$\overline{A}$的前$r+1$行,那么存在数$p_1,\cdots,p_r$使得

$$\overline{\boldsymbol{a}}_{r+1} - p_1\overline{\boldsymbol{a}}_1 - \cdots - p_r\overline{\boldsymbol{a}}_r = \boldsymbol{0}$$

由此可知,$\overline{\boldsymbol{a}}_{r+1} = p_1\overline{\boldsymbol{a}}_1 + \cdots + p_r\overline{\boldsymbol{a}}_r$. 也就是说,行$\overline{\boldsymbol{a}}_{r+1}$是矩阵$\overline{A}$的前$r$行的一个线性组合. 但是矩阵$\overline{A}$是通过对矩阵$A$的前$r$行作初等运算得到的,因此,矩阵$\overline{A}$和$A$的编号大于$r$的行相同. 因此,我们看到,矩阵$A$的第$r+1$行是行$\overline{a}_1,\cdots,\overline{a}_{r+1}$的一个线性组合,其中每一个依次都是矩阵$A$的前$r$行的一个线性组合. 因此,矩阵$A$的第$r+1$行是其前$r$行的一个线性组合.

对于第$r+1$行进行的这一推理可以同样适用于编号为$i>r$的任何行. 因此,矩阵A的每行都是其前r行的一个线性组合(请注意,在这种情况下,前r行起着特殊的作用,为了记法方便,我们以这样的方式对行和列进行编号,使得位于前r行和前r列的位置是一个非零余子式). 在一般情形中,我们得到以下结果.

定理 2.41 如果矩阵的秩等于r,那么它的所有行都是某r行的线性组合.

备注 2.42 更确切地说,我们已经证明了,如果存在阶等于矩阵的秩的一个非零余子式,那么每行都可以写作该余子式所在行的一个线性组合.

这些思想在线性方程组中的应用是基于以下显然的引理. 在此,像在高中课程中那样,我们称方程$F(\boldsymbol{x})=b$为方程组(1.10)的推论,如果方程组(1.10)的每个解$\boldsymbol{c}$都满足关系式$F(\boldsymbol{c})=b$. 换句话说,这说明如果我们为方程组(1.10)指定一个附加方程$F(\boldsymbol{x})=b$,我们就得到了一个等价方程组.

引理 2.43 如果在方程组(1.3)的增广矩阵中,某一行(带有下标l)是k行(带有下标$i_1,\cdots,i_k$)的一个线性组合,那么方程组的第l个方程是带有这些下标的k个方程的一个推论.

证明:证明是通过直接验证进行的. 为了精简陈述,假设我们讨论的是增广矩阵的前k行. 那么根据定义,存在k个数$\alpha_1,\cdots,\alpha_k$使得

$$\alpha_1(a_{11},a_{12},\cdots,a_{1n},b_1)+\alpha_2(a_{21},a_{22},\cdots,a_{2n},b_2)+\cdots+$$
$$\alpha_k(a_{k1},a_{k2},\cdots,a_{kn},b_k)=(a_{l1},a_{l2},\cdots,a_{ln},b_l)$$

这说明对于每个 $i=1,\cdots,n$,都满足以下方程组

$$\begin{cases}\alpha_1 a_{1i}+\alpha_2 a_{2i}+\cdots+\alpha_k a_{ki}=a_{li} \quad (i=1,2,\cdots,n)\\ \alpha_1 b_1+\alpha_2 b_2+\cdots+\alpha_k b_k=b_l\end{cases}$$

那么如果在方程组中的编号为 $1,2,\cdots,k$ 的方程分别乘以数$\alpha_1,\cdots,\alpha_k$,再将乘积相加,我们得到方程组的第 l 个方程. 即,用方程组(1.10) 的记号,我们得到

$$\alpha_1 F_1(\boldsymbol{x})+\cdots+\alpha_k F_k(\boldsymbol{x})=F_l(\boldsymbol{x}), \quad \alpha_1 b_1+\cdots+\alpha_k b_k=b_l$$

在此,代入 $\boldsymbol{x}=\boldsymbol{c}$,我们得到,如果$F_1(\boldsymbol{c})=b_1,\cdots,F_k(\boldsymbol{c})=b_k$,那么我们也有$F_l(\boldsymbol{c})=b_l$,即第 l 个方程是前 k 个方程的一个推论. □

结合引理 2.43 与定理 2.41,我们得到以下结果.

定理 2.44 如果方程组(1.3) 的矩阵的秩与其增广矩阵的秩相等,且等于 r,那么方程组的所有方程都是方程组的某 r 个方程的推论.

因此,如果联立方程组(1.3) 的矩阵的秩等于 r,那么它等价于由方程组(1.3) 的某 r 个方程构成的一个方程组. 可以任意选取这样的 r 个方程,使得在具有对应下标的行中,存在方程组(1.3) 的矩阵的一个 r 阶非零余子式.

2.9 矩阵的运算

在本节中,我们将定义矩阵上的某些运算,这些运算虽然简单,但对于以下陈述非常重要. 首先,我们将完全形式地定义这些运算. 在下述例子中,尤其是在下一章中,通过向量空间的线性变换将矩阵与几何概念联系起来,它们的更深层次的意义将会变得清晰.

首先,我们约定,对于两个矩阵,$A=B$说明A 和B 是相同类型的矩阵,并且它们具有相同的指标元素(记作a_{ij} 和b_{ij}) 是相等的. 也就是说,如果 A 和 B 各有 m 行和 n 列,那么,$A=B$ 说明 $m\cdot n$ 个等式$a_{ij}=b_{ij}$(对于所有指标 $i=1,\cdots,m$ 和 $j=1,\cdots,n$) 都成立.

定义 2.45 设 A 为一个(m,n) 型的任意矩阵(带有元素a_{ij}),并设 p 为某个数. 矩阵 A 和数 p 的乘积是矩阵 B,同样是(m,n) 型,其元素满足方程$b_{ij}=pa_{ij}$. 记作 $B=pA$.

就像对数字所做的那样,用数 -1 乘以 A 得到的矩阵记作 $-A$,称为加性逆矩阵. 在将(m,n) 型任意矩阵与数 0 相乘得到的乘积的情形中,我们显然得到了一个相同类型的矩阵,其所有元素均为零. 它称为(m,n) 型的零矩阵,记作 0.

定义 2.46 设 A 和 B 为两个矩阵，每个都是 (m,n) 型，其元素通常用 a_{ij} 和 b_{ij} 表示. A 与 B 的和是矩阵 C，也是 (m,n) 型，其元素 c_{ij} 由公式 $c_{ij}=a_{ij}+b_{ij}$ 定义. 这可以写成等式 $C=A+B$.

我们强调一下，“和”与“等式”仅对于相同类型的矩阵是有定义的.

有了这些定义，现在容易验证，就像在数的情形中那样，我们有以下去括号法则. 对于任意两个数 p,q 与矩阵 A，都有 $(p+q)A=pA+qA$，以及对于任意数 p 与同类型矩阵 A,B，都有 $p(A+B)=pA+pB$. 同样容易验证，矩阵的加法不取决于求和的顺序，即 $A+B=B+A$，并且三个（或更多个）矩阵的和不取决于括号的排列，即 $(A+B)+C=A+(B+C)$. 使用加法与乘以 -1，也可以定义矩阵的差：$A-B=A+(-B)$.

现在，我们定义另一个重要的矩阵运算，称为矩阵乘积或矩阵乘法. 与加法一样，该运算不是对于任意类型的矩阵定义的，而是只对于维数遵循某种关系的矩阵定义的.

定义 2.47 设 A 为一个 (m,n) 型矩阵，我们用 a_{ij} 表示其元素，并设 B 为一个 (n,k) 型矩阵，带有元素 b_{ij}（我们观察到，在一般情形中，元素 a_{ij} 和 b_{ij} 的指标 i 和 j 取遍不同的值集）. 矩阵 A 和 B 的乘积是 (m,k) 型矩阵 C，其元素 c_{ij} 由公式

$$c_{ij}=a_{i1}b_{1j}+a_{i2}b_{2j}+\cdots+a_{in}b_{nj} \tag{2.46}$$

确定. 我们把矩阵乘积写为 $C=A\cdot B$ 或简写为 $C=AB$.

因此，两个矩阵 A 和 B 的乘积仅在矩阵 A 的列数等于矩阵 B 的行数的情形中是有定义的，否则，乘积是没有定义的（其原因将在下一章中明确说明）. 重要的特殊情形 $n=m=k$ 表明，两个（也可以是任意个数的）同阶方阵的乘积是良定义的.

我们通过一些例子来阐明上述定义.

例 2.48 接下来，我们将经常遇到 $(1,n)$ 与 $(n,1)$ 型矩阵，即长为 n 的行和列，通常称为行向量与列向量. 对于这样的向量，引入特殊记号是很方便的

$$\boldsymbol{\alpha}=(\alpha_1,\cdots,\alpha_n),\quad [\boldsymbol{\beta}]=\begin{pmatrix}\beta_1\\ \vdots\\ \beta_n\end{pmatrix} \tag{2.47}$$

也就是说，$\boldsymbol{\alpha}$ 是 $(1,n)$ 型矩阵，而 $[\boldsymbol{\beta}]$ 是 $(n,1)$ 型矩阵. 此类矩阵通过转置算子 $[\boldsymbol{\alpha}]=\boldsymbol{\alpha}^*$ 和 $[\boldsymbol{\beta}]=\boldsymbol{\beta}^*$ 相联系. 那么根据定义，在公式 (2.47) 中的两个矩阵的乘积是 $(1,1)$ 型矩阵 C，即一个数 c，它等于

$$c=\alpha_1\beta_1+\cdots+\alpha_n\beta_n \tag{2.48}$$

在 $n=2$ 和 $n=3$ 的情形中，如果我们把 $\boldsymbol{\alpha}$ 和 $[\boldsymbol{\beta}]$ 看作坐标分别写成行和列的形

式的向量,那么乘积(2.48)与向量的标量积的概念相同,这是解析几何(甚至是初等几何)课程中所熟知的.

利用公式(2.48),我们可以表述由公式(2.46)给出的矩阵的乘法法则,即矩阵A的行与矩阵B的列相乘.更确切地说,由公式(2.48)确定的元素c_{ij}是矩阵A的第i行$\boldsymbol{\alpha}_i$与矩阵B的第j列$[\boldsymbol{\beta}]_j$的乘积.

例 2.49 设A为公式(1.4)(见第13页)中的(m,n)型矩阵,并设$[\boldsymbol{x}]$为$(1,n)$型矩阵,也就是类似于(2.47)的第二个等式的写法,由元素$x_1,\cdots,x_n$构成的列向量.那么,它们的乘积$A[\boldsymbol{x}]$是一个$(m,1)$型矩阵,即一个列向量,根据公式(2.46),由元素

$$a_{i1}x_1+a_{i2}x_2+\cdots+a_{in}x_n,\quad i=1,\cdots,m$$

构成.这表明,我们在1.1节中研究的线性方程组(1.3)可以简写为矩阵形式$A[\boldsymbol{x}]=[\boldsymbol{b}]$,其中$[\boldsymbol{b}]$是$(m,1)$型矩阵,由方程组的常数$b_1,\cdots,b_m$构成,写成一列.

例 2.50 线性代换是指替换变量,其中旧变量$(x_1,\cdots,x_m)$是某些新变量$(y_1,\cdots,y_n)$的线性函数,也就是说,它们由公式表示为

$$\begin{cases}x_1=a_{11}y_1+a_{12}y_2+\cdots+a_{1n}y_n\\x_2=a_{21}y_1+a_{22}y_2+\cdots+a_{2n}y_n\\\quad\cdots\\x_m=a_{m1}y_1+a_{m2}y_2+\cdots+a_{mn}y_n\end{cases}\tag{2.49}$$

具有特定的系数a_{ij}.矩阵$A=(a_{ij})$称为代换(2.49)的矩阵.我们来考虑两次线性代换的结果.设变量$(y_1,\cdots,y_n)$根据公式

$$\begin{cases}y_1=b_{11}z_1+b_{12}z_2+\cdots+b_{1k}z_k\\y_2=b_{21}z_1+b_{22}z_2+\cdots+b_{2k}z_k\\\quad\cdots\\y_n=b_{n1}z_1+b_{n2}z_2+\cdots+b_{nk}z_k\end{cases}\tag{2.50}$$

(带有系数b_{ij})依次用$(z_1,\cdots,z_k)$表示.将公式(2.50)代入(2.49),我们得到变量$(x_1,\cdots,x_m)$用$(z_1,\cdots,z_k)$表示的表达式

$$\begin{aligned}x_i&=a_{i1}(b_{11}z_1+\cdots+b_{1k}z_k)+\cdots+a_{in}(b_{n1}z_1+\cdots+b_{nk}z_k)\\&=(a_{i1}b_{11}+\cdots+a_{in}b_{n1})z_1+\cdots+(a_{i1}b_{1k}+\cdots+a_{in}b_{nk})z_k\end{aligned}\tag{2.51}$$

如前例所示,我们可以将线性代换(2.49)和(2.50)写成矩阵形式$[\boldsymbol{x}]=A[\boldsymbol{y}]$和$[\boldsymbol{y}]=B[\boldsymbol{z}]$,其中$[\boldsymbol{x}]$,$[\boldsymbol{y}]$,$[\boldsymbol{z}]$为列向量,其元素为对应变量,而$A$和$B$是$(m,n)$型矩阵与$(n,k)$型矩阵,其元素为$a_{ij}$与$b_{ij}$.那么,根据公式(2.46),公式

(2.51) 取为$[\boldsymbol{x}]=C[\boldsymbol{z}]$，其中矩阵 C 等于 AB. 换句话说，连续应用两次线性代换得到一个线性代换，其矩阵等于代换的矩阵的乘积.

备注 2.51 所有这一切使得我们可以根据线性代换来定义矩阵乘积：A 和 B 的矩阵乘积是矩阵 C，它是连续两次用矩阵 A 和 B 进行线性代换得到的代换的矩阵.

这 显然的备注使我们得到矩阵乘积的一个重要性质，即结合性，做一个简单而形象的说明.

定理 2.52 设 A 为(m,n) 型矩阵，并设 B 为(n,k) 型矩阵，且设 D 为(k,l) 型矩阵. 那么

$$(AB)D=A(BD) \tag{2.52}$$

证明：首先，我们考虑 $l=1$ 的特殊情形，即在方程(2.52) 中的矩阵 D 是一个含 k 个元素的列向量. 如我们所述，在这种情形中，方程(2.52) 是将 A 和 B 的矩阵乘积解释为对变量进行两次线性代换的一个简单结果；利用例 2.50 的记号，我们只需代入$[\boldsymbol{z}]=D$，然后使用等式$[\boldsymbol{y}]=B[\boldsymbol{z}]$，$[\boldsymbol{x}]=A[\boldsymbol{y}]$ 和$[\boldsymbol{x}]=C[\boldsymbol{z}]$.

在一般情形中，对于方程(2.52) 的证明，只需观察到矩阵 A 和 B 的乘积可以转化为 A 的行与 B 的列的逐个相乘. 也就是说，如果我们把矩阵 B 写为列的形式，即 $B=(B_1,\cdots,B_k)$，那么 AB 类似地可以写成 $AB=(AB_1,\cdots,AB_k)$，其中每个 AB_i 都是一个$(m,1)$ 型矩阵，也即一个列向量. 在此之后，在一般情形中，等式(2.52) 的证明几乎是显而易见的. 设 D 由 l 列组成：$D=(D_1,\cdots,D_l)$. 那么在等式(2.52) 的等号左边，我们有矩阵

$$(AB)D=((AB)D_1,\cdots,(AB)D_l)$$

并且在等号右边，矩阵

$$A(BD)=A(BD_1,\cdots,BD_l)=(A(BD_1),\cdots,A(BD_l))$$

那么余下仅需对每个列向量 $D_1,\cdots,D_l$ 使用已经证明的等式(2.52)(其中 $l=1$). □

我们注意到，我们已经用一种更抽象的形式(第 5 页) 考虑了结合性. 经证明，可以得出任意个因数的乘积并不取决于它们之间的括号的排列. 因此，结合性使得可以计算任意个矩阵的乘积，而无须指示括号的任何排列(仅需每对相伴矩阵对应其维数，以便定义乘法). 特别地，任意方阵和它自身的任意次乘积的结果是良定义的. 这称为乘方.

与数一样，矩阵的加法和乘法运算有关系式

$$A(B+C)=AB+AC,\quad (A+B)C=AC+BC \tag{2.53}$$

这显然遵循定义. 连接加法和乘法的性质公式(2.53) 称为分配性.

我们提到关于单位矩阵的乘法的一个重要性质:对于(m,n)型的一个任意矩阵A和(n,m)型的一个任意矩阵B,以下等式成立

$$AE_n=A,\quad E_nB=B$$

这两个等式的证明都遵循矩阵乘法的定义,例如,利用"行乘以列"的规则.那么我们看到,与矩阵E相乘和在普通的数中与1相乘起着相同的作用.

然而,数的乘法的另一个我们熟悉的性质(称为交换性),即两个数的乘积与它们相乘的顺序无关,对矩阵乘法不成立.这至少源于这样一个事实:仅当$m=l$时,(n,m)型矩阵A和(l,k)型矩阵B的乘积AB才有定义.很可能$m=l$但$k\neq n$,那么矩阵乘积BA就没有定义,而乘积AB有定义.但是即使在$n=m=k=l=2$的情况下,设

$$A=\begin{pmatrix}a & b\\ c & d\end{pmatrix},\quad B=\begin{pmatrix}p & q\\ r & s\end{pmatrix}$$

其中AB和BA都有定义,我们得到

$$AB=\begin{pmatrix}ap+br & aq+bs\\ cp+dr & cq+ds\end{pmatrix},\quad BA=\begin{pmatrix}ap+cq & bp+dq\\ ar+cs & br+ds\end{pmatrix}$$

一般而言,这两个矩阵并不相等.当$AB=BA$时,矩阵A和B称为交换矩阵.

我们只会在接下来将要遇到的特殊情形中用到与矩阵的乘法相关的记号.假设我们给定一个n阶方阵A与一个自然数$p(p<n)$.矩阵A的前p行和前p列的元素构成一个p阶方阵A_{11},前p行和后$n-p$列的元素构成一个$(p,n-p)$型矩阵A_{12},前p列和后$n-p$行的元素构成一个$(n-p,p)$型矩阵A_{21}.最后,后$n-p$行和后$n-p$列的元素构成一个$n-p$阶的方阵A_{22},这可以写成

$$A=\begin{pmatrix}A_{11} & A_{12}\\ A_{21} & A_{22}\end{pmatrix}\tag{2.54}$$

公式(2.54)称为A的分块形式的表达式,而矩阵$A_{11},A_{12},A_{21},A_{22}$是矩阵$A$的分块.例如,根据这些约定,公式(2.15)可取以下形式

$$|A|=\begin{vmatrix}A_{11} & A_{12}\\ 0 & A_{22}\end{vmatrix}=|A_{11}|\cdot|A_{22}|$$

显然,我们可以把矩阵A想象成分块形式,它包含大量不同大小的矩阵分块.除了上述情形(2.54),我们还会发现分块位于对角线上的情形

$$A=\begin{pmatrix}A_1 & 0 & \cdots & 0\\ 0 & A_2 & \cdots & 0\\ \vdots & \vdots & & \vdots\\ 0 & 0 & \cdots & A_k\end{pmatrix}$$

在此，A_i 是阶为$n_i(i=1,\cdots,k)$ 的方阵. 那么，A 是一个$n(n=n_1+\cdots+n_k)$ 阶方阵. 它称为一个分块对角矩阵.

有时用分块形式表示矩阵乘法是很方便的. 我们仅考虑两个 n 阶方阵的情形，把它们分解成与形式(2.54) 大小相同的的分块

$$A=\begin{pmatrix}A_{11} & A_{12}\\ A_{21} & A_{22}\end{pmatrix},\quad B=\begin{pmatrix}B_{11} & B_{12}\\ B_{21} & B_{22}\end{pmatrix}\tag{2.55}$$

在此，A_{11} 和B_{11} 为 p 阶方阵，A_{12} 和B_{12} 为$(p,n-p)$ 型矩阵，A_{21} 和B_{21} 为$(n-p,p)$ 型矩阵，A_{22} 和B_{22} 为 $n-p$ 阶方阵，那么乘积$C=AB$ 是良定义的，并且是一个n 阶矩阵，它可以分解为相同类型的分块

$$C=\begin{pmatrix}C_{11} & C_{12}\\ C_{21} & C_{22}\end{pmatrix}$$

在这种情形中，我们断言

$$C_{11}=A_{11}B_{11}+A_{12}B_{21},\quad C_{12}=A_{11}B_{12}+A_{12}B_{22}$$
$$C_{21}=A_{21}B_{11}+A_{22}B_{21},\quad C_{22}=A_{21}B_{12}+A_{22}B_{22}\tag{2.56}$$

换句话说，矩阵(2.55) 就像二阶矩阵那样相乘，只不过它们的元素不是数，而是分块，即它们本身就是矩阵. 公式(2.56) 的证明可以立即由公式(2.46) 得到. 例如，设$C=(c_{ij})$，其中 $1\leqslant i,j\leqslant p$. 在公式(2.46) 中，前 p 项之和给出矩阵$A_{11}B_{11}$ 中的元素c'_{ij}，而余下 $n-p$ 项之和给出矩阵$A_{12}B_{21}$ 中的元素c''_{ij}. 当然，对于具有不同分块的矩阵的乘法，类似的公式也同样成立(用同样的证明)；只需要这些划分彼此一致，使得出现在公式中的所有矩阵的乘积都是有定义的. 然而，接下来，只有上述(2.55) 的情形是必要的.

转置运算通过一个重要的关系式与乘法联系起来. 设矩阵 A 为(n,m) 型，矩阵 B 为(m,k) 型. 那么

$$(AB)^*=B^*A^*\tag{2.57}$$

事实上，根据矩阵乘积的定义(公式(2.46))，矩阵 AB 中位于第j 行和第i 列相交处的元素等于

$$a_{j1}b_{1i}+a_{j2}b_{2i}+\cdots+a_{jm}b_{mi},\quad i=1,\cdots,n,j=1,\cdots,k\tag{2.58}$$

根据转置的定义，表达式(2.58) 给出了矩阵$(AB)^*$ 中位于第i行和第j 列相交

处的元素的值.另外,我们使用上述"行乘以列"的规则来考虑矩阵B^*与A^*的乘积.那么,考虑到转置的定义,我们得出,矩阵$B^* A^*$中位于第i行和第j列的相交处的元素等于矩阵B的第i列与矩阵A的第j行的乘积,即等于

$$b_{1i} a_{j1} + b_{2i} a_{j2} + \cdots + b_{mi} a_{jm}$$

这个表达式与矩阵$(AB)^*$中位于相应位置的元素的公式(2.58)相同,从而建立了等式(2.57).

我们可以用乘法运算来表述在1.2节中研究线性方程组时所使用的矩阵的初等变换.在没有特别说明这一点的情况下,我们要始终记住,我们总是将乘积是良定义的矩阵相乘.

假设我们给定一个矩阵

$$A = \begin{pmatrix} a_{11} & a_{12} & \cdots & a_{1n} \\ a_{21} & a_{22} & \cdots & a_{2n} \\ \vdots & \vdots & & \vdots \\ a_{m1} & a_{m2} & \cdots & a_{mn} \end{pmatrix}$$

我们考虑由m阶单位矩阵通过交换第i行和第j行得到的一个m阶方阵

$$T_{ij} = \begin{pmatrix}
1 & & & 0 & & & & & & & \\
& \ddots & & \vdots & & & & & & & \\
& & 1 & \vdots & & & & \boxed{j}\downarrow & & & \\
0 & \cdots & \cdots & \mathbf{0} & 0 & \cdots & 0 & \mathbf{1} & \cdots & \cdots & 0 \\
& & & 0 & 1 & & & 0 & & & \\
& & & \vdots & & \ddots & & \vdots & & & \\
& & & 0 & & & 1 & 0 & & & \\
0 & \cdots & \cdots & \mathbf{1} & 0 & \cdots & 0 & \mathbf{0} & \cdots & \cdots & 0 \\
& & & \uparrow\boxed{i} & & & & \vdots & 1 & & \\
& & & & & & & \vdots & & \ddots & \\
& & & & & & & 0 & & & 1
\end{pmatrix}
\begin{matrix} \\ \\ \\ \leftarrow \boxed{i} \\ \\ \\ \\ \leftarrow \boxed{j} \\ \\ \\ \\ \end{matrix}$$

简单的检验表明,$T_{ij}A$也是由A通过转置第i行和第j行得到的.因此,我们可以通过在矩阵A的左侧乘以一个合适的矩阵T_{ij}来表示矩阵A上的一个Ⅰ型初等运算.

我们考虑一个m阶方阵$U_{ij}(c)(i \neq j)$,它取决于数c

$$U_{ij}(c)=\begin{pmatrix}
1 & & & 0 & & & & & & & \\
 & \ddots & & \vdots & & & & & & & \\
 & & 1 & \vdots & & & & \boxed{j}\downarrow & & & \\
0 & \cdots & \cdots & \mathbf{1} & 0 & \cdots & 0 & c & \cdots & \cdots & 0 \\
 & & & 0 & 1 & & & 0 & & & \\
 & & & \vdots & & \ddots & & \vdots & & & \\
 & & & 0 & & & 1 & 0 & & & \\
0 & \cdots & \cdots & \mathbf{0} & 0 & \cdots & 0 & \mathbf{1} & \cdots & \cdots & 0 \\
 & & & \uparrow\boxed{i} & & & & \vdots & 1 & & \\
 & & & & & & & \vdots & & \ddots & \\
 & & & & & & & 0 & & & 1
\end{pmatrix}\begin{matrix} \\ \\ \\ \leftarrow\boxed{i} \\ \\ \\ \\ \leftarrow\boxed{j} \\ \\ \\ \\ \end{matrix} \tag{2.59}$$

它是由 m 阶单位矩阵第 j 行乘以 c 再加到第 i 行得到的. 同样简单的验证表明，矩阵 $U_{ij}(c)A$ 是由 A 通过在第 i 行加上第 j 行乘以数 c 的乘积得到的. 因此，我们也可以根据矩阵乘法写出 Ⅱ 型初等运算. 因此，定理1.15用矩阵形式可以表述为：

定理 2.53 (m,n) 型的任意矩阵 A 都可以通过左乘若干合适的矩阵 T_{ij} 与 $U_{ij}(c)$ 的乘积(按适当的顺序) 而化为阶梯形.

我们来检验一种重要的情形，其中 A 与 B 都是 n 阶方阵. 那么，它们的乘积 $C=AB$ 也是一个 n 阶方阵.

定理 2.54 两个同阶方阵的乘积的行列式等于它们的行列式的乘积. 即 $|AB|=|A|\cdot|B|$.

证明：我们将固定的矩阵 B 的行列式 $|AB|$ 看作矩阵 A 的行的一个函数，我们用 $F(A)$ 表示. 首先，我们证明函数 $F(A)$ 是多重线性的. 我们知道(根据第 2.2 节的性质 2.4)，将行列式 $|C|=F(A)$ 看作矩阵 $C=AB$ 的行的一个函数，它是多重线性的. 特别地，它是矩阵 C 的第 i 行的一个线性函数，即存在数 $\alpha_1,\cdots,\alpha_n$，使得

$$F(A)=\alpha_1 c_{i1}+\alpha_2 c_{i2}+\cdots+\alpha_n c_{in} \tag{2.60}$$

我们关注到这样一个事实：根据公式(2.46)，矩阵 $C=AB$ 的第 i 行仅取决于矩阵 A 的第 i 行，而相反，矩阵 C 的其余行并不取决于此行. 将第 i 行的元素的表达式(2.46)代入公式(2.60)，再合并同类项，我们得到 $F(A)$ 作为矩阵 A 第 i 行的线性函数的表达式. 因此，函数 $F(A)$ 在 A 的行中是多重线性的. 现在，我们

转置矩阵 A 的带有下标i_1 和i_2 的两行. 公式(2.46)表明,当 $l \neq i_1, i_2$ 时,矩阵 C 的第 l 行不变,但其第i_1 行和第i_2 行互换位置. 因此,$|C|$ 变号. 这说明函数 $F(A)$ 关于矩阵 A 的行是反对称的. 我们可以对该函数应用定理 2.15,那么,我们得到 $F(A) = k|A|$,其中 $k = F(E) = |EB| = |B|$,因为对于一个任意的矩阵 B,满足关系式 $EB = B$. 由此,我们得到等式 $F(A) = |A| \cdot |B|$,根据我们的定义,其中 $F(A) = |AB|$. □

定理 2.54 对于矩阵有一个漂亮的推广,称为 Cauchy-Binet 恒等式. 我们目前不会证明它,而只是给出它的公式(一个自然的证明将在第 348 页的第 10.5 节中给出).

两个矩阵 B 和 A 的乘积为一个 m 阶方阵,如果 B 是(m,n) 型,A 是(n,m) 型. 同阶(阶等于 n 和 m 中较小的那个)矩阵 B 和 A 的余子式称为相伴余子式,如果它们位于具有相同下标的矩阵 B 的列和矩阵 A 的行中. Cauchy-Binet 恒等式断言,如果 $n < m$,那么行列式 $|BA|$ 等于 0,而如果 $n \geqslant m$,那么 $|BA|$ 等于 m 阶相伴余子式的和. 在这种情形中,和取遍(矩阵 A 的)行和(矩阵 B 的)列(带有递增下标$i_1 < i_2 < \cdots < i_m$)的所有集合.

我们有一个 Cauchy-Binet 恒等式的漂亮的特例,当

$$B = \begin{pmatrix} a_1 & a_2 & \cdots & a_n \\ b_1 & b_2 & \cdots & b_n \end{pmatrix}, \quad A = \begin{pmatrix} a_1 & b_1 \\ a_2 & b_2 \\ \vdots & \vdots \\ a_n & b_n \end{pmatrix}$$

时,那么

$$BA = \begin{pmatrix} a_1^2 + a_2^2 + \cdots + a_n^2 & a_1 b_1 + a_2 b_2 + \cdots + a_n b_n \\ a_1 b_1 + a_2 b_2 + \cdots + a_n b_n & b_1^2 + b_2^2 + \cdots + b_n^2 \end{pmatrix}$$

并且相伴余子式设为

$$\begin{vmatrix} a_i & b_i \\ a_j & b_j \end{vmatrix}$$

(对于所有 $i < j$),从 1 到 n 进行取值,Cauchy-Binet 恒等式给出等式

$$(a_1^2 + a_2^2 + \cdots + a_n^2)(b_1^2 + b_2^2 + \cdots + b_n^2) - (a_1 b_1 + a_2 b_2 + \cdots + a_n b_n)^2$$
$$= \sum_{i<j} (a_i b_j - a_j b_i)^2$$

特别地,我们从中推导出众所周知的不等式

$$(a_1^2 + a_2^2 + \cdots + a_n^2)(b_1^2 + b_2^2 + \cdots + b_n^2) \geqslant (a_1 b_1 + a_2 b_2 + \cdots + a_n b_n)^2$$

矩阵的加法和乘法运算使得可以在矩阵中定义多项式. 在此,我们当然假

设我们总是在讨论某个固定阶的一些方阵. 首先,我们定义乘方运算,即对一个矩阵作 n 次方. 根据定义,当 $n>0$ 时,A^n 是矩阵 A 与自身相乘 n 次的结果,而当 $n=0$ 时,结果是单位矩阵 E.

定义 2.55 设 $f(x)=\alpha_0+\alpha_1 x+\cdots+\alpha_k x^k$ 为一个带有数值系数的多项式. 那么对于矩阵 A,矩阵多项式 f 是矩阵

$$f(A)=\alpha_0 E+\alpha_1 A+\cdots+\alpha_k A^k$$

我们来建立矩阵多项式的某些简单性质.

引理 2.56 如果 $f(x)+g(x)=u(x)$ 且 $f(x)g(x)=v(x)$,那么对于一个任意的方阵 A,我们有

$$f(A)+g(A)=u(A) \tag{2.61}$$

$$f(A)g(A)=v(A) \tag{2.62}$$

证明:设 $f(x)=\sum_{i=0}^{n}\alpha_i x^i$ 且 $g(x)=\sum_{j=0}^{m}\beta_j x^j$. 那么 $u(x)=\sum_{r}\gamma_r x^r$ 且 $v(x)=\sum_{s}\delta_s x^s$,其中系数$\gamma_r$ 和δ_s 可以写为

$$\gamma_r=\alpha_r+\beta_r,\delta_s=\sum_{i=0}^{s}\alpha_i\beta_{s-i}$$

其中$\alpha_r=0$,如果 $r>n$;$\beta_r=0$,如果 $r>m$. 现在,等式(2.61)是十分明显的. 为了证明(2.62),我们观察到

$$f(A)g(A)=\sum_{i=1}^{n}\alpha_i A^i\cdot\sum_{j=1}^{n}\beta_j A^j=\sum_{i,j}\alpha_i\beta_j A^{i+j}$$

合并满足 $i+j=s$ 的所有的项,我们得到公式(2.62). □

推论 2.57 对于同一个矩阵 A,多项式 $f(A)$ 和 $g(A)$ 是可交换的:$f(A)g(A)=g(A)f(A)$.

证明:结果来自公式(2.62)和等式 $f(x)g(x)=g(x)f(x)$. □

我们观察到,刚刚证明的引理的类似结论对于多变量的多项式不成立. 例如,恒等式$(x+y)(x-y)=x^2-y^2$ 一般不成立,如果我们用任意矩阵替换 x 和 y. 这是因为恒等式取决于关系 $xy=yx$,这对于任意矩阵都不成立.

2.10 逆 矩 阵

在本节中,我们将仅考虑给定阶为 n 的方阵.

定义 2.58 一个矩阵 B 称为矩阵 A 的逆,如果

$$AB=E \tag{2.63}$$

其中,E 表示固定阶为 n 的单位矩阵.

并非每个矩阵都有逆矩阵. 事实上,将关于矩阵乘积的行列式的定理 2.54 应用于等式(2.63),我们得到

$$|E|=|AB|=|A|\cdot|B|$$

并且由于 $|E|=1$,那么我们必定有 $|A|\cdot|B|=1$. 显然,如果 $|A|=0$,那么这样一个关系式是不可能的. 因此,奇异矩阵没有逆矩阵. 以下定理表明,这个表述的逆命题也是正确的.

定理 2.59 对于每个非奇异矩阵 A,都存在一个满足关系式(2.63) 的矩阵 B.

证明:我们用$[\boldsymbol{b}]_j$ 表示所要求的逆矩阵B 的还未知的第j 列,而$[\boldsymbol{e}]_j$ 表示单位矩阵 E 的第 j 列. 列$[\boldsymbol{b}]_j$ 和$[\boldsymbol{e}]_j$ 都是$(n,1)$ 型矩阵,根据矩阵的乘法法则,等式(2.63) 等价于这 n 个关系式

$$A[\boldsymbol{b}]_j=[\boldsymbol{e}]_j,\quad j=1,\cdots,n \tag{2.64}$$

因此,对于每个固定的 j 只需证明每个线性方程组(2.64) 关于 n 个未知数(其 n 个未知数是出现在$[\boldsymbol{b}]_j$ 中的矩阵 B 的元素) 的可解性. 但是对于每个下标 j,该方程组的矩阵是 A,并且根据假设,$|A|\neq 0$. 根据定理 2.12,这样的方程组有一个解(并且事实上,是唯一解). 把对于每个下标为 j 的方程组所得的解取为矩阵 B 的第 j 列,我们得到一个满足条件(2.63) 的矩阵,即我们求得了矩阵 A 的逆矩阵. □

我们回忆一下,矩阵乘法是非交换的,也就是说,一般情况下,$AB\neq BA$. 因此,我们很自然会考虑 A 的逆矩阵的另一种可能的定义,即一个矩阵 C,使得

$$CA=E \tag{2.65}$$

做与本节开头进行的推理相同的推理,如果 A 是奇异的,那么不存在此类矩阵 C.

定理 2.60 对于一个任意的非奇异矩阵 A,存在一个满足关系式(2.65) 的矩阵 C.

证明:这个定理可以用两种不同的方法来证明. 首先,我们可以完全重复定理 2.59 的证明,现在考虑的不是矩阵 C 和 E 的列,而是它们的行. 但或许还有一个更巧妙的证明,它是直接从定理 2.59 推导出定理 2.60. 为此,我们将定理 2.59 应用于转置矩阵A^*. 根据定理 2.32,$|A^*|=|A|$,因此,$|A^*|\neq 0$,这说明存在一个矩阵 B,使得

$$A^*B=E \tag{2.66}$$

我们对(2.66) 的两边都应用转置运算. 显然,$E^*=E$. 另外,根据(2.57),有

$$(A^* B)^* = B^* (A^*)^*$$

并且容易验证$(A^*)^* = A$. 因此,我们得到$B^* A = E$,那么在(2.65)中,我们可以把矩阵B^*取为C,其中B由(2.66)定义. □

(2.63)中的矩阵B和(2.65)中的矩阵C都可以称为矩阵A的逆矩阵. 幸而,我们在此并未得到逆矩阵的两个不同的定义,因为这两个矩阵是相等的. 即我们有以下结果.

定理 2.61 对于任意的非奇异矩阵A,存在满足(2.63)的唯一的矩阵B和满足(2.65)的唯一的矩阵C. 此外,这两个矩阵是相等的.

证明:设A为一个非奇异矩阵. 我们将证明满足(2.63)的矩阵B是唯一的. 我们假设存在另一个矩阵B',使得$AB' = E$. 那么$AB = AB'$,如果我们在这个等式的两边乘以矩阵C,使得$CA = E$,其存在性由定理 2.60 保证,那么由矩阵乘法的结合性,我们得到$(CA)B = (CA)B'$,由此得到等式$EB = EB'$,即$B = B'$. 用完全相同的方法,我们可以证明满足(2.65)的C的唯一性.

现在,我们来证明$B = C$. 为此,我们考虑乘积$C(AB)$,利用乘法的结合性

$$C(AB) = (CA)B \tag{2.67}$$

那么一方面,$AB = E$,于是$C(AB) = CE = C$,而另一方面$CA = E$,于是$(CA)B = EB = B$,由关系式(2.67)给出$B = C$. □

这个唯一的(根据定理 2.61)矩阵$B = C$记作A^{-1},称为矩阵A的逆矩阵. 因此,对于每个非奇异矩阵A,都存在一个满足关系式

$$AA^{-1} = A^{-1}A = E \tag{2.68}$$

的逆矩阵A^{-1},并且这样的矩阵A^{-1}是唯一的.

根据定理 2.59 的证明,我们可以得出逆矩阵的显式公式. 我们再次假设矩阵A是非奇异的,遵循定理 2.59 的证明中使用的记号,我们得到方程组(2.64). 由于$|A| \neq 0$,我们可以用 Cramer 法则(2.35)求得该方程组的解. 对于在方程组(2.64)中的任意的下标$j = 1, \cdots, n$,第i个未知数与矩阵B的元素b_{ij}相同. 利用 Cramer 法则,我们得到了它的值

$$b_{ij} = \frac{D_{ij}}{|A|} \tag{2.69}$$

其中D_{ij}是由A用列$[\boldsymbol{e}]_j$替换第i列而得到的矩阵的行列式. 行列式D_{ij}可以沿第i列展开,根据公式(2.30),我们得到它等于第i列的唯一非零元素(且等于1)的代数余子式. 由于第i列等于$[\boldsymbol{e}]_j$,因此,在第i列(我们用$[\boldsymbol{e}]_j$替换得到的)和第j行的相交处有一个 1. 因此,$D_{ij} = A_{ji}$,于是由公式(2.69)得出

$$b_{ij}=\frac{A_{ji}}{|A|}$$

这是逆矩阵的元素的显式公式. 可以用文字来这样表述:为了得到非奇异矩阵 A 的逆矩阵,我们必须用它的代数余子式替换每个元素,然后转置所得的矩阵,并对其乘以数 $|A|^{-1}$.

例如,对于 2×2 矩阵

$$A=\begin{pmatrix} a & b \\ c & d \end{pmatrix}$$

具有 $\delta=|A|=ad-bc\neq 0$,我们得到逆矩阵

$$A^{-1}=\begin{pmatrix} d/\delta & -b/\delta \\ -c/\delta & a/\delta \end{pmatrix}$$

逆矩阵的概念为 n 个未知数、n 个方程的方程组的解提供了一个简单而巧妙的记号. 如前一节所述,如果我们写出线性方程组(1.3)(其中 $n=m$) 和 $A[\boldsymbol{x}]=[\boldsymbol{b}]$ 中的非奇异矩阵 A,其中$[\boldsymbol{x}]$ 是未知数$x_1,\cdots,x_n$ 的列,且$[\boldsymbol{b}]$ 是由方程组的常数构成的列,然后对该关系式左乘矩阵A^{-1},我们得到解$[\boldsymbol{x}]=A^{-1}[\boldsymbol{b}]$. 因此,用矩阵记号,$n$ 个未知数、n 个线性方程的方程组的解的公式看上去就像单个未知数的单个方程的解一样. 但是如果我们使用逆矩阵的公式,那么我们就会看到,关系式$[\boldsymbol{x}]=A^{-1}[\boldsymbol{b}]$ 与 Cramer 法则完全一致,所以这个更巧妙的记号并没有给我们带来任何本质上的新东西.

我们来考虑矩阵$\overline{A}=(\overline{a}_{ij})$,其中元素$\overline{a}_{ij}=A_{ji}$ 是矩阵 A 的元素a_{ji} 的代数余子式,矩阵$\overline{A}$ 称为 A 的转置伴随矩阵. 对于一个 n 阶矩阵 A,转置伴随矩阵的元素是 A 的元素的 $n-1$ 次多项式. 逆矩阵的公式(2.69) 表明

$$A\overline{A}=\overline{A}A=|A|E \tag{2.70}$$

与逆矩阵A^{-1} 相比,转置伴随矩阵$\overline{A}$ 的优势是$\overline{A}$ 的定义不需要除以 $|A|$,并且与类似的公式(2.68) 相比,公式(2.70) 即使对于 $|A|=0$ 也成立,也就是说,即使对于奇异方阵也成立,如 Cramer 法则的证明所示. 我们将在后续利用这一事实.

最后,我们再次回到用矩阵乘法来表示基本运算的问题上来,我们在上一节已经开始研究这个问题. 容易看出,在那里引入的矩阵T_{ij} 和$U_{ij}(c)$ 是非奇异的,此外

$$T_{ij}^{-1}=T_{ji},\quad U_{ij}^{-1}(c)=U_{ij}(-c)$$

因此,定理2.53 可以重新表述如下:任意矩阵 A 可由特定的阶梯形矩阵A' 在其左侧按一定顺序乘以矩阵T_{ij} 和$U_{ij}(c)$ 得到.

我们将这个结果应用于n阶非奇异方阵. 由于$|T_{ij}|\neq 0$，$|U_{ij}(c)|\neq 0$且$|A|\neq 0$(根据假设)，那么矩阵A'也必定是非奇异的. 但非奇异阶梯形方阵是上三角形矩阵，也就是说，其主对角线以下的所有元素都等于零，即

$$A'=\begin{pmatrix} a'_{11} & a'_{12} & a'_{13} & \cdots & a'_{1n} \\ 0 & a'_{22} & a'_{23} & \cdots & a'_{2n} \\ \vdots & \vdots & \vdots & & \vdots \\ 0 & 0 & 0 & \cdots & a'_{nn} \end{pmatrix}$$

此外，$|A'|=a'_{11}a'_{22}\cdots a'_{nn}$. 因此，在主对角线上的所有元素$a'_{11},\cdots,a'_{nn}$都不为零.

但是该矩阵A'只需作 Ⅱ 型初等运算就可以化为更简单的形式. 也就是说，由于$a'_{nn}\neq 0$，那么我们可以从矩阵A'的下标为$n-1,n-2,\cdots,1$的行中分别减去乘以某些因数的最后一行，使得第n列的所有元素(除a'_{nn}外)都等于零. 由于$a'_{n-1n-1}\neq 0$，那么我们可以用同样的方法将第$n-1$列的所有元素(除元素a'_{n-1n-1}外)化为零. 这样做n次以后，我们将使矩阵除主对角线上以外的所有元素都等于零. 即我们最终得到矩阵

$$D=\begin{pmatrix} a'_{11} & 0 & 0 & \cdots & 0 \\ 0 & a'_{22} & 0 & \cdots & 0 \\ 0 & 0 & a'_{33} & \cdots & 0 \\ \vdots & \vdots & \vdots & & \vdots \\ 0 & 0 & 0 & \cdots & a'_{nn} \end{pmatrix} \tag{2.71}$$

一个除主对角线上以外的所有元素都等于零的矩阵称为对角矩阵. 因此，我们证明了，矩阵A'可以由对角矩阵D通过在其左边乘以一定顺序的形如T_{ij}和$U_{ij}(c)$的矩阵得到.

我们注意到，乘以矩阵T_{ij}(即一个 Ⅰ 型初等运算)可以替换为对左侧乘以对不同的c的$U_{ij}(c)$型矩阵和某个更简单的矩阵. 即可以通过以下四个运算来交换第i行和第j行：

(1) 把第i行加到第j行.

(2) 从第i行减去第j行.

(3) 把第i行加到第j行.

可以用这样的示意图描述，其中第i行和第j行分别用$\boldsymbol{c}_i$和$\boldsymbol{c}_j$表示

$$\begin{pmatrix} \boldsymbol{c}_i \\ \boldsymbol{c}_j \end{pmatrix} \xrightarrow{1} \begin{pmatrix} \boldsymbol{c}_i \\ \boldsymbol{c}_i+\boldsymbol{c}_j \end{pmatrix} \xrightarrow{2} \begin{pmatrix} -\boldsymbol{c}_j \\ \boldsymbol{c}_i+\boldsymbol{c}_j \end{pmatrix} \xrightarrow{3} \begin{pmatrix} -\boldsymbol{c}_j \\ \boldsymbol{c}_i \end{pmatrix}$$

(4) 现在有必要引入一类新的运算:它的效果是将第 i 行乘以 -1,通过对矩阵左乘(其中 $k=i$) 方阵

$$S_k=\begin{pmatrix}1 & & & & & & \\ & \ddots & & \boxed{k} & & & \\ & & 1 & \downarrow & & & \\ & & & -\mathbf{1} & \leftarrow & \boxed{k} & \\ & & & & 1 & & \\ & & & & & \ddots & \\ & & & & & & 1\end{pmatrix} \tag{2.72}$$

来实现. 其中第 k 行和第 k 列相交处为 -1.

现在,我们可以将定理 2.53 重新表述如下.

定理 2.62 任何非奇异矩阵都可以由对角矩阵通过左乘某些形如(2.59) 的矩阵$U_{ij}(c)$ 和形如(2.72) 的矩阵S_k 得到.

我们将在第 4.4 节中引入实向量空间的定向时使用这个结果. 此外,定理 2.62 提供了一种基于 Gauss 消元法的计算逆矩阵的简便方法. 为此,我们引入了另一(第三) 类初等矩阵运算,即对矩阵的第 k 行乘以任意非零数 α. 显然,这种运算的结果可以通过对矩阵左乘方阵

$$V_k(\alpha)=\begin{pmatrix}1 & & & & & & \\ & \ddots & & \boxed{k} & & & \\ & & 1 & \downarrow & & & \\ & & & \alpha & \leftarrow & \boxed{k} & \\ & & & & 1 & & \\ & & & & & \ddots & \\ & & & & & & 1\end{pmatrix} \tag{2.73}$$

得到,其中数 α 位于第 k 行和第 k 列的相交处. 对矩阵(2.71) 左乘矩阵 $V_1(a'^{-1}_{11}),\cdots,V_n(a'^{-1}_{nn})$,我们就将其变换为单位矩阵.

由定理 2.62 可知,每个非奇异矩阵都可以由单位矩阵通过左乘(2.59) 中给出的$U_{ij}(c)$ 型矩阵,(2.72) 中的S_k 和(2.73) 的$V_k(\alpha)$ 型矩阵得到. 然而,由于乘上这些矩阵中的一个等价于作三类初等运算中的一个,这说明每个非奇异矩阵都可以由单位矩阵通过一系列这样的运算得到,反之,使用所有三种类型的一定次数的初等运算,就可以从任意的非奇异矩阵得到单位矩阵. 这为我们计

算逆矩阵提供了一种简便方法. 事实上，假设使用一系列包含所有三种类型的初等运算，我们已经将矩阵 A 转化为单位矩阵 E. 我们用 B 表示所有矩阵 $U_{ij}(c)$，S_k 和$V_k(\alpha)$ 的乘积，其乘积对应于给定的运算（按显然的顺序：表示每个逐次的运算的矩阵位于前一个矩阵的左边）. 那么 $BA=E$，由此可知 $B=A^{-1}$. 然后对矩阵 E 应用一系列相同的初等运算，我们由此得到矩阵 $BE=B$，即A^{-1}. 因此，为了计算A^{-1}，只需使用上述三类初等运算将矩阵 A 转换为 E，同时对矩阵 E 作相同的运算. 通过同样的初等运算，我们由 E 得到矩阵A^{-1}.

设 C 为(m,n) 型任意矩阵. 我们将证明，对于 m 阶任意非奇异方阵A，乘积 AC 的秩等于 C 的秩. 事实上，正如我们已经看到的，矩阵 A 可以通过对其行应用一系列包含三种类型的初等运算转化为 E，其对应于左乘矩阵A^{-1}. 对 AC 应用一系列相同的运算，显然，我们得到矩阵$A^{-1}AC=C$. 根据定理 2.37，矩阵的秩在 Ⅰ 型和 Ⅱ 型初等运算下不变. 它在 Ⅲ 型初等运算下也不变. 这显然遵循这样一个事实：每个余子式都是其行的一个线性函数，因此，对矩阵的每个非零余子式的任何行乘以任意非零数之后，其仍是非零余子式. 因此，矩阵 AC 的秩等于矩阵 C 的秩.

对列使用类似于对行给出的论据，或者仅使用定理 2.36，我们得到以下有用的结果.

定理 2.63 对于(m,n) 型任意矩阵 C，m 阶任意非奇异方阵 A 与 n 阶任意非奇异方阵 B，ACB 的秩等于 C 的秩.

第3章 向量空间

3.1 向量空间的定义

直线上、平面中或空间中的向量在数学中，特别是在物理学中发挥着重要作用. 向量可以表示物体的位移，或它们的速度、加速度或施加在它们上的力，等等.

在初等数学或物理的课程中，向量定义为有向线段. 用词"有向"表示给线段指定了方向，通常由其上方绘制的箭头表示. 或者，线段$[A,B]$的两个端点中的一个，例如A称为起点，而另一个B称为终点，那么方向作为从线段的起点到终点的运动给出. 那么两个向量$\boldsymbol{x}=\overrightarrow{AB}$和$\boldsymbol{y}=\overrightarrow{CD}$称为相等的，如果可以通过平移将线段$\boldsymbol{x}$和线段$\boldsymbol{y}$联结在一起，使得线段$\boldsymbol{x}$的起点$A$与线段$\boldsymbol{y}$的起点$C$重合(在这种情形中，它们的终点也必定重合)；如图3.1.

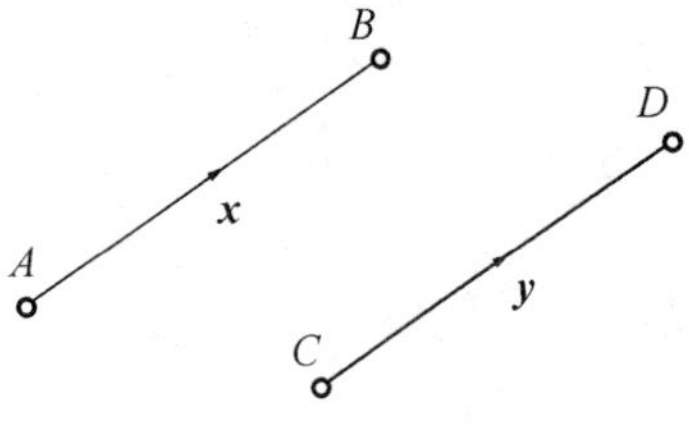

图3.1　相等的向量

我们认为图中的两个不同向量是相等的的这一事实并不代表数学或更一般的人类思维中的任何不寻常的事情. 恰恰相反，它代表了通常的抽象方法，我们将注意力集中在所考虑对象的某些重要性质上. 因此，在几何学中，我们认为某些三角形是相等的，即使它们绘制在不同的纸上. 或者在算术中，我们可以认为船上的人数和树上的苹果的数量相等.

显然,选定了某个点 O(在一条直线上,平面中或空间中),我们可以找到一个等于给定向量 $\boldsymbol{x}$ 的向量(事实上是唯一的向量),其起点与点 O 重合.

由速度、加速度和力的加法定律得出以下向量加法的定义. 向量 $\boldsymbol{x}=\overrightarrow{AB}$ 与 $\boldsymbol{y}=\overrightarrow{CD}$ 的和是向量 $\boldsymbol{z}=\overrightarrow{AD'}$,其中 D' 是向量 $\overrightarrow{BD'}$ 的终点,该向量等于向量 $\boldsymbol{y}$,其起点与向量 $\boldsymbol{x}$ 的终点 B 重合;如图 3.2.

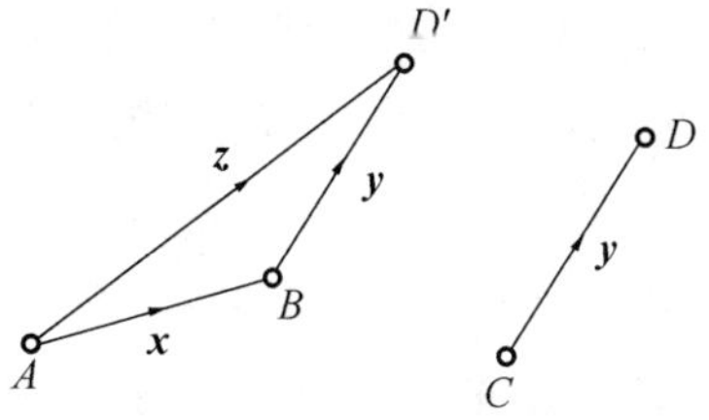

图 3.2　向量求和

如果我们用相等的向量替换所有这些向量,但都以不动点 O 为起点,那么向量加法将按照众所周知的"平行四边形法则"进行;如图 3.3.

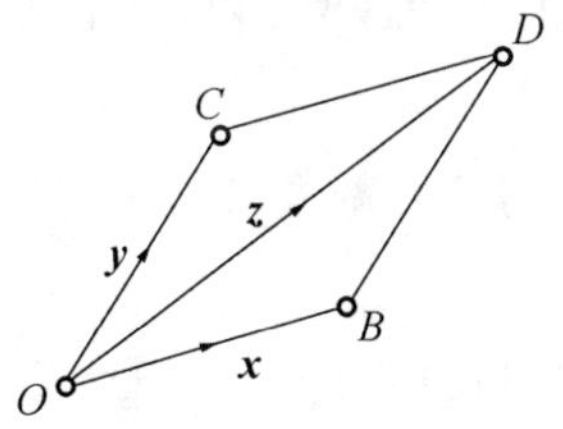

图 3.3　平行四边形法则

还有一个向量 $\boldsymbol{x}$ 与数 α 相乘的定义. 现在,在谈到数字时,我们指的是实数(稍后我们将说明一下更一般的情形). 如果 $\alpha>0$ 且 $\boldsymbol{x}$ 为向量 $\overrightarrow{AB}$,那么积 $\alpha\boldsymbol{x}$ 定义为向量 $\overrightarrow{AC}$,它与 $[A,B]$ 位于同一直线上,其方式是点 C 与点 B 位于 A 的同一侧,并且使得线段 $[A,C]$ 的长度是线段 $[A,B]$ 长度的 α 倍.(注意,如果 $\alpha<1$,那么线段 $[A,C]$ 比线段 $[A,B]$ 短.)用 $|AB|$ 表示线段 $[A,B]$ 的长度,我们将用公式 $|AC|=\alpha|AB|$ 表示这一事实. 然而,如果 $\alpha<0$ 且 $\alpha=-\beta$,其中 $\beta>0$,那么积 $\alpha\boldsymbol{x}$ 定义为向量 $\overrightarrow{CA}$,其中 $\beta\boldsymbol{x}=\overrightarrow{AC}$.

我们不会推导向量的加法和数乘的简单性质. 我们仅观察到,对于直线上、平面中和空间中的向量,它们惊人地相似. 这种相似性表明我们仅需处理一般概念的特例. 在本章和后续几章中,我们将介绍向量的理论和任意维数 n 的由向量构成的空间(还包括与无限维空间有关的某些事实).

我们如何阐述这样的定义? 对于直线上、平面中和空间中的向量,我们将使用直观清晰的有向线段的概念. 但是,如果我们不相信我们的对话者也有同样的直觉呢？例如，假设我们想与一个通过无线电进行通信的外星人分享我们的知识？

很久以前就有人发明了一种技术用来克服科学中的这些困难. 它涉及的不是定义（或者用我们的术语来说，向外星人报告），考虑的对象是什么（向量等），而是它们之间的关系，或者换句话说，它们的性质. 例如，在几何学中，人们留下了未定义的概念，如点、直线和过点的直线的性质，而是规定了它们的一些性质，例如，在两个不同的点之间有且只有一条直线. 这种定义新概念的方法称为公理化的. 在这门线性代数课程中，向量空间将是第一个公理化定义的对象. 至此，已经使用构造或公式定义了新概念，例如矩阵的行列式的定义（使用沿列展开的规则进行归纳定义，或使用第 2.7 节中相当复杂的显式(2.44) 导出). 然而，读者可能遇到了群和域的概念，它们也是公理化定义的，但可能没有详细研究它们，与向量空间的概念相反，对向量空间的研究将占据整章的篇幅.

于是我们转换到向量空间的定义上来.

定义 3.1 向量(或线性) 空间是满足以下条件的集合 L(其元素称为向量，记作 $\boldsymbol{x}, \boldsymbol{y}, \boldsymbol{z}$ 等)：

(1) 存在一条规则可以将任意两个向量 $\boldsymbol{x}$ 和 $\boldsymbol{y}$ 关联到第三个向量，该向量称为它们的和，记作 $\boldsymbol{x}+\boldsymbol{y}$.

(2) 存在一条规则可以将任何向量 $\boldsymbol{x}$ 和任何数 α 关联到一个新向量，称为 α 与 $\boldsymbol{x}$ 的积，记作 $\alpha\boldsymbol{x}$.（与向量相乘的数 α，它是实数、复数或来自任意域 $\mathbb{K}$，称为标量.）

这些运算必须满足以下条件：

(a) $\boldsymbol{x}+\boldsymbol{y}=\boldsymbol{y}+\boldsymbol{x}$.

(b) $(\boldsymbol{x}+\boldsymbol{y})+\boldsymbol{z}=\boldsymbol{x}+(\boldsymbol{y}+\boldsymbol{z})$.

(c) 存在向量 $\boldsymbol{0} \in \mathrm{L}$ 使得对于任意向量 $\boldsymbol{x} \in \mathrm{L}$，和 $\boldsymbol{x}+\boldsymbol{0}$ 都等于 $\boldsymbol{x}$（向量 $\boldsymbol{0}$ 称为零向量).

(d) 对于每个向量 $\boldsymbol{x} \in \mathrm{L}$，存在一个向量 $-\boldsymbol{x} \in \mathrm{L}$，使得 $\boldsymbol{x}+(-\boldsymbol{x})=\boldsymbol{0}$（向量 $\boldsymbol{x}$ 和 $-\boldsymbol{x}$ 称为加性逆向量或相反向量）[①].

(e) 对于任意标量 α 与向量 $\boldsymbol{x}$ 和 $\boldsymbol{y}$，都有

$$\alpha(\boldsymbol{x}+\boldsymbol{y})=\alpha\boldsymbol{x}+\alpha\boldsymbol{y}$$

---

① 熟悉群的概念的读者将能够以紧凑的方式重新表述条件(a)－(c)，即关于向量加法的运算，向量构成一个 Abel 群.

(f) 对于任意标量 α 和 β 以及向量 $\boldsymbol{x}$，都有

$$(\alpha+\beta)\boldsymbol{x}=\alpha\boldsymbol{x}+\beta\boldsymbol{x}$$

(g) 类似地，都有

$$\alpha(\beta\boldsymbol{x})=(\alpha\beta)\boldsymbol{x}$$

(h) 对于任意向量 $\boldsymbol{x}$，都有

$$1\boldsymbol{x}=\boldsymbol{x} \text{ 和 } 0\boldsymbol{x}=\boldsymbol{0}$$

在最后一个等式中，右边的 $\boldsymbol{0}$ 表示空间 L 的零向量，而左边的 0 是标量零(它们始终用较细和较粗的字体来表示).

容易证明 L 中存在唯一的零向量. 事实上，如果存在另一个零向量 $\boldsymbol{0}'$，那么根据定义，我们将有等式 $\boldsymbol{0}'=\boldsymbol{0}'+\boldsymbol{0}=\boldsymbol{0}$，由此得出 $\boldsymbol{0}'=\boldsymbol{0}$.

利用(a) 到(d) 的性质和零向量的唯一性，容易证明，对于任意的 $\boldsymbol{x}$，在 L 中都存在唯一的加性逆向量 $-\boldsymbol{x}$.

根据性质(g) 和(h)，向量 $-\boldsymbol{x}$ 是通过向量 $\boldsymbol{x}$ 乘以标量 -1 得到的. 事实上，因为

$$\boldsymbol{x}+(-1)\boldsymbol{x}=1\boldsymbol{x}+(-1)\boldsymbol{x}=(1+(-1))\boldsymbol{x}=0\boldsymbol{x}=\boldsymbol{0}$$

我们通过加性逆的唯一性得出 $(-1)\boldsymbol{x}=-\boldsymbol{x}$. 类似地，根据性质(f) 和(h)，对于每个向量 $\boldsymbol{x}$ 和自然数 k，向量 $k\boldsymbol{x}$ 等于 k 重和 $\boldsymbol{x}+\cdots+\boldsymbol{x}$.

备注 3.2 (关于标量和域) 我们想更精确地说明我们在上述向量空间的定义中所指的标量 α,β 等. 大多数读者可能会认为我们谈论的是实数. 在这种情形中，L 称为实向量空间. 但是那些熟悉复数的人可能会选择将标量 α,β 等理解为复数. 在这种情形中，L 称为复向量空间. 下面发展的理论也适用于这种情形. 最后，熟悉域的概念的读者可以结合这两种情形，把向量空间定义中涉及的标量理解为任意域 $\mathbb{K}$ 的元素. 那么，L 称为域 $\mathbb{K}$ 上的向量空间.

严格来说，标量的这个问题本可以在前面几章中讨论，我们在这些章节中讨论了数，但并未深入讨论. 答案是一样的：通过标量，人们可以理解实数、复数或任意域的元素. 我们所有的论证都同样适用于这三种情形. 唯一的例外是第 2.2 节的性质 2.10 的证明，其中我们使用了一个事实，即从等式 $2D=0$ 得到 $D=0$. 对于每个元素 D，该结论为真的域称为特征不为 2 的域[①]. 尽管如此，也

① 对于熟悉域的定义的读者，我们可以给出一个一般的定义：域 $\mathbb{K}$ 的特征是最小的自然数 k，使得对于每个元素 $D\in\mathbb{K}$，k 重和 $kD=D+\cdots+D$ 都等于 0(容易看出，这个数 k 对于所有 $D\neq 0$ 都是相同的). 如果不存在这样的自然数 k(例如，在最常见的域中，$\mathbb{K}=\mathbb{R}$ 和 $\mathbb{K}=\mathbb{C}$)，那么特征定义为零.

可以证明性质 2.10 在一般情形中也成立.

例 3.3 我们在此给出向量空间的几个例子.

(a) 如前所述,直线上、平面中或空间中的向量构成的集合.

(b) 在第 2.9 节中,我们引入了矩阵的加法和数乘的概念.容易验证,具有这样定义的运算的给定(m,n)型矩阵构成的集合是一个向量空间.满足(a)到(h)的条件简化为数的相应性质.特别地,给定长为 n 的行(或列)构成的集合是一个向量空间.如果行(或列)元素属于域$\mathbb{K}$,我们将用$\mathbb{K}^n$表示该空间.在此,我们可以理解,如果我们仅用实数作运算,则$\mathbb{K}=\mathbb{R}$,那么域将用$\mathbb{R}^n$表示.如果我们使用复数,那么$\mathbb{K}=\mathbb{C}$,于是向量空间将用$\mathbb{C}^n$表示.读者可以选择这些指定中的任意一种.

(c) 设 L 为在给定区间$[a,b]$上定义的所有取实值或复值的连续函数构成的集合.我们以通常的方式来定义此类函数的加法和标量乘法.显然,L 是一个向量空间.

(d) 设 L 为具有实系数或复系数或域$\mathbb{K}$中的系数的所有(任意次数)多项式构成的集合.加法和标量乘法以通常的方式下定义.那么显然,L 是一个向量空间.

(e) 设 L 为次数不超过固定数 n 的所有多项式构成的集合.其余一切与前例相同.我们再次得到一个向量空间(对于 n 的每个值都有一个).

定义 3.4 向量空间 L 的子集L'称为 L 的一个子空间,如果对于任意向量$\boldsymbol{x},\boldsymbol{y}\in\mathrm{L}'$,它们的和$\boldsymbol{x}+\boldsymbol{y}$也在$\mathrm{L}'$中,并且对于任意标量$\alpha$与向量$\boldsymbol{x}\in\mathrm{L}'$,向量$\alpha\boldsymbol{x}$在$\mathrm{L}'$中.

显然,L'自身是一个向量空间.

例 3.5 空间 L 是自身的一个子空间.

例 3.6 向量 $\mathbf{0}$ 自身构成一个子空间.它称为零空间,记作$(\mathbf{0})$[①].

例 3.7 考虑解析几何中遇到的空间,该空间由起点位于某个固定点 O 的所有向量构成.那么,过点 O 的一个任意直线和一个任意平面是整个闭向量空间的子空间.

例 3.8 考虑 n 个未知数的齐次线性方程组,其系数在域$\mathbb{K}$中.那么,构成解集的行的集合是长为 n 的行的空间$\mathbb{K}^n$的一个子空间L'.这遵循此类方程组

① 英译者注:“零(null)空间”可能是零(zero)空间的同义词.然而,该术语保留为“核”的同义词,将在定义 3.67 中介绍.

的记号(1.10)(其中$b_i=0$) 和线性函数的性质(1.8) 和(1.9). 子空间L′称为相伴齐次线性方程组的解子空间. 方程组的方程决定了子空间L′,就像解析几何中直线或平面的方程一样.

例 3.9 在所有多项式的空间中,次数最高为 n(对于任意固定数 n) 的所有多项式构成的集合是一个子空间.

定义 3.10 空间 L 称为其子空间$L_1, L_2, \cdots, L_k$构成的集合的和,如果每个向量 $\boldsymbol{x} \in L$ 可以写成

$$\boldsymbol{x}=\boldsymbol{x}_1+\boldsymbol{x}_2+\cdots+\boldsymbol{x}_k, \quad \boldsymbol{x}_i \in L_i \tag{3.1}$$

在这种情形中,我们写作

$$L=L_1+L_2+\cdots+L_k$$

定义 3.11 空间 L 称为其子空间$L_1, L_2, \cdots, L_k$的直和,如果它是这些子空间的和,此外,对于每个向量 $\boldsymbol{x} \in L$,表示式(3.1) 是唯一的. 在这种情形中,我们写作

$$L=L_1 \oplus L_2 \oplus \cdots \oplus L_k \tag{3.2}$$

例 3.12 我们在例 3.7 中考虑的空间是两个平面的和,如果它们不重合;它是直线和平面的和,如果直线不包含在给定平面中;它是三条直线的和,如果它们不属于同一平面. 在第二种和第三种情形中,和是直和. 在两个平面的情形中,容易看出,表示(3.1) 不是唯一的. 例如,我们可以将零向量表示为两个向量的和,这两个向量是位于两个给定平面的相交直线上的加性逆向量.

例 3.13 我们用L_i 表示由所有 i 次单项式构成的向量空间. 那么,次数最高为 n 的多项式的空间 L 可以表示为直和 $L=L_0 \oplus L_1 \oplus \cdots \oplus L_n$. 这是因为任意多项式由其系数唯一确定.

引理 3.14 假设向量空间 L 是其某些子空间$L_1, L_2, \cdots, L_k$ 的直和. 那么,为了使 L 是这些子空间的直和,充要条件是仅当所有$\boldsymbol{x}_i$ 都等于 $\boldsymbol{0}$ 时,以下关系式成立

$$\boldsymbol{x}_1+\boldsymbol{x}_2+\cdots+\boldsymbol{x}_k=\boldsymbol{0}, \quad \boldsymbol{x}_i \in L_i \tag{3.3}$$

证明:条件(3.3) 的必要性是显然的,因为对于向量 $\boldsymbol{0} \in L$,有等式 $\boldsymbol{0}=\boldsymbol{0}+\cdots+\boldsymbol{0}$,其中子空间$L_i$ 的零向量位于第 i 位,是形如(3.1) 的一个表示,并且形如(3.3) 的另一等式的存在将与直和的定义相矛盾. 为了证明条件(3.3) 的充分性,如果公式(3.1) 存在两种,即

$$\boldsymbol{x}=\boldsymbol{x}_1+\boldsymbol{x}_2+\cdots+\boldsymbol{x}_k, \quad \boldsymbol{x}=\boldsymbol{y}_1+\boldsymbol{y}_2+\cdots+\boldsymbol{y}_k$$

那么只需从一个中减去另一个并再次使用直和的定义. □

我们观察到,如果$L_1, L_2, \cdots, L_k$ 是向量空间 L 的子空间,那么它们的交集

$L_1 \cap L_2 \cap \cdots \cap L_k$ 也是 L 的一个子空间,因为它满足子空间定义中的所有要求.在 $k=2$ 的情形中,引理 3.14 允许我们在以下的推论中得到另一个,更形象的,子空间的和为直和的准则.

推论 3.15 假设向量空间 L 是其两个子空间 L_1 与 L_2 的和.那么为了使 L 是一个直和,充要条件是我们有等式 $L_1 \cap L_2 = (\mathbf{0})$.

证明:根据引理 3.14,L 是其子空间 L_1 与 L_2 的直和,当且仅当方程 $\boldsymbol{x}_1 + \boldsymbol{x}_2 = \mathbf{0}$(其中 $\boldsymbol{x}_1 \in L_1$ 且 $\boldsymbol{x}_2 \in L_2$),仅当 $\boldsymbol{x}_1 = \mathbf{0}$ 且 $\boldsymbol{x}_2 = \mathbf{0}$ 时成立.但是从 $\boldsymbol{x}_1 + \boldsymbol{x}_2 = \mathbf{0}$ 可以得出向量 $\boldsymbol{x}_1 = -\boldsymbol{x}_2$ 包含在子空间 L_1 与 L_2 中,因此,它包含在交集 $L_1 \cap L_2$ 中.因此,条件 $L = L_1 \oplus L_2$ 等价于满足两个条件 $L = L_1 + L_2$ 与 $L_1 \cap L_2 = (\mathbf{0})$,这完成了证明. □

我们观察到,最后一个结论不能推广到任意个数的子空间 $L_1, \cdots, L_k$.例如,假设 L 为由所有向量构成的原点为 O 的平面,并假设 L_1, L_2, L_3 为该平面中过 O 的三条不同的直线.显然,其中任何两条直线的交点仅由零向量构成,更确切地说,$L_1 \cap L_2 \cap L_3 = (\mathbf{0})$.平面 L 是其子空间 L_1, L_2, L_3 的和,但它不是直和,因为显然,对于非零向量 $\boldsymbol{x}_i \in L_i$,我们可以构造等式 $\boldsymbol{x}_1 + \boldsymbol{x}_2 + \boldsymbol{x}_3 = \mathbf{0}$.

容易看出,如果满足等式(3.2),那么向量 $\boldsymbol{x} \in L$ 构成的集合与集合 $L_1 \times \cdots \times L_k$(即集合 $L_1, \cdots, L_k$ 的积(见第 6 页的定义))之间存在一个双射.这一观察提供了一种方法来构造向量空间的直和,可以说,这些向量空间最初不是较大的闭空间的子空间,甚至可能彼此具有完全不同的结构.

设 $L_1, \cdots, L_k$ 为向量空间.与任何其他的集合一样,我们可以定义它们的积 $L = L_1 \times \cdots \times L_k$,在这种情形中,它还不是向量空间.然而,通过根据以下公式定义的和与标量积,容易让其成为向量空间

$$(\boldsymbol{x}_1, \cdots, \boldsymbol{x}_k) + (\boldsymbol{y}_1, \cdots, \boldsymbol{y}_k) = (\boldsymbol{x}_1 + \boldsymbol{y}_1, \cdots, \boldsymbol{x}_k + \boldsymbol{y}_k)$$

$$\alpha(\boldsymbol{x}_1, \cdots, \boldsymbol{x}_k) = (\alpha \boldsymbol{x}_1, \cdots, \alpha \boldsymbol{x}_k)$$

对于所有向量 $\boldsymbol{x}_i \in L_i, \boldsymbol{y}_i \in L_i, i = 1, \cdots, k$ 和任意标量 α 都成立.

简单的验证表明,通过这种方式,运算的定义满足向量空间的定义的所有条件,并且集合 $L = L_1 \times \cdots \times L_k$ 成为在其子空间中的包含 $L_1, \cdots, L_k$ 的一个向量空间.如果我们希望在技术上精确一些,那么 L 的子空间不是 L_i 自身,而是集合 $L'_i = (\mathbf{0}) \times \cdots \times L_i \times \cdots \times (\mathbf{0})$,其中 L_i 位于第 i 位,零空间位于除 L_i 之外的所

有剩余位置. 然而,我们将忽视这种情形,把L'_i和L_i 自身联系起来[①]. 那么显然,条件(3.2) 是满足的. 因此,对于任意相互独立的向量空间$L_1, \cdots, L_k$,始终可以构造一个包含所有L_i 的空间 L 作为子空间,即它们的直和,即 $L = L_1 \oplus \cdots \oplus L_k$.

例 3.16 设L_1 为例 3.7 中考虑的向量空间,即我们周围的物理空间,并设$L_2 = \mathbb{R}$为实直线,视为时间轴. 按如上所述操作,我们可以定义直和 $L = L_1 \oplus L_2$.

由此构造的空间 L 称为时空事件,其形式为$(\boldsymbol{x}, t)$,其中 $\boldsymbol{x} \in L_1$ 是空间分量,$t \in L_2$ 是时间分量. 对于此类向量的加法,空间分量彼此相加(例如,作为物理空间中的向量,是根据平行四边形法则),而时间分量(作为实数) 彼此相加. 与标量乘法的定义类似. 这个空间在物理学中起着重要作用,特别是在相对论中起着重要作用,在其中它称为 Minkowski 空间. 我们注意到,我们仍需引入某些附加的结构,即一个特定的二次型. 我们将在第 7.7 节中(见第 250 页) 回到这个问题.

3.2 维数与基

在本节中,我们将使用线性组合的概念,其已在长为 n 的行的空间(或行空间) 的情形中引入(见第 63 页的定义). 我们现在将逐字重复这一定义. 在准备过程中,我们观察到,重复应用向量加法与向量的标量乘法运算,我们可以构造更复杂的表达式,例如$\alpha_1 \boldsymbol{x}_1 + \alpha_2 \boldsymbol{x}_2 + \cdots + \alpha_m \boldsymbol{x}_m$,此外,根据向量空间的定义的性质(a) 和(b),不取决于项或括号的排列(这是必要的,以便我们不仅能够组合两个向量,而且能够组合 m 个向量).

定义 3.17 在向量空间 L 中,设$\boldsymbol{x}_1, \boldsymbol{x}_2, \cdots, \boldsymbol{x}_m$ 为 m 个向量. 向量 $\boldsymbol{y}$ 称为这 m 个向量的线性组合,如果存在标量$\alpha_1, \alpha_2, \cdots, \alpha_m$,使得

$$\boldsymbol{y} = \alpha_1 \boldsymbol{x}_1 + \alpha_2 \boldsymbol{x}_2 + \cdots + \alpha_m \boldsymbol{x}_m \tag{3.4}$$

所有向量(这些向量是某些给定向量$\boldsymbol{x}_1, \boldsymbol{x}_2, \cdots, \boldsymbol{x}_m$ 的线性组合) 构成的集合,即对于所有可能的$\alpha_1, \alpha_2, \cdots, \alpha_m$,具有形式(3.4) 的那些向量明显满足子空间的定义. 该子空间称为向量$\boldsymbol{x}_1, \boldsymbol{x}_2, \cdots, \boldsymbol{x}_m$ 的线性生成空间,记作$\langle \boldsymbol{x}_1, \boldsymbol{x}_2, \cdots,$

---

① 更确切地说,这种辨识是借助向量空间的同构的概念实现的,这将在下文第 3.5 节中介绍.

$\boldsymbol{x}_m\rangle$. 显然

$$\langle \boldsymbol{x}_1,\boldsymbol{x}_2,\cdots,\boldsymbol{x}_m\rangle=\langle \boldsymbol{x}_1\rangle+\langle \boldsymbol{x}_2\rangle+\cdots+\langle \boldsymbol{x}_m\rangle \tag{3.5}$$

定义 3.18 向量$\boldsymbol{x}_1,\boldsymbol{x}_2,\cdots,\boldsymbol{x}_m$ 称为线性相关的，如果存在一个等于$\mathbf{0}$的线性组合(3.4)，而不是其所有系数$\alpha_1,\alpha_2,\cdots,\alpha_m$ 都等于零. 否则，$\boldsymbol{x}_1,\boldsymbol{x}_2,\cdots,\boldsymbol{x}_m$ 称为线性无关的.

因此，向量$\boldsymbol{x}_1,\boldsymbol{x}_2,\cdots,\boldsymbol{x}_m$ 是线性相关的，如果存在标量$\alpha_1,\alpha_2,\cdots,\alpha_m$，使得

$$\alpha_1\boldsymbol{x}_1+\alpha_2\boldsymbol{x}_2+\cdots+\alpha_m\boldsymbol{x}_m=\mathbf{0} \tag{3.6}$$

其中至少有一个α_i 不等于 0. 例如，向量$\boldsymbol{x}_1$ 和$\boldsymbol{x}_2=-\boldsymbol{x}_1$ 是线性相关的. 相反，向量$\boldsymbol{x}_1,\boldsymbol{x}_2,\cdots,\boldsymbol{x}_m$ 是线性无关的，如果(3.6) 仅当$\alpha_1=\alpha_2=\cdots=\alpha_m=0$ 时成立. 在这种情形中，和(3.5) 是直和，即

$$\langle \boldsymbol{x}_1,\boldsymbol{x}_2,\cdots,\boldsymbol{x}_m\rangle=\langle \boldsymbol{x}_1\rangle\oplus\langle \boldsymbol{x}_2\rangle\oplus\cdots\oplus\langle \boldsymbol{x}_m\rangle$$

在此，有一个有用的重新表述：向量$\boldsymbol{x}_1,\boldsymbol{x}_2,\cdots,\boldsymbol{x}_m$ 是线性相关的，当且仅当其中一个是其他的线性组合. 事实上，如果

$$\boldsymbol{x}_i=\alpha_1\boldsymbol{x}_1+\cdots+\alpha_{i-1}\boldsymbol{x}_{i-1}+\alpha_{i+1}\boldsymbol{x}_{i+1}+\cdots+\alpha_m\boldsymbol{x}_m \tag{3.7}$$

那么，我们得到了关系式(3.6)(其中$\alpha_i=-1$). 相反，如果在(3.6) 中，系数α_i 不等于 0，那么，如果我们将项$\alpha_i\boldsymbol{x}_i$ 转移到右边，并将等式的两边乘以标量$-\alpha_i^{-1}$，我们得到$\boldsymbol{x}_i$ 作为$\boldsymbol{x}_1,\cdots,\boldsymbol{x}_{i-1},\boldsymbol{x}_{i+1},\cdots,\boldsymbol{x}_m$ 的线性组合的表达式.

至此，我们来阐述本节(可能还有整个章节) 的主要定义.

定义 3.19 向量空间 L 的维数是空间中的线性无关向量的最大个数，如果存在这样的数. 向量空间的维数记作 dim L，如果线性无关向量的最大个数是有限的，那么空间 L 称为有限维的. 如果 L 中没有线性无关向量的最大个数，那么该空间称为无穷维的. 根据定义，向量空间($\mathbf{0}$) 的维数等于零.

因此，向量空间的维数等于自然数 n，如果空间包含 n 个线性无关向量，并且含 $m(m>n)$ 个向量的每组向量都是线性相关的. 向量空间是无穷维的，如果对于每个自然数 n，存在 n 个线性无关向量构成的集合. 使用标准术语，我们将一维空间称为直线，二维空间称为平面.

例 3.20 从初等几何(或解析几何课程) 可知，直线上、平面中或我们周围的物理空间中的向量构成一维、二维和三维向量空间. 这是维数的一般定义的主要直观基础.

例 3.21 变量t的所有多项式的空间显然是无穷维的，因为对于任意数n，多项式 $1,t,t^2,\cdots,t^{n-1}$ 是线性无关的. 区间$[a,b]$ 上所有连续函数的空间是无穷维的.

向量空间 L 的维数不仅取决于集合本身，其元素为 L 的向量，而且还取决

于定义它的域. 这将在以下例子中明确说明.

例 3.22 设$\mathbb{L}_1$为定义在域$\mathbb{C}$上的空间,其向量为复数. 向量加法和标量乘法的运算将定义为通常的复数的加法和乘法的运算. 那么,容易从定义中看出,$\dim \mathrm{L}_1=1$. 如果我们现在考虑向量空间L_2同样由复数构成,但定义在域$\mathbb{R}$上,那么我们得到$\dim \mathrm{L}_2=2$. 正如我们将看到的那样,这源于以下事实:每个复数由一对实数(其实部与虚部)唯一定义. 常见的表示"复平面"蕴涵域$\mathbb{R}$上的二维空间L_2,而表示"复直线"表示域$\mathbb{C}$上的一维空间L_1.

例 3.23 设 L 为由实数构成的向量空间,但定义在有理数域$\mathbb{Q}$上(容易看出,满足向量空间的定义的所有条件). 在这种情形中,在线性组合(3.4)中,向量$\boldsymbol{x}_i$和$\boldsymbol{y}$是实数,而α_i是有理数. 根据在实分析课程中证明的数集的性质,可以得出空间 L 是无穷维的. 事实上,如果 L 的维数是某个有限数 n,那么正如我们将在下面证明的那样,这蕴涵存在数$\boldsymbol{x}_1,\cdots,\boldsymbol{x}_n\in\mathbb{R}$使得任意$\boldsymbol{y}\in\mathbb{R}$可以写成线性组合(3.4)(具有域$\mathbb{Q}$中的合适的系数$\alpha_1,\cdots,\alpha_n$). 但这蕴涵实数集是可数的,但从实分析中可以看出,实数的个数是不可数的.

显然,向量空间 L 的子空间L'的维数不可能大于整个空间 L 的维数.

定理 3.24 如果向量空间 L 的子空间L'的维数等于 L 的维数,那么子空间L'等于整个 L.

证明:设$\dim \mathrm{L}'=\dim \mathrm{L}=n$. 那么在$\mathrm{L}'$中可以找出 n 个线性无关向量$\boldsymbol{x}_1,\cdots,\boldsymbol{x}_n$. 如果$\mathrm{L}'\neq\mathrm{L}$,那么在 L 中存在某个向量$\boldsymbol{x}\notin\mathrm{L}'$. 由于$\dim \mathrm{L}=n$,因此,该空间中的 $n+1$ 个任意向量是线性相关的. 特别地,向量$\boldsymbol{x}_1,\cdots,\boldsymbol{x}_n,\boldsymbol{x}$是线性相关的,即存在关系式

$$\alpha_1\boldsymbol{x}_1+\cdots+\alpha_n\boldsymbol{x}_n+\alpha\boldsymbol{x}=\boldsymbol{0}$$

其中并非所有系数都等于零. 如果我们有 $\alpha=0$,那么,这将得到向量$\boldsymbol{x}_1,\cdots,\boldsymbol{x}_n$的线性相关,根据假设,它们是线性无关的. 这说明 $\alpha\neq 0$ 且 $\boldsymbol{x}=\beta_1\boldsymbol{x}_1+\cdots+\beta_n\boldsymbol{x}_n$,$\beta_i=-\alpha^{-1}\alpha_i$,由此得出,$\boldsymbol{x}$是向量$\boldsymbol{x}_1,\cdots,\boldsymbol{x}_n$的线性组合. 显然,从子空间的定义可以看出,$\mathrm{L}'$中的向量的线性组合本身就是$\mathrm{L}'$中的向量. 因此,我们有$\boldsymbol{x}\in\mathrm{L}'$,且$\mathrm{L}'=\mathrm{L}$. □

如果向量空间 L 的维数是有限的,$\dim \mathrm{L}=n$,并且子空间$\mathrm{L}'\subset\mathrm{L}$的维数为 $n-1$,那么L'称为 L 中的超平面.

以上给出的维度的定义有一个缺陷:它是不起作用的. 理论上,为了确定向量空间的维数,有必要考虑空间中的向量$\boldsymbol{x}_1,\cdots,\boldsymbol{x}_m$(对于不同的 m)的所有组,并确定每个是否线性无关. 用这种方法,它不容易确定长为 n 的行空间或次数小于等于 n 的多项式的空间的维数. 因此,我们将更详细地研究维数的概念.

定义 3.25 向量空间 L 的向量 $\boldsymbol{e}_1,\cdots,\boldsymbol{e}_n$ 称为一组基，如果它们是线性无关的，并且空间 L 中的每个向量都可以写成这些向量的线性组合.

因此，如果 $\boldsymbol{e}_1,\cdots,\boldsymbol{e}_n$ 是空间 L 的一组基，那么对于任意向量 $\boldsymbol{x}\in \mathrm{L}$，存在表达式

$$\boldsymbol{x}=\alpha_1\boldsymbol{e}_1+\alpha_2\boldsymbol{e}_2+\cdots+\alpha_n\boldsymbol{e}_n \tag{3.8}$$

定理 3.26 对于任意向量 $\boldsymbol{x}$，表达式(3.8)是唯一的.

证明：这是以下事实的直接结果：向量 $\boldsymbol{e}_1,\cdots,\boldsymbol{e}_n$ 构成一组基. 我们假设存在两个表达式

$$\boldsymbol{x}=\alpha_1\boldsymbol{e}_1+\alpha_2\boldsymbol{e}_2+\cdots+\alpha_n\boldsymbol{e}_n,\ \boldsymbol{x}=\beta_1\boldsymbol{e}_1+\beta_2\boldsymbol{e}_2+\cdots+\beta_n\boldsymbol{e}_n$$

从第一个等式减去第二个等式，我们得到

$$(\alpha_1-\beta_1)\boldsymbol{e}_1+(\alpha_2-\beta_2)\boldsymbol{e}_2+\cdots+(\alpha_n-\beta_n)\boldsymbol{e}_n=\boldsymbol{0}$$

但是由于向量 $\boldsymbol{e}_1,\cdots,\boldsymbol{e}_n$ 构成一组基，那么根据定义，它们是线性无关的. 由此可知，$\alpha_1=\beta_1,\alpha_2=\beta_2,\cdots,\alpha_n=\beta_n$，定理得证. □

推论 3.27 如果 $\boldsymbol{e}_1,\cdots,\boldsymbol{e}_n$ 是向量空间 L 的一组基，那么 L 可以写成

$$\mathrm{L}=\langle\boldsymbol{e}_1\rangle\oplus\langle\boldsymbol{e}_2\rangle\oplus\cdots\oplus\langle\boldsymbol{e}_n\rangle$$

定义 3.28 表达式(3.8)中的数 $\alpha_1,\cdots,\alpha_n$ 称为向量 $\boldsymbol{x}$ 关于基 $\boldsymbol{e}_1,\cdots,\boldsymbol{e}_n$ 的坐标(或在这组基中的坐标).

例 3.29 直线上的任意向量 $\boldsymbol{e}\neq\boldsymbol{0}$(即一维向量空间)构成直线的一组基. 对于同一直线上的任意向量 $\boldsymbol{x}$，我们有表达式(3.8)，在给定情形中，其形式为 $\boldsymbol{x}=\alpha\boldsymbol{e}$(具有某个标量 α). 该 α 是向量 $\boldsymbol{x}$ 在基 $\boldsymbol{e}$ 中的坐标(在本例中仅有一个). 如果 $\boldsymbol{e}'\neq\boldsymbol{0}$ 是同一直线上的另一个向量，那么它提供了另一组基. 我们已经看到，存在标量 $c\neq 0$，使得 $\boldsymbol{e}'=c\boldsymbol{e}$(因为 $\boldsymbol{e}'\neq\boldsymbol{0}$). 因此，我们从关系式 $\boldsymbol{x}=\alpha\boldsymbol{e}$ 得到 $\boldsymbol{x}=\alpha c^{-1}\boldsymbol{e}'$. 因此，在基 $\boldsymbol{e}'$ 中，向量 $\boldsymbol{x}$ 的坐标等于 αc^{-1}.

因此，我们已经看到，向量 $\boldsymbol{x}$ 的坐标不仅取决于向量本身，也取决于我们使用的基(在一般情形中，为 $\boldsymbol{e}_1,\cdots,\boldsymbol{e}_n$). 因此，向量的坐标不是“内蕴几何”性质. 这里的情形类似于物理量的测量：线段的长度或物体的质量. 两者都不能用数来刻画. 有必要有一个测量单位：在第一种情形中，为米、厘米等；在第二种情形中，为千克，克等. 我们将反复遇到这种现象：某些对象(例如向量)就“其本身”而言无法被某些数集或其他数字定义；相反，必须选择与测量单位类似的事物(在我们的例子中，是一组基). 在此，存在两种可能的观点：要么选择某种方法将数与对象联系起来，要么独立于关联的方法，将自己局限于研究其“纯粹内蕴的”性质. 例如，在物理学中，我们对物理量本身感兴趣，但自然规律通常是以数之间的数学关系刻画的. 我们将在定义数怎样刻画对象在不同的关联方法下

的变化之后试图调和这两种观点. 特别地, 在第 3.4 节中, 我们将考虑向量的坐标在基变换下是如何变换的.

利用向量的坐标(相对于任意的基$\boldsymbol{e}_1,\cdots,\boldsymbol{e}_n$), 容易表述出现在向量空间的定义中的运算, 即向量的加法和向量的标量乘法. 即, 如果 $\boldsymbol{x}$ 和 $\boldsymbol{y}$ 是两个向量, 并且

$$\boldsymbol{x}=\alpha_1\boldsymbol{e}_1+\cdots+\alpha_n\boldsymbol{e}_n,\ \boldsymbol{y}=\beta_1\boldsymbol{e}_1+\cdots+\beta_n\boldsymbol{e}_n$$

那么

$$\begin{aligned}\boldsymbol{x}+\boldsymbol{y}&=(\alpha_1\boldsymbol{e}_1+\cdots+\alpha_n\boldsymbol{e}_n)+(\beta_1\boldsymbol{e}_1+\cdots+\beta_n\boldsymbol{e}_n)\\&=(\alpha_1+\beta_1)\boldsymbol{e}_1+\cdots+(\alpha_n+\beta_n)\boldsymbol{e}_n\end{aligned}\tag{3.9}$$

以及存在标量 α, 都有

$$\alpha\boldsymbol{x}=\alpha(\alpha_1\boldsymbol{e}_1+\cdots+\alpha_n\boldsymbol{e}_n)=(\alpha\alpha_1)\boldsymbol{e}_1+\cdots+(\alpha\alpha_n)\boldsymbol{e}_n\tag{3.10}$$

因此, 向量的坐标在加法下相加, 在与标量相乘的情况下, 它们与该标量相乘.

根据基的定义, 如果 $\dim \mathrm{L}=n$ 且$\boldsymbol{e}_1,\cdots,\boldsymbol{e}_n$ 是 L 中的含 n 个线性无关向量的一组向量, 那么它们构成 L 的一组基. 事实上, 只需验证任意向量 $\boldsymbol{x}\in\mathrm{L}$ 可以写成这些向量的线性组合. 但从维数的定义来看, $n+1$ 个向量 $\boldsymbol{x},\boldsymbol{e}_1,\cdots,\boldsymbol{e}_n$ 是线性相关的, 即存在标量 $\beta,\alpha_1,\alpha_2,\cdots,\alpha_n$, 使得

$$\beta\boldsymbol{x}+\alpha_1\boldsymbol{e}_1+\alpha_2\boldsymbol{e}_2+\cdots+\alpha_n\boldsymbol{e}_n=\boldsymbol{0}$$

在这种情形中, $\beta\neq 0$, 否则, 这将与构成基的向量的线性无关性相矛盾. 那么

$$\boldsymbol{x}=-\beta^{-1}\alpha_1\boldsymbol{e}_1-\beta^{-1}\alpha_2\boldsymbol{e}_2-\cdots-\beta^{-1}\alpha_n\boldsymbol{e}_n$$

定理得证.

从定义来看, 如果向量空间 L 的维数等于 n, 那么 L 中存在 n 个线性无关向量, 根据我们证明的定理, 这些向量构成一组基. 现在我们将建立一个更一般的事实.

定理 3.30 如果$\boldsymbol{e}_1,\cdots,\boldsymbol{e}_m$ 是有限维 n 的向量空间 L 中的线性无关向量, 那么这组向量可以扩充为 L 的一组基, 即存在向量$\boldsymbol{e}_i$, $m<i\leqslant n$, 使得$\boldsymbol{e}_1,\cdots,\boldsymbol{e}_m$, $\boldsymbol{e}_{m+1},\cdots,\boldsymbol{e}_n$ 是 L 的一组基.

证明: 如果向量$\boldsymbol{e}_1,\cdots,\boldsymbol{e}_m$ 已经构成了一组基, 那么 $m=n$, 定理得证. 如果它们不构成一组基, 那么显然 $m<n$, 并且 L 中存在一个向量$\boldsymbol{e}_{m+1}$, 它不是$\boldsymbol{e}_1,\cdots,\boldsymbol{e}_{m+1}$ 的线性组合. 因此, 向量$\boldsymbol{e}_1,\cdots,\boldsymbol{e}_{m+1}$ 线性无关. 事实上, 如果它们是线性相关的, 我们就会有关系式

$$\alpha_1\boldsymbol{e}_1+\cdots+\alpha_m\boldsymbol{e}_m+\alpha_{m+1}\boldsymbol{e}_{m+1}=\boldsymbol{0}\tag{3.11}$$

其中并非所有$\alpha_1,\cdots,\alpha_{m+1}$ 都等于零. 现在, 我们必定有$\alpha_{m+1}\neq 0$, 否则我们必定推断向量$\boldsymbol{e}_1,\cdots,\boldsymbol{e}_m$ 是线性相关的. 那么我们从(3.11) 得到$\boldsymbol{e}_{m+1}=\beta_1\boldsymbol{e}_1+\cdots+$

$\beta_m \boldsymbol{e}_m$，其中$\beta_i = -\alpha_{m+1}^{-1} \alpha_i$，即向量$\boldsymbol{e}_{m+1}$是向量$\boldsymbol{e}_1,\cdots,\boldsymbol{e}_m$的线性组合，这与我们的假设相矛盾.

同样的推理可以应用于向量组$\boldsymbol{e}_1,\cdots,\boldsymbol{e}_{m+1}$.继续以这种方式操作，我们将得到一个包含越来越多线性无关向量的组，并且迟早，我们将不得不停止这个过程，因为空间 L 的维数是有限的. 但空间 L 的每个向量将是我们扩充的组的线性无关向量的线性组合. 也就是说，我们已经构造出了一组基. □

在定理3.30中考虑的情况下，我们称向量组$\boldsymbol{e}_1,\cdots,\boldsymbol{e}_m$已经增广到基$\boldsymbol{e}_1,\cdots,\boldsymbol{e}_n$. 简单的验证表明，这等价于关系式

$$\langle \boldsymbol{e}_1,\cdots,\boldsymbol{e}_n\rangle = \langle \boldsymbol{e}_1,\cdots,\boldsymbol{e}_m\rangle \oplus \langle \boldsymbol{e}_{m+1},\cdots,\boldsymbol{e}_n\rangle \tag{3.12}$$

推论 3.31 对于有限维向量空间 L 的任意子空间$\mathrm{L}' \subset \mathrm{L}$，存在一个子空间$\mathrm{L}'' \subset \mathrm{L}$，使得$\mathrm{L} = \mathrm{L}' \oplus \mathrm{L}''$.

证明：只需取L'的任意一组基$\boldsymbol{e}_1,\cdots,\boldsymbol{e}_m$，将其扩充为空间 L 的一组基$\boldsymbol{e}_1,\cdots,\boldsymbol{e}_n$，并在(3.12)中设$\mathrm{L} = \langle \boldsymbol{e}_1,\cdots,\boldsymbol{e}_n\rangle$，$\mathrm{L}' = \langle \boldsymbol{e}_1,\cdots,\boldsymbol{e}_m\rangle$和$\mathrm{L}'' = \langle \boldsymbol{e}_{m+1},\cdots,\boldsymbol{e}_n\rangle$. □

现在，我们将证明一个结论，这是整个理论的中心. 因此，我们将给出两个证明(尽管它们实际上基于相同的原理).

引理 3.32 任意向量空间中的 n 个向量有 n 个以上线性组合必然是线性相关的.

证明：第一个证明：我们来明确地写出需要证明的内容. 假设给定 n 个向量$\boldsymbol{x}_1,\cdots,\boldsymbol{x}_n$和 m 个它们的线性组合$\boldsymbol{y}_1,\cdots,\boldsymbol{y}_m$($m > n$). 那么存在标量$\alpha_{ij}$，使得

$$\begin{cases} \boldsymbol{y}_1 = a_{11}\boldsymbol{x}_1 + a_{12}\boldsymbol{x}_2 + \cdots + a_{1n}\boldsymbol{x}_n \\ \boldsymbol{y}_2 = a_{21}\boldsymbol{x}_1 + a_{22}\boldsymbol{x}_2 + \cdots + a_{2n}\boldsymbol{x}_n \\ \qquad \cdots \\ \boldsymbol{y}_m = a_{m1}\boldsymbol{x}_1 + a_{m2}\boldsymbol{x}_2 + \cdots + a_{mn}\boldsymbol{x}_n \end{cases} \tag{3.13}$$

我们现在必须求得标量$\alpha_1,\cdots,\alpha_m$，并非所有这些数都等于零，使得

$$\alpha_1 \boldsymbol{y}_1 + \alpha_2 \boldsymbol{y}_2 + \cdots + \alpha_m \boldsymbol{y}_m = \boldsymbol{0}$$

在此代入(3.13)，再合并同类项，我们得到

$$(\alpha_1 a_{11} + \alpha_2 a_{21} + \cdots + \alpha_m a_{m1})\boldsymbol{x}_1 + (\alpha_1 a_{12} + \alpha_2 a_{22} + \cdots + \alpha_m a_{m2})\boldsymbol{x}_2 + \cdots + (\alpha_1 a_{1n} + \alpha_2 a_{2n} + \cdots + \alpha_m a_{mn})\boldsymbol{x}_n = \boldsymbol{0}$$

如果向量$\boldsymbol{x}_1,\cdots,\boldsymbol{x}_n$的所有系数都等于零，那么该等式是满足的，即，如果方程

$$\begin{cases} a_{11}\alpha_1 + a_{21}\alpha_2 + \cdots + a_{m1}\alpha_m = 0 \\ a_{12}\alpha_1 + a_{22}\alpha_2 + \cdots + a_{m2}\alpha_m = 0 \\ \qquad \cdots \\ a_{1n}\alpha_1 + a_{2n}\alpha_2 + \cdots + a_{mn}\alpha_m = 0 \end{cases}$$

是满足的. 由于根据假设 $m>n$,我们有 n 个以上未知数(即 $\alpha_1,\cdots,\alpha_m$)的 n 个齐次方程. 根据推论 1.11,该方程组有一个非平凡解 $\alpha_1,\cdots,\alpha_m$,它给出了引理的结论.

第二个证明:该证明将基于公式(3.13)在 n 上进行归纳. 归纳法的基本情形 $n=1$ 是显然的:如果 $m>1$,与给定向量 $\boldsymbol{x}_1$ 成比例的任何 m 个向量都将是线性相关的.

现在,我们来考虑任意 $n>1$ 的情形. 在公式(3.13)中,假设系数 a_{11} 不等于 0. 我们可以在不失一般性的情况下做出这一假设. 事实上,如果在公式(3.13)中,所有系数都满足 $a_{ij}=0$,那么所有向量 $\boldsymbol{y}_1,\cdots,\boldsymbol{y}_m$ 都等于 $\boldsymbol{0}$,定理为真(简单地说). 但是如果至少有一个系数 a_{ij} 不等于 0,那么通过改变向量 $\boldsymbol{x}_1,\cdots,\boldsymbol{x}_n$ 和 $\boldsymbol{y}_1,\cdots,\boldsymbol{y}_m$ 的计数,我们可以把这个系数移到左上角,并假设 $a_{11}\neq 0$. 现在,我们从向量 $\boldsymbol{y}_2,\cdots,\boldsymbol{y}_m$ 中减去向量 $\boldsymbol{y}_1$,其系数使得在公式(3.13)中,消去了向量 $\boldsymbol{x}_1$. 在此之后,我们得到向量 $\boldsymbol{y}_2-\gamma_2\boldsymbol{y}_1,\cdots,\boldsymbol{y}_m-\gamma_m\boldsymbol{y}_1$,其中 $\gamma_2=a_{11}^{-1}a_{21},\cdots,\gamma_m=a_{11}^{-1}a_{m1}$. 这 $(m-1)$ 个向量已经是 $(n-1)$ 个向量 $\boldsymbol{x}_2,\cdots,\boldsymbol{x}_n$ 的线性组合. 因为我们在 n 上使用归纳法,所以我们在这种情形中,可以假设引理为真. 这说明存在数 $\alpha_2,\cdots,\alpha_m$,并非全部为零,使得 $\alpha_2(\boldsymbol{y}_2-\gamma_2\boldsymbol{y}_1)+\cdots+\alpha_m(\boldsymbol{y}_m-\gamma_m\boldsymbol{y}_1)=\boldsymbol{0}$,即

$$-(\gamma_2\alpha_2+\cdots+\gamma_m\alpha_m)\boldsymbol{y}_1+\alpha_2\boldsymbol{y}_2+\cdots+\alpha_m\boldsymbol{y}_m=\boldsymbol{0}$$

这说明向量 $\boldsymbol{y}_1,\cdots,\boldsymbol{y}_m$ 是线性相关的. □

显然,在第二个证明中,我们使用了 Gauss 消元法,它是用来证明定理 1.10 的,这是第一个证明的基础. 因此,两种证明都基于相同的思想.

在以下结果中,基和维数的概念之间的联系变得清晰.

定理 3.33 如果向量空间 L 有含 n 个向量的一组基,那么其维数为 n.

证明:定理的证明容易从引理得到. 设 $\boldsymbol{e}_1,\cdots,\boldsymbol{e}_n$ 为空间 L 的一组基. 我们将证明 $\dim \mathrm{L}=n$. 在这个空间中,存在 n 个线性无关向量,例如向量 $\boldsymbol{e}_1,\cdots,\boldsymbol{e}_n$ 自身. 由于 L 的任意向量都是基向量的线性组合,那么根据引理,不可能存在更多的线性无关向量. □

推论 3.34 定理 3.33 表明,(有限维)向量空间的每组基由与空间维数相同数量的向量构成. 因此,为了确定向量空间的维数,只需在该空间中找出任意一组基.

一般来说,这是一项相对容易的任务. 例如,显然,在次数最高为 n 的(变量 t 的)多项式的空间中,存在由多项式 $1,t,t^2,\cdots,t^n$ 构成的一组基. 这蕴涵空间的维数为 $n+1$.

例 3.35 考虑由任意域 $\mathbb{K}$ 的元素构成的长为 n 的行的向量空间 $\mathbb{K}^n$. 在该空

间中,存在由以下行构成的一组基

$$\begin{cases} \boldsymbol{e}_1 = (1,0,0,\cdots,0) \\ \boldsymbol{e}_2 = (0,1,0,\cdots,0) \\ \quad \cdots \\ \boldsymbol{e}_n = (0,0,0,\cdots,1) \end{cases} \tag{3.14}$$

在第 1.1 节中,我们在定理 1.3 的证明中验证了,长为 n 的每行都是这 n 行的线性组合.同样的推理表明,这些行是线性无关的.事实上,假设 $\alpha_1 \boldsymbol{e}_1 + \cdots + \alpha_n \boldsymbol{e}_n = \boldsymbol{0}$.如我们所见,$\alpha_1 \boldsymbol{e}_1 + \cdots + \alpha_n \boldsymbol{e}_n$ 等于 $(\alpha_1, \cdots, \alpha_n)$.这说明 $\alpha_1 = \cdots = \alpha_n = 0$.因此,空间 $\mathbb{K}^n$ 的维数为 n.

例 3.36 设 M 为任意集合.我们用 $F(M)$ 表示 M 上的所有函数构成的集合,在某个域(实数域,复数域或任意域 $\mathbb{K}$)中取值.集合 $F(M)$ 是向量空间,如果对于 $\boldsymbol{f}_1 \in F(M)$ 和 $\boldsymbol{f}_2 \in F(M)$,我们利用公式

$$(\boldsymbol{f}_1 + \boldsymbol{f}_2)(x) = \boldsymbol{f}_1(x) + \boldsymbol{f}_2(x), (\alpha \boldsymbol{f})(x) = \alpha \boldsymbol{f}(x)$$

(对于任意 $\boldsymbol{x} \in M$) 定义加法与标量 α 的乘法.

假设集合 M 是有限的.我们用 $\delta_x(y)$ 表示一个函数,当 $y = x$ 时,它等于 1,对于所有 $y \neq x$,它等于 0.函数 $\delta_x(y)$ 称为 δ 函数.我们将证明它们构成集合 $F(M)$ 的一组基.事实上,对于任意函数 $\boldsymbol{f} \in F(M)$,我们都有显然的等式

$$\boldsymbol{f}(y) = \sum_{x \in M} \boldsymbol{f}(x)\, \delta_x(y) \tag{3.15}$$

由此得出,空间 $F(M)$ 中的任意函数都可以表示为 $\delta_x (x \in M)$ 的线性组合.显然,所有 δ 函数构成的集合是线性无关的,即它们构成向量空间 $F(M)$ 的一组基.由于在该集合中的函数的个数等于集合 M 的元素的个数,因此,集合 $F(M)$ 是有限维的,并且 $\dim F(M)$ 等于 M 中的元素的个数.在 $M = \mathbb{N}_n$ 的情形中(见第 7 页的定义),那么任何函数 $\boldsymbol{f} \in F(\mathbb{N}_n)$ 都由其值 $\boldsymbol{f}(1), \cdots, \boldsymbol{f}(n)$ 唯一确定,它是分解公式(3.15)中关于基 $\delta_x (x \in M)$ 的坐标,如果我们设 $a_i = f(i)$,那么数 $(a_1, \cdots, a_n)$ 构成一行,这表明向量空间 $F(\mathbb{N}_n)$ 与空间 $\mathbb{K}^n$ 相等.特别地,由 δ 函数构成的空间 $F(\mathbb{N}_n)$ 的基与空间 $\mathbb{K}^n$ 的基(3.14)相同.

在许多情况下,定理 3.33 提供了求向量空间的维数的一种简单方法.

定理 3.37 向量空间 $\langle \boldsymbol{x}_1, \cdots, \boldsymbol{x}_m \rangle$ 的维数等于向量 $\boldsymbol{x}_1, \cdots, \boldsymbol{x}_m$ 中的线性无关向量的最大个数.

因此,即使维数的定义需要考虑空间 $\langle \boldsymbol{x}_1, \cdots, \boldsymbol{x}_m \rangle$ 中的所有向量,定理 3.37 使得可以仅限于考虑向量 $\boldsymbol{x}_1, \cdots, \boldsymbol{x}_m$.

定理 3.37 的证明:我们设 $\mathrm{L}' = \langle \boldsymbol{x}_1, \cdots, \boldsymbol{x}_m \rangle$,并用 l 定义在 $\boldsymbol{x}_1, \cdots, \boldsymbol{x}_m$ 中的线

性无关向量的最大个数. 如有必要,可改变计数,我们可以假设前 l 个向量 $\boldsymbol{x}_1,\cdots,\boldsymbol{x}_l$ 是线性无关的. 设$\mathrm{L}''=\langle \boldsymbol{x}_1,\cdots,\boldsymbol{x}_l\rangle$. 显然,$\boldsymbol{x}_1,\cdots,\boldsymbol{x}_l$ 构成空间L''的一组基,根据定理 3.33,$\dim \mathrm{L}''=l$. 我们将证明$\mathrm{L}''=\mathrm{L}'$,这将给出定理 3.37 的结果. 如果 $l=m$,那么这是显然的. 接下来假设 $l<m$. 那么根据我们的假设,对于任意 $k=l+1,\cdots,m$,向量$\boldsymbol{x}_1,\cdots,\boldsymbol{x}_l,\boldsymbol{x}_k$ 是线性相关的,即存在一个线性组合 $\alpha_1\boldsymbol{x}_1+\cdots+\alpha_l\boldsymbol{x}_l+\alpha_k\boldsymbol{x}_k=\boldsymbol{0}$,其中并非所有$\alpha_i$ 都等于零. 此外,$\alpha_k\neq 0$,否则,我们将得到向量$\boldsymbol{x}_1,\cdots,\boldsymbol{x}_l$ 的线性相关性,这与假设相矛盾. 那么

$$\boldsymbol{x}_k=-\alpha_k^{-1}\alpha_1\boldsymbol{x}_1-\alpha_k^{-1}\alpha_2\boldsymbol{x}_2-\cdots-\alpha_k^{-1}\alpha_l\boldsymbol{x}_l$$

即向量$\boldsymbol{x}_k$ 在L''中. 我们已经对于所有 $k>l$ 证明了这一点,但通过构造,它对于 $k\leqslant l$ 也是对的. 这说明所有向量$\boldsymbol{x}_k$ 都在空间L''中,因此都是它们的线性组合. 因此,我们不仅有$\mathrm{L}''\subset\mathrm{L}'$(通过构造,这是显然的),还有$\mathrm{L}'\subset\mathrm{L}''$,这表明$\mathrm{L}''=\mathrm{L}'$,如期望的那样. □

定理 3.38 如果L_1 和L_2 为两个有限维向量空间,那么

$$\dim(\mathrm{L}_1\oplus\mathrm{L}_2)=\dim\mathrm{L}_1+\dim\mathrm{L}_2$$

证明:设 $\dim\mathrm{L}_1=r$,$\dim\mathrm{L}_2=s$,设$\boldsymbol{e}_1,\cdots,\boldsymbol{e}_r$ 为空间L_1 的一组基,并设$\boldsymbol{f}_1,\cdots,\boldsymbol{f}_s$ 为空间L_2 的一组基. 我们将证明 $r+s$ 个向量$\boldsymbol{e}_1,\cdots,\boldsymbol{e}_r$ 和$\boldsymbol{f}_1,\cdots,\boldsymbol{f}_s$ 的集合构成空间$\mathrm{L}_1\oplus\mathrm{L}_2$ 的一组基. 根据直和的定义,每个向量 $\boldsymbol{x}\in\mathrm{L}_1\oplus\mathrm{L}_2$ 都可以用 $\boldsymbol{x}=\boldsymbol{x}_1+\boldsymbol{x}_2$ 的形式表示,其中$\boldsymbol{x}_i\in\mathrm{L}_i$. 但是向量$\boldsymbol{x}_1$ 是向量$\boldsymbol{e}_1,\cdots,\boldsymbol{e}_r$ 的线性组合,而向量$\boldsymbol{x}_2$ 是向量$\boldsymbol{f}_1,\cdots,\boldsymbol{f}_s$ 的线性组合,因此,我们得到了向量 $\boldsymbol{x}$ 作 $r+s$ 个向量 $\boldsymbol{e}_1,\cdots,\boldsymbol{e}_r,\boldsymbol{f}_1,\cdots,\boldsymbol{f}_s$ 的线性组合的表示,这些向量的线性无关性同样容易验证. 假设存在关系式

$$\alpha_1\boldsymbol{e}_1+\cdots+\alpha_r\boldsymbol{e}_r+\beta_1\boldsymbol{f}_1+\cdots+\beta_s\boldsymbol{f}_s=\boldsymbol{0}$$

我们设$\boldsymbol{x}_1=\alpha_1\boldsymbol{e}_1+\cdots+\alpha_r\boldsymbol{e}_r$ 且$\boldsymbol{x}_2=\beta_1\boldsymbol{f}_1+\cdots+\beta_s\boldsymbol{f}_s$. 那么我们有等式$\boldsymbol{x}_1+\boldsymbol{x}_2=\boldsymbol{0}$,其中$\boldsymbol{x}_i\in\mathrm{L}_i$. 由此,根据直和的定义,可以得出$\boldsymbol{x}_1=\boldsymbol{0}$且$\boldsymbol{x}_2=\boldsymbol{0}$. 根据向量$\boldsymbol{e}_1,\cdots,\boldsymbol{e}_r$ 的线性无关性,可以得出$\alpha_1=0,\cdots,\alpha_r=0$,类似地,$\beta_1=0,\cdots,\beta_s=0$.

□

推论 3.39 对于有限维空间$\mathrm{L}_1,\mathrm{L}_2,\cdots,\mathrm{L}_k$(对于任意 $k\geqslant 2$),我们有

$$\dim(\mathrm{L}_1\oplus\mathrm{L}_2\oplus\cdots\oplus\mathrm{L}_k)=\dim\mathrm{L}_1+\dim\mathrm{L}_2+\cdots+\dim\mathrm{L}_k$$

证明:通过对 k 的归纳,结论遵循定理 3.38. □

推论 3.40 如果$\mathrm{L}_1,\cdots,\mathrm{L}_r$ 与 L 是向量空间,使得 $\mathrm{L}=\mathrm{L}_1+\cdots+\mathrm{L}_r$,并且如果 $\dim\mathrm{L}=\dim\mathrm{L}_1+\cdots+\dim\mathrm{L}_r$,那么 $\mathrm{L}=\mathrm{L}_1\oplus\cdots\oplus\mathrm{L}_r$.

证明:我们在每个L_i 中选取一组基,并将它们组合成向量组$\boldsymbol{e}_1,\cdots,\boldsymbol{e}_n$. 根据假设,该组中的向量的个数 n 等于 $\dim\mathrm{L}$,且 $\mathrm{L}=\langle\boldsymbol{e}_1,\cdots,\boldsymbol{e}_n\rangle$. 根据定理 3.37,向

量$e_1,\cdots,e_n$是线性无关的,这蕴涵$L=L_1\oplus\cdots\oplus L_r$. □

这些考虑使我们可以对线性相关的概念进行更直观、更几何的刻画.也就是说,我们来证明向量$x_1,\cdots,x_m$是线性相关的,当且仅当它们包含于维数小于m的子空间L'中.

事实上,我们用l表示在$x_1,\cdots,x_m$中的线性无关向量的最大个数.假设这些无关向量是$x_1,\cdots,x_l$,并设$L'=\langle x_1,\cdots,x_l\rangle$.那么当$l=m$时,向量$x_1,\cdots,x_m$是线性无关的,我们的结论遵循维数的定义.如果$l<m$,那么所有向量$x_1,\cdots,x_m$都包含于子空间$L'$中,根据定理3.33,其维数为$l$,并且该结论是正确的.

利用至此介绍的概念,可以证明定理3.38的一个有用的推广.

定理3.41 对于任意两个有限维向量空间L_1和L_2,我们有等式

$$\dim(L_1+L_2)=\dim L_1+\dim L_2-\dim(L_1\cap L_2) \tag{3.16}$$

定理3.38是定理3.41的简单推论.事实上,如果$L_1+L_2=L_1\oplus L_2$,那么根据推论3.15,交集$L_1\cap L_2$等于$(\mathbf{0})$,余下只需利用$\dim(\mathbf{0})=0$的事实.

定理3.41的证明:我们设$L_0=L_1\cap L_2$.根据推论3.31可以得出,存在子空间$L'_1\subset L_1$和$L'_2\subset L_2$使得

$$L_1=L_0\oplus L'_1,\quad L_2=L_0\oplus L'_2 \tag{3.17}$$

公式(3.16)容易从等式$L_1+L_2=L_0\oplus L'_1\oplus L'_2$得出.事实上,由于$L_0=L_1\cap L_2$,那么考虑到关系式(3.17)和定理3.38,我们得到$L_1+L_2=L_1\oplus L'_2$,因此

$$\dim(L_1+L_2)=\dim L_1+\dim L'_2=\dim L_1+\dim L_2-\dim L_0$$

由此得出关系式(3.16).

我们来证明$L_1+L_2=L_0\oplus L'_1\oplus L'_2$.显然,每个子空间$L_0,L'_1,L'_2$都包含在$L_1+L_2$中,因此,它们的和$L_0+L'_1+L'_2$也包含在$L_1+L_2$中.但是一个任意向量$z\in L_1+L_2$可以用$z=x+y$的形式表示,其中$x\in L_1,y\in L_2$,考虑到关系式(3.17),我们有表示$x=u+v$和$y=u'+w$,其中$u,u'\in L_0,v\in L'_1,w\in L'_2$,我们从中得出$z=x+y=(u+u')+v+w$,说这明向量$z$包含在$L_0+L'_1+L'_2$中.由此可知

$$L_1+L_2=L_0+L'_1+L'_2=L_1+L'_2$$

但是$L_1\cap L'_2=(\mathbf{0})$,因为向量$x\in L_1\cap L'_2$同时包含在$L_1\cap L_2=L_0$与$L'_2$中,考虑到(3.17),交集$L_0\cap L'_2$等于$(\mathbf{0})$.因此,我们得到了所需的等式

$$L_1+L_2=(L_0\oplus L'_1)+L'_2=(L_0\oplus L'_1)\oplus L'_2=L_0\oplus L'_1\oplus L'_2$$

如我们所见,它证明了定理3.41. □

推论3.42 设L_1和L_2为有限维向量空间L的子空间.那么从不等式$\dim L_1+\dim L_2>\dim L$得出$L_1\cap L_2\neq(\mathbf{0})$,即子空间$L_1$和$L_2$有共同的非零

向量.

事实上,在这种情形中,$L_1+L_2\subset L$,这说明 $\dim(L_1+L_2)\leqslant\dim L$. 考虑到这一点,我们从(3.16)中得出

$$\begin{aligned}\dim(L_1\cap L_2)&=\dim L_1+\dim L_2-\dim(L_1+L_2)\\&\geqslant\dim L_1+\dim L_2-\dim L>0\end{aligned}$$

由此得出$L_1\cap L_2\neq(\mathbf{0})$.

例如,在三维空间中过原点的两个平面有一条共同的直线.

现在,我们将利用行列式的理论得到子空间$\langle\boldsymbol{a}_1,\cdots,\boldsymbol{a}_m\rangle$的维数的表达式. 设$\boldsymbol{a}_1,\cdots,\boldsymbol{a}_m$为空间 L 中的向量,设$\boldsymbol{e}_1,\cdots,\boldsymbol{e}_n$为 L 的一组基. 我们将把在这组基中的向量$\boldsymbol{a}_i$的坐标写成矩阵 A 的第 i 行

$$A=\begin{pmatrix}a_{11}&a_{12}&\cdots&a_{1n}\\a_{21}&a_{22}&\cdots&a_{2n}\\\vdots&\vdots&&\vdots\\a_{m1}&a_{m2}&\cdots&a_{mn}\end{pmatrix}$$

定理 3.43 向量空间$\langle\boldsymbol{a}_1,\cdots,\boldsymbol{a}_m\rangle$的维数等于矩阵 A 的秩.

证明:向量$\boldsymbol{a}_1,\cdots,\boldsymbol{a}_k(k\leqslant m)$的线性相关性等价于由相同的数构成的矩阵 A 的行的线性相关性. 在定理 2.41 中,我们证明了如果矩阵的秩等于 r,那么它的所有行都是它的某 r 行的线性组合. 由此得到 $\dim\langle\boldsymbol{a}_1,\cdots,\boldsymbol{a}_m\rangle\leqslant r$. 但事实上,从相同定理 2.41 的证明得出,对于这样的 r 行,可以取矩阵的任意 r 行,其中存在一个 r 阶非零余子式(见从定理 2.41 得到的备注). 我们来证明这样的 r 行是线性无关的,从中我们已经有了定理 3.43 的证明. 我们可以假设非零余子式 M_r 位于矩阵A 的前r 列和前r 行中. 那么我们必须建立向量$\boldsymbol{a}_1,\cdots,\boldsymbol{a}_r$的线性无关性. 如果我们假设$\alpha_1\boldsymbol{a}_1+\cdots+\alpha_r\boldsymbol{a}_r=\mathbf{0}$,那么如果我们只关注向量的前 r 个坐标,我们得到未知系数$\alpha_1,\cdots,\alpha_r$的 r 个齐次线性方程. 容易看出,该方程组的矩阵的行列式等于$M_r\neq0$,因此,它有唯一解,其为零解:$\alpha_1=0,\cdots,\alpha_r=0$. 即事实上,向量$\boldsymbol{a}_1,\cdots,\boldsymbol{a}_r$是线性无关的. □

在过去,定理 3.43 是用以下形式表述的,有时这也是有用的. 考虑长为 n 的行的向量空间$\mathbb{K}^n$(其中$\mathbb{K}$是实数域、复数域或任意域). 那么向量$\boldsymbol{a}_i$将是长为 n 的行(在我们的例子中,是矩阵 A 的行). 从定理 3.43 的证明中我们立即得到以下推论.

推论 3.44 矩阵 A 的秩等于 A 的线性无关行的最大个数.

由此,我们得到了以下出乎意料的结果.

推论 3.45 矩阵 A 的秩也等于 A 的线性无关列的最大个数.

这一点立即从矩阵的秩的定义和定理 2.32 得到.

为了结束本节,我们来更详细地研究实向量空间的情形,为此,引入某些将在后续使用到的重要概念.

设L' 为有限维向量空间 L 中的超平面,即 $\dim \mathrm{L}' = \dim \mathrm{L} - 1$. 那么,该超平面将 L 分为两部分,如图 3.4 所示,对于线和平面的情形.

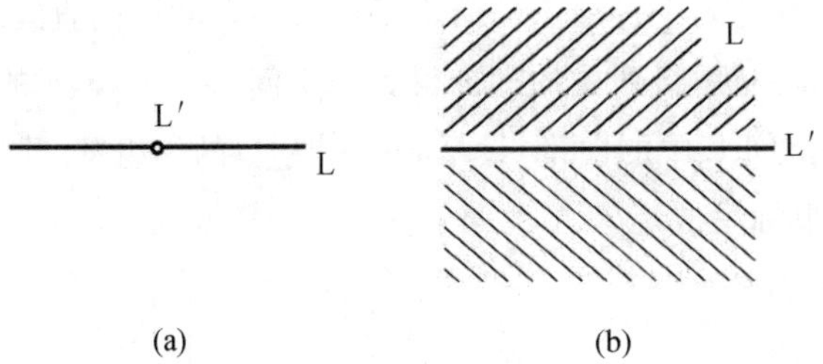

图 3.4 向量空间中的超平面

事实上,由于$\mathrm{L}' \neq \mathrm{L}$,存在一个向量 $\boldsymbol{e} \in \mathrm{L}, \boldsymbol{e} \notin \mathrm{L}'$. 由此可知,$\mathrm{L} = \mathrm{L}' \oplus \langle \boldsymbol{e} \rangle$. 根据 $\boldsymbol{e}$ 的选取,交集$\mathrm{L}' \cap \langle \boldsymbol{e} \rangle$ 等于$(\boldsymbol{0})$,根据定理 3.38,我们有等式

$$\dim(\mathrm{L}' \oplus \langle \boldsymbol{e} \rangle) = \dim \mathrm{L}' + 1 = \dim \mathrm{L}$$

由此,并根据定理 3.24,我们得到了$\mathrm{L}' \oplus \langle \boldsymbol{e} \rangle = \mathrm{L}$. 因此,任意向量 $\boldsymbol{x} \in \mathrm{L}$ 可以唯一地表示为

$$\boldsymbol{x} = \alpha \boldsymbol{e} + \boldsymbol{u}, \boldsymbol{u} \in \mathrm{L}' \tag{3.18}$$

其中 α 是某个标量. 因为我们例子中的标量是实的,所以讨论它们的符号是有意义的. 如式(3.18) 所示的向量 $\boldsymbol{x}$ 构成的集合(其中 $\alpha > 0$),记作L^+. 类似地,形如(3.18) 的向量 $\boldsymbol{x}$ 构成的集合(其中 $\alpha < 0$),记作L^-. 集合L^+ 和L^- 称为空间 L 的半空间. 显然,$\mathrm{L} \setminus \mathrm{L}' = \mathrm{L}^+ \cup \mathrm{L}^-$.

当然,我们的构造不仅取决于超平面L',还取决于向量 $\boldsymbol{e} \notin \mathrm{L}'$ 的选取. 需要注意的是,随着向量 $\boldsymbol{e}$ 的变换,半空间L^+ 和L^-可能会变换,但是对$(\mathrm{L}^+, \mathrm{L}^-)$ 将保持不变;也就是说,要么空间根本不变,要么它们交换位置. 事实上,设$\boldsymbol{e}' \notin \mathrm{L}'$ 为其他某个向量. 那么它可以表示为形式$\boldsymbol{e}' = \lambda \boldsymbol{e} + \boldsymbol{v}$,其中,数 λ 为非零的,$\boldsymbol{v}$ 在L' 中. 这说明 $\boldsymbol{e} = \lambda^{-1}(\boldsymbol{e}' - \boldsymbol{v})$. 那么,对于(3.18) 中的任意向量 $\boldsymbol{x}$,我们得到如在公式(3.18) 中的那样的表示

$$\boldsymbol{x} = \alpha \lambda^{-1}(\boldsymbol{e}' - \boldsymbol{v}) + \boldsymbol{u} = \alpha \lambda^{-1} \boldsymbol{e}' + \boldsymbol{u}', \boldsymbol{u}' \in \mathrm{L}'$$

其中$\boldsymbol{u}' = \boldsymbol{u} - \alpha \lambda^{-1} \boldsymbol{v}$,并且我们看到,从 $\boldsymbol{e}$ 到$\boldsymbol{e}'$ 的过程中,分解(3.18) 中的标量 α 乘以了λ^{-1}. 因此,半空间L^+ 和L^- 不变,如果 $\lambda > 0$;它们交换位置,如果 $\lambda < 0$.

用超平面L'分解实向量空间 L 的上述定义用拓扑的术语来讲有一个自然的解释(见第 7 — 9 页). 对这些观点的这方面不感兴趣的读者可以略过以下五段.

如果我们想使用拓扑的术语,那么我们必须在 L 上引入向量的序列的收敛的概念. 我们将利用度量的概念来实现这一点(见第 8 页). 我们在 L 中选取任意一组基$\boldsymbol{e}_1,\cdots,\boldsymbol{e}_n$,对于向量 $\boldsymbol{x}=\alpha_1\boldsymbol{e}_1+\cdots+\alpha_n\boldsymbol{e}_n$ 和 $\boldsymbol{y}=\beta_1\boldsymbol{e}_1+\cdots+\beta_n\boldsymbol{e}_n$,我们通过公式

$$r(\boldsymbol{x},\boldsymbol{y})=|\alpha_1-\beta_1|+\cdots+|\alpha_n-\beta_n|$$

定义了数 $r(\boldsymbol{x},\boldsymbol{y})$. 从绝对值的性质容易看出,度量空间的定义中的所有三个条件都是满足的. 因此,向量空间 L 及其所有子空间都是带有度量 $r(\boldsymbol{x},\boldsymbol{y})$ 的度量空间,对于向量的序列,自动定义了收敛的概念:当 $k\to\infty$ 时,$\boldsymbol{x}_k\to\boldsymbol{x}$,如果当 $k\to\infty$ 时,$r(\boldsymbol{x}_k,\boldsymbol{x})\to 0$. 换句话说,如果 $\boldsymbol{x}=\alpha_1\boldsymbol{e}_1+\cdots+\alpha_n\boldsymbol{e}_n$ 且$\boldsymbol{x}_k=\alpha_{1k}\boldsymbol{e}_1+\cdots+\alpha_{nk}\boldsymbol{e}_n$,那么收敛$\boldsymbol{x}_k\to\boldsymbol{x}$ 等价于n 个坐标序列的收敛:对于所有 $i=1,\cdots,n$,都有 $\alpha_{ik}\to\alpha_i$. 我们观察到,在 $r(\boldsymbol{x},\boldsymbol{y})$ 的定义中,我们使用了在某组基中的向量 $\boldsymbol{x}$ 和 $\boldsymbol{y}$ 的坐标,因此,得到的度量取决于基的选取. 然而,收敛的概念并不取决于基 $\boldsymbol{e}_1,\cdots,\boldsymbol{e}_n$ 的选取. 这容易从公式(3.35) 中得出,该公式将向量在各种基中的坐标联系起来,稍后将介绍.

划分 $L\setminus L'=L^+\cup L^-$ 的意义包含度量空间 $L\setminus L'$不是道路连通的事实,而L^+ 和L^- 是其道路连通分支.

事实上,我们假设在度量空间 $L\setminus L'$ 中,存在向量 $\boldsymbol{x}$ 到 $\boldsymbol{y}$ 的形变,即连续映射 $\boldsymbol{f}:[0,1]\to L\setminus L'$,使得 $\boldsymbol{f}(0)=\boldsymbol{x}$ 且 $\boldsymbol{f}(1)=\boldsymbol{y}$. 那么根据公式(3.18),我们得到了表示

$$\boldsymbol{x}=\alpha\boldsymbol{e}+\boldsymbol{u},\boldsymbol{y}=\beta\boldsymbol{e}+\boldsymbol{v},\boldsymbol{f}(t)=\gamma(t)\boldsymbol{e}+\boldsymbol{w}(t)\tag{3.19}$$

其中 $\boldsymbol{u},\boldsymbol{v}\in L'$ 且 $\boldsymbol{w}(t)\in L'(t\in[0,1])$,$\gamma(t)$ 是取实值的函数,在区间$[0,1]$内是连续的,此外,$\gamma(0)=\alpha$ 且 $\gamma(1)=\beta$.

如果 $\boldsymbol{x}\in L^+$ 且 $\boldsymbol{y}\in L^-$,那么$\alpha>0$ 且$\beta<0$,根据微积分中所知的连续函数的性质,存在$0<\tau<1$,使得 $\gamma(\tau)=0$. 那么,向量 $\boldsymbol{f}(\tau)=\boldsymbol{w}(\tau)$ 包含在超平面 L' 内,因此,向量 $\boldsymbol{x}$ 和 $\boldsymbol{y}$ 在集合 $L\setminus L'$ 中不能相互形变. 因此,度量空间 $L\setminus L'$ 不是道路连通的. 但是如果 $\boldsymbol{x},\boldsymbol{y}\in L^+$ 或 $\boldsymbol{x},\boldsymbol{y}\in L^-$,那么在这些向量的表示(3.19) 中,数 α 和β 同号. 那么,容易看出,映射 $\boldsymbol{f}(t)=(1-t)\boldsymbol{x}+t\boldsymbol{y}$,$t\in[0,1]$ 分别确定了集合L^+ 或 L^- 中的 $\boldsymbol{x}$ 到 $\boldsymbol{y}$ 的一个连续形变.

基于这些考虑,不需要使用任何公式就可以容易得到先前结论的证明.

如果我们区分两个半空间L^+ 和L^- 中的一个(我们将用L^+ 来表示这样区分

的半空间)，那么对(L,L')称为有向的. 例如，在直线(图 3.4(a))的情形中，这对应于直线 L 的方向的选取.

利用这些概念，我们可以得到基的概念的更直观的印象(在实向量空间的情形中).

定义 3.46 有限维向量空间 L 中的旗是子空间的序列

$$(\mathbf{0}) \subset L_1 \subset L_2 \subset \cdots \subset L_n = L \tag{3.20}$$

使得

(a) 对于所有 $i=1,\cdots,n$，都有 $\dim L_i = i$.

(b) 每个对(L_i, L_{i-1})都是有向的.

显然，考虑到条件(a)，子空间L_{i-1}在L_i中是一个超平面，因此上述有向性的定义是适用的.

空间 L 的每组基$\boldsymbol{e}_1,\cdots,\boldsymbol{e}_n$决定了一个特定的旗. 也就是说，我们设$L_i=\langle \boldsymbol{e}_1,\cdots,\boldsymbol{e}_i\rangle$，并将方向性应用于对$(L_i,L_{i-1})$，我们在半空间$L_i^+$的集合中选取由向量$\boldsymbol{e}_i$确定的那个(显然，$\boldsymbol{e}_i \notin L_{i-1}$).

然而，我们必定观察到，空间 L 的不同的基可以确定同一个旗. 例如，在图 3.5 中，基$(\boldsymbol{e}_1,\boldsymbol{e}_2)$和$(\boldsymbol{e}_1,\boldsymbol{e}'_2)$确定了平面中的相同的旗. 但之后，在第 7.2 节中，我们将遇到这样一种情形：在向量空间的基与它的旗之间定义了一个双射(这是通过选取某组特殊的基来实现的).

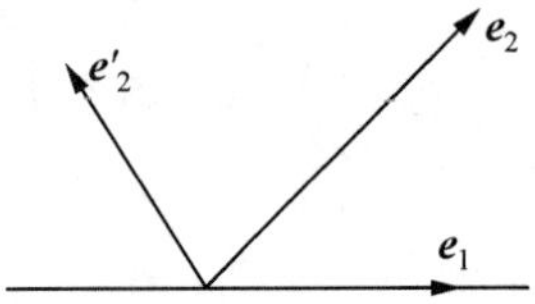

图 3.5　分配同一个旗的基

3.3　向量空间的线性变换

在此，我们将介绍线性函数的概念的一个非常广泛的推广，我们的课程就是由此开始的. 推广出现在两个方面. 首先，在第 1.1 节中，线性函数定义为长为 n 的行的函数. 在此，我们应当使用任意向量空间 L 的向量替换给定长的行. 其次，第 1.1 节中线性函数的值考虑为一个数，也就是说，任意域$\mathbb{K}$的空间$\mathbb{R}^1$或$\mathbb{C}^1$或$\mathbb{K}^1$中的元素. 现在，我们将用任意向量空间 M 中的向量替换数. 因此，我们的定义将包括两个向量空间 L 和 M. 读者可能会考虑这两个空间都是实的，复的或在任意域$\mathbb{K}$上定义的，但 L 和 M 必须在同一个域上. 在这种情形中，我们将利用我们在第 3.1 节中对于标量建立的相同约定(见第 85 页) 来讨论域的元素.

我们回想一下，线性函数由性质(1.8) 和(1.9)(如第 14 页的定理 1.3 所示) 定义. 以下定义与此类似.

定义 3.47 向量空间 L 到另一个向量空间 M 的线性变换是映射$\mathcal{A}$: L → M，它赋值给每个向量 $\boldsymbol{x} \in$ L 某个向量$\mathcal{A}(\boldsymbol{x}) \in$ M，并具有以下性质

$$\mathcal{A}(\boldsymbol{x}+\boldsymbol{y})=\mathcal{A}(\boldsymbol{x})+\mathcal{A}(\boldsymbol{y}), \quad \mathcal{A}(\alpha \boldsymbol{x})=\alpha\, \mathcal{A}(\boldsymbol{x}) \tag{3.21}$$

对于空间 L 中的每个标量 α 和所有向量 $\boldsymbol{x}$ 和 $\boldsymbol{y}$ 都成立.

线性变换也称为算子或(仅在 M＝L 的情形中) 自同态.

我们注意到一个显然但有用的性质，它直接来自定义.

命题 3.48 在任意线性变换下，零向量的像是零向量. 更确切地说，由于我们可能处理两个不同的向量空间，我们可以将陈述重新表述为以下形式：如果$\mathcal{A}$: L → M 是线性变换，$\mathbf{0} \in$ L 和 $\mathbf{0}' \in$ M 是向量空间 L 和 M 中的零向量，那么$\mathcal{A}(\mathbf{0})=\mathbf{0}'$.

证明：根据向量空间的定义，对于任意向量 $\boldsymbol{x} \in$ L，存在加性逆 $-\boldsymbol{x} \in$ L，即 $\boldsymbol{x}+(-\boldsymbol{x})=\mathbf{0}$，此外(见第 84 页)，向量 $-\boldsymbol{x}$ 是用 $\boldsymbol{x}$ 乘以数 -1 得到的，将线性变换$\mathcal{A}$应用于等式 $\mathbf{0}=\boldsymbol{x}+(-\boldsymbol{x})$ 的两边，那么考虑到性质(3.21)，我们得到 $\mathcal{A}(\mathbf{0})=\mathcal{A}(\boldsymbol{x})-\mathcal{A}(\boldsymbol{x})=\mathbf{0}'$，因为对于空间 M 的向量$\mathcal{A}(\boldsymbol{x})$，向量 $-\mathcal{A}(\boldsymbol{x})$ 是其加性逆，其和为 $\mathbf{0}'$. □

例 3.49 对于任意向量空间 L，恒等映射为每个 $\boldsymbol{x} \in$ L 定义了一个从空间 L 到自身的线性变换$\mathcal{E}(\boldsymbol{x})=\boldsymbol{x}$.

例 3.50 平面$\mathbb{R}^2$ 绕原点的某个角度的旋转是一个线性变换(此处 L＝M＝$\mathbb{R}^2$). 在此显然满足(3.21) 的条件.

例 3.51 如果 L 是区间$[a,b]$上的连续可微函数的空间，M 是同一区间上的连续函数的空间，如果当 $\boldsymbol{x}=f(t)$ 时，我们定义$\mathcal{A}(\boldsymbol{x})=f'(t)$，那么映射$\mathcal{A}$: L → M 是一个线性变换.

例 3.52 如果 L 是区间$[a,b]$上的两次连续可微函数的空间，M 是与前例相同的空间，$q(t)$ 是区间$[a,b]$ 上的某个连续函数，当 $\boldsymbol{x}=f(t)$ 时，我们设 $\mathcal{A}(\boldsymbol{x})=f''(t)+q(t)f(t)$，那么映射$\mathcal{A}$: L → M 是一个线性变换. 在分析中，它称为 Sturm-Liouville 算子.

例 3.53 设 L 为所有多项式的空间，当 $\boldsymbol{x}=f(t)$ 时，如例 3.51 所示，我们设$\mathcal{A}(\boldsymbol{x})=f'(t)$. 显然，$\mathcal{A}$: L → L 是一个线性变换(也就是说，在此我们有 M＝

L). 但如果 L 是次数最高为 n 的多项式的空间，M 是次数最高为 $n-1$ 的多项式的空间，那么同一公式给出了线性变换 $\mathcal{A}$: L → M.

例 3.54 假设我们得到了空间 L 作为两个子空间的直和的表示：$\mathrm{L}=\mathrm{L}'\oplus\mathrm{L}''$. 这说明每个向量 $\boldsymbol{x}\in\mathrm{L}$ 都可以用 $\boldsymbol{x}=\boldsymbol{x}'+\boldsymbol{x}''$ 的形式唯一表示，其中 $\boldsymbol{x}'\in\mathrm{L}'$ 且 $\boldsymbol{x}''\in\mathrm{L}''$. 在这个表示中，赋值给每个向量 $\boldsymbol{x}\in\mathrm{L}$ 项 $\boldsymbol{x}'\in\mathrm{L}'$，给出了一个映射 $\mathcal{P}:\mathrm{L}\to\mathrm{L}'$，$\mathcal{P}(\boldsymbol{x})=\boldsymbol{x}'$. 简单的验证表明，$\mathcal{P}$ 是一个线性变换. 它称为平行于 L'' 的子空间 L' 上的投影. 在这种情形中，对于向量 $\boldsymbol{x}\in\mathrm{L}$，其像 $\mathcal{P}(\boldsymbol{x})\in\mathrm{L}'$ 称为 $\boldsymbol{x}$ 在平行于 L'' 的 L' 上的投影向量. 类似地，对于任意子集 $X\subset\mathrm{L}$，其像 $\mathcal{P}(X)\subset\mathrm{L}'$ 称为平行于 L'' 的 L' 上的 X 的投影.

例 3.55 设 L = M 且 dim L = dim M = 1. 那么 $\mathrm{L}=\mathrm{M}=\langle\boldsymbol{e}\rangle$，其中 $\boldsymbol{e}$ 是某个非零向量且 $\mathcal{A}(\boldsymbol{e})=\alpha\boldsymbol{e}$，其中 α 是一个标量. 根据线性变换的定义，直接得出对于每个向量 $\boldsymbol{x}\in\mathrm{L}$，都有 $\mathcal{A}(\boldsymbol{x})=\alpha\boldsymbol{x}$. 因此，这是所有线性变换 $\mathcal{A}$: L → L 在 dim L = 1 的情形中的一般形式.

后续，我们将考虑空间 L 和 M 的维数是有限的情形. 这说明在 L 中，存在某组基 $\boldsymbol{e}_1,\cdots,\boldsymbol{e}_n$，在 M 中，存在一组基 $\boldsymbol{f}_1,\cdots,\boldsymbol{f}_m$. 那么每个向量 $\boldsymbol{x}\in\mathrm{L}$ 可以写为

$$\boldsymbol{x}=\alpha_1\boldsymbol{e}_1+\alpha_2\boldsymbol{e}_2+\cdots+\alpha_n\boldsymbol{e}_n$$

若干次使用关系式(3.21)，我们将得到任意线性变换 $\mathcal{A}$: L → M，向量 $\boldsymbol{x}$ 的像等于

$$\mathcal{A}(\boldsymbol{x})=\alpha_1\mathcal{A}(\boldsymbol{e}_1)+\alpha_2\mathcal{A}(\boldsymbol{e}_2)+\cdots+\alpha_n\mathcal{A}(\boldsymbol{e}_n)\tag{3.22}$$

向量 $\mathcal{A}(\boldsymbol{e}_1),\cdots,\mathcal{A}(\boldsymbol{e}_n)$ 属于空间 M，根据基的定义，它们是向量 $\boldsymbol{f}_1,\cdots,\boldsymbol{f}_m$ 的线性组合，即

$$\begin{cases}\mathcal{A}(\boldsymbol{e}_1)=a_{11}\boldsymbol{f}_1+a_{21}\boldsymbol{f}_2+\cdots+a_{m1}\boldsymbol{f}_m\\ \mathcal{A}(\boldsymbol{e}_2)=a_{12}\boldsymbol{f}_1+a_{22}\boldsymbol{f}_2+\cdots+a_{m2}\boldsymbol{f}_m\\ \quad\cdots\\ \mathcal{A}(\boldsymbol{e}_n)=a_{1n}\boldsymbol{f}_1+a_{2n}\boldsymbol{f}_2+\cdots+a_{mn}\boldsymbol{f}_m\end{cases}\tag{3.23}$$

另外，属于空间 M 的向量 $\boldsymbol{x}$ 的像 $\mathcal{A}(\boldsymbol{x})$ 在基 $\boldsymbol{f}_1,\cdots,\boldsymbol{f}_m$ 中有某组坐标 $\beta_1,\cdots,\beta_m$，也就是说，它可以写成

$$\mathcal{A}(\boldsymbol{x})=\beta_1\boldsymbol{f}_1+\beta_2\boldsymbol{f}_2+\cdots+\beta_m\boldsymbol{f}_m\tag{3.24}$$

此外，这种表示是唯一的.

在(3.22)中将 $\mathcal{A}(\boldsymbol{e}_i)$ 替换为表达式(3.23)，再合并项，我们得到了 $\mathcal{A}(\boldsymbol{x})$ 的表示

$$\mathcal{A}(\boldsymbol{x})=\alpha_1(a_{11}\boldsymbol{f}_1+a_{21}\boldsymbol{f}_2+\cdots+a_{m1}\boldsymbol{f}_m)+\alpha_n(a_{1n}\boldsymbol{f}_1+a_{2n}\boldsymbol{f}_2+\cdots+a_{mn}\boldsymbol{f}_m)$$

$$=(\alpha_1 a_{11}+\alpha_2 a_{12}+\cdots+\alpha_n a_{1n})\boldsymbol{f}_1+\cdots+(\alpha_1 a_{m1}+\alpha_2 a_{m2}+\cdots+\alpha_n a_{mn})\boldsymbol{f}_m$$

由于分解(3.24)的唯一性,因此,我们得到了向量$\mathcal{A}(\boldsymbol{x})$的坐标$\beta_1,\cdots,\beta_m$用向量$\boldsymbol{x}$的坐标$\alpha_1,\cdots,\alpha_n$表示的表达式

$$\begin{cases}\beta_1=a_{11}\alpha_1+a_{12}\alpha_2+\cdots+a_{1n}\alpha_n\\ \beta_2=a_{21}\alpha_1+a_{22}\alpha_2+\cdots+a_{2n}\alpha_n\\ \cdots\\ \beta_m=a_{m1}\alpha_1+a_{m2}\alpha_2+\cdots+a_{mn}\alpha_n\end{cases}\tag{3.25}$$

公式(3.25)给出了对于空间L和M的选定坐标(即基),线性变换$\mathcal{A}$的作用的显式表达式.该表达式自身表示变量的线性代换,具有矩阵

$$A=\begin{pmatrix}a_{11}&a_{12}&\cdots&a_{1n}\\ a_{21}&a_{22}&\cdots&a_{2n}\\ \vdots&\vdots&&\vdots\\ a_{m1}&a_{m2}&\cdots&a_{mn}\end{pmatrix}\tag{3.26}$$

由出现在公式(3.25)的系数构成.矩阵A为(m,n)型,是由公式(3.23)中的线性组合的系数构成的矩阵的转置.

定义 3.56 (3.26)中的矩阵A称为线性变换$\mathcal{A}$:L→M的矩阵,它由在基$\boldsymbol{e}_1,\cdots,\boldsymbol{e}_n$和$\boldsymbol{f}_1,\cdots,\boldsymbol{f}_m$中的公式(3.23)给出.

换句话说,线性变换$\mathcal{A}$的矩阵A是一个矩阵,其第i列由在基$\boldsymbol{f}_1,\cdots,\boldsymbol{f}_m$中的向量$\mathcal{A}(\boldsymbol{e}_i)$的坐标构成.我们想强调一下,坐标写在列中,而不是行中(当然,这也是可能的),这有很多优点.显然,线性变换的矩阵取决于基$\boldsymbol{e}_1,\cdots,\boldsymbol{e}_n$和$\boldsymbol{f}_1,\cdots,\boldsymbol{f}_m$.这里的情形与向量的坐标的情形相同.线性变换“就其本身而言”没有矩阵:为了将矩阵与变换相关联,必须在空间L和M中选取基.

使用第2.9节中定义的矩阵乘法,可以用更紧凑的形式写出公式(3.25).为此,我们引入以下记号:设$\boldsymbol{\alpha}$为行向量($(1,n)$型矩阵),具有坐标$\alpha_1,\cdots,\alpha_n$,设$\boldsymbol{\beta}$为行向量,具有坐标$\beta_1,\cdots,\beta_n$.类似地,设$[\boldsymbol{\alpha}]$为列向量($(n,1)$型矩阵),由相同的坐标$\alpha_1,\cdots,\alpha_n$构成,现在只竖直写出,设$[\boldsymbol{\beta}]$为列向量,由$\beta_1,\cdots,\beta_n$构成,即

$$[\boldsymbol{\alpha}]=\begin{pmatrix}\alpha_1\\ \vdots\\ \alpha_n\end{pmatrix},\quad [\boldsymbol{\beta}]=\begin{pmatrix}\beta_1\\ \vdots\\ \beta_n\end{pmatrix}$$

显然,$\boldsymbol{\alpha}$和$[\boldsymbol{\alpha}]$在转置运算下互换,即$\boldsymbol{\alpha}^*=[\boldsymbol{\alpha}]$,类似地,$\boldsymbol{\beta}^*=[\boldsymbol{\beta}]$.回顾一下矩阵乘法的定义,我们发现公式(3.25)有以下形式

$$[\boldsymbol{\beta}]=A[\boldsymbol{\alpha}]\text{ 或 }\boldsymbol{\beta}=\boldsymbol{\alpha}A^*\tag{3.27}$$

我们得到的公式表明,在选取基的情形中,线性变换由其矩阵唯一确定. 反之,以某种方式为向量空间 L 和 M 选取基,那么如果我们借助于任意矩阵 $A=(a_{ij})$ 的关系式(3.22) 和(3.23) 定义映射$\mathcal{A}$:L → M,容易验证$\mathcal{A}$将是线性变换. 因此,线性变换 L 到 M 构成的集合$\mathcal{L}$(L,M) 和(n,m) 型矩阵构成的集合之间存在一个双射. 空间 L 和 M 中的基的选取决定了这种对应关系. 在下一节中,我们将精确解释线性变换的矩阵如何取决于基的选取.

我们将用$\mathcal{L}$(L,M) 表示空间 L 到 M 的所有线性变换的空间. 该集合自身可以看作向量空间,如果对于$\mathcal{L}$(L,M) 中的映射$\mathcal{A}$和$\mathcal{B}$,我们根据以下公式定义向量和以及向量与标量 α 的乘积

$$(\mathcal{A}+\mathcal{B})(\boldsymbol{x})=\mathcal{A}(\boldsymbol{x})+\mathcal{B}(\boldsymbol{x})$$
$$(\alpha\,\mathcal{A})(\boldsymbol{x})=\alpha\,\mathcal{A}(\boldsymbol{x}) \tag{3.28}$$

容易检验,$\mathcal{A}+\mathcal{B}$和 $\alpha\,\mathcal{A}$也是 L 到 M 的线性变换,即,它们每个都满足条件(3.21),而我们定义的运算满足向量空间的条件(a)-(h). 空间$\mathcal{L}$(L,M) 的零向量是线性变换$\mathcal{O}$:L → M,由公式$\mathcal{O}(\boldsymbol{x})=\boldsymbol{0}$($\boldsymbol{x}\in$ L) 定义(在最后一个等式中,$\boldsymbol{0}$ 表示空间 M 的零向量). 它称为零变换.

存在一组基,假设形如(3.26) 的矩阵 A 对应于变换$\mathcal{A}$:L → M,而同类型的矩阵 B 对应于变换$\mathcal{B}$:L → M. 现在,我们来解释这些矩阵如何对应于由条件(3.28) 定义的变换$\mathcal{A}+\mathcal{B}$和 $\alpha\,\mathcal{A}$. 根据(3.23),我们有

$$\begin{aligned}(\mathcal{A}+\mathcal{B})\,\boldsymbol{e}_i&=a_{1i}\boldsymbol{f}_1+a_{2i}\boldsymbol{f}_2+\cdots+a_{mi}\boldsymbol{f}_m+b_{1i}\boldsymbol{f}_1+b_{2i}\boldsymbol{f}_2+\cdots+b_{mi}\boldsymbol{f}_m\\&=(a_{1i}+b_{1i})\,\boldsymbol{f}_1+(a_{2i}+b_{2i})\,\boldsymbol{f}_2+\cdots+(a_{mi}+b_{mi})\,\boldsymbol{f}_m\end{aligned}$$

因此,矩阵 $A+B$ 对应于变换$\mathcal{A}+\mathcal{B}$. 可以更简单地检验变换 $\alpha\,\mathcal{A}$对应于矩阵αA. 因此,我们再次看到,线性变换构成的集合$\mathcal{L}$(L,M) 或(m,n) 型矩阵构成的集合转换为向量空间.

总之,我们来考虑线性变换的映射的复合.

设 L,M,N 为向量空间,设$\mathcal{A}$:L → M 和$\mathcal{B}$:M → N 为线性变换. 我们注意到这是任意集合之间的映射的特例,根据一般的定义(见第 4 页),映射$\mathcal{B}$和$\mathcal{A}$的复合是映射$\mathcal{B}\mathcal{A}$:L → N,由以下公式给出

$$(\mathcal{B}\mathcal{A})(\boldsymbol{x})=\mathcal{B}(\mathcal{A}(\boldsymbol{x})) \tag{3.29}$$

对于所有 $\boldsymbol{x}\in$ L 都成立. 简单的验证表明,$\mathcal{B}\mathcal{A}$是一个线性变换:只需通过代入(3.29) 来验证$\mathcal{B}\mathcal{A}$是否满足所有关系式(3.21),如果它们对于$\mathcal{A}$和$\mathcal{B}$都是满足的. 特别地,在 L=M=N 的情形中,我们得出,从 L 到 L 的线性变换的复合也是从 L 到 L 的线性变换.

现在,我们假设在向量空间 L,M 和 N 中,我们选取了基$\boldsymbol{e}_1,\cdots,\boldsymbol{e}_n,\boldsymbol{f}_1,\cdots,$

$\boldsymbol{f}_m$ 和$\boldsymbol{g}_1,\cdots,\boldsymbol{g}_l$. 我们将用 A 表示在基$\boldsymbol{e}_1,\cdots,\boldsymbol{e}_n$ 和$\boldsymbol{f}_1,\cdots,\boldsymbol{f}_m$ 中的线性变换$\mathcal{A}$的矩阵，用$\mathcal{B}$表示在基$\boldsymbol{f}_1,\cdots,\boldsymbol{f}_m$ 和$\boldsymbol{g}_1,\cdots,\boldsymbol{g}_l$ 中的线性变换$\mathcal{B}$的矩阵，我们在基$\boldsymbol{e}_1,\cdots,\boldsymbol{e}_n$ 和$\boldsymbol{g}_1,\cdots,\boldsymbol{g}_l$ 中求线性变换$\mathcal{BA}$的矩阵. 为此，我们必须用(3.23)的公式将变换$\mathcal{A}$代换为变换$\mathcal{B}$的类似公式

$$\begin{cases}\mathcal{B}(\boldsymbol{f}_1)=b_{11}\boldsymbol{g}_1+b_{21}\boldsymbol{g}_2+\cdots+b_{l1}\boldsymbol{g}_l\\ \mathcal{B}(\boldsymbol{f}_2)=b_{12}\boldsymbol{g}_1+b_{22}\boldsymbol{g}_2+\cdots+b_{l2}\boldsymbol{g}_l\\ \quad\cdots\\ \mathcal{B}(\boldsymbol{f}_m)=b_{1m}\boldsymbol{g}_1+b_{2m}\boldsymbol{g}_2+\cdots+b_{lm}\boldsymbol{g}_l\end{cases}\tag{3.30}$$

公式(3.23)和(3.30)表示两个线性替换，其中向量起着变量的作用，而在其他方面，它们与我们之前研究的变量的线性代换(见第 68 页)没有什么不同. 因此，顺序应用这些替换的结果将与第 2.9 节中的结果相同，即矩阵 BA 的线性替换；也就是说，我们得到了关系式

$$(\mathcal{BA})(\boldsymbol{e}_i)=\sum_{j=1}^{l}c_{ij}\boldsymbol{g}_j,\quad i=1,\cdots,n$$

其中，变换$\mathcal{BA}$的矩阵 $C=(c_{ij})$ 是 BA. 因此，我们确定了线性变换的复合对应于其矩阵的乘法，以相同的顺序进行.

我们观察到，我们因此得到了在第 2.9 节中的矩阵乘法(公式(2.52))的结合性的更短更自然的证明. 事实上，集合的任意映射的复合的结合性是众所周知的(第 4 页)，并且考虑到线性变换与(在任意选定的基中的)矩阵之间已建立的联系，我们得到了矩阵乘积的结合性.

线性变换的加法和合成运算由以下关系式连接

$$\mathcal{A}(\mathcal{B}+\mathcal{C})=\mathcal{AB}+\mathcal{AC},\quad(\mathcal{A}+\mathcal{B})\mathcal{C}=\mathcal{AC}+\mathcal{BC}$$

称为分配性质. 为了证明这一点，可以使用上面定义的加法与复合的定义，以及实数和复数(或任何集合$\mathbb{K}$的元素，因为它由域的性质导出)的分配性的众所周知的性质，或者再次使用上述线性变换与矩阵之间建立的联系，从第 2.9 节中证明的关于矩阵的加法和乘法的分配性(公式(2.53))推导出线性变换的分配性.

3.4 坐标变换

我们已经看到，向量相对于基的坐标取决于我们在向量空间中选取的基. 我们还看到，向量空间的线性变换的矩阵取决于两个向量空间中的基的选取. 现在，我们将为向量和变换建立这种依赖关系的显式形式.

设$\boldsymbol{e}_1,\cdots,\boldsymbol{e}_n$ 为向量空间 L 的某组基. 根据推论 3.34，给定向量空间的一组

基由固定个数的向量构成，等于 dim L. 设$e'_1,\cdots,e'_n$为L的另一组基. 根据定义，每个向量 $x \in$ L 都是向量$e_1,\cdots,e_n$ 的线性组合，即它可以表示为

$$x=\alpha_1 e_1+\alpha_2 e_2+\cdots+\alpha_n e_n \tag{3.31}$$

具有系数α_i，它是 x 在基$e_1,\cdots,e_n$ 中的坐标. 类似地，我们有表示

$$x=\alpha'_1 e'_1+\alpha'_2 e'_2+\cdots+\alpha'_n e'_n \tag{3.32}$$

具有向量 x 在基$e'_1,\cdots,e'_n$中的坐标α'_i.

此外，这些向量$e'_1,\cdots,e'_n$中的每个自身都是向量$e_1,\cdots,e_n$ 的一个线性组合，即

$$\begin{cases} e'_1=c_{11} e_1+c_{21} e_2+\cdots+c_{n1} e_n \\ e'_2=c_{12} e_1+c_{22} e_2+\cdots+c_{n2} e_n \\ \quad\cdots \\ e'_n=c_{1n} e_1+c_{2n} e_2+\cdots+c_{nn} e_n \end{cases} \tag{3.33}$$

带有某些标量c_{ij}. 类似地，向量$e_1,\cdots,e_n$ 中的每个都是$e'_1,\cdots,e'_n$的一个线性组合，即存在标量c'_{ij}，使得

$$\begin{cases} e_1=c'_{11} e'_1+c'_{21} e'_2+\cdots+c'_{n1} e'_n \\ e_2=c'_{12} e'_1+c'_{22} e'_2+\cdots+c'_{n2} e'_n \\ \quad\cdots \\ e_n=c'_{1n} e'_1+c'_{2n} e'_2+\cdots+c'_{nn} e'_n \end{cases} \tag{3.34}$$

显然，公式(3.33) 和(3.34) 中的系数c_{ij} 和c'_{ij}构成的集合提供了空间 L 中关于基$e_1,\cdots,e_n$ 与$e'_1,\cdots,e'_n$之间的“相互关系”的完全相同的信息，因此，我们只需要知道这些集合中的一个(任何一个都可以). 以下将给出关于系数c_{ij} 与c'_{ij}之间的关系的更详细的信息. 但首先，我们将推导一个公式，该公式描述了向量 x 在基$e_1,\cdots,e_n$ 与$e'_1,\cdots,e'_n$中的坐标之间的关系. 为此，我们将把表达式(3.33) 代入(3.32) 中的向量e'_i. 合并要求的项，我们得到向量 x 作为$e_1,\cdots,e_n$ 线性组合的表达式

$$\begin{aligned} x&=\alpha'_1(c_{11} e_1+c_{21} e_2+\cdots+c_{n1} e_n)+\cdots+\alpha'_n(c_{1n} e_1+c_{2n} e_2+\cdots+c_{nn} e_n) \\ &=(\alpha'_1 c_{11}+\alpha'_2 c_{12}+\cdots+\alpha'_n c_{1n}) e_1+\cdots+(\alpha'_1 c_{n1}+\alpha'_2 c_{n2}+\cdots+\alpha'_n c_{nn}) e_n \end{aligned}$$

由于$e_1,\cdots,e_n$ 是向量空间 L 的一组基，并且该空间中的向量 x 的坐标为α_i(公式(3.31))，我们得到

$$\begin{cases} \alpha_1=c_{11} \alpha'_1+c_{12} \alpha'_2+\cdots+c_{1n} \alpha'_n \\ \alpha_2=c_{21} \alpha'_1+c_{22} \alpha'_2+\cdots+c_{2n} \alpha'_n \\ \quad\cdots \\ \alpha_n=c_{n1} \alpha'_1+c_{n2} \alpha'_2+\cdots+c_{nn} \alpha'_n \end{cases} \tag{3.35}$$

关系式(3.35)称为向量的坐标变换公式.该公式表示变量的线性变换,借助由系数c_{ij}构成的矩阵C,但顺序不同于(3.33)中的顺序.特别地,C是(3.33)的系数的矩阵的转置.矩阵C称为从基$\boldsymbol{e}'_1,\cdots,\boldsymbol{e}'_n$到基$\boldsymbol{e}_1,\cdots,\boldsymbol{e}_n$的转移矩阵,因为借助于它,向量在基$\boldsymbol{e}_1,\cdots,\boldsymbol{e}_n$中的坐标用其在基$\boldsymbol{e}'_1,\cdots,\boldsymbol{e}'_n$中的坐标表示.

利用矩阵的乘积法则,可以将坐标变换公式写成更紧凑的形式.为此,我们将使用上一节中的记号:$\boldsymbol{\alpha}$是由坐标$\alpha_1,\cdots,\alpha_n$构成的行向量,$[\boldsymbol{\alpha}]$是由相同坐标构成的列向量.牢记矩阵乘法的定义(第2.9节),我们看到公式(3.35)可取形式

$$[\boldsymbol{\alpha}]=C[\boldsymbol{\alpha}'] \text{ 或 } \boldsymbol{\alpha}=\boldsymbol{\alpha}'C^* \tag{3.36}$$

备注3.57 不难看出,变换坐标的公式与线性变换的公式非常相似.更确切地说,关系式(3.35)和(3.36)是(3.25)和(3.27)在$m=n$时的特例,例如,如果向量空间M与L相等.这使得可以将向量空间L的变换坐标(即变换基)解释为线性变换$\mathcal{A}:\mathrm{L}\to\mathrm{L}$.

类似地,如果我们把向量$\boldsymbol{e}_i$的表达式(3.34)代入(3.31),我们得到类似于(3.35)的关系式

$$\begin{cases}\alpha'_1=c'_{11}\alpha_1+c'_{12}\alpha_2+\cdots+c'_{1n}\alpha_n\\ \alpha'_2=c'_{21}\alpha_1+c'_{22}\alpha_2+\cdots+c'_{2n}\alpha_n\\ \cdots\\ \alpha'_n=c'_{n1}\alpha_1+c'_{n2}\alpha_2+\cdots+c'_{nn}\alpha_n\end{cases} \tag{3.37}$$

公式(3.37)也称为向量的坐标的代换公式.它表示变量的线性代换(具有矩阵C'),它是由(3.34)中的系数c'_{ij}构成的矩阵的转置.矩阵C'称为从基$\boldsymbol{e}_1,\cdots,\boldsymbol{e}_n$到基$\boldsymbol{e}'_1,\cdots,\boldsymbol{e}'_n$的转移矩阵.用矩阵形式,公式(3.37)可取以下形式

$$[\boldsymbol{\alpha}']=C'[\boldsymbol{\alpha}] \text{ 或 } \boldsymbol{\alpha}'=\boldsymbol{\alpha}C'^* \tag{3.38}$$

利用公式(3.36)和(3.38),容易建立C与C'之间的联系.

引理3.58 向量空间的任意两组基之间的转移矩阵C和C'是非奇异的,并且彼此互为逆矩阵.即$C'=C^{-1}$.

证明:将表达式$[\boldsymbol{\alpha}']=C'[\boldsymbol{\alpha}]$代入$[\boldsymbol{\alpha}]=C[\boldsymbol{\alpha}']$,考虑到矩阵乘法的结合性,我们得到等式$[\boldsymbol{\alpha}]=(CC')[\boldsymbol{\alpha}]$.该等式对于给定长为$n$的所有列向量$[\boldsymbol{\alpha}]$都成立,因此,右边的矩阵$CC'$是单位矩阵.事实上,用等价形式$(CC'-E)[\boldsymbol{\alpha}]=\mathbf{0}$重写这个等式,显然,如果矩阵$CC'-E$包含至少一个非零元素,那么存在一个列向量$[\boldsymbol{\alpha}]$,使得$(CC'-E)[\boldsymbol{\alpha}]\neq\mathbf{0}$.因此,我们得出$CC'=E$,由此,根据逆矩阵的定义(见第2.10节),可以得出$C'=C^{-1}$. □

现在,我们将解释线性变换的矩阵如何取决于基的选取.假设在向量空间 L 和 M 的基$\boldsymbol{e}_1,\cdots,\boldsymbol{e}_n$ 和$\boldsymbol{f}_1,\cdots,\boldsymbol{f}_m$ 中,变换$\mathcal{A}$:L → M 有矩阵 A,向量 $\boldsymbol{x}$ 的坐标记作α_i,向量$\mathcal{A}(\boldsymbol{x})$ 的坐标记作β_j. 类似地,在这些向量空间的基$\boldsymbol{e}'_1,\cdots,\boldsymbol{e}'_n$和$\boldsymbol{f}'_1,\cdots,\boldsymbol{f}'_m$中,同一变换$\mathcal{A}$:L → M 有矩阵$A'$,向量 $\boldsymbol{x}$ 的坐标记作α'_i,向量$\mathcal{A}(\boldsymbol{x})$的坐标记作$\beta'_j$.

设 C 为从基$\boldsymbol{e}'_1,\cdots,\boldsymbol{e}'_n$到基$\boldsymbol{e}_1,\cdots,\boldsymbol{e}_n$ 的转移矩阵,它是一个 n 阶非奇异矩阵,而 D 是从基$\boldsymbol{f}'_1,\cdots,\boldsymbol{f}'_m$到基$\boldsymbol{f}_1,\cdots,\boldsymbol{f}_m$ 的转移矩阵,它是一个 m 阶非奇异矩阵(在此,n 和 m 是向量空间 L 和 M 的维数). 那么根据坐标变换公式(3.38),我们得到

$$[\boldsymbol{\alpha}'] = C^{-1}[\boldsymbol{\alpha}], \quad [\boldsymbol{\beta}'] = D^{-1}[\boldsymbol{\beta}]$$

线性变换的公式(3.27) 给出了等式

$$[\boldsymbol{\beta}] = A[\boldsymbol{\alpha}], \quad [\boldsymbol{\beta}'] = A'[\boldsymbol{\alpha}']$$

我们在等式$[\boldsymbol{\beta}'] = D^{-1}[\boldsymbol{\beta}]$ 的右边代入表达式$[\boldsymbol{\beta}] = A[\boldsymbol{\alpha}]$,在左边代入表达式$[\boldsymbol{\beta}'] = A'[\boldsymbol{\alpha}'] = A'C^{-1}[\boldsymbol{\alpha}]$,由此,我们得到了关系式

$$A'C^{-1}[\boldsymbol{\alpha}] = D^{-1}A[\boldsymbol{\alpha}] \tag{3.39}$$

这一论点对于任意向量 $\boldsymbol{x} \in$ L 都成立,因此,等式(3.39) 对于长为 n 的任意列向量$[\boldsymbol{\alpha}]$ 都成立. 显然,这是可能的,当且仅当我们有等式

$$A'C^{-1} = D^{-1}A \tag{3.40}$$

事实上,两个矩阵$A'C^{-1}$ 和$D^{-1}A$ 都是(m,n) 型的,如果它们不相等,那么至少存在一行(下标 i 在 1 到 n 之间) 和一列(下标 j 在 1 到 m 之间),使得矩阵$A'C^{-1}$与$D^{-1}A$ 的第 i 行第 j 列的元素不相同. 但是,可以容易发现不满足等式(3.39) 的列向量$[\boldsymbol{\alpha}]$. 例如,设其元素α_j 等于 1,设其余元素为零.

我们注意到,我们可以通过把从一组基到另一组基的变换看作向量空间的线性变换乘以转移矩阵来得到公式(3.40)(见上述备注 3.57). 事实上,在这种情形中,我们得到了以下的图,其中每个箭头表示列向量与其旁边的矩阵相乘.

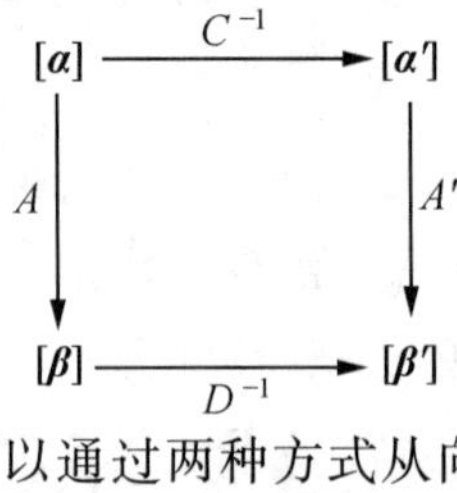

根据矩阵乘法的定义,我们可以通过两种方式从向量$[\boldsymbol{\alpha}]$ 得到位于图的对角位置的向量$[\boldsymbol{\beta}']$:与矩阵$A'C^{-1}$ 相乘和与矩阵$D^{-1}A$ 相乘. 这两种方式应当给出相同的结果(在这种情形中,我们称该图是可交换的,这等价于等式(3.40)).

我们可以将(3.40)的两边右乘矩阵 C,得到

$$A' = D^{-1}AC \tag{3.41}$$

这称为线性变换的矩阵变换公式.

在向量空间L和M的维数 n 和 m 相等的情形中,矩阵 A 和 A' 都是方阵(阶 $n=m$),对于此类矩阵,我们有行列式的概念. 那么根据定理 2.54,从公式(3.41)中得出以下关系式

$$|A'| = |D^{-1}| \cdot |A| \cdot |C| = |D|^{-1} \cdot |A| \cdot |C| \tag{3.42}$$

由于 C 和 D 是转移矩阵,它们是非奇异的,因此,行列式 $|A'|$ 通过 $|A|$ 与数 $|D|^{-1}|C| \neq 0$ 相乘得到而与 $|A|$ 不同. 这表明,如果存在一组基的选取,使得相同维数的空间的线性变换的矩阵是非奇异的,那么对于这些空间的任意其他基的选取,它们都是非奇异的. 因此,我们可以做出以下定义.

定义 3.59 相同维数的空间的线性变换称为非奇异的,如果其矩阵(用两个空间的基的相同的选取表示)是非奇异的.

存在一个特例,对于各种应用来说,这是最重要的,我们将在第4章和第5章专门讨论这一情形,其中空间L和M相等(即,$\mathcal{A}$是向量空间到自身的线性变换,因此 $n=m$),基 $\boldsymbol{e}_1, \cdots, \boldsymbol{e}_n$ 与基 $\boldsymbol{f}_1, \cdots, \boldsymbol{f}_m$ 相同,基 $\boldsymbol{e}'_1, \cdots, \boldsymbol{e}'_n$ 与 $\boldsymbol{f}'_1, \cdots, \boldsymbol{f}'_m$ 相同,因此,在这种情形中,$D=C$,矩阵变换公式(3.41)转换为

$$A' = C^{-1}AC \tag{3.43}$$

等式(3.42)取得非常简单的形式 $|A'| = |A|$. 这说明,尽管向量空间L到自身的线性变换的矩阵取决于基的选取,其行列式不取决于基的选取. 这种情况通常表述为行列式在向量空间到自身的线性变换下是不变的. 在这种情形中,我们可以给出以下定义.

定义 3.60 向量空间L到自身的线性变换 $\mathcal{A}: \mathrm{L} \to \mathrm{L}$ 的行列式(记作 $|\mathcal{A}|$)是其矩阵 A(用空间L的任意一组基表示)的行列式,即 $|\mathcal{A}| = |A|$.

3.5 向量空间的同构

在本节中,我们将研究线性变换 $\mathcal{A}: \mathrm{L} \to \mathrm{M}$ 是双射的情形. 首先,我们观察到,如果$\mathcal{A}$是从L到M的双射线性变换,那么像任意双射(不一定是线性的)一样,它有一个逆映射 $\mathcal{A}^{-1}: \mathrm{M} \to \mathrm{L}$ 显然,$\mathcal{A}^{-1}$ 也是从M到L的线性变换. 事实上,如果对于向量 $\boldsymbol{y}_1 \in \mathrm{M}$,存在唯一的向量 $\boldsymbol{x}_1 \in \mathrm{L}$,使得 $\mathcal{A}(\boldsymbol{x}_1) = \boldsymbol{y}_1$,对于 $\boldsymbol{y}_2 \in \mathrm{M}$,存在一个类似的向量 $\boldsymbol{x}_2 \in \mathrm{L}$,使得 $\mathcal{A}(\boldsymbol{x}_1 + \boldsymbol{x}_2) = \boldsymbol{y}_1 + \boldsymbol{y}_2$,那么根据逆映射的定义,我们得到线性变换的定义中的第一个条件(3.21):

$$\mathcal{A}^{-1}(\boldsymbol{y}_1+\boldsymbol{y}_2)=\boldsymbol{x}_1+\boldsymbol{x}_2=\mathcal{A}^{-1}(\boldsymbol{y}_1)+\mathcal{A}^{-1}(\boldsymbol{y}_2)$$

类似地,但更简单地,我们可以验证(3.21)的第二个条件,即对于任意向量 $\boldsymbol{y}\in$ M 和标量 α,都有 $\mathcal{A}^{-1}(\alpha\boldsymbol{y})=\alpha\,\mathcal{A}^{-1}(\boldsymbol{y})$.

定义 3.61 如果向量空间 L 和 M 之间存在双射线性变换 $\mathcal{A}$,那么这两个向量空间称为同构的,变换 $\mathcal{A}$ 自身称为一个同构. 向量空间 L 和 M 同构的事实记作 $L\simeq M$. 如果我们想要指定某个变换 $\mathcal{A}$:L → M 得到同构,那么我们写作 $\mathcal{A}$:L $\risingdotseq$ M.

同构的性质定义了所有向量空间构成的集合上的一个等价关系(见第 2 页的定义). 为了证明这一点,我们需要验证三个性质:自反性、对称性和传递性. 自反性是显然的:我们只需考虑恒等映射 $\mathcal{E}$:L $\risingdotseq$ L. 对称性也是显然的:如果 $\mathcal{A}$:L $\risingdotseq$ M,那么逆变换 $\mathcal{A}^{-1}$ 也是一个同构,即 $\mathcal{A}^{-1}$:M $\risingdotseq$ L. 最后,如果 $\mathcal{A}$:L $\risingdotseq$ M 且 $\mathcal{B}$:M $\risingdotseq$ N, 那么,容易验证,变换 $\mathcal{C}=\mathcal{B}\mathcal{A}$ 也是一个同构,即 $\mathcal{C}$:L $\risingdotseq$ N,这就建立了传递性. 因此,所有向量空间构成的集合可以表示为向量空间的等价类构成的集合,其元素是相互同构的.

例 3.62 在域 $\mathbb{K}$ 上的向量空间 L 中,选取了基 $\boldsymbol{e}_1,\cdots,\boldsymbol{e}_n$,赋值向量 $\boldsymbol{x}\in$ L 在这组基中的由其坐标构成的行这一操作在 L 与行空间 $\mathbb{K}^n$ 之间建立了一个同构. 类似地,行用列的形式表示的元素在行空间与列空间之间给出了一个同构(行和列包含相同个数的元素). 这解释了为什么我们使用单个符号来表示这些空间.

例 3.63 通过在 n 维和 m 维空间 L 和 M 中的基 $\boldsymbol{e}_1,\cdots,\boldsymbol{e}_n$ 和 $\boldsymbol{f}_1,\cdots,\boldsymbol{f}_m$ 的选取,我们为每个线性变换 $\mathcal{A}$:L → M 赋值其矩阵 A,因此,我们在空间 $\mathcal{L}$(L,M) 与 (m,n) 型矩阵的空间之间建立了一个同构.

定理 3.64 两个有限维向量空间 L 和 M 是同构的,当且仅当 dim L = dim M.

证明:给定有限维数的所有向量空间均同构. 这容易从以下事实得出:有限维数 n 的每个向量空间 L 同构于长为 n 的行或列的空间 $\mathbb{K}^n$(例 3.62). 事实上,设 L 和 M 为两个维数为 n 的向量空间. 那么 L $\risingdotseq\mathbb{K}^n$ 且 M $\risingdotseq\mathbb{K}^n$,根据传递性和对称性,我们由此得到 L $\risingdotseq$ M.

现在,我们来证明,同构向量空间 L 和 M 有相同的维数. 我们假设 $\mathcal{A}$:L $\risingdotseq$ M 是一个同构. 我们用 $\boldsymbol{0}\in$ L 和 $\boldsymbol{0}'\in$ M 表示空间 L 和 M 中的零向量. 回想一下,根据我们在第 103 页证明的线性变换的性质,有 $\mathcal{A}(\boldsymbol{0})=\boldsymbol{0}'$. 设 dim M $=m$,我们在 M 中选取某组基 $\boldsymbol{f}_1,\cdots,\boldsymbol{f}_m$. 根据向量空间 L 的同构的定义,存在向量 $\boldsymbol{e}_1,\cdots,\boldsymbol{e}_m$ 使得 $\boldsymbol{f}_i=\mathcal{A}(\boldsymbol{e}_i)(i=1,\cdots,m)$. 我们将证明向量 $\boldsymbol{e}_1,\cdots,\boldsymbol{e}_m$ 构成空间 L 的

一组基,从中可以得出 $\dim \mathrm{L}=m$,从而完成定理的证明.

首先,我们来证明这些向量是线性无关的. 事实上,如果$\boldsymbol{e}_1,\cdots,\boldsymbol{e}_m$ 是线性相关的,那么存在标量$\alpha_1,\cdots,\alpha_m$ 并非全部等于零,使得

$$\alpha_1 \boldsymbol{e}_1+\alpha_2 \boldsymbol{e}_2+\cdots+\alpha_m \boldsymbol{e}_m=\mathbf{0}$$

但在将线性变换$\mathcal{A}$应用于该关系式的两边后,考虑到等式$\mathcal{A}(\mathbf{0})=\mathbf{0}'$,我们将得到

$$\alpha_1 \boldsymbol{f}_1+\alpha_2 \boldsymbol{f}_2+\cdots+\alpha_m \boldsymbol{f}_m=\mathbf{0}'$$

由此得到$\alpha_1=0,\cdots,\alpha_m=0$,因为根据假设,向量$\boldsymbol{f}_1,\cdots,\boldsymbol{f}_m$ 是线性无关的.

现在,我们来证明每个向量 $\boldsymbol{x}\in \mathrm{L}$ 都是向量$\boldsymbol{e}_1,\cdots,\boldsymbol{e}_m$ 的线性组合. 我们设$\mathcal{A}(\boldsymbol{x})=\boldsymbol{y}$, 并将 $\boldsymbol{y}$ 表示为

$$\boldsymbol{y}=\alpha_1 \boldsymbol{f}_1+\alpha_2 \boldsymbol{f}_2+\cdots+\alpha_m \boldsymbol{f}_m$$

将线性变换$\mathcal{A}^{-1}$应用于该等式的两边,我们得到

$$\boldsymbol{x}=\alpha_1 \boldsymbol{e}_1+\alpha_2 \boldsymbol{e}_2+\cdots+\alpha_m \boldsymbol{e}_m$$

如要求的那样. 因此,我们证明了向量$\boldsymbol{e}_1,\cdots,\boldsymbol{e}_m$ 构成向量空间 L 的一组基. □

例 3.65 假设我们给定一个由 m 个齐次线性方程构成的方程组,其中有 n 个未知数$\boldsymbol{x}_1,\cdots,\boldsymbol{x}_n$ 和域$\mathbb{K}$中的系数. 正如我们在例 3.8(第 86 页) 中看到的,其解构成了长为 n 的行的空间$\mathbb{K}^n$ 的子空间 L. 由于我们知道空间$\mathbb{K}^n$ 的维数为 n,因此可以得出 $\dim \mathrm{L}'\leqslant n$. 我们来确定这个维度. 为此,利用定理 1.15,我们将我们的方程组化为阶梯形(1.18). 由于原方程组的方程是齐次的,因此在方程组(1.18) 中,所有方程也都是齐次的,即所有常数项$\bar{b}_i$ 都等于 0. 设 r 为主未知数的个数,因此$(n-r)$ 是自由未知数的个数. 如定理 1.15 的证明所示,我们将通过为自由未知数指定任意值,然后从前 r 个方程中确定主未知数来得到方程组的所有解. 也就是说,如果$(x_1,\cdots,x_n)$ 是某个解,那么将其与自由未知数$(x_{i_1},\cdots,x_{i_{n-r}})$ 的值的行进行比较,我们就得到了方程组的解集与长为 $n-r$ 的行之间的一个双射. 显然的验证表明,这种关系是空间$\mathbb{K}^{n-r}$ 和L' 的一个同构. 由于$\dim \mathbb{K}^{n-r}=n-r$, 那么根据定理 3.64,空间$\mathrm{L}'$ 的维数也等于 $n-r$. 最后,我们观察到,数 r 等于方程组的矩阵的秩(见第 2.8 节). 因此,我们得到了以下结果:齐次线性方程组的解空间有维数 $n-r$,其中 n 是未知数的个数,r 是方程组的矩阵的秩.

设$\mathcal{A}$:L $\simeq$ M 是维数为 n 的向量空间 L 和 M 的一个同构,设$\boldsymbol{e}_1,\cdots,\boldsymbol{e}_n$ 为 L 的一组基. 那么向量$\mathcal{A}(\boldsymbol{e}_1),\cdots,\mathcal{A}(\boldsymbol{e}_n)$ 是线性无关的. 事实上,如果不是这样,我们就有等式

$$\alpha_1 \mathcal{A}(\boldsymbol{e}_1)+\cdots+\alpha_n \mathcal{A}(\boldsymbol{e}_n)=\mathcal{A}(\alpha_1 \boldsymbol{e}_1+\cdots+\alpha_n \boldsymbol{e}_n)=\mathbf{0}'$$

由此，根据性质$\mathcal{A}(\mathbf{0})=\mathbf{0}'$和$\mathcal{A}$是双射这一事实，我们得到了关系式$\alpha_1\boldsymbol{e}_1+\cdots+\alpha_n\boldsymbol{e}_n=\mathbf{0}$，这与基的定义相矛盾. 因此，向量$\mathcal{A}(\boldsymbol{e}_1),\cdots,\mathcal{A}(\boldsymbol{e}_n)$构成向量空间M的一组基. 容易看出，在这些基中，变换$\mathcal{A}$的矩阵是n阶单位矩阵，任意向量$\boldsymbol{x}\in\mathrm{L}$的在基$\boldsymbol{e}_1,\cdots,\boldsymbol{e}_n$中的坐标与向量$\mathcal{A}(\boldsymbol{x})$在基$\mathcal{A}(\boldsymbol{e}_1),\cdots,\mathcal{A}(\boldsymbol{e}_n)$中的坐标相同. 因此，变换$\mathcal{A}$是非奇异的.

类似的论点容易建立一个相反的事实，即相同维数的向量空间的任意非奇异线性变换$\mathcal{A}:\mathrm{L}\to\mathrm{M}$是一个同构.

备注3.66 定理3.64表明，对于给定维度的所有空间，根据出现在向量空间的定义的概念所表述的所有结论都是等价的. 换句话说，对于给定的n，存在单个的、唯一的n维向量空间的理论. 在Lobachevsky的Euclid几何和非Euclid几何中可以找到一个相反情形的例子. 众所周知，如果我们接受Euclid的所有公理，除了“平行公设”(所谓的绝对几何)，那么存在两种完全不同的几何，它们满足这些公理：Euclid公理和Lobachevsky公理. 对于向量空间，不会出现这种情况.

在线性变换$\mathcal{A}:\mathrm{L}\to\mathrm{M}$下的同构的定义由两部分构成. 第一个断言是对于任意向量$\boldsymbol{y}\in\mathrm{M}$，存在一个向量$\boldsymbol{x}\in\mathrm{L}$使得$\mathcal{A}(\boldsymbol{x})=\boldsymbol{y}$，即像$\mathcal{A}(\mathrm{L})$与整个空间M相等. 第二个条件是等式$\mathcal{A}(\boldsymbol{x}_1)=\mathcal{A}(\boldsymbol{x}_2)$仅当$\boldsymbol{x}_1=\boldsymbol{x}_2$时成立. 由于$\mathcal{A}$是线性变换，那么为了满足后一个条件，等式$\mathcal{A}(\boldsymbol{x})=\mathbf{0}'$蕴涵$\boldsymbol{x}=\mathbf{0}$是必要的. 这引出了以下定义.

定义3.67 使得$\mathcal{A}(\boldsymbol{x})=\mathbf{0}'$的空间L中的向量构成的集合称为线性变换$\mathcal{A}$的核[①]. 换句话说，核是在映射$\mathcal{A}$下的零向量的原像.

显然，线性变换$\mathcal{A}:\mathrm{L}\to\mathrm{M}$的核是L的子空间，其像$\mathcal{A}(\mathrm{L})$是M的子空间.

因此，为了满足双射的定义中的第二个条件，核$\mathcal{A}$必须仅由零向量构成. 但这个条件也是充分的. 事实上，如果当向量$\boldsymbol{x}_1\neq\boldsymbol{x}_2$时，满足条件$\mathcal{A}(\boldsymbol{x}_1)=\mathcal{A}(\boldsymbol{x}_2)$，那么从等式的一边减去等式的另一边，并应用变换$\mathcal{A}$的线性，我们得到$\mathcal{A}(\boldsymbol{x}_1-\boldsymbol{x}_2)=\mathbf{0}'$，即向量$\boldsymbol{x}_1-\boldsymbol{x}_2$在$\mathcal{A}$的核中. 因此，线性变换$\mathcal{A}:\mathrm{L}\to\mathrm{M}$是一个同构，当且仅当其像与整个M相等，且其核等于$(\mathbf{0})$. 现在，我们将证明，如果$\mathcal{A}$是相同的有限维空间的线性变换，如果满足这两个条件中的一个或另一个，那么会得到一个同构.

---

① 英译者注：读者可能遇到的核的另一个名称是零空间(因为核是映射到零向量的所有向量的空间).

定理 3.68 如果$\mathcal{A}$:L → M 是相同的有限维向量空间的线性变换,且$\mathcal{A}$的核等于(**0**),那么$\mathcal{A}$是一个同构.

证明:设 dim L = dim M = n. 我们考虑向量空间 L 的一组特定的基$\boldsymbol{e}_1,\cdots,\boldsymbol{e}_n$. 变换$\mathcal{A}$将每个向量$\boldsymbol{e}_i$映射到空间 M 的某个向量$\boldsymbol{f}_i=\mathcal{A}(\boldsymbol{e}_i)$. 那么向量$\boldsymbol{f}_1,\cdots,\boldsymbol{f}_n$是线性无关的,即它们构成空间 M 的一组基. 事实上,从变换$\mathcal{A}$的线性来看,对于任意标量$\alpha_1,\cdots,\alpha_n$,我们都有等式

$$\mathcal{A}(\alpha_1\boldsymbol{e}_1+\cdots+\alpha_n\boldsymbol{e}_n)=\alpha_1\boldsymbol{f}_1+\cdots+\alpha_n\boldsymbol{f}_n \tag{3.44}$$

如果存在标量$\alpha_1,\cdots,\alpha_n$,使得$\alpha_1\boldsymbol{f}_1+\cdots+\alpha_n\boldsymbol{f}_n=\boldsymbol{0}'$,那么从$\mathcal{A}$的核等于(**0**)的条件出发,我们将得到$\alpha_1\boldsymbol{e}_1+\cdots+\alpha_n\boldsymbol{e}_n=\boldsymbol{0}$,由此得出,根据基的定义,所有标量$\alpha_i$都等于零. 关系式(3.44)还表明,变换$\mathcal{A}$把在基$\boldsymbol{e}_1,\cdots,\boldsymbol{e}_n$中具有坐标$(\alpha_1,\cdots,\alpha_n)$的每个向量$\boldsymbol{x}\in$ L 映射到在对应基$\boldsymbol{f}_1,\cdots,\boldsymbol{f}_n$中具有相同坐标的向量 M(在此类基中变换$\mathcal{A}$的矩阵是 n 阶单位矩阵).

根据同构的定义,只需证明对于任意向量 $\boldsymbol{y}\in$ M,存在一个向量 $\boldsymbol{x}\in$ L,使得$\mathcal{A}(\boldsymbol{x})=\boldsymbol{y}$. 由于向量$\boldsymbol{f}_1,\cdots,\boldsymbol{f}_n$构成空间 M 的一组基,因此 $\boldsymbol{y}$ 可以表示为这些向量(具有某组系数$(\alpha_1,\cdots,\alpha_n)$)的线性组合,由此,根据$\mathcal{A}$的线性,可以得出

$$\boldsymbol{y}=\alpha_1\boldsymbol{f}_1+\cdots+\alpha_n\boldsymbol{f}_n=\mathcal{A}(\alpha_1\boldsymbol{e}_1+\cdots+\alpha_n\boldsymbol{e}_n)=\mathcal{A}(\boldsymbol{x})$$

其中向量 $\boldsymbol{x}=\alpha_1\boldsymbol{e}_1+\cdots+\alpha_n\boldsymbol{e}_n$,这就完成了定理的证明. □

定理 3.69 如果$\mathcal{A}$:L → M 是相同的有限维向量空间的线性变换,$\mathcal{A}$(L)的像等于 M,那么$\mathcal{A}$是一个同构.

证明:设$\boldsymbol{f}_1,\cdots,\boldsymbol{f}_n$为向量空间 M 的一组基. 根据定理的条件,对于每个$\boldsymbol{f}_i$,都存在一个向量$\boldsymbol{e}_i\in$ L,使得$\boldsymbol{f}_i=\mathcal{A}(\boldsymbol{e}_i)$. 我们将证明向量$\boldsymbol{e}_1,\cdots,\boldsymbol{e}_n$是线性无关的,因此构成L的一组基. 事实上,如果存在一组标量$\alpha_1,\cdots,\alpha_n$使得$\alpha_1\boldsymbol{e}_1+\cdots+\alpha_n\boldsymbol{e}_n=\boldsymbol{0}$,那么根据$\mathcal{A}(\boldsymbol{0})=\boldsymbol{0}'$和$\mathcal{A}$的线性,我们将得到等式

$$\mathcal{A}(\alpha_1\boldsymbol{e}_1+\cdots+\alpha_n\boldsymbol{e}_n)=\alpha_1\mathcal{A}(\boldsymbol{e}_1)+\cdots+\alpha_n\mathcal{A}(\boldsymbol{e}_n)=\alpha_1\boldsymbol{f}_1+\cdots+\alpha_n\boldsymbol{f}_n=\boldsymbol{0}'$$

由此,根据基的定义,$\alpha_i=0$. 即向量$\boldsymbol{e}_1,\cdots,\boldsymbol{e}_n$确实构成了空间 L 的一组基.

根据基的定义,任意向量 $\boldsymbol{x}\in$ L 可以写成 $\boldsymbol{x}=\alpha_1\boldsymbol{e}_1+\cdots+\alpha_n\boldsymbol{e}_n$. 由此,我们得到

$$\mathcal{A}(\boldsymbol{x})=\mathcal{A}(\alpha_1\boldsymbol{e}_1+\cdots+\alpha_n\boldsymbol{e}_n)=\alpha_1\mathcal{A}(\boldsymbol{e}_1)+\cdots+\alpha_n\mathcal{A}(\boldsymbol{e}_n)=\alpha_1\boldsymbol{f}_1+\cdots+\alpha_n\boldsymbol{f}_n$$

如果$\mathcal{A}(\boldsymbol{x})=\boldsymbol{0}'$,那么我们有$\alpha_1\boldsymbol{f}_1+\cdots+\alpha_n\boldsymbol{f}_n=\boldsymbol{0}'$,这仅当所有$\alpha_i$都等于0时才成立,因为向量$\boldsymbol{f}_1,\cdots,\boldsymbol{f}_n$构成空间 M 的一组基. 那么显然,向量 $\boldsymbol{x}=\alpha_1\boldsymbol{e}_1+\cdots+\alpha_n\boldsymbol{e}_n$ 等于 **0**. 因此,变换$\mathcal{A}$的核仅由零向量构成,根据定理 3.68,$\mathcal{A}$是一个同构.

□

不难看出,以上证明的定理给出了以下结果.

定理 3.70 相同的有限维向量空间之间的线性变换$\mathcal{A}:\mathrm{L}\to\mathrm{M}$是一个同构，当且仅当它是非奇异的.

换句话说，定理 3.70 断言，对于相同的有限维空间，非奇异变换的概念与同构的概念相同.

通过定理 3.68 的证明，我们还建立了一个重要事实：相同的有限维向量空间的非奇异线性变换$\mathcal{A}:\mathrm{L}\to\mathrm{M}$把空间 L 的基$\boldsymbol{e}_1,\cdots,\boldsymbol{e}_n$映射到空间 M 的基$\boldsymbol{f}_1,\cdots,\boldsymbol{f}_n$，在第一组基中具有坐标$(\alpha_1,\cdots,\alpha_n)$的每个向量$\boldsymbol{x}\in\mathrm{L}$映射到相对于第二组基具有相同坐标的向量$\mathcal{A}(\boldsymbol{x})\in\mathrm{M}$. 这显然遵循公式(3.44).

因此，可以定义非奇异变换$\mathcal{A}:\mathrm{L}\to\mathrm{M}$，通过说明它把空间 L 的特定的基$\boldsymbol{e}_1,\cdots,\boldsymbol{e}_n$映射到空间 M 的基$\boldsymbol{f}_1,\cdots,\boldsymbol{f}_n$，把关于基$\boldsymbol{e}_1,\cdots,\boldsymbol{e}_n$具有坐标$(\alpha_1,\cdots,\alpha_n)$的任意向量$\boldsymbol{x}\in\mathrm{L}$映射到关于基$\boldsymbol{f}_1,\cdots,\boldsymbol{f}_n$具有相同的坐标的 M 的向量. 稍后，当我们研究某些特殊子集$X\subset\mathrm{L}$(主要是二次曲面)时，我们将在$\mathrm{L}=\mathrm{M}$的情形中使用此方法. 其基本思想是使用某种非奇异映射$\mathcal{A}:\mathrm{L}\to\mathrm{L}$将子集$X$和$Y$映射到彼此(即$Y=\mathcal{A}(X)$)，当且仅当存在向量空间 L 的两组基$\boldsymbol{e}_1,\cdots,\boldsymbol{e}_n$和$\boldsymbol{f}_1,\cdots,\boldsymbol{f}_n$，使得在相对于基$\boldsymbol{e}_1,\cdots,\boldsymbol{e}_n$的坐标中属于子集$X$的向量$\boldsymbol{x}$的条件与在相对于基$\boldsymbol{f}_1,\cdots,\boldsymbol{f}_n$的坐标中属于$Y$的相同向量的条件相同.

最后，我们再次回到在第 1.2 节证明的定理 1.12 和推论 1.13(Fredholm 择一性；见第 21 页). 这个定理和推论现在是完全显然的，是作为更一般结果的平凡结果得到的.

事实上，正如我们在第 2.9 节中看到的，n个未知量、n个线性方程的方程组可以写成矩阵形式$A[\boldsymbol{x}]=[\boldsymbol{b}]$，其中$A$是$n$阶方阵，$[\boldsymbol{x}]$是由未知数$x_1,\cdots,x_n$构成的列向量，$[\boldsymbol{b}]$是由常数$b_1,\cdots,b_n$构成的列向量. 设$\mathcal{A}:\mathrm{L}\to\mathrm{M}$为相同维数$n$的向量空间之间的线性变换，存在基$\boldsymbol{e}_1,\cdots,\boldsymbol{e}_n$和$\boldsymbol{f}_1,\cdots,\boldsymbol{f}_n$，使得有矩阵$A$. 设$\boldsymbol{b}\in\mathrm{M}$为一个向量，其在基$\boldsymbol{f}_1,\cdots,\boldsymbol{f}_n$中的坐标等于$b_1,\cdots,b_n$. 那么我们可以将线性方程组$A[\boldsymbol{x}]=[\boldsymbol{b}]$看作方程

$$\mathcal{A}(\boldsymbol{x})=\boldsymbol{b} \tag{3.45}$$

具有未知向量$\boldsymbol{x}\in\mathrm{L}$，其在基$\boldsymbol{e}_1,\cdots,\boldsymbol{e}_n$中的坐标给出了该方程组的解$(x_1,\cdots,x_n)$.

我们有以下显然的选择：线性变换$\mathcal{A}:\mathrm{L}\to\mathrm{M}$是同构，要不然它不是. 根据定理 3.70，第一种情形等价于映射$\mathcal{A}$是非奇异的. 那么$\mathcal{A}$的核等于$(\boldsymbol{0})$，我们得到像$\mathcal{A}(\mathrm{L})=\mathrm{M}$. 因此，对于任意向量$\boldsymbol{b}\in\mathrm{M}$，存在(事实上，它是唯一的)向量$\boldsymbol{x}\in\mathrm{L}$，使得$\mathcal{A}(\boldsymbol{x})=\boldsymbol{b}$，即方程(3.45)是可解的. 特别地，由此我们得到了定理 1.12 及其推论. 在第二种情形中，$\mathcal{A}$的核包含一个非平凡向量(相伴齐次方程组有一个非平凡解)，像$\mathcal{A}(\mathrm{L})$不是整个空间 M，即存在一个向量$\boldsymbol{b}\in\mathrm{M}$，使得方程

(3.45) 是不满足的(方程组 $A[\boldsymbol{x}]=[\boldsymbol{b}]$ 是不相容的).

这一结论,即方程(3.45) 的每个右边都有一个解,或者相伴齐次方程有一个非平凡解,在$\mathcal{A}$是无限维空间中满足某个特殊条件的线性变换(算子) 的情形中也是成立的. 特别地,这样的变换出现在积分方程的理论中,在积分方程的理论中,这一结论称为 Fredholm 择一性.

3.6 线性变换的秩

在本节中,我们将研究线性变换$\mathcal{A}:\mathrm{L}\to\mathrm{M}$. 除了假设空间 L 和 M 的维数 n 和 m 是有限的之外,不做任何假设. 我们注意到,如果$\boldsymbol{e}_1,\cdots,\boldsymbol{e}_n$ 是空间 L 的任意一组基,那么$\mathcal{A}$的像等于$\langle\mathcal{A}(\boldsymbol{e}_1),\cdots,\mathcal{A}(\boldsymbol{e}_n)\rangle$. 如果我们选取空间 M 的某组基$\boldsymbol{f}_1,\cdots,\boldsymbol{f}_m$,并写出关于所选基的变换$\mathcal{A}$的矩阵,那么其列将由在基$\boldsymbol{f}_1,\cdots,\boldsymbol{f}_m$ 中的向量$\mathcal{A}(\boldsymbol{e}_1),\cdots,\mathcal{A}(\boldsymbol{e}_n)$ 的坐标构成. 因此,$\mathcal{A}$的像的维数等于在这些列中的线性无关向量的最大个数,即线性变换$\mathcal{A}$的矩阵的秩. 因此,线性变换的矩阵的秩与写出它所在的基无关,因此,我们可以说线性变换的秩. 这使我们能够给出线性变换的秩的等价定义,它不取决于坐标的选取.

定义 3.71 线性变换$\mathcal{A}:\mathrm{L}\to\mathrm{M}$ 的秩是向量空间$\mathcal{A}(\mathrm{L})$ 的维数.

以下定理建立了线性变换的秩与其核的维数之间的联系,它展现了一种非常简单的形式,其中线性变换的矩阵$\mathcal{A}:\mathrm{L}\to\mathrm{M}$ 可以通过两个空间的基的适当的选取来得到.

定理 3.72 对于有限维向量空间的任意线性变换$\mathcal{A}:\mathrm{L}\to\mathrm{M}$,$\mathcal{A}$的核的维数等于 $\dim\mathrm{L}-r$, 其中 r 是$\mathcal{A}$的秩. 在这两个空间中,可以选取某些基,使得在这些基中,变换$\mathcal{A}$有分块对角形式

$$\begin{pmatrix} E_r & 0 \\ 0 & 0 \end{pmatrix} \tag{3.46}$$

其中E_r 是 r 阶单位矩阵.

证明:我们用L' 表示变换$\mathcal{A}'$ 的核,用M' 表示变换$\mathcal{A}(\mathrm{L})$ 的像. 我们首先证明关系式

$$\dim\mathrm{L}'+\dim\mathrm{M}'=\dim\mathrm{L} \tag{3.47}$$

根据变换的秩的定义,在此,我们有 $r=\dim\mathrm{M}'$,因此,等式(3.47) 恰好给出了定理的第一个结论.

我们来考虑映射$\mathcal{A}':\mathrm{L}\to\mathrm{M}'$,它给每个向量 $\boldsymbol{x}\in\mathrm{L}$ 赋值M' 中的向量 $\boldsymbol{y}=\mathcal{A}(\boldsymbol{x})$, 根据假设,它是映射$\mathcal{A}:\mathrm{L}\to\mathrm{M}$ 的像,显然,这样的映射$\mathcal{A}':\mathrm{L}\to\mathrm{M}'$ 也是

一个线性变换. 考虑到推论 3.31,我们有分解

$$\mathrm{L}=\mathrm{L}'\oplus\mathrm{L}'' \tag{3.48}$$

其中,L″是 L 的某个子空间. 现在,我们考虑变换$\mathcal{A}'$对子空间L″的限制,记作$\mathcal{A}'':\mathrm{L}''\to\mathrm{M}'$. 容易看出,$\mathcal{A}''$的像与$\mathcal{A}'$的像相等,即等于M′. 事实上,由于M′是原映射$\mathcal{A}:\mathrm{L}\to\mathrm{M}$的像,每个向量 $\boldsymbol{y}\in\mathrm{M}'$ 都可以用 $\boldsymbol{y}=\mathcal{A}(\boldsymbol{x})$(存在这样的 $\boldsymbol{x}\in\mathrm{L}$) 的形式表示,但是考虑到分解(3.48),我们得到等式 $\boldsymbol{x}=\boldsymbol{u}+\boldsymbol{v}$,其中 $\boldsymbol{u}\in\mathrm{L}'$ 且 $\boldsymbol{v}\in\mathrm{L}''$,此外,L′是$\mathcal{A}$的核,即$\mathcal{A}(\boldsymbol{u})=\boldsymbol{0}'$. 因此,$\mathcal{A}(\boldsymbol{x})=\mathcal{A}(\boldsymbol{u})+\mathcal{A}(\boldsymbol{v})=\mathcal{A}(\boldsymbol{v})$,这说明向量 $\boldsymbol{y}=\mathcal{A}(\boldsymbol{v})$ 是向量 $\boldsymbol{v}\in\mathrm{L}''$ 的像.

变换$\mathcal{A}'':\mathrm{L}''\to\mathrm{M}'$的核等于$(\boldsymbol{0})$. 事实上,根据定义,核等于$\mathrm{L}'\cap\mathrm{L}''$,该交集仅包含零向量,因为在分解(3.48)的右边可以找到一个直和(见推论 3.15). 因此,我们得到了变换$\mathcal{A}'':\mathrm{L}''\to\mathrm{M}'$的像等于M′,而其核等于$(\boldsymbol{0})$,即该变换是一个同构. 根据定理 3.64,可以得出 $\dim\mathrm{L}''=\dim\mathrm{M}'$. 另外,根据分解(3.48)和定理 3.41,可以得出 $\dim\mathrm{L}'+\dim\mathrm{L}''=\dim\mathrm{L}$. 在此,用相等的数 $\dim\mathrm{M}'$ 代换 $\dim\mathrm{L}''$,我们得到所需的等式(3.47).

现在,我们将证明关于将线性变换$\mathcal{A}$的矩阵化为形式(3.46)的定理的结论. 为此,与空间 L 的分解(3.48)类似,我们作分解 $\mathrm{M}=\mathrm{M}'\oplus\mathrm{M}''$,其中,M″是 M 的某个子空间. 根据以上证明的事实 $\dim\mathrm{L}'=n-r$,并考虑到(3.48),由此得到 $\dim\mathrm{L}''=r$. 现在,我们在子空间L″中选取某组基$\boldsymbol{u}_1,\cdots,\boldsymbol{u}_r$,并设$\boldsymbol{v}_i=\mathcal{A}''(\boldsymbol{u}_i)$,也就是说,根据定义,$\boldsymbol{v}_i=\mathcal{A}(\boldsymbol{u}_i)$. 正如我们所看到的,变换$\mathcal{A}'':\mathrm{L}''\to\mathrm{M}'$是一个同构,因此,向量$\boldsymbol{v}_1,\cdots,\boldsymbol{v}_r$构成空间M′的一组基,此外,在基$\boldsymbol{u}_1,\cdots,\boldsymbol{u}_r$和$\boldsymbol{v}_1,\cdots,\boldsymbol{v}_r$中,变换$\mathcal{A}''$的矩阵为单位矩阵$E_r$.

现在,我们在空间L′中选取某组基$\boldsymbol{u}_{r+1},\cdots,\boldsymbol{u}_n$,并将其与基$\boldsymbol{u}_1,\cdots,\boldsymbol{u}_r$结合而转化为空间 L 的统一的基$\boldsymbol{u}_1,\cdots,\boldsymbol{u}_n$. 类似地,我们把基$\boldsymbol{v}_1,\cdots,\boldsymbol{v}_r$扩充到空间 M 的任意基$\boldsymbol{v}_1,\boldsymbol{v}_2,\cdots,\boldsymbol{v}_m$. 在构造的基$\boldsymbol{u}_1,\cdots,\boldsymbol{u}_n$和$\boldsymbol{v}_1,\cdots,\boldsymbol{v}_m$中,线性变换$\mathcal{A}$的矩阵是什么? 显然,当$i=1,\cdots,r$时,有$\mathcal{A}(\boldsymbol{u}_i)=\boldsymbol{v}_i$(通过构造,对于这些向量,变换$\mathcal{A}''$与$\mathcal{A}$相同).

另外,当$i=r+1,\cdots,n$时,有$\mathcal{A}(\boldsymbol{u}_i)=\boldsymbol{0}'$. 由于向量$\boldsymbol{u}_{r+1},\cdots,\boldsymbol{u}_n$包含在$\mathcal{A}$的核中. 在基$\boldsymbol{v}_1,\cdots,\boldsymbol{v}_m$中写出向量$\mathcal{A}(\boldsymbol{u}_1),\cdots,\mathcal{A}(\boldsymbol{u}_n)$的坐标作为矩阵的列,我们得到,变换$\mathcal{A}$的矩阵有分块对角形式(3.46). □

定理 3.72 让我们可以得到上一节中的定理 2.63 的更简单、更自然的证明.

为此,我们注意到,每个矩阵都是适当维数的向量空间的某个线性变换的矩阵,特别地,非奇异方阵表示相同维数的向量空间的同构. 对于定理 2.63 的矩阵 A,B 和 C,我们考虑线性变换 $\mathcal{A}:\mathrm{M}\rightleftharpoons\mathrm{M}'$,$\mathcal{B}:\mathrm{L}'\rightleftharpoons\mathrm{L}$ 和 $\mathcal{C}:\mathrm{L}\to\mathrm{M}$,其中

$\dim \mathrm{L}=\dim \mathrm{L}'=n$ 且 $\dim \mathrm{M}=\dim \mathrm{M}'=m$，在某些基中有矩阵 A,B 和 C.

我们来求出变换$\mathcal{ACB}:\mathrm{L}'\to\mathrm{M}'$的秩，从等式$\mathcal{A}(\mathrm{M})=\mathrm{M}'$和$\mathcal{B}(\mathrm{L}')=\mathrm{L}$可以得出，$\mathcal{ACB}(\mathrm{L}')=\mathcal{A}(\mathcal{C}(\mathrm{L}))$，考虑到同构$\mathcal{A}$，我们得到$\mathcal{ACB}(\mathrm{L}')=\dim \mathcal{C}(\mathrm{L})$. 根据定义，线性变换的像的维数等于其秩，该秩与用任意基表示的矩阵的秩相等，由此得出 $\mathrm{rk}\, ACB=\mathrm{rk}\, C$. 由此，我们最终得到所需等式 $\mathrm{rk}\, ACB=\mathrm{rk}\, C$.

我们想强调一下，在空间 L 和 M 彼此不同的情形中，变换的矩阵化为简单形式(3.46)，因此不可能协调它们的基，因此它们是相互独立选取的. 我们将在下文中看到，在其他情形中(例如，如果 L＝M)，当空间 L 和 M 的基不是独立选取时，存在一种更自然的方式进行分配(例如，在 L＝M 的情形中，它只是同一组基). 那么，变换的矩阵的最简形式的问题就变得更加复杂.

定理 3.72 关于将线性变换的矩阵转化为形式(3.46) 的陈述可以重新表述. 正如我们在第 3.4 节中建立的那样(代换公式(3.41))，在空间 L 和 M 中的基变换下，线性变换$\mathcal{A}:\mathrm{L}\to\mathrm{M}$的矩阵 A 被矩阵$A'=D^{-1}AC$ 替换，其中 C 和 D 是空间 L 和 M 中的新的基的转移矩阵. 我们知道矩阵 C 和 D 是非奇异的，反之，任何适当阶的非奇异方阵都可以取为对于新基的转移矩阵. 因此，定理 3.72 得出以下推论.

推论 3.73 对于(m,n)型的每个矩阵 A，存在 n 阶和 m 阶的非奇异方阵 C 和 D，使得矩阵$D^{-1}AC$ 的形式为(3.46).

3.7 对偶空间

在本节中，我们将研究在 $\dim \mathrm{M}=1$ 的最简单的情形中的线性变换$\mathcal{A}:\mathrm{L}\to\mathrm{M}$ 的概念. 因此，我们将得出一个非常接近我们在第 1.1 节课程开始时给出的概念. 但现在用向量空间更抽象地重新表述. 如果 $\dim \mathrm{M}=1$，那么在选取 M 中的一组基(即某个非零向量 $\boldsymbol{e}$) 后，我们可以将该空间中的任意向量表示为 $\alpha\boldsymbol{e}$ 的形式，其中 α 是标量(实数、复数或来自任意域$\mathbb{K}$，取决于读者想要对此项的解释). 用 α 确认 $\alpha\boldsymbol{e}$，我们可以考虑用标量($\mathbb{R}$,$\mathbb{C}$或$\mathbb{K}$) 构成的集合代替 M. 与此相关，在这种情形中，我们将用$\mathcal{L}(\mathrm{L},\mathbb{K})$ 表示第 3.3 节中引入的向量空间$\mathcal{L}(\mathrm{L},M)$. 它称为 L 上的线性函数的空间.

因此，空间 L 上的线性函数是映射 $\boldsymbol{f}:\mathrm{L}\to\mathbb{K}$，它赋值给每个向量 $\boldsymbol{x}\in\mathrm{L}$ 以数 $\boldsymbol{f}(\boldsymbol{x})$，并满足条件

$$\boldsymbol{f}(\boldsymbol{x}+\boldsymbol{y})=\boldsymbol{f}(\boldsymbol{x})+\boldsymbol{f}(\boldsymbol{y}),\boldsymbol{f}(\alpha\boldsymbol{x})=\alpha\boldsymbol{f}(\boldsymbol{x})$$

对于所有向量 $\boldsymbol{x},\boldsymbol{y}\in\mathrm{L}$ 和标量 $\alpha\in\mathbb{K}$都成立.

例 3.74 如果 $\mathrm{L}=\mathbb{K}^n$ 是长为 n 的行(具有域$\mathbb{K}$中的元素)的空间,那么以上引入的线性函数的概念与第 1.1 节中引入的概念相同.

例 3.75 设 L 为区间$[a,b]$上的取实值或复值的连续函数的空间. 对于 L 中的每个函数 $\boldsymbol{x}(t)$,我们设

$$\boldsymbol{f}_{\boldsymbol{\varphi}}(\boldsymbol{x})=\int_a^b \boldsymbol{\varphi}(t)\boldsymbol{x}(t)\mathrm{d}t \tag{3.49}$$

其中,$\boldsymbol{\varphi}(t)$ 是 L 中的某个固定函数. 显然,$\boldsymbol{f}_{\boldsymbol{\varphi}}(\boldsymbol{x})$ 是 L 上的线性函数. 我们观察到,在遍历所有函数 $\boldsymbol{\varphi}(t)$ 时,我们将通过公式(3.49) 得到 L 上的无穷多个线性函数,即空间$\mathcal{L}(\mathrm{L},\mathbb{K})$ 的元素,其中$\mathbb{K}=\mathbb{R}$或$\mathbb{C}$. 然而,借助公式(3.49) 不可能得到 L 上的所有线性函数. 例如,设 $s\in[a,b]$ 是这个区间上的某个不动点. 考虑映射 $\mathrm{L}\to\mathbb{K}$,它赋值给每个函数 $\boldsymbol{x}(t)\in\mathrm{L}$ 其在点 s 处的值. 显然,这样的映射是 L 上的线性函数,但对于无函数 $\boldsymbol{\varphi}(t)$,它以(3.49) 的形式表示.

定义 3.76 如果 L 是有限维的,那么空间$\mathcal{L}(\mathrm{L},\mathbb{K})$ 称为 L 的对偶,并用L^*表示.

备注 3.77 (无限维的情形) 对于无限维向量空间 L(例如,在区间上的连续函数的空间的例 3.75 中考虑的),对偶空间L^* 不是为所有线性函数的空间定义的,而是为仅满足特定附加的连续性条件的函数的空间(在有限维空间的情形中,连续性的要求自动满足) 定义的.

研究无限维向量空间上的线性函数在分析和数学物理中的许多问题中都很有用. 在这个方向上,出现了一个引人注目的想法,即将任意线性函数看作以(3.49) 的形式给出的函数,其中 $\boldsymbol{\varphi}(t)$ 是某个"广义函数",通常不属于初始空间 L. 这就得出了新的有趣的结果.

例如,如果我们将区间$[a,b]$上的可微且在端点处等于零的函数的空间看作 L,那么对于可微函数 $\boldsymbol{\varphi}(t)$,按分部积分的法则可以写成形式$\boldsymbol{f}_{\boldsymbol{\varphi}'}(\boldsymbol{x})=-\boldsymbol{f}_{\boldsymbol{\varphi}}(\boldsymbol{x}')$. 但如果导数$\boldsymbol{\varphi}'(t)$ 不存在,那么可以通过$\boldsymbol{f}_{\boldsymbol{\psi}'}(\boldsymbol{x})=-\boldsymbol{f}_{\boldsymbol{\varphi}}(\boldsymbol{x}')$ 定义一个新的"广义函数"$\boldsymbol{\psi}$. 在这种情形中,显然,如果导数$\boldsymbol{\varphi}'(t)$ 存在且是连续的,那么 $\boldsymbol{\psi}(t)=\boldsymbol{\varphi}'(t)$. 因此,可以定义任意函数(包括不连续函数甚至广义函数) 的导数.

例如,假设区间$[a,b]$在其内部包含点 0,并计算函数 $\boldsymbol{h}(t)$ 的导数,当 $t<0$ 时,该函数等于 0,当 $t\geqslant 0$ 时,该函数等于 1,因此,在点 $t=0$ 处有间断点. 根据定义,对于 L 中的任意函数 $\boldsymbol{x}(t)$,我们得到等式

$$\boldsymbol{f}_{\boldsymbol{h}'}(\boldsymbol{x})=-\boldsymbol{f}_{\boldsymbol{h}}(\boldsymbol{x}')=-\int_a^b \boldsymbol{h}(t)\,\boldsymbol{x}'(t)\mathrm{d}t=-\int_0^b \boldsymbol{x}'(t)\mathrm{d}t=\boldsymbol{x}(0)-\boldsymbol{x}(b)=\boldsymbol{x}(0)$$

因为 $\boldsymbol{x}(b)=0$. 因此，导数 $\boldsymbol{h}'(t)$ 是一个广义函数[①]，它为 L 中的每个函数 $\boldsymbol{x}(t)$ 指定其在 $t=0$ 点处的值.

现在我们回到有限维情形的互斥考虑.

定理 3.78 如果向量空间 L 是有限维的，那么对偶空间 L^* 有相同的维数.

证明：设 $\boldsymbol{e}_1,\cdots,\boldsymbol{e}_n$ 为空间 L 的任意一组基. 我们来考虑向量 $\boldsymbol{f}_i\in L^*$，$i-1,\cdots,n$，其中，$\boldsymbol{f}_i$ 定义为线性函数，其赋值给向量

$$\boldsymbol{x}=\alpha_1\boldsymbol{e}_1+\alpha_2\boldsymbol{e}_2+\cdots+\alpha_n\boldsymbol{e}_n \tag{3.50}$$

其在基 $\boldsymbol{e}_1,\cdots,\boldsymbol{e}_n$ 中的第 i 个坐标，即

$$\boldsymbol{f}_1(\boldsymbol{x})=\alpha_1,\quad \cdots,\quad \boldsymbol{f}_n(\boldsymbol{x})=\alpha_n \tag{3.51}$$

因此，我们将得到在对偶空间中的 n 个向量. 我们来验证它们构成该空间的一组基.

设 $\boldsymbol{f}=\beta_1\boldsymbol{f}_1+\cdots+\beta_n\boldsymbol{f}_n$. 那么将函数 $\boldsymbol{f}$ 应用于由公式(3.50)定义的向量 $\boldsymbol{x}$，我们得到

$$\boldsymbol{f}(\boldsymbol{x})=\alpha_1\beta_1+\alpha_2\beta_2+\cdots+\alpha_n\beta_n \tag{3.52}$$

特别地，假设 $\boldsymbol{x}=\boldsymbol{e}_i$，我们得到 $\boldsymbol{f}(\boldsymbol{e}_i)=\beta_i$. 因此等式 $\boldsymbol{f}=\boldsymbol{0}$(其中 $\boldsymbol{0}$ 是空间 L^* 的零向量，即，L 上的恒等于零的线性函数）说明对于每个向量 $\boldsymbol{f}(\boldsymbol{x})=0$，都有 $\boldsymbol{x}\in$ L，显然，这是这种情形，当且仅当 $\beta_1=0,\cdots,\beta_n=0$. 由此，我们建立了函数 $\boldsymbol{f}_1,\cdots,\boldsymbol{f}_n$ 的线性无关性. 根据等式(3.52)，L 上的每个线性函数都可以表示为 $\beta_1\boldsymbol{f}_1+\cdots+\beta_n\boldsymbol{f}_n$ 的形式，其中系数 $\beta_i=\boldsymbol{f}(\boldsymbol{e}_i)$. 这说明函数 $\boldsymbol{f}_1,\cdots,\boldsymbol{f}_n$ 构成 L^* 的一组基，由此得出 $\dim L=\dim L^*=n$. □

根据公式(3.51)构造的对偶空间 L^* 的基 $\boldsymbol{f}_1,\cdots,\boldsymbol{f}_n$ 称为原向量空间 L 的基 $\boldsymbol{e}_1,\cdots,\boldsymbol{e}_n$ 的对偶. 显然，它是由公式

$$\boldsymbol{f}_i(\boldsymbol{e}_i)=1,\quad \boldsymbol{f}_i(\boldsymbol{e}_j)=0,\quad j\neq i$$

定义的.

我们观察到 L 和 L^* 与任意两个相同维数的有限维向量空间一样，它们是同构的.（对于无穷维向量空间，通常情况并非如此，如在区间上的连续函数的空间 L 的例 3.75 中检验的情形，其中 L 和 L^* 不是同构的.）然而，它们之间的同构的构造需要选取 L 中的基 $\boldsymbol{e}_1,\cdots,\boldsymbol{e}_n$ 和 L^* 中的基 $\boldsymbol{f}_1,\boldsymbol{f}_2,\cdots,\boldsymbol{f}_n$. 因此，在 L

① 为了纪念英国物理学家 Paul Adrien Maurice Dirac，这种广义函数称为 Dirac δ 函数，他（在 20 世纪 20 年代末）在量子力学的工作中首次使用了广义函数.

和L^*之间不存在独立于基的选取的“自然”同构. 如果我们对于对偶空间重复两次这一过程，我们将得到空间$(\mathrm{L}^*)^*$，为此，容易与原空间 L 构造一个同构，而无需选取特殊的基. 空间$(\mathrm{L}^*)^*$ 称为 L 的二次对偶空间，用L^{**} 表示.

我们的直接目标是定义线性变换$\mathcal{A}:\mathrm{L}\to\mathrm{L}^{**}$，这是一个同构. 为此，我们需要对每个向量$\boldsymbol{x}\in\mathrm{L}$定义$\mathcal{A}(\boldsymbol{x})$，向量$\mathcal{A}(\boldsymbol{x})$必须位于空间$\mathrm{L}^{**}$中，也就是说，它必须是空间$\mathrm{L}^*$上的线性函数. 因为$\mathcal{A}(\boldsymbol{x})$是二次对偶空间$\mathrm{L}^{**}$中的元素，根据定义，$\mathcal{A}(\boldsymbol{x})$是一个线性变换，它赋值给每个元素$\boldsymbol{f}\in\mathrm{L}^*$(其自身是 L 上的线性函数) 某个数，由$\mathcal{A}(\boldsymbol{x})(\boldsymbol{f})$ 表示. 我们将根据以下自然条件定义这个数

$$\mathcal{A}(\boldsymbol{x})(\boldsymbol{f})=\boldsymbol{f}(\boldsymbol{x})\quad(\boldsymbol{x}\in\mathrm{L},\boldsymbol{f}\in\mathrm{L}^*)\tag{3.53}$$

变换$\mathcal{A}$在$\mathcal{L}(\mathrm{L},\mathrm{L}^{**})$中(其线性是显然的). 为了验证$\mathcal{A}$是双射，我们可以使用 L 中的任意基$\boldsymbol{e}_1,\cdots,\boldsymbol{e}_n$ 和L^* 中的对偶基$\boldsymbol{f}_1,\cdots,\boldsymbol{f}_n$. 那么，容易验证，$\mathcal{A}$是两个同构的复合：在定理 3.78 的证明中构造的同构 $\mathrm{L}\simeq\mathrm{L}^*$ 和类似同构$\mathrm{L}^*\simeq\mathrm{L}^{**}$，由此得出，$\mathcal{A}$自身就是一个同构.

由条件(3.53) 确定的同构 $\mathrm{L}\simeq\mathrm{L}^{**}$ 表明向量空间 L 和L^*起着对称的作用：它们每个都是另一个的对偶. 为了更清楚地指出这种对称性，我们将发现可以很方便地用形式$(\boldsymbol{x},\boldsymbol{f})$ 写出值$\boldsymbol{f}(\boldsymbol{x})$，其中$\boldsymbol{x}\in\mathrm{L}$且$\boldsymbol{f}\in\mathrm{L}^*$. 表达式$(\boldsymbol{x},\boldsymbol{f})$具有以下容易验证的性质：

(1)$(\boldsymbol{x}_1+\boldsymbol{x}_2,\boldsymbol{f})=(\boldsymbol{x}_1,\boldsymbol{f})+(\boldsymbol{x}_2,\boldsymbol{f})$.

(2)$(\boldsymbol{x},\boldsymbol{f}_1+\boldsymbol{f}_2)=(\boldsymbol{x},\boldsymbol{f}_1)+(\boldsymbol{x},\boldsymbol{f}_2)$.

(3)$(\alpha\boldsymbol{x},\boldsymbol{f})=\alpha(\boldsymbol{x},\boldsymbol{f})$.

(4)$(\boldsymbol{x},\alpha\boldsymbol{f})=\alpha(\boldsymbol{x},\boldsymbol{f})$.

(5) 如果对于所有$\boldsymbol{x}\in\mathrm{L}$，都有$(\boldsymbol{x},\boldsymbol{f})=0$，那么$\boldsymbol{f}=\boldsymbol{0}$.

(6) 如果对于所有$\boldsymbol{f}\in\mathrm{L}^*$，都有$(\boldsymbol{x},\boldsymbol{f})=0$，那么$\boldsymbol{x}=\boldsymbol{0}$.

反之，如果对于两个向量空间 L 和 M，函数$(\boldsymbol{x},\boldsymbol{y})$是有定义的，其中$\boldsymbol{x}\in\mathrm{L}$且$\boldsymbol{y}\in\mathrm{M}$，取数值并满足条件(1)－(6)，那么容易验证$\mathrm{L}\simeq\mathrm{M}^*$和$\mathrm{M}\simeq\mathrm{L}^*$. 在第 6 章研究双线性型时，我们将在很大程度上依赖这一事实.

定义 3.79 设L'为向量空间 L 的子空间. 使得对于所有$\boldsymbol{x}\in\mathrm{L}'$都有$\boldsymbol{f}(\boldsymbol{x})=0$的所有$\boldsymbol{f}\in\mathrm{L}^*$构成的集合称为子空间$\mathrm{L}'$的零化子，用$(\mathrm{L}')^a$表示.

根据这个定义，$(\mathrm{L}')^a$是L^*的子空间. 我们来确定它的维数. 设$\dim\mathrm{L}=n$且$\dim\mathrm{L}'=r$. 我们选取子空间L'的一组基$\boldsymbol{e}_1,\cdots,\boldsymbol{e}_r$，将其扩充为整个空间 L 的一组基$\boldsymbol{e}_1,\cdots,\boldsymbol{e}_n$，并考虑$\mathrm{L}^*$的对偶基$\boldsymbol{f}_1,\cdots,\boldsymbol{f}_n$. 根据对偶基的定义，容易得出属于$(\mathrm{L}')^a$的一个线性函数$\boldsymbol{f}\in\mathrm{L}^*$，当且仅当$\boldsymbol{f}\in\langle\boldsymbol{f}_{r+1},\cdots,\boldsymbol{f}_n\rangle$. 换句话说$(\mathrm{L}')^a=\langle\boldsymbol{f}_{r+1},\cdots,\boldsymbol{f}_n\rangle$，这蕴涵

$$\dim (\mathrm{L}')^a = \dim \mathrm{L} - \dim \mathrm{L}' \tag{3.54}$$

如果我们现在考虑以上定义的自然同构$\mathrm{L}^{**} \backsimeq \mathrm{L}$，并借助于它来确定这些空间，那么可以将以上给出的构造应用于零化子$(\mathrm{L}')^a$，并检验在 L 中得到的子空间$((\mathrm{L}')^a)^a$. 根据定义，可以得出$\mathrm{L}' \subset ((\mathrm{L}')^a)^a$. 从导出的维数的关系式(3.54)中我们得到了 $\dim ((\mathrm{L}')^a)^a = n-(n-r) = r$，根据定理 3.24，得出$((\mathrm{L}')^a)^a = \mathrm{L}'$.

同时，我们得到，子空间L' 由满足以下关系式的所有向量 $\boldsymbol{x} \in \mathrm{L}$ 构成

$$\boldsymbol{f}_{r+1}(\boldsymbol{x}) = 0, \cdots, \boldsymbol{f}_n(\boldsymbol{x}) = 0 \tag{3.55}$$

因此，任意子空间L' 由某个线性方程组(3.55) 定义. 这一事实在解析几何课程中三维空间中的直线和平面($\dim \mathrm{L} = 1,2$) 的情形中是众所周知的. 在一般情形中，该结论与例 3.8(第 86 页) 中证明的相反.

我们已经定义了子空间$\mathrm{L}' \subset \mathrm{L}$ 和$(\mathrm{L}')^a \subset \mathrm{L}^*$ 的对应$\mathrm{L}' \mapsto (\mathrm{L}')^a$，考虑到等式$((\mathrm{L}')^a)^a = \mathrm{L}'$ 是一个双射. 我们将用ε 表示这种对应，并称其为对偶. 现在，我们来指出这种对应的某些简单性质.

如果L' 和L'' 是 L 的两个子空间，那么

$$\varepsilon(\mathrm{L}' + \mathrm{L}'') = \varepsilon(\mathrm{L}') \cap \varepsilon(\mathrm{L}'') \tag{3.56}$$

换句话说，这说明

$$(\mathrm{L}' + \mathrm{L}'')^a = (\mathrm{L}')^a \cap (\mathrm{L}'')^a \tag{3.57}$$

事实上，设 $\boldsymbol{f} \in (\mathrm{L}')^a \cap (\mathrm{L}'')^a$. 根据和的定义，对于每个向量 $\boldsymbol{x} \in \mathrm{L}' + \mathrm{L}''$，我们得到表示 $\boldsymbol{x} = \boldsymbol{x}' + \boldsymbol{x}''$，其中$\boldsymbol{x}' \in \mathrm{L}'$ 且$\boldsymbol{x}'' \in \mathrm{L}''$，由此得出，$\boldsymbol{f}(\boldsymbol{x}) = \boldsymbol{f}(\boldsymbol{x}') + \boldsymbol{f}(\boldsymbol{x}'') = 0$，因为 $\boldsymbol{f} \in (\mathrm{L}')^a$ 且 $\boldsymbol{f} \in (\mathrm{L}'')^a$. 因此，$\boldsymbol{f} \in (\mathrm{L}' + \mathrm{L}'')^a$，因此，我们证明了包含$(\mathrm{L}')^a \cap (\mathrm{L}'')^a \subset (\mathrm{L}' + \mathrm{L}'')^a$. 现在，我们来证明反向包含. 设 $\boldsymbol{f} \in (\mathrm{L}' + \mathrm{L}'')^a$，即对于所有向量 $\boldsymbol{x} = \boldsymbol{x}' + \boldsymbol{x}''$，都有 $\boldsymbol{f}(\boldsymbol{x}) = 0$，其中$\boldsymbol{x}' \in \mathrm{L}'$ 且$\boldsymbol{x}'' \in \mathrm{L}''$；特别地，对于子空间$\mathrm{L}'$ 和L'' 中的所有向量，即，根据零化子的定义，我们得到了关系式 $\boldsymbol{f} \in (\mathrm{L}')^a$ 和 $\boldsymbol{f} \in (\mathrm{L}'')^a$. 因此 $\boldsymbol{f} \in (\mathrm{L}')^a \cap (\mathrm{L}'')^a$，即，$(\mathrm{L}' + \mathrm{L}'')^a \subset (\mathrm{L}')^a \cap (\mathrm{L}'')^a$. 由此，通过前面的包含，我们得到了关系式(3.57)，因此，得到了关系式(3.56).

因此，我们可以阐述以下几乎显然的对偶原理. 稍后，我们将证明这一原理的更深刻的版本.

命题 3.80 （对偶原理）如果对于给定域$\mathbb{K}$上的给定有限维数 n 的所有向量空间，证明了一个定理，其表述中仅出现子空间、维数、和与交集的概念，那么对于所有此类空间，一个对偶定理成立，通过以下代换从初始定理得到

维数 r	维数 $n-r$
交集$\mathrm{L}' \cap \mathrm{L}''$	和$\mathrm{L}' + \mathrm{L}''$
和$\mathrm{L}' + \mathrm{L}''$	交集$\mathrm{L}' \cap \mathrm{L}''$

最后，我们将研究线性变换$\mathcal{A}$:L → M. 在此，与所有函数一样，线性函数的书写顺序与定义它们的集合的顺序相反；见第 4 页. 使用该部分的记号，我们定义集合 $T=\mathbb{K}$，并对于子集M* ⊂ $\mathfrak{F}$(M,$\mathbb{K}$)(M 上的线性函数空间) 限制了构造的映射 $\mathfrak{F}$(M,$\mathbb{K}$) → $\mathfrak{F}$(L,$\mathbb{K}$). 我们观察到，像M* 包含在空间L* ⊂ $\mathfrak{F}$(L,$\mathbb{K}$) 中，即它由 L 上的线性函数构成. 我们将用$\mathcal{A}^*$ 表示该映射. 根据第 4 页的定义，我们通过对于每个向量 $\boldsymbol{g}\in$ M*，由以下等式确定它的值

$$(\mathcal{A}^*(\boldsymbol{g}))(\boldsymbol{x})=\boldsymbol{g}(\mathcal{A}(\boldsymbol{x})),\quad \boldsymbol{x}\in \mathrm{L} \tag{3.58}$$

来定义了线性变换$\mathcal{A}^*$:M* → L*. 平凡的验证表明，$\mathcal{A}^*(\boldsymbol{g})$ 是 L 上的线性函数，$\mathcal{A}^*$ 是M* 到L* 的线性变换. 这样构造的变换$\mathcal{A}^*$ 称为$\mathcal{A}$的对偶变换. 使用我们之前的记号，将 $\boldsymbol{f}(\boldsymbol{x})$ 写成$(\boldsymbol{x},\boldsymbol{f})$，我们可以将定义(3.58) 写成以下形式

$$(\mathcal{A}^*(\boldsymbol{y}),\boldsymbol{x})=(\boldsymbol{y},\mathcal{A}(\boldsymbol{x})),\quad \boldsymbol{x}\in \mathrm{L}\text{ 和 }\boldsymbol{y}\in \mathrm{M}^*$$

我们在空间 L 中选取某组基$\boldsymbol{e}_1,\cdots,\boldsymbol{e}_n$，在 M 中选取基$\boldsymbol{f}_1,\cdots,\boldsymbol{f}_m$，以及在L* 中选取对偶基$\boldsymbol{e}_1^*,\cdots,\boldsymbol{e}_n^*$ 和在M* 中选取对偶基$\boldsymbol{f}_1^*,\cdots,\boldsymbol{f}_m^*$.

定理 3.81 变换$\mathcal{A}$:L → M 用空间 L 和 M 的任意基写出的矩阵与对偶变换$\mathcal{A}^*$:M* → L* 在空间M* 和L* 的对偶基中写出的矩阵是彼此的转置.

证明：设 $A=(a_{ij})$ 为变换$\mathcal{A}$在基$\boldsymbol{e}_1,\cdots,\boldsymbol{e}_n$ 和$\boldsymbol{f}_1,\cdots,\boldsymbol{f}_m$ 中的矩阵. 根据公式(3.23)，这说明

$$\mathcal{A}(\boldsymbol{e}_i)=\sum_{j=1}^{m} a_{ji}\boldsymbol{f}_j,\quad i=1,\cdots,n \tag{3.59}$$

根据对偶变换的定义(公式(3.58))，对于每个线性函数 $\boldsymbol{f}\in$ L*，以下等式成立

$$(\mathcal{A}^*(\boldsymbol{f}))(\boldsymbol{e}_i)=\boldsymbol{f}(\mathcal{A}(\boldsymbol{e}_i)),\quad i=1,\cdots,n$$

如果$\boldsymbol{e}_1^*,\cdots,\boldsymbol{e}_n^*$ 是L* 的基，它对偶于 L 的基$\boldsymbol{e}_1,\cdots,\boldsymbol{e}_n$，$\boldsymbol{f}_1^*,\cdots,\boldsymbol{f}_m^*$ 是M* 的基，它对偶于 M 的基$\boldsymbol{f}_1,\cdots,\boldsymbol{f}_m$，那么$\mathcal{A}^*(\boldsymbol{f}_k^*)$是 L 上的线性函数，如(3.58) 中定义的那样. 特别地，对向量$\boldsymbol{e}_i\in$ L 应用$\mathcal{A}^*(\boldsymbol{f}_k^*)$，考虑到(3.58) 和(3.59)，我们得到

$$(\mathcal{A}^*(\boldsymbol{f}_k^*))(\boldsymbol{e}_i)=\boldsymbol{f}_k^*(\mathcal{A}(\boldsymbol{e}_i))=\Big(\boldsymbol{f}_k^*,\sum_{j=1}^{m} a_{ji}\boldsymbol{f}_j\Big)=\sum_{j=1}^{m} a_{ji}(\boldsymbol{f}_k^*,\boldsymbol{f}_j)$$

根据对偶基的定义，这个数等于a_{ki}. 显然，L 上的这一线性函数是函数$\sum_{i=1}^{n} a_{ki}\boldsymbol{e}_i^*$. 因此，我们得到了变换$\mathcal{A}^*$ 赋值向量$\boldsymbol{f}_k^*\in$ M* 以空间L* 的向量

$$\mathcal{A}^*(\boldsymbol{f}_k^*)=\sum_{i=1}^{n} a_{ki}\boldsymbol{e}_i^*,\quad k=1,\cdots,m \tag{3.60}$$

比较公式(3.59) 和(3.60)，我们得出，在给定的基中，变换$\mathcal{A}^*$ 的矩阵等于$\mathcal{A}^*=$

(a_{ji})，即变换$\mathcal{A}$的矩阵的转置. □

如果给定向量空间的两个线性变换，$\mathcal{A}$:L → M 和$\mathcal{B}$:M → N，那么，我们可以定义它们的复合$\mathcal{BA}$:L → N，这说明它的对偶变换也是有定义的，并由$(\mathcal{BA})^*$:$\mathrm{N}^* \to \mathrm{L}^*$ 给出. 根据条件(3.58)，容易立即验证这可以得出关系式

$$(\mathcal{BA})^* = \mathcal{A}^* \mathcal{B}^* \tag{3.61}$$

与定理 3.81 一起，我们得到了等式(2.57) 的一个新的证明，此外，现在没有使用公式；关系式(2.57) 是在一般概念的基础上得出的.

3.8 向量中的齐式与多项式

向量空间上的线性函数的概念的自然推广是形式的概念. 它在数学、力学和物理学的许多分支中发挥着重要作用.

后续，我们假设在向量空间 L 上，我们想要定义在任意域$\mathbb{K}$上的一个齐式. 在空间 L 中，我们选取一组基$\boldsymbol{e}_1,\cdots,\boldsymbol{e}_n$. 那么每个向量$\boldsymbol{x} \in$ L 都由在给定基中的坐标$(x_1,\cdots,x_n)$ 的选取唯一定义.

定义 3.82 函数 F:L → $\mathbb{K}$称为空间 L 上的多项式，如果$F(\boldsymbol{x})$可以写成向量 $\boldsymbol{x}$ 的坐标$x_1,\cdots,x_n$ 的多项式，即 $F(\boldsymbol{x})$ 是以下形式的表达式的有限和

$$c x_1^{k_1} \cdots x_n^{k_n} \tag{3.62}$$

其中$k_1,\cdots,k_n$ 是非负整数，系数 c 在$\mathbb{K}$中. 表达式(3.62) 称为空间 L 中的单项式，而数 $k = k_1 + \cdots + k_n$ 称为其次数. $F(\boldsymbol{x})$ 的次数是具有非零系数 c 的单项式的次数的最大值.

我们注意到，当 $n > 1$ 时，一个 k 次多项式 $F(\boldsymbol{x})$ 可以有若干相同次数的具有非零系数 c 的不同单项式(3.62).

定义 3.83 向量空间 L 上的多项式 $F(\boldsymbol{x})$ 称为 k 次齐次的或k 次齐式(或通常称为 k－齐式)，如果 $F(\boldsymbol{x})$ 中出现的具有非零系数的每个单项式都是 k 次的.

我们给出的定义需要做一些解释；事实上，我们引入它们，选取了空间 L 的某组特定基，现在，我们需要证明，在基变换下，一切仍然是定义的那样；也就是说，如果函数 $F(\boldsymbol{x})$ 是向量 $\boldsymbol{x}$ 在一组基中的坐标的多项式(或齐式)，那么，它应该是向量 $\boldsymbol{x}$ 在任意其他基中的坐标的相同次数的多项式(或齐式). 事实上，使用向量坐标变换公式，即，将关系式(3.35) 代入(3.62)，容易看出，在基变换下，每个 k 次单项式(3.62) 转换为相同次数的单项式之和. 因此，基变换会把 k 次单项式(3.62) 变换为次数$k' \leqslant k$ 的某种齐式$F'(\boldsymbol{x})$. 在此，产生不等式的原因

是，出现在这种形式中的单项式可能会被消去，导致首次项等于零. 然而，容易看出这种情况不会发生. 例如，使用回代，即，将关系式(3.37) 代入齐式$F'(\boldsymbol{x})$，显然，我们将再次得到单项式(3.62). 因此，$k \leqslant k'$. 因此，我们建立了等式$k' = k$. 这建立了我们需要证明的一切.

次数 $k=0$ 的齐式只是常数函数，它赋值给每个向量 $\boldsymbol{x} \in \mathrm{L}$ 以同一个数. 次数 $k=1$ 的齐式称为线性的，这些正是空间 L 上的线性函数，我们在前一节中详细研究过.

次数 $k=2$ 的齐式称为二次型；它们在线性代数课程以及数学和物理的许多其他分支中发挥着特别重要的作用. 在我们的课程中，将有一整个章节专门讨论二次型(第 6 章).

我们观察到，事实上，我们已经遇到了任意次数的齐式，如以下的例子所示.

例 3.84 设 $F(\boldsymbol{x}_1, \cdots, \boldsymbol{x}_m)$ 为长为 n 的 m 个行上的多重线性函数(见第 58 页的定义). 由于长为 n 的行的空间$\mathbb{K}^n$ 同构于每个 n 维向量空间，我们可以将$F(\boldsymbol{x}_1, \cdots, \boldsymbol{x}_m)$看作空间 L 的 m 个向量的多重线性函数. 设 L 中的所有向量$\boldsymbol{x}_1, \cdots, \boldsymbol{x}_m$都等于 $\boldsymbol{x}$，那么根据定理 2.29，我们得到空间 L 上的 m 次齐式$\hat{F}(\boldsymbol{x}) = F(\boldsymbol{x}, \cdots, \boldsymbol{x})$.

我们用$F_k(\boldsymbol{x})$ 表示所有 k 次单项式的和 $k \geqslant 0$，对于给定基$\boldsymbol{e}_1, \cdots, \boldsymbol{e}_n$ 的选取，这些单项式出现在多项式 $F(\boldsymbol{x})$ 中. 因此，$F_k(\boldsymbol{x})$ 是一个 k 次齐式，我们得到了表达式

$$F(\boldsymbol{x}) = F_0 + F_1(\boldsymbol{x}) + \cdots + F_m(\boldsymbol{x}) \tag{3.63}$$

其中，如果不存在 k 次项，那么$F_k(\boldsymbol{x}) = 0$. 对于每个 k 次齐式$F_k(\boldsymbol{x})$，方程

$$F_k(\lambda \boldsymbol{x}) = \lambda^k F_k(\boldsymbol{x}) \tag{3.64}$$

对于每个标量$\lambda \in \mathbb{K}$和每个向量 $\boldsymbol{x} \in \mathrm{L}$ 都是满足的.(显然，只需验证对于单项式的(3.64).) 在关系式(3.63) 中，把向量 $\lambda \boldsymbol{x}$ 代入 $\boldsymbol{x}$，我们得到

$$F(\lambda \boldsymbol{x}) = F_0 + \lambda F_1(\boldsymbol{x}) + \cdots + \lambda^m F_m(\boldsymbol{x}) \tag{3.65}$$

由此，容易得出，表示(3.63) 中的齐式F_i 由多项式 F 唯一确定.

不难看出，空间 L 上的全体多项式构成一个向量空间，我们将用 A 表示. 这个记号与以下事实有关：全体多项式不仅构成一个向量空间，而且构成一个更丰富、更复杂的代数结构，称为代数. 这说明，除了向量空间的运算外，在 A 中还定义了满足某些条件的元素对的乘积的运算；见第 343 页的定义. 然而，我们将不再使用这一事实，而是继续将 A 单独看作向量空间.

我们注意到空间 A 是无穷维的. 事实上,只需考虑齐式$F_k(\boldsymbol{x})=x_i^k$ 的无穷序列,其中 k 遍历自然数集,齐式$F_k(\boldsymbol{x})$ 将坐标为$(x_1,\cdots,x_n)$ 的向量 $\boldsymbol{x}$ 赋值其第 i 个坐标的 k 次幂(数字 i 是固定的).

空间 L 上的固定次数 k 的齐式的全体构成子空间$\mathrm{A}_k\subset \mathrm{A}$. 在此$\mathrm{A}_0=\mathbb{K}$,$\mathrm{A}_1$与 L 上的线性函数的空间$\mathrm{L}^*$ 相等. 分解(3.63) 可以解释为空间 A 的分解,即无穷多个子空间$\mathrm{A}_k(k=0,1,\cdots)$ 的直和,如果我们要定义这样一个概念. 在代数领域,人们对此公认的名称是分次代数.

在本节的其余部分中,我们将考虑使用刚才引入的概念的两个例子. 在此,我们将使用多变量函数的微分法则(如应用于多项式),这对一些读者来说可能是新的内容. 然而,对由此得到的公式的引用只会在课程中出现一次,如有必要,可以略过. 我们提出这些论点只是为了强调与数学其他领域的联系.

我们的推理从使用特定坐标系开始,即选取空间 L 中的某组基. 对于多项式 $F(x_1,\cdots,x_n)$,其偏导数定义为 $\partial F/\partial x_i$,这也是多项式. 容易看出,映射(赋值给每个多项式 $F\in \mathrm{A}$ 以多项式 $\partial F/\partial x_i$) 确定了线性变换 $\mathrm{A}\to\mathrm{A}$,我们用 $\partial/\partial x_i$ 表示. 从这些变换中我们得到了以下齐式的新的变换 $\mathrm{A}\to\mathrm{A}$

$$\mathcal{D}=\sum_{i=1}^{n} P_i\frac{\partial}{\partial x_i} \tag{3.66}$$

其中P_i 是任意多项式. 齐式(3.66) 的线性变换称为一阶微分算子. 在分析和几何中,我们考虑它们的类比,其中P_i 是更一般类型的函数,空间 A 相应地扩大. 从微分的最简单性质来看,由公式(3.66) 定义的线性算子$\mathcal{D}$具有性质

$$\mathcal{D}(FG)=F\,\mathcal{D}(G)+G\,\mathcal{D}(F) \tag{3.67}$$

对于所有 $F\in \mathrm{A}$ 和 $G\in \mathrm{A}$ 都成立.

我们来证明逆命题也成立:满足条件(3.67) 的任意线性变换$\mathcal{D}:\mathrm{A}\to\mathrm{A}$ 都是一阶微分算子. 为此,我们首先从关系式(3.67) 中观察到,$\mathcal{D}(1)=0$. 事实上,在(3.67) 中设多项式 $F=1$,我们得到等式$\mathcal{D}(1G)=1\,\mathcal{D}(G)+G\,\mathcal{D}(1)$. 消去左右两边的项$\mathcal{D}(G)$,我们看到$G\,\mathcal{D}(1)=0$,并且选取任意非零多项式作为$G$(即使只有 $G=1$),我们得到$\mathcal{D}(1)=0$.

现在,我们来确定线性变换$\mathcal{D}':\mathrm{A}\to\mathrm{A}$,根据公式

$$\mathcal{D}'=\mathcal{D}-\sum_{i=1}^{n} P_i\frac{\partial}{\partial x_i},\quad 其中P_i=\mathcal{D}(x_i)$$

容易看出,对于所有下标 $i=1,\cdots,n$,都有$\mathcal{D}'(1)=0$ 与$\mathcal{D}'(x_i)=0$. 我们还观察到,与$\mathcal{D}$一样,变换$\mathcal{D}'$ 满足关系(3.67),由此得出,如果$\mathcal{D}(F)=0$ 且$\mathcal{D}(G)=0$,那么$\mathcal{D}(FG)=0$. 因此,如果多项式 F 是一组单项式 $1,\boldsymbol{x}_1,\cdots,\boldsymbol{x}_n$ 中任意两个单项

式的乘积,那么$\mathcal{D}'(F)=0$. 显然,在这类多项式构成的集合中出现了所有二次单项式,因此,对于它们,我们有$\mathcal{D}'(F)=0$.

根据归纳,我们可以证明,对于A_k 中的所有单项式与所有 k,都有$\mathcal{D}'(F)=0$,因此,这一般对于所有齐式$F_k\in \mathrm{A}_k$ 都成立. 最后,我们回顾一下,一个任意多项式 $F\in \mathrm{A}$ 是有限个齐次多项式$F_k\in \mathrm{A}_k$ 的和. 因此,对于所有 F,都有$\mathcal{D}'(F)=0$,这说明变换$\mathcal{D}$有齐式(3.66).

关系式(3.67) 以一种不依赖于坐标系的方式给出了一阶微分算子的定义,即基于空间 L 的$\boldsymbol{e}_1,\cdots,\boldsymbol{e}_n$.

例 3.85 我们来考虑微分算子

$$\widetilde{\mathcal{D}}=\sum_{i=1}^{n} x_i \frac{\partial}{\partial x_i}$$

显然,对于所有 $i=1,\cdots,n$,都有$\widetilde{\mathcal{D}}(x_i)=x_i$,由此得出,对于子空间$\mathrm{A}_1\subset \mathrm{A}$ 的限制,线性变换$\widetilde{\mathcal{D}}:\mathrm{A}_1\to \mathrm{A}_1$ 是恒等变换,即等于$\mathcal{E}$. 我们将证明对于子空间$\mathrm{A}_k\subset \mathrm{A}$ 的限制,变换$\widetilde{\mathcal{D}}:\mathrm{A}_k\to \mathrm{A}_k$ 与 $k\,\mathcal{E}$相同. 我们将对 k 进行归纳. 我们已经分析了 $k=1$ 的情形,并且 $k=0$ 的情形是显然的. 现在考虑多项式x_iG,其中 $G\in \mathrm{A}_{k-1}$ 且 $i=1,\cdots,n$. 那么从(3.67) 中我们得到等式$\widetilde{\mathcal{D}}(x_iG)=x_i\,\widetilde{\mathcal{D}}(G)+G\,\widetilde{\mathcal{D}}(x_i)$. 我们已经看到$\widetilde{\mathcal{D}}(x_i)=x_i$,根据归纳,我们可以假设$\widetilde{\mathcal{D}}(G)=(k-1)G$. 因此,我们得到了等式

$$\widetilde{\mathcal{D}}(x_iG)=x_i(k-1)G+G\,x_i=k\,x_iG$$

但是每个多项式 $F\in \mathrm{A}_k$ 都可以写成具有适当$G_i\in \mathrm{A}_{k-1}$ 的齐式$x_i\,G_i$ 的多项式之和. 因此,对于任意多项式 $F\in \mathrm{A}_k$,我们得到关系式$\widetilde{\mathcal{D}}(F)=kF$. 用坐标写为以下形式

$$\sum_{i=1}^{n} x_i \frac{\partial F}{\partial x_i}=kF,\quad F\in \mathrm{A}_k \tag{3.68}$$

称为 Euler 恒等式.

例 3.86 设 $F(\boldsymbol{x})$ 为向量空间 L 上的任意多项式. 对于变量 $t\in\mathbb{R}$和固定向量 $\boldsymbol{x}\in \mathrm{L}$,考虑到关系式(3.63) 和(3.64),函数 $F(t\boldsymbol{x})$ 是变量 t 的多项式. 表达式

$$(\mathrm{d}_{\boldsymbol{0}}F)(\boldsymbol{x})=\frac{\mathrm{d}}{\mathrm{d}t}F(t\boldsymbol{x})\bigg|_{t=0} \tag{3.69}$$

称为函数 $F(\boldsymbol{x})$ 在点 $\boldsymbol{0}$ 处的微分. 我们指出,在等式(3.69) 的右边,可以求出作为变量 $t\in\mathbb{R}$的函数的 $F(t\boldsymbol{x})$ 在点 $t=0$ 处的通常导数. 在等式(3.69) 的左边和

在表述"函数在点 **0** 处的微分"中，符号 **0** 通常表示空间 L 的零向量.

现在，我们来验证 $(d_0F)(\boldsymbol{x})$ 是 $\boldsymbol{x}$ 的线性函数. 为此，我们对多项式 $F(t\boldsymbol{x})$ 使用等式(3.65). 从关系式

$$F(t\boldsymbol{x})=F_0+tF_1(\boldsymbol{x})+\cdots+t^mF_m(\boldsymbol{x})$$

我们立即得到

$$\frac{\mathrm{d}}{\mathrm{d}t}F(t\boldsymbol{x})\bigg|_{t=0}=F_1(\boldsymbol{x})$$

其中 $F_1(\boldsymbol{x})$ 是 L 上的线性函数. 因此，在多项式 $F(\boldsymbol{x})$ 的分解(3.63)中，对于第二项，有 $F_1(\boldsymbol{x})=(d_0F)(\boldsymbol{x})$，因此，$d_0F$ 通常称为多项式 F 的线性部分.

我们将用坐标给出这个重要函数的表达式. 利用多变量函数的微分法则，我们得到

$$\frac{\mathrm{d}}{\mathrm{d}t}F(t\boldsymbol{x})=\sum_{i=1}^{n}\frac{\partial F}{\partial x_i}(t\boldsymbol{x})\frac{\mathrm{d}(tx_i)}{\mathrm{d}t}=\sum_{i=1}^{n}\frac{\partial F}{\partial x_i}(t\boldsymbol{x})x_i$$

设 $t=0$，我们从这个公式中得到

$$(d_0F)(\boldsymbol{x})=\sum_{i=1}^{n}\frac{\partial F}{\partial x_i}(\boldsymbol{0})x_i \tag{3.70}$$

微分的坐标表示(3.70)是非常方便的，但需要在空间 L 中选取一组基 $\boldsymbol{e}_1,\cdots,\boldsymbol{e}_n$ 和记号 $\boldsymbol{x}=x_1\boldsymbol{e}_1+\cdots+x_n\boldsymbol{e}_n$. 表达式(3.69)单独表明 $(d_0F)(\boldsymbol{x})$ 不取决于基的选取. 在分析中，表达式(3.69)和(3.70)都是对于比多项式更一般的类型的函数定义的.

我们注意到，对于多项式 $F(x_1,\cdots,x_n)=x_i$，我们借助公式(3.70)得到表达式 $(d_0F)(\boldsymbol{x})=x_i$. 这表明函数 $(d_0x_1),\cdots,(d_0x_n)$ 构成 L^* 的一组基，其对偶于 L 中的基 $\boldsymbol{e}_1,\cdots,\boldsymbol{e}_n$.

第4章 向量空间到自身的线性变换

4.1 特征向量与不变子空间

在上一章中，我们引入了向量空间 L 到向量空间 M 的线性变换的概念. 在本章和下一章中，我们将考虑 M 与 L 相等的重要特例，在本书中，其始终假设为有限维的. 那么，线性变换 $\mathcal{A}$: L → L 称为空间 L 到自身的线性变换，或者简称为空间 L 的线性变换. 这种情形非常重要，因为它在数学、力学和物理的各个领域中经常遇到. 现在，我们回顾一下之前介绍的有关这一情形的一些事实. 首先，与之前一样，我们将从尽可能广泛的意义上理解术语"数"或"标量"，即为实数或复数，或者事实上是任意域$\mathbb{K}$的元素(由读者选择).

如前一章所述，为了用矩阵表示变换$\mathcal{A}$，必须选取一组基 $\boldsymbol{e}_1,\cdots,\boldsymbol{e}_n$，然后用这组基写出向量$\mathcal{A}(\boldsymbol{e}_1),\cdots,\mathcal{A}(\boldsymbol{e}_n)$ 的坐标作为矩阵的列. 结果将是一个 n 阶方阵 A. 如果空间 L 的变换$\mathcal{A}$是非奇异的，那么向量$\mathcal{A}(\boldsymbol{e}_1),\cdots,\mathcal{A}(\boldsymbol{e}_n)$ 自身构成空间 L 的一组基，我们可以将A解释为基$\boldsymbol{e}_1,\cdots,\boldsymbol{e}_n$ 到基$\mathcal{A}(\boldsymbol{e}_1),\cdots,\mathcal{A}(\boldsymbol{e}_n)$ 的转移矩阵. 显然，非奇异变换$\mathcal{A}$有一个逆变换 $\mathcal{A}^{-1}$(关于矩阵 A^{-1}).

例 4.1 我们写出线性变换$\mathcal{A}$的矩阵，该变换是将平面绕原点逆时针旋转角度 α. 为此，我们首先选取由平面中的单位长度的两个相互垂直的向量$\boldsymbol{e}_1$ 和$\boldsymbol{e}_2$ 构成的一组基，其中向量$\boldsymbol{e}_2$ 由$\boldsymbol{e}_1$ 逆时针旋转 90° 得到(如图 4.1).

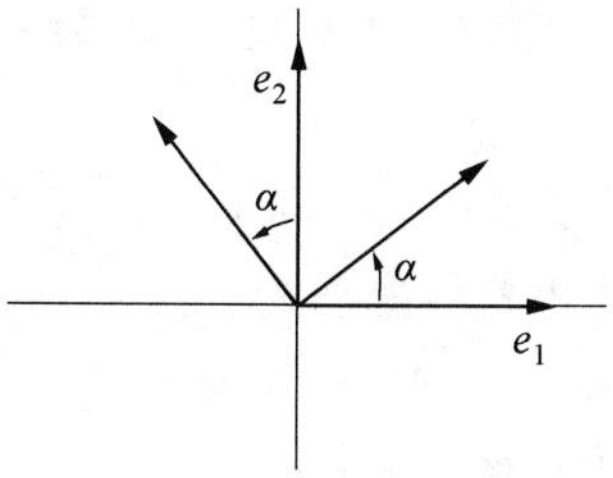

图 4.1　旋转角度 α

那么容易看出，我们得到关系式

$$\mathcal{A}(\boldsymbol{e}_1)=\cos\alpha\,\boldsymbol{e}_1+\sin\alpha\,\boldsymbol{e}_2,\quad \mathcal{A}(\boldsymbol{e}_2)=-\sin\alpha\,\boldsymbol{e}_1+\cos\alpha\,\boldsymbol{e}_2$$

根据定义，变换$\mathcal{A}$的矩阵在给定基中等于

$$A=\begin{pmatrix}\cos\alpha & -\sin\alpha\\ \sin\alpha & \cos\alpha\end{pmatrix}\tag{4.1}$$

例 4.2　考虑复平面的线性变换$\mathcal{A}$，它由将每个数 $z\in\mathbb{C}$乘以给定的固定复数$(p+\mathrm{i}q)$(在此，i 是虚数单位).

如果我们将复平面看作域$\mathbb{C}$上的向量空间 L，那么显然，在空间 L 的任意一组基中，这样的变换$\mathcal{A}$有一阶矩阵，由唯一的元素构成，即给定的复数 $p+\mathrm{i}q$. 因此，在这种情形中，我们有 dim L=1，我们需要在 L 中选取由 L 中的任意非零向量构成的一组基，即任意复数 $z\neq 0$. 因此，我们得到$\mathcal{A}(z)=(p+\mathrm{i}q)z$.

现在，我们将复平面看作域$\mathbb{R}$上的向量空间 L. 在这种情形中，dim L=2，因为每个复数 $z=x+\mathrm{i}y$ 都由一对实数 x 和 y 表示. 我们在 L 中选取与例 4.1 相同的一组基. 现在，我们选取位于实轴上的向量$\boldsymbol{e}_1$，以及位于虚轴上的向量$\boldsymbol{e}_2$. 由等式

$$(x+\mathrm{i}y)(p+\mathrm{i}q)=(px-qy)+\mathrm{i}(py+qx)$$

可知

$$\mathcal{A}(\boldsymbol{e}_1)=p\,\boldsymbol{e}_1+q\,\boldsymbol{e}_2,\ \mathcal{A}(\boldsymbol{e}_2)=-q\,\boldsymbol{e}_1+p\,\boldsymbol{e}_2$$

由此，根据定义：变换$\mathcal{A}$的矩阵在给定基中取以下形式

$$A=\begin{pmatrix}p & -q\\ q & p\end{pmatrix}\tag{4.2}$$

在 $|p+\mathrm{i}q|=1$ 的情形中，我们可以对于某个数 $0\leqslant\alpha<2\pi$(这样的 α 称为复数 $p+\mathrm{i}q$ 的幅角)，设 $p=\cos\alpha$ 和 $q=\sin\alpha$. 那么矩阵(4.2) 与(4.1) 相等；也就是说，与具有模为 1 且幅角为 α 的复数相乘等价于绕复平面的原点逆时针旋转角度 α. 我们注意到，每个复数 $p+\mathrm{i}q$ 都可以表示为实数 r 和模为 1 的复数的乘积；即，$p+\mathrm{i}q=r(p'+\mathrm{i}\,q')$，其中 $|p'+\mathrm{i}\,q'|=1$ 且 $r=|p+\mathrm{i}q|$. 由此可知，显然，

与 $p+\mathrm{i}q$ 相乘是复平面的两个线性变换的乘积：旋转角度 α 和根据因子 r 的膨胀(或收缩).

在第 3.4 节中，我们确定了在从空间 L 的一组基 $\boldsymbol{e}_1,\cdots,\boldsymbol{e}_n$ 转移到另一组基 $\boldsymbol{e}'_1,\cdots,\boldsymbol{e}'_n$ 的过程中，变换的矩阵根据公式

$$A'=C^{-1}AC \tag{4.3}$$

变换，其中 C 是从第二组基到第一组基的转移矩阵.

定义 4.3　与(4.3)相关的两个方阵 A 和 A' 称为相似的，其中 C 是任意非奇异矩阵.

不难看出，在给定阶的方阵构成的集合中，这样定义的相似关系是一个等价关系(见第 2 页的定义).

从公式(4.3)可以看出，在基变换中，变换矩阵的行列式不变，因此，不仅可以讨论变换矩阵的行列式，而且可以讨论线性变换 $\mathcal{A}$ 自身的行列式，记作 $|\mathcal{A}|$. 线性变换 $\mathcal{A}$: L → L 是非奇异的，当且仅当 $|\mathcal{A}|\neq 0$. 如果 L 是一个实空间，那么这个数 $|\mathcal{A}|\neq 0$ 也是实的，并且它可以是正的，也可以是负的.

定义 4.4　实空间 L 的非奇异线性变换 $\mathcal{A}$: L → L 称为固有的，如果 $|\mathcal{A}|>0$；称为反常的，如果 $|\mathcal{A}|<0$.

线性变换理论中的一个基本任务(我们将在后续讨论)是，给定了向量空间到自身的线性变换，找出变换的矩阵取最简形式的一组基. 该任务的等价表述是，对于给定的方阵，找出与之相似的最简单的矩阵. 有了这样一组基(或相似矩阵)，我们就可以研究初始线性变换(或矩阵)的一些重要性质. 在其最一般的形式中，这个问题将在第 5 章中解决，但目前，我们将针对最常见的特殊类型的线性变换来研究它.

定义 4.5　向量空间 L 的子空间 L′ 称为关于线性变换 $\mathcal{A}$: L → L 是不变的，如果对于每个向量 $\boldsymbol{x}\in$ L′，我们都有 $\mathcal{A}(\boldsymbol{x})\in$ L′.

显然，根据这个定义，零子空间($\mathbf{0}$)和整个空间 L 关于任意线性变换 $\mathcal{A}$: L → L 是不变的. 因此，每当我们枚举空间 L 的不变子空间时，我们总是指除($\mathbf{0}$)和 L 以外的子空间 L′ ⊂ L.

例 4.6　设 L 为解析几何课程中研究的三维空间，它由以给定固定点 O 为原点的向量构成，考虑变换 $\mathcal{A}$，该变换反映了过点 O 的关于给定平面 L′ 的每个向量. 那么容易看出，$\mathcal{A}$ 有两个不变子空间：平面 L′ 自身和过 O 且垂直于 L′ 的直线 L″.

例 4.7　设 L 为与前例相同的空间，现在，设变换 $\mathcal{A}$ 为过 O 绕给定轴 L′ 旋转角度 α，$0<\alpha<\pi$. 那么 $\mathcal{A}$ 有两个不变子空间：直线 L′ 自身和垂直于 L′ 且过 O 的

平面L″.

例 4.8 设L与前例相同，并且设$\mathcal{A}$为一个位似，即对每个向量乘以固定数$\alpha \neq 0$. 那么容易看出，过O的每条直线和每个平面都是关于变换$\mathcal{A}$的不变子空间. 此外，不难观察到，如果$\mathcal{A}$是任意向量空间L上的位似，那么L的每个子空间都是不变的.

例 4.9 设L为由以某点O为原点的所有向量构成的平面，假设$\mathcal{A}$是向量绕O旋转角度$\alpha(0<\alpha<\pi)$的变换. 那么，$\mathcal{A}$没有不变子空间.

显然，线性变换$\mathcal{A}$对不变子空间$\mathrm{L}' \subset \mathrm{L}$的限制是$\mathrm{L}'$到自身的线性变换. 我们将用$\mathcal{A}'$表示这个变换，即$\mathcal{A}':\mathrm{L}' \to \mathrm{L}'$且$\mathcal{A}'(\boldsymbol{x})=\mathcal{A}(\boldsymbol{x})(\boldsymbol{x} \in \mathrm{L}')$.

设$\boldsymbol{e}_1,\cdots,\boldsymbol{e}_m$为子空间$\mathrm{L}'$的一组基. 那么，由于它由线性无关向量构成，因此可以将其扩充为整个空间L的一组基$\boldsymbol{e}_1,\cdots,\boldsymbol{e}_n$. 我们来研究线性变换$\mathcal{A}$的矩阵在这组基中是何种形式. 向量$\mathcal{A}(\boldsymbol{e}_1),\cdots,\mathcal{A}(\boldsymbol{e}_m)$表示为$\boldsymbol{e}_1,\cdots,\boldsymbol{e}_m$的线性组合. 这等价于说$\boldsymbol{e}_1,\cdots,\boldsymbol{e}_m$是关于变换$\mathcal{A}$是不变的子空间的一组基. 因此，我们得到了方程组

$$\begin{cases}\mathcal{A}(\boldsymbol{e}_1)=a_{11}\boldsymbol{e}_1+a_{21}\boldsymbol{e}_2+\cdots+a_{m1}\boldsymbol{e}_m\\ \mathcal{A}(\boldsymbol{e}_2)=a_{12}\boldsymbol{e}_1+a_{22}\boldsymbol{e}_2+\cdots+a_{m2}\boldsymbol{e}_m\\ \qquad\vdots\\ \mathcal{A}(\boldsymbol{e}_m)=a_{1m}\boldsymbol{e}_1+a_{2m}\boldsymbol{e}_2+\cdots+a_{mm}\boldsymbol{e}_m\end{cases}$$

显然，矩阵

$$A'=\begin{pmatrix}a_{11} & a_{12} & \cdots & a_{1m}\\ a_{21} & a_{22} & \cdots & a_{2m}\\ \vdots & \vdots & & \vdots\\ a_{m1} & a_{m2} & \cdots & a_{mm}\end{pmatrix} \tag{4.4}$$

是线性变换$\mathcal{A}'(\boldsymbol{x}):\mathrm{L}' \to \mathrm{L}'$在基$\boldsymbol{e}_1,\cdots,\boldsymbol{e}_m$中的矩阵. 一般来说，当$i>m$时，关于向量$\mathcal{A}(\boldsymbol{e}_i)$，我们无话可说，除了它们是来自整个空间L的基$\boldsymbol{e}_1,\cdots,\boldsymbol{e}_n$的向量的线性组合. 然而，我们将通过分离出$\boldsymbol{e}_1,\cdots,\boldsymbol{e}_m$的倍数项(我们将把相伴系数写成$b_{ij}$)和向量$\boldsymbol{e}_{m+1},\cdots,\boldsymbol{e}_n$的倍数项(这里我们将相伴系数写为$c_{ij}$)来表示它. 因此，我们得到了矩阵

$$A=\begin{pmatrix}A' & B'\\ 0 & C'\end{pmatrix} \tag{4.5}$$

其中B'是$(m,n-m)$型矩阵，C'是$(n-m)$阶方阵，0是$(n-m,m)$型矩阵，其

所有元素均等于零.

如果可以通过 $\mathrm{L}=\mathrm{L}'\oplus\mathrm{L}''$ 找出与不变子空间L' 相关的不变子空间L'',然后通过连接L' 和L'' 的基,我们得到了空间 L 的一组基,其中线性变换$\mathcal{A}$的矩阵可以写成以下形式

$$A=\begin{pmatrix} A' & 0 \\ 0 & C' \end{pmatrix}$$

其中A' 是矩阵(4.4),C' 是通过将变换$\mathcal{A}$限制到子空间L'' 得到的线性变换的矩阵.类似地,如果

$$\mathrm{L}=\mathrm{L}_1\oplus\mathrm{L}_2\oplus\cdots\oplus\mathrm{L}_k$$

其中所有L_i 都是关于变换$\mathcal{A}$的不变子空间,那么变换$\mathcal{A}$的矩阵可以写成以下形式

$$A=\begin{pmatrix} A'_1 & 0 & \cdots & 0 \\ 0 & A'_2 & \cdots & 0 \\ \vdots & \vdots & & \vdots \\ 0 & 0 & \cdots & A'_k \end{pmatrix} \tag{4.6}$$

其中A'_i是通过将$\mathcal{A}$限制到不变子空间L_i 得到的线性变换的矩阵.形如(4.6) 的矩阵称为分块对角矩阵.

最简单的情形是一维不变子空间.该子空间有由单个向量 $\boldsymbol{e}\neq\mathbf{0}$ 构成的一组基,其不变性由以下关系式表示:存在数 λ,使得

$$\mathcal{A}(\boldsymbol{e})=\lambda\boldsymbol{e} \tag{4.7}$$

定义 4.10 如果关系式(4.7) 对于向量 $\boldsymbol{e}\neq\mathbf{0}$ 是满足的,那么 $\boldsymbol{e}$ 称为特征向量,数 λ 称为变换$\mathcal{A}$的特征值.

给定特征值 λ,容易验证,满足关系式(4.7) 的所有向量 $\boldsymbol{e}\in\mathrm{L}$ 构成的集合(此处也包括零向量) 构成 L 的不变子空间.它称为关于特征值 λ 的特征子空间,并记作L_λ.

例 4.11 在例 4.6 中,变换$\mathcal{A}$的特征向量首先是平面L' 中的所有向量(在这种情形中,特征值为 $\lambda=1$),其次是直线L'' 上的每个向量(特征值为 $\lambda=-1$).在例 4.7 中,特征向量是位于直线L' 上的所有向量,其对应的特征值为 $\lambda=1$.在例 4.8 中,空间中的每个向量都是特征值为 $\lambda=\alpha$ 的特征向量.当然,我们讨论的所有向量都是非零向量.

例 4.12 设 L 为由所有无穷次可微函数构成的空间,并设变换$\mathcal{A}$为微分,即它将 L 上的每个函数 $x(t)$ 映射到其导数$x'(t)$ 上.那么,$\mathcal{A}$的特征向量是函数

$x(t)$，不等于零，它们是微分方程$x'(t)=\lambda x(t)$ 的解. 我们容易证明，这样的解是函数 $x(t)=c\,\mathrm{e}^{\lambda t}$，其中 c 是任意常数. 因此，每个数 λ 都对应于变换$\mathcal{A}$的一个一维不变子空间，它由所有向量 $x(t)=c\,\mathrm{e}^{\lambda t}$ 构成，并且当 $c\neq 0$ 时，这些向量是特征向量.

存在一种简便方法，可以求得变换$\mathcal{A}$的特征值和相伴子空间. 我们必须首先选取任意一组基$\boldsymbol{e}_1,\cdots,\boldsymbol{e}_n$，然后找出满足关系式(4.7) 的向量 $\boldsymbol{e}$，用线性组合的形式表示为

$$\boldsymbol{e}=x_1\boldsymbol{e}_1+x_2\boldsymbol{e}_2+\cdots+x_n\boldsymbol{e}_n \tag{4.8}$$

设线性变换$\mathcal{A}$在基$\boldsymbol{e}_1,\cdots,\boldsymbol{e}_n$ 中的矩阵为 $A=(a_{ij})$. 那么，向量$\mathcal{A}(\boldsymbol{e})$ 在相同基中的坐标可以用方程表示为

$$\begin{cases} y_1=a_{11}x_1+a_{12}x_2+\cdots+a_{1n}x_n \\ y_2=a_{21}x_1+a_{22}x_2+\cdots+a_{2n}x_n \\ \quad\vdots \\ y_n=a_{n1}x_1+a_{n2}x_2+\cdots+a_{nn}x_n \end{cases}$$

现在，我们可以将关系式(4.7) 写为

$$\begin{cases} a_{11}x_1+a_{12}x_2+\cdots+a_{1n}x_n=\lambda x_1 \\ a_{21}x_1+a_{22}x_2+\cdots+a_{2n}x_n=\lambda x_2 \\ \quad\vdots \\ a_{n1}x_1+a_{n2}x_2+\cdots+a_{nn}x_n=\lambda x_n \end{cases}$$

或等价地，

$$\begin{cases} (a_{11}-\lambda)x_1+a_{12}x_2+\cdots+a_{1n}x_n=0 \\ a_{21}x_1+(a_{22}-\lambda)x_2+\cdots+a_{2n}x_n=0 \\ \quad\vdots \\ a_{n1}x_1+a_{n2}x_2+\cdots+(a_{nn}-\lambda)x_n=0 \end{cases} \tag{4.9}$$

对于向量(4.8) 的坐标$x_1,x_2,\cdots,x_n$，我们得到了 n 个齐次线性方程的方程组. 根据推论 2.13，该方程组有非零解，当且仅当其矩阵的行列式等于零. 我们可以把这个条件写为

$$|A-\lambda E|=0$$

使用行列式的展开式，我们可以看到，行列式 $|A-tE|$ 是关于 t 的 n 次的多项式. 它称为变换$\mathcal{A}$的特征多项式. $\mathcal{A}$的特征值恰好是该多项式的零点.

我们来证明，特征多项式与我们写出的变换的矩阵所在的基无关. 只有在我们完成这一点之后，我们才有权讨论变换自身的特征多项式，而不仅仅是它

在特定基中的矩阵.

事实上,正如我们所看到的(公式(4.3)),在另一组基中,我们得到了矩阵 $A'=C^{-1}AC$,其中 $|C|\neq 0$. 对于该矩阵,特征多项式为

$$|A'-tE|=|C^{-1}AC-tE|=|C^{-1}(A-tE)C|$$

利用行列式的乘法公式和逆矩阵的行列式的公式,我们得到了

$$|C^{-1}(A-tE)C|=|C^{-1}|\cdot|A-tE|\cdot|C|=|A-tE|$$

如果空间有一组基 $\boldsymbol{e}_1,\cdots,\boldsymbol{e}_n$,它由特征向量构成,那么在这组基中,我们有 $\mathcal{A}(\boldsymbol{e}_i)=\lambda_i\boldsymbol{e}_i$. 由此可知,在这组基中,变换 $\mathcal{A}$ 的矩阵有对角形式

$$\begin{pmatrix} \lambda_1 & 0 & \cdots & 0 \\ 0 & \lambda_2 & \cdots & 0 \\ \vdots & \vdots & & \vdots \\ 0 & 0 & \cdots & \lambda_n \end{pmatrix}$$

这是(4.6)的特例,其中不变子空间 L_i 是一维的,即 $\mathrm{L}_i=\langle\boldsymbol{e}_i\rangle$. 这样的线性变换称为可对角化的.

如下例所示,并非所有变换都是可对角化的.

例 4.13 设 $\mathcal{A}$ 为(实或复)平面的线性变换,在某组基 $\boldsymbol{e}_1,\boldsymbol{e}_2$ 中,有矩阵

$$A=\begin{pmatrix} a & b \\ 0 & a \end{pmatrix},\quad b\neq 0$$

该变换的特征多项式 $|A-tE|=(t-a)^2$ 有唯一的二重零点 $t=a$,其对应于一维特征子空间 $\langle\boldsymbol{e}_1\rangle$. 由此可知,变换 $\mathcal{A}$ 是不可对角化的.

这可以用另一种方法证明,即利用相似矩阵的概念. 如果变换 $\mathcal{A}$ 是可对角化的,那么存在满足关系式 $C^{-1}AC=aE$(或等价地,等式 $AC=aC$)的2阶非奇异矩阵. 关于矩阵 $C=(c_{ij})$ 的未知元素,前面的等式给出了两个方程,$bc_{21}=0$ 和 $bc_{22}=0$,其中根据 $b\neq 0$,可以得出 $c_{21}=c_{22}=0$,因此,矩阵 C 是奇异的.

我们已经看到,线性变换的特征值的个数是有限的,并且不超过数 n(空间 L 的维数),因为它们是 n 次特征多项式的零点.

定理 4.14 关联于特征值 λ 的特征子空间 $\mathrm{L}_\lambda\subset\mathrm{L}$ 的维数最高为值 λ 作为特征多项式的零点的重数.

证明:假设特征子空间 L_λ 的维数为 m. 我们选取该子空间的一组基 $\boldsymbol{e}_1,\cdots,\boldsymbol{e}_m$,并将其扩充为整个空间 L 的一组基 $\boldsymbol{e}_1,\cdots,\boldsymbol{e}_n$,其中变换 $\mathcal{A}$ 的矩阵具有形式(4.5). 由于根据特征子空间的定义,对于所有 $i=1,\cdots,m$,都有 $\mathcal{A}(\boldsymbol{e}_i)=\lambda\boldsymbol{e}_i$,因此,在(4.5)中,矩阵 A' 等于 λE_m,其中 E_m 是 m 阶单位矩阵. 那么

$$A-tE=\begin{pmatrix}A'-tE_m & B'\\ 0 & C'-tE_{n-m}\end{pmatrix}=\begin{pmatrix}(\lambda-t)E_m & B'\\ 0 & C'-tE_{n-m}\end{pmatrix}$$

其中E_{n-m}是$(n-m)$阶单位矩阵. 因此

$$|A-tE|=(\lambda-t)^m|C'-tE_{n-m}|$$

另外,如果 $\mathrm{L}=\mathrm{L}_\lambda\oplus\mathrm{L}''$,那么$\mathrm{L}_\lambda\cap\mathrm{L}''=(\mathbf{0})$,这说明变换$\mathcal{A}$对$\mathrm{L}''$的限制没有特征值 λ 的特征向量. 这说明 $|C'-\lambda E_{n-m}|\neq 0$,即数 λ 不是多项式 $|C'-tE_{n-m}|$ 的零点. 这就是我们要证明的. □

在前一章中,我们引入了线性变换的加法和乘法(复合)运算,这些运算是针对空间 L 到自身的变换的特殊情形明确定义的. 因此,对于任意整数 $n>0$,我们可以定义线性变换的 n 次幂. 根据定义,当 $n>0$ 时,$\mathcal{A}^n$ 是$\mathcal{A}$与自身相乘 n 次的结果,当 $n=0$ 时,$\mathcal{A}^0$ 是恒等变换$\mathcal{E}$. 这使我们能够在线性变换中引入多项式的概念,它将在以下内容中发挥重要作用.

设$\mathcal{A}$为向量空间 L(实、复或任意域$\mathbb{K}$上)的一个线性变换,并定义

$$f(x)=\alpha_0+\alpha_1x+\cdots+\alpha_kx^k$$

为具有标量系数(分别为实数、复数或域$\mathbb{K}$中的)的多项式.

定义 4.15 线性变换$\mathcal{A}$的一个多项式 f 是一个线性映射

$$f(\mathcal{A})=\alpha_0\mathcal{E}+\alpha_1\mathcal{A}+\cdots+\alpha_k\mathcal{A}^k \tag{4.10}$$

其中$\mathcal{E}$为恒等线性变换.

我们观察到,该定义没有使用坐标,即选取空间 L 中的一组特定基. 如果选取了这样一组基$\boldsymbol{e}_1,\cdots,\boldsymbol{e}_n$,那么线性变换$\mathcal{A}$对应唯一的方阵 A. 在第 2.9 节中,我们在方阵中引入了多项式的概念,这使得我们可以给出另一个定义:$f(\mathcal{A})$ 是具有以下在基$\boldsymbol{e}_1,\cdots,\boldsymbol{e}_n$ 中的矩阵的线性变换

$$f(A)=\alpha_0E+\alpha_1A+\cdots+\alpha_kA^k \tag{4.11}$$

如果我们记得线性变换的作用是通过其矩阵的作用来表示的(见第 3.3 节),那么不难得知这些定义的等价性. 因此,有必要证明,在从$\boldsymbol{e}_1,\cdots,\boldsymbol{e}_n$ 的基变换中,根据公式(4.3),矩阵 $f(A)$ 也进行了变换,其中转移矩阵 C 与矩阵 A 相同. 事实上,我们考虑坐标变换(即切换到空间 L 的另一组基),它具有矩阵 C. 然后在新的基中,变换$\mathcal{A}$的矩阵由$A'=C^{-1}AC$ 给出. 根据矩阵乘法的结合性,我们还得到了一个关系式$A'^n=C^{-1}A^nC$(对于每个整数 $n\geqslant 0$). 如果我们用A'代入公式(4.11) 中的 A,那么考虑到我们所说的,我们得到

$$f(A')=\alpha_0E+\alpha_1A'+\cdots+\alpha_kA'^k=C^{-1}(\alpha_0E+\alpha_1A+\cdots+\alpha_kA^k)C=C^{-1}f(A)C$$

这就证明了我们的结论.

显然,我们在第 2.9 节中证明的对于矩阵中的多项式的陈述(第 75 页)也适用于线性变换中的多项式.

引理 4.16 如果 $f(x)+g(x)=u(x)$ 且 $f(x)g(x)=v(x)$,那么,对于任意的线性变换$\mathcal{A}$,我们都有

$$f(\mathcal{A})+g(\mathcal{A})=u(\mathcal{A}) \tag{4.12}$$

$$f(\mathcal{A})g(\mathcal{A})=v(\mathcal{A}) \tag{4.13}$$

推论 4.17 同一线性变换$\mathcal{A}$中的多项式 $f(\mathcal{A})$ 和 $g(\mathcal{A})$ 是可交换的:$f(\mathcal{A})g(\mathcal{A})=g(\mathcal{A})f(\mathcal{A})$.

4.2 复向量空间与实向量空间

现在,我们将更详细地研究上一节中引入的概念,这些概念应用于复向量空间和实向量空间的变换(即,我们将假设域$\mathbb{K}$分别为$\mathbb{C}$或$\mathbb{R}$). 我们的基本结果特别适用于复空间.

定理 4.18 复向量空间的每个线性变换都有一个特征向量.

这直接源于这样一个事实:线性变换的特征多项式,一般是次数为正的任意多项式,有一个复根. 然而,如前一节的例 4.13 所示,即使在复空间中,也不是每个线性变换都是可对角化的.

我们来更详细地考虑可对角化的问题,始终假设我们处理的是复空间的情形. 我们将证明一种常见类型的变换的可对角化. 为此,我们需要以下引理.

引理 4.19 与不同特征值相关的特征向量是线性无关的.

证明:假设特征向量$\boldsymbol{e}_1,\cdots,\boldsymbol{e}_m$ 与不同的特征值$\lambda_1,\cdots,\lambda_m$ 相关,则

$$\mathcal{A}(\boldsymbol{e}_i)=\lambda_i\boldsymbol{e}_i, i=1,\cdots,m$$

我们将通过向量的个数 m 的归纳来证明引理. 对于 $m=1$ 的情形,结果遵循特征向量的定义,即$\boldsymbol{e}_1\neq\boldsymbol{0}$.

我们假设存在线性相关

$$\alpha_1\boldsymbol{e}_1+\alpha_2\boldsymbol{e}_2+\cdots+\alpha_m\boldsymbol{e}_m=\boldsymbol{0} \tag{4.14}$$

将变换$\mathcal{A}$应用于方程的两边,我们得到

$$\lambda_1\alpha_1\boldsymbol{e}_1+\lambda_2\alpha_2\boldsymbol{e}_2+\cdots+\lambda_m\alpha_m\boldsymbol{e}_m=\boldsymbol{0} \tag{4.15}$$

从(4.15)中减去(4.14)乘以λ_m,我们得到

$$\alpha_1(\lambda_1-\lambda_m)\boldsymbol{e}_1+\alpha_2(\lambda_2-\lambda_m)\boldsymbol{e}_2+\cdots+\alpha_{m-1}(\lambda_{m-1}-\lambda_m)\boldsymbol{e}_{m-1}=\boldsymbol{0}$$

根据我们的归纳假设,我们可以认为这个引理对于 $m-1$ 个向量$\boldsymbol{e}_1,\cdots,\boldsymbol{e}_{m-1}$ 的情形已经证明了. 因此,我们得到$\alpha_1(\lambda_1-\lambda_m)=0,\cdots,\alpha_{m-1}(\lambda_{m-1}-\lambda_m)=0$. 由于

根据引理中的条件，$\lambda_1 \neq \lambda_m,\cdots,\lambda_{m-1} \neq \lambda_m$，由此得出$\alpha_1 = \cdots = \alpha_{m-1} = 0$. 将其代入(4.14)，我们得出关系式$\alpha_m \boldsymbol{e}_m = \boldsymbol{0}$，即(根据特征向量的定义)，$\alpha_m = 0$. 因此，在(4.14)中，所有$\alpha_i$都等于零，这就证明了$\boldsymbol{e}_1,\cdots,\boldsymbol{e}_m$的线性无关性. □

根据引理4.19，我们有以下结果.

定理4.20 复向量空间上的线性变换是可对角化的，如果其特征多项式没有重根.

众所周知，在这种情形中，特征多项式有n个不同的根(我们再次想起，我们讨论的是复数域上的多项式).

定理4.20的证明：设$\lambda_1,\cdots,\lambda_n$为变换$\mathcal{A}$的特征多项式的不同的根，并设$\boldsymbol{e}_1,\cdots,\boldsymbol{e}_n$为对应的特征向量. 只需证明这些向量构成整个空间的一组基. 由于它们的个数等于空间的维数，这等价于证明它们的线性无关性，这遵循引理4.19. □

如果A是变换$\mathcal{A}$在某组基中的矩阵，那么定理4.20的条件是满足的，当且仅当特征多项式的所谓的判别式是非零的[①]. 例如，如果矩阵A的阶为2，并且

$$A = \begin{pmatrix} a & b \\ c & d \end{pmatrix}$$

那么

$$|A - tE| = \begin{vmatrix} a-t & b \\ c & d-t \end{vmatrix} = (a-t)(d-t) - bc = t^2 - (a+d)t + ad - bc$$

该二次三项式有两个不同的根的条件是$(a+d)^2 - 4(ad-bc) \neq 0$. 这可以重写为

$$(a-d)^2 + 4bc \neq 0 \tag{4.16}$$

类似地，对于任意维复向量空间，不满足定理4.20的条件的线性变换有一个矩阵，该矩阵无论基如何选取，都有满足特殊代数关系的元素. 在这个意义上，只有特别的变换不满足定理4.20的条件.

类似的考虑给出了线性变换可对角化的充要条件.

定理4.21 复向量空间的线性变换是可对角化的，当且仅当对于其每个特征值λ，对应的特征空间L_λ的维数等于λ作为特征多项式的根的重数.

换句话说，得到了定理4.14中得到的子空间L_λ的维数的界.

定理4.21的证明：设变换$\mathcal{A}$是可对角化的，即在某组基$\boldsymbol{e}_1,\cdots,\boldsymbol{e}_n$中，它有矩

---

① 有关多项式的判别式的一般概念，见 Victor V. Prasolov 的 *Polynomials*, Springer 2004.

本书中译版：谢彦麟，多项式理论研究综述，哈尔滨工业大学出版社，2016－1.

阵

$$A=\begin{pmatrix}\lambda_1 & 0 & \cdots & 0\\ 0 & \lambda_2 & \cdots & 0\\ \vdots & \vdots & & \vdots\\ 0 & 0 & \cdots & \lambda_n\end{pmatrix}$$

可以排列特征值$\lambda_1,\cdots,\lambda_n$使得那些相等的数彼此相邻,因此,它们有形式

$$\underbrace{\lambda_1,\cdots,\lambda_1}_{m_1\text{次}},\underbrace{\lambda_2,\cdots,\lambda_2}_{m_2\text{次}},\cdots,\underbrace{\lambda_k,\cdots,\lambda_k}_{m_k\text{次}}$$

其中所有的数$\lambda_1,\cdots,\lambda_k$是不同的.换句话说,我们可以把矩阵$A$写成分块对角形式

$$A=\begin{pmatrix}\lambda_1 E_{m_1} & 0 & \cdots & 0\\ 0 & \lambda_2 E_{m_2} & \cdots & 0\\ \vdots & \vdots & & \vdots\\ 0 & 0 & \cdots & \lambda_n E_{m_k}\end{pmatrix} \tag{4.17}$$

其中E_{m_i}是m_i阶的单位矩阵.那么

$$|A-tE|=(\lambda_1-t)^{m_1}(\lambda_2-t)^{m_2}\cdots(\lambda_k-t)^{m_k}$$

即数λ_i是特征方程的m_i重根.另外,对于向量$\boldsymbol{x}=\alpha_1\boldsymbol{e}_1+\cdots+\alpha_n\boldsymbol{e}_n$,等式$\mathcal{A}(\boldsymbol{x})=\lambda_i\boldsymbol{x}$给出了关系式$\lambda_s\alpha_j=\lambda_i\alpha_j(j=1,\cdots,n$和$s=1,\cdots,k)$,即$\alpha_j=0$或$\lambda_s=\lambda_i$.换句话说,向量$\boldsymbol{x}$仅是对应于$\lambda_i$的这些特征向量$\boldsymbol{e}_j$的线性组合.这说明子空间$\mathrm{L}_{\lambda_i}$由此类向量的所有线性组合构成,因此,$\dim \mathrm{L}_{\lambda_i}=m_i$.

反之,对于不同的特征值$\lambda_1,\cdots,\lambda_k$,设特征子空间$\mathrm{L}_{\lambda_i}$的维数等于数$\lambda_i$作为特征多项式的根的重数$m_i$.那么,根据多项式的已知性质,可以得出$m_1+\cdots+m_k=n$,这说明

$$\dim \mathrm{L}_{\lambda_1}+\cdots+\dim \mathrm{L}_{\lambda_k}=\dim \mathrm{L} \tag{4.18}$$

我们将证明,和$\mathrm{L}_{\lambda_1}+\cdots+\mathrm{L}_{\lambda_k}$是其特征子空间$\mathrm{L}_{\lambda_i}$的直和.为此,只需证明对于所有向量$\boldsymbol{x}_1\in\mathrm{L}_{\lambda_1},\cdots,\boldsymbol{x}_k\in\mathrm{L}_{\lambda_k}$,只有在$\boldsymbol{x}_1=\cdots=\boldsymbol{x}_k=\boldsymbol{0}$的情形中,等式$\boldsymbol{x}_1+\cdots+\boldsymbol{x}_k=\boldsymbol{0}$才成立.但是由于$\boldsymbol{x}_1,\cdots,\boldsymbol{x}_k$是变换$\mathcal{A}$的对应于不同的特征值$\lambda_1,\cdots,\lambda_k$的特征向量,所需结论遵循引理4.19.因此,根据等式(4.18),我们有分解

$$\mathrm{L}=\mathrm{L}_{\lambda_1}\oplus\cdots\oplus\mathrm{L}_{\lambda_k}$$

从每个特征子空间$\mathrm{L}_{\lambda_i}(i=1,\cdots,k)$中选取一组基(由$m_i$个向量构成),并以这样的方式对其排序,即出现在特定子空间L_{λ_i}的向量是相邻的,我们得到了空间L的一组基,其中变换$\mathcal{A}$的矩阵A有(4.17)的形式.这说明变换$\mathcal{A}$是可对角化的.

□

实向量空间的情形在应用中更常见. 它们的研究几乎与复向量空间的研究方法相同,只是结果有些复杂. 我们将在这里介绍定理 4.18 的实类比的证明.

定理 4.22 维数 $n>2$ 的实向量空间的每个线性变换都有一个一维或二维不变子空间.

证明:设$\mathcal{A}$是维数 $n>2$ 的实向量空间 L 的一个线性变换,并且设 $\boldsymbol{x}\in \mathrm{L}$ 为某个非零向量. 由于集合 $\boldsymbol{x}, \mathcal{A}(\boldsymbol{x}), \mathcal{A}^2(\boldsymbol{x}), \cdots, \mathcal{A}^n(\boldsymbol{x})$ 由 $n+1>\dim \mathrm{L}$ 个向量构成,那么根据向量空间的维数的定义,这些向量必定是线性相关的. 这说明存在实数 $\alpha_0, \alpha_1, \cdots, \alpha_n$,并非全为零,使得

$$\alpha_0 \boldsymbol{x}+\alpha_1 \mathcal{A}(\boldsymbol{x})+\alpha_2 \mathcal{A}^2(\boldsymbol{x})+\cdots+\alpha_n \mathcal{A}^n(\boldsymbol{x})=\mathbf{0} \tag{4.19}$$

考虑多项式 $P(t)=\alpha_0+\alpha_1 t+\cdots+\alpha_n t^n$,并把变量 t 替换为变换$\mathcal{A}$,如第 4.1 节中(公式(4.10))所做的那样. 那么,等式(4.19)可以写成以下形式

$$P(\mathcal{A})(\boldsymbol{x})=\mathbf{0} \tag{4.20}$$

满足等式(4.20)的多项式 $P(t)$ 称为向量 $\boldsymbol{x}$ 的零化子多项式(其蕴涵它是关于给定变换$\mathcal{A}$的).

假设某个向量 $\boldsymbol{x}\neq \mathbf{0}$ 的零化子多项式 $P(t)$ 是两个较低阶多项式的乘积:$P(t)=Q_1(t)Q_2(t)$. 那么根据上一节中的定义(4.20)和公式(4.13),我们有 $Q_1(\mathcal{A})Q_2(\mathcal{A})(\boldsymbol{x})=\mathbf{0}$. 那么要么$Q_2(\mathcal{A})(\boldsymbol{x})=\mathbf{0}$,因此,向量 $\boldsymbol{x}$ 被较低阶的零化子多项式$Q_2(t)$零化,要么$Q_2(\mathcal{A})(\boldsymbol{x})\neq \mathbf{0}$. 如果我们假设 $\boldsymbol{y}=Q_2(\mathcal{A})(\boldsymbol{x})$,我们就得到等式$Q_1(\mathcal{A})(\boldsymbol{y})=\mathbf{0}$,这说明非零向量 $\boldsymbol{y}$ 被较低阶的零化子多项式$Q_1(t)$零化. 众所周知,具有实系数的任意多项式是一次和二次多项式的乘积. 将上述过程多次应用于 $P(t)$,最终,我们得到一次或二次多项式 $Q(t)$ 和非零向量 $\boldsymbol{z}$,使得 $Q(\mathcal{A})(\boldsymbol{z})=\mathbf{0}$. 这是定理 4.18 的实类比.

分解 $Q(t)$ 的高次项的系数,我们可以假设该系数等于 1. 如果 $Q(t)$ 的次数等于 1,那么 $Q(t)=t-\lambda$(存在这样的 λ),等式 $Q(\mathcal{A})(\boldsymbol{z})=\mathbf{0}$ 得出$(\mathcal{A}-\lambda\mathcal{E})\boldsymbol{z}=\mathbf{0}$. 这说明 λ 是 $\boldsymbol{z}$ 的特征值,$\boldsymbol{z}$ 是变换$\mathcal{A}$的特征向量,因此,$\langle \boldsymbol{z}\rangle$ 是变换$\mathcal{A}$的一维不变子空间.

如果 $Q(t)$ 的次数等于 2,那么 $Q(t)=t^2+pt+q$ 且$(\mathcal{A}^2+p\mathcal{A}+q\mathcal{E})\boldsymbol{z}=\mathbf{0}$. 在这种情形中,子空间$\mathrm{L}'=\langle \boldsymbol{z}, \mathcal{A}(\boldsymbol{z})\rangle$ 是二维的,并且关于$\mathcal{A}$是不变的. 事实上,向量 $\boldsymbol{z}$ 和$\mathcal{A}(\boldsymbol{z})$ 是线性无关的,否则,我们将考虑上述特征向量 $\boldsymbol{z}$ 的情形. 这说明 $\dim \mathrm{L}'=2$. 我们将证明,L' 是变换$\mathcal{A}$的不变子空间. 设 $\boldsymbol{x}=\alpha\boldsymbol{z}+\beta\mathcal{A}(\boldsymbol{z})$. 为了证明$\mathcal{A}(\boldsymbol{x})\in \mathrm{L}'$,只需验证向量$\mathcal{A}(\boldsymbol{z})$ 和$\mathcal{A}(\mathcal{A}(\boldsymbol{z}))$ 属于L'. 根据L' 的定义,这是成立的. 根据$\mathcal{A}(\mathcal{A}(\boldsymbol{z}))=\mathcal{A}^2(\boldsymbol{z})$ 和定理的条件,有$\mathcal{A}^2(\boldsymbol{z})+p\mathcal{A}(\boldsymbol{z})+q\boldsymbol{z}=\mathbf{0}$,即

$\mathcal{A}^2(z) = -qz - p\,\mathcal{A}(z)$. □

我们讨论一下在定理 4.22 的证明中遇到的零化子多项式的概念. 向量 $\boldsymbol{x} \neq \boldsymbol{0}$ 的有最低次数的零化子多项式称为向量 $\boldsymbol{x}$ 的极小多项式.

定理 4.23 每个零化子多项式都可被极小多项式整除.

证明:设 $P(t)$ 为向量 $\boldsymbol{x} \neq \boldsymbol{0}$ 的零化子多项式,且 $Q(t)$ 为极小多项式. 我们假设 P 不可被 Q 整除. 我们将 P 除以 Q,带有余式. 这给出了等式 $P = UQ + R$,其中 U 和 R 是 t 的多项式,此外,R 不等于零,并且 R 的次数小于 Q. 如果我们将变量 t 替换为变换 $\mathcal{A}$,那么根据公式(4.12) 和(4.13),我们得到

$$P(\mathcal{A})(\boldsymbol{x}) = U(\mathcal{A})Q(\mathcal{A})(\boldsymbol{x}) + R(\mathcal{A})(\boldsymbol{x}) \tag{4.21}$$

由于 P 和 Q 都是向量 $\boldsymbol{x}$ 的零化子多项式,所以 $R(\mathcal{A})(\boldsymbol{x}) = \boldsymbol{0}$. 由于 R 的次数小于 Q 的次数,这与多项式 Q 的极小性相矛盾.

推论 4.24 向量 $\boldsymbol{x} \neq \boldsymbol{0}$ 的极小多项式是唯一定义的(由一个常数因子决定).

我们注意到,对于零化子多项式,定理 4.23 及其逆定理成立:任意零化子多项式的任意倍数也是零化子多项式(当然,与向量 $\boldsymbol{x}$ 一样). 这是因为在这种情形中,在等式(4.21) 中,我们有 $R = 0$. 由此得出结论:存在一个多项式,该多项式是空间 L 的所有向量的零化子. 事实上,设$\boldsymbol{e}_1, \cdots, \boldsymbol{e}_n$ 为空间 L 的一组基,并设$P_1, \cdots, P_n$ 为这些向量的零化子多项式. 我们用 Q 表示这些多项式的最小公倍式. 那么从我们上面所说的,可以得出 Q 是每个向量$\boldsymbol{e}_1, \cdots, \boldsymbol{e}_n$ 的零化子多项式;也就是说,对于所有 $i = 1, \cdots, n$,都有 $Q(\mathcal{A})(\boldsymbol{e}_i) = \boldsymbol{0}$. 我们将证明 Q 是每个向量 $\boldsymbol{x} \in$ L 的零化子多项式. 根据定义,$\boldsymbol{x}$ 是基向量的线性组合,即,$\boldsymbol{x} = \alpha_1\boldsymbol{e}_1 + \alpha_2\boldsymbol{e}_2 + \cdots + \alpha_n\boldsymbol{e}_n$. 那么

$$Q(\mathcal{A})(\boldsymbol{x}) = Q(\mathcal{A})(\alpha_1\boldsymbol{e}_1 + \cdots + \alpha_n\boldsymbol{e}_n) = \alpha_1 Q(\mathcal{A})(\boldsymbol{e}_1) + \cdots + \alpha_n Q(\mathcal{A})(\boldsymbol{e}_n) = \boldsymbol{0}$$

定义 4.25 将空间 L 的每个向量零化的多项式称为该空间的零化子多项式(请记住,我们的意思是对于给定的线性变换 $\mathcal{A}$: L → L).

最后,我们比较定理 4.18 和 4.22 证明中使用的论点. 在第一种情形中,我们依赖于特征多项式的根(即 1 次因子) 的存在性,而在后一种情形中,我们要求零化子多项式存在最简单的(1 次或 2 次) 因子. 这些多项式之间的联系依赖于一个就其本身而言很重要的结果. 它称为 Cayley-Hamilton 定理.

定理 4.26 特征多项式是其相伴向量空间的零化子多项式.

该定理的证明基于类似于引理 4.19 的证明中使用的论点,但与更一般的情形有关. 现在,我们将考虑变量 t 的多项式,其系数不是数,而是向量空间 L 到自身的线性变换,或(如果在 L 中选取了某组固定基,那么这是相同的) 方阵 P_i

$$P(t)=P_0+P_1t+\cdots+P_kt^k$$

如果假设变量 t 与系数可交换，那么可以像处理普通多项式一样处理这些多项式. 也可以用线性变换的矩阵 A 代替 t. 我们将用 $P(A)$ 表示该替换的结果，即

$$P(A)=P_0+P_1A+\cdots+P_kA^k$$

在此，重要的是，t 和 A 写在系数P_i 的右边. 此外，我们将考虑P_i 和 A 是相同阶的方阵的情形. 考虑到以上所述，所有结论都是正确的，在最后一个公式中，我们有线性变换$\mathcal{P}_i$ 和某个向量空间 L 到自身的$\mathcal{A}$，而不是矩阵P_i 和 A

$$\mathcal{P}(\mathcal{A})=\mathcal{P}_0+\mathcal{P}_1\mathcal{A}+\cdots+\mathcal{P}_k\mathcal{A}^k$$

然而，在这种情形中，第 4.1 节的公式(4.13) 的类比不成立，即如果多项式 $R(t)$ 等于 $P(t)Q(t)$，并且 A 是向量空间 L 的任意线性变换的矩阵. 那么一般来说，$R(A)\neq P(A)Q(A)$. 例如，如果我们有多项式 $P=P_1t$ 和 $Q=Q_0$，那么 $P_1tQ_0=P_1Q_0t$，但对于任意矩阵 A，$P_1AQ_0=P_1Q_0A$ 不是对的，因为矩阵 A 和Q_0 不一定是可交换的. 然而，公式(4.13) 在一个重要的特殊情形中是成立的.

引理 4.27 设

$$P(t)=P_0+P_1t+\cdots+P_kt^k,Q(t)=Q_0+Q_1t+\cdots+Q_lt^l$$

并假设多项式 $R(t)$ 等于 $P(t)Q(t)$. 那么 $R(A)=P(A)Q(A)$，如果矩阵 A 与多项式 $Q(t)$ 的每个系数都是可交换的，即，对于所有 $i=1,\cdots,l$，都有 $AQ_i=Q_iA$.

证明：不难看出，多项式 $R(t)=P(t)Q(t)$ 可以表示为 $R(t)=R_0+R_1t+\cdots+R_{k+l}t^{k+l}$，带有系数 $R_s=\sum_{i=0}^{s}P_iQ_{s-i}$，其中 $P_i=0$，如果 $i>k$；$Q_i=0$，如果 $i>l$. 类似地，多项式 $R(A)=P(A)Q(A)$ 可以表示为以下形式

$$R(A)=\sum_{s=0}^{k+l}\Big(\sum_{i=0}^{s}P_iA^iQ_{s-i}A^{s-i}\Big)$$

带有相同的条件：$P_i=0$，如果 $i>k$；$Q_i=0$，如果 $i>l$. 根据引理的条件，有 $AQ_j=Q_jA$，根据归纳，我们容易得到$A^iQ_j=Q_jA^i$(对于 i 和 j 的每个选取). 因此，我们的表达式取得形式

$$R(A)=\sum_{s=0}^{k+l}\Big(\sum_{i=0}^{s}P_iQ_{s-i}A^s\Big)=P(A)Q(A) \qquad \square$$

当然，类似的结论对于变量 t 位于系数左边的所有多项式都成立(那么矩阵 A 必须与多项式 P 的每个系数都可交换，而非 Q).

利用引理 4.27，我们可以证明 Cayley-Hamilton 定理.

定理 4.26 的证明：我们来考虑矩阵 $tE-A$，并用 $\varphi(t)=|tE-A|$ 表示其

行列式.多项式 $\varphi(t)$ 的系数是数,容易看出,它等于特征多项式矩阵 A 乘以 $(-1)^n$(为了使t^n 的系数等于 1).我们用 $B(t)$ 表示 $tE-A$ 的转置伴随矩阵(见第 78 页的定义).显然,$B(t)$ 将包含 t 的某些多项式作为其元素,其次数最高为 $n-1$,因此,我们可以写为 $B(t)=B_0+B_1t+\cdots+B_{n-1}t^{n-1}$,其中$B_i$ 是某些矩阵.转置伴随矩阵的公式(2.70) 得出

$$B(t)(tE-A)=\varphi(t)E \tag{4.22}$$

我们将公式(4.22) 中的变量 t 替换为关于向量空间 L 的某组基的线性变换$\mathcal{A}$的矩阵 A. 由于矩阵 A 与单位矩阵E 和自身可交换,那么根据引理 4.27,我们得到了矩阵等式 $B(A)(AE-A)=\varphi(A)E$,其左边等于零矩阵.显然,在任意一组基中,零矩阵是零变换 $\mathcal{Q}$:L → L 的矩阵,因此,$\varphi(\mathcal{A})=\mathcal{Q}$. 这就是定理 4.26 的结论. □

特别地,现在显然,根据定理 4.22 的证明,我们可以将变换$\mathcal{A}$的特征多项式取为零化子多项式.

4.3 复　　化

考虑到实向量空间在应用中特别常见,我们从已经证明了的复空间的线性变换的性质出发,在此提出确定此类空间的线性变换的性质的另一种方法.

设 L 为有限维实向量空间.为了应用我们之前提出的论点,有必要将其嵌入到某些复空间$L^{\mathbb{C}}$ 中.为此,我们将使用这一事实,正如我们在第 3.5 节中看到的那样,L 同构于长为 n 的行的空间(其中 $n=\dim$ L),我们用$\mathbb{R}^n$ 表示.

考虑到通常的集合包含$\mathbb{R}\subset\mathbb{C}$,我们可以将$\mathbb{R}^n$ 看作$\mathbb{C}^n$ 的子集.在这种情形中,当然,$\mathbb{C}^n$ 的子空间并不作为域$\mathbb{C}$上的向量空间.例如,与复标量 i 相乘并不将$\mathbb{R}^n$ 自身考虑在内.相反,容易看出,我们有分解

$$\mathbb{C}^n=\mathbb{R}^n\oplus \mathrm{i}\,\mathbb{R}^n$$

(我们回顾一下,在$\mathbb{C}^n$ 中,对于所有向量,特别是对于子集$\mathbb{R}^n$ 中的向量,定义了 i 的乘法).现在我们用 L 表示$\mathbb{R}^n$,而用$L^{\mathbb{C}}$ 表示$\mathbb{C}^n$. 前面的关系式现在这样来写

$$L^{\mathbb{C}}=L\oplus \mathrm{i}L \tag{4.23}$$

那么,向量空间 L(作为域$\mathbb{R}$上的空间) 上的任意线性变换$\mathcal{A}$可以扩充到整个$L^{\mathbb{C}}$(作为域$\mathbb{C}$上的空间).即,根据分解(4.23),每个向量 $\boldsymbol{x}\in L^{\mathbb{C}}$ 都可以用 $\boldsymbol{x}=\boldsymbol{u}+\mathrm{i}\boldsymbol{v}$ 的形式唯一表示,其中 $\boldsymbol{u},\boldsymbol{v}\in$ L, 我们设

$$\mathcal{A}^{\mathbb{C}}(\boldsymbol{x})=\mathcal{A}(\boldsymbol{u})+\mathrm{i}\,\mathcal{A}(\boldsymbol{v}) \tag{4.24}$$

我们省略了由关系式(4.24) 定义的映射$\mathcal{A}^{\mathbb{C}}$ 是空间$L^{\mathbb{C}}$(在域$\mathbb{C}$上) 的线性变换

的显然的验证. 此外,不难证明,$\mathcal{A}^{\mathbb{C}}$ 是空间$\mathrm{L}^{\mathbb{C}}$ 的唯一的线性变换,其对 L 的限制与$\mathcal{A}$相同,即,对于 L 中的所有 $\boldsymbol{x}$,等式$\mathcal{A}^{\mathbb{C}}(\boldsymbol{x})=\mathcal{A}(\boldsymbol{x})$ 都是满足的.

在此给出的构造可能看起来有些不优雅,因为它利用了空间 L 和$\mathbb{R}^n$ 的同构,对于其构造,有必要选取 L 的某组基. 虽然在大多数应用中存在这样一组基,但我们将给出一个不取决于基的选取的构造. 为此,我们回顾一下,空间 L 可以从其对偶空间L^*通过同构$\mathrm{L}\simeq\mathrm{L}^{**}$ 进行重构, 我们在第 3.7 节中构造过. 换句话说,$\mathrm{L}\simeq\mathcal{L}(\mathbf{L}^*,\mathbb{R})$,其中,与之前一样,$\mathcal{L}(\mathrm{L},M)$ 表示线性映射 $\mathrm{L}\to\mathrm{M}$ 的空间(在此,要么所有空间都看作复的,要么它们都看作实的).

现在,我们把$\mathbb{C}$看作域$\mathbb{R}$上的二维向量空间,并设

$$\mathrm{L}^{\mathbb{C}}=\mathcal{L}(\mathrm{L}^*,\mathbb{C}) \tag{4.25}$$

其中在$\mathcal{L}(\mathrm{L}^*,\mathbb{C})$ 中,两个空间L^* 和$\mathbb{C}$都看作实的. 因此,关系式(4.25) 将$\mathrm{L}^{\mathbb{C}}$ 代入域$\mathbb{R}$上的向量空间. 但在定义$\mathrm{L}^{\mathbb{C}}$ 中的向量与复标量的乘积后,我们可以将其转换为域$\mathbb{C}$上的空间. 即,如果$\boldsymbol{\varphi}\in\mathcal{L}(\mathrm{L}^*,\mathbb{C})$ 且 $z\in\mathbb{C}$,那么我们设 $z\boldsymbol{\varphi}=\boldsymbol{\psi}$,其中 $\boldsymbol{\Psi}\in\mathcal{L}(\mathrm{L}^*,\mathbb{C})$ 由条件

$$\boldsymbol{\psi}(\boldsymbol{f})=z\cdot\boldsymbol{\varphi}(\boldsymbol{f}),\quad \boldsymbol{f}\in\mathrm{L}^*$$

定义. 容易验证,这样定义的$\mathrm{L}^{\mathbb{C}}$ 是域$\mathbb{C}$上的向量空间,对于 L 的的任意选取(即同构 $\mathrm{L}\simeq\mathbb{R}^n$ 的选取),从 L 到$\mathrm{L}^{\mathbb{C}}$ 的过程将与上述相同.

如果$\mathcal{A}$是空间 L 的线性变换,那么我们将定义空间$\mathrm{L}^{\mathbb{C}}$ 的对应线性变换$\mathcal{A}^{\mathbb{C}}$,在使用以下关系式赋值给每个向量 $\boldsymbol{\psi}\in\mathrm{L}^{\mathbb{C}}$ 值$\mathcal{A}^{\mathbb{C}}(\boldsymbol{\psi})\in\mathrm{L}^{\mathbb{C}}$ 之后

$$(\mathcal{A}^{\mathbb{C}}(\boldsymbol{\psi}))(\boldsymbol{f})=\psi(\mathcal{A}^*(\boldsymbol{f})),\quad \boldsymbol{f}\in\mathrm{L}^*$$

其中$\mathcal{A}^*:\mathrm{L}^*\to\mathrm{L}^*$ 是关于$\mathcal{A}$的对偶变换(见第 124 页). 显然,事实上,$\mathcal{A}^{\mathbb{C}}$ 是空间$\mathrm{L}^{\mathbb{C}}$ 的线性变换,其对 L 的限制与变换$\mathcal{A}$相同,即对于每个 $\boldsymbol{\psi}\in\mathrm{L}$,$\mathcal{A}^{\mathbb{C}}(\boldsymbol{\psi})(\boldsymbol{f})=\mathcal{A}(\boldsymbol{\psi})(\boldsymbol{f})(\boldsymbol{f}\in\mathrm{L}^*)$ 都是满足的.

定义 4.28 复向量空间$\mathrm{L}^{\mathbb{C}}$ 称为实向量空间 L 的复化,而变换$\mathcal{A}^{\mathbb{C}}:\mathrm{L}^{\mathbb{C}}\to\mathrm{L}^{\mathbb{C}}$ 是变换$\mathcal{A}:\mathrm{L}\to\mathrm{L}$ 的复化.

备注 4.29 上述构造也适用于更一般的情形:利用它,可以将任意域$\mathbb{K}$上的任意向量空间 L 指定到较大域$\mathbb{K}'\supset\mathbb{K}$上的空间$\mathrm{L}^{\mathbb{K}'}$,并将域 L 的线性变换$\mathcal{A}$指定到域$\mathrm{L}^{\mathbb{K}'}$ 的线性变换$\mathcal{A}^{\mathbb{K}'}$.

在我们构造的空间$\mathrm{L}^{\mathbb{C}}$ 中,引入复共轭运算将是非常有用的,其赋值给向量 $\boldsymbol{x}\in\mathrm{L}^{\mathbb{C}}$ 向量$\overline{\boldsymbol{x}}\in\mathrm{L}^{\mathbb{C}}$,或将$\mathrm{L}^{\mathbb{C}}$ 看作$\mathbb{C}^n$(本节从这里开始),对行 $\boldsymbol{x}$ 中的每个数取复共轭,或(等价地) 利用(4.23),对于 $\boldsymbol{x}=\boldsymbol{u}+\mathrm{i}\boldsymbol{v}$,设$\overline{\boldsymbol{x}}=\boldsymbol{u}-\mathrm{i}\boldsymbol{v}$. 显然

$$\overline{\boldsymbol{x}+\boldsymbol{y}}=\overline{\boldsymbol{x}}+\overline{\boldsymbol{y}},\overline{(\alpha\boldsymbol{x})}=\overline{\alpha}\ \overline{\boldsymbol{x}}$$

对于所有向量 $\boldsymbol{x},\boldsymbol{y}\in\mathrm{L}^{\mathbb{C}}$和任意复标量 α 都成立.

根据规则(4.24),从实向量空间 L 的某个变换$\mathcal{A}$得到的变换$\mathcal{A}^{\mathrm{C}}$ 称为实的. 对于实变换$\mathcal{A}^{\mathrm{C}}$,我们有关系式

$$\overline{\mathcal{A}^{\mathrm{C}}(\boldsymbol{x})} = \mathcal{A}^{\mathrm{C}}(\overline{\boldsymbol{x}}) \tag{4.26}$$

这遵循变换$\mathcal{A}^{\mathrm{C}}$ 的定义(4.24). 事实上,如果我们有 $\boldsymbol{x}=\boldsymbol{u}+\mathrm{i}\boldsymbol{v}$,那么

$$\mathcal{A}^{\mathrm{C}}(\boldsymbol{x}) = \mathcal{A}(\boldsymbol{u}) + \mathrm{i}\,\mathcal{A}(\boldsymbol{v}), \quad \overline{\mathcal{A}^{\mathrm{C}}(\boldsymbol{x})} = \mathcal{A}(\boldsymbol{u}) - \mathrm{i}\,\mathcal{A}(\boldsymbol{v})$$

另外,$\overline{\boldsymbol{x}}=\boldsymbol{u}-\mathrm{i}\boldsymbol{v}$,从中得出$\mathcal{A}^{\mathrm{C}}(\overline{\boldsymbol{x}}) = \mathcal{A}(\boldsymbol{u}) - \mathrm{i}\,\mathcal{A}(\boldsymbol{v})$,因此有关系式(4.26).

考虑实向量空间 L 的线性变换$\mathcal{A}$. 如上所示,与之对应的是复向量空间L^{C}的线性变换$\mathcal{A}^{\mathrm{C}}$. 根据定理 4.18,变换$\mathcal{A}^{\mathrm{C}}$ 有特征向量 $\boldsymbol{x}\in\mathrm{L}^{\mathrm{C}}$. 因此,对其有等式

$$\mathcal{A}^{\mathrm{C}}(\boldsymbol{x}) = \lambda\boldsymbol{x} \tag{4.27}$$

其中 λ 是变换$\mathcal{A}$的特征多项式的根,一般来说,是某个复数. 我们必须区分两种情形:λ 是实数和 λ 是复数.

情形 1. λ 是实数. 在这种情形中,变换$\mathcal{A}$的特征多项式有一个实根,因此,$\mathcal{A}$在域 L 中有一个特征向量;即 L 有一个一维不变子空间.

情形 2. λ 是复数. 设 $\lambda=a+\mathrm{i}b$,其中 a 和 b 是实数,$b\neq 0$. 特征向量 $\boldsymbol{x}$ 也可以写成 $\boldsymbol{x}=\boldsymbol{u}+\mathrm{i}\boldsymbol{v}$,其中向量 $\boldsymbol{u},\boldsymbol{v}$ 在 L 中. 根据假设,$\mathcal{A}^{\mathrm{C}}(\boldsymbol{x}) = \mathcal{A}(\boldsymbol{u}) + \mathrm{i}\,\mathcal{A}(\boldsymbol{v})$,那么考虑到分解(4.23),关系式(4.27) 给出

$$\mathcal{A}(\boldsymbol{v}) = a\boldsymbol{v} + b\boldsymbol{u}, \quad \mathcal{A}(\boldsymbol{u}) = -b\boldsymbol{v} + a\boldsymbol{u} \tag{4.28}$$

这说明空间 L 的子空间$\mathrm{L}'=\langle\boldsymbol{v},\boldsymbol{u}\rangle$ 关于变换$\mathcal{A}$是不变的. 子空间L' 的维数等于 2,向量$\boldsymbol{v},\boldsymbol{u}$构成它的一组基. 事实上,只需验证它们的线性无关性. $\boldsymbol{v}$和$\boldsymbol{u}$ 的线性相关性蕴涵存在实数 ξ,使得 $\boldsymbol{v}=\xi\boldsymbol{u}$(或者 $\boldsymbol{u}=\xi\boldsymbol{v}$). 但是根据 $\boldsymbol{v}-\xi\boldsymbol{u}$,(4.28) 的第二个等式将得到关系式$\mathcal{A}(\boldsymbol{u})=(a-b\xi)\boldsymbol{u}$,这蕴涵 $\boldsymbol{u}$ 是变换$\mathcal{A}$的实特征向量,具有实特征值 $a-b\xi$;也就是说,我们正在处理情形 1. $\boldsymbol{u}=\xi\boldsymbol{v}$ 的情形类似.

结合情形 1 和情形 2,我们得到了定理 4.22 的另一个证明. 我们观察到,事实上,我们现在已经证明了比该定理中断言的更多的内容. 也就是说,我们已经证明了在二维不变子空间L' 中,存在一组基 $\boldsymbol{v},\boldsymbol{u}$,其中变换$\mathcal{A}$给出了公式(4.28),即它有以下形式的矩阵

$$\begin{pmatrix} a & -b \\ b & a \end{pmatrix}, \quad b\neq 0$$

定义 4.30 实向量空间 L 的线性变换$\mathcal{A}$称为分块可对角化的,如果在某组基中,其矩阵有以下形式

$$A=\begin{pmatrix}\alpha_1 & 0 & \cdots & \cdots & \cdots & 0\\ 0 & \ddots & \ddots & \ddots & \ddots & \vdots\\ \vdots & \ddots & \alpha_r & 0 & \ddots & \vdots\\ \vdots & \ddots & 0 & B_1 & \ddots & \vdots\\ \vdots & \ddots & \ddots & \ddots & \ddots & 0\\ 0 & \cdots & \cdots & \cdots & 0 & B_s\end{pmatrix} \tag{4.29}$$

其中$\alpha_1,\cdots,\alpha_r$是一阶实矩阵(即实数),$B_1,\cdots,B_s$是如下形式的2阶的实矩阵

$$B_j=\begin{pmatrix}a_j & -b_j\\ b_j & a_j\end{pmatrix},b_j\neq 0 \tag{4.30}$$

分块可对角化线性变换是复向量空间的可对角化变换的实类比. 以下定理建立了这两个概念之间的联系.

定理 4.31 向量空间L的线性变换$\mathcal{A}$是分块可对角化的,当且仅当其复化$\mathcal{A}^{\mathbb{C}}$是空间$\mathrm{L}^{\mathbb{C}}$的可对角化变换.

证明:假设线性变换$\mathcal{A}:\mathrm{L}\to\mathrm{L}$是分块可对角化的. 这说明在空间L的某组基中,其矩阵有形式(4.29),这等价于分解

$$\mathrm{L}=\mathrm{L}_1\oplus\cdots\oplus\mathrm{L}_r\oplus\mathrm{M}_1\oplus\cdots\oplus\mathrm{M}_s \tag{4.31}$$

其中,L_i和M_j是关于变换$\mathcal{A}$的不变子空间. 在我们的情形中,$\dim\mathrm{L}_i=1$,因此$\mathrm{L}_i=\langle\boldsymbol{e}_i\rangle$且$\mathcal{A}(\boldsymbol{e}_i)=\alpha_i\boldsymbol{e}_i$,$\dim\mathrm{M}_j=2$,其中在子空间$\mathrm{M}_j$的某组基上,变换$\mathcal{A}$对$\mathrm{M}_j$的限制有形式(4.30)的矩阵. 利用公式(4.30),我们容易得到,对二维子空间M_j的限制$\mathcal{A}^{\mathbb{C}}$有两个不同的复共轭特征值:λ_j和$\overline{\lambda}_j$. 如果$\boldsymbol{f}_j$和$\boldsymbol{f}'_j$是对应的特征向量,那么在$\mathrm{L}^{\mathbb{C}}$中,存在一组基$\boldsymbol{e}_1,\cdots,\boldsymbol{e}_r,\boldsymbol{f}_1,\boldsymbol{f}'_1,\cdots,\boldsymbol{f}_s,\boldsymbol{f}'_s$,其中变换$\mathcal{A}^{\mathbb{C}}$的矩阵取以下形式

$$\begin{pmatrix}\alpha_1 & 0 & \cdots & \cdots & \cdots & \cdots & 0 & \\ 0 & \ddots & \ddots & \ddots & \ddots & \ddots & \ddots & 0\\ \vdots & \ddots & \alpha_r & 0 & \ddots & \ddots & \ddots & \vdots\\ \vdots & \ddots & 0 & \lambda_1 & \ddots & \ddots & \ddots & \vdots\\ \vdots & \ddots & \ddots & \ddots & \overline{\lambda}_1 & \ddots & \ddots & 0\\ \vdots & \ddots & \ddots & \ddots & \ddots & \ddots & \ddots & \vdots\\ 0 & \ddots & \ddots & \ddots & \ddots & \ddots & \lambda_s & 0\\ 0 & 0 & \cdots & \cdots & \cdots & \cdots & 0 & \overline{\lambda}_s\end{pmatrix} \tag{4.32}$$

这说明变换$\mathcal{A}^{\mathbb{C}}$是可对角化的.

现在,反过来假设$\mathcal{A}^{\mathbb{C}}$是可对角化的,即在空间$\mathrm{L}^{\mathbb{C}}$的某组基中,变换$\mathcal{A}^{\mathbb{C}}$有

对角矩阵

$$\begin{pmatrix} \lambda_1 & 0 & \cdots & 0 \\ 0 & \lambda_2 & \cdots & 0 \\ \vdots & \vdots & & \vdots \\ 0 & 0 & \cdots & \lambda_n \end{pmatrix} \tag{4.33}$$

在数$\lambda_1,\cdots,\lambda_n$中可以找出某些是实数,某些是复数.所有数$\lambda_i$都是变换$\mathcal{A}^{\mathrm{C}}$的特征多项式的根.但显然(根据$\mathrm{L}^{\mathrm{C}}$的定义),实向量空间L的任意一组基都是复空间$\mathrm{L}^{\mathrm{C}}$的一组基,在这样一组基中,变换$\mathcal{A}$和$\mathcal{A}^{\mathrm{C}}$的矩阵相等.也就是说,变换$\mathcal{A}^{\mathrm{C}}$的矩阵在某组基中是实的.这说明其特征多项式有实系数.那么,根据实多项式的众所周知的性质,如果在数$\lambda_1,\cdots,\lambda_n$中,某些是复数,那么,它们以共轭对$\lambda_j$和$\overline{\lambda}_j$出现,而且$\lambda_j$和$\overline{\lambda}_j$出现的次数相同.我们可以假设在(4.33)的矩阵中,前r个数是实数$\lambda_i=\alpha_i\in\mathbb{R}(i\leqslant r)$,而余数是复数,而且$\lambda_j$和$\overline{\lambda}_j(j>r)$彼此相邻.在这种情形中,变换的矩阵取得形式(4.32).与变换$\mathcal{A}^{\mathrm{C}}$的每个特征向量$\boldsymbol{e}$一起,空间L^{C}包含一个向量$\overline{\boldsymbol{e}}$.此外,如果$\overline{\boldsymbol{e}}$有特征值$\overline{\lambda}$,那么$\boldsymbol{e}$有特征值$\lambda$.这容易从$\mathcal{A}$是实变换的事实和关系式$\overline{(\mathrm{L}^{\mathrm{C}})_\lambda}=(\mathrm{L}^{\mathrm{C}})_{\overline{\lambda}}$得出,这很容易验证.因此,我们可以将变换$\mathcal{A}^{\mathrm{C}}$有形式(4.32)的所在的基写成$\boldsymbol{e}_1,\cdots,\boldsymbol{e}_r,\boldsymbol{f}_1,\overline{\boldsymbol{f}_1},\cdots,\boldsymbol{f}_s,\overline{\boldsymbol{f}_s}$,其中所有$\boldsymbol{e}_i$都在L中.

设$\boldsymbol{f}_j=\boldsymbol{u}_j+\mathrm{i}\,\boldsymbol{v}_j$,其中$\boldsymbol{u}_j,\boldsymbol{v}_j\in\mathrm{L}$,我们来考虑子空间$\mathrm{N}_j=\langle\boldsymbol{u}_j,\boldsymbol{v}_j\rangle$.显然,$\mathrm{N}_j$关于$\mathcal{A}$是不变的,根据公式(4.28),$\mathcal{A}$对子空间$\mathrm{N}_j$的限制给出了一个变换,在基$\boldsymbol{u}_j,\boldsymbol{v}_j$中,其有形如(4.30)的矩阵.因此,我们看到

$$\mathrm{L}^{\mathrm{C}}=\langle\boldsymbol{e}_1\rangle\oplus\cdots\oplus\langle\boldsymbol{e}_r\rangle\oplus\mathrm{i}\langle\boldsymbol{e}_1\rangle\oplus\cdots\oplus\mathrm{i}\langle\boldsymbol{e}_r\rangle\oplus\mathrm{N}_1\oplus\mathrm{i}\,\mathrm{N}_1\oplus\cdots\oplus\mathrm{N}_s\oplus\mathrm{i}\,\mathrm{N}_s$$

由此得出分解

$$\mathrm{L}=\langle\boldsymbol{e}_1\rangle\oplus\cdots\oplus\langle\boldsymbol{e}_r\rangle\oplus\mathrm{N}_1\oplus\cdots\oplus\mathrm{N}_s$$

类似于(4.31).这表明变换$\mathcal{A}:\mathrm{L}\to\mathrm{L}$是分块可对角化的. □

类似地,利用复化的概念,可以证明定理4.14,4.18和4.21的实类比.

4.4 实向量空间的定向

实直线有两个方向:向左和向右(从任意选定点,取为原点).类似地,在实三维空间中,围绕一点有两个方向:顺时针和逆时针.我们将考虑(有限维)任意实向量空间中的类似概念.

设$\boldsymbol{e}_1,\cdots,\boldsymbol{e}_n$和$\boldsymbol{e}'_1,\cdots,\boldsymbol{e}'_n$为实向量空间L的两组基.那么存在一个线性变换

$\mathcal{A}$:L→L，使得

$$\mathcal{A}(\boldsymbol{e}_i)=\boldsymbol{e}'_i,\quad i=1,\cdots,n \tag{4.34}$$

显然，对于给定基的对，只存在一个这样的线性变换$\mathcal{A}$，而且，它不是奇异的：$(|\mathcal{A}|\neq 0)$.

定义 4.32 两组基$\boldsymbol{e}_1,\cdots,\boldsymbol{e}_n$和$\boldsymbol{e}'_1,\cdots,\boldsymbol{e}'_n$称为有相同定向，如果满足条件(4.34)的变换$\mathcal{A}$是固有的($|\mathcal{A}|>0$；回想一下定义 4.4)，称为相反定向的，如果$\mathcal{A}$是反常的($|\mathcal{A}|<0$).

定理 4.33 有相同定向的性质诱导出向量空间 L 的所有基构成的集合上的一个等价关系.

证明：第 2 页给出了等价关系(在任意集上)的定义，为了证明该定理，我们只需验证对称性和传递性，因为自反性完全是显然的(对于映射$\mathcal{A}$，取恒等变换$\mathcal{E}$). 由于变换$\mathcal{A}$是非奇异的，因此，关系式(4.34)可以写成$\mathcal{A}^{-1}(\boldsymbol{e}'_i)=\boldsymbol{e}_i,i=1,\cdots,n$，从中可以看出，有相同定向的基的对称性：变换$\mathcal{A}$由$\mathcal{A}^{-1}$替换，在此，$|\mathcal{A}^{-1}|=|\mathcal{A}|^{-1}$，行列式的符号保持不变.

设基$\boldsymbol{e}_1,\cdots,\boldsymbol{e}_n$和$\boldsymbol{e}'_1,\cdots,\boldsymbol{e}'_n$有相同定向，假设基$\boldsymbol{e}'_1,\cdots,\boldsymbol{e}'_n$和$\boldsymbol{e}''_1,\cdots,\boldsymbol{e}''_n$也有相同定向. 根据定义，这说明(4.34)中的变换$\mathcal{A}$和由以下公式定义的$\mathcal{B}$

$$\mathcal{B}(\boldsymbol{e}'_i)=\boldsymbol{e}''_i,\quad i=1,\cdots,n \tag{4.35}$$

是固有的. 在(4.35)中替换(4.34)中向量$\boldsymbol{e}'_i$的表达式，我们得到

$$\mathcal{B}\mathcal{A}(\boldsymbol{e}_i)=\boldsymbol{e}''_i,\quad i=1,\cdots,n$$

由于$|\mathcal{B}\mathcal{A}|=|\mathcal{B}|\cdot|\mathcal{A}|$，变换$\mathcal{B}\mathcal{A}$也是固有的，即基$\boldsymbol{e}_1,\cdots,\boldsymbol{e}_n$和$\boldsymbol{e}''_1,\cdots,\boldsymbol{e}''_n$有相同定向，这就完成了传递性的证明. □

我们将用$\mathfrak{E}$表示空间 L 的所有基构成的集合. 那么，定理 4.33 告诉我们，有相同定向的性质将集合$\mathfrak{E}$分解为两个等价类，即我们有分解$\mathfrak{E}=\mathfrak{E}_1\cup\mathfrak{E}_2$，其中$\mathfrak{E}_1\cap\mathfrak{E}_2=\varnothing$. 事实上，为了得到这种分解，我们可以如下进行：在 L 中选取任意一组基$\boldsymbol{e}_1,\cdots,\boldsymbol{e}_n$，并用$\mathfrak{E}_1$表示与所选基有相同定向的所有基构成的集合，用$\mathfrak{E}_2$表示有相反定向的基构成的集合. 定理 4.33 告诉我们，$\mathfrak{E}$的这一分解不取决于我们所选的基$\boldsymbol{e}_1,\cdots,\boldsymbol{e}_n$. 我们可以断言，同时出现在两个子集$\mathfrak{E}_1$和$\mathfrak{E}_2$之一中的任意两组基有相同定向，如果它们属于不同的子集，那么它们有相反定向.

定义 4.34 子集$\mathfrak{E}_1$和$\mathfrak{E}_2$之一的选取称为向量空间 L 的定向. 一旦选取了定向，位于所选子集中的基称为正定向的，而其他子集中的基称为负定向的.

从这个定义可以看出，向量空间的定向的选择取决于任意的选取：可以将正定向基称为负定向的，反之亦然. 事实上，这绝非偶然，对定向实际的选取通常基于人体结构(左－右)或太阳在天空中的运动(顺时针或逆时针)的启发.

本节中提出的理论的关键部分是定向和某些拓扑概念之间存在联系(如本书引言中提出的概念;见第 8 页).

为了实现这个想法,首先,我们必须定义集合 $\mathfrak{G}$ 的元素的序列的收敛性.我们将通过在集合 $\mathfrak{G}$ 上引入一个度量(即通过将其转换为度量空间)来实现这一点.这说明我们必须定义一个函数 $r(\boldsymbol{x},\boldsymbol{y})(\boldsymbol{x},\boldsymbol{y}\in\mathfrak{G})$,它取实值且满足第8页引入的性质(1)—(3).我们首先在一个给定阶为 n 的方阵构成的集合 $\mathfrak{U}$ 上定义一个度量 $r(A,B)$,具有实项.

对于 $\mathfrak{U}$ 中的矩阵 $A=(a_{ij})$,我们设数 $\mu(A)$ 等于其项的最大绝对值

$$\mu(A)=\max_{i,j=1,\cdots,n}|a_{ij}| \tag{4.36}$$

引理 4.35 由关系式(4.36)定义的函数 $\mu(A)$ 具有以下性质:

(a) 当 $A\neq O$ 时,$\mu(A)>0$;当 $A=O$ 时,$\mu(A)=0$.

(b) 对于所有 $A,B\in\mathfrak{U}$,都有 $\mu(A+B)\leqslant\mu(A)+\mu(B)$.

(c) 对于所有 $A,B\in\mathfrak{U}$,都有 $\mu(AB)\leqslant n\mu(A)\mu(B)$.

证明:性质(a)显然遵循定义(4.36),而性质(b)遵循数的类似不等式:$|a_{ij}+b_{ij}|\leqslant|a_{ij}|+|b_{ij}|$.余下证明性质(c).设 $A=(a_{ij})$,$B=(b_{ij})$ 且 $C=AB=(c_{ij})$.那么 $c_{ij}=\sum\limits_{k=1}^{n}a_{ik}b_{kj}$,因此

$$|c_{ij}|\leqslant\sum_{k=1}^{n}|a_{ik}||b_{kj}|\leqslant\sum_{k=1}^{n}\mu(A)\mu(B)=n\mu(A)\mu(B)$$

由此得出,$\mu(C)\leqslant n\mu(A)\mu(B)$. □

现在,我们可以通过设 $\mathfrak{U}$ 中的每对矩阵 A 和 B,有

$$r(A,B)=\mu(A-B) \tag{4.37}$$

将集合 A 转换为度量空间.度量的定义中引入的性质(1)—(3)遵循(4.36)和(4.37)中的定义以及引理 4.35 中证明的性质(a)和(b).

$\mathfrak{U}$ 上的一个度量使我们能够在向量空间 L 的基构成的集合 $\mathfrak{G}$ 上引入一个度量.我们固定一组特异基 $\boldsymbol{e}_1,\cdots,\boldsymbol{e}_n$,并对于集合 $\mathfrak{G}$ 中两组任意基 x 和 y,定义数 $r(x,y)$,如下所示.假设基 x 和 y 由分别由向量 $\boldsymbol{x}_1,\cdots,\boldsymbol{x}_n$ 和 $\boldsymbol{y}_1,\cdots,\boldsymbol{y}_n$ 构成.那么存在空间 L 的线性变换 $\mathcal{A}$ 和 $\mathcal{B}$,使得

$$\mathcal{A}(\boldsymbol{e}_i)=\boldsymbol{x}_i,\quad \mathcal{B}(\boldsymbol{e}_i)=\boldsymbol{y}_i,\quad i=1,\cdots,n \tag{4.38}$$

变换 $\mathcal{A}$ 和 $\mathcal{B}$ 是非奇异的,根据条件(4.38),它们是唯一确定的.我们用 $\mathcal{A}$ 和 $\mathcal{B}$ 表示在基 $\boldsymbol{e}_1,\cdots,\boldsymbol{e}_n$ 中的变换 $\mathcal{A}$ 和 $\mathcal{B}$ 的矩阵,并设

$$r(x,y)=r(A,B) \tag{4.39}$$

其中,$r(A,B)$ 如上述关系式(4.37)定义的那样.度量的定义中的性质(1)—

(3) 对于 $r(x,y)$ 成立，这遵循度量 $r(A,B)$ 的类似性质.

然而，这里出现了一个难题：根据关系式(4.39)，度量 $r(x,y)$ 的定义取决于空间 L 的某组基 $\boldsymbol{e}_1,\cdots,\boldsymbol{e}_n$ 的选取. 我们选取另一组基 $\boldsymbol{e}'_1,\cdots,\boldsymbol{e}'_n$，我们来看一下结果与 $r(x,y)$ 不同的度量 $r'(x,y)$ 是怎样的. 为此，我们利用熟悉的事实，即对于两组基 $\boldsymbol{e}_1,\cdots,\boldsymbol{e}_n$ 和 $\boldsymbol{e}'_1,\cdots,\boldsymbol{e}'_n$，存在唯一的线性(此外，非奇异) 变换 $\mathcal{C}$: L → L，它将第一组基转换为第二组基

$$\boldsymbol{e}'_i=\mathcal{C}(\boldsymbol{e}_i),\quad i=1,\cdots,n \tag{4.40}$$

公式(4.38) 和(4.40) 表明，对于线性变换 $\overline{\mathcal{A}}=\mathcal{A}\mathcal{C}^{-1}$ 和 $\overline{\mathcal{B}}=\mathcal{B}\mathcal{C}^{-1}$，我们有等式

$$\overline{\mathcal{A}}(\boldsymbol{e}'_i)=\boldsymbol{x}_i,\quad \overline{\mathcal{B}}(\boldsymbol{e}'_i)=\boldsymbol{y}_i,\quad i=1,\cdots,n \tag{4.41}$$

我们用 A' 和 B' 表示基 $\boldsymbol{e}'_1,\cdots,\boldsymbol{e}'_n$ 中的变换 $\mathcal{A}$ 和 $\mathcal{B}$ 的矩阵，并用 $\overline{A}$ 和 $\overline{B}$ 表示在这组基上的变换 $\overline{\mathcal{A}}$ 和 $\overline{\mathcal{B}}$ 的矩阵. 设 C 为变换 $\mathcal{C}$ 的矩阵，即根据(4.40)，从基 $\boldsymbol{e}_1,\cdots,\boldsymbol{e}_n$ 到基 $\boldsymbol{e}'_1,\cdots,\boldsymbol{e}'_n$ 的转移矩阵. 那么，矩阵 A'，$\overline{A}$ 和 B'，$\overline{B}$ 由 $\overline{A}=A'C^{-1}$ 和 $\overline{B}=BC^{-1}$ 关联起来. 此外，我们观察到，A 和 A' 是两组不同基($\boldsymbol{e}_1,\cdots,\boldsymbol{e}_n$ 和 $\boldsymbol{e}'_1,\cdots,\boldsymbol{e}'_n$) 中的相同变换 $\mathcal{A}$ 的矩阵，类似地，B 和 B' 是单个变换 $\mathcal{B}$ 的矩阵. 因此，根据坐标变换公式，我们得到 $A'=C^{-1}AC$ 和 $B'=C^{-1}BC$，因此，我们得到了关系式

$$\overline{A}=A'C^{-1}=C^{-1}A,\quad \overline{B}=B'C^{-1}=C^{-1}B \tag{4.42}$$

回到 $\mathfrak{U}$ 上的度量的定义(4.39)，我们看到，$r'(x,y)=r(\overline{A},\overline{B})$. 把矩阵 $\overline{A}$ 和 $\overline{B}$ 代入最后一个关系式(4.42)，并考虑到引理 4.35 的定义(4.37) 和性质(c)，我们得到

$$\begin{aligned} r'(x,y)&=r(\overline{A},\overline{B})=r(C^{-1}A,C^{-1}B)=\mu(C^{-1}(A-B))\\ &\leqslant n\mu(C^{-1})\mu(A-B)=\alpha r(x,y)\end{aligned}$$

其中，数 $\alpha=n\mu(C^{-1})$ 不取决于基 x 和 y，而仅取决于 $\boldsymbol{e}_1,\cdots,\boldsymbol{e}_n$ 和 $\boldsymbol{e}'_1,\cdots,\boldsymbol{e}'_n$. 由于最后两组基在我们的构造中起着对称作用，我们可以类似地得到第二个等式 $r(x,y)\leqslant\beta r'(x,y)$(带有某个正常数 β). 关系式

$$r'(x,y)\leqslant\alpha r(x,y),\quad r(x,y)\leqslant\beta r'(x,y),\quad \alpha,\beta>0 \tag{4.43}$$

表明，尽管根据不同的基 $\boldsymbol{e}_1,\cdots,\boldsymbol{e}_n$ 和 $\boldsymbol{e}'_1,\cdots,\boldsymbol{e}'_n$ 定义的度量 $r(x,y)$ 和 $r'(x,y)$ 是不同的，然而，在集合 $\mathfrak{U}$ 上，两组基的收敛的概念是相同的. 更正式地说，在 $\mathfrak{E}$ 中选取两组不同的基，并借助在 $\mathfrak{E}$ 上定义度量 $r(x,y)$ 和 $r'(x,y)$ 的这两组基，因此，我们定义了两个不同的度量空间 $\mathfrak{E}''$ 和 $\mathfrak{E}'$，具有一个相同的底集 $\mathfrak{E}$，但其上定义了不同的度量 r 和 r'. 在此，空间 $\mathfrak{E}$ 到自身的恒等映射不是 $\mathfrak{E}''$ 和 $\mathfrak{E}'$ 的等距映射，但是根据关系式(4.43)，它是一个同胚. 因此，我们可以讨论连续映射，$\mathfrak{E}$ 中的道路及其连通分支，而不需要精确指定我们使用的度量.

我们继续讨论集合 $\mathfrak{G}$ 的两组基是否可以连续相互形变的问题(见第 9 页的一般定义). 这个问题归结为在某组辅助基 $\boldsymbol{e}_1, \cdots, \boldsymbol{e}_n$ 的选取下,与这组基对应的非奇异矩阵 A 和 B 之间是否存在一个连续形变(与其他拓扑概念一样,连续可形变性不取决于辅助基的选取). 我们想强调一下,矩阵 A 和 B 的非奇异性的条件在此起着至关重要的作用.

我们将在某个集合 $\mathfrak{U}$(其在我们的情形中是非奇异矩阵构成的集合) 中为矩阵建立连续可形变性的概念

定义 4.36 矩阵 A 称为可连续形变为矩阵 B 的,如果在 $\mathfrak{U}$ 中存在矩阵族 $A(t)$,其元素连续依赖于参数 $t \in [0,1]$,使得 $A(0) = A$ 和 $A(1) = B$.

显然,矩阵可相互连续形变的这一性质定义了集合 $\mathfrak{U}$ 上的一个等价关系. 根据定义,我们需要验证自反性、对称性和传递性的性质是否满足. 所有这些性质的验证都很简单,见第 10 页.

在集合 $\mathfrak{U}$ 具有另一个性质的情况下,即对于属于 $\mathfrak{U}$ 的两个任意矩阵,其乘积也属于 $\mathfrak{U}$. 我们注意到连续可形变性的另一个性质. 显然,如果 $\mathfrak{U}$ 是非奇异矩阵构成的集合(在后续章节中,我们将遇到此类集合的其他例子),那么此性质是满足的.

引理 4.37 如果矩阵 A 可连续形变为 B,且 $C \in \mathfrak{U}$ 是一个任意矩阵,那么 AC 可连续形变为 BC,且 CA 可连续形变为 CB.

证明:根据定理的条件,在 $\mathfrak{U}$ 中,我们有一个矩阵族 $A(t)$,其中 $t \in [0,1]$,影响从 A 到 B 的连续形变. 为了证明第一个结论,我们取族 $A(t)C$,对于第二个结论,取族 $CA(t)$. 该族得出了我们需要的形变. □

定理 4.38 两个有实元素的同阶非奇异方阵彼此可连续形变,当且仅当其行列式的符号相同.

证明:设 A 和 B 为定理的陈述中描述的矩阵. 行列式 $|A|$ 和 $|B|$ 同号这一必要条件是显然的. 事实上,考虑到行列式的展开式(第 2.7 节) 或根据其归纳定义(第 2.2 节),显然,行列式是矩阵的元素的多项式. 因此,$|A(t)|$ 是 t 的连续函数. 但是,在区间端点处取相反符号的值的连续函数必定在区间内的某点处取零值,同时,对于所有 $t \in [0,1]$,必定满足条件 $|A(t)| \neq 0$.

我们来证明条件的充分性,首先,对于 $|A| > 0$ 的行列式. 我们将证明,A 可连续形变为单位矩阵 E. 根据定理 2.62,矩阵 A 可以表示为矩阵 $U_{ij}(c)$,S_k 和一个对角矩阵的乘积. 矩阵 $U_{ij}(c)$ 可连续形变为单位矩阵:如同族 $A(t)$,我们可以取矩阵 $U_{ij}(ct)$. 由于 S_k 自身是对角矩阵,我们可以看到(考虑到引理 4.37),矩阵 A 可连续形变为对角矩阵 D,并且根据假设 $|A| > 0$ 和已经证明的定理的

部分,可以得出 $|D|>0$.

设

$$D=\begin{pmatrix} d_1 & 0 & 0 & \cdots & 0 \\ 0 & d_2 & 0 & \cdots & 0 \\ 0 & 0 & d_3 & \cdots & 0 \\ \vdots & \vdots & \vdots & & \vdots \\ 0 & 0 & 0 & \cdots & d_n \end{pmatrix}$$

每个元素d_i 都可以用$\varepsilon_i p_i$ 的形式表示,其中$\varepsilon_i=1$ 或 -1,而$p_i>0$. 1 阶矩阵$(p_i)(p_i>0)$ 可连续形变为(1). 为此,只需设 $A(t)=(a(t))$,其中 $a(t)=t+(1-t)p_i(t\in[0,1])$. 因此,矩阵 D 可连续形变为矩阵D',其中所有$d_i=\varepsilon_i p_i$ 均由ε_i 替换. 如我们所见,由此得出 $|D'|>0$,即主对角线上的-1 的个数是偶数. 我们把它们成对地结合起来. 如果-1 在第 i 位和第 j 位上,那么,我们回忆一下,矩阵

$$\begin{pmatrix} -1 & 0 \\ 0 & -1 \end{pmatrix} \tag{4.44}$$

定义了在平面中关于原点的中心对称变换,即旋转角度 π. 如果我们设

$$A(t)=\begin{pmatrix} \cos\pi t & -\sin\pi t \\ \sin\pi t & \cos\pi t \end{pmatrix} \tag{4.45}$$

那么,我们得到旋转角度 πt 的矩阵,当 t 从 0 变为 1 时,把矩阵(4.44) 连续形变为单位矩阵. 显然,我们因此得到了矩阵D' 到 E 的连续形变.

用 $\sim$ 表示连续可形变性,我们可以写出三个关系式:$A\sim D$,$D\sim D'$,$D'\sim E$,由此,根据传递性,$A\sim E$. 由此得出定理4.38对于$|A|>0$和$|B|>0$ 的两个矩阵 A 和 B 的结论.

为了处理 $|A|<0$ 的矩阵 A,我们引入函数 $\varepsilon(A)=+1$,如果 $|A|>0$;$\varepsilon(A)=-1$,如果 $|A|<0$. 显然,$\varepsilon(AB)=\varepsilon(A)\varepsilon(B)$. 如果$\varepsilon(A)=\varepsilon(B)=-1$,那么我们设$A^{-1}B=C$. 那么 $\varepsilon(C)=1$,根据之前的证明,$C\sim E$. 根据引理 4.37,可以得出 $B\sim A$,根据对称性,我们有 $A\sim B$. □

考虑到第 3.4 节的结果和引理 4.37,从定理 4.38 我们得到以下结果.

定理 4.39 实向量空间的两个非奇异线性变换是连续可形变的,当且仅当其行列式同号.

定理 4.40 实向量空间的两组基彼此连续可形变,当且仅当它们有相同定向.

回顾前面引入的道路连通性和道路连通分支的拓扑概念(第 10 页),我们可以看到,我们得到的结果可以阐述如下.给定阶的非奇异矩阵(或空间 L 到自身的线性变换)构成的集合 $\mathfrak{U}$ 可以表示为对应于正行列式和负行列式的两个道路连通分支的并集.类似地,空间 L 的所有基构成的集合 $\mathfrak{E}$ 可以表示为由正定向基和负定向基构成的两个道路连通分量的并集.

第5章 Jordan 标准形

5.1 主向量与循环子空间

在前一章中，我们研究了实向量空间和复向量空间到自身的线性变换，特别地，我们发现复向量空间的线性变换是可对角化的，即在某组特定的基中有对角矩阵(由变换的特征向量构成). 我们在那里证明了并非复向量空间的所有变换都是可对角化.

本章的目标是更完整地研究实向量空间或复向量空间到自身的线性变换，包括研究不可对角化变换. 与之前一样，在本章中，我们将用 L 表示向量空间，并假设它是有限维的. 此外，在第 5.1 至 5.3 节中，我们将只考虑复向量空间的线性变换.

如前所述，可对角化线性变换是变换的最简单的类型. 然而，由于此类变换并没有涵盖所有线性变换，我们想要找到一种构造，它概括了可对角化线性变换的构造，并且事实上一般来说可以涵盖所有线性变换. 可以将变换化为对角形式，如果存在由变换的特征向量构成的一组基. 因此，我们从推广特征向量的概念开始.

我们回想一下，线性变换$\mathcal{A}$: L → L 的特征向量 $\boldsymbol{e}\neq\mathbf{0}$(具有特征值 λ) 满足条件$\mathcal{A}(\boldsymbol{e})=\lambda\boldsymbol{e}$，或等价地，满足等式

$$(\mathcal{A}-\lambda\,\mathcal{E})(\boldsymbol{e})=\mathbf{0}$$

以下定义包含了对这一点的自然的概括.

定义 5.1 非零向量 $\boldsymbol{e}$ 称为线性变换$\mathcal{A}$: L → L 的主向量(具有特征值 λ)，如果存在自然数 m，满足以下条件

$$(\mathcal{A}-\lambda\,\mathcal{E})^{m}(\boldsymbol{e})=\mathbf{0} \tag{5.1}$$

满足关系式(5.1) 的最小自然数 m 称为主向量 $\boldsymbol{e}$ 的分次.

例 5.2 特征向量是一次主向量.

例 5.3 设 L 为次数不超过 $n-1$ 的多项式 $x(t)$ 的向量空间. 设$\mathcal{A}$为线性变换,它将每个函数 $x(t)$ 映射到其导数$x'(t)$. 那么

$$\mathcal{A}(x(t))=x'(t),\quad \mathcal{A}^k(x(t))=x^{(k)}(t)$$

因为$(t^k)^{(k)}=k!\neq 0$ 且$(t^k)^{(k+1)}=0$,显然,多项式 $x(t)=t^k$ 是 $k+1$ 次变换$\mathcal{A}$的主向量,对应于特征值 $\lambda=0$.

定义 5.4 设 $\boldsymbol{e}$ 为 m 次主向量,对应于特征值 λ. 由向量

$$\boldsymbol{e},(\mathcal{A}-\lambda\,\mathcal{E})(\boldsymbol{e}),\quad \cdots,\quad (\mathcal{A}-\lambda\,\mathcal{E})^{m-1}(\boldsymbol{e}) \tag{5.2}$$

生成的子空间 M 称为由向量 $\boldsymbol{e}$ 生成的循环子空间.

例 5.5 如果 $m=1$,那么循环子空间是由特征向量 $\boldsymbol{e}$ 生成的一维子空间 $\langle\boldsymbol{e}\rangle$.

例 5.6 在例 5.3 中,由主向量 $x(t)=t^k$ 生成的循环子空间由次数不超过 k 的所有多项式构成.

定理 5.7 由 m 次主向量$\boldsymbol{e}$ 生成的循环子空间 M$\subset$L 在变换$\mathcal{A}$下不变,维数为 m.

证明:由于循环子空间 M 由 m 个向量(5.2) 生成,显然,其维数不超过 m. 我们将证明向量(5.2) 是线性无关的,这蕴涵 $\dim \mathrm{M}=m$.

设

$$\alpha_1\boldsymbol{e}+\alpha_2(\mathcal{A}-\lambda\,\mathcal{E})(\boldsymbol{e})+\cdots+\alpha_m(\mathcal{A}-\lambda\,\mathcal{E})^{m-1}(\boldsymbol{e})=\mathbf{0} \tag{5.3}$$

我们对这个等式两边应用线性变换$(\mathcal{A}-\lambda\,\mathcal{E})^{m-1}$. 因为根据主向量的定义(5.1),我们有$(\mathcal{A}-\lambda\,\mathcal{E})^m(\boldsymbol{e})=\mathbf{0}$,那么更进一步,对于每个 $k>m$,都有$(\mathcal{A}-\lambda\,\mathcal{E})^k(\boldsymbol{e})=\mathbf{0}$. 因此,我们得到

$$\alpha_1(\mathcal{A}-\lambda\,\mathcal{E})^{m-1}(\boldsymbol{e})=\mathbf{0}$$

由于$(\mathcal{A}-\lambda\,\mathcal{E})^{m-1}(\boldsymbol{e})\neq 0$,考虑到 $\boldsymbol{e}$ 为 m 次,我们得到等式$\alpha_1=0$. 关系式(5.3) 现在可取以下形式

$$\alpha_2(\mathcal{A}-\lambda\,\mathcal{E})(\boldsymbol{e})+\cdots+\alpha_m(\mathcal{A}-\lambda\,\mathcal{E})^{m-1}(\boldsymbol{e})=\mathbf{0} \tag{5.4}$$

对等式(5.4) 的两边应用线性变换$(\mathcal{A}-\lambda\,\mathcal{E})^{m-2}$,我们能以完全相同的方式证明$\alpha_2=0$. 以这种方式继续操作,我们得到在关系式(5.3) 中,所有系数$\alpha_1,\cdots,\alpha_m$都等于零. 因此,向量(5.2) 是线性无关的,因此,我们得到 $\dim \mathrm{M}=m$.

现在,我们将证明与变换$\mathcal{A}$相关的循环子空间 M 的不变性,我们设

$$\boldsymbol{e}_1=\boldsymbol{e},\boldsymbol{e}_2=(\mathcal{A}-\lambda\,\mathcal{E})(\boldsymbol{e}),\quad \cdots,\quad \boldsymbol{e}_m=(\mathcal{A}-\lambda\,\mathcal{E})^{m-1}(\boldsymbol{e}) \tag{5.5}$$

由于子空间 M 的所有向量都可以表示为向量$\boldsymbol{e}_1,\cdots,\boldsymbol{e}_m$ 的线性组合,只需证明向量$\mathcal{A}(\boldsymbol{e}_1),\cdots,\mathcal{A}(\boldsymbol{e}_m)$ 可以表示为$\boldsymbol{e}_1,\cdots,\boldsymbol{e}_m$ 的线性组合,但是从关系(5.1) 和

(5.5) 来看,显然

$$(\mathcal{A}-\lambda\,\mathcal{E})(\boldsymbol{e}_1)=\boldsymbol{e}_2,\quad (\mathcal{A}-\lambda\,\mathcal{E})(\boldsymbol{e}_2)=\boldsymbol{e}_3,\quad \cdots,\quad (\mathcal{A}-\lambda\,\mathcal{E})(\boldsymbol{e}_m)=\boldsymbol{0}$$

即

$$\mathcal{A}(\boldsymbol{e}_1)=\lambda\,\boldsymbol{e}_1+\boldsymbol{e}_2,\quad \mathcal{A}(\boldsymbol{e}_2)=\lambda\,\boldsymbol{e}_2+\boldsymbol{e}_3,\quad \cdots,\quad \mathcal{A}(\boldsymbol{e}_m)=\lambda\,\boldsymbol{e}_m \tag{5.6}$$

这就建立了定理的结论.

推论 5.8 由公式(5.5)定义的向量$\boldsymbol{e}_1,\cdots,\boldsymbol{e}_m$ 构成由主向量$\boldsymbol{e}$ 生成的循环子空间 M 的一组基. 在这组基中,线性变换$\mathcal{A}$对子空间 M 的限制的矩阵有以下形式

$$A=\begin{pmatrix} \lambda & 0 & 0 & \cdots & \cdots & 0 \\ 1 & \lambda & 0 & & & 0 \\ 0 & 1 & \lambda & & & \vdots \\ \vdots & & \ddots & \ddots & & \vdots \\ \vdots & & & \ddots & \lambda & 0 \\ 0 & 0 & \cdots & \cdots & 1 & \lambda \end{pmatrix} \tag{5.7}$$

这是(5.6)的一个显然的结果.

定理 5.9 设 M 为由特征值为λ 的m 次主向量$\boldsymbol{e}$ 生成的循环子空间. 那么任意向量 $\boldsymbol{y}\in$ M 可以写成以下形式

$$\boldsymbol{y}=f(\mathcal{A})(\boldsymbol{e})$$

其中 f 是一个次数不超过$(m-1)$的多项式. 如果多项式 $f(t)$ 不能被$(t-\lambda)$ 整除,那么向量 $\boldsymbol{y}$ 也是m 次主向量,并生成同一循环子空间 M.

证明:定理的第一个结论立即由以下事实得到:根据循环子空间的定义,每个向量 $\boldsymbol{y}\in$ M 都有形式

$$\boldsymbol{y}=\alpha_1\boldsymbol{e}+\alpha_2(\mathcal{A}-\lambda\,\mathcal{E})(\boldsymbol{e})+\cdots+\alpha_m(\mathcal{A}-\lambda\,\mathcal{E})^{m-1}(\boldsymbol{e}) \tag{5.8}$$

即 $\boldsymbol{y}=f(\mathcal{A})(\boldsymbol{e})$,其中多项式 $f(t)$ 由以下公式给出

$$f(t)=\alpha_1+\alpha_2(t-\lambda)+\cdots+\alpha_m(t-\lambda)^{m-1}$$

我们来证明第二个结论. 设 $\boldsymbol{y}=f(\mathcal{A})(\boldsymbol{e})$,那么$(\mathcal{A}-\lambda\,\mathcal{E})^m(\boldsymbol{y})=\boldsymbol{0}$. 事实上,根据关系 $\boldsymbol{y}=f(\mathcal{A})(\boldsymbol{e})$ 和(5.1),并考虑到之前建立的事实:一个和相同的线性变换的两个任意多项式可转换(第 4.1 节引理 4.16 的结果;见第 138 页),我们得到了等式

$$(\mathcal{A}-\lambda\,\mathcal{E})^m(\boldsymbol{y})=(\mathcal{A}-\lambda\,\mathcal{E})^m f(\mathcal{A})(\boldsymbol{e})=f(\mathcal{A})\,(\mathcal{A}-\lambda\,\mathcal{E})^m(\boldsymbol{e})=\boldsymbol{0}$$

假设多项式 $f(t)$ 不可被$(t-\lambda)$ 整除. 这蕴涵系数α_1 是非零的. 我们将证明我们必定有$(\mathcal{A}-\lambda\,\mathcal{E})^{m-1}(\boldsymbol{y})\neq\boldsymbol{0}$. 对等式(5.8)两边的向量应用线性变换$(\mathcal{A}-\lambda\,\mathcal{E})^{m-1}$,我们得到

$$(\mathcal{A}-\lambda\,\mathcal{E})^{m-1}(\boldsymbol{y})=\alpha_1(\mathcal{A}-\lambda\,\mathcal{E})^{m-1}(\boldsymbol{e})+\alpha_2(\mathcal{A}-\lambda\,\mathcal{E})^{m}(\boldsymbol{e})+\cdots+\alpha_m(\mathcal{A}-\lambda\,\mathcal{E})^{2m-2}(\boldsymbol{e})$$
$$=\alpha_1(\mathcal{A}-\lambda\,\mathcal{E})^{m-1}(\boldsymbol{e})$$

因为对于每个$k\geqslant m$,我们都有$(\mathcal{A}-\lambda\,\mathcal{E})^k(\boldsymbol{e})=\mathbf{0}$. 根据这个最后的关系式,并考虑到条件$\alpha_1\neq 0$和$(\mathcal{A}-\lambda\,\mathcal{E})^{m-1}(\boldsymbol{e})\neq\mathbf{0}$,由此得出$(\mathcal{A}-\lambda\,\mathcal{E})^{m-1}(\boldsymbol{y})\neq\mathbf{0}$. 因此,向量 $\boldsymbol{y}$ 也是线性变换$\mathcal{A}$的 m 次主向量.

最后,我们将证明由主向量 $\boldsymbol{e}$ 和 $\boldsymbol{y}$ 生成的循环子空间 M 和M′ 相等. 显然,$\mathrm{M}'\subset\mathrm{M}$,因为 $\boldsymbol{y}\in\mathrm{M}$,考虑到循环子空间 M 的不变性,对于任意 k,向量 $(\mathcal{A}-\lambda\,\mathcal{E})^k(\boldsymbol{y})$ 也包含在 M 中. 但从定理 5.7 可以得出 $\dim\mathrm{M}=\dim\mathrm{M}'=m$,因此,根据定理 3.24,包含$\mathrm{M}'\subset\mathrm{M}$ 仅蕴涵等式$\mathrm{M}'=\mathrm{M}$. □

推论 5.10 用定理 5.9 的记号,对于任意向量 $\boldsymbol{y}\in\mathrm{M}$ 和标量 $\mu\neq\lambda$,我们都有表示 $\boldsymbol{y}=(\mathcal{A}-\mu\,\mathcal{E})(\boldsymbol{z})$(存在这样的向量 $\boldsymbol{z}\in\mathrm{M}$). 此外,我们有以下结论:要么 $\boldsymbol{y}$ 是由 m 次主向量生成的循环子空间 M,要么存在向量 $\boldsymbol{z}\in\mathrm{M}$,使得 $\boldsymbol{y}=(\mathcal{A}-\mu\,\mathcal{E})(\boldsymbol{z})$.

证明:线性变换$\mathcal{A}$对子空间 M 的限制的矩阵在基$\boldsymbol{e}_1,\cdots,\boldsymbol{e}_m$ 中由公式(5.5)可知有形式(5.7). 由此,容易看出,对于任意$\mu\neq\lambda$,线性变换$(\mathcal{A}-\mu\,\mathcal{E})$对 M 的限制的行列式是非零的. 从定理 3.69 和 3.70 可以看出,$(\mathcal{A}-\mu\,\mathcal{E})$对 M 的限制是同构 $\mathrm{M}\simeq\mathrm{M}$,其像是$(\mathcal{A}-\mu\,\mathcal{E})(\mathrm{M})=\mathrm{M}$;也就是说,对于任意向量 $\boldsymbol{y}\in\mathrm{M}$,存在一个向量 $\boldsymbol{z}\in\mathrm{M}$ 使得 $\boldsymbol{y}=(\mathcal{A}-\mu\,\mathcal{E})(\boldsymbol{z})$.

根据定理 5.9,向量 $\boldsymbol{y}$ 可以用 $\boldsymbol{y}=f(\mathcal{A})(\boldsymbol{e})$ 的形式表示,并且此外,如果多项式 $f(t)$ 不能被 $t-\lambda$ 整除,那么 $\boldsymbol{y}$ 是生成循环子空间 M 的 m 次主向量. 但如果 $f(t)$ 可以被 $t-\lambda$ 整除,也就是说,对于某个多项式 $g(t)$,有 $f(t)=(t-\lambda)g(t)$,那么设 $\boldsymbol{z}=g(\mathcal{A})(\boldsymbol{e})$,我们得到所需的表示 $\boldsymbol{y}=(\mathcal{A}-\lambda\,\mathcal{E})(\boldsymbol{z})$. □

5.2 Jordan 标准形(分解)

为了证明本节以及整章的主要结果,即复向量空间分解为循环子空间的直和的定理,我们需要以下引理.

引理 5.11 对于复向量空间的任意线性变换$\mathcal{A}:\mathrm{L}\to\mathrm{L}$,存在标量$\lambda$ 和$(n-1)$维子空间$\mathrm{L}'\subset\mathrm{L}$(它关于变换$\mathcal{A}$是不变的),使得对于每个向量 $x\in\mathrm{L}$,我们都有等式

$$\mathcal{A}(x)=\lambda x+\boldsymbol{y}\quad(\boldsymbol{y}\in\mathrm{L}') \tag{5.9}$$

证明:根据定理 4.18,复向量空间的每个线性变换都有一个特征向量和相

伴特征值. 设λ为变换$\mathcal{A}$的特征值. 那么变换$\mathcal{B}=\mathcal{A}-\lambda\mathcal{E}$是奇异的(它零化了特征向量),根据定理 3.72,其像$\mathcal{B}(\mathrm{L})$是一个$m<n$维子空间$\mathrm{M}\subset\mathrm{L}$.

设$\boldsymbol{e}_1,\cdots,\boldsymbol{e}_m$为 M 的一组基. 我们将通过向量$\boldsymbol{e}_{m+1},\cdots,\boldsymbol{e}_n$将其任意扩充为 L 的一组基. 显然,子空间

$$\mathrm{L}'=\langle\boldsymbol{e}_1,\cdots,\boldsymbol{e}_m,\boldsymbol{e}_{m+1},\cdots,\boldsymbol{e}_{n-1}\rangle$$

的维数是$n-1$,且包含 M,因为$\boldsymbol{e}_1,\cdots,\boldsymbol{e}_m\in\mathrm{M}$.

现在,我们来证明等式(5.9). 考虑任意向量$x\in\mathrm{L}$. 那么我们有$\mathcal{B}(x)\in\mathcal{B}(\mathrm{L})=\mathrm{M}$,这蕴涵$\mathcal{B}(x)\in\mathrm{L}'$,因为$\mathrm{M}\subset\mathrm{L}'$. 回顾以下,$\mathcal{A}=\mathcal{B}+\lambda\mathcal{E}$,我们得到$\mathcal{A}(\boldsymbol{x})=\mathcal{B}(\boldsymbol{x})+\lambda\boldsymbol{x}$,此外,根据我们的构造,向量$\boldsymbol{y}=\mathcal{B}(\boldsymbol{x})$在$\mathrm{L}'$中. 由此,容易得出子空间$\mathrm{L}'$的不变性. 事实上,如果$\boldsymbol{x}\in\mathrm{L}'$,那么在等式(5.9)中,我们不仅有$\boldsymbol{y}\in\mathrm{L}'$,还有$\lambda\boldsymbol{x}\in\mathrm{L}'$,从而也可得出$\mathcal{A}(\boldsymbol{x})\in\mathrm{L}'$. □

以下是本节的主要结果(分解定理).

定理 5.12 有限维复向量空间 L 可以分解为相对于任意线性变换$\mathcal{A}:\mathrm{L}\to\mathrm{L}$的循环子空间的直和.

证明:我们将通过对维数$n=\dim\mathrm{L}$用归纳法进行证明. 它基于以上证明的引理,我们将使用相同的记号. 设$\mathrm{L}'\subset\mathrm{L}$为相同的$(n-1)$维子空间,它关于引理 5.11 中讨论的变换$\mathcal{A}$是不变的.

我们选取任意向量$\boldsymbol{e}'\notin\mathrm{L}'$. 如果$\boldsymbol{f}_1,\cdots,\boldsymbol{f}_{n-1}$是子空间$\mathrm{L}'$的任意基,那么向量$\boldsymbol{f}_1,\cdots,\boldsymbol{f}_{n-1},\boldsymbol{e}'$构成 L 的一组基. 事实上,存在$n=\dim\mathrm{L}$个向量,因此,只需证明其线性无关性. 我们假设

$$\alpha_1\boldsymbol{f}_1+\cdots+\alpha_{n-1}\boldsymbol{f}_{n-1}+\beta\boldsymbol{e}'=\boldsymbol{0} \tag{5.10}$$

如果$\beta\neq0$,那么从这个等式可以得出$\boldsymbol{e}'\in\mathrm{L}'$. 因此,$\beta=0$,那么从等式(5.10)来看,根据向量$\boldsymbol{f}_1,\cdots,\boldsymbol{f}_{n-1}$的线性无关性,可以得出$\alpha_1=\cdots=\alpha_{n-1}=0$.

我们将依赖这一事实:向量$\boldsymbol{e}'\in\mathrm{L}$可以任意选取. 至此,它仅满足单个条件$\boldsymbol{e}'\in\mathrm{L}$,但不难看出,每个向量$\boldsymbol{e}''=\boldsymbol{e}'+\boldsymbol{x}$(其中$\boldsymbol{x}\in\mathrm{L}'$)都满足相同的条件,这说明可以选取任意此类向量来代替$\boldsymbol{e}'$. 事实上,如果$\boldsymbol{e}''\in\mathrm{L}'$,那么考虑到$\boldsymbol{x}\in\mathrm{L}'$,我们有$\boldsymbol{e}'\in\mathrm{L}'$,这与假设相矛盾.

显然,定理 5.12 当$n=1$时成立. 因此,根据归纳假设,我们可以假设它对于子空间L'也成立. 设

$$\mathrm{L}'=\mathrm{L}_1\oplus\cdots\oplus\mathrm{L}_r \tag{5.11}$$

为将L'分解为循环子空间之和的分解,此外,假设每个循环子空间L_i都由其与特征值λ_i相关的m_i次主向量$\boldsymbol{e}_i$生成,并有基

$$\boldsymbol{e}_i,(\mathcal{A}-\lambda_i\mathcal{E})(\boldsymbol{e}_i),\cdots,(\mathcal{A}-\lambda_i\mathcal{E})^{m_i-1}(\boldsymbol{e}_i) \tag{5.12}$$

根据定理 5.7,可以得出 $\dim \mathrm{L}_i = m_i$ 且 $n-1=m_1+\cdots+m_r$.

对于在证明开始时选取的向量$\boldsymbol{e}'$,根据引理,我们得到等式

$$\mathcal{A}(\boldsymbol{e}')=\lambda\,\boldsymbol{e}'+\boldsymbol{y},\text{其中 } \boldsymbol{y}\in \mathrm{L}'$$

考虑到分解(5.11),该向量 $\boldsymbol{y}$ 可以写成以下形式

$$\boldsymbol{y}=\boldsymbol{y}_1+\cdots+\boldsymbol{y}_r \tag{5.13}$$

其中$\boldsymbol{y}_i\in \mathrm{L}_i$. 多亏了推论 5.10,我们可以断言,向量$\boldsymbol{y}_i$ 要么可以写成$(\mathcal{A}-\lambda\,\mathcal{E})(\boldsymbol{z}_i)$ 的形式(存在这样的$\boldsymbol{z}_i\in \mathrm{L}_i$),要么是与特征值$\lambda$ 相关的m_i 次主向量. 如有必要,改变向量$\boldsymbol{y}_i$ 的计数,我们可以写出

$$(\mathcal{A}-\lambda\,\mathcal{E})(\boldsymbol{e}')=(\mathcal{A}-\lambda\,\mathcal{E})(\boldsymbol{z})+\boldsymbol{y}_s+\cdots+\boldsymbol{y}_r \tag{5.14}$$

其中 $\boldsymbol{z}=\boldsymbol{z}_1+\cdots+\boldsymbol{z}_{s-1}$, $\boldsymbol{z}_i\in \mathrm{L}_i$,对于所有 $i=1,\cdots,s-1$,与具有下标 $j=s,\cdots,r$ 的向量$\boldsymbol{y}_j$ 种的每一个生成循环子空间L_j 都成立.

这里存在两种可能的情形.

情形 1. 在公式(5.14) 中,我们有 $s-1=r$,即

$$(\mathcal{A}-\lambda\,\mathcal{E})(\boldsymbol{e}')=(\mathcal{A}-\lambda\,\mathcal{E})(\boldsymbol{z}),\quad \boldsymbol{z}\in \mathrm{L}'$$

如前所述,任意选取向量$\boldsymbol{e}'$,我们设$\boldsymbol{e}''=\boldsymbol{e}'-\boldsymbol{z}$,那么从前面的关系式中我们得到

$$(\mathcal{A}-\lambda\,\mathcal{E})(\boldsymbol{e}'')=\boldsymbol{0}$$

根据定义,这蕴涵$\boldsymbol{e}''$ 是具有特征值λ 的特征向量. 考虑一维子空间$\mathrm{L}_{r+1}=\langle \boldsymbol{e}''\rangle$. 显然,它是循环的,此外

$$\mathrm{L}=\mathrm{L}'\oplus \mathrm{L}_{r+1}=\mathrm{L}_1\oplus\cdots\oplus \mathrm{L}_r\oplus \mathrm{L}_{r+1}$$

定理 5.12 在这种情形中得到了证明.

情形 2. 在公式(5.14) 中,我们有 $s-1<r$. 我们再次设$\boldsymbol{e}''=\boldsymbol{e}'-\boldsymbol{z}$,那么从(5.14) 中我们得到

$$(\mathcal{A}-\lambda\,\mathcal{E})(\boldsymbol{e}'')=\boldsymbol{y}_s+\cdots+\boldsymbol{y}_r \tag{5.15}$$

其中,根据构造,每个$\boldsymbol{y}_j$, $j=s,\cdots,r$ 是m_j 次主向量,对应于生成循环子空间L_j 的特征值λ.

显然,我们总可以对向量$\boldsymbol{y}_s,\cdots,\boldsymbol{y}_r$ 排序,使得$m_s\leqslant\cdots\leqslant m_r$,我们假设这个条件是满足的. 我们将证明向量$\boldsymbol{e}''$是具有相伴特征值$\lambda$ 的m_r+1 次主向量,然后我们将证明我们有以下分解

$$\mathrm{L}=\mathrm{L}_1\oplus\cdots\oplus \mathrm{L}_{r-1}\oplus \mathrm{L}'_r \tag{5.16}$$

其中,L'_r是由向量$\boldsymbol{e}''$ 生成的循环子空间. 显然,从此得出定理 5.12 的结论. 从等式(5.15) 可以得出

$$(\mathcal{A}-\lambda\,\mathcal{E})^{m_r+1}(\boldsymbol{e}'')=(\mathcal{A}-\lambda\,\mathcal{E})^{m_r}(\boldsymbol{y}_s)+\cdots+(\mathcal{A}-\lambda\,\mathcal{E})^{m_r}(\boldsymbol{y}_r) \tag{5.17}$$

由于主向量$\boldsymbol{y}_i$($i=s,\cdots,r$) 为m_i 次,因为根据我们的假设,所有m_i 都小于或等于

m_r，因此$(\mathcal{A}-\lambda\,\mathcal{E})^{m_r}(\boldsymbol{y}_i)=\boldsymbol{0}(i=s,\cdots,r)$．由此，考虑到(5.17)，我们得出$(\mathcal{A}-\lambda\,\mathcal{E})^{m_r+1}(\boldsymbol{e}'')=\boldsymbol{0}$. 用同样的方法，我们得到了

$$(\mathcal{A}-\lambda\,\mathcal{E})^{m_r}(\boldsymbol{e}'')=(\mathcal{A}-\lambda\,\mathcal{E})^{m_r-1}(\boldsymbol{y}_s)+\cdots+(\mathcal{A}-\lambda\,\mathcal{E})^{m_r-1}(\boldsymbol{y}_r) \quad (5.18)$$

该和右边的项属于子空间$\mathrm{L}_s,\cdots,\mathrm{L}_r$. 如果我们有等式

$$(\mathcal{A}-\lambda\,\mathcal{E})^{m_r}(\boldsymbol{e}'')=\boldsymbol{0}$$

那么公式(5.18)右边的所有项都将等于零，因为子空间$\mathrm{L}_s,\cdots,\mathrm{L}_r$构成一个直和. 特别地，我们将得到$(\mathcal{A}-\lambda\,\mathcal{E})^{m_r-1}(\boldsymbol{y}_r)=\boldsymbol{0}$，这与主向量$\boldsymbol{y}_r$为$m_r$次相矛盾. 因此，我们得出$(\mathcal{A}-\lambda\,\mathcal{E})^{m_r}(\boldsymbol{e}'')\neq\boldsymbol{0}$，因此，主向量$\boldsymbol{e}''$为$m_r+1$次.

还需证明关系式(5.16). 我们观察到，空间$\mathrm{L}_1,\cdots,\mathrm{L}_{r-1}$的维数等于$m_1,\cdots,m_{r-1}$，而$\mathrm{L}'_r$的维数等于$m_r+1$. 因此，从等式(5.12)可以看出，公式(5.16)右边的项的维数之和等于左边的维数. 因此，为了证明关系式(5.16)，只需根据推论3.40(第97页)证明空间L中的任意向量可以表示为子空间$\mathrm{L}_1,\cdots,\mathrm{L}_{r-1},\mathrm{L}'_r$的向量之和.

只需证明最后一个结论(对于空间L的某组基中的所有向量). 特别地，当我们将向量$\boldsymbol{e}''$和子空间$\mathrm{L}_1,\cdots,\mathrm{L}_r$的某组基的向量组合在一起时，得到了这样一组基. 对于向量$\boldsymbol{e}''$，这个结论是显然的，因为$\boldsymbol{e}''\in\mathrm{L}'_r$. 同样，对于子空间$\mathrm{L}_1,\cdots,\mathrm{L}_{r-1}$中的一个的基中的任意向量，结论都是显然的. 还需证明对于子空间L_r的某组基中的向量，断言成立. 例如，这样一组基包含向量

$$\boldsymbol{y}_r,(\mathcal{A}-\lambda\,\mathcal{E})(\boldsymbol{y}_r),\cdots,(\mathcal{A}-\lambda\,\mathcal{E})^{m_r-1}(\boldsymbol{y}_r)$$

从(5.15)可以得出

$$\boldsymbol{y}_r=-(\boldsymbol{y}_s+\cdots+\boldsymbol{y}_{r-1})+(\mathcal{A}-\lambda\,\mathcal{E})(\boldsymbol{e}'')$$

这说明

$$(\mathcal{A}-\lambda\,\mathcal{E})^k(\boldsymbol{y}_r)=-(\mathcal{A}-\lambda\,\mathcal{E})^k(\boldsymbol{y}_s)-\cdots-(\mathcal{A}-\lambda\,\mathcal{E})^k(\boldsymbol{y}_{r-1})+(\mathcal{A}-\lambda\,\mathcal{E})^{k+1}(\boldsymbol{e}'')$$

对于所有$k=1,\cdots,m_r-1$都成立，这建立了我们需要证明的内容：由于

$$\boldsymbol{y}_s\in\mathrm{L}_s,\cdots,\boldsymbol{y}_{r-1}\in\mathrm{L}_{r-1},\quad \boldsymbol{e}''\in\mathrm{L}'_r$$

并且由于空间$\mathrm{L}_s,\cdots,\mathrm{L}_{r-1}$和$\mathrm{L}'_r$是不变的，因此

$$(\mathcal{A}-\lambda\,\mathcal{E})^k(\boldsymbol{y}_s)\in\mathrm{L}_s,\cdots,(\mathcal{A}-\lambda\,\mathcal{E})^k(\boldsymbol{y}_{r-1})\in\mathrm{L}_{r-1},(\mathcal{A}-\lambda\,\mathcal{E})^{k+1}(\boldsymbol{e}'')\in\mathrm{L}'_r$$

这就完成了定理5.12的证明. □

我们注意到，对于给定λ，在从子空间L′到L的过程中，到循环子空间的分解按以下方式变化：要么在分解中出现一个以上的一维子空间(情形1)，要么其中一个循环子空间的维数增加1(情形2).

设到子空间的直和的分解，其存在性由定理5.12建立，有以下形式

$$\mathsf{L} = \mathsf{L}_1 \oplus \cdots \oplus \mathsf{L}_r$$

在每个子空间L_i 中,我们将选取形式(5.5) 的一组基,并将其组合成 L 中的单组基$\boldsymbol{e}_1,\cdots,\boldsymbol{e}_n$. 在这组基中,变换$\mathcal{A}$的矩阵 A 有分块对角形式

$$A = \begin{pmatrix} A_1 & 0 & \cdots & 0 \\ 0 & A_2 & \cdots & 0 \\ \vdots & \vdots & & \vdots \\ 0 & 0 & \cdots & A_r \end{pmatrix} \tag{5.19}$$

其中矩阵A_i 有(根据推论 5.8) 形式

$$A = \begin{pmatrix} \lambda_i & 0 & 0 & \cdots & \cdots & 0 \\ 1 & \lambda_i & 0 & & & 0 \\ 0 & 1 & \lambda_i & & & \vdots \\ \vdots & & \ddots & \ddots & & \vdots \\ \vdots & & & \ddots & \lambda_i & 0 \\ 0 & 0 & \cdots & \cdots & 1 & \lambda_i \end{pmatrix} \tag{5.20}$$

由公式(5.19) 和(5.20) 给出的矩阵 A 称为 Jordan 标准形,而矩阵A_i 称为 Jordan 块. 因此,我们得到了以下结果,这只不过是对定理 5.12 的重新表述.

定理 5.13 对于有限维复向量空间的每个线性变换,存在该空间的一组基,其中变换的矩阵为 Jordan 标准形.

推论 5.14 每个复矩阵相似于 Jordan 标准形.

证明:正如我们在第 3 章中所看到的,任意 n 阶方阵 A 是某个线性变换$\mathcal{A}$: $\mathsf{L} \to \mathsf{L}$ 在某组基$\boldsymbol{e}_1,\cdots,\boldsymbol{e}_n$ 中的矩阵. 根据定理 5.13,在其他某组基$\boldsymbol{e}'_1,\cdots,\boldsymbol{e}'_n$中,变换$\mathcal{A}$的矩阵$A'$ 是 Jordan 标准形. 如第 3.4 节所述,存在非奇异矩阵 C(从第一组基到第二组基的转移矩阵),使得矩阵 A 和A' 由关系式(3.43) 关联. 这蕴涵矩阵 A 和A' 相似. □

5.3 Jordan 标准形(唯一性)

现在,我们将探索向量空间 L 分解为循环子空间的直和的程度相对于给定线性变换$\mathcal{A}$: $\mathsf{L} \to \mathsf{L}$ 是唯一的. 首先,我们注意到在这样的分解中

$$\mathsf{L} = \mathsf{L}_1 \oplus \cdots \oplus \mathsf{L}_r \tag{5.21}$$

子空间L_i 自身并不是唯一确定的. 最简单的例子是恒等变换$\mathcal{A}=\mathcal{E}$. 对于该变换,每个非零向量都是特征向量,这说明每个一维子空间都是由 1 次主向量生

成的循环子空间.因此,空间 L 作为一维子空间的直和的任意分解都是作为循环子空间的直和的分解,并且这种分解对于空间 L 的每组基都存在;也就是说,它们有无穷多个.

然而,我们将证明特征值λ_i 和与这些数相关的循环子空间的维数对于每个可能的分解(5.21) 都是相等的.如我们所见,Jordan 标准形仅由特征值λ_i 和相关子空间的维数决定(见公式(5.19) 和(5.20)).这将给出 Jordan 标准形的唯一性.

定理 5.15 线性变换的 Jordan 标准形完全由变换自身决定,由 Jordan 块的顺序决定.换句话说,对于向量空间 L 作为对于某些线性变换$\mathcal{A}$:L → L 是循环的子空间的直和的分解(5.21),特征值λ_i 和相伴循环子空间L_i 的维数m_i 仅取决于变换$\mathcal{A}$,并且对于所有分解(5.21) 都是相同的.

证明:设 λ 为线性变换$\mathcal{A}$的某个特征值,并设(5.21) 是一种可能的分解.我们用l_m($m=1,2,\cdots$) 表示一个整数,它表明在(5.21) 中遇到的与λ 相关的m 维循环子空间的个数.

我们将给出一种仅基于λ 和$\mathcal{A}$的计算l_m 的方法.这将证明该数事实上不取决于分解(5.21).

我们将变换$(\mathcal{A}-\lambda\mathcal{E})^i$(具有某个 $i\geqslant 1$) 应用于等式(5.21) 的两边.显然

$$(\mathcal{A}-\lambda\mathcal{E})^i(L)=(\mathcal{A}-\lambda\mathcal{E})^i(L_1)\oplus\cdots\oplus(\mathcal{A}-\lambda\mathcal{E})^i(L_r) \tag{5.22}$$

现在,我们将确定子空间$(\mathcal{A}-\lambda\mathcal{E})^i(L_k)$ 的维数.在证明定理 5.9 的推论(推论 5.10) 的过程中,我们确定了,对于任意 $\mu\neq\lambda$,线性变换$\mathcal{A}-\mu\mathcal{E}$对 M 的限制是一个同构,其像$(\mathcal{A}-\mu\mathcal{E})(M)$ 等于 M.因此,如果L_k 对应于数$\lambda_k\neq\lambda$,那么

$$(\mathcal{A}-\lambda\mathcal{E})^i(L_k)=L_k,\lambda_k\neq\lambda \tag{5.23}$$

但如果$\lambda_k=\lambda$,那么在L_k 中选取基 $\boldsymbol{e},(\mathcal{A}-\lambda\mathcal{E})(\boldsymbol{e}),\cdots,(\mathcal{A}-\lambda\mathcal{E})^{m_k-1}(\boldsymbol{e})$,其中 $m_k=\dim L_k$,也就是说,它等于主向量 $\boldsymbol{e}$ 的分次,我们得到,如果 $i\geqslant m_k$,那么子空间$(\mathcal{A}-\lambda\mathcal{E})^i(L_k)$ 仅由零向量构成,而如果 $i<m_k$,那么

$$(\mathcal{A}-\lambda\mathcal{E})^i(L_k)=\langle(\mathcal{A}-\lambda\mathcal{E})^i(\boldsymbol{e}),\cdots,(\mathcal{A}-\lambda\mathcal{E})^{m_k-1}(\boldsymbol{e})\rangle$$

此外,向量$(\mathcal{A}-\lambda\mathcal{E})^i(\boldsymbol{e}),\cdots,(\mathcal{A}-\lambda\mathcal{E})^{m_k-1}(\boldsymbol{e})$ 是线性无关的.因此,在$\lambda_k=\lambda$ 的情形中,我们得到了公式

$$\dim(\mathcal{A}-\lambda\mathcal{E})^i(L_k)=\begin{cases}0, & i\geqslant m_k\\ m_k-i, & i<m_k\end{cases} \tag{5.24}$$

我们用 n 表示这些子空间L_k(对应于数$\lambda_k=\lambda$) 的维数之和.那么从公式(5.22)—(5.24) 得出

$$\dim(\mathcal{A}-\lambda\mathcal{E})^i(\mathrm{L})=l_{i+1}+2l_{i+2}+\cdots+(p-i)l_p+n' \tag{5.25}$$

其中 p 是与分解(5.21) 中的给定值 λ 相关联的循环子空间的最大维数. 事实上,从等式(5.22) 中我们得到了

$$\dim(\mathcal{A}-\lambda\mathcal{E})^i(\mathrm{L})=\dim(\mathcal{A}-\lambda\mathcal{E})^i(\mathrm{L}_1)+\cdots+\dim(\mathcal{A}-\lambda\mathcal{E})^i(\mathrm{L}_r) \tag{5.26}$$

从公式(5.23) 可以看出,在和中的项$(\mathcal{A}-\lambda\mathcal{E})^i(\mathrm{L}_k)$(其中$\lambda_k\neq\lambda$) 给出$n'$. 考虑到公式(5.24),项 $\dim(\mathcal{A}-\lambda\mathcal{E})^i(\mathrm{L}_k)$(其中$\lambda_k=\lambda$ 且$m_k\leqslant i$) 等于零. 此外,根据相同的公式(5.24),可得:如果$m_k=i+1$,那么 $\dim(\mathcal{A}-\lambda\mathcal{E})^i(\mathrm{L}_k)=1$,根据数 l_m 的定义,维数为$m_k=i+1$ 的子空间L_k 的个数将等于 l_{i+1}. 因此,在公式(5.26) 中,等于1的项的个数为 l_{i+1}. 类似地,维数为$m_k=i+2$ 的子空间L_k 的个数将等于 l_{i+2},但由此我们已经得到了 $\dim(\mathcal{A}-\lambda\mathcal{E})^i(\mathrm{L}_k)=2$,在(5.25) 的右侧出现了项 $2l_{i+2}$,依此类推. 由此得出等式(5.25).

我们回想一下,在第 3.6 节中,我们定义了任意线性变换$\mathcal{B}:\mathrm{L}\to\mathrm{L}$ 的秩 $\mathrm{rk}\,\mathcal{B}$的概念,在此,$\mathrm{rk}\,\mathcal{B}$与像$\mathcal{B}(\mathrm{L})$ 的维数相等,并且等于该变换的矩阵 B 的秩,而不管线性变换的矩阵在哪组基$\boldsymbol{e}_1,\cdots,\boldsymbol{e}_n$ 中写出.

现在,我们设$r_i=\mathrm{rk}\,(\mathcal{A}-\lambda\mathcal{E})^i(i=1,\cdots,p)$. 通过考虑以下事实

$$\dim(\mathcal{A}-\lambda\mathcal{E})^i(\mathrm{L})=\mathrm{rk}\,(\mathcal{A}-\lambda\mathcal{E})^i=r_i,\ l_s=0,\quad \text{其中 } s>p$$

我们写出关系式(5.25)$(i=1,\cdots,p)$. 我们也考虑到等式

$$n=l_1+2l_2+\cdots+pl_p+n'$$

这是根据公式(5.21) 或(5.25)(当 $i=0$ 时) 得出的. 因此,我们得到了关系式

$$\begin{cases} l_1+2l_2+3l_3+\cdots+pl_p+n'=n\\ l_2+2l_3+\cdots+(p-1)l_p+n'=r_1\\ \cdots\\ l_p+n'=r_{p-1}\\ n'=r_p\end{cases}$$

由此,可以用$r_1,\cdots,r_p$ 表示 $l_1,\cdots,l_p$.

事实上,从每个方程中减去它后面的一个,我们得到

$$\begin{cases} l_1+\cdots+l_p=n-r_1\\ l_2+\cdots+l_p=r_1-r_2\\ \cdots\\ l_p=r_{p-1}-r_p\end{cases} \tag{5.27}$$

重复同样的运算,我们得到

$$\begin{cases} l_1 = n - 2r_1 + r_2 \\ l_2 = r_1 - 2r_2 + r_3 \\ \quad \cdots \\ l_{p-1} = r_{p-2} - 2r_{p-1} + r_p \\ l_p = r_{p-1} - r_p \end{cases} \tag{5.28}$$

从这些关系式可以看出，数 l_i 由数r_i 决定，这说明它们仅取决于变换$\mathcal{A}$. □

推论 5.16 在分解(5.21)中，出现与数λ相关的子空间，当且仅当λ是变换$\mathcal{A}$的特征值.

证明：事实上，如果λ不是特征值，那么变换$\mathcal{A}-\lambda\mathcal{E}$是非奇异的，这说明变换$(\mathcal{A}-\lambda\mathcal{E})^i$也是非奇异的. 换句话说，对于所有 $i=1,2,\cdots,r_i=n$. 从公式(5.27)可以看出，所有 l_i 都等于0，即在分解(5.21)中，不存在与λ相关的子空间. 反之，如果 $l_i=0$，那么从(5.28)得到$r_n=r_{n-1}=\cdots=r_1=n$. 但等式$r_i=n$确切地表明变换$\mathcal{A}-\lambda\mathcal{E}$是非奇异的. □

推论 5.17 n阶方阵A和B相似，当且仅当其特征值相同，且对于每个特征值λ与每个$i\leqslant n$，我们都有

$$\mathrm{rk}\,(A-\lambda E)^i = \mathrm{rk}\,(B-\lambda E)^i \tag{5.29}$$

证明：条件(5.29)的必要性是显然的，因为如果A和B相似，那么矩阵$(A-\lambda E)^i$也和$(B-\lambda E)^i$相似，这说明它们的秩是相同的.

现在，我们证明了充分性. 假设条件(5.29)是满足的. 我们将构造变换$\mathcal{A}$：$\mathrm{L}\to\mathrm{L}$和$\mathcal{B}$：$\mathrm{L}\to\mathrm{L}$，在向量空间L的某组基$\boldsymbol{e}_1,\cdots,\boldsymbol{e}_n$中，有矩阵$A$和$B$. 设变换$\mathcal{A}$在某组基$\boldsymbol{f}_1,\cdots,\boldsymbol{f}_n$化为Jordan标准形，在某组基$\boldsymbol{g}_1,\cdots,\boldsymbol{g}_n$中，$\mathcal{B}$也化为Jordan标准形. 考虑到等式(5.29)，并利用公式(5.25)，我们得出，这些Jordan标准形是相等的. 这说明矩阵A和B相似于第三个矩阵，因此，根据传递性，它们彼此相似. □

作为公式(5.27)的附加应用，我们来确定何时可以将矩阵化为对角形式，这是Jordan形的特例，其中所有Jordan块均为一阶的. 换句话说，所有循环子空间都是一维的. 这说明 $l_2=\cdots=l_n=0$. 从公式(5.27)的第二个等式可得，其充要条件是满足条件$r_1=r_2$(为了充分性，我们必须使用 $l_i\geqslant 0$ 的事实). 因此，我们证明了以下准则.

定理 5.18 线性变换$\mathcal{A}$可以化为对角形式，当且仅当对于其每个特征值λ，我们都有

$$\mathrm{rk}\,(\mathcal{A}-\lambda\mathcal{E}) = \mathrm{rk}\,(\mathcal{A}-\lambda\mathcal{E})^2$$

当然,类似的准则对于矩阵成立.

5.4　实向量空间

至此,我们一直在考虑复向量空间的线性变换(这与我们一直依赖于每个线性变换的特征向量的存在性这一事实有关,这在实际情形中可能不成立).然而,我们建立的理论也为我们提供了关于实向量空间的变换的大量信息,这在应用中尤其重要.

假设实向量空间L_0嵌入到复向量空间 L 中,例如其复化(如第 4.3 节所述),而空间L_0的线性变换$\mathcal{A}_0$确定了空间 L 的实线性变换$\mathcal{A}$.在本节和下一节中,一横表示复共轭.

定理 5.19　在关于实线性变换$\mathcal{A}$的从空间 L 到循环子空间的分解中,与特征值λ相关的循环m维子空间的个数等于与复共轭特征值$\overline{\lambda}$相关的循环m维子空间的个数.

证明:由于实变换$\mathcal{A}$的特征多项式有实系数,因此对于每个根λ,数$\overline{\lambda}$也是特征多项式的根.就像在定理 5.15 的证明中所做的那样,我们用l_m表示特征值λ的循环m维子空间的个数,用l'_m表示特征值$\overline{\lambda}$的循环m维子空间的个数.此外,我们定义$r_i=\mathrm{rk}(\mathcal{A}-\lambda\mathcal{E})^i$和$r'_i=\mathrm{rk}(\mathcal{A}-\overline{\lambda}\mathcal{E})^i$.公式(5.28)用$r_m$表示数$l_m$.由于这些公式对于每个特征值都成立,它们也用$r'_m$表示数$l'_m$.因此,只需证明$r'_i=r_i$,由此得出$l'_i=l_i$,这是定理的结论.

为此,我们考虑空间L_0(作为实向量空间)的某组基.它也将是空间 L(作为复向量空间)的一组基.设A为线性变换$\mathcal{A}$在这组基中的矩阵.根据定义,它与线性变换$\mathcal{A}_0$在相同基中的矩阵相等,因此,它由实数构成.因此,矩阵$A-\overline{\lambda}E$由$A-\lambda E$通过将所有元素替换为其复共轭来得到.我们将把它写成

$$A-\overline{\lambda}E=\overline{A-\lambda E}$$

容易看出,对于每个$i>0$,方程

$$(A-\overline{\lambda}E)^i=\overline{(A-\lambda E)^i}$$

都是满足的.因此,我们的结论化归到:如果B是具有复元素的矩阵,并且矩阵$\overline{B}$是由B通过将其所有元素替换为复共轭得到的,那么$\mathrm{rk}\,B=\mathrm{rk}\,\overline{B}$.然而,根据矩阵的秩作为非零余子式的最大阶的定义,可以立即证明这一点:事实上,显然,矩阵$\overline{B}$的余子式是由具有行和列的相同下标的B的余子式通过复共轭得到的,这就完成了定理的证明.　□

因此，根据定理 5.19，实线性变换的 Jordan 标准形(5.19) 由对应于实特征值λ_i 的 Jordan 块(5.20) 和对应于特征值λ_i 和$\overline{\lambda}_i$ 的复共轭对的同阶 Jordan 块对构成.

我们看一下这为实向量空间L_0 的线性变换的分类提供了什么. 我们考虑 $\dim L_0=2$ 的简单例子. 根据定理 5.19，复空间 L 的线性变换$\mathcal{A}$的 Jordan 标准形可以为以下三种形式之一

$$(a)\begin{pmatrix}\alpha & 0\\ 0 & \beta\end{pmatrix},\quad (b)\begin{pmatrix}\alpha & 0\\ 1 & \alpha\end{pmatrix},\quad (c)\begin{pmatrix}\lambda & 0\\ 0 & \overline{\lambda}\end{pmatrix}$$

其中 α 和 β 为实数，λ 为复数而非实数，即 $\lambda=a+ib$，其中 $i^2=-1$ 且 $b\neq 0$.

在情形(a) 和(b) 中，从线性变换$\mathcal{A}$的定义可以看出，变换$\mathcal{A}_0$ 的矩阵在实向量空间L_0 的某组基中已经具有指示的形式.

正如我们在第 4.3 节中所证明的那样. 在情形(c) 中，变换$\mathcal{A}_0$ 在某组基中有矩阵

$$\begin{pmatrix}a & -b\\ b & a\end{pmatrix}$$

因此，我们看到二维实向量空间的任意线性变换在某组基中有以下三种形式之一

$$(a)\begin{pmatrix}\alpha & 0\\ 0 & \beta\end{pmatrix},\quad (b)\begin{pmatrix}\alpha & 0\\ 1 & \alpha\end{pmatrix},\quad (c)\begin{pmatrix}a & -b\\ b & a\end{pmatrix} \tag{5.30}$$

其中 α,β,a,b 是实数，$b\neq 0$. 根据公式(3.43)，这蕴涵任意二阶实方阵相似于具有(5.30) 的三种形式之一的矩阵.

以完全类似的方式，我们可以研究任意维实向量空间中的线性变换的一般情形[①]. 通过相同的论证路线，可以证明每个实方阵相似于分块对角矩阵

$$A=\begin{pmatrix}A_1 & 0 & \cdots & 0\\ 0 & A_2 & \cdots & 0\\ \vdots & \vdots & & \vdots\\ 0 & 0 & \cdots & A_r\end{pmatrix}$$

其中，A_i 要么是具有实特征值λ_i 的 Jordan 块(5.20)，要么是具有分块形式

---

① 例如，我们可以在 D. K. Faddeev 的 *Lectures on Algebra*(俄语版) 或 Roger Horn 与 Charles Johnson 的 *Matrix Analysis* 的第 3.4 节中找到详尽的证明. 有关详细信息，见参考文献部分.

$$A_i = \begin{pmatrix} \Lambda_i & 0 & 0 & \cdots & \cdots & 0 \\ E & \Lambda_i & 0 & \cdots & \cdots & 0 \\ 0 & E & \Lambda_i & & & \vdots \\ \vdots & & \ddots & \ddots & \vdots & \\ \vdots & & & \ddots & \Lambda_i & 0 \\ 0 & 0 & \cdots & \cdots & E & \Lambda_i \end{pmatrix}$$

的偶数阶矩阵,其中分块Λ_i 和 E 是 2 阶矩阵

$$\Lambda_i = \begin{pmatrix} a_i & -b_i \\ b_i & a_i \end{pmatrix}, \quad E = \begin{pmatrix} 1 & 0 \\ 0 & 1 \end{pmatrix}$$

5.5 应　　用*

对于 Jordan 标准形的矩阵 A,容易计算 $f(A)$ 的值,其中 $f(x)$ 是任意 n 次多项式. 首先,我们注意到,如果矩阵 A 是分块对角形式

$$A = \begin{pmatrix} A_1 & 0 & \cdots & 0 \\ 0 & A_2 & \cdots & 0 \\ \vdots & \vdots & & \vdots \\ 0 & 0 & \cdots & A_r \end{pmatrix}$$

具有任意分块$A_1,\cdots,A_r$,那么

$$f(A) = \begin{pmatrix} f(A_1) & 0 & \cdots & 0 \\ 0 & f(A_2) & \cdots & 0 \\ \vdots & \vdots & & \vdots \\ 0 & 0 & \cdots & f(A_r) \end{pmatrix}$$

这立即由从空间 L 到不变子空间的直和 $L = L_1 \oplus \cdots \oplus L_r$ 的分解,与具有矩阵 A 的线性变换定义了在L_i 上的具有矩阵A_i 的线性变换的事实得到.

因此,余下仅需考虑 A 是 Jordan 块的情形,即

$$A = \begin{pmatrix} \lambda & 0 & 0 & \cdots & \cdots & 0 \\ 1 & \lambda & 0 & & & 0 \\ 0 & 1 & \lambda & & & \vdots \\ \vdots & & \ddots & \ddots & & \vdots \\ \vdots & & & & \lambda & 0 \\ 0 & 0 & \cdots & \cdots & 1 & \lambda \end{pmatrix} \tag{5.31}$$

可以方便地用 $A=\lambda E+B$ 的形式来表示，其中

$$B=\begin{pmatrix}0&0&0&\cdots&\cdots&0\\1&0&0&&&0\\0&1&0&&&\vdots\\\vdots&&\ddots&\ddots&&\vdots\\\vdots&&&\ddots&0&0\\0&0&\cdots&\cdots&1&0\end{pmatrix}\tag{5.32}$$

现在，我们来写出 n 次多项式的 Taylor 公式

$$f(x+y)=f(x)+f'(x)y+\frac{f''(x)}{2!}y^2+\cdots+\frac{f^{(n)}(x)}{n!}y^n\tag{5.33}$$

我们注意到，对于公式(5.33) 的求导，我们必须计算 $(x+y)^k(k=2,\cdots,n)$ 的二项式展开，那么，当然是使用数的乘法的交换性. 如果交换性质不成立，那么我们将无法得到，例如，表达式 $(x+y)^2=y^2+2xy+x^2$，而只能得到 $(x+y)^2=y^2+yx+xy+x^2$. 因此，在公式(5.33) 中，我们可以用数代替 x 和 y，但不能用任意矩阵代替，而只能用交换矩阵代替.

我们在公式(5.33) 中代入参数 $x=\lambda E$ 和 $y=B$，因为矩阵 λE 和 B 显然是可交换的. 容易验证，对于任意多项式 $f(\lambda E)=f(\lambda)E$，我们得到表达式

$$f(A)=f(\lambda)E+f'(\lambda)B+\frac{f''(\lambda)}{2!}B^2+\cdots+\frac{f^{(n)}(\lambda)}{n!}B^n\tag{5.34}$$

现在，我们观察到，在由 m 次主向量 $\boldsymbol{e}$ 生成的循环子空间的基 $\boldsymbol{e}_1,\cdots,\boldsymbol{e}_m$ 中，具有形如(5.32) 的 B 的变换 $\mathcal{B}$ 取得以下形式

$$\mathcal{B}(\boldsymbol{e}_i)=\begin{cases}\boldsymbol{e}_{i+1}, & i\leqslant m-1\\ \boldsymbol{0}, & i>m-1\end{cases}$$

应用公式 k 次，我们得到

$$\mathcal{B}^k(\boldsymbol{e}_i)=\begin{cases}\boldsymbol{e}_{i+k}, & i\leqslant m-k\\ \boldsymbol{0}, & i>m-k\end{cases}$$

由此可知，矩阵 B^k 有以下非常简单的形式

$$B^k=\begin{pmatrix}0&0&\cdots&\cdots&\cdots&\cdots&\cdots&0\\\vdots&\vdots&&&&&&\vdots\\1&0&&&&&&\vdots\\0&1&&&&&&\vdots\\0&0&\ddots&&&&&\vdots\\\vdots&\vdots&&\ddots&&&&\vdots\\0&0&\cdots&0&1&0&\cdots&0\\0&0&\cdots&0&0&1&\cdots&0\end{pmatrix}$$

为了用文字描述这一点，我们将矩阵 $A=(a_{ij})$ 中的元素 a_{ij} $(i=j)$ 构成的集合称为主对角线，而元素 a_{ij} $(i-j=k,k$ 是一个给定的数）构成的集合构成一条平行于主对角线的对角线，称为距主对角线 k 步的对角线. 因此，在矩阵 B^k 中，从主对角线开始 k 步的对角线包含所有的 1，而剩余矩阵的项为零.

现在，公式(5.34) 给出了 m 阶 Jordan 块 A 的表达式

$$f(A)=\begin{pmatrix} \varphi_0 & 0 & 0 & \cdots & 0 & 0 \\ \varphi_1 & \varphi_0 & 0 & \cdots & 0 & 0 \\ \varphi_2 & \varphi_1 & \varphi_0 & \ddots & & 0 \\ \vdots & \ddots & \ddots & \ddots & \ddots & \vdots \\ \varphi_{m-2} & \varphi_{m-3} & \ddots & \ddots & \varphi_0 & 0 \\ \varphi_{m-1} & \varphi_{m-2} & \varphi_{m-3} & \cdots & \varphi_1 & \varphi_0 \end{pmatrix} \tag{5.35}$$

其中，$\varphi_k=f^{(k)}(\lambda)/k!$，即数 φ_k 是 Taylor 展开式(5.34) 中的系数.

我们来考虑一个非常简单的例子. 假设我们想要将一个 2 阶矩阵 A 升幂为 p(例如，$p=2\ 000$). 进行这样的手工计算看似是无望的. 但我们构建的理论在此方显大用. 我们来求出具有矩阵 A 的线性变换 $\mathcal{A}$ 的特征值，即二次三项式 $|A-\lambda E|$ 的根. 这里有两种情形.

情形 1. 三项式 $|A-\lambda E|$ 有不同的根 λ_1 和 λ_2. 我们容易求出相伴特征向量 $\boldsymbol{e}_1$ 和 $\boldsymbol{e}_2$，对此有

$$(\mathcal{A}-\lambda_1\mathcal{E})(\boldsymbol{e}_1)=\boldsymbol{0},\quad (\mathcal{A}-\lambda_2\mathcal{E})(\boldsymbol{e}_2)=\boldsymbol{0}$$

我们知道，向量 $\boldsymbol{e}_1$ 和 $\boldsymbol{e}_2$ 是线性无关的，在基 $\boldsymbol{e}_1$，$\boldsymbol{e}_2$ 中，变换 $\mathcal{A}$ 有对角矩阵 $\begin{pmatrix}\lambda_1 & 0\\ 0 & \lambda_2\end{pmatrix}$. 如果 C 是从原基(在这组基中，变换 $\mathcal{A}$ 有矩阵 A) 到基 $\boldsymbol{e}_1$，$\boldsymbol{e}_2$ 的转移矩阵

$$A=C^{-1}\begin{pmatrix}\lambda_1 & 0\\ 0 & \lambda_2\end{pmatrix}C \tag{5.36}$$

从中容易得出对于任意 p(取值大小由需要而定)，都有公式

$$A^p=C^{-1}\begin{pmatrix}\lambda_1^p & 0\\ 0 & \lambda_2^p\end{pmatrix}C \tag{5.37}$$

现在，我们来考虑第二种情形.

情形 2. 三项式 $|A-\lambda E|$ 有一个重根 λ(因此，必定为实数). 那么矩阵 A 的 Jordan 标准形有单个分块 $\begin{pmatrix}\lambda & 0\\ 1 & \lambda\end{pmatrix}$ 或 $\begin{pmatrix}\lambda & 0\\ 0 & \lambda\end{pmatrix}$. 在后一个变式中，矩阵的 Jordan 标

准形等于 λE，因此，矩阵 A 也等于 λE（例如，这是由以下事实得到的：如果在某组基中，线性变换有矩阵 λE，那么它在其他每组基中也有相同的矩阵）. 因此，在最后一个变式中，我们处理的是前一种情形，其中 $\lambda_1=\lambda_2=\lambda$，$A^p$ 的计算是根据公式(5.37) 得到的，其中我们只需把 λ_1 和 λ_2 代入 λ. 余下考虑第一个变式. 对于 Jordan 块 $\begin{pmatrix}\lambda & 0\\ 1 & \lambda\end{pmatrix}$，根据公式(5.35)，我们得到

$$\begin{pmatrix}\lambda & 0\\ 1 & \lambda\end{pmatrix}^p=\begin{pmatrix}\lambda^p & 0\\ p\lambda^{p-1} & \lambda^p\end{pmatrix}$$

如果 $\boldsymbol{e}_1,\boldsymbol{e}_2$ 是使得

$$(\mathcal{A}-\lambda\,\mathcal{E})(\boldsymbol{e}_1)\neq\boldsymbol{0},\quad \boldsymbol{e}_2=(\mathcal{A}-\lambda\,\mathcal{E})(\boldsymbol{e}_1)$$

的向量，那么在基 $\boldsymbol{e}_1,\boldsymbol{e}_2$ 中，变换 $\mathcal{A}$ 的矩阵是 Jordan 标准形. 我们用 C 表示这组基的转移矩阵，并利用转移公式

$$A=C^{-1}\begin{pmatrix}\lambda & 0\\ 1 & \lambda\end{pmatrix}C$$

我们得到

$$A^p=C^{-1}\begin{pmatrix}\lambda^p & 0\\ p\lambda^{p-1} & \lambda^p\end{pmatrix}C \tag{5.38}$$

公式(5.37) 和(5.38) 解决了我们的问题.

现在，我们不仅可以将相同的思想应用于多项式，还可以应用于其他函数，例如由收敛幂级数给出的函数. 这种函数称为解析函数. 为此，我们需要矩阵序列的收敛的概念. 我们回顾一下，具有实系数的给定阶方阵序列的收敛的概念在前面的第 4.4 节中已经定义了. 此外，在同一节中，我们在将此类矩阵集转换为度量空间后，在其上引入了度量 $r(A,B)$，在度量空间上自动定义了收敛的概念（见第 7 页）. 显然，由公式(4.36) 和(4.37) 定义的度量 $r(A,B)$ 也是具有复系数的给定阶方阵集上的度量，因此，将其转换为度量空间.

根据该定义，矩阵序列 $A^{(k)}=(a_{ij}^{(k)})\,(k=1,2,\cdots)$ 收敛于矩阵 $B=(b_{ij})$ 说明当 $k\to\infty$ 时，$a_{ij}^{(k)}\to b_{ij}$（对于所有 i,j）. 在这种情形中，我们写出当 $k\to\infty$ 时，$A^{(k)}\to B$ 或 $\lim\limits_{k\to\infty}A^{(k)}=B$. 矩阵 B 称为序列 $A^{(k)}\,(k=1,2,\cdots)$ 的极限. 类似地，我们可以定义矩阵族 $A(h)$ 的极限，该族取决于参数 h，其值不必为自然数（如序列的情形），但为实值，并趋向任意值 h_0. 根据定义，$\lim\limits_{h\to h_0}A(h)=B$，如果 $\lim\limits_{h\to h_0}r(A(h),B)=0$. 换句话说，这说明对于所有 i,j，都有 $\lim\limits_{h\to h_0}a_{ij}(h)=b_{ij}$.

就像数那样，只要我们有了矩阵序列的收敛的概念，就可以讨论矩阵序列

的收敛性.无需任何修改,我们就可以将分析中已知的关于级数的定理转换为矩阵级数的定理.设函数 $f(x)$ 由以下幂级数定义

$$f(x)=\alpha_0+\alpha_1 x+\cdots+\alpha_k x^k+\cdots \tag{5.39}$$

那么,根据定义

$$f(A)=\alpha_0 E+\alpha_1 A+\cdots+\alpha_k A^k+\cdots \tag{5.40}$$

假设幂级数(5.39) 对于 $|x|<r$ 收敛且矩阵 A 是具有特征值 λ 的 Jordan 块(5.31),λ 的绝对值小于 r. 那么,检验级数(5.40) 的前 k 项之和,并取极限 $k\to\infty$, 我们得到,级数(5.40) 收敛,对于 $f(A)$,公式(5.35) 成立.如果我们现在取一个矩阵A',它相似于某个Jordan块A,也就是说,通过$A'=C^{-1}AC$与其关联,其中 C 是某个非奇异矩阵,那么根据显然的关系式$(C^{-1}AC)^k=C^{-1}A^kC$,我们从(5.40) 中得出

$$f(A')=C^{-1}(\alpha_0 E+\alpha_1 A+\cdots+\alpha_k A^k+\cdots)C=C^{-1}f(A)C \tag{5.41}$$

公式(5.35) 和(5.41) 让我们可以计算任何解析函数 $f(x)$ 的 $f(A)$. 利用分析中的结果,我们可以将矩阵函数的概念扩展到更广泛的函数类(例如,借助于多项式,连续函数的一致逼近定理可以扩展到连续函数). 然而,我们将不在此讨论这些问题.

在应用中,矩阵的指数函数尤其重要.我们回忆一下,数 x 的指数函数可以通过级数求和来定义

$$e^x=1+x+\frac{1}{2!}x^2+\cdots+\frac{1}{k!}x^k+\cdots \tag{5.42}$$

正如在分析课程中所证明的那样,它对于所有实数或复数 x 收敛.据此,矩阵 A 的指数函数由以下级数定义

$$e^A=E+A+\frac{1}{2!}A^2+\cdots+\frac{1}{k!}A^k+\cdots \tag{5.43}$$

对于具有实数或复数项的每个矩阵 A 收敛.

我们来验证,如果矩阵 A 和 B 可交换,那么数值指数函数的一个基本性质将转换为矩阵指数函数的一个基本性质

$$e^A e^B=e^{A+B} \tag{5.44}$$

事实上,将 e^A 和 e^B 的表达式(5.43) 代入(5.44) 的左边,去括号,再合并同类项,我们得到

$$e^A e^B=(E+A+\frac{1}{2!}A^2+\frac{1}{3!}A^3+\cdots)(E+B+\frac{1}{2!}B^2+\frac{1}{3!}B^3+\cdots)$$

$$=E+(A+B)+(\frac{1}{2!}A^2+AB+\frac{1}{2!}B^2)+(\frac{1}{3!}A^3+\frac{1}{2!}A^2B+$$

$$\frac{1}{2!}AB^2+\frac{1}{3!}B^3)+\cdots$$

$$=E+(A+B)+\frac{1}{2!}(A+B)^2+\frac{1}{3!}(A+B)^2+\cdots$$

这与 e^{A+B} 的表达式(5.43) 相同. 作为上述推广的理由,需要注意的是,首先,如分析中所知,对于对应的指数函数(5.43),数值序列(5.42) 在整个实轴上绝对收敛(这允许项以任意顺序求和),其次,矩阵 A 和 B 可交换(没有这一点,最后的推广也无从谈起,这是我们根据前面第 169 页讨论的内容知道的).

特别地,从(5.44) 中得出了重要的关系式

$$e^{A(t+s)}=e^{At}e^{As} \tag{5.45}$$

对于所有数 t 和 s 以及每个方阵 A 都成立. 由此,容易推导出

$$\frac{d}{dt}e^{At}=Ae^{At} \tag{5.46}$$

(了解矩阵函数的微分是按元素进行的).

事实上,根据微分的定义

$$\frac{d}{dt}e^{At}=\lim_{h\to 0}\frac{e^{A(t+h)}-e^{At}}{h}$$

从公式(5.45) 可以看出

$$\frac{e^{A(t+h)}-e^{At}}{h}=\frac{e^{Ah}e^{At}-e^{At}}{h}=\frac{e^{Ah}-E}{h}e^{At}$$

最后,从公式(5.43) 我们容易得到等式

$$\lim_{h\to 0}\frac{e^{Ah}-E}{h}=\lim_{h\to 0}h^{-1}\left((Ah)+\frac{1}{2!}(Ah)^2+\cdots+\frac{1}{k!}(Ah)^k+\cdots\right)=A$$

所有这些考虑在微分方程的理论中有许多应用. 我们来考虑 n 个线性齐次微分方程的方程组

$$\frac{dx_i}{dt}=\sum_{j=1}^{n}a_{ij}x_j,\quad i=1,\cdots,n \tag{5.47}$$

其中,a_{ij} 是某些常系数,$x_i=x_i(t)$ 是变量 t 的未知可微函数. 与之前对线性代数方程组(见例 2.49,第 68 页) 所做的类似,如果我们引入列向量

$$\boldsymbol{x}=\begin{pmatrix}x_1\\ \vdots\\ x_n\end{pmatrix},\quad \frac{d\boldsymbol{x}}{dt}=\begin{pmatrix}dx_1/dt\\ \vdots\\ dx_n/dt\end{pmatrix}$$

那么线性微分方程组(5.47) 也可以以矩阵形式紧凑地写出来,并且由方程组的系数构成的 n 阶方阵:$A=(a_{ij})$. 那么可以将方程组(5.47) 写成以下形式

$$\frac{\mathrm{d}\boldsymbol{x}}{\mathrm{d}t}=A\boldsymbol{x} \tag{5.48}$$

数 n 称为该方程组的阶.

对于任何常数向量$\boldsymbol{x}_0$,我们来考虑向量 $\boldsymbol{x}(t)=\mathrm{e}^{At}\boldsymbol{x}_0$,它取决于变量 t. 该向量满足方程组(5.48). 事实上,对于任意矩阵 $A(t)$ 和 B(可能是矩形的,前提是 $A(t)$ 的列数与 B 的行数相等),如果只有矩阵 B 是常数,那么有等式

$$\frac{\mathrm{d}}{\mathrm{d}t}(A(t)B)=\frac{\mathrm{d}A(t)}{\mathrm{d}t}B$$

在此之后,余下只需利用关系式(5.46). 类似地,对于任意矩阵 $A(t)$ 和 B,其中 B 是常数,并且 B 的列数与 $A(t)$ 的行数相等,我们得到了公式

$$\frac{\mathrm{d}}{\mathrm{d}t}(BA(t))=B\frac{\mathrm{d}A(t)}{\mathrm{d}t} \tag{5.49}$$

因为当 $t=0$ 时,矩阵 e^{At} 等于 E,解 $\boldsymbol{x}(t)=\mathrm{e}^{At}\boldsymbol{x}_0$ 满足初始条件 $\boldsymbol{x}(0)=\boldsymbol{x}_0$. 但是微分方程的理论中证明的唯一性定理断言,对于给定的$\boldsymbol{x}_0$,这样的解是唯一的. 因此,如果我们认为向量$\boldsymbol{x}_0$ 不是固定的,而是取 n 维空间中所有可能的值,那么我们可以用 $\mathrm{e}^{At}\boldsymbol{x}_0$ 的形式得到方程组(5.48) 的所有解.

最后,还可以得到解的显式公式. 为此,我们根据公式 $\boldsymbol{y}=C^{-1}\boldsymbol{x}$ 对方程组(5.48) 中的变量进行线性代换,其中 C 是 n 阶非奇异常数方阵. 那么考虑到关系式(5.49),(5.48) 和 $\boldsymbol{x}=C\boldsymbol{y}$,我们得到

$$\frac{\mathrm{d}\boldsymbol{y}}{\mathrm{d}t}=C^{-1}\frac{\mathrm{d}\boldsymbol{x}}{\mathrm{d}t}=C^{-1}A\boldsymbol{x}=(C^{-1}AC)\boldsymbol{y} \tag{5.50}$$

公式(5.50) 表明,线性微分方程组的矩阵 A 在变量的线性替换下根据与基的适当变换下线性变换的矩阵相同的规则变换. 根据我们在前面几节中所做的,借助于这些,我们可以选取 C 作为矩阵,将矩阵 A 转换为 Jordan 标准形. 因此,方程组(5.48) 可以重写为

$$\frac{\mathrm{d}\boldsymbol{y}}{\mathrm{d}t}=A'\boldsymbol{y} \tag{5.51}$$

其中矩阵$A'=C^{-1}AC$ 为 Jordan 标准形.

设

$$A'=\begin{pmatrix} A_1 & 0 & \cdots & 0 \\ 0 & A_2 & \cdots & 0 \\ \vdots & \vdots & & \vdots \\ 0 & 0 & \cdots & A_r \end{pmatrix} \tag{5.52}$$

其中A_i 是 Jordan 块. 那么将方程组(5.51) 分解为 r 个方程组

$$\frac{\mathrm{d}\,\boldsymbol{y}_i}{\mathrm{d}t}=A_i\,\boldsymbol{y}_i,\quad i=1,\cdots,r$$

对于每一个,我们可以用 $\mathrm{e}^{A_it}\boldsymbol{x}_0^{(i)}$ 的形式来表示解,并从关系式(5.35)中求出矩阵 e^{A_it}. 在此,$f(x)=\mathrm{e}^{xt}$,因此

$$f^{(k)}(x)=\frac{\mathrm{d}^k}{\mathrm{d}\,x^k}\mathrm{e}^{xt}=t^k\mathrm{e}^{xt},\quad \varphi_k=\frac{r^k}{k\,!}\mathrm{e}^{\lambda t}$$

这蕴涵对于 m 阶的形式(5.31)的分块 A_i,公式(5.35)给出了

$$\mathrm{e}^{At}=\mathrm{e}^{\lambda t}\begin{pmatrix}1 & 0 & 0 & \cdots & 0 & 0\\ t & 1 & 0 & \cdots & 0 & 0\\ \frac{t^2}{2} & t & 1 & \ddots & & \vdots\\ \vdots & \ddots & \ddots & \ddots & \ddots & \vdots\\ \frac{t^{m-2}}{(m-2)\,!} & \frac{t^{m-3}}{(m-3)\,!} & \ddots & \ddots & 1 & 0\\ \frac{t^{m-1}}{(m-1)\,!} & \frac{t^{m-2}}{(m-2)\,!} & \frac{t^{m-3}}{(m-3)\,!} & \cdots & t & 1\end{pmatrix}\tag{5.53}$$

这蕴涵方程组(5.48)的解可以分解为序列,其长度等于表示(5.52)中的 Jordan 块的阶,对于 m 阶分块,给定序列的所有解可以表示为函数的线性组合(具有常系数)

$$\mathrm{e}^{\lambda t},t\mathrm{e}^{\lambda t},\cdots,t^{m-1}\mathrm{e}^{\lambda t}\tag{5.54}$$

容易验证,方程组(5.48)的解集构成一个向量空间,其中两个向量的加法和向量与标量的乘法与对应函数的加法和标量乘法定义相同. 函数集(5.54)构成方程组的(5.48)解空间的一组基. 在微分方程的理论中,这样一个集合称为解的基本系.

总之,我们来介绍一下关于平面($n=2$)中的具有实系数的线性微分方程(即,假设在方程组(5.48)中,矩阵 A 和向量 $\boldsymbol{x}$ 是实的). 在此,我们应该区分矩阵 A 和多项式 $|A-\lambda E|$ 的根的四种可能的情形:

(a) 根是实的且不同:(α 和 β).

(b) 存在一个重根 α(必然为实数)且 $A=\alpha E$.

(c) 存在一个重根 α,但 $A\neq\alpha E$.

(d) 根是复共轭的:$a+\mathrm{i}b$ 和 $a-\mathrm{i}b$(此处 $\mathrm{i}^2=-1$ 且 $b\neq 0$).

在每种情形中,矩阵 A 都可以(通过左乘 C^{-1} 和右乘 C,其中 C 是某个非奇异实矩阵)化为以下标准形

$$\text{(a)}\begin{pmatrix}\alpha & 0\\ 0 & \beta\end{pmatrix},\quad \text{(b)}\begin{pmatrix}\alpha & 0\\ 0 & \alpha\end{pmatrix},\quad \text{(c)}\begin{pmatrix}\alpha & 0\\ 1 & \alpha\end{pmatrix},\quad \text{(d)}\begin{pmatrix}a & -b\\ b & a\end{pmatrix}$$

相伴微分方程的解 $\boldsymbol{x}(t)$ 以 $\boldsymbol{x}(t)=\mathrm{e}^{At}\boldsymbol{x}_0$ 的形式得出,其中$\boldsymbol{x}_0=\begin{pmatrix}c_1\\c_2\end{pmatrix}$是原始数据的向量.此外,考虑到方程组的矩阵 A 有标准形(a)(b)(c) 或(d),我们可以利用公式(5.53).在情形(a)-(c) 中,我们将得到

$$(\mathrm{a})\boldsymbol{x}(t)=\begin{pmatrix}\mathrm{e}^{\alpha t}c_1\\\mathrm{e}^{\beta t}c_2\end{pmatrix},\quad (\mathrm{b})\boldsymbol{x}(t)=\begin{pmatrix}\mathrm{e}^{\alpha t}c_1\\\mathrm{e}^{\alpha t}c_2\end{pmatrix}\tag{5.55}$$

$$(\mathrm{c})\boldsymbol{x}(t)=\begin{pmatrix}\mathrm{e}^{\alpha t}&0\\t\mathrm{e}^{\alpha t}&\mathrm{e}^{\alpha t}\end{pmatrix}\cdot\begin{pmatrix}c_1\\c_2\end{pmatrix}=\begin{pmatrix}c_1\mathrm{e}^{\alpha t}\\c_1t\mathrm{e}^{\alpha t}+c_2\mathrm{e}^{\alpha t}\end{pmatrix}\tag{5.56}$$

在(d) 的情形中,我们得到 $\boldsymbol{x}(t)=\mathrm{e}^{At}\begin{pmatrix}c_1\\c_2\end{pmatrix}$,其中 $A=\begin{pmatrix}a&-b\\b&a\end{pmatrix}$.在例 4.2(第 131 页) 中,我们确定了 A 是平面$\mathbb{C}$的线性变换的矩阵,具有复数 $\boldsymbol{z}$,它与复数 $a+\mathrm{i}b$ 相乘.这说明,根据指数函数的定义,e^{At} 是$\boldsymbol{z}$ 乘以复数 $\mathrm{e}^{(a+\mathrm{i}b)t}$ 的矩阵.根据 Euler 公式,

$$\mathrm{e}^{(a+\mathrm{i}b)t}=\mathrm{e}^{at}(\cos bt+\mathrm{i}\sin bt)=p+\mathrm{i}q$$

其中 $p=\mathrm{e}^{at}\cos bt$ 且 $q=\mathrm{e}^{at}\sin bt$.因此,我们得到了实平面$\mathbb{C}$的线性变换,具有复变量$\boldsymbol{z}$,该变换将每个复数$\boldsymbol{z}\in\mathbb{C}$乘以给定复数 $p+\mathrm{i}q$.如例 4.2 所示,这种线性变换的矩阵有形式(4.2).将其乘以原始数据的列向量$\boldsymbol{x}_0$,并代入表达式 $p=\mathrm{e}^{at}\cos bt$ 和 $q=\mathrm{e}^{at}\sin bt$,我们得到了最终公式

$$(\mathrm{d})\boldsymbol{x}(t)=\begin{pmatrix}p&-q\\q&p\end{pmatrix}\cdot\begin{pmatrix}c_1\\c_2\end{pmatrix}=\mathrm{e}^{at}\begin{pmatrix}c_1\cos bt-c_2\sin bt\\c_1\sin bt+c_2\cos bt\end{pmatrix}\tag{5.57}$$

当 $n=2$ 时,变量(x_1,x_2) 的平面称为方程组(5.48) 的相平面.公式(5.55)-(5.57) 定义了(参数形式) 相平面中的某些曲线,其中对于每对值c_1,c_2,通常对应于一条曲线,该曲线过$t=0$时的相平面的点(c_1,c_2).这些定向曲线(定向由与参数$t=0$的递增所对应的运动方向给出) 称为方程组(5.48) 的相曲线,与c_1,c_2 的所有的可能值相对应的所有相曲线构成的集合称为方程组的相图.我们提出以下问题:在情形(a)-(d) 中,方程组(5.48) 的相图是什么样子?

首先,我们注意到,在所有解 $\boldsymbol{x}(t)$ 中,始终存在常数 $\boldsymbol{x}(t)\equiv\mathbf{0}$.它是通过在公式(5.55)-(5.57) 中代入初值$c_1=c_2=0$ 得到的.对应于该解的相曲线仅为点$x_1=x_2=0$.常数解(及其相应的相曲线,相平面中的点) 称为微分方程的奇

点或平衡点或不动点[①]. 类似地,正如研究函数通常求出其极值开始一样,研究微分方程通常从求出其奇点开始.

方程组(5.48) 是否存在$x_1=x_2=0$以外的奇点? 奇点是方程组的常数解,由于常数解的导数恒等于零(即方程组(5.48) 的左边等于零),这说明方程组(5.48) 的右边也必须恒等于零. 因此,奇点正是线性齐次方程组 $A\boldsymbol{x}=\mathbf{0}$ 的解. 如果矩阵A是非奇异的,那么方程组$A\boldsymbol{x}=\mathbf{0}$除了零解之外没有解,因此,方程组(5.48) 除了$x_1=x_2=0$之外没有奇点. 如果矩阵A是奇异的且其秩等于1,那么方程组(5.48) 在相平面的一条线上有无穷多个奇点. 但在矩阵A的秩等于0的情形中,相平面的所有点都是奇点.

后续,我们将考虑矩阵A是非奇异的,并检验在上述(a)－(d) 的情形中,它们对应于何种相图. 在所有图中,x 轴对应变量x_1,而 y 轴表示变量x_2.

(a) 根α和β是实的且不同. 在这种情形中,有三种可能的情形:α和β异号,都是负值,或者都是正值.

(a.1) 如果α和β异号,那么奇点称为鞍点. 对于确定性,我们假设$\alpha<0$且$\beta>0$. 初值$c_1\neq 0, c_2=0$,对应于过$t=0$处的点$(c_1,0)$ 的解$x_1(t)=c_1\mathrm{e}^{\alpha t}, x_2(t)=0$. 相伴相曲线是水平射线$x_1>0, x_2=0$(如果$c_1>0$) 或$x_1<0, x_2=0$(如果$c_1<0$),使得随着 t 的增加,沿曲线的方向朝向奇点$x_1=x_2=0$.

类似地,初始点$c_1=0, c_2\neq 0$ 对应于过 $t=0$ 处的点$(0,c_2)$ 的解$x_1(t)=0$, $x_2(t)=c_2\mathrm{e}^{\beta t}$. 相伴相曲线是垂直射线$x_1=0, x_2>0$(如果$c_2>0$) 或$x_1=0$, $x_2<0$(如果$c_2<0$),使得随着 t 的增加,沿曲线的方向远离奇点$x_1=x_2=0$.

因此,当 $t\to+\infty$ 时,存在两条相曲线渐近趋近奇点(它们称为稳定分界),以及当 $t\to-\infty$ 时,两条趋近它的曲线(它们称为不稳定分界). 我们来做一个重要的观察:当 $t\to+\infty$ 时,$\mathrm{e}^{\alpha t}\to 0$ 和当 $t\to-\infty$ 时,$\mathrm{e}^{\beta t}\to 0$, 因此,当 $t\to+\infty$ 和 $t\to-\infty$ 时,稳定和不稳定的分界可以任意趋近鞍点,但在有限次内不能到达.

鞍的稳定和不稳定分界将相平面划分为四个扇形. 在我们的例子中(其中方程组(5.48) 的矩阵为 Jordan 型),分界位于坐标轴上,因此,这些扇形与笛卡儿象限相同. 我们看一下剩余相曲线关于初值$c_1\neq 0, c_2\neq 0$ 的变化. 我们首先观察到,如果初始点(c_1,c_2) 位于四个扇形中的任何一个,那么在$t=0$时过该点

① 这个名称来自这样一个事实:如果在某个时刻,方程组(5.48) 描述其运动的质点位于奇点,那么它将永远留在那里.

后，相曲线对于 t 的所有值都保持在该扇形中. 这显然是因为函数 $x_1(t)=c_1\mathrm{e}^{\alpha t}$ 和 $x_2(t)=c_2\mathrm{e}^{\beta t}$ 具有固定符号.

对于确定性，我们来考虑第一象限 $c_1>0, c_2>0$（其他情形可以通过关于 x 轴或 y 轴或关于原点的对称变换从该象限得到）. 我们将函数 $x_1(t)=c_1\mathrm{e}^{\alpha t}$ 升幂为 β，将函数 $x_2(t)=c_2\mathrm{e}^{\beta t}$ 升幂为 α. 在将一个除以另一个并消去因式 $\mathrm{e}^{\alpha\beta t}$ 之后，我们得到了关系式

$$\frac{x_1^\beta}{x_2^\alpha}=\frac{c_1^\beta}{c_2^\alpha}=c \tag{5.58}$$

其中常数 c 由初值 c_1, c_2 确定. 由于数 α 和 β 异号，因此与该方程对应的平面 (x_1, x_2) 中的相曲线有类似于双曲线的形式. 当 $t\to+\infty$ 时，该相曲线从与奇点 $x_1=x_2=0$ 距离为正的某个位置通过，渐近趋近其中一个不稳定分界，当 $t\to-\infty$ 时，渐近趋近其中一个稳定分界. 这种相曲线称为双曲型或鞍型.

因此，在鞍的情形中，当 $t\to+\infty$ 时，我们有两个趋近奇点的稳定分界，当 $t\to-\infty$ 时，有两个趋近它的不稳定分界，还有无穷多个鞍型相曲线，填充分界分割相平面的四个扇形. 相关相图如图 5.1 所示.

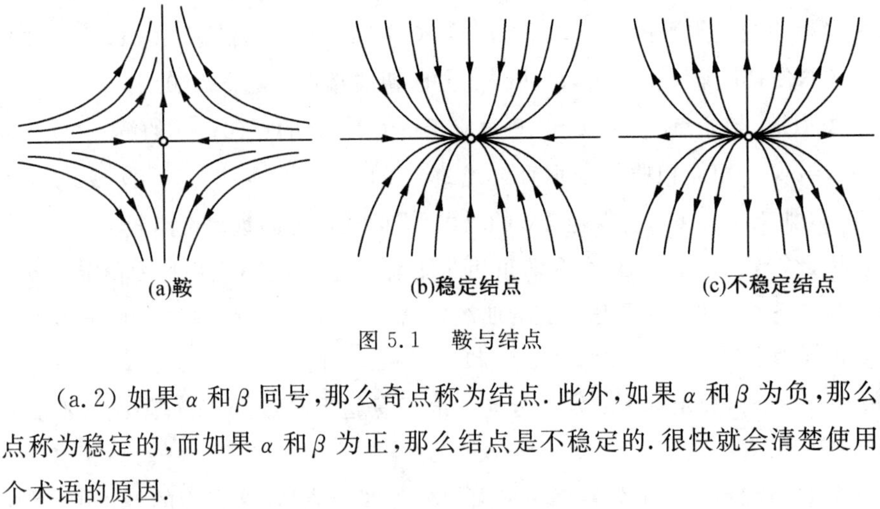

图 5.1　鞍与结点

(a.2) 如果 α 和 β 同号，那么奇点称为结点. 此外，如果 α 和 β 为负，那么结点称为稳定的，而如果 α 和 β 为正，那么结点是不稳定的. 很快就会清楚使用这个术语的原因.

对于确定性，我们将限制于检验稳定结点（不稳定结点的研究类似），也就是说，我们假设数 α 和 β 为负. 与鞍的情形一样，与初值 $c_1\neq 0, c_2=0$ 对应的相曲线是水平射线 $x_1>0, x_2=0$（如果 $c_1>0$）或 $x_1<0, x_2=0$（如果 $c_1<0$），使得 t 增加时，沿曲线的方向朝向奇点. 与初值 $c_1=0, c_2\neq 0$ 对应的相曲线是垂直射线 $x_1=0, x_2>0$（如果 $c_2>0$）或 $x_1=0, x_2<0$（如果 $c_2<0$），使得 t 增加时，沿曲线的方向也朝向奇点.

与鞍的情形一样，显然，如果初始点(c_1,c_2)位于四个象限中的一个，当$t=0$时，过该点的相曲线对于t的所有值都保持在该象限中. 我们考虑第一个象限$c_1>0,c_2>0$. 正如我们在鞍的情形中所做的那样，我们再次得到等式(5.58). 但是现在，数α和β同号，对应于该方程的相曲线的形式与鞍的情形有很大不同. 在(5.58)的变换后，我们得到指数函数$x_1=c^{1/\beta}x_2^{\alpha/\beta}$. 如果$\alpha>\beta$，那么指数$\alpha/\beta$大于1，该函数的图像类似于抛物线$x_1=x_2^2$的分支. 然而，如果$\alpha<\beta$，那么指数$\alpha/\beta$小于1，并且函数的图像看起来像抛物线$x_2=x_1^2$的分支. 因此，在稳定结点的情形中，当时$t\to+\infty$，所有相曲线都趋近奇点，而当$t\to-\infty$时，它们远离它(对于不稳定结点，我们必须交换$+\infty$和$-\infty$的位置). 这种相曲线称为抛物线. 稳定和不稳定结点的相图如图 5.1 所示.

现在可以来解释术语稳定和不稳定了. 如果质点位于一个平衡点，该平衡点是一个稳定结点，通过某些外部作用从该点引出，那么沿着相图中描绘的曲线移动，它将努力返回到该位置. 但是，如果它是一个不稳定结点，那么从平衡点引出的质点不仅不会努力返回到该位置，相反，它会以指数级的增长速度远离该位置.

(b) 如果矩阵A相似于矩阵αE，那么奇点称为双临界结点. 以与之前相同的方式进行，我们得到了$\beta=\alpha$的关系式(5.58)，从中可以得出方程$x_1/x_2=c_1/c_2$. 所有相曲线都是原点为$x_1=x_2=0$的射线. 此外，如果$\alpha<0$，那么当$t\to+\infty$时，它们运动的方向指向平衡点$x_1=x_2=0$，而如果$\alpha>0$，那么远离平衡点. 因此，在$\alpha<0(\alpha>0)$的情形中，我们有一个稳定(不稳定)的双临界结点. 稳定双临界结点的相图如图 5.2 所示. 对于不稳定的双临界结点，只需将箭头的方向更改为相反方向.

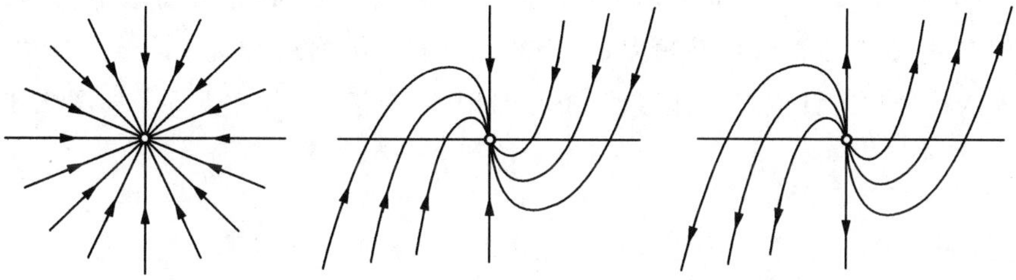

(a)稳定双临界结点　(b)稳定Jordan结点　(c)不稳定Jordan结点

图 5.2　双临界结点与 Jordan 结点

(c) 如果方程的解由公式(5.56)给出，那么奇点称为Jordan结点. 如果$\alpha<0$，那么 Jordan 结点是稳定的，如果$\alpha>0$，那么它是不稳定的. 当$c_1\neq0,c_2=0$时，我们得到两条相曲线，即水平射线$x_1>0,x_2=0$和$x_1<0,x_2=0$，其运动方

向为当$\alpha<0$时的奇点的方向，当$\alpha>0$时，为远离奇点的方向. 在研究$c_2\neq 0$时的相曲线时，必须研究$c_1>0$和$c_1<0$时函数$x_1(t)=c_1\mathrm{e}^{\alpha t}$和$x_2(t)=(c_1t+c_2)\mathrm{e}^{\alpha t}$的性质. 因此，对于稳定(不稳定)Jordan 结点，可以得到图 5.2 所示的相图. 所有相曲线(两条垂直射线除外)看起来都像抛物线的一段，每条都完全位于右半平面或左半平面内，并在一点处与 x 轴相交.

(d) 根是复共轭：$a+\mathrm{i}b$ 和 $a-\mathrm{i}b$，其中 $b\neq 0$. 这里需要考虑两种情形：$a\neq 0$ 和 $a=0$.

(d.1) 如果 $a\neq 0$，那么奇点称为焦点. 为了可视化由公式(5.57)给出的相位曲线的变化，我们观察到，向量 $\boldsymbol{x}(t)$ 是通过旋转角度 bt，并乘以 e^{at} 从坐标为(c_1,c_2)的向量 $\boldsymbol{x}_0$ 得到的. 因此，相曲线是当 $t\to+\infty$ 时(如果 $a<0$)或当 $t\to-\infty$ 时(如果 $a>0$)围绕奇点$x_1=x_2=0$"卷绕"的螺线，当$a<0$和$a>0$时，焦点分别称为稳定的或不稳定的. 螺线的运动方向(顺时针或逆时针)由数 b 的符号确定. 在图 5.3 中，显示了在$b>0$的情形中，稳定焦点($a<0$)和不稳定焦点($a>0$)的相图，即沿螺线的运动为逆时针的情形.

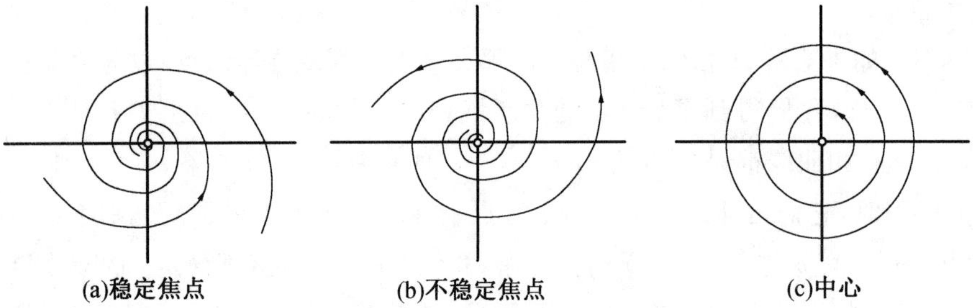

图 5.3　焦点与中心

(d.2) 如果 $a=0$，那么奇点$x_1=x_2=0$ 称为中心. 在这种情形中，关系式(5.57)定义了向量$\boldsymbol{x}_0$ 旋转角度 bt. 相曲线是同心圆，公共中心$x_1=x_2=0$，根据数 b 的符号顺时针或逆时针移动. 中心的相图(对于 $b>0$ 的情形)如图 5.3 所示.

第6章 二次型与双线性型

6.1 基本定义

定义 6.1 n个变量$x_1,\cdots,x_n$的一个二次型是这些变量的一个齐次二次多项式. 因此,只有二次项成为这个多项式的一部分;也就是说,对于所有可能的值 $i,j=1,\cdots,n$,项都是形如$\varphi_{ij}x_ix_j$的单项式,所以多项式有这样的形式

$$\psi(x_1,\cdots,x_n)=\sum_{i,j=1}^{n}\varphi_{ij}x_ix_j \tag{6.1}$$

我们注意到,在表达式(6.1)中,存在同类项,比如$x_ix_j=x_jx_i$. 我们以后再决定如何处理它们.

当然,每个二次型(6.1)都可以看作向量$\boldsymbol{x}=x_1\boldsymbol{e}_1+\cdots+x_n\boldsymbol{e}_n$的一个函数,其中$\boldsymbol{e}_1,\cdots,\boldsymbol{e}_n$是$n$维向量空间L的某组固定基. 我们把它写成

$$\psi(\boldsymbol{x})=\sum_{i,j=1}^{n}\varphi_{ij}x_ix_j \tag{6.2}$$

二次形式的给定的定义显然与第 3.8 节(见第 125 页)中给出的任意次数的型的更一般的定义是一致的. 我们回忆一下,在那一节中,一个k次的型定义为向量$\boldsymbol{x}\in$ L的一个函数$F(\boldsymbol{x})$,其中$F(\boldsymbol{x})$写成在这个向量空间的某组基上的坐标为$x_1,\cdots,x_n$的一个k次齐次多项式. 因此,当$k=2$时,我们得到二次型的上述定义.

通过一个坐标变换,即通过选取空间L的另一组基,二次型$\psi(\boldsymbol{x})$将写成前面的形式(6.2),而其中φ_{ij}为某些其他的坐标.

二次型有与线性函数非常类似的性质，后续我们将把二次型的理论与线性函数和变换的理论结合起来. 下面的概念将作为这个理论的基础.

定义 6.2 赋予两个向量 $\boldsymbol{x},\boldsymbol{y}\in \mathrm{L}$ 一个标量值的函数 $\varphi(\boldsymbol{x},\boldsymbol{y})$，称为L上的一个双线性型，如果在每个参数中，它都是线性的，也就是说，如果对于每个固定的$\tilde{\boldsymbol{y}}\in \mathrm{L}$，函数 $\varphi(\boldsymbol{x},\tilde{\boldsymbol{y}})$ 作为 $\boldsymbol{x}$ 的一个函数在L上是线性的，并且对于每个固定的$\tilde{\boldsymbol{x}}\in \mathrm{L}$，函数 $\varphi(\tilde{\boldsymbol{x}},\boldsymbol{y})$ 作为 $\boldsymbol{y}$ 的一个函数在L上是线性的.

换句话说，对于空间L的所有向量和标量 α，必须满足以下条件

$$\begin{gathered}\varphi(\boldsymbol{x}_1+\boldsymbol{x}_2,\boldsymbol{y})=\varphi(\boldsymbol{x}_1,\boldsymbol{y})+\varphi(\boldsymbol{x}_2,\boldsymbol{y})\\ \varphi(\alpha\boldsymbol{x},\boldsymbol{y})=\alpha\varphi(\boldsymbol{x},\boldsymbol{y})\\ \varphi(\boldsymbol{x},\boldsymbol{y}_1+\boldsymbol{y}_2)=\varphi(\boldsymbol{x},\boldsymbol{y}_1)+\varphi(\boldsymbol{x},\boldsymbol{y}_2)\\ \varphi(\boldsymbol{x},\alpha\boldsymbol{y})=\alpha\varphi(\boldsymbol{x},\boldsymbol{y})\end{gathered}\tag{6.3}$$

如果空间L由行构成，那么我们有多重线性函数的概念的一个特殊的情形，这在第2.7节（当 $m=2$ 时）中已经介绍过.

如果$\boldsymbol{e}_1,\cdots,\boldsymbol{e}_n$ 是L的某组基，那么我们可以写出

$$\boldsymbol{x}=x_1\boldsymbol{e}_1+\cdots+x_n\boldsymbol{e}_n,\quad \boldsymbol{y}=y_1\boldsymbol{e}_1+\cdots+y_n\boldsymbol{e}_n$$

并且利用方程(6.3)，我们得到一个公式，它用向量 $\boldsymbol{x}$ 和 $\boldsymbol{y}$ 的坐标表示（在选定的基中的）双线性型 $\varphi(\boldsymbol{x},\boldsymbol{y})$，即

$$\varphi(\boldsymbol{x},\boldsymbol{y})=\sum_{i,j=1}^{n}\varphi_{ij}x_iy_j,\quad \text{其中}\varphi_{ij}=\varphi(\boldsymbol{e}_i,\boldsymbol{e}_j)\tag{6.4}$$

在这一情形中，方阵 $\Phi=(\varphi_{ij})$ 称为在基$\boldsymbol{e}_1,\cdots,\boldsymbol{e}_n$ 中的双线性型φ 的矩阵. 在 $\boldsymbol{x}$ 和 $\boldsymbol{y}$ 是行的情形中，这个公式表示在第2.7节（定理2.29）中介绍的任意的多重线性函数的一种特殊写法.

关系式(6.4)表明，$\varphi(\boldsymbol{x},\boldsymbol{y})$ 的值可以用矩阵 Φ 的元素与向量 $\boldsymbol{x}$ 和 $\boldsymbol{y}$ 在基$\boldsymbol{e}_1,\cdots,\boldsymbol{e}_n$ 中的坐标来表示，这说明，双线性型（作为参数 $\boldsymbol{x}$ 和 $\boldsymbol{y}$ 的一个函数）完全由其矩阵 Φ 定义. 这个相同的公式表明，如果我们把双线性型 $\varphi(\boldsymbol{x},\boldsymbol{y})$ 中的参数 $\boldsymbol{y}$ 替换为 $\boldsymbol{x}$，其中 $\boldsymbol{x}=(x_1,\cdots,x_n)$，那么我们就得到二次型 $\psi(\boldsymbol{x})=\varphi(\boldsymbol{x},\boldsymbol{x})$，并且通过这种方式，我们可以得到任何二次型(6.1)；为此，我们只需选取一个双线性型 $\varphi(\boldsymbol{x},\boldsymbol{y})$（带有矩阵 $\Phi=(\varphi_{ij})$），它满足条件 $\varphi(\boldsymbol{e}_i,\boldsymbol{e}_j)=\varphi_{ij}$，其中 φ_{ij} 是来自于(6.1)的系数.

容易看出，在向量空间L上的双线性型的集合本身就是一个向量空间，如果我们以一种自然的方式在其上定义双线性型的加法和数乘的运算. 显然，在这样的空间中，零向量是双线性型，它恒等于零.

双线性型的概念和线性变换的概念之间的联系基于以下结果，它使用了对

偶空间的概念.

定理 6.3 在向量空间 L 上的双线性型 φ 的空间与线性变换 $\mathcal{A}: \mathrm{L} \to \mathrm{L}^*$ 的空间 $\mathcal{L}(\mathrm{L}, \mathrm{L}^*)$ 之间存在一个同构.

证明:设 $\varphi(\boldsymbol{x}, \boldsymbol{y})$ 为在 L 上的一个双线性型. 我们将其与线性变换 $\mathcal{A}: \mathrm{L} \to \mathrm{L}^*$ 作如下关联. 根据定义,$\mathcal{A}$应该对一个向量 $\boldsymbol{y} \in \mathrm{L}$ 赋值一个在 L 上的线性函数 $\psi(\boldsymbol{x})$. 我们通过设 $\psi(\boldsymbol{x}) = \varphi(\boldsymbol{x}, \boldsymbol{y})$ 来实现这个赋值. 容易证明这样定义的变换$\mathcal{A}$是线性的.

同样容易验证对应 $\varphi \mapsto \mathcal{A}$是一个双射. 我们只需指出集合$\mathcal{L}(\mathrm{L}, \mathrm{L}^*)$到双线性型的集合的逆变换. 设$\mathcal{A}$为从 L 到$\mathrm{L}^*$ 的一个线性变换,它对每个向量 $\boldsymbol{x} \in \mathrm{L}$ 赋值线性函数$\mathcal{A}(\boldsymbol{x}) \in \mathrm{L}^*$. 这个函数在向量 $\boldsymbol{y}$ 上取值$\mathcal{A}(\boldsymbol{x})(\boldsymbol{y})$,我们将其用 $\varphi(\boldsymbol{x}, \boldsymbol{y})$ 表示. 利用第 3.7 节(第 122 页) 中设立的记号,并记住在这种情况下,$M = \mathrm{L}^*$,我们可以写出 $\varphi(\boldsymbol{x}, \boldsymbol{y}) = (\boldsymbol{x}, \mathcal{A}(\boldsymbol{y}))(\boldsymbol{x}, \boldsymbol{y} \in \mathrm{L})$.

最后,显然,构造的映射 $\varphi \mapsto \mathcal{A}$是向量空间的一个同构,即它满足条件$\varphi_1 + \varphi_2 \mapsto \mathcal{A}_1 + \mathcal{A}_2$ 和 $\lambda\varphi \mapsto \lambda\, \mathcal{A}$,其中$\varphi_i \mapsto \mathcal{A}_i$ 且 λ 是一个任意的标量. □

从这个定理可得,双线性型的研究类似于线性变换 $\mathrm{L} \to \mathrm{L}$(虽然稍微简单一些) 的研究. 在数学和物理中,两种特殊类型的双线性型起着特殊的作用.

定义 6.4 一个双线性型 $\varphi(\boldsymbol{x}, \boldsymbol{y})$ 称为对称的,如果

$$\varphi(\boldsymbol{x}, \boldsymbol{y}) = \varphi(\boldsymbol{y}, \boldsymbol{x}) \tag{6.5}$$

称为反对称的,如果

$$\varphi(\boldsymbol{x}, \boldsymbol{y}) = -\varphi(\boldsymbol{y}, \boldsymbol{x}) \tag{6.6}$$

对于所有的 $\boldsymbol{x}, \boldsymbol{y} \in \mathrm{L}$ 都成立.

我们在第 2 章中遇到过这两个概念的特殊情形,那时向量 $\boldsymbol{x}$ 和 $\boldsymbol{y}$ 取为数的行.

如果遵循定理 6.3,我们把双线性型 $\varphi(\boldsymbol{x}, \boldsymbol{y})$ 表示为

$$\varphi(\boldsymbol{x}, \boldsymbol{y}) = (\boldsymbol{x}, \mathcal{A}(\boldsymbol{y})) \tag{6.7}$$

带有某个线性变换$\mathcal{A}: \mathrm{L} \to \mathrm{L}^*$,那么对称的条件(6.5) 表明$(\boldsymbol{x}, \mathcal{A}(\boldsymbol{y})) = (\boldsymbol{y}, \mathcal{A}(\boldsymbol{x}))$. 由于$(\boldsymbol{y}, \mathcal{A}(\boldsymbol{x})) = (\boldsymbol{x}, \mathcal{A}^*(\boldsymbol{y}))$,其中$\mathcal{A}^*: \mathrm{L}^{**} \to \mathrm{L}^*$ 是$\mathcal{A}$的对偶线性变换(见 124 页),那么它可以重写为$(\boldsymbol{x}, \mathcal{A}(\boldsymbol{y})) = (\boldsymbol{x}, \mathcal{A}^*(\boldsymbol{y}))$. 因为这个关系式必定对于所有的向量 $\boldsymbol{x}, \boldsymbol{y} \in \mathrm{L}$ 都是满足的,所以它可以重写为$\mathcal{A} = \mathcal{A}^*$. 我们注意到,考虑到$\mathrm{L}^{**} = \mathrm{L}$,$\mathcal{A}$和$\mathcal{A}^*$ 都是从 L 到L^* 的变换. 类似地,双线性型 $\varphi(\boldsymbol{x}, \boldsymbol{y})$ 的反对称的条件(6.6) 可以写成$\mathcal{A} = -\mathcal{A}^*$.

我们注意到,对于属于某组特定基$\boldsymbol{e}_1, \cdots, \boldsymbol{e}_n$ 的向量$\boldsymbol{x}$ 和$\boldsymbol{y}$,只需验证对称的条件(6.5) 和反对称的条件(6.6). 事实上,如果这个条件对于在基$\boldsymbol{e}_1, \cdots, \boldsymbol{e}_n$ 中

的向量是满足的，也就是说，例如，在对称的情形中，对于所有的 $i,j=1,\cdots,n$，方程 $\varphi(\boldsymbol{e}_i,\boldsymbol{e}_j)=\varphi(\boldsymbol{e}_j,\boldsymbol{e}_i)$ 都是满足的. 那么从公式(6.4) 可以得出，条件(6.5) 对于所有的向量 $\boldsymbol{x},\boldsymbol{y}\in \mathrm{L}$ 都是满足的. 回想一下双线性型的矩阵的定义，我们看到型 φ 是对称的，当且仅当其矩阵 Φ 在空间 L 的某组基中是对称的(即 $\Phi=\Phi^*$). 类似地，双线性型 φ 的反对称性等价于在某组基中 Φ 的反对称性($\Phi=-\Phi^*$).

双线性型的矩阵 Φ 取决于基 $\boldsymbol{e}_1,\cdots,\boldsymbol{e}_n$. 我们现在将研究这种依赖性. 在此，我们将使用 3.4 节中推导出的坐标变换公式(3.38)，并且我们的推理与当时推导这个公式的推理类似.

首先，我们用更紧凑的矩阵形式写出关系式(6.4). 为此，我们观察到，对于

$$行\ \boldsymbol{x}=(x_1,\cdots,x_n)\ 与列[\boldsymbol{y}]=\begin{pmatrix} y_1\\ \vdots \\ y_n\end{pmatrix}$$

公式(6.4) 中的和可以改写为以下形式

$$\sum_{i,j=1}^{n}\varphi_{ij}x_iy_j=\sum_{i=1}^{n}x_i\left(\sum_{j=1}^{n}\varphi_{ij}y_j\right)=\sum_{i=1}^{n}x_iz_i,\quad 其中 z_i=\sum_{j=1}^{n}\varphi_{ij}y_j$$

根据矩阵乘法的法则，我们得到表达式

$$\sum_{i,j=1}^{n}\varphi_{ij}x_iy_j=\boldsymbol{x}[\boldsymbol{z}],\quad 其中[\boldsymbol{z}]=\begin{pmatrix} z_1\\ \vdots \\ z_n\end{pmatrix}=\Phi[\boldsymbol{y}]$$

这说明我们现在有

$$\sum_{i,j=1}^{n}\varphi_{ij}x_iy_j=\boldsymbol{x}\Phi[\boldsymbol{y}]$$

我们注意到，通过类似的论证，或者简单地对前面的等式两边取转置(等式的左边是一个标量，即一个(1,1) 型矩阵，在转置运算下它是不变的)，我们得到一个类似的关系式

$$\sum_{i,j=1}^{n}\varphi_{ij}x_iy_j=\boldsymbol{y}\Phi^*[\boldsymbol{x}]$$

因此，如果在某组基 $\boldsymbol{e}_1,\cdots,\boldsymbol{e}_n$ 中，双线性型 φ 的矩阵等于 Φ，而向量 $\boldsymbol{x}$ 和 $\boldsymbol{y}$ 分别有坐标 x_i 和 y_i，那么我们有以下公式

$$\varphi(\boldsymbol{x},\boldsymbol{y})=\boldsymbol{x}\Phi[\boldsymbol{y}] \tag{6.8}$$

类似地，对于另一组基 $\boldsymbol{e}'_1,\cdots,\boldsymbol{e}'_n$，我们得到等式

$$\varphi(\boldsymbol{x},\boldsymbol{y})=\boldsymbol{x}'\Phi'[\boldsymbol{y}'] \tag{6.9}$$

其中Φ'是双线性型φ的矩阵，而x'_i和y'_i分别是向量$\boldsymbol{x}$和$\boldsymbol{y}$在基$\boldsymbol{e}'_1,\cdots,\boldsymbol{e}'_n$中的坐标.

设C为从基$\boldsymbol{e}'_1,\cdots,\boldsymbol{e}'_n$到基$\boldsymbol{e}_1,\cdots,\boldsymbol{e}_n$的转移矩阵. 那么根据代换公式(3.36)，我们得到关系式$\boldsymbol{x}=\boldsymbol{x}'C^*$和$[\boldsymbol{y}]=C[\boldsymbol{y}']$. 将这些表达式代入(6.8)，考虑到公式(6.9)，我们得到恒等式

$$\boldsymbol{x}'C^*\Phi C[\boldsymbol{y}']=\boldsymbol{x}'\Phi'[\boldsymbol{y}']$$

这对于所有$\boldsymbol{x}'$和$\boldsymbol{y}'$都是满足的. 由此可以得出，在这些基中的双线性型φ的矩阵Φ和Φ'通过等式

$$\Phi'=C^*\Phi C \tag{6.10}$$

相关联. 这是双线性型的矩阵的基变换的代换公式.

因为矩阵的秩在左乘或右乘一个适当的阶的非奇异方阵的情况下是不变的(定理 2.63)，由此可见，对于任何转移矩阵C，矩阵Φ的秩都等于矩阵Φ'的秩. 因此，双线性型的矩阵的秩r并不取决于矩阵所在的基，因此，我们可以简称其为双线性型φ的秩. 特别地，如果$r=n$，也就是说，如果秩与向量空间L的维数相等，那么双线性型φ称为非奇异的.

双线性型的秩可以用另一种方式来定义. 根据定理 6.3，对于每个双线性型φ，都对应一个唯一的线性变换$\mathcal{A}:\mathrm{L}\to\mathrm{L}^*$，两者之间的连接在(6.7)中列出. 容易验证，如果我们在空间L和L^*中选择两个对偶基，那么双线性型φ的矩阵和线性变换$\mathcal{A}$相等. 这表明双线性型的秩与线性变换$\mathcal{A}$的秩相同. 特别地，我们由此推导出，型φ是非奇异的，当且仅当线性变换$\mathcal{A}:\mathrm{L}\to\mathrm{L}^*$是一个同构.

一个给定的二次型ψ可以由不同的双线性型φ得到；这与二次型的表达式(6.1)中出现的同类项有关，我们在上面谈到过这个. 为了获得线性性质的唯一性和一致性，我们将不像在中学那样来做，例如，在中学，我们把项的和写成$a_{12}x_1x_2+a_{21}x_2x_1=(a_{12}+a_{21})x_1x_2$，而是使用一种不合并同类项的记号.

备注6.5 (关于域的元素)本节的其他改进是针对那些对任意域$\mathbb{K}$上的向量空间的情形感兴趣的读者的. 在此，我们将介绍一个限制，使得我们能够对$\mathbb{K}=\mathbb{R}$, $\mathbb{K}=\mathbb{C}$以及我们将会涉及的所有类型的域的情形提供一个单独的解释. 也就是说，接下来我们将假设$\mathbb{K}$是一个特征不等于 2 的域[①]. (我们在第 85 页关于域的一般概念中提到过一个类似的限制) 使用从域的定义可以导出的最简

① 特征不等于 2 的域是最常遇到的. 然而，特征为 2 的域(我们在此不考虑) 有重要的应用，例如在离散数学和密码学中.

单的性质,容易证明,在一个特征不等于2的域中,对于一个任意的元素 a,存在一个唯一的元素 b,使得 $2b=a$(其中 $2b$ 表示和 $b+b$). 然后,我们设 $b=a/2$,因此,当 $a=0$ 时,$b=0$.

定理 6.6 在特征不等于 2 的域$\mathbb{K}$的上的空间 L 上的每个二次型 $\psi(\boldsymbol{x})$ 都可以表示为这样的形式

$$\psi(\boldsymbol{x})=\varphi(\boldsymbol{x},\boldsymbol{x}) \tag{6.11}$$

其中 φ 是一个对称双线性型,并且对于给定的二次型 ψ, 双线性型 φ 是唯一的.

证明:根据上文所述,一个任意的二次型 $\psi(\boldsymbol{x})$ 可以表示为这样的形式

$$\psi(\boldsymbol{x})=\varphi_1(\boldsymbol{x},\boldsymbol{x}) \tag{6.12}$$

其中$\varphi_1(\boldsymbol{x},\boldsymbol{y})$ 是某个双线性型,不一定是对称的. 我们设

$$\varphi(\boldsymbol{x},\boldsymbol{y})=\frac{\varphi_1(\boldsymbol{x},\boldsymbol{y})+\varphi_1(\boldsymbol{y},\boldsymbol{x})}{2}$$

显然,$\varphi(\boldsymbol{x},\boldsymbol{y})$ 是一个双线性型,并且它已经是对称的. 从公式(6.12) 可以得出关系式(6.11),如断言的那样.

现在,我们将证明,如果关系式(6.11) 对于某个对称双线性型 $\varphi(\boldsymbol{x},\boldsymbol{y})$ 成立,那么$\varphi(\boldsymbol{x},\boldsymbol{y})$ 由二次型$\psi(\boldsymbol{x})$ 唯一确定. 为了看出这一点,我们来计算$\psi(\boldsymbol{x}+\boldsymbol{y})$. 根据假设和双线性型 φ 的性质,我们有

$$\psi(\boldsymbol{x}+\boldsymbol{y})=\varphi(\boldsymbol{x}+\boldsymbol{y},\boldsymbol{x}+\boldsymbol{y})=\varphi(\boldsymbol{x},\boldsymbol{x})+\varphi(\boldsymbol{y},\boldsymbol{y})+\varphi(\boldsymbol{x},\boldsymbol{y})+\varphi(\boldsymbol{y},\boldsymbol{x}) \tag{6.13}$$

考虑到双线性型 φ 的对称性,我们有

$$\psi(\boldsymbol{x}+\boldsymbol{y})=\psi(\boldsymbol{x})+\psi(\boldsymbol{y})+2\varphi(\boldsymbol{x},\boldsymbol{y})$$

这蕴涵

$$\varphi(\boldsymbol{x},\boldsymbol{y})=\frac{1}{2}(\psi(\boldsymbol{x}+\boldsymbol{y})-\psi(\boldsymbol{x})-\psi(\boldsymbol{y})) \tag{6.14}$$

最后一个关系式唯一确定了一个双线性型 $\varphi(\boldsymbol{x},\boldsymbol{y})$,它与给定的二次型 $\psi(\boldsymbol{x})$ 相关联. □

在同样的假设下,我们有反对称双线性型的如下结果.

定理 6.7 对于在特征不等于 2 的域$\mathbb{K}$上的空间 L 上的每个反对称双线性型 $\varphi(\boldsymbol{x},\boldsymbol{y})$,我们有

$$\varphi(\boldsymbol{x},\boldsymbol{x})=0 \tag{6.15}$$

反之,如果等式(6.15) 对于每个向量 $\boldsymbol{x}\in$ L 都是满足的,那么双线性型 $\varphi(\boldsymbol{x},\boldsymbol{y})$ 是反对称的.

证明:如果型 $\varphi(\boldsymbol{x},\boldsymbol{y})$ 是反对称的,那么置换表达式 $\varphi(\boldsymbol{x},\boldsymbol{x})$ 中的参数会得

到关系式 $\varphi(\boldsymbol{x},\boldsymbol{x})=-\varphi(\boldsymbol{x},\boldsymbol{x})$，于是 $2\varphi(\boldsymbol{x},\boldsymbol{x})=0$，由于根据定理的条件，域$\mathbb{K}$有不等于 2 的特征，由此得到等式(6.15). 反之，如果对于每个向量 $\boldsymbol{x}\in \mathrm{L}$，都有 $\varphi(\boldsymbol{x},\boldsymbol{x})=0$，那么，特别地，对于向量 $\boldsymbol{x}+\boldsymbol{y}$，这是成立的，即我们得到

$$\varphi(\boldsymbol{x}+\boldsymbol{y},\boldsymbol{x}+\boldsymbol{y})=\varphi(\boldsymbol{x},\boldsymbol{x})+\varphi(\boldsymbol{x},\boldsymbol{y})+\varphi(\boldsymbol{y},\boldsymbol{x})+\varphi(\boldsymbol{y},\boldsymbol{y})=0$$

由于根据定理的假设，我们有 $\varphi(\boldsymbol{x},\boldsymbol{x})=\varphi(\boldsymbol{y},\boldsymbol{y})=0$，由此得到 $\varphi(\boldsymbol{x},\boldsymbol{y})+\varphi(\boldsymbol{y},\boldsymbol{x})=0$，这就说明了双线性型 $\varphi(\boldsymbol{x},\boldsymbol{y})$ 是反对称的. □

我们注意到，由定理 6.6 建立的形式(6.11) 中的二次型 $\psi(\boldsymbol{x})$ 的写法(其中 $\varphi(\boldsymbol{x},\boldsymbol{y})$ 是一个对称双线性型) 向我们表明如何在表达式(6.1) 中写出同类项. 事实上，如果我们有

$$\boldsymbol{x}=x_1\boldsymbol{e}_1+\cdots+x_n\boldsymbol{e}_n,\quad \boldsymbol{y}=y_1\boldsymbol{e}_1+\cdots+y_n\boldsymbol{e}_n$$

并且 $\varphi(\boldsymbol{x},\boldsymbol{y})$ 是一个双线性型，那么

$$\varphi(\boldsymbol{x},\boldsymbol{y})=\sum_{i,j=1}^{n}\varphi_{ij}x_iy_j$$

其中$\varphi_{ij}=\varphi(\boldsymbol{e}_i,\boldsymbol{e}_j)$. $\varphi(\boldsymbol{x},\boldsymbol{y})$ 的对称性蕴涵对于所有的 $i,j=1,\cdots,n$，都有$\varphi_{ij}=\varphi_{ji}$. 那么表达式

$$\psi(x_1,\cdots,x_n)=\sum_{i,j=1}^{n}\varphi_{ij}x_ix_j$$

包含同类项$\varphi_{ij}x_ix_j$ 和$\varphi_{ji}x_jx_i(i\neq j)$. 那么如果 $i\neq j$，带有x_ix_j 的项在和中出现两次：分别为$\varphi_{ij}x_ix_j$ 和$\varphi_{ji}x_jx_i$. 由于$\varphi_{ij}=\varphi_{ji}$，那么合并同类项将得到写为 $2\varphi_{ij}x_ix_j$ 的和.

例如，二次型$x_1^2+x_1x_2+x_2^2$ 的系数分别为$\varphi_{11}=1$，$\varphi_{22}=1$ 和$\varphi_{12}=\varphi_{21}=\frac{1}{2}$. 这样的写法初看可能很奇怪，但我们很快就会看到，它提供了许多优点.

6.2 化为标准形

本节的主要目标是将二次型变换为最简单的形式，称为标准形. 如在线性变换的矩阵的情形中的那样，标准形是通过给定向量空间的一组特殊的基的选取得到的. 即所要求的基必须具有这样的性质：给定的二次型对应的对称双线性型的矩阵在该组基中假设是对角形式. 这个性质与正交性这一重要概念直接相关，它将在本章和后续章节中反复使用到. 我们注意到，正交的概念可以用一种方式来表述，它可以很好地定义双线性型，而不必是对称的，但它可以最简单地定义对称和反对称双线性型. 在本节中，我们将只考虑对称双线性型.

因此,在有限维向量空间 L 上给定一个对称双线性型 $\varphi(\boldsymbol{x},\boldsymbol{y})$.

定义 6.8 向量 $\boldsymbol{x}$ 和 $\boldsymbol{y}$ 称为正交的,如果 $\varphi(\boldsymbol{x},\boldsymbol{y})=0$.

我们观察到,根据对称的条件 $\varphi(\boldsymbol{y},\boldsymbol{x})=\varphi(\boldsymbol{x},\boldsymbol{y})$,等式 $\varphi(\boldsymbol{x},\boldsymbol{y})=0$ 等价于 $\varphi(\boldsymbol{y},\boldsymbol{x})=0$. 这对于反对称双线性型也是成立的. 然而,如果我们不把对称或反对称的条件强加在双线性型上,那么向量 $\boldsymbol{x}$ 可以正交于向量 $\boldsymbol{y}$ 而不需要 $\boldsymbol{y}$ 正交于 $\boldsymbol{x}$. 这就引出了左正交和右正交以及某些非常漂亮的几何的概念,但这将超出了本书的范围. 一个向量 $\boldsymbol{x}\in \mathrm{L}$ 称为相对于 φ 正交于子空间 $\mathrm{L}'\subset \mathrm{L}$,如果它正交于每个向量 $\boldsymbol{y}\in \mathrm{L}'$,即如果对于所有的 $\boldsymbol{y}\in \mathrm{L}'$,都有 $\varphi(\boldsymbol{x},\boldsymbol{y})=0$.

可以立即从双线性的定义中得出,关于一个给定的双线性型 φ 正交于一个子空间 L' 的所有向量 $\boldsymbol{x}$ 构成的集合本身是 L 的一个子空间. 它称为关于型 φ 的子空间 L' 的正交补,并用 $(\mathrm{L}')_{\varphi}^{\perp}$ 表示.

特别地,当 $\mathrm{L}'=\mathrm{L}$ 时,子空间 $(\mathrm{L})_{\varphi}^{\perp}$ 表示向量 $\boldsymbol{x}\in \mathrm{L}$ 的全体,对于所有的 $\boldsymbol{y}\in \mathrm{L}$,都满足方程 $\varphi(\boldsymbol{x},\boldsymbol{y})=0$. 这个子空间称为双线性型 $\varphi(\boldsymbol{x},\boldsymbol{y})$ 的根. 从双线性型的定义可以立即得出,根由使得

$$\varphi(\boldsymbol{x},\boldsymbol{e}_i)=0,\quad i=1,\cdots,n \tag{6.16}$$

的所有向量 $\boldsymbol{x}\in \mathrm{L}$ 构成,其中 $\boldsymbol{e}_1,\cdots,\boldsymbol{e}_n$ 是空间 L 的某组基,等式(6.16) 是线性齐次方程组,它将根定义为 L 的一个子空间. 如果我们在选定的基中写出向量 $\boldsymbol{x}$,即 $\boldsymbol{x}=x_1\boldsymbol{e}_1+\cdots+x_n\boldsymbol{e}_n$,那么考虑到公式(6.4),我们从等式(6.16) 得到未知量 $x_1,\cdots,x_n$ 的一个线性齐次方程组. 这个方程组的矩阵与在基 $\boldsymbol{e}_1,\cdots,\boldsymbol{e}_n$ 中的双线性型 φ 的矩阵 Φ 相等. 因此,空间 $(\mathrm{L})_{\varphi}^{\perp}$ 满足第 3.5 节(第 113 页) 中的例 3.65 的条件. 因此,$\dim(\mathrm{L})_{\varphi}^{\perp}=n-r$,其中 r 是线性方程组的矩阵的秩,即双线性型 φ 的秩. 因此,我们得到了等式

$$r=\dim \mathrm{L}-\dim(\mathrm{L})_{\varphi}^{\perp} \tag{6.17}$$

定理 6.9 设 $\mathrm{L}'\subset \mathrm{L}$ 为一个子空间,使得双线性型 $\varphi(\boldsymbol{x},\boldsymbol{y})$,对于 L' 的限制是一个非奇异双线性型. 那么我们有分解

$$\mathrm{L}=\mathrm{L}'\oplus(\mathrm{L}')_{\varphi}^{\perp} \tag{6.18}$$

证明:首先,我们注意到,根据定理的条件,交集 $\mathrm{L}'\cap(\mathrm{L}')_{\varphi}^{\perp}$ 等于零空间 $(\boldsymbol{0})$. 实际上,它由所有使得对于所有 $\boldsymbol{y}\in \mathrm{L}'$,$\varphi(\boldsymbol{x},\boldsymbol{y})=0$ 的向量 $\boldsymbol{x}\in \mathrm{L}'$ 构成,因此只对于零向量,由于根据条件,φ 对于子空间 L' 的限制是一个非奇异双线性型. 因此,只需证明 $\mathrm{L}'+(\mathrm{L}')_{\varphi}^{\perp}=\mathrm{L}$. 我们将给出这一事实的两种证明,以演示在向量空间的理论中使用的两种不同的推理思路.

第一个证明:我们将使用在定理 6.3 中构造的线性变换 $\mathcal{A}:\mathrm{L}\to \mathrm{L}^*$,它对应于双线性型 φ. 对 L 上的每个线性函数赋值它对于子空间 $\mathrm{L}'\subset \mathrm{L}$ 的限制,我们

得到线性变换$\mathcal{B}$:$L^* \to (L')^*$. 如果我们依次应用线性变换$\mathcal{A}$和$\mathcal{B}$,我们就得到线性变换$\mathcal{C}=\mathcal{B}\mathcal{A}$:$L \to (L')^*$.

变换$\mathcal{C}$的核L_1由使得对于所有$\boldsymbol{x} \in L'$,$\varphi(\boldsymbol{x},\boldsymbol{y})=0$的向量$\boldsymbol{y} \in L$构成,由于根据定义,$\varphi(\boldsymbol{x},\boldsymbol{y})=(\boldsymbol{x},\mathcal{A}(\boldsymbol{y}))$. 这蕴涵$L_1=(L')_{\varphi}^{\perp}$. 我们来证明变换$\mathcal{C}$的像$L_2$等于整个子空间$(L')^*$. 我们将证明一个更强的结果:一个任意的向量$\boldsymbol{u} \in (L')^*$可以表示为$\boldsymbol{u}=\mathcal{C}(\boldsymbol{v})$,其中$\boldsymbol{v} \in L'$. 为此,我们必须考虑变换$\mathcal{C}$对于子空间$L'$的限制. 根据定义,它与在定理6.3中构造的变换$\mathcal{A}'$:$L' \to (L')^*$相同,该变换对应于双线性型$\varphi$对于$L'$的限制. 根据假设,双线性型$\varphi$对于$L'$的限制是非奇异的,这蕴涵变换$\mathcal{A}'$是一个同构. 特别地,由此得出,它的像是整个子空间$(L')^*$.

现在我们利用定理3.72,将关系式(3.47)应用到变换$\mathcal{C}$上. 我们得到$\dim L_1+\dim L_2=\dim L$. 由于$L_2=(L')^*$,根据定理3.78,可得$\dim L_2=\dim L'$. 回想到$L_1=(L')_{\varphi}^{\perp}$,最终,我们有等式

$$\dim (L')_{\varphi}^{\perp}+\dim L'=\dim L \tag{6.19}$$

由于$L' \cap (L')_{\varphi}^{\perp}=(\mathbf{0})$,根据推论3.15(第88页),我们得到$L'+(L')_{\varphi}^{\perp}=L' \oplus (L')_{\varphi}^{\perp}$. 从定理3.24,3.38和关系式(6.19)可以得出$L' \oplus (L')_{\varphi}^{\perp}=L$.

第二个证明:我们需要把一个任意的向量$\boldsymbol{x} \in L$表示为$\boldsymbol{x}=\boldsymbol{u}+\boldsymbol{v}$,其中$\boldsymbol{u} \in L'$且$\boldsymbol{v} \in (L')_{\varphi}^{\perp}$. 这显然等价于条件$\boldsymbol{x}-\boldsymbol{u} \in (L')_{\varphi}^{\perp}$,因此等价于$\varphi(\boldsymbol{x}-\boldsymbol{u},\boldsymbol{y})=0$(对所有的$\boldsymbol{y} \in L'$). 回顾一下双线性型的性质,我们看到,只需最后一个方程对于向量$\boldsymbol{y}=\boldsymbol{e}_i (i=1,\cdots,r)$是满足的,其中$\boldsymbol{e}_1,\cdots,\boldsymbol{e}_r$是空间$L'$的某组基. 考虑到型$\varphi$的双线性,我们的关系式可以写为

$$\varphi(\boldsymbol{u},\boldsymbol{e}_i)=\varphi(\boldsymbol{x},\boldsymbol{e}_i), \quad i=1,\cdots,r \tag{6.20}$$

现在,我们将向量$\boldsymbol{u}$表示为$\boldsymbol{u}=x_1\boldsymbol{e}_1+\cdots+x_r\boldsymbol{e}_r$. 关系式(6.20)给出了含有$r$个线性方程的带有未知数$x_1,\cdots,x_r$的方程组

$$\varphi(\boldsymbol{e}_1,\boldsymbol{e}_i)x_1+\cdots+\varphi(\boldsymbol{e}_r,\boldsymbol{e}_i)x_r=\varphi(\boldsymbol{x},\boldsymbol{e}_i), \quad i=1,\cdots,r \tag{6.21}$$

方程组(6.21)的矩阵有这样的形式

$$\Phi=\begin{pmatrix} \varphi(\boldsymbol{e}_1,\boldsymbol{e}_1) & \cdots & \varphi(\boldsymbol{e}_1,\boldsymbol{e}_r) \\ \vdots & & \vdots \\ \varphi(\boldsymbol{e}_r,\boldsymbol{e}_1) & \cdots & \varphi(\boldsymbol{e}_r,\boldsymbol{e}_r) \end{pmatrix}$$

但是容易看到,Φ是双线性型φ对于在基$\boldsymbol{e}_1,\cdots,\boldsymbol{e}_r$中的子空间$L'$的限制的矩阵. 由于根据假设,这样的型是非奇异的,其矩阵也是非奇异的,这蕴涵方程组(6.20)有一个解. 换句话说,我们可以找到一个向量$\boldsymbol{u} \in L'$,它满足所有的关系式(6.20),这就证明了我们的结论. □

现在，我们将把这些关于双线性型的想法应用到二次型的理论中. 我们的目标是找到一组基，在这组基中，给定的二次型 $\psi(\boldsymbol{x})$ 的矩阵具有最简形式.

定理 6.10 对于每个二次型 $\psi(\boldsymbol{x})$，都存在一组基，在这组基中，二次型可以写成

$$\psi(\boldsymbol{x})=\lambda_1 x_1^2+\cdots+\lambda_n x_n^2 \tag{6.22}$$

其中$x_1,\cdots,x_n$ 是向量 $\boldsymbol{x}$ 在这组基中的坐标.

证明：设 $\varphi(\boldsymbol{x},\boldsymbol{y})$ 为一个对称双线性型，根据公式(6.11)，它与二次型 $\psi(\boldsymbol{x})$ 相关联. 如果 $\psi(\boldsymbol{x})$ 恒等于零，那么定理显然成立（当$\lambda_1=\cdots=\lambda_n=0$ 时）. 如果二次型 $\psi(\boldsymbol{x})$ 不恒等于零，那么存在一个向量$\boldsymbol{e}_1$，使得 $\psi(\boldsymbol{e}_1)\neq 0$，即 $\varphi(\boldsymbol{e}_1,\boldsymbol{e}_1)\neq 0$. 这蕴涵双线性型 φ 对于子空间$\mathrm{L}'=\langle\boldsymbol{e}_1\rangle$ 的限制是非奇异的，因此，根据定理 6.9，对于子空间$\mathrm{L}'=\langle\boldsymbol{e}_1\rangle$，我们有分解(6.18)，即 $\mathrm{L}=\langle\boldsymbol{e}_1\rangle\oplus\langle\boldsymbol{e}_1\rangle_\varphi^\perp$. 由于 $\dim\langle\boldsymbol{e}_1\rangle=1$，那么根据定理 3.38，我们得到 $\dim\langle\boldsymbol{e}_1\rangle_\varphi^\perp=n-1$.

用归纳法，我们可以假设这个定理对于空间$\langle\boldsymbol{e}_1\rangle_\varphi^\perp$ 已经证明了. 因此，在这个空间中存在一组基$\boldsymbol{e}_2,\cdots,\boldsymbol{e}_n$，使得对于所有的 $i\neq j,i,j\geqslant 2$，都有 $\varphi(\boldsymbol{e}_i,\boldsymbol{e}_j)=0$. 那么在空间 L 的基$\boldsymbol{e}_1,\cdots,\boldsymbol{e}_n$ 中，存在$\lambda_1,\cdots,\lambda_n$，使得二次型 $\psi(\boldsymbol{x})$ 可以写为(6.22).

□

我们观察到，同一个二次型 ψ 可以是在不同的基中的形式(6.22)，在这种情况下，数$\lambda_1,\cdots,\lambda_n$ 在不同的基中可能是不同的. 例如，如果在一个一维空间中，它的基由一个非零向量 $\boldsymbol{e}$ 构成，我们通过关系式 $\psi(x\boldsymbol{e})=x^2$ 来定义二次型 ψ，那么在由向量$\boldsymbol{e}'=\lambda\boldsymbol{e},\lambda\neq 0$ 构成的基中，我们可以写成 $\psi(x\,\boldsymbol{e}')=(\lambda x)^2$.

如果在某组基中，一个二次型可以写成(6.22)，那么我们称在该组基中，它是标准形. 定理 6.10 称为关于将二次型化为标准形的定理. 从我们上面所说的可以得出，二次型化为标准形的方式不是唯一的.

如果在空间 L 的基$\boldsymbol{e}_1,\cdots,\boldsymbol{e}_n$ 中，二次型 $\psi(\boldsymbol{x})$ 有在定理 6.10 中建立的形式，那么它在这组基中的矩阵等于

$$\boldsymbol{\Psi}=\begin{pmatrix}\lambda_1 & 0 & \cdots & 0\\ 0 & \lambda_2 & \cdots & 0\\ \vdots & \vdots & & \vdots\\ 0 & 0 & \cdots & \lambda_n\end{pmatrix} \tag{6.23}$$

显然，矩阵 $\boldsymbol{\Psi}$ 的秩等于在$\lambda_1,\cdots,\lambda_n$ 中的非零值的个数. 正如我们在前一节中看到的，矩阵 $\boldsymbol{\Psi}$ 的秩（即二次型 $\psi(\boldsymbol{x})$ 的秩）不取决于矩阵 $\boldsymbol{\Psi}$ 所在的基的选取. 因此，对于定理 6.10 的每组基，这个数都是相同的.

把我们已经得到的结果写成矩阵形式是有用的.我们可以用上一节得到的用基变换来替换双线性型的矩阵的公式(6.10)重新表述定理 6.10.

定理 6.11 对于一个任意的对称矩阵 Φ,存在一个非奇异矩阵 C,使得矩阵$C^* \Phi C$ 是对角的.如果我们选取一个不同的矩阵 C,我们可能会得到不同的对角矩阵$C^* \Phi C$,但是主对角线上的非零元素的个数总是相同的.

一个完全类似的论据可以应用到反对称双线性型的情形.以下定理是定理 6.10 的一个类比.

定理 6.12 对于每个反对称双线性型 $\varphi(\boldsymbol{x},\boldsymbol{y})$,存在一组基$\boldsymbol{e}_1,\cdots,\boldsymbol{e}_n$,其前 $2r$ 个向量可以组成对$(\boldsymbol{e}_{2i-1},\boldsymbol{e}_{2i})$,$i=1,\cdots,r$,使得

$$\varphi(\boldsymbol{e}_{2i-1},\boldsymbol{e}_{2i})=1,\quad \varphi(\boldsymbol{e}_{2i},\boldsymbol{e}_{2i-1})=-1,\quad i=1,\cdots,r$$

$$\varphi(\boldsymbol{e}_i,\boldsymbol{e}_j)=0,\quad \text{如果}\ |i-j|>1\ \text{或者}\ i>2r\ \text{或者}\ j>2r$$

因此,在给定的基中,双线性型 φ 的矩阵取得形式

$$\Phi=\begin{pmatrix} 0 & 1 & \cdots & \cdots & \cdots & \cdots & \cdots & \cdots & \cdots & 0 \\ -1 & 0 & \cdots & \cdots & \cdots & \cdots & \cdots & \cdots & \cdots & \cdots \\ \cdots & \cdots & 0 & 1 & \cdots & \cdots & \cdots & \cdots & \cdots & \cdots \\ \cdots & \cdots & -1 & 0 & \cdots & \cdots & \cdots & \cdots & \cdots & \cdots \\ & & & & \ddots & & & & & \\ \cdots & \cdots & \cdots & \cdots & \cdots & 0 & 1 & \cdots & \cdots & \cdots \\ \cdots & \cdots & \cdots & \cdots & \cdots & -1 & 0 & \cdots & \cdots & \cdots \\ \cdots & \cdots & \cdots & \cdots & \cdots & \cdots & \cdots & 0 & \cdots & \cdots \\ & & & & & & & & \ddots & \\ 0 & \cdots & \cdots & \cdots & \cdots & \cdots & \cdots & \cdots & \cdots & 0 \end{pmatrix} \tag{6.24}$$

证明:这个定理完全相似于定理 6.10.如果对于所有的 $\boldsymbol{x}$ 和 $\boldsymbol{y}$,都有 $\varphi(\boldsymbol{x},\boldsymbol{y})=0$,那么定理的结论是显然的(当 $r=0$ 时).然而,如果不是这种情形,那么存在两个向量$\boldsymbol{e}'_1$和$\boldsymbol{e}_2$,对其有 $\varphi(\boldsymbol{e}'_1,\boldsymbol{e}_2)=\alpha\neq 0$.设$\boldsymbol{e}_1=\alpha^{-1}\boldsymbol{e}'_1$,我们得到 $\varphi(\boldsymbol{e}_1,\boldsymbol{e}_2)=1$.型 φ 对于在基$\boldsymbol{e}_1,\boldsymbol{e}_2$ 中的子空间$\mathrm{L}'=\langle\boldsymbol{e}_1,\boldsymbol{e}_2\rangle$ 的限制的矩阵具有形式

$$\begin{pmatrix} 0 & 1 \\ -1 & 0 \end{pmatrix} \tag{6.25}$$

因此,它是非奇异的.那么在定理6.9的基础上,我们得到分解$\mathrm{L}=\mathrm{L}'\oplus(\mathrm{L}')^{\perp}_{\varphi}$,其中$\dim(\mathrm{L}')^{\perp}_{\varphi}=n-2$,其中 $n=\dim\mathrm{L}$.用归纳法,我们可以假设这个定理对于在空间$(\mathrm{L}')^{\perp}_{\varphi}$ 上定义的型 φ 已经证明了.如果$\boldsymbol{f}_1,\cdots,\boldsymbol{f}_{n-2}$ 是空间$(\mathrm{L}')^{\perp}_{\varphi}$ 的这样一组基,其存在性由定理 6.12 断言,那么显然$\boldsymbol{e}_1,\boldsymbol{e}_2,\boldsymbol{f}_1,\cdots,\boldsymbol{f}_{n-2}$ 是原空间 L 所要求的基. □

数 $n-2r$ 等于双线性型 φ 的根的维数，因此，对于所有的基(在这些基中，双线性型 φ 的矩阵化为形式(6.24))，它都是相同的. 矩阵(6.25) 的秩等于 2，而矩阵(6.24) 在主对角线上包含 r 个这样的块. 因此，矩阵(6.24) 的秩等于 $2r$. 因此，从定理 6.12 我们得到以下推论.

推论 6.13 反对称双线性型的秩是偶数.

现在，我们把所有我们证明过的反对称双线性型的内容转化成矩阵的语言. 在此，我们的结论将与对称矩阵的结论是相同的，它们以完全相同的方式来证明. 我们得到了对于一个任意的反对称矩阵 Φ，存在一个非奇异矩阵 C，使得矩阵

$$\Phi' = C^* \Phi C \tag{6.26}$$

有形式(6.24).

对于某个非奇异矩阵 C，与(6.26) 相关的矩阵 Φ 和 Φ' 称为等价的. 同样的术语可用于与这些矩阵相关的二次型(对于特定的基的选取).

容易验证，这样引入的概念是给定阶的方阵构成的集合上(事实上是二次型构成的集合上) 的一个等价关系. 自反性是显然的. 只需将矩阵 $C=E$ 代入公式(6.26). 等式(6.26) 的两边右乘矩阵 $B=C^{-1}$，左乘矩阵 B^*，考虑到关系式 $(C^{-1})^* = (C^*)^{-1}$，我们得到等式 $\Phi = B^* \Phi' B$，这就建立了对称性.

最后，我们来验证传递性. 我们假设对于某些非奇异矩阵 C 和 D，给定了关系式(6.26) 和 $\Phi'' = D^* \Phi' D$. 那么如果我们将第一个关系式代入第二个关系式，就会得到 $\Phi'' = D^* C^* \Phi C D$. 设 $B = CD$，并考虑到 $B^* = D^* C^*$，我们就得到等式 $\Phi'' = B^* \Phi B$，这就建立了矩阵 Φ 和 Φ'' 的等价性.

现在，我们可以将定理 6.10 和 6.12 重新写成以下形式.

定理 6.14 每个对称矩阵都等价于一个对角矩阵.

定理 6.15 每个反对称矩阵 Φ 都等价于一个形如(6.24) 的矩阵，其中数 r 等于矩阵 Φ 秩的一半.

从定理 6.14 和 6.15 可知，所有等价对称矩阵和所有等价反对称矩阵有相同的秩，并且对于反对称矩阵，等价性与它们的秩的等式相同，即给定某个阶的两个反对称矩阵是等价的，当且仅当它们有相同的秩.

通过观察，我们得出：在本节中研究的所有概念都可以用定理 6.3 给出的双线性型的语言来表达. 根据这个定理，向量空间 L 上的每个双线性型 $\varphi(\boldsymbol{x},\boldsymbol{y})$ 都可以唯一地写成 $\varphi(\boldsymbol{x},\boldsymbol{y}) = (\boldsymbol{x}, \mathcal{A}(\boldsymbol{y}))$，其中 $\mathcal{A}$: L → L* 是某个线性变换. 正如在第 6.1 节中证明的，型 φ 的对称性等价于 $\mathcal{A}^* = \mathcal{A}$，而反对称性等价于 $\mathcal{A}^* = -\mathcal{A}$. 在第一种情形中，变换 $\mathcal{A}$ 称为对称的，在第二种情形中，变换 $\mathcal{A}$ 称为反对

称的.因此,定理6.10和6.12等价于以下结论.对于一个任意的对称变换$\mathcal{A}$,存在向量空间L的一组基,在这组基中,该变换的矩阵有对角形式(6.23).类似地,对于一个任意的反对称变换$\mathcal{A}$,存在空间L的一组基,在这组基中,该变换的矩阵有形式(6.24).更准确地说,在这两个表述中,由于变换$\mathcal{A}$把L映射到了L^*,我们讨论的是L中的基的选取以及在L^*中的其对偶基的选取.

6.3 复形式,实形式和Hermite型

我们从考察在复向量空间L中的二次型ψ开始这一节.根据定理6.10,它可以用某组基$\boldsymbol{e}_1,\cdots,\boldsymbol{e}_n$写成

$$\psi(\boldsymbol{x})=\lambda_1 x_1^2+\cdots+\lambda_n x_n^2$$

其中$\boldsymbol{x}_1,\cdots,\boldsymbol{x}_n$是向量$\boldsymbol{x}$在这组基中的坐标.这蕴涵对于相关的对称双线性型$\varphi(\boldsymbol{x},\boldsymbol{y})$,它有值$\varphi(\boldsymbol{e}_i,\boldsymbol{e}_j)=0(i\neq j$和$\varphi(\boldsymbol{e}_i,\boldsymbol{e}_i)=\lambda_i)$.在此,不为零的值$\lambda_i$等于双线性型$\varphi$的秩$r$.如有必要,通过改变基向量的编号,我们可以假设当$i\leqslant r$时,$\lambda_i\neq 0$,且当$i>r$时,$\lambda_i=0$.那么我们可以通过设

$$\boldsymbol{e}'_i=\sqrt{\lambda_i}\,\boldsymbol{e}_i(i\leqslant r);\boldsymbol{e}'_i=\boldsymbol{e}_i(i>r)$$

来引入一组新的基$\boldsymbol{e}'_1,\cdots,\boldsymbol{e}'_n$,因为$\sqrt{\lambda_i}$也是一个复数.在新的基中,对于所有的$i\neq j$,都有$\varphi(\boldsymbol{e}'_i,\boldsymbol{e}'_j)=0$,当$i\leqslant r$时,$\varphi(\boldsymbol{e}'_i,\boldsymbol{e}'_i)=1$且当$i>r$时,$\varphi(\boldsymbol{e}'_i,\boldsymbol{e}'_i)=0$.这蕴涵二次型$\psi(\boldsymbol{x})$可以在这组基中写成

$$\psi(\boldsymbol{x})=x_1^2+\cdots+x_r^2 \tag{6.27}$$

其中$x_1,\cdots,x_r$是向量$\boldsymbol{x}$的前r个坐标.那么我们看到,在复空间L中,每个二次型都可以化为标准形(6.27),并且给定某个秩的所有二次型(因此也包括对称矩阵)都是等价的.

现在,我们来考虑实向量空间L的情形.根据定理6.10,一个任意的二次型ψ可以再次写成

$$\psi(\boldsymbol{x})=\lambda_1 x_1^2+\cdots+\lambda_r x_r^2$$

其中所有λ_i都是非零的,并且r是型ψ的秩.但是我们不能简单地像在复的情形中那样设$\boldsymbol{e}'_i=\sqrt{\lambda_i}\,\boldsymbol{e}_i$,因为当$\lambda_i<0$时,数$\lambda_i$没有一个实平方根.因此,我们必须分别考虑在数$\lambda_1,\cdots,\lambda_r$中哪些是正的,哪些是负的.再次,如有必要,则改变基向量的编号,我们可以假设$\lambda_1,\cdots,\lambda_s$为正,$\lambda_{s+1},\cdots,\lambda_r$为负.现在,我们可以通过设

$$\boldsymbol{e}'_i=\sqrt{\lambda_i}\,(i\leqslant s);\boldsymbol{e}'_i=\sqrt{-\lambda_i}\,(i=s+1,\cdots,r);\boldsymbol{e}'_i=\boldsymbol{e}_i(i>r)$$

来引入一组新的基. 在这组基中,对于一个双线性型 φ,我们有 $\varphi(e'_i, e'_j)=0$ $(i\neq j)$, $\varphi(e'_i, e'_i)=1(i=1,\cdots,s)$ 与 $\varphi(e'_i, e'_i)=-1(i=s+1,\cdots,r)$,那么二次型 ψ 就化为

$$\psi(\boldsymbol{x})=x_1^2+\cdots+x_s^2-x_{s+1}^2-\cdots-x_r^2 \tag{6.28}$$

我们注意到一个重要的特殊情形.

定义 6.16 一个实二次型 $\psi(\boldsymbol{x})$ 称为正定的,如果对于每个 $\boldsymbol{x}\neq\boldsymbol{0}$,都有 $\psi(\boldsymbol{x})>0$;称为负定的,如果对于每个 $\boldsymbol{x}\neq\boldsymbol{0}$,都有 $\psi(\boldsymbol{x})<0$.

显然,这些概念关联于一个简单的关系:负定型 $\psi(\boldsymbol{x})$ 等价于正定型 $-\psi(\boldsymbol{x})$,反之亦然. 因此,在后续中,只需建立正定型 $\psi(\boldsymbol{x})$ 的基本性质就足够了,相应的负定型的性质将自动得到.

在 n 维向量空间上用(6.28)的形式写出的二次型是正定的,如果 $s=n$;是负定的,如果 $s=0$ 且 $r=n$.

实二次型的基本性质由以下定理阐明.

定理 6.17 对于每组使实二次型 ψ 的可以写为形式(6.28)的基,数 s 总有同一个值.

证明:我们用一种不取决于将二次型 ψ 化为形式(6.28)的方式来刻画 s. 也就是说,我们来证明 s 等于在使得 ψ 对于 L' 的限制是一个正定二次型的子空间 $\mathrm{L}'\subset\mathrm{L}$ 中的最大维数. 为此,我们首先注意到,对于使得二次型取得形式(6.28)的一组任意的基,有可能找到一个维数为 s 的子空间 L',在这个子空间上,型 ψ 的限制给出一个正定型. 也就是说,如果二次型 $\psi(\boldsymbol{x})$ 在基 $\boldsymbol{e}_1,\cdots,\boldsymbol{e}_n$ 中写成形式(6.28),那么我们设 $\mathrm{L}'=\langle\boldsymbol{e}_1,\cdots,\boldsymbol{e}_s\rangle$. 显然,型 ψ 对于 L' 的限制给出了一个正定二次型. 类似地,我们可以考虑在分解(6.28)中的向量 L'' 构成的集合,前 s 个坐标都等于零: $x_1=0,\cdots,x_s=0$. 显然,这个集合是向量子空间 $\mathrm{L}''=\langle\boldsymbol{e}_{s+1},\boldsymbol{e}_{s+2},\cdots,\boldsymbol{e}_n\rangle$,并且对于一个任意的向量 $\boldsymbol{x}\in\mathrm{L}''$,我们都有不等式 $\psi(\boldsymbol{x})\leqslant 0$.

我们假设存在一个维数 $m>s$ 的子空间 $\mathrm{M}\subset\mathrm{L}$,使得 ψ 对于 M 的限制给出一个正定二次型. 那么显然 $\dim\mathrm{M}+\dim\mathrm{L}''=m+n-s>n$. 根据推论 3.42,子空间 M 和 L'' 必定有一个公共向量 $\boldsymbol{x}\neq\boldsymbol{0}$. 但是由于 $\boldsymbol{x}\in\mathrm{L}''$,由此得出 $\psi(\boldsymbol{x})\leqslant 0$,并且由于 $\boldsymbol{x}\in\mathrm{M}$,我们有 $\psi(\boldsymbol{x})>0$. 这个矛盾就完成了定理的证明. □

定义 6.18 定理 6.17 中无论如何将二次型化为形式(6.28)都有相同的数 s 称为二次型 ψ 的惯性指数. 与此相关地,定理 6.17 通常称为惯性定律.

正定二次型在我们所阐述的理论中起着重要的作用. 根据到目前为止已经发展的理论,为了确定二次型是否为正定的,有必要将其化为标准形,并验证是否满足关系式 $s=n$. 然而,存在一个特征,使得从写在一组任意的基上的相伴双

线性型的矩阵中可以确定正定性. 假设这个矩阵在基$e_1,\cdots,e_n$中有形式

$$\Phi=(\varphi_{ij}),\quad 其中\varphi_{ij}=\varphi(e_i,e_j)$$

矩阵Φ在前i行和前i列的相交处的余子式Δ_i称为一个前主子式.

定理 6.19 (Sylvester 准则) 一个二次型ψ是正定的,当且仅当相伴双线性型的矩阵的所有前主子式都是正的.

证明:我们将证明,如果一个二次型是正定的,那么所有Δ_i都是正的. 我们还注意到$\Delta_n=|\Phi|$是型φ的矩阵的行列式. 在某组基中,型ψ是标准形,即它在这组基中的矩阵有形式

$$\Phi'=\begin{pmatrix}\lambda_1 & 0 & \cdots & 0\\ 0 & \lambda_2 & \cdots & 0\\ \vdots & \vdots & & \vdots\\ 0 & 0 & \cdots & \lambda_n\end{pmatrix}$$

由于二次型ψ是正定的,因此所有λ_i都大于0,那么显然,$|\Phi'|>0$. 考虑到顺着等式$|C^*|=|C|$的基变换给出的双线性型的矩阵的替换公式(6.26),我们得到关系式$|\Phi'|=|\Phi|\cdot|C|^2$,由此可得$\Delta_n=|\Phi|>0$. 现在,我们来考虑维数$i\geqslant 1$的子空间$\mathrm{L}_i=\langle e_1,\cdots,e_i\rangle\subset\mathrm{L}$. 二次型$\psi(x)$对于$\mathrm{L}_i$的限制显然也是一个正定二次型. 但其在基$e_1,\cdots,e_i$中的矩阵的行列式等于$\Delta_i$. 因此,如我们已经证明的,$\Delta_i>0$.

现在我们来证明其逆命题,根据条件$\Delta_i>0(i=1,\cdots,n)$可知,二次型ψ是正定的. 我们将对空间 L 的维数n用归纳法来证明这一点.

显然,当$i=1,\cdots,n-1$时,$\mathrm{L}_i\subset\mathrm{L}$,限制于子空间$\mathrm{L}_i$的型$\psi$的矩阵的基$e_1,\cdots,e_n$中的前主子式与在 L 中的型$\varphi$的是一样的. 因此,根据归纳假设,二次型$\psi$对于$\mathrm{L}_{n-1}$的限制是正定的. 因此,$\varphi(x,y)$对于子空间$\mathrm{L}_{n-1}$的限制是一个非奇异双线性型,因此根据定理 6.9,我们有分解$\mathrm{L}=\mathrm{L}_{n-1}\oplus(\mathrm{L}_{n-1})_{\varphi}^{\perp}$,其中$\dim \mathrm{L}_{n-1}=n-1$且$\dim(\mathrm{L}_{n-1})_{\varphi}^{\perp}=1$. 因此,我们可以把向量$e_n$表示为

$$e_n=f_n+y,\quad 其中\ y\in\mathrm{L}_{n-1},f_n\in(\mathrm{L}_{n-1})_{\varphi}^{\perp}\tag{6.29}$$

我们可以将一个任意的向量$x\in\mathrm{L}$表示为基向量$e_1,\cdots,e_n$的一个线性组合,即$x=x_1e_1+\cdots+x_{n-1}e_{n-1}+x_ne_n=u+x_ne_n$,其中$u\in\mathrm{L}_{n-1}$. 代入表达式(6.29),并设$u+x_ny=v$,我们得到

$$x=v+x_nf_n,\quad 其中\ v\in\mathrm{L}_{n-1},f_n\in(\mathrm{L}_{n-1})_{\varphi}^{\perp}\tag{6.30}$$

这蕴涵向量v和f_n关于双线性型φ是正交的,即$\varphi(v,f_n)=0$,因此,我们从分解(6.30)推导出等式

$$\psi(\boldsymbol{x})=\psi(\boldsymbol{v})+x_n^2\psi(\boldsymbol{f}_n) \tag{6.31}$$

我们看到，在基$\boldsymbol{e}_1,\cdots,\boldsymbol{e}_{n-1},\boldsymbol{f}_n$ 中，双线性型 φ 的矩阵取得形式

$$\begin{pmatrix} & \Phi' & & \begin{matrix}0\\ \vdots \\ 0\end{matrix} \\ 0 & \cdots & 0 & \psi(\boldsymbol{f}_n)\end{pmatrix}$$

并且对于其行列式D_n，我们得到表达式$D_n=|\Phi'|\cdot\psi(\boldsymbol{f}_n)$，由于$D_n>0$ 且 $|\Phi'|>0$，那么$\psi(\boldsymbol{f}_n)>0$. 根据归纳假设，在公式(6.31) 中的项 $\psi(\boldsymbol{v})$ 为正，因此，对于每个 $\boldsymbol{x}\neq\boldsymbol{0}$，都有 $\psi(\boldsymbol{x})>0$. □

例 6.20 Sylvester 准则对于代数方程的性质有一个漂亮的应用. 考虑一个 n 次实系数多项式 $f(t)$，我们假定它的根(实根或复根) $z_1,\cdots,z_n$ 是不同的. 对于每个根z_k，我们考虑线性型

$$l_k(\boldsymbol{x})=x_1+x_2z_k+\cdots+x_nz_k^{n-1} \tag{6.32}$$

和类似的二次型

$$\psi(\boldsymbol{x})=\sum_{k=1}^{n}l_k^2(x_1,\cdots,x_n) \tag{6.33}$$

其中 $\boldsymbol{x}=(x_1,\cdots,x_n)$.

虽然在根z_k 中可能有一些是复根，但二次型(6.33) 总是实的. 显然，项l_k^2 对应于实根z_k. 现在，关于复根，大家都知道它们是一些复共轭对. 设z_k 和z_j 互为复共轭. 将线性型的系数 l_k 分成实部和虚部，我们可以写成 $l_k=u_k+\mathrm{i}v_k$，其中u_k 和v_k 是带有实系数的线性型. 那么 $l_j=u_k-\mathrm{i}v_k$，并且对于这对共轭复根，我们有和$l_k^2+l_j^2=2u_k^2-2v_k^2$，这是一个实二次型.

因此二次型(6.33) 是实的，并且我们有以下重要的准则.

定理 6.21 多项式 $f(t)$ 的所有根都是实的，当且仅当二次型(6.33) 是正定的.

证明：如果所有根z_k 都是实的，那么(6.32) 的所有线性型 l_k 都是实的，并且(6.33) 右边的和只包含非负项. 显然，它只有在对于所有 $k=1,\cdots,n,l_k=0$ 时才等于零. 这个条件给出一个由 n 个未知数$x_1,\cdots,x_n$ 的 n 个线性齐次方程构成的方程组. 从公式(6.32) 容易看出，这个方程组的矩阵的行列式是一个已为我们所知的 Vandermonde 行列式；见公式(2.32) 和(2.33). 它不等于零，由于所有根z_k 是不同的，因此，这个方程组只有零解. 这蕴涵 $\psi(\boldsymbol{x})\geqslant 0,\psi(\boldsymbol{x})=0$ 当且仅当 $\boldsymbol{x}=\boldsymbol{0}$，即二次型(6.33) 是正定的.

现在我们来证明结论的逆.设二次型(6.33)为正定的,并设多项式 $f(t)$ 有 r 个实根和 p 对复根,使得 $r+2p=n$,那么,如我们所见

$$\psi(\boldsymbol{x})=\sum_{k=1}^{p} l_k^2+2\sum_{j=1}^{p}(u_j^2-v_j^2) \tag{6.34}$$

其中第一个和取遍所有实根,第二个和取遍所有共轭复根.

现在,我们来证明,如果 $p>0$,那么存在一个向量 $\boldsymbol{x}\neq\boldsymbol{0}$,使得

$$l_1(\boldsymbol{x})=0,\cdots,\quad l_r(\boldsymbol{x})=0,\quad u_1(\boldsymbol{x})=0,\quad \cdots,\quad u_p(\boldsymbol{x})=0$$

这些等式表示一个由 n 个未知数 $x_1,\cdots,x_n$ 的 $r+p$ 个线性齐次方程构成的方程组.由于方程的个数 $r+p$ 小于 $r+2p=n$,可以得出,该方程组有一个非平凡解,$\boldsymbol{x}=(x_1,\cdots,x_n)$,二次型(6.34)对其取得形式

$$\psi(\boldsymbol{x})=-2\sum_{j=1}^{p} v_j^2\leqslant 0$$

而且,只有当对于所有 $j=1,\cdots,p,v_j(\boldsymbol{x})=0$ 时,$\psi(\boldsymbol{x})=0$.但是,对于所有线性型(6.32),我们得到一般的等式 $l_k(\boldsymbol{x})=0$,考虑到正定性,只有当 $\boldsymbol{x}=\boldsymbol{0}$ 时它才是可能的.因此,我们已经得到了对于事实 $p>0$(即多项式 $f(t)$ 至少有一个复根)的一个矛盾.

形式(6.33)可以显式计算,那么,我们可以对其应用 Sylvester 准则.为此,我们观察到,(6.33)右边的单项式 x_k^2 的系数等于 $s_{2(k-1)}=z_1^{2(k-1)}+\cdots+z_n^{2(k-1)}$,而单项式 $x_i x_j$(其中 $i\neq j$)的系数等于 $2s_{i+j-2}=2(z_1^{i+j-2}+\cdots+z_n^{i+j-2})$.和 $s_k=\sum_{i=1}^{n} z_i^k$ 称为 Newton 和.由对称函数的理论可知,它们可以表示为在 $f(t)$ 的系数中的多项式.因此,关联于二次型(6.33)的对称双线性型的矩阵有形式

$$\begin{pmatrix} s_0 & s_1 & \cdots & s_{n-1} \\ s_1 & s_2 & \cdots & s_n \\ \vdots & \vdots & & \vdots \\ s_{n-1} & s_n & \cdots & s_{2n-2} \end{pmatrix}$$

将 Sylvester 准则应用于形式(6.33),我们得到如下结果:多项式 $f(t)$ 的所有(不同的)根都是实的,当且仅当对于所有 $i=1,\cdots,n-1$,以下不等式成立

$$\begin{vmatrix} s_0 & s_1 & \cdots & s_{i-1} \\ s_1 & s_2 & \cdots & s_i \\ \vdots & \vdots & & \vdots \\ s_{i-1} & s_i & \cdots & s_{2i-2} \end{vmatrix}>0$$

□

为了说明这个结论，我们来考虑最简单的情形，$n=2$. 设 $f(t)=t^2+pt+q$，那么多项式 $f(t)$ 有不同的实根等价于以下两个不等式

$$s_0>0,\quad \begin{vmatrix} s_0 & s_1 \\ s_1 & s_2 \end{vmatrix}>0 \tag{6.35}$$

其中第一个对于每个多项式都是满足的，因为 s_0 是它的次数. 如果多项式 $f(t)$ 的根是 α 和 β，那么

$$s_0=2,\quad s_1=\alpha+\beta=-p$$

$$s_2=\alpha^2+\beta^2=(\alpha+\beta)^2-2\alpha\beta=p^2-2q$$

并且不等式(6.35)得到 $2(p^2-2q)-p^2=p^2-4q>0$. 这是一个我们在中学学到过的准则：二次三项式有不同的实根，当且仅当判别式是正的.

现在，我们回到复向量空间，并考虑在其中的某些函数，它们比本节开始时研究的那些函数更自然地类似于双线性型和二次型.

定义 6.22 在复向量空间 L 上定义的取复值的函数 $f(\boldsymbol{x})$ 称为半线性的，如果它具有以下性质：对于空间 L 中的任意向量 $\boldsymbol{x}$ 和 $\boldsymbol{y}$ 和复标量 α（在此和以下，$\overline{\alpha}$ 表示 α 的复共轭），都有

$$f(\boldsymbol{x}+\boldsymbol{y})=f(\boldsymbol{x})+f(\boldsymbol{y}),\quad f(\alpha\boldsymbol{x})=\overline{\alpha}f(\boldsymbol{x}) \tag{6.36}$$

显然，对于空间 L 中的每组基 $\boldsymbol{e}_1,\cdots,\boldsymbol{e}_n$ 的选取，一个半线性函数可以写成

$$f(\boldsymbol{x})=\overline{x}_1y_1+\cdots+\overline{x}_ny_n$$

其中向量 $\boldsymbol{x}$ 等于 $x_1\boldsymbol{e}_1+\cdots+x_n\boldsymbol{e}_n$，且标量 y_i 等于 $f(\boldsymbol{e}_i)$.

定义 6.23 复向量空间 L 中的两个向量的函数 $\varphi(\boldsymbol{x},\boldsymbol{y})$ 称为半双线性的，如果对于固定 $\boldsymbol{y}$，它作为 $\boldsymbol{x}$ 的一个函数是线性的，并且对于固定的 $\boldsymbol{x}$，它作为 $\boldsymbol{y}$ 的一个函数是半线性的.

术语“半双线性的”表示第一个论证的“完全”线性和第二个论证的半线性. 半线性函数和半双线性函数也常被称为型. 后续我们也将使用这样一个名称.

显然，对于空间 L 中的基 $\boldsymbol{e}_1,\cdots,\boldsymbol{e}_n$ 的一个任意的选取，一个半双线性型可以写成

$$\varphi(\boldsymbol{x},\boldsymbol{y})=\sum_{i,j=1}^{n}\varphi_{ij}x_i\overline{y}_j,\quad \text{其中}\varphi_{ij}=\varphi(\boldsymbol{e}_i,\boldsymbol{e}_j) \tag{6.37}$$

并且向量 $\boldsymbol{x}$ 和 $\boldsymbol{y}$ 由 $\boldsymbol{x}=x_1\boldsymbol{e}_1+\cdots+x_n\boldsymbol{e}_n$ 和 $\boldsymbol{y}=y_1\boldsymbol{e}_1+\cdots+y_n\boldsymbol{e}_n$ 给出. 与双线性型的情况中一样，以上定义的矩阵 $\Phi=(\varphi_{ij})$（其中元素 $\varphi_{ij}=\varphi(\boldsymbol{e}_i,\boldsymbol{e}_j)$）称为在选定的基中的半双线性型 $\varphi(\boldsymbol{x},\boldsymbol{y})$ 的矩阵.

定义 6.24 一个半双线性型 $\varphi(\boldsymbol{x},\boldsymbol{y})$ 称为 Hermite 的，如果对于任意选取

的向量 $\boldsymbol{x}$ 和 $\boldsymbol{y}$，都有

$$\varphi(\boldsymbol{y},\boldsymbol{x})=\overline{\varphi(\boldsymbol{x},\boldsymbol{y})} \tag{6.38}$$

显然，在表达式(6.37) 中，型 $\varphi(\boldsymbol{x},\boldsymbol{y})$ 的 Hermite 性质由其矩阵 Φ 的系数 φ_{ij} 的性质$\varphi_{ij}=\overline{\varphi_{ji}}$ 表示，也就是由关系式 $\Phi=\overline{\Phi}^*$ 表示. 表现出这些性质的矩阵也称为 Hermite 矩阵.

在 $\varphi(\boldsymbol{x},\boldsymbol{y})$ 中分离实部和虚部后，我们得到

$$\varphi(\boldsymbol{x},\boldsymbol{y})=u(\boldsymbol{x},\boldsymbol{y})+\mathrm{i}v(\boldsymbol{x},\boldsymbol{y}) \tag{6.39}$$

其中 $u(\boldsymbol{x},\boldsymbol{y})$ 和 $v(\boldsymbol{x},\boldsymbol{y})$ 是复空间 L 的两个向量 $\boldsymbol{x}$ 和 $\boldsymbol{y}$ 的取实值的函数. 在空间 L 中，与实标量的乘法也是有定义的，所以它可以看作是一个实向量空间. 我们用$\mathrm{L}_{\mathbb{R}}$ 表示这个实向量空间. 显然，在空间$\mathrm{L}_{\mathbb{R}}$ 中，函数 $u(\boldsymbol{x},\boldsymbol{y})$ 和 $v(\boldsymbol{x},\boldsymbol{y})$ 是双线性的，而且复型 $\varphi(\boldsymbol{x},\boldsymbol{y})$ 是 Hermite 的的性质蕴涵在$\mathrm{L}_{\mathbb{R}}$ 上，双线性型 $u(\boldsymbol{x},\boldsymbol{y})$ 是对称的，而 $v(\boldsymbol{x},\boldsymbol{y})$ 是反对称的.

定义 6.25 复向量空间 L 上的函数 $\psi(\boldsymbol{x})$ 称为二次 Hermite 的，如果存在 Hermite 型 $\varphi(\boldsymbol{x},\boldsymbol{y})$，使得它可以表示为

$$\psi(\boldsymbol{x})=\varphi(\boldsymbol{x},\boldsymbol{x}) \tag{6.40}$$

从 Hermite 型的定义可以立即得出，二次 Hermite 函数的值是实的.

定理 6.26 二次 Hermite 函数 $\psi(\boldsymbol{x},\boldsymbol{y})$ 唯一确定一个如(6.40) 所示的 Hermite 半双线性型.

证明：根据半双线性的定义，我们有

$$\psi(\boldsymbol{x}+\boldsymbol{y})=\psi(\boldsymbol{x})+\psi(\boldsymbol{y})+\varphi(\boldsymbol{x},\boldsymbol{y})+\overline{\varphi(\boldsymbol{x},\boldsymbol{y})} \tag{6.41}$$

在此，代入表达式(6.39)，我们得到

$$u(\boldsymbol{x},\boldsymbol{y})=\frac{1}{2}(\psi(\boldsymbol{x}+\boldsymbol{y})-\psi(\boldsymbol{x})-\psi(\boldsymbol{y})) \tag{6.42}$$

类似地，从关系式

$$\psi(\boldsymbol{x}+\mathrm{i}\boldsymbol{y})=\psi(\boldsymbol{x})+\psi(\mathrm{i}\boldsymbol{y})+\varphi(\boldsymbol{x},\mathrm{i}\boldsymbol{y})+\varphi(\mathrm{i}\boldsymbol{y},\boldsymbol{x}) \tag{6.43}$$

根据 Hermite 和半双线性的性质，我们得到

$$\varphi(\boldsymbol{x},\boldsymbol{y})=-\mathrm{i}\varphi(\boldsymbol{x},\boldsymbol{y}),\varphi(\mathrm{i}\boldsymbol{y},\boldsymbol{x})=\overline{\varphi(\boldsymbol{x},\mathrm{i}\boldsymbol{y})}$$

由此得到

$$v(\boldsymbol{x},\boldsymbol{y})=\frac{1}{2}(\psi(\boldsymbol{x}+\mathrm{i}\boldsymbol{y})-\psi(\boldsymbol{x})-\psi(\mathrm{i}\boldsymbol{y})) \tag{6.44}$$

由此得到的表达式(6.42) 和(6.44) 完成了定理的证明.

定理 6.27 半双线性型 $\varphi(\boldsymbol{x},\boldsymbol{y})$ 是 Hermite 的，当且仅当与其关联的函数 $\psi(\boldsymbol{x})$ 根据关系式(6.40) 仅假设取实值.

证明：如果一个半双线性型 $\varphi(\boldsymbol{x},\boldsymbol{y})$ 是 Hermite 的，那么根据定义(6.38)，对于所有 $\boldsymbol{x}\in \mathrm{L}$，我们都有等式 $\varphi(\boldsymbol{x},\boldsymbol{x})=\overline{\varphi(\boldsymbol{x},\boldsymbol{x})}$，由此得出，对于一个任意的向量 $\boldsymbol{x}\in \mathrm{L}$，值 $\psi(\boldsymbol{x})$ 是一个实数.

另外，如果函数 $\psi(\boldsymbol{x})$ 的值是实的，那么就像我们在定理 6.26 的证明中所做的那样，考虑到公式(6.38)，我们从公式(6.41) 中得到值

$$\psi(\boldsymbol{x}+\boldsymbol{y})-\psi(\boldsymbol{x})-\psi(\boldsymbol{y})=\varphi(\boldsymbol{x},\boldsymbol{y})+\varphi(\boldsymbol{y},\boldsymbol{x})$$

是实的. 在此，代入表达式(6.39)，我们看到，和 $v(\boldsymbol{x},\boldsymbol{y})+v(\boldsymbol{y},\boldsymbol{x})$ 等于零，即函数 $v(\boldsymbol{x},\boldsymbol{y})$ 是反对称的.

同理，从公式(6.43) 我们得到值

$$\psi(\boldsymbol{x}+\mathrm{i}\boldsymbol{y})-\psi(\boldsymbol{x})-\psi(\mathrm{i}\boldsymbol{y})=\varphi(\boldsymbol{x},\mathrm{i}\boldsymbol{y})+\varphi(\mathrm{i}\boldsymbol{y},\boldsymbol{x})$$

也是实的. 从半线性和半双线性的定义，我们有关系式 $\varphi(\mathrm{i}\boldsymbol{y},\boldsymbol{x})=\mathrm{i}\varphi(\boldsymbol{y},\boldsymbol{x})$ 和 $\varphi(\boldsymbol{x},\mathrm{i}\boldsymbol{y})=-\mathrm{i}\varphi(\boldsymbol{x},\boldsymbol{y})$. 因此，我们得到数

$$\mathrm{i}(\varphi(\boldsymbol{y},\boldsymbol{x})-\varphi(\boldsymbol{x},\boldsymbol{y}))$$

是实的，根据表达式(6.39)，它给出了等式 $u(\boldsymbol{y},\boldsymbol{x})-u(\boldsymbol{x},\boldsymbol{y})=0$；即函数 $u(\boldsymbol{x},\boldsymbol{y})$ 是对称的. 因此，型 $\varphi(\boldsymbol{x},\boldsymbol{y})$ 是 Hermite 的. □

Hermite 型是对称型的最自然的复类似. 它们表现出与我们在实向量空间中推导的对称型类似的性质(证明完全类似)，即化为标准形、惯性定律、正定性的概念，和 Sylvester 准则.

第 7 章 Euclid 空间

出现在向量空间的定义中的概念并没有提供一种方法来表述向量的长度、向量之间的角度和体积的多维类比.然而,这些概念出现在数学和物理的许多分支中,我们将在本章中研究这些概念.我们在此要考虑的所有向量空间都是实的(除了某些特殊情形,其中复向量空间将看作研究实空间的一种方法).

7.1 Euclid 空间的定义

定义 7.1 Euclid 空间是实向量空间,其上定义了一个固定对称双线性型,其相伴二次型是正定的.

向量空间自身通常记作 L,固定对称双线性型记作$(\boldsymbol{x},\boldsymbol{y})$.这样的表达式也称为向量 $\boldsymbol{x}$ 和 $\boldsymbol{y}$ 的内积.现在,我们来用这个术语重新表述 Euclid 空间的定义.

Euclid 空间是实向量空间 L,其中每对向量 $\boldsymbol{x}$ 和 $\boldsymbol{y}$ 对应一个实数$(\boldsymbol{x},\boldsymbol{y})$,使得满足以下条件:

(1) 对于所有向量$\boldsymbol{x}_1,\boldsymbol{x}_2,\boldsymbol{y}\in \mathrm{L}$,都有$(\boldsymbol{x}_1+\boldsymbol{x}_2,\boldsymbol{y})=(\boldsymbol{x}_1,\boldsymbol{y})+(\boldsymbol{x}_2,\boldsymbol{y})$.

(2) 对于所有向量 $\boldsymbol{x},\boldsymbol{y}\in \mathrm{L}$ 和实数 α,都有$(\alpha\boldsymbol{x},\boldsymbol{y})=\alpha(\boldsymbol{x},\boldsymbol{y})$.

(3) 对于所有向量 $\boldsymbol{x},\boldsymbol{y}\in \mathrm{L}$,都有$(\boldsymbol{x},\boldsymbol{y})=(\boldsymbol{y},\boldsymbol{x})$.

(4) 当 $\boldsymbol{x}\neq\boldsymbol{0}$ 时,$(\boldsymbol{x},\boldsymbol{x})>0$.

性质(1)-(3) 表明,函数$(\boldsymbol{x},\boldsymbol{y})$ 是 L 上的对称双线性型,特别地,对于每个向量 $\boldsymbol{y}\in \mathrm{L}$,都有$(\boldsymbol{0},\boldsymbol{y})=0$.只有性质(4) 表达了 Euclid 空间的特定的特征.

表达式$(\boldsymbol{x},\boldsymbol{x})$ 通常记作$(\boldsymbol{x}^2)$;它称为向量 $\boldsymbol{x}$ 的标量平方.因此,性质(4) 蕴涵对应于双线性型$(\boldsymbol{x},\boldsymbol{y})$ 的二次型是正定的.

我们来指出这些定义的某些显然的结果. 对于固定的向量 $\boldsymbol{y} \in \mathrm{L}$，其中 L 是 Euclid 空间，定义中的条件(1) 和(2) 可以这样表述，即具有参数 $\boldsymbol{x}$ 的函数 $\boldsymbol{f}_y(\boldsymbol{x})=(\boldsymbol{x},\boldsymbol{y})$ 是线性的. 因此，我们有向量空间 L 到L^* 的一个映射 $\boldsymbol{y} \mapsto \boldsymbol{f}_y$. Euclid 空间的定义中的条件(4) 表明，该映射的核等于$(\mathbf{0})$. 事实上，对于每个 $\boldsymbol{y} \neq \mathbf{0}$，都有$\boldsymbol{f}_y \neq \mathbf{0}$，因为$\boldsymbol{f}_y(\boldsymbol{y})=(\boldsymbol{y}^2)>0$. 如果空间 L 的维数是有限的，那么根据定理3.68和3.78，该映射是一个同构. 此外，我们应该注意到，与用于证明定理 3.78 的构造相反，现在，我们构造了同构 $\mathrm{L} \simeq \mathrm{L}^*$，不使用 L 中的基的特定选取. 因此，我们有一个自然同构 $\mathrm{L} \simeq \mathrm{L}^*$，它仅通过在 L 上施加内积来定义. 考虑到这一点，在有限维 Euclid 空间 L 的情形中，在下文中，我们有时将要辨识 L 和L^*. 换句话说，关于任意双线性型，对于内积$(\boldsymbol{x},\boldsymbol{y})$，存在唯一的线性变换$\mathcal{A}$: $\mathrm{L} \rightarrow \mathrm{L}^*$ 使得$(\boldsymbol{x},\boldsymbol{y})=\mathcal{A}(\boldsymbol{y})(\boldsymbol{x})$. 前面的推理表明，在Euclid空间的情形中，变换$\mathcal{A}$是一个同构，特别地，双线性型$(\boldsymbol{x},\boldsymbol{y})$ 是非奇异的. 我们来举几个 Euclid 空间的例子.

例 7.2 平面是 Euclid 空间，其中$(\boldsymbol{x},\boldsymbol{y})$ 取为解析几何中研究的众所周知的 $\boldsymbol{x}$ 和 $\boldsymbol{y}$ 的内积，即向量长度与它们之间夹角的余弦的乘积.

例 7.3 由长为 n 的行(或列) 构成的空间$\mathbb{R}^n$ 是 Euclid 空间，其中行 $\boldsymbol{x}=(\alpha_1,\cdots,\alpha_n)$ 和 $\boldsymbol{y}=(\beta_1,\cdots,\beta_n)$ 的内积由以下关系式定义

$$(\boldsymbol{x},\boldsymbol{y})=\alpha_1\beta_1+\alpha_2\beta_2+\cdots+\alpha_n\beta_n \tag{7.1}$$

例 7.4 定义在某个区间$[a,b]$上的次数最高为 n 的具有实系数的多项式构成的向量空间 L 是 Euclid 空间. 对于两个多项式 $f(t)$ 和 $g(t)$，其内积由以下关系式定义

$$(f,g)=\int_a^b f(t)g(t)\,\mathrm{d}t \tag{7.2}$$

例 7.5 由区间$[a,b]$上的所有实值连续函数构成的向量空间 L 是 Euclid 空间. 对于这两个函数 $f(t)$ 和 $g(t)$，我们将用等式(7.2) 定义其内积.

例 7.5 表明，Euclid 空间与向量空间一样，不必是有限维的①. 后续，我们将专注于有限维 Euclid 空间，在其上的内积有时称为标量积(因为两个向量的内积是标量) 或点积(因为经常使用的记号是 $\boldsymbol{x}\cdot\boldsymbol{y}$ 而不是$(\boldsymbol{x},\boldsymbol{y})$).

---

① 无穷维 Euclid 空间通常称为准 Hilbert 空间. 所谓的 Hilbert 空间在数学和物理的许多分支中发挥着特别重要的作用，它是具有完备性的准 Hilbert 空间(仅对于无穷维的情形). (有时，在准 Hilbert 空间的定义中，条件$(x,x)>0$ 替换为较弱的条件$(x,x)\geqslant 0$.)

例 7.6 Euclid 空间 L 的每个子空间L′ 自身就是 Euclid 空间. 如果我们像在空间 L 上那样在其上定义型$(\boldsymbol{x},\boldsymbol{y})$.

类似于例 7.2,我们做出以下定义.

定义 7.7 Euclid 空间中的向量 $\boldsymbol{x}$ 的长度是非负值$\sqrt{(\boldsymbol{x}^2)}$. 向量 $\boldsymbol{x}$ 的长度记作 $|\boldsymbol{x}|$.

我们注意到,我们在此主要利用了性质(4),根据它,非零向量的长度是正数.

根据相同的类比,很自然地通过条件

$$\cos\varphi=\frac{(\boldsymbol{x},\boldsymbol{y})}{|\boldsymbol{x}|\cdot|\boldsymbol{y}|},\quad 0\leqslant\varphi\leqslant\pi \tag{7.3}$$

来定义两个向量 $\boldsymbol{x}$ 和 $\boldsymbol{y}$ 之间的角度 φ. 然而,只有当等式(7.3)右边的表达式的绝对值不超过 1 时,才存在这样的数 φ. 事实确实如此,这一事实的证明将是我们的直接目标.

引理 7.8 给定向量 $\boldsymbol{e}\neq\boldsymbol{0}$,每个向量 $\boldsymbol{x}\in$ L 都可以用以下形式来表示:存在标量 α 和向量 $y\in I$,使得

$$\boldsymbol{x}=\alpha\boldsymbol{e}+\boldsymbol{y},\quad (\boldsymbol{e},\boldsymbol{y})=0 \tag{7.4}$$

如图 7.1.

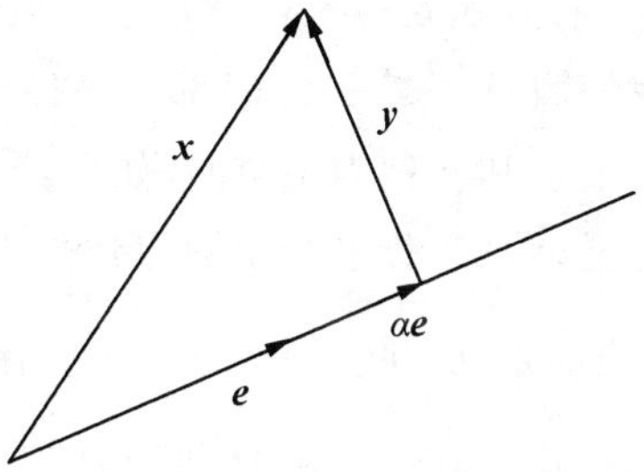

图 7.1 正交投影

证明:设 $\boldsymbol{y}=\boldsymbol{x}-\alpha\boldsymbol{e}$,我们从条件$(\boldsymbol{e},\boldsymbol{y})=0$ 得到 α. 这等价于$(\boldsymbol{x},\boldsymbol{e})=\alpha(\boldsymbol{e},\boldsymbol{e})$,这蕴涵 $\alpha=(\boldsymbol{x},\boldsymbol{e})/|\boldsymbol{e}|^2$. 我们注意到 $|\boldsymbol{e}|\neq 0$,因为根据假设,$\boldsymbol{e}\neq\boldsymbol{0}$. □

定义 7.9 关系式(7.4)中的向量$\alpha\boldsymbol{e}$称为向量$\boldsymbol{x}$ 在直线$\langle\boldsymbol{e}\rangle$上的正交投影.

定理 7.10 向量 $\boldsymbol{x}$ 的正交投影的长度最大为其长度 $|\boldsymbol{x}|$.

证明:事实上,因为根据定义,$\boldsymbol{x}=\alpha\boldsymbol{e}+\boldsymbol{y}$ 且$(\boldsymbol{e},\boldsymbol{y})=0$,由此得到

$$|\boldsymbol{x}|^2=(\boldsymbol{x}^2)=(\alpha\boldsymbol{e}+\boldsymbol{y},\alpha\boldsymbol{e}+\boldsymbol{y})=|\alpha\boldsymbol{e}|^2+|\boldsymbol{y}|^2\geqslant|\alpha\boldsymbol{e}|^2$$

这蕴涵

$$|\boldsymbol{x}|\geqslant|\alpha\boldsymbol{e}| \tag{7.5}$$ □

这直接导出了以下必要的定理.

定理 7.11 对于 Euclid 空间中的任意向量 $\boldsymbol{x}$ 和 $\boldsymbol{y}$,以下不等式成立

$$|(\boldsymbol{x},\boldsymbol{y})| \leqslant |\boldsymbol{x}|\cdot|\boldsymbol{y}| \tag{7.6}$$

证明:如果向量 $\boldsymbol{x},\boldsymbol{y}$ 中的一个等于零,那么不等式(7.6)是显然的,并可化为等式 $0=0$. 现在假设两个向量都不是零向量. 在这种情形中,我们用 $\alpha\boldsymbol{y}$ 表示向量 $\boldsymbol{x}$ 在直线 $\langle\boldsymbol{y}\rangle$ 上的正交投影. 那么根据(7.4),我们得到了关系式 $\boldsymbol{x}=\alpha\boldsymbol{y}+\boldsymbol{z}$,其中 $(\boldsymbol{y},\boldsymbol{z})=0$. 由此我们得到了等式

$$(\boldsymbol{x},\boldsymbol{y})=(\alpha\boldsymbol{y}+\boldsymbol{z},\boldsymbol{y})=(\alpha\boldsymbol{y},\boldsymbol{y})=\alpha|\boldsymbol{y}|^2$$

这说明 $|(\boldsymbol{x},\boldsymbol{y})|=|\alpha|\cdot|\boldsymbol{y}|^2=|\alpha\boldsymbol{y}|\cdot|\boldsymbol{y}|$. 但根据定理 7.10,我们得到不等式 $|\alpha\boldsymbol{y}|\leqslant|\boldsymbol{x}|$,因此,$|(\boldsymbol{x},\boldsymbol{y})|\leqslant|\boldsymbol{x}|\cdot|\boldsymbol{y}|$. □

不等式(7.6)有许多名称,但它通常称为 Cauchy-Schwarz 不等式. 从中我们可以从初等几何中导出著名的三角不等式. 事实上,假设向量 $\boldsymbol{x}=\overrightarrow{AB},\boldsymbol{y}=\overrightarrow{BC},\boldsymbol{z}=\overrightarrow{CA}$ 对应于 $\triangle ABC$ 的边. 那么我们得到了关系式 $\boldsymbol{x}+\boldsymbol{y}+\boldsymbol{z}=\boldsymbol{0}$,借助于(7.6)我们得到了不等式

$$|\boldsymbol{z}|^2=(\boldsymbol{x}+\boldsymbol{y},\boldsymbol{x}+\boldsymbol{y})=|\boldsymbol{x}|^2+2(\boldsymbol{x},\boldsymbol{y})+|\boldsymbol{y}|^2\leqslant|\boldsymbol{x}|^2+2|(\boldsymbol{x},\boldsymbol{y})|+|\boldsymbol{y}|^2$$
$$\leqslant|\boldsymbol{x}|^2+2|\boldsymbol{x}|\cdot|\boldsymbol{y}|+|\boldsymbol{y}|^2=(|\boldsymbol{x}|+|\boldsymbol{y}|)^2$$

由此显然有三角不等式 $|\boldsymbol{z}|\leqslant|\boldsymbol{x}|+|\boldsymbol{y}|$.

因此,根据定理 7.11,存在满足等式(7.3)的一个数 φ,这个数称为向量 $\boldsymbol{x}$ 和 $\boldsymbol{y}$ 之间的角度. 如果我们假设 $0\leqslant\varphi\leqslant\pi$,那么条件(7.3)唯一确定了角度.

定义 7.12 两个向量 $\boldsymbol{x}$ 和 $\boldsymbol{y}$ 称为正交的,如果其内积等于零:$(\boldsymbol{x},\boldsymbol{y})=0$.

我们注意到,这重复了第 6.2 节中给出的双线性型 $\varphi(\boldsymbol{x},\boldsymbol{y})=(\boldsymbol{x},\boldsymbol{y})$ 的定义. 根据上述(7.3)中给出的定义,正交向量之间的角度等于$\frac{\pi}{2}$.

对于 Euclid 空间,存在一个关于向量的线性无关性的有用的准则. 设 $\boldsymbol{a}_1,\cdots,\boldsymbol{a}_m$ 为 Euclid 空间 L 中的 m 个向量.

定义 7.13 向量组$\boldsymbol{a}_1,\cdots,\boldsymbol{a}_m$ 的 Gram 行列式或 Gramian 是行列式

$$G(\boldsymbol{a}_1,\cdots,\boldsymbol{a}_m)=\begin{vmatrix}(\boldsymbol{a}_1,\boldsymbol{a}_1) & (\boldsymbol{a}_1,\boldsymbol{a}_2) & \cdots & (\boldsymbol{a}_1,\boldsymbol{a}_m)\\ (\boldsymbol{a}_2,\boldsymbol{a}_1) & (\boldsymbol{a}_2,\boldsymbol{a}_2) & \cdots & (\boldsymbol{a}_2,\boldsymbol{a}_m)\\ \vdots & \vdots & & \vdots\\ (\boldsymbol{a}_m,\boldsymbol{a}_1) & (\boldsymbol{a}_m,\boldsymbol{a}_2) & \cdots & (\boldsymbol{a}_m,\boldsymbol{a}_m)\end{vmatrix} \tag{7.7}$$

定理 7.14 如果向量$\boldsymbol{a}_1,\cdots,\boldsymbol{a}_m$ 是线性相关的,那么 Gram 行列式$G(\boldsymbol{a}_1,\cdots,\boldsymbol{a}_m)$ 等于零,而如果它们是线性无关的,那么 $G(\boldsymbol{a}_1,\cdots,\boldsymbol{a}_m)>0$.

证明:如果向量$\boldsymbol{a}_1,\cdots,\boldsymbol{a}_m$ 是线性相关的,那么如第 3.2 节所示,其中一个向

量可以表示为其他向量的线性组合. 设其为向量$\boldsymbol{a}_m$,即$\boldsymbol{a}_m=\alpha_1\boldsymbol{a}_1+\cdots+\alpha_{m-1}\boldsymbol{a}_{m-1}$. 那么根据内积的性质,对于每个 $i=1,\cdots,m$,我们都有等式

$$(\boldsymbol{a}_m,\boldsymbol{a}_i)=\alpha_1(\boldsymbol{a}_1,\boldsymbol{a}_i)+\alpha_2(\boldsymbol{a}_2,\boldsymbol{a}_i)+\cdots+\alpha_{m-1}(\boldsymbol{a}_{m-1},\boldsymbol{a}_i)$$

由此显然得出,如果我们从行列式(7.7)的最后一行中减去其上的所有行分别乘以系数$\alpha_1,\cdots,\alpha_{m-1}$,那么我们得到一个行列式,其中一行完全由零构成. 因此,$G(\boldsymbol{a}_1,\cdots,\boldsymbol{a}_m)=0$.

现在假设向量$\boldsymbol{a}_1,\cdots,\boldsymbol{a}_m$ 是线性无关的. 我们来考虑子空间$\mathrm{L}'=\langle\boldsymbol{a}_1,\cdots,\boldsymbol{a}_m\rangle$ 中的二次型$(\boldsymbol{x}^2)$. 设 $\boldsymbol{x}=\alpha_1\boldsymbol{a}_1+\cdots+\alpha_m\boldsymbol{a}_m$,我们可以将其写成以下形式

$$((\alpha_1\boldsymbol{a}_1+\cdots+\alpha_m\boldsymbol{a}_m)^2)=\sum_{i,j=1}^{m}\alpha_i\alpha_j(\boldsymbol{a}_i,\boldsymbol{a}_j)$$

容易看出,该二次型是正定的,且其行列式与 Gram 行列式 $G(\boldsymbol{a}_1,\cdots,\boldsymbol{a}_m)$ 相等. 根据定理 6.19,现在得出 $G(\boldsymbol{a}_1,\cdots,\boldsymbol{a}_m)>0$. □

定理7.14是Cauchy-Schwarz不等式的广泛推广. 事实上,当$m=2$时,如果向量 $\boldsymbol{x}$ 和 $\boldsymbol{y}$ 是线性相关的,那么不等式(7.6)是显然的(它变为等式). 然而,如果 $\boldsymbol{x}$ 和 $\boldsymbol{y}$ 是线性无关的,那么其 Gram 行列式等于

$$G(\boldsymbol{x},\boldsymbol{y})=\begin{vmatrix}(\boldsymbol{x},\boldsymbol{x}) & (\boldsymbol{x},\boldsymbol{y})\\(\boldsymbol{x},\boldsymbol{y}) & (\boldsymbol{y},\boldsymbol{y})\end{vmatrix}$$

定理 7.14 中建立的不等式 $G(\boldsymbol{x},\boldsymbol{y})>0$ 给出了(7.6). 特别地,我们看到不等式(7.6)仅当向量 $\boldsymbol{x}$ 和 $\boldsymbol{y}$ 成比例时才变为等式. 我们注意到,如果我们检验定理 7.11 的证明,这很容易推导得出.

定义 7.15 Euclid 空间中的向量$\boldsymbol{e}_1,\cdots,\boldsymbol{e}_m$ 构成一个标准正交系,如果

$$(\boldsymbol{e}_i,\boldsymbol{e}_j)=0,\quad i\neq j$$
$$(\boldsymbol{e}_i,\boldsymbol{e}_i)=1\tag{7.8}$$

也就是说,如果这些向量相互正交,并且每个向量的长度等于 1. 如果 $m=n$ 且向量$\boldsymbol{e}_1,\cdots,\boldsymbol{e}_n$ 构成空间的一组基,那么这组基称为标准正交基.

显然,标准正交基的 Gram 行列式等于 1.

现在,我们将利用二次型$(\boldsymbol{x}^2)$是正定的事实,并将其应用于公式(6.28),其中根据正定性的定义,$s=n$. 现在可以将该结果重新表述为关于空间 L 的基 $\boldsymbol{e}_1,\cdots,\boldsymbol{e}_n$ 的存在性的结论,其中向量 $\boldsymbol{x}=\alpha_1\boldsymbol{e}_1+\cdots+\alpha_n\boldsymbol{e}_n$ 的标量平方等于其坐标的平方和,即$(\boldsymbol{x}^2)=\alpha_1^2+\cdots+\alpha_n^2$. 换句话说,我们得到了以下结果.

定理 7.16 每个 Euclid 空间都有一组标准正交基.

备注 7.17 在标准正交基中,$\boldsymbol{x}=(\alpha_1,\cdots,\alpha_n)$ 和 $\boldsymbol{y}=(\beta_1,\cdots,\beta_n)$ 的内积有一个特别简单的形式,由公式(7.1)给出. 因此,在标准正交基中,任意向量的

标量平方都等于其坐标的平方和,而其长度等于平方和的平方根.

建立分解(7.4)的引理有重要而深远的推广.为了表述它,我们回忆一下在第3.7节中,对于每个子空间$L' \subset L$,我们都定义了其零化子$(L')^a \subset L^*$,在本节前面部分,我们证明了任意有限维 Euclid 空间 L 可以用其对偶空间L^*来辨识.因此,我们可以将$(L')^a$看作原始空间 L 的子空间.在这种情形中,我们将其称为子空间L'的正交补,记作$(L')^{\perp}$.如果我们回顾一下相关定义,那么我们得到子空间$L' \subset L$的正交补$(L')^{\perp}$由所有向量$\boldsymbol{y} \in L$构成,对于该向量,以下条件成立

$$(\boldsymbol{x}, \boldsymbol{y}) = 0, \quad \boldsymbol{x} \in L' \tag{7.9}$$

另外,$(L')^{\perp}$是子空间$(L')^{\perp}_{\varphi}$,对于由$\varphi(\boldsymbol{x}, \boldsymbol{y}) = (\boldsymbol{x}, \boldsymbol{y})$给出的双线性型$\varphi(\boldsymbol{x}, \boldsymbol{y})$的情形进行定义;见第188页.

有限维 Euclid 空间中的正交补的一个基本性质包含在以下定理中.

定理 7.18 对于有限维 Euclid 空间 L 的任意子空间L_1,以下公式成立

$$L = L_1 \oplus L_1^{\perp} \tag{7.10}$$

在$L_1 = \langle \boldsymbol{e} \rangle$的情形中,定理7.18由引理7.8得到.

定理7.18的证明:在前一章中,我们看到向量空间 L 的某组基中的每个二次型$\psi(\boldsymbol{x})$都可以化为标准形(6.22),在实向量空间的情形中,存在标量$0 \leqslant s \leqslant r$,使得可以化为形式(6.28),其中,$s$是惯性指数,$r$是二次型$\psi(\boldsymbol{x})$的秩,或等价地,根据关系式(6.11),与$\psi(\boldsymbol{x})$相关联的对称双线性型$\varphi(\boldsymbol{x}, \boldsymbol{y})$的秩.我们回忆一下,双线性型$\varphi(\boldsymbol{x}, \boldsymbol{y})$是非奇异的,如果$r = n$,其中$n = \dim L$.

型$\psi(\boldsymbol{x})$的正定性的条件等价于(6.22)中的所有标量$\lambda_1, \cdots, \lambda_n$为正,或等价于公式(6.28)中的等式$s = r = n$成立.由此可知,与正定二次型$\psi(\boldsymbol{x})$相关联的对称双线性型$\varphi(\boldsymbol{x}, \boldsymbol{y})$在空间 L 以及每个子空间$L' \subset L$上都是非奇异的.为了完成证明,只需回顾一下,根据定义,与内积$(\boldsymbol{x}, \boldsymbol{y})$相关联的二次型$(\boldsymbol{x}^2)$是正定的,并利用关于双线性型$\varphi(\boldsymbol{x}, \boldsymbol{y}) = (\boldsymbol{x}, \boldsymbol{y})$的定理6.9. □

根据零化子的关系式(3.54)(见第3.7节)或定理7.18,可以得出

$$\dim (L_1)^{\perp} = \dim L - \dim L_1$$

将空间 L 投射到平行于$L_1^{\perp}$的子空间L_1上的映射(见第104页的定义)称为 L 在L_1上的正交投影.那么向量$\boldsymbol{x} \in L$在子空间L_1上的投影称为其在L_1上的正交投影.这是上述向量在直线上的正交投影的概念的自然推广.类似地,对于任意子集$X \subset L$,我们可以定义它在L_1上的正交投影.

Gram 行列式与 Euclid 空间中的体积的概念相关,它推广了向量的长度的概念.

定义 7.19 由向量$\boldsymbol{a}_1,\cdots,\boldsymbol{a}_m$ 生成的平行六面体是所有向量$\alpha_1\boldsymbol{a}_1+\cdots+\alpha_m\boldsymbol{a}_m(0\leqslant\alpha_i\leqslant 1)$ 构成的集合，记作$\Pi(\boldsymbol{a}_1,\cdots,\boldsymbol{a}_m)$. 平行六面体$\Pi(\boldsymbol{a}_1,\cdots,\boldsymbol{a}_m)$ 的底面是由$\boldsymbol{a}_1,\cdots,\boldsymbol{a}_m$ 中的任意 $m-1$ 个向量生成的平行六面体，例如 $\Pi(\boldsymbol{a}_1,\cdots,\boldsymbol{a}_{m-1})$.

在平面的情形中(见例 7.2)，我们有平行六面体 $\Pi(\boldsymbol{a}_1)$ 和 $\Pi(\boldsymbol{a}_1,\boldsymbol{a}_2)$. 根据定义，$\Pi(\boldsymbol{a}_1)$ 是起点和终点与向量$\boldsymbol{a}_1$ 的起点和终点重合的线段，而 $\Pi(\boldsymbol{a}_1,\boldsymbol{a}_2)$ 是由向量$\boldsymbol{a}_1$ 和$\boldsymbol{a}_2$ 构成的平行四边形.

现在，我们回头考虑任意平行六面体

$$\Pi(\boldsymbol{a}_1,\cdots,\boldsymbol{a}_m)$$

并定义子空间$\mathrm{L}_1=\langle\boldsymbol{a}_1,\cdots,\boldsymbol{a}_{m-1}\rangle$. 对于这种情形，我们可以应用以上引入的空间 L 的正交投影的概念. 根据分解(7.10)，向量$\boldsymbol{a}_m$ 可以唯一表示为$\boldsymbol{a}_m=\boldsymbol{x}+\boldsymbol{y}$，其中 $\boldsymbol{x}\in\mathrm{L}_1$ 且 $\boldsymbol{y}\in\mathrm{L}_1^{\perp}$. 向量 $\boldsymbol{y}$ 称为平行六面体 $\Pi(\boldsymbol{a}_1,\cdots,\boldsymbol{a}_m)$ 降到底面 $\Pi(\boldsymbol{a}_1,\cdots,\boldsymbol{a}_{m-1})$ 的高. 对于平面的情形，我们描述的结构如图 7.2 所示.

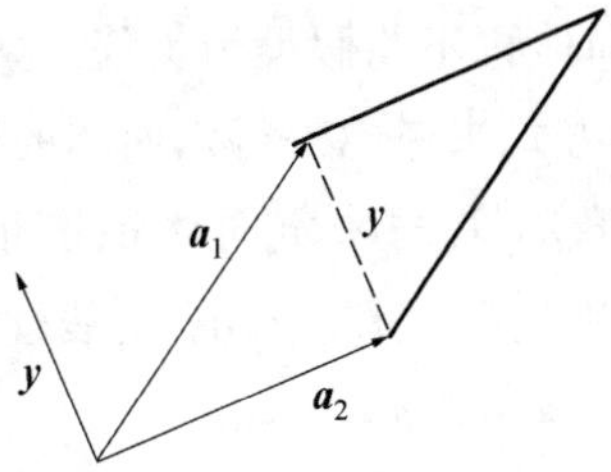

图 7.2　平行六面体的高

现在，我们可以引入平行六面体

$$\Pi(\boldsymbol{a}_1,\cdots,\boldsymbol{a}_m)$$

的体积的概念，或者更确切地说，其未定向体积. 根据定义，这是一个非负数，记作 $V(\boldsymbol{a}_1,\cdots,\boldsymbol{a}_m)$，并由对 m 的归纳定义. 在 $m=1$ 的情形中，它等于 $V(\boldsymbol{a}_1)=|\boldsymbol{a}_1|$，在一般情形中，$V(\boldsymbol{a}_1,\cdots,\boldsymbol{a}_m)$ 是 $V(\boldsymbol{a}_1,\cdots,\boldsymbol{a}_{m-1})$ 与平行六面体 $\Pi(\boldsymbol{a}_1,\cdots,\boldsymbol{a}_m)$ 降到底面 $\Pi(\boldsymbol{a}_1,\cdots,\boldsymbol{a}_{m-1})$ 的高的长度的乘积.

以下是未定向体积的数值表达式

$$V^2(\boldsymbol{a}_1,\cdots,\boldsymbol{a}_m)=G(\boldsymbol{a}_1,\cdots,\boldsymbol{a}_m) \tag{7.11}$$

这个关系式描述了 Gram 行列式的几何意义.

当 $m=1$ 时，公式(7.11)是显然的，在一般情形中，通过对 m 的归纳进行证明. 根据(7.10)，我们可以用$\boldsymbol{a}_m=\boldsymbol{x}+\boldsymbol{y}$ 的形式表示向量$\boldsymbol{a}_m$，其中 $\boldsymbol{x}\in\mathrm{L}_1=\langle\boldsymbol{a}_1,\cdots,\boldsymbol{a}_{m-1}\rangle$ 且 $\boldsymbol{y}\in\mathrm{L}_1^{\perp}$. 那么$\boldsymbol{a}_m=\alpha_1\boldsymbol{a}_1+\cdots+\alpha_{m-1}\boldsymbol{a}_{m-1}+\boldsymbol{y}$. 我们注意到，$\boldsymbol{y}$ 是平行六面体降到底面 $\Pi(\boldsymbol{a}_1,\cdots,\boldsymbol{a}_{m-1})$ 的高. 我们回忆一下 Gram 行列式的公式

(7.7)，并从其最后一列中减去其他每列分别乘以$\alpha_1,\cdots,\alpha_{m-1}$. 因此，我们得到

$$G(\boldsymbol{a}_1,\cdots,\boldsymbol{a}_m)=\begin{vmatrix}(\boldsymbol{a}_1,\boldsymbol{a}_1) & (\boldsymbol{a}_1,\boldsymbol{a}_2) & \cdots & 0\\(\boldsymbol{a}_2,\boldsymbol{a}_1) & (\boldsymbol{a}_2,\boldsymbol{a}_2) & \cdots & 0\\\vdots & \vdots & & \vdots\\(\boldsymbol{a}_{m-1},\boldsymbol{a}_1) & (\boldsymbol{a}_{m-1},\boldsymbol{a}_2) & \cdots & 0\\(\boldsymbol{a}_m,\boldsymbol{a}_1) & (\boldsymbol{a}_{m-1},\boldsymbol{a}_2) & \cdots & (\boldsymbol{y},\boldsymbol{a}_m)\end{vmatrix} \tag{7.12}$$

此外，$(\boldsymbol{y},\boldsymbol{a}_m)=(\boldsymbol{y},\boldsymbol{y})=|\boldsymbol{y}|^2$，因为 $\boldsymbol{y}\in \mathrm{L}_1^{\perp}$.

行列式(7.12) 沿最后一列展开，我们得到等式

$$G(\boldsymbol{a}_1,\cdots,\boldsymbol{a}_m)=G(\boldsymbol{a}_1,\cdots,\boldsymbol{a}_{m-1})\ |\boldsymbol{y}|^2$$

我们回想一下，根据构造，$\boldsymbol{y}$ 是平行六面体 $\Pi(\boldsymbol{a}_1,\cdots,\boldsymbol{a}_m)$ 降到底面 $\Pi(\boldsymbol{a}_1,\cdots,\boldsymbol{a}_{m-1})$ 的高. 根据归纳假设，我们得到了 $G(\boldsymbol{a}_1,\cdots,\boldsymbol{a}_{m-1})=V^2(\boldsymbol{a}_1,\cdots,\boldsymbol{a}_{m-1})$，这蕴涵

$$G(\boldsymbol{a}_1,\cdots,\boldsymbol{a}_m)=V^2(\boldsymbol{a}_1,\cdots,\boldsymbol{a}_{m-1})\ |\boldsymbol{y}|^2=V^2(\boldsymbol{a}_1,\cdots,\boldsymbol{a}_m)$$

因此，我们引入的未定向体积的概念不同于我们在第 2.1 和 2.6 节中讨论的体积和面积，因为未定向体积不能假设为负值. 这就解释了“未定向”这一术语. 现在，我们将以另一种方式来考虑平行六面体的体积，该方法推广了我们前面讨论的体积和面积的概念，其与未定向体积仅相差正负号 ± 1. 根据定理 7.14，我们感兴趣的情形只是向量$\boldsymbol{a}_1,\cdots,\boldsymbol{a}_m$ 是线性无关的. 那么，我们可以考虑空间 $\mathrm{L}=\langle \boldsymbol{a}_1,\cdots,\boldsymbol{a}_m\rangle$，它具有基$\boldsymbol{a}_1,\cdots,\boldsymbol{a}_m$.

因此，我们给定 n 个向量$\boldsymbol{a}_1,\cdots,\boldsymbol{a}_n$，其中 $n=\dim \mathrm{L}$. 我们考虑矩阵 A，其第 j 列由向量$\boldsymbol{a}_j$ 相对于某组标准正交基$\boldsymbol{e}_1,\cdots,\boldsymbol{e}_n$ 的坐标构成

$$A=\begin{pmatrix}a_{11} & a_{12} & \cdots & a_{1n}\\a_{21} & a_{22} & \cdots & a_{2n}\\\vdots & \vdots & & \vdots\\a_{n1} & a_{n2} & \cdots & a_{nn}\end{pmatrix}$$

简单的验证表明，在矩阵A^*A 中，第 i 行和第 j 列的相交处包含元素$(\boldsymbol{a}_i,\boldsymbol{a}_j)$. 这蕴涵矩阵$A^*A$ 的行列式等于$G(\boldsymbol{a}_1,\cdots,\boldsymbol{a}_n)$，并且考虑到等式 $|A^*A|=|A^*|\cdot|A|=|A|^2$，我们得到$|A|^2=G(\boldsymbol{a}_1,\cdots,\boldsymbol{a}_n)$. 另外，从公式(7.11) 可以得出 $G(\boldsymbol{a}_1,\cdots,\boldsymbol{a}_n)=V^2(\boldsymbol{a}_1,\cdots,\boldsymbol{a}_n)$，这蕴涵

$$|A|=\pm V(\boldsymbol{a}_1,\cdots,\boldsymbol{a}_n)$$

矩阵 A 的行列式称为 n 维平行六面体 $\Pi(\boldsymbol{a}_1,\cdots,\boldsymbol{a}_n)$ 的定向体积，记作 $v(\boldsymbol{a}_1,\cdots,\boldsymbol{a}_n)$. 因此，定向体积和未定向体积由以下等式关联

$$V(\boldsymbol{a}_1,\cdots,\boldsymbol{a}_n)=|v(\boldsymbol{a}_1,\cdots,\boldsymbol{a}_n)|$$

由于矩阵的行列式在转置运算下不变,因此 $v(\boldsymbol{a}_1,\cdots,\boldsymbol{a}_n)=|A^*|$. 换句话说,为了计算定向体积,我们可以将平行六面体$\boldsymbol{a}_i$ 的母线的坐标写在矩阵的行中,而不是写在列中,这有时更加方便.

显然,定向体积的符号取决于标准正交基$\boldsymbol{e}_1,\cdots,\boldsymbol{e}_n$ 的选取. 这种依赖性是由术语"定向"提出的. 我们将在第 7.3 节中更多地谈论到这一点.

体积具有某些重要的性质.

定理 7.20 设$\mathcal{C}$:L→L为n维 Euclid空间 L的线性变换. 那么对于在该空间中的任意 n 个向量$\boldsymbol{a}_1,\cdots,\boldsymbol{a}_n$,我们都有关系式

$$v(\mathcal{C}(\boldsymbol{a}_1),\cdots,\mathcal{C}(\boldsymbol{a}_n))=|\mathcal{C}|\ v(\boldsymbol{a}_1,\cdots,\boldsymbol{a}_n) \tag{7.13}$$

证明:我们将选取空间 L 的一组标准正交基. 假设变换$\mathcal{C}$在这组基中有矩阵C,并且任意向量 $\boldsymbol{a}$ 的坐标$\alpha_1,\cdots,\alpha_n$ 与其像$\mathcal{C}(\boldsymbol{a})$ 的坐标$\beta_1,\cdots,\beta_n$ 由关系式(3.25)或矩阵记号(3.27)相关联. 设A为矩阵,其列由向量$\boldsymbol{a}_1,\cdots,\boldsymbol{a}_n$ 的坐标构成,设A' 为矩阵,其列由向量$\mathcal{C}(\boldsymbol{a}_1),\cdots,\mathcal{C}(\boldsymbol{a}_n)$ 的坐标构成. 那么显然,我们有关系式$A'=CA$,从中可以得出 $|A'|=|C|\cdot|A|$.

为了完成证明,还需注意到 $|\mathcal{C}|=|C|$,根据定向体积的定义,我们有等式 $v(\boldsymbol{a}_1,\cdots,\boldsymbol{a}_n)=|A|$ 和 $v(\mathcal{C}(\boldsymbol{a}_1),\cdots,\mathcal{C}(\boldsymbol{a}_n))=|A'|$. □

当然,由该定理可得

$$V(\mathcal{C}(\boldsymbol{a}_1),\cdots,\mathcal{C}(\boldsymbol{a}_n))=||A||\ V(\boldsymbol{a}_1,\cdots,\boldsymbol{a}_n) \tag{7.14}$$

其中 $||A||$ 表示矩阵 A 的行列式的绝对值.

利用至此引入的概念,我们可以对一类非常广泛的集合 M(其中包含数学和物理中实际遇到的所有集合)定义体积 $V(M)$ 的类比. 这就是所谓的测度论的主题,但由于这是一个与线性代数相去甚远的主题,因此我们在这里并不关注它. 我们只需注意到,重要关系式(7.14)在此仍然成立

$$V(\mathcal{C}(M))=||A||\ V(M) \tag{7.15}$$

n 维 Euclid空间中的集合的一个有趣的例子是半径为 r 的球$B(r)$,即所有向量 $\boldsymbol{x}\in$ L(使得 $|\boldsymbol{x}|\leqslant r$) 构成的集合,向量集 $\boldsymbol{x}\in$ L(对其有 $|\boldsymbol{x}|=r$) 称为半径为 r 的球面$S(r)$. 从关系式(7.15)可以得出$V(B(r))=V_n r^n$,其中$V_n=V(B(1))$. 有趣的几何常数V_n 的计算是分析中的一个问题,它与伽马函数 Γ 的理论有关. 在此,我们仅引用结果

$$V_n=\frac{\pi^{n/2}}{\Gamma(n/2+1)}$$

根据伽马函数的理论,如果 n 是偶数($n=2m$),那么$V_n=\pi^m/m!$,如果 n 是奇数($n=2m+1$),那么$V_n=2^{m+1}\pi^m/(1\cdot 3\cdot\cdots\cdot(2m+1))$.

7.2 正交变换

设L_1和L_2位相同维数的Euclid空间,其上定义了内积$(\boldsymbol{x},\boldsymbol{y})_1$和$(\boldsymbol{x},\boldsymbol{y})_2$. 我们将分别用$|\boldsymbol{x}|_1$和$|\boldsymbol{x}|_2$表示空间$L_1$和$L_2$中的向量$\boldsymbol{x}$的长度.

定义 7.21 Euclid空间L_1和L_2的同构是底向量空间的同构$\mathcal{A}:L_1\rightarrow L_2$,它保持了内积,即对于任意向量$\boldsymbol{x},\boldsymbol{y}\in L_1$,以下关系式成立

$$(\boldsymbol{x},\boldsymbol{y})_1=(\mathcal{A}(\boldsymbol{x}),\mathcal{A}(\boldsymbol{y}))_2 \tag{7.16}$$

如果我们将向量$\boldsymbol{y}=\boldsymbol{x}$代入等式(7.16),我们得到$|\boldsymbol{x}|_1^2=|\mathcal{A}(\boldsymbol{x})|_2^2$,这蕴涵$|\boldsymbol{x}|_1=|\mathcal{A}(\boldsymbol{x})|_2$,即同构$\mathcal{A}$保持了向量的长度.

反之,如果$\mathcal{A}:L_1\rightarrow L_2$是向量空间的同构,它保持了向量的长度,那么$|\mathcal{A}(\boldsymbol{x}+\boldsymbol{y})|_2^2=|\boldsymbol{x}+\boldsymbol{y}|_1^2$,因此

$$|\mathcal{A}(\boldsymbol{x})|_2^2+2(\mathcal{A}(\boldsymbol{x}),\mathcal{A}(\boldsymbol{y}))_2+|\mathcal{A}(\boldsymbol{y})|_2^2=|\boldsymbol{x}|_1^2+2(\boldsymbol{x},\boldsymbol{y})_1+|\boldsymbol{y}|_1^2$$

但是根据假设,我们也有等式$|\mathcal{A}(\boldsymbol{x})|_2=|\boldsymbol{x}|_1$和$|\mathcal{A}(\boldsymbol{y})|_2=|\boldsymbol{y}|_1$,这蕴涵$(\boldsymbol{x},\boldsymbol{y})_1=(\mathcal{A}(\boldsymbol{x}),\mathcal{A}(\boldsymbol{y}))_2$. 严格来说,这是以下事实(定理 6.6) 的结果:对称双线性型$(\boldsymbol{x},\boldsymbol{y})$由二次型$(\boldsymbol{x},\boldsymbol{x})$确定,在此,我们只是重复了第4.1节中给出的证明.

如果空间L_1和L_2有相同的维数,那么根据线性变换$\mathcal{A}:L_1\rightarrow L_2$保持了向量的长度的事实,它是一个同构. 事实上,正如我们在第 3.5 节中看到的,只需验证变换$\mathcal{A}$的核等于$(\boldsymbol{0})$. 但是如果$\mathcal{A}(\boldsymbol{x})=\boldsymbol{0}$,那么$|\mathcal{A}(\boldsymbol{x})|_2=$,这蕴涵$|\boldsymbol{x}|_1=0$,即,$\boldsymbol{x}=\boldsymbol{0}$.

定理 7.22 所有的给定有限维数的 Euclid 空间彼此同构.

证明:根据标准正交基的存在性,可以立即得出,每个n维 Euclid 空间都同构于例7.3中的Euclid空间. 事实上,设$\boldsymbol{e}_1,\cdots,\boldsymbol{e}_n$为Euclid空间L的一组标准正交基. 分配给每个向量$\boldsymbol{x}\in L$其在基$\boldsymbol{e}_1,\cdots,\boldsymbol{e}_n$中的坐标的行,我们得到了具有内积(7.1) 的空间L和长为n的行的空间$\mathbb{R}^n$的一个同构(见第205页的备注). 容易看出,同构是 Euclid 空间的集合上的等价关系(第 2 页),根据传递性可以得出,所有n维 Euclid 空间彼此同构. □

定理 7.22 类似于向量空间的定理 3.64,其一般意义是相同的(第 3.5 节对此进行了详细说明). 例如,利用定理 7.22,我们可以证明不等式(7.6),其证明不同于前一节中的证明. 事实上,如果向量$\boldsymbol{x}$和$\boldsymbol{y}$是线性相关的,那么这是完全显然的(不等式化为等式). 如果它们是线性无关的,那么我们可以考虑子空间

$L'=\langle \boldsymbol{x},\boldsymbol{y}\rangle$. 根据定理 7.22,它同构于平面(上一节中的例 7.2),其中该不等式是众所周知的. 因此,对于任意向量 $\boldsymbol{x}$ 和 $\boldsymbol{y}$,它也必定是正确的.

定义 7.23 Euclid 空间 L 到自身的线性变换 $\mathcal{U}$,其保持内积,即满足以下条件:对于所有向量 $\boldsymbol{x}$ 和 $\boldsymbol{y}$,都有

$$(\boldsymbol{x},\boldsymbol{y})=(\mathcal{U}(\boldsymbol{x}),\mathcal{U}(\boldsymbol{y})) \tag{7.17}$$

称为正交的.

这显然是 Euclid 空间 L_1 和 L_2(两者相等) 的同构的特例.

也容易看出,正交变换 $\mathcal{U}$ 将一组标准正交基变换为另一组标准正交基,因为从条件(7.8) 和(7.17) 可以得出 $\mathcal{U}(\boldsymbol{e}_1),\cdots,\mathcal{U}(\boldsymbol{e}_n)$ 是一组标准正交基,如果 $\boldsymbol{e}_1,\cdots,\boldsymbol{e}_n$ 是一组标准正交基. 反之,如果线性变换 $\mathcal{U}$ 将某组标准正交基 $\boldsymbol{e}_1,\cdots,\boldsymbol{e}_n$ 变换为另一组标准正交基,那么对于向量 $\boldsymbol{x}=\alpha_1\boldsymbol{e}_1+\cdots+\alpha_n\boldsymbol{e}_n$ 和 $\boldsymbol{y}=\beta_1\boldsymbol{e}_1+\cdots+\beta_n\boldsymbol{e}_n$,我们有

$$\mathcal{U}(\boldsymbol{x})=\alpha_1\mathcal{U}(\boldsymbol{e}_1)+\cdots+\alpha_n\mathcal{U}(\boldsymbol{e}_n),\quad \mathcal{U}(\boldsymbol{y})=\beta_1\mathcal{U}(\boldsymbol{e}_1)+\cdots+\beta_n\mathcal{U}(\boldsymbol{e}_n)$$

由于 $\boldsymbol{e}_1,\cdots,\boldsymbol{e}_n$ 和 $\mathcal{U}(\boldsymbol{e}_1),\cdots,\mathcal{U}(\boldsymbol{e}_n)$ 都是标准正交基,根据(7.1),关系式(7.17) 的左边和右边都等于表达式 $\alpha_1\beta_1+\cdots+\alpha_n\beta_n$,即满足关系式(7.17),这蕴涵 $\mathcal{U}$ 是一个正交变换.

我们注意到这一事实的以下重要的重新表述:对于 Euclid 空间的任意两组标准正交基,存在唯一的正交变换,它将第一组基变换为第二组基.

设 $U=(u_{ij})$ 为线性变换 $\mathcal{U}$ 在某组标准正交基 $\boldsymbol{e}_1,\cdots,\boldsymbol{e}_n$ 中的矩阵. 根据之前的结果,变换 $\mathcal{U}$ 是正交的,当且仅当向量 $\mathcal{U}(\boldsymbol{e}_1),\cdots,\mathcal{U}(\boldsymbol{e}_n)$ 构成一组标准正交基. 但是根据矩阵 U 的定义,向量 $\mathcal{U}(\boldsymbol{e}_i)$ 等于 $\sum_{k=1}^{n}u_{ki}\boldsymbol{e}_k$,并且由于 $\boldsymbol{e}_1,\cdots,\boldsymbol{e}_n$ 是一组标准正交基,那么我们有

$$(\mathcal{U}(\boldsymbol{e}_i),\mathcal{U}(\boldsymbol{e}_j))=u_{1i}u_{1j}+u_{2i}u_{2j}+\cdots+u_{ni}u_{nj}$$

右边的表达式等于元素 c_{ij},其中矩阵 (c_{ij}) 等于 U^*U. 这蕴涵变换 $\mathcal{U}$ 的正交性的条件可以写成以下形式

$$U^*U=E \tag{7.18}$$

或等价地,$U^*=U^{-1}$. 该等式等价于

$$UU^*=E \tag{7.19}$$

并且可以表示为矩阵 U 的元素之间的关系式

$$u_{i1}u_{j1}+u_{i2}u_{j2}+\cdots+u_{in}u_{jn}=0,\quad i\neq j,\ u_{i1}^2+\cdots+u_{in}^2=1 \tag{7.20}$$

满足关系式(7.18) 或等价关系式(7.19) 的矩阵 U 称为正交的.

Euclid 空间的标准正交基的概念可以利用旗的概念(见第 102 页的定义)

来更形象地解释.也就是说,我们把标准正交基$e_1,\cdots,e_n$关联于旗

$$(\mathbf{0}) \subset \mathrm{L}_1 \subset \mathrm{L}_2 \subset \cdots \subset \mathrm{L}_n = \mathrm{L} \tag{7.21}$$

其中子空间L_i等于$\langle e_1,\cdots,e_i\rangle$,并且对$(\mathrm{L}_{i-1},\mathrm{L}_i)$是有向的,在这个意义上,$\mathrm{L}_i^+$是包含向量$e_i$的$\mathrm{L}_i$的半空间.在Euclid空间的情形中,基本事实是我们得到了标准正交基和旗之间的一个双射.

为了证明这一点,我们只需验证标准正交基$e_1,\cdots,e_n$由其相伴旗唯一确定.设这组基关联于旗(7.21).如果我们已经构造了向量的标准正交系$e_1,\cdots,e_{i-1}$,使得$\mathrm{L}_{i-1}=\langle e_1,\cdots,e_{i-1}\rangle$,那么我们应该考虑$\mathrm{L}_i$中的子空间$\mathrm{L}_{i-1}$的正交补$\mathrm{L}_{i-1}^\perp$.那么$\dim \mathrm{L}_{i-1}^\perp=1$且$\mathrm{L}_{i-1}^\perp=\langle e_i\rangle$,其中向量$e_i$是唯一定义的,由因数$\pm 1$决定.可以根据条件$e_i\in \mathrm{L}_i^+$明确选取该因数.

先前的观察结果现在可以解释为:对于Euclid空间L的任意两个旗Φ_1和Φ_2,存在唯一的正交变换,它将Φ_1映射到Φ_2.

我们的下一个目标是构造一组标准正交基,其中给定的正交变换$\mathcal{U}$有尽可能简单的矩阵.根据定理4.22,变换$\mathcal{U}$有一个一维或二维不变子空间L'.显然,$\mathcal{U}$对子空间L'的限制也是一个正交变换.我们首先来确定这可以是哪类变换,也就是说,存在哪类一维和二维空间的正交变换.

如果$\dim \mathrm{L}'=1$,那么存在非零向量e,使得$\mathrm{L}'=\langle e\rangle$.因此,$\mathcal{U}(e)=\alpha e$,其中$\alpha$是某个标量.根据变换$\mathcal{U}$的正交性,我们得到

$$(e,e)=(\alpha e,\alpha e)=\alpha^2(e,e)$$

由此得出$\alpha^2=1$,这蕴涵$\alpha=\pm 1$.因此,在一维空间L'中,存在两个正交变换:恒等变换$\mathcal{E}$,对于所有向量x,都有$\mathcal{E}(x)=x$,以及变换$\mathcal{U}$,使得$\mathcal{U}(x)=-x$.显然,$\mathcal{U}=-\mathcal{E}$.

现在设$\dim \mathrm{L}'=2$,在这种情形中,L'同构于具有内积(7.1)的平面.根据解析几何,平面的正交变换要么是绕原点经过某个角度φ的旋转,要么是关于某条直线l的反射.在第一种情形中,正交变换$\mathcal{U}$在平面的任意一组标准正交基中有矩阵

$$\begin{pmatrix} \cos\varphi & -\sin\varphi \\ \sin\varphi & \cos\varphi \end{pmatrix} \tag{7.22}$$

在第二种情形中,平面可以用直和$\mathrm{L}'=l\oplus l^\perp$的形式表示,其中$l$和$l^\perp$是直线,对于向量$x$,我们有分解$x=y+z$,其中$y\in l$且$z\in l^\perp$,而向量$\mathcal{U}(x)$等于$y-z$.如果我们选取一组标准正交基$e_1,e_2$,使得向量$e_1$位于直线$l$上,那么变换$\mathcal{U}$有矩阵

$$U=\begin{pmatrix}1 & 0\\ 0 & -1\end{pmatrix} \tag{7.23}$$

但我们不会从解析几何中预设这一事实，相反，我们会证明它来自线性代数中的简单考虑. 设$\mathcal{U}$在某组标准正交基$\boldsymbol{e}_1,\boldsymbol{e}_2$中有矩阵

$$\begin{pmatrix}a & b\\ c & d\end{pmatrix} \tag{7.24}$$

也就是说，它将向量$x\boldsymbol{e}_1+y\boldsymbol{e}_2$映射到$(ax+by)\boldsymbol{e}_1+(cx+dy)\boldsymbol{e}_2$. $\mathcal{U}$保持了向量的长度这一事实给出了关系式

$$(ax+by)^2+(cx+dy)^2=x^2+y^2$$

对于所有x和y都成立. 依次用$(1,0)$，$(0,1)$和$(1,1)$代入$(\boldsymbol{x},\boldsymbol{y})$，我们得到

$$a^2+c^2=1,\quad b^2+d^2=1,\quad ab+cd=0 \tag{7.25}$$

从关系式(7.19)可以得出$|UU^*|=1$，由于$|U^*|=|U|$，由此得出$|U|^2=1$，这蕴涵$|U|=\pm 1$. 我们需要分别考虑不同符号的情形.

如果$|U|=-1$，那么矩阵(7.24)的特征多项式$|U-tE|$等于$t^2-(a+d)t-1$，并有正判别式. 因此，矩阵(7.24)有两个异号的实特征值λ_1和λ_2(因为根据Viète定理，$\lambda_1\lambda_2=-1$)，以及两个相伴特征向量$\boldsymbol{e}_1$和$\boldsymbol{e}_2$. 检验$\mathcal{U}$对一维不变子空间$\langle\boldsymbol{e}_1\rangle$和$\langle\boldsymbol{e}_2\rangle$的限制，我们得出了上述一维的情形，特别地，从中可以得出λ_1和λ_2的值等于± 1. 我们来证明向量$\boldsymbol{e}_1$和$\boldsymbol{e}_2$是正交的. 根据特征向量的定义，我们得到等式$\mathcal{U}(\boldsymbol{e}_i)=\lambda_i\boldsymbol{e}_i$，从中我们得到

$$(\mathcal{U}(\boldsymbol{e}_1),\mathcal{U}(\boldsymbol{e}_2))=(\lambda_1\boldsymbol{e}_1,\lambda_2\boldsymbol{e}_2)=\lambda_1\lambda_2(\boldsymbol{e}_1,\boldsymbol{e}_2) \tag{7.26}$$

但由于变换$\mathcal{U}$是正交的，因此$(\mathcal{U}(\boldsymbol{e}_1),\mathcal{U}(\boldsymbol{e}_2))=(\boldsymbol{e}_1,\boldsymbol{e}_2)$，根据(7.26)，我们得到等式$(\boldsymbol{e}_1,\boldsymbol{e}_2)=\lambda_1\lambda_2(\boldsymbol{e}_1,\boldsymbol{e}_2)$. 由于$\lambda_1$和$\lambda_2$异号，因此$(\boldsymbol{e}_1,\boldsymbol{e}_2)=0$. 选取单位长度的特征向量$\boldsymbol{e}_1$和$\boldsymbol{e}_2$，使得$\lambda_1=1$且$\lambda_2=-1$，我们得到了标准正交基$\boldsymbol{e}_1,\boldsymbol{e}_2$，其中变换$\mathcal{U}$有矩阵(7.23). 那么，我们得到分解$\mathrm{L}=l\oplus l^{\perp}$，其中$l=\langle\boldsymbol{e}_1\rangle$且$l^{\perp}=\langle\boldsymbol{e}_2\rangle$，变换$\mathcal{U}$是直线$l$中的一个反射.

但是，如果$|U|=1$，那么根据a,b,c,d的关系式(7.25)，容易推导出，请记住$ad-bc=1$，存在一个角度φ，使得$a=d=\cos\varphi$且$c=-b=\sin\varphi$，即矩阵(7.24)有形式(7.22).

作为检验一般情形的基础，我们有以下定理.

定理 7.24 如果子空间L'关于正交变换$\mathcal{U}$是不变的，那么其正交补$(\mathrm{L}')^{\perp}$关于$\mathcal{U}$也是不变的.

证明：我们必须证明对于每个向量$\boldsymbol{y}\in(\mathrm{L}')^{\perp}$，我们都有$\mathcal{U}(\boldsymbol{y})\in(\mathrm{L}')^{\perp}$. 如果$\boldsymbol{y}\in(\mathrm{L}')^{\perp}$，那么对于所有$\boldsymbol{x}\in\mathrm{L}'$，都有$(\boldsymbol{x},\boldsymbol{y})=0$. 根据变换$\mathcal{U}$的正交性，我们

得到$(\mathcal{U}(\boldsymbol{x}),\mathcal{U}(\boldsymbol{y}))=(\boldsymbol{x},\boldsymbol{y})=0$. 由于$\mathcal{U}$是从 L 到 L 的一个双射,其对不变子空间$\mathrm{L}'$的限制是从$\mathrm{L}'$到$\mathrm{L}'$的一个双射. 换句话说,每个向量$\boldsymbol{x}'\in\mathrm{L}'$都可以用$\boldsymbol{x}'=\mathcal{U}(\boldsymbol{x})$的形式表示,其中 $\boldsymbol{x}$ 是L'中的其他某个向量. 因此,对于每个向量$\boldsymbol{x}'\in\mathrm{L}'$,都有$(\boldsymbol{x}',\mathcal{U}(\boldsymbol{y}))=0$, 这蕴涵$\mathcal{U}(\boldsymbol{y})\in(\mathrm{L}')^{\perp}$. □

备注 7.25 在定理 7.24 的证明中,我们没有使用与内积$(\boldsymbol{x},\boldsymbol{y})$相关联的二次型$(\boldsymbol{x},\boldsymbol{x})$的正定性. 事实上,该定理对于任意非奇异双线性型$(\boldsymbol{x},\boldsymbol{y})$也成立. 为了使变换$\mathcal{U}$对不变子空间的限制是双射,需要非奇异性的条件,否则定理将不成立.

定义 7.26 Euclid 空间的子空间L_1 和L_2 称为相互正交的,如果对于所有向量 $\boldsymbol{x}\in\mathrm{L}_1$ 和 $\boldsymbol{y}\in\mathrm{L}_2$,都有$(\boldsymbol{x},\boldsymbol{y})=0$. 在这种情形中,我们写作$\mathrm{L}_1\perp\mathrm{L}_2$. Euclid 空间到正交子空间的直和的分解称为正交分解.

如果 $\dim\mathrm{L}>2$,那么根据定理 4.22,变换$\mathcal{U}$有一个一维或二维不变子空间. 因此,根据需要多次使用定理 7.24(取决于 $\dim\mathrm{L}$),我们得到了正交分解

$$\mathrm{L}=\mathrm{L}_1\oplus\mathrm{L}_2\oplus\cdots\oplus\mathrm{L}_k,\quad \text{其中}\mathrm{L}_i\perp\mathrm{L}_j, i\neq j \tag{7.27}$$

其中所有子空间L_i 关于变换$\mathcal{U}$不变,且维数为 1 或 2.

组合子空间$\mathrm{L}_1,\cdots,\mathrm{L}_k$ 的标准正交基,然后选取一个方便的排序,我们得到以下结果.

定理 7.27 对于每个正交变换,都存在一组标准正交基,其中变换的矩阵有分块对角形式

$$\begin{pmatrix}
1 & & & & & & & & & \\
& \ddots & & & & & & 0 & & \\
& & 1 & & & & & & & \\
& & & -1 & & & & & & \\
& & & & \ddots & & & & & \\
& & & & & -1 & & & & \\
& & & & & & A_{\varphi_1} & & & \\
& & 0 & & & & & \ddots & & \\
& & & & & & & & A_{\varphi_r}
\end{pmatrix} \tag{7.28}$$

其中

$$A_{\varphi_i}=\begin{pmatrix}\cos\varphi_i & -\sin\varphi_i\\ \sin\varphi_i & \cos\varphi_i\end{pmatrix},\quad \varphi_i\neq\pi k, k\in\mathbb{Z} \tag{7.29}$$

我们注意到,所有矩阵(7.29) 的行列式都等于 1,因此,对于固有正交变换

(见第132页的定义),(7.28)中主对角线上的-1的个数是偶数,对于反常正交变换,该数是奇数.

现在,我们来考虑已经证明的定理在解析几何中常见的$n=1,2,3$的情形中给出了什么.

当$n=1$时,正如我们已经看到的,总共存在两个正交变换,即$\mathcal{E}$和$-\mathcal{E}$,第一个是固有的,第二个是反常的.

当$n=2$时,固有正交变换是平面经过某个角度φ的旋转.在任意一组标准正交基中,其矩阵的形式为(7.29)中的A_φ,对角度φ没有限制.对于(7.28)中出现的反常变换,数-1必定遇到奇数次,即一次.这蕴涵在某组标准正交基$\boldsymbol{e}_1$,$\boldsymbol{e}_2$中,其矩阵有以下形式

$$\begin{pmatrix} -1 & 0 \\ 0 & 1 \end{pmatrix}$$

该变换是平面关于直线$\langle \boldsymbol{e}_2 \rangle$的反射(图7.3).

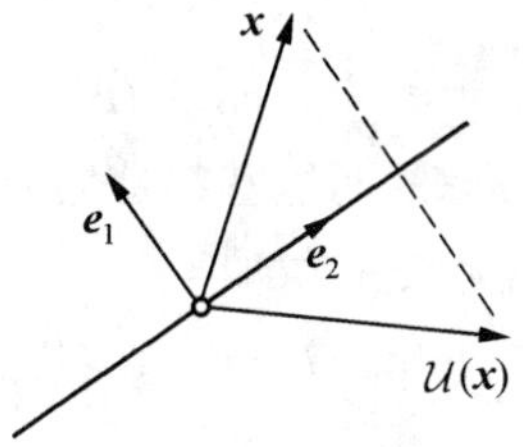

图7.3　平面关于直线的反射

现在,我们来考虑$n=3$的情形.由于变换$\mathcal{U}$的特征多项式有奇数次数3,因此它必定至少有一个实根.这蕴涵在表示(7.28)中,数$+1$或-1必定出现在矩阵的主对角线上.

我们先来考虑固有变换.在这种情形中,对于矩阵(7.28),我们只有一种可能的情形

$$\begin{pmatrix} 1 & 0 & 0 \\ 0 & \cos\varphi & -\sin\varphi \\ 0 & \sin\varphi & \cos\varphi \end{pmatrix}$$

如果矩阵写在基$\boldsymbol{e}_1,\boldsymbol{e}_2,\boldsymbol{e}_3$中,则变换$\mathcal{U}$不会改变直线$l=\langle \boldsymbol{e}_1 \rangle$的点,并表示平面$\langle \boldsymbol{e}_2,\boldsymbol{e}_3 \rangle$中经过角度$\varphi$的旋转.在这种情形中,我们称变换$\mathcal{U}$为平面绕轴$l$经过角度$\varphi$的旋转.三维Euclid空间的每个固有正交变换都具有"旋转轴",这是由Euler首先证明的结果.稍后,我们将结合仿射空间的运动讨论这一结论的力学意义.

最后,如果正交变换是反常的,那么在表达式(7.28) 中,我们只有情形

$$\begin{pmatrix} -1 & 0 & 0 \\ 0 & \cos\varphi & -\sin\varphi \\ 0 & \sin\varphi & \cos\varphi \end{pmatrix}$$

在这种情形中,正交变换$\mathcal{U}$简化为绕 l 轴的旋转,同时具有关于平面$l^{\perp}$ 的反射.

7.3 Euclid 空间的定向*

在 Euclid 空间中,正如在任意实向量空间中那样,定义了两组基的相等和相反定向以及空间的定向的概念(见第 4.4 节). 但在 Euclid 空间中,这些概念具有某些特定的特征.

设$\boldsymbol{e}_1,\cdots,\boldsymbol{e}_n$ 和$\boldsymbol{e}'_1,\cdots,\boldsymbol{e}'_n$为 Euclid 空间 L 的两组标准正交基. 根据一般的定义,它们有相等定向,如果从一组基到另一组基的变换是固有的. 这蕴涵对于变换$\mathcal{U}$,使得

$$\mathcal{U}(\boldsymbol{e}_1)=\boldsymbol{e}'_1,\quad \cdots,\quad \mathcal{U}(\boldsymbol{e}_n)=\boldsymbol{e}'_n$$

其矩阵的行列式为正. 但在考虑的两组基都是标准正交的情形中,我们知道,映射$\mathcal{U}$是正交的,其矩阵 U 满足关系式 $|U|=\pm1$. 这蕴涵$\mathcal{U}$是固有变换,当且仅当 $|U|=1$,$\mathcal{U}$是反常变换,当且仅当 $|U|=-1$. 我们有以下类似于第 4.4 节定理 4.38 - 4.40 的定理.

定理 7.28 实 Euclid 空间的两个正交变换可以相互连续形变,当且仅当其行列式同号.

连续形变的定义在此重复第 4.4 节中对于集合 $\mathfrak{U}$ 给出的定义,但现在仅由正交矩阵(或变换) 构成. 由于任意两个正交变换的乘积也是正交的,因此引理 4.37(第 152 页) 在这种情形中也成立,我们将利用它.

定理 7.28 的证明:我们来证明,任意固有正交变换$\mathcal{U}$可以连续形变为恒等变换. 由于连续可形变性的条件定义了正交变换构成的集合上的等价关系,因此根据传递性,可得定理的结论(对于所有固有变换).

因此,我们必须证明存在连续依赖于参数 $t\in[0,1]$ 的正交变换族$\mathcal{U}_t$,其中$\mathcal{U}_0=\mathcal{E}$且$\mathcal{U}_1=\mathcal{U}$. $\mathcal{U}_t$ 的连续依赖性蕴涵当它在任意一组基中表示时,变换$\mathcal{U}_t$ 的矩阵的所有元素都是 t 的连续函数. 我们注意到,这不是定理 4.38 的一个显然的推论. 事实上,它并不能保证所有中间变换$\mathcal{U}_t(0<t<1)$ 都是正交的. 图 7.4 中的虚线描绘了正交变换域之外的可能出现的"不良" 形变.

我们将利用定理 7.27,并检验标准正交基,其中变换$\mathcal{U}$的矩阵有形式

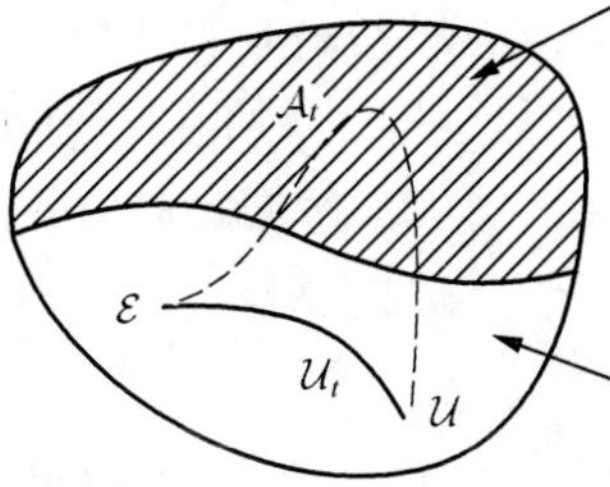

图 7.4　正交变换域之外的形变

(7.28). 变换$\mathcal{U}$是固有的，当且仅当(7.28)的主对角线上的-1的个数为奇数. 我们观察到二阶矩阵

$$\begin{pmatrix} -1 & 0 \\ 0 & -1 \end{pmatrix}$$

也可以用(7.29)(当$\varphi_i=\pi$时)的形式写出. 因此，可以将固有正交变换写成在适当标准正交基中的分块对角形式

$$\begin{pmatrix} E & & & \\ & A_{\varphi_1} & & \\ & & \ddots & \\ & & & A_{\varphi_k} \end{pmatrix} \tag{7.30}$$

其中参数φ_i现在可取任意值. 公式(7.30)事实上给出了变换$\mathcal{U}$到$\mathcal{E}$的连续形变. 为了与我们的记号保持一致，我们来检验变换$\mathcal{U}_t$在相同基中有矩阵

$$\begin{pmatrix} E & & & \\ & A_{t\varphi_1} & & \\ & & \ddots & \\ & & & A_{t\varphi_k} \end{pmatrix} \tag{7.31}$$

那么显然，首先，变换$\mathcal{U}_t$对于每个t都是正交的，其次，$\mathcal{U}_0=\mathcal{E}$且$\mathcal{U}_1=\mathcal{U}$. 这给出了在固有变换的情形中的证明的定理.

现在，我们来考虑反常正交变换，并证明任意此类变换$\mathcal{V}$都可以连续形变为关于超平面的反射，即形变为在某组标准正交基中有矩阵

$$F=\begin{pmatrix} -1 & & & 0 \\ & 1 & & \\ & & \ddots & \\ 0 & & & 1 \end{pmatrix} \tag{7.32}$$

的变换$\mathcal{F}$. 我们选取向量空间的任意一组标准正交基，并假设在这组基中，反常

正交变换$\mathcal{V}$有矩阵 V. 显然,在同一组基中,具有矩阵 $U=VF$ 的变换$\mathcal{U}$是一个固有正交变换. 考虑到显然的关系式$F^{-1}=F$,我们有 $V=UF$,即$\mathcal{V}=\mathcal{U}\mathcal{F}$. 我们将利用族$\mathcal{U}_t$ 来得到固有变换$\mathcal{U}$到$\mathcal{E}$的连续形变. 根据之前的等式,借助于引理 4.37,我们得到了连续族$\mathcal{V}_t=\mathcal{U}_t\mathcal{F}$,其中$\mathcal{V}_0=\mathcal{E}\mathcal{F}=\mathcal{F}$且$\mathcal{V}_1=\mathcal{U}\mathcal{F}=\mathcal{V}$. 因此,族$\mathcal{V}_t=\mathcal{U}_t\mathcal{F}$得到了反常变换$\mathcal{V}$到$\mathcal{F}$的形变. □

类似于我们在第 4.4 节中做的那样,定理 7.28 给出了以下拓扑结果:正交变换构成的集合由两个道路连通分支构成:固有正交变换和反常正交变换.

与第 4.4 节中完全相同,根据我们已经证明的,也可以得出两组协合定向正交基可以相互连续形变. 也就是说,如果$\boldsymbol{e}_1,\cdots,\boldsymbol{e}_n$ 和$\boldsymbol{e}'_1,\cdots,\boldsymbol{e}'_n$是具有相同定向的正交基,那么存在正交基族$\boldsymbol{e}_1(t),\cdots,\boldsymbol{e}_n(t)$,它连续依赖于参数 $t\in[0,1]$,使得$\boldsymbol{e}_i(0)=\boldsymbol{e}_i$ 和$\boldsymbol{e}_i(1)=\boldsymbol{e}'_i$. 换句话说,无论我们用任意一组基还是一组标准正交基来定义空间,其定向的概念都是相同的. 我们将进一步考察定向 Euclid 空间,任意选取定向. 这种选取使我们可以讨论正定向标准正交基和负定向标准正交基.

现在,我们可以来比较定向体积和未定向体积的概念. 这两个数相差因数 ± 1(根据定义,未定向体积是非负的). 当引入 n 维空间 L 中的平行六面体 $\Pi(\boldsymbol{a}_1,\cdots,\boldsymbol{a}_n)$ 的定向体积时,我们注意到,其定义取决于某组标准正交基$\boldsymbol{e}_1,\cdots,\boldsymbol{e}_n$ 的选取. 由于我们假设空间 L 是定向的,那么我们可以在平行六面体 $\Pi(\boldsymbol{a}_1,\cdots,\boldsymbol{a}_n)$ 的定向体积的定义中包含用于定义 $v(\boldsymbol{a}_1,\cdots,\boldsymbol{a}_n)$ 为正定向的基$\boldsymbol{e}_1,\cdots,\boldsymbol{e}_n$. 那么,数 $v(\boldsymbol{a}_1,\cdots,\boldsymbol{a}_n)$ 不取决于基的选取(也就是说,如果我们取任意其他标准正交正定向基$\boldsymbol{e}'_1,\cdots,\boldsymbol{e}'_n$而不是$\boldsymbol{e}_1,\cdots,\boldsymbol{e}_n$,那么它保持不变). 这直接来自变换$\mathcal{C}=\mathcal{U}$的公式(7.13),以及这一事实:将一组基变换为另一组基的变换$\mathcal{U}$是正交且固有的,即 $|\mathcal{U}|=1$.

现在,我们可以说,定向体积 $v(\boldsymbol{a}_1,\cdots,\boldsymbol{a}_n)$ 为正(因此等于未定向体积),如果基$\boldsymbol{e}_1,\cdots,\boldsymbol{e}_n$ 和$\boldsymbol{a}_1,\cdots,\boldsymbol{a}_n$ 是协合定向的,其为负(即,它与未定向体积相差一个符号),如果这些基有反定向. 例如,在直线上(图 7.5),线段 OA 的长度等于 2,而线段 OB 的长度等于 -2.

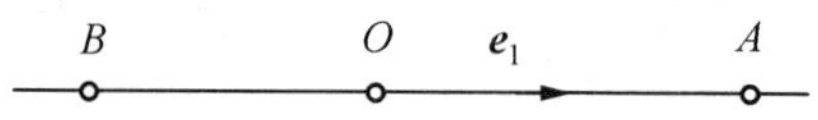

图 7.5 定向长度

因此,我们可以说,对于平行六面体 $\Pi(\boldsymbol{a}_1,\cdots,\boldsymbol{a}_n)$,其定向体积是其“具有定向的体积”.

如果我们选择取实直线上的坐标原点，那么它的基由单个向量构成，向量 $\boldsymbol{e}_1$ 和 $\alpha\boldsymbol{e}_1$ 是协合定向的，如果它们位于原点的同一侧，即 $\alpha>0$. 我们可以说，直线上方向的选取对应于"右"和"左"的选取.

在实平面中，由基 $\boldsymbol{e}_1$, $\boldsymbol{e}_2$ 给出的定向由从 $\boldsymbol{e}_1$ 到 $\boldsymbol{e}_2$ 的"旋转方向"(顺时针或逆时针)确定. 协合定向基 $\boldsymbol{e}_1$, $\boldsymbol{e}_2$ 和 $\boldsymbol{e}'_1$, $\boldsymbol{e}'_2$(图 7.6(a) 和(b))可以从一组基连续变换为另一组基，而反定向基即使构成相等的图形(图 7.6(a) 和(c))也无法从一组基连续变换为另一组基，因为这需要的是反射，即反常变换.

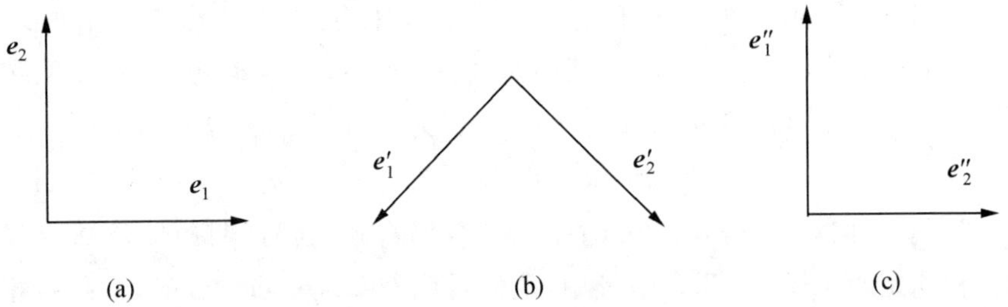

图 7.6　平面的定向基

在实三维空间中，定向由三个标准正交向量的一组基定义. 我们再次遇到两个反定向，分别由右手和左手表示(如图 7.7(a)). 在三维空间中给出定向的另一种方法由螺线定义(图 7.7(b)). 在这种情形中，定向由螺线上升时的旋转方向(顺时针或逆时针)定义①.

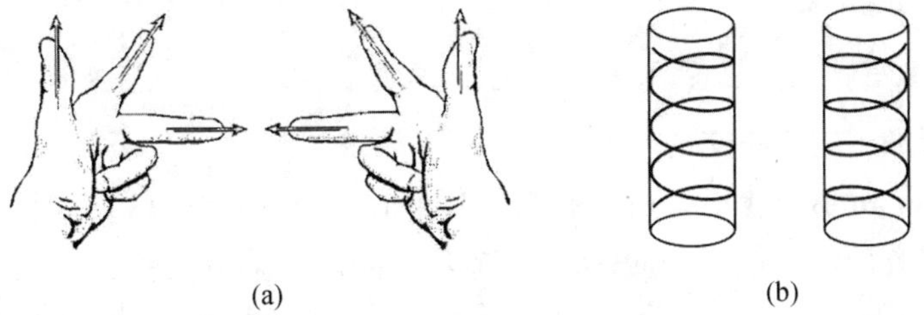

图 7.7　三维空间的不同定向

① 氨基酸分子同样确定了空间的某个定向. 在生物学中，这两个可能的定向由 D(拉丁语中的右 = dexter) 和 L(左 = laevus) 指定. 出于某种未知的原因，它们都确定了相同的定向，即逆时针定向.

7.4 例　　子*

例 7.29　根据 Euclid 空间 L 中的"图形"一词，我们可以理解任意子集 $S \subset \mathrm{L}$. 包含于Euclid空间M的两个图形 S 和 S' 称为全等的，或几何恒等的，如果存在空间 M 的正交变换，它把 S 变换为 S'. 我们对以下问题感兴趣：图形 S 和 S' 在什么时候是全等的，也就是说，什么时候我们有 $\mathcal{U}(S)=S'$?

我们首先来处理图形 S 和 S' 由 m 个向量构成的集合构成的情形：$S=(\boldsymbol{a}_1,\cdots,\boldsymbol{a}_m)$ 和 $S'=(\boldsymbol{a}'_1,\cdots,\boldsymbol{a}'_m)$，其中 $m\leqslant n$. S 和 S' 全等等价于正交变换 $\mathcal{U}$(使得 $\mathcal{U}(\boldsymbol{a}_i)=\boldsymbol{a}'_i,i=1,\cdots,m$) 的存在性. 当然，为此，以下等式必须成立

$$(\boldsymbol{a}_i,\boldsymbol{a}_j)=(\boldsymbol{a}'_i,\boldsymbol{a}'_j),\quad i,j=1,\cdots,m \tag{7.33}$$

我们假设向量 $\boldsymbol{a}_1,\cdots,\boldsymbol{a}_m$ 是线性无关的，那么我们将证明条件(7.33)是充分的. 根据定理 7.14，在这种情形中，我们得到 $G(\boldsymbol{a}_1,\cdots,\boldsymbol{a}_m)>0$，并且根据假设，$G(\boldsymbol{a}'_1,\cdots,\boldsymbol{a}'_m)=G(\boldsymbol{a}_1,\cdots,\boldsymbol{a}_m)$. 从这个定理可以得出向量 $\boldsymbol{a}'_1,\cdots,\boldsymbol{a}'_m$ 也将是线性无关的.

我们设

$$\mathrm{L}=\langle\boldsymbol{a}_1,\cdots,\boldsymbol{a}_m\rangle,\quad \mathrm{L}'=\langle\boldsymbol{a}'_1,\cdots,\boldsymbol{a}'_m\rangle \tag{7.34}$$

首先考虑 $m=n$ 的情形. 设 $\mathrm{M}=\langle\boldsymbol{a}_1,\cdots,\boldsymbol{a}_m\rangle$. 我们将考虑由条件 $\mathcal{U}(\boldsymbol{a}_i)=\boldsymbol{a}'_i(i=1,\cdots,m)$ 给出的变换 $\mathcal{U}:\mathrm{M}\to\mathrm{M}$. 显然，这种变换是唯一确定的，根据关系式

$$\left(\mathcal{U}\left(\sum_{i=1}^m\alpha_i\boldsymbol{a}_i\right),\mathcal{U}\left(\sum_{j=1}^m\beta_j\boldsymbol{a}_j\right)\right)=\left(\sum_{i=1}^m\alpha_i\boldsymbol{a}'_i,\sum_{j=1}^m\beta_j\boldsymbol{a}'_j\right)=\sum_{i,j=1}^m\alpha_i\beta_j(\boldsymbol{a}'_i,\boldsymbol{a}'_j)$$

和等式(7.33)，它是正交的.

设 $m<n$. 那么我们得到分解 $\mathrm{M}=\mathrm{L}\oplus\mathrm{L}^{\perp}=\mathrm{L}'\oplus(\mathrm{L}')^{\perp}$，其中空间 M 的子空间 L 和 L′ 由公式(7.34)定义. 根据之前的情形，存在一个同构 $\mathcal{V}:\mathrm{L}\to\mathrm{L}'$ 使得 $\mathcal{V}(\boldsymbol{a}_i)=\boldsymbol{a}'_i(i=1,\cdots,m)$. 这些子空间的正交补 $\mathrm{L}^{\perp}$ 和 $(\mathrm{L}')^{\perp}$ 的维数为 $n-m$，因此，它们也是同构的(定理 7.22). 我们选取任意一个同构 $\mathcal{W}:\mathrm{L}^{\perp}\to(\mathrm{L}')^{\perp}$. 由于分解 $\mathrm{M}=\mathrm{L}\oplus\mathrm{L}^{\perp}$，任意向量 $\boldsymbol{x}\in\mathrm{M}$ 都可以用 $\boldsymbol{x}=\boldsymbol{y}+\boldsymbol{z}$ 的形式唯一表示，其中 $\boldsymbol{y}\in\mathrm{L}$ 且 $\boldsymbol{z}\in\mathrm{L}^{\perp}$. 我们来根据公式 $\mathcal{U}(\boldsymbol{x})=\mathcal{V}(\boldsymbol{y})+\mathcal{W}(\boldsymbol{z})$ 定义线性变换 $\mathcal{U}:\mathrm{M}\to\mathrm{M}$. 根据构造，对于所有 $i=1,\cdots,m$，都有 $\mathcal{U}(\boldsymbol{a}_i)=\boldsymbol{a}'_i$，平凡的验证表明，变换 $\mathcal{U}$ 是正交的.

现在，我们来考虑 $S=l$ 和 $S'=l'$ 是直线的情形，因此，它们由无穷多个向量构成. 只需设 $l=\langle\boldsymbol{e}\rangle$ 和 $l'=\langle\boldsymbol{e}'\rangle$，其中 $|\boldsymbol{e}|=|\boldsymbol{e}'|=1$，并利用存在空间 M 的正交变换 $\mathcal{U}$(把 $\boldsymbol{e}$ 变换为 $\boldsymbol{e}'$) 的事实. 因此，任意两条直线都是全等的.

按照复杂性增加的顺序，下一种情形是图形 S 和S' 分别由两条直线构成：$S=l_1\cup l_2$ 且$S'=l'_1\cup l'_2$. 我们设 $l_i=\langle \boldsymbol{e}_i\rangle$ 且 $l'_i=\langle \boldsymbol{e}'_i\rangle$，其中 $|\boldsymbol{e}_i|=|\boldsymbol{e}'_i|=1$(当 $i=1$ 和 2 时). 然而，现在向量$\boldsymbol{e}_1$ 和$\boldsymbol{e}_2$ 不再是唯一定义的，而是可以替换为 $-\boldsymbol{e}_1$ 或 $-\boldsymbol{e}_2$. 在这种情形中，其长度不变，但内积$(\boldsymbol{e}_1,\boldsymbol{e}_2)$ 可以变号，也就是说，保持不变的只是其绝对值 $|(\boldsymbol{e}_1,\boldsymbol{e}_2)|$. 基于前面的考虑，我们可以说图形 S 和S' 是全等的，当且仅当 $|(\boldsymbol{e}_1,\boldsymbol{e}_2)|=|(\boldsymbol{e}'_1,\boldsymbol{e}'_2)|$. 如果 φ 是向量$\boldsymbol{e}_1$ 和$\boldsymbol{e}_2$ 之间的夹角，那么我们可以看到直线 l_1 和 l_2 确定了 $|\cos\varphi|$，或者等价地确定了角度 φ，其中 $0\leqslant\varphi\leqslant\frac{\pi}{2}$. 在几何学的教材中，人们经常读到直线之间的两个角度，即“锐角”和“钝角”，但我们仅选取锐角或直角. 该角度 φ 称为直线l_1 和 l_2 之间的夹角. 前面的论述表明，两对直线 l_1,l_2 和 l'_1,l'_2是全等的，当且仅当它们之间由此定义的夹角相等.

严格来说，图形$\mathcal{S}$由直线 l 和平面 $\mathrm{L}(\dim l=1,\dim \mathrm{L}=2)$ 构成的情形也与初等几何有关，因为 $\dim(l+\mathrm{L})\leqslant 3$，图形 $S=l\cup \mathrm{L}$ 可以嵌入三维空间. 但我们将使用 Euclid 空间的语言，从更抽象的角度来考虑它. 设 $l=\langle \boldsymbol{e}\rangle$ 且 $\boldsymbol{f}$ 为 $\boldsymbol{e}$ 在 L 上的正交投影. 直线 l 和 $l'=\langle f\rangle$ 之间的夹角 φ 称为 l 和 L 之间的夹角(如上所述，它是锐角或直角). 该夹角的余弦可根据以下公式计算：

$$\cos\varphi=\frac{|(\boldsymbol{e},\boldsymbol{f})|}{|\boldsymbol{e}|\cdot|\boldsymbol{f}|}\tag{7.35}$$

我们来证明，如果直线 l 和平面 L 之间的夹角等于直线 l' 和平面L' 之间的夹角，那么图形 $S=l\cup \mathrm{L}$ 和$S'=l'\cup \mathrm{L}'$ 是全等的. 首先，显然存在一个从 L 到 L' 的正交变换，因此，我们可以考虑 $\mathrm{L}=\mathrm{L}'$. 设 $l=\langle \boldsymbol{e}\rangle$，$|\boldsymbol{e}|=1$ 且 $l'=\langle \boldsymbol{e}'\rangle$，$|\boldsymbol{e}'|=1$，并用 $\boldsymbol{f}$ 和$\boldsymbol{f}'$ 表示 L 上的正交投影 $\boldsymbol{e}$ 和$\boldsymbol{e}'$. 根据假设

$$\frac{|(\boldsymbol{e},\boldsymbol{f})|}{|\boldsymbol{e}|\cdot|\boldsymbol{f}|}=\frac{|(\boldsymbol{e}',\boldsymbol{f}')|}{|\boldsymbol{e}'|\cdot|\boldsymbol{f}'|}\tag{7.36}$$

因为 $\boldsymbol{e}$ 和$\boldsymbol{e}'$ 可以用$\boldsymbol{e}=\boldsymbol{f}+\boldsymbol{x}$ 和$\boldsymbol{e}'=\boldsymbol{f}'+\boldsymbol{y}$ 来表示，其中 $\boldsymbol{x},\boldsymbol{y}\in \mathrm{L}^{\perp}$，由此得出 $|(\boldsymbol{e},\boldsymbol{f})|=|\boldsymbol{f}|^2$，$|(\boldsymbol{e}',\boldsymbol{f}')|=|\boldsymbol{f}'|^2$. 此外，$|\boldsymbol{e}|=|\boldsymbol{e}'|=1$，关系式(7.36) 表明 $|\boldsymbol{f}|=|\boldsymbol{f}'|$.

由于 $\boldsymbol{e}=\boldsymbol{x}+\boldsymbol{f}$，我们有$|\boldsymbol{e}|^2=|\boldsymbol{x}|^2+2(\boldsymbol{x},\boldsymbol{f})+|\boldsymbol{f}|^2$，如果我们考虑到等式$|\boldsymbol{e}|^2=1$ 和$(\boldsymbol{x},\boldsymbol{f})=0$，那么我们由此得到$|\boldsymbol{x}|^2=1-|\boldsymbol{f}|^2$，类似地，$|\boldsymbol{y}|^2=1-|\boldsymbol{f}'|^2$. 由此得出等式 $|\boldsymbol{x}|=|\boldsymbol{y}|$. 我们来定义空间 $\mathrm{M}=\mathrm{L}\oplus\mathrm{L}^{\perp}$ 的正交变换$\mathcal{U}$，其对平面 L 的限制把向量 $\boldsymbol{f}$ 变换为$\boldsymbol{f}'$(这是可能的，因为 $|\boldsymbol{f}|=|\boldsymbol{f}'|$)，而对其正交补$\mathrm{L}^{\perp}$ 的限制把向量 $\boldsymbol{x}$ 变换为$\boldsymbol{y}$(考虑到等式$|\boldsymbol{x}|=|\boldsymbol{y}|$，这是可能的). 显然，$\mathcal{U}$把 $\boldsymbol{e}$ 变换为$\boldsymbol{e}'$，因此把 l 变换为l'，根据构造，两个图形中的平面 L 是同一

平面，变换$\mathcal{U}$将其变换为自身.

当我们考虑图形 S 由一对平面L_1 和L_2($\dim L_1=\dim L_2=2$) 构成的情形时，我们遇到了一种新的更有趣的情形. 如果$L_1\cap L_2\neq(\mathbf{0})$，那么$\dim(L_1+L_2)\leqslant 3$，我们处理的就是一个来自初等几何的问题(然而，它可以仅用 Euclid 空间的语言来考虑). 因此，我们假设$L_1\cap L_2=(\mathbf{0})$，类似地，$L'_1\cap L'_2=(\mathbf{0})$. 什么时候图形 $S=L_1\cup L_2$ 和$S'=L'_1\cup L'_2$全等? 事实证明，要实现这一点，需要的不是一个(如上例所述) 而是两个参数的一致性，这可以解释为平面L_1 和L_2 之间的两个夹角.

我们将考虑平面L_1 中所有可能的直线及其与平面L_2 形成的夹角. 为此，我们回顾一下直线 l 和平面 L 之间的夹角的几何解释. 如果 $l=\langle \boldsymbol{e}\rangle$，其中 $|\boldsymbol{e}|=1$，那么 l 和 L 之间的夹角由公式(7.35)(具有条件 $0\leqslant\varphi\leqslant\frac{\pi}{2}$) 确定，其中 $\boldsymbol{f}$ 是向量 $\boldsymbol{e}$ 在 L 上的正交投影. 由此得出 $\boldsymbol{e}=\boldsymbol{f}+\boldsymbol{x}$，其中 $\boldsymbol{x}\in L^{\perp}$，这蕴涵$(\boldsymbol{e},\boldsymbol{f})=(\boldsymbol{f},\boldsymbol{f})+(\boldsymbol{x},\boldsymbol{f})=|\boldsymbol{f}|^2$，关系式(7.35) 给出 $|\cos\varphi|=|\boldsymbol{f}|$. 换句话说，为了考虑平面$L_1$ 和平面L_2 中的直线之间的所有夹角，我们必须考虑L_1 中的圆，该圆，它由长度为 1 的所有向量以及这些向量在平面L_2 上的正交投影的长度构成. 为了将这些夹角写在公式中，我们将考虑空间 M 在平面L_2 上的正交投影 $M\to L_2$. 我们用$\mathcal{P}$表示该线性变换对平面L_1 的限制. 那么，我们感兴趣的夹角由公式 $|\cos\varphi|=|\mathcal{P}(\boldsymbol{e})|$ 给出，其中 $\boldsymbol{e}$ 是平面L_1 中的所有可能的单位向量. 我们将注意力限制在线性变换$\mathcal{P}$是同构的情形. 这种情形不会发生，也就是说，当变换$\mathcal{P}$的核不等于$(\mathbf{0})$ 且像不等于L_2，可以类似地处理.

因为$\mathcal{P}$是一个同构，所以存在一个逆变换$\mathcal{P}^{-1}: L_2\to L_1$. 我们在平面$L_1$ 和L_2 中选取标准正交基$\boldsymbol{e}_1,\boldsymbol{e}_2$ 和$\boldsymbol{g}_1,\boldsymbol{g}_2$. 设向量 $\boldsymbol{e}\in L_1$ 有单位长度. 我们设 $\boldsymbol{f}=\mathcal{P}(\boldsymbol{e})$，并假设 $\boldsymbol{f}=x_1\boldsymbol{g}_1+x_2\boldsymbol{g}_2$，我们将得到坐标$x_1$ 和x_2 的方程. 我们设

$$\mathcal{P}^{-1}(\boldsymbol{g}_1)=\alpha\boldsymbol{e}_1+\beta\boldsymbol{e}_2,\quad \mathcal{P}^{-1}(\boldsymbol{g}_2)=\gamma\boldsymbol{e}_1+\delta\boldsymbol{e}_2$$

由于 $\boldsymbol{f}=\mathcal{P}(\boldsymbol{e})$，因此

$$\boldsymbol{e}=\mathcal{P}^{-1}(\boldsymbol{f})=x_1\mathcal{P}^{-1}(\boldsymbol{g}_1)+x_2\mathcal{P}^{-1}(\boldsymbol{g}_2)=(\alpha x_1+\gamma x_2)\boldsymbol{e}_1+(\beta x_1+\delta x_2)\boldsymbol{e}_2$$

条件 $|\mathcal{P}^{-1}(\boldsymbol{f})|=1$，我们将其以 $|\mathcal{P}^{-1}(\boldsymbol{f})|^2=1$ 的形式写出，化简等式 $(\alpha x_1+\gamma x_2)^2+(\beta x_1+\delta x_2)^2=1$，即

$$(\alpha^2+\beta^2)x_1^2+2(\alpha\gamma+\beta\delta)x_1x_2+(\gamma^2+\delta^2)x_2^2=1 \qquad (7.37)$$

具有变量x_1,x_2 的等式(7.37) 定义了由向量g_1 和g_2 确定的直角坐标系中的二次曲线. 该曲线是有界的，因为 $|\boldsymbol{f}|\leqslant|\boldsymbol{e}|$ ($\boldsymbol{f}$ 是向量$\boldsymbol{e}$ 的正交投影)，这意味着$(\boldsymbol{f}^2)\leqslant 1$，即$x_1^2+x_2^2\leqslant 1$. 正如我们在解析几何的课程中所学的那样，这样

的曲线是椭圆. 在我们的例子中,其对称中心位于原点 O,也就是说,它不因变量变换 $x_1 \to -x_1, x_2 \to -x_2$ 而变化(如图 7.8).

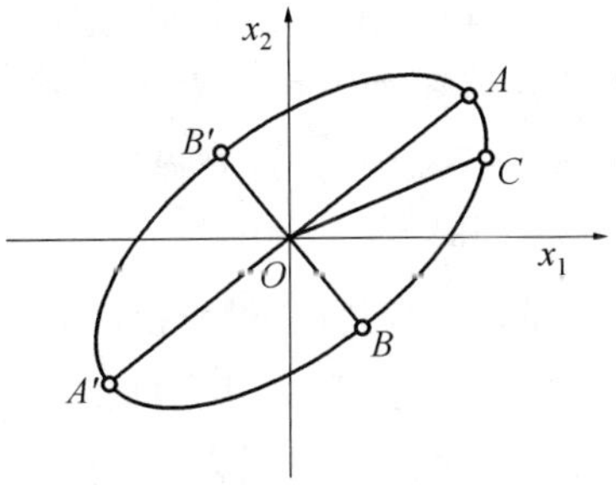

图 7.8　由方程(7.37)描述的椭圆

从解析几何可知,椭圆有两个不同的点 A 和 A',关于原点对称,使得长度 $|OA|=|OA'|$ 大于 $|OC|$(对于椭圆的所有其他的点 C). 线段 $|OA|=|OA'|$ 称为椭圆的半长轴. 类似地,存在关于原点对称的点 B 和 B',使得线段 $|OB|=|OB'|$ 短于其他每条线段 $|OC|$. 线段 $|OB|=|OB'|$ 称为椭圆的半短轴.

我们回想一下,任意线段的长度 $|OC|$,其中 C 是椭圆上的任意点,给出了值 $\cos\varphi$,其中 φ 是包含于 L_1 的某条直线与平面 L_2 之间的夹角. 由此可知,$\cos\varphi$ 对于 φ 的一个值达到其最大值,而对于 φ 的其他某个值达到其最小值. 我们分别用 φ_1 和 φ_2 表示这些角度. 根据定义,$0 \leqslant \varphi_1 \leqslant \varphi_2 \leqslant \frac{\pi}{2}$. 这两个角度称为平面 L_1 和 L_2 之间的夹角.

我们省略了变换 $\mathcal{P}$ 有非零核的情形,将其简化为图 7.8 中所示的椭圆收缩为线段的情形.

现在,我们还需检验,如果平面 (L_1, L_2) 之间的两个夹角都等于平面 (L_1', L_2') 之间的对应夹角,那么图形 $S=L_1 \cup L_2$ 和 $S'=L_1' \cup L_2'$ 是全等的,也就是说,存在一个正交变换 $\mathcal{U}$,它将平面 L_i 变换为 L_i',$i=1,2$.

设 φ_1 和 φ_2 为 L_1 和 L_2 之间的夹角,根据假设,它们等于 L_1' 和 L_2' 之间的夹角. 如前所述(在直线和平面之间的夹角的情形中),我们可以找出将 L_2 变换为 L_2' 的正交变换. 这蕴涵我们可以假设 $L_2=L_2'$. 我们用 L 表示该平面. 当然,在此,夹角 φ_1 和 φ_2 保持不变. 设 $\cos\varphi_1 \leqslant \cos\varphi_2$(对于平面 L_1 和 L 的对). 这蕴涵 $\cos\varphi_1$ 和 $\cos\varphi_2$ 是以上我们考虑的椭圆的半短轴和半长轴的长度. 这也是平面 L_1' 和 L 的对的情形. 根据构造,这说明 $\cos\varphi_1=|\boldsymbol{f}_1|=|\boldsymbol{f}_1'|$ 且 $\cos\varphi_2=|\boldsymbol{f}_2|=|\boldsymbol{f}_2'|$,其中向量 $\boldsymbol{f}_i \in L$ 是向量 $\boldsymbol{e}_i \in L_1$ 的长度为 1 的正交投影. 同样地,我们得到了向量 $\boldsymbol{f}_i' \in L$ 和 $\boldsymbol{e}_i' \in L_1'$,$i=1,2$.

由于 $|\boldsymbol{f}_1|=|\boldsymbol{f}'_1|$，$|\boldsymbol{f}_2|=|\boldsymbol{f}'_2|$，并且根据椭圆的众所周知的性质，其半长轴和半短轴是正交的，我们可以找出空间 M 的正交变换，该变换将 $\boldsymbol{f}_1$ 变换为 $\boldsymbol{f}'_1$，并且将 $\boldsymbol{f}_2$ 变换为 $\boldsymbol{f}'_2$，并且在这样做之后，假设 $\boldsymbol{f}_1=\boldsymbol{f}'_1$ 且 $\boldsymbol{f}_2=\boldsymbol{f}'_2$. 但是，由于椭圆是由其半轴定义的，因此在平面 L 中从平面 L_1 和 L'_1 得到的椭圆 C_1 和 C'_1 仅仅相同. 我们来考虑空间 M 到平面 L 的正交投影. 我们用 $\mathcal{P}$ 表示它对平面 L_1 的限制，用 $\mathcal{P}'$ 表示它对平面 L'_1 的限制.

正如我们之前所做的那样，我们将假设变换 $\mathcal{P}:\mathrm{L}_1\to\mathrm{L}$ 和 $\mathcal{P}':\mathrm{L}'_1\to\mathrm{L}$ 是相应线性空间的同构，但它们完全不必是 Euclid 空间的同构. 我们用交换图中的态射表示它

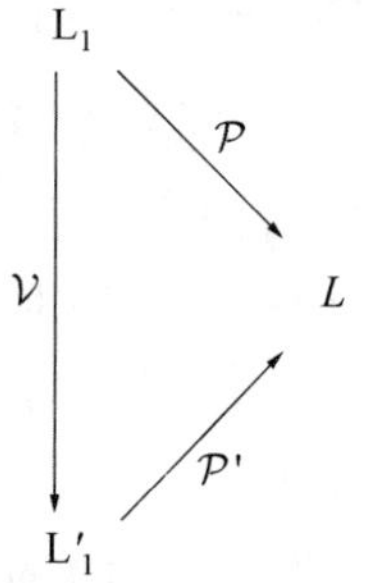

(7.38)

我们来证明变换 $\mathcal{P}$ 和 $\mathcal{P}'$ 之间相差 Euclid 空间 L_1 和 L'_1 的一个同构. 换言之，我们断言变换 $\mathcal{V}=(\mathcal{P}')^{-1}\mathcal{P}$ 是 Euclid 空间 L_1 和 L'_1 的一个同构.

作为线性空间的同构的乘积，变换 $\mathcal{V}$ 也是同构，即双射线性变换. 我们还需验证 $\mathcal{V}$ 保持内积. 如上所述，要做到这一点，只需验证 $\mathcal{V}$ 保持了向量的长度. 设 $\boldsymbol{x}$ 为 L 中的向量. 如果 $\boldsymbol{x}=\mathbf{0}$，那么根据 $\mathcal{V}$ 的线性，向量 $\mathcal{V}(\boldsymbol{x})$ 等于 $\mathbf{0}$，于是结论是显然的. 如果 $\boldsymbol{x}\neq\mathbf{0}$，那么我们设 $\boldsymbol{e}=\alpha^{-1}\boldsymbol{x}$，其中 $\alpha=|\boldsymbol{x}|$，因此，$|\boldsymbol{e}|=1$. 向量 $\mathcal{P}(\boldsymbol{e})$ 包含在平面 L 中的椭圆 C 中. 由于 $C=C'$，因此 $\mathcal{P}(\boldsymbol{e})=\mathcal{P}'(\boldsymbol{e}')$，其中 $\boldsymbol{e}'$ 是平面 L'_1 中的某个向量，且 $|\boldsymbol{e}'|=1$. 由此，我们得到等式 $(\mathcal{P}')^{-1}\mathcal{P}(\boldsymbol{e})=\boldsymbol{e}'$，即 $\mathcal{V}(\boldsymbol{e})=\boldsymbol{e}'$ 且 $|\boldsymbol{e}'|=1$，这蕴涵 $|\mathcal{V}(\boldsymbol{x})|=\alpha=|\boldsymbol{x}|$，这就是我们必须证明的.

现在，我们将考虑平面 L 的一组基，它由位于椭圆 $C=C'$ 的半长轴和半短轴上的向量 $\boldsymbol{f}_1$ 和 $\boldsymbol{f}_2$ 构成，并用向量 $\boldsymbol{e}_1,\boldsymbol{e}_2$ 对其进行增广，其中 $\mathcal{P}(\boldsymbol{e}_i)=\boldsymbol{f}_i$. 因此，我们得到了空间 $\mathrm{L}_1+\mathrm{L}$ 中的四个向量 $\boldsymbol{e}_1,\boldsymbol{e}_2,\boldsymbol{f}_1,\boldsymbol{f}_2$（容易验证它们是线性无关的）. 类似地，在空间 $\mathrm{L}'_1+\mathrm{L}$ 中，我们将构造四个向量 $\boldsymbol{e}'_1,\boldsymbol{e}'_2,\boldsymbol{f}_1,\boldsymbol{f}_2$. 我们将证明存在空间 M 的正交变换，它将第一组四个向量变换为第二组四个向量. 为此，只需证明相伴向量的内积（按我们写出它们的顺序）相等. 在此最平凡的是关系式 $(\boldsymbol{e}'_1,\boldsymbol{e}'_2)=(\boldsymbol{e}_1,\boldsymbol{e}_2)$，但它源自 $\boldsymbol{e}'_i=\mathcal{V}(\boldsymbol{e}_i)$，其中 $\mathcal{V}$ 是 Euclid 空间 L_1 和 L'_1 的同构. 关系式 $(\boldsymbol{e}'_1,\boldsymbol{f}_1)=(\boldsymbol{e}_1,\boldsymbol{f}_1)$ 是 $\boldsymbol{f}_1$ 是正交投影这一事实的结果，$(\boldsymbol{e}_1,\boldsymbol{f}_1)=$

$|\boldsymbol{f}_1|^2$，类似地，$(\boldsymbol{e}'_1,\boldsymbol{f}_1)=|\boldsymbol{f}_1|^2$. 余下的关系式是更为显然的.

因此，图形 $S=\mathrm{L}_1\cup\mathrm{L}_2$ 和 $S'=\mathrm{L}'_1\cup\mathrm{L}'_2$ 全等，当且仅当平面 $\mathrm{L}_1,\mathrm{L}_2$ 和 $\mathrm{L}'_1,\mathrm{L}'_2$ 之间的两个夹角相等. 借助于第 7.5 节中将要证明的定理，对于读者来说，容易研究一对任意维数的子空间 $\mathrm{L}_1,\mathrm{L}_2\subset\mathrm{M}$ 的情形. 在这种情形中，两对子空间 $S=\mathrm{L}_1\cup\mathrm{L}_2$ 和 $S'=\mathrm{L}'_1\cup\mathrm{L}'_2$ 是否全等的问题的答案由两个数的有限集的一致性决定，它们可以解释为子空间 $\mathrm{L}_1,\mathrm{L}_2$ 和 $\mathrm{L}'_1,\mathrm{L}'_2$ 之间的"夹角".

例 7.30 当这本教材的两位作者中的年长者在莫斯科国立大学讲授其所依据的课程时（这可能是 1952 年或 1953 年），他告诉他的学生在 A. N. Kolmogorov, A. A. Petrov 和 N. V. Smirnov 的工作中出现的一个问题，A. I. Maltsev 在一个特定情形中得到了答案. 这个问题是作为一个尚未解决的问题的例子由教授提出的，该问题已经由著名数学家研究过，但可以完全用线性代数的语言来表述. 在下一节课上，也就是一周后，班上的一个学生走到他跟前，并说他已经找到了解决这个问题的方法①.

A. N. Kolmogorov 等人提出的问题是：在 n 维 Euclid 空间 L 中，我们给定 n 个非零相互正交向量 $\boldsymbol{x}_1,\cdots,\boldsymbol{x}_n$，即 $(\boldsymbol{x}_i,\boldsymbol{x}_j)=0(i\neq j,i,j=1,\cdots,n)$. 对于什么值 $m<n$，存在 m 维子空间 $\mathrm{M}\subset\mathrm{L}$，使得向量 $\boldsymbol{x}_1,\cdots,\boldsymbol{x}_n$ 到它的正交投影有相同的长度？ A. I. Maltsev 证明，如果所有向量 $\boldsymbol{x}_1,\cdots,\boldsymbol{x}_n$ 有相同的长度，那么存在这样一个维度为 $m<n$ 的子空间 M.

一般情形如下. 我们设 $|\boldsymbol{x}_i|=\alpha_i$，并假设存在一个 m 维子空间 M，使得所有向量 $\boldsymbol{x}_i$ 到它的正交投影都有相同的长度 α. 我们用 $\mathcal{P}$ 表示到子空间 M 的正交映射，使得 $|\mathcal{P}(\boldsymbol{x}_i)|=\alpha$. 设 $\boldsymbol{f}_i=\alpha_i^{-1}\boldsymbol{x}_i$. 那么向量 $\boldsymbol{f}_1,\cdots,\boldsymbol{f}_n$ 构成空间 L 的一组标准正交基. 反之，我们在 L 中选取一组标准正交基 $\boldsymbol{e}_1,\cdots,\boldsymbol{e}_n$，使得向量 $\boldsymbol{e}_1,\cdots,\boldsymbol{e}_m$ 构成 M 中的一组基，也就是说，对于分解

$$\mathrm{L}=\mathrm{M}\oplus\mathrm{M}^{\perp} \tag{7.39}$$

我们将子空间 M 的标准正交基 $\boldsymbol{e}_1,\cdots,\boldsymbol{e}_m$ 连接到子空间 $\mathrm{M}^{\perp}$ 的标准正交基 $\boldsymbol{e}_{m+1},\cdots,\boldsymbol{e}_n$.

设 $\boldsymbol{f}_i=\sum\limits_{k=1}^{n}u_{ki}\boldsymbol{e}_k$. 那么，我们可以将矩阵 $U=(u_{ki})$ 解释为线性变换 $\mathcal{U}$ 的矩阵，它用基 $\boldsymbol{e}_1,\cdots,\boldsymbol{e}_n$ 写出，并把向量 $\boldsymbol{e}_1,\cdots,\boldsymbol{e}_n$ 变换为向量 $\boldsymbol{f}_1,\cdots,\boldsymbol{f}_n$. 由于两组向量 $\boldsymbol{e}_1,\cdots,\boldsymbol{e}_n$ 和 $\boldsymbol{f}_1,\cdots,\boldsymbol{f}_n$ 都是标准正交基，因此 $\mathcal{U}$ 是正交变换，特别地，根据公式

① 其发表于 L. B. Nisnevich, V. I. Bryzgalov，"关于 n 维几何的一个问题"，Uspekhi Mat. Nauk 8:4(56)(1953)，169-172.

(7.18),它满足关系式

$$UU^{*}=E \tag{7.40}$$

从分解(7.39)我们可以看出,每个向量$\boldsymbol{f}_i$都可以唯一地表示为和$\boldsymbol{f}_i=\boldsymbol{u}_i+\boldsymbol{v}_i$的形式,其中$\boldsymbol{u}_i\in\mathsf{M}$且$\boldsymbol{v}_i\in\mathsf{M}^{\perp}$. 根据定义,向量$\boldsymbol{f}_i$在子空间M上的正交投影等于$\mathcal{P}(\boldsymbol{f}_i)=\boldsymbol{u}_i$. 根据基$\boldsymbol{e}_1,\cdots,\boldsymbol{e}_n$的构造,可得

$$\mathcal{P}(\boldsymbol{f}_i)=\sum_{k=1}^{m}u_{ki}\,\boldsymbol{e}_k$$

根据假设,我们得到等式$|\mathcal{P}(\boldsymbol{f}_i)|^2=|\mathcal{P}(\alpha_i^{-1}\boldsymbol{x}_i)|^2=\alpha^2\alpha_i^{-2}$,其用坐标可取以下形式

$$\sum_{k=1}^{m}u_{ki}^2=\alpha^2\alpha_i^{-2},\quad i=1,\cdots,n$$

如果我们对所有$i=1,\cdots,n$的这些关系式求和,并改变二重和中的求和顺序,那么考虑到正交矩阵U的关系式(7.40),我们得到等式

$$\alpha^2\sum_{i=1}^{n}\alpha_i^{-2}=\sum_{i=1}^{n}\sum_{k=1}^{m}u_{ki}^2=\sum_{k=1}^{m}\sum_{i=1}^{n}u_{ki}^2=m \tag{7.41}$$

由此得出,α可以用$\alpha_1,\cdots,\alpha_n$和m由以下公式表示:

$$\alpha^2=m\left(\sum_{i=1}^{n}\alpha_i^{-2}\right)^{-1} \tag{7.42}$$

由此,考虑到等式$|\mathcal{P}(\boldsymbol{f}_i)|^2=|\mathcal{P}(\alpha_i^{-1}\boldsymbol{x}_i)|^2=\alpha^2\alpha_i^{-2}$,我们得到了表达式

$$|\mathcal{P}(\boldsymbol{f}_i)|^2=m\left(\alpha_i^2\sum_{i=1}^{n}\alpha_i^{-2}\right)^{-1},\quad i=1,\cdots,n$$

根据定理7.10,我们得到了$|\mathcal{P}(\boldsymbol{f}_i)|\leqslant|\boldsymbol{f}_i|$,由于根据构造,$|\boldsymbol{f}_i|=1$,我们得到不等式

$$m\left(\alpha_i^2\sum_{i=1}^{n}\alpha_i^{-2}\right)^{-1}\leqslant 1,\quad i=1,\cdots,n$$

由此得出

$$\alpha_i^2\sum_{i=1}^{n}\alpha_i^{-2}\geqslant m,\quad i=1,\cdots,n \tag{7.43}$$

因此,不等式(7.43)对于问题的可解性是必要的. 我们来证明它们也是充分的.

我们首先考虑$m=1$的情形. 我们观察到,在这种情形中,不等式(7.43)自动满足(对于任意一组正数$\alpha_1,\cdots,\alpha_n$). 因此,对于L中的任意一组相互正交向量$\boldsymbol{x}_1,\cdots,\boldsymbol{x}_n$,我们必定得到一条直线$\mathsf{M}\subset\mathsf{L}$,使得所有这些向量在其上的正交投影有相同的长度. 为此,我们将取作直线$\mathsf{M}=\langle\boldsymbol{y}\rangle$,它具有向量

$$\boldsymbol{y}=\sum_{i=1}^{n}\frac{(\alpha_1\cdots\alpha_n)^2}{\alpha_i^2}\boldsymbol{x}_i$$

其中,如前所述,$\alpha_i^2=(\boldsymbol{x}_i,\boldsymbol{x}_i)$. 因为$\frac{(\boldsymbol{x}_i,\boldsymbol{y})}{|\boldsymbol{y}|^2}\boldsymbol{y}\in \mathrm{M}$且$(\boldsymbol{x}_i-\frac{(\boldsymbol{x}_i,\boldsymbol{y})}{|\boldsymbol{y}|^2}\boldsymbol{y},\boldsymbol{y})=0$,由此得出向量$\boldsymbol{x}_i$ 在直线 M 上的正交投影等于

$$\mathcal{P}(\boldsymbol{x}_i)=\frac{(\boldsymbol{x}_i,\boldsymbol{y})}{|\boldsymbol{y}|^2}\boldsymbol{y}$$

显然,每个这样的投影

$$|\mathcal{P}(\boldsymbol{x}_i)|=\frac{(\boldsymbol{x}_i,\boldsymbol{y})}{|\boldsymbol{y}|}=\frac{(\alpha_1\cdots\alpha_n)^2}{|\boldsymbol{y}|}$$

的长度不取决于向量$\boldsymbol{x}_i$ 的下标. 因此,我们证明了对于 n 维 Euclid 空间中的任意一组 n 个非零相互正交向量,存在一条直线,使得所有向量在其上的正交投影有相同的长度.

为了便于理解以下内容,我们将使用符号$\mathcal{P}(m,n)$ 表示以下结论:如果 n 维 Euclid 空间 L 中的一组相互正交向量$\boldsymbol{x}_1,\cdots,\boldsymbol{x}_n$ 的长度$\alpha_1,\cdots,\alpha_n$ 满足条件(7.43),那么存在 m 维子空间 $\mathrm{M}\subset\mathrm{L}$ 使得向量$\boldsymbol{x}_1,\cdots,\boldsymbol{x}_n$ 在其上的正交投影$\mathcal{P}(\boldsymbol{x}_1),\cdots,\mathcal{P}(\boldsymbol{x}_n)$ 有相同的长度 α,它由公式(7.42) 表示. 利用这个约定,我们可以说我们已经证明了结论 $P(1,n)(n>1)$.

在讨论任意 m 的情形之前,我们以更方便的形式改写问题. 设$\beta_1,\cdots,\beta_n$ 为满足以下条件的任意的数

$$\beta_1+\cdots+\beta_n=m,\quad 0<\beta_i\leqslant 1,i=1,\cdots,n \tag{7.44}$$

我们用$P'(m,n)$ 表示以下结论:在 Euclid 空间 L 中,存在一组标准正交基$\boldsymbol{g}_1,\cdots,\boldsymbol{g}_n$ 和 m 维子空间$\mathrm{L}'\subset\mathrm{L}$ 使得基向量在L' 上的正交投影$\mathcal{P}'(\boldsymbol{g}_i)$ 有长度$\sqrt{\beta_i}$,即

$$|\mathcal{P}'(\boldsymbol{g}_i)|^2=\beta_i,\quad i=1,\cdots,n$$

引理 7.31 具有数$\alpha_1,\cdots,\alpha_n$ 和$\beta_1,\cdots,\beta_n$ 的适当选取的结论 $P(m,n)$ 和 $P'(m,n)$ 是等价的.

证明:我们首先来证明结论$P'(m,n)$ 来自结论 $P(m,n)$. 在此,我们给出满足条件(7.44) 的一组数$\beta_1,\cdots,\beta_n$,并且已知结论 $P(m,n)$ 对于满足条件(7.43) 的任意正数$\alpha_1,\cdots,\alpha_n$ 都成立. 对于数$\beta_1,\cdots,\beta_n$ 和任意标准正交基$\boldsymbol{g}_1,\cdots,\boldsymbol{g}_n$,我们定义向量$\boldsymbol{x}_i=\beta_i^{-1/2}\boldsymbol{g}_i,i=1,\cdots,n$. 显然,这些向量相互正交,此外,$|\boldsymbol{x}_i|=\beta_i^{-1/2}$. 我们来证明数$\alpha_i=\beta_i^{-1/2}$ 满足不等式(7.43). 事实上,如果我们考虑到条件(7.44),那么我们有

$$\alpha_i^2 \sum_{i=1}^{n} \alpha_i^{-2} = \beta_i^{-1} \sum_{i=1}^{n} \beta_i = \beta_i^{-1} m \geqslant m$$

结论 $P(m,n)$ 表明，在空间 L 中，存在一个 m 维子空间 M，使得向量 $\boldsymbol{x}_i$ 在其上的正交投影的长度等于

$$|\mathcal{P}(\boldsymbol{x}_i)| = \alpha = \sqrt{m\left(\sum_{i=1}^{n} \alpha_i^{-2}\right)^{-1}} = \sqrt{m\left(\sum_{i=1}^{n} \beta_i\right)^{-1}} = 1$$

那么，向量 $\boldsymbol{g}_i$ 在同一子空间 M 上的正交投影的长度等于 $|\mathcal{P}(\boldsymbol{g}_i)| = |\mathcal{P}(\sqrt{\beta_i}\,\boldsymbol{x}_i)| = \sqrt{\beta_i}$.

现在，我们来证明结论 $P'(m,n)$ 可得 $P(m,n)$. 在此，我们给定长度为 $|\boldsymbol{x}_i| = \alpha_i$ 的一组非零相互正交向量 $\boldsymbol{x}_1, \cdots, \boldsymbol{x}_n$，此外，数 α_i 满足不等式(7.43). 我们设

$$\beta_i = \alpha_i^{-2} m\left(\sum_{i=1}^{n} \alpha_i^{-2}\right)^{-1}$$

并验证 β_i 满足条件(7.44). 等式 $\beta_1 + \cdots + \beta_n = m$ 显然由数 β_i 的定义得出. 从不等式(7.43) 可以得出

$$\alpha_i^2 \geqslant \left(m \sum_{i=1}^{n} \alpha_i^{-2}\right)^{-1}$$

这蕴涵

$$\beta_i = \alpha_i^{-2} m\left(\sum_{i=1}^{n} \alpha_i^{-2}\right)^{-1} \leqslant 1$$

结论 $P'(m,n)$ 表明，存在空间 L 的一组标准正交基 $\boldsymbol{g}_1, \cdots, \boldsymbol{g}_n$ 和 m 维子空间 $\mathrm{L}' \subset \mathrm{L}$，使得向量 $\boldsymbol{g}_i$ 在其上的正交投影的长度等于 $|\mathcal{P}'(\boldsymbol{g}_i)| = \sqrt{\beta_i}$. 但是相互正交向量 $\beta_i^{-1/2}\boldsymbol{g}_i$ 在同一子空间 L' 上的正交投影有相同的长度，即 1.

为了证明给定向量 $\boldsymbol{x}_1, \cdots, \boldsymbol{x}_n$ 的结论 $P(m,n)$，现在，只需考虑空间 L 的线性变换 $\mathcal{U}$，它将向量 $\boldsymbol{g}_i$ 映射到 $\mathcal{U}(\boldsymbol{g}_i) = \boldsymbol{f}_i$，其中 $\boldsymbol{f}_i = \alpha_i^{-1}\boldsymbol{x}_i$. 由于基 $\boldsymbol{g}_1, \cdots, \boldsymbol{g}_n$ 和 $\boldsymbol{f}_1, \cdots, \boldsymbol{f}_n$ 都是标准正交的，因此 $\mathcal{U}$ 是正交变换，因此，$\boldsymbol{x}_i$ 在 m 维子空间 $\mathrm{M} = \mathcal{U}(\mathrm{L}')$ 上的正交投影有相同的长度. 此外，根据以上证明，该长度等于由公式(7.42) 确定的数 α. 这就完成了引理的证明. □

由于引理，我们可以证明结论 $P'(m,n)$ 而不是结论 $P(m,n)$. 我们将通过对 m 和 n 的归纳来实现这一点. 我们已经证明了归纳的基本情形($m=1, n>1$). 归纳步骤将分为三个部分：

(1) 从结论 $P'(m,n)(2m \leqslant n+1)$ 导出 $P'(m,n+1)$.

(2) 证明结论 $P'(m,n)$ 蕴涵 $P'(n,m-n)$.

(3) 证明结论$P'(m+1,n)(n>m+1)$是结论$P'(m',n)(m'\leqslant m$ 且 $n>m')$的推论.

(1) 的证明:根据结论$P'(m,n)(2m\leqslant n+1)$,我们导出$P'(m,n+1)$. 我们将考虑满足条件(7.44)的一组正数$\beta_1,\cdots,\beta_n,\beta_{n+1}$,其中$n$替换为$n+1$,且$2m\leqslant n+1$. 为不失一般性,我们可以假设$\beta_1\geqslant\beta_2\geqslant\cdots\geqslant\beta_{n+1}$. 因为$\beta_1+\cdots+\beta_{n+1}=m$ 且 $n+1\geqslant 2m$,可以得出$\beta_n+\beta_{n+1}\leqslant 1$. 事实上,例如对于奇数 n,相反的假设将给出不等式

$$\underbrace{\beta_1+\beta_2\geqslant\cdots\geqslant\beta_n+\beta_{n+1}}_{(n+1)/2\text{个和}}>1$$

由此显然得到$\beta_1+\cdots+\beta_{n+1}>(n+1)/2\geqslant m$,这与已经做出的假设相矛盾.

我们来考虑$(n+1)$维 Euclid 空间 L,并将其分解为直和 $\mathrm{L}=\langle\boldsymbol{e}\rangle\oplus\langle\boldsymbol{e}\rangle^{\perp}$,其中$\boldsymbol{e}\in\mathrm{L}$是长度为1的任意向量. 根据归纳假设,结论$P'(m,n)$对于数$\beta_1,\cdots,\beta_{n-1},\beta=\beta_n+\beta_{n+1}$ 和 n 维 Euclid 空间$\langle\boldsymbol{e}\rangle^{\perp}$ 成立. 这蕴涵在空间$\langle\boldsymbol{e}\rangle^{\perp}$ 中,存在一组标准正交基$\boldsymbol{g}_1,\cdots,\boldsymbol{g}_n$ 和 m 维子空间L',使得向量$\boldsymbol{g}_i$ 在L' 上的正交投影的长度的平方等于

$$|\mathcal{P}'(\boldsymbol{g}_i)|^2=\beta_i,\quad i=1,\cdots,n-1,\quad |\mathcal{P}'(\boldsymbol{g}_n)|^2=\beta_n+\beta_{n+1}$$

我们将用$\overline{\mathcal{P}}:\mathrm{L}\to\mathrm{L}'$ 表示空间 L 在L' 上的正交投影(当然,在这种情形中,$\overline{\mathcal{P}}(\boldsymbol{e})=\boldsymbol{0}$),我们在 L 中构造一组标准正交基$\overline{\boldsymbol{g}}_1,\cdots,\overline{\boldsymbol{g}}_{n+1}$,对其有$|\overline{\mathcal{P}}(\overline{\boldsymbol{g}}_i)|^2=\beta_i$ $(i=1,\cdots,n+1)$.

我们设$\overline{\boldsymbol{g}}_i=\boldsymbol{g}_i(i=1,\cdots,n-2)$ 且$\overline{\boldsymbol{g}}_n=a\boldsymbol{g}_n+b\boldsymbol{e}$,$\overline{\boldsymbol{g}}_{n+1}=c\boldsymbol{g}_n+d\boldsymbol{e}$,其中数 a,b,c,d 的选取应满足以下条件

$$|\overline{\boldsymbol{g}}_n|=|\overline{\boldsymbol{g}}_{n+1}|=1,\quad (\overline{\boldsymbol{g}}_n,\overline{\boldsymbol{g}}_{n+1})=0,\quad |\overline{\mathcal{P}}(\overline{\boldsymbol{g}}_n)|^2=\beta_n,\quad |\overline{\mathcal{P}}(\overline{\boldsymbol{g}}_{n+1})|^2=\beta_{n+1}\tag{7.45}$$

那么向量组$\overline{\boldsymbol{g}}_1,\cdots,\overline{\boldsymbol{g}}_{n+1}$ 证明了结论$P'(m,n+1)$.

关系式(7.45)可以重写为

$$a^2+b^2=c^2+d^2=1,\quad ac+bd=0$$
$$a^2(\beta_n+\beta_{n+1})=\beta_n,\quad c^2(\beta_n+\beta_{n+1})=\beta_{n+1}$$

容易验证这些关系式是满足的,如果我们设

$$b=\pm c,\quad d=\mp a,\quad a=\sqrt{\frac{\beta_n}{\beta_n+\beta_{n+1}}},\quad c=\sqrt{\frac{\beta_{n+1}}{\beta_n+\beta_{n+1}}}$$

在继续(2)的证明之前,我们做出以下观察.

命题 7.32 为了证明结论$P'(m,n)$,我们可以假设对于所有$i=1,\cdots,n$,都有$\beta_i<1$.

证明：设 $1=\beta_1=\cdots=\beta_k>\beta_{k+1}\geqslant\cdots\geqslant\beta_n>0$. 我们在 n 维向量空间 L 中选取 k 维任意子空间L_k，并考虑正交分解 $\mathrm{L}=\mathrm{L}_k\oplus\mathrm{L}_k^{\perp}$. 我们注意到

$$1>\beta_{k+1}\geqslant\cdots\geqslant\beta_n>0 \text{ 且} \beta_{k+1}+\cdots+\beta_n=m-k$$

因此，如果结论$P'(m-k,n-k)$ 对于数$\beta_{k+1},\cdots,\beta_n$ 成立，那么在$\mathrm{L}_k^{\perp}$ 中，存在一个维数为 $m-k$ 的子空间L'_k和一组标准正交基$\boldsymbol{g}_{k+1},\cdots,\boldsymbol{g}_n$，使得$|\overline{\mathcal{P}}(\boldsymbol{g}_i)|^2=\beta_i(i=k+1,\cdots,n)$，其中$\mathcal{P}$：$\mathrm{L}_k^{\perp}\to\mathrm{L}'_k$是正交投影.

我们现在设$\mathrm{L}'=\mathrm{L}_k\oplus\mathrm{L}'_k$，并在$\mathrm{L}_k$ 中选取任意一组标准正交基$\boldsymbol{g}_1,\cdots,\boldsymbol{g}_k$. 那么如果$\mathcal{P}'$：$\mathrm{L}\to\mathrm{L}'$ 是正交投影，我们有$|\mathcal{P}'(\boldsymbol{g}_i)|^2=1(i=1,\cdots,k)$ 和$|\mathcal{P}'(\boldsymbol{g}_i)|^2=\beta_i(i=k+1,\cdots,n)$. □

(2) 的证明：结论$P'(m,n)$ 蕴涵结论$P'(n,m-n)$. 我们来考虑满足条件(7.44) 的 n 个数$\beta_1\geqslant\cdots\geqslant\beta_n$，其中数 m 替换为$n-m$. 我们必须构造一个 n 维 Euclid 空间 L 在$(m-n)$ 维子空间L' 上的正交投影$\mathcal{P}'$：$\mathrm{L}\to\mathrm{L}'$ 和 L 中的一组标准正交基$\boldsymbol{g}_1,\cdots,\boldsymbol{g}_n$，其满足条件$|\mathcal{P}'(\boldsymbol{g}_i)|^2=\beta_i(i=1,\cdots,n)$. 根据之前的观察，我们可以假设所有$\beta_i$ 都小于 1. 那么数$\beta'_i=1-\beta_i$ 满足条件(7.44)，并且根据结论$P'(m,n)$，存在一个空间 L 在 m 维子空间$\overline{\mathrm{L}}$ 上的正交投影$\overline{\mathcal{P}}$：$\mathrm{L}\to\overline{\mathrm{L}}$ 和一组标准正交基$\boldsymbol{g}_1,\cdots,\boldsymbol{g}_n$，满足条件$|\overline{\mathcal{P}}(\boldsymbol{g}_i)|^2=\beta'_i$. 对于所需$(m-n)$ 维子空间，我们取$\mathrm{L}'=\overline{\mathrm{L}}^{\perp}$，并用$\mathcal{P}'$ 表示L' 上的正交投影. 那么，对于每个 $i=1,\cdots,n$，等式

$$\boldsymbol{g}_i=\overline{\mathcal{P}}(\boldsymbol{g}_i)+\mathcal{P}'(\boldsymbol{g}_i)$$

$$1=|\boldsymbol{g}_i|^2=|\overline{\mathcal{P}}(\boldsymbol{g}_i)|^2+|\mathcal{P}'(\boldsymbol{g}_i)|^2=\beta'_i+|\mathcal{P}'(\boldsymbol{g}_i)|^2$$

都是满足的，由此得出$|\mathcal{P}'(\boldsymbol{g}_i)|^2=1-\beta'_i=\beta_i$.

(3) 的证明：结论$P'(m,n+1)(n>m+1)$ 是$P'(m',n)(m'\leqslant m \text{ 且 } n>m')$ 的推论. 根据我们的假设，特别地，结论$P'(m,n)$ 对于 $n=2m+1$ 成立. 根据(2) 的证明，我们可以结论$P'(m+1,2m+1)$ 成立，并且由于$2(m+1)\leqslant(2m+1)+1$，那么根据(1) 的证明，我们可以得出，$P'(m+1,n)$ 对于所有 $n\geqslant 2m+1$ 都成立. 还需证明结论$P'(m+1,n)$ 对于 $m+2\leqslant n\leqslant 2m$ 成立. 但这些结论来自$P'(n-(m+1),n)$ 的(2) 的证明. 只需验证不等式 $1\leqslant n-(m+1)\leqslant m$ 是满足的，这直接来自于 $m+2\leqslant n\leqslant 2m$ 的假设.

7.5 对称变换

正如我们在第 7.1 节起始部分所观察到的. 对于 Euclid 空间 L，存在一个自然同构 $\mathrm{L}\simeq\mathrm{L}^*$，这使我们能够在这种情形中用 L 辨识空间$\mathrm{L}^*$. 特别地，利用第

3.7 节中给出的定义，我们可以根据条件$(\boldsymbol{f}_i,\boldsymbol{e}_i)=1$，$(\boldsymbol{f}_i,\boldsymbol{e}_j)=0(i\neq j)$为空间 L 的任意一组基$\boldsymbol{e}_1,\cdots,\boldsymbol{e}_n$ 定义空间 L 的对偶基 $\boldsymbol{f}_1,\cdots,\boldsymbol{f}_n$. 因此，标准正交基是其自身的对偶.

同样，我们可以假设对于任意线性变换$\mathcal{A}$:L → L，对偶变换$\mathcal{A}^*$:L* → L*定义了第 3.7 节中的 Euclid 空间 L 到自身的线性变换，它由以下条件确定

$$(\mathcal{A}^*(\boldsymbol{x}),\boldsymbol{y})=(\boldsymbol{x},\mathcal{A}(\boldsymbol{y})) \tag{7.46}$$

对于所有向量 $\boldsymbol{x},\boldsymbol{y}\in$ L 都成立. 根据定理 3.81，线性变换$\mathcal{A}$在空间 L 的任意基中的矩阵和对偶变换$\mathcal{A}^*$ 在对偶基中的矩阵互为转置. 特别地，变换$\mathcal{A}$和$\mathcal{A}^*$ 在任意标准正交基中的矩阵互为转置. 这与我们为转置矩阵选取的记号A^* 一致. 同样容易验证，反之，如果变换$\mathcal{A}$和$\mathcal{B}$在某组标准正交基中的矩阵互为转置，那么变换$\mathcal{A}$和$\mathcal{B}$是对偶的.

作为一个例子，我们来考虑正交变换$\mathcal{U}$，根据定义，其满足条件$(\mathcal{U}(\boldsymbol{x}),\mathcal{U}(\boldsymbol{y}))=(\boldsymbol{x},\boldsymbol{y})$. 根据公式(7.46)，我们得到等式$(\mathcal{U}(\boldsymbol{x}),\mathcal{U}(\boldsymbol{y}))=(\boldsymbol{x},\mathcal{U}^*\mathcal{U}(\boldsymbol{y}))$，由此得到$(\boldsymbol{x},\mathcal{U}^*\mathcal{U}(\boldsymbol{y}))=(\boldsymbol{x},\boldsymbol{y})$. 这蕴涵$(\boldsymbol{x},\mathcal{U}^*\mathcal{U}(\boldsymbol{y})-\boldsymbol{y})=0$(对于所有向量 $\boldsymbol{x}$ 都成立)，由此得出等式$\mathcal{U}^*\mathcal{U}(\boldsymbol{y})=\boldsymbol{y}$(对于所有向量 $\boldsymbol{y}\in$ L 都成立). 换句话说，$\mathcal{U}^*\mathcal{U}$等于$\mathcal{E}$(即单位变换) 等价于变换$\mathcal{U}$的正交性. 用矩阵形式表示，这是关系式(7.18).

定义 7.33 Euclid 空间的线性变换$\mathcal{A}$称为对称的或自对偶的，如果$\mathcal{A}^*=\mathcal{A}$.

换句话说，对于对称变换$\mathcal{A}$与任意向量 $\boldsymbol{x}$ 和 $\boldsymbol{y}$，必须满足以下条件

$$(\mathcal{A}(\boldsymbol{x}),\boldsymbol{y})=(\boldsymbol{x},\mathcal{A}(\boldsymbol{y})) \tag{7.47}$$

即双线性型 $\varphi(\boldsymbol{x},\boldsymbol{y})=(\mathcal{A}(\boldsymbol{x}),\boldsymbol{y})$ 是对称的. 如我们所见，由此可知，在任意标准正交基中，变换$\mathcal{A}$的矩阵是对称的.

对称线性变换在数学及其应用中起着非常重要的作用. 它们最基本的应用与量子力学有关，其中无穷维 Hilbert 空间的对称变换(见第 202 页的脚注) 对应于所谓的观测物理量. 然而，我们将把注意力限制在有限维空间上. 正如我们将在后续看到的那样，即使有这种限制，对称线性变换的理论依然有大量的应用.

以下定理给出了有限维 Euclid 空间的对称线性变换的基本性质.

定理 7.34 实向量空间的每个对称线性变换都有一个特征向量.

考虑到该定理有大量的应用，我们将根据不同的原理给出三个证明.

定理7.34 的证明：第一个证明. 设$\mathcal{A}$为 Euclid 空间 L 的对称线性变换. 如果 $\dim \mathrm{L}>2$，那么根据定理 4.22，它有一个一维或二维不变子空间L'. 显然，变换$\mathcal{A}$对不变子空间L' 的限制也是对称变换. 如果 $\dim \mathrm{L}'=1$，那么我们有$\mathrm{L}'=\langle \boldsymbol{e}\rangle$，

其中 $e \neq \mathbf{0}$,这蕴涵 e 是特征向量.因此,为了证明该定理,只需证明二维子空间 L' 中的对称线性变换有特征向量.在 L' 中选取一组标准正交基,我们得到 $\mathcal{A}$ 在这组基中的对称矩阵

$$A = \begin{pmatrix} a & b \\ c & d \end{pmatrix}$$

为了求出变换 $\mathcal{A}$ 的特征向量,我们必须求出多项式 $|A - tE|$ 的实根.该多项式的形式为

$$(a-t)(c-t) - b^2 = t^2 - (a+c)t + ac - b^2$$

并且它有实根当且仅当其判别式非负.但是这个二次三项式的判别式等于

$$(a+c)^2 - 4(ac - b^2) = (a-c)^2 + 4b^2 \geqslant 0$$

定理证毕.

第二个证明:第二个证明基于实向量空间 L 的复化 $\mathsf{L}^{\mathbb{C}}$.根据第 4.3 节中提出的构造,我们可以将变换 $\mathcal{A}$ 扩充到空间 $\mathsf{L}^{\mathbb{C}}$ 的向量.根据定理 4.18,所得的变换 $\mathcal{A}^{\mathbb{C}}: \mathsf{L}^{\mathbb{C}} \to \mathsf{L}^{\mathbb{C}}$ 有一个特征向量 $e \in \mathsf{L}^{\mathbb{C}}$ 和特征值 $\lambda \in \mathbb{C}$,因此 $\mathcal{A}^{\mathbb{C}}(e) = \lambda e$.

我们将内积 $(\boldsymbol{x}, \boldsymbol{y})$ 从空间 L 扩充到 $\mathsf{L}^{\mathbb{C}}$,从而确定其中的 Hermite 型(见第 198 页的定义).显然,这只能通过一种方式来实现:定义空间 $\mathsf{L}^{\mathbb{C}}$ 的两个向量 $\boldsymbol{a}_1 = \boldsymbol{x}_1 + \mathrm{i}\,\boldsymbol{y}_1$ 和 $\boldsymbol{a}_2 = \boldsymbol{x}_2 + \mathrm{i}\,\boldsymbol{y}_2$,我们根据以下公式得到内积

$$(\boldsymbol{a}_1, \boldsymbol{a}_2) = (\boldsymbol{x}_1, \boldsymbol{x}_2) + (\boldsymbol{y}_1, \boldsymbol{y}_2) + \mathrm{i}((\boldsymbol{y}_1, \boldsymbol{x}_2) - (\boldsymbol{x}_1, \boldsymbol{y}_2)) \tag{7.48}$$

这样定义的内积 $(\boldsymbol{a}_1, \boldsymbol{a}_2)$ 实际上确定了 $\mathsf{L}^{\mathbb{C}}$ 中的 Hermite 型,这一事实的验证可简化为半双线性的验证(在这种情形中,只需分别考虑向量 $\boldsymbol{a}_1$ 和向量 $\boldsymbol{a}_2$ 与实数和 i 的乘积)和 Hermite 性质的验证.这里所有的计算都是平凡的,我们将省略它们.

我们得到的内积 $(\boldsymbol{a}_1, \boldsymbol{a}_2)$ 的一个重要的新性质是其正定性,也就是说,与标量积 $(\boldsymbol{a}, \boldsymbol{a})$ 一样,它是实的(这由 Hermite 性质得出)且 $(\boldsymbol{a}, \boldsymbol{a}) > 0, \boldsymbol{a} \neq \mathbf{0}$(这是公式(7.48)(当 $\boldsymbol{x}_1 = \boldsymbol{x}_2, \boldsymbol{y}_1 = \boldsymbol{y}_2$ 时)的直接推论).显然,对于新的内积,我们也有一个关系式(7.47)的类比,即

$$(\mathcal{A}^{\mathbb{C}}(\boldsymbol{a}_1), \boldsymbol{a}_2) = \overline{(\boldsymbol{a}_1, \mathcal{A}^{\mathbb{C}}(\boldsymbol{a}_2))} \tag{7.49}$$

换句话说,型 $\varphi(\boldsymbol{a}_1, \boldsymbol{a}_2) = (\mathcal{A}^{\mathbb{C}}(\boldsymbol{a}_1), \boldsymbol{a}_2)$ 是 Hermite 的.我们将(7.49)应用于向量 $\boldsymbol{a}_1 = \boldsymbol{a}_2 = \boldsymbol{e}$.那么我们得到 $(\lambda\boldsymbol{e}, \boldsymbol{e}) = (\boldsymbol{e}, \lambda\boldsymbol{e})$.考虑到 Hermite 性质,我们得到等式 $(\lambda\boldsymbol{e}, \boldsymbol{e}) = \lambda(\boldsymbol{e}, \boldsymbol{e})$ 和 $(\boldsymbol{e}, \lambda\boldsymbol{e}) = \overline{\lambda}(\boldsymbol{e}, \boldsymbol{e})$,由此得出 $\lambda(\boldsymbol{e}, \boldsymbol{e}) = \overline{\lambda}(\boldsymbol{e}, \boldsymbol{e})$.由于 $(\boldsymbol{e}, \boldsymbol{e}) > 0$,我们由此得出 $\lambda = \overline{\lambda}$,即数 λ 为实数.因此,变换 $\mathcal{A}^{\mathbb{C}}$ 的特征多项式 $|\mathcal{A}^{\mathbb{C}} - t\,\mathcal{E}|$ 有一个实根 λ.但 $\mathbb{R}$ 上的空间 L 的一组基是 $\mathbb{C}$ 上的空间 $\mathsf{L}^{\mathbb{C}}$ 的一组基,并且变换

$\mathcal{A}^{C}$ 在这组基中的矩阵与变换$\mathcal{A}$的矩阵相等. 换句话说, $|\mathcal{A}^{C}-t\mathcal{E}|=|\mathcal{A}-t\mathcal{E}|$, 这蕴涵变换$\mathcal{A}$的特征多项式 $|\mathcal{A}-t\mathcal{E}|$ 有一个实根λ, 这蕴涵变换$\mathcal{A}:\mathrm{L}\rightarrow\mathrm{L}$ 在空间 L 中有一个特征向量.

第三个证明:第三个证明基于我们现在要引入的分析中的某些事实. 我们首先观察到, 通过根据关系式 $r(\boldsymbol{x},\boldsymbol{y})=|\boldsymbol{x}-\boldsymbol{y}|$ 定义的两个向量 $\boldsymbol{x}$ 和 $\boldsymbol{y}$ 之间的距离 $r(\boldsymbol{x},\boldsymbol{y})$, 可以将 Euclid 空间自然转换为度量空间. 因此, 在 Euclid 空间 L 中, 我们有收敛、极限、连续函数、闭集和有界集的概念; 见第 8 页.

Bolzano-Weierstrass 定理断言, 对于有限维 Euclid 空间 L 中的任意有界闭集 X 与 X 上的任意连续函数 $\varphi(\boldsymbol{x})$, 存在向量$\boldsymbol{x}_0\in X$, 在此处, $\varphi(\boldsymbol{x})$ 假设为其最大值: 即 $\varphi(\boldsymbol{x}_0)\geqslant\varphi(\boldsymbol{x})(\boldsymbol{x}\in X)$. 在集合 X 是实直线的区间的情形中, 这个定理在实分析中是众所周知的. 它在一般情形中的证明是完全相同的, 通常在稍后给出. 在此, 我们将使用该定理, 而不提供证明.

我们将 Bolzano-Weierstrass 定理应用于由空间 L 的所有向量 $\boldsymbol{x}$ 构成的集合 X, 使得 $|\boldsymbol{x}|=1$, 即, 应用于半径为 1 的球面, 并应用于函数 $\varphi(\boldsymbol{x})=(\boldsymbol{x},\mathcal{A}(\boldsymbol{x}))$. 该函数不仅在 X 上是连续的, 而且在整个空间 L 上也是连续的. 事实上, 只需在空间 L 中选取任意一组基, 并在其中将内积$(\boldsymbol{x},\mathcal{A}(\boldsymbol{x}))$ 写为向量 $\boldsymbol{x}$ 的坐标的二次型. 因此, 对我们来说重要的是, 我们得到了坐标的多项式. 此后, 只需利用众所周知的定理, 其表明连续函数和与积都是连续的. 那么问题可化为验证向量 $\boldsymbol{x}$ 的任意坐标是 $\boldsymbol{x}$ 的连续函数这一事实, 但这是完全显然的.

因此, 函数$(\boldsymbol{x},\mathcal{A}(\boldsymbol{x}))$ 在某个$\boldsymbol{x}_0=\boldsymbol{e}$ 处假设取得其在集合 X 上的最大值. 我们用 λ 表示该值. 因此, 对于每个 $\boldsymbol{x}$, 都有$(\boldsymbol{x},\mathcal{A}(\boldsymbol{x}))\leqslant\lambda$, 对其有 $|\boldsymbol{x}|=1$. 对于每个非零向量 $\boldsymbol{y}$, 我们设 $\boldsymbol{x}=\boldsymbol{y}/|\boldsymbol{y}|$. 那么 $|\boldsymbol{x}|=1$, 将以上不等式应用于这个向量, 我们看出对于所有 $\boldsymbol{y}$, 都有$(\boldsymbol{y},\mathcal{A}(\boldsymbol{y}))\leqslant\lambda(\boldsymbol{y},\boldsymbol{y})$(当 $\boldsymbol{y}=\boldsymbol{0}$ 时, 这显然也成立).

我们来证明数 λ 是变换$\mathcal{A}$的特征值. 为此, 我们把定义 λ 的条件写为

$$(\boldsymbol{y},\mathcal{A}(\boldsymbol{y}))\leqslant\lambda(\boldsymbol{y},\boldsymbol{y}),\quad \lambda=(\boldsymbol{e},\mathcal{A}(\boldsymbol{e})),\quad |\boldsymbol{e}|=1 \tag{7.50}$$

对于任意向量 $\boldsymbol{y}\in\mathrm{L}$ 都成立.

我们将(7.50) 应用于向量 $\boldsymbol{y}=\boldsymbol{e}+\varepsilon\boldsymbol{z}$, 其中标量 ε 和向量 $\boldsymbol{z}\in\mathrm{L}$ 至此都是任意的. 展开表达式$(\boldsymbol{y},\mathcal{A}(\boldsymbol{y}))=(\boldsymbol{e}+\varepsilon\boldsymbol{z},\mathcal{A}(\boldsymbol{e})+\varepsilon\mathcal{A}(\boldsymbol{z}))$ 和$(\boldsymbol{y},\boldsymbol{y})=(\boldsymbol{e}+\varepsilon\boldsymbol{z},\boldsymbol{e}+\varepsilon\boldsymbol{z})$, 我们得到不等式

$$\begin{aligned}&(\boldsymbol{e},\mathcal{A}(\boldsymbol{e}))+\varepsilon(\boldsymbol{e},\mathcal{A}(\boldsymbol{z}))+\varepsilon(\boldsymbol{z},\mathcal{A}(\boldsymbol{e}))+\varepsilon^2(\mathcal{A}(\boldsymbol{z}),\mathcal{A}(\boldsymbol{z}))\\ &\leqslant\lambda((\boldsymbol{e},\boldsymbol{e})+\varepsilon(\boldsymbol{e},\boldsymbol{z})+\varepsilon(\boldsymbol{z},\boldsymbol{e})+\varepsilon^2(\boldsymbol{z},\boldsymbol{z}))\end{aligned}$$

考虑到变换$\mathcal{A}$的对称性, 基于 Euclid 空间的性质, 并回顾一下$(\boldsymbol{e},\boldsymbol{e})=1$, $(\boldsymbol{e},\mathcal{A}(\boldsymbol{e}))=\lambda$, 在消去上述不等式两边的通项$(\boldsymbol{e},\mathcal{A}(\boldsymbol{e}))=\lambda(\boldsymbol{e},\boldsymbol{e})$ 后, 我们得到

$$2\varepsilon(\boldsymbol{e},\mathcal{A}(\boldsymbol{z})-\lambda\boldsymbol{z})+\varepsilon^2((\mathcal{A}(\boldsymbol{z}),\mathcal{A}(\boldsymbol{z}))-\lambda(\boldsymbol{z},\boldsymbol{z}))\leqslant 0 \qquad (7.51)$$

现在,我们注意到,在 $a\neq 0$ 的情形中,存在 ε,使得每个表达式 $a\varepsilon+b\varepsilon^2$ 取得正值. 为此,有必要选取一个足够小的值 $|\varepsilon|$,使得 $a+b\varepsilon$ 与 a 同号,然后为 ε 选取适当的符号. 因此,不等式(7.51) 总是得出矛盾,除了 $(\boldsymbol{e},\mathcal{A}(\boldsymbol{z})-\lambda\boldsymbol{z})=0$ 的情形.

如果存在向量 $\boldsymbol{z}\neq\boldsymbol{0}$,使得 $\mathcal{A}(\boldsymbol{z})=\lambda\boldsymbol{z}$,那么 $\boldsymbol{z}$ 是具有特征值 λ 的变换 $\mathcal{A}$ 的特征向量,这就是我们想要证明的. 但是如果 $\mathcal{A}(\boldsymbol{z})-\lambda\boldsymbol{z}\neq\boldsymbol{0}(\boldsymbol{z}\neq\boldsymbol{0})$,那么变换 $\mathcal{A}-\lambda\mathcal{E}$ 的核等于 $(\boldsymbol{0})$. 那么从定理 3.68 可以得出,变换 $\mathcal{A}-\lambda\mathcal{E}$ 是一个同构,其像等于整个空间 L. 这蕴涵对于任意 $\boldsymbol{u}\in$ L,可以选取向量 $\boldsymbol{z}\in$ L 使得 $\boldsymbol{u}=\mathcal{A}(\boldsymbol{z})-\lambda\boldsymbol{z}$. 那么考虑到关系式 $(\boldsymbol{e},\mathcal{A}(\boldsymbol{z})-\lambda\boldsymbol{z})=0$,我们得到了一个任意向量 $\boldsymbol{u}\in$ L 满足等式 $(\boldsymbol{e},\boldsymbol{u})=0$. 但这至少当 $\boldsymbol{u}=\boldsymbol{e}$ 时是不可能的,因为 $|\boldsymbol{e}|=1$. □

对称变换的更深层次的理论是基于某些非常简单的考虑构建的.

定理 7.35 如果 Euclid 空间 L 的子空间 L′ 关于对称变换 $\mathcal{A}$ 是不变的,那么其正交补 $(\mathrm{L}')^{\perp}$ 也是不变的.

证明:该结果是定义的直接推论. 设 $\boldsymbol{y}$ 为 $(\mathrm{L}')^{\perp}$ 中的向量. 那么对于所有 $\boldsymbol{x}\in$ L′,都有 $(\boldsymbol{x},\boldsymbol{y})=0$. 考虑到变换 $\mathcal{A}$ 的对称性,我们有关系式

$$(\boldsymbol{x},\mathcal{A}(\boldsymbol{y}))=(\mathcal{A}(\boldsymbol{x}),\boldsymbol{y})$$

而考虑到 L′ 的不变性,得出 $\mathcal{A}(\boldsymbol{x})\in$ L′. 这蕴涵对于所有向量 $\boldsymbol{x}\in$ L′,都有 $(\boldsymbol{x},\mathcal{A}(\boldsymbol{y}))=0$, 即 $\mathcal{A}(\boldsymbol{y})\in(\mathrm{L}')^{\perp}$,这就完成了定理的证明. □

结合定理 7.34 和 7.35,我们得出对称变换的理论的一个基本结果.

定理 7.36 对于有限维 Euclid 空间 L 的每个对称变换 $\mathcal{A}$,存在由变换 $\mathcal{A}$ 的特征向量构成的该空间的一组标准正交基.

证明:通过对空间 L 的维数的归纳来证明. 事实上,根据定理 7.34,变换 $\mathcal{A}$ 至少有一个特征向量 $\boldsymbol{e}$. 我们设

$$\mathrm{L}=\langle\boldsymbol{e}\rangle\oplus\langle\boldsymbol{e}\rangle^{\perp}$$

其中 $\langle\boldsymbol{e}\rangle^{\perp}$ 的维数为 $n-1$,根据定理 7.35,它关于 $\mathcal{A}$ 是不变的. 根据归纳假设,在空间 $\langle\boldsymbol{e}\rangle^{\perp}$ 中存在要求的一组基. 如果我们把向量 $\boldsymbol{e}$ 加到这组基上,我们就得到 L 中所需的基. □

我们来讨论一下这个结果. 对于对称变换 $\mathcal{A}$,我们有由特征向量构成的一组标准正交基 $\boldsymbol{e}_1,\cdots,\boldsymbol{e}_n$. 但这组基在何种程度上是唯一确定的? 假设向量 $\boldsymbol{e}_i$ 有相伴特征值 λ_i. 那么在这组基中,变换 $\mathcal{A}$ 有矩阵

$$A=\begin{pmatrix}\lambda_1 & 0 & \cdots & 0\\ 0 & \lambda_2 & \cdots & 0\\ \vdots & \vdots & & \vdots\\ 0 & 0 & \cdots & \lambda_k\end{pmatrix} \tag{7.52}$$

但正如我们在第 4.1 节中看到的,线性变换$\mathcal{A}$的特征值与特征多项式

$$|\mathcal{A}-t\mathcal{E}|=|A-tE|=\prod_{i=1}^{n}(\lambda_i-t)$$

的根相同.因此,变换$\mathcal{A}$的特征值$\lambda_1,\cdots,\lambda_n$是唯一确定的.假设它们之间的不同的值是$\lambda_1,\cdots,\lambda_k$.如果我们将构造的标准正交基的对应于同一特征值$\lambda_i$(来自一组不同的特征值$\lambda_1,\cdots,\lambda_k$)的所有向量集合起来,并考虑由它们生成的子空间,那么我们显然得到了特征子空间L_{λ_i}(见第 134 页的定义).那么我们有正交分解

$$\mathrm{L}=\mathrm{L}_{\lambda_1}\oplus\cdots\oplus\mathrm{L}_{\lambda_k},\quad 其中\mathrm{L}_{\lambda_i}\perp\mathrm{L}_{\lambda_j},i\neq j \tag{7.53}$$

$\mathcal{A}$对特征子空间L_{λ_i}的限制给出了变换$\lambda_i\mathcal{E}$,在该子空间中,每组标准正交基都由特征向量(具有特征值λ_i)构成.

因此,我们看到对称变换$\mathcal{A}$仅唯一定义了特征子空间L_{λ_i},而在每个特征子空间中,我们可以任意选取一组标准正交基.组合这些基,我们得到了满足定理 7.36 的条件的空间 L 的任意一组基.

我们注意到,变换$\mathcal{A}$的每个特征向量都位于子空间L_{λ_i}中的一个.如果两个特征向量$\boldsymbol{x}$和$\boldsymbol{y}$关联于不同的特征值$\lambda_i\neq\lambda_j$,那么它们位于不同的子空间L_{λ_i}和L_{λ_j},并且考虑到分解(7.53)的正交性,它们必定是正交的.因此,我们得到以下结果.

定理 7.37 对应于不同特征值的对称变换的特征向量是正交的.

我们注意到,这个定理也容易通过直接计算来证明.

定理 7.37 的证明:设$\boldsymbol{x}$和$\boldsymbol{y}$为对称变换$\mathcal{A}$的特征向量,它们对应于不同的特征值λ_i和λ_j.我们将表达式$\mathcal{A}(\boldsymbol{x})=\lambda_i\boldsymbol{x}$和$\mathcal{A}(\boldsymbol{y})=\lambda_j\boldsymbol{y}$代入等式$(\mathcal{A}(\boldsymbol{x}),\boldsymbol{y})=(\boldsymbol{x},A(\boldsymbol{y}))$.由此我们得到$(\lambda_i-\lambda_j)(\boldsymbol{x},\boldsymbol{y})=0$,由于$\lambda_i\neq\lambda_j$,我们得到$(\boldsymbol{x},\boldsymbol{y})=0$.

□

定理 7.36 通常可以利用第 6.1 节的定理 6.3 方便地表述为关于二次型的定理,并可以用空间 L 辨识空间L^*,如果空间 L 装备了内积.事实上,定理 6.3 表明,Euclid 空间 L 上的每个双线性型φ都可以表示为

$$\varphi(\boldsymbol{x},\boldsymbol{y})=(\boldsymbol{x},\mathcal{A}(\boldsymbol{y})) \tag{7.54}$$

其中$\mathcal{A}$是空间 L 到L^*的线性变换,它由双线性型φ唯一定义;也就是说,如果我

们用 L 辨识L^*,那么它是空间 L 到自身的变换.

显然,变换$\mathcal{A}$的对称性与双线性型 φ 的对称性一致.因此,以上建立的对称双线性型和线性变换之间的双射得到了 Euclid 空间 L 的二次型和对称线性变换之间的相同的对应.此外,考虑到关系式(7.54),对称变换$\mathcal{A}$对应于二次型

$$\psi(\boldsymbol{x})=(\boldsymbol{x},\mathcal{A}(\boldsymbol{x}))$$

并且每个二次型 $\psi(\boldsymbol{x})$ 都有唯一的此类形式的表示.

如果在某组基$\boldsymbol{e}_1,\cdots,\boldsymbol{e}_n$ 中,变换$\mathcal{A}$有对角矩阵(7.52),那么对于向量 $\boldsymbol{x}=x_1\boldsymbol{e}_1+\cdots+x_n\boldsymbol{e}_n$,二次型 $\psi(\boldsymbol{x})$ 在这组基中有标准形

$$\psi(\boldsymbol{x})=\lambda_1x_1^2+\cdots+\lambda_nx_n^2 \tag{7.55}$$

因此,定理 7.36 等价于以下定理.

定理 7.38 对于有限维 Euclid 空间中的任意二次型,存在一组标准正交基,它在这组基中有标准形(7.55).

定理 7.38 有时可以方便地表述为关于任意向量空间的定理.

定理 7.39 对于有限维向量空间中的两个二次型,其中一个是正定的,存在一组基(不一定是标准正交的),它们在这组基中都有标准形(7.55).

在这种情形中,我们说,在一组适当的基中,这些二次型可化为平方和(即使公式(7.55) 中存在负系数λ_i).

定理 7.39 的证明:设$\psi_1(\boldsymbol{x})$ 和$\psi_2(\boldsymbol{x})$ 为两个这样的二次型,其中之一为$\psi_1(\boldsymbol{x})$,设为正定的.根据定理 6.10,在所讨论的向量空间 L 中,存在一组基,型$\psi_1(\boldsymbol{x})$ 在这组基中有标准形(7.55).由于根据假设,二次型$\psi_1(\boldsymbol{x})$ 是正定的,因此在公式(7.55) 中,所有数λ_i 都是正的,因此,存在空间 L 的一组基$\boldsymbol{e}_1,\cdots,\boldsymbol{e}_n$,$\psi_1(\boldsymbol{x})$ 在这组基中化为型

$$\psi(\boldsymbol{x})=x_1^2+\cdots+x_n^2 \tag{7.56}$$

我们将对称双线性型 $\varphi(\boldsymbol{x},\boldsymbol{y})$ 看作空间 L 中的标量积$(\boldsymbol{x},\boldsymbol{y})$,根据定理 6.6,它与二次型$\psi_1(\boldsymbol{x})$ 相关联.因此,我们将 L 转换为 Euclid 空间.

从公式(6.14) 和(7.56) 中可以看出,该内积的基$\boldsymbol{e}_1,\cdots,\boldsymbol{e}_n$ 是标准正交的.那么根据定理 7.38,存在空间 L 的一组标准正交基$\boldsymbol{e}'_1,\cdots,\boldsymbol{e}'_n$,型$\psi_2(\boldsymbol{x})$ 在这组基中有标准形(7.55).但是,由于基$\boldsymbol{e}'_1,\cdots,\boldsymbol{e}'_n$关于内积是标准正交的,我们借助二次型$\psi_1(\boldsymbol{x})$ 定义了内积,那么在这组基中,$\psi_1(\boldsymbol{x})$ 像之前那样取得型(7.56),这就完成了定理的证明. □

备注 7.40 显然,定理 7.39 仍然成立,如果在其表述中,我们将其中一个型的正定性的条件替换为负定性的条件.事实上,如果 $\psi(\boldsymbol{x})$ 是负定二次型,那么 $-\psi(\boldsymbol{x})$ 是正定的,并且两者在同一组基中都有标准形.

如果没有二次型的正(或负)定性的假设,那么定理7.39不再成立.为了证明这一点,我们来导出两个二次型$\psi_1(\boldsymbol{x})$和$\psi_2(\boldsymbol{x})$同时化为平方和的一个必要(但不充分)条件.设A_1和A_2为其在某组基中的矩阵.如果二次型$\psi_1(\boldsymbol{x})$和$\psi_2(\boldsymbol{x})$可同时化为平方和,那么在其他某组基中,它们的矩阵A'_1和A'_2将是对角的,即

$$A'_1=\begin{pmatrix}\alpha_1 & 0 & \cdots & 0\\ 0 & \alpha_2 & \cdots & 0\\ \vdots & \vdots & & \vdots\\ 0 & 0 & \cdots & \alpha_n\end{pmatrix},\quad A'_2=\begin{pmatrix}\beta_1 & 0 & \cdots & 0\\ 0 & \beta_2 & \cdots & 0\\ \vdots & \vdots & & \vdots\\ 0 & 0 & \cdots & \beta_n\end{pmatrix}$$

那么多项式$|A'_1t+A'_2|$等于$\prod_{i=1}^{n}(\alpha_it+\beta_i)$,也就是说,它可以分解为线性因式$\alpha_it+\beta_i$的乘积.但是,根过公式(6.10),通过基变换来替换双线性型的矩阵,矩阵A_1,A'_1和A_2,A'_2有以下关联

$$A'_1=C^*A_1C,\quad A'_2=C^*A_2C$$

其中C是某个非奇异矩阵,即$|C|\neq 0$.因此

$$|A'_1t+A'_2|=|C^*(A_1t+A_2)C|=|C^*||A_1t+A_2||C|$$

从中考虑到等式$|C^*|=|C|$,我们得到了关系式

$$|A_1t+A_2|=|C|^{-2}|A'_1t+A'_2|$$

由此得出,多项式$|A_1t+A_2|$也可以分解为线性因式.因此,对于可同时化为平方和的两个二次型$\psi_1(\boldsymbol{x})$和$\psi_2(\boldsymbol{x})$(具有矩阵A_1和A_2),多项式$|A_1t+A_2|$必定可分解为实线性因式.

现在当$n=2$时,我们设$\psi_1(\boldsymbol{x})=x_1^2-x_2^2$且$\psi_2(\boldsymbol{x})=x_1x_2$.这些二次型既不是正定的,也不是负定的.它们的矩阵有以下形式

$$A_1=\begin{pmatrix}1 & 0\\ 0 & -1\end{pmatrix},\quad A_2=\begin{pmatrix}0 & 1\\ 1 & 0\end{pmatrix}$$

显然,多项式$|A_1t+A_2|=-(t^2+1)$不能分解为实际线性因式.这蕴涵二次型$\psi_1(\boldsymbol{x})$和$\psi_2(\boldsymbol{x})$不能同时化为平方和.

例如,在F. R. Gantmacher的《矩阵论》一书(见参考文献)中,详细研究了将具有复系数的二次型对化为平方和(借助复线性变换)的问题.

备注7.41 我们给出的定理7.34的最后一个证明使得可以将对称变换$\mathcal{A}$的最大特征值λ解释为二次型$(\boldsymbol{x},\mathcal{A}(\boldsymbol{x}))$在球面$|\boldsymbol{x}|=1$上的最大值.设$\lambda_i$为其他特征值,使得$(\boldsymbol{x},\mathcal{A}(\boldsymbol{x}))=\lambda_1x_1^2+\cdots+\lambda_nx_n^2$,那么$\lambda$是$\lambda_i$中最大的.事实上,我们假设特征值按降序编号:$\lambda_1\geqslant\lambda_2\geqslant\cdots\geqslant\lambda_n$.那么

$$\lambda_1 x_1^2 + \cdots + \lambda_n x_n^2 \leqslant \lambda_1 (x_1^2 + \cdots + x_n^2)$$

型$(\boldsymbol{x}, \mathcal{A}(\boldsymbol{x}))$在球面$|\boldsymbol{x}| = 1$上的最大值等于$\lambda_1$(在具有坐标$x_1 = 1, x_2 = \cdots = x_n = 0$的向量处得到). 这蕴涵$\lambda_1 = \lambda$.

其他特征值λ_i也有一个类似的特征,即 Courant-Fischer 定理,我们将给出该定理(舍去证明). 我们来考虑所有可能的k维向量子空间$\mathrm{L}' \subset \mathrm{L}$. 我们将二次型$(\boldsymbol{x}, \mathcal{A}(\boldsymbol{x}))$限制在子空间$\mathrm{L}'$上,并考察其在$\mathrm{L}'$与单位球面相交处的值,即满足$|\boldsymbol{x}|=1$的所有向量$\boldsymbol{x} \in \mathrm{L}'$构成的集合. 根据 Bolzano-Weierstrass 定理,型$(\boldsymbol{x}, \mathcal{A}(\boldsymbol{x}))$对 L 的限制在球面的某点处假设取得最大值$\lambda'$,它当然取决于子空间$\mathrm{L}'$. Courant-Fischer 定理断言,由此得到的最小的数(作为子空间L'在所有k为子空间的范围上)等于特征值λ_{n-k+1}.

备注 7.42 特征向量与求最大值和最小值的问题有关. 设$f(x_1, \cdots, x_n)$为n个实变量的实值可微函数. 函数f关于变量$(x_1, \cdots, x_n)$在一点处的所有导数,即从该点的所有方向上的导数都等于零的点称为函数的临界点. 实分析中证明了,在某些自然约束下,该条件对于函数f在所讨论的点处取得最大值或最小值是必要的(但不是充分的). 我们考虑单位球面$|\boldsymbol{x}| = 1$上的二次型$f(\boldsymbol{x}) = (\boldsymbol{x}, \mathcal{A}(\boldsymbol{x}))$. 不难证明,对于该球面上的任意点,所有足够接近它的点可以在某个坐标系中写出,使得函数f可以看作这些坐标的函数. 那么函数$(\boldsymbol{x}, \mathcal{A}(\boldsymbol{x}))$的临界点正是对称变换$\mathcal{A}$的特征向量的球面的点.

例 7.43 设三维空间中的椭球是用坐标x, y, z根据以下等式给出的

$$\frac{x^2}{a^2} + \frac{y^2}{b^2} + \frac{z^2}{c^2} = 1 \tag{7.57}$$

(7.57) 左边的表达式可以写成$\psi(\boldsymbol{x}) = (\boldsymbol{x}, \mathcal{A}(\boldsymbol{x}))$,其中

$$\boldsymbol{x} = (x, y, z), \quad \mathcal{A}(\boldsymbol{x}) = \left(\frac{x^2}{a^2}, \frac{y^2}{b^2}, \frac{z^2}{c^2}\right)$$

我们假设$0 < a < b < c$. 那么,二次型$\psi(\boldsymbol{x})$在球面$|\boldsymbol{x}|=1$上的最大值为$\lambda = 1/a^2$. 它在向量$(\pm 1, 0, 0)$上得到. 如果$|\psi(\boldsymbol{x})| \geqslant \lambda (|\boldsymbol{x}|=1)$,那么对于任意向量$\boldsymbol{y} \neq \boldsymbol{0}$,设$\boldsymbol{x} = \boldsymbol{y}/|\boldsymbol{y}|$,我们得到$|\psi(\boldsymbol{y})| \leqslant \lambda |\boldsymbol{y}|^2$. 对于向量$\boldsymbol{y} = \boldsymbol{0}$,这个不等式是显然的. 因此,一般来说,它对于所有$\boldsymbol{y}$都成立. 当$|\psi(\boldsymbol{y})|=1$时,那么得出$|\boldsymbol{y}|^2 \geqslant 1/\lambda$. 这蕴涵满足方程(7.57)的最短向量$\boldsymbol{y}$是向量$(\pm a, 0, 0)$. 以点$(0,0,0)$为起点,并以点$(\pm a, 0, 0)$为终点的线段称为椭球的半短轴(有时,该术语表示其长度). 类似地,二次型$\psi(\boldsymbol{x})$在球面$|\boldsymbol{x}|=1$上取得的最小值等于$1/c^2$. 它在单位球面上的向量$(0,0,\pm 1)$处取得该值. 对应于向量$(0,0,\pm c)$的线段称为椭球的半长轴. 向量$(0, \pm b, 0)$对应于二次型$\psi(\boldsymbol{x})$的临界点,其既不是

最大值也不是最小值.这样的点称为极小化极大点,也就是说,当它从该点向一个方向移动时,函数 $\psi(\boldsymbol{x})$ 递增,而在向另一个方向移动时,函数 $\psi(\boldsymbol{x})$ 递减(如图 7.9).对应于向量 $(0,\pm b,0)$ 的线段称为椭球的中半轴.

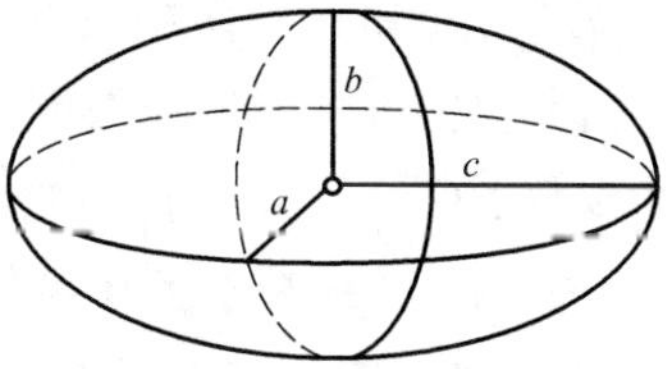

图 7.9　椭球

本章至此介绍的所有内容(关于实 Euclid 空间的定向的第 7.3 节除外)都可以逐字转述到复 Euclid 空间,如果内积是利用正定 Hermite 型 $\varphi(\boldsymbol{x},\boldsymbol{y})$ 定义的.正定性的条件说明,对于相伴二次 Hermite 型 $\psi(\boldsymbol{x})=\varphi(\boldsymbol{x},\boldsymbol{x})$,不等式 $\psi(\boldsymbol{x})>0(\boldsymbol{x}\neq\mathbf{0})$ 是满足的.如果我们像之前那样用 $(\boldsymbol{x},\boldsymbol{y})$ 表示内积,那么最后一个条件可以写成 $(\boldsymbol{x},\boldsymbol{x})>0(\boldsymbol{x}\neq\mathbf{0})$ 的形式.

如前所述,对偶变换 $\mathcal{A}^*$ 由条件(7.46)定义.但是现在,变换 $\mathcal{A}^*$ 在标准正交基中的矩阵由变换 $\mathcal{A}$ 的矩阵通过取转置的复共轭,而不仅仅是通过取转置得到.对称变换的类比定义为其相伴双线性型 $(\boldsymbol{x},\mathcal{A}(\boldsymbol{y}))$ 为 Hermite 的变换 $\mathcal{A}$.

在量子力学中,一个基本事实是我们处理的是复空间.我们可以用以下形式表述以上所述的内容:观测物理量对应于无穷维复 Hilbert 空间中的 Hermite 型.

有限维情形中的 Hermite 变换的理论比实空间中的对称变换的理论构造得更简单,因为不需要证明定理 7.34 的类比:我们已经知道了,复向量空间的任意线性变换都有特征向量.从 Hermite 变换的定义可以看出,Hermite 变换的特征值是实的.本节中证明的定理对于 Hermite 型成立(具有相同的证明).

在复的情形中,保持内积的变换 $\mathcal{U}$ 称为酉的.在第 7.2 节中进行的推理表明,对于酉变换 $\mathcal{U}$,存在由特征向量构成的一组标准正交基,且变换 $\mathcal{U}$ 的所有特征值均为模 1 的复数.

7.6　力学和几何的应用*

我们将从力学和几何这两个不同的领域给出两个例子,其中上一节的定理起着关键作用.由于这些问题将在其他课程中讨论到,我们仅在定义和证明方面做简要介绍.

例 7.44 我们来考虑力学系统在其平衡位置的一个小邻域中的运动. 我们称这样的系统具有 n 个自由度,如果在某个区域,其状态由 n 个所谓的广义坐标$q_1,\cdots,q_n$ 决定,我们将其考虑为向量 $\boldsymbol{q}$ 在某个坐标系中的坐标,其中我们将原点 $\mathbf{0}$ 取为系统的平衡位置. 系统的运动决定了向量 $\boldsymbol{q}$ 对时间 t 的依赖性. 我们假设所研究的平衡位置由其势能 Π 的严格局部极小值决定. 如果该值等于 c,并且势能是广义坐标中的函数 $\Pi(q_1,\cdots,q_n)$(假设它不依赖于时间),那么这蕴涵 $\Pi(0,\cdots,0)=c$ 和 $\Pi(q_1,\cdots,q_n)>c$(对于所有剩余值$q_1,\cdots,q_n$ 都成立)接近于零. 从函数 Π 的临界点对应于极小值的事实出发,我们可以得出,在点 $\mathbf{0}$ 处,所有偏导数 $\partial\Pi/\partial q_i$ 都变成零. 因此,对于函数 $\Pi(q_1,\cdots,q_n)$ 作为变量$q_1,\cdots,q_n$ 的幂级数在点 $\mathbf{0}$ 处的展开式,线性项将等于零,我们得到表达式 $\Pi(q_1,\cdots,q_n)=c+\sum_{i,j=1}^{n} b_{ij}q_iq_j+\cdots$,其中$b_{ij}$ 是某些常数,省略号表示次数大于 2 的项. 由于我们考虑的是距离点 $\mathbf{0}$ 不远的运动,我们可以忽略这些值. 我们将在这个逼近中考虑这个问题. 也就是说,我们设

$$\Pi(q_1,\cdots,q_n)=c+\sum_{i,j=1}^{n} b_{ij}q_iq_j$$

由于$\Pi(q_1,\cdots,q_n)>c$(对于所有值$\dot{q}_1,\cdots,\dot{q}_n$ 都成立)不等于零,那么二次型$\sum_{i,j=1}^{n} b_{ij}q_iq_j$ 将是正定的.

动能 T 是关于所谓广义速度 $\mathrm{d}q_1/\mathrm{d}t,\cdots,\mathrm{d}q_n/\mathrm{d}t$ 的二次型,该速度也用 $\dot{q}_1,\cdots,\dot{q}_n$ 表示,即

$$T=\sum_{i,j=1}^{n} a_{ij}\dot{q}_i\dot{q}_j \tag{7.58}$$

其中$a_{ij}=a_{ji}$ 是 $\boldsymbol{q}$ 的函数(我们假设它们不依赖于时间 t). 考虑到对于只有那些接近零的势能值q_i,我们可以用常数$a_{ij}(\mathbf{0})$ 替换(7.58) 中的所有函数a_{ij},这是我们现在假设的. 动能总是正的,除非所有q_i 都等于 0,因此,二次型(7.58) 是正定的.

一大类力学系统(所谓自然系统)中的运动都由相当复杂的微分方程组——二阶 Lagrange 方程描述

$$\frac{\mathrm{d}}{\mathrm{d}t}\left(\frac{\partial T}{\partial \dot{q}_i}\right)-\frac{\partial T}{\partial q_i}=-\frac{\partial \Pi}{\partial q_i},\quad i=1,\cdots,n \tag{7.59}$$

应用定理 7.39 可以将给定情形中的这些方程化为更简单的方程. 为此,我们找出一个坐标系,其中二次型$\sum_{i,j=1}^{n} a_{ij}x_ix_j$ 可以化为型$\sum_{i=1}^{n} x_i^2$,二次型$\sum_{i,j=1}^{n} b_{ij}x_ix_j$

化为型$\sum_{i=1}^{n}\lambda_i x_i^2$. 那么在这种情形中,型$\sum_{i,j=1}^{n}b_{ij}x_i x_j$是正定的,这蕴涵所有$\lambda_i$都是正的. 在该坐标系中(我们将再次用$q_1,\cdots,q_n$表示),方程组(7.59)分解为独立方程

$$\frac{\mathrm{d}^2 q_i}{\mathrm{d}t^2}=-\lambda_i q_i,\quad i=1,\cdots,n \tag{7.60}$$

其有解$q_i=c_i\cos\sqrt{\lambda_i}t+d_i\sin\sqrt{\lambda_i}t$,其中$c_i$和$d_i$是任意常数. 这表明"小振荡"在每个坐标$q_i$中都是周期的. 由于它们是有界的,因此我们的平衡位置$\mathbf{0}$是稳定的. 如果我们在一点(势能Π的临界点,但不是严格极小值)考查平衡状态,那么在等式(7.60)中,我们无法保证所有λ_i都为正. 那么对于这些i(满足$\lambda_i<0$),我们将得到解$q_i=c_i\cosh\sqrt{-\lambda_i}t+d_i\sinh\sqrt{-\lambda_i}t$,它可以不受$t$的增长约束地增长. 正如当$\lambda_i=0$时,我们将得到无界解$q_i=c_i+d_it$.

严格地说,我们总共只做了以下几点:我们将问题的给定条件替换为接近它们的条件,结果使得问题变得更简单. 这种方法在微分方程的理论中很常见,其中,可以证明简化方程组的解在某种意义上类似于初始方程组的解. 此外,这种偏差的程度可以估计为我们忽略的项的值的函数. 该估计在有限的时间间隔内进行,其长度也取决于忽略项的值. 这证明了我们所做的简化是正确的.

一个巧妙的例子是一串珠子的横向振动,它在历史上发挥了重要作用①.

假设我们在两端固定了一根无质量且理想柔韧的线. 将质量为$m_1,\cdots,m_n$的n个珠子牢固地固定在其上,假设它们将线分成长度为$l_0,l_1,\cdots,l_n$的线段. 我们假设在其初始状态下,线位于x轴上,我们用$y_1,\cdots,y_n$表示珠子沿y轴的位移. 那么这个系统的动能是

$$T=\frac{1}{2}\sum_{i=1}^{n}m_i\dot{y}_i^2$$

假设线的张力是恒定的(因为位移很小),且等于σ,我们得到势能的表达式$\Pi=\sigma\Delta l$,其中$\Delta l=\sum_{i=0}^{n}\Delta l_i$是整条线的长度的改变量,$\Delta l_i$是对应于$l_i$的线的部分的长度的改变量. 那么我们得知$\Delta l_i$用$l_i$表示为

$$\Delta l_i=\sqrt{l_i^2+(y_{i+1}-y_i)^2}-l_i,\quad i=0,\cdots,n$$

① 该例摘自 Gantmacher 和 Krein 的著作《振荡矩阵与核和力学系统的小振动》,莫斯科 1950,英文译本,AMS Chelsea 出版社,2002.

其中 $y_0 = y_{n+1} = 0$. 将该表达式展开为 $y_{i+1} - y_i$ 的和，我们得到二次项 $\sum_{i=0}^{n} \frac{1}{2l_i}(y_{i+1} - y_i)^2$，我们可以设

$$\Pi = \frac{\sigma}{2}\sum_{i=0}^{n} \frac{1}{l_i}(y_{i+1} - y_i)^2, \quad y_0 = y_{n+1} = 0$$

因此，在这种情形中，问题化为同时将变量 $y_1, \cdots, y_n$ 的两个二次型表示为平方和

$$T = \frac{1}{2}\sum_{i=0}^{n} m_i \dot{y}_i^2, \quad \Pi = \frac{\sigma}{2}\sum_{i=0}^{n} \frac{1}{l_i}(y_{i+1} - y_i)^2, \quad y_0 = y_{n+1} = 0$$

但是，如果所有珠子的质量相等，并且它们将线分成相等的线段，即 $m_i = m$ 且 $l_i = l/(n+1), i = 1, \cdots, n$，那么所有公式都可以用更明确的形式写出. 在这种情形中，我们将同时表示为两个型的平方和

$$T = \frac{m}{2}\sum_{i=1}^{n} \dot{y}_i^2, \quad \Pi = \frac{\sigma(n+1)}{l}\left(\sum_{i=1}^{n} y_i^2 - \sum_{i=0}^{n} y_i y_{i+1}\right), \quad y_0 = y_{n+1} = 0$$

因此，我们必须利用正交变换（保持型 $\sum_{i=1}^{n} y_i^2$）将具有以下矩阵的型 $\sum_{i=0}^{n} y_i y_{i+1}$ 表示为平方和

$$A = \frac{1}{2}\begin{pmatrix} 0 & 1 & 0 & \cdots & 0 & 0 \\ 1 & 0 & 1 & \ddots & 0 & 0 \\ 0 & 1 & 0 & \ddots & \ddots & 0 \\ \vdots & \ddots & \ddots & \ddots & \ddots & \vdots \\ 0 & 0 & \ddots & 1 & 0 & 1 \\ 0 & 0 & \cdots & 0 & 1 & 0 \end{pmatrix}$$

可以用标准方法：求出作为行列式 $|A - tE|$ 的根的特征值 $\lambda_1, \cdots, \lambda_n$ 和方程组

$$A\boldsymbol{y} = \lambda \boldsymbol{y} \tag{7.61}$$

的特征向量 $\boldsymbol{y}$，其中 $\lambda = \lambda_i$ 且 $\boldsymbol{y}$ 是未知数 $y_1, \cdots, y_n$ 的列. 但直接利用方程(7.61)更简单. 它们给出了未知数 $y_1, \cdots, y_n$ 的 n 个方程的方程组

$$y_2 = 2\lambda y_1, \quad y_1 + y_3 = 2\lambda y_2, \quad \cdots, \quad y_{n-2} + y_n = 2\lambda y_{n-1}, \quad y_{n-1} = 2\lambda y_n$$

它们可以写为

$$y_{k-1} + y_{k+1} = 2\lambda y_k, \quad k = 1, \cdots, n \tag{7.62}$$

其中，我们设 $y_0 = y_{n+1} = 0$. 方程组(7.62)称为递推关系，其中每个值 y_{k+1} 都用前面两个值 y_k 和 y_{k-1} 来表示. 因此，如果我们知道两个相邻的值，那么我们可以利用关系式(7.62)构造所有 y_k. 条件 $y_0 = y_{n+1} = 0$ 称为边界条件.

我们注意到，当 $\lambda = \pm 1$ 时，具有边界条件 $y_0 = y_{n+1} = 0$ 的方程(7.62)只有

零解：$y_0 = \cdots = y_{n+1} = 0$. 事实上，当 $\lambda = 1$ 时，我们得到

$$y_2 = 2y_1, \quad y_3 = 3y_1, \quad \cdots, \quad y_n = ny_1, \quad y_{n+1} = (n+1)y_1$$

根据 $y_{n+1} = 0$ 得出 $y_1 = 0$，并且所有 y_k 均等于 0. 类似地，当 $\lambda = -1$ 时，我们得到

$$y_2 = -2y_1, \quad y_3 = 3y_1, \quad y_4 = -4y_1, \quad \cdots$$

$$y_n = (-1)^{n-1} n y_1, \quad y_{n+1} = (-1)^n (n+1) y_1$$

根据 $y_{n+1} = 0$ 也可得出 $y_1 = 0$，那么所有 y_k 也都等于零. 因此，当 $\lambda = \pm 1$ 时，方程组(7.61)的唯一解是向量 $\boldsymbol{y} = \boldsymbol{0}$，根据定义，该向量不能是特征向量. 换句话说，这蕴涵数 ± 1 不是矩阵 A 的特征值.

存在一个极好的公式，它可用于求解边界条件为 $y_0 = y_{n+1} = 0$ 的方程(7.62). 我们用 α 和 β 表示二次方程 $z^2 - 2\lambda z + 1 = 0$ 的根. 根据上述推理，$\lambda \neq \pm 1$，因此，数 α 和 β 是不同的，且不能等于 ± 1. 直接代换表明，对于任意 A 和 B，序列 $y_k = A\alpha^k + B\beta^k$ 都满足关系式(7.62). 给定满足 $y_0 = 0$ 的系数 A 和 B 与 y_1. 如我们所见，以下的 y_k 由关系式(7.62)确定，这蕴涵它们同样由我们的公式给出. 条件 $y_0 = 0$，y_1 固定，给出 $B = -A$ 且 $A(\alpha - \beta) = y_1$，其中 $A = y_1/(\alpha - \beta)$. 因此，我们得到了表达式

$$y_k = \frac{y_1}{\alpha - \beta}(\alpha^k - \beta^k) \tag{7.63}$$

我们现在利用条件 $y_{n+1} = 0$，其给出 $\alpha^{n+1} = \beta^{n+1}$. 此外，由于 α 和 β 是多项式 $z^2 - 2\lambda z + 1$ 的根，我们有 $\alpha\beta = 1$，其中 $\beta = \alpha^{-1}$，这蕴涵 $\alpha^{2(n+1)} = 1$. 由此(考虑到 $\alpha \neq \pm 1$)，我们得到

$$\alpha = \cos\left(\frac{\pi j}{n+1}\right) + \mathrm{i}\sin\left(\frac{\pi j}{n+1}\right)$$

其中 i 是虚数单位，数 j 假设为值 $1, \cdots, n$. 再次利用等式 $z^2 - 2\lambda z + 1 = 0$，其根为 α 和 β，我们得到 λ 的 n 个不同的值

$$\lambda_j = \cos\left(\frac{\pi j}{n+1}\right), \quad j = 1, \cdots, n$$

由于 $j = n+2, \cdots, 2n+1$ 给出了相同的值 λ_j. 这些值正是矩阵 A 的特征值. 对于相伴特征值 λ_j 的特征向量 $\boldsymbol{y}_j$，我们根据公式(7.63)得到其坐标 $y_{1j}, \cdots, y_{nj}$ 的形式

$$y_{kj} - \sin\left(\frac{\pi kj}{n+1}\right), \quad k - 1, \cdots, n$$

这些公式是由 d'Alembert 和 Daniel Bernoulli 导出的. 当 $n \to \infty$ 时，取极限，Lagrange 由此导出了均匀弦的振动定律.

例 7.45 我们在 n 维实 Euclid 空间 L 中考虑由在某个坐标系中的方程

$$F(x_1, \cdots, x_n) = 0 \tag{7.64}$$

给出的子集 X. 这样的子集 X 称为超曲面，它由 Euclid 空间 L 的所有向量 $\boldsymbol{x} = (x_1, \cdots, x_n)$ 构成，其坐标满足方程(7.64)[①]. 利用坐标变换公式(3.36)，我们可以看到，子集 $X \subset \mathrm{L}$ 是超曲面的性质并不取决于坐标的选取，即，L 的基的选取. 那么，如果我们假设每个向量的起点位于单个不动点，那么每个向量 $\boldsymbol{x} = (x_1, \cdots, x_n)$ 都可以用其终点，即给定空间的一个点来辨识. 为了符合更常见的术语，在接着讨论本例时，我们将把构成超曲面 X 的向量 $\boldsymbol{x}$ 称为其点.

我们假设 $F(\mathbf{0}) = 0$，并且函数 $F(x_1, \cdots, x_n)$ 对其每个参数都是若干次可微的. 容易验证，该条件也不取决于基的选取. 另外假设 $\mathbf{0}$ 不是超曲面 X 的临界点，也就是说，不是所有的偏导数 $\partial F(\mathbf{0})/\partial x_i$ 都等于零. 换句话说，如果我们引入向量 $\operatorname{grad} F = (\partial F/\partial x_1, \cdots, \partial F/\partial x_n)$，其称为函数 F 的梯度，那么这蕴涵 $\operatorname{grad} F(\mathbf{0}) \neq \mathbf{0}$.

我们对超曲面 X 的局部性质感兴趣，即接近 $\mathbf{0}$ 的点的相关性质. 根据我们所做的假设，分析中的隐函数定理表明，在接近 $\mathbf{0}$ 时，超曲面 X 的每个点的坐标 $x_1, \cdots, x_n$ 都可以表示为 $n-1$ 个参数 $u_1, \cdots, u_{n-1}$ 的函数，此外，对于每个点，值 $u_1, \cdots, u_{n-1}$ 是唯一确定的. 在确定方程(7.64)的剩余坐标 x_k 后，该方程必须仅满足条件 $\dfrac{\partial F}{\partial x_k}(\mathbf{0}) \neq 0$(对于给定的 k 都成立)，由于假设 $\operatorname{grad} F(\mathbf{0}) \neq \mathbf{0}$ 而成立，可以选取坐标 $x_1, \cdots, x_n$ 的某 $n-1$ 个作为 $u_1, \cdots, u_{n-1}$. 确定了超平面 X 的点的坐标 $x_1, \cdots, x_n$ 对参数 $u_1, \cdots, u_{n-1}$ 的依赖性的函数对所有参数的可微性与原函数 $F(x_1, \cdots, x_n)$ 的可微性相同.

由方程

$$\sum_{i=1}^{n} \frac{\partial F}{\partial \boldsymbol{x}_i}(\mathbf{0})\, x_i = 0$$

定义的超平面称为超曲面 X 在点 $\mathbf{0}$ 处的切空间或切超平面，记作 $T_0 X$. 在 Euclid 空间 L 的基是标准正交的情形中，该方程也可以写成 $(\operatorname{grad} F(\mathbf{0}), \boldsymbol{x}) = 0$. 作为 Euclid 空间 L 的子空间，切空间 $T_{\mathbf{0}} X$ 也是 Euclid 空间.

依赖于参数 t 的向量(它取实直线的某个区间上的值，即 $\boldsymbol{x}(t) = (x_1(t), \cdots, x_n(t))$) 构成的集合称为光滑曲线，如果所有函数 $\boldsymbol{x}_i(t)$ 都足够多次可微，并且对于参数 t 的每个值，并非所有导数 $\mathrm{d} x_i/\mathrm{d}t$ 都等于零. 类似于上述关于超曲面

---

① 当超曲面(例如，曲线或曲面)由点构成时，更常见的观点需要考虑由点构成的 n 维空间(否则为仿射空间)，这将在下一章中介绍.

的叙述，我们可以将曲线看作由点 $A(t)$ 构成，其中每个 $A(t)$ 都是某个向量 $\boldsymbol{x}(t)$ 的终点，而所有向量 $\boldsymbol{x}(t)$ 都以某个固定点 O 为起点. 在以下内容中，我们将把构成曲线的向量 $\boldsymbol{x}$ 称为其点.

我们称曲线 γ 经过点 $\boldsymbol{x}_0$，如果 $\boldsymbol{x}(t_0)=\boldsymbol{x}_0$（存在这样的参数 t_0）. 显然，在此我们可以始终假设 $t_0=0$. 事实上，我们来考虑另一条曲线 $\widetilde{\boldsymbol{x}}(t)=(\widetilde{x}_1(t),\cdots,\widetilde{x}_n(t))$，其中函数 $\widetilde{x}_i(t)$ 等于 $x_i(t+t_0)$. 这也可以写成 $\widetilde{\boldsymbol{x}}(\tau)=\boldsymbol{x}(t)$，其中我们引入了一个新参数 τ，它是根据 $\tau=t-t_0$ 由旧参数 t 得到的.

一般来说，对于曲线，我们可以通过公式 $t=\psi(\tau)$ 任意变换参数，其中函数 ψ 定义了一个区间到另一个区间的连续可微双射. 在这种变换下，视为点（或向量）集的曲线将保持不变. 由此可知，可以使用各种参数以多种方式写出同一曲线①.

我们现在引入向量 $\dfrac{\mathrm{d}\boldsymbol{x}}{\mathrm{d}t}=\left(\dfrac{\mathrm{d}x_1}{\mathrm{d}t},\cdots,\dfrac{\mathrm{d}x_n}{\mathrm{d}t}\right)$. 假设曲线 γ 在 $t=0$ 时经过点 $\mathbf{0}$. 那么向量 $\boldsymbol{p}=\dfrac{\mathrm{d}\boldsymbol{x}}{\mathrm{d}t}(0)$ 称为曲线 γ 在点 $\mathbf{0}$ 处的切向量. 当然，这取决于定义曲线的参数 t 的选取. 在参数 $t=\psi(\tau)$ 的变换下，我们得到

$$\frac{\mathrm{d}\boldsymbol{x}}{\mathrm{d}\tau}=\frac{\mathrm{d}\boldsymbol{x}}{\mathrm{d}t}\cdot\frac{\mathrm{d}t}{\mathrm{d}\tau}=\frac{\mathrm{d}\boldsymbol{x}}{\mathrm{d}t}\cdot\psi'(\tau) \tag{7.65}$$

并且切向量 $\boldsymbol{p}$ 乘以一个常数，该常数等于导数 $\psi'(0)$ 的值. 利用这一事实，可以安排一下，使得 $\left|\dfrac{\mathrm{d}\boldsymbol{x}}{\mathrm{d}t}(t)\right|=1$（对于所有接近 0 的 t 都成立）. 这样的参数称为自然参数. 曲线 $\boldsymbol{x}(t)$ 属于超平面(7.64)的条件给出了等式 $F(\boldsymbol{x}(t))=0$，这对于所有 t 都是满足的. 作此关系式关于 t 的微分，我们得到向量 $\boldsymbol{p}$ 位于空间 $T_{\mathbf{0}}X$ 中. 反之，$T_{\mathbf{0}}X$ 中包含的任意向量都可以表示为 $\dfrac{\mathrm{d}\boldsymbol{x}}{\mathrm{d}t}(0)$（存在这样的曲线 $\boldsymbol{x}(t)$）. 当然，这条曲线不是唯一确定的. 切向量 $\boldsymbol{p}$ 成比例的曲线称为在点 $\mathbf{0}$ 处相切.

我们用 $\boldsymbol{n}$ 表示与切空间 $T_{\mathbf{0}}X$ 正交的单位向量. 存在两个这样的向量，$\boldsymbol{n}$ 和 $-\boldsymbol{n}$，我们从中选取一个. 例如，我们可以设

$$\boldsymbol{n}=\frac{\operatorname{grad} F}{|\operatorname{grad} F|}(\mathbf{0}) \tag{7.66}$$

---

① 例如，中心位于笛卡儿坐标系的原点的半径为 1 的圆不仅可以根据公式 $x=\cos t$，$y=\sin t$ 来定义，还可以根据公式 $x=\cos\tau$，$y=-\sin\tau$（具有替换 $t=-\tau$）或公式 $x=\sin\tau$，$y=\cos\tau$（替换 $t=\pi/2-\tau$）来定义.

我们将向量$\frac{\mathrm{d}^2\boldsymbol{x}}{\mathrm{d}t^2}$定义为$\frac{\mathrm{d}}{\mathrm{d}t}(\frac{\mathrm{d}\boldsymbol{x}}{\mathrm{d}t})$并设

$$Q=\left(\frac{\mathrm{d}^2\boldsymbol{x}}{\mathrm{d}t^2}(0),\boldsymbol{n}\right) \tag{7.67}$$

命题 7.46 值 Q 仅取决于向量 $\boldsymbol{p}$;即它在其坐标的一个二次型.

证明:只需通过在(7.67)中对于向量 $\boldsymbol{n}$ 代入与其成比例的任意向量,例如 grad $F(\mathbf{0})$,来验证该结论. 由于根据假设,曲线 $\boldsymbol{x}(t)$ 包含在超平面(7.64)中,因此 $F(x_1(t),\cdots,x_n(t))=0$. 对该等式关于 t 作两次微分,我们得到

$$\sum_{i=1}^{n}\frac{\partial F}{\partial x_i}\frac{\mathrm{d}x_i}{\mathrm{d}t}=0,\quad \sum_{i,j=1}^{n}\frac{\partial^2 F}{\partial x_i\partial x_j}\frac{\mathrm{d}x_i}{\mathrm{d}t}\frac{\mathrm{d}x_j}{\mathrm{d}t}+\sum_{i=1}^{n}\frac{\partial F}{\partial x_i}\frac{\mathrm{d}^2x_i}{\mathrm{d}t^2}=0$$

在此设 $t=0$,我们可以看到

$$\left(\frac{\mathrm{d}^2\boldsymbol{x}}{\mathrm{d}t^2}(0),\mathrm{grad}\ F(\mathbf{0})\right)=-\sum_{i,j=1}^{n}\frac{\partial^2 F}{\partial x_i\partial x_j}(\mathbf{0})\,p_i\,p_j$$

其中 $\boldsymbol{p}=(p_1,\cdots,p_n)$. 这就证明了结论. □

型 $Q(\boldsymbol{p})$ 称为超曲面的第二二次型. 当把 $T_{\mathbf{0}}X$ 看作 Euclid 空间 L 的子空间时,型$(\boldsymbol{p}^2)$称为第一二次型. 我们观察到,第二二次型需要选取与 T_0X 正交的两个单位向量($\boldsymbol{n}$ 或 $-\boldsymbol{n}$)中的一个. 这经常可以解释为在点 $\mathbf{0}$ 的邻域中选取超曲面的一侧.

第一和第二二次型使我们可以得到位于超曲面 X 中的某些曲线 $\boldsymbol{x}(t)$ 的曲率的表达式. 我们假设一条曲线是包含点 $\mathbf{0}$ 的平面L′ 和超曲面 X 的交线(即使仅在点 $\mathbf{0}$ 的任意小的邻域内). 这样的曲线称为超曲面的平面截口. 如果我们定义曲线 $\boldsymbol{x}(t)$,使得 t 是一个自然参数,那么其在点 $\mathbf{0}$ 处的曲率为数

$$k=\left|\frac{\mathrm{d}^2\boldsymbol{x}}{\mathrm{d}t^2}(0)\right|$$

我们假设 $k\neq 0$,并设

$$\boldsymbol{m}=\frac{1}{k}\cdot\frac{\mathrm{d}^2\boldsymbol{x}}{\mathrm{d}t^2}(0)$$

根据定义,向量 $\boldsymbol{m}$ 的长度为 1. 它称为曲线 $\boldsymbol{x}(t)$ 在点 $\mathbf{0}$ 处的法向量. 如果曲线 $\boldsymbol{x}(t)$ 是超曲面的平面截口,那么 $\boldsymbol{x}(t)$ 位于平面L′ 中(对于所有足够小的 t 都成立),因此,向量

$$\frac{\mathrm{d}\boldsymbol{x}}{\mathrm{d}t}=\lim_{h\to 0}\frac{\boldsymbol{x}(t+h)-\boldsymbol{x}(t)}{h}$$

也位于平面L′ 中. 因此,这对于向量$\frac{\mathrm{d}^2\boldsymbol{x}}{\mathrm{d}t^2}$也成立,这蕴涵它对于法向量 $\boldsymbol{m}$ 也成立. 如果曲线 γ 是用自然参数 t 定义的,那么

$$\left|\frac{\mathrm{d}\boldsymbol{x}}{\mathrm{d}t}\right|^2=\left(\frac{\mathrm{d}\boldsymbol{x}}{\mathrm{d}t},\frac{\mathrm{d}\boldsymbol{x}}{\mathrm{d}t}\right)=1$$

对这个等式作关于 t 的微分，我们得到向量$\frac{\mathrm{d}^2\boldsymbol{x}}{\mathrm{d}t^2}$ 和$\frac{\mathrm{d}\boldsymbol{x}}{\mathrm{d}t}$ 是正交的. 因此，曲线 γ 的法向量 $\boldsymbol{m}$ 与任意切向量正交(对于具有自然参数 t 的形式 $\boldsymbol{x}(t)$ 的曲线 γ 的任意定义)，向量 $\boldsymbol{m}$ 由符号唯一定义. 显然，$\mathrm{L}'=\langle\boldsymbol{m},\boldsymbol{p}\rangle$，其中 $\boldsymbol{p}$ 是任意切向量.

根据二次型 Q 的定义(7.67)，并考虑到等式 $|\boldsymbol{m}|=|\boldsymbol{n}|=1$，我们得到了表达式

$$Q(\boldsymbol{p})=(k\boldsymbol{m},\boldsymbol{n})=k(\boldsymbol{m},\boldsymbol{n})=k\cos\varphi \tag{7.68}$$

其中，φ 是向量 $\boldsymbol{m}$ 和 $\boldsymbol{n}$ 之间的夹角. 表达式 $k\cos\varphi$ 记作$\tilde{k}$，其称为超曲面 X 在方向 $\boldsymbol{p}$ 上的法曲率. 我们回顾一下，在此，$\boldsymbol{n}$ 表示选定的与切空间$T_{\mathbf{0}}X$ 正交的单位向量，$\boldsymbol{m}$ 是与向量 $\boldsymbol{p}$ 相切的曲线的法向量. 曲线 $\boldsymbol{x}(t)$ 的任意参数定义的类似公式(其中 t 不一定是自然参数) 也利用了第一二次型. 即，如果 τ 是另一个参数，而 t 是自然参数，那么根据公式(7.65)，现在代替向量 $\boldsymbol{p}$，我们得到$\boldsymbol{p}'=\boldsymbol{p}\psi'(0)$. 由于 Q 是二次型，因此 $Q(\boldsymbol{p}\psi'(0))=\psi'(0)^2Q(\boldsymbol{p})$，代替公式(7.68)，我们现在得到

$$\frac{Q(\boldsymbol{p})}{(\boldsymbol{p}^2)}=k\cos\varphi \tag{7.69}$$

在此第一二次型($\boldsymbol{p}^2$) 也涉及了第二二次型 $Q(\boldsymbol{p})$，但与(7.68) 相比，现在(7.69) 对于曲线 γ 上的参数 t 的任意选取是成立的.

上面给出的术语法曲率的要点如下. 如果 $\boldsymbol{n}\in\mathrm{L}'$，那么超曲面 X 经平面L' 的截口称为法线. 由公式(7.66) 定义的向量 $\boldsymbol{n}$ 正交于切平面$T_{\mathbf{0}}X$. 但在平面L' 中，存在与曲线 γ 相切的向量 $\boldsymbol{p}$ 和与其正交的法向量 $\boldsymbol{m}$. 因此，在法截线 $\boldsymbol{n}=\pm\boldsymbol{m}$ 的情形中，这说明在公式(7.68) 中，角度 φ 等于 0 或 π. 反之，从等式 $|\cos\varphi|=1$ 可以得出 $\boldsymbol{n}\in\mathrm{L}'$. 因此，在法截线的情形中，法曲率$\tilde{k}$ 与 k 仅相差因数 ±1，并由以下关系式定义

$$\tilde{k}=\frac{Q(\boldsymbol{p})}{|\boldsymbol{p}|^2}$$

由于$\mathrm{L}'=\langle\boldsymbol{m},\boldsymbol{p}\rangle$，因此所有法截线都对应于平面$\mathrm{L}'$ 中的直线. 对于每条直线，都存在包含该直线的唯一法截线. 换句话说，考虑所有得到的平面$\langle\boldsymbol{m},\boldsymbol{p}\rangle$，我们绕向量 $\boldsymbol{m}$“旋转” 平面L'，其中 $\boldsymbol{p}$ 是切超平面$T_{\mathbf{0}}X$ 中的向量. 从而得到了超曲面 X 的所有法截线.

我们现在应用定理 7.38. 在我们的例子中，它给出了切超平面$T_{\mathbf{0}}X$(看作 Euclid 空间 L 的子空间) 中的一组标准正交基$\boldsymbol{e}_1,\cdots,\boldsymbol{e}_{n-1}$，其中二次型 $Q(\boldsymbol{p})$ 化

为标准形. 换句话说,对于向量 $\boldsymbol{p}=u_1\boldsymbol{e}_1+\cdots+u_{n-1}\boldsymbol{e}_{n-1}$,第二二次型取为 $Q(\boldsymbol{p})=\lambda_1 u_1^2+\cdots+\lambda_{n-1}u_{n-1}^2$,由于基 $\boldsymbol{e}_1,\cdots,\boldsymbol{e}_{n-1}$ 是标准正交的,在这种情形中,我们有

$$\frac{u_i}{|p_i|}=\frac{(\boldsymbol{p},\boldsymbol{e}_i)}{|p_i|}=\cos\varphi_i \tag{7.70}$$

其中,φ_i 是向量 $\boldsymbol{p}$ 和 $\boldsymbol{e}_i$ 之间的夹角. 由此,我们得到了法截线 γ 的法曲率 $\tilde{k}$ 的公式

$$\tilde{k}=\frac{Q(\boldsymbol{p})}{|\boldsymbol{p}|^2}=\sum_{i=1}^{n-1}\lambda_i\left(\frac{u_i}{|\boldsymbol{p}|}\right)^2=\sum_{i=1}^{n-1}\lambda_i\cos^2\varphi_i \tag{7.71}$$

其中 $\boldsymbol{p}$ 是曲线 γ 在点 $\boldsymbol{0}$ 处的任意切向量. 关系式(7.70)和(7.71)称为 Euler 公式. 数 λ_i 称为超曲面 X 在点 $\boldsymbol{0}$ 处的主曲率.

在 $n=3$ 的情形中,超曲面(7.64)是一个通常曲面,并有两个主曲率 λ_1 和 λ_2. 考虑到 $\cos^2\varphi_1+\cos^2\varphi_2=1$,Euler 公式取得以下形式

$$\tilde{k}=\lambda_1\cos^2\varphi_1+\lambda_2\cos^2\varphi_2=(\lambda_1-\lambda_2)\cos^2\varphi_1+\lambda_2 \tag{7.72}$$

假设 $\lambda_1\geqslant\lambda_2$. 那么从(7.72)中显然可以看出,法曲率 $\tilde{k}$ 在 $\cos^2\varphi_1=1$ 时取得极大值(等于 λ_1),当 $\cos^2\varphi_1=0$ 时取得极小值(等于 λ_2). 该结论称为曲面的主曲率的极值性质. 如果 λ_1 和 λ_2 同号($\lambda_1\lambda_2>0$),那么从(7.72)中可以看出,曲面在给定点 $\boldsymbol{0}$ 处的任意法截线有同号的曲率,因此,所有法截线在同一方向上具有凸性,并且在点 $\boldsymbol{0}$ 附近,曲面位于其切面的一侧;如图 7.10(a). 这些点称为椭圆点. 如果 λ_1 和 λ_2 异号($\lambda_1\lambda_2<0$),那么从公式(7.72)中可以看出,存在凸性方向相反的法截线,并且在接近 $\boldsymbol{0}$ 的点处,曲面位于其切面的不同侧;如图 7.10(b). 这些点称为双曲点[①].

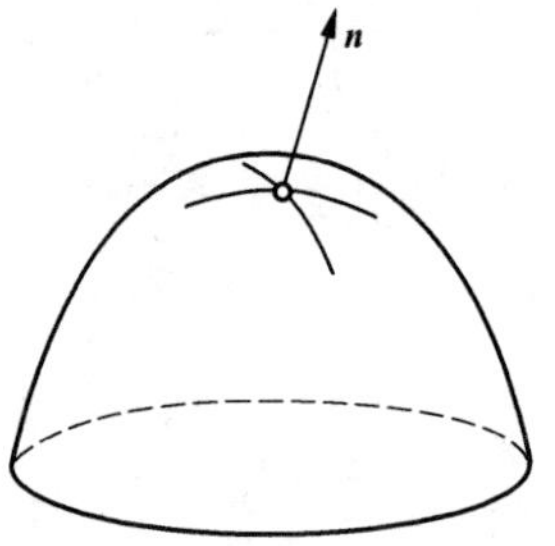

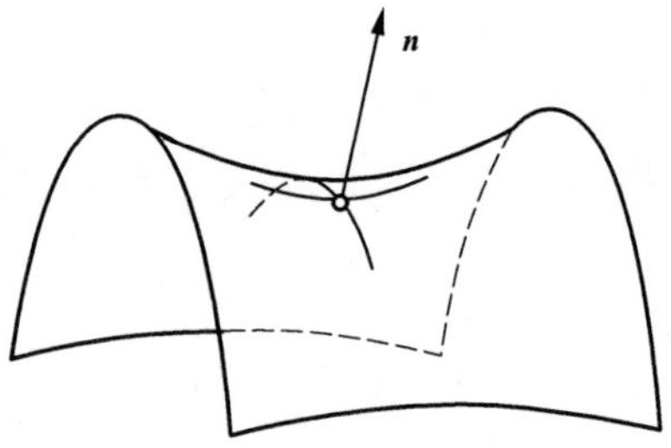

图 7.10　椭圆点(a)和双曲点(b)

① 完全由椭圆点构成的曲面的例子有椭球、双叶双曲面和椭圆抛物面,而完全由双曲点构成的曲面包括单叶双曲面和双曲抛物面.

从所有这些讨论可以看出,主曲率的乘积$\kappa=\lambda_1\lambda_2$刻画了曲面的某些重要性质(称为曲面的“内部几何性质”). 该乘积称为曲面的 Gauss 曲率或全曲率.

7.7 伪 Euclid 空间

如果在 Euclid 空间的定义中,我们放弃了二次型$(\boldsymbol{x}^2)$的正定性的要求或用较弱的条件替换它,那么本章前面几节中证明的许多定理仍然成立. 没有这个条件,内积$(\boldsymbol{x},\boldsymbol{y})$与任意对称双线性型没有任何区别. 如定理 6.6 所示,它由二次型$(\boldsymbol{x}^2)$唯一定义.

因此,我们得到了一个与我们在第 6 章中提出的二次型的理论完全一致的理论. 基本定理(关于将二次型化为标准形)包括标准正交基$\boldsymbol{e}_1,\cdots,\boldsymbol{e}_n$的存在性,即,使得$(\boldsymbol{e}_i,\boldsymbol{e}_j)=0(i\neq j)$的一组基. 那么对于向量$x_1\boldsymbol{e}_1+\cdots+x_n\boldsymbol{e}_n$,二次型$(\boldsymbol{x}^2)$等于$\lambda_1x_1^2+\cdots+\lambda_nx_n^2$. 此外,这对于特征不为 2 的任意域$\mathbb{K}$上的向量空间和双线性型也成立. 在这种情形中,空间的同构的概念也有意义;如前所述,有必要要求保持标量积$(\boldsymbol{x},\boldsymbol{y})$.

具有双线性型或二次型的此类空间(由同构定义)的理论是非常有趣的(例如,在$\mathbb{K}=\mathbb{Q}$的情形中,即有理数域). 但在此,我们对实空间感兴趣. 在这种情形中,公式(6.28)和定理 6.17(惯性定律)表明,由同构决定,空间由其秩和相伴二次型的惯性指数唯一定义.

我们将进一步关注对具有非奇异对称双线性型$(\boldsymbol{x},\boldsymbol{y})$的实向量空间的考查. 我们回顾一下,双线性型的非奇异性蕴涵其秩(即其矩阵在空间的任意基中的秩)等于 $\dim \mathrm{L}$. 换句话说,这说明它的根等于$(\boldsymbol{0})$;也就是说,如果向量$\boldsymbol{x}$使得$(\boldsymbol{x},\boldsymbol{y})=\boldsymbol{0}(\boldsymbol{y}\in\mathrm{L})$,那么$\boldsymbol{x}=\boldsymbol{0}$(见第 6.2 节). 对于 Euclid 空间,该条件自动由定义的性质(4)(只需在那里设$\boldsymbol{y}=\boldsymbol{x}$)得到.

公式(6.28)表明,在这些条件下,存在空间 L 的一组基$\boldsymbol{e}_1,\cdots,\boldsymbol{e}_n$,对其有

$$(\boldsymbol{e}_i,\boldsymbol{e}_j)=0,\quad i\neq j$$
$$(\boldsymbol{e}_i^2)=\pm1$$

像之前那样,这组基称为标准正交基. 其中,型$(\boldsymbol{x}^2)$可以写成

$$(\boldsymbol{x}^2)=\boldsymbol{x}_1^2+\cdots+\boldsymbol{x}_s^2-\boldsymbol{x}_{s+1}^2-\cdots-\boldsymbol{x}_n^2$$

数s称为二次型$(\boldsymbol{x}^2)$和伪 Euclid 空间 L 的惯性指数.

如果二次型$(\boldsymbol{x}^2)$既不是正定的也不是负定的,也就是说,如果其惯性指数s是正的但小于n,那么 Euclid 空间出现了一个新的难题. 在这种情形中,双线

性型$(\boldsymbol{x},\boldsymbol{y})$ 对子空间$\mathrm{L}'\subset\mathrm{L}$ 的限制是奇异的，即使 L 中的原始双线性型$(\boldsymbol{x},\boldsymbol{y})$ 是非奇异的. 例如，显然，在 L 中存在一个向量 $\boldsymbol{x}\neq\mathbf{0}$，对其有$(\boldsymbol{x}^2)=\mathbf{0}$，那么$(\boldsymbol{x},\boldsymbol{y})$ 对一维子空间$\langle\boldsymbol{x}\rangle$ 的限制是奇异的(恒等于零).

因此，我们来考虑一个具有定义在其上的非奇异对称双线性型$(\boldsymbol{x},\boldsymbol{y})$ 的向量空间 L. 在这种情形中，我们将使用许多概念和之前用于 Euclid 空间的许多记号. 因此，如果$(\boldsymbol{x},\boldsymbol{y})=0$，那么向量 $\boldsymbol{x}$ 和 $\boldsymbol{y}$ 称为正交的. 子空间L_1 和L_2 称为正交的，如果$(\boldsymbol{x},\boldsymbol{y})=0(\boldsymbol{x}\in\mathrm{L}_1$ 且 $\boldsymbol{y}\in\mathrm{L}_2)$，我们将其表示为$\mathrm{L}_1\perp\mathrm{L}_2$. 子空间$\mathrm{L}'\subset\mathrm{L}$ 关于双线性型$(\boldsymbol{x},\boldsymbol{y})$ 的正交补记作$(\mathrm{L}')^{\perp}$. 然而，与 Euclid 空间的情形存在一个重要的区别，在这方面给出以下定义将是有益的.

定义 7.47 子空间$\mathrm{L}'\subset\mathrm{L}$ 称为非退化的，如果由型$(\boldsymbol{x},\boldsymbol{y})$ 对L' 的限制得到的双线性型是非奇异的. 在相反的情形中，L' 称为退化的.

根据定理 6.9，在非退化子空间L' 的情形中，我们有正交分解

$$\mathrm{L}=\mathrm{L}'\oplus(\mathrm{L}')^{\perp}\tag{7.73}$$

在 Euclid 空间的情形中，正如我们所看到的，每个子空间L' 都是非退化的，分解(7.73) 在没有任何附加条件的情况下是成立的. 如下例所示，在伪 Euclid 空间中，分解(7.73) 的子空间L' 的非退化条件事实上是必不可少的.

例 7.48 我们来考虑一个具有对称双线性型的三维空间 L，该对称双线性型在某组选定的基上由以下公式定义

$$(\boldsymbol{x},\boldsymbol{y})=x_1y_1+x_2y_2-x_3y_3$$

其中，x_i 是向量 $\boldsymbol{x}$ 的坐标，y_i 是向量 $\boldsymbol{y}$ 的坐标. 设$\mathrm{L}'=\langle\boldsymbol{e}\rangle$，其中向量 $\boldsymbol{e}$ 有坐标$(0,1,1)$. 那么容易验证，$(\boldsymbol{e},\boldsymbol{e})=0$，因此，型$(\boldsymbol{x},\boldsymbol{y})$ 对L' 的限制恒等于零. 这蕴涵子空间L' 是退化的. 其正交补$(\mathrm{L}')^{\perp}$是二维的，且由所有向量 $\boldsymbol{z}\in\mathrm{L}$(具有坐标$(z_1,z_2,z_3)$，其中$z_2=z_3$) 构成. 因此，$\mathrm{L}'\subset(\mathrm{L}')^{\perp}$，且交集$\mathrm{L}'\cap(\mathrm{L}')^{\perp}=\mathrm{L}'$包含非零向量. 这蕴涵和$\mathrm{L}'+(\mathrm{L}')^{\perp}$ 不是直和. 此外，显然，$\mathrm{L}'+(\mathrm{L}')^{\perp}\neq\mathrm{L}$.

根据双线性型$(\boldsymbol{x},\boldsymbol{y})$ 的非奇异性，其矩阵的行列式(在任意一组基上) 不为零. 如果该矩阵在基$\boldsymbol{e}_1,\cdots,\boldsymbol{e}_n$ 中写出，那么其行列式等于

$$\begin{vmatrix}(\boldsymbol{e}_1,\boldsymbol{e}_1) & (\boldsymbol{e}_1,\boldsymbol{e}_2) & \cdots & (\boldsymbol{e}_1,\boldsymbol{e}_n)\\(\boldsymbol{e}_2,\boldsymbol{e}_1) & (\boldsymbol{e}_2,\boldsymbol{e}_2) & \cdots & (\boldsymbol{e}_2,\boldsymbol{e}_n)\\\vdots & \vdots & & \vdots\\(\boldsymbol{e}_n,\boldsymbol{e}_1) & (\boldsymbol{e}_n,\boldsymbol{e}_2) & \cdots & (\boldsymbol{e}_n,\boldsymbol{e}_n)\end{vmatrix}\tag{7.74}$$

就像 Euclid 空间那样，我们将其称为基$\boldsymbol{e}_1,\cdots,\boldsymbol{e}_n$ 的 Gram 行列式. 当然，这个行列式取决于基的选取，但它的符号不取决于基. 事实上，如果 A 和A' 是双线性

型在两组不同的基中的矩阵，那么它们由等式$A'=C^*AC$关联，其中C是非奇异转移矩阵，从中得出$|A'|=|A|\cdot|C|^2$. 因此，Gram 行列式的符号对于所有基都是相同的.

如上所述，对于非退化子空间$\mathrm{L}'\subset\mathrm{L}$，我们有分解(7.73)，它得出等式

$$\dim \mathrm{L}=\dim \mathrm{L}'+\dim (\mathrm{L}')^{\perp} \tag{7.75}$$

但等式(7.75)对于每个子空间$\mathrm{L}'\subset\mathrm{L}$也成立，尽管我们在例 7.48 中看到，分解(7.73)在一般情形中可能不成立.

事实上，根据定理 6.3，我们可以将空间 L 中的任意双线性型$(\boldsymbol{x},\boldsymbol{y})$写成$(\boldsymbol{x},\boldsymbol{y})=(\boldsymbol{x},\mathcal{A}(\boldsymbol{y}))$，其中$\mathcal{A}:\mathrm{L}\to\mathrm{L}^*$是某个线性变换. 由双线性型$(\boldsymbol{x},\boldsymbol{y})$的非奇异性得出变换$\mathcal{A}$的非奇异性. 换句话说，变换$\mathcal{A}$是同构，即，其核等于$(\mathbf{0})$，特别地，对于任意子空间$\mathrm{L}'\subset\mathrm{L}$，我们都有等式$\dim \mathcal{A}(\mathrm{L}')=\dim \mathrm{L}'$. 另外，利用第 3.7 节中引入的零化子的概念，我们可以将正交补$(\mathrm{L}')^{\perp}$写为$(\mathcal{A}(\mathrm{L}'))^a$. 根据以上所述和零化子的公式(3.54)，我们得到了关系式

$$\dim (\mathcal{A}(\mathrm{L}'))^a=\dim \mathrm{L}-\dim \mathcal{A}(\mathrm{L}')=\dim \mathrm{L}-\dim \mathrm{L}'$$

即$\dim (\mathrm{L}')^{\perp}=\dim \mathrm{L}-\dim \mathrm{L}'$. 我们注意到，这个论点不仅对于实数上定义的向量空间 L 成立，而且对于任意域上定义的向量空间 L 也成立.

我们研究的空间是由惯性指数s定义的(由同构确定)，惯性指数s可以取从 0 到n的值. 如上所述，任意一组基的 Gram 行列式的符号等于$(-1)^{n-s}$，显然，如果我们将空间 L 中的内积$(\boldsymbol{x},\boldsymbol{y})$替换为$-(\boldsymbol{x},\boldsymbol{y})$，我们将保持其所有本质性质，但惯性指数$s$将替换为$n-s$，因此，接下来，我们将假设$n/2\leqslant s\leqslant n$. $s=n$的情形对应于 Euclid 空间. 然而，存在一种现象，其解释目前尚不完全清楚；至此，数学和物理中最有趣的问题与两类空间有关：惯性指数s等于n的空间和$s=n-1$的空间. Euclid 空间$(s=n)$的理论一直是本章的主题. 在剩余部分中，我们将考虑另一种情形：$s=n-1$. 后续，我们将此类空间称为伪 Euclid 空间(尽管有时，当$(\boldsymbol{x},\boldsymbol{y})$是任意非奇异对称双线性型，它既不是正定的，也不是负定的，即惯性指数$s\neq 0,n$时，我们使用了这一术语).

因此，n维伪 Euclid 空间是装备了对称双线性型$(\boldsymbol{x},\boldsymbol{y})$的向量空间 L，使得在某组基$\boldsymbol{e}_1,\cdots,\boldsymbol{e}_n$中，二次形式$(\boldsymbol{x}^2)$取得以下形式

$$x_1^2+\cdots+x_{n-1}^2-x_n^2 \tag{7.76}$$

与 Euclid 空间的情形一样，我们将像之前那样，将这组基称为标准正交基.

伪 Euclid 空间最著名的应用与狭义相对论有关. 根据 Minkowski 提出的一个想法，在这个理论中，我们考虑一个四维空间，其向量称为时空事件(我们之前在第 89 页提到过). 它们有坐标(x,y,z,t)，空间装备了二次型x^2+y^2+

$z^2 - t^2$(此处假设光速为 1). 由此得到的伪 Euclid 空间称为 Minkowski 空间. 类似于这些概念在 Minkowski 空间中的物理意义,在任意伪 Euclid 空间中,如果$(\boldsymbol{x}^2) > 0$,那么称向量 $\boldsymbol{x}$ 为类空的. 而如果$(\boldsymbol{x}^2) < 0$,那么这种向量称为类时的,如果$(\boldsymbol{x}^2) = 0$,那么称为类光的或迷向的[①].

例 7.49 我们来考虑伪 Euclid 空间 L 的最简单的情形,其中 dim L=2 且惯性指数 $s=1$. 根据一般的理论,在该空间中存在一组标准正交基,在这种情形中,基$\boldsymbol{e}_1, \boldsymbol{e}_2$ 有

$$(\boldsymbol{e}_1^2) = 1, \quad (\boldsymbol{e}_2^2) = -1, \quad (\boldsymbol{e}_1, \boldsymbol{e}_2) = 0 \tag{7.77}$$

向量 $\boldsymbol{x} = x_1 \boldsymbol{e}_1 + x_2 \boldsymbol{e}_2$ 的标量平方等于$(\boldsymbol{x}^2) = x_1^2 - x_2^2$. 然而,在设

$$\boldsymbol{f}_1 = \frac{\boldsymbol{e}_1 + \boldsymbol{e}_2}{2}, \quad \boldsymbol{f}_2 = \frac{\boldsymbol{e}_1 - \boldsymbol{e}_2}{2} \tag{7.78}$$

之后,在由类光向量$\boldsymbol{f}_1, \boldsymbol{f}_2$ 构成的基中更容易写出与空间 L 相关联的公式. 那么$(\boldsymbol{f}_1^2) = (\boldsymbol{f}_2^2) = 0$,$(\boldsymbol{f}_1, \boldsymbol{f}_2) = \frac{1}{2}$,向量 $\boldsymbol{x} = x_1 \boldsymbol{f}_1 + x_2 \boldsymbol{f}_2$ 的标量平方等于$(\boldsymbol{x}^2) = x_1 x_2$. 类光向量位于坐标轴上;如图 7.11. 类时向量包含第二和第四象限,类空向量构成第一和第三象限.

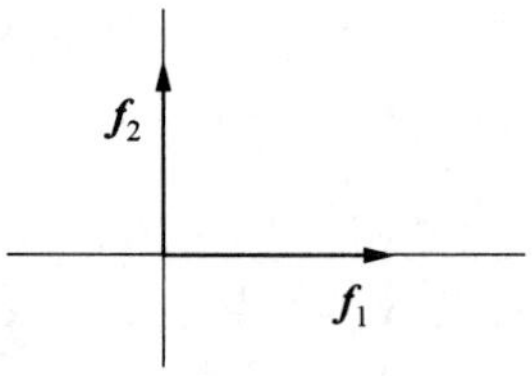

图 7.11 伪 Euclid 平面

定义 7.50 由伪 Euclid 空间的所有类光向量构成的集合 $V \subset$ L 称为光锥(或迷向锥).

我们将集合 V 称为锥表明,如果它包含某个向量 $\boldsymbol{e}$,那么它就包含整条直线$\langle \boldsymbol{e} \rangle$,它立即由定义得到. 类时向量构成的集合称为锥 V 的内部,而类空向量构成的集合构成其外部. 在例 7.49 的空间中,光锥 V 是两条直线$\langle \boldsymbol{f}_1 \rangle$和$\langle \boldsymbol{f}_2 \rangle$的并集. 下例给出了光锥的更直观的表示.

例 7.51 我们考虑伪 Euclid 空间 L,其中 dim L=3 且惯性指数 $s=2$. 通

---

① 我们注意到,这一术语不同于通常使用的术语:"类空" 向量通常称为"类时的",反之亦然. 这种差异可以用我们已经假设的条件 $s = n-1$ 来解释. 在 Minkowski 空间的传统定义中,我们通常考虑二次型 $-x^2 - y^2 - z^2 + t^2$,具有惯性指数 $s = 1$,我们需要将其乘以 -1 以使条件 $s \geqslant n/2$ 是满足的.

过选取一组标准正交基e_1, e_2, e_3,使得

$$(e_1^2)=(e_2^2)=1,\quad (e_3^2)=-1,\quad (e_i, e_j)=0,\quad i\neq j$$

光锥V由方程$x_1^2+x_2^2-x_3^2=0$定义.这是解析几何课程中熟悉的三维空间中的通常直圆锥;如图 7.12.

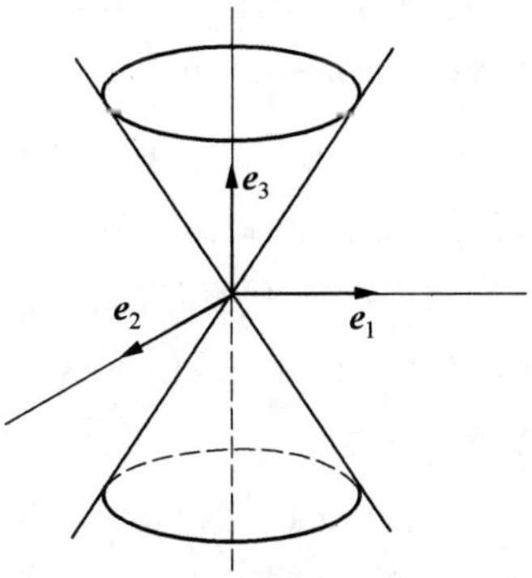

图 7.12　光锥

现在,我们回到n维伪 Euclid 空间 L 的一般情形,并更详细地考虑 L 中的光锥V.首先,我们来验证它是“完全圆形的”.

引理 7.52　尽管锥V包含整条直线$\langle x\rangle$连同每个向量x,但它不包含二维子空间.

证明:我们假设V包含一个二维子空间$\langle x, y\rangle$.我们选取一个向量$e\in$ L 使得$(e^2)=-1$.那么直线$\langle e\rangle$是 L 的非退化子空间,我们可以利用分解(7.73)

$$\mathrm{L}=\langle e\rangle\oplus\langle e\rangle^{\perp}\tag{7.79}$$

根据惯性定律,可以得出$\langle e\rangle^{\perp}$是 Euclid 空间.我们将分解(7.79)应用于向量$x, y\in V$.我们得到

$$x=\alpha e+u,\quad y=\beta e+v\tag{7.80}$$

其中u和v是 Euclid 空间$\langle e\rangle^{\perp}$中的向量,而α和β是某些标量.

条件$(x^2)=0$和$(y^2)=0$可以写成$\alpha^2=(u^2)$和$\beta^2=(v^2)$.对向量$x+y=(\alpha+\beta)e+u+v$使用相同的推理,根据假设$\langle x, y\rangle\subset V$也包含在$V$中,我们得到等式

$$(\alpha+\beta)^2=(u+v, u+v)=(u^2)+2(u, v)+(v^2)=\alpha^2+2(u, v)+\beta^2$$

消去等式左右两边的项α^2和β^2,我们得到$\alpha\beta=(u, v)$,即$(u, v)^2=\alpha^2\beta^2=(u^2)\cdot(v^2)$.因此对于Euclid空间$\langle e\rangle^{\perp}$中的向量$u$和$v$,Cauchy-Schwarz不等式化为等式,由此得出u和v成比例(见第 205 页).设$v=\lambda u$.那么向量$y-\lambda x=(\beta-\lambda\alpha)e$也是类光的.由于$(e^2)=-1$,可以得出$\beta=\lambda\alpha$.但根据关系式(7.80),可得

$\boldsymbol{y}=\lambda\boldsymbol{x}$，这与假设 $\dim\langle\boldsymbol{x},\boldsymbol{y}\rangle=2$ 相矛盾. □

我们选取一个任意的类时向量 $\boldsymbol{e}\in\mathrm{L}$. 那么在直线 $\langle\boldsymbol{e}\rangle$ 的正交补 $\langle\boldsymbol{e}\rangle^{\perp}$ 中，双线性型 $(\boldsymbol{x},\boldsymbol{y})$ 确定了一个正定二次型. 这蕴涵 $\langle\boldsymbol{e}\rangle^{\perp}\cap V=\boldsymbol{0}$，超平面 $\langle\boldsymbol{e}\rangle^{\perp}$ 将集合 $V\backslash\boldsymbol{0}$ 分成两部分，V_+ 和 V_-，由向量 $\boldsymbol{x}\in V$ 构成，使得在每部分中，分别满足条件 $(\boldsymbol{e},\boldsymbol{x})>0$ 或 $(\boldsymbol{e},\boldsymbol{x})<0$. 我们将这些集合 V_+ 和 V_- 称为光锥 V 的极点. 在图 7.12 中，平面 $\langle\boldsymbol{e}_1,\boldsymbol{e}_2\rangle$ 将 V 分为"上"和"下"极点 V_+ 和 V_-（当 $\boldsymbol{e}=\boldsymbol{e}_3$ 时）.

我们所构造的依赖于对某个类时向量 $\boldsymbol{e}$ 的选取的划分 $V\backslash\boldsymbol{0}=V_+\cup V_-$，从表面上看，它必须依赖于它（例如，向量 $\boldsymbol{e}$ 变换为 $-\boldsymbol{e}$，则互换极点 V_+ 和 V_-）. 我们现在将证明分解 $V\backslash\boldsymbol{0}=V_+\cup V_-$，在不考虑我们如何指定每个极点的情况下，并不取决于向量 $\boldsymbol{e}$ 的选取，也就是说，它是伪 Euclid 空间自身的一个性质. 为此，我们需要以下几乎显然的结论.

引理 7.53 设 L' 是维数为 $\dim\mathrm{L}'\geqslant 2$ 的伪 Euclid 空间 L 的子空间. 那么以下陈述是等价的：

(1) L' 是一个伪 Euclid 空间.

(2) L' 包含一个类时向量.

(3) L' 包含两个线性无关的类光向量.

证明：如果 L' 是伪 Euclid 空间，那么陈述(2) 和(3) 显然由伪 Euclid 空间的定义得到.

我们来证明陈述(2) 蕴涵陈述(1). 假设 L' 包含一个类时向量 $\boldsymbol{e}$. 即，$(\boldsymbol{e}^2)<0$，其中子空间 $\langle\boldsymbol{e}\rangle$ 是非退化的，因此，我们有分解(7.79)，此外，根据惯性定律，子空间 $\langle\boldsymbol{e}\rangle^{\perp}$ 是 Euclid 空间. 如果子空间 L' 是退化的，那么存在非零向量 $\boldsymbol{u}\in\mathrm{L}'$ 使得 $(\boldsymbol{u},\boldsymbol{x})=0$（对于所有 $\boldsymbol{x}\in\mathrm{L}'$，特别地，对于向量 $\boldsymbol{e}$ 和 $\boldsymbol{u}$ 成立）. 条件 $(\boldsymbol{u},\boldsymbol{e})=0$ 蕴涵向量 $\boldsymbol{u}$ 包含在 $\langle\boldsymbol{e}\rangle^{\perp}$ 中，而条件 $(\boldsymbol{u},\boldsymbol{u})=0$ 蕴涵向量 $\boldsymbol{u}$ 是类光的. 但这是不可能的，因为子空间 $\langle\boldsymbol{e}\rangle^{\perp}$ 是 Euclid 空间，不能包含类光向量. 这一矛盾表明子空间 L' 是非退化的，因此，它给出分解(7.73). 考虑到惯性定律，由此得出，子空间 L' 是伪 Euclid 空间.

我们来证明陈述(3) 蕴涵陈述(1). 假设子空间 L' 包含线性无关的类光向量 $\boldsymbol{f}_1$ 和 $\boldsymbol{f}_2$. 我们将证明平面 $\Pi=\langle\boldsymbol{f}_1,\boldsymbol{f}_2\rangle$ 包含一个类时向量 $\boldsymbol{e}$. 显然，$\boldsymbol{e}$ 包含在 L' 中，根据以上证明，子空间 L' 是一个伪 Euclid 空间. 每个向量 $\boldsymbol{e}\in\Pi$ 都可以表示为 $\boldsymbol{e}=\alpha\boldsymbol{f}_1+\beta\boldsymbol{f}_2$. 由此，我们得到 $(\boldsymbol{e}^2)=2\alpha\beta(\boldsymbol{f}_1,\boldsymbol{f}_2)$. 我们注意到 $(\boldsymbol{f}_1,\boldsymbol{f}_2)\neq 0$，因为在相反的情形中，对于每个向量 $\boldsymbol{e}\in\Pi$，等式 $(\boldsymbol{e}^2)=0$ 都是满足的，这蕴涵平面 Π 完全位于光锥 V 中，这与引理 7.52 相矛盾. 因此 $(\boldsymbol{f}_1,\boldsymbol{f}_2)\neq 0$，并选取坐标 α 和 β，使得其乘积与 $(\boldsymbol{f}_1,\boldsymbol{f}_2)$ 异号，我们得到向量 $\boldsymbol{e}$，对其有 $(\boldsymbol{e}^2)<0$. □

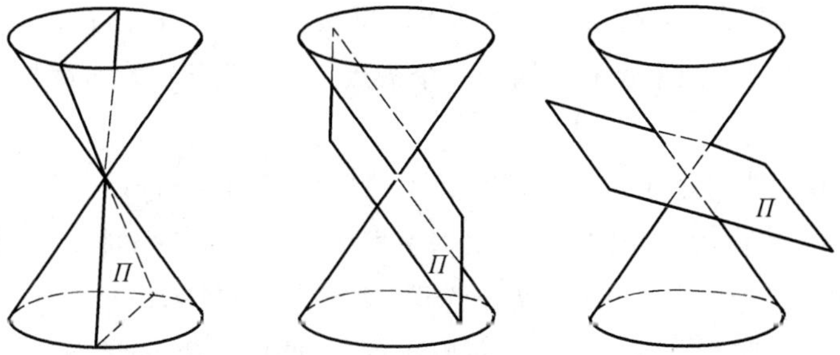

(a) (b) (c)

图 7.13 三维伪 Euclid 空间中的平面 Π

例 7.54 我们来考虑例 7.51 的三维伪 Euclid 空间 L 和 L 中的平面 Π. 平面 Π 是 Euclid 空间，伪 Euclid 空间或退化的性质在图 7.13 中做了清楚的说明.

在图 7.13(a) 中，平面 Π 与光锥 V 交于两条直线，对应于两个线性无关的类光向量. 显然，这等价于 Π 也与光锥的内部相交的条件，光锥由类时向量构成，因此是伪 Euclid 平面. 在图 7.13(c) 中，它表明平面 Π 仅与 V 交于其顶点，即 $\Pi \cap V=(\mathbf{0})$. 这蕴涵平面 Π 是 Euclid 空间，因为每个非零向量 $\boldsymbol{e} \in \Pi$ 都位于锥 V 的外部，即 $(\boldsymbol{e}^2)>0$.

最后，在图 7.13(b) 中显示了中间变量：平面 Π 与锥 V 交于一条直线，即与锥 V 相切. 由于平面 Π 包含类光向量(位于这条直线上)，因此它不能是 Euclid 空间，并且由于它不包含类时向量，因此根据引理 7.53，它不能是伪 Euclid 空间. 这蕴涵 Π 是退化的.

用另一种方法来验证这一点并不困难，如果我们写出内积对平面 Π 的限制的矩阵. 假设在例 7.49 的标准正交基 $\boldsymbol{e}_1, \boldsymbol{e}_2, \boldsymbol{e}_3$ 中，该平面由方程 $x_3=\alpha x_1+\beta x_2$ 定义. 那么向量 $\boldsymbol{g}_1=\boldsymbol{e}_1+\alpha \boldsymbol{e}_3$ 和 $\boldsymbol{g}_2=\boldsymbol{e}_2+\beta \boldsymbol{e}_3$ 构成 Π 的一组基，其中内积的限制有矩阵 $\begin{pmatrix} 1-\alpha^2 & -\alpha\beta \\ -\alpha\beta & 1-\beta^2 \end{pmatrix}$ (具有行列式 $\Delta=(1-\alpha^2)(1-\beta^2)-(\alpha\beta)^2$). 另外，平面 Π 和锥 V 相切的假设等同于变量 x_1 和 x_2 的二次型 $x_1^2+x_2^2-(\alpha x_1+\beta x_2)^2$ 的判别式等于零. 容易验证，该判别式等于 $-\Delta$，这蕴涵当该矩阵的行列式为零时，它恰好为零.

定理 7.55 光锥 V 到两个极点 V_+ 和 V_- 的划分不取决于类时向量 $\boldsymbol{e}$ 的选取. 特别地，线性无关的类光向量 $\boldsymbol{x}$ 和 $\boldsymbol{y}$ 位于一个极点，当且仅当 $(\boldsymbol{x}, \boldsymbol{y})<0$.

证明：我们假设对于类时向量 $\boldsymbol{e}$ 的某个选取，类光向量 $\boldsymbol{x}$ 和 $\boldsymbol{y}$ 位于光锥 V 的一个极点，那么我们来证明，对于任选的 $\boldsymbol{e}$，它们将始终属于同一个极点. 向量 $\boldsymbol{x}$

和 $\boldsymbol{y}$ 成比例的情形，即 $\boldsymbol{y}=\lambda\boldsymbol{x}$ 是显然的. 事实上，由于 $\langle\boldsymbol{e}\rangle^{\perp}\cap V=(\boldsymbol{0})$，得出 $(\boldsymbol{e},\boldsymbol{x})\neq 0$，这蕴涵向量 $\boldsymbol{x}$ 和 $\boldsymbol{y}$ 属于一个极点，当且仅当 $\lambda>0$，这与向量 $\boldsymbol{e}$ 的选取无关.

现在，我们来考虑 $\boldsymbol{x}$ 和 $\boldsymbol{y}$ 是线性无关的情形. 那么 $(\boldsymbol{x},\boldsymbol{y})\neq 0$，因为否则，整个平面 $\langle\boldsymbol{x},\boldsymbol{y}\rangle$ 将包含在光锥 V 中，根据引理 7.52，这是不可能的. 我们来证明，我们对于划分 $V\backslash\boldsymbol{0}=V_{+}\cup V_{-}$，无论选取哪个类光向量 $\boldsymbol{e}$，向量 $\boldsymbol{x},\boldsymbol{y}\in V\backslash\boldsymbol{0}$ 都属于一个极点，当且仅当 $(\boldsymbol{x},\boldsymbol{y})<0$. 我们注意到，严格来说，这个问题不涉及整个空间 L，而只涉及子空间 $\langle\boldsymbol{e},\boldsymbol{x},\boldsymbol{y}\rangle$，根据我们所做的假设，其维数等于 2 或 3，这取决于向量 $\boldsymbol{e}$ 是否位于平面 $\langle\boldsymbol{x},\boldsymbol{y}\rangle$ 中.

我们首先考虑 $\dim\langle\boldsymbol{e},\boldsymbol{x},\boldsymbol{y}\rangle=2$ 的情形，即 $\boldsymbol{e}\in\langle\boldsymbol{x},\boldsymbol{y}\rangle$. 那么我们设 $\boldsymbol{e}=\alpha\boldsymbol{x}+\beta\boldsymbol{y}$. 因此，$(\boldsymbol{e},\boldsymbol{x})=\beta(\boldsymbol{x},\boldsymbol{y})$ 且 $(\boldsymbol{e},\boldsymbol{y})=\alpha(\boldsymbol{x},\boldsymbol{y})$，因为 $\boldsymbol{x},\boldsymbol{y}\in V$. 根据定义，向量 $\boldsymbol{x}$ 和 $\boldsymbol{y}$ 在同一极点，当且仅当 $(\boldsymbol{e},\boldsymbol{x})(\boldsymbol{e},\boldsymbol{y})>0$. 但由于 $(\boldsymbol{e},\boldsymbol{x})(\boldsymbol{e},\boldsymbol{y})=\alpha\beta(\boldsymbol{x},\boldsymbol{y})^2$，该条件等价于不等式 $\alpha\beta>0$. 向量 $\boldsymbol{e}$ 是类时的，因此，$(\boldsymbol{e}^2)<0$，并且考虑到等式 $(\boldsymbol{e}^2)=2\alpha\beta(\boldsymbol{x},\boldsymbol{y})$，我们得出条件 $\alpha\beta>0$ 等价于 $(\boldsymbol{x},\boldsymbol{y})<0$.

现在，我们来考虑 $\dim\langle\boldsymbol{e},\boldsymbol{x},\boldsymbol{y}\rangle=3$ 的情形. 空间 $\langle\boldsymbol{e},\boldsymbol{x},\boldsymbol{y}\rangle$ 包含类时向量 $\boldsymbol{e}$. 因此，根据引理 7.53，它是一个伪 Euclid 空间，其子空间 $\langle\boldsymbol{x},\boldsymbol{y}\rangle$ 是非退化的，因为 $(\boldsymbol{x},\boldsymbol{y})\neq 0$ 且 $(\boldsymbol{x}^2)=(\boldsymbol{y}^2)=0$. 因此，在此分解(7.73) 取得形式

$$\langle\boldsymbol{e},\boldsymbol{x},\boldsymbol{y}\rangle=\langle\boldsymbol{x},\boldsymbol{y}\rangle\oplus\langle\boldsymbol{h}\rangle \tag{7.81}$$

其中空间 $\langle\boldsymbol{h}\rangle=\langle\boldsymbol{x},\boldsymbol{y}\rangle^{\perp}$ 是一维的. 分解(7.81) 的左边是一个三维伪 Euclid 空间，空间 $\langle\boldsymbol{x},\boldsymbol{y}\rangle$ 是一个二维伪 Euclid 空间；因此，根据惯性定律，空间 $\langle h\rangle$ 是 Euclid 空间. 因此对于向量 $\boldsymbol{e}$，我们有表示

$$\boldsymbol{e}=\alpha\boldsymbol{x}+\beta\boldsymbol{y}+\gamma\boldsymbol{h},\quad(\boldsymbol{h},\boldsymbol{x})=0,\quad(\boldsymbol{h},\boldsymbol{y})=0$$

由此得出等式

$$(\boldsymbol{e},\boldsymbol{x})=\beta(\boldsymbol{x},\boldsymbol{y}),\quad(\boldsymbol{e},\boldsymbol{y})=\alpha(\boldsymbol{x},\boldsymbol{y}),\quad(\boldsymbol{e}^2)=2\alpha\beta(\boldsymbol{x},\boldsymbol{y})+\gamma^2(\boldsymbol{h}^2)$$

考虑到 $(\boldsymbol{e}^2)<0$ 和 $(\boldsymbol{h}^2)>0$，从这些关系中的最后一个，我们得到了 $\alpha\beta(\boldsymbol{x},\boldsymbol{y})<0$. 向量 $\boldsymbol{x}$ 和 $\boldsymbol{y}$ 位于一个极点的条件可以表示为不等式 $(\boldsymbol{e},\boldsymbol{x})(\boldsymbol{e},\boldsymbol{y})>0$，即 $\alpha\beta>0$. 由于 $\alpha\beta(\boldsymbol{x},\boldsymbol{y})<0$，因此与前一种情形一样，这等价于条件 $(\boldsymbol{x},\boldsymbol{y})<0$. □

备注 7.56 正如我们在第 3.2 节中关于向量空间 L 由超平面 L′ 所做的划分那样，可以确定集合 $V\backslash\boldsymbol{0}$ 的划分与其到两个道路连通分支 V_{+} 和 V_{-} 的划分相同. 由此，我们可以在不使用任何公式的情况下得到定理 7.55 的另一个证明.

伪 Euclid 空间出现在以下非凡的关系式中.

定理 7.57 对于每对类时向量 $\boldsymbol{x}$ 和 $\boldsymbol{y}$，都满足 Cauchy-Schwarz 不等式的逆

$$(\boldsymbol{x},\boldsymbol{y})^2\geqslant(\boldsymbol{x}^2)\cdot(\boldsymbol{y}^2) \tag{7.82}$$

当且仅当 $\boldsymbol{x}$ 和 $\boldsymbol{y}$ 成比例时，它化为等式.

证明：我们来考虑子空间 $\langle \boldsymbol{x},\boldsymbol{y}\rangle$，其中包含我们感兴趣的所有向量. 如果向量 $\boldsymbol{x}$ 和 $\boldsymbol{y}$ 成比例，即 $\boldsymbol{y}=\lambda\boldsymbol{x}$，其中 λ 是某个标量，那么不等式(7.82) 显然化为重言式等式. 因此，我们可以假设 $\dim\langle \boldsymbol{x},\boldsymbol{y}\rangle=2$，也就是说，我们可以假设位于例 7.49 中考虑的情形.

如我们所见，在空间 $\langle \boldsymbol{x},\boldsymbol{y}\rangle$ 中，存在一组基 $\boldsymbol{f}_1,\boldsymbol{f}_2$，对其有关系式 $(\boldsymbol{f}_1^2)=(\boldsymbol{f}_2^2)=0,(\boldsymbol{f}_1,\boldsymbol{f}_2)=\frac{1}{2}$ 成立. 在这组基中写出向量 $\boldsymbol{x}$ 和 $\boldsymbol{y}$，我们得到了表达式

$$\boldsymbol{x}=x_1\boldsymbol{f}_1+x_2\boldsymbol{f}_2,\quad \boldsymbol{y}=y_1\boldsymbol{f}_1+y_2\boldsymbol{f}_2$$

由此得出

$$(\boldsymbol{x}^2)=x_1x_2,\quad (\boldsymbol{y}^2)=y_1y_2,\quad (\boldsymbol{x},\boldsymbol{y})=\frac{1}{2}(x_1y_2+x_2y_1)$$

将这些表达式代入(7.82)，我们看到，我们必须验证不等式 $(x_1y_2+x_2y_1)^2\geqslant 4x_1x_2y_1y_2$. 在上一个不等式中进行了显然的变换后，我们看到这等价于不等式

$$(x_1y_2-x_2y_1)^2\geqslant 0 \tag{7.83}$$

其对于变量的所有实值都成立. 此外，显然，不等式(7.83) 化为等式，当且仅当 $x_1y_2-x_2y_1=0$，即当且仅当行列式 $\begin{vmatrix} x_1 & x_2 \\ y_1 & y_2 \end{vmatrix}$ 等于 0，这蕴涵向量 $\boldsymbol{x}=(x_1,x_2)$ 和 $\boldsymbol{y}=(y_1,y_2)$ 成比例. □

从定理 7.57 我们得到以下有用的推论.

推论 7.58 两个类时向量 $\boldsymbol{x}$ 和 $\boldsymbol{y}$ 不能是正交的.

证明：事实上，如果 $(\boldsymbol{x},\boldsymbol{y})=0$，那么从不等式(7.82) 得出 $(\boldsymbol{x}^2)\cdot(\boldsymbol{y}^2)\leqslant 0$，这与条件 $(\boldsymbol{x}^2)<0$ 和 $(\boldsymbol{y}^2)<0$ 相矛盾. □

类似于将光锥 V 划分为两个极点，我们也可以将其内部划分为两部分. 也就是说，我们称类时向量 $\boldsymbol{e}$ 和 $\boldsymbol{e}'$ 位于光锥的一个极点内部，如果内积 $(\boldsymbol{e},\boldsymbol{x})$ 和 $(\boldsymbol{e}',\boldsymbol{x})$（对所有向量 $\boldsymbol{x}\in V$）同号，位于不同的极点内部，如果这些内积异号.

集合 $M\subset \mathrm{L}$ 称为凸的，如果对于每对向量 $\boldsymbol{e},\boldsymbol{e}'\in M$，都有 $\boldsymbol{g}_t=t\boldsymbol{e}+(1-t)\boldsymbol{e}'$ $(t\in[0,1])$ 也在 M 中. 我们将证明光锥 V 的每个极点的内部都是凸的，即对于所有 $t\in[0,1]$，向量 $\boldsymbol{g}_t$ 与 $\boldsymbol{e}$ 和 $\boldsymbol{e}'$ 那样位于同一极点. 为此，我们注意到，在表达式 $(\boldsymbol{g}_t,\boldsymbol{x})=t(\boldsymbol{e},\boldsymbol{x})+(1-t)(\boldsymbol{e}',\boldsymbol{x})$ 中，系数 t 和 $1-t$ 是非负的，内积 $(\boldsymbol{e},\boldsymbol{x})$ 和 $(\boldsymbol{e}',\boldsymbol{x})$ 同号. 因此，对于每个向量 $\boldsymbol{x}\in V$，内积 $(\boldsymbol{g}_t,\boldsymbol{x})$ 与 $(\boldsymbol{e},\boldsymbol{x})$ 和 $(\boldsymbol{e}',\boldsymbol{x})$ 同号.

引理 7.59 类时向量 $\boldsymbol{e}$ 和 $\boldsymbol{e}'$ 位于光锥 V 的一个极点内部，当且仅当 $(\boldsymbol{e},\boldsymbol{e}')<0$.

证明：如果类时向量 $\boldsymbol{e}$ 和 $\boldsymbol{e}'$ 位于一个极点内部，那么根据定义，对于所有

$x \in V$，我们都有不等式$(e,x) \cdot (e',x) > 0$. 我们假设$(e,e') \geqslant 0$. 正如我们在上面建立的，向量$g_t = te + (1-t)e'$是类时的，对于所有$t \in [0,1]$，它与e和e'位于同一极点内部.

我们来考虑作为变量$t \in [0,1]$的函数的内积$(g_t, e) = t(e,e) + (1-t)(e,e')$. 显然，该函数是连续的，并且它假设$t=0$时的值$(e,e') \geqslant 0$，当$t=1$时，值$(e,e) < 0$. 因此，正如微积分课程中所证明的那样，存在一个值$\tau \in [0,1]$使得$(g_\tau, e) = 0$. 但这与推论 7.58 相矛盾.

因此，我们证明了如果向量e和e'位于锥V的一个极点内部，那么$(e,e') < 0$. 逆结论是显然的. 设e和e'位于不同的极点内部，例如，e在V_+内，而e'在V_-内. 根据定义，向量$-e'$位于极V_+内部，因此，$(e, -e') < 0$，即$(e,e') > 0$. □

7.8 Lorentz 变换

在本节中，我们将研究伪 Euclid 空间的正交变换的类比，称为 Lorentz 变换. 这种变换在物理中有许多应用①. 它们也由保持内积的条件定义.

定义 7.60 伪 Euclid 空间 L 的线性变换$\mathcal{U}$称为 Lorentz 变换，如果关系式

$$(\mathcal{U}(x), \mathcal{U}(y)) = (x, y) \tag{7.84}$$

对于所有向量$x, y \in$ L 都是满足的.

与正交变换的情形一样，只需对于伪 Euclid 空间 L 的所有向量$x = y$，满足条件(7.84). 这一点的证明与第 7.2 节中类似结论的证明完全一致.

在此，与 Euclid 空间的情形一样，我们将利用内积(x,y)来用 L 辨识L^*（我们回想一下，为此，我们只需要双线性型(x,y)的非奇异性，而不需要相伴二次型(x^2)的正定性). 因此，对于任意线性变换$\mathcal{A}: L \to L$，我们也可以把$\mathcal{A}^*$看作空间L^*到自身的变换. 重复我们在 Euclid 空间中使用的相同论点，我们得到$|\mathcal{A}^*| = |\mathcal{A}|$. 特别地，根据定义(7.84)，对于 Lorentz 变换$\mathcal{U}$，我们有关系式

$$U^* A U = A \tag{7.85}$$

其中，U是变换$\mathcal{U}$在空间 L 的任意基$e_1, \cdots, e_n$中的矩阵，$A = (a_{ij})$是双线性型(x,y)的 Gram 矩阵，即具有元素$a_{ij} = (e_i, e_j)$的矩阵.

双线性型(x,y)是非奇异的，即$|A| \neq 0$，并且由关系式(7.85)可得等式

---

① 例如，Minkowski 空间（四维伪 Euclid 空间）的 Lorentz 变换在狭义相对论（Lorentz 变换一词的来源）中的作用与 Galileo 变换的作用相同，Galileo 变换描述了经典 Newton 力学中从一个惯性参照系到另一个惯性参照系的变换过程.

$|\mathcal{U}|^2=1$,从中我们得到 $|\mathcal{U}|=\pm 1$. 与Euclid空间的情形一样,行列式等于1的变换称为固有的,而如果行列式等于 -1,它就是反常的.

根据定义,每个 Lorentz 变换都将光锥 V 映射到自身. 根据定理 7.55, Lorentz变换要么将每个极点映射到自身(即$\mathcal{U}(V_+)=V_+$ 且$\mathcal{U}(V_-)=V_-$),或者互换它们(即$\mathcal{U}(V_+)=V_-$ 且$\mathcal{U}(V_-)=V_+$). 我们将第一种情形中的数 $v(\mathcal{U})=+1$ 与每个Lorentz变换$\mathcal{U}$相关联,并且将第二种情形中的数$v(\mathcal{U})=-1$与每个Lorentz 变换$\mathcal{U}$相关联. 与行列式 $|\mathcal{U}|$ 一样,这个数 $v(\mathcal{U})$ 是相伴 Lorentz 变换的自然特征. 我们用 $\varepsilon(\mathcal{U})$ 表示一对数($|\mathcal{U}|,v(\mathcal{U})$). 显然

$$\varepsilon(\mathcal{U}^{-1})=\varepsilon(\mathcal{U}),\quad \varepsilon(\mathcal{U}_1\mathcal{U}_2)=\varepsilon(\mathcal{U}_1)\varepsilon(\mathcal{U}_2)$$

其中,在右边,它应理解为对的第一个和第二个分量分别相乘. 我们很快就会看到,在任意的伪 Euclid 空间中,存在所有四种类型的 Lorentz 变换$\mathcal{U}$,即 $\varepsilon(\mathcal{U})$ 取所有值

$$(+1,+1),\quad (+1,-1),\quad (-1,+1),\quad (-1,-1)$$

这一性质有时被解释为伪Euclid空间不止两个方向(如Euclid空间的情形),而是四个方向.

与 Euclid 空间的正交变换一样,Lorentz 变换的特点是将伪 Euclid 空间的标准正交基映射到标准正交基. 事实上,假设对于标准正交基$\boldsymbol{e}_1,\cdots,\boldsymbol{e}_n$ 的向量,等式

$$(\boldsymbol{e}_i,\boldsymbol{e}_j)=0(i\neq j),\quad (\boldsymbol{e}_1^2)=\cdots=(\boldsymbol{e}_{n-1}^2)=1,\quad (\boldsymbol{e}_n^2)=-1 \qquad (7.86)$$

是满足的. 那么,从条件(7.84) 可以看出,像$\mathcal{U}(\boldsymbol{e}_1),\cdots,\mathcal{U}(\boldsymbol{e}_n)$ 满足类似的等式,即它们在 L 中构成一组标准正交基. 反之,如果对于向量$\boldsymbol{e}_i$,等式(7.86) 是满足的,并且对于向量$\mathcal{U}(\boldsymbol{e}_i)$,类似的等式成立,那么容易验证,对于伪 Euclid 空间 L 的任意向量 $\boldsymbol{x}$ 和 $\boldsymbol{y}$,关系式(7.84) 是满足的.

两组标准正交基具有相同的定向,如果对于 Lorentz 变换$\mathcal{U}$(把一组基变换为另一组基),$\varepsilon(\mathcal{U})=(+1,+1)$. 一类具有相同定向的基的选取称为伪 Euclid 空间 L 的定向. 现在确信(稍后将证明) 存在具有所有理论上可能的 $\varepsilon(\mathcal{U})$ 的 Lorentz 变换$\mathcal{U}$,我们看到在伪 Euclid 空间中,可以恰好引入四个定向.

例7.61 我们来考虑一下在例7.49中遇到的关于伪Euclid空间的某些概念,即当 $\dim \mathrm{L}=2$ 且 $s=1$ 时. 正如我们所看到的,在这个空间中,存在一组基 $\boldsymbol{f}_1,\boldsymbol{f}_2$,满足关系式$(\boldsymbol{f}_1^2)=(\boldsymbol{f}_2^2)=0$,$(\boldsymbol{f}_1,\boldsymbol{f}_2)=\dfrac{1}{2}$,并且向量 $\boldsymbol{x}=x\boldsymbol{f}_1+y\boldsymbol{f}_2$ 的标量平方等于$(\boldsymbol{x}^2)=xy$. 如果$\mathcal{U}$:L $\to$ L 是由以下公式给出的 Lorentz 变换

$$x'=ax+by,\quad y'=cx+dy$$

那么对于向量 $\boldsymbol{x}=x\boldsymbol{f}_1+y\boldsymbol{f}_2$，等式$(\mathcal{U}(\boldsymbol{x}),\mathcal{U}(\boldsymbol{x}))=(\boldsymbol{x},\boldsymbol{x})$取得形式$x'y'=xy$，即$(ax+by)(cx+dy)=xy$(对于所有 x 和 y 都成立). 由此，我们得到

$$ac=0,\quad bd=0,\quad ad+bc=1$$

考虑到等式 $ad+bc=1$，值 $a=b=0$ 是不可能的.

如果 $a\neq 0$，那么 $c=0$，这蕴涵 $ad=1$，即 $d=a^{-1}\neq 0$ 且 $b=0$. 因此，变换$\mathcal{U}$有以下形式

$$x'=ax,\quad y'=a^{-1}y \tag{7.87}$$

这是一个固有变换.

另外，如果 $b\neq 0$，那么 $d=0$，这蕴涵 $c=b^{-1}$，$a=0$. 在这种情形中，变换$\mathcal{U}$有以下形式

$$x'=by,\quad y'=b^{-1}x \tag{7.88}$$

这是一个反常变换.

如果我们将变换$\mathcal{U}$写成(7.87)或(7.88)的形式，这取决于它是固有的还是反常的，那么数 a 或 b 的符号分别表示$\mathcal{U}$是交换光锥的极点还是保持每个极点. 也就是说，我们来证明变换(7.87)在 $a<0$ 时使极点变换位置，并在 $a>0$ 时保持不变. 类似地，变换(7.88)在 $b<0$ 时交换极点，在 $b>0$ 时保持不变.

根据定理 7.55，光锥 V 到两个极点V_+和V_-的划分不依赖于类时向量的选取，因此，根据引理 7.59，我们只需要确定任意类时向量$\boldsymbol{e}$的内积$(\boldsymbol{e},\mathcal{U}(\boldsymbol{e}))$的符号. 设 $\boldsymbol{e}=x\boldsymbol{f}_1+y\boldsymbol{f}_2$. 那么，$(\boldsymbol{e}^2)=xy<0$. 在$\mathcal{U}$是固有变换的情形中，我们有公式(7.87)，由此得出

$$\mathcal{U}(\boldsymbol{e})=ax\boldsymbol{f}_1+a^{-1}y\boldsymbol{f}_2,\quad (\boldsymbol{e},\mathcal{U}(\boldsymbol{e}))=(a+a^{-1})xy$$

由于 $xy<0$，如果 $a+a^{-1}>0$，那么内积$(\boldsymbol{e},\mathcal{U}(\boldsymbol{e}))$为负，如果 $a+a^{-1}<0$，那么内积$(\boldsymbol{e},\mathcal{U}(\boldsymbol{e}))$为正. 但显然，当 $a>0$ 时，$a+a^{-1}>0$，且当 $a<0$ 时，$a+a^{-1}<0$. 因此，当 $a>0$ 时，我们得到$(\boldsymbol{e},\mathcal{U}(\boldsymbol{e}))<0$，根据引理 7.59，向量$\boldsymbol{e}$和$\mathcal{U}(\boldsymbol{e})$位于一个极点内部. 因此，变换$\mathcal{U}$保持了光锥的极点. 类似地，当 $a<0$ 时，我们得到$(\boldsymbol{e},\mathcal{U}(\boldsymbol{e}))>0$，即$\boldsymbol{e}$和$\mathcal{U}(\boldsymbol{e})$位于不同的极点内部，因此，变换$\mathcal{U}$互换极点.

可借助公式(7.88)来考查反常变换的情形. 类似于之前的推理，我们从中得到了关系式

$$\mathcal{U}(\boldsymbol{e})=b^{-1}y\boldsymbol{f}_1+bx\boldsymbol{f}_2,\quad (\boldsymbol{e},\mathcal{U}(\boldsymbol{e}))=bx^2+b^{-1}y^2$$

显然，现在，$(\boldsymbol{e},\mathcal{U}(\boldsymbol{e}))$的符号与数 b 的符号相同.

例 7.62 有时可以方便地使用以下事实，即伪 Euclid 平面的 Lorentz 变换可以利用双曲正弦和双曲余弦以交错形式写出. 我们在前面(公式(7.87)和(7.88))看到，在由关系式(7.78)定义的基$\boldsymbol{f}_1$，$\boldsymbol{f}_2$中，固有和反常 Lorentz 变换

分别由以下等式给出

$$\mathcal{U}(\boldsymbol{f}_1)=a\boldsymbol{f}_1,\quad \mathcal{U}(\boldsymbol{f}_2)=a^{-1}\boldsymbol{f}_2$$

$$\mathcal{U}(\boldsymbol{f}_1)=b\boldsymbol{f}_2,\quad \mathcal{U}(\boldsymbol{f}_2)=b^{-1}\boldsymbol{f}_1$$

由此，不难推导出，根据公式(7.78)，在与$\boldsymbol{f}_1$，$\boldsymbol{f}_2$ 相关的标准正交基$\boldsymbol{e}_1$，$\boldsymbol{e}_2$ 中，这些变换分别由以下等式给出

$$\mathcal{U}(\boldsymbol{e}_1)=\frac{a+a^{-1}}{2}\boldsymbol{e}_1+\frac{a-a^{-1}}{2}\boldsymbol{e}_2,\quad \mathcal{U}(\boldsymbol{e}_2)=\frac{a-a^{-1}}{2}\boldsymbol{e}_1+\frac{a+a^{-1}}{2}\boldsymbol{e}_2 \tag{7.89}$$

$$\mathcal{U}(\boldsymbol{e}_1)=\frac{b+b^{-1}}{2}\boldsymbol{e}_1-\frac{b-b^{-1}}{2}\boldsymbol{e}_2,\quad \mathcal{U}(\boldsymbol{e}_2)=\frac{b-b^{-1}}{2}\boldsymbol{e}_1-\frac{b+b^{-1}}{2}\boldsymbol{e}_2 \tag{7.90}$$

在此设 $a=\pm e^{\psi}$ 且 $b=\pm e^{\psi}$，其中符号 $\pm$ 分别与公式(7.89)或(7.90)中的数 a 或 b 的符号相同，我们得到固有变换的矩阵有以下形式

$$\begin{pmatrix}\cosh\psi & \sinh\psi\\ \sinh\psi & \cosh\psi\end{pmatrix}\text{或}\begin{pmatrix}-\cosh\psi & -\sinh\psi\\ -\sinh\psi & -\cosh\psi\end{pmatrix} \tag{7.91}$$

而反常变换的矩阵有以下形式

$$\begin{pmatrix}\cosh\psi & \sinh\psi\\ -\sinh\psi & -\cosh\psi\end{pmatrix}\text{或}\begin{pmatrix}-\cosh\psi & -\sinh\psi\\ \sinh\psi & \cosh\psi\end{pmatrix} \tag{7.92}$$

其中 $\sinh\psi=(e^{\psi}-e^{-\psi})/2$ 和 $\cosh\psi=(e^{\psi}+e^{-\psi})/2$ 是双曲正弦和双曲余弦.

定理 7.63 在每个伪 Euclid 空间中都存在 Lorentz 变换$\mathcal{U}$，具有 $\varepsilon(\mathcal{U})$ 的所有四个可能值.

证明：对于 $\dim \mathrm{L}=2$ 的情形，我们已经证明了定理：在例 7.62 中，我们看到存在伪 Euclid 空间(在适当的标准正交基中有矩阵(7.91)，(7.92))的四种不同类型的 Lorentz 变换. 显然，对于这些矩阵，变换$\mathcal{U}$给出了所有可能的值 $\varepsilon(\mathcal{U})$.

现在，我们转到一般情形 $\dim \mathrm{L}>2$. 我们在伪 Euclid 空间 L 中选取任意类时向量 $\boldsymbol{e}$ 和与之不成比例的任意$\boldsymbol{e}'$. 根据引理 7.53，二维空间$\langle\boldsymbol{e},\boldsymbol{e}'\rangle$ 是一个伪 Euclid 空间(因此是非退化的)，我们得到了分解

$$\mathrm{L}=\langle\boldsymbol{e},\boldsymbol{e}'\rangle\oplus\langle\boldsymbol{e},\boldsymbol{e}'\rangle^{\perp}$$

根据惯性定律，可以得出空间$\langle\boldsymbol{e},\boldsymbol{e}'\rangle^{\perp}$ 是 Euclid 空间. 在例 7.62 中，我们看到在伪 Euclid 平面$\langle\boldsymbol{e},\boldsymbol{e}'\rangle$ 中，存在具有任意值 $\varepsilon(\mathcal{U}_1)$ 的 Lorentz 变换$\mathcal{U}_1$. 我们定义变换$\mathcal{U}:\mathrm{L}\to\mathrm{L}$ 为$\mathcal{U}_1$ 在$\langle\boldsymbol{e},\boldsymbol{e}'\rangle$ 中且$\mathcal{E}$在$\langle\boldsymbol{e},\boldsymbol{e}'\rangle^{\perp}$ 中，也就是说，对于向量 $\boldsymbol{x}=\boldsymbol{y}+\boldsymbol{z}$，其中 $\boldsymbol{y}\in\langle\boldsymbol{e},\boldsymbol{e}'\rangle$ 且 $\boldsymbol{z}\in\langle\boldsymbol{e},\boldsymbol{e}'\rangle^{\perp}$，我们设$\mathcal{U}(\boldsymbol{x})=\mathcal{U}_1(\boldsymbol{y})+\boldsymbol{z}$. 那么$\mathcal{U}$显然是 Lorentz 变换，并且 $\varepsilon(\mathcal{U})=\varepsilon(\mathcal{U}_1)$. □

存在 Lorentz 变换的类似于定理 7.24 的定理.

定理 7.64 如果空间L'关于 Lorentz 变换$\mathcal{U}$是不变的，那么其正交补$(\mathrm{L}')^{\perp}$关于$\mathcal{U}$也是不变的.

证明:该定理的证明是定理 7.24 的证明的完整重复,因为在那里,我们没有使用与双线性型$(\boldsymbol{x},\boldsymbol{y})$相关联的二次型$(\boldsymbol{x}^2)$的正定性,而只使用了其非奇异性. 见第 214 页的备注 7.25. □

基于以下结果,我们将伪 Euclid 空间的 Lorentz 变换的研究化为 Euclid 空间的正交变换的类似问题.

定理 7.65 对于伪 Euclid 空间 L 的每个 Lorentz 变换$\mathcal{U}$,存在关于$\mathcal{U}$不变的非退化子空间L_0和L_1,使得 L 有正交分解

$$\mathrm{L}=\mathrm{L}_0\oplus\mathrm{L}_1,\quad \mathrm{L}_0\perp\mathrm{L}_1 \tag{7.93}$$

其中,子空间L_0是 Euclid 空间,L_1的维数等于 1,2 或 3.

根据惯性定律,如果$\dim \mathrm{L}_1=1$,那么L_1由类时向量生成. 如果$\dim \mathrm{L}_1=2$或 3,那么伪 Euclid 空间L_1可以依次由关于$\mathcal{U}$不变的低维子空间的直和表示. 然而,这种分解不再必须是正交的(见例 7.48).

定理 7.65 的证明:通过对空间 L 的维数n的归纳来证明. 当$n=2$时,定理的结论是显然的,在分解(7.93)中,只需设$\mathrm{L}_0=(\mathbf{0})$和$\mathrm{L}_1=\mathrm{L}$[①].

现在,设$n>2$,并假设该定理的结论对于所有维数小于n的伪 Euclid 空间已经得到证明. 我们将使用第 4 章和第 5 章中得到的关于向量空间到自身的线性变换的结果. 显然,以下三种情形之一必定成立:变换$\mathcal{U}$有复特征值,$\mathcal{U}$有两个线性无关的特征向量,或者空间 L 对于$\mathcal{U}$是循环的,其对应于唯一的实特征值. 我们来分别考虑这三种情形.

情形 1. 实向量空间 L 的线性变换$\mathcal{U}$有复特征值λ. 如第 4.3 节所述,那么$\mathcal{U}$也有复共轭特征值$\bar{\lambda}$,此外,对$\lambda,\bar{\lambda}$对应于二维实不变子空间$\mathrm{L}'\subset\mathrm{L}$,它不包含实特征向量. 显然,$\mathrm{L}'$不能是伪 Euclid 空间:因为这样的话,$\mathcal{U}$对$\mathrm{L}'$的限制将有实特征值,且$\mathrm{L}'$将包含变换$\mathcal{U}$的实特征向量;见例 7.61 和 7.62. 我们来证明L'是非退化的.

假设L'是退化的. 那么它包含一个类光向量$\boldsymbol{e}\neq\mathbf{0}$. 由于$\mathcal{U}$是 Lorentz 变换,向量$\mathcal{U}(\boldsymbol{e})$也是类光的,并且由于子空间$\mathrm{L}'$关于$\mathcal{U}$是不变的,因此$\mathcal{U}(\boldsymbol{e})$包含在$\mathrm{L}'$

① 子空间$\mathrm{L}_0=(\mathbf{0})$相对于双线性型的非退化性由第 250 页和第 185 页给出的定义得出. 事实上,双线性型对子空间$(\mathbf{0})$的限制的秩为零,因此,它与$\dim(\mathbf{0})$相等.

中. 因此,子空间L'包含两个类光向量:e和$\mathcal{U}(e)$. 根据引理 7.53,这些向量不能是线性无关的,因为那样的话,L'将是伪 Euclid 空间,但这与我们关于L'是退化的假设相矛盾. 由此可知,向量$\mathcal{U}(e)$与e成比例,这蕴涵e是变换$\mathcal{U}$的特征向量,正如我们以上所观察到的,这是不可能的. 这一矛盾说明子空间L'是非退化的,因此,它是 Euclid 空间.

情形 2. 线性变换$\mathcal{U}$有两个线性无关的特征向量:e_1和e_2. 如果其中至少有个不是类光的,即$(e_i^2) \neq 0$,那么$L' = \langle e_i \rangle$是一维非退化不变子空间. 如果特征向量e_1和e_2都是类光的,那么根据引理 7.53,子空间$L' = \langle e_1, e_2 \rangle$是不变伪 Euclid 平面.

因此,在这两种情形中,变换$\mathcal{U}$都有一个维数为 1 或 2 的非退化不变子空间L'. 这说明在这两种情形中,我们都有一个正交分解(7.73),即$L = L' \oplus (L')^{\perp}$. 如果$L'$是一维的,并且由类时向量生成,或者是伪 Euclid 平面,那么这恰好是分解(7.93)(其中$L_0 = (L')^{\perp}$且$L_1 = L'$). 在相反的情形中,子空间L'是维数为 1 或 2 的 Euclid 空间,子空间$(L')^{\perp}$分别为$n-1$或$n-2$维伪 Euclid 空间. 根据归纳假设,对于$(L')^{\perp}$,我们有类似于(7.93)的正交分解$(L')^{\perp} = L'_0 \oplus L'_1$. 由此,对于 L,我们得到分解(7.93)(其中$L_0 = L' \oplus L'_0$且$L_1 = L'_1$).

情形 3. 对于变换$\mathcal{U}$,空间 L 是循环的,对应于唯一的实特征值λ和$m=n$次主向量e. 显然,当$n=2$时,这是不可能的:正如我们在例 7.61 中看到的,在伪 Euclid 平面的适当的基中,Lorentz 变换要么有对角形式(7.87),要么有形式(7.88)(具有不同的特征值± 1). 在这两种情形中,显然,伪 Euclid 平面 L 不能是变换$\mathcal{U}$的循环子空间.

我们来考虑维数为$n \geqslant 3$的伪 Euclid 空间 L 的情形. 我们将证明,仅当$n=3$时,L 可以是变换$\mathcal{U}$的循环子空间.

正如我们在第 5.1 节中建立的那样,在循环子空间 L 中,存在由公式(5.5)定义的一组基$e_1, \cdots, e_n$,即

$$e_1 = e, \quad e_2 = (\mathcal{U} - \lambda \mathcal{E})(e), \quad \cdots, \quad e_n = (\mathcal{U} - \lambda \mathcal{E})^{n-1}(e) \qquad (7.94)$$

其中关系式(5.6)成立

$$\mathcal{U}(e_1) = \lambda e_1 + e_2, \quad \mathcal{U}(e_2) = \lambda e_2 + e_3, \quad \cdots, \quad \mathcal{U}(e_n) = \lambda e_n \qquad (7.95)$$

在这组基中,变换$\mathcal{U}$的矩阵有 Jordan 块的形式

$$U=\begin{pmatrix} \lambda & 0 & 0 & \cdots & \cdots & 0 \\ 1 & \lambda & 0 & \cdots & \cdots & 0 \\ 0 & 1 & \lambda & & & 0 \\ \vdots & & \ddots & \ddots & & \vdots \\ \vdots & & & \ddots & \lambda & 0 \\ 0 & 0 & 0 & \cdots & 1 & \lambda \end{pmatrix} \tag{7.96}$$

容易看出，特征向量$\boldsymbol{e}_n$ 是类光的. 事实上，如果我们有$(\boldsymbol{e}_n^2)\neq 0$，那么我们将得到正交分解 $\mathrm{L}=\langle \boldsymbol{e}_n\rangle \oplus \langle \boldsymbol{e}_n\rangle^{\perp}$，其中两个子空间$\langle \boldsymbol{e}_n\rangle$ 和$\langle \boldsymbol{e}_n\rangle^{\perp}$ 都是不变的. 但这与空间 L 是循环的假设相矛盾.

由于$\mathcal{U}$是 Lorentz 变换，它保持了向量的内积，根据(7.95)，我们得到等式

$$(\boldsymbol{e}_i,\boldsymbol{e}_n)=(\mathcal{U}(\boldsymbol{e}_i),\mathcal{U}(\boldsymbol{e}_n))=(\lambda\,\boldsymbol{e}_i+\boldsymbol{e}_{i+1},\lambda\,\boldsymbol{e}_n)=\lambda^2(\boldsymbol{e}_i,\boldsymbol{e}_n)+\lambda(\boldsymbol{e}_{i+1},\boldsymbol{e}_n) \tag{7.97}$$

对于所有 $i=1,\cdots,n-1$ 都成立.

如果$\lambda^2\neq 1$，那么从(7.97) 可以得出

$$(\boldsymbol{e}_i,\boldsymbol{e}_n)=\frac{\lambda}{1-\lambda^2}(\boldsymbol{e}_{i+1},\boldsymbol{e}_n)$$

将下标 $i=n-1,\cdots,1$ 的值代入该等式，考虑到$(\boldsymbol{e}_n^2)=0$，我们因此逐步得到$(\boldsymbol{e}_i,\boldsymbol{e}_n)=0$（对于所有 i 都成立). 这说明特征向量$\boldsymbol{e}_n$ 包含在空间 L 的根中，并且由于 L 是伪 Euclid 空间（特别地，是非退化的)，因此$\boldsymbol{e}_n=\mathbf{0}$. 这一矛盾表明$\lambda^2=1$.

将$\lambda^2=1$ 代入等式(7.97)，再合并同类项，我们发现$(\boldsymbol{e}_{i+1},\boldsymbol{e}_n)=0(i=1,\cdots,n-1)$，即$(\boldsymbol{e}_j,\boldsymbol{e}_n)=0(j=2,\cdots,n)$. 特别地，我们有等式$(\boldsymbol{e}_{n-1},\boldsymbol{e}_n)=0(n>2)$ 和$(\boldsymbol{e}_{n-2},\boldsymbol{e}_n)=0(n>3)$. 由此得出 $n=3$. 事实上，根据保持内积的条件，我们有关系式

$$\begin{aligned}(\boldsymbol{e}_{n-2},\boldsymbol{e}_{n-1})&=(\mathcal{U}(\boldsymbol{e}_{n-2}),\mathcal{U}(\boldsymbol{e}_{n-1}))=(\lambda\,\boldsymbol{e}_{n-2}+\boldsymbol{e}_{n-1},\lambda\,\boldsymbol{e}_{n-1}+\boldsymbol{e}_n)\\&=\lambda^2(\boldsymbol{e}_{n-2},\boldsymbol{e}_{n-1})+\lambda(\boldsymbol{e}_{n-2},\boldsymbol{e}_n)+\lambda(\boldsymbol{e}_{n-1}^2)+(\boldsymbol{e}_{n-1},\boldsymbol{e}_n)\end{aligned}$$

由此，考虑到关系式$\lambda^2=1$ 和$(\boldsymbol{e}_{n-1},\boldsymbol{e}_n)=0$，我们得到等式$(\boldsymbol{e}_{n-2},\boldsymbol{e}_n)+(\boldsymbol{e}_{n-1}^2)=0$. 如果 $n>3$，那么$(\boldsymbol{e}_{n-2},\boldsymbol{e}_n)=0$，由此，我们得到$(\boldsymbol{e}_{n-1}^2)=0$，即向量$\boldsymbol{e}_{n-1}$ 是类光的.

我们来考查子空间$\mathrm{L}'=\langle \boldsymbol{e}_n,\boldsymbol{e}_{n-1}\rangle$. 显然，它关于变换$\mathcal{U}$是不变的，并且由于它包含两个线性无关的类光向量$\boldsymbol{e}_n$ 和$\boldsymbol{e}_{n-1}$，那么根据引理 7.53，子空间L' 是伪 Euclid 空间，我们得到了作为两个不变子空间的直和的分解 $\mathrm{L}=\mathrm{L}'\oplus(\mathrm{L}')^{\perp}$. 但这与空间 L 是循环的事实相矛盾. 因此，变换$\mathcal{U}$只能有三维循环子空间.

结合情形 1,2 和 3，并考虑到归纳假设，我们得到了定理的结论. □

结合定理 7.27 和 7.65，我们得到以下推论.

推论 7.66 对于伪 Euclid 空间的每个变换，都存在一组标准正交基，其中变换的矩阵有分块对角形式，具有以下类型的分块：

(1) 具有元素 ± 1 的一阶分块.

(2) 形如(7.29) 的二阶分块.

(3) 形如(7.91) — (7.92) 的二阶分块.

(4) 对应于具有特征值 ± 1 的三维循环子空间的三阶分块.

根据惯性定律，Lorentz 变换的矩阵可以包含不超过一个类型(3) 或(4) 的分块.

我们还要注意到，对应于三维循环子空间的类型(4) 的分块不能在标准正交基中化为 Jordan 标准形. 事实上，正如我们在之前看到的，类型(4) 的分块在基(7.94) 中化为 Jordan 标准形，其中特征向量 $\boldsymbol{e}_n$ 是类光的，因此，它不能属于任意标准正交基.

根据定理 7.65 的证明，我们建立了 Lorentz 变换有循环子空间的必要条件，特别地，其维数必须为 3，对应于特征值(等于 ± 1) 和特征向量(是类光的). 显然，这些必要条件是不够的，因为在推导它们时，我们使用了等式 $(\boldsymbol{e}_i, \boldsymbol{e}_k) = (\mathcal{U}(\boldsymbol{e}_i), \mathcal{U}(\boldsymbol{e}_k))$(仅对基(7.94) 的某些向量). 我们来证明具有循环子空间的 Lorentz 变换确实存在.

例 7.67 我们来考虑一个维数为 $n=3$ 的向量空间 L. 我们在 L 中选取一组基 $\boldsymbol{e}_1, \boldsymbol{e}_2, \boldsymbol{e}_3$，并利用关系式(7.95)(其中数 $\lambda = \pm 1$) 定义一个变换 $\mathcal{U}: \mathrm{L} \to \mathrm{L}$. 那么变换 $\mathcal{U}$ 的矩阵将取得具有特征值 λ 的 Jordan 块的形式.

我们选取基 $\boldsymbol{e}_1, \boldsymbol{e}_2, \boldsymbol{e}_3$ 的 Gram 矩阵，使得 L 得到伪 Euclid 空间的结构. 根据定理 7.65 的证明，我们找出了必要条件 $(\boldsymbol{e}_2, \boldsymbol{e}_3) = 0$ 和 $(\boldsymbol{e}_3^2) = 0$. 我们设 $(\boldsymbol{e}_1^2) = a$，$(\boldsymbol{e}_1, \boldsymbol{e}_2) = b$，$(\boldsymbol{e}_1, \boldsymbol{e}_3) = c$ 且 $(\boldsymbol{e}_2^2) = d$. 那么，Gram 矩阵可以写成

$$A = \begin{pmatrix} a & b & c \\ b & d & 0 \\ c & 0 & 0 \end{pmatrix} \tag{7.98}$$

另外，如我们所知(见例 7.51，第 253 页)，在 L 中存在一组标准正交基，其中 Gram 矩阵是对角的，且行列式为 -1. 由于 Gram 矩阵的行列式的符号对于所有基都是同一个，因此 $|A| = -c^2 d < 0$，即 $c \neq 0$ 且 $d > 0$.

对于内积由(7.98) 的 Gram 矩阵 A 给出的向量空间，条件 $c \neq 0$ 和 $d > 0$ 也足够使其成为伪 Euclid 空间. 事实上，选取一组基 $\boldsymbol{g}_1, \boldsymbol{g}_2, \boldsymbol{g}_3$，其中与矩阵 A 相关联的二次型有标准形(6.28)，我们可以看到条件 $|A| < 0$ 除了伪 Euclid 空间外，只有空间(其中 $(\boldsymbol{g}_i^2) = -1, i = 1, 2, 3$) 满足. 但这种二次型是负定的，即

$(\boldsymbol{x}^2) < 0(\boldsymbol{x} \neq \boldsymbol{0})$，这与$(\boldsymbol{e}_2^2) = d > 0$相矛盾.

现在，我们来考虑等式$(\boldsymbol{e}_i, \boldsymbol{e}_k) = (\mathcal{U}(\boldsymbol{e}_i), \mathcal{U}(\boldsymbol{e}_k))$（对于从1到3的所有指数$i \leqslant k$都成立）. 考虑到$\lambda^2 = 1$，$(\boldsymbol{e}_2, \boldsymbol{e}_3) = 0$，和$(\boldsymbol{e}_3^2) = 0$，我们看到它们自动满足，除了对于情形$i = k = 1$和$i = 1, k = 2$. 这两种情形给出了关系式$2\lambda b + d = 0$和$c + d = 0$. 因此，我们可以任意选取数$a$，数$d$为任意正数，并设$c = -d$和$b = -\lambda d/2$. 也不难确定满足此类条件的线性无关向量$\boldsymbol{e}_1, \boldsymbol{e}_2, \boldsymbol{e}_3$确实存在.

正如在Euclid空间中那样，由Lorentz变换$\mathcal{U}$的$\varepsilon(\mathcal{U})$的值确定的伪Euclid空间的不同定向的存在性与变换的连续形变的概念有关（第216页），其定义了变换构成的集合上的等价关系.

设$\mathcal{U}_t$为连续依赖于参数t的Lorentz变换的族. 那么$|\mathcal{U}_t|$也连续依赖于t，并且由于Lorentz变换的行列式等于± 1，因此$|\mathcal{U}_t|$的值对于所有t是固定的. 因此，行列式具有相反符号的Lorentz变换不能连续相互形变. 但与Euclid空间的正交变换不同，Lorentz变换$\mathcal{U}_t$有一个额外的特征，即数$v(\mathcal{U}_t)$（见第259页的定义）. 我们来证明，与行列式$|\mathcal{U}_t|$一样，数$v(\mathcal{U}_t)$也是常数.

为此，我们选取一个任意的类时向量$\boldsymbol{e}$，并利用引理7.59. 向量$\mathcal{U}_t(\boldsymbol{e})$也是类时的，此外，$v(\mathcal{U}_t) = +1$，如果$\boldsymbol{e}$和$\mathcal{U}_t(\boldsymbol{e})$位于光锥的一个极点内部，即$(\boldsymbol{e}, \mathcal{U}_t(\boldsymbol{e})) < 0$，并且$v(\mathcal{U}_t) = -1$，如果$\boldsymbol{e}$和$\mathcal{U}_t(\boldsymbol{e})$位于不同的极点内部，即$(\boldsymbol{e}, \mathcal{U}_t(\boldsymbol{e})) > 0$. 那么还需观察到函数$(\boldsymbol{e}, \mathcal{U}_t(\boldsymbol{e}))$连续依赖于参数$t$，因此只有当对于$t$的某个值假设值为零时，才能改变符号. 但是，根据类时向量$\boldsymbol{x} = \boldsymbol{e}$和$\boldsymbol{y} = \mathcal{U}_t(\boldsymbol{e})$的不等式(7.82)，可以得出不等式

$$(\boldsymbol{e}, \mathcal{U}_t(\boldsymbol{e}))^2 \geqslant (\boldsymbol{e}^2) \cdot (\mathcal{U}_t(\boldsymbol{e})^2) > 0$$

表明$(\boldsymbol{e}, \mathcal{U}_t(\boldsymbol{e}))$对于$t$的任何值都不能为零.

因此，考虑到定理7.63，我们可以看到Lorentz变换的等价类的个数肯定不少于四个. 现在我们来证明恰好有四个. 首先，我们将对伪Euclid平面建立这一点，然后将对任意维伪Euclid空间证明这一点.

例 7.68 表示伪Euclid平面的所有可能的Lorentz变换的矩阵(7.91)，(7.92)可以分别连续形变为矩阵

$$E = \begin{pmatrix} 1 & 0 \\ 0 & 1 \end{pmatrix}, \quad F_1 = \begin{pmatrix} -1 & 0 \\ 0 & -1 \end{pmatrix}$$
$$F_2 = \begin{pmatrix} 1 & 0 \\ 0 & -1 \end{pmatrix}, \quad F_3 = \begin{pmatrix} -1 & 0 \\ 0 & 1 \end{pmatrix} \tag{7.99}$$

事实上，我们得到了必要的连续形变，如果在矩阵(7.91)，(7.92)中，我们用参数$(1-t)\psi$替换ψ，其中$t \in [0,1]$. 同样显然地，四个矩阵(7.99)中没有一个可

以连续形变为任意其他矩阵：其中任意两个要么矩阵的行列式异号，要么其中一个保持光锥的极点，而另一个导致它们交换位置.

在一般情形中，我们有一个定理 7.28 的类比.

定理 7.69 实伪 Euclid 空间的两个 Lorentz 变换$\mathcal{U}_1$ 和$\mathcal{U}_2$ 是相互连续可形变的，当且仅当 $\varepsilon(\mathcal{U}_1)=\varepsilon(\mathcal{U}_2)$.

证明：就像定理 7.28 的情形那样，我们从一个更具体的结论开始：我们将证明任意 Lorentz 变换$\mathcal{U}$(对其有

$$\varepsilon(\mathcal{U})=(|\mathcal{U}|,v(\mathcal{U}))=(+1,+1) \tag{7.100}$$

成立）可以连续形变为$\mathcal{E}$. 援引定理 7.65，我们来考查正交分解(7.93)，用$\mathcal{U}_i$ 表示变换$\mathcal{U}$对不变子空间L_i 的限制，其中 $i=0,1$. 我们将依次研究三种情形.

情形 1. 在分解(7.93) 中，子空间L_1 的维数等于 1，即$\mathrm{L}_1=\langle \boldsymbol{e}\rangle$，其中$(\boldsymbol{e}^2)<0$. 那么对于子空间$\mathrm{L}_1$，在变换$\mathcal{U}$的矩阵中对应一个一阶分块(其中 $\sigma=+1$ 或 -1)，且$\mathcal{U}_0$ 是一个正交变换，它取决于 σ 的符号，可以是固有的或反常的，使得满足条件 $|\mathcal{U}|=\sigma|\mathcal{U}_0|=1$. 然而，容易看出当 $\sigma=-1$ 时，我们有 $v(\mathcal{U})=-1$(因为$(\boldsymbol{e},\mathcal{U}(\boldsymbol{e}))>0$，因此，条件(7.100) 只保留情形 $\sigma=+1$，因此，正交变换$\mathcal{U}_0$ 是固有的. 那么$\mathcal{U}_1$ 是(一维空间的) 恒等变换). 根据定理 7.28，正交变换$\mathcal{U}_0$ 可连续形变为恒等变换，因此，变换$\mathcal{U}$可连续变形为$\mathcal{E}$.

情形 2. 在分解(7.93) 中，子空间L_1 的维数等于 2，即L_1 是伪 Euclid 平面. 那么，正如我们在例 7.62 和 7.68 中建立的那样，在平面L_1 的某组标准正交基中，变换$\mathcal{U}_1$ 的矩阵有形式(7.92)，并且可以连续形变为四个矩阵(7.99) 之一. 显然，条件 $v(\mathcal{U})=1$ 仅与矩阵 E 和矩阵F_2，F_3 中的一个相关，即特征值±1 对应于特征向量$\boldsymbol{g}_\pm$ 的矩阵，使得$(\boldsymbol{g}_+^2)<0$ 且$(\boldsymbol{g}_-^2)>0$. 在这种情形中，显然，我们有正交分解$\mathrm{L}_1=\langle \boldsymbol{g}_+\rangle \oplus \langle \boldsymbol{g}_-\rangle$.

如果变换$\mathcal{U}_1$ 的矩阵可以连续形变为 E，那么正交变换$\mathcal{U}_0$ 是固有的，因此它也可以连续形变为恒等变换，这就证明了我们的结论.

如果变换$\mathcal{U}_1$ 的矩阵可连续形变为F_2 或F_3，那么正交变换$\mathcal{U}_0$ 是反常的，因此，其矩阵可连续形变为矩阵(7.32)，它有对应于某个特征向量 $\boldsymbol{h}\in \mathrm{L}_0$ 的特征值 -1. 根据正交分解 $\mathrm{L}=\mathrm{L}_0\oplus\langle \boldsymbol{g}_+\rangle\oplus\langle \boldsymbol{g}_-\rangle$，考虑到$(\boldsymbol{g}_+^2)<0$，可以得出不变平面$\mathrm{L}'=\langle \boldsymbol{g}_-,\boldsymbol{h}\rangle$ 是 Euclid 空间. $\mathcal{U}$对L' 的限制的矩阵等于$-E$，因此，它可以连续形变为 E. 这蕴涵变换$\mathcal{U}$可以连续形变为$\mathcal{E}$.

情形 3. 在分解(7.93) 中，子空间L_1 是特征值$\lambda=\pm1$ 的循环三维伪 Euclid 空间. 例 7.67 详细研究了这种情形，我们将使用其中引入的记号. 显然，条件 $v(\mathcal{U})=1$ 仅适用于$\lambda=1$，因为否则，变换$\mathcal{U}_1$ 将类光特征向量$\boldsymbol{e}_3$ 变换为$-\boldsymbol{e}_3$，也就

是说，它转置了光锥的极点．因此，条件(7.100)对应于 Lorentz 变换$\mathcal{U}_1$(具有值$\varepsilon(\mathcal{U}_1)=(+1,+1)$)和固有正交变换$\mathcal{U}_0$.

我们来证明这样的变换$\mathcal{U}_1$可以连续形变为恒等变换．由于$\mathcal{U}_0$显然也可以连续形变为恒等变换，这将为我们提供所需的结论．

因此，设$\lambda=1$．我们将在L_1中固定一组满足例 7.67 中引入的以下条件的基$\boldsymbol{e}_1,\boldsymbol{e}_2,\boldsymbol{e}_3$

$$(\boldsymbol{e}_1^2)=a,\quad (\boldsymbol{e}_1,\boldsymbol{e}_2)=-\frac{d}{2} \tag{7.101}$$

$$(\boldsymbol{e}_1,\boldsymbol{e}_3)=-d,\quad (\boldsymbol{e}_2^2)=d,\quad (\boldsymbol{e}_2,\boldsymbol{e}_3)=(\boldsymbol{e}_3^2)=0$$

具有某些数a和$d>0$．在这组基中，Gram 矩阵A有形式(7.98)，其中$c=-d$且$b=-d/2$，而变换$\mathcal{U}_1$的矩阵U有 Jordan 块的形式．

设$\mathcal{U}_t$为空间L_1的线性变换，其在基$\boldsymbol{e}_1,\boldsymbol{e}_2,\boldsymbol{e}_3$中的矩阵有以下形式

$$U_t=\begin{pmatrix}1 & 0 & 0\\ t & 1 & 0\\ \varphi(t) & t & 1\end{pmatrix} \tag{7.102}$$

其中，t是一个实参数，取值范围为 0 到 1，且$\varphi(t)$是t的连续函数，我们将以这样的方式选取，使得$\mathcal{U}_t$是 Lorentz 变换．我们知道，为此，必须满足关系式(7.85)(其中矩阵$U=U_t$)．代入等式$U_t^*AU_t=A$形式(7.98)的矩阵A，其中$c=-d$和$b=-d/2$和形式(7.102)的矩阵U_t，并使左右两变的对应元素相等，我们得到等式$U_t^*AU_t=A$成立，如果$\varphi(t)=t(t-1)/2$．对于函数$\varphi(t)$的这种选取，我们得到了连续依赖于参数$t\in[0,1]$的 Lorentz 变换的族$\mathcal{U}_t$．此外，显然，当$t=1$时，矩阵U_t有 Jordan 块U_1，而当$t=0$时，矩阵U_t等于E．因此，族U_t得到将U_1变换为$\mathcal{E}$的连续形变．

现在，我们来用一般形式证明定理 7.69 的结论．设$\mathcal{W}$为具有任意$\varepsilon(\mathcal{W})$的 Lorentz 变换．我们将证明它可以连续形变为变换$\mathcal{F}$，在某组标准正交基中有分块对角矩阵

$$F=\begin{pmatrix}E & 0\\ 0 & F'\end{pmatrix}$$

其中E是$n-2$阶单位矩阵且F'是四个矩阵(7.99)之一．显然，通过选取合适的矩阵F'，我们可以得到具有任何期望的$\varepsilon(\mathcal{F})$的 Lorentz 变换$\mathcal{F}$．我们来选取矩阵F'，使得$\varepsilon(\mathcal{F})=\varepsilon(\mathcal{W})$．

我们在空间中选取任意一组标准正交基，在这组基中，设变换$\mathcal{W}$有矩阵W．那么在同一组基中具有矩阵$U=WF$的变换$\mathcal{U}$是 Lorentz 变换，此外，根据$\varepsilon(\mathcal{F})=$

$\varepsilon(\mathcal{W})$ 的选取，我们得到等式 $\varepsilon(\mathcal{U}) = \varepsilon(\mathcal{W})\varepsilon(\mathcal{F}) = (+1, +1)$. 此外，由关系式 $F^{-1} = F$ 的平凡验证，我们得到 $W = UF$，即$\mathcal{W}=\mathcal{UF}$. 我们现在将使用一个得出变换$\mathcal{U}$到$\mathcal{E}$的连续形变的族$\mathcal{U}_t$. 根据等式$\mathcal{W}=\mathcal{UF}$，借助引理 4.37，我们得到关系式$\mathcal{W}_t=\mathcal{U}_t\mathcal{F}$，其中$\mathcal{W}_0=\mathcal{EF}=\mathcal{F}$且$\mathcal{W}_1=\mathcal{UF}=\mathcal{W}$. 因此，正是这个族$\mathcal{W}_t=\mathcal{U}_t\mathcal{F}$完成了 Lorentz 变换$\mathcal{W}$到$\mathcal{F}$的形变.

如果$\mathcal{U}_1$ 和$\mathcal{U}_2$ 是 Lorentz 变换，使得 $\varepsilon(\mathcal{U}_1)=\varepsilon(\mathcal{U}_2)$，那么根据我们之前证明的，它们中的每一个都可以连续形变为具有同一矩阵F' 的$\mathcal{F}$. 因此，根据传递性，变换$\mathcal{U}_1$ 和$\mathcal{U}_2$ 可以相互连续形变. □

类似于我们在第 4.4 和 7.3 节中对于非奇异变换和正交变换所做的，我们可以用拓扑形式表示由定理 7.69 建立的事实：给定维数的伪 Euclid 空间的 Lorentz 变换构成的集合恰好有四个道路连通分支. 它们对应于 $\varepsilon(\mathcal{U})$ 的四个可能值.

我们注意到，四个（而不是两个）定向的存在性并不是具有二次型(7.76)的伪 Euclid 空间的特定性质，正如本节的大多数性质那样. 它对于具有双线性内积$(\boldsymbol{x},\boldsymbol{y})$ 的所有向量空间都成立，前提是它是非奇异的，并且二次型$(\boldsymbol{x}^2)$ 既不是正定的也不是负定的. 我们可以指出（无须给出证明）这种现象的原因. 如果型$(\boldsymbol{x}^2)$ 用标准形表示为

$$x_1^2+\cdots+x_s^2-x_{s+1}^2-\cdots-x_n^2,\quad 其中\ s\in\{1,\cdots,n-1\}$$

那么，保持其不变的变换首先包括，保持型$x_1^2+\cdots+x_s^2$ 且不变换坐标$x_{s+1},\cdots,x_n$ 的正交变换，其次包括，保持二次型$x_{s+1}^2+\cdots+x_n^2$ 且不变换坐标$x_1,\cdots,x_s$ 的变换. 每种类型的变换都对其自身的定向"负责".

仿射空间

第 8 章

平面和立体几何中通常研究的对象是平面和三维空间，两者都由点构成. 然而，向量空间在逻辑上更简单，因此，我们从研究它们开始. 现在，我们继续研究“点”(仿射) 空间. 此类空间的理论与向量空间的理论是密切相关的，因此，在本章中，我们将只讨论与这种情形特别相关的问题.

8.1 仿射空间的定义

我们回到向量空间理论的起点，即 3.1 节. 在这里，我们称平面(或空间) 中的两点确定了一个向量. 我们将使这个性质成为仿射空间公理化定义的基础.

定义 8.1 仿射空间是一个对(V, L)，由集合V(其元素称为点) 与向量空间 L 构成，在其上定义一个规则，两点 $A, B \in V$ 关联着空间 L 中的一个向量，我们用$\overrightarrow{AB}$ 来表示(点 A 和 B 的顺序是很重要的). 在此必须满足以下条件：

(1) $\overrightarrow{AB}+\overrightarrow{BC}=\overrightarrow{AC}$.

(2) 对于每三个点 $A, B, C \in V$，存在唯一的点 $D \in V$，使得

$$\overrightarrow{AB}=\overrightarrow{CD} \tag{8.1}$$

(3) 对于每两个点 $A, B \in V$ 和标量 α，存在唯一的点 $C \in V$，使得

$$\overrightarrow{AC}=\alpha\overrightarrow{AB} \tag{8.2}$$

备注 8.2 从条件(2)可得,我们也有$\overrightarrow{AC}=\overrightarrow{BD}$.事实上,考虑到条件(1),我们有$\overrightarrow{AB}+\overrightarrow{BD}=\overrightarrow{AD}$和$\overrightarrow{AC}+\overrightarrow{CD}=\overrightarrow{AD}$.这蕴涵$\overrightarrow{AB}+\overrightarrow{BD}=\overrightarrow{AC}+\overrightarrow{CD}$(如图 8.1).由于根据假设$\overrightarrow{AB}=\overrightarrow{CD}$,并且所有向量都属于空间 L,由此得到$\overrightarrow{AC}=\overrightarrow{BD}$.

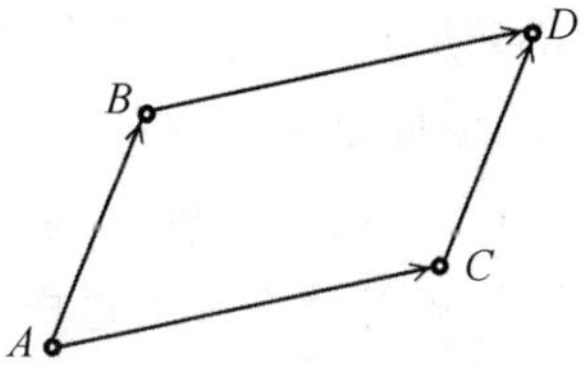

图 8.1　向量的相等

根据这些条件和向量空间的定义,容易推出对于任意一点 $A\in V$,向量$\overrightarrow{AA}$都等于 **0**,并且对于每对点 $A,B\in V$,我们都有等式

$$\overrightarrow{BA}=-\overrightarrow{AB}$$

同样容易证明如果在空间 L 中给定一点 $A\in V$ 和一个向量 $\boldsymbol{x}=\overrightarrow{AB}$,那么点 $B\in V$ 就是唯一确定的.

定理 8.3 全体形如$\overrightarrow{AB}$的向量(其中 A 和 B 是 V 的任意的点),构成空间 L 的一个子空间L′.

证明:设 $\boldsymbol{x}=\overrightarrow{AB}$,$\boldsymbol{y}=\overrightarrow{CD}$.根据条件(2),存在一点 K,使得$\overrightarrow{BK}=\overrightarrow{CD}$.那么根据条件(1),向量

$$\overrightarrow{AK}=\overrightarrow{AB}+\overrightarrow{BK}=\overrightarrow{AB}+\overrightarrow{CD}=\boldsymbol{x}+\boldsymbol{y}$$

也包含在子空间L′中.类似地,对于L′中的任意向量 $\boldsymbol{x}=\overrightarrow{AB}$,条件(3)给出了向量$\overrightarrow{AC}=\alpha\overrightarrow{AB}=\alpha\boldsymbol{x}$,因此它也包含在L′中. □

考虑到定理 8.3,我们需要研究仿射空间(V,L),并非空间 L 中的所有向量,而仅是子空间L′中的那些向量.因此,以下我们用 L 来表示空间L′.也就是说,我们假定下列条件是满足的:对于每个向量 $\boldsymbol{x}\in\mathrm{L}$,在 V 中存在点 A 和 B,使得 $\boldsymbol{x}=\overrightarrow{AB}$.

这个条件不强加任何附加的限制.它仅等价于记号的变化:用 L 代替L′.

例 8.4 每个向量空间 L 定义了一个仿射空间(L,L),如果把两个向量 $\boldsymbol{a}$,$\boldsymbol{b}\in\mathrm{L}$ 看作集合 $V=\mathrm{L}$ 中的点,我们设$\overrightarrow{\boldsymbol{ab}}=\boldsymbol{b}-\boldsymbol{a}$.特别地,长为 n 的行的全体$\mathbb{K}^n$定义了一个仿射空间.

例 8.5 初等几何或解析几何课程中所研究的平面和空间就是仿射空间的例子.

仿射空间的定义中的条件(2)表明,无论我们如何选取集合 V 中的点 O,每个向量 $\boldsymbol{x}\in\mathrm{L}$ 都可以表示为 $\boldsymbol{x}=\overrightarrow{OA}$.此外,根据条件(2)的点 D 的唯一性的要

求可得,对于一个指定的点 O 和向量 $\boldsymbol{x}$,点 A 由条件$\overrightarrow{OA}=\boldsymbol{x}$ 唯一确定. 因此,在选定(任意)点 $O\in V$ 和相关联的点 $A\in V$ 后得到向量$\overrightarrow{OA}$,我们得到集合 V 的点 A 与空间 L 的向量 $\boldsymbol{x}$ 之间的一个双射. 换句话说,仿射空间是坐标原点 O 不固定的向量空间. 从物理学的角度来看,这个概念更加自然;在仿射空间中,所有的点都是相等的,换句话说,空间是均匀的. 在数学上,这个概念似乎更复杂:我们需要指定并非一个,而是两个集合:V 和 L. 尽管我们把仿射空间写作一个对(V,L),然而我们将经常简单地用 V 来表示这样一个空间,舍去 L 并假设上述条件是满足的. 在这种情形中,我们称 L 为仿射空间 V 的向量空间.

定义 8.6 仿射空间(V,L) 的维数是相伴向量空间 L 的维数. 当我们想要把注意力集中在空间 V 上时,那么我们将用 $\dim V$ 表示维数.

后续,我们将只考虑有限维空间. 我们称一维仿射空间为直线,称二维仿射空间为平面.

选定点 $O\in V$ 后,我们得到一个双射 $V\to\mathrm{L}$. 如果 $\dim\mathrm{L}=n$ 并且我们在空间 L 中选取某组基$\boldsymbol{e}_1,\cdots,\boldsymbol{e}_n$,那么我们有同构 $\mathrm{L}\simeq\mathbb{K}^n$. 因此,对于 L 中的任取的一点 $O\in V$ 和这组基,我们得到一个双射 $V\to\mathbb{K}^n$,并根据向量 $\boldsymbol{x}=\overrightarrow{OA}$ 在基$\boldsymbol{e}_1,\cdots,\boldsymbol{e}_n$ 中的坐标$(\alpha_1,\cdots,\alpha_n)$ 的集合定义仿射空间 V 中的每个点.

定义 8.7 点 O 和基$\boldsymbol{e}_1,\cdots,\boldsymbol{e}_n$ 一并称为空间 V 中的参考标架,我们写成$(O;\boldsymbol{e}_1,\cdots,\boldsymbol{e}_n)$. 与点 $A\in V$ 相关的 n 元组$(\alpha_1,\cdots,\alpha_n)$ 称为相伴参考标架的点 A 的坐标.

如果相对于参考标架$(O;\boldsymbol{e}_1,\cdots,\boldsymbol{e}_n)$,点 A 有坐标$(\alpha_1,\cdots,\alpha_n)$,而点 B 有坐标$(\beta_1,\cdots,\beta_n)$,那么向量$\overrightarrow{AB}$ 关于基$\boldsymbol{e}_1,\cdots,\boldsymbol{e}_n$ 的坐标是$(\beta_1-\alpha_1,\cdots,\beta_n-\alpha_n)$.

就像向量空间中基的选取那样,该空间的每个向量都由其坐标确定,同样地,仿射空间的每个点也由其在给定参考标架中的坐标确定. 因此,在仿射空间的理论中,参考标架所起的作用与在向量空间理论中基所起的作用相同. 我们将参考标架定义为由点 O 和构成 L 的一组基的 n 个向量$\boldsymbol{e}_1,\cdots,\boldsymbol{e}_n$ 构成的集合. 这些向量$\boldsymbol{e}_i$ 中的任何一个都可以写成$\boldsymbol{e}_i=\overrightarrow{OA_i}$,这样就可以把参考标架作为 $n+1$ 个点 $O,A_1,\cdots,A_n$ 的集合. 在此,点 $O,A_1,\cdots,A_n$ 不是任意的;它们必须满足这样的性质:向量$\overrightarrow{OA_1},\cdots,\overrightarrow{OA_n}$ 构成 L 的一组基,即它们必须是线性无关的.

我们已经看到,V 中的点 O 的选取确定了 V 与 L 之间的一个同构,它给每个点 $A\in V$ 指派向量$\overrightarrow{OA}\in\mathrm{L}$. 我们考虑点 O 变化时,这个对应如何变化. 如果我们从O' 开始,然后我们将它与点 A 对应起来,得到向量$\overrightarrow{O'A}$,根据仿射空间的定义,它等于$\overrightarrow{O'O}+\overrightarrow{OA}$. 因此,如果在第一种情形中,我们给点 A 指派向量$\boldsymbol{x}$,然后在第二种情形中，我们给点 A 指派向量 $\boldsymbol{x}+\boldsymbol{a}$，其中 $\boldsymbol{a}=\overrightarrow{O'O}$. 我们得到集合 V 的一个相应映射，如果我们指派给点 A 以点 B，使得 $\overrightarrow{AB}=\boldsymbol{a}$. 这样的点 B 由 A 和 $\boldsymbol{a}$ 的选取唯一确定.

定义 8.8 仿射空间 (V,L) 根据向量 $\boldsymbol{a}\in\mathrm{L}$ 的一个平移是集合 V 到自身的一个映射，它指派给点 A 以点 B 使得 $\overrightarrow{AB}=\boldsymbol{a}$.（根据仿射空间的定义，对于每个点 $A\in V$ 和 $\boldsymbol{a}\in\mathrm{L}$，这样的点 $B\in V$ 都是存在且唯一的.）

我们将用 $\mathcal{T}_a$ 表示根据向量 $\boldsymbol{a}$ 的平移. 因此，平移的定义可以写成公式

$$\mathcal{T}_a(A)=B,\quad \text{其中}\ \overrightarrow{AB}=\boldsymbol{a}$$

根据给定的定义，平移是集合 V 到自身的同构. 它可以用下面来表示

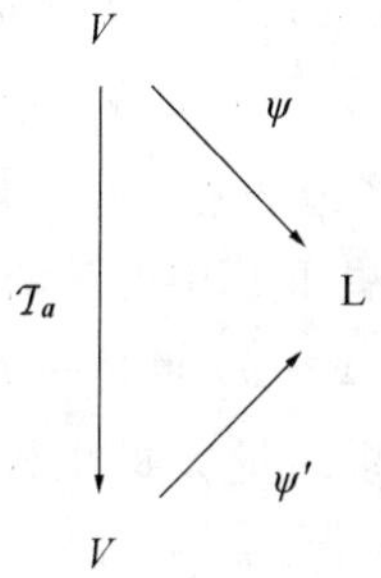

(8.3)

其中 V 和 L 之间的双射 ψ 用点 O 定义，而双射 ψ' 用点 O' 定义，$\mathcal{T}_a$ 是根据向量 $\boldsymbol{a}=\overrightarrow{O'O}$ 的一个平移. 因此，映射 ψ 是映射 $\mathcal{T}_a$ 和 ψ' 的乘积（序贯应用或复合）. 这个关系可以简写为 $\psi'=\psi+\boldsymbol{a}$.

命题 8.9 平移具有以下性质：

(1) $\mathcal{T}_a\mathcal{T}_b=\mathcal{T}_{a+b}$.

(2) $\mathcal{T}_0=\mathcal{E}$.

(3) $\mathcal{T}_{-a}=\mathcal{T}_a^{-1}$.

证明：在性质(1)中，左边由映射的乘积构成，这说明对于每个点 $C\in V$，等式

$$\mathcal{T}_a(\mathcal{T}_b(C))=\mathcal{T}_{a+b}(C) \tag{8.4}$$

都是满足的. 我们用 $\boldsymbol{b}=\overrightarrow{CP}$（这不仅是可能的，而且根据仿射空间的定义，点 $P\in V$ 是唯一确定的）的形式表示向量 $\boldsymbol{b}$. 因此，我们有 $\mathcal{T}_b(C)=P$. 同样地，我们用 $\boldsymbol{a}=\overrightarrow{PQ}$ 的形式表示向量 $\boldsymbol{a}$. 那么类似地，$\mathcal{T}_a(P)=Q$. 根据这些关系式可得

$$\boldsymbol{a}+\boldsymbol{b}=\overrightarrow{CP}+\overrightarrow{PQ}=\overrightarrow{CQ}$$

由此我们得到 $\mathcal{T}_{a+b}(C)=Q$. 另外，我们有 $\mathcal{T}_a(\mathcal{T}_b(C))=\mathcal{T}_a(P)=Q$，这就证明了关系式(8.4).

性质(2) 和(3) 更容易证明. □

我们注意到,对于任意两点 $A,B\in V$,当$\mathcal{T}_{\boldsymbol{a}}(A)=B$ 时,存在唯一的向量 $\boldsymbol{a}\in\mathsf{L}$,即向量$\boldsymbol{a}=\overrightarrow{AB}$.

假设我们给定一个参考标架$(O;\boldsymbol{e}_1,\cdots,\boldsymbol{e}_n)$. 相对于这个参考标架,每个点 $A\in V$ 都有坐标$(x_1,\cdots,x_n)$. 定义在仿射空间 V 上,并且取值为数值的函数 $F(A)$ 称为多项式,如果它可以在坐标$x_1,\cdots,x_n$ 上可以写成多项式.

这个定义可以给出不同的表述. 我们用 $\psi:V\to\mathsf{L}$ 来表示 V 和 L 之间的双射,它由对任意点O的选取确定. 那么V上的函数F 是一个多项式,如果它可以表示为 $F(A)=G(\psi(A))$ 的形式,其中 $G(\boldsymbol{x})$ 是空间 L 上的一个多项式(见 125 页的定义). 当然,仍然有必要验证这个定义不取决于参考标架$(O;\boldsymbol{e}_1,\cdots,\boldsymbol{e}_n)$ 的选取,但这很容易做到. 如果$\psi':V\to\mathsf{L}$ 是 V 和 L 之间的一个双射,它由点O' 的选取确定(参见表示(8.3)),那么$\psi'=\psi+\boldsymbol{a}$. 如我们在 3.8 节中所见,函数$G(\boldsymbol{x})$ 作为一个多项式的性质并不取决于 L 中的基的选取,那么还需验证,对于多项式 $G(\boldsymbol{x})$ 和向量 $\boldsymbol{a}\in\mathsf{L}$,函数 $G(\boldsymbol{x}+\boldsymbol{a})$ 也是一个多项式. 显然,只需验证对于单项式 $cx_1^{k_1}\cdots x_n^{k_n}$ 是成立的. 如果向量 $\boldsymbol{x}$ 的坐标是$x_1,\cdots,x_n$,向量 $\boldsymbol{a}$ 的坐标是 $a_1,\cdots,a_n$,那么将它们代入单项式 $cx_1^{k_1}\cdots x_n^{k_n}$,我们得到表达式 $c(x_1+a_1)^{k_1}\cdots(x_n+a_n)^{k_n}$,显然,它也是变量$x_1,\cdots,x_n$ 的一个多项式.

出于与第128页的例3.86同样的考虑,我们可以对仿射空间V上的任意多项式 F 定义其在任意点$O\in V$ 处的微分 d_OF. 在此,微分 d_OF 是空间V 的向量 L 的空间上的一个线性函数,也就是说,它是对偶空间L^* 中的向量. 事实上,我们考虑前面构造的双射 $\psi:V\to\mathsf{L}$,其有 $\psi(O)=\mathbf{0}$;把 F 表示为$F(A)=G(\psi(A))$ 的形式,其中 $G(\boldsymbol{x})$ 是向量空间 L 上的某个多项式;我们定义$\mathrm{d}_OF=\mathrm{d}_{\mathbf{0}}G$ 为 L 上的线性函数.

假设我们在空间 V 中给定参考标架$(O;\boldsymbol{e}_1,\cdots,\boldsymbol{e}_n)$. 那么 $F(A)$ 是点 A 关于这个参考标架的坐标的多项式. 我们用这些坐标写出表达式d_OF. 根据定义,微分

$$\mathrm{d}_OF=\mathrm{d}_OG=\sum_{i=1}^{n}\frac{\partial G}{\partial x_i}(\mathbf{0})x_i$$

是关于基$\boldsymbol{e}_1,\cdots,\boldsymbol{e}_n$ 的坐标$x_1,\cdots,x_n$ 的线性函数. 这里$\partial G/\partial x_i$ 是一个多项式,它对应于V 上的某个多项式Φ_i,也就是说,它有形式:$\Phi_i(A)=\dfrac{\partial G}{\partial x_i}(\psi(A))$. 根据定义,我们设$\Phi_i=\partial F/\partial x_i$. 容易验证,如果我们将 F 和Φ_i 表示为$x_1,\cdots,x_n$ 的多项式,那么Φ_i 事实上就是 F 关于变量 x_i 的偏微分. 由于 $\psi(O)=\mathbf{0}$,由此得到

$\frac{\partial G}{\partial x_i}(\mathbf{0}) = \frac{\partial F}{\partial x_i}(O)$. 因此，我们得到微分$\mathrm{d}_O F$ 的表达式

$$\mathrm{d}_O F = \sum_{i=1}^{n} \frac{\partial G}{\partial x_i}(O) x_i$$

这与第 3.8 节中所得的公式(3.70) 是相似的.

8.2 仿射空间

定义 8.10 仿射空间(V, L) 的一个子集$V' \subset V$ 是一个仿射子空间，如果向量$\overrightarrow{AB}(A, B \in V')$ 的集合构成向量空间 L 的一个向量子空间L'.

显然，V' 自身是一个仿射子空间，L' 是其向量的空间. 如果 $\dim V' = \dim V - 1$，那么V' 称为 V 中的一个超平面.

例 8.11 仿射子空间的一个典型例子是线性方程组(1.3) 的解集V'. 如果方程组(1.3) 的系数a_{ij} 和常数b_i 都在域$\mathbb{K}$中，那么解集V' 就包含在长为 n 的行的集合$\mathbb{K}^n$ 中，我们把它看作一个仿射空间$(\mathbb{K}^n, \mathbb{K}^n)$，即，$V = \mathbb{K}^n$ 且 $\mathrm{L} = \mathbb{K}^n$.

为了证明解集V' 是一个仿射子空间，我们来验证其向量的空间L' 是与(1.3) 相关的线性齐次方程组的解空间. 线性齐次方程组的解集是$\mathbb{K}^n$ 的向量子空间(见第 3.1 节中的例 3.8). 设行 $\boldsymbol{x}$ 和 $\boldsymbol{y}$ 为方程组(1.3) 的解，现在把它们看作仿射空间 $V = \mathbb{K}^n$ 的点. 我们必须验证上述例子中定义的向量$\overrightarrow{\boldsymbol{xy}}$ 包含在L' 中. 但是根据这个例子，我们必须设$\overrightarrow{\boldsymbol{xy}} = \boldsymbol{y} - \boldsymbol{x}$，那么我们还需验证行 $\boldsymbol{y} - \boldsymbol{x}$ 属于子空间L'，即它是与(1.3) 相关的齐次方程组的一个解.

只需对每个方程分别验证这个性质. 设与(1.3) 相关的线性齐次方程组的第 i 个方程为(1.10) 的形式，即$F_i(\boldsymbol{x}) = 0$，其中F_i 是某个线性函数. 根据假设，$\boldsymbol{x}$ 和 $\boldsymbol{y}$ 是方程组(1.3) 的解，特别地，$F_i(\boldsymbol{x}) = \boldsymbol{b}_i$ 且$F_i(\boldsymbol{y}) = \boldsymbol{b}_i$. 由此得出$F_i(\boldsymbol{y} - \boldsymbol{x}) = F_i(y) - F_i(\boldsymbol{x}) = b_i - b_i = 0$，如断言的那样.

例 8.12 我们现在来证明它的逆命题，仿射空间$(\mathbb{K}^n, \mathbb{K}^n)$ 的每个仿射子空间都由线性方程定义，也就是说，如果V' 是一个仿射子空间，那么V' 与某个线性方程组的解集相等. 由于V' 是仿射空间$(\mathbb{K}^n, \mathbb{K}^n)$ 的一个子空间，根据定义，向量的对应集合L' 是向量空间$\mathbb{K}^n$ 的一个子空间. 我们在 3.1 节(例 3.8) 中看到，它在$\mathbb{K}^n$ 中由线性齐次方程组

$$F_1(\boldsymbol{x}) = 0, \quad F_2(\boldsymbol{x}) = 0, \quad \cdots, \quad F_m(\boldsymbol{x}) = 0 \tag{8.5}$$

定义.

我们来考虑任意点 $A \in V'$ 和集合$F_i(A) = b_i$(对所有 $i = 1, \cdots, m$). 我们将

证明子空间V'与方程组

$$F_1(\boldsymbol{x})=b_1,\quad F_2(\boldsymbol{x})=b_2,\quad \cdots,\quad F_m(\boldsymbol{x})=b_m \tag{8.6}$$

的解集相等. 事实上,我们取任意点$B\in V'$. 设点A和点B在某个参考标架中的坐标为$A=(\alpha_1,\cdots,\alpha_n)$和$B=(\beta_1,\cdots,\beta_n)$. 那么向量$\overrightarrow{AB}$的坐标等于$(\beta_1-\alpha_1,\cdots,\beta_n-\alpha_n)$,并且我们知道点$B$属于$V'$当且仅当向量$\boldsymbol{x}=\overrightarrow{OA}$属于子空间$\mathrm{L}'$,即满足方程组(8.5). 现在运用函数$F_i$是线性的这一事实,我们得到对于它们中的任意一个,都有

$$F_i(\beta_1-\alpha_1,\cdots,\beta_n-\alpha_n)=F_i(\beta_1,\cdots,\beta_n)-F_i(\alpha_1,\cdots,\alpha_n)=F_i(B)-b_i$$

这蕴涵点B属于仿射子空间V',当且仅当$F_i(B)=b_i$,即其坐标满足方程组(8.6).

定义 8.13 仿射子空间V'和V''称为平行的,如果它们有相同的向量集,即$\mathrm{L}'=\mathrm{L}''$.

容易看出,两个平行子空间要么没有共同的点,要么相等. 事实上,假设V'和V''是平行的并且点A属于$V'\cap V''$. 因为V'和V''的向量的空间相等,所以对于任意点$B\in V'$,存在一点$C\in V''$,使得$\overrightarrow{AB}=\overrightarrow{AC}$. 因此,考虑到从仿射空间的定义而来的关系式(8.1)中的点D的唯一性,可以得出$B=C$,这蕴涵$V'\subset V''$. 因为平行的定义不取决于子空间V'和V''的顺序,反包含$V''\subset V'$也成立,这就得到了$V'=V''$.

设V'和V''为两个平行子空间,分别在它们中选取一点$A\in V'$和$B\in V''$. 设向量$\overrightarrow{AB}$等于$\boldsymbol{a}$,根据平移$\mathcal{T}_{\boldsymbol{a}}$的定义,我们得到$\mathcal{T}_{\boldsymbol{a}}(A)=B$.

我们来考虑任意点$C\in V'$. 由平行的定义可知,存在一点$D\in V''$,使得$\overrightarrow{AC}=\overrightarrow{BD}$. 由此,容易得出$\overrightarrow{CD}=\overrightarrow{AB}=\boldsymbol{a}$;如图 8.1 和备注 8.2. 但这蕴涵$\mathcal{T}_{\boldsymbol{a}}(C)=D$. 换句话说,$\mathcal{T}_{\boldsymbol{a}}(V')\subset V''$. 同样地,我们得到$\mathcal{T}_{-\boldsymbol{a}}(V'')\subset V'$,根据平移的性质(1)(2)和(3)得出$V''\subset\mathcal{T}_{\boldsymbol{a}}(V')$. 这就蕴涵$\mathcal{T}_{\boldsymbol{a}}(V')=V''$,也就是说,任意两个平行子空间可以通过平移相互映射. 反之,对于任选的V'和$\boldsymbol{a}$,容易验证仿射子空间V'和$\mathcal{T}_{\boldsymbol{a}}(V')$是平行的.

我们来考虑仿射空间(V,L)的两个不同的点A和B,那么容易看出,全体点C(根据仿射空间(具有任意标量α)的定义中的条件(3),存在这些点)构成一个仿射子空间V'. 对应向量子空间L'与$\langle\overrightarrow{AB}\rangle$相等. 因此,$\mathrm{L}'$以及仿射空间$(V',\mathrm{L}')$都是一维的. 它称为过点$A$和$B$的直线.

直线的概念与仿射子空间的一般概念是通过以下结果联系起来.

定理 8.14 为了让仿射空间V(定义在特征不为 2 的域中)的一个子集M

为 V 的一个子空间，其充要条件是对于 M 中的每两个点，过这两点的直线完全包含在 M 中.

证明：这个条件的必要性是显然的. 我们来证明其充分性. 我们选取一个任意点 $O \in M$. 我们需要证明向量集$\overrightarrow{OA}$(其中 A 取遍集合 M 的所有可能的点) 构成仿射空间(V,L) 的向量的空间 L 的一个子空间L'. 那么对于任意其他的点 $B \in M$，向量$\overrightarrow{AB}-\overrightarrow{OB}-\overrightarrow{OA}$ 将在子空间L' 中，由此(M,L') 是空间(V,L) 的一个仿射子空间.

根据直线$\langle\overrightarrow{OA}\rangle$ 包含于L' 中这一条件可以推导出，任意向量$\overrightarrow{OA}$ 与任意标量 α 的乘积在L' 中. 我们来验证包含于L' 中的两个向量 $\boldsymbol{a}=\overrightarrow{OA}$ 和 $\boldsymbol{b}=\overrightarrow{OB}$ 的和也包含于L' 中. 为此，我们需要条件仅对于 $\alpha=1/2$ 时的直线上的点的集合上(为了能够应用这个条件，我们已经假设问题中仿射空间 V 所定义在的域$\mathbb{K}$的特征不为 2). 设 C 为过 A 和 B 的直线上的一点，使得$\overrightarrow{AC}=\dfrac{1}{2}\overrightarrow{AB}$. 根据定义，连同集合 M 中的每对点 A 和 B，过这两点的直线也属于这个集合. 因此，特别地，我们有 $C \in M$ 且$\overrightarrow{OC} \in \mathrm{L}'$. 我们用 $\boldsymbol{c}$ 表示向量$\overrightarrow{OC}$；如图 8.2. 那么我们有等式

$$\boldsymbol{b}=\overrightarrow{OB}=\overrightarrow{OA}+\overrightarrow{AB}=\boldsymbol{a}+\overrightarrow{AB},\quad \boldsymbol{c}=\overrightarrow{OC}=\overrightarrow{OA}+\overrightarrow{AC}=\boldsymbol{a}+\overrightarrow{AC}$$

因此，在我们的例子中，有$\overrightarrow{AB}=\boldsymbol{b}-\boldsymbol{a}$ 和$\overrightarrow{AC}=\boldsymbol{c}-\boldsymbol{a}$，这蕴涵 $\boldsymbol{c}-\boldsymbol{a}=\dfrac{1}{2}(\boldsymbol{b}-\boldsymbol{a})$，即，$\boldsymbol{c}=\dfrac{1}{2}(\boldsymbol{a}+\boldsymbol{b})$. 因此，向量 $\boldsymbol{a}+\boldsymbol{b}$ 等于 $2\boldsymbol{c}$，并且因为 $\boldsymbol{c}$ 在L' 中，所以向量 $\boldsymbol{a}+\boldsymbol{b}$ 也在L' 中. □

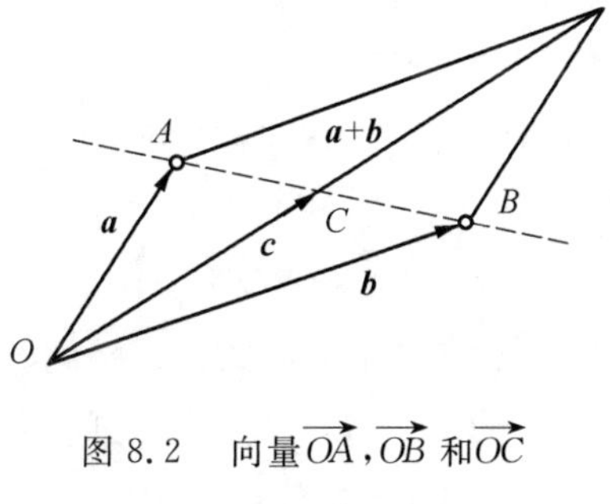

图 8.2　向量$\overrightarrow{OA}$，$\overrightarrow{OB}$ 和$\overrightarrow{OC}$

现在设$A_0, A_1, \cdots, A_m$ 为仿射空间 V 中的 $m+1$ 个点的集合. 我们来考虑空间 L 的子空间

$$\mathrm{L}'=\langle\overrightarrow{A_0A_1},\overrightarrow{A_0A_2},\cdots,\overrightarrow{A_0A_m}\rangle$$

它不取决于在给定点 $A_0, A_1, \cdots, A_m$ 中的点 A_0 的选取，例如，我们可以用$\langle\cdots,\overrightarrow{A_iA_j},\cdots\rangle$(对于所有的 i 和 j 都成立，$0 \leqslant i, j \leqslant m$) 的形式写出来. 所有的

点 $B \in V$（对其有$\overrightarrow{A_0B}$ 在L' 中）的集合V' 构成一个仿射子空间，其向量的空间为L'. 根据定义，$\dim V' \leqslant m$，此外，$\dim V' = m$ 当且仅当 $\dim \mathrm{L}' = m$，即向量$\overrightarrow{A_0A_1}$，$\overrightarrow{A_0A_2}$，…，$\overrightarrow{A_0A_m}$ 是线性无关的. 这为以下定义提供了基础.

定义 8.15 仿射空间 V 的点A_0，A_1，…，A_m 称为独立的，如果

$$\dim\langle \overrightarrow{A_0A_1}, \overrightarrow{A_0A_2}, \cdots, \overrightarrow{A_0A_m} \rangle = m$$

例如，点A_0，A_1，…，A_n（其中 $n=\dim V$）确定了一个参考标架，当且仅当它们是独立的. 两个不同的点是独立的，三个非共线点也是独立的，等等. 如图 8.3.

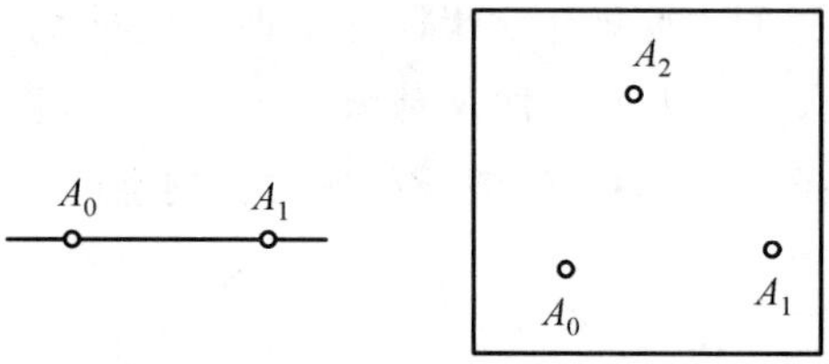

图 8.3 独立点

以下定理给出了仿射空间的一个重要性质，将它们与初等几何中常见的空间联系起来.

定理 8.16 存在唯一的直线，它过仿射空间 V 的每对不同的点 A 和 B.

证明：显然，不同的点 A 和 B 是独立的，并且包含它们的直线$V' \subset V$ 必定与点 $C \in V$（使得$\overrightarrow{AC} \in \langle \overrightarrow{AB} \rangle$）（我们可以考虑用向量$\overrightarrow{BC}$ 代替$\overrightarrow{AC}$；它能确定相同的子空间$V' \subset V$）的集合相等. 如果$\overrightarrow{AC} = \alpha \overrightarrow{AB}$ 且$\overrightarrow{AC'} = \beta \overrightarrow{AB}$，那么$\overrightarrow{CC'} = (\beta - \alpha) \overrightarrow{AB}$，由此可见，$V'$ 是一条直线. □

在仿射空间 V 的任意直线 P 上选取点 O（参考点）和任意不等于 O（测量尺度）的点 $E \in P$，对于任意点 $A \in P$，我们得到关系式

$$\overrightarrow{OA} = \alpha \overrightarrow{OE} \tag{8.7}$$

其中 α 是某个标量，也就是说，定义了考虑的仿射空间 V 所在域$\mathbb{K}$的一个元素. 容易验证赋值 $A \mapsto \alpha$ 建立了点 $A \in P$ 与标量 α 之间的一个双射. 当然，这种对应取决于直线上的点 O 和 E 的选取. 事实上，在仿射直线 P 上，此处我们有相对于参考标架$(O;\boldsymbol{e})$ 的坐标的概念的一个特殊情形，其中 $\boldsymbol{e} = \overrightarrow{OE}$.

因此，我们可以将仿射空间中的任意三个共线点 A，B 和 C 联系起来，仅除去 $A=B=C$ 的情形，标量 α，称为点 A，B 和 C 的仿射比，记作(A,B,C). 这是通过以下方式完成的. 如果 $A \neq B$，那么 α 由关系式$\overrightarrow{AC} = \alpha \overrightarrow{AB}$ 唯一确定. 特别地，如果 $B=C$，那么 $\alpha=1$；如果 $A=C$，那么 $\alpha=0$. 如果 $A=B \neq C$，那么我们取

$\alpha=\infty$. 如果所有三点 A,B 和 C 重合，那么其仿射比(A,B,C) 是未定义的.

运用线段的定向长度的概念，我们可以用公式

$$(A,B,C)=\frac{AC}{AB} \tag{8.8}$$

写出三点的仿射比，其中 AB 表示AB 的带号长度，即，$AB=|AB|$，如果点 A 的点位于点 B 的左边，$AB=-|AB|$，如果点 A 的点位于点 B 的右边. 当然，在公式(8.8) 中，我们假设 $a/0=\infty(a\neq 0)$.

在本节的其余部分，我们假设 V 是一个实仿射空间.

在这种情形中，显然，关系式(8.7) 中对应于直线 P 的点的数 α 是实数，而实直线上的数之间的关系式 $\alpha<\gamma<\beta$ 延续到直线 $P\subset V$ 的对应点上. 如果这些数 α，β 和 γ 对应于点 A,B 和 C，那么我们称点 C 位于点 A 和 B 之间.

尽管由公式(8.7) 定义的关系 $A\mapsto\alpha$ 自身取决于直线上不同的点O 和E 的选取，然而点 C 位于点 A 和 B 之间的性质并不取决于这一选取(尽管在选取不同的 O 和 E 之后，点 A 和 B 的顺序当然会改变). 事实上，容易验证，用O' 替换 O，给数α，β和γ 每个都加上对应于向量$\overrightarrow{OO'}$ 的相同的项λ，并用点E' 替换E，α，β和γ 各乘以同一个数$\mu\neq 0$使得$\overrightarrow{OE}=\mu\overrightarrow{OE'}$. 对于这两个运算，点$C$和点对$A$ 和 B 的关系式$\alpha<\gamma<\beta$不变，只是不等式中的α 和β 互换位置(如果它们所乘 $\mu<0$).

点C位于A 和B之间的性质与以上引入的三个共线点的仿射比有关. 即在实空间的情形中，$(C,A,B)<0$ 当且仅当点 C 位于 A 和 B 之间.

定义 8.17　过点 A 和B(位于 A 和B 之间，连同 A 和B 自身) 的直线上的所有点的集合称为联结点 A 和B 的线段，记作$[A,B]$. 在此，点 A 和B 称为线段的端点，根据定义，它们属于线段.

因此，线段由两点 A 和 B 决定，但不由它们的顺序决定，也就是说，根据定义，有$[B,A]=[A,B]$.

定义 8.18　集合 $M\subset V$ 称为凸的，如果对于每对点 $A,B\in M$，集合 M 也包含线段$[A,B]$.

凸性的概念与仿射空间 V 的划分(由超平面V' 划分为两个半空间) 有关，类似于第 3.2 节中向量空间划分为两个半空间. 为了定义这个划分，我们用 $\mathrm{L}'\subset\mathrm{L}$ 表示对应于V' 的超平面，并且我们考虑之前引入的划分 $\mathrm{L}\setminus\mathrm{L}'=\mathrm{L}^+\cup\mathrm{L}^-$，选取一个任意点$O'\in V'$，对于一个点 $A\in V\setminus V'$，规定 $A\in V^+$ 或 $A\in V^-$ 取决于向量$\overrightarrow{O'A}$ 属于哪个半空间(L^+ 或L^-).

简单的验证表明，由此得到的子集V^+ 和V^- 仅取决于半空间L^+ 和L^-，而不

取决于点$O' \in V'$的选取. 显然,$V\setminus V' = V^+ \cup V^-$且$V^+ \cap V^- = \varnothing$.

定理 8.19 集合V^+和V^-是凸的,但整个集合$V\setminus V'$不是凸的.

证明:我们从验证关于集合V^+的结论开始. 设$A,B \in V^+$. 这蕴涵向量$\boldsymbol{x} = \overrightarrow{O'A}$和$\boldsymbol{y} = \overrightarrow{O'B}$都属于半空间$\mathrm{L}^+$,也就是说,它们可以表示为

$$\boldsymbol{x} = \alpha\boldsymbol{e} + \boldsymbol{u}, \quad \boldsymbol{y} = \beta\boldsymbol{e} + \boldsymbol{v}, \alpha, \quad \beta > 0, \boldsymbol{u}, \boldsymbol{v} \in \mathrm{L}' \tag{8.9}$$

(存在这样的固定的向量$\boldsymbol{e} \notin \mathrm{L}'$). 我们来考虑向量$\boldsymbol{z} = \overrightarrow{O'C}$,并将其写成

$$\boldsymbol{z} = \gamma\boldsymbol{e} + \boldsymbol{w}, \quad \boldsymbol{w} \in \mathrm{L}' \tag{8.10}$$

假设点C位于A和B之间,我们来证明$\boldsymbol{z} \in \mathrm{L}^+$,即$\gamma > 0$. 给定的条件,即点$C$位于$A$和$B$之间,可以借助于过$A$和$B$的直线上的点和根据公式(8.7)的参考标架$(O;\overrightarrow{OE})$中的坐标的数之间的联系写出来. 尽管这种联系取决于点O和E的选取,但正如我们所看到的,"位于两者之间"的性质自身并不取决于这种选取. 因此,我们可以选取$O=A$和$E=B$. 那么在我们的参考标架中,点A的坐标为0,点B的坐标为1. 设C的坐标为λ. 因为$C \in [A,B]$,由此得到$0 \leqslant \lambda \leqslant 1$. 根据定义,$\overrightarrow{AC} = \lambda\overrightarrow{AB}$. 但是根据

$$\overrightarrow{AC} = \overrightarrow{AO'} + \overrightarrow{O'C} = \boldsymbol{z} - \boldsymbol{x}, \quad \overrightarrow{AB} = \overrightarrow{AO'} + \overrightarrow{O'B} = \boldsymbol{y} - \boldsymbol{x}$$

我们得到$\boldsymbol{z} - \boldsymbol{x} = \lambda(\boldsymbol{y} - \boldsymbol{x})$,或者等价的等式

$$\boldsymbol{z} = (1-\lambda)\boldsymbol{x} + \lambda\boldsymbol{y}$$

运用公式(8.9)和(8.10),我们从最后一个等式得到关系式$\gamma = (1-\lambda)\alpha + \lambda\beta$,由此,考虑到$\alpha > 0$, $\beta > 0$和$0 \leqslant \lambda \leqslant 1$,可得$\gamma > 0$.

用完全相同的方法来证明集合V^-的凸性.

最后,我们证明集合$V\setminus V'$不是凸的. 考虑到V^+和V^-的凸性,我们感兴趣的只是点A和B位于不同的半空间中的情形,例如,$A \in V^+$且$B \in V^-$(或者相反地,$A \in V^-$且$B \in V^+$,但是这种情形是完全类似的). 条件$A \in V^+$且$B \in V^-$说明在公式(8.9)中,我们有$\alpha > 0$和$\beta < 0$. 与前面所做的类似,对于任意点$C \in [A,B]$,我们像在(8.10)中所做的那样构造向量$\boldsymbol{z}$,从而得到$\gamma = (1-\lambda)\alpha + \lambda\beta$. 如果数$\alpha$和$\beta$异号,通过初等计算可知,总是存在一个数$\lambda \in [0,1]$使得$(1-\lambda)\alpha + \lambda\beta = 0$,从而得到$C \in [A,B]$. 这样就完整地证明了该定理. □

因此,集合V^+由以下性质刻画:其每对点都由完全位于其中的线段联结. 这对于集合V^-也成立. 同时,没有两个点$A \in V^+$和$B \in V^-$可以用不与超平面V'相交的线段联结. 这种考虑给出了划分$V\setminus V' = V^+ \cup V^-$的另一种定义,这种定义不要求是向量空间.

我们考虑子空间序列

$$V_0 \subset V_1 \subset V_2 \subset \cdots \subset V_n = V, \quad \dim V_i = i \tag{8.11}$$

由最后一个条件可知,V_{i-1} 是V_i 中的超平面,这蕴涵由$V_i \setminus V_{i-1} = V_i^+ \cup V_i^-$ 定义的划分就是以上引入的划分.

半空间对(V_{i-1}, V_i) 称为有向的,如果它表示集合$V_i \setminus V_{i-1}$ 的两个凸子集中的一个,它用V_i^+ 表示,另一个用V_i^- 表示. 如果每对子空间(V_{i-1}, V_i) 是定向的,子空间序列(8.11) 称为旗,如果每个对(V_{i-1}, V_i) 都是有向的. 我们注意到,在由序列(8.11) 定义的旗中,子空间V_0 的维数为 0,也就是说,它由单个点构成. 该点称为旗的中心.

8.3 仿射变换

定义 8.20 仿射空间(V, L) 到另一个仿射空间(V', L') 的仿射变换是一对映射

$$f: V \to V', \quad \mathcal{F}: \mathrm{L} \to \mathrm{L}'$$

满足以下两个条件:

(1) 映射$\mathcal{F}: \mathrm{L} \to \mathrm{L}'$ 是向量空间 $\mathrm{L} \to \mathrm{L}'$ 的一个线性变换.

(2) 对于每对点 $A, B \in V$,我们都有

$$\overrightarrow{f(A) f(B)} = \mathcal{F}(\overrightarrow{AB})$$

条件(2) 说明线性变换$\mathcal{F}$由映射 f 决定. 它称为映射 f 的线性部分,记作$\Lambda(f)$. 后续,我们通常只指出映射 $f: V \to V'$,因为线性部分$\mathcal{F}$是由它唯一确定的,我们把仿射变换看作 V 到V' 的一个映射.

定理 8.21 仿射变换具有以下性质:

(a) 两个仿射变换 f 和 g 的复合也是一个仿射变换,我们记作 gf. 在此,$\Lambda(gf) = \Lambda(g)\Lambda(f)$.

(b) 仿射变换 f 是双射当且仅当线性变换$\Lambda(f)$ 是双射. 在这种情形中,逆变换f^{-1} 也是仿射变换,且 $\Lambda(f^{-1}) = \Lambda(f)^{-1}$.

(c) 如果 $f = \boldsymbol{e}$,即恒等变换,那么 $\Lambda(f) = \mathcal{E}$.

证明:这些结论都可以直接验证.

(a) 设(V, L),(V', L') 和(V'', L'') 为仿射空间. 我们来考虑仿射变换 $f: V \to V'$(具有线性部分$\mathcal{F} = \Lambda(f)$) 和另一个仿射变换 $g: V' \to V''$(具有线性部分$\mathcal{G} = \Lambda(g)$). 我们用 h 表示 f 和 g 的复合,并用$\mathcal{H}$表示$\mathcal{F}$和$\mathcal{G}$的复合. 那么根据集合的任意映射的复合的定义,我们有 $h: V \to V''$ 和$\mathcal{H}: \mathrm{L} \to \mathrm{L}''$,此外,我们知道$\mathcal{H}$是一个线性变换. 因此,我们必须证明每对点 $A, B \in V$ 都满足$\overrightarrow{h(A) h(B)} = \mathcal{H}(\overrightarrow{AB})$. 但是根据定义,我们有

$$\overrightarrow{f(A)f(B)}=\mathcal{F}(\overrightarrow{AB}),\quad \overrightarrow{g(A')g(B')}=\mathcal{G}(\overrightarrow{A'B'})$$

对于任意点 $A,B\in V$ 和$A',B'\in V'$ 都成立,由此得到

$$\overrightarrow{h(A)h(B)}=\overrightarrow{g(f(A))g(f(B))}=\mathcal{G}(\overrightarrow{f(A)f(B)})=\mathcal{G}(\mathcal{F}(\overrightarrow{AB}))=\mathcal{H}(\overrightarrow{AB})$$

结论(b) 和(c) 的证明也同样简单. □

我们来给出仿射变换的某些例子.

例 8.22 对于仿射空间(L,L) 和(L′,L′),线性变换 $f=\mathcal{F}:\mathrm{L}\to\mathrm{L}'$ 是仿射的,而且显然 $\Lambda(f)=\mathcal{F}$.

后续,我们将经常遇到仿射变换,其中仿射空间 V 和V' 相等(这也适用于向量的空间 L 和L′). 我们称空间 V 的此类仿射变换为空间到自身的仿射变换.

例 8.23 任意向量 $\boldsymbol{a}\in\mathrm{L}$ 的平移$\mathcal{T}_a$是空间V 到自身的一个仿射变换. 根据平移的定义可知 $\Lambda(\mathcal{T}_a)=\mathcal{E}$,反之,凡是线性部分等于$\mathcal{E}$的仿射变换都是平移. 事实上,根据仿射变换的定义,条件 $\Lambda(f)=\mathcal{E}$蕴涵$\overrightarrow{f(A)f(B)}=\overrightarrow{AB}$. 回顾一下备注 8.2 和图 8.1,我们看到,根据这个结论可以得出等式$\overrightarrow{Af(A)}=\overrightarrow{Bf(B)}$,这蕴涵 $f=\mathcal{T}_a$, 其中向量 $\boldsymbol{a}$ 等于$\overrightarrow{Af(A)}$(存在这样的空间 V 的点 A).

同样的推理使我们可以得到一个更一般的结果.

定理 8.24 如果仿射变换 $f:V\to V'$ 和 $g:V\to V'$ 有恒等的线性部分,那么它们只是平移不同而已,也就是说,存在一个向量 $\boldsymbol{a}\in\mathrm{L}'$,使得 $g=\mathcal{T}_a f$.

证明:根据定义,等式 $\Lambda(f)=\Lambda(g)$ 蕴涵$\overrightarrow{f(A)f(B)}=\overrightarrow{g(A)g(B)}$$(A,B\in V)$. 由此可得

$$\overrightarrow{f(A)g(A)}=\overrightarrow{f(B)g(B)}\tag{8.12}$$

如例 8.23 所示,此推理基于备注 8.2. 关系式(8.12) 蕴涵向量$\overrightarrow{f(A)g(A)}$ 并不取决于点 A 的选取. 我们用 $\boldsymbol{a}$ 表示这个向量. 那么根据平移的定义,$g(A)=\mathcal{T}_a(f(A))(A\in V)$,这就完成了定理的证明. □

定义 8.25 设$V'\subset V$为仿射空间V的一个子空间. 仿射变换 $f:V\to V'$ 称为到子空间V' 上的一个投射,如果 $f(V)=V'$ 并且 f 对V' 的限制是恒等变换.

定理 8.26 如果 $f:V\to V'$ 是到子空间$V'\subset V$上的一个投射,那么任意点 $A'\in V'$ 的原像$f^{-1}(A')$ 是维数为 $\dim V-\dim V'$ 的 V 的一个仿射子空间. 对于不同的点$A',A''\in V'$,子空间$f^{-1}(A')$ 和$f^{-1}(A'')$ 是平行的.

证明:设$\mathcal{F}=\Lambda(f)$. 那么$\mathcal{F}:\mathrm{L}\to\mathrm{L}'$是一个线性变换,其中L和L′分别为仿射空间 V 和V' 的向量的空间. 我们来考虑任意点$A'\in V'$ 和点 $P,Q\in f^{-1}(A')$,即 $f(P)=f(Q)=A'$. 那么向量$\overrightarrow{f(P)f(Q)}$ 等于 $\mathbf{0}$,根据仿射变换的定义,我们得到$\overrightarrow{f(P)f(Q)}=\mathcal{F}(\overrightarrow{PQ})=\mathbf{0}$,也就是说,向量$\overrightarrow{PQ}$ 在线性变换$\mathcal{F}$的核中,正如我

们所知，它是 L 的一个子空间.

反之，如果 $P \in f^{-1}(A')$ 且向量 $\boldsymbol{x}$ 在变换$\mathcal{F}$的核中，即$\mathcal{F}(\boldsymbol{x})=\mathbf{0}$，那么存在一点 $Q \in V$（对其有 $\boldsymbol{x}=\overrightarrow{PQ}$）. 那么 $f(P)=f(Q)$ 且 $Q \in f^{-1}(A')$. 根据定义，任意向量 $\boldsymbol{x}=\overrightarrow{A'B'} \in \mathrm{L}'$ 都可以表示为$\mathcal{F}(\overrightarrow{PQ})$ 的形式，其中 $f(P)=A'$，$f(Q)=B'$. 这说明变换$\mathcal{F}$的像与整个空间L' 相等，根据定理 3.72，我们得到

$$\dim f^{-1}(A')=\dim \mathcal{F}^{-1}(\mathbf{0})=\dim \mathrm{L} \quad \dim \mathrm{L}'=\dim V-\dim V'$$

因为$\mathcal{F}^{-1}(\mathbf{0})$ 是变换$\mathcal{F}$的核，且数 $\dim \mathrm{L}'$ 等于其秩；如图 8.4. 我们已经证明了对于每一点$A' \in V'$，仿射空间$f^{-1}(A')$ 的向量的空间与$\mathcal{F}^{-1}(\mathbf{0})$ 相等. 这就完成了定理的证明. □

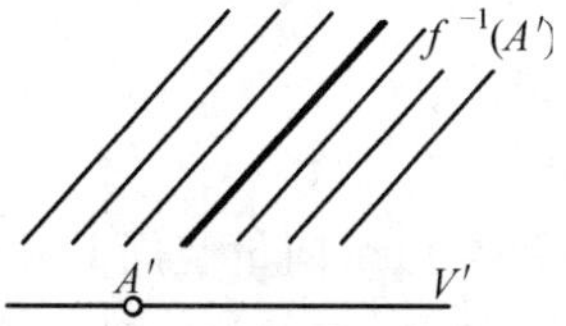

图 8.4　投射的纤维

子空间$f^{-1}(A')$（$A' \in V'$）称为投射 $f:V \to V'$ 的纤维；如图 8.4. 如果$S' \subset V'$ 是某个子集（不一定是一个子空间），那么其原像，即集合 $S=f^{-1}(S')$，称为 V 中的一个柱集.

定义 8.27　仿射变换 $f:V \to V'$ 称为一个同构，如果它是一个双射. 在这种情形中，仿射空间 V 和V' 称为同构的.

根据定理 8.21 的结论(b)，变换 $f:V \to V'$ 是双射的条件等价于向量 L 和 L' 的对应空间的线性变换 $\Lambda(f):\mathrm{L} \to \mathrm{L}'$ 的双射性. 因此，仿射空间 V 和V' 同构，当且仅当向量 L 和L' 的对应空间同构. 如第 3.5 节所示，向量空间 L 和L' 同构当且仅当 $\dim \mathrm{L}=\dim \mathrm{L}'$，在这种情形中，每个非奇异线性变换 $\mathrm{L} \to \mathrm{L}'$ 都是一个同构. 这就得到了如下结论：仿射空间 V 和V' 同构，当且仅当 $\dim V=\dim V'$. 在此，每个仿射变换 $f:V \to V'$（其线性部分 $\Lambda(f)$ 是非奇异的）是 V 和V' 之间的一个同构. 我们通常称具有非奇异线性部分 $\Lambda(f)$ 的仿射变换 f 为非奇异的.

根据定义，我们将得到以下定理.

定理 8.28　三个共线点的仿射比(A,B,C) 在非奇异仿射变换下是不变的.

证明：根据定义，在 $A \neq B$ 的条件下，三点 A,B,C 的仿射比 $\alpha=(A,B,C)$ 由关系式

$$\overrightarrow{AC}=\alpha\,\overrightarrow{AB} \tag{8.13}$$

定义. 设 $f:V\to V$ 为一个非奇异仿射变换,且$\mathcal{F}:\mathrm{L}\to\mathrm{L}$ 为其对应的线性变换. 那么考虑到变换 f 的非退化性,我们有 $f(A)\neq f(B)$ 和

$$\overrightarrow{f(A)f(C)}=\mathcal{F}(\overrightarrow{AC}),\quad \overrightarrow{f(A)f(B)}=\mathcal{F}(\overrightarrow{AB})$$

且 $\beta=(f(A),f(B),f(C))$ 由 $\overrightarrow{f(A)f(C)}=\beta\,\overrightarrow{f(A)f(B)}$ 定义,即

$$\mathcal{F}(\overrightarrow{AC})=\beta\,\mathcal{F}(\overrightarrow{AB}) \tag{8.14}$$

将变换$\mathcal{F}$应用于等式(8.13) 两边,我们得到$\mathcal{F}(\overrightarrow{AC})=\alpha\,\mathcal{F}(\overrightarrow{AB})$,考虑到等式(8.14),可见 $\beta=\alpha$. 在 $A=B\neq C$ 的情形中,考虑到 f 的非奇异性,我们得到了类似的关系式 $f(A)=f(B)\neq f(C)$,由此,我们得到$(A,B,C)=\infty$ 和$(f(A),f(B),f(C))=\infty$. □

例 8.29 每个仿射空间(V,L) 同构于空间(L,L). 事实上,我们在集合 V 中选取任意点O,并定义映射 $f:V\to\mathrm{L}$(使得 $f(A)=\overrightarrow{OA}$). 显然,根据仿射空间的定义,映射 f 是一个同构.

我们注意到,这里的情形类似于向量空间 L 和对偶空间L^* 的同构. 在一种情形中,同构需要选取 L 的一组基,而在另一种情形中,同构需要选取 V 中的一点 O.

设 $f:V\to V'$ 为仿射空间(V,L) 和(V',L') 的一个仿射变换. 我们考虑通过对特定点 $O\in V$ 和$O'\in V'$ 的选取来定义(如例 8.29 所示) 的同构 $\varphi:V\to\mathrm{L}$ 和 $\varphi':V'\to\mathrm{L}'$. 我们有映射

$$\begin{array}{ccc} V & \xrightarrow{\ f\ } & V' \\ \varphi\big\downarrow & & \big\downarrow\varphi' \\ \mathrm{L} & \xrightarrow[\mathcal{F}]{} & \mathrm{L}' \end{array} \tag{8.15}$$

其中$\mathcal{F}=\Lambda(f)$. 一般来说,在此,我们不能断言$\mathcal{F}\varphi=\varphi'f$,但是这些映射是密切相关的. 对于任意点 $A\in V$,我们通过构造可得 $\varphi(A)=\overrightarrow{OA}$ 和$\mathcal{F}(\varphi(A))=\mathcal{F}(\overrightarrow{OA})=\overrightarrow{f(O)f(A)}$. 以相同的方式,可得$\varphi'(f(A))=\overrightarrow{O'f(A)}$. 最后,$\overrightarrow{O'f(A)}=\overrightarrow{O'f(O)}+\overrightarrow{f(O)f(A)}$. 结合这些关系式,我们得到

$$\varphi'f=\mathcal{T}_{\boldsymbol{b}}\mathcal{F}\varphi,\quad 其中\ \boldsymbol{b}=\overrightarrow{O'f(O)} \tag{8.16}$$

关系式(8.16) 让我们能以坐标形式写出仿射变换的作用. 为此,我们分别在空间 V 和V' 中选取参考标架$(O;\boldsymbol{e}_1,\cdots,\boldsymbol{e}_n)$ 和$(O';\boldsymbol{e}'_1,\cdots,\boldsymbol{e}'_m)$,其中 $n=\dim V$ 且 $m=\dim V'$. 那么点 A 在选定的参考标架中的坐标是向量$\overrightarrow{OA}=\varphi(A)$ 在基 $\boldsymbol{e}_1,\cdots,\boldsymbol{e}_n$ 中的坐标. 同样地,点 $f(A)$ 的坐标是向量$\overrightarrow{O'f(A)}=\varphi'(f(A))$ 在基 $\boldsymbol{e}'_1,\cdots,\boldsymbol{e}'_m$ 中的坐标. 我们来运用关系式(8.16). 假设向量$\overrightarrow{OA}$ 在基$\boldsymbol{e}_1,\cdots,\boldsymbol{e}_n$ 中

的坐标为$(\alpha_1,\cdots,\alpha_n)$，向量$\overrightarrow{O'f(A)}$在基$\boldsymbol{e}'_1,\cdots,\boldsymbol{e}'_m$中的坐标为$(\alpha'_1,\cdots,\alpha'_n)$，在这些基中的线性变换$\mathcal{F}$的矩阵为$F=(f_{ij})$. 根据公式(8.16)，设向量$\boldsymbol{b}$在基$\boldsymbol{e}'_1,\cdots,\boldsymbol{e}'_m$中的坐标等于$(\beta_1,\cdots,\beta_m)$，我们得到

$$\alpha'_i=\sum_{j=1}^{n} f_{ij}\alpha_j+\beta_i,\quad i=1,\cdots,n \tag{8.17}$$

运用列向量的标准记号

$$[\boldsymbol{\alpha}]=\begin{pmatrix}\alpha_1\\ \vdots\\ \alpha_n\end{pmatrix},\quad [\boldsymbol{\alpha}']=\begin{pmatrix}\alpha'_1\\ \vdots\\ \alpha'_n\end{pmatrix},\quad [\boldsymbol{\beta}]=\begin{pmatrix}\beta_1\\ \vdots\\ \beta_n\end{pmatrix}$$

我们可以将公式(8.17)改写为

$$[\boldsymbol{\alpha}']=F[\boldsymbol{\alpha}]+[\boldsymbol{\beta}] \tag{8.18}$$

我们将在后续中遇到的最常见的情形是仿射空间V到自身的变换. 我们假设映射$f:V\to V$有一个不动点O，即对于点$O\in V$，我们有$f(O)=O$. 那么变换f可以辨识其线性部分，也就是说，如果通过仿射空间V的选取，具有不动点O的参考标架$(O;\boldsymbol{e}_1,\cdots,\boldsymbol{e}_n)$可以辨识具有向量空间L的$V$，那么映射$f$由其线性部分$\mathcal{F}=\Lambda(f)$来辨识. 在此，$f(O)=O$且$\overrightarrow{Of(A)}=\mathcal{F}(\overrightarrow{OA})(A\in V)$.

我们称空间V到自身的这种仿射变换为线性的(我们注意到，这个概念取决于f映射到自身的点$O\in V$的选取). 如果对于任意的仿射变换f，我们定义$f_0=\mathcal{T}_a^{-1}f$，其中向量$\boldsymbol{a}$等于$\overrightarrow{Of(O)}$，那么f_0是一个线性变换，并且我们得到表示

$$f=\mathcal{T}_a f_0 \tag{8.19}$$

显然，空间(V,L)的非奇异仿射变换把每个参考标架$(O;\boldsymbol{e}_1,\cdots,\boldsymbol{e}_n)$变换为其他参考标架. 这蕴涵如果$f(O)=O'$且$\Lambda(f)(\boldsymbol{e}_i)=\boldsymbol{e}'_i$，那么$(O';\boldsymbol{e}'_1,\cdots,\boldsymbol{e}'_n)$也是一个参考标架. 反之，如果变换$f$把某个参考标架变换为另一个参考标架，那么它是非奇异的.

根据表示(8.19)，我们得到以下结果.

如果我们给定参考标架$(O;\boldsymbol{e}_1,\cdots,\boldsymbol{e}_n)$，任意点$O'$和L中的向量$\boldsymbol{a}_1,\cdots,\boldsymbol{a}_n$，那么存在(且是唯一的)一个仿射变换$f$，把$O$映射到$O'$，使得$\Lambda(f)(\boldsymbol{e}_i)=\boldsymbol{a}_i(i=1,\cdots,n)$. 为了证明这一点，我们在表示(8.19)中设$\boldsymbol{a}$等于$\overrightarrow{OO'}$，并且对于$f_0$，我们取向量空间L到自身的一个线性变换，使得$f_0(\boldsymbol{e}_i)=a_i(i=1,\cdots,n)$. 显然，由此构造的仿射变换$f$满足要求的条件. 其唯一性由表示(8.19)和向量$\boldsymbol{e}_1,\cdots,\boldsymbol{e}_n$构成L的一组基的事实得到.

以下所做的重新表述是显然的：如果我们给定n维仿射空间V的$n+1$个独立点$A_0, A_1, \cdots, A_n$和其他$n+1$个任意点$B_0, B_1, \cdots, B_n$，那么存在（且是唯一的）仿射变换$f: V \to V$，使得$f(A_i) = B_i (i = 0, 1, \cdots, n)$.

后续，这可以用于知道在表示(8.19)中向量$\boldsymbol{a}$对于点O的选取的依赖性（空间V的变换f_0也依赖于其选取，但是作为向量空间L的变换，它与$\Lambda(f)$相同）. 我们设$\overrightarrow{OO'} = \boldsymbol{c}$. 那么为了把新选的$O'$作为不动点，我们有类似于(8.19)的表示

$$f = \mathcal{T}_{\boldsymbol{a}'} f'_0 \tag{8.20}$$

其中$f'_0(O') = O'$，并且向量$\boldsymbol{a}'$等于$\overrightarrow{O'f(O')}$. 根据众所周知的规则，我们有

$$\boldsymbol{a}' = \overrightarrow{O'f(O')} = \overrightarrow{O'O} + \overrightarrow{Of(O')}$$

$$\overrightarrow{Of(O')} = \overrightarrow{Of(O)} + \overrightarrow{f(O)f(O')} = \boldsymbol{a} + \mathcal{F}(\boldsymbol{c})$$

因为$\overrightarrow{O'O} = -\overrightarrow{OO'}$，所以我们得到，表示(8.19)和(8.20)中的向量$\boldsymbol{a}$和$\boldsymbol{a}'$是有如下关联

$$\boldsymbol{a}' = \boldsymbol{a} + \mathcal{F}(\boldsymbol{c}) - \boldsymbol{c}, \quad \text{其中 } \boldsymbol{c} = \overrightarrow{OO'} \tag{8.21}$$

我们在仿射空间(V, L)中选取一个参考标架，把它的形式写为$(O; \boldsymbol{e}_1, \cdots, \boldsymbol{e}_n)$或$(O; A_1, \cdots, A_n)$，其中$\boldsymbol{e}_i = \overrightarrow{OA_i}$. 设$f$为$V$到自身的一个非奇异变换，并设它把参考标架$(O; \boldsymbol{e}_1, \cdots, \boldsymbol{e}_n)$映射到$(O'; \boldsymbol{e}'_1, \cdots, \boldsymbol{e}'_n)$. 如果$\boldsymbol{e}'_i = \overrightarrow{O'A'_i}$，那么这蕴涵$f(O) = O'$且$f(A_i) = A'_i (i = 1, \cdots, n)$.

设点$A \in V$有相对于参考标架$(O; A_1, \cdots, A_n)$的坐标$(\alpha_1, \cdots, \alpha_n)$. 这说明向量$\overrightarrow{OA}$等于$\alpha_1 \boldsymbol{e}_1 + \cdots + \alpha_n \boldsymbol{e}_n$. 那么点$f(A)$确定了向量$\overrightarrow{f(O)f(A)}$，即$\mathcal{F}(\overrightarrow{OA})$. 显然，这个向量在基$\boldsymbol{e}'_1, \cdots, \boldsymbol{e}'_n$中的坐标与向量$\overrightarrow{OA}$在基$\boldsymbol{e}_1, \cdots, \boldsymbol{e}_n$中的坐标相同，因为根据定义，$\boldsymbol{e}'_i = \mathcal{F}(\boldsymbol{e}_i)$. 因此，仿射变换$f$是由这样一个事实定义的：由点$A$映射到的另一个点$f(A)$，在参考标架$(O'; \boldsymbol{e}'_1, \cdots, \boldsymbol{e}'_n)$中的坐标与点$A$在参考标架$(O; \boldsymbol{e}_1, \cdots, \boldsymbol{e}_n)$中的坐标相同.

定义 8.30 仿射空间V的两个子集S和S'称为仿射等价的，如果存在一个非奇异仿射变换$f: V \to V$，使得$f(S) = S'$.

以上推理表明，这个定义等价于说，在空间V中，存在两个参考标架$(O; \boldsymbol{e}_1, \cdots, \boldsymbol{e}_n)$和$(O'; \boldsymbol{e}'_1, \cdots, \boldsymbol{e}'_n)$，使得集合$S$的所有点关于第一个参考标架的坐标与集合$S'$的点关于第二个参考标架的坐标相同.

在实仿射空间的情形中，根据公式(8.17)和(8.18)，仿射变换的定义可以将关于固有线性变换和反常线性变换的定理4.39应用于它们.

定义 8.31 实仿射空间V到自身的非奇异仿射变换称为固有的，如果其

线性部分是向量空间的固有变换. 否则,称为反常的.

因此,根据这个定义,我们把平移考虑为固有变换. 稍后,我们将为这个定义提供一个更有意义的论证.

根据仿射变换给定的定义,f 是固有的还是反常的,取决于公式(8.17) 和(8.18) 中的矩阵 $F=(f_{ij})$ 的行列式的符号. 我们注意到这个概念只与非奇异变换 V 有关,因为在公式(8.17) 和(8.18) 中,我们必定有 $m=n$.

为了类似于定理 4.39 进行表述,我们应该完善关于仿射变换族 $g(t)$ 连续依赖于参数 t 的结论的含义. 由此,我们将理解对于 $g(t)$,在类似于(8.17) 的公式

$$\alpha'_i=\sum_{j=1}^{n} g_{ij}(t)\,\alpha_j+\beta_i(t),\quad i=1,\cdots,n \tag{8.22}$$

中,写在某个(任意选取的) 空间 V 的参考标架中,所有系数$g_{ij}(t)$ 和$\beta_i(t)$ 连续依赖于 t. 特别地,如果 $G(t)=(g_{ij}(t))$ 是仿射变换 $g(t)$ 的线性部分的矩阵,那么其行列式 $|G(t)|$ 是一个连续函数. 由连续函数的性质可知,行列式 $|G(t)|$ 在区间$[0,1]$ 的所有点处都同号.

因此我们称仿射变换 f 可连续形变为 h,如果存在连续仿射变换的族 $g(t)$,连续依赖于参数 $t\in[0,1]$,使得 $g(0)=f$ 且 $g(1)=h$. 显然,定义的仿射变换可连续互相形变的性质在此类变换的集合上定义了一个等价关系,也就是说,它满足自反性,对称性和传递性的性质.

定理 8.32 实仿射空间的两个非退化仿射变换是可以连续互相形变的,当且仅当它们都是固有的或都是反常的. 特别地,非奇异仿射变换 f 是固有的,当且仅当它可以形变为恒等变换.

证明:我们从定理的后一个更具体的结论开始. 设非奇异仿射变换 f 可以连续形变为 e. 那么根据对称性,存在非奇异仿射变换的连续族 $g(t)$,具有线性部分 $\Lambda(g(t))$,使得 $g(0)=e$ 且 $g(1)=f$. 对于变换 $g(t)$,我们把(8.22) 写在空间 V 的某个参考标架$(O;\boldsymbol{e}_1,\cdots,\boldsymbol{e}_n)$ 中. 显然,对于矩阵 $G(t)=(g_{ij}(t))$,我们有 $G(0)=E$ 和$G(1)=F$,其中 F 是线性变换$\mathcal{F}=\Lambda(f)$ 在空间 L 的基$\boldsymbol{e}_1,\cdots,\boldsymbol{e}_n$ 中的矩阵,并且$\beta_i(0)=0(i=1,\cdots,n)$. 根据连续形变的定义,行列式$|G(t)|$ 是非零的($t\in[0,1]$). 因为 $|G(0)|=|E|=1$,由此可见$|G(t)|>0$($t\in[0,1]$,特别地,当 $t=1$ 时). 这说明 $|\Lambda(f)|=|G(1)|>0$. 因此线性变换$\Lambda(f)$ 是固有的,根据定义,仿射变换 f 也是固有的.

反之,设 f 为一个固有仿射变换. 这说明线性变换 $\Lambda(f)$ 是固有的. 那么根据定理 4.39,变换 $\Lambda(f)$ 可以连续形变为恒等变换. 设$\mathcal{G}(t)$ 为一个线性变换族,

使得$\mathcal{G}(0)=\mathcal{E}$且$\mathcal{G}(1)=\Lambda(f)$，由公式

$$\alpha'_i=\sum_{j=1}^{n} g_{ij}(t)\,\alpha_j,\quad i=1,\cdots,n \tag{8.23}$$

在空间 L 的某组基$\boldsymbol{e}_1,\cdots,\boldsymbol{e}_n$ 中给出. 其中$g_{ij}(t)$ 是连续函数，矩阵 $G(t)=(g_{ij}(t))$ 是非奇异的($t\in[0,1]$)，并且我们有等式 $G(0)=E$，$G(1)=F$，其中 F 是变换 $\Lambda(f)$ 在相同的基$\boldsymbol{e}_1,\cdots,\boldsymbol{e}_n$ 中的矩阵.

我们考虑在参考标架$(O;\boldsymbol{e}_1,\cdots,\boldsymbol{e}_n)$ 中由公式

$$\alpha'_i=\sum_{j=1}^{n} g_{ij}(t)\,\alpha_j+\beta_i(t),\quad i=1,\cdots,n$$

给定的仿射变换族 $g(t)$，其中$g_{ij}(t)$ 的系数取自公式(8.23)，而系数β_i 来自公式(8.17)(对于在相同的参考标架中的变换 f). 因为$\mathcal{G}(0)=\mathcal{E}$且$\mathcal{G}(1)=\Lambda(f)$，因此显然有 $g(0)=e$ 和$g(1)=f$，此外，$|G(t)|>0$($t\in[0,1]$)，即，变换 $g(t)$ 是非奇异的($t\in[0,1]$).

根据传递性，由此得到，每对固有仿射变换都是可以连续地互相变形.

反常仿射变换的情形可以完全类似地处理. 只需注意到，在以上所有的论证中，必须用空间 L 的某个固定的反常线性变换来替换恒等变换$\mathcal{E}$. □

定理 8.32 表明，类似于实向量空间，在每个实仿射空间中，存在两个定向，从中我们可以任取我们想要的那个.

8.4 仿射 Euclid 空间与运动

定义 8.33 仿射空间(V,L) 称为仿射 Euclid 空间，如果向量空间 L 是 Euclid 空间.

这说明对于每对向量 $\boldsymbol{x},\boldsymbol{y}\in\mathrm{L}$，都定义了一个标量积$(\boldsymbol{x},\boldsymbol{y})$，它满足第7.1节中列举的条件. 特别地，$(\boldsymbol{x},\boldsymbol{x})\geqslant 0$($\boldsymbol{x}\in\mathrm{L}$) 并且存在向量 $\boldsymbol{x}$ 的长度 $|\boldsymbol{x}|=\sqrt{(\boldsymbol{x},\boldsymbol{x})}$ 的定义. 因为每对点 $A,B\in V$ 都定义了一个向量$\overrightarrow{AB}\in\mathrm{L}$，由此可见，我们可以联结每对点 A 和 B，数

$$r(A,B)=|\overrightarrow{AB}|$$

称为V 中的点A 和B 之间的距离. 我们引入的距离的概念满足第 8 页上引入的度量的条件：

(1) 当 $A\neq B$ 时，$r(A,B)>0$ 且 $r(A,A)=0$.

(2) 对于每对点 A 和 B，都有 $r(A,B)=r(B,A)$.

(3) 对于每三个点 A,B 和C，满足三角不等式

$$r(A,C) \leqslant r(A,B) + r(B,C) \tag{8.24}$$

根据标量积的性质，上述(1) 和(2) 是显然的. 我们来证明不等式(8.24)，它的一个特例(对于直角三角形)已在第 203 页证明. 根据定义，如果$\overrightarrow{AB} = \boldsymbol{x}$ 且$\overrightarrow{BC} = \boldsymbol{y}$，那么(8.24) 等价于不等式

$$|\boldsymbol{x}+\boldsymbol{y}| \leqslant |\boldsymbol{x}| + |\boldsymbol{y}| \tag{8.25}$$

因为(8.25) 的左右两边都为非负数，所以我们可以对两边作平方，得到一个等价的不等式，我们将证明

$$|\boldsymbol{x}+\boldsymbol{y}|^2 \leqslant (|\boldsymbol{x}| + |\boldsymbol{y}|)^2 \tag{8.26}$$

因为

$$|\boldsymbol{x}+\boldsymbol{y}|^2 = (\boldsymbol{x}+\boldsymbol{y}, \boldsymbol{x}+\boldsymbol{y}) = |\boldsymbol{x}|^2 + 2(\boldsymbol{x},\boldsymbol{y}) + |\boldsymbol{y}|^2$$

那么在把(8.26) 的右边乘出来之后，我们可以把这个不等式重写成这种形式

$$|\boldsymbol{x}|^2 + 2(\boldsymbol{x},\boldsymbol{y}) + |\boldsymbol{y}|^2 \leqslant |\boldsymbol{x}|^2 + 2|\boldsymbol{x}|\cdot|\boldsymbol{y}| + |\boldsymbol{y}|^2$$

从左右两边减去同类项，就得到了不等式

$$(\boldsymbol{x},\boldsymbol{y}) \leqslant |\boldsymbol{x}|\cdot|\boldsymbol{y}|$$

它是 Cauchy-Schwarz 不等式(7.6).

因此，仿射 Euclid 空间是度量空间.

在第 8.1 节中，我们定义仿射空间的参考标架为 V 中的一点 O 和 L 中的一组基 $\boldsymbol{e}_1,\cdots,\boldsymbol{e}_n$. 如果仿射空间 (V,L) 是 Euclid 空间，且基 $\boldsymbol{e}_1,\cdots,\boldsymbol{e}_n$ 是标准正交的，那么参考标架 $(O;\boldsymbol{e}_1,\cdots,\boldsymbol{e}_n)$ 也称为标准正交的. 我们看到标准正交参考标架可以与每个点 $O \in V$ 关联起来.

定义 8.34　仿射 Euclid 空间 V 到自身的一个映射 $g:V \to V$ 称为一个运动，如果它是 V 作为度量空间的一个等距映射，也就是说，如果它保持了点之间的距离. 这说明对于每对点 $A,B \in V$，以下等式成立

$$r(g(A),g(B)) = r(A,B) \tag{8.27}$$

我们强调一下，在这个定义中，我们讨论的是一个任意的映射 $g:V \to V$，一般来说，它不必是一个仿射变换. 根据在第 10 页所展现的讨论，映射 $g:V \to V$ 是一个运动，如果其像 $g(V) = V$ 也满足保距的条件(8.27).

例 8.35　设 $\boldsymbol{a}$ 为向量空间 L 中的对应于仿射空间 V 的一个向量. 那么平移 $T_{\boldsymbol{a}}$ 是一个运动. 事实上，根据平移的定义，对于每个点 $A \in V$，我们都有 $T_{\boldsymbol{a}}(A) = B$，其中 $\overrightarrow{AB} = \boldsymbol{a}$. 如果对于其他某个点，我们有类似的等式 $T_{\boldsymbol{a}}(C) = D$，那么 $\overrightarrow{CD} = \boldsymbol{a}$. 根据仿射空间的定义中的条件(2)，我们有 $\overrightarrow{AB} = \overrightarrow{CD}$，根据备注 8.2，由此可见 $\overrightarrow{AC} = \overrightarrow{BD}$. 这说明 $|\overrightarrow{AC}| = |\overrightarrow{BD}|$，或等价地，$r(A,C) = r(T_{\boldsymbol{a}}(A),T_{\boldsymbol{a}}(C))$，

如断言所述.

例 8.36 我们假设映射 $g:V\to V$ 有不动点 O，也就是说，点 $O\in V$ 满足等式 $g(O)=O$. 如我们在第 8.3 中所见，点 O 的选取确定了一个双射 $V\to \mathrm{L}$，其中 L 是仿射空间 V 的向量的空间. 在此，点 $A\in V$ 对应于向量 $\overrightarrow{OA}\in \mathrm{L}$.

因此，映射 $g:V\to V$ 定义了一个映射 $\mathcal{G}:\mathrm{L}\to\mathrm{L}$，使得 $\mathcal{G}(\mathbf{0})=\mathbf{0}$. 我们强调一下，因为我们不假设映射 g 是一个仿射变换，一般来说，映射 $\mathcal{G}$ 并非空间 L 的一个线性变换. 现在我们来检验，如果 $\mathcal{G}$ 是 Euclid 空间 L 一个线性正交变换，那么 g 是一个运动.

根据定义，变换 $\mathcal{G}$ 由条件 $\mathcal{G}(\overrightarrow{OA})=\overrightarrow{Og(A)}$ 定义. 我们必须证明 g 是一个运动，也就是说，对于所有的点 A 和 B，我们都有

$$|\overrightarrow{g(A)g(B)}|=|\overrightarrow{AB}| \tag{8.28}$$

我们有 $\overrightarrow{AB}=\overrightarrow{OB}-\overrightarrow{OA}$，然后我们得到

$$\overrightarrow{g(A)g(B)}=\overrightarrow{g(A)O}+\overrightarrow{Og(B)}=\overrightarrow{Og(B)}-\overrightarrow{Og(A)}$$

并且根据变换 $\mathcal{G}$ 的定义，这个向量等于 $\mathcal{G}(\overrightarrow{OB})-\mathcal{G}(\overrightarrow{OA})$. 考虑到变换 $\mathcal{G}$ 假设为线性的，这个向量等于 $\mathcal{G}(\overrightarrow{OB}-\overrightarrow{OA})$. 但正如我们所见，$\overrightarrow{OB}-\overrightarrow{OA}=\overrightarrow{AB}$，这说明

$$\overrightarrow{g(A)g(B)}=\mathcal{G}(\overrightarrow{AB})$$

根据变换 $\mathcal{G}$ 的正交性，$|\mathcal{G}(\overrightarrow{AB})|=|\overrightarrow{AB}|$. 结合前面的关系式，这就得到了所需证明的等式(8.28).

运动的概念是最自然的数学抽象，它对应于固体在空间中的位移的概念. 我们可以在以下基本结论的基础上，将前面各章中得到的所有结果应用于此分析中.

定理 8.37 每个运动都是仿射变换.

证明：设 f 为仿射 Euclid 空间 V 的一个运动. 作为第一步，我们在 V 中选取任意点 O，并考虑向量 $\boldsymbol{a}=\overrightarrow{Of(O)}$ 和空间 V 到自身的映射 $g=\mathcal{T}_{-\boldsymbol{a}}f$. 在此，乘积 $\mathcal{T}_{-\boldsymbol{a}}f$ 通常表示映射 f 和 $\mathcal{T}_{-\boldsymbol{a}}$ 的顺序应用(复合). 那么，O 是变换 g 的不动点，即，$g(O)=O$. 事实上，$g(O)=\mathcal{T}_{-\boldsymbol{a}}(f(O))$，并且根据平移的定义，等式 $g(O)=O$ 等价于 $\overrightarrow{f(O)O}=-\boldsymbol{a}$，显然，这是根据 $\boldsymbol{a}=\overrightarrow{Of(O)}$ 得到的.

现在，我们注意到，两个运动 g_1 和 g_2 的乘积(即顺序应用或复合)也是一个运动；对这一点的验证可以立即从定义得到. 因为我们知道 $\mathcal{T}_{\boldsymbol{a}}$ 是一个运动(见例 8.35)，由此可见 g 也是一个运动. 因此，我们得到 f 的表示形式为 $f=\mathcal{T}_{\boldsymbol{a}}g$，其中 g 是一个运动且 $g(O)=O$. 因此，如例 8.36 所示，g 定义了空间 L 到自身的一个映射 $\mathcal{G}$. 证明的主要部分在于证明 $\mathcal{G}$ 是一个线性变换.

我们将基于以下简单的命题来验证这一结论.

引理 8.38 假设我们给定向量空间 L 到自身的一个映射$\mathcal{G}$和 L 的一组基 $\boldsymbol{e}_1,\cdots,\boldsymbol{e}_n$. 设$\mathcal{G}(\boldsymbol{e}_i)=\boldsymbol{e}'_i$, $i=1,\cdots,n$,并假设对于每个向量

$$\boldsymbol{x}=\alpha_1\boldsymbol{e}_1+\cdots+\alpha_n\boldsymbol{e}_n \tag{8.29}$$

其像

$$\mathcal{G}(\boldsymbol{x})=\alpha_1\boldsymbol{e}'_1+\cdots+\alpha_n\boldsymbol{e}'_n \tag{8.30}$$

有相同的$\alpha_1,\cdots,\alpha_n$. 那么,$\mathcal{G}$是一个线性变换.

证明:我们必须验证线性变换定义中的两个条件:

(a) $\mathcal{G}(\boldsymbol{x}+\boldsymbol{y})=\mathcal{G}(\boldsymbol{x})+\mathcal{G}(\boldsymbol{y})$.

(b) $\mathcal{G}(\alpha\boldsymbol{x})=\alpha\,\mathcal{G}(\boldsymbol{x})$.

对于所有向量 $\boldsymbol{x}$ 和 $\boldsymbol{y}$ 和标量α 都成立.

其验证是平凡的:(a) 设向量 $\boldsymbol{x}$ 和 $\boldsymbol{y}$ 分别为:$\boldsymbol{x}=\alpha_1\boldsymbol{e}_1+\cdots+\alpha_n\boldsymbol{e}_n$ 和 $\boldsymbol{y}=\beta_1\boldsymbol{e}_1+\cdots+\beta_n\boldsymbol{e}_n$. 那么其和为

$$\boldsymbol{x}+\boldsymbol{y}=(\alpha_1+\beta_1)\boldsymbol{e}_1+\cdots+(\alpha_n+\beta_n)\boldsymbol{e}_n$$

另外,根据引理的条件,我们有

$$\begin{aligned}\mathcal{G}(\boldsymbol{x}+\boldsymbol{y})&=(\alpha_1+\beta_1)\boldsymbol{e}'_1+\cdots+(\alpha_n+\beta_n)\boldsymbol{e}'_n\\&=(\alpha_1\boldsymbol{e}'_1+\cdots+\alpha_n\boldsymbol{e}'_n)+(\beta_1\boldsymbol{e}'_1+\cdots+\beta_n\boldsymbol{e}'_n)\\&=\mathcal{G}(\boldsymbol{x})+\mathcal{G}(\boldsymbol{y})\end{aligned}$$

(b) 对于向量 $\boldsymbol{x}=\alpha_1\boldsymbol{e}_1+\cdots+\alpha_n\boldsymbol{e}_n$ 和任意标量α,我们有

$$\alpha\boldsymbol{x}=(\alpha\alpha_1)\boldsymbol{e}_1+\cdots+(\alpha\alpha_n)\boldsymbol{e}_n$$

根据引理的条件,有

$$\mathcal{G}(\alpha\boldsymbol{x})=(\alpha\alpha_1)\boldsymbol{e}'_1+\cdots+(\alpha\alpha_n)\boldsymbol{e}'_n=\alpha(\alpha_1\boldsymbol{e}'_1+\cdots+\alpha_n\boldsymbol{e}'_n)=\alpha\,\mathcal{G}(\boldsymbol{x})$$

□

现在,我们回到定理 8.37 的证明. 我们来验证映射$\mathcal{G}$:L → L 的上述构造满足引理的条件. 为此,我们首先来确定它保持了 L 中的内积,也就是说,对于所有向量 $\boldsymbol{x},\boldsymbol{y}\in$ L,我们都有等式

$$(\mathcal{G}(\boldsymbol{x}),\mathcal{G}(\boldsymbol{y}))=(\boldsymbol{x},\boldsymbol{y}) \tag{8.31}$$

我们回想一下,变换 g 是运动的性质可以用以下关于向量空间 L 的变换$\mathcal{G}$的条件来表述

$$|\mathcal{G}(\boldsymbol{x})-\mathcal{G}(\boldsymbol{y})|=|\boldsymbol{x}-\boldsymbol{y}| \tag{8.32}$$

对于所有的向量对 $\boldsymbol{x}$ 和 $\boldsymbol{y}$ 都成立. 等式(8.32) 两边同时平方,我们得到

$$|\mathcal{G}(\boldsymbol{x})-\mathcal{G}(\boldsymbol{y})|^2=|\boldsymbol{x}-\boldsymbol{y}|^2 \tag{8.33}$$

因为 $\boldsymbol{x}$ 和 $\boldsymbol{y}$ 是 Euclid 空间 L 中的向量,所有我们有

$$|\boldsymbol{x}-\boldsymbol{y}|^2=|\boldsymbol{x}|^2-2(\boldsymbol{x},\boldsymbol{y})+|\boldsymbol{y}|^2$$

$$|\mathcal{G}(\boldsymbol{x})-\mathcal{G}(\boldsymbol{y})|^2=|\mathcal{G}(\boldsymbol{x})|^2-2(\mathcal{G}(\boldsymbol{x}),\mathcal{G}(\boldsymbol{y}))+|\mathcal{G}(\boldsymbol{y})|^2$$

把这些表达式代入等式(8.33),我们得出

$$|\mathcal{G}(\boldsymbol{x})|^2-2(\mathcal{G}(\boldsymbol{x}),\mathcal{G}(\boldsymbol{y}))+|\mathcal{G}(\boldsymbol{y})|^2=|\boldsymbol{x}|^2-2(\boldsymbol{x},\boldsymbol{y})+|\boldsymbol{y}|^2 \tag{8.34}$$

在关系式(8.34)中,设向量 $\boldsymbol{y}$ 等于 $\mathbf{0}$,考虑到$\mathcal{G}(\mathbf{0})=\mathbf{0}$,我们得到等式 $|\mathcal{G}(\boldsymbol{x})|=|\boldsymbol{x}|(\boldsymbol{x}\in\mathrm{L})$. 最后,考虑到关系式 $|\mathcal{G}(\boldsymbol{x})|=|\boldsymbol{x}|$ 和 $|\mathcal{G}(\boldsymbol{y})|=|\boldsymbol{y}|$,根据(8.34)得到所需的等式(8.31).

因此,对于任意标准正交基$\boldsymbol{e}_1,\cdots,\boldsymbol{e}_n$,由关系式$\mathcal{G}(\boldsymbol{e}_i)=\boldsymbol{e}'_i$定义的向量$\boldsymbol{e}'_1,\cdots,\boldsymbol{e}'_n$也构成一组标准正交基,其中向量 $\boldsymbol{x}=x_1\boldsymbol{e}_1+\cdots+x_n\boldsymbol{e}_n$ 的坐标由公式$x_i=(\boldsymbol{x},\boldsymbol{e}_i)$ 给出. 由此我们得到$(\mathcal{G}(\boldsymbol{x}),\boldsymbol{e}'_i)=x_i$,这蕴涵

$$\mathcal{G}(\boldsymbol{x})=x_1\boldsymbol{e}'_1+\cdots+x_n\boldsymbol{e}'_n$$

也就是说,构造的映射$\mathcal{G}:\mathrm{L}\to\mathrm{L}$ 满足引理的条件. 由此可得,$\mathcal{G}$是空间 L 的一个线性变换,并且根据性质(8.31),它是一个正交变换. □

我们注意到,在这个过程中,我们已经证明了可以用以下乘积表示任意运动 f

$$f=\mathcal{T}_a g \tag{8.35}$$

其中$\mathcal{T}_a$是一个平移,并且 g 有一个不动点O,它对应于空间 L 的某个正交变换$\mathcal{G}$(见例 8.36). 根据第 8.3 节的表示(8.35)和结果,两个标准正交参考标架可以通过一个运动相互映射,此外,它是唯一的.

为了研究运动,我们可以运用在第 7.2 节中已经研究过的正交变换的结构,即定理 7.27. 根据这个定理,对于每个正交变换,特别是对于公式(8.35)中与运动 g 相关的变换$\mathcal{G}$,存在一组正交基,其中变换$\mathcal{G}$的矩阵为分块对角形式

$$\begin{pmatrix} 1 & & & & & & & & \\ & \ddots & & & & & & 0 & \\ & & 1 & & & & & & \\ & & & -1 & & & & & \\ & & & & \ddots & & & & \\ & & & & & -1 & & & \\ & & & & & & G_{\varphi_1} & & \\ & 0 & & & & & & \ddots & \\ & & & & & & & & G_{\varphi_r} \end{pmatrix} \tag{8.36}$$

其中

$$G_{\varphi_i}=\begin{pmatrix}\cos\varphi_i & -\sin\varphi_i \\ \sin\varphi_i & \cos\varphi_i\end{pmatrix} \tag{8.37}$$

并且$\varphi_i \neq \pi k, k \in \mathbb{Z}$. 矩阵(8.36)的主对角线上的数$-1$的两个实例可以由形如(8.37)的矩阵$G_\varphi$(其中$\varphi=\pi$)代换,以便可以假设在矩阵(8.36)中,数$-1$缺失或恰好遇到一次,在这种情形中,$0<\varphi_i<2\pi$. 在这样的约定下,我们得到,如果变换$\mathcal{G}$是固有的,那么数$-1$不会出现在主对角线上,而如果变换$\mathcal{G}$是反常的,这种情况只出现一次.

由前文可知,在n维空间L的固有变换$\mathcal{G}$的情形中,我们有正交分解

$$\mathrm{L}=\mathrm{L}_0 \oplus \mathrm{L}_1 \oplus \cdots \oplus \mathrm{L}_k, \quad \text{其中} \mathrm{L}_i \perp \mathrm{L}_j, i \neq j \tag{8.38}$$

其中所有子空间$\mathrm{L}_0, \cdots, \mathrm{L}_k$关于变换$\mathcal{G}$是不变的,并且$\dim \mathrm{L}_0=n-2k$, $\dim \mathrm{L}_i=2(i=1,\cdots,k)$. $\mathcal{G}$对L_0的限制是恒等变换,而$\mathcal{G}$对子空间L_i(其中$i=1,\cdots,k$)的限制是经过角度φ_i的旋转.

但是如果变换$\mathcal{G}$是反常的,那么在矩阵(8.36)的主对角线上,数-1会遇到一次. 那么在正交分解(8.38)中,增加了一个额外的一维项L_{k+1},其中变换$\mathcal{G}$把每个向量$\boldsymbol{x}$取到相反向量$-\boldsymbol{x}$. 空间L到不变子空间的和的关于变换$\mathcal{G}$的正交分解为

$$\mathrm{L}=\mathrm{L}_0 \oplus \mathrm{L}_1 \oplus \cdots \oplus \mathrm{L}_k \oplus \mathrm{L}_{k+1}, \quad \text{其中} \mathrm{L}_i \perp \mathrm{L}_j, i \neq j \tag{8.39}$$

其中$\dim \mathrm{L}_i=2(i=1,\cdots,k)$, $\dim \mathrm{L}_0=n-2k-1$且$\dim \mathrm{L}_{k+1}=1$.

现在,我们利用运动f的表示(8.35)中O的选取的任意性. 根据公式(8.21),对于点O的变化,(8.35)中的向量$\boldsymbol{a}$被向量$\boldsymbol{a}+\mathcal{G}(\boldsymbol{c})-\boldsymbol{c}$替换,其中对于$\boldsymbol{c}$,可以取空间L中的一个任意向量. 在分解(8.38)的情形中,我们有表示

$$\boldsymbol{c}=\boldsymbol{c}_0+\boldsymbol{c}_1+\cdots+\boldsymbol{c}_k, \quad \boldsymbol{c}_i \in \mathrm{L}_i \tag{8.40}$$

否则在分解(8.39)的情形中,我们有

$$\boldsymbol{c}=\boldsymbol{c}_0+\boldsymbol{c}_1+\cdots+\boldsymbol{c}_k+\boldsymbol{c}_{k+1}, \quad \boldsymbol{c}_i \in \mathrm{L}_i \tag{8.41}$$

因为$\mathcal{G}(\boldsymbol{x})=\boldsymbol{x}(\boldsymbol{x} \in \mathrm{L}_0)$,项$\boldsymbol{c}_0$对加到$\boldsymbol{a}$的向量$\mathcal{G}(\boldsymbol{c})-\boldsymbol{c}$没有任何影响. 当$i>0$时,情况正好相反:变换$\mathcal{G}-\mathcal{E}$定义了$\mathrm{L}_i$中的一个非奇异变换. 这是因为变换$\mathcal{G}-\mathcal{E}$的核等于$(\mathbf{0})$,对于平面中经过角度$\varphi_i(0<\varphi_i<2\pi)$的旋转与对于直线上的变换$-\mathcal{E}$来说,这是显然的. 因此,变换$\mathcal{G}-\mathcal{E}$在$\mathrm{L}_i$中的像等于整个子空间$\mathrm{L}_i(i>0)$. 也就是说,每个向量$\boldsymbol{a}_i \in \mathrm{L}_i$都可以表示为$\boldsymbol{a}_i=\mathcal{G}(\boldsymbol{c}_i)-\boldsymbol{c}_i$,其中$\boldsymbol{c}_i$为同一空间$\mathrm{L}_i(i>0)$的另一个向量.

因此,根据表示(8.40)和(8.41),向量$\boldsymbol{a}$可以写成$\boldsymbol{a}=\boldsymbol{a}_0+\boldsymbol{a}_1+\cdots+\boldsymbol{a}_k$或$\boldsymbol{a}=\boldsymbol{a}_0+\boldsymbol{a}_1+\cdots+\boldsymbol{a}_k+\boldsymbol{a}_{k+1}$,这取决于变换$\mathcal{G}$是固有的还是反常的. 我们可以设$\boldsymbol{a}_i=\mathcal{G}(\boldsymbol{c}_i)-\boldsymbol{c}_i$,其中向量$\boldsymbol{c}_i$分别由关系式(8.40)或(8.41)定义. 因此,我们得到了等式

$$\boldsymbol{a}+\mathcal{G}(\boldsymbol{c})-\boldsymbol{c}=\boldsymbol{a}_0$$

这说明根据点 O 的选取，我们可以得到，向量 $\boldsymbol{a}$ 包含在子空间L_0 中.

因此，我们证明了以下定理.

定理 8.39 仿射 Euclid 空间 V 的每个运动 f 都可以表示为

$$f=\mathcal{T}_{a}g \tag{8.42}$$

其中变换 g 有不动点 O，并对应正交变换$\mathcal{G}=\Lambda(g)$，而$\mathcal{T}_a$是向量 $\boldsymbol{a}$ 的平移，使得 $\mathcal{G}(\boldsymbol{a})=\boldsymbol{a}$.

我们来考虑最直观的例子，即我们生活的"物理" 三维空间. 这里存在两种可能的情形.

情形 1. 运动 f 是固有的. 那么正交变换$\mathcal{G}:\mathrm{L}\to\mathrm{L}$ 也是固有的. 因为 $\dim\mathrm{L}=3$，所以分解(8.38) 具有以下形式

$$\mathrm{L}=\mathrm{L}_0\oplus\mathrm{L}_1,\quad \mathrm{L}_i\perp\mathrm{L}_j$$

其中 $\dim\mathrm{L}_0=1$ 且 $\dim\mathrm{L}_1=2$. 变换$\mathcal{G}$使L_0 中的向量不动，并定义了平面L_1 中经过角度 $0<\varphi<2\pi$ 的旋转. 表示(8.42) 表明，变换 f 可以作为绕直线L_0 经过角度 φ 的旋转和在L_0 方向上的平移来得到；如图 8.5.

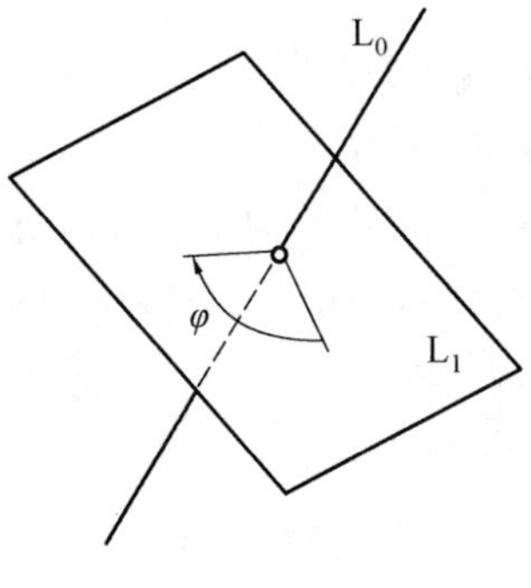

图 8.5 一个固有运动

这个结果可以给出不同的表述. 假设一个固体随着时间的推移执行任意的复杂运动. 那么它的初始位置可以通过绕某个轴旋转和沿着该轴平移与它的最终位置重叠. 事实上，因为它是一个固体，所以它的最终位置是通过某种运动 f 从初始位置得到的. 因为这种位置的变化是一种连续的运动，所以它是固有的. 因此，我们可以利用定理 8.39 的三维情形. 这个结果称为 Euler 定理.

情形 2. 运动 f 是反常的. 那么正交变换$\mathcal{G}:\mathrm{L}\to\mathrm{L}$ 也是反常的. 因为 $\dim\mathrm{L}=3$，所以分解(8.39) 有以下形式

$$\mathrm{L}=\mathrm{L}_0\oplus\mathrm{L}_1\oplus\mathrm{L}_2,\mathrm{L}_i\perp\mathrm{L}_j$$

其中$\mathrm{L}_0=(\mathbf{0})$，$\dim\mathrm{L}_1=2$ 且 $\dim\mathrm{L}_2=1$. 变换$\mathcal{G}$定义了平面L_1 中的经过角度 $0<\varphi<2\pi$ 的旋转，并将L_2 上的每个向量变换到其相反向量. 由此可得，等式$\mathcal{G}(\boldsymbol{a})=\boldsymbol{a}$

仅对向量 $\boldsymbol{a}=\mathbf{0}$ 成立,因此,公式(8.42)中的平移$\mathcal{T}_a$等于恒等变换.因此,运动 f 总有不动点O,并可以通过平面L_1 中过该点的角度 $0<\varphi<2\pi$ 的旋转,然后在平面L_1 中进行反射而得到.

如果我们采用第 8.2 节(第 280 页)中引入的旗的概念,那么仿射 Euclid 空间中的运动理论可以给出一个更直观的形式.首先,显然,空间的运动把一个旗变换到另一个旗.我们实际上已经证明的主要结果可以如下表述.

定理 8.40 对于每对旗,存在从第一个旗到第二个旗的运动,并且这样的运动是唯一的.

证明:为了证明这个定理,我们观察到,对于一个任意旗

$$V_0\subset V_1\subset\cdots\subset V_n=V \tag{8.43}$$

根据定义,仿射子空间V_0由单个点构成.设$V_0=O$,我们可以用子空间$\mathrm{L}_i\subset\mathrm{L}$辨识每个子空间$V_i$,其中$\mathrm{L}_i$ 是仿射空间V_i 的向量的空间.在此,序列

$$\mathrm{L}_0\subset\mathrm{L}_1\subset\cdots\subset\mathrm{L}_n=\mathrm{L} \tag{8.44}$$

定义了 L 中的一个旗.另外,我们在第 7.2 节中看到,旗(8.44)只与 L 中的标准正交基$\boldsymbol{e}_1,\cdots,\boldsymbol{e}_n$ 有关.因此,$\mathrm{L}_i=\langle\boldsymbol{e}_1,\cdots,\boldsymbol{e}_i\rangle$ 且 $\boldsymbol{e}_i\in\mathrm{L}_i^+$,如第 7.2 节所述.这说明旗(8.43)是由 V 中的某个标准正交参考标架$(O;\boldsymbol{e}_1,\cdots,\boldsymbol{e}_n)$唯一确定的.如上所述,对于两个标准正交参考标架,存在空间 V 的唯一的运动,它把第一个参考标架变换到第二个参考标架.那么对于形如(8.43)的两个旗,这是成立的,这就证明了定理的结论. □

定理 8.40 中证明的性质称为仿射 Euclid 空间的"自由移动性".在三维空间的情形中,这个结论是一个事实的数学表述,即在空间中,固体可以任意地平移和旋转.

在仿射 Euclid 空间中,任意两点之间的距离 $r(A,B)$ 在空间的运动下是不变的.在一般的仿射空间中,不可能将在非奇异仿射变换下不变的数与每对点联系起来.这源于这样一个事实:对于任意一对点 A,B 和另外任意一对点A',B',存在一个仿射变换 f,它把 A 变换为A' 且把 B 变换为B'.

为了证明这一点,我们根据公式(8.19),将变换 f 写成 $f=\mathcal{T}_a f_0$ 的形式,取点 A 作为点O.这里 A 是仿射变换f_0 的不动点,即$f_0(A)=A$.变换f_0 由仿射空间 V 的向量的空间 L 的某个线性变换定义,并由以下关系式唯一定义

$$\overrightarrow{A\,f_0(C)}=\mathcal{F}(\overrightarrow{AC}),\quad C\in V$$

那么条件 $f(A)=A'$ 是满足的,如果我们设 $\boldsymbol{a}=\overrightarrow{AA'}$.还需选取一个线性变换 $\mathcal{F}:\mathrm{L}\to\mathrm{L}$ 来满足等式 $f(B)=B'$,即$\mathcal{T}_a f_0(B)=B'$,它等价于关系式

$$f_0(B) = \mathcal{T}_{-\boldsymbol{a}}(B') \tag{8.45}$$

我们设向量 $\boldsymbol{x}$ 等于$\overrightarrow{AB}$(在条件 $A \neq B$ 下,且 $\boldsymbol{x} \neq \boldsymbol{0}$),并考虑点 $P = \mathcal{T}_{-\boldsymbol{a}}(B')$ 和向量 $\boldsymbol{y} = \overrightarrow{AP}$. 那么关系式(8.45)等价于$\mathcal{F}(\boldsymbol{x}) = \boldsymbol{y}$. 只需找出一个线性变换$\mathcal{F}: \mathrm{L} \to \mathrm{L}$以满足条件$\mathcal{F}(\boldsymbol{x}) = \boldsymbol{y}$(对于给定的向量 $\boldsymbol{x}$ 和 $\boldsymbol{y}$ 成立,其中 $\boldsymbol{x} \neq \boldsymbol{0}$). 为此,我们必须将向量 $\boldsymbol{x}$ 扩充为空间 L 的一组基,并用这组基的向量任意定义$\mathcal{F}$,只要满足条件$\mathcal{F}(\boldsymbol{x}) = \boldsymbol{y}$.

射影空间

第9章

9.1 射影空间的定义

在平面几何中，平面中的点和直线起着非常相似的作用. 为了强调这种对称性，平面中联结点和线的基本性质称为关联，点 A 位于直线 l 上或直线 l 过点 A，这一事实以对称形式表述为 A 和 l 是关联的. 那么，我们可能希望，关于点和直线的关联的每个几何的结论都对应于从第一个结论中得到的另一个断言，该结论通过处处交换"点"和"直线"这两个词来实现. 事实确实如此，但也有一些例外. 例如，对于每对不同的点，都存在唯一关联的直线. 但并非每对不同的直线都存在唯一关联的点：直线是平行的情形除外. 那么，没有一个点关联于这两条直线.

射影几何通过在平面上添加称为无穷远点的某些点，使我们可以消除此类例外情形. 例如，如果我们这样做，那么两条平行线在某个无穷远点处是关联的. 事实上，通过对外部世界的单纯感知，我们"看到"远离我们的平行线在"地平线"上的一点处汇合且相交. 严格来说，"地平线"是我们据此扩充平面的无穷远点的全体.

在分析这个例子时，我们可以说我们看到的平面的点 p 对应于过 p 的直线和我们的眼睛中心与视网膜相交的点. 从数学上讲，这种情形是使用中心投影的概念来描述的.

假设我们研究的平面 Π 包含在三维空间中. 我们在同一空间中选取不包含于平面 Π 的某个点 O. 平面 Π 的每个点 A 都可以通过直线 OA 联结到 O. 反之，过点 O 的直线与平面 Π 交于某个点，前提是直线与 Π 不平行. 因此，过点 O 的大多数直线对应于点 $A \in \Pi$. 但与 Π 平行的直线直观上恰好对应于平面 Π 的无穷远点，或"地平线上的点". 如图 9.1.

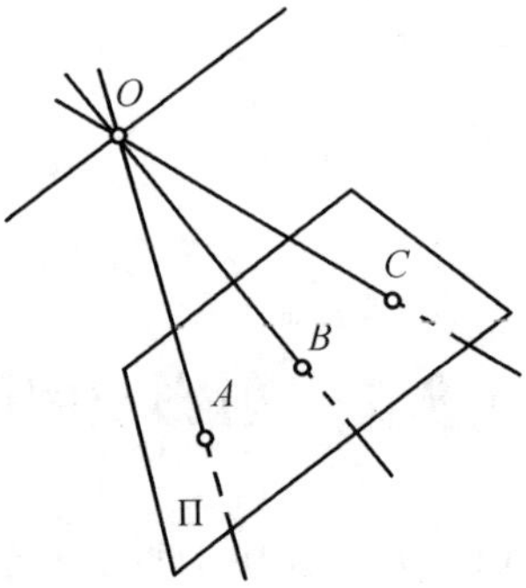

图 9.1　中心投影

我们将使这个概念成为射影空间的定义的基础，并将在后续对其进行更详细的阐述.

定义 9.1　设 L 为有限维向量空间. 所有直线 $\langle \boldsymbol{x} \rangle$ 的集合，其中 $\boldsymbol{x}$ 是空间 L 的非零向量，称为 L 的射影化或射影空间 $\mathbb{P}(\mathrm{L})$. 在此，直线 $\langle \boldsymbol{x} \rangle$ 自身称为射影空间 $\mathbb{P}(\mathrm{L})$ 的点. 空间 $\mathbb{P}(\mathrm{L})$ 的维数定义为数 $\dim \mathbb{P}(\mathrm{L}) = \dim \mathrm{L} - 1$.

正如我们在第 3 章中看到的，给定维数为 n 的所有向量空间都是同构的. 这一事实可以表述为只存在一个 n 维向量空间的理论. 在相同意义上，只存在一个 n 维射影空间的理论.

我们将经常用 $\mathbb{P}^n$ 表示 n 维射影空间，如果我们不需要指出构造它的 $(n+1)$ 维向量空间.

如果 $\dim \mathbb{P}(\mathrm{L}) = 1$，那么 $\mathbb{P}(\mathrm{L})$ 称为射影直线，如果 $\dim \mathbb{P}(\mathrm{L}) = 2$，那么它称为射影平面. 通常平面中的直线是射影直线上的点，而三维空间中的直线是射影平面中的点.

如前所述，我们让读者选择是将 L 看作实空间还是复空间，甚至是将其看作任意域 $\mathbb{K}$ 上的空间(特定于实空间的某些问题除外). 根据上述定义，我们可以说 $\dim \mathbb{P}(\mathrm{L}) = -1$，如果 $\dim \mathrm{L} = 0$. 在这种情形中，集合 $\mathbb{P}(\mathrm{L})$ 是空的.

为了在 n 维空间 $\mathbb{P}(\mathrm{L})$ 中引入坐标，我们在空间 L 中选取一组基 $\boldsymbol{e}_0, \boldsymbol{e}_1, \cdots, \boldsymbol{e}_n$. 根据定义，点 $A \in \mathbb{P}(\mathrm{L})$ 是一条直线 $\langle \boldsymbol{x} \rangle$，其中 $\boldsymbol{x}$ 是 L 中的某个非零向量. 因此，我们得到了表示

$$\boldsymbol{x} = \alpha_0 \boldsymbol{e}_0 + \alpha_1 \boldsymbol{e}_1 + \cdots + \alpha_n \boldsymbol{e}_n \tag{9.1}$$

数$(\alpha_0,\alpha_1,\cdots,\alpha_n)$称为点$A$的齐次坐标. 但点$A$是整条直线$\langle \boldsymbol{x}\rangle$. 如果$\boldsymbol{y}=\lambda\boldsymbol{x}$且$\lambda\neq 0$,那么也可以用$\langle \boldsymbol{y}\rangle$的形式得到. 那么

$$\boldsymbol{y}=\lambda\alpha_0\boldsymbol{e}_0+\lambda\alpha_1\boldsymbol{e}_1+\cdots+\lambda\alpha_n\boldsymbol{e}_n$$

由此可知,数$(\lambda\alpha_0,\lambda\alpha_1,\cdots,\lambda\alpha_n)$也是点$A$的齐次坐标. 也就是说,齐次坐标仅包含非零公因子. 因为根据定义,$A=\langle \boldsymbol{x}\rangle$且$\boldsymbol{x}\neq\boldsymbol{0}$,它们不能同时等于零. 为了强调齐次坐标仅包含非零公因了,将其写成以下形式

$$(\alpha_0:\alpha_1:\alpha_2:\cdots:\alpha_n) \tag{9.2}$$

因此,如果我们希望用齐次坐标表示点A的某些性质,那么该结论必定继续成立,如果所有齐次坐标$(\alpha_0,\alpha_1,\cdots,\alpha_n)$同时乘以同一非零数.

例如,假设我们正在考虑射影空间的点,它的齐次坐标满足关系式

$$F(\alpha_0,\alpha_1,\cdots,\alpha_n)=0 \tag{9.3}$$

其中F是$n+1$个变量的多项式. 为了使该要求实际上与点相关,并且不依赖于因数λ,我们可以将它的齐次坐标乘以该因数λ,有必要与数$(\alpha_0,\alpha_1,\cdots,\alpha_n)$一样,数$(\lambda\alpha_0,\lambda\alpha_1,\cdots,\lambda\alpha_n)$(对于任意非零因数$\lambda$都成立)也满足关系式(9.3).

我们来说明何时满足这一要求. 为此,在多项式$F(x_0,x_1,\cdots,x_n)$中,我们合并形如$a x_0^{k_0}x_1^{k_1}\cdots x_n^{k_n}$的所有项,其中$k_0+k_1+\cdots+k_n=m$,并用$F_m$表示它们的和. 从而得到表示

$$F(x_0,x_1,\cdots,x_n)=\sum_{m=0}^{N}F_m(x_0,x_1,\cdots,x_n)$$

由F_m的定义可得

$$F_m(\lambda x_0,\lambda x_1,\cdots,\lambda x_n)=\lambda^m F_m(x_0,x_1,\cdots,x_n)$$

由此,我们得到

$$F(\lambda x_0,\lambda x_1,\cdots,\lambda x_n)=\sum_{m=0}^{N}\lambda^m F_m(x_0,x_1,\cdots,x_n)$$

我们的条件说明等式$\sum\limits_{m=0}^{N}\lambda^m F_m=0$是满足的(对于所讨论的点的坐标,同时对于$\lambda$的所有非零值都成立). 我们用$c_m$表示值$F_m(\alpha_0,\alpha_1,\cdots,\alpha_n)$(存在这样的齐次坐标$(\alpha_0,\alpha_1,\cdots,\alpha_n)$). 那么,我们得到条件$\sum\limits_{m=0}^{N}c_m\lambda^m=0$(对于所有非零值$\lambda$都成立). 这说明关于变量$\lambda$的多项式$\sum\limits_{m=0}^{N}c_m\lambda^m$有无穷多个根(为简单起见,我们现在假设所考虑的向量空间L所在的域$\mathbb{K}$是无限的;但是,可以消除此限制). 那么,根据一个众所周知的关于多项式的定理,所有系数c_m均等于零. 换句话说,我们的等式(9.3)化为满足关系式

$$F_m(\alpha_0,\alpha_1,\cdots,\alpha_n)=0, m=0,1,\cdots,N \tag{9.4}$$

多项式F_m只包含相同阶数m的单项式，即它是齐次的. 我们看到，由齐次坐标之间的代数关系表示的点A的性质不取决于坐标的选取，而仅取决于点A自身，如果它是通过设其坐标的齐次多项式等于零来表示的.

如果$\mathrm{L}'\subset\mathrm{L}$是向量子空间，那么$\mathbb{P}(\mathrm{L}')\subset\mathbb{P}(\mathrm{L})$，因为$\mathrm{L}'$中包含的每条直线$\langle \boldsymbol{x}\rangle$也包含在L中. 这样的子集$\mathbb{P}(\mathrm{L}')\subset\mathbb{P}(\mathrm{L})$称为空间$\mathbb{P}(\mathrm{L})$的射影子空间. 根据定义，每个$\mathbb{P}(\mathrm{L}')$自身就是一个射影空间. 因此，其维数定义为$\dim\mathbb{P}(\mathrm{L}')=\dim\mathrm{L}'-1$. 类似于向量空间，射影子空间$\mathbb{P}(\mathrm{L}')\subset\mathbb{P}(\mathrm{L})$称为超平面，如果$\dim\mathbb{P}(\mathrm{L}')=\dim\mathbb{P}(\mathrm{L})-1$，即如果$\dim\mathrm{L}'=\dim\mathrm{L}-1$，因此，$\mathrm{L}'$是L中的超平面.

由关系式

$$\begin{cases} F_1(\alpha_0,\alpha_1,\cdots,\alpha_n)=0 \\ F_2(\alpha_0,\alpha_1,\cdots,\alpha_n)=0 \\ \cdots \\ F_m(\alpha_0,\alpha_1,\cdots,\alpha_n)=0 \end{cases} \tag{9.5}$$

定义的空间$\mathbb{P}(\mathrm{L})$的点集，其中$F_1,F_2,\cdots,F_m$(一般)是不同次数的齐次多项式，称为射影代数簇.

例 9.2 射影代数簇的最简单的例子是射影子空间. 事实上，正如我们在第3.7节中看到的，每个向量子空间$\mathrm{L}'\subset\mathrm{L}$都可以借助于线性齐次方程组来定义，因此，射影子空间$\mathbb{P}(\mathrm{L}')\subset\mathbb{P}(\mathrm{L})$可由公式(9.5)定义，其中$m=\dim\mathbb{P}(\mathrm{L})-\dim\mathbb{P}(\mathrm{L}')$，并且每个齐次多项式$F_1,\cdots,F_m$的次数都等于1. 在此，在$m=1$的情形中，我们得到了一个超平面.

例 9.3 射影代数簇的另一个重要的例子是所谓的射影二次曲面. 它们由公式(9.5)给出，其中$m=1$，唯一的齐次多项式F_1的次数等于2. 我们将考虑在第11章详细介绍二次曲面. 射影二次曲面的最简单的例子出现在解析几何课程中，即射影平面中的二次曲线.

例 9.4 我们考虑射影空间$\mathbb{P}(\mathrm{L})$的点集，其第i个齐次坐标(在空间L的某组基$\boldsymbol{e}_0,\boldsymbol{e}_1,\cdots,\boldsymbol{e}_n$中)等于零，我们用$\mathrm{L}_i$表示与这些点相关的空间L的向量的集合. 子集$\mathrm{L}_i\subset\mathrm{L}$在L中由一个线性方程$\alpha_i=0$定义，并且因此，它是一个超平面. 这说明$\mathbb{P}(\mathrm{L}_i)$是射影空间$\mathbb{P}(\mathrm{L})$中的超平面. 我们将用$V_i$表示射影空间$\mathbb{P}(\mathrm{L})$的点集，其第$i$个齐次坐标非零. 显然，$V_i$已经不是$\mathbb{P}(\mathrm{L})$中的射影子空间.

以下构造是例9.4的自然推广. 在空间L中，选择任意一组基$\boldsymbol{e}_0,\boldsymbol{e}_1,\cdots,\boldsymbol{e}_n$.

我们来考虑空间 L 上的某个线性函数 φ，它不恒等于零. 向量 $\boldsymbol{x} \in \mathrm{L}$(对其有 $\varphi(\boldsymbol{x})=0$) 构成超平面$\mathrm{L}_{\varphi} \subset \mathrm{L}$，它是由单个线性齐次方程构成的"方程组"的解的子空间. 它关联于射影超平面$\mathbb{P}(\mathrm{L}_{\varphi}) \subset \mathbb{P}(\mathrm{L})$. 显然，$\mathrm{L}_{\varphi}$ 与例 9.4 中的超平面 L_i 相同，如果线性函数 φ 将每个向量 $\boldsymbol{x} \in \mathrm{L}$ 映射到其第 i 个坐标上，即，φ 是空间L^* 基的第 i 个向量，空间 L 的基$\boldsymbol{e}_0, \boldsymbol{e}_1, \cdots, \boldsymbol{e}_n$ 的对偶.

现在，我们用W_{φ} 表示向量 $\boldsymbol{x} \in \mathrm{L}$(对其有 $\varphi(\boldsymbol{x})=1$) 的集合. 这也是由单个线性方程构成的"方程组"的解集，但现在是非齐次的. 可以自然地将其看作一个具有向量的空间L_{φ} 的仿射空间. 我们用V_{φ} 表示集合$\mathbb{P}(\mathrm{L}) \setminus \mathbb{P}(\mathrm{L}_{\varphi})$. 那么对于每个点 $A \in V_{\varphi}$，存在唯一的向量 $\boldsymbol{x} \in W_{\varphi}$，使得 $A=\langle \boldsymbol{x} \rangle$.

这样一来，我们可以用集合W_{φ} 来辨识集合V_{φ}，并借助于这种辨识，将V_{φ} 看作仿射空间. 根据定义，其向量的空间是L_{φ}，如果 A 和 B 是V_{φ} 中的两个点，那么存在两个向量 $\boldsymbol{x}$ 和 $\boldsymbol{y}$(对其有 $\varphi(\boldsymbol{x})=1$ 和 $\varphi(\boldsymbol{y})=1$) 使得 $A=\langle \boldsymbol{x} \rangle$ 且 $B=\langle \boldsymbol{y} \rangle$，那么$\overrightarrow{AB}=\boldsymbol{y}-\boldsymbol{x}$. 因此，$n$ 维射影空间$\mathbb{P}(\mathrm{L})$ 可以表示为 n 维仿射空间V_{φ} 和射影超平面$\mathbb{P}(\mathrm{L}_{\varphi}) \subset \mathbb{P}(\mathrm{L})$ 的并集；如图 9.2. 后续，我们将V_{φ} 称为空间$\mathbb{P}(\mathrm{L})$ 的仿射子集.

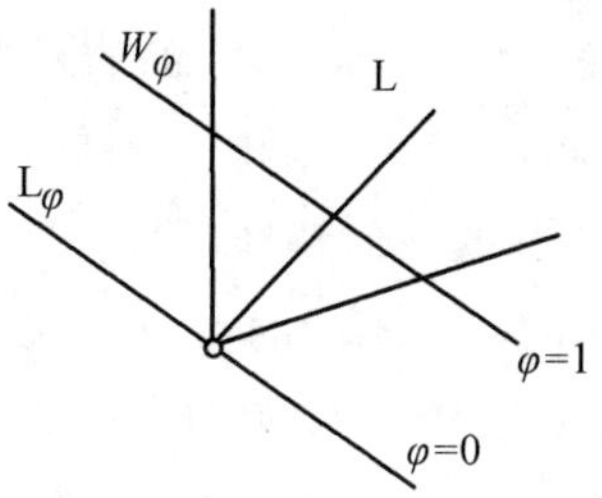

图 9.2　射影空间的仿射子集

我们在空间 L 中选取一组基$\boldsymbol{e}_0, \cdots, \boldsymbol{e}_n$，使得对于所有 $i=1,\cdots,n$，都有 $\varphi(\boldsymbol{e}_0)=1$ 且 $\varphi(\boldsymbol{e}_i)=0$. 那么，向量$\boldsymbol{e}_0$ 与属于仿射子集V_{φ} 的点$O=\langle \boldsymbol{e}_0 \rangle$ 相关联，而所有剩余向量$\boldsymbol{e}_1, \cdots, \boldsymbol{e}_n$ 都在L_{φ} 中，并且它们与位于超平面$\mathbb{P}(\mathrm{L}_{\varphi})$ 中的点$\langle \boldsymbol{e}_1 \rangle, \cdots, \langle \boldsymbol{e}_n \rangle$ 相关联. 因此，我们在仿射空间$(V_{\varphi}, \mathrm{L}_{\varphi})$ 中构造了一个参考标架$(O; \boldsymbol{e}_1, \cdots, \boldsymbol{e}_n)$. 点 $A \in V_{\varphi}$ 关于这个参考标架的坐标$(\xi_1, \cdots, \xi_n)$ 称为射影空间中的点 A 的非齐次坐标. 我们想要强调一下，它们仅对于仿射子集V_{φ} 中的点而定义. 如果我们回到定义，那么我们会看到，非齐次坐标$(\xi_1, \cdots, \xi_n)$ 是通过以下公式从齐次坐标(9.2) 中得到的

$$\xi_i=\frac{\alpha_i}{\alpha_0}, \quad i=1,\cdots,n \tag{9.6}$$

显然在此,对于公式(9.1)中的 $\boldsymbol{x}$,我们选取的函数 φ 取得值 $\varphi(\boldsymbol{x})=\alpha_0$.

为了将非齐次坐标的概念推广到射影空间 $\mathbb{P}(\mathrm{L})=V_\varphi\cup\mathbb{P}(\mathrm{L}_\varphi)$ 的所有点,还需考虑射影超平面 $\mathbb{P}(\mathrm{L}_\varphi)$ 的点. 对于此类点,自然地赋值 $\alpha_0=0$. 有时,这可以表述为点 $A\in\mathbb{P}(\mathrm{L}_\varphi)$ 的非齐次坐标 $(\xi_1,\cdots,\xi_n)$ 取得无穷多个值,这就解释了为何将 $\mathbb{P}(\mathrm{L}_\varphi)$ 看作仿射子集 V_φ 的"无穷远点"(地平线)的集合.

当然,我们也可以选取一个线性函数 φ,存在数 $i\in\{0,\cdots,n\}$,使得 $\varphi(\boldsymbol{e}_i)=1$,不一定等于 0,如上所述,对于所有 $j\neq i$,$\varphi(\boldsymbol{e}_j)=0$. 我们将用 V_i 和 L_i 表示相伴空间 V_φ 和 L_φ. 在这种情形中,射影空间 $\mathbb{P}(\mathrm{L})$ 可以用类似的形式 $V_i\cup\mathbb{P}(\mathrm{L}_i)$ 表示,即仿射部分 V_i 和对应值 $i\in\{0,\cdots,n\}$ 的超平面 $\mathbb{P}(\mathrm{L}_i)$ 的并集. 有时,这一事实可以表述为在射影空间 $\mathbb{P}(\mathrm{L})$ 中,我们可以引入各种仿射(坐标)卡. 不难看出,存在值 $i\in\{0,\cdots,n\}$,使得射影空间 $\mathbb{P}(\mathrm{L})$ 的每个点 A 都是"有限的",也就是说,它属于对应值 i 的子集 V_i. 根据定义,点 A 的齐次坐标(9.2)不同时等于零. 如果 $\alpha_i\neq 0$(存在这样的 $i\in\{0,\cdots,n\}$),那么 A 包含在相伴仿射子集 V_i 中.

如果 L' 和 L'' 是空间 L 的两个子空间,那么显然

$$\mathbb{P}(\mathrm{L}')\cap\mathbb{P}(\mathrm{L}'')=\mathbb{P}(\mathrm{L}'\cap\mathrm{L}'') \tag{9.7}$$

集合 $\mathbb{P}(\mathrm{L}'+\mathrm{L}'')$ 解释起来有点复杂. 显然,它与 $\mathbb{P}(\mathrm{L}')\cup\mathbb{P}(\mathrm{L}'')$ 不相等. 例如,如果 L' 和 L'' 是平面 L 中的两条不同的直线,那么由两点构成的集合 $\mathbb{P}(\mathrm{L}')\cup\mathbb{P}(\mathrm{L}'')$ 通常不是空间 $\mathbb{P}(\mathrm{L})$ 的射影子空间.

为了给出集合 $\mathbb{P}(\mathrm{L}'+\mathrm{L}'')$ 的几何解释,我们将引入以下概念. 设 $P=\langle\boldsymbol{e}\rangle$ 和 $P'=\langle\boldsymbol{e}'\rangle$ 为射影空间 $\mathbb{P}(\mathrm{L})$ 的两个不同的点. 我们设 $\mathrm{L}_1=\langle\boldsymbol{e},\boldsymbol{e}'\rangle$,并考虑一维射影子空间 $\mathbb{P}(\mathrm{L}_1)$. 它显然包含点 P 和 P',而且它包含在包含点 P 和 P' 的每个射影子空间中. 事实上,如果 $\mathrm{L}_2\subset\mathrm{L}$ 是一个向量子空间,使得 $\mathbb{P}(\mathrm{L}_2)$ 包含点 P 和 P',那么这说明 L_2 包含向量 $\boldsymbol{e}$ 和 $\boldsymbol{e}'$,这蕴涵它还包含整个子空间 $\mathrm{L}_1=\langle\boldsymbol{e},\boldsymbol{e}'\rangle$. 因此,根据射影子空间的定义,我们得到了 $\mathbb{P}(\mathrm{L}_1)\subset\mathbb{P}(\mathrm{L}_2)$.

定义 9.5 由两个给定点 $P\neq P'$ 构造的一维射影子空间 $\mathbb{P}(\mathrm{L}_1)$ 称为联结点 P 和 P' 的直线.

定理 9.6 设 L' 和 L'' 为向量空间 L 的两个子空间. 那么联结 $\mathbb{P}(\mathrm{L}')$ 的所有可能的点和 $\mathbb{P}(\mathrm{L}'')$ 所有可能的点的直线的并集与射影子空间 $\mathbb{P}(\mathrm{L}'+\mathrm{L}'')$ 相等.

证明:我们用 Σ 表示定理的陈述中描述的直线的并集. 每条这样的直线都有形式 $\mathbb{P}(\mathrm{L}_1)$,其中 $\mathrm{L}_1=\langle\boldsymbol{e}',\boldsymbol{e}''\rangle(\boldsymbol{e}'\in\mathrm{L}'$ 且 $\boldsymbol{e}''\in\mathrm{L}'')$. 因为 $\boldsymbol{e}'+\boldsymbol{e}''\in\mathrm{L}'+\mathrm{L}''$,从之前的讨论可以看出,每条这样的直线 $\mathbb{P}(\mathrm{L}_1)$ 都属于 $\mathbb{P}(\mathrm{L}'+\mathrm{L}'')$. 从而证明了集合的包含 $\Sigma\subset\mathbb{P}(\mathrm{L}'+\mathrm{L}'')$.

反之,假设现在点 $S\in\mathbb{P}(\mathrm{L})$ 属于射影子空间 $\mathbb{P}(\mathrm{L}'+\mathrm{L}'')$. 这说明 $S=\langle\boldsymbol{e}\rangle$,

其中向量 $\boldsymbol{e}$ 在$\mathrm{L}'+\mathrm{L}''$ 中.这蕴涵向量 $\boldsymbol{e}$ 可以表示为 $\boldsymbol{e}=\boldsymbol{e}'+\boldsymbol{e}''$,其中$\boldsymbol{e}'\in\mathrm{L}'$ 且 $\boldsymbol{e}''\in\mathrm{L}''$.这说明 $S=\langle\boldsymbol{e}\rangle$ 且向量 $\boldsymbol{e}$ 属于平面$\langle\boldsymbol{e}',\boldsymbol{e}''\rangle$,也就是说,$S$ 位于联结$\mathbb{P}(\mathrm{L}')$ 中的点$\langle\boldsymbol{e}'\rangle$ 和$\mathbb{P}(\mathrm{L}'')$ 中的点$\langle\boldsymbol{e}''\rangle$ 的直线上.换句话说,我们有 $S\in\Sigma$,因此,子空间$\mathbb{P}(\mathrm{L}'+\mathrm{L}'')$ 包含在 Σ 中.考虑到上述证明的反向包含,我们得到了所需的等式 $\Sigma=\mathbb{P}(\mathrm{L}'+\mathrm{L}'')$. □

定义 9.7 集合$\mathbb{P}(\mathrm{L}'+\mathrm{L}'')$ 称为集合$\mathbb{P}(\mathrm{L}')\cup\mathbb{P}(\mathrm{L}'')$ 的投射覆盖,记作

$$\mathbb{P}(\mathrm{L}'+\mathrm{L}'')=\overline{\mathbb{P}(\mathrm{L}')\cup\mathbb{P}(\mathrm{L}'')} \tag{9.8}$$

回顾一下定理 3.41,我们得到以下结果.

定理 9.8 如果$\mathbb{P}'$ 和$\mathbb{P}''$ 是射影空间$\mathbb{P}(\mathrm{L})$ 的两个射影子空间,那么

$$\dim(\mathbb{P}'\cap\mathbb{P}'')+\dim(\overline{\mathbb{P}'\cup\mathbb{P}''})=\dim\mathbb{P}'+\dim\mathbb{P}'' \tag{9.9}$$

例 9.9 如果$\mathbb{P}'$ 和$\mathbb{P}''$ 是射影平面$\mathbb{P}(\mathrm{L})$ 中的两条直线,$\dim\mathrm{L}=3$,那么 $\dim\mathbb{P}'=\dim\mathbb{P}''=1$ 且 $\dim(\overline{\mathbb{P}'\cup\mathbb{P}''})\leqslant 2$,根据关系式(9.9),我们得到 $\dim(\mathbb{P}'\cap\mathbb{P}'')\geqslant 0$,也就是说,射影平面中的每对直线都相交.

射影空间的理论展现了一种巧妙的对称,它称为对偶(我们已经在向量空间的理论中遇到过一种类似的现象;见第 3.7 节).

设L^* 为 L 的对偶空间.射影空间$\mathbb{P}(\mathrm{L}^*)$ 称为$\mathbb{P}(\mathrm{L})$ 的对偶.根据定义,对偶空间$\mathbb{P}(\mathrm{L}^*)$ 的每个点是一条直线$\langle\boldsymbol{f}\rangle$,其中 $\boldsymbol{f}$ 是空间 L 上的线性函数,它不等于零.这样的函数确定了超平面$\mathrm{L}_f\subset\mathrm{L}$,它由向量空间 L 中的线性齐次方程 $\boldsymbol{f}(\boldsymbol{x})=0$ 给出,这说明超平面$\mathbb{P}_f$ 等于射影空间$\mathbb{P}(\mathrm{L})$ 中的$\mathbb{P}(\mathrm{L}_f)$.

我们来证明对偶空间$\mathbb{P}(\mathrm{L}^*)$ 的点$\langle\boldsymbol{f}\rangle$ 和空间$\mathbb{P}(\mathrm{L})$ 的超平面$\mathbb{P}_f$ 之间构造的对应是一个双射.为此,我们必须证明方程 $\boldsymbol{f}=0$ 和 $\alpha\boldsymbol{f}=0$ 是等价的,定义了同一个超平面,即$\mathbb{P}_f=\mathbb{P}_{\alpha f}$.如第 3.7 节所示,每个超平面$\mathrm{L}'\subset\mathrm{L}$ 都由单个非零线性方程确定.两个不同的方程 $\boldsymbol{f}=0$ 和$\boldsymbol{f}_1=0$ 可以定义同一个超平面,仅当$\boldsymbol{f}_1=\alpha\boldsymbol{f}$,其中 α 是某个非零数.事实上,在相反的情形中,两个方程 $\boldsymbol{f}=0$ 和$\boldsymbol{f}_1=0$ 的方程组的秩为 2,因此,它定义了 L 中的$(n-2)$ 维子空间L'' 和$(n-3)$ 维子空间$\mathbb{P}(\mathrm{L}'')\subset\mathbb{P}(\mathrm{L})$,这显然不是一个超平面.因此对偶空间$\mathbb{P}(\mathrm{L}^*)$ 可以解释为$\mathbb{P}(\mathrm{L})$ 中的超平面的空间.这是以下事实的一个最简单的例子:某些几何对象不能用数来描述(例如,向量空间可以用其维数来描述),而是构成一个具有几何特征的集合.我们将在第 10 章中遇到更复杂的例子.

还有一个更一般的事实,即存在(n 维) 空间$\mathbb{P}(\mathrm{L})$ 的 m 维射影子空间与空间$\mathbb{P}(\mathrm{L}^*)$ 的$(n-m-1)$ 维子空间之间的一个双射.我们现在将描述这种对应,读者将容易验证 $m=n-1$ 的情形,这与上述$\mathbb{P}(\mathrm{L})$ 中的超平面和$\mathbb{P}(\mathrm{L}^*)$ 中的点之间的对应相同.

设$\mathrm{L}' \subset \mathrm{L}$为$(m+1)$维子空间，因此$\dim \mathbb{P}(\mathrm{L}')=m$. 我们考虑对偶空间$\mathrm{L}^*$中的子空间$\mathrm{L}'$的零化子$(\mathrm{L}')^a$. 我们回想一下，零化子是子空间$(\mathrm{L}')^a \subset \mathrm{L}^*$，它由所有线性函数$\boldsymbol{f} \in \mathrm{L}^*$（使得对于所有向量$\boldsymbol{x} \in \mathrm{L}'$，都有$\boldsymbol{f}(\boldsymbol{x})=0$）构成. 正如我们在第 3.7 节中（公式(3.54)）建立的那样，零化子的维数等于

$$\dim (\mathrm{L}')^a = \dim \mathrm{L} - \dim \mathrm{L}' = n - m \tag{9.10}$$

射影子空间$\mathbb{P}((\mathrm{L}')^a) \subset \mathbb{P}(\mathrm{L}^*)$称为子空间$\mathbb{P}(\mathrm{L}') \subset \mathbb{P}(\mathrm{L})$的对偶. 根据公式(9.10)，其维数是$n-m-1$，在此，我们有一个熟知的概念的变体. 如果在空间 L 上定义了非奇异对称双线性型$(\boldsymbol{x},\boldsymbol{y})$，那么我们可以用$\mathrm{L}'$的正交补来辨识$(\mathrm{L}')^a$，其正交补记作$(\mathrm{L}')^{\perp}$；见第 188 页. 如果我们将双线性型$(\boldsymbol{x},\boldsymbol{y})$写在空间 L 的某组标准正交基中，那么其形式为$\sum_{i=0}^{n} x_i y_i$，坐标为$(y_0, y_1, \cdots, y_n)$的点将对应于方程

$$\sum_{i=0}^{n} x_i y_i = 0$$

定义的超平面，其中$y_0, \cdots, y_n$为固定值，$x_0, \cdots, x_n$为变量.

我们已经证明的结论与第 3.7 节中建立的对偶原理自动导出以下结果，称为射影对偶原理.

命题 9.10 （射影对偶原理）如果在仅使用射影子空间、维数、投射覆盖和交集的概念的表述中证明了给定域$\mathbb{K}$上的给定有限维数 n 的所有射影空间的一个定理，那么对于所有此类空间，我们还有从原始定理通过以下代换得到的对偶定理：

m 维	$(n-m-1)$ 维
交集$\mathbb{P}_1 \cap \mathbb{P}_2$	投射覆盖$\overline{\mathbb{P}_1 \cup \mathbb{P}_2}$
投射覆盖$\overline{\mathbb{P}_1 \cup \mathbb{P}_2}$	交集$\mathbb{P}_1 \cap \mathbb{P}_2$

例如，结论“存在一条直线过射影平面的两个不同的点”有其对偶结论“射影平面中的每对不同的直线交于一点”.

我们可以尝试推广该原理，使其不仅覆盖射影空间，也覆盖方程(9.5)描述的射影代数簇. 然而，在这方面出现了某些新的困难，我们在此只提及这些困难，而不做详细说明.

例如，假设射影代数簇 $X \subset \mathbb{P}(\mathrm{L})$ 由单个方程给出

$$F(x_0, x_1, \cdots, x_n) = 0$$

其中 F 是齐次多项式. 对应于每个点 $A \in X$ 的由方程

$$\sum_{i=0}^{n} \frac{\partial F}{\partial x_i}(A) x_i = 0 \tag{9.11}$$

给出的超平面称为 X 在点 A 处的切超平面(稍后将更详细地讨论这个概念).通过上述考虑,我们可以将该超平面指派到对偶空间$\mathbb{P}(\mathrm{L}^*)$ 的点 B.

自然假设 A 取遍所有点 X,那么点 B 也取遍空间$\mathbb{P}(\mathrm{L})$ 中的某个射影代数簇,称为原始簇 X 的对偶.事实确实如此,但某些令人不快的例外情形除外.也就是说,存在点 A,使得所有偏导数 $\dfrac{\partial F}{\partial x_i}(A)(i=0,1,\cdots,n)$ 都等于 0,方程 (9.11) 变为恒等式 $0=0$.此类点称为射影代数簇 X 的奇点.在这种情形中,我们无法得到任意的超平面,因此,我们无法使用指定的方法将空间$\mathbb{P}(\mathrm{L}^*)$ 的给定点指派到点 A.可以证明奇点在某种意义上是例外的.此外,许多非常有趣的簇根本没有奇点,因此对于它们,存在对偶簇.但是在对偶簇中,出现了奇点,因此巧妙的对称性消失了.克服所有这些困难是代数几何的任务.我们将不深入讨论这个问题,而仅在第 11 章中专门讨论二次曲面时提到这一点,我们将恰好考虑没有出现这些困难的特殊情形.

9.2 射影变换

设$\mathcal{A}$为向量空间 L 到自身的线性变换.将其推广到射影空间$\mathbb{P}(\mathrm{L})$ 是很自然的.这似乎是一件容易的事情:我们只需要把直线$\langle \mathcal{A}(\boldsymbol{e})\rangle$ 与 L 中对应于直线$\langle \boldsymbol{e}\rangle$ 的每个点 $P \in \mathbb{P}(\mathrm{L})$ 联系起来,直线$\langle \mathcal{A}(\boldsymbol{e})\rangle$ 是射影空间$\mathbb{P}(\mathrm{L})$ 的某个点.然而,在此我们遇到了以下困难:如果$\mathcal{A}(\boldsymbol{e})=\boldsymbol{0}$,那么我们无法构造直线$\langle \mathcal{A}(\boldsymbol{e})\rangle$,因为与$\mathcal{A}(\boldsymbol{e})$ 成比例的所有向量都是零向量.因此,我们希望构造的变换通常不是对于射影空间$\mathbb{P}(\mathrm{L})$ 的所有点定义的.然而,如果我们希望对于所有点来定义它,那么我们必须要求变换的核$\mathcal{A}$为$(\boldsymbol{0})$.我们知道,这个条件等价于变换$\mathcal{A}$:$\mathrm{L}\to\mathrm{L}$ 是非奇异的.因此,空间 L 到自身的所有非奇异变换$\mathcal{A}$(并且只有这些)都对应于射影空间$\mathbb{P}(\mathrm{L})$ 到自身的映射.我们记作$\mathbb{P}(\mathcal{A})$.

我们已经看到,非奇异变换$\mathcal{A}$:$\mathrm{L}\to\mathrm{L}$ 定义了空间 L 到自身的双射.我们来证明在这种情形中,对应的映射$\mathbb{P}(\mathcal{A})$:$\mathbb{P}(\mathrm{L})\to\mathbb{P}(\mathrm{L})$ 也是一个双射.首先,我们来验证其像与整个$\mathbb{P}(\mathrm{L})$ 相等.设 P 为空间$\mathbb{P}(\mathrm{L})$ 的一点.它对应于 L 中的某条直线$\langle \boldsymbol{e}\rangle$.由于变换$\mathcal{A}$是非奇异的,因此存在向量$\boldsymbol{e}' \in \mathrm{L}$,使得 $\boldsymbol{e}=\mathcal{A}(\boldsymbol{e}')$,此外 $\boldsymbol{e}' \neq \boldsymbol{0}$,因为$\boldsymbol{e}\neq\boldsymbol{0}$.如果$P'$ 是对应于直线$\langle \boldsymbol{e}'\rangle$ 的空间$\mathbb{P}(\mathrm{L})$ 的点,那么$P'=\mathbb{P}(\mathcal{A})(P)$.还需证明,$\mathbb{P}(\mathcal{A})$ 不能将两个不同的点映射到一个点.我们假设 $P \neq P'$,并且

$$\mathbb{P}(\mathcal{A})(P)=\mathbb{P}(\mathcal{A})(P')=\overline{P} \tag{9.12}$$

其中点 P,P' 和$\overline{P}$ 分别对应于直线$\langle \boldsymbol{e}\rangle,\langle \boldsymbol{e}'\rangle$ 和$\langle \overline{\boldsymbol{e}}\rangle$.

条件 $P\neq P'$ 等价于向量 $\boldsymbol{e}$ 和$\boldsymbol{e}'$ 是线性无关的,而从等式(9.12) 可以得出$\langle \mathcal{A}(\boldsymbol{e})\rangle=\langle \mathcal{A}(\boldsymbol{e}')\rangle=\langle \overline{\boldsymbol{e}}\rangle$,这说明向量$\mathcal{A}(\boldsymbol{e})$ 和$\mathcal{A}(\boldsymbol{e}')$ 是线性相关的. 但是,如果$\alpha\mathcal{A}(\boldsymbol{e})+\beta\mathcal{A}(\boldsymbol{e}')=\boldsymbol{0}$,其中$\alpha\neq 0$ 或$\beta\neq 0$,那么$\mathcal{A}(\alpha\boldsymbol{e}+\beta\boldsymbol{e}')=\boldsymbol{0}$,并且由于变换$\mathcal{A}$是非奇异的,因此我们得到了$\alpha\boldsymbol{e}+\beta\boldsymbol{e}'\neq\boldsymbol{0}$,这与条件 $P\neq P'$ 相矛盾. 因此,我们证明了映射$\mathbb{P}(\mathcal{A})$:$\mathbb{P}(\mathrm{L})\to\mathbb{P}(\mathrm{L})$ 是双射. 因此,逆映射$\mathbb{P}(\mathcal{A})^{-1}$ 也是定义的.

定义 9.11 与向量空间 L 到自身的非奇异变换$\mathcal{A}$相对应的射影空间$\mathbb{P}(\mathrm{L})$的映射$\mathbb{P}(\mathcal{A})$ 称为空间$\mathbb{P}(\mathrm{L})$ 的射影变换.

定理 9.12 我们有以下结论:

(1) $\mathbb{P}(\mathcal{A}_1)=\mathbb{P}(\mathcal{A}_2)$ 当且仅当$\mathcal{A}_2=\lambda\mathcal{A}_1$,其中 λ 是某个非零标量.

(2) 如果$\mathcal{A}_1$ 和$\mathcal{A}_2$ 是向量空间 L 的两个非奇异变换,那么$\mathbb{P}(\mathcal{A}_1\mathcal{A}_2)=\mathbb{P}(\mathcal{A}_1)\cdot\mathbb{P}(\mathcal{A}_2)$.

(3) 如果$\mathcal{A}$是非奇异变换,那么$\mathbb{P}(\mathcal{A})^{-1}=\mathbb{P}(\mathcal{A}^{-1})$.

(4) 射影变换$\mathbb{P}(\mathcal{A})$ 将空间$\mathbb{P}(\mathrm{L})$ 的每个射影子空间变换为相同维数的子空间.

证明:证明的所有结论直接由定义得到.

(1) 如果$\mathcal{A}_2=\lambda\mathcal{A}_1$,那么显然,$\mathcal{A}_1$ 和$\mathcal{A}_2$ 以完全相同的方式映射向量空间 L 的直线,即$\mathbb{P}(\mathcal{A}_1)=\mathbb{P}(\mathcal{A}_2)$. 现在假设,反之,对于任意点 $A\in\mathbb{P}(\mathrm{L})$,都有$\mathbb{P}(\mathcal{A}_1)(A)=\mathbb{P}(\mathcal{A}_2)(A)$. 如果点 A 对应于直线$\langle \boldsymbol{e}\rangle$,那么我们得到$\langle \mathcal{A}_1(\boldsymbol{e})\rangle=\langle \mathcal{A}_2(\boldsymbol{e})\rangle$,即

$$\mathcal{A}_2(\boldsymbol{e})=\lambda\mathcal{A}_1(\boldsymbol{e}) \tag{9.13}$$

其中 λ 是某个标量. 然而,理论上,关系式(9.13) 中的数 λ 可能对每个向量 $\boldsymbol{e}$ 都有它自己的值. 我们来考虑两个线性无关的向量 $\boldsymbol{x}$ 和 $\boldsymbol{y}$,对于向量 $\boldsymbol{x},\boldsymbol{y}$ 和 $\boldsymbol{x}+\boldsymbol{y}$,我们写出条件(9.13)

$$\begin{cases}\mathcal{A}_2(\boldsymbol{x})=\lambda\mathcal{A}_1(\boldsymbol{x})\\ \mathcal{A}_2(\boldsymbol{y})=\mu\mathcal{A}_1(\boldsymbol{y})\\ \mathcal{A}_2(\boldsymbol{x}+\boldsymbol{y})=\nu\mathcal{A}_1(\boldsymbol{x}+\boldsymbol{y})\end{cases} \tag{9.14}$$

考虑到$\mathcal{A}_1$ 和$\mathcal{A}_2$ 的线性,我们有

$$\mathcal{A}_1(\boldsymbol{x}+\boldsymbol{y})=\mathcal{A}_1(\boldsymbol{x})+\mathcal{A}_1(\boldsymbol{y}),\mathcal{A}_2(\boldsymbol{x}+\boldsymbol{y})=\mathcal{A}_2(\boldsymbol{x})+\mathcal{A}_2(\boldsymbol{y}) \tag{9.15}$$

将表达式(9.15) 代入(9.14) 的第三个等式,然后从中减去第一个和第二个不等式. 那么我们得到

$$(\nu-\lambda)\mathcal{A}_1(\boldsymbol{x})+(\nu-\mu)\mathcal{A}_1(\boldsymbol{y})=\mathcal{A}_1((\nu-\lambda)\boldsymbol{x}+(\nu-\mu)\boldsymbol{y})=\mathbf{0}$$

由于变换$\mathcal{A}_1$是非奇异的(根据射影变换的定义),因此$(\nu-\lambda)\boldsymbol{x}+(\nu-\mu)\boldsymbol{y}=\mathbf{0}$,考虑到向量$\boldsymbol{x}$和$\boldsymbol{y}$的线性无关性,由此得出$\lambda=\nu$且$\mu=\nu$,即(9.14)中的所有标量$\lambda,\mu,\nu$都是相同的,因此关系式(9.13)中的标量$\lambda$对于所有向量$\boldsymbol{e}\in\mathrm{L}$都是同一个.

(2)我们必须证明,对于对应直线$\langle\boldsymbol{e}\rangle$的每个点$P$,我们都有等式$\mathbb{P}(\mathcal{A}_1\mathcal{A}_2)(P)=\mathbb{P}(\mathcal{A}_1)(\mathbb{P}(\mathcal{A}_2)(P))$,根据射影变换的定义,它由$\langle(\mathcal{A}_1\mathcal{A}_2)(\boldsymbol{e})\rangle=\mathcal{A}_1(\langle\mathcal{A}_2(\boldsymbol{e})\rangle)$得出的.最后一个等式来自线性变换的乘积的定义.

(3)根据我们已经证明的,我们有等式$\mathbb{P}(\mathcal{A})\mathbb{P}(\mathcal{A}^{-1})=\mathbb{P}(\mathcal{A}\mathcal{A}^{-1})=\mathbb{P}(\mathcal{E})$.显然,$\mathbb{P}(\mathcal{E})$是空间$\mathbb{P}(\mathrm{L})$到自身的恒等变换.由此得出$\mathbb{P}(\mathcal{A})^{-1}=\mathbb{P}(\mathcal{A}^{-1})$.

(4)最后,设L'为向量空间L的m维子空间,并设$\mathbb{P}(\mathrm{L}')$为相伴$(m-1)$维射影子空间.映射$\mathbb{P}(\mathcal{A})$将$\mathbb{P}(\mathrm{L}')$变换为形如$P''=\langle\mathcal{A}(\boldsymbol{e}')\rangle$的点集,其中$P'=\langle(\boldsymbol{e}')\rangle$取遍$\mathbb{P}(\mathrm{L}')$的所有点.这是成立的,因为$\boldsymbol{e}'$取遍空间$\mathrm{L}'$的所有向量.我们来证明,在此,所有向量$\langle\mathcal{A}(\boldsymbol{e}')\rangle$与某个向量子空间$\mathrm{L}''$(其维数与$\mathrm{L}'$相同)的非零向量.这将给出所需的结论.

在子空间L'中,我们选取一组基$\boldsymbol{e}_1,\cdots,\boldsymbol{e}_m$.那么每个向量$\boldsymbol{e}'\in\mathrm{L}'$可以表示为

$$\boldsymbol{e}'=\alpha_1\boldsymbol{e}_1+\cdots+\alpha_m\boldsymbol{e}_m$$

而条件$\boldsymbol{e}'\neq\mathbf{0}$等价于并非所有系数$\alpha_i$都等于零.由此,我们得到

$$\mathcal{A}(\boldsymbol{e}')=\alpha_1\mathcal{A}(\boldsymbol{e}_1)+\cdots+\alpha_m\mathcal{A}(\boldsymbol{e}_m) \tag{9.16}$$

向量$\mathcal{A}(\boldsymbol{e}_1),\cdots,\mathcal{A}(\boldsymbol{e}_m)$是线性无关的,因为变换$\mathcal{A}:\mathrm{L}\to\mathrm{L}$是非奇异的.我们来考虑$m$维子空间$\mathrm{L}''=\langle\mathcal{A}(\boldsymbol{e}_1),\cdots,\mathcal{A}(\boldsymbol{e}_m)\rangle$.从关系式(9.16)可以看出,变换$\mathbb{P}(\mathcal{A})$恰好将子空间$\mathbb{P}(\mathrm{L}')$的点变换为子空间$\mathbb{P}(\mathrm{L}'')$的点.根据等式$\dim\mathrm{L}'=\dim\mathrm{L}''=m$,我们得到$\dim\mathbb{P}(\mathrm{L}')=\dim\mathbb{P}(\mathrm{L}'')=m-1$. □

通过类比线性变换和仿射变换,我们可以通过射影变换如何映射一定数量的"充分独立的"点来明确地描述射影变换.作为第一次尝试,我们可以考虑点$P_i=\langle\boldsymbol{e}_i\rangle(i=0,1,\cdots,n)$,其中$\boldsymbol{e}_0,\boldsymbol{e}_1,\cdots,\boldsymbol{e}_n$是空间L的一组基.但是这一途径并不能达成我们的目标,因为存在太多不同的变换可以将每个点P_i变换为自身.事实上,这是$\mathbb{P}(\mathcal{A})$的所有变换,如果$\mathcal{A}(\boldsymbol{e}_i)=\lambda_i\boldsymbol{e}_i$(具有任意$\lambda_i\neq0$),也就是说,如果$\mathcal{A}$在基$\boldsymbol{e}_0,\boldsymbol{e}_1,\cdots,\boldsymbol{e}_n$中有矩阵

$$A=\begin{pmatrix}\lambda_0 & 0 & \cdots & 0\\ 0 & \lambda_1 & \cdots & 0\\ \vdots & \vdots & & \vdots\\ 0 & 0 & \cdots & \lambda_n\end{pmatrix}$$

在这种情形中，$\langle \mathcal{A}(\boldsymbol{e}_i)\rangle=\langle \boldsymbol{e}_i\rangle(i=0,1,\cdots,n)$. 然而，任意向量

$$\boldsymbol{e}=\alpha_0\boldsymbol{e}_0+\alpha_1\boldsymbol{e}_1+\cdots+\alpha_n\boldsymbol{e}_n$$

的像等于

$$\mathcal{A}(\boldsymbol{e})=\alpha_0\lambda_0\mathcal{A}(\boldsymbol{e}_0)+\alpha_1\lambda_1\mathcal{A}(\boldsymbol{e}_1)+\cdots+\alpha_n\lambda_n\mathcal{A}(\boldsymbol{e}_n)$$

除非所有λ_i是相同的，否则这个向量与 $\boldsymbol{e}$ 不成比例. 因此，即使知道变换$\mathbb{P}(\mathcal{A})$如何映射点$P_0,P_1,\cdots,P_n$，我们仍然无法唯一地确定它. 但事实证明，再加上一点(在某些较弱的假设下)可以唯一地描述变换. 为此，我们需要引入一个新概念.

定义 9.13 在 n 维射影空间$\mathbb{P}(\mathrm{L})$中，$n+2$ 个点

$$P_0,P_1,\cdots,P_n,P_{n+1} \tag{9.17}$$

称为独立的，如果其中没有 $n+1$ 个位于维数小于 n 的子空间中.

例如，射影平面中的四个点是独立的，如果这四个点中没有三个点共线.

我们来探讨独立的条件说明了什么，如果点P_i对应于直线$\langle \boldsymbol{e}_i\rangle$，$i=0,\cdots,n+1$. 由于根据定义，点$P_0,P_1,\cdots,P_n$不位于维数小于 n 的子空间中，因此向量$\boldsymbol{e}_0,\boldsymbol{e}_1,\cdots,\boldsymbol{e}_n$不位于维数小于 $n+1$ 的子空间中，也就是说，它们是线性无关的，这说明它们构成空间 L 的一组基. 因此，向量$\boldsymbol{e}_{n+1}$是这些向量的线性组合

$$\boldsymbol{e}_{n+1}=\alpha_0\boldsymbol{e}_0+\alpha_1\boldsymbol{e}_1+\cdots+\alpha_n\boldsymbol{e}_n \tag{9.18}$$

如果某个标量α_i等于0，那么根据(9.18)，向量$\boldsymbol{e}_{n+1}$位于子空间$\mathrm{L}'=\langle \boldsymbol{e}_0,\cdots,\check{\boldsymbol{e}}_i,\cdots,\boldsymbol{e}_n\rangle$中，其中符号"ˇ"表示省略了对应向量. 因此，向量$\boldsymbol{e}_0,\cdots,\check{\boldsymbol{e}}_i,\cdots,\boldsymbol{e}_n,\boldsymbol{e}_{n+1}$位于维数不超过 n 的子空间L'中. 但这说明点$P_0,\cdots,\check{P}_i,\cdots,P_n,P_{n+1}$位于射影空间$\mathbb{P}(\mathrm{L}')$中，此外，$\dim\mathbb{P}(\mathrm{L}')\leqslant n-1$，也就是说，它们是相关的.

我们来证明，对于点(9.17)的独立性，只需在分解(9.18)中，所有系数α_i都是非零的. 设向量$\boldsymbol{e}_0,\boldsymbol{e}_1,\cdots,\boldsymbol{e}_n$构成空间 L 的一组基，而向量$\boldsymbol{e}_{n+1}$是它们的线性组合(9.18)，使得所有$\alpha_i$都不为零. 那么我们来证明，点(9.17)是独立的. 如果不是这种情形，那么空间 L 的$\boldsymbol{e}_0,\boldsymbol{e}_n,\cdots,\boldsymbol{e}_{n+1}$中的某$n+1$个向量将位于维数不大于 n 的子空间中. 这不能是向量$\boldsymbol{e}_0,\boldsymbol{e}_1,\cdots,\boldsymbol{e}_n$，因为根据假设，它们构成 L 的一组基. 因此，设其为向量$\boldsymbol{e}_0,\cdots,\check{\boldsymbol{e}}_i,\cdots,\boldsymbol{e}_n,\boldsymbol{e}_{n+1}$(存在这样的 $i<n+1$)，它们的线性相关性由以下等式表示

$$\lambda_0 \boldsymbol{e}_0 + \cdots + \lambda_{i-1} \boldsymbol{e}_{i-1} + \lambda_{i+1} \boldsymbol{e}_{i+1} + \cdots + \lambda_{n+1} \boldsymbol{e}_{n+1} = \mathbf{0}$$

其中$\lambda_{n+1} \neq 0$,因为向量$\boldsymbol{e}_0, \boldsymbol{e}_1, \cdots, \boldsymbol{e}_n$ 是线性无关的. 由此可知,向量$\boldsymbol{e}_{n+1}$ 是向量$\boldsymbol{e}_0, \cdots, \check{\boldsymbol{e}}_i, \cdots, \boldsymbol{e}_n$ 的线性组合. 但这与表达式(9.18) 中所有α_i 均非零的条件相矛盾,因为向量$\boldsymbol{e}_0, \boldsymbol{e}_1, \cdots, \boldsymbol{e}_n$ 构成空间 L 的一组基,并且任意向量$\boldsymbol{e}_{n+1}$ 的分解(9.18) 唯一确定其坐标α_i.

因此,$n+2$ 个独立点(9.17) 总是可以由 $n+1$ 个点$P_i = \langle \boldsymbol{e}_i \rangle$ 得到,其对应向量$\boldsymbol{e}_i$ 通过添加一个点 $P = \langle \boldsymbol{e} \rangle$ 而构成空间 L 的一组基,对于该点,向量 $\boldsymbol{e}$ 是所有系数非零的向量$\boldsymbol{e}_i$ 的线性组合.

我们现在来表述我们的主要结果.

定理 9.14 设

$$P_0, P_1, \cdots, P_n, P_{n+1}; P'_0, P'_1, \cdots, P'_n, P'_{n+1} \tag{9.19}$$

为 n 维射影空间$\mathbb{P}(\mathrm{L})$ 的两个独立点系. 那么,对于所有 $i=0,1,\cdots,n+1$,存在一个射影变换,它将点P_i 变换为P'_i,此外,它是唯一的.

证明:我们将使用以上得到的点的独立性的性质的解释. 设点P_i 对应于直线$\langle \boldsymbol{e}_i \rangle$,并设点$P'_i$对应于直线$\langle \boldsymbol{e}'_i \rangle$. 我们可以假设向量$\boldsymbol{e}_0, \cdots, \boldsymbol{e}_n$ 和向量$\boldsymbol{e}'_0, \cdots, \boldsymbol{e}'_n$ 是 L 的$(n+1)$ 维子空间的基. 那么,我们知道,对于每组非零标量$\lambda_0, \cdots, \lambda_n$,存在(并且是唯一的) 非奇异线性变换$\mathcal{A}$: L → L 将$\boldsymbol{e}_i$ 映射为$\lambda_i \boldsymbol{e}'_i (i=0,1,\cdots,n)$.

根据定义,对于这样的变换$\mathcal{A}$,我们有$\mathbb{P}(\mathcal{A})(P_i) = P'_i (i = 0,1,\cdots,n)$. 因为 $\dim \mathrm{L} = n+1$, 我们有关系式

$$\begin{aligned} \boldsymbol{e}_{n+1} &= \alpha_0 \boldsymbol{e}_0 + \alpha_1 \boldsymbol{e}_1 + \cdots + \alpha_n \boldsymbol{e}_n \\ \boldsymbol{e}'_{n+1} &= \alpha'_0 \boldsymbol{e}'_0 + \alpha'_1 \boldsymbol{e}'_1 + \cdots + \alpha'_n \boldsymbol{e}'_n \end{aligned} \tag{9.20}$$

根据两个点集(9.19) 的独立性的条件,在表示(9.20) 中,所有系数α_i 和α'_i均为非零的. 将变换$\mathcal{A}$应用于(9.20) 中第一个关系式的两边,考虑到等式$\mathcal{A}(\boldsymbol{e}_i) = \lambda_i \boldsymbol{e}'_i$,我们得到

$$\mathcal{A}(\boldsymbol{e}_{n+1}) = \alpha_0 \lambda_0 \boldsymbol{e}'_0 + \alpha_1 \lambda_1 \boldsymbol{e}'_1 + \cdots + \alpha_n \lambda_n \boldsymbol{e}'_n \tag{9.21}$$

设标量λ_i 等于$\alpha'_i \alpha_i^{-1} (i=0,1,\cdots,n)$,并将其代入关系式(9.21),考虑到公式(9.20) 的第二个等式,我们得出$\mathcal{A}(\boldsymbol{e}_{n+1}) = \boldsymbol{e}'_{n+1}$,即$\mathbb{P}(\mathcal{A})(P_{n+1}) = P'_{n+1}$.

我们得到的射影变换$\mathbb{P}(\mathcal{A})$ 的唯一性来自于它的构造. □

例如,当 $n=1$ 时,空间$\mathbb{P}(\mathrm{L})$ 是射影直线. 三个点P_0, P_1, P_2 是独立的,当且仅当它们是不同的. 我们看到,射影直线上的任意三个不同点都可以通过唯一的射影变换映射为其他三个不同的点.

现在,我们来考虑如何以坐标形式给出射影变换. 在齐次坐标(9.2) 中,射

影变换$\mathbb{P}(\mathcal{A})$的规定实际上与非奇异线性变换$\mathcal{A}$的规定一致，事实上，点$A\in\mathbb{P}(\mathrm{L})$的齐次坐标与(9.1)中的向量$\boldsymbol{x}$的坐标相同，该向量确定了对应于点$A$的直线$\langle\boldsymbol{x}\rangle$. 使用公式(3.25)，我们得到了点$\mathbb{P}(\mathcal{A})(A)$的齐次坐标$\beta_i$在点$A$的齐次坐标$\alpha_i$中的以下表达式

$$\begin{cases}\beta_0=a_{00}\alpha_0+a_{01}\alpha_1+a_{02}\alpha_2+\cdots+a_{0n}\alpha_n\\ \beta_1=a_{10}\alpha_0+a_{11}\alpha_1+a_{12}\alpha_2+\cdots+a_{1n}\alpha_n\\ \quad\cdots\\ \beta_n=a_{n0}\alpha_0+a_{n1}\alpha_1+a_{n2}\alpha_2+\cdots+a_{nn}\alpha_n\end{cases}\tag{9.22}$$

在此，我们必须记住，齐次坐标仅包含一个公共因子，并且两个集合$(\alpha_0:\alpha_1:\cdots:\alpha_n)$和$(\beta_0:\beta_1:\cdots:\beta_n)$都不等于零. 显然，在将所有$\alpha_i$乘以公因数$\lambda$时，公式(9.22)中的所有$\beta_i$也都乘以该因数. 如果所有的$\alpha_i$都不能为零，那么所有的$\beta_i$都不能为零(这是因为变换$\mathcal{A}$是非奇异的). 变换$\mathcal{A}$的非奇异性的条件表示为其矩阵的行列式是非零的

$$\begin{vmatrix}a_{00}&a_{01}&\cdots&a_{0n}\\ a_{10}&a_{11}&\cdots&a_{1n}\\ \vdots&\vdots&&\vdots\\ a_{n0}&a_{n1}&\cdots&a_{nn}\end{vmatrix}\neq 0$$

写出射影变换的另一种方法是用仿射空间的非齐次坐标. 我们回顾一下，射影空间$\mathbb{P}(\mathrm{L})$包含仿射子集$V_i(i=0,1,\cdots,n)$，并且可以通过添加由"无穷远点"构成的对应射影超平面$\mathbb{P}(\mathrm{L}_i)$而从任意V_i得到，即，形式为$\mathbb{P}(\mathrm{L})=V_i\cup\mathbb{P}(\mathrm{L}_i)$. 为了简单起见，我们将仅限于讨论$i=0$的情形；所有剩余的$V_i$可以类似地考虑.

仿射子集V_0对应于(作为其向量子空间)由条件$\alpha_0=0$定义的向量子空间$\mathrm{L}_0\subset\mathrm{L}$. 为了在仿射空间$V_0$中分配坐标，我们必须在空间中固定由点$O\in V_0$和$\mathrm{L}_0$中的一组基构成的某个参考标架. 在$(n+1)$维空间L中，我们选取一组基$\boldsymbol{e}_0,\boldsymbol{e}_1,\cdots,\boldsymbol{e}_n$. 对于点$O\in V_0$，我们选取与直线$\langle\boldsymbol{e}_0\rangle$相关联的点，对于$\mathrm{L}_0$中的基，我们取向量$\boldsymbol{e}_1,\cdots,\boldsymbol{e}_n$.

我们来考虑点$A\in V_0$，它在空间L的基$\boldsymbol{e}_0,\boldsymbol{e}_1,\cdots,\boldsymbol{e}_n$中有齐次坐标$(\alpha_0:\alpha_1:\cdots:\alpha_n)$，重复我们在推导公式(9.6)中使用的论点，我们求出其关于以上述方式构造的参考标架$(O;\boldsymbol{e}_1,\cdots,\boldsymbol{e}_n)$的坐标. 点$A$对应于直线$\langle\boldsymbol{e}\rangle$，其中

$$\boldsymbol{e}=\alpha_0\boldsymbol{e}_0+\alpha_1\boldsymbol{e}_1+\cdots+\alpha_n\boldsymbol{e}_n\tag{9.23}$$

此外，$\alpha_0 \neq 0$，因为$A \in V_0$. 根据假设，我们必须从两条直线$\langle \boldsymbol{e}_0 \rangle$和$\langle \boldsymbol{e} \rangle$中选取坐标为$\alpha_0 = 1$的向量$\boldsymbol{x}$和$\boldsymbol{y}$，并考查向量$\boldsymbol{y} - \boldsymbol{x}$关于基$\boldsymbol{e}_1, \cdots, \boldsymbol{e}_n$的坐标. 显然，$\boldsymbol{x} = \boldsymbol{e}_0$，考虑到(9.23)，我们有

$$\boldsymbol{y} = \boldsymbol{e}_0 + \alpha_1 \alpha_0^{-1} \boldsymbol{e}_1 + \cdots + \alpha_n \alpha_0^{-1} \boldsymbol{e}_n$$

因此，向量 $\boldsymbol{y} - \boldsymbol{x}$ 在基$\boldsymbol{e}_1, \cdots, \boldsymbol{e}_n$ 中有坐标

$$x_1 = \frac{\alpha_1}{\alpha_0}, \quad \cdots, \quad x_n = \frac{\alpha_n}{\alpha_0}$$

我们现在考虑非奇异线性变换$\mathcal{A}: \mathrm{L} \to \mathrm{L}$ 和相伴射影变换$\mathbb{P}(\mathcal{A})$，它由公式(9.22) 给出. 它将具有齐次坐标α_i 的点A 变换为具有齐次坐标β_i 的点B. 为了在这两种情形中得到子集V_0 中的非齐次坐标，有必要通过公式(9.6) 将所有坐标除以下标为 0 的坐标. 因此，我们得到了将具有非齐次坐标$x_i = \dfrac{\alpha_i}{\alpha_0}$ 的点映射到具有非齐次坐标$y_i = \dfrac{\beta_i}{\beta_0}$ 的点，即，考虑到(9.22)，我们得到了表达式

$$y_i = \frac{a_{i0} + a_{i1} x_1 + \cdots + a_{in} x_n}{a_{00} + a_{01} x_1 + \cdots + a_{0n} x_n}, \quad i = 1, \cdots, n \tag{9.24}$$

换句话说，利用非齐次坐标，射影变换可以用线性分式公式(9.24) 写出，所有y_i都有一个公分母. 在分母变为零的点处是未定义的，并且它们是“无穷远点”，即方程$\beta_0 = 0$ 的射影超平面$\mathbb{P}(\mathrm{L}_0)$ 的点.

我们来考虑射影变换，它将“无穷远点” 映射到“无穷远点”，从而将“有限点” 映射到“有限点”. 这说明等式$\beta_0 = 0$ 仅对$\alpha_0 = 0$ 成立，也就是说，考虑到公式(9.22)，等式

$$a_{00} \alpha_0 + a_{01} \alpha_1 + a_{02} \alpha_2 + \cdots + a_{0n} \alpha_n = 0$$

仅对$\alpha_0 = 0$ 成立. 显然，后一个条件等价于条件$a_{0i} = 0 (i = 1, \cdots, n)$. 在这种情形中，线性分式公式(9.24) 的公分母化为常数a_{00}. 根据变换$\mathcal{A}$的非奇异性，$a_{00} \neq 0$，我们可以将等式(9.24) 中的分子除以a_{00}. 那么我们恰好得到仿射变换(8.17) 的公式. 因此，仿射变换是射影变换的特例，即那些将“无穷远点” 的集合变换为自身的变换.

例 9.15 在 $\dim \mathbb{P}(\mathrm{L}) = 1$ 的情形中，射影直线$\mathbb{P}(\mathrm{L})$ 有单个非齐次坐标，公式(9.24) 取以下形式

$$y = \frac{a + bx}{c + dx}, \quad ad - bc \neq 0$$

射影直线($x \neq \infty$) 的“有限部分” 的变换是仿射的，形式为 $y = \alpha + \beta x$，其中 $\beta \neq 0$.

9.3 交　比

我们回想一下，在第 8.2 节中，我们定义了仿射空间的三个共线点之间的仿射比(A,B,C)，然后，在第 8.3 节中，证明了(定理 8.28)在非奇异仿射变换下，三个共线点之间的仿射比(A,B,C)不变. 在射影空间中，三个共线点之间的关系的概念不能给出一个自然类比. 这是以下结论的结果.

定理 9.16　设A_1,B_1,C_1和A_2,B_2,C_2为射影空间中满足以下条件的两组点的三元组：

(a) 每个三元组中的三个点是不同的.

(b) 每个三元组中的点是共线的(对于每个三元组，有一条直线).

那么存在一个射影变换，它将一个三元组变换为另一个三元组.

证明：我们用l_i表示三个点A_i,B_i,C_i所在的直线，其中$i=1,2$. 在l_1上，点A_1,B_1,C_1是独立的，在l_2上，点A_2,B_2,C_2是独立的. 设点A_i由直线$\langle \boldsymbol{e}_i\rangle$确定，点$B_i$由直线$\langle \boldsymbol{f}_i\rangle$确定，点$C_i$由直线$\langle \boldsymbol{g}_i\rangle$确定，直线$l_i$由二维空间$\mathrm{L}_i$确定，$i=1,2$. 它们都包含在确定射影空间的空间 L 中. 逐字重复定理 9.14 的证明，我们将构造一个同构$\mathcal{A}':\mathrm{L}_1\to\mathrm{L}_2$，它分别将直线$\langle \boldsymbol{e}_1\rangle,\langle \boldsymbol{f}_1\rangle,\langle \boldsymbol{g}_1\rangle$变换为直线$\langle \boldsymbol{e}_2\rangle,\langle \boldsymbol{f}_2\rangle,\langle \boldsymbol{g}_2\rangle$. 我们以两种分解的形式来表示空间 L

$$\mathrm{L}=\mathrm{L}_1\oplus\mathrm{L}'_1,\quad \mathrm{L}=\mathrm{L}_2\oplus\mathrm{L}'_2$$

显然，$\dim\mathrm{L}'_1=\dim\mathrm{L}'_2=\dim\mathrm{L}-2$，因此，空间$\mathrm{L}'_1$和$\mathrm{L}'_2$是同构的. 我们将选取某个同构$\mathcal{A}'':\mathrm{L}'_1\to\mathrm{L}'_2$，并定义变换$\mathcal{A}:\mathrm{L}\to\mathrm{L}$作为$\mathrm{L}_1$上的$\mathcal{A}'$和$\mathrm{L}'_1$上的$\mathcal{A}''$，而对于任意向量$\boldsymbol{x}\in\mathrm{L}$，我们将使用分解$\boldsymbol{x}=\boldsymbol{x}_1+\boldsymbol{x}'_1(\boldsymbol{x}_1\in\mathrm{L}_1,\boldsymbol{x}'_1\in\mathrm{L}'_1)$来定义$\mathcal{A}(\boldsymbol{x})=\mathcal{A}'(\boldsymbol{x}_1)+\mathcal{A}''(\boldsymbol{x}'_1)$. 容易看出，$\mathcal{A}$是非奇异线性变换，射影变换$\mathbb{P}(\mathcal{A})$将点的三元组$A_1,B_1,C_1$变换为$A_2,B_2,C_2$. □

类似地，对于仿射空间的共线点的三元组A,B,C，存在一个相伴数(A,B,C)，它在每个非奇异仿射变换下不变，在射影空间中，我们可以把共线点的四元组A_1,A_2,A_3,A_4关联于一个数，该数在射影变换下不变. 该数记作(A_1,A_2,A_3,A_4)，称为这四个点的交比或非调和比. 我们现在转到它的定义.

我们首先来考虑射影直线$l=\mathbb{P}(\mathrm{L})$，其中$\dim\mathrm{L}=2$. l上的四个任意点A_1,A_2,A_3,A_4对应于平面 L 中的四条直线$\langle \boldsymbol{a}_1\rangle,\langle \boldsymbol{a}_2\rangle,\langle \boldsymbol{a}_3\rangle,\langle \boldsymbol{a}_4\rangle$. 在平面 L 中，我们选取一组基$\boldsymbol{e}_1,\boldsymbol{e}_2$，并考虑向量$\boldsymbol{a}_i$在这组基中的分解：$\boldsymbol{a}_i=x_i\boldsymbol{e}_1+y_i\boldsymbol{e}_2$，$i=1,\cdots,4$. 向量$\boldsymbol{a}_1,\cdots,\boldsymbol{a}_4$的坐标可以写成矩阵的列

$$M=\begin{pmatrix}x_1 & x_2 & x_3 & x_4\\ y_1 & y_2 & y_3 & y_4\end{pmatrix}$$

考虑以下问题：矩阵 M 的 2 阶余子式在到平面 L 的另一组基$\boldsymbol{e}'_1,\boldsymbol{e}'_2$的转移下如何变化？我们分别用$[\boldsymbol{\alpha}_i]$和$[\boldsymbol{\alpha}'_i]$表示向量$\boldsymbol{a}_i$ 在基$(\boldsymbol{e}_1,\boldsymbol{e}_2)$ 和$(\boldsymbol{e}'_1,\boldsymbol{e}'_2)$ 中的坐标列

$$[\boldsymbol{\alpha}_i]=\begin{pmatrix}x_i\\ y_i\end{pmatrix},\quad [\boldsymbol{\alpha}'_i]=\begin{pmatrix}x'_i\\ y'_i\end{pmatrix}$$

根据坐标变换公式(3.36)，它们由$[\boldsymbol{a}]=C[\boldsymbol{a}']$关联，其中$C$是从基$\boldsymbol{e}'_1,\boldsymbol{e}'_2$到基$\boldsymbol{e}_1,\boldsymbol{e}_2$ 的转移矩阵. 由此得出

$$\begin{pmatrix}x_i & x_j\\ y_i & y_j\end{pmatrix}=C\cdot\begin{pmatrix}x'_i & x'_j\\ y'_i & y'_j\end{pmatrix}$$

对于下标 i 和 j 的任何选取都成立，根据关于行列式乘法的定理，我们得到

$$\begin{vmatrix}x_i & x_j\\ y_i & y_j\end{vmatrix}=|C|\cdot\begin{vmatrix}x'_i & x'_j\\ y'_i & y'_j\end{vmatrix}$$

其中 $|C|\neq 0$. 这说明对于任意三个下标 i,j,k，关系

$$\frac{\begin{vmatrix}x_i & x_j\\ y_i & y_j\end{vmatrix}}{\begin{vmatrix}x_i & x_k\\ y_i & y_k\end{vmatrix}}=\frac{\begin{vmatrix}x'_i & x'_j\\ y'_i & y'_j\end{vmatrix}}{\begin{vmatrix}x'_i & x'_k\\ y'_i & y'_k\end{vmatrix}} \tag{9.25}$$

在基变换下是不变的(我们现在假设分子和分母中的行列式均为非零的). 因此，关系式(9.25) 确定了一个数$(\boldsymbol{a}_i,\boldsymbol{a}_j,\boldsymbol{a}_k)$，它取决于三个向量$\boldsymbol{a}_i,\boldsymbol{a}_j,\boldsymbol{a}_k$，但不取决于 L 中的基的选取.

然而，这还不是我们所希望的：点A_i 事实上确定了直线$\langle\boldsymbol{a}_i\rangle$，但未确定向量$\boldsymbol{a}_i$. 我们知道，向量$\boldsymbol{a}'_i$确定与向量$\boldsymbol{a}_i$ 相同的直线，当且仅当$\boldsymbol{a}'_i=\lambda_i\boldsymbol{a}_i$，$\lambda_i\neq 0$. 因此，如果在表达式(9.25) 中，我们将向量$\boldsymbol{a}_i,\boldsymbol{a}_j,\boldsymbol{a}_k$ 的坐标替换为成比例的向量$\boldsymbol{a}'_i,\boldsymbol{a}'_j,\boldsymbol{a}'_k$的坐标，那么其分子将乘以$\lambda_i\lambda_j$，而其分母将乘以$\lambda_i\lambda_k$，结果是，整个表达式(9.25) 将乘以数$\lambda_j\lambda_k^{-1}$，这说明它会改变.

然而，如果我们现在考虑表达式

$$\mathrm{DV}(A_1,A_2,A_3,A_4)=\frac{\begin{vmatrix}x_1 & x_3\\ y_1 & y_3\end{vmatrix}\cdot\begin{vmatrix}x_2 & x_4\\ y_2 & y_4\end{vmatrix}}{\begin{vmatrix}x_1 & x_4\\ y_1 & y_4\end{vmatrix}\cdot\begin{vmatrix}x_2 & x_3\\ y_2 & y_3\end{vmatrix}} \tag{9.26}$$

那么，正如我们之前的推理所证明的那样，它既不取决于平面 L 的基的选取，也

不取决于直线$\langle \boldsymbol{a}_i \rangle$上的向量$\boldsymbol{a}_i$的选取，而是将仅由射影直线$l$上的四个点$A_1$，$A_2$，$A_3$，$A_4$确定. 表达式(9.26) 称为这四个点的交比.

假设在射影直线l上引入齐次坐标，我们来写出$\mathrm{DV}(A_1, A_2, A_3, A_4)$的表达式. 我们从齐次坐标$(x:y)$中的公式开始. 我们现在将考虑点$A_i$为$l$的"有限"点，即，我们假设对于所有$i=1, \cdots, 4$，$y_i \neq 0$，并且我们设$t_i = x_i / y_i$；这些将是射影直线$l$的"仿射部分"中的点$A_i$的坐标. 那么我们得到

$$\begin{vmatrix} x_i & x_j \\ y_i & y_j \end{vmatrix} = y_i y_j \cdot \begin{vmatrix} t_i & t_j \\ 1 & 1 \end{vmatrix} = y_i y_j (t_i - t_j)$$

将这些表达式代入公式(9.26)，我们看到所有的y_i都抵消了，因此，我们得到了表达式

$$\mathrm{DV}(A_1, A_2, A_3, A_4) = \frac{(t_1 - t_3)(t_2 - t_4)}{(t_1 - t_4)(t_2 - t_3)} \tag{9.27}$$

如果我们假设所有四个点A_1，A_2，A_3，A_4都位于平面的"有限部分"，那么特别地，这说明它们属于射影直线l的仿射部分，并且在射影直线上有有限坐标t_1，t_2，t_3，t_4. 考虑到三个点的仿射比的公式(8.8)，我们观察到交比的表达式可取为

$$\mathrm{DV}(A_1, A_2, A_3, A_4) = \frac{(A_3, A_2, A_1)}{(A_4, A_2, A_1)} \tag{9.28}$$

等式(9.28) 表明了交比和第 8.2 节中引入的仿射比之间的联系.

我们已经确定了四个不同点的交比. 在其中两个点重合的情形中，可以在某些自然约定下定义该比(就像我们对仿射比所做的那样)，在某些情形中，设交比等于∞. 然而，如果四个点中的三个点重合，那么交比仍是未定义的.

上述推理几乎包含交比的以下基本性质的证明.

定理 9.17 在空间的射影变换下，射影空间中的四个共线点的交比不变.

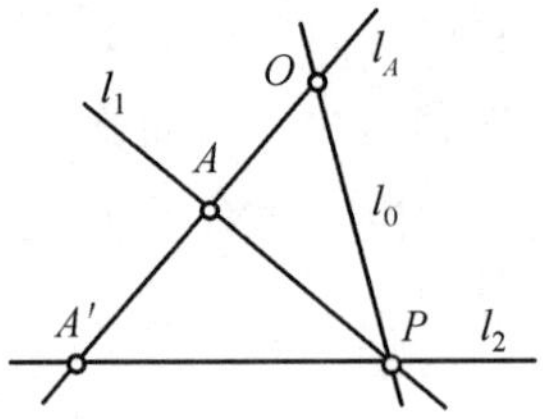

图 9.3 透视映射

证明：设A_1，A_2，A_3，A_4为某个射影空间$\mathbb{P}(\mathsf{L})$中的直线l'上的的四个点. 它们对应于空间L的四条直线$\langle \boldsymbol{a}_1 \rangle$，$\langle \boldsymbol{a}_2 \rangle$，$\langle \boldsymbol{a}_3 \rangle$，$\langle \boldsymbol{a}_4 \rangle$，而直线$l'$对应于二维子空

间$\mathrm{L}'\subset\mathrm{L}$. 设$\mathcal{A}$为空间L的非奇异变换，而$\varphi=\mathbb{P}(\mathcal{A})$为空间$\mathbb{P}(\mathrm{L})$的对应射影变换. 那么根据定理9.12，$\varphi(l')=l''$是射影空间$\mathbb{P}(\mathrm{L})$中的另一条直线；它对应于子空间$\mathcal{A}(\mathrm{L}')\subset\mathrm{L}$并包含四个点：$\varphi(A_1),\varphi(A_2),\varphi(A_3),\varphi(A_4)$. 设向量$\boldsymbol{e}_1,\boldsymbol{e}_2$构成$\mathrm{L}'$的一组基，并将向量$\boldsymbol{a}_i$写成$\boldsymbol{a}_i=x_i\boldsymbol{e}_1+y_i\boldsymbol{e}_2, i=1,\cdots,4$. 那么交比$\mathrm{DV}(A_1,A_2,A_3,A_4)$由公式(9.26)定义.

另外，$\mathcal{A}(\boldsymbol{a}_i)=x_i\mathcal{A}(\boldsymbol{e}_1)+y_i\mathcal{A}(\boldsymbol{e}_2)$，如果我们使用子空间$\mathcal{A}(\mathrm{L}')$的基$\boldsymbol{f}_1=\mathcal{A}(\boldsymbol{e}_1)$和$\boldsymbol{f}_2=\mathcal{A}(\boldsymbol{e}_2)$，那么交比

$$\mathrm{DV}(\varphi(A_1),\varphi(A_2),\varphi(A_3),\varphi(A_4))$$

由同一公式(9.26)定义，因为基$\boldsymbol{f}_1,\boldsymbol{f}_2$中的向量$\mathcal{A}(\boldsymbol{a}_i)$的坐标与基$\boldsymbol{e}_1,\boldsymbol{e}_2$中的向量$\boldsymbol{a}_i$的坐标相同. 但正如我们已经验证的那样，交比既不取决于基的选取，也不取决于确定直线$\langle\boldsymbol{a}_i\rangle$的向量$\boldsymbol{a}_i$的选取. 因此，可以得出

$$\mathrm{DV}(A_1,A_2,A_3,A_4)=\mathrm{DV}(\varphi(A_1),\varphi(A_2),\varphi(A_3),\varphi(A_4))$$

□

例 9.18 在射影空间Π中，我们来考虑两条直线l_1和l_2，以及不位于两条直线上的一点O. 我们把任意点$A\in l_1$连接到点O，两端无限延伸构成直线l_A；如图9.3. 我们将用A'表示直线l_A和l_2的交点. 直线l_1到l_2的映射，它将每个点$A\in l_1$指派到点$A'\in l_2$，称为透视映射.

我们来证明存在平面Π的射影变换，它定义了直线l_1和l_2之间的透视对应. 为此，我们用l_0表示联结点O和点$P=l_1\cap l_2$的直线，并考虑集合$V=\Pi\backslash l_0$. 也就是说，我们将把l_0看作一条“无穷远直线”，而V的点将看作射影平面的“有限点”. 那么在V上，透视对应将由平行线把给出，因为这些直线在“有限部分”中不相交；如图9.4.

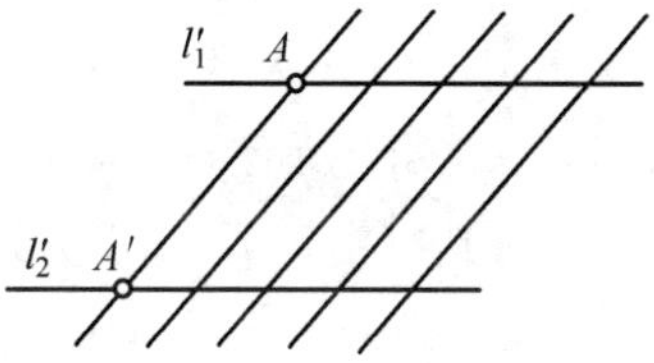

图 9.4　平行线把

更确切地说，该把定义了直线l_1和l_2的“有限部分”l'_1和l'_2的映射. 由此可知，在仿射平面V中，直线l'_1和l'_2是平行的，它们之间的透视对应由向量$\boldsymbol{a}=\overrightarrow{AA'}$的任意平移$\mathcal{T}_{\boldsymbol{a}}$定义，其中$A$是直线$l'_1$上的任意点，$A'$是透视对应下与之对应的直线$l'_2$上的点. 如上所述，仿射平面$V$的每个非奇异仿射变换都是$\Pi$的射

影映射，对于平移的情形更是显然的．这说明透视对应由平面 Π 的某个射影变换定义．因此，根据定理 9.17，我们推导出以下结果．

定理 9.19 四个共线点的交比在透视对应下保持不变．

9.4 射影空间的拓扑性质*

本章之前的讨论与射影空间$\mathbb{P}(\mathrm{L})$ 有关，其中 L 是任意域$\mathbb{K}$上的有限维向量空间．如果我们感兴趣的是一个特定的域（例如，$\mathbb{R}$或$\mathbb{C}$），那么我们已经证明的所有结论仍然成立，因为我们只使用了一般的代数概念（它由域的定义导出），而且我们没有使用，例如，不等式或绝对值的性质．现在，我们稍微谈一下射影空间的收敛概念，或称其为拓扑性质．例如，如果 L 是实向量空间或复向量空间，也就是说，所讨论的域是$\mathbb{K}=\mathbb{R}$或$\mathbb{C}$，那么讨论它们是有意义的．

我们首先阐述空间 L 中的向量序列$\boldsymbol{x}_1,\boldsymbol{x}_2,\cdots,\boldsymbol{x}_k,\cdots$ 收敛于同一空间的向量 $\boldsymbol{x}$ 的概念．我们在 L 中选取任意一组基$\boldsymbol{e}_0,\boldsymbol{e}_1,\cdots,\boldsymbol{e}_n$，并在这组基中写出向量 $\boldsymbol{x}_k$ 和 $\boldsymbol{x}$

$$\boldsymbol{x}_k=\alpha_{k0}\boldsymbol{e}_0+\alpha_{k1}\boldsymbol{e}_1+\cdots+\alpha_{kn}\boldsymbol{e}_n,\quad \boldsymbol{x}=\beta_0\boldsymbol{e}_0+\beta_1\boldsymbol{e}_1+\cdots+\beta_n\boldsymbol{e}_n$$

我们称向量序列$\boldsymbol{x}_1,\boldsymbol{x}_2,\cdots,\boldsymbol{x}_k,\cdots$ 收敛于向量 $\boldsymbol{x}$，如果数列

$$\alpha_{1i},\alpha_{2i},\cdots,\alpha_{ki},\cdots \tag{9.29}$$

对于固定的 i，当 $k\to\infty$ 时，收敛于数$\beta_i(i=0,1,\cdots,n)$（在谈到复向量空间时，我们假设读者熟悉复数项序列的收敛的概念）．在这种情形中，向量 $\boldsymbol{x}$ 称为序列的极限．根据第 3.4 节给出的坐标变换公式，容易推导出收敛的性质不取决于 L 中的基．我们将该收敛写成当 $k\to\infty$ 时，$\boldsymbol{x}_k\to\boldsymbol{x}$．

现在，我们从向量转到射影空间的点．在我们考虑的两种情形中（$\mathbb{K}=\mathbb{R}$或$\mathbb{C}$），存在一种有用的方法来正规化定义的齐次坐标$(x_0:x_1:\cdots:x_n)$，一般来说，仅乘以公因子 $\lambda\neq 0$．因为根据定义，对于所有 $i=0,1,\cdots,n$，等式$\boldsymbol{x}_i=0$ 是不可能的，我们可以选取一个坐标x_r，对其有 $|x_r|$（分别为$\mathbb{R}$或$\mathbb{C}$中的绝对值）取得最大值，并设 $\lambda=|x_r|$，作代换$y_i=\lambda^{-1}x_i(i=0,1,\cdots,n)$．那么显然

$$(x_0:x_1:\cdots:x_n)=(y_0:y_1:\cdots:y_n)$$

此外，$|y_r|=1$ 且 $|y_i|\leqslant 1(i=0,1,\cdots,n)$．

定义 9.20 点列$P_1,P_2,\cdots,P_k,\cdots$ 收敛于点 P，如果在确定点P_k 的每条直线$\langle\boldsymbol{e}_k\rangle$ 上，和在确定点 P 的直线$\langle\boldsymbol{e}\rangle$ 上，可以找到非零向量$\boldsymbol{x}_k$ 和 $\boldsymbol{x}$，使得当 $k\to\infty$ 时，$\boldsymbol{x}_k\to\boldsymbol{x}$．这可以写为当 $k\to\infty$ 时，$P_k\to P$．点 P 称为序列$P_1,P_2,\cdots,P_k,\cdots$ 的极限．

我们注意到，根据假设，$\langle \boldsymbol{e}_k \rangle = \langle \boldsymbol{x}_k \rangle$ 且 $\langle \boldsymbol{e} \rangle = \langle \boldsymbol{x} \rangle$.

定理 9.21 可以从射影空间的任意无穷点列中选取收敛于空间的点的子序列.

证明：如我们所见，射影空间的每个点 P 都可以用 $P = \langle \boldsymbol{y} \rangle$ 的形式表示，其中向量 $\boldsymbol{y}$ 的坐标为 $(y_0 : y_1 : \cdots : y_n)$，此外，$\max |y_i| = 1$.

在实分析的课程中，证明了每个有界实数序列都满足定理 9.21 的结论. 也容易证明复数序列的命题. 为了由此得到定理的结论，我们来考虑射影空间 $\mathbb{P}(\mathrm{L})$ 的无穷点列 $P_1, P_2, \cdots, P_k, \cdots$. 我们首先关注对应于这些点的向量 $\boldsymbol{x}_1, \boldsymbol{x}_2, \cdots, \boldsymbol{x}_k, \cdots$ 的第零个(即，具有下标 0) 坐标的序列. 假设它们是数

$$\alpha_{10}, \alpha_{20}, \cdots, \alpha_{k0}, \cdots \tag{9.30}$$

如上所述，我们可以假设所有 $|\alpha_{k0}|$ 都小于或等于 1. 根据以上表述的实分析的结论，我们可以从序列(9.30) 中选取一个子序列

$$\alpha_{n_1 0}, \alpha_{n_2 0}, \cdots, \alpha_{n_k 0}, \cdots \tag{9.31}$$

它收敛于某个数 β_0，因此其绝对值也不超过 1. 现在，我们来考虑点的子序列 $P_{n_1}, P_{n_2}, \cdots, P_{n_k}, \cdots$ 和向量的子序列 $x_{n_1}, x_{n_2}, \cdots, x_{n_k}, \cdots$，其下标与子序列 (9.31) 中的下标相同. 我们把注意力集中在这些向量的第一个坐标上. 显然，对于它们，也有 $|\alpha_{n_k 1}| \leqslant 1$. 这说明从序列

$$\alpha_{n_1 1}, \alpha_{n_2 1}, \cdots, \alpha_{n_k 1}, \cdots$$

中，我们可以选取收敛于某个数 β_1 的子序列，此外，显然 $|\beta_1| \leqslant 1$.

重复这个论点 $n+1$ 次，我们从向量的原始序列 $\boldsymbol{x}_1, \boldsymbol{x}_2, \cdots, \boldsymbol{x}_k, \cdots$ 中得到一个子序列 $\boldsymbol{x}_{m_1}, \boldsymbol{x}_{m_2}, \cdots, \boldsymbol{x}_{m_k}, \cdots$，它收敛于某个向量 $\overline{\boldsymbol{x}} \in \mathrm{L}$，就像这个空间的每个向量一样，该向量可以用基 $\boldsymbol{e}_0, \boldsymbol{e}_1, \cdots, \boldsymbol{e}_n$ 进行分解，也就是说

$$\overline{\boldsymbol{x}} = \beta_0 \boldsymbol{e}_0 + \beta_1 \boldsymbol{e}_1 + \cdots + \beta_n \boldsymbol{e}_n$$

如果我们确定并非向量 $\overline{\boldsymbol{x}}$ 的所有坐标 $\beta_0, \beta_1, \cdots, \beta_n$ 都等于零，那么这就给出了定理 9.21 的结论. 但这源于这样一个事实，即根据构造，对于子序列 $\boldsymbol{x}_{m_1}, \boldsymbol{x}_{m_2}, \cdots, \boldsymbol{x}_{m_k}, \cdots$ 的每个向量 $\boldsymbol{x}_{m_k}$，某个坐标 $\alpha_{m_k i}$ $(i = 0, \cdots, n)$ 的绝对值等于 1. 由于只存在有限个坐标，并且向量 $\boldsymbol{x}_{m_k}$ 的个数是无穷的，因此必定存在一个下标 i，使得在坐标 $\alpha_{m_k i}$ 中，无穷多个坐标的绝对值为 1. 另外，根据构造，序列 $\alpha_{m_1 i}, \alpha_{m_2 i}, \cdots, \alpha_{m_k i}, \cdots$ 收敛于数 β_i，因此其绝对值必定等于 1. □

定理 9.21 中建立的性质称为紧性. 它同样对于射影空间(无论是实的还是复的) 的每个射影代数簇成立. 我们可以表述一下.

推论 9.22 在实空间或复空间的情形中，射影代数簇的点构成紧集.

证明:设射影代数簇 X 由方程组(9.5) 给出,并且设$P_1,P_2,\cdots,P_k,\cdots$ 为 X 中的点列. 根据定理 9.21,存在该序列收敛于此空间的某个点 P 的子序列. 还需证明点 P 属于簇 X. 为此,只需证明它可以用 $P=\langle \boldsymbol{u}\rangle$ 的形式表示,其中向量 $\boldsymbol{u}$ 的坐标满足方程(9.5). 但这是因为多项式是连续函数. 设 $F(x_0,x_1,\cdots,x_n)$ 为多项式(在本例中为齐次多项式;它是方程组(9.5) 中出现的多项式F_i 之一). 我们将其写成 $F=F(\boldsymbol{x})$ 的形式,其中 $\boldsymbol{x}\in$ L. 那么根据向量的收敛,当 $k\to\infty$ 时,$\boldsymbol{x}_k\to\boldsymbol{x}$ 使得对于所有 k,都有 $F(\boldsymbol{x}_k)=0$,因此 $F(\boldsymbol{x})=0$. □

对于有限维向量空间或仿射空间(无论是实空间还是复空间) 的子集,紧性的性质与其有界性相关,更确切地说,有界性的性质来源于紧性. 因此,虽然实向量空间和复向量空间或仿射空间可以可视化为"在所有方向上无限扩张",但对于射影空间,情况并非如此. 但是"可以可视化" 是什么意思呢? 为了精确地表述这一直观概念,我们将为实射影直线和复射影直线引入一些简单的几何表示,它们是同胚的(见第 8 页的相关定义). 这将使我们能够给出给定集合"可以可视化" 的确切含义. 我们观察到,定理 9.21 中建立的紧性的性质在从一个集合到另一个与其同胚的集合的转移下是不变的.

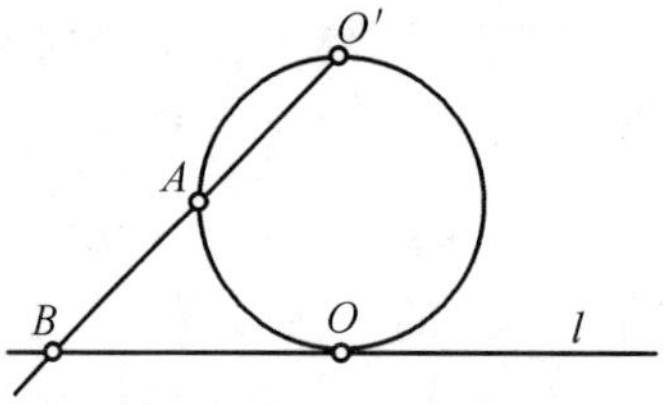

图 9.5　实射影直线

我们从最简单的情形开始:一维实射影空间,即实射影直线. 它由对$(x_0:x_1)$ 构成,其中x_0 和x_1 仅包含公共因子 $\lambda\neq 0$. $x_0\neq 0$ 的那些对构成仿射子集 U,其点由单个坐标 $t=x_1/x_0$ 给出,因此我们可以用$\mathbb{R}$来辨识集合 U. $x_0=0$ 的对不出现在集合 U 中,但它们仅对应于射影直线的一个点$(0:1)$,我们记作(∞). 因此,实射影直线可以用$\mathbb{R}\cup(\infty)$ 的形式表示.

点的收敛(当 $k\to\infty$ 时,$P_k\to Q$) 在这种情形中定义如下. 如果点$P_k\neq(\infty)$ 对应于数t_k 且点 $Q\neq(\infty)$ 对应于数 t,那么$P_k=(\alpha_k:\beta_k)$ 且 $Q=(\alpha:\beta)$,其中$\beta_k/\alpha_k=t_k$,$\alpha_k\neq 0$ 且 $\beta/\alpha=t$,$\alpha\neq 0$. 在这种情形中,收敛(当 $k\to\infty$ 时,$P_k\to Q$) 蕴涵数列的收敛(当 $k\to\infty$ 时,$t_k\to t$). 在$P_k\to(\infty)$ 的情形中,收敛(用前面的记号)说明当 $k\to\infty$ 时,$\alpha_k\to 0$,$\beta_k\to 1$, 由此得出$t_k^{-1}\to 0$,或等价于当$k\to\infty$ 时,$|t_k|\to\infty$.

通过在点 O 处画一个与水平线 l 相切的圆，我们可以形象地表示实射影直线；如图 9.5. 将该圆的最高点 O' 与该圆的任意点 A 联结，我们得到一条直线，它与 l 交于某点 B. 因此，我们得到圆的点 $A \neq O'$ 与直线 l 的所有点 B 之间的双射. 如果我们将直线 l 的坐标原点置于点 O 处，并把每个点 $B \in l$ 关联于数 $t \in \mathbb{R}$，它是通过选取直线 l 上的某个单位度量得到的（即，直线 l 上不同于 O 的任意一点给定值为 1），那么我们得到数 $t \in \mathbb{R}$ 和圆的点 $A \neq O'$ 之间的双射. 那么 $|t_k| \to \infty$ 当且仅当对于圆的对应点 A_k，我们有收敛 $A_k \to O'$. 因此，我们得到了实射影直线 $\mathbb{R} \cup (\infty)$ 的点和保持了收敛的概念的圆的所有点之间的双射. 因此，我们证明了实射影直线与圆同胚，圆通常用 S^1（一维球面）表示.

类似的论证可以应用于复射影直线. 它用形式 $\mathbb{C} \cup (\infty)$ 表示. 关于它，点列的收敛（当 $k \to \infty$ 时，$P_k \to Q$）在 $Q \neq (\infty)$ 的情形中对应于复数的序列的收敛 $z_k \to z$，其中 $z \in \mathbb{C}$，而点列的收敛 $P_k \to (\infty)$ 对应于收敛 $|z_k| \to \infty$（这里，$|z|$ 表示复数 z 的模）.

对于复射影直线的图形表示，Riemann 提出了以下方法；如图 9.6. 复数以通常的方式表示为平面中的点. 我们来考虑一个与该平面相切于原点 O 的球面，该点对应复数 $z=0$. 过球面的最高点 O' 和球面的任意其他点 A 的直线与复平面交于点 B，该点表示某个数 $z \in \mathbb{C}$. 这就得到了数 $z \in \mathbb{C}$ 和球面的所有点（除点 O' 外）之间的一个双射；如图 9.6. 这种对应通常称为球面在平面上的球极平面投影. 通过关联复射影直线的点 (∞) 和球面的点 O'，我们得到了复射影直线 $\mathbb{C} \cup (\infty)$ 的点和球面的所有点之间的双射. 容易看出，在此分配下保持了收敛性. 因此，复射影直线与三维空间中的二维球面同胚，球面记作 S^2.

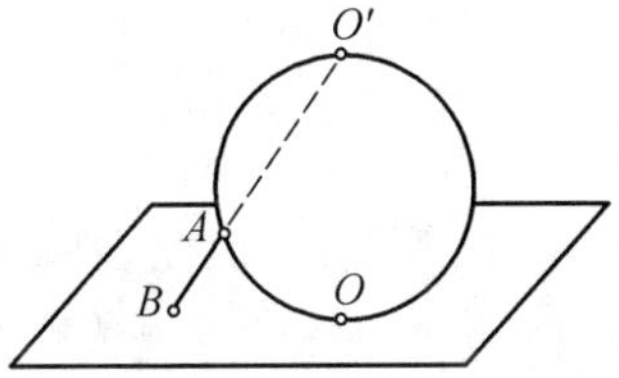

图 9.6　球面在平面上的球极平面投影

后续，我们将仅限于考虑射影空间 $\mathbb{P}(\mathrm{L})$，其中 L 是一个有限维实向量空间，并且我们将考虑这类空间的可定向性. 它与在第 4.4 节中引入的线性变换的连续形变的概念有关.

根据定义，射影空间 $\mathbb{P}(\mathrm{L})$ 的每个射影变换都有形式 $\mathbb{P}(\mathcal{A})$，其中 $\mathcal{A}$ 是向量空间 L 的非奇异线性变换. 此外，如我们所见，线性变换 $\mathcal{A}$ 由射影变换确定，至

多替换为 $\alpha\mathcal{A}$,其中 α 是任意非零数.

定义 9.23 射影变换称为可以连续形变为另一个射影变换,如果第一个射影变换可以用形式$\mathbb{P}(\mathcal{A}_1)$表示,第二个射影变换以形式$\mathbb{P}(\mathcal{A}_2)$表示,并且线性变换$\mathcal{A}_1$可以连续形变为$\mathcal{A}_2$.

定理4.39断言,线性变换$\mathcal{A}_1$可以连续形变为$\mathcal{A}_2$,当且仅当行列式$|\mathcal{A}_1|$和$|\mathcal{A}_2|$同号.在用$\alpha\mathcal{A}$替换α的情况下会发生什么?设射影空间$\mathbb{P}(\mathrm{L})$的维数为n.那么向量空间L的维数为$n+1$,并且$|\alpha\mathcal{A}|=\alpha^{n+1}|\mathcal{A}|$.如果数$n+1$为偶数,那么$\alpha^{n+1}>0$,并且这种替换不会改变行列式的符号.换句话说,在奇数维数n的射影空间中,线性变换$\mathcal{A}$的行列式$|\mathcal{A}|$的符号由变换$\mathbb{P}(\mathcal{A})$唯一确定.这显然会产生以下结果.

定理 9.24 在奇维射影空间中,射影变换$\mathbb{P}(\mathcal{A}_1)$可以连续形变为$\mathbb{P}(\mathcal{A}_2)$,当且仅当行列式$|\mathcal{A}_1|$和$|\mathcal{A}_2|$同号.

同样的考虑也可以应用于偶维射影空间,但它们会导致不同的结果.

定理 9.25 在偶维射影空间中,每个射影变换都可以连续形变为其他射影变换.

证明:我们来证明每个射影变换$\mathbb{P}(\mathcal{A})$都可以连续形变为恒等变换.如果$|\mathcal{A}|>0$,那么这立即由定理4.39得到.如果$|\mathcal{A}|<0$,那么同一定理给出变换$\mathcal{A}$可以连续形变为$\mathcal{B}$,其有矩阵$\begin{pmatrix}-1 & 0\\ 0 & E_n\end{pmatrix}$,其中$E_n$是$n$阶单位矩阵.但$\mathbb{P}(\mathcal{B})=\mathbb{P}(-\mathcal{B})$,且变换$-\mathcal{B}$有矩阵$\begin{pmatrix}1 & 0\\ 0 & -E_n\end{pmatrix}$.因为在我们的例子中,数$n$是偶数,因此$|-E_n|=(-1)^n>0$,根据定理4.38,矩阵$\begin{pmatrix}1 & 0\\ 0 & -E_n\end{pmatrix}$可以连续形变为$E_{n+1}$,因此,变换$-\mathcal{B}$可以连续形变为恒等变换.因此,射影变换$\mathbb{P}(\mathcal{B})$可以连续形变为$\mathbb{P}(\mathcal{E})$,这说明根据定义,$\mathbb{P}(\mathcal{A})$也可以连续形变成$\mathbb{P}(\mathcal{E})$. □

用拓扑形式表述这些事实,我们可以说为,给定维数的空间$\mathbb{P}^n$的射影变换的集合在n为偶数时有一个道路连通分支,在n为奇数时有两个道路连通分支.

定理9.24和9.25表明,奇维射影空间和偶维射影空间的性质是完全不同的.我们在射影平面的情形中第一次遇到了这个问题.它与向量(或Euclid)平面的不同之处在于,它只有一个定向,而不是两个定向.这与任意偶维射影空间是相同的.我们在第4.4节中看到,仿射平面的定向可以解释为绕圆运动方向的选取. 定理 9.25 表明,在射影平面中,情况并非如此:绕射影平面内圆的给定方向上的连续运动可以变换为相反方向的运动. 这是可能的,因为在某个时刻的形变"经过无穷",这在仿射平面中是不可能的.

该性质可以使用以下构造图像化表示,该构造适用于任意维实射影空间.

我们假设定义射影空间$\mathbb{P}(\mathrm{L})$的向量空间 L 是 Euclid 空间,并考虑该空间中的球面S,它由等式$|\boldsymbol{x}|=1$定义. 空间L的每条直线$\langle \boldsymbol{x}\rangle$都与球面$S$相交. 事实上,这样的直线由形如$\alpha\boldsymbol{x}$的向量构成,其中$\alpha\in\mathbb{R}$,条件$\alpha\boldsymbol{x}\in S$说明$|\alpha\boldsymbol{x}|=1$. 由于$|\alpha\boldsymbol{x}|=|\alpha|\cdot|\boldsymbol{x}|$且$\boldsymbol{x}\neq\boldsymbol{0}$,我们可以设$|\alpha|=|\boldsymbol{x}|^{-1}$. 通过这种选取,数$\alpha$由符号确定,或者换句话说,存在两个向量,$\boldsymbol{e}$和$-\boldsymbol{e}$,属于直线$\langle \boldsymbol{x}\rangle$和球面$S$. 因此把每个向量$\boldsymbol{e}\in S$关联于射影空间的直线$\langle \boldsymbol{x}\rangle$,我们得到了映射$f: S\to\mathbb{P}(\mathrm{L})$. 以上推理表明,$f$的像是整个空间$\mathbb{P}(\mathrm{L})$. 然而,该映射$f$不是双射,因为过一点$P\in\mathbb{P}(\mathrm{L})$的球面$S$的两个点对应于直线$\langle \boldsymbol{x}\rangle$,即向量$\boldsymbol{e}$和$-\boldsymbol{e}$. 这一性质表述为,射影空间是通过辨识球面$S$的对径点而从球面$S$得到的.

我们将其应用于射影平面的情形,即假设$\dim\mathbb{P}(\mathrm{L})=2$. 那么$\dim \mathrm{L}=3$,三维空间中包含的球面$S$是球面$S^2$. 我们通过水平面将其分解为两个相等的部分;如图 9.7.

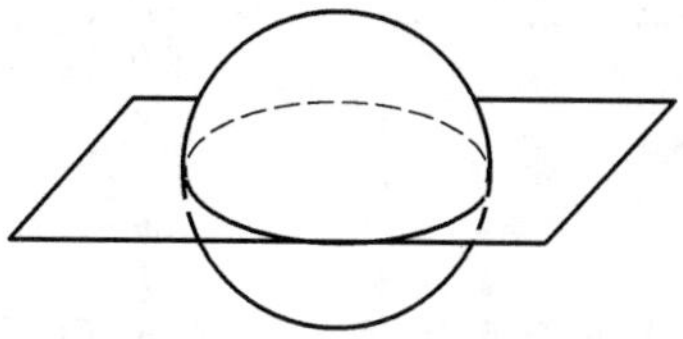

图 9.7　射影平面的模型

上半球面的每个点与下半球面上的某个点是对径的,我们可以通过用$\langle \boldsymbol{e}\rangle$表示每个点$P\in\mathbb{P}(\mathrm{L})$而将上半球面映射到射影平面$\mathbb{P}(\mathrm{L})$上,其中$\boldsymbol{e}$是上半球面的向量.

然而,这种对应不是双射,因为半球面的边界上的对径点将联结在一起,即它们对应于单个点;如图 9.8. 这表述为通过辨识半球面的边界的对径点而得到射影平面.

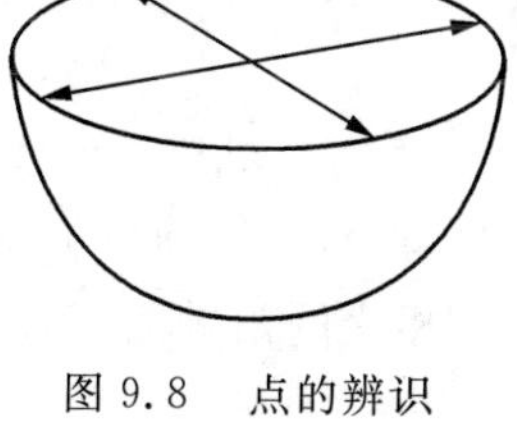

图 9.8　点的辨识

现在，我们来考虑一个具有给定旋转方向的活动圆；如图 9.9. 图中显示，当活动圆与半球面的边界相交时，旋转方向变为相反方向.

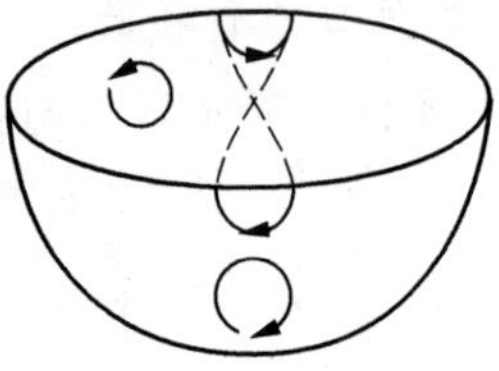

图 9.9　圆的运动

这一性质表述为射影平面是单侧曲面(而三维空间中的球面和其他常见曲面是双侧的). Möbius 研究了射影平面的这个性质. 他给出了一个单侧曲面的例子，该曲面现在称为 Möbius 带. 它可以通过从一张纸上切下矩形 $ABDC$(图 9.10(a)) 并在将 CD 旋转 180° 后将其对边 AB 和 CD 黏合在一起来构造. 由此得到的单侧曲面如图 9.10(b) 所示，其中还展示了圆的连续形变(阶段 1 → 2 → 3 → 4)，将旋转方向变换为相反方向.

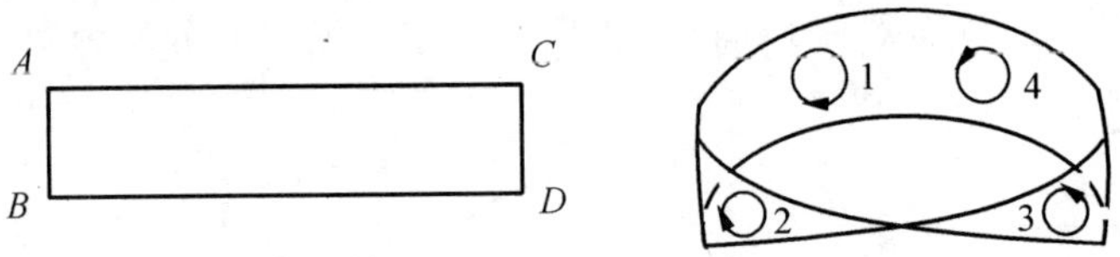

(a)　　(b)

图 9.10　Möbius 带

Möbius 带也与射影平面有直接关系. 也就是说，我们把这个平面想象成球面 S^2，在球面 S^2 中辨识出对径点. 我们将球面分成三部分，通过将其与穿过赤道上方和下方的两个平行平面相交. 因此，球面划分为中心部分 U 和上下两个“冠”；如图 9.11.

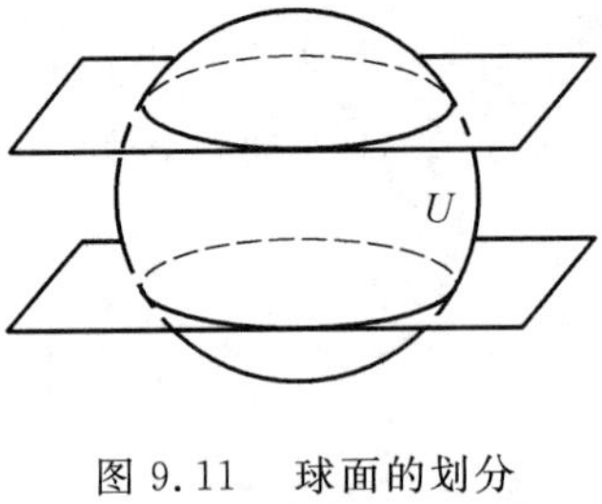

图 9.11　球面的划分

我们从研究中心截面 U 开始. 对于 U 的每个点，其对径点也包含在 U 中. 我们通过在弧 AB 和 CD 中与 U 相交的铅垂面将 U 分成前后两半；如图 9.12.

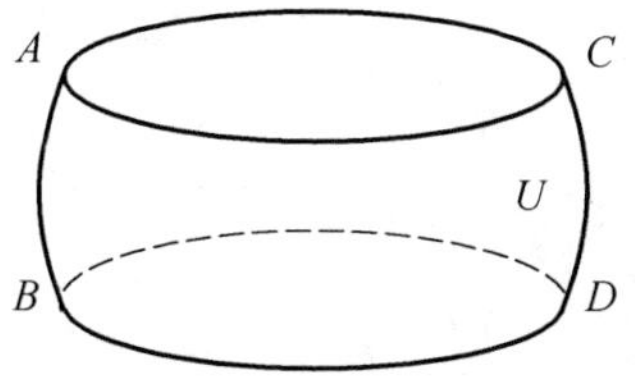

图 9.12　球面的中心部分

我们可以组合前半部分(U')与图 9.10 中的矩形 $ABDC$. 中心截面 U 的每个点要么自身属于前半部分，要么有一个属于前半部分的对径点，只存在其中一个点，除了线段 AB 和 CD 的点. 为了得到这些线段的两个对径点中的一个，我们必须像图 9.10 所示那样将这些线段黏合在一起. 因此，Möbius 带与射影平面的部分U' 同胚. 为了得到剩余部分 $V=\mathbb{P}(\mathrm{L})\setminus U'$，我们必须考虑球面上的"冠"；如图 9.11. 对于冠中的每个点，其对径点位于另一个冠中. 这说明，通过辨识对径点，只需考虑一个冠，例如上面的冠. 这个冠与圆盘同胚：要看出这一点，只需将其投射到水平面上. 显然，上面的冠的边界与球面的中心部分的边界相同. 因此，射影平面同胚于通过将圆黏合到 Möbius 带上使得其边界与 Möbius 带的边界相同而得到的曲面(容易验证 Möbius 带的边缘是一个圆).

外积与外代数

第10章

10.1 子空间的 Plücker 坐标

解析几何的基本思想可以追溯到 Fermat 和 Descartes，其包含于这一事实中：二维平面或三维空间的每个点都由其坐标(分别为两个或三个)定义. 当然，也必须存在特定的坐标系的选取. 在本课程中，我们已经看到，这一原理适用于许多更一般类型的空间：任意维向量空间，以及 Euclid 空间、仿射空间和射影空间. 在本章中，我们将证明它可以应用于研究给定维数为 $n\geqslant m$ 的向量空间 L 中的固定维数为 m 的向量子空间 M. 由于存在 m 维子空间 $\mathrm{M}\subset\mathrm{L}$ 和 $(m-1)$ 维射影子空间 $\mathbb{P}(\mathrm{M})\subset\mathbb{P}(\mathrm{L})$ 之间的一个双射. 因此，我们还将借助"坐标"(某个数的汇集)得到射影空间的固定维数的射影子空间的描述.

上一章已经分析了射影空间的点(维数为 0 的子空间)的情形：它们由齐次坐标给出. 在射影空间 $\mathbb{P}(\mathrm{L})$ 的超平面的情形中也成立：它们对应于对偶空间 $\mathbb{P}(\mathrm{L}^*)$ 的点. 问题不归结为上述两种情形的最简单情形是三维射影空间中的射影直线的集合. 在此，Plücker 提出了一个解决方案. 因此，在最一般的情形中，对应于子空间的"坐标"称为 Plücker 坐标. 遵循历史的进程，我们将从第 10.1 和 10.2 节开始，通过使用某个坐标系描述它们，然后以不变的方式来研究我们引入的构造，以确定其中哪些元素取决于坐标系的选取，哪些不取决于坐标系的选取.

因此，我们现在假设在向量空间 L 中选取了某组基. 由于 $\dim\mathrm{L}=n$，每个向量 $\boldsymbol{a}\in\mathrm{L}$ 在这组基中有 n 个坐标. 我们来考虑

一个维数为 $m\leqslant n$ 的子空间 $\mathrm{M}\subset\mathrm{L}$. 我们选取子空间 M 的任意一组基$\boldsymbol{a}_1,\cdots,\boldsymbol{a}_m$. 那么 $\mathrm{M}=\langle\boldsymbol{a}_1,\cdots,\boldsymbol{a}_m\rangle$,且向量$\boldsymbol{a}_1,\cdots,\boldsymbol{a}_m$ 是线性无关的. 向量$\boldsymbol{a}_i$ 在空间 L 的选定的基中有坐标$a_{i1},\cdots,a_{in}(i=1,\cdots,m)$,我们可以将其排列为$(m,n)$ 型矩阵 M 的形式,将其写成行的形式

$$M=\begin{pmatrix} a_{11} & a_{12} & \cdots & a_{1n} \\ a_{21} & a_{22} & \cdots & a_{2n} \\ \vdots & \vdots & & \vdots \\ a_{m1} & a_{m2} & \cdots & a_{mn} \end{pmatrix} \tag{10.1}$$

向量$\boldsymbol{a}_1,\cdots,\boldsymbol{a}_m$ 是线性无关的条件说明矩阵 M 的秩等于 m,即其 m 阶余子式之一非零. 由于矩阵 M 的行数等于 m,因此 m 阶余子式由其列的下标唯一定义. 我们用$M_{i_1,\cdots,i_m}$ 表示由下标为$i_1,\cdots,i_m$ 的列构成的余子式,假设下标可取从 1 到 n 的各个值.

我们知道,并非所有的余子式$M_{i_1,\cdots,i_m}$ 可以同时等于零. 我们来研究它们如何取决于 M 中的基$\boldsymbol{a}_1,\cdots,\boldsymbol{a}_m$ 的选取. 如果$\boldsymbol{b}_1,\cdots,\boldsymbol{b}_m$ 是该子空间的另一组基,那么

$$\boldsymbol{b}_i=b_{i1}\boldsymbol{a}_1+\cdots+b_{im}\boldsymbol{a}_m,i=1,\cdots,m$$

由于向量$\boldsymbol{b}_1,\cdots,\boldsymbol{b}_m$ 是线性无关的,行列式 $|(b_{ij})|$ 是非零的. 我们设 $c=|(b_{ij})|$. 如果$M'_{i_1,\cdots,i_m}$ 是矩阵M' 的一个余子式,它是使用向量$\boldsymbol{b}_1,\cdots,\boldsymbol{b}_m$ 类似于 M 进行构造的,那么根据公式(3.35)和关于矩阵的乘积的行列式的定理 2.54,我们得到了关系式

$$M'_{i_1,\cdots,i_m}=cM_{i_1,\cdots,i_m} \tag{10.2}$$

我们确定的数$M_{i_1,\cdots,i_m}$ 不是独立的. 也就是说,如果无序的数的汇集$j_1,\cdots,j_m$ 与 $i_1,\cdots,i_m$ 相等(即,由相同的数组成,可能按不同的顺序排列),那么正如我们在第 2.6 节中看到的那样,我们有关系式

$$M_{j_1,\cdots,j_m}=\pm M_{i_1,\cdots,i_m} \tag{10.3}$$

其中,符号+或-取决于汇集$(i_1,\cdots,i_m)$化为$(j_1,\cdots,j_m)$所需对换的个数是偶数还是奇数. 换句话说,取值为$1,\cdots,n$的m 个自变量$i_1,\cdots,i_m$ 的函数$M_{i_1,\cdots,i_m}$ 是反对称的.

特别地,我们可以将汇集$(j_1,\cdots,j_m)$ 取为数$i_1,\cdots,i_m$ 的排列,使得$i_1<i_2<\cdots<i_m$,并且对应余子式$M_{j_1,\cdots,j_m}$ 将与$M_{i_1,\cdots,i_m}$ 或$-M_{i_1,\cdots,i_m}$ 相等. 考虑到这一点,用原记号,我们假设$i_1<i_2<\cdots<i_m$,并且我们将设

$$p_{i_1,\cdots,i_m}=M_{i_1,\cdots,i_m} \tag{10.4}$$

对于数 1,…,n 的所有汇集$i_1 < i_2 < \cdots < i_m$ 都成立. 因此,我们将数$p_{i_1,\cdots,i_m}$ 分配给子空间 M,每次取 n 中的 m 个的组合,即 $v=C_n^m$. 根据公式(10.3)和矩阵 M 的秩等于 m 的条件,可以得出这些数$p_{i_1,\cdots,i_m}$ 不能同时为零. 另外,公式(10.2)表明,在用该子空间的其他某组基$\boldsymbol{b}_1,\cdots,\boldsymbol{b}_m$ 替换子空间 M 的基$\boldsymbol{a}_1,\cdots,\boldsymbol{a}_m$ 后,所有这些数同时乘以某个数 $c \neq 0$. 因此,数$p_{i_1,\cdots,i_m}$($i_1 < i_2 < \cdots < i_m$)可以作为射影空间$\mathbb{P}^{v-1} = \mathbb{P}(\mathrm{N})$ 的点的齐次坐标,其中 $\dim \mathrm{N} = v$ 且 $\dim \mathbb{P}(\mathrm{N}) = v-1$.

定义 10.1 (10.4)(对于取值 1,…,n 的所有汇集$i_1 < i_2 < \cdots < i_m$ 都成立)中的数$p_{i_1,\cdots,i_m}$ 的总体称为 m 维子空间 $\mathrm{M} \subset \mathrm{L}$ 的 Plücker 坐标.

如我们所见,Plücker 坐标定义为仅由一个非零公因子决定;它们的汇集必须理解为射影空间$\mathbb{P}^{v-1}$ 中的一个点.

最简单的特例 $m=1$ 回到射影空间的定义,其点对应于某个向量空间 L 的一维子空间$\langle \boldsymbol{a} \rangle$. 在这种情形中,数$p_{i_1,\cdots,i_m}$ 成为点的齐次坐标. 因此,所有这些都取决于空间 L 的坐标系(即一组基)的选取. 遵循传统,后续,我们将考虑到某种不精确性,并将子空间 M 的"Plücker 坐标" 称为射影空间$\mathbb{P}^{v-1}$ 的点和在本定义中指定数的汇集$p_{i_1,\cdots,i_m}$.

定理 10.2 子空间 $\mathrm{M} \subset \mathrm{L}$ 的 Plücker 坐标唯一确定了子空间.

证明:我们选取子空间 M 的任意一组基$\boldsymbol{a}_1,\cdots,\boldsymbol{a}_m$. 它唯一确定(而不是公因子)了余子式$M_{i_1,\cdots,i_m}$,而不考虑下标$i_1,\cdots,i_m$ 的顺序. 根据公式(10.3),余子式由 Plücker 坐标(10.4)唯一确定.

向量 $\boldsymbol{x} \in \mathrm{L}$ 属于子空间 $\mathrm{M}=\langle \boldsymbol{a}_1,\cdots,\boldsymbol{a}_m \rangle$,当且仅当由向量$\boldsymbol{a}_1,\cdots,\boldsymbol{a}_m,\boldsymbol{x}$ 在空间 L 的某组(任意)基中的坐标构成的矩阵

$$\overline{M}=\begin{pmatrix} a_{11} & a_{12} & \cdots & a_{1n} \\ \vdots & \vdots & & \vdots \\ a_{m1} & a_{m2} & \cdots & a_{mn} \\ x_1 & x_2 & \cdots & x_n \end{pmatrix}$$

的秩等于 m,也就是说,如果矩阵$\overline{M}$ 的所有 $m+1$ 阶余子式都等于零. 我们来考虑由具有下标(构成集合$\mathbb{N}_n = \{1,\cdots,n\}$ 的子集 $X=\{k_1,\cdots,k_{m+1}\}$)的列构成的余子式,其中我们可以假设$k_1 < k_2 < \cdots < k_{m+1}$. 沿最后一行展开,我们得到等式

$$\sum_{\alpha \in X} x_\alpha A_\alpha = 0 \tag{10.5}$$

其中A_α 是所考虑的余子式中的元素x_α 的代数余子式. 但根据定义,对应于A_α 的余子式是通过删除最后一行和下标为α 的列而从矩阵$\overline{M}$ 得到的. 因此,它与

矩阵 M 的一个余子式相等,其列的下标是通过从集合 X 中删除元素 α 而得到的.为了写出由此得到的集合,我们经常使用方便的记号

$$\{k_1,\cdots,\check{k}_\alpha,\cdots,k_{m+1}\}$$

其中记号"ˇ"表示省略所指的元素.因此,关系式(10.5)可以写为

$$\sum_{j=1}^{m+1}(-1)^j x_{k_j} M_{k_1,\cdots,\check{k}_j,\cdots,k_{m+1}}=0 \tag{10.6}$$

由于矩阵 M 的余子式$M_{i_1,\cdots,i_m}$ 根据公式(10.4)用 Plücker 坐标表示,关系式(10.6)由集合$\mathbb{N}_n$ 的所有可能的子集 $X=\{k_1,\cdots,k_{m+1}\}$ 得到,也给出了用条件 $\boldsymbol{x}\in$ M 的 Plücker 坐标的表达式,这就完成了定理的证明. □

根据定理 10.2,Plücker 坐标唯一定义了子空间 M,但作为规则,它们不能取任意值.当 $m=1$ 时成立的,射影空间的点的齐次坐标可以取任意数(当然,由所有零构成的汇集除外).另一个同样简单的情形是 $m=n-1$,其中子空间是对应于$\mathbb{P}(\mathrm{L}^*)$的点的超平面.超平面由其在该射影空间中的坐标定义,也可以选取为任意数的汇集(再次排除由所有零构成的汇集).不难验证,这些齐次坐标与Plücker坐标的区别仅在于它们的符号,即因数±1.然而,正如我们现在看到的,对于任意数 $m<n$,Plücker 坐标通过某些特定关系相互连接.

例 10.3 我们按复杂性顺序考虑下一种情形:$n=4$,$m=2$.如果我们传递到对应于 L 和 M 的射影空间,那么这将给出三维射影空间中的射影直线的总体的描述(Plücker 考虑的情形).

因为 $n=4$,$m=2$,我们有 $v=C_4^2=6$,因此,每个平面 M$\subset$L 有 6 个 Plücker 坐标

$$p_{12},p_{13},p_{14},p_{23},p_{24},p_{34} \tag{10.7}$$

容易看出,对于空间 L 的任意一组基,我们总是可以在子空间 M 中选取一组基 $\boldsymbol{a},\boldsymbol{b}$,使得由公式(10.1)给出的矩阵 M 有以下形式

$$M=\begin{pmatrix}1 & 0 & \alpha & \beta\\ 0 & 1 & \gamma & \delta\end{pmatrix}$$

由此容易得出 Plücker 坐标(10.7)的值

$$p_{12}=1,\quad p_{13}=\gamma,\quad p_{14}=\delta,\quad p_{23}=-\alpha,\quad p_{24}=-\beta,\quad p_{34}=\alpha\delta-\beta\gamma$$

这得出了关系式$p_{34}-p_{13}p_{24}+p_{14}p_{23}=0$.为了使它是齐次的,我们将使用$p_{12}=1$,并将其写成形式

$$p_{12}p_{34}-p_{13}p_{24}+p_{14}p_{23}=0 \tag{10.8}$$

关系式(10.8)已经是齐次的,因此,它在所有 Plücker 坐标(10.7)乘以任意非零因数 c 的情形中保持不变.因此,关系式(10.8)对于Plücker坐标的任意选取

仍然成立，这说明它定义了 5 维射影空间中的某个射影代数簇[①]中的一个点. 在下一节中，我们将研究一般情形中的任意维数 $m < n$ 的类似问题.

10.2 Plücker 关系和 Grassmann 簇

现在，我们将描述满足任意 n 维空间 L 的任意 m 维子空间 M 的 Plücker 坐标的关系. 在此，我们将使用以下记号和约定. 虽然在 Plücker 坐标 $p_{i_1,\cdots,i_m}$ 的定义中，假设了 $i_1 < i_2 < \cdots < i_m$，但是现在，我们将考虑数 $p_{i_1,\cdots,i_m}$ 以及其他下标的汇集. 即，如果 $(j_1,\cdots,j_m)$ 是取值 $1,\cdots,n$ 的 m 个下标的任意汇集，那么我们设

$$p_{j_1,\cdots,j_m} = 0 \tag{10.9}$$

如果数 $j_1,\cdots,j_m$ 的某两个相等，而如果所有数 $j_1,\cdots,j_m$ 不同，并且 $(i_1,\cdots,i_m)$ 是它们的升序排列，那么我们设

$$p_{j_1,\cdots,j_m} = \pm p_{i_1,\cdots,i_m} \tag{10.10}$$

其中符号＋或－根据定理 2.25，取决于 $(j_1,\cdots,j_m)$ 变换为 $(i_1,\cdots,i_m)$ 的置换是偶的还是奇的(即对换的个数是偶数还是奇数).

换句话说，考虑到等式(10.3)，我们设

$$p_{j_1,\cdots,j_m} = M_{j_1,\cdots,j_m} \tag{10.11}$$

其中 $(j_1,\cdots,j_m)$ 是取值 $1,\cdots,n$ 的任意下标的汇集.

定理 10.4 对于 n 维空间 L 的每个 m 维子空间 M 和任意两个取值 $1,\cdots,n$ 的下标的汇集 $(j_1,\cdots,j_{m-1})$ 和 $(k_1,\cdots,k_{m+1})$，以下关系式成立

$$\sum_{r=1}^{m+1} (-1)^r p_{j_1,\cdots,j_{m-1},k_r} \cdot p_{k_1,\cdots,\check{k}_r,\cdots,k_{m+1}} = 0 \tag{10.12}$$

这些称为 Plücker 关系.

记号 $k_1,\cdots,\check{k}_r,\cdots,k_{m+1}$ 说明我们在序列 $k_1,\cdots,k_r,\cdots,k_{m+1}$ 中省略了 k_r.

我们注意到，出现在关系式(10.12)中的数 $p_{\alpha_1,\cdots,\alpha_m}$ 中的下标不一定是升序的，因此它们不是 Plücker 坐标. 但是，借助关系式(10.9)和(10.10)，我们可以容易地用 Plücker 坐标表示它们. 因此，关系式(10.12)也可以看作 Plücker 坐标中的关系.

定理 10.4 的证明：回到根据矩阵(10.1)的余子式定义的 Plücker 坐标，并

① 这个簇称为二次曲面.

使用关系式(10.11),我们看到等式(10.12)可以重写为以下形式

$$\sum_{r=1}^{m+1}(-1)^r M_{j_1,\cdots,j_{m-1},k_r}\cdot M_{k_1,\cdots,\check{k}_r,\cdots,k_{m+1}}=0 \tag{10.13}$$

我们来证明关系式(10.13)对于(m,n)型的任意矩阵的余子式都成立.为此,我们将行列式$M_{j_1,\cdots,j_{m-1},k_r}$沿最后一列展开.我们用$A_l(l=1,\cdots,m)$表示该行列式的最后一列的元素$a_{lk_r}$的代数余子式.因此,代数余子式$A_l$对应于位于下标分别为$(1,\cdots,\check{l},\cdots,m)$和$(j_1,\cdots,j_{m-1})$的行和列中的余子式.那么

$$M_{j_1,\cdots,j_{m-1},k_r}=\sum_{l=1}^{m}a_{lk_r}A_l$$

将该表达式代入关系式(10.13)的左边,我们得到等式

$$\sum_{r=1}^{m+1}(-1)^r M_{j_1,\cdots,j_{m-1},k_r}\cdot M_{k_1,\cdots,\check{k}_r,\cdots,k_{m+1}}=\sum_{r=1}^{m+1}(-1)^r\left(\sum_{l=1}^{m}a_{lk_r}A_l\right)M_{k_1,\cdots,\check{k}_r,\cdots,k_{m+1}}$$

变换求和的顺序,我们得到

$$\sum_{r=1}^{m+1}(-1)^r M_{j_1,\cdots,j_{m-1},k_r}\cdot M_{k_1,\cdots,\check{k}_r,\cdots,k_{m+1}}=\sum_{l=1}^{m}\left(\sum_{r=1}^{m+1}(-1)^r a_{lk_r}M_{k_1,\cdots,\check{k}_r,\cdots,k_{m+1}}\right)A_l$$

但括号中的和等于沿$m+1$阶方阵的行列式的第一行展开的结果,该方阵由编号为$k_1,\cdots,k_{m+1}$的矩阵(10.1)列和编号为$l,1,\cdots,m$的行构成.这个行列式等于

$$\begin{vmatrix} a_{lk_1} & a_{lk_2} & \cdots & a_{lk_{m+1}} \\ a_{1k_1} & a_{1k_2} & \cdots & a_{1k_{m+1}} \\ a_{2k_1} & a_{2k_2} & \cdots & a_{2k_{m+1}} \\ \vdots & \vdots & & \vdots \\ a_{mk_1} & a_{mk_2} & \cdots & a_{mk_{m+1}} \end{vmatrix}=0$$

事实上,对于任意$l=1,\cdots,m$,其两行(编号为1和$l+1$)相同,这说明行列式等于零. □

例 10.5 我们再次回到上一节中考虑的$n=4,m=2$的情形.关系式(10.12)在此由集合$\{1,2,3,4\}$的子集(k)和(l,m,n)确定.例如,如果$k=1$,$l=2,m=3,n=4$,那么我们得到了之前引入的关系式(10.8).容易验证,如果所有的数k,l,m,n都不同,那么我们得到了同一关系式(10.8),而如果其中有两个相等,那么关系式(10.12)是一个恒等式(为了证明这一点,我们可以使用p_{ij}关于i和j的反对称性).因此,在一般情形中(对于任意m和n),在Plücker坐标中的关系式(10.12)称为Plücker关系.

我们已经看到,n维空间L中的给定维数为m的每个子空间M都对应于其

满足关系式(10.12)的 Plücker 坐标

$$p_{i_1,\cdots,i_m}, \quad i_1 < i_2 < \cdots < i_m \tag{10.14}$$

因此,m 维子空间 $\mathrm{M} \subset \mathrm{L}$ 由其 Plücker 坐标(10.14)确定,完全类似于射影空间的点如何由其齐次坐标确定(这事实上是 Plücker 坐标在 $m=1$ 时的特例).然而,当 $m>1$ 时,子空间 M 的坐标不能任意分配:它们必须满足关系式(10.12).以下,我们将证明这些关系式也足以使数的汇集(10.14)成为某个 m 维子空间 $\mathrm{M} \subset \mathrm{L}$ 的 Plücker 坐标.为此,我们将发现以下 Plücker 坐标的几何解释是有用的.

关系式(10.12)关于数 $p_{i_1,\cdots,i_m}$ 是齐次的(2 次的).在基于公式(10.9)和(10.10)的代换后,这些关系中的每一个都保持齐次,因此它们定义了射影空间 $\mathbb{P}^{v-1}$ 中的某个射影代数簇,称为 Grassmann 簇或简称为 Grassmannian,记作 $G(m,n)$.

我们现在将更详细地研究 Grassmann 簇 $G(m,n)$.

正如我们所看到的,$G(m,n)$ 包含在射影空间 $\mathbb{P}^{v-1}$ 中,其中 $v=\mathrm{C}_n^m$(见第 326 页),齐次坐标写成数(10.14),具有取值 $1,\cdots,n$ 的所有可能的递增的下标的汇集.空间 $\mathbb{P}^{v-1}$ 是仿射子集 $U_{i_1,\cdots,i_m}$ 的并集,存在下标 $i_1,\cdots,i_m$,使得每个子集都由条件 $p_{i_1,\cdots,i_m} \neq 0$ 定义.由此,我们得到

$$G(m,n) = \bigcup_{i_1,\cdots,i_m} (G(m,n) \cap U_{i_1,\cdots,i_m})$$

我们将分别研究这些子集 $G(m,n) \cap U_{i_1,\cdots,i_m}$ 中的一个,例如,为了简单起见,具有下标 $(i_1,\cdots,i_m)=(1,\cdots,m)$ 的子集.一般情形看作是完全类似的,不同之处仅在于空间 $\mathbb{P}^{v-1}$ 中坐标的计数.我们可以假设,对于仿射子集 $U_{1,\cdots,m}$ 的点,数 $p_{1,\cdots,m}$ 等于 1.

关系式(10.12)使得可以选取子空间 M(或等价地,矩阵(10.1)的余子式 $M_{i_1,\cdots,i_m}$)的 Plücker 坐标(10.14),其形式为坐标 $p_{i_1,\cdots,i_m}$ 的多项式,使得在下标 $i_1 < i_2 < \cdots < i_m$ 中,大于 m 的不超过一个.任何此类下标的汇集显然有形式 $(1,\cdots,\check{r},\cdots,m,l)$,其中 $r \leqslant m$ 且 $l>m$.我们用 $\overline{p}_{rl}$ 表示对应于该汇集的 Plücker 坐标,即,我们设 $\overline{p}_{rl} = p_{1,\cdots,\check{r},\cdots,m,l}$.

我们来考虑一个 1 到 n 之间的任意有序汇集 $j_1 < j_2 < \cdots < j_m$.如果对于所有 $k=1,\cdots,m$,下标 j_k 小于或等于 m,那么汇集 $(j_1,j_2,\cdots,j_m)$ 与汇集 $(1,2,\cdots,m)$ 相等,并且由于 Plücker 坐标 $p_{1,\cdots,m}$ 等于 1,因此无需证明什么.因此,我们只需考虑其余的情形.

设 $j_k > m$ 为数 $j_1 < j_2 < \cdots < j_m$ 中的一个.我们使用关系式(10.12),对应

于 $m-1$ 个数的汇集$(j_1,\cdots,\check{j}_k,\cdots,j_m)$ 和 $m+1$ 个数的汇集$(1,\cdots,m,j_k)$. 在这种情形中,关系式(10.12) 取得形式

$$\sum_{r=1}^{m}(-1)^r p_{j_1,\cdots,\check{j}_k,\cdots,j_m,r}\cdot p_{1,2,\cdots,\check{r},\cdots,m,j_k}+(-1)^{m+1}p_{j_1,\cdots,\check{j}_k,\cdots,j_m,j_k}=0$$

因为$p_{1,\cdots,m}=1$. 考虑到表达式$p_{j_1,\cdots,j_m}$ 的反对称性,因此$p_{j_1,\cdots,j_m}=p_{j_1,\cdots,\check{j}_k,\cdots,j_m,j_k}$ 等于乘积$p_{j_1,\cdots,\check{j}_k,\cdots,j_m,r}\overline{p}_{rl}$ 的和(具有交错符号). 如果在数$j_1,\cdots,j_m$ 中存在超过 m 的 s 个数,那么在数$j_1,\cdots,\check{j}_k,\cdots,j_m$ 中,就已经有其中 $s-1$ 个数了.

根据需要多次重复该过程,我们将根据坐标$\overline{p}_{rl}(r\leqslant m,l>m)$ 得到所选 Plücker 坐标$p_{j_1,\cdots,j_m}$ 的表达式. 我们由此得到了以下重要结果.

定理 10.6 对于集合 $G(m,n)\cap U_{1,\cdots,m}$ 中的每个点,所有的 Plücker 坐标(10.14) 都是坐标$\overline{p}_{rl}=p_{1,\cdots,\check{r},\cdots,m,l}(r\leqslant m,l>m)$ 的多项式.

由于数 r 和 l 满足 $1\leqslant r\leqslant m$ 和 $m<l\leqslant n$,因此,所有可能的坐标汇集$\overline{p}_{rl}$ 构成了 $m(n-m)$ 维仿射子空间 V. 根据定理 10.6,所有剩余的 Plücker 坐标 $p_{i_1,\cdots,i_m}$ 都是$\overline{p}_{rl}$ 的多项式,因此,坐标$\overline{p}_{rl}$ 唯一定义了集合$G(m,n)\cap U_{i_1,\cdots,i_m}$ 的一个点. 因此,得到了集合$G(m,n)\cap U_{i_1,\cdots,i_m}$ 的点与$m(n-m)$维仿射子空间V之间的自然双射(由这些多项式给出). 当然,对于任意其他集合 $G(m,n)\cap U_{i_1,\cdots,i_m}$ 的点也成立. 在代数几何中,这一事实可以表述为 Grassmann 簇 $G(m,n)$ 由 $m(n-m)$ 维仿射空间覆盖.

定理 10.7 Grassmann 簇 $G(m,n)$ 的每个点对应于如前一节所述的某个 m 维子空间 $\mathrm{M}\subset\mathrm{L}$.

证明:Grassmann 簇 $G(m,n)$ 是集合 $G(m,n)\cap U_{i_1,\cdots,i_m}$ 的并集,只需分别对于每个集合来证明定理. 我们将对集合 $G(m,n)\cap U_{i_1,\cdots,m}$ 进行证明,因为其余部分仅在坐标的计数上不同.

我们选取一个 m 维子空间 $\mathrm{M}\subset\mathrm{L}$ 和在该空间中的一组基$\boldsymbol{a}_1,\cdots,\boldsymbol{a}_m$. 因此,在公式(10.1) 给出的相伴矩阵 M 中,位于其前 m 列中的元素取为 m 阶单位矩阵 E 的形式. 那么矩阵 M 有形式

$$M=\begin{pmatrix}1&0&\cdots&0&a_{1m+1}&\cdots&a_{1n}\\0&1&\cdots&0&a_{2m+1}&\cdots&a_{2n}\\\vdots&\vdots&&\vdots&\vdots&&\vdots\\0&0&\cdots&1&a_{mm+1}&\cdots&a_{mn}\end{pmatrix}\tag{10.15}$$

根据定理 10.6,Plücker 坐标(10.14) 是$\overline{p}_{rl}=p_{1,\cdots,\check{r},\cdots,m,l}$ 的多项式. 此外,根据 Plücker 坐标的定义(10.4),我们有 $p_{1,\cdots,\check{r},\cdots,m,l}=M_{1,\cdots,\hat{r},\cdots,m,l}$. 在此,在矩阵

(10.15) 的余子式$M_{1,\cdots,\check{r},\cdots,m,l}$的第$r$行中，除了最后一列（第$l$列）中的元素等于$a_{rl}$外，所有元素都等于零. 沿第$r$行展开余子式$M_{1,\cdots,\check{r},\cdots,m,l}$，我们看到它等于$(-1)^{r+l}a_{rl}$. 换句话说，$\overline{p}_{rl}=(-1)^{r+l}a_{rl}$.

根据我们的构造，通过选取合适的子空间 M⊂L 和在该空间中的基$\boldsymbol{a}_1,\cdots,\boldsymbol{a}_m$，矩阵(10.15) 的所有元素$a_{rl}$都可以取为任意值. 因此，Plücker 坐标$\overline{p}_{rl}$也可取为任意值. 还需观察到，根据定理 10.6，所有剩余的 Plücker 坐标都是$\overline{p}_{rl}$的多项式，因此，对于构造的子空间 M，它们确定了集合$G(m,n)\cap U_{1,\cdots,m}$的给定点. □

10.3 外　　积

现在，在将取决于 L 中的基$\boldsymbol{e}_1,\cdots,\boldsymbol{e}_n$和 M 中的基$\boldsymbol{a}_1,\cdots,\boldsymbol{a}_m$的选取的结构的部分与不取决于基的选取的部分分开之后，我们将试图理解子空间 M⊂L 与它的 Plücker 坐标相关.

我们对 Plücker 坐标的定义与公式(10.1) 给出的矩阵M的余子式有关，因为余子式(像所有行列式一样) 是行(和列) 的多重线性反对称函数，我们首先回顾一下第 2.6 节中的适当定义(尤其是因为现在我们需要它们稍微改变一下形式). 也就是说，在第 2 章中，我们只考虑了行的函数，现在我们将考虑属于任意向量空间 L 的向量的函数. 我们将假设空间 L 是有限维的. 那么，根据定理 3.64，它同构于长度为$n=\dim \mathrm{L}$的行的空间，因此我们可以使用了第 2.6 节中的定义. 但这种同构自身取决于空间 L 中的基的选取，我们的目标正是研究我们的构造对基的选取的依赖性.

定义 10.8　空间 L 的m个向量的取数值的函数$F(\boldsymbol{x}_1,\cdots,\boldsymbol{x}_m)$称为多重线性的，如果对于 1 到$m$内的每个下标$i$和任意固定向量$\boldsymbol{a}_1,\cdots,\check{\boldsymbol{a}}_i,\cdots,\boldsymbol{a}_m$

$$F(\boldsymbol{a}_1,\cdots,\boldsymbol{a}_{i-1},\boldsymbol{x}_i,\boldsymbol{a}_{i+1},\cdots,\boldsymbol{a}_m)$$

都是向量$\boldsymbol{x}_i$的线性函数.

当$m=1$时，我们得到了第 3.7 节中引入的线性函数的概念. 当$m=2$时，这是在第 6.1 节中引入的双线性型的概念.

第 2.6 节中给出了反对称函数的定义对于每个集合都成立，特别地，我们可以将其应用于空间 L 的所有向量的集合. 根据这个定义，对于 1 到m内的每对不同下标r和s，关系式

$$F(\boldsymbol{x}_1,\cdots,\boldsymbol{x}_r,\cdots,\boldsymbol{x}_s,\cdots,\boldsymbol{x}_m)=-F(\boldsymbol{x}_1,\cdots,\boldsymbol{x}_s,\cdots,\boldsymbol{x}_r,\cdots,\boldsymbol{x}_m)\quad(10.16)$$

对于每个向量的汇集$\boldsymbol{x}_1,\cdots,\boldsymbol{x}_m\in \mathrm{L}$都必定满足. 如第2.6节中所证明的那样，只需对于$s=r+1$证明性质(10.16)，也就是说，对汇集$\boldsymbol{x}_1,\cdots,\boldsymbol{x}_m$中的两个相邻向量进行对换. 那么性质(10.16)对于任意下标r和s也是满足的. 鉴于此，我们通常将仅对于"相邻"下标表述反对称的条件，并使用这样的事实，即它对于两个任意下标r与s成立.

如果这些数是特征不为2的域的元素，那么$F(\boldsymbol{x}_1,\cdots,\boldsymbol{x}_m)=0$，如果任意两个向量$\boldsymbol{x}_1,\cdots,\boldsymbol{x}_m$相等.

我们用$\Pi^m(\mathrm{L})$表示空间L的m个向量的所有多重线性函数的汇集，用$\Omega^m(\mathrm{L})$表示$\Pi^m(\mathrm{L})$中的所有反对称函数的汇集. 集合$\Pi^m(\mathrm{L})$和$\Omega^m(\mathrm{L})$成为向量空间，如果对于所有$F,G\in \Pi^m(\mathrm{L})$，我们用以下公式定义了它们的和$H=F+G\in \Pi^m(\mathrm{L})$

$$H(\boldsymbol{x}_1,\cdots,\boldsymbol{x}_m)=F(\boldsymbol{x}_1,\cdots,\boldsymbol{x}_m)+G(\boldsymbol{x}_1,\cdots,\boldsymbol{x}_m)$$

并为对于每个函数$F\in \Pi^m(\mathrm{L})$，根据以下公式定义了与标量α的乘积的函数$H=\alpha F\in \Pi^m(\mathrm{L})$

$$H(\boldsymbol{x}_1,\cdots,\boldsymbol{x}_m)=\alpha F(\boldsymbol{x}_1,\cdots,\boldsymbol{x}_m)$$

从这些定义可以直接得出$\Pi^m(\mathrm{L})$由此转换为向量空间，而$\Omega^m(\mathrm{L})\subset \Pi^m(\mathrm{L})$是$\Pi^m(\mathrm{L})$的子空间.

设$\dim \mathrm{L}=n$，并设$\boldsymbol{e}_1,\cdots,\boldsymbol{e}_n$为空间L的某组基. 根据定义，多重线性函数$F(\boldsymbol{x}_1,\cdots,\boldsymbol{x}_m)$(对于所有向量的汇集$(\boldsymbol{x}_1,\cdots,\boldsymbol{x}_m)$)是定义的，如果对于这些汇集(其向量$\boldsymbol{x}_i$属于我们的基)，它是定义的. 事实上，逐字重复第2.7节中我们在定理2.29的证明中使用的论证，我们得到了$F(\boldsymbol{x}_1,\cdots,\boldsymbol{x}_m)$的相同公式(2.40)和(2.43). 因此，对于所选的基$\boldsymbol{e}_1,\cdots,\boldsymbol{e}_n$，多重线性函数$F(\boldsymbol{x}_1,\cdots,\boldsymbol{x}_m)$由其值$F(\boldsymbol{e}_{i_1},\cdots,\boldsymbol{e}_{i_m})$确定，其中$i_1,\cdots,i_m$是集合$\mathbb{N}_n=\{1,\cdots,n\}$的所有可能的数的汇集.

前面的推理表明，空间$\Pi^m(\mathrm{L})$同构于集合$\mathbb{N}_n^m=\mathbb{N}_n\times\cdots\times\mathbb{N}_n$($m$重乘积)上的函数的空间. 因此，空间$\Pi^m(\mathrm{L})$的维数是有限的，并且与集合$\mathbb{N}_n^m$的元素的个数一致. 容易验证这个数等于$n^m$，因此$\dim \Pi^m(\mathrm{L})=n^m$.

正如我们在例3.36(第96页)中所观察到的，在有限集$\mathbb{N}_n^m$上的函数的空间$\boldsymbol{f}$中，存在一组由δ函数构成的基，假设$\mathbb{N}_n^m$的一个元素的值为1，所有其他元素的值均为0(第96页). 在我们的例子中，我们将为这组基引入一种特殊记号. 设$\boldsymbol{I}=(i_1,\cdots,i_m)$为集合$\mathbb{N}_n^m$的任意元素. 那么我们用$\boldsymbol{f}_I$表示在元素$\boldsymbol{I}$处取值为1，集合$\mathbb{N}_n^m$所有剩余元素的值为0的函数.

我们现在继续研究反对称多重线性函数的子空间$\Omega^m(\mathrm{L})$，假设如上所述，在L中选取了某组基$\boldsymbol{e}_1,\cdots,\boldsymbol{e}_n$. 为了验证多重线性函数$F$是反对称的，充要条件是基向量$\boldsymbol{e}_i$满足性质(10.16). 换句话说，这就化为关系式

$$F(\boldsymbol{e}_{i_1},\cdots,\boldsymbol{e}_{i_r},\cdots,\boldsymbol{e}_{i_s},\cdots,\boldsymbol{e}_{i_m})=-F(\boldsymbol{e}_{i_1},\cdots,\boldsymbol{e}_{i_s},\cdots,\boldsymbol{e}_{i_r},\cdots,\boldsymbol{e}_{i_m})$$

对于空间L的选定的基$\boldsymbol{e}_1,\cdots,\boldsymbol{e}_n$中的向量$\boldsymbol{e}_{i_1},\cdots,\boldsymbol{e}_{i_m}$的所有汇集都成立. 因此，对于每个函数$F\in\Omega^m(\mathrm{L})$和每个汇集$(j_1,\cdots,j_m)\in\mathbb{N}_n^m$，我们都有等式

$$F(\boldsymbol{e}_{j_1},\cdots,\boldsymbol{e}_{j_m})=\pm F(\boldsymbol{e}_{i_1},\cdots,\boldsymbol{e}_{i_m}) \tag{10.17}$$

其中数$i_1,\cdots,i_m$与$j_1,\cdots,j_m$相同，但按升序排列，$i_1<i_2<\cdots<i_m$，而(10.17)中的符号＋或－取决于从汇集$(i_1,\cdots,i_m)$到汇集$(j_1,\cdots,j_m)$所需对换的个数是偶数还是奇数(我们注意到，如果数$j_1,\cdots,j_m$的任意两个相等，那么等式(10.17)两边都等于零).

与空间$\Pi^m(\mathrm{L})$的情形一样，我们得出：空间$\Omega^m(\mathrm{L})$同构于集合$\overrightarrow{\mathbb{N}}_n^m\subset\mathbb{N}_n^m$上的函数的空间，它由所有递增的集合$\boldsymbol{I}=(i_1,\cdots,i_m)$构成，即使得$i_1<i_2<\cdots<i_m$. 特别地，由此得出，如果$m>n$，$\Omega^m(\mathrm{L})=(\mathbf{0})$. 容易看出这种递增的集合$\boldsymbol{I}$的个数等于$\mathrm{C}_n^m$，因此

$$\dim\Omega^m(\mathrm{L})=\mathrm{C}_n^m \tag{10.18}$$

我们将用$F_{\boldsymbol{I}}$表示空间$\Omega^m(\mathrm{L})$的δ函数，它在集合$\boldsymbol{I}\in\overrightarrow{\mathbb{N}}_n^m$上取值1，且在$\overrightarrow{\mathbb{N}}_n^m$中的所有剩余集合上取值0.

向量$\boldsymbol{a}_1,\cdots,\boldsymbol{a}_m\in\mathrm{L}$在空间$\Omega^m(\mathrm{L})$上确定了由以下关系式给出的线性函数$\boldsymbol{\varphi}$

$$\boldsymbol{\varphi}(F)=F(\boldsymbol{a}_1,\cdots,\boldsymbol{a}_m) \tag{10.19}$$

对于任意元素$F\in\Omega^m(\mathrm{L})$都成立. 因此，$\boldsymbol{\varphi}$是$\Omega^m(\mathrm{L})$上的线性函数，即对偶空间$\Omega^m(\mathrm{L})^*$的元素.

定义 10.9 对偶空间$\Lambda^m(\mathrm{L})=\Omega^m(\mathrm{L})^*$称为$m$向量的空间或空间L的$m$次外幂，其元素称为$m$向量. 借助关系式(10.19)构造的涉及向量$\boldsymbol{a}_1,\cdots,\boldsymbol{a}_m$的向量$\boldsymbol{\varphi}\in\Lambda^m(\mathrm{L})$称为$\boldsymbol{a}_1,\cdots,\boldsymbol{a}_m$的外积(或楔积)，记作

$$\boldsymbol{\varphi}=\boldsymbol{a}_1\wedge\boldsymbol{a}_2\wedge\cdots\wedge\boldsymbol{a}_m$$

现在，我们来探讨子空间$\mathrm{M}\subset\mathrm{L}$的外积和Plücker坐标之间的联系. 为此，有必要选取L中的某组基$\boldsymbol{e}_1,\cdots,\boldsymbol{e}_n$和M中的某组基$\boldsymbol{a}_1,\cdots,\boldsymbol{a}_m$. 子空间M的Plücker坐标取为形式(10.4)，其中$M_{i_1,\cdots,i_m}$是矩阵(10.1)的余子式，它位于$i_1,\cdots,i_m$列中，是其列的反对称函数. 我们引入Plücker坐标和相伴余子式的记号

$$p_I = p_{i_1,\cdots,i_m}, \quad M_I = M_{i_1,\cdots,i_m}, \quad 其中 \boldsymbol{I} = (i_1,\cdots,i_m) \in \overrightarrow{\mathbb{N}}_n^m$$

对于由 δ－函数F_I构成的空间$\Omega^m(\mathrm{L})$的基，对应于对偶空间$\Lambda^m(\mathrm{L})$的对偶基，其向量记作$\boldsymbol{\varphi}_I$. 使用我们在第 3.7 节中引入的记号，我们称对偶基由以下条件定义

$$(F_I,\boldsymbol{\varphi}_I) = 1(\boldsymbol{I} \in \overrightarrow{\mathbb{N}}_n^m); \quad (F_I,\boldsymbol{\varphi}_J) = 0(\boldsymbol{I} \neq \boldsymbol{J}) \tag{10.20}$$

特别地，空间$\Lambda^m(\mathrm{L})$的向量$\boldsymbol{\varphi} = \boldsymbol{a}_1 \wedge \boldsymbol{a}_2 \wedge \cdots \wedge \boldsymbol{a}_m$在这组基中可以表示为向量的线性组合

$$\boldsymbol{\varphi} = \sum_{\boldsymbol{I} \in \overrightarrow{\mathbb{N}}_n^m} \lambda_I \boldsymbol{\varphi}_I \tag{10.21}$$

具有某些系数λ_I，使用公式(10.19)和(10.20)，我们得到以下等式

$$\lambda_I = \boldsymbol{\varphi}(F_I) = F_I(\boldsymbol{a}_1,\cdots,\boldsymbol{a}_m)$$

为了确定值$F_I(\boldsymbol{a}_1,\cdots,\boldsymbol{a}_m)$，我们可以使用定理 2.29；见公式(2.40)和(2.43). 由于当$\boldsymbol{e}_{j_1},\cdots,\boldsymbol{e}_{j_m}$的下标构成汇集$\boldsymbol{J} \neq \boldsymbol{I}$时，$F_I(\boldsymbol{e}_{j_1},\cdots,\boldsymbol{e}_{j_m})=0$，那么从公式(2.43)可以得出，值$F_I(\boldsymbol{a}_1,\cdots,\boldsymbol{a}_m)$仅取决于余子式$M_I$中出现的元素. 余子式$M_I$是其行的反对称线性函数. 考虑到根据定义，$F_I(\boldsymbol{e}_{i_1},\cdots,\boldsymbol{e}_{i_m})=1$，我们根据定理 2.15 得出$F_I(\boldsymbol{a}_1,\cdots,\boldsymbol{a}_m) = M_I = p_I$. 换句话说，我们有等式

$$\boldsymbol{\varphi} = \boldsymbol{a}_1 \wedge \boldsymbol{a}_2 \wedge \cdots \wedge \boldsymbol{a}_m = \sum_{I \in \overrightarrow{\mathbb{N}}_n^m} M_I \boldsymbol{\varphi}_I = \sum_{\boldsymbol{I} \in \overrightarrow{\mathbb{N}}_n^m} p_I \boldsymbol{\varphi}_I \tag{10.22}$$

因此，m个向量$\boldsymbol{a}_1,\cdots,\boldsymbol{a}_m$的任意汇集唯一确定了空间$\Lambda^m(\mathrm{L})$中的向量$\boldsymbol{a}_1 \wedge \cdots \wedge \boldsymbol{a}_m$，其中子空间$\langle \boldsymbol{a}_1,\cdots,\boldsymbol{a}_m \rangle$的 Plücker 坐标是空间$\Lambda^m(\mathrm{L})$的该向量$\boldsymbol{a}_1 \wedge \cdots \wedge \boldsymbol{a}_m$关于基$\boldsymbol{\varphi}_I$，$\boldsymbol{I} \in \overrightarrow{\mathbb{N}}_n^m$的坐标. 像所有坐标一样，它们取决于这组基，其自身构造为空间$\Omega^m(\mathrm{L})$的某组基的对偶基.

定义 10.10 向量$\boldsymbol{x} \in \Lambda^m(\mathrm{L})$称为可分解的，如果它可以表示为外积

$$\boldsymbol{x} = \boldsymbol{a}_1 \wedge \boldsymbol{a}_2 \wedge \cdots \wedge \boldsymbol{a}_m \tag{10.23}$$

具有某些$\boldsymbol{a}_1,\cdots,\boldsymbol{a}_m \in \mathrm{L}$.

设空间$\Lambda^m(\mathrm{L})$的m向量$\boldsymbol{x}$在某组基$\boldsymbol{\varphi}_I$，$\boldsymbol{I} \in \overrightarrow{\mathbb{N}}_n^m$中有坐标$x_{i_1,\cdots,i_m}$. 与任意向量空间的情形一样，坐标$x_{i_1,\cdots,i_m}$可以在相伴域中取任意值. 为了使$m$向量$\boldsymbol{x}$可分解，即它满足某些向量$\boldsymbol{a}_1,\cdots,\boldsymbol{a}_m \in \mathrm{L}$的关系式(10.23)，充要条件是它的坐标$x_{i_1,\cdots,i_m}$与 L 中的子空间 $\mathrm{M} = \langle \boldsymbol{a}_1,\cdots,\boldsymbol{a}_m \rangle$的 Plücker 坐标$p_{i_1,\cdots,i_m}$相同. 但正如我们在上一节中所确定的，子空间 $\mathrm{M} \subset \mathrm{L}$ 的 Plücker 坐标的汇集不能是任意的ν个数的汇集，而只能是满足 Plücker 关系(10.12)的汇集. 因此，Plücker 关系给出了m向量$\boldsymbol{x}$可分解的充要条件.

因此，对于m维子空间 $\mathrm{M} \subset \mathrm{L}$ 的规格，我们只需要可分解的m向量(不可

分解的 m 向量不对应于 m 维子空间). 然而,一般来说,可分解向量不构成向量空间(两个可分解向量之和可能是不可分解向量),而且,容易验证,可分解向量的集合不包含在空间$\Lambda^m(\mathrm{L})$ 的除自身外的任意子空间中. 在许多问题中,处理向量空间更自然,这就是引入空间$\Lambda^m(\mathrm{L})$ 的概念的原因,该空间包含所有 m 向量,包括不可分解的向量.

我们注意到,基向量$\boldsymbol{\varphi}_I$ 自身是可分解的:它们由条件(10.20) 确定,这很容易验证,考虑到等式$(F_J,\boldsymbol{\varphi}_I)=F_J(\boldsymbol{e}_{i_1},\cdots,\boldsymbol{e}_{i_m})$,说明对于向量 $\boldsymbol{x}=\boldsymbol{\varphi}_I$,我们有 $\boldsymbol{a}_1=\boldsymbol{e}_{i_1},\cdots,\boldsymbol{a}_m=\boldsymbol{e}_{i_m}$ 的表示(10.23),即

$$\boldsymbol{\varphi}_I=\boldsymbol{e}_{i_1}\wedge\boldsymbol{e}_{i_2}\wedge\cdots\wedge\boldsymbol{e}_{i_m},\quad \boldsymbol{I}=(i_1,\cdots,i_m)$$

如果$\boldsymbol{e}_1,\cdots,\boldsymbol{e}_n$ 是空间 L 的一组基,那么向量$\boldsymbol{e}_{i_1}\wedge\cdots\wedge\boldsymbol{e}_{i_m}$(对于下标$(i_1,\cdots,i_m)$ 的所有递增的汇集) 构成子空间$\Lambda^m(\mathrm{L})$ 的一组基,对偶于以上考虑的空间$\Omega^m(\mathrm{L})$ 的基F_I. 因此,每个 m 向量都是可分解的向量的线性组合.

外积$\boldsymbol{a}_1\wedge\cdots\wedge\boldsymbol{a}_m$ 是m 个向量$\boldsymbol{a}_i\in\mathrm{L}$ 的函数,其值在空间$\Lambda^m(\mathrm{L})$ 中. 现在,我们来建立它的某些性质. 前两个是多重线性的类比,第三个是反对称性的类比,但要考虑到外积不是数,而是空间$\Lambda^m(\mathrm{L})$ 的向量.

性质 10.11 对于每个 $i\in\{1,\cdots,m\}$ 和所有向量$\boldsymbol{a}_i,\boldsymbol{b},\boldsymbol{c}\in\mathrm{L}$,以下关系式成立

$$\begin{aligned}&\boldsymbol{a}_1\wedge\cdots\wedge\boldsymbol{a}_{i-1}\wedge(\boldsymbol{b}+\boldsymbol{c})\wedge\boldsymbol{a}_{i+1}\wedge\cdots\wedge\boldsymbol{a}_m\\=&\boldsymbol{a}_1\wedge\cdots\wedge\boldsymbol{a}_{i-1}\wedge\boldsymbol{b}\wedge\boldsymbol{a}_{i+1}\wedge\cdots\wedge\boldsymbol{a}_m+\boldsymbol{a}_1\wedge\cdots\wedge\\&\boldsymbol{a}_{i-1}\wedge\boldsymbol{c}\wedge\boldsymbol{a}_{i+1}\wedge\cdots\wedge\boldsymbol{a}_m\end{aligned}\tag{10.24}$$

事实上,根据定义,外积

$$\boldsymbol{a}_1\wedge\cdots\wedge\boldsymbol{a}_{i-1}\wedge(\boldsymbol{b}+\boldsymbol{c})\wedge\boldsymbol{a}_{i+1}\wedge\cdots\wedge\boldsymbol{a}_m$$

是空间$\Omega^m(\mathrm{L})$ 上与每个函数 $F\in\Omega^m(\mathrm{L})$ 相关联的线性函数,数 $F(\boldsymbol{a}_1,\cdots,\boldsymbol{a}_{i-1},\boldsymbol{b}+\boldsymbol{c},\boldsymbol{a}_{i+1},\cdots,\boldsymbol{a}_m)$. 由于函数 F 是多重线性的,可得

$$\begin{aligned}&F(\boldsymbol{a}_1,\cdots,\boldsymbol{a}_{i-1},\boldsymbol{b}+\boldsymbol{c},\boldsymbol{a}_{i+1},\cdots,\boldsymbol{a}_m)\\=&F(\boldsymbol{a}_1,\cdots,\boldsymbol{a}_{i-1},\boldsymbol{b},\boldsymbol{a}_{i+1},\cdots,\boldsymbol{a}_m)+F(\boldsymbol{a}_1,\cdots,\boldsymbol{a}_{i-1},\boldsymbol{c},\boldsymbol{a}_{i+1},\cdots,\boldsymbol{a}_m)\end{aligned}$$

这就证明了等式(10.24).

同样容易验证以下两个性质.

性质 10.12 对于每个数 α 和所有向量$\boldsymbol{a}_i\in\mathrm{L}$,以下关系式成立

$$\begin{aligned}&\boldsymbol{a}_1\wedge\cdots\wedge\boldsymbol{a}_{i-1}\wedge(\alpha\boldsymbol{a}_i)\wedge\boldsymbol{a}_{i+1}\wedge\cdots\wedge\boldsymbol{a}_m\\=&\alpha(\boldsymbol{a}_1\wedge\cdots\wedge\boldsymbol{a}_{i-1}\wedge\boldsymbol{a}_i\wedge\boldsymbol{a}_{i+1}\wedge\cdots\wedge\boldsymbol{a}_m)\end{aligned}\tag{10.25}$$

性质 10.13 对于所有下标的对 $r,s\in\{1,\cdots,m\}$ 和所有向量$\boldsymbol{a}_i\in\mathrm{L}$,以下关系式成立

$$\boldsymbol{a}_1 \wedge \cdots \wedge \boldsymbol{a}_{s-1} \wedge \boldsymbol{a}_s \wedge \boldsymbol{a}_{s+1} \wedge \cdots \wedge \boldsymbol{a}_{r-1} \wedge \boldsymbol{a}_r \wedge \boldsymbol{a}_{r+1} \wedge \cdots \wedge \boldsymbol{a}_m$$
$$= -\boldsymbol{a}_1 \wedge \cdots \wedge \boldsymbol{a}_{s-1} \wedge \boldsymbol{a}_r \wedge \boldsymbol{a}_{s+1} \wedge \cdots \wedge \boldsymbol{a}_{r-1} \wedge \boldsymbol{a}_s \wedge \boldsymbol{a}_{r+1} \wedge \cdots \wedge \boldsymbol{a}_m \quad (10.26)$$

也就是说,如果$\boldsymbol{a}_1,\cdots,\boldsymbol{a}_m$ 中的任意两个向量交换位置,外积变号.

如果(我们假设)这些数是特征不为2的域(例如,$\mathbb{R}$或$\mathbb{C}$)的元素,那么性质10.13得出以下推论.

推论 10.14 如果向量$\boldsymbol{a}_1,\cdots,\boldsymbol{a}_m$ 中的任意两个相等,那么$\boldsymbol{a}_1 \wedge \cdots \wedge \boldsymbol{a}_m = \boldsymbol{0}$.

推广上述定义,我们可以把性质 10.11,10.12 和 10.13 表述为:外积$\boldsymbol{a}_1 \wedge \cdots \wedge \boldsymbol{a}_m$ 是向量$\boldsymbol{a}_1,\cdots,\boldsymbol{a}_m \in \mathrm{L}$ 的取空间$\Lambda^m(\mathrm{L})$ 中的值的多重线性反对称函数.

性质 10.15 向量$\boldsymbol{a}_1,\cdots,\boldsymbol{a}_m$ 是线性相关的,当且仅当

$$\boldsymbol{a}_1 \wedge \cdots \wedge \boldsymbol{a}_m = \boldsymbol{0} \quad (10.27)$$

证明:我们假设向量$\boldsymbol{a}_1,\cdots,\boldsymbol{a}_m$ 是线性相关的.那么其中一个是其余部分的线性组合,设其为向量$\boldsymbol{a}_m$(其他情形可通过改变计数而化为这一情形).那么

$$\boldsymbol{a}_m = \alpha_1 \boldsymbol{a}_1 + \cdots + \alpha_{m-1} \boldsymbol{a}_{m-1}$$

根据性质 10.11 和 10.12,我们得到

$$\boldsymbol{a}_1 \wedge \cdots \wedge \boldsymbol{a}_{m-1} \wedge \boldsymbol{a}_m = \alpha_1(\boldsymbol{a}_1 \wedge \cdots \wedge \boldsymbol{a}_{m-1} \wedge \boldsymbol{a}_1) + \cdots + \alpha_{m-1}(\boldsymbol{a}_1 \wedge \cdots \wedge \boldsymbol{a}_{m-1} \wedge \boldsymbol{a}_{m-1})$$

考虑到推论 10.14,等式右边的每项都等于零,因此,我们得到了$\boldsymbol{a}_1 \wedge \cdots \wedge \boldsymbol{a}_m = \boldsymbol{0}$.

现在,我们假设向量$\boldsymbol{a}_1,\cdots,\boldsymbol{a}_m$ 是线性无关的.我们必须证明$\boldsymbol{a}_1 \wedge \cdots \wedge \boldsymbol{a}_m \neq \boldsymbol{0}$.等式(10.27)将说明函数$\boldsymbol{a}_1 \wedge \cdots \wedge \boldsymbol{a}_m$(作为空间$\Lambda^m(\mathrm{L})$ 的元素)分配给任意函数 $F \in \Omega^m(\mathrm{L})$,值 $F(\boldsymbol{a}_1,\cdots,\boldsymbol{a}_m)=0$.然而,与此相反,可以得到一个函数 $F \in \Omega^m(\mathrm{L})$,对其有 $F(\boldsymbol{a}_1,\cdots,\boldsymbol{a}_m) \neq 0$.事实上,我们将空间 L 表示为直和

$$\mathrm{L} = \langle \boldsymbol{a}_1,\cdots,\boldsymbol{a}_m \rangle \oplus \mathrm{L}'$$

其中$\mathrm{L}' \subset \mathrm{L}$ 是某个$(n-m)$维子空间,对于每个向量 $\boldsymbol{z} \in \mathrm{L}$,我们考虑对应分解 $\boldsymbol{z} = \boldsymbol{x} + \boldsymbol{y}$,其中 $\boldsymbol{x} \in \langle \boldsymbol{a}_1,\cdots,\boldsymbol{a}_m \rangle$ 且 $\boldsymbol{y} \in \mathrm{L}'$.最后,对于向量

$$\boldsymbol{z}_i = \alpha_{i1} \boldsymbol{a}_1 + \cdots + \alpha_{im} \boldsymbol{a}_m + \boldsymbol{y}_i, \quad \boldsymbol{y}_i \in \mathrm{L}', i = 1,\cdots,m$$

我们根据条件 $F(\boldsymbol{z}_1,\cdots,\boldsymbol{z}_m) = |(\alpha_{ij})|$ 定义函数 F.正如我们在第 2.6 节中看到的,行列式是其行的多重线性反对称函数.此外,$F(\boldsymbol{a}_1,\cdots,\boldsymbol{a}_m) = |E| = 1$,这就证明了我们的结论. □

设 L 和 M 为任意向量空间,并设$\mathcal{A}$:L → M 为线性变换.它定义了变换

$$\Omega^p(\mathcal{A}):\Omega^p(\mathrm{M}) \to \Omega^p(\mathrm{L}) \tag{10.28}$$

其通过以下公式为空间$\Omega^p(\mathrm{M})$中的每个反对称函数$F(\boldsymbol{y}_1,\cdots,\boldsymbol{y}_p)$分配空间$\Omega^p(\mathrm{L})$中的反对称函数$G(\boldsymbol{x}_1,\cdots,\boldsymbol{x}_p)$

$$G(\boldsymbol{x}_1,\cdots,\boldsymbol{x}_p)=F(\mathcal{A}(\boldsymbol{x}_1),\cdots,\mathcal{A}(\boldsymbol{x}_p)),\boldsymbol{x}_1,\cdots,\boldsymbol{x}_p\in \mathrm{L} \tag{10.29}$$

简单的验证表明该变换是线性的.我们注意到,在$m=1$的情形中,我们已经遇到了这样的变换,即对偶变换$\mathcal{A}^*:\mathrm{M}^*\to\mathrm{L}^*$(见第3.7节).在一般情形中,传递到对偶空间$\Lambda^p(\mathrm{L})=\Omega^p(\mathrm{L})^*$和$\Lambda^p(\mathrm{M})=\Omega^p(\mathrm{M})^*$,我们定义线性变换

$$\Lambda^p(\mathcal{A}):\Lambda^p(\mathrm{L}) \to \Lambda^p(\mathrm{M}) \tag{10.30}$$

与变换(10.28)对偶.

我们注意到变换(10.30)的最重要的性质.

引理 10.16 设$\mathcal{A}:\mathrm{L}\to\mathrm{M}$和$\mathcal{B}:\mathrm{M}\to\mathrm{N}$为任意向量空间L,M,N的线性变换.那么

$$\Lambda^p(\mathcal{B}\mathcal{A})=\Lambda^p(\mathcal{B})\,\Lambda^p(\mathcal{A})$$

证明:考虑到第3.7节中建立的定义(10.30)和对偶变换(公式(3.61))的性质,只需确定

$$\Omega^p(\mathcal{B}\mathcal{A})=\Omega^p(\mathcal{A})\,\Omega^p(\mathcal{B}) \tag{10.31}$$

但等式(10.31)直接由定义得到.事实上,变换$\Omega^p(\mathcal{A})$通过公式(10.29)将空间$\Omega^p(\mathrm{M})$中的函数$F(\boldsymbol{y}_1,\cdots,\boldsymbol{y}_p)$映射到$\Omega^p(\mathrm{L})$中的函数$G(\boldsymbol{x}_1,\cdots,\boldsymbol{x}_p)$.同样,变换$\Omega^p(\mathcal{B})$通过类似公式

$$F(\boldsymbol{y}_1,\cdots,\boldsymbol{y}_p)=H(\mathcal{B}(\boldsymbol{y}_1),\cdots,\mathcal{B}(\boldsymbol{y}_p)),\quad \boldsymbol{y}_1,\cdots,\boldsymbol{y}_p\in\mathrm{M} \tag{10.32}$$

将$\Omega^p(\mathrm{N})$中的函数$H(\boldsymbol{z}_1,\cdots,\boldsymbol{z}_p)$映射到$\Omega^p(\mathrm{M})$中的函数$F(\boldsymbol{y}_1,\cdots,\boldsymbol{y}_p)$.

最后,变换$\mathcal{B}\mathcal{A}:\mathrm{L}\to\mathrm{N}$通过公式

$$G(\boldsymbol{x}_1,\cdots,\boldsymbol{x}_p)=H(\mathcal{B}\mathcal{A}(\boldsymbol{x}_1),\cdots,\mathcal{B}\mathcal{A}(\boldsymbol{x}_p)),\boldsymbol{x}_1,\cdots,\boldsymbol{x}_p\in\mathrm{L} \tag{10.33}$$

将空间$\Omega^p(\mathrm{N})$中的函数$H(\boldsymbol{z}_1,\cdots,\boldsymbol{z}_p)$变换为空间$\Omega^p(\mathrm{L})$中的函数$G(\boldsymbol{x}_1,\cdots,\boldsymbol{x}_p)$.将向量$\boldsymbol{y}_i=\mathcal{A}(\boldsymbol{x}_i)$代入(10.33),并比较由此得到的关系式与(10.32),我们得到所需等式(10.31). □

引理 10.17 对于所有向量$\boldsymbol{x}_1,\cdots,\boldsymbol{x}_p\in\mathrm{L}$,我们都有等式

$$\Lambda^p(\mathcal{A})(\boldsymbol{x}_1\wedge\cdots\wedge\boldsymbol{x}_p)=\mathcal{A}(\boldsymbol{x}_1)\wedge\cdots\wedge\mathcal{A}(\boldsymbol{x}_p) \tag{10.34}$$

证明:等式(10.34)的两边都是空间$\Lambda^p(\mathrm{M})=\Omega^p(\mathrm{M})^*$的元素,也就是说,它们是$\Omega^p(\mathrm{M})$上的线性函数.只需验证它们应用于空间$\Omega^p(\mathrm{M})$中的任意函数$F(\boldsymbol{y}_1,\cdots,\boldsymbol{y}_p)$可以得到同一结果.根据定义,在这两种情形中,该结果都等于$F(\mathcal{A}(\boldsymbol{x}_1),\cdots,\mathcal{A}(\boldsymbol{x}_p))$. □

最后,我们将证明外积的一个性质,它有时称为泛性.

性质 10.18 任意将满足性质 10.11,10.12,10.13(第 336 页)的某个空间 M 的向量$[\boldsymbol{a}_1,\cdots,\boldsymbol{a}_m]$映射到空间 L 的 m 个向量$\boldsymbol{a}_1,\cdots,\boldsymbol{a}_m$ 的映射都可以通过应用某个唯一定义的线性变换$\mathcal{A}:\Lambda^m(\mathrm{L})\to\mathrm{M}$ 从外积$\boldsymbol{a}_1\wedge\cdots\wedge\boldsymbol{a}_m$ 得到.

换句话说,存在一个线性变换$\mathcal{A}:\Lambda^m(\mathrm{L})\to\mathrm{M}$,使得对于空间 L 的向量的每个汇集$\boldsymbol{a}_1,\cdots,\boldsymbol{a}_m$,我们都有等式

$$[\boldsymbol{a}_1,\cdots,\boldsymbol{a}_m]=\mathcal{A}(\boldsymbol{a}_1\wedge\cdots\wedge\boldsymbol{a}_m)\tag{10.35}$$

它可由下面表示

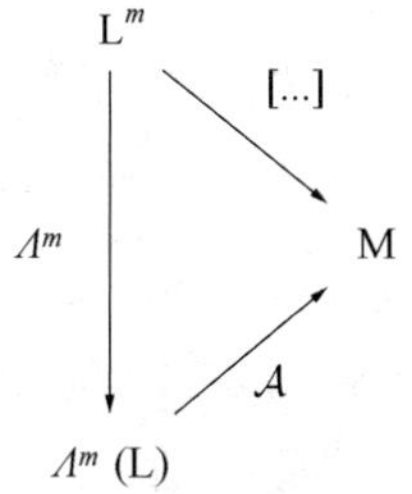

(10.36)

在上面中,$[\boldsymbol{a}_1,\cdots,\boldsymbol{a}_m]=\mathcal{A}(\boldsymbol{a}_1\wedge\cdots\wedge\boldsymbol{a}_m)$.

我们注意到,尽管$\mathrm{L}^m=\mathrm{L}\times\cdots\times\mathrm{L}$($m$ 重乘积)显然是一个向量空间,但我们并不能断言在性质 10.18 中讨论的映射

$$\boldsymbol{a}_1,\cdots,\boldsymbol{a}_m\mapsto[\boldsymbol{a}_1,\cdots,\boldsymbol{a}_m]$$

是线性变换$\mathrm{L}^m\to\mathrm{M}$. 一般来说,情况并非如此. 例如,外积$\boldsymbol{a}_1\wedge\cdots\wedge\boldsymbol{a}_m:\mathrm{L}^m\to\Lambda^m(\mathrm{L})$ 在 $\dim\mathrm{L}>m+1$ 且 $m>1$ 的情形中,其自身不是线性变换. 事实上,外积的像是由其 Plücker 关系描述的可分解向量的集合,它不是$\Lambda^m(\mathrm{L})$ 的向量子空间.

性质 10.18 的证明:我们可以构造一个线性变换 $\Psi:\mathrm{M}^*\to\Omega^m(\mathrm{L})$,使得它将每个线性函数 $\boldsymbol{f}\in\mathrm{M}^*$ 映射到函数 $\Psi(\boldsymbol{f})\in\Omega^m(\mathrm{L})$,由以下关系式定义

$$\Psi(\boldsymbol{f})=\boldsymbol{f}([\boldsymbol{a}_1,\cdots,\boldsymbol{a}_m])\tag{10.37}$$

根据性质 10.11—10.13,假设满足$[\boldsymbol{a}_1,\cdots,\boldsymbol{a}_m]$,由此构造的映射 $\Psi(\boldsymbol{f})$ 是 $\boldsymbol{a}_1,\cdots,\boldsymbol{a}_m$ 的多重线性反对称函数. 因此,$\Psi:\mathrm{M}^*\to\Omega^m(\mathrm{L})$ 是线性变换. 我们将$\mathcal{A}$定义为对偶映射

$$\mathcal{A}=\Psi^*:\Lambda^m(\mathrm{L})=\Omega^m(\mathrm{L})^*\to\mathrm{M}=\mathrm{M}^{**}$$

根据对偶变换的定义(公式(3.58)),对于空间$\Omega^m(\mathrm{L})$ 上的每个线性函数 F,其像$\mathcal{A}(F)$ 是空间M^* 上的线性函数,使得$\mathcal{A}(F)(\boldsymbol{f})=F(\Psi(\boldsymbol{f}))(\boldsymbol{f}\in\mathrm{M}^*)$. 将公式(10.37) 应用于最后一个等式的右边,我们得到等式

$$\mathcal{A}(F)(\boldsymbol{f})=F(\Psi(\boldsymbol{f}))=F(\boldsymbol{f}([\boldsymbol{a}_1,\cdots,\boldsymbol{a}_m]))\tag{10.38}$$

在(10.38)中设函数 $F(\Psi)=\Psi(\boldsymbol{a}_1,\cdots,\boldsymbol{a}_m)$，即 $F=\boldsymbol{a}_1\wedge\cdots\wedge\boldsymbol{a}_m$，我们得到关系式

$$\mathcal{A}(\boldsymbol{a}_1\wedge\cdots\wedge\boldsymbol{a}_m)(\boldsymbol{f})=\boldsymbol{f}([\boldsymbol{a}_1,\cdots,\boldsymbol{a}_m]) \tag{10.39}$$

它的左边是空间 M^{**} 的元素，其同构于 M.

我们回忆一下，空间 M^{**} 和 M 的辨识（同构）可以通过以下方式得到：将每个向量 $\boldsymbol{\psi}(\boldsymbol{f})\in\mathrm{M}^{**}$ 映射到向量 $\boldsymbol{x}\in\mathrm{M}$，使得对于每个线性函数 $\boldsymbol{f}\in\mathrm{M}^*$，都满足等式 $\boldsymbol{f}(\boldsymbol{x})=\boldsymbol{\psi}(\boldsymbol{f})$. 那么公式(10.39)给出了关系式

$$\boldsymbol{f}(\mathcal{A}(\boldsymbol{a}_1\wedge\cdots\wedge\boldsymbol{a}_m))-\boldsymbol{f}([\boldsymbol{a}_1,\cdots,\boldsymbol{a}_m])$$

这对于每个函数 $\boldsymbol{f}\in\mathrm{M}^*$ 都成立. 因此，我们由此得到所需的关系式

$$\mathcal{A}(\boldsymbol{a}_1\wedge\cdots\wedge\boldsymbol{a}_m)=[\boldsymbol{a}_1,\cdots,\boldsymbol{a}_m] \tag{10.40}$$

等式(10.40)定义了所有可分解向量 $\boldsymbol{x}\in\Lambda^m(\mathrm{L})$ 的线性变换 $\mathcal{A}$. 但在上面，我们看到每个 m 向量都是可分解向量的线性组合. 变换 $\mathcal{A}$ 是线性的，因此，它对于所有 m 向量都是唯一定义的. 因此，我们得到了所需的线性变换 $\mathcal{A}:\Lambda^m(\mathrm{L})\to\mathrm{M}$. □

10.4 外　代　数*

在数学的许多分支中，表达式

$$\boldsymbol{a}_1\wedge\cdots\wedge\boldsymbol{a}_m$$

起着重要的作用，与其说它是空间 L 的 m 个向量 $\boldsymbol{a}_1,\cdots,\boldsymbol{a}_m$ 的函数，其值在 $\Lambda^m(\mathrm{L})$ 中，不如说是运算的重复(m 重)应用的结果，该运算是将两个向量 $\boldsymbol{x}\in\Lambda^p(\mathrm{L})$ 和 $\boldsymbol{y}\in\Lambda^q(\mathrm{L})$ 映射到向量 $\boldsymbol{x}\wedge\boldsymbol{y}\in\Lambda^{p+q}(\mathrm{L})$. 例如，表达式 $\boldsymbol{a}\wedge\boldsymbol{b}\wedge c$ 可以“分部”计算. 也就是说，它可以用 $\boldsymbol{a}\wedge\boldsymbol{b}\wedge\boldsymbol{c}=(\boldsymbol{a}\wedge\boldsymbol{b})\wedge\boldsymbol{c}$ 的形式表示，并首先计算 $\boldsymbol{a}\wedge\boldsymbol{b}$，然后计算 $(\boldsymbol{a}\wedge\boldsymbol{b})\wedge\boldsymbol{c}$.

为了实现这一点，我们必须首先定义将两个向量 $\boldsymbol{x}\in\Lambda^p(\mathrm{L})$ 和 $\boldsymbol{y}\in\Lambda^q(\mathrm{L})$ 映射到向量 $\boldsymbol{x}\wedge\boldsymbol{y}\in\Lambda^{p+q}(\mathrm{L})$ 的函数. 作为第一步，这样的函数 $\boldsymbol{x}\wedge\boldsymbol{y}$ 是对于向量 $\boldsymbol{y}\in\Lambda^q(\mathrm{L})$ 是可分解的情形而定义的，也就是说，它可以表示为

$$\boldsymbol{y}=\boldsymbol{a}_1\wedge\boldsymbol{a}_2\wedge\cdots\wedge\boldsymbol{a}_q,\boldsymbol{a}_i\in\mathrm{L} \tag{10.41}$$

我们来考虑分配给空间 L 的 p 个向量 $\boldsymbol{b}_1,\cdots,\boldsymbol{b}_p$ 向量

$$[\boldsymbol{b}_1,\cdots,\boldsymbol{b}_p]=\boldsymbol{b}_1\wedge\cdots\wedge\boldsymbol{b}_p\wedge\boldsymbol{a}_1\wedge\cdots\wedge\boldsymbol{a}_q$$

的映射，我们应用上一节中的性质 10.18(泛性). 由此，我们得到图

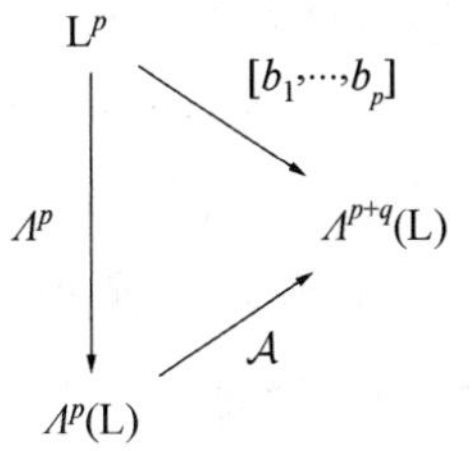

(10.42)

在该图中

$$\mathcal{A}(\boldsymbol{b}_1\wedge\cdots\wedge\boldsymbol{b}_p)=[\boldsymbol{b}_1,\cdots,\boldsymbol{b}_p]$$

定义 10.19 设 $\boldsymbol{y}$ 为一个可分解向量,也就是说,它可以写成(10.41)的形式.那么对于每个向量 $\boldsymbol{x}\in\Lambda^p(L)$,对于以上构造的变换$\mathcal{A}:\Lambda^p(L)\to\Lambda^{p+q}(L)$,其像$\mathcal{A}(\boldsymbol{x})$ 记作 $\boldsymbol{x}\wedge\boldsymbol{y}=\boldsymbol{x}\wedge(\boldsymbol{a}_1\wedge\cdots\wedge\boldsymbol{a}_q)$,称为向量 $\boldsymbol{x}$ 和 $\boldsymbol{y}$ 的外积.

因此,作为第一步,我们定义了在向量 $\boldsymbol{y}$ 是可分解的情形中的 $\boldsymbol{x}\wedge\boldsymbol{y}$.为了定义对于任意向量 $\boldsymbol{y}\in\Lambda^q(L)$ 的 $\boldsymbol{x}\wedge\boldsymbol{y}$,只需重复相同的论证.事实上,我们来考虑映射$[\boldsymbol{a}_1,\cdots,\boldsymbol{a}_q]:\Lambda^q(L)\to\Lambda^{p+q}(L)$,它由以下公式定义

$$[\boldsymbol{a}_1,\cdots,\boldsymbol{a}_q]=\boldsymbol{x}\wedge(\boldsymbol{a}_1\wedge\cdots\wedge\boldsymbol{a}_q)$$

根据性质 10.18,我们再次得到相同的图:

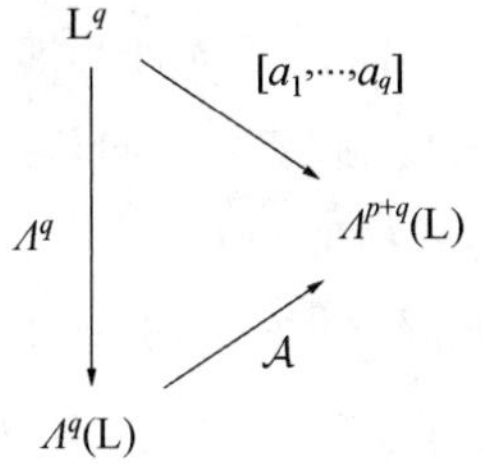

(10.43)

其中变换$\mathcal{A}:\Lambda^q(L)\to\Lambda^{p+q}(L)$ 由以下公式定义

$$\mathcal{A}(\boldsymbol{a}_1\wedge\cdots\wedge\boldsymbol{a}_q)=[\boldsymbol{a}_1,\cdots,\boldsymbol{a}_q]$$

定义 10.20 对于任意向量 $\boldsymbol{x}\in\Lambda^p(L)$ 和 $\boldsymbol{y}\in\Lambda^q(L)$,外积 $\boldsymbol{x}\wedge\boldsymbol{y}$ 是以上构造的图(10.43)中的向量$\mathcal{A}(\boldsymbol{y})\in\Lambda^{p+q}(L)$.

我们注意到由该定义得到的外积的某些性质.

性质 10.21 对于任意向量$\boldsymbol{x}_1,\boldsymbol{x}_2\in\Lambda^p(L)$ 和 $\boldsymbol{y}\in\Lambda^q(L)$,我们都有关系式

$$(\boldsymbol{x}_1+\boldsymbol{x}_2)\wedge\boldsymbol{y}=\boldsymbol{x}_1\wedge\boldsymbol{y}+\boldsymbol{x}_2\wedge\boldsymbol{y}$$

类似地,对于任意向量 $\boldsymbol{x}\in\Lambda^p(L)$ 与 $\boldsymbol{y}\in\Lambda^q(L)$ 和任意标量 α,我们都有关系式

$$(\alpha\boldsymbol{x})\wedge\boldsymbol{y}=\alpha(\boldsymbol{x}\wedge\boldsymbol{y})$$

这两个等式由图(10.43)中的变换$\mathcal{A}$的定义和线性得到.

性质 10.22 对于任意向量 $\boldsymbol{x}\in\Lambda^p(L)$ 和$\boldsymbol{y}_1,\boldsymbol{y}_2\in\Lambda^q(L)$,我们都有关系式

$$x \wedge (y_1 + y_2) = x \wedge y_1 + x \wedge y_2$$

类似地，对于任意向量 $x \in \Lambda^p(\mathrm{L})$ 与 $y \in \Lambda^q(\mathrm{L})$ 和任意标量 α，我们都有关系式

$$x \wedge (\alpha y) = \alpha(x \wedge y)$$

这两个等式由图(10.42)和(10.43)中的变换$\mathcal{A}$的定义和线性得到.

性质 10.23 对于可分解向量 $x = a_1 \wedge \cdots \wedge a_p$ 和 $y = b_1 \wedge \cdots \wedge b_q$，我们都有关系式

$$x \wedge y = a_1 \wedge \cdots \wedge a_p \wedge b_1 \wedge \cdots \wedge b_q$$

这可由定义得到.

我们注意到，我们实际上已经以满足性质 10.21 − 10.23 的方式定义了外积. 事实上，性质 10.23 定义了可分解向量的外积. 由于每个向量都是可分解向量的线性组合，因此性质 10.21 和 10.22 在一般情形中定义了它. 为了验证结果 $x \wedge y$ 不取决于我们用来表示向量 x 和 y 的可分解向量的线性组合的选取，外积的泛性是必要的.

最后，我们记下以下同样简单的性质.

性质 10.24 对于任意向量 $x \in \Lambda^p(\mathrm{L})$ 和 $y \in \Lambda^q(\mathrm{L})$，我们都有关系式

$$x \wedge y = (-1)^{pq} y \wedge x \tag{10.44}$$

等式(10.44)右边和左边的两个向量都属于空间$\Lambda^{p+q}(\mathrm{L})$，也就是说，根据定义，它们是$\Omega^{p+q}(\mathrm{L})$上的线性函数. 由于每个向量都是可分解向量的线性组合，我们只需验证可分解向量的等式(10.44).

设 $x = a_1 \wedge \cdots \wedge a_p$，$y = b_1 \wedge \cdots \wedge b_q$，并设 F 为空间$\Omega^{p+q}(\mathrm{L})$的任意向量，即 F 是 L 中的向量$x_1, \cdots, x_{p+q}$ 的反对称函数. 那么等式(10.44)说明

$$F(a_1, \cdots, a_p, b_1, \cdots, b_q) = (-1)^{pq} F(b_1, \cdots, b_q, a_1, \cdots, a_p) \tag{10.45}$$

但等式(10.45)是函数 F 的反对称性的一个显然的推论. 事实上，为了将向量b_1置于(10.45)左边的第一个位置，我们必须依次用每个向量$a_1, \cdots, a_p$ 变换b_1 的位置. 一个这样的对换使符号改变，总的来说，对换使得 F 乘以$(-1)^p$. 类似地，为了将向量b_2 置于(10.45)左边的第二个位置，我们还须作 p 次对换，并且 F 的值再次乘以$(-1)^p$. 为了将所有向量$b_1, \cdots, b_q$ 置于开头，需要将 F 一共乘以 q 次 $(-1)^p$，结果为(10.45).

我们的下一步是将所有集合$\Lambda^p(\mathrm{L})$合并为一个集合 $\Lambda(\mathrm{L})$，并定义其元素

的外积. 这里我们遇到了一个非常重要的代数概念的特例，即代数①.

定义 10.25 代数(在某个域$\mathbb{K}$上，我们将认为是由数构成的)是一个向量空间 A，在该空间上，除了向量的加法和向量与标量的乘法运算外，还定义了运算 $A \times A \to A$，称为乘积，分配给每对元素 $\boldsymbol{a}, \boldsymbol{b} \in A$，元素 $\boldsymbol{ab} \in A$，并且满足以下条件：

(1) 分配性质：对于所有 $\boldsymbol{a}, \boldsymbol{b}, \boldsymbol{c} \in A$，我们都有关系式

$$(\boldsymbol{a}+\boldsymbol{b})\boldsymbol{c}=\boldsymbol{ac}+\boldsymbol{bc}, \quad \boldsymbol{c}(\boldsymbol{a}+\boldsymbol{b})=\boldsymbol{ca}+\boldsymbol{cb} \tag{10.46}$$

(2) 对于所有 $\boldsymbol{a}, \boldsymbol{b} \in A$ 和每个标量 $\alpha \in \mathbb{K}$，我们都有关系式

$$(\alpha\boldsymbol{a})\boldsymbol{b}=\boldsymbol{a}(\alpha\boldsymbol{b})=\alpha(\boldsymbol{ab}) \tag{10.47}$$

(3) 存在元素 $\boldsymbol{e} \in A$，称为单位元，使得对于每个 $\boldsymbol{a} \in A$，我们都有 $\boldsymbol{ea}=\boldsymbol{a}$ 和 $\boldsymbol{ae}=\boldsymbol{a}$.

我们注意到，代数中只能有一个单位元. 事实上，如果存在另一个单位元 $\boldsymbol{e}'$，那么根据定义，我们将得到等式 $\boldsymbol{e}\boldsymbol{e}'=\boldsymbol{e}'$ 和 $\boldsymbol{e}\boldsymbol{e}'=\boldsymbol{e}$，由此得出 $\boldsymbol{e}=\boldsymbol{e}'$.

就像在任意向量空间中那样，在我们得到的代数中，对于每个 $\boldsymbol{a} \in A$，都有等式 $0 \cdot \boldsymbol{a}=\boldsymbol{0}$(在此，左边的 0 表示域$\mathbb{K}$中的标量零，而右边的 $\boldsymbol{0}$ 表示作为代数的向量空间 A 的零元).

如果代数 A 作为向量空间是有限维的，并且$\boldsymbol{e}_1, \cdots, \boldsymbol{e}_n$ 是 A 的一组基，那么元素$\boldsymbol{e}_1, \cdots, \boldsymbol{e}_n$ 称为构成代数 A 的一组基. 其中，数 n 称为其维数，记作 $\dim A=n$. 对于有限维数为 n 的代数 A，其两个基元的乘积可以表示为

$$\boldsymbol{e}_i\boldsymbol{e}_j=\sum_{k=1}^{n}\alpha_{ij}^{k}\boldsymbol{e}_k, \quad i,j=1,\cdots,n \tag{10.48}$$

其中$\alpha_{ij}^{k} \in \mathbb{K}$是某些标量.

所有标量$\alpha_{ij}^{k}(i,j,k=1,\cdots,n)$的总体称为代数 A 的乘法表，它唯一确定了代数的所有元素的乘积. 事实上，如果 $\boldsymbol{x}=\lambda_1\boldsymbol{e}_1+\cdots+\lambda_n\boldsymbol{e}_n$ 且 $\boldsymbol{y}=\mu_1\boldsymbol{e}_1+\cdots+\mu_n\boldsymbol{e}_n$，那么重复应用规则(10.46) 和(10.47)，并考虑到(10.48)，我们得到

$$\boldsymbol{xy}=\sum_{i,j,k=1}^{n}\lambda_i\mu_j\alpha_{ij}^{k}\boldsymbol{e}_k \tag{10.49}$$

也就是说，乘积 $\boldsymbol{xy}$ 由向量 $\boldsymbol{x}, \boldsymbol{y}$ 的坐标和代数 A 的乘法表唯一确定. 反之，对于任意给定的乘法表，公式(10.49) 在 n 维向量空间中定义了满足代数定义中的所有要求的乘法运算，可能除了性质(3)，这需要进一步考虑；也就是说，它将这

① 这不是一个非常恰当的术语，因为它与我们目前正在研究的数学分支的名称相同. 但是这个词已经扎根了，我们已经习惯用它了.

个向量空间转换为相同维数 n 的代数.

定义 10.26 代数 A 称为结合的，如果对于三个元素 $\boldsymbol{a}$,$\boldsymbol{b}$ 和 $\boldsymbol{c}$ 的每个汇集，我们都有关系式

$$(\boldsymbol{ab})\boldsymbol{c}=\boldsymbol{a}(\boldsymbol{bc}) \tag{10.50}$$

结合的性质使得可以计算代数 A 的任意个数的元素 $\boldsymbol{a}_1,\cdots,\boldsymbol{a}_m$ 的乘积，而不需要指出它们之间的括号的排列；见第 5 页的讨论. 显然，只需验证某组基的元素的有限维代数的结合的性质.

我们已经遇到了代数的某些例子.

例 10.27 所有 n 阶方阵的代数. 它有有限维数 n^2，正如我们在第 2.9 节中看到的，它是结合的.

例 10.28 $n>0$ 个变量的所有具有数值系数的多项式的代数. 这个代数也是结合的，但它的维数是无穷的.

现在，我们将定义有限维数为 n 的向量空间 L 的外代数 $\Lambda(\mathrm{L})$. 该代数有许多不同的应用(其中一些将在下一节中讨论)；它的引入是在第 10.3 节，我们没有仅限于考虑可分解向量的另一个原因，这足以描述向量子空间.

我们将外代数 $\Lambda(\mathrm{L})$ 定义为空间 $\Lambda^p(\mathrm{L})(p\geqslant 0)$ 的直和，该空间不仅仅由一个零向量构成，其中 $\Lambda^0(\mathrm{L})$ 根据定义等于 $\mathbb{K}$. 由于外积的反对称性，我们有 $\Lambda^p(\mathrm{L})=(\mathbf{0})(p>n)$，我们得到了外代数的以下定义

$$\Lambda(\mathrm{L})=\Lambda^0(\mathrm{L})\oplus\Lambda^1(\mathrm{L})\oplus\cdots\oplus\Lambda^n(\mathrm{L}) \tag{10.51}$$

因此，构造的向量空间 $\Lambda(\mathrm{L})$ 的每个元素 $\boldsymbol{u}$ 都可以表示为 $\boldsymbol{u}=\boldsymbol{u}_0+\boldsymbol{u}_1+\cdots+\boldsymbol{u}_n$ 的形式，其中 $\boldsymbol{u}_i\in\Lambda^i(\mathrm{L})$.

我们当前的目标是定义 $\Lambda(\mathrm{L})$ 中的外积，记作 $\boldsymbol{u}\wedge\boldsymbol{v}(\boldsymbol{u},\boldsymbol{v}\in\Lambda(\mathrm{L}))$. 我们将定义向量的外积 $\boldsymbol{u}\wedge\boldsymbol{v}$

$$\boldsymbol{u}=\boldsymbol{u}_0+\boldsymbol{u}_1+\cdots+\boldsymbol{u}_n,\quad \boldsymbol{v}=\boldsymbol{v}_0+\boldsymbol{v}_1+\cdots+\boldsymbol{v}_n,\quad \boldsymbol{u}_i,\boldsymbol{v}_i\in\Lambda^i(\mathrm{L})$$

的外积 $\boldsymbol{u}\wedge\boldsymbol{v}$ 作为元素

$$\boldsymbol{u}\wedge\boldsymbol{v}=\sum_{i,j=0}^{n}\boldsymbol{u}_i\wedge\boldsymbol{v}_j$$

其中我们使用这一事实：外积 $\boldsymbol{u}_i\wedge\boldsymbol{v}_j$ 已经定义为空间 $\Lambda^{i+j}(\mathrm{L})$ 的元素. 因此

$$\boldsymbol{u}\wedge\boldsymbol{v}=\boldsymbol{w}_0+\boldsymbol{w}_1+\cdots+\boldsymbol{w}_n,\quad 其中\ \boldsymbol{w}_k=\sum_{i+j=k}\boldsymbol{u}_i\wedge\boldsymbol{v}_j,\ \boldsymbol{w}_k\in\Lambda^k(\mathrm{L})$$

简单的验证表明，对于这样定义的外积，代数的定义的所有条件都满足. 这可以从之前证明的向量 $\boldsymbol{x}\in\Lambda^i(\mathrm{L})$ 和 $\boldsymbol{y}\in\Lambda^j(\mathrm{L})$ 的外积 $\boldsymbol{x}\wedge\boldsymbol{y}$ 的性质得出. 根据定义，$\Lambda^0(\mathrm{L})=\mathbb{K}$，且数 1(域 $\mathbb{K}$ 中的单位元) 是外代数 $\Lambda(\mathrm{L})$ 中的单位元.

定义 10.29 有限维代数 A 称为分次代数，如果存在将向量空间 A 分解为子空间$A_i \subset A$ 的直和的分解，

$$A = A_0 \oplus A_1 \oplus \cdots \oplus A_k \tag{10.52}$$

并且满足以下条件：对于所有向量 $\boldsymbol{x} \in A_i$ 和 $\boldsymbol{y} \in A_j$，如果 $i+j \leqslant k$，那么乘积 $\boldsymbol{xy}$ 在A_{i+j} 中，如果 $i+j > k$，那么 $\boldsymbol{xy} = \boldsymbol{0}$. 在此，分解(10.52) 称为分次.

在这种情形中，$\dim A = \dim A_0 + \cdots + \dim A_h$，并且取子空间$A_i$ 的基的并集，我们得到了空间 A 的一组基. 分解(10.51) 和外积的定义表明，如果空间 L 有有限维数 n，那么外代数 $\Lambda(L)$ 是分次的. 由于$\Lambda^p(L) = (\boldsymbol{0})(p > n)$，因此

$$\dim \Lambda(L) = \sum_{p=0}^{n} \dim \Lambda^p(L) = \sum_{p=0}^{n} C_n^p = 2^n$$

在具有分次(10.52) 的任意分次代数 A 中，子空间A_i 的元素称为i 次齐次元，并且对于每个 $\boldsymbol{u} \in A_i$，我们写作 $i = \deg \boldsymbol{u}$. 人们经常会遇到无穷维的分次代数，在这种情形中，分次(10.52) 通常包含的项不是有限的，而是无穷多个项. 例如，在多项式代数中(例 10.28)，通过将多项式分解为齐次分量来定义分次.

我们已经证明的外积的性质(10.44) 表明，在外代数 $\Lambda(L)$ 中，对于所有齐次元 $\boldsymbol{u}$ 和 $\boldsymbol{v}$，我们都有关系式

$$\boldsymbol{u} \wedge \boldsymbol{v} = (-1)^d \boldsymbol{v} \wedge \boldsymbol{u}, \quad \text{其中 } d = \deg \boldsymbol{u} \deg \boldsymbol{v} \tag{10.53}$$

我们来证明对于每个有限维向量空间 L，外代数 $\Lambda(L)$ 都是结合的. 如上所述，只需证明代数的某组基的结合性质. 这组基可以由齐次元构成，我们甚至可以选择它们是可分解的. 因此，我们可以假设元素 $\boldsymbol{a}, \boldsymbol{b}, \boldsymbol{c} \in \Lambda(L)$ 等于

$$\boldsymbol{a} = \boldsymbol{a}_1 \wedge \cdots \wedge \boldsymbol{a}_p, \quad \boldsymbol{b} = \boldsymbol{b}_1 \wedge \cdots \wedge \boldsymbol{b}_q, \quad \boldsymbol{c} = \boldsymbol{c}_1 \wedge \cdots \wedge \boldsymbol{c}_r$$

在这种情形中，利用上面证明的性质，我们得到

$$\boldsymbol{a} \wedge (\boldsymbol{b} \wedge \boldsymbol{c}) = \boldsymbol{a}_1 \wedge \cdots \wedge \boldsymbol{a}_p \wedge \boldsymbol{b}_1 \wedge \cdots \wedge \boldsymbol{b}_q \wedge \boldsymbol{c}_1 \wedge \cdots \wedge \boldsymbol{c}_r = (\boldsymbol{a} \wedge \boldsymbol{b}) \wedge \boldsymbol{c}$$

满足所有齐次元的关系式(10.53) 的结合分次代数称为超代数. 因此，任意有限维向量空间 L 的外代数 $\Lambda(L)$ 是超代数，它是这个概念的最重要的例子.

现在，我们回到有限维向量空间 L 的外代数 $\Lambda(L)$. 我们在其中选取一个方便的基，并确定其乘法表.

我们在空间 L 中固定任意一组基$\boldsymbol{e}_1, \cdots, \boldsymbol{e}_n$. 由于元素$\varphi_{\boldsymbol{I}} = \boldsymbol{e}_{i_1} \wedge \cdots \wedge \boldsymbol{e}_{i_m}$（对于$\overrightarrow{\mathbb{N}}_n^m$ 中的所有可能的汇集 $\boldsymbol{I} = (i_1, \cdots, i_m)$）构成空间$\Lambda^m(L)$，$m > 0$ 的一组基，从分解(10.51) 可以得出 $\Lambda(L)$ 中的一组基是子空间$\Lambda^m(L)(m = 1, \cdots, n)$ 的基与子空间$\Lambda^0(L) = \mathbb{K}$(由单个非零标量构成，例如 1) 的基的并集. 这说明所有此类元素$\varphi_{\boldsymbol{I}}, \boldsymbol{I} \in \overrightarrow{\mathbb{N}}_n^m (m = 1, \cdots, n)$ 与 1 一起构成外代数 $\Lambda(L)$ 的一组基. 由于具有 1 的外积是平凡的，因此，为了在构造的基中构成乘法表，我们必须找出所有可

能的下标的汇集 $\boldsymbol{I} \in \overrightarrow{\mathbb{N}}_n^p$ 和 $\boldsymbol{J} \in \overrightarrow{\mathbb{N}}_n^q (1 \leqslant p,q \leqslant n)$ 的外积 $\varphi_{\boldsymbol{I}} \wedge \varphi_{\boldsymbol{J}}$.

考虑到第 342 页的性质 10.23,外积 $\varphi_{\boldsymbol{I}} \wedge \varphi_{\boldsymbol{J}}$ 等于

$$\varphi_{\boldsymbol{I}} \wedge \varphi_{\boldsymbol{J}} = \boldsymbol{e}_{i_1} \wedge \cdots \wedge \boldsymbol{e}_{i_p} \wedge \boldsymbol{e}_{j_1} \wedge \cdots \wedge \boldsymbol{e}_{j_q} \tag{10.54}$$

这里存在两种可能的情形. 如果汇集 $\boldsymbol{I}$ 和 $\boldsymbol{J}$ 至少包含一个共同的下标,那么根据推论 10.14(第 337 页),乘积(10.54) 等于零.

另外,如果 $\boldsymbol{I} \cap \boldsymbol{J} = \varnothing$,那么,我们用 $\boldsymbol{K}$ 表示 $\mathbb{N}_n^{p+q}$ 中的汇集,包括属于集合 $\boldsymbol{I} \cup \boldsymbol{J}$ 的下标,也就是说,$\boldsymbol{K}$ 是通过按升序排列汇集 $(i_1,\cdots,i_p,j_1,\cdots,j_q)$ 得到的. 那么,容易验证,外积(10.54) 不同于元素 $\varphi_{\boldsymbol{K}}$,$\boldsymbol{K} \in \overrightarrow{\mathbb{N}}_n^{p+q}$,属于以上构造的外代数 $\Lambda(\mathrm{L})$ 的基,其中汇集的下标 $\boldsymbol{I} \cup \boldsymbol{J}$ 不一定按升序排列. 为了从(10.54) 中得到元素 $\varphi_{\boldsymbol{K}}$,$\boldsymbol{K} \in \overrightarrow{\mathbb{N}}_n^{p+q}$,有必要交换下标 $(i_1,\cdots,i_p,j_1,\cdots,j_q)$,以使合成的汇集是递增的. 那么根据第 2.6 节的定理 2.23 与 2.25 和性质 10.13,根据外积在任意两个向量的对换下变号,我们得到

$$\varphi_{\boldsymbol{I}} \wedge \varphi_{\boldsymbol{J}} = \varepsilon(\boldsymbol{I},\boldsymbol{J})\, \varphi_{\boldsymbol{K}}, \quad \boldsymbol{K} \in \overrightarrow{\mathbb{N}}_n^{p+q}$$

其中数 $\varepsilon(\boldsymbol{I},\boldsymbol{J})$ 等于 $+1$ 或 -1,这取决于从 $(i_1,\cdots,i_p,j_1,\cdots,j_q)$ 到汇集 $\boldsymbol{K} \in \overrightarrow{\mathbb{N}}_n^{p+q}$ 所需换位的个数是偶数或奇数.

因此,我们看到,在外代数 $\Lambda(\mathrm{L})$ 的构造的基中,乘法表取以下形式:

$$\varphi_{\boldsymbol{I}} \wedge \varphi_{\boldsymbol{J}} = \begin{cases} 0, & \boldsymbol{I} \cap \boldsymbol{J} \neq \varnothing \\ \varepsilon(\boldsymbol{I},\boldsymbol{J})\, \varphi_{\boldsymbol{K}}, & \boldsymbol{I} \cap \boldsymbol{J} = \varnothing \end{cases} \tag{10.55}$$

10.5 附　　录*

前一节中定义的向量 $\boldsymbol{x} \in \Lambda^p(\mathrm{L})$ 和 $\boldsymbol{y} \in \Lambda^q(\mathrm{L})$ 的外积 $\boldsymbol{x} \wedge \boldsymbol{y}$ 在许多情形中可以对我们之前遇到的结论给出简单的证明.

例 10.30　我们使用上一节的记号和结果来考虑 $p = n$ 的情形. 正如我们所看到的,$\dim \Lambda^p(\mathrm{L}) = \mathrm{C}_n^p$,因此,空间 $\Lambda^n(\mathrm{L})$ 是一维的,它的每个非零向量构成一组基. 如果 $\boldsymbol{e}$ 是这样一个向量,那么空间 $\Lambda^n(\mathrm{L})$ 的任意向量都可以写成 $\alpha\boldsymbol{e}$ 的形式(具有合适的标量 α). 因此,对于空间 L 的任意 n 个向量 $\boldsymbol{x}_1,\cdots,\boldsymbol{x}_n$,我们得到了关系式

$$\boldsymbol{x}_1 \wedge \cdots \wedge \boldsymbol{x}_n = \alpha(\boldsymbol{x}_1,\cdots,\boldsymbol{x}_n)\boldsymbol{e} \tag{10.56}$$

其中,$\alpha(\boldsymbol{x}_1,\cdots,\boldsymbol{x}_n)$ 是 n 个向量的函数,从域 $\mathbb{K}$ 中取数值. 根据性质 10.11,10.12 和 10.13,该函数是多重线性的和反对称的.

我们在空间 L 中选取某组基 $\boldsymbol{e}_1,\cdots,\boldsymbol{e}_n$,并设

$$\boldsymbol{x}_i = x_{i1}\boldsymbol{e}_1 + \cdots x_{in}\boldsymbol{e}_n,\quad i=1,\cdots,n$$

基的选取定义了空间L和长度为n的行的空间$\mathbb{K}^n$的同构，其中向量$\boldsymbol{x}_i$对应于行$(x_{i1},\cdots,x_{in})$. 因此，α成为n行的取数值的多重线性反对称函数. 根据定理2.15，函数$\alpha(\boldsymbol{x}_1,\cdots,\boldsymbol{x}_n)$和$n$阶方阵的行列式与标量$k(\boldsymbol{e})$的乘积相等，该行列式由向量$\boldsymbol{x}_1,\cdots,\boldsymbol{x}_n$的坐标$x_{ij}$构成

$$\alpha(\boldsymbol{x}_1,\cdots,\boldsymbol{x}_n) = k(\boldsymbol{e})\cdot\begin{vmatrix} x_{11} & \cdots & x_{1n} \\ \vdots & & \vdots \\ x_{n1} & \cdots & x_{nn}\end{vmatrix} \tag{10.57}$$

公式(10.57)中的系数$k(\boldsymbol{e})$的选取的任意性对应于一维空间$\Lambda^n(\mathrm{L})$中的基$\boldsymbol{e}$的选取的任意性(我们回忆一下，空间L的基$\boldsymbol{e}_1,\cdots,\boldsymbol{e}_n$是固定的).

特别地，我们选取作为空间$\Lambda^n(\mathrm{L})$的一组基的向量

$$\boldsymbol{e} = \boldsymbol{e}_1 \wedge \cdots \wedge \boldsymbol{e}_n \tag{10.58}$$

向量$\boldsymbol{e}_1,\cdots,\boldsymbol{e}_n$是线性无关的. 因此，根据性质10.15(第337页)，向量$\boldsymbol{e}$是非零的. 因此，我们显然得到了$k(\boldsymbol{e})=1$. 事实上，由于公式(10.57)中的系数$k(\boldsymbol{e})$与向量$\boldsymbol{x}_1,\cdots,\boldsymbol{x}_n$的所有汇集是同一个，我们可以通过设$\boldsymbol{x}_i=\boldsymbol{e}_i(i=1,\cdots,n)$来计算它. 在这种情形中，比较公式(10.56)和(10.58)，我们看到$\alpha(\boldsymbol{e}_1,\cdots,\boldsymbol{e}_n)=1$. 将该值代入关系式(10.57)中，其中$\boldsymbol{x}_i=\boldsymbol{e}_i, i=1,\cdots,n$，并注意到(10.57)右边的行列式是单位矩阵的行列式，即等于1，我们得出$k(\boldsymbol{e})=1$.

使用之前给出的定义，我们可以将线性变换$\Lambda^n(\mathcal{A}):\Lambda^n(\mathrm{L})\to\Lambda^n(\mathrm{L})$关联于线性变换$\mathcal{A}:\mathrm{L}\to\mathrm{L}$. 变换$\mathcal{A}$可以通过将空间L的基$\boldsymbol{e}_1,\cdots,\boldsymbol{e}_n$变换为向量$\boldsymbol{x}_1,\cdots,\boldsymbol{x}_n$来定义，也就是说，通过指定向量$\boldsymbol{x}_i=\mathcal{A}(\boldsymbol{e}_i), i=1,\cdots,n$. 根据引理10.17(第338页)，我们得到了等式

$$\begin{aligned}\Lambda^n(\mathcal{A})(\boldsymbol{e}_1\wedge\cdots\wedge\boldsymbol{e}_n) &= \mathcal{A}(\boldsymbol{e}_1)\wedge\cdots\wedge\mathcal{A}(\boldsymbol{e}_n)\\ &= \boldsymbol{x}_1\wedge\cdots\wedge\boldsymbol{x}_n = \alpha(\boldsymbol{x}_1,\cdots,\boldsymbol{x}_n)\boldsymbol{e}\end{aligned} \tag{10.59}$$

另外，我们知道，一维空间的所有线性变换都有形式$\boldsymbol{x}\mapsto\alpha\boldsymbol{x}$，其中$\alpha$是某个标量，它等于给定变换的行列式，与$\Lambda^n(\mathrm{L})$中基$\boldsymbol{e}$的选取无关. 因此，我们得到$(\Lambda^n(\mathcal{A}))(\boldsymbol{x})=\alpha\boldsymbol{x}$，其中标量$\alpha$等于行列式$|(\Lambda^n(\mathcal{A}))|$并且显然仅取决于变换$\mathcal{A}$自身，即它由向量$\boldsymbol{x}_i=\mathcal{A}(\boldsymbol{e}_i)(i=1,\cdots,n)$的汇集确定. 不难看出，这个标量$\alpha$与以上定义的函数$\alpha(\boldsymbol{x}_1,\cdots,\boldsymbol{x}_n)$相同. 事实上，我们在空间$\Lambda^n(\mathrm{L})$中选取一组基$\boldsymbol{e}=\boldsymbol{e}_1\wedge\cdots\wedge\boldsymbol{e}_n$. 那么所需等式直接由公式(10.59)得到.

此外，将$\alpha(\boldsymbol{x}_1,\cdots,\boldsymbol{x}_n)$的表达式(10.57)代入(10.59)，考虑到$k(\boldsymbol{e})=1$且(10.57)右边的行列式与变换$\mathcal{A}$的行列式相同，我们得到以下结果

$$\mathcal{A}(\boldsymbol{e}_1) \wedge \cdots \wedge \mathcal{A}(\boldsymbol{e}_n) = |\mathcal{A}| (\boldsymbol{e}_1 \wedge \cdots \wedge \boldsymbol{e}_n) \tag{10.60}$$

这个关系式给出了我们遇到的所有线性变换的行列式的定义中最恒定的.

我们得到了空间 L 的任意一组基$\boldsymbol{e}_1, \cdots, \boldsymbol{e}_n$ 的关系式(10.60),即对于空间的任意 n 个线性无关的向量的关系式(10.60). 但对于该空间的任意 n 个线性相关的向量$\boldsymbol{a}_1, \cdots, \boldsymbol{a}_n$ 也是成立的. 事实上,在这种情形中,向量$\mathcal{A}(\boldsymbol{a}_1), \cdots, \mathcal{A}(\boldsymbol{a}_n)$ 显然也是线性相关的,根据性质 10.15,两个外积$\boldsymbol{a}_1 \wedge \cdots \wedge \boldsymbol{a}_n$ 和$\mathcal{A}(\boldsymbol{a}_1) \wedge \cdots \wedge \mathcal{A}(\boldsymbol{a}_n)$ 都等于零. 因此,对于空间 L 的任意 n 个向量$\boldsymbol{a}_1, \cdots, \boldsymbol{a}_n$ 和任意线性变换$\mathcal{A}$:L → L,我们都有关系式

$$\mathcal{A}(\boldsymbol{a}_1) \wedge \cdots \wedge \mathcal{A}(\boldsymbol{a}_n) = |\mathcal{A}| (\boldsymbol{a}_1 \wedge \cdots \wedge \boldsymbol{a}_n) \tag{10.61}$$

特别地,如果$\mathcal{B}$:L → L 是其他某个线性变换,那么变换$\mathcal{B}\mathcal{A}$:L → L 的公式(10.60) 给出了类似的等式

$$(\mathcal{B}\mathcal{A}(\boldsymbol{e}_1) \wedge \cdots \wedge \mathcal{B}\mathcal{A}(\boldsymbol{e}_n)) = |\mathcal{B}\mathcal{A}| (\boldsymbol{e}_1 \wedge \cdots \wedge \boldsymbol{e}_n)$$

另外,根据相同的公式,我们得到

$$\begin{aligned}(\mathcal{B}(\mathcal{A}(\boldsymbol{e}_1)) \wedge \cdots \wedge \mathcal{B}(\mathcal{A}(\boldsymbol{e}_n))) &= |\mathcal{B}| (\mathcal{A}(\boldsymbol{e}_1) \wedge \cdots \wedge \mathcal{A}(\boldsymbol{e}_n)) \\ &= |\mathcal{B}| |\mathcal{A}| (\boldsymbol{e}_1 \wedge \cdots \wedge \boldsymbol{e}_n)\end{aligned}$$

因此,可以得出 $|\mathcal{B}\mathcal{A}| = |\mathcal{B}| \cdot |\mathcal{A}|$. 这几乎是关于方阵的乘积的行列式的定理 2.54 的“重言式”证明.

如果 L 是定向 Euclid 空间,那么我们提出的论证得到了更具体的特征. 那么,作为 L 中的基$\boldsymbol{e}_1, \cdots, \boldsymbol{e}_n$,我们可以选取一组标准正交的正定向基. 在这种情形中,$\Lambda^n(\mathrm{L})$ 中的基(10.58) 是唯一定义的,即它不取决于基$\boldsymbol{e}_1, \cdots, \boldsymbol{e}_n$ 的选取. 事实上,如果$\boldsymbol{e}'_1, \cdots, \boldsymbol{e}'_n$是 L 中的另一组这样的基,那么我们知道,存在一个线性变换$\mathcal{A}$:L → L 使得$\boldsymbol{e}'_i = \mathcal{A}(\boldsymbol{e}_i)$ $(i = 1, \cdots, n)$,此外,变换$\mathcal{A}$是正交的且固有的. 但随后 $|\mathcal{A}| = 1$,并且公式(10.60) 表明$\boldsymbol{e}'_1 \wedge \cdots \wedge \boldsymbol{e}'_n = \boldsymbol{e}_1 \wedge \cdots \wedge \boldsymbol{e}_n$.

例 10.31 我们来展示如何从给定的考虑得到 Cauchy-Binet 公式的证明,该公式已在第 2.9 节中说明,但未证明.

我们回忆一下,在那一节中,我们考虑了两个矩阵 B 和 A 的乘积,第一个是 (m, n) 型,第二个是 (n, m) 型,因此 BA 是 m 阶方阵. 我们需要根据矩阵 B 和 A 的相伴余子式得到行列式 $|BA|$ 的表达式. 矩阵 B 和 A 的余子式称为相伴的,如果它们是同阶的,即 n 和 m 的较小值,并且位于相同下标的(矩阵 B 的) 列和(矩阵 A 的) 行中. Cauchy-Binet 公式断言,如果 $n < m$,那么行列式 $|BA|$ 等于 0,如果 $n \geqslant m$,那么 $|BA|$ 等于所有 m 阶相伴余子式的两两乘积之和.

由于每个矩阵都是适当维数的向量空间的某个线性变换的矩阵,因此我们可以将此问题表述为线性变换$\mathcal{A}$:M → L 和$\mathcal{B}$:L → M 的乘积的行列式的问题,

其中 $\dim \mathrm{L}=n$ 且 $\dim \mathrm{M}=m$. 在此，假设我们在空间 M 中选定了一组基 $\boldsymbol{e}_1,\cdots,\boldsymbol{e}_m$，并在空间 L 中选定了一组基 $\boldsymbol{f}_1,\cdots,\boldsymbol{f}_n$，使得变换 $\mathcal{A}$ 和 $\mathcal{B}$ 在这些基中分别有矩阵 A 和 B. 那么 $\mathcal{BA}$ 是空间 M 到自身的线性变换，具有行列式 $|\mathcal{BA}|=|BA|$.

首先，我们来证明当 $n<m$ 时，$|BA|=0$. 由于变换的像 $\mathcal{BA}(\mathrm{M})$ 是 $\mathcal{B}(\mathrm{L})$ 的子集，且 $\dim \mathcal{B}(\mathrm{L})\leqslant \dim \mathrm{L}$，在所考虑的情形中，我们得到了不等式

$$\dim(\mathcal{BA}(\mathrm{M}))\leqslant \dim \mathcal{B}(\mathrm{L})\leqslant \dim \mathrm{L}=n<m=\dim \mathrm{M}$$

由此得出，变换 $\mathcal{BA}:\mathrm{M}\to\mathrm{M}$ 的像不等于整个空间 M，即变换 $\mathcal{BA}$ 是奇异的. 这说明 $|\mathcal{BA}|=0$，即 $|BA|=0$.

现在，我们来考虑 $n\geqslant m$ 的情形，使用第 10.3 节中的引理 10.16 和 10.17，当 $p=m$ 时，对于空间 M 的基向量 $\boldsymbol{e}_1,\cdots,\boldsymbol{e}_m$，我们得到了关系式

$$\begin{aligned}\Lambda^m(\mathcal{BA})(\boldsymbol{e}_1\wedge\cdots\wedge\boldsymbol{e}_m)&=\Lambda^m(\mathcal{B})\,\Lambda^m(\mathcal{A})(\boldsymbol{e}_1\wedge\cdots\wedge\boldsymbol{e}_m)\\&=\Lambda^m(\mathcal{B})(\mathcal{A}(\boldsymbol{e}_1)\wedge\cdots\wedge\mathcal{A}(\boldsymbol{e}_m))\end{aligned}\tag{10.62}$$

向量 $\mathcal{A}(\boldsymbol{e}_1),\cdots,\mathcal{A}(\boldsymbol{e}_m)$ 包含在 n 维空间 L 中，它们在基 $\boldsymbol{f}_1,\cdots,\boldsymbol{f}_n$ 中的坐标以列的形式写出，构成变换 $\mathcal{A}:\mathrm{M}\to\mathrm{L}$ 的矩阵 A. 现在，我们以行的形式写出向量 $\mathcal{A}(\boldsymbol{e}_1),\cdots,\mathcal{A}(\boldsymbol{e}_m)$ 的坐标. 从而得到 (m,n) 型转置矩阵 A^*. 将公式(10.22)应用于向量 $\mathcal{A}(\boldsymbol{e}_1),\cdots,\mathcal{A}(\boldsymbol{e}_m)$，我们得到等式

$$\mathcal{A}(\boldsymbol{e}_1)\wedge\cdots\wedge\mathcal{A}(\boldsymbol{e}_m)=\sum_{\boldsymbol{I}\in\overrightarrow{\mathbb{N}}_n^m}M_{\boldsymbol{I}}\,\boldsymbol{\varphi}_{\boldsymbol{I}}\tag{10.63}$$

具有由公式(10.20)定义的函数 $\boldsymbol{\varphi}_{\boldsymbol{I}}$. 在表达式(10.63)中，根据我们的定义，$M_{\boldsymbol{I}}$ 是占据下标为 $i_1,\cdots,i_m$ 的列的矩阵 A^* 的余子式. 显然，矩阵 A^* 的这样的余子式 $M_{\boldsymbol{I}}$ 与占据具有相同下标 $i_1,\cdots,i_m$ 的行的矩阵 A 的余子式相等. 因此，我们可以假设在(10.63)右边的和中，$M_{\boldsymbol{I}}$ 是矩阵 A 的 m 阶余子式，它对应于其行的下标的所有可能的有序汇集 $\boldsymbol{I}=(i_1,\cdots,i_m)$.

关系式(10.62)和(10.63)一同给出了等式

$$\Lambda^m(\mathcal{BA})(\boldsymbol{e}_1\wedge\cdots\wedge\boldsymbol{e}_m)=\Lambda^m(\mathcal{B})\Big(\sum_{\boldsymbol{I}\in\overrightarrow{\mathbb{N}}_n^m}\mathrm{M}_{\boldsymbol{I}}\,\boldsymbol{\varphi}_{\boldsymbol{I}}\Big)\tag{10.64}$$

我们用 $M_{\boldsymbol{I}}$ 和 $N_{\boldsymbol{I}}$ 表示矩阵 A 和 B 的相伴子式. 这说明子式 $M_{\boldsymbol{I}}$ 占据矩阵 A 的具有下标 $\boldsymbol{I}=(i_1,\cdots,i_m)$ 的行，余子式 $N_{\boldsymbol{I}}$ 占据矩阵 B 的具有相同下标的列. 我们来考虑线性变换 $\mathcal{B}:\mathrm{L}\to M$ 对子空间 $\langle\boldsymbol{f}_{i_1},\cdots,\boldsymbol{f}_{i_m}\rangle$ 的限制. 根据函数 $\boldsymbol{\varphi}_{\boldsymbol{I}}$ 的定义，我们得到：

$$\Lambda^m(\mathcal{B})(\boldsymbol{\varphi}_{\boldsymbol{I}})=\mathcal{B}(\boldsymbol{f}_{i_1})\wedge\cdots\wedge\mathcal{B}(\boldsymbol{f}_{i_m})=N_{\boldsymbol{I}}(\boldsymbol{e}_1\wedge\cdots\wedge\boldsymbol{e}_m)$$

由此，考虑到公式(10.64)，得到关系式

$$\Lambda^m(\mathcal{BA})(\boldsymbol{e}_1\wedge\cdots\wedge\boldsymbol{e}_m)=\Lambda^m(\mathcal{B})\Big(\sum_{\boldsymbol{I}\in\overrightarrow{\mathbb{N}}_n^m}M_{\boldsymbol{I}}\,\boldsymbol{\varphi}_{\boldsymbol{I}}\Big)=\sum_{\boldsymbol{I}\in\overrightarrow{\mathbb{N}}_n^m}M_{\boldsymbol{I}}\,\Lambda^m(\mathcal{B})(\boldsymbol{\varphi}_{\boldsymbol{I}})$$

$$=(\sum_{\boldsymbol{I}\in\overrightarrow{\mathbb{N}}_n^m} M_{\boldsymbol{I}} N_{\boldsymbol{I}})(\boldsymbol{e}_1 \wedge \cdots \wedge \boldsymbol{e}_m)$$

另外，根据引理 10.17 和公式(10.60)，我们得到

$$\Lambda^m(\mathcal{BA})(\boldsymbol{e}_1 \wedge \cdots \wedge \boldsymbol{e}_m)=\mathcal{BA}(\boldsymbol{e}_1) \wedge \cdots \wedge \mathcal{BA}(\boldsymbol{e}_m)=|\mathcal{BA}|(\boldsymbol{e}_1 \wedge \cdots \wedge \boldsymbol{e}_m)$$

最后两个等式给出了关系式

$$|\mathcal{BA}|=\sum_{\boldsymbol{I}\in\overrightarrow{\mathbb{N}}_n^m} M_{\boldsymbol{I}} N_{\boldsymbol{I}}$$

考虑到等式 $|\mathcal{BA}|=|BA|$，这与 $n \geqslant m$ 的情形中的 Cauchy-Binet 公式一致.

例 10.32 我们来推导方阵 A 的行列式的公式，该公式推广了行列式沿第 j 列展开的著名公式

$$|A|=a_{1j}A_{1j}+a_{2j}A_{2j}+\cdots+a_{nj}A_{nj} \tag{10.65}$$

其中A_{ij} 是元素a_{ij} 的余子式，即数$(-1)^{i+j}M_{ij}$，且M_{ij} 是通过从矩阵A 中删除该元素以及该元素所在的整行和整列而得到的余子式. 该推广基于这样一个事实，即现在我们将不沿着单独一列，而是沿着几列写出行列式的类似展开式，从而以适当的方式推广代数余子式的概念.

我们来考虑某个集合 $\boldsymbol{I} \in \overrightarrow{\mathbb{N}}_n^m$，其中 m 是 1 到 $n-1$ 内的自然数. 我们用$\overline{\boldsymbol{I}}$ 表示通过舍弃出现在 $\boldsymbol{I}$ 中的下标而从$(1,\cdots,n)$ 得到的汇集. 显然，$\overline{\boldsymbol{I}} \in \overrightarrow{\mathbb{N}}_n^{n-m}$. 我们用 $|\boldsymbol{I}|$ 表示出现在汇集 $\boldsymbol{I}$ 中的所有下标之和，也就是说，我们设 $|\boldsymbol{I}|=i_1+\cdots+i_m$.

设 A 为 n 阶任意方阵，并设 $\boldsymbol{I}=(i_1,\cdots,i_m)$ 和 $\boldsymbol{J}=(j_1,\cdots,j_m)$ 为$\overrightarrow{\mathbb{N}}_n^m$ 中的两个下标的汇集. 对于占据下标为$i_1,\cdots,i_m$ 的行和下标为$j_1,\cdots,j_m$ 的列的余子式M_{ij}，我们称数

$$A_{\boldsymbol{IJ}}=(-1)^{|\boldsymbol{I}|+|\boldsymbol{J}|}M_{\overline{\boldsymbol{IJ}}} \tag{10.66}$$

为余子式. 容易看出，给定的定义事实上是第 2 章中给出的单个元素a_{ij} 的余子式的推广，在那里，$m=1$ 且汇集 $\boldsymbol{I}=(i)$，$\boldsymbol{J}=(j)$ 均由单个下标构成.

定理 10.33 (Laplace 定理) 矩阵 A 的行列式等于占据任意 m 个给定列(或行) 的所有余子式与其代数余子式的乘积之和

$$|A|=\sum_{\boldsymbol{J}\in\overrightarrow{\mathbb{N}}_n^m} M_{\boldsymbol{IJ}}A_{\boldsymbol{IJ}}=\sum_{\boldsymbol{I}\in\overrightarrow{\mathbb{N}}_n^m} M_{\boldsymbol{IJ}}A_{\boldsymbol{IJ}}$$

其中，数 m 可以在 1 到 $n-1$ 内任意选取.

备注 10.34 当 $m=1$ 和 $m=n-1$ 时，Laplace 定理给出了行列式沿列展开的公式(10.65)，以及沿行展开的类似公式. 然而，只有在一般情形中，我们才有可能将注意力集中在 m 阶余子式和 $n-m$ 阶余子式之间的对称上.

定理 10.33 的证明：我们首先注意到，对于转置矩阵，行列式不变时，其行转换为列，而行列式不变，因此只需给出给定等式之一的证明. 为了确定性，我们来证明第一个等式，即行列式 $|A|$ 沿 m 列展开的公式.

我们来考虑一个 n 维向量空间 L 和 L 的任意一组基$\boldsymbol{e}_1,\cdots,\boldsymbol{e}_n$. 设$\mathcal{A}$:L → L 为在这组基中有矩阵 A 的线性变换. 我们将置换应用于这组基的向量，使得前 m 个位置由向量$\boldsymbol{e}_{i_1},\cdots,\boldsymbol{e}_{i_m}$ 占据，剩余的 $n-m$ 个位置由向量$\boldsymbol{e}_{i_{m+1}},\cdots,\boldsymbol{e}_{i_n}$ 占据. 在由此得到的基中，变换$\mathcal{A}$的行列式再次等于 $|A|$，因为变换$\mathcal{A}$的矩阵的行列式不取决于基的选取. 使用公式(10.60)，我们得到

$$\begin{aligned}&\mathcal{A}(\boldsymbol{e}_{i_1})\wedge\cdots\wedge\mathcal{A}(\boldsymbol{e}_{i_m})\wedge\mathcal{A}(\boldsymbol{e}_{i_{m+1}})\wedge\cdots\wedge\mathcal{A}(\boldsymbol{e}_{i_n})\\&=|A|(\boldsymbol{e}_{i_1}\wedge\cdots\wedge\boldsymbol{e}_{i_m}\wedge\boldsymbol{e}_{i_{m+1}}\wedge\cdots\wedge\boldsymbol{e}_{i_n})\\&=|A|(\boldsymbol{\varphi}_{\boldsymbol{I}}\wedge\boldsymbol{\varphi}_{\overline{\boldsymbol{I}}})\end{aligned}\tag{10.67}$$

我们来计算关系式(10.67)的左边，将公式(10.22)应用于两组不同的向量.

首先，我们设$\boldsymbol{a}_1=\mathcal{A}(\boldsymbol{e}_{i_1}),\cdots,\boldsymbol{a}_m=\mathcal{A}(\boldsymbol{e}_{i_m})$. 那么根据(10.22)，我们得到

$$\mathcal{A}(\boldsymbol{e}_{i_1})\wedge\cdots\wedge\mathcal{A}(\boldsymbol{e}_{i_m})=\sum_{\boldsymbol{J}\in\overrightarrow{\mathbb{N}_n^m}}M_{\boldsymbol{IJ}}\boldsymbol{\varphi}_{\boldsymbol{J}}\tag{10.68}$$

其中 $\boldsymbol{I}=(i_1,\cdots,i_m)$，且 $\boldsymbol{J}$ 取遍集合$\overrightarrow{\mathbb{N}_n^m}$ 中的所有汇集.

现在，我们在(10.22)中用 $n-m$ 替换 m，并将由此得到的公式应用于向量 $\boldsymbol{a}_1=\mathcal{A}(\boldsymbol{e}_{i_{m+1}}),\cdots,\boldsymbol{a}_{n-m}=\mathcal{A}(\boldsymbol{e}_{i_n})$. 因此，我们得到了等式

$$\mathcal{A}(\boldsymbol{e}_{i_{m+1}})\wedge\cdots\wedge\mathcal{A}(\boldsymbol{e}_{i_n})=\sum_{\boldsymbol{J}'\in\overrightarrow{\mathbb{N}_n^{n-m}}}M_{\overline{\boldsymbol{I}}\boldsymbol{J}'}\boldsymbol{\varphi}_{\boldsymbol{J}'}\tag{10.69}$$

其中$\overline{\boldsymbol{I}}=(i_{m+1},\cdots,i_n)$，且$\boldsymbol{J}'$ 取遍集合$\overrightarrow{\mathbb{N}_n^{n-m}}$ 中的所有汇集.

将表达式(10.68)和(10.69)代入(10.67)的左边，我们得到等式

$$\sum_{\boldsymbol{J}\in\overrightarrow{\mathbb{N}_n^m}}\sum_{\boldsymbol{J}'\in\overrightarrow{\mathbb{N}_n^{n-m}}}M_{\boldsymbol{IJ}}M_{\overline{\boldsymbol{I}}\boldsymbol{J}'}\boldsymbol{\varphi}_{\boldsymbol{J}}\wedge\boldsymbol{\varphi}_{\boldsymbol{J}'}=|A|(\boldsymbol{\varphi}_{\boldsymbol{I}}\wedge\boldsymbol{\varphi}_{\overline{\boldsymbol{I}}})\tag{10.70}$$

我们利用上一节末尾得到的乘法表(10.55)来计算当 $p=m$ 且 $q=n-m$ 时的外积$\boldsymbol{\varphi}_{\boldsymbol{I}}\wedge\boldsymbol{\varphi}_{\overline{\boldsymbol{I}}}$,. 在这种情形中，显然，由 $\boldsymbol{I}$ 和$\overline{\boldsymbol{I}}$ 的并集得到的汇集 $\boldsymbol{K}$ 等于 $(1,\cdots,n)$，我们只需计算数 $\varepsilon(\boldsymbol{I},\overline{\boldsymbol{I}})=\pm1$，它取决于从$(i_1,\cdots,i_m,i_{m+1},\cdots,i_n)$ 到 $\boldsymbol{K}=(1,\cdots,n)$ 所需对换的个数是偶数还是奇数. 不难看出（例如，使用与第 2.6 节中相同的推理），$\varepsilon(\boldsymbol{I},\overline{\boldsymbol{I}})$ 等于对$(i,\bar{i})$ 的个数，其中 $i\in\boldsymbol{I}$ 且$\bar{i}\in\overline{\boldsymbol{I}}$，下标 i 和$\bar{i}$ 的是按逆序来的（构成一个逆序），即 $i>\bar{i}$. 根据定义，所有小于i_1 的下标都出现在$\overline{\boldsymbol{I}}$ 中，因此，它们与i_1 构成一个逆序. 这就得到了i_1-1 个对. 此外，所有小于i_2 且属于$\overline{\boldsymbol{I}}$ 的数都与下标i_2 构成一个逆序，也就是说，所有小于i_2 的除i_1 以外的数，

属于 $\boldsymbol{I}$ 而不属于$\overline{\boldsymbol{I}}$. 这就得到了$i_2-2$ 个对.

以这种方式继续到最后,我们得到构成逆序的对$(i,\bar{i})$ 的个数等于$(i_1-1)+(i_2-2)+\cdots+(i_m-m)$,即等于 $|\boldsymbol{I}|-\mu$,其中 $\mu=1+\cdots+m=\frac{1}{2}m(m+1)$. 因此,我们最终得到了公式$\boldsymbol{\varphi}_{\boldsymbol{I}}\wedge\boldsymbol{\varphi}_{\overline{\boldsymbol{I}}}=(-1)^{|\boldsymbol{I}|-\mu}\boldsymbol{\varphi}_{\boldsymbol{K}}$,其中 $\boldsymbol{K}=(1,\cdots,n)$.

对于所有 $\boldsymbol{J}$ 和$\boldsymbol{J}'$,外积$\boldsymbol{\varphi}_{\boldsymbol{J}}\wedge\boldsymbol{\varphi}_{\boldsymbol{J}'}$ 都等于零,只有$\boldsymbol{J}'=\overline{\boldsymbol{J}}$ 的情形除外,即汇集 $\boldsymbol{J}$ 和$\boldsymbol{J}'$ 是不相交的且互为补. 根据以上所述,$\boldsymbol{\varphi}_{\boldsymbol{J}}\wedge\boldsymbol{\varphi}_{\overline{\boldsymbol{J}}}=(-1)^{|\boldsymbol{J}|-\mu}\boldsymbol{\varphi}_{\boldsymbol{K}}$. 因此,我们由公式(10.70) 得到等式

$$\sum_{\boldsymbol{J}\in\overrightarrow{\mathbb{N}}_n^m} M_{\boldsymbol{IJ}}M_{\overline{\boldsymbol{IJ}}}(-1)^{|\boldsymbol{J}|-\mu}\boldsymbol{\varphi}_{\boldsymbol{K}}=|A|(-1)^{|\boldsymbol{I}|-\mu}\boldsymbol{\varphi}_{\boldsymbol{K}} \tag{10.71}$$

将等式(10.71) 两边乘以数$(-1)^{|\boldsymbol{I}|+\mu}$,考虑到显然的恒等式$(-1)^{2|\boldsymbol{I}|}=1$,我们最终得到

$$\sum_{\boldsymbol{J}\in\overrightarrow{\mathbb{N}}_n^m} M_{\boldsymbol{IJ}}M_{\overline{\boldsymbol{IJ}}}(-1)^{|\boldsymbol{I}|+|\boldsymbol{J}|}=|A|$$

考虑到定义(10.66),这就给出了所需的等式. □

例 10.35 本节从例 10.30 开始,其中我们详细研究了 $p=n$ 时的空间$\Lambda^p(\mathrm{L})$. 现在,我们来考虑 $p=n-1$ 的情形. 作为一般关系式 $\dim\Lambda^p(\mathrm{L})=\mathrm{C}_n^p$ 的结果,我们得到了 $\dim\Lambda^{n-1}(\mathrm{L})=n$.

在空间 L 中选取任意一组基$\boldsymbol{e}_1,\cdots,\boldsymbol{e}_n$ 后,我们分配给每个向量$\boldsymbol{z}\in\Lambda^{n-1}(\mathrm{L})$ 由条件

$$\boldsymbol{z}\wedge\boldsymbol{x}=f(\boldsymbol{x})(\boldsymbol{e}_1\wedge\cdots\wedge\boldsymbol{e}_n),\quad \boldsymbol{x}\in\mathrm{L}$$

定义的 L 上的线性函数 $f(\boldsymbol{x})$. 为此,有必要回顾一下,$\boldsymbol{z}\wedge\boldsymbol{x}$ 属于一维空间$\Lambda^n(\mathrm{L})$,且向量$\boldsymbol{e}_1\wedge\cdots\wedge\boldsymbol{e}_n$ 构成了一组基. 函数 $f(\boldsymbol{x})$ 的线性由以上证明的外积的性质得出. 我们来验证由此构造的线性变换

$$\mathcal{F}:\Lambda^{n-1}(\mathrm{L})\to\mathrm{L}^*$$

是一个同构. 由于 $\dim\Lambda^{n-1}(\mathrm{L})=\dim\mathrm{L}^*=n$,为了证明这一点,只需验证变换$\mathcal{F}$ 的核等于$(\mathbf{0})$. 我们知道,可以选取由汇集$(i_1,\cdots,i_{n-1})$ 的排列唯一决定的向量

$$\boldsymbol{e}_{i_1}\wedge\boldsymbol{e}_{i_2}\wedge\cdots\wedge\boldsymbol{e}_{i_{n-1}},\quad i_k\in\{1,\cdots,n\}$$

作为空间$\Lambda^{n-1}(\mathrm{L})$ 的一组基. 这些是除去一个之外的所有数$(1,\cdots,n)$. 这意味着作为$\Lambda^{n-1}(\mathrm{L})$ 的基,可以选取向量

$$\boldsymbol{u}_i=\boldsymbol{e}_1\wedge\cdots\wedge\boldsymbol{e}_{i-1}\wedge\check{\boldsymbol{e}}_i\wedge\boldsymbol{e}_{i+1}\wedge\cdots\wedge\boldsymbol{e}_n,\quad i=1,\cdots,n \tag{10.72}$$

显然,如果$i\neq j$,那么$\boldsymbol{u}_i\wedge\boldsymbol{e}_j=\mathbf{0}$,且对于所有$i=1,\cdots,n$,都有$\boldsymbol{u}_i\wedge\boldsymbol{e}_i=\pm\boldsymbol{e}_1\wedge\cdots\wedge\boldsymbol{e}_n$.

我们假设 $\boldsymbol{z}\in\Lambda^{n-1}(\mathrm{L})$ 是非零向量，使得其相伴线性函数 $f(\boldsymbol{x})(\boldsymbol{x}\in\mathrm{L})$ 等于零. 我们设 $\boldsymbol{z}=z_1\boldsymbol{u}_1+\cdots+z_n\boldsymbol{u}_n$. 那么根据我们的假设，可以得出 $\boldsymbol{z}\wedge\boldsymbol{x}=\boldsymbol{0}$ $(\boldsymbol{x}\in\mathrm{L}$，特别地，对于向量$\boldsymbol{e}_1,\cdots,\boldsymbol{e}_n)$. 容易看出，由此得出等式$z_1=0,\cdots,z_n=0$，因此 $\boldsymbol{z}=0$.

构造的同构$\mathcal{F}:\Lambda^{n-1}(\mathrm{L})\to\mathrm{L}^*$ 是我们之前遇到的以下事实的加细：超平面的 Plücker 坐标可以是任意数；在这个维数中，Plücker 关系尚未出现.

现在，我们假设空间 L 是一个定向 Euclid 空间. 一方面，这确定了$\Lambda^n(\mathrm{L})$ 中的一组固定基(10.58)，如果$\boldsymbol{e}_1,\cdots,\boldsymbol{e}_n$ 是 L 的任意正定向标准正交基，因此以上构造的同构$\mathcal{F}:\Lambda^{n-1}(\mathrm{L})\to\mathrm{L}^*$ 是唯一确定的. 另一方面，对于 Euclid 空间，定义了标准同构$\mathrm{L}^*\simeq\mathrm{L}$，这在 L 中根本不需要选取任意的基(见第 202 页). 组合这两个同构，我们得到了同构

$$\mathcal{G}:\Lambda^{n-1}(\mathrm{L})\simeq\mathrm{L}$$

它分配给元素 $\boldsymbol{z}\in\Lambda^{n-1}(\mathrm{L})$ 向量 $\boldsymbol{x}\in\mathrm{L}$ 使得

$$\boldsymbol{z}\wedge\boldsymbol{y}=(\boldsymbol{x},\boldsymbol{y})(\boldsymbol{e}_1\wedge\cdots\wedge\boldsymbol{e}_n)\tag{10.73}$$

对于每个向量 $\boldsymbol{y}\in\mathrm{L}$ 和正定向标准正交基$\boldsymbol{e}_1,\cdots,\boldsymbol{e}_n$ 都成立，其中$(\boldsymbol{x},\boldsymbol{y})$ 表示空间 L 中的内积.

我们来更详细地考虑这个同构. 我们在前面看到，由公式(10.72) 确定的向量$\boldsymbol{u}_i$ 构成空间$\Lambda^{n-1}(\mathrm{L})$ 的一组基. 为了描述构造的同构，只需确定哪个向量 $\boldsymbol{b}\in\mathrm{L}$ 对应于向量$\boldsymbol{a}_1\wedge\cdots\wedge\boldsymbol{a}_{n-1}$，$\boldsymbol{a}_i\in\mathrm{L}$. 我们可以假设向量$\boldsymbol{a}_1,\cdots,\boldsymbol{a}_{n-1}$ 是线性无关的，否则，向量$\boldsymbol{a}_1\wedge\cdots\wedge\boldsymbol{a}_{n-1}$ 等于 $\boldsymbol{0}$，那么它对应于向量 $\boldsymbol{b}=\boldsymbol{0}$. 考虑到公式(10.73)，这种对应蕴涵等式

$$(\boldsymbol{b},\boldsymbol{y})(\boldsymbol{e}_1\wedge\cdots\wedge\boldsymbol{e}_n)=\boldsymbol{a}_1\wedge\cdots\wedge\boldsymbol{a}_{n-1}\wedge\boldsymbol{y}\tag{10.74}$$

对于所有 $\boldsymbol{y}\in\mathrm{L}$ 都是满足的. 由于(10.74) 右边的向量是零向量，如果 $\boldsymbol{y}$ 属于子空间$\mathrm{L}_1=\langle\boldsymbol{a}_1,\cdots,\boldsymbol{a}_{n-1}\rangle$，我们可以假设 $\boldsymbol{b}\in\mathrm{L}_1^{\perp}$.

现在我们必须记住，我们有一个定向，并且认为 L 和L_1 是定向的(容易确定空间 L 的定向，并不确定子空间L_1 的自然定向，因此我们必须分别选取和固定L_1 的定向). 那么我们可以选取基$\boldsymbol{e}_1,\cdots,\boldsymbol{e}_n$，使得它是正交的且正定向的，并且也使得前 $n-1$ 个向量$\boldsymbol{e}_1,\cdots,\boldsymbol{e}_{n-1}$ 属于子空间L_1，并且还在其中定义一组标准正交且正定向的基(总是可以实现这一点，可以在用 $-\boldsymbol{e}_n$ 替换向量$\boldsymbol{e}_n$ 之后).

由于向量$\boldsymbol{b}$包含在一维子空间$\mathrm{L}_1^{\perp}=\langle\boldsymbol{e}_n\rangle$ 中，因此$\boldsymbol{b}=\beta\boldsymbol{e}_n$. 使用前面的论证，我们得到

$$\boldsymbol{a}_1\wedge\cdots\wedge\boldsymbol{a}_{n-1}=v(\boldsymbol{a}_1,\cdots,\boldsymbol{a}_{n-1})\,\boldsymbol{e}_n$$

其中 $v(\boldsymbol{a}_1,\cdots,\boldsymbol{a}_{n-1})$ 是由向量$\boldsymbol{a}_1,\cdots,\boldsymbol{a}_{n-1}$ 生成的平行六面体的定向体积(见第

208 页的定义). 这一观察确定了数 β.

事实上,将向量 $\boldsymbol{y}=\boldsymbol{e}_n$ 代入(10.74),并考虑到这一事实:基$\boldsymbol{e}_1,\cdots,\boldsymbol{e}_n$ 选取为标准正交且正定向的(特别地,由此得出等式 $v(\boldsymbol{e}_1,\cdots,\boldsymbol{e}_n)=1$),我们得到了关系式

$$\beta v=v(\boldsymbol{a}_1,\cdots,\boldsymbol{a}_{n-1},\boldsymbol{e}_n)=v(\boldsymbol{a}_1,\cdots,\boldsymbol{a}_{n-1})$$

因此,以上构造的同构$\mathcal{G}$分配给向量$\boldsymbol{a}_1\wedge\cdots\wedge\boldsymbol{a}_{n-1}$ 向量 $\boldsymbol{b}=v(\boldsymbol{a}_1,\cdots,\boldsymbol{a}_{n-1})\boldsymbol{e}_n$,其中$\boldsymbol{e}_n$ 是直线$\mathrm{L}_1^\perp$ 上的单位向量,选取符号使空间 L 的基$\boldsymbol{e}_1,\cdots,\boldsymbol{e}_n$ 是标准正交且正定向的. 容易验证,这等价于要求基$\boldsymbol{a}_1,\cdots,\boldsymbol{a}_{n-1},\boldsymbol{e}_n$ 是正定向的.

最终结果包含在以下定理中.

定理 10.36 对于每个定向 Euclid 空间 L,同构

$$\mathcal{G}:\Lambda^{n-1}(\mathrm{L})\simeq\mathrm{L}$$

分配给向量$\boldsymbol{a}_1\wedge\cdots\wedge\boldsymbol{a}_{n-1}$ 的向量$\boldsymbol{b}\in\mathrm{L}$,它与向量$\boldsymbol{a}_1,\cdots,\boldsymbol{a}_{n-1}$ 正交,其长度等于未定向体积 $V(\boldsymbol{a}_1,\cdots,\boldsymbol{a}_{n-1})$,或者更确切地说

$$\boldsymbol{b}=V(\boldsymbol{a}_1,\cdots,\boldsymbol{a}_{n-1})\boldsymbol{e} \tag{10.75}$$

其中 $\boldsymbol{e}\in\mathrm{L}$ 是单位长度的向量,它与向量$\boldsymbol{a}_1,\cdots,\boldsymbol{a}_{n-1}$ 正交,并且选取为使得 $\boldsymbol{a}_1,\cdots,\boldsymbol{a}_{n-1},\boldsymbol{e}$ 是正定向的.

由关系式(10.75) 确定的向量 $\boldsymbol{b}$ 称为向量$\boldsymbol{a}_1,\cdots,\boldsymbol{a}_{n-1}$ 的向量积,记作$[\boldsymbol{a}_1,\cdots,\boldsymbol{a}_{n-1}]$. 在 $n=3$ 的情形中,这个定义给出了解析几何中常见的两个向量的向量积$[\boldsymbol{a}_1,\boldsymbol{a}_2]$.

二次曲面

第 11 章

我们遇到了许多类由点构成的空间(仿射的,仿射 Euclid 的,射影的). 对于所有这些空间,一个有趣而重要的问题是研究此类空间中包含的二次曲面,即具有坐标($x_1,\cdots,x_n$) 的点集,它在某个坐标系中满足单个方程

$$F(x_1,\cdots,x_n)=0 \tag{11.1}$$

其中 F 是变量$x_1,\cdots,x_n$ 的二次多项式. 我们把注意力集中在这样一个事实上:根据多项式的定义,一般来说,方程(11.1) 中可能存在一次和二次单项式以及常数项.

对于每个上述类型的空间,平凡的验证表明,点集是二次曲面的性质并不取决于坐标系的选取. 或者换句话说,非奇异仿射变换、运动或射影变换(取决于所考虑的空间的类型) 将二次曲面变换为二次曲面.

11.1 射影空间中的二次曲面

根据上述定义,射影空间$\mathbb{P}(\mathrm{L})$ 中的二次曲面 Q 由齐次坐标的方程(11.1) 给出. 然而,正如我们在第 9 章中看到的,该方程满足射影空间$\mathbb{P}(\mathrm{L})$ 的点的齐次坐标,仅当它的左边是齐次的.

定义 11.1 射影空间$\mathbb{P}(\mathrm{L})$ 中的二次曲面是集合 Q,它由方程(11.1) 定义的点构成,其中 F 是齐次二次多项式,即坐标 $x_0,x_1,\cdots,x_n$ 的二次型.

在第 6.2 节中,我们证明了在某个坐标系中(即,在空间 L 的某组基中),方程(11.1) 化为标准形

$$\lambda_0 x_0^2+\lambda_1 x_1^2+\cdots+\lambda_r x_r^2=0$$

其中所有系数λ_i 均为非零的. 在此,数 $r \leqslant n$ 等于二次型 F 的秩,并且对于每个坐标系(其中型 F 化为标准形)都是相同的. 后续,我们将假设二次型 F 是非奇异的,即 $r=n$. 我们也将相伴二次曲面 Q 称为非奇异的. 其方程的标准形可以写成如下

$$\alpha_0 x_0^2+\alpha_1 x_1^2+\cdots+\alpha_n x_n^2=0 \tag{11.2}$$

其中所有系数α_i 均为非零的. 一般情形与(11.2)的不同之处仅在于省略了包含x_i(其中 $i=r+1,\cdots,n$)的项. 因此,它容易化为非奇异二次曲面的情形.

我们已经遇到了任意光滑超曲面(第 7 章)或射影代数簇(第 9 章)的切空间的概念. 现在,我们继续考虑二次曲面的切空间的概念.

定义 11.2 如果 A 是由方程(11.1)给出的二次曲面 Q 上的一个点,那么 Q 在点 $A \in Q$ 处的切空间定义为射影空间$T_A Q$,由以下方程给出

$$\sum_{i=0}^{n} \frac{\partial F}{\partial x_i}(A) x_i=0 \tag{11.3}$$

切空间是一个重要的一般数学概念,我们现在将尽可能一般地讨论它. 在代数课程的框架内,我们很自然地限于考虑 F 是任意次数 $k>0$ 的齐次多项式的情形. 那么方程(11.1)在空间$\mathbb{P}(\mathrm{L})$中定义了某个超曲面 X,如果不是所有的偏导数$\dfrac{\partial F}{\partial x_i}(A)$都等于零,那么方程(11.3)给出了超曲面 X 在点 A 处的切超平面. 我们可以看到,在方程(11.3)中,左边出现了微分$\mathrm{d}_A F(\boldsymbol{x})$(见第 128 页的例 3.86),并且由于该概念定义为关于坐标系的选取是不变的,切空间的概念也与这种选取无关. 超曲面 X 在点 A 处的切空间记作$T_A X$.

后续,我们将始终假设二次曲面位于特征不为 2 的域$\mathbb{K}$(例如,为了确定性,我们可以假设域$\mathbb{K}$是$\mathbb{R}$或$\mathbb{C}$)上的空间中. 如果 $F(\boldsymbol{x})$ 是二次型,那么根据我们所做的假设,我们可以将其写成

$$F(\boldsymbol{x})=\sum_{i,j=0}^{n} a_{ij} x_i x_j \tag{11.4}$$

其中系数满足$a_{ij}=a_{ji}$. 换句话说,$F(\boldsymbol{x})=\varphi(\boldsymbol{x},\boldsymbol{x})$,其中

$$\varphi(\boldsymbol{x},\boldsymbol{y})=\sum_{i,j=0}^{n} a_{ij} x_i y_j \tag{11.5}$$

是对称双线性型(定理 6.6). 如果点 A 对应于坐标为$(\alpha_0,\alpha_1,\cdots,\alpha_n)$的向量 $\boldsymbol{a}$,那么

$$\frac{\partial F}{\partial x_i}(A)=2\sum_{j=0}^{n} a_{ij} \alpha_j$$

因此,方程(11.3)取以下形式

$$\sum_{i,j=0}^{n} a_{ij}\alpha_j x_i = 0$$

或等价地，$\varphi(\boldsymbol{a},\boldsymbol{x})=0$. 因此，在这种情形中，点 A 处的切超平面与向量 $\boldsymbol{a}\in \mathrm{L}$ 关于双线性型 $\varphi(\boldsymbol{x},\boldsymbol{y})$ 的正交补 $\langle \boldsymbol{a}\rangle^{\perp}$ 相同.

切空间(11.3) 的定义失去意义，如果所有导数 $\frac{\partial F}{\partial x_i}(A)$ 都等于零

$$\frac{\partial F}{\partial x_i}(A)=0,\quad i=0,1,\cdots,n \tag{11.6}$$

方程(11.1) 给出的超曲面 X 的点 A(对其满足方程(11.6)) 称为奇点或临界点. 如果超曲面没有奇点，那么它称为光滑的. 当超曲面 X 是二次曲面时，即多项式 F 是二次型(11.4)，那么方程(11.6) 取以下形式

$$\sum_{j=0}^{n} a_{ij}\alpha_j = 0,\quad i=0,1,\cdots,n$$

由于点 A 位于 $\mathbb{P}(\mathrm{L})$ 中，因此并非其所有坐标 α_i 都等于零. 因此，二次曲面 Q 的奇点是以下方程组的非零解

$$\sum_{j=0}^{n} a_{ij} x_j = 0,\quad i=0,1,\cdots,n \tag{11.7}$$

如第 2 章所示，仅当矩阵 (a_{ij}) 的行列式等于零时，这种解才存在，这等价于说二次曲面 Q 是奇异的. 因此，非奇异二次曲面与光滑二次曲面是一样的.

我们来考虑射影空间 $\mathbb{P}(\mathrm{L})$ 中的二次曲线 Q 和直线 l 之间可能的相互关系. 首先，我们来证明直线 l 与二次曲面 Q 的公共点不超过两个，或者它完全位于 Q 中.

事实上，如果直线 l 不完全包含在 Q 中，那么可以选取点 $A\in l, A\notin Q$. 设直线 l 对应于某个平面 $\mathrm{L}'\subset \mathrm{L}$，即 $l=\mathbb{P}(\mathrm{L}')$. 如果 $A=\langle \boldsymbol{a}\rangle$，那么 $\mathrm{L}'=\langle \boldsymbol{a},\boldsymbol{b}\rangle$，其中向量 $\boldsymbol{b}\in \mathrm{L}$ 与向量 $\boldsymbol{a}$ 不共线. 换句话说，平面 L' 由所有形如 $x\boldsymbol{a}+y\boldsymbol{b}$ 的向量构成，其中 $\boldsymbol{x}$ 和 $\boldsymbol{y}$ 在所有可能的标量范围内. 直线 l 和平面 Q 的交点可从方程 $F(x\boldsymbol{a}+y\boldsymbol{b})=0$ 得出，即变量 x,y 的方程

$$F(x\boldsymbol{a}+y\boldsymbol{b})=\varphi(x\boldsymbol{a}+y\boldsymbol{b},x\boldsymbol{a}+y\boldsymbol{b})=F(\boldsymbol{a})x^2+2\varphi(\boldsymbol{a},\boldsymbol{b})xy+F(\boldsymbol{b})y^2=0 \tag{11.8}$$

当 $y=0$ 时，向量 $x\boldsymbol{a}+y\boldsymbol{b}$ 给出一个点 $A\notin Q$. 因此，假设 $y\neq 0$，我们得到 $t=x/y$. 那么(11.8) 给出了变量 t 的二次方程

$$F(x\boldsymbol{a}+y\boldsymbol{b})=y^2(F(\boldsymbol{a})t^2+2\varphi(\boldsymbol{a},\boldsymbol{b})t+F(\boldsymbol{b}))=0$$

条件 $A\notin Q$ 的形式为 $F(\boldsymbol{a})\neq 0$. 因此，二次三项式 $F(\boldsymbol{a})t^2+2\varphi(\boldsymbol{a},\boldsymbol{b})t+F(\boldsymbol{b})$ 的首项系数不为零，因此二次三项式自身不等于零，并且不能有两个以上

的根.

现在,我们来考虑 Q 和 l 的相互排列,如果直线 l 过点 $A \in Q$. 那么,与前一种情形一样,l 对应于二次方程(11.8) 的解,其中 $F(\boldsymbol{a})=0$,因为 $A \in Q$. 因此,我们得到了方程

$$F(x\boldsymbol{a}+y\boldsymbol{b})=2\varphi(\boldsymbol{a},\boldsymbol{b})xy+F(\boldsymbol{b})\,y^2=y(2\varphi(\boldsymbol{a},\boldsymbol{b})x+F(\boldsymbol{b})y)=0 \tag{11.9}$$

方程(11.9) 的一个解是显然的:$y=0$. 它恰好对应于点 $A \in Q$. 这个解是唯一的,当且仅当 $\varphi(\boldsymbol{a},\boldsymbol{b})=0$,即 $\boldsymbol{b} \in T_AQ$. 在后一种情形中,显然 $l \subset T_AQ$,我们称直线 l 在点 A 处与二次曲面 Q 相切.

因此,非奇异二次曲面 Q 和直线 l 之间的关系存在四种可能的情形:

(1) 直线 l 与二次曲面 Q 没有公共点.

(2) 直线 l 与二次曲面 Q 恰好有两个不同的公共点.

(3) 直线 l 与二次曲面 Q 恰好有一个公共点 A,当且仅当 $l \subset T_AQ$.

(4) 直线 l 完全位于 Q 中.

当然,也存在由方程(11.1) 定义的任意次数 $k \geqslant 1$ 的光滑超曲面. 例如,这种超曲面由方程 $c_0x_0^k+c_1x_1^k+\cdots+c_nx_n^k=0$ 给出,其中所有 c_i 均为非零的. 后续,我们将只考虑光滑超曲面. 对于这些,方程(11.3) 的左边是向量空间 L 上的非零线性型,这说明它确定了 L 和 $\mathbb{P}$(L) 中的超平面.

我们来验证这个超平面包含点 A. 这说明如果点 A 对应于向量 $\boldsymbol{a}=(\alpha_0,\alpha_1,\cdots,\alpha_n)$, 那么

$$\sum_{i=0}^{n}\frac{\partial F}{\partial x_i}(A)\,\alpha_i=0$$

如果齐次多项式 F 的次数等于 k,那么根据 Euler 恒等式(3.68),我们得到等式

$$\sum_{i=0}^{n}\frac{\partial F}{\partial x_i}(A)\,\alpha_i=\Big(\sum_{i=0}^{n}\frac{\partial F}{\partial x_i}x_i\Big)(A)=kF(A)$$

$F(A)$ 的值等于零,因为点 A 位于由方程 $F(A)=0$ 给出的超曲面 X 上.

现在切换到更熟悉的情形,我们来考虑 $\mathbb{P}$(L) 的仿射子空间,它由条件 $x_0 \neq 0$ 给出,并在其中引入非齐次坐标

$$y_i=x_i/x_0,\quad i=1,\cdots,n \tag{11.10}$$

假设点 A 位于该子集中(即,其坐标 α_0 为非零的),并用坐标 y_i 写出方程(11.3). 为此,我们必须从变量 $x_0,x_1,\cdots,x_n$ 转换为变量 $y_1,\cdots,y_n$,并相应地重写方程(11.3). 在此,我们必须设

$$F(x_0,x_1,\cdots,x_n)=x_0^kf(y_1,\cdots,y_n) \tag{11.11}$$

其中 $f(y_1,\cdots,y_n)$ 是 $k\geqslant 1$ 次多项式，它已经不一定是齐次的(与 F 相反). 根据公式(11.10)，我们用$a_1,\cdots,a_n$ 表示点 A 的非齐次坐标，即

$$a_i=\alpha_i/\alpha_0,\quad i=1,\cdots,n$$

使用计算偏导数的一般法则，根据表达式(11.11)，考虑到(11.10)，我们得到了公式

$$\frac{\partial F}{\partial x_0}=kx_0^{k-1}f+x_0^k\sum_{l=1}^n\frac{\partial f}{\partial y_l}\frac{\partial y_l}{\partial x_0}=kx_0^{k-1}f+x_0^k\sum_{l=1}^n\frac{\partial f}{\partial y_l}(-\frac{y_l}{x_0})$$
$$=kx_0^{k-1}f-x_0^{k-1}\sum_{l=1}^n\frac{\partial f}{\partial y_l}y_l$$

和

$$\frac{\partial F}{\partial x_i}=x_0^k\sum_{l=1}^n\frac{\partial f}{\partial y_l}\frac{\partial y_l}{\partial x_i}=x_0^k\sum_{l=1}^n\frac{\partial f}{\partial y_l}(x_0^{-1}\frac{\partial x_l}{\partial x_i})=x_0^{k-1}\frac{\partial f}{\partial y_i},\quad i=1,\cdots,n$$

现在，我们来求出具有非齐次坐标$a_1,\cdots,a_n$ 的函数 F 在点 A 处的导数值. $F(A)$ 的值为零的，因为点 A 位于超曲面 X 中，且$x_0\neq 0$. 根据表示(11.11)，我们由此得出 $f(a_1,\cdots,a_n)=0$. 为简洁起见，我们将使用记号 $f(A)=f(a_1,\cdots,a_n)$ 和$\frac{\partial f}{\partial y_i}(A)=\frac{\partial f}{\partial y_i}(a_1,\cdots,a_n)$. 因此，根据前面的两个关系式，我们得到

$$\frac{\partial F}{\partial x_0}(A)=-\alpha_0^{k-1}\sum_{i=1}^n\frac{\partial f}{\partial y_i}(A)\,a_i$$
$$\frac{\partial F}{\partial x_i}(A)=\alpha_0^{k-1}\frac{\partial f}{\partial y_i}(A),\quad i=1,\cdots,n \tag{11.12}$$

将表达式(11.12) 代入(11.3)，并考虑到(11.10)，我们得到方程

$$-\alpha_0^{k-1}\sum_{i=1}^n\frac{\partial f}{\partial y_i}(A)\,a_i\,x_0+\sum_{i=1}^n\left(\alpha_0^{k-1}\frac{\partial f}{\partial y_i}(A)\right)x_i$$
$$=\alpha_0^{k-1}x_0\sum_{i=1}^n\frac{\partial f}{\partial y_i}(A)(y_i-a_i)=0$$

消去非零公因式$\alpha_0^{k-1}x_0$，我们最终得到

$$\sum_{i=1}^n\frac{\partial f}{\partial y_i}(A)(y_i-a_i)=0 \tag{11.13}$$

这正是切超平面 T_AX 在非齐次坐标中的方程. 在分析与几何中，它是以(11.13) 的形式写成的一个比多项式更一般的类的函数 f.

现在，我们回到超曲面 $X=Q$ 是非奇异(因此是光滑的) 二次曲面的情形. 那么对于每个点 $A\in Q$，方程(11.3) 确定了 L 中的超平面，即对偶空间L^* 中的某条直线，因此是属于空间$\mathbb{P}(\mathrm{L}^*)$ 的点，我们记作 $\Phi(A)$. 因此，我们定义映射

$$\Phi:Q\to\mathbb{P}(\mathrm{L}^*) \tag{11.14}$$

我们的第一项任务是确定集合 $\Phi(Q) \subset \mathbb{P}(L^*)$ 是什么. 为此,我们将二次型 $F(x)$ 表示为 $F(x)=\varphi(x,x)$,其中对称双线性型 $\varphi(x,y)$ 的形式为(11.5). 根据定理 6.3,我们可以将 $\varphi(x,y)$ 唯一地写成 $\varphi(x,y)=(x,\mathcal{A}(y))$,其中$\mathcal{A}$: $L \to L^*$ 是某个线性变换. 从定义可以看出,在此,型的根 φ 与线性变换$\mathcal{A}$的核相等. 由于在非奇异型 F 的情形中,根 φ 等于$(\mathbf{0})$,因此,$\mathcal{A}$的核也等于$(\mathbf{0})$. 由于 $\dim L=\dim L^*$,根据定理 3.68,我们得到了线性变换$\mathcal{A}$是同构,因此确定了射影变换$\mathbb{P}(\mathcal{A})$: $\mathbb{P}(L) \to \mathbb{P}(L^*)$.

现在,我们用坐标写出我们的映射(11.14). 如果二次型 $F(x)$ 写成形式(11.4),那么

$$\frac{\partial F}{\partial x_i}=2\sum_{j=0}^{n} a_{ij}x_j,\quad i=1,\cdots,n$$

另一方面,在空间 L 的某组基$\boldsymbol{e}_0,\boldsymbol{e}_1,\cdots,\boldsymbol{e}_n$ 中,双线性型 $\varphi(x,y)$ 有形式(11.5),其中向量 $\boldsymbol{x}$ 和 $\boldsymbol{y}$ 由 $\boldsymbol{x}=x_0\boldsymbol{e}_0+\cdots+x_n\boldsymbol{e}_n$ 和 $\boldsymbol{y}=y_0\boldsymbol{e}_0+\cdots+y_n\boldsymbol{e}_n$ 给出. 由此可知,变换$\mathcal{A}$:$L \to L^*$ 的矩阵在空间 L 的基$\boldsymbol{e}_0,\boldsymbol{e}_1,\cdots,\boldsymbol{e}_n$ 和空间L^* 的对偶基$\boldsymbol{f}_0,\boldsymbol{f}_1,\cdots,\boldsymbol{f}_n$ 中等于$(\boldsymbol{a}_{ij})$. 因此,二次型 $F(x)$ 与同构$\mathcal{A}$:$L \to L^*$ 相关联,我们构造的映射(11.14) 与射影变换$\mathbb{P}(\mathcal{A})$: $\mathbb{P}(L) \to \mathbb{P}(L^*)$ 对 Q 的限制(即 $\Phi(Q)=\mathbb{P}(\mathcal{A})(Q)$) 相同.

由此产生了一个意想不到的推论: 由于变换$\mathbb{P}(\mathcal{A})$ 是双射, 那么变换(11.14) 也是双射. 换句话说,非奇异二次曲面 Q 在不同点 $A,B \in Q$ 处的切超平面是不同的. 因此,我们得到以下结果.

引理 11.3 相同的超平面不能与非奇异二次曲面 Q 在两个不同点处的切超平面重合.

这说明在以 T_AQ 的形式写出空间$\mathbb{P}(L)$ 的超平面时,我们可以省略点 A. 在非奇异二次曲面 Q 的情形中,可以说超平面与二次曲面相切,而且切点 $A \in Q$ 是唯一确定的.

现在,我们来更具体地考虑集合 $\Phi(Q)$ 是什么样子. 我们将证明它也是一个非奇异二次曲面,即在空间L^* 的某组(因此在任意的) 基中由方程 $q(x)=0$ 确定,其中 q 是非奇异二次型.

我们在上面看到存在同构$\mathcal{A}$:$L \xrightarrow{\sim} L^*$,它把 Q 双射映射到 $\Phi(Q)$. 因此,也存在逆变换$\mathcal{A}^{-1}$:$L^* \xrightarrow{\sim} L$,这也是同构. 那么条件 $y \in \Phi(Q)$ 等价于$\mathcal{A}^{-1}(y) \in Q$. 我们在空间$L^*$ 中选取任意一组基

$$\boldsymbol{f}_0,\boldsymbol{f}_1,\cdots,\boldsymbol{f}_n \tag{11.15}$$

同构$\mathcal{A}^{-1}$:$L^* \xrightarrow{\sim} L$ 将这组基变换为基

$$\mathcal{A}^{-1}(\boldsymbol{f}_0),\mathcal{A}^{-1}(\boldsymbol{f}_1),\cdots,\mathcal{A}^{-1}(\boldsymbol{f}_n) \tag{11.16}$$

在此显然,向量$\mathcal{A}^{-1}(y)$ 在基(11.16) 中的坐标与向量 y 在基(10.15) 中的坐标相同. 以上我们看到,条件$\mathcal{A}^{-1}(y) \in Q$ 等价于关系式

$$F(\alpha_0,\alpha_1,\cdots,\alpha_n)=0 \tag{11.17}$$

其中F是非奇异二次型,$(\alpha_0,\alpha_1,\cdots,\alpha_n)$是向量$\mathcal{A}^{-1}(y)$在空间L的某组基中(例如,在基(11.16) 中) 的坐标. 这说明条件 $y \in \Phi(Q)$ 可以用相同的关系式(11.17) 表示. 因此,我们证明了以下命题.

定理 11.4 如果Q是空间$\mathbb{P}(\mathrm{L})$ 中的非奇异二次曲面,那么它的切超平面的集合构成空间$\mathbb{P}(\mathrm{L}^*)$ 中的非奇异二次曲面.

逐字重复第 9.1 节中给出的论证,我们可以扩充其中表述的对偶原理. 也就是说,我们可以添加一些彼此对偶的附加概念,这些概念可以互换,从而使第 304 页表述的一般结论仍然成立:

$\mathbb{P}(\mathrm{L})$ 中的非奇异二次曲面	$\mathbb{P}(\mathrm{L}^*)$ 中的非奇异二次曲面
非奇异二次曲面中的点	与非奇异二次曲面相切的超平面

对偶原理的这种(看似很小的) 扩张导致了完全意想不到的结果. 作为一个例子,我们将介绍两个相互对偶的著名定理,即基于对偶原理的等价定理. 然而,第二个定理是在第一个定理发表 150 年后才发表的. 这些定理涉及二维射影空间(即射影平面) 中的二次曲面. 在这种情形中,二次曲面称为二次曲线[①].

后续,我们将使用以下术语. 设Q为非奇异二次曲线,并设$A_1,\cdots,A_6$ 为Q的六个不同点. 点的有序(即,它们的顺序是重要的) 汇集称为二次曲线Q中的内接六边形. 对于射影平面的两个不同点A和B,它们的投射覆盖(即,过这两点的直线) 记作$\overline{AB}$(见第 303 页的定义). 六条直线$\overline{A_1A_2},\overline{A_2A_3},\cdots,\overline{A_5A_6}$,$\overline{A_6A_1}$ 称为六边形的边[②]. 此处,以下成对的边称为对边:$\overline{A_1A_2}$ 和$\overline{A_4A_5}$,$\overline{A_2A_3}$和$\overline{A_5A_6}$,$\overline{A_3A_4}$ 和$\overline{A_6A_1}$.

定理 11.5 (Pascal 定理) 非奇异二次曲线中的任意内接六边形的三组对边交于三个共线点. 如图 11.1.

在将对偶定理表述为 Pascal 定理之前,我们做一些解释.

---

① 稍后将对该术语进行说明,即解释其与锥面的关系.

② 在此,我们稍微偏离了初等几何的直觉,这里的边不是指过两点的整条直线,而是指联结两点的线段. 如果我们想要包含任意域$\mathbb{K}$(例如,$\mathbb{K}=\mathbb{C}$) 的情形,那么边的这种扩充概念是必要的.

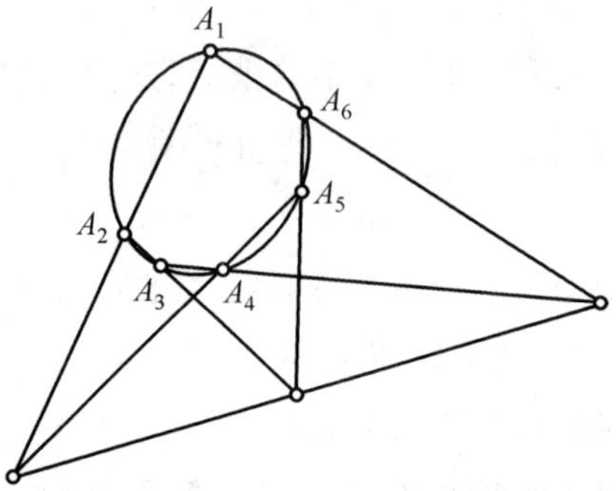

图 11.1　二次曲线中的内接六边形

通过选取射影平面中的齐次坐标系$(x_0:x_1:x_2)$，可以将二次曲线 Q 的方程写成

$$F(x_0:x_1:x_2)=a_1x_0^2+a_2x_0x_1+a_3x_0x_2+a_4x_1^2+a_5x_1x_2+a_6x_2^2=0$$

在这个方程的右边有六个系数. 如果我们有 k 个点$A_1,\cdots,A_k$，那么它们属于二次曲线 Q 的条件就化为关系式

$$F(A_i)=0,\quad i=1,\cdots,k \tag{11.18}$$

这给出了一个由六个未知数$a_1,\cdots,a_6$ 的 k 个线性齐次方程构成的方程组. 我们必须求出该方程组的非平凡解. 如果我们有 $k=6$，那么这个问题属于推论 2.13 的特例(这就解释了我们为何对二次曲线中的内接六边形感兴趣). 根据这个推论，我们仍需验证当 $k=6$ 时，方程组(11.18) 的行列式等于零. Pascal 定理给出了这个条件的几何解释.

不难证明，它给出了六个点$A_1,\cdots,A_6$ 位于某个二次曲线上的充要条件，如果我们首先限于考虑非奇异二次曲线，其次限于任意三个点都不共线的六个点的汇集(这在解析几何的任何足够严格的课程中都得到了证明).

现在，我们把对偶定理表述为 Pascal 定理. 在此，与二次曲线 Q 相切的六条不同的直线$L_1,\cdots,L_6$ 称为二次曲线的外接六边形. 点$L_1\cap L_2,L_2\cap L_3,L_3\cap L_4,L_4\cap L_5,L_5\cap L_6$ 和$L_6\cap L_1$ 称为六边形的顶点. 在此，以下成对顶点称为相对顶点：$L_1\cap L_2$ 和$L_4\cap L_5$、$L_2\cap L_3$ 和$L_5\cap L_6$ $L_3\cap L_4$ 和$L_6\cap L_1$.

定理 11.6　(Brianchon 定理) 联结非奇异二次曲线的任意外接六边形的相对顶点的直线交于一个公共点. 如图 11.2.

显然，Brianchon 定理由 Pascal 定理得到，如果我们根据上述规则将所有概念替换为它们的对偶. 因此，根据一般对偶原理，Brianchon 定理由 Pascal 定理得到. Pascal 定理自身容易证明，但我们不会给出证明，因为它的逻辑与另一个

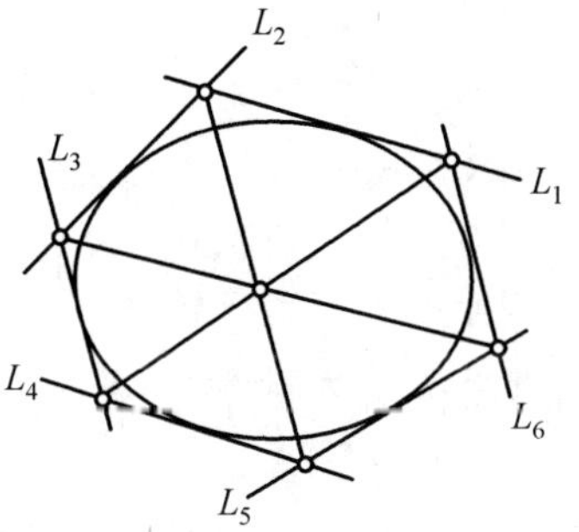

图 11.2　二次曲线的外接六边形

领域有关，即代数几何[①]. 在此，有趣的是，只需观察到对偶原理使得从乍一看似乎完全无关的其他结果中可以得到某些结果. 事实上，Pascal 在 17 世纪(当他 16 岁时)证明了他的定理，而 Brianchon 在 19 世纪(150 多年后)证明了他的理论. 此外，Brianchon 使用了完全不同的论证(当时还没有理解一般对偶原理).

11.2　复射影空间中的二次曲面

现在，我们来考虑射影空间$\mathbb{P}(L)$，其中 L 是复向量空间，和以前一样，我们限于考虑非奇异二次曲面的情形. 正如我们在第 6.3 节(公式(6.27))中看到的，复空间中的非奇异二次型有标准形$x_0^2+x_1^2+\cdots+x_n^2$. 这说明在某个坐标系中，非奇异二次曲面的方程可以写成

$$x_0^2+x_1^2+\cdots+x_n^2=0 \tag{11.19}$$

也就是说，每个非奇异二次曲面都可以通过某个射影变换变换为二次曲面(11.19). 换句话说，在复射影空间中只存在(由射影变换决定)一个非奇异二次曲面(11.19). 我们现在要研究的就是这个二次曲面.

考虑到以上所述，只需考虑给定维数的射影空间$\mathbb{P}$(L)上的任意一个非奇异二次曲面. 例如，我们可以选取由方程 $F(\boldsymbol{x})=0$ 给出的二次曲面，其中二次型 $F(\boldsymbol{x})$ 的矩阵有以下形式

① 例如，Robert Walker 的《代数曲线》(Springer，1978)一书中就可以找到这样的证明.

$$\begin{pmatrix} 0 & 0 & \cdots & 0 & 1 \\ 0 & 0 & \cdots & 1 & 0 \\ \vdots & \vdots & & \vdots & \vdots \\ 0 & 1 & \cdots & 0 & 0 \\ 1 & 0 & \cdots & 0 & 0 \end{pmatrix} \tag{11.20}$$

简单的计算表明,矩阵(11.20)的行列式等于$+1$或-1,也就是说,它是非零的.

我们将在本节和后续章节中研究的一个基本主题是二次曲面中包含的射影子空间.设二次曲面Q由方程$F(\boldsymbol{x})=0$给出,其中$\boldsymbol{x}\in \mathrm{L}$,并设射影子空间的形式为$\mathbb{P}(\mathrm{L}')$,其中$\mathrm{L}'$是向量空间L的子空间.那么,射影子空间$\mathbb{P}(\mathrm{L}')$包含在$Q$中,当且仅当对于所有向量$\boldsymbol{x}\in \mathrm{L}'$,都有$F(\boldsymbol{x})=0$.

定义 11.7 子空间$\mathrm{L}'\subset \mathrm{L}$称为关于二次型$F$是迷向的,如果对于所有向量$\boldsymbol{x}\in \mathrm{L}'$,都有$F(\boldsymbol{x})=0$.

根据定理6.6,设φ为与二次型F相关联的对称双线性型.那么,根据(6.14),我们看到对于所有向量$\boldsymbol{x},\boldsymbol{y}\in \mathrm{L}'$,都有$\varphi(\boldsymbol{x},\boldsymbol{y})=0$.因此,我们也可以说子空间$\mathrm{L}'\subset \mathrm{L}$关于双线性型$\varphi$是迷向的.

我们已经在第7.7节对伪Euclid空间的研究中遇到了迷向子空间的最简单的例子.在那里,我们遇到了类光(也称为迷向的)向量,在该向量上定义伪Euclid空间的二次型$(\boldsymbol{x}^2)$变为零.每个非零类光向量$\boldsymbol{e}$都明确地确定了一维子空间$\langle \boldsymbol{e}\rangle$.

本节和接下来几节中将使用的基本技术包括如何用向量空间L,定义在L上并对应于二次型$F(\boldsymbol{x})$的对称双线性型$\varphi(\boldsymbol{x},\boldsymbol{y})$,和关于$F$和$\varphi$是迷向的子空间来重新表述关于二次曲面$F(\boldsymbol{x})$中包含的子空间的问题.那么,一切几乎都是基于线性和双线性型的最简单性质来确定的.

定理 11.8 任意迷向子空间$\mathrm{L}'\subset \mathrm{L}$的维数相对于任意非奇异二次型$F$不超过$\dim \mathrm{L}$的一半.

证明:我们来考虑$(\mathrm{L}')^{\perp}$,子空间$\mathrm{L}'\subset \mathrm{L}$关于与$F(\boldsymbol{x})$相关联的双线性型$\varphi(\boldsymbol{u},\boldsymbol{v})$的正交补.二次型$F(\boldsymbol{x})$和双线性型$\varphi(\boldsymbol{u},\boldsymbol{v})$是非奇异的.因此,我们有关系式(7.75),由此得出等式$\dim (\mathrm{L}')^{\perp}=\dim \mathrm{L}-\dim \mathrm{L}'$.

空间L'是迷向的说明$\mathrm{L}'\subset (\mathrm{L}')^{\perp}$.由此我们得到不等式

$$\dim \mathrm{L}'\leqslant \dim (\mathrm{L}')^{\perp}=\dim \mathrm{L}-\dim \mathrm{L}'$$

由此得出$\dim \mathrm{L}'\leqslant \frac{1}{2}\dim \mathrm{L}$,如定理中所断言的. □

后续，我们将把我们对迷向子空间的研究限制在可能的最大维数上，即当数 $\dim \mathrm{L}$ 为偶数时为$\frac{1}{2}\dim \mathrm{L}$，而当 $\dim \mathrm{L}$ 为奇数时为$\frac{1}{2}(\dim \mathrm{L}-1)$. $\dim \mathrm{L}' \leqslant \frac{1}{2}\dim \mathrm{L}$ 的一般情形容易化为这种极限情形，并进行了完全类似的研究.

我们来考虑来自解析几何的一些最简单的情形.

例 11.9 其中最简单的情形是 $\dim \mathrm{L}=2$，因此，$\dim \mathbb{P}(\mathrm{L})=1$. 在坐标$(x_0:x_1)$中，具有矩阵(11.20)的二次型的形式为$x_0x_1$. 显然，二次曲面$x_0x_1=0$由两个点$(0:1)$和$(1:0)$构成，分别对应于平面 L 中的向量$\boldsymbol{e}_1=(0,1)$和$\boldsymbol{e}_2=(1,0)$. 这两个点中的每一个都确定了一个迷向子空间$\mathrm{L}'_i=\langle \boldsymbol{e}_i\rangle$.

例 11.10 按复杂度，下一个是 $\dim \mathrm{L}=3$ 的情形，对应地，$\dim \mathbb{P}(\mathrm{L})=2$. 在这种情形中，我们处理的是射影平面中的二次曲面；它们的点确定了 L 中的一维迷向子空间，因此构成了一个连续族.（如果二次曲面的方程为$F(x_0,x_1,x_2)=0$，那么在空间 L 中，它确定了一个二次锥面，其母线是迷向子空间.）

例 11.11 以下情形对应于 $\dim \mathrm{L}=4$ 和 $\dim \mathbb{P}(\mathrm{L})=3$. 它们是三维射影空间中的二次曲面. 对于迷向子空间$\mathrm{L}'\subset \mathrm{L}$，定理 11.8 给出 $\dim \mathrm{L}'\leqslant 2$. 当 $\dim \mathrm{L}'=2$（即 $\dim \mathbb{P}(\mathrm{L}')=1$）时，得到了最大维数的迷向子空间. 这些是位于二次曲面上的射影直线. 在坐标$(x_0:x_1:y_0:y_1)$中，具有矩阵(11.20)的二次型给出了方程

$$x_0y_0+x_1y_1=0 \tag{11.21}$$

我们必须找到所有的二维迷向子空间 $\mathrm{L}'\subset \mathrm{L}$. 设二维子空间 L' 的一组基由向量$e=(a_0,a_1,b_0,b_1)$和$e'=(a'_0,a'_1,b'_0,b'_1)$构成. 那么，考虑到公式(11.21)，L' 是迷向的这一事实由以下关系式表示

$$(a_0u+a'_0v)(b_0u+b'_0v)+(a_1u+a'_1v)(b_1u+b'_1v)=0 \tag{11.22}$$

对于所有 u 和 v，该关系式都是满足的. 方程(11.22)的左边表示变量 u 和 v 的二次型，只有在其所有系数均等于零的情形中，该二次型才恒等于零. 去掉(11.22)中的括号，我们得到

$$a_0b_0+a_1b_1=0,\ a_0b'_0+a'_0b_0+a_1b'_1+a'_1b_1=0,\ a'_0b'_0+a'_1b'_1=0 \tag{11.23}$$

(11.23)中的第一个等式说明行(a_0,a_1)和$(b_1,-b_0)$成比例. 由于它们不能同时等于零（那么基向量 $\boldsymbol{e}$ 的所有坐标都将等于零，这是不可能的），因此它们中的一个是另一个和某个（唯一确定的）标量 β 的乘积. 为了确定性，设$a_0=\beta b_1$，$a_1=-\beta b_0$（$b_1=\beta a_0$，$b_0=-\beta a_1$ 的情形类似地考虑）. 同样，根据(11.23)的

第三个方程，我们得到了$a'_0=\gamma b'_1, a'_1=-\gamma b'_0$，具有某个标量 γ. 将关系式

$$a_0=\beta b_1,\quad a_1=-\beta b_0,\quad a'_0=\gamma b'_1,\quad a'_1=-\gamma b'_0 \tag{11.24}$$

代入(11.23) 的第二个方程，我们得到等式$(\beta-\gamma)(b'_0 b_1-b_0 b'_1)=0$. 因此，要么$b'_0 b_1-b_0 b'_1=0$，要么 $\gamma=\beta$.

在第一种情形中，从等式$b'_0 b_1-b_0 b'_1=0$得出行(b_0, b'_0)和(b_1, b'_1)成比例，我们得到了关系式$b_1=-\alpha b_0$ 且$b'_1=-\alpha b'_0$，具有某个标量 α($b_0=-\alpha b_1$ 且 $b'_0=-\alpha b_1$ 的情形类似地考虑). 我们假设b_1 和b'_1不都等于零. 那么 $\alpha\neq 0$，考虑到关系式(11.24)，我们得到

$$a_0 u+a'_0 v=a_0 u+a'_0 v=\beta b_1 u+\gamma b'_1 v=-\alpha(\beta b_0 u+\gamma b'_0 v)=\alpha(a_1 u+a'_1 v)$$
$$b_0 u+b'_0 v=-\alpha^{-1}(b_1 u+b'_1 v)$$

在第二种情形中，假设a_0 和a_1 不都等于零. 那么 $\beta\neq 0$，考虑到关系式(11.24)，我们得到

$$a_0 u+a'_0 v=a_0 u+a'_0 v=\beta(b_1 u+b'_1 v)$$
$$b_0 u+b'_0 v=-\beta^{-1}(a_1 u+a'_1 v)$$

因此，通过对坐标为(x_0, y_0, x_1, y_1) 的任意向量子空间L′ 的假设，我们得到要么

$$x_0=\alpha x_1,\quad y_0=-\alpha^{-1} y_1 \tag{11.25}$$

要么

$$x_0=\beta y_1,\quad y_0=-\beta^{-1} x_1 \tag{11.26}$$

其中 α 和β 是某些非零标量.

为了考虑排除的情形，即 $\alpha=0(b_1=b'_1=0)$ 和$\beta=0(a_0=a_1=0)$，我们引入点$(a:b)\in\mathbb{P}^1$ 和$(c:d)\in\mathbb{P}^1$，也就是不同时等于零的数对，我们把它们定义为乘以同一非零标量. 那么，容易验证，关系式(11.25) 和(11.26) 的齐次表示(也包括之前排除的两种情形) 将分别有以下形式

$$a x_0=b x_1,\quad b y_0=-a y_1 \tag{11.27}$$

和

$$c x_0=d y_1,\quad d y_0=-c x_1 \tag{11.28}$$

事实上，当 $a=1$ 且 $b=\alpha$ 时，等式(11.25) 可从(11.27) 得到，而当 $c=1$ 且 $d=\beta$ 时，(11.26) 可从(11.28) 得到.

关系式(11.27) 给出了迷向平面$\mathrm{L}'\subset\mathrm{L}$ 或属于二次曲面(11.21) 的$\mathbb{P}(\mathrm{L})$中的直线$\mathbb{P}(\mathrm{L}')$. 它由点$(a:b)\in\mathbb{P}^1$ 确定. 因此我们得到了一个直线族. 类似地，关系式(11.28) 确定了第二直线族. 它们一起给出了二次曲面(称为单叶双曲面) 中包含的所有直线. 这些直线称为双曲面的直母线.

根据我们写出的公式，容易验证解析几何中已知的一些性质：直母线族中的两条不同的直线不相交，而不同族中的两条直线相交（于一个点）. 对于双曲面的每个点，两个族的每一个族中都存在过该点的一条直线.

在下一节中，我们将考虑复射影空间中的任意维非奇异二次曲面上的最大可能维数的射影子空间的一般情形.

11.3　迷向子空间

设 Q 为复射影空间$\mathbb{P}(\mathrm{L})$ 中由方程 $F(\boldsymbol{x})=0$ 给出的非奇异二次曲面，其中 $F(\boldsymbol{x})$ 是空间 L 上的非奇异二次型. 类似于我们在上一节中讨论的，我们将研究 m 维子空间$\mathrm{L}'\subset\mathrm{L}$，它关于 F 是迷向的，假设 $\dim \mathrm{L}=2m$，如果 $\dim \mathrm{L}$ 为偶数，假设 $\dim \mathrm{L}=2m+1$，如果 $\dim \mathrm{L}$ 为奇数.

我们在前一节中研究的特殊情形表明，对于不同的 $\dim \mathrm{L}$ 的值，迷向子空间看起来是不同的. 因此，当 $\dim \mathrm{L}=3$ 时，我们得到一个迷向子空间族，通过二次曲面Q的点连续参数化. 当 $\dim \mathrm{L}=2$ 或 4 时，我们得到两个这样的族. 这导致了这样一种想法，即二次曲面上的迷向子空间的连续参数化族的个数取决于数 $\dim \mathrm{L}$ 的奇偶性. 我们现在将看到，情况确实如此.

偶维和奇维的情形将分别处理.

情形 1. 假设 $\dim \mathrm{L}=2m$. 因此，我们感兴趣的是 m 维迷向子空间 $\mathrm{M}\subset\mathrm{L}$.（这是最有趣的情形，因为在此我们将看到单叶双曲面上的直线族是如何推广的.）

定理 11.12　对于每个 m 维迷向子空间 $\mathrm{M}\subset\mathrm{L}$，存在另一个 m 维迷向子空间 $\mathrm{N}\subset\mathrm{L}$ 使得

$$\mathrm{L}=\mathrm{M}\oplus\mathrm{N} \tag{11.29}$$

证明：我们通过对数 m 的归纳进行证明. 当 $m=0$ 时，定理的陈述是完全正确的.

现在假设 $m>0$，并考虑任意非零向量 $\boldsymbol{e}\in\mathrm{M}$. 设 $\varphi(\boldsymbol{x},\boldsymbol{y})$ 是与二次型 $F(\boldsymbol{x})$ 相关联的对称双线性型. 由于子空间 M 是迷向的，因此，$\varphi(\boldsymbol{e},\boldsymbol{e})=\mathbf{0}$. 考虑到 $F(\boldsymbol{x})$ 的非奇异性，双线性型 $\varphi(\boldsymbol{x},\boldsymbol{y})$ 同样是非奇异的，因此其根等于$(\mathbf{0})$. 那么向量 $\boldsymbol{x}\in\mathrm{L}$ 的线性函数 $\varphi(\boldsymbol{e},\boldsymbol{x})$ 不恒等于零（否则，向量 $\boldsymbol{e}$ 将在等于$(\mathbf{0})$ 的 $\varphi(\boldsymbol{x},\boldsymbol{y})$ 的根中）.

设 $\boldsymbol{f}\in\mathrm{L}$ 为一个向量，使得 $\varphi(\boldsymbol{e},\boldsymbol{f})\neq 0$. 显然，向量 $\boldsymbol{e},\boldsymbol{f}$ 是线性无关的. 我们来考虑平面 $\mathrm{W}=\langle\boldsymbol{e},\boldsymbol{f}\rangle$，并用$\varphi'$ 表示双线性型对 W 的限制. 在基 $\boldsymbol{e},\boldsymbol{f}$ 中，双线

性型φ'的矩阵有以下形式

$$\Phi' = \begin{pmatrix} 0 & \varphi(\boldsymbol{e},\boldsymbol{f}) \\ \varphi(\boldsymbol{e},\boldsymbol{f}) & \varphi(\boldsymbol{f},\boldsymbol{f}) \end{pmatrix}, \quad \varphi(\boldsymbol{e},\boldsymbol{f}) \neq 0$$

显然，$|\Phi'| = -\varphi(\boldsymbol{e},\boldsymbol{f})^2 \neq 0$，因此，双线性型$\varphi'$是非奇异的.

我们定义向量

$$\boldsymbol{g} = \boldsymbol{f} - \frac{\varphi(\boldsymbol{f},\boldsymbol{f})}{2\varphi(\boldsymbol{e},\boldsymbol{f})}\boldsymbol{e}$$

那么，容易验证，$\varphi(\boldsymbol{g},\boldsymbol{g})=0$，$\varphi(\boldsymbol{e},\boldsymbol{g})=\varphi(\boldsymbol{e},\boldsymbol{f})\neq 0$，并且向量 $\boldsymbol{e},\boldsymbol{g}$ 是线性无关的，即 $\mathrm{W}=\langle \boldsymbol{e},\boldsymbol{g}\rangle$. 在基 $\boldsymbol{e},\boldsymbol{g}$ 中，双线性型φ'的矩阵有以下形式

$$\Phi'' = \begin{pmatrix} 0 & \varphi(\boldsymbol{e},\boldsymbol{g}) \\ \varphi(\boldsymbol{e},\boldsymbol{g}) & 0 \end{pmatrix}$$

由于双线性型φ'的非退化性，根据定理 6.9，我们得到了分解

$$\mathrm{L} = \mathrm{W} \oplus \mathrm{L}_1, \quad \mathrm{L}_1 = \mathrm{W}_{\varphi}^{\perp} \tag{11.30}$$

其中 $\dim \mathrm{L}_1 = 2m-2$. 我们设$\mathrm{M}_1 = \mathrm{L}_1 \cap \mathrm{M}$，并证明$\mathrm{M}_1$是 $m-1$ 维子空间，它关于双线性型 φ 对L_1的限制是迷向的.

通过构造，子空间M_1由向量 $\boldsymbol{x}\in\mathrm{M}$(使得 $\varphi(\boldsymbol{x},\boldsymbol{e})=0$ 且 $\varphi(\boldsymbol{x},\boldsymbol{g})=0$) 构成. 第一个等式通常对于所有 $\boldsymbol{x}\in\mathrm{M}$ 都成立，因为 $\boldsymbol{e}\in\mathrm{M}$ 且 M 关于 φ 是迷向的. 因此，在子空间M_1的定义中，只保留第二个等式，这说明$\mathrm{M}_1\subset\mathrm{M}$由变为零的线性函数 $f(\boldsymbol{x})=\varphi(\boldsymbol{x},\boldsymbol{g})$ 确定，它不恒等于零(因为 $f(\boldsymbol{e})=\varphi(\boldsymbol{e},\boldsymbol{g})\neq 0$). 因此，$\dim \mathrm{M}_1 = \dim \mathrm{M} - 1 = m-1$.

因此，M_1是L_1的子空间，其维数为L_1的一半，由公式(11.30)定义，我们可以对其应用归纳假设以得到分解

$$\mathrm{L}_1 = \mathrm{M}_1 \oplus \mathrm{N}_1 \tag{11.31}$$

其中$\mathrm{N}_1\subset\mathrm{L}_1$是某个其他的$(m-1)$维迷向子空间.

我们注意到 $\mathrm{M}=\langle\boldsymbol{e}\rangle\oplus\mathrm{M}_1$，并设 $\mathrm{N}=\langle\boldsymbol{g}\rangle\oplus\mathrm{N}_1$. 由于子空间$\mathrm{N}_1$在$\mathrm{L}_1$中是迷向的，子空间 N 在 L 中是迷向的，并且考虑到 $\varphi(\boldsymbol{g},\boldsymbol{g})=0$，对于所有向量 $\boldsymbol{x}\in\mathrm{N}_1$，我们都有等式 $\varphi(\boldsymbol{g},\boldsymbol{x})=0$. 公式(11.30) 和(11.31) 一起给出了分解

$$\mathrm{L} = \langle\boldsymbol{e}\rangle \oplus \langle\boldsymbol{g}\rangle \oplus \mathrm{M}_1 \oplus \mathrm{N}_1 = \mathrm{M} \oplus \mathrm{N}$$

这就是要证明的. □

用定理 11.12 的术语，任意向量 $\boldsymbol{z}\in\mathrm{N}$ 确定了向量空间 L 上的线性函数 $f(\boldsymbol{x})=\varphi(\boldsymbol{z},\boldsymbol{x})$，即对偶空间$\mathrm{L}^*$的元素. 该函数对子空间 $\mathrm{M}\subset\mathrm{L}$ 的限制显然是 M 上的线性函数，即空间M^*的元素. 这定义了映射$\mathcal{F}:\mathrm{N}\to\mathrm{M}^*$. 平凡的验证表明$\mathcal{F}$是一个线性变换.

由定理 11.12 建立的分解(11.29) 有一个有趣的推论.

引理 11.13 以上构造的线性变换$\mathcal{F}$:N → M* 是同构.

证明:我们来确定变换$\mathcal{F}$:N → M* 的核.假设存在$\boldsymbol{z}_0 \in$ N,使得$\mathcal{F}(\boldsymbol{z}_0)=0$,也就是说,对于所有向量 $\boldsymbol{y}\in$ M,都有 $\varphi(\boldsymbol{z}_0,\boldsymbol{y})=0$. 但根据定理11.12,每个向量 $\boldsymbol{x}\in$ L 都可以用 $\boldsymbol{x}=\boldsymbol{y}+\boldsymbol{z}$ 的形式表示,其中 $\boldsymbol{y}\in$ M 且 $\boldsymbol{z}\in$ N. 因此

$$\varphi(\boldsymbol{z}_0,\boldsymbol{x})=\varphi(\boldsymbol{z}_0,\boldsymbol{y})+\varphi(\boldsymbol{z}_0,\boldsymbol{z})=\varphi(\boldsymbol{z}_0,\boldsymbol{z})=0$$

由于向量 $\boldsymbol{z}$ 和$\boldsymbol{z}_0$ 都属于迷向子空间 N. 根据双线性型 φ 的非奇异性,可以得出 $\boldsymbol{z}_0=\boldsymbol{0}$, 即 F 的核仅由零向量构成. 由于 dim M=dim N,根据定理3.68,我们得到线性变换$\mathcal{F}$是同构.

设$\boldsymbol{e}_1,\cdots,\boldsymbol{e}_m$ 为 M 中的某组基,且$\boldsymbol{f}_1,\cdots,\boldsymbol{f}_m$ 为M* 中的对偶基. 我们构造的同构$\mathcal{F}$根据公式$\mathcal{F}(\boldsymbol{g}_i)=\boldsymbol{f}_i$ 在这组对偶基和空间 N 中的某组基$\boldsymbol{g}_1,\cdots,\boldsymbol{g}_m$ 之间创造了一个对应. 根据定理 11.12 中建立的分解(11.29),可以得出向量$\boldsymbol{e}_1,\cdots,\boldsymbol{e}_m,\boldsymbol{g}_1,\cdots,\boldsymbol{g}_m$ 构成了 L 中的一组基. 在这组基中,双线性型 φ 有最简单的可能矩阵 Φ. 事实上,回顾我们所使用的概念定义,我们得出

$$\Phi=\begin{pmatrix}0 & E\\ E & 0\end{pmatrix} \tag{11.32}$$

其中 E 和 0 是 m 阶单位矩阵和零矩阵. 对于对应的二次型 F 和向量

$$\boldsymbol{x}=x_1\boldsymbol{e}_1+\cdots+x_m\boldsymbol{e}_m+x_{m+1}\boldsymbol{g}_1+\cdots+x_{2m}\boldsymbol{g}_m$$

我们得到

$$F(\boldsymbol{x})=\sum_{i=1}^{m}x_i x_{m+i} \tag{11.33}$$

反之,如果在向量空间 L 的某组基$\boldsymbol{e}_1,\cdots,\boldsymbol{e}_{2m}$ 中,双线性型 φ 有矩阵(11.32),那么空间 L 可以表示为:

$$\mathrm{L}=\mathrm{M}\oplus\mathrm{N},\mathrm{M}=\langle\boldsymbol{e}_1,\cdots,\boldsymbol{e}_m\rangle,\mathrm{N}=\langle\boldsymbol{e}_{m+1},\cdots,\boldsymbol{e}_{2m}\rangle$$

根据定理 11.12,我们回忆一下,在我们的情形中(在复射影空间中),所有非奇异双线性型 φ 都是等价的,因此,每个非奇异双线性型 φ 在某组基中都有矩阵(11.32). 特别地,我们看到在 $2m$ 维空间 L 中,存在一个 m 维迷向子空间 M.

为了将解析几何中关于 $m=2$ 的已知结果推广到任意 m 的情形(见例11.11),我们将提供几个定义,它们自然地推广了我们在第 7 章中熟悉的关于 Euclid 空间的一些概念.

定义 11.14 设 $\varphi(\boldsymbol{x},\boldsymbol{y})$ 为任意维空间 L 中的非奇异对称双线性型. 线性变换$\mathcal{U}$:L → L 称为关于 φ 是正交的,如果

$$\varphi(\mathcal{U}(\boldsymbol{x}),\mathcal{U}(\boldsymbol{y}))=\varphi(\boldsymbol{x},\boldsymbol{y}) \tag{11.34}$$

对于所有向量 $\boldsymbol{x},\boldsymbol{y}\in \mathrm{L}$ 都成立.

该定义推广了 Euclid 空间的正交变换和伪 Euclid 空间的 Lorentz 变换的概念. 类似地,我们将称空间 L 的一组基 $\boldsymbol{e}_1,\cdots,\boldsymbol{e}_n$ 关于双线性型 φ 是标准正交的,如果对于所有 $i\neq j$,都有 $\varphi(\boldsymbol{e}_i,\boldsymbol{e}_i)=1$ 且 $\varphi(\boldsymbol{e}_i,\boldsymbol{e}_j)=0$. 每个正交变换都将一组标准正交基变换为一组标准正交基,并且对于任意两组标准正交基,都存在一个唯一的正交变换,将它们中的第一组变换为第二组. 这些结论的证明与第 7.2 节中的类似结论的证明逐字相同,因为在那里我们没有使用双线性型 $(\boldsymbol{x},\boldsymbol{y})$ 的正定性,而只使用了其非奇异性.

条件(11.34) 可以用矩阵形式表示. 设双线性型 φ 在空间 L 的某组基 $\boldsymbol{e}_1,\cdots,\boldsymbol{e}_n$ 中有矩阵 Φ. 那么变换 $\mathcal{U}:\mathrm{L}\to\mathrm{L}$ 关于 φ 是正交的,当且仅当其矩阵 U 在这组基中满足以下关系式

$$U^*\Phi U=\Phi \tag{11.35}$$

这与 Euclid 空间的正交变换的类似等式(7.18) 一样进行证明,而(7.19) 是当 $\Phi=E$ 时的公式(11.35) 的特例.

由公式(11.35) 可知 $|U^*|\cdot|\Phi|\cdot|U|=|\Phi|$,并考虑到型 φ 的非奇异性 $(|\Phi|\neq 0)$,可得 $|U^*|\cdot|U|=1$,即 $|U|^2=1$. 由此,我们最终得到等式 $|U|=\pm 1$,其中 $|U|$ 可用 $|\mathcal{U}|$ 替换,因为线性变换的行列式不取决于空间中的基的选取,因此与该变换的矩阵的行列式相等.

等式 $|\mathcal{U}|=\pm 1$ 推广了 Euclid 空间的正交变换的一个众所周知的性质,并为类似定义提供了理由.

定义 11.15 关于对称双线性型 φ 正交的线性变换 $\mathcal{U}:\mathrm{L}\to\mathrm{L}$ 称为固有的,如果 $|\mathcal{U}|=1$;称为反常的,如果 $|\mathcal{U}|=-1$.

从关于矩阵的乘积的行列式的定理 2.54 可以看出,固有变换和反常变换就像数 $+1$ 和 -1 那样相乘. 类似地,变换 $\mathcal{U}^{-1}$ 对应于与 $\mathcal{U}$ 同类型(的固有或反常正交变换).

基于以下结果,我们引入的概念可以应用于迷向子空间理论.

定理 11.16 对于 $2m$ 维空间 L 的任意两个 m 维迷向子空间 M 和 M′,存在正交变换 $\mathcal{U}:\mathrm{L}\to\mathrm{L}$,它把一个子空间变换为另一个子空间.

证明:由于定理 11.12 可以应用于每个子空间 M 和 M′,因此存在 m 维迷向子空间 N 和 N′ 使得

$$\mathrm{L}=\mathrm{M}\oplus\mathrm{N}=\mathrm{M}'\oplus\mathrm{N}'$$

如上所述,根据分解 $\mathrm{L}=\mathrm{M}\oplus\mathrm{N}$,可得在空间 L 中,存在一组基 $\boldsymbol{e}_1,\cdots,\boldsymbol{e}_{2m}$,包括了子空间 M 和 N 的基,其中双线性型 φ 的矩阵等于(11.32). 第二个分解 L=

$\mathrm{M}'\oplus\mathrm{N}'$ 给出了一组类似的基$\boldsymbol{e}'_1,\cdots,\boldsymbol{e}'_{2m}$.

我们根据公式$\mathcal{U}(\boldsymbol{e}_i)=\boldsymbol{e}'_i(i=1,\cdots,2m)$,通过对基$\boldsymbol{e}_1,\cdots,\boldsymbol{e}_{2m}$ 的向量的作用来定义变换$\mathcal{U}$. 显然,像$\mathcal{U}(\mathrm{M})$ 等于M'. 此外,对于任意两个向量 $\boldsymbol{x}=x_1\boldsymbol{e}_1+\cdots+x_{2m}\boldsymbol{e}_{2m}$ 和 $\boldsymbol{y}=y_1\boldsymbol{e}_1+\cdots+y_{2m}\boldsymbol{e}_{2m}$,它们的像$\mathcal{U}(\boldsymbol{x})$ 和$\mathcal{U}(\boldsymbol{y})$ 在基$\boldsymbol{e}'_1,\cdots,\boldsymbol{e}'_{2m}$中有分解(具有相同的坐标):$\mathcal{U}(\boldsymbol{x})=x_1\boldsymbol{e}'_1+\cdots+x_{2m}\boldsymbol{e}'_{2m}$和$\mathcal{U}(\boldsymbol{y})=y_1\boldsymbol{e}'_1+\cdots+y_{2m}\boldsymbol{e}'_{2m}$. 由此可知

$$\varphi(\mathcal{U}(\boldsymbol{x}),\mathcal{U}(\boldsymbol{y}))=\sum_{i=1}^{2m}x_i\,y_{m+i}=\varphi(\boldsymbol{x},\boldsymbol{y})$$

证明$\mathcal{U}$是正交变换. □

我们注意到,定理 11.16 并没有断言这种变换$\mathcal{U}$的唯一性. 事实上,情况并非如此. 我们来更详细地考虑这个问题. 设$\mathcal{U}_1$ 和$\mathcal{U}_2$ 为定理 11.16 的对象的两个正交变换. 将变换$\mathcal{U}_1^{-1}$ 应用于等式$\mathcal{U}_1(\mathrm{M})=\mathcal{U}_2(\mathrm{M})$ 的两边,我们得到$\mathcal{U}_0(\mathrm{M})=\mathrm{M}$,其中$\mathcal{U}_0=\mathcal{U}_1^{-1}\mathcal{U}_2$ 也是正交变换. 我们进一步的考虑是基于以下结果.

引理 11.17 设 M 为 $2m$ 维空间 L 的 m 维迷向子空间,并设$\mathcal{U}_0:\mathrm{L}\to\mathrm{L}$ 为正交变换,它将 M 变换为自身. 那么变换$\mathcal{U}_0$ 是固有的.

证明:根据假设,M 是变换$\mathcal{U}_0$ 的不变子空间. 这说明在空间 L 的任意一组基中(其前 m 个向量构成 M 的一组基),变换$\mathcal{U}_0$ 的矩阵有分块形式

$$U_0=\begin{pmatrix}A & B\\ 0 & C\end{pmatrix}\tag{11.36}$$

其中 A,B,C 是 m 阶方阵.

变换$\mathcal{U}_0$ 的正交性由关系式(11.35) 表示,如我们所见,在该关系式中,通过选取合适的基,我们可以认为满足关系式(11.32). 在(11.35) 中,用矩阵(11.36) 代替 U,我们得到

$$\begin{pmatrix}A^* & 0\\ B^* & C^*\end{pmatrix}\cdot\begin{pmatrix}0 & E\\ E & 0\end{pmatrix}\cdot\begin{pmatrix}A & B\\ 0 & C\end{pmatrix}=\begin{pmatrix}0 & E\\ E & 0\end{pmatrix}$$

将等式左边的矩阵相乘,将其化为

$$\begin{pmatrix}0 & A^*C\\ C^*A & D\end{pmatrix}=\begin{pmatrix}0 & E\\ E & 0\end{pmatrix},\quad 其中\ D=C^*B+B^*C$$

由此,特别地,我们得到了$A^*C=E$,这说明 $|A^*|\cdot|C|=1$. 但是考虑到 $|A^*|=|A|$,根据(11.36),我们得到了$|U_0|=|A|\cdot|C|=1$,如断言的那样. □

根据引理 11.17,我们推导出以下重要推论.

定理 11.18 如果 M 和M' 是 $2m$ 维空间 L 的两个 m 维迷向子空间,那么

正交变换$\mathcal{U}$:L → L(它将这些子空间中的一个变换为另一个)要么都是固有的，要么都是反常的.

证明:设$\mathcal{U}_1$ 和$\mathcal{U}_2$ 为两个正交变换，使得$\mathcal{U}_i(\mathrm{M})=\mathrm{M}'$. 显然，$\mathcal{U}_i^{-1}(\mathrm{M}')=\mathrm{M}$. 设$\mathcal{U}_0=\mathcal{U}_1^{-1}\mathcal{U}_2$，根据等式$\mathcal{U}_1(\mathrm{M})=\mathcal{U}_2(\mathrm{M})$，我们得到$\mathcal{U}_0(\mathrm{M})=\mathrm{M}$. 根据引理 11.17，$|\mathcal{U}_0|=1$，根据关系式$\mathcal{U}_0=\mathcal{U}_1^{-1}\mathcal{U}_2$，可得$|\mathcal{U}_1|=|\mathcal{U}_2|$. □

定理 11.18 显然确定了 $2m$ 维空间 L 的所有 m 维迷向子空间 M 的集合到两个族$\mathfrak{M}_1$ 和$\mathfrak{M}_2$ 的划分. 即，M 和M′ 属于一个族，如果将这些子空间中的一个子空间变换为另一个子空间的正交变换$\mathcal{U}$(根据定理 11.16，正交变换$\mathcal{U}$始终存在)是固有的(从定理 11.18 可以看出，该定义不取决于特定变换$\mathcal{U}$的选取).

现在，我们容易证明以下性质，这是在上一节中当 $m=2$ 时建立的，对于任意 m 都成立.

定理 11.19 $2m$ 维空间 L 的两个 m 维迷向子空间 M 和M′ 属于一个族$\mathfrak{M}_i$，当且仅当其交集 $\mathrm{M}\cap\mathrm{M}'$ 的维数与 m 的奇偶性相同.

证明:我们回忆一下，自然数 k 和 m 的奇偶性相同，如果 $k+m$ 是偶数，或者等价地，如果$(-1)^{k+m}=1$. 现在，回顾 m 维迷向子空间的集合到族$\mathfrak{M}_1$ 和$\mathfrak{M}_2$ 的划分的定义，并设 $k=\dim(\mathrm{M}\cap\mathrm{M}')$，我们可以如下表述定理的结论

$$|\mathcal{U}|=(-1)^{k+m} \tag{11.37}$$

其中$\mathcal{U}$是将 M 变换为M′ 的任意正交变换，即使得$\mathcal{U}(\mathrm{M})=\mathrm{M}'$ 的变换.

我们从 $k=0$ 的情形开始证明关系式(11.37)，即 $\mathrm{M}\cap\mathrm{M}'=(\mathbf{0})$ 的情形. 那么，考虑到等式 $\dim\mathrm{M}+\dim\mathrm{M}'=\dim\mathrm{L}$，子空间的和 $\mathrm{M}+\mathrm{M}'=\mathrm{M}\oplus\mathrm{M}'$ 与整个空间 L 相等. 这说明M′ 具有为证明定理 11.12 而构造的迷向子空间 N 的所有性质. 特别地，存在 M 中的基$\boldsymbol{e}_1,\cdots,\boldsymbol{e}_m$ 和M′ 中的基$\boldsymbol{f}_1,\cdots,\boldsymbol{f}_m$，使得

$$\varphi(\boldsymbol{e}_i,\boldsymbol{f}_i)=1(i=1,\cdots,m),\quad \varphi(\boldsymbol{e}_i,\boldsymbol{f}_j)=1(i\neq j)$$

我们将由条件$\mathcal{U}(\boldsymbol{e}_i)=\boldsymbol{f}_i$ 和$\mathcal{U}(\boldsymbol{f}_i)=\boldsymbol{e}_i(i=1,\cdots,m)$ 确定变换$\mathcal{U}$:L → L. 显然，$\mathcal{U}(\mathrm{M})=\mathrm{M}'$ 且$\mathcal{U}(\mathrm{M}')=\mathrm{M}$. 同样容易看出，在基$\boldsymbol{e}_1,\cdots,\boldsymbol{e}_m,\boldsymbol{f}_1,\cdots,\boldsymbol{f}_m$ 中，变换$\mathcal{U}$和双线性型 φ 的矩阵相等，并有形式(11.32). 将矩阵(11.32)替换 U 和 Φ 代入公式(11.35)，我们看到它转换为真等式，即变换$\mathcal{U}$是正交的.

另外，我们有等式$|\mathcal{U}|=|\Phi|=(-1)^m$. 容易确认$|\Phi|=(-1)^m$，通过将矩阵(11.32)的下标为 i 和 $m+i(i=1,\cdots,m)$ 的行进行转置. 在此，我们将进行 m 次对换，并得到行列式为 1 的 $2m$ 阶单位矩阵. 因此，我们得到等式$|\mathcal{U}|=(-1)^m$，即当 $k=0$ 时的关系式(11.37).

现在，我们来研究 $k>0$ 的情形. 我们定义子空间$\mathrm{M}_1=\mathrm{M}\cap\mathrm{M}'$. 那么 $k=\dim\mathrm{M}_1$. 根据定理 11.12，存在一个 m 维迷向子空间 $\mathrm{N}\subset\mathrm{L}$ 使得 $\mathrm{L}=\mathrm{M}\oplus\mathrm{N}$. 我

们在子空间 M 中选取一组基$\boldsymbol{e}_1,\cdots,\boldsymbol{e}_m$，使得它的前 k 个向量$\boldsymbol{e}_1,\cdots,\boldsymbol{e}_k$ 构成M_1 中的一组基. 显然，我们有分解

$$\mathrm{M}=\mathrm{M}_1\oplus\mathrm{M}_2,\quad 其中\mathrm{M}_1=\langle\boldsymbol{e}_1,\cdots,\boldsymbol{e}_k\rangle,\mathrm{M}_2=\langle\boldsymbol{e}_{k+1},\cdots,\boldsymbol{e}_m\rangle$$

以上(见引理 11.13)，我们构造了同构$\mathcal{F}:\mathrm{N}\simeq\mathrm{M}^*$，借助于它，通过公式$\mathcal{F}(\boldsymbol{g}_i)=\boldsymbol{f}_i$ 定义了空间 N 中的一组基$\boldsymbol{g}_1,\cdots,\boldsymbol{g}_m$，其中$\boldsymbol{f}_1,\cdots,\boldsymbol{f}_m$ 是空间M^* 的一组基，$\boldsymbol{e}_1,\cdots,\boldsymbol{e}_m$ 的对偶基. 我们显然有分解

$$\mathrm{N}=\mathrm{N}_1\oplus\mathrm{N}_2,\quad 其中\mathrm{N}_1=\langle\boldsymbol{g}_1,\cdots,\boldsymbol{g}_k\rangle,\mathrm{N}_2=\langle\boldsymbol{g}_{k+1},\cdots,\boldsymbol{g}_m\rangle$$

其中通过我们的构造，$\mathcal{F}:\mathrm{N}_1\simeq\mathrm{M}_1^*$ 且$\mathcal{F}:\mathrm{N}_2\simeq\mathrm{M}_2^*$.

我们来考虑由公式

$$\mathcal{U}_0(\boldsymbol{e}_i)=\boldsymbol{g}_i,\mathcal{U}_0(\boldsymbol{g}_i)=\boldsymbol{e}_i,\quad i=1,\cdots,k$$

$$\mathcal{U}_0(\boldsymbol{e}_i)=\boldsymbol{e}_i,\mathcal{U}_0(\boldsymbol{g}_i)=\boldsymbol{g}_i,\quad i=k+1,\cdots,m$$

定义的线性变换$\mathcal{U}_0:\mathrm{L}\to\mathrm{L}$. 显然，变换$\mathcal{U}_0$ 是正交的，并且$\mathcal{U}_0^2=\mathcal{E}$及

$$\mathcal{U}_0(\mathrm{M}_1)=\mathrm{N}_1,\quad\mathcal{U}_0(\mathrm{M}_2)=\mathrm{M}_2$$

$$\mathcal{U}_0(\mathrm{N}_1)=\mathrm{M}_1,\quad\mathcal{U}_0(\mathrm{N}_2)=\mathrm{N}_2\tag{11.38}$$

在空间 L 中构造的基$\boldsymbol{e}_1,\cdots,\boldsymbol{e}_m,\boldsymbol{g}_1,\cdots,\boldsymbol{g}_m$ 中，变换$\mathcal{U}_0$ 的矩阵有分块形式

$$U_0=\begin{pmatrix}0&0&E_k&0\\0&E_{m-k}&0&0\\E_k&0&0&0\\0&0&0&E_{m-k}\end{pmatrix}$$

其中E_k 和E_{m-k} 是 k 阶和 $m-k$ 阶的单位矩阵. 显然，U_0 在其下标为 i 和 $m+i(i=1,\cdots,k)$ 的行转置后成为单位矩阵. 因此，$|\mathcal{U}_0|=(-1)^k$.

我们来证明$\mathcal{U}_0(\mathrm{M}')\cap\mathrm{M}=(\mathbf{0})$. 由于$\mathcal{U}_0^2=\mathcal{E}$，这等价于$\mathrm{M}'\cap\mathcal{U}_0(\mathrm{M})=(\mathbf{0})$. 我们假设 $\boldsymbol{x}\in\mathrm{M}'\cap\mathcal{U}_0(\mathrm{M})$. 根据隶属关系 $\boldsymbol{x}\in\mathcal{U}_0(\mathrm{M})$ 和分解 $\mathrm{M}=\mathrm{M}_1\oplus\mathrm{M}_2$，考虑到(11.38)，得出 $\boldsymbol{x}\in\mathrm{N}_1\oplus\mathrm{M}_2$，即

$$\boldsymbol{x}=\boldsymbol{z}_1+\boldsymbol{y}_2,\quad 其中\boldsymbol{z}_1\in\mathrm{N}_1,\boldsymbol{y}_2\in\mathrm{M}_2\tag{11.39}$$

因此，对于每个向量$\boldsymbol{y}_1\in\mathrm{M}_1$，我们都有等式

$$\varphi(\boldsymbol{x},\boldsymbol{y}_1)=\varphi(\boldsymbol{z}_1,\boldsymbol{y}_1)+\varphi(\boldsymbol{y}_2,\boldsymbol{y}_1)\tag{11.40}$$

等式(11.40) 的左边等于零，因为 $\boldsymbol{x}\in\mathrm{M}',\boldsymbol{y}_1\in\mathrm{M}_1\subset\mathrm{M}'$，并且子空间$\mathrm{M}'$ 关于 φ 是迷向的. 右边的第二项 $\varphi(\boldsymbol{y}_2,\boldsymbol{y}_1)$ 等于零，因为$\boldsymbol{y}_i\in\mathrm{M}_i\subset\mathrm{M}(i=1,2)$，并且子空间 M 关于 φ 是迷向的. 因此，从关系式(11.40) 可以得出，对于每个向量 $\boldsymbol{y}_1\in\mathrm{M}_1$，都有 $\varphi(\boldsymbol{z}_1,\boldsymbol{y}_1)=0$.

这最后一个结论说明对于同构$\mathcal{F}:\mathrm{N}_1\simeq\mathrm{M}_1^*$，对应于向量$\boldsymbol{z}_1\in\mathrm{N}_1$ 的M_1 上的

线性函数恒等于零. 但只有当向量$\boldsymbol{z}_1$ 自身等于 $\mathbf{0}$ 时，情况才会如此. 因此，在分解(11.39) 中，我们得到了$\boldsymbol{z}_1=\mathbf{0}$，因此，向量 $\boldsymbol{x}=\boldsymbol{y}_2$ 包含在子空间M_2 中. 另外，由于包含$\mathrm{M}_2\subset\mathrm{M}$ 且 $\boldsymbol{x}\in\mathrm{M}'\cap\mathcal{U}_0(\mathrm{M})$，考虑到子空间$\mathrm{M}_1=\mathrm{M}\cap\mathrm{M}'$ 的定义，这个向量也包含在M_1 中. 因此，我们得到 $\boldsymbol{x}\in\mathrm{M}_1\cap\mathrm{M}_2$，而通过分解 $\mathrm{M}=\mathrm{M}_1\oplus\mathrm{M}_2$，这说明 $\boldsymbol{x}=\mathbf{0}$.

因此，子空间$\mathcal{U}_0(\mathrm{M}')$ 和 M 包含在已经考虑的 $k=0$ 的情形中，并且已经对于它们证明了关系式(11.37). 根据定理 11.16，存在正交变换$\mathcal{U}_1:\mathrm{L}\to\mathrm{L}$，使得$\mathcal{U}_1(\mathcal{U}_0(\mathrm{M}'))=\mathrm{M}$. 那么，正如我们已经证明的，$|\mathcal{U}_1|=(-1)^m$. 正交变换$\mathcal{U}=\mathcal{U}_1\mathcal{U}_0$ 将迷向子空间M' 变换为 M，对于它，我们有以下关系式

$$|\mathcal{U}|=|\mathcal{U}_1|\cdot|\mathcal{U}_0|=(-1)^m(-1)^k=(-1)^{m+k}$$

这就完成了定理的证明. □

我们注意到定理 11.19 的两个推论.

推论 11.20 族$\mathfrak{M}_1$ 和$\mathfrak{M}_2$ 没有公共的 m 维迷向子空间.

证明：假设找到了两个这样的 m 维迷向子空间$\mathrm{M}_1\in\mathfrak{M}_1$ 和$\mathrm{M}_2\in\mathfrak{M}_2$ 使得$\mathrm{M}_1=\mathrm{M}_2$，那么我们显然有等式 $\dim(\mathrm{M}_1\cap\mathrm{M}_2)=m$，根据定理 11.19，$\mathrm{M}_1$ 和M_2 不能属于不同的族$\mathfrak{M}_1$ 和$\mathfrak{M}_2$. □

推论 11.21 如果两个 m 维迷向子空间交于一个 $m-1$ 维子空间，那么它们属于不同的族$\mathfrak{M}_1$ 和$\mathfrak{M}_2$.

这是因为 m 和 $m-1$ 有相反的奇偶性.

情形 2. 现在，我们继续研究第二种情形，其中空间 L 的维数是奇数. 这相当容易，并且可以化为已经考虑过的偶维的情形.

为了保留之前在偶维情形中使用的记号，我们用$\overline{\mathrm{L}}$ 表示所考虑的奇数维数 $2m+1$ 的空间，并将其作为超平面嵌入 $2m+2$ 维空间 L 中. 我们用$\overline{F}$ 表示 L 上的非奇异二次型，用$\overline{F}$ 表示其对$\overline{\mathrm{L}}$ 的限制. 我们进一步的推理将基于以下事实.

引理 11.22 对于每个非奇异二次型 F，都存在一个超平面$\overline{\mathrm{L}}\subset\mathrm{L}$ 使得二次型$\overline{F}$ 是非奇异的.

证明：在复射影空间中，所有非奇异二次型都是等价的. 因此，只需对于任意一个型 F 证明所需的结论. 对于 F，我们取我们之前遇到的非奇异型(11.33)，用 $m+1$ 替换 m. 因此对于向量 $\boldsymbol{x}\in\mathrm{L}$，具有坐标$(x_1,\cdots,x_{2m+2})$，我们有

$$F(\boldsymbol{x})=\sum_{i=1}^{m+1}x_i\,x_{m+1+i}\tag{11.41}$$

我们根据方程$x_1=x_{m+2}$ 定义超平面$\overline{\mathrm{L}}\subset\mathrm{L}$. $\overline{\mathrm{L}}$ 中的坐标是汇集$(x_1,\cdots,x_{m+1},$

$\check{x}_{m_2}, x_{m+3}, \cdots, x_{2m+2}$)，其中符号"ˇ"表示省略了其下方的坐标，这些坐标中的二次型$\overline{F}$取以下形式

$$\overline{F}(\boldsymbol{x}) = x_1^2 + \sum_{i=2}^{m+1} x_i x_{m+1+i} \tag{11.42}$$

二次型(11.42)的矩阵有分块形式

$$\begin{pmatrix} 1 & 0 & \cdots & 0 \\ 0 & & & \\ \vdots & & \Phi & \\ 0 & & & \end{pmatrix}$$

其中Φ是公式(11.32)中的矩阵.由于行列式$|\Phi|$是非零的，因此二次型(11.42)是非奇异的. □

我们将进一步研究m维子空间$\overline{\mathrm{M}} \subset \overline{\mathrm{L}}$，关于非奇异二次型$\overline{F}$是迷向的，这是对环绕空间L中给出的非奇异二次型$F$的超平面$\overline{\mathrm{L}}$的限制.由于在复射影空间$\overline{\mathrm{L}}$中，所有非奇异二阶型都是等价的，因此我们的所有结果对于$\overline{\mathrm{L}}$上的任意非奇异二次型都成立.

我们来考虑一个任意$(m+1)$维子空间$\mathrm{M} \subset \mathrm{L}$，关于$F$是迷向的，设$\overline{\mathrm{M}} = \mathrm{M} \cap \overline{\mathrm{L}}$.显然，子空间$\overline{\mathrm{M}} \subset \overline{\mathrm{L}}$关于$\overline{F}$是迷向的.由于在空间L中，超平面$\overline{\mathrm{L}}$由单个线性方程定义，因此，要么$\mathrm{M} \subset \overline{\mathrm{L}}$(那么，$\overline{\mathrm{M}} = \mathrm{M}$)，要么$\dim \overline{\mathrm{M}} = \dim \mathrm{M} - 1 = m$.但是第一种情形是不可能的，因为$\dim \overline{\mathrm{M}} \leqslant \frac{1}{2}\dim \overline{\mathrm{L}} = \frac{1}{2}(2m+1)$，且$\dim \mathrm{M} = m+1$.因此，仍然存在第二种情形：$\dim \overline{\mathrm{M}} = m$.我们来证明与$m$维迷向子空间$\overline{\mathrm{M}} \subset \overline{\mathrm{L}}$的$(m+1)$维迷向子空间$\mathrm{M} \subset \mathrm{L}$的这种关联给出了我们感兴趣的所有子空间$\overline{\mathrm{M}}$，在某种意义上，它是唯一的.

定理 11.23 对于每个m维子空间$\overline{\mathrm{M}} \subset \overline{\mathrm{L}}$(关于$\overline{F}$是迷向的)，存在一个$(m+1)$维子空间$\mathrm{M} \subset \mathrm{L}$，关于$F$是迷向的，使得$\overline{\mathrm{M}} = \mathrm{M} \cap \overline{\mathrm{L}}$.此外，在每个子空间族$\mathfrak{M}_1$和$\mathfrak{M}_2$(关于$F$是迷向的)中，存在这样一个M，并且它是唯一的.

证明：我们来考虑任意m维子空间$\overline{\mathrm{M}} \subset \overline{\mathrm{L}}$，关于$\overline{F}$是迷向的，我们用$\overline{\mathrm{M}}^{\perp}$表示其关于环绕空间L中与二次型$F$相关的对称双线性型$\varphi$的正交补.根据我们之前的记号，它应该记作$\overline{\mathrm{M}}_{\varphi}^{\perp}$，但我们将消去下标，因为双线性型$\varphi$始终是同一个.根据关系式(7.75)，它对非退化(关于型φ)空间L及其任意子空间成立(第251页)，可以得出

$$\dim \overline{\mathrm{M}}^{\perp} = \dim \mathrm{L} - \dim \overline{\mathrm{M}} = 2m+2-m = m+2$$

我们用$\tilde{\varphi}$ 表示双线性型φ 对$\overline{\mathrm{M}}^{\perp}$ 的限制，用$\tilde{F}$ 表示二次型F 对$\overline{\mathrm{M}}^{\perp}$ 的限制. 型$\tilde{\varphi}$ 和$\tilde{F}$ 通常是奇异的. 根据定义(第 188 页)，双线性型的根$\tilde{\varphi}$ 等于$\overline{\mathrm{M}}^{\perp} \cap (\overline{\mathrm{M}}^{\perp})^{\perp}=\overline{\mathrm{M}}^{\perp} \cap \overline{\mathrm{M}}$. 但由于$\overline{\mathrm{M}}$ 是迷向的，因此，$\overline{\mathrm{M}} \subset \overline{\mathrm{M}}^{\perp}$，因此，双线性型的根$\tilde{\varphi}$ 与$\overline{\mathrm{M}}$ 相等. 根据第 6.2 节中的关系式(6.17)，双线性型$\tilde{\varphi}$ 的秩等于

$$\dim \overline{\mathrm{M}}^{\perp}-\dim (\overline{\mathrm{M}}^{\perp})^{\perp}=\dim \overline{\mathrm{M}}^{\perp}-\dim \overline{\mathrm{M}}=(m+2)-m=2$$

在子空间$\overline{\mathrm{M}}^{\perp}$ 中，我们可以选取一组基$\boldsymbol{e}_1, \cdots, \boldsymbol{e}_{m+2}$，使得其后$m$ 个向量包含在$\overline{\mathrm{M}}$ 中(即，在根$\tilde{\varphi}$ 中)，并且φ 对$\langle \boldsymbol{e}_1, \boldsymbol{e}_2 \rangle$ 的限制有矩阵$\begin{pmatrix} 0 & 1 \\ 1 & 0 \end{pmatrix}$.

因此，我们有分解$\overline{\mathrm{M}}^{\perp}=\langle \boldsymbol{e}_1, \boldsymbol{e}_2 \rangle \oplus \overline{\mathrm{M}}$，其中，在我们的基中，二次型$F$ 对$\langle \boldsymbol{e}_1, \boldsymbol{e}_2 \rangle$ 的限制有形式$\boldsymbol{x}_1 \boldsymbol{x}_2$，并且$F$ 对$\overline{\mathrm{M}}$ 的限制恒等于零.

我们设$\mathrm{M}_i=\overline{\mathrm{M}} \oplus \langle \boldsymbol{e}_i \rangle (i=1,2)$. 那么$\mathrm{M}_1$ 和M_2 是L中的$(m+1)$ 维子空间. 根据此构造可知，M_i 关于双线性型φ 是迷向的. 在此，$\mathrm{M}_i \cap \overline{\mathrm{L}}=\overline{\mathrm{M}}$，因为一方面，从维数考虑，$\mathrm{M}_i \not\subset \overline{\mathrm{L}}$，另一方面，$\overline{\mathrm{M}} \subset \mathrm{M}_i$ 且$\overline{\mathrm{M}} \subset \overline{\mathrm{L}}$. 因此，我们构造了两个迷向子空间$\mathrm{M}_i \subset \mathrm{L}$ 使得$\mathrm{M}_i \cap \overline{\mathrm{L}}=\overline{\mathrm{M}}$. 根据推论 11.21，它们属于不同的族$\mathfrak{M}_i$，并且在这两个族中都不存在具有这些性质的任意其他子空间. □

因此，我们证明了在m 维迷向子空间$\overline{\mathrm{M}} \subset \overline{\mathrm{L}}$ 的集合与$(m+1)$ 维迷向子空间$\mathrm{M} \subset \mathrm{L}$ 的每个族$\mathfrak{M}_i$ 之间存在一个双射. 这一事实可以这样表述：m 维子空间$\overline{\mathrm{M}} \subset \overline{\mathrm{L}}$(关于非奇异二次型$\overline{F}$ 是迷向的)构成一个族.

当然，迷向子空间到族的划分是一个常规问题. 它主要是对源自解析几何中考虑的特殊情形的传统的致敬. 然而，通过用 Plücker 坐标描述这些子空间，可以更精确地解释这种划分.

在前一章中，我们证明了n 维空间 L 的k 维子空间 M 与某个射影代数簇$G(k,n)$(称为 Grassmann 簇)的点一一对应. 假设我们给定空间 L 上的某个非奇异二次型F. 我们用$I(k,n)$ 表示与k 维迷向子空间相对应的 Grassmann 簇$G(k,n)$ 的点的子集.

我们将陈述下列命题而不做证明，因为它们与线性代数无关，而与代数几何有关①.

命题 11.24 集合$I(k,n)$ 是射影代数簇.

---

① 例如，读者可以在 Hodge 和 Pedoe 的《代数几何方法》一书中找到它们(剑桥大学出版社，1994 年).

换言之，该命题断言，子空间是迷向的性质可以用其Plücker坐标中的某些齐次关系来描述.

射影代数簇 X 称为不可约的，如果它不能以并集 $X = X_1 \cup X_2$ 的形式表示，其中X_i 是不同于 X 自身的射影代数簇.

假设空间 L 有奇数维数 $n = 2m + 1$.

命题 11.25 集合 $I(m, 2m+1)$ 是不可约射影代数簇.

现在，设空间 L 有偶数维数 $n = 2m$. 我们将用$I_i(m, 2m)$ 表示射影代数簇 $I(m, 2m)$ 的子集，其点对应于族$\mathfrak{M}_i$ 的m 维迷向子空间. 定理11.19及其推论表明

$$I(m, 2m) = I_1(m, 2m) \cup I_2(m, 2m), I_1(m, 2m) \cap I_2(m, 2m) = \varnothing$$

这表明射影代数簇 $I(m, 2m)$ 是可约的.

命题 11.26 集合$I_i(m, 2m)$，$i = 1, 2$，是不可约射影代数簇.

最后，我们有以下结论，它与维数小于最大值的子空间的迷向性有关.

命题 11.27 对于所有 $k < n/2$，射影代数簇 $I(k, n)$ 都是不可约的.

11.4 实射影空间中的二次曲面

我们来考虑射影空间$\mathbb{P}(\mathrm{L})$，其中 L 是实向量空间. 如前所述，我们将仅限于考虑非奇异二次曲面的情形. 正如我们在第 6.3 节（公式(6.28)）中看到的，实空间中的非奇异二次型有标准形

$$x_0^2 + x_1^2 + \cdots + x_s^2 - x_{s+1}^2 - \cdots - x_n^2 = 0 \tag{11.43}$$

在此，惯性指数 $r = s + 1$ 在每个坐标系（其中二次曲面由标准方程给出）中都是相同的.

如果我们将方程(11.43) 乘以 -1，我们显然不改变它定义的二次曲面，因此，我们可以假设 $s + 1 \geqslant n - s$，即 $s \geqslant (n-1)/2$. 此外，$s \leqslant n$，但是在 $s = n$ 的情形中，根据方程(11.43)，我们得到$x_0 = 0, x_1 = 0, \cdots, x_n = 0$，射影空间中没有这样的点.

因此，与复射影空间相反，在给定维数 n 的实射影空间中，存在（由射影变换决定）不仅一个，而是几个非奇异二次曲面. 然而，它们的个数有限；它们对应于各种值 s，其中我们可以假设

$$\frac{n-1}{2} \leqslant s \leqslant n - 1 \tag{11.44}$$

当然，仍需证明对应于 s 的各种值的二次曲面不是射影等价的. 但我们将在下

一节中考虑这个问题(在更复杂的情形中).

因此,n 维实射影空间中的射影不等价非奇异二次曲面的个数等于满足不等式(11.44)的整数 s 的个数.如果 n 为奇数,$n=2m+1$,那么不等式(11.44)给出 $m\leqslant s\leqslant 2m$,射影不等价二次曲面的个数等于 $m+1$.如果 n 为偶数,$n=2m$,那么存在 m 个.特别地,当 $n=2$ 时,射影平面中的所有非奇异二次曲面都是射影等价的.最典型的例子是圆 $x^2+y^2=1$,它完全包含在 $x_2\neq 0$ 的仿射部分中,如果方程在齐次坐标$(x_0:x_1:x_2)$中写为 $x_0^2+x_1^2-x_2^2=0$(在此,非齐次坐标由公式 $x=x_0/x_2, y=x_1/x_2$ 表示).

在三维射影空间中,存在两类射影不等价二次曲面.在齐次坐标$(x_0:x_1:x_2:x_3)$中,其中一个由方程 $x_0^2+x_1^2+x_2^2-x_3^2=0$ 给出.在此,我们总是有 $x_3\neq 0$,二次曲面位于仿射部分,它在非齐次坐标(x,y,z)中由方程 $x^2+y^2+z^2=1$ 给出,其中 $x=x_0/x_3, y=x_1/x_3, z=x_2/x_3$.这个二次曲面是一个球面.第二种类型由方程 $x_0^2+x_1^2-x_2^2-x_3^2=0$ 给出.这是一个单叶双曲面.

它们的射影不等价性至少可以从以下事实得出:它们中的第一个(球面)上没有一条实直线,而在第二个(单叶双曲面)上,存在两个族,每个族由无穷多条直线构成,该直线称为直母线.

当然,我们可以将实空间 L 嵌入复空间 $L^{\mathbb{C}}$,同样,也可以将 $\mathbb{P}(L)$ 嵌入 $\mathbb{P}(L^{\mathbb{C}})$.因此,在第 11.3 节中所说的关于迷向子空间的一切适用于现在的情形.然而,虽然我们的二次曲面是实的,但用这种方法得到的迷向子空间可能是复的.唯一的例外是,如果数 n 为奇数,那么 $s=(n-1)/2$,或者如果 n 为偶数,那么 $s=n/2$.

在第一种情形中,我们可以将坐标组合成成对的(x_i, x_{s+1+i}),并设 $u_i=x_i+x_{s+1+i}$ 且 $v_i=x_i-x_{s+1+i}$.那么考虑到等式

$$x_i^2-x_{s+1+i}^2=(x_i+x_{s+1+i})(x_i-x_{s+1+i})$$

方程(11.43)可写成以下形式

$$u_0v_0+u_1v_1+\cdots+u_sv_s=0 \tag{11.45}$$

这是二次曲面(11.33)的情形,我们在上一节中已考虑过.容易看出,第 11.3 节中使用的推理给出了二次曲面的实子空间的描述.

$s=n/2$(对于偶数 n)的情形也不会从实子空间的领域中移除,也会导致上一节中考虑的情形.此外,如果二次曲面的方程在特征不为 2 的任意域 $\mathbb{K}$ 上有形式(11.45),那么上一节的推理仍然成立.

在一般情形中,仍然可以确定二次曲面中包含的空间的维数.为此,我们可

以利用惯性定律的证明中已经使用的考虑(第 6.3 节的定理 6.17). 在那里，我们观察到惯性指数(在给定的情形中，(11.43) 中的二次型的惯性指数等于 $s+1$) 与子空间L' 的最大维数相等，在该子空间上，型的限制是正定的.(我们注意到，该条件给出了惯性指数的几何特征，即，它仅取决于方程 $F(\boldsymbol{x})=0$ 的解集，而不取决于定义它的型 F.)

事实上，设二次曲面 Q 由方程 $F(\boldsymbol{x})=0$ 给出. 如果型 F 对子空间L' 的限制 F' 是正定的，那么显然，$Q\cap\mathbb{P}(\mathrm{L}')=\varnothing$. 因此，如果我们处理的是射影空间 $\mathbb{P}(\mathrm{L})$，其中 $\dim \mathrm{L}=n+1$，那么在 L 中，存在 $s+1$ 维子空间$\overline{\mathrm{L}}$，使得型 F 对其的限制是正定的. 这说明 $Q\cap\mathbb{P}(\overline{\mathrm{L}})=\varnothing$(然而，这样的子空间$\overline{\mathrm{L}}$ 也容易根据方程 (11.43) 明确确定). 如果$\mathrm{L}'\subset\mathrm{L}$ 是一个子空间，使得$\mathbb{P}(\mathrm{L}')\subset Q$，那么，$\mathrm{L}'\cap\overline{\mathrm{L}}=(\mathbf{0})$. 因此，根据推论 3.42，我们得到了 $\dim\overline{\mathrm{L}}+\dim\mathrm{L}'\leqslant\dim\mathrm{L}=n+1$. 因此，$\dim\mathrm{L}'+s+1\leqslant n+1$，这说明 $\dim\mathrm{L}'\leqslant n-s$. 因此，对于属于由方程 (11.43) 给出的二次曲面的空间$\mathbb{P}(\mathrm{L}')$，我们得到 $\dim\mathrm{L}'\leqslant n-s$，因此，$\dim\mathbb{P}(\mathrm{L}')\leqslant n-s-1$.

另外，容易产生 $n-s-1$ 维子空间，实际上它属于二次曲面(11.43). 为此，我们将方程(11.43) 中出现的未知数与不同的符号成对组合，并使未知数成对相等，例如$x_0=x_{s+1}$，依此类推. 因为我们假设 $s+1\geqslant n-s$，我们可以构成 $n-s$ 个这样的对，因此，我们得到 $n-s$ 个线性方程. 还剩多少个未知数？由于我们将 $2(n-s)$ 个未知数组合成对，总共有 $n+1$ 个未知数，剩下 $n+1-2(n-s)$ 个未知数(该数可能等于零). 因此，我们得到空间 L 中的坐标的

$$(n-s)+n+1-2(n-s)=n+1-(n-s)$$

个线性方程. 由于所有这些方程中都存在不同的未知数，因此这些方程是线性无关的，并在 L 中确定了 $n-s$ 维子空间L'. 那么，$\dim\mathbb{P}(\mathrm{L}')=n-s-1$. 当然，由于$\mathrm{L}'$包含在$Q$中，因此，任意子空间$\mathbb{P}(\mathrm{L}'')\subset\mathbb{P}(\mathrm{L}')$($\mathrm{L}''\subset\mathrm{L}'$) 也包含在$Q$中. 因此，在二次曲面 Q 中，包含所有维数为 $r\leqslant n-s-1$ 的子空间.

因此，我们证明了以下结果.

定理 11.28 如果 n 维实射影空间中的非奇异二次曲面 Q 由方程 $F(x_0,\cdots,x_n)=0$ 给出，且二次型 F 的惯性指数等于$s+1$，那么在 Q 中仅包含维数为$r\leqslant n-s-1$ 的射影子空间，对于每个这样的数 r，可以在 Q 中找到r 维射影子空间(当 $s+1\geqslant n-r$ 时，这总是可以在不改变二次曲面Q而仅把确定它的二次型F 变为 $-F$ 的情况下实现).

我们已经考虑了实三维射影空间($n=3$) 中的二次曲面的一个例子. 我们注意到，在这个空间中，只存在两个非空二次曲面：当 $s=1$ 和 $s=2$ 时.

当 $s=2$ 时，方程(11.43)可写成以下形式

$$x_0^2+x_1^2+x_2^2=x_3^2 \tag{11.46}$$

正如我们已经说过的，对于实二次曲面的点，我们有$x_3\neq 0$. 这说明我们的二次曲面完全包含在这个仿射子集中. 设 $x=x_0/x_3$，$y=x_1/x_3$，$z=x_2/x_3$，我们将其方程写成

$$x^2+y^2+z^2=1$$

这是三维Euclid空间中常见的二维球面S^2. 我们来找出其上有什么直线. 当然，没有实直线可以位于球面上，因为每条直线都有与球面的中心任意距离的点，而对于球面的所有点，它们与球面的中心的距离等于1. 因此，我们只能讨论空间$\mathbb{P}(L^{\mathbb{C}})$的复直线. 如果在方程(11.46)中，我们作代换$x_2=iy$，其中i是虚数单位，我们得到方程$x_0^2+x_1^2-y^2-x_3^2=0$，它在新坐标

$$u_0=x_0+y, v_0=x_0-y, u_1=x_1+x_3, v_1=x_1-x_3$$

中取以下形式

$$u_0v_0+u_1v_1=0 \tag{11.47}$$

我们在第11.2节(见例11.11)中研究了这样一个方程. 作为位于给定二次曲面中的直线的例子，我们可以取由方程(11.25)给出的直线：$u_0=\lambda u_1$，$v_0=-\lambda^{-1}v_1$，具有任意复数$\lambda\neq 0$和任意u_1，v_1. 通常，这样的直线不包含我们的二次曲面的单个实点(即，对应于坐标$x_0,\cdots,x_3$的实值的点). 事实上，如果数λ不是实数，那么等式$u_0=\lambda u_1$与u_0和u_1是实数的事实相矛盾. $u_0=u_1=0$的情形将对应于具有坐标$x_1=x_3=0$的点，对其有$x_0^2+x_2^2=0$，即所有x_i都等于零.

因此，球面上有不包含单个实点的复直线的集合. 如果需要，在我们前面描述的坐标变换后，所有这些都可以用公式(11.27)和(11.28)来描述. 然而，更令人感兴趣的是位于球面上且至少包含一个实点的复直线. 对于每条这样的包含球面P的一个实点的直线l，复共轭直线$\overline{l}$(即，由点$\overline{Q}$构成，其中Q取直线l上的值)也位于球面上，并包含点P. 但根据定理11.19，过每点P恰好有两条直线(即使是复的). 我们看到，过球面的每个点，恰好有两条复直线，它们是彼此的复共轭.

最后，$s=1$的情形得出以下方程

$$x_0^2+x_1^2-x_2^2-x_3^2=0 \tag{11.48}$$

它在坐标变换

$$u_0=x_0+x_1, v_0=x_0-x_1, u_1=x_2+x_3, v_1=x_2-x_3$$

后也取得形式(11.47). 对于这个方程，我们已经通过公式(11.27)和(11.28)描述了二次曲面中包含的所有直线，其中显然，必须将实值分配给这些公式中

的参数 a,b,c,d. 在这种情形中,得到的二次曲面是单叶双曲面,直线是它的直母线. 如图 11.3.

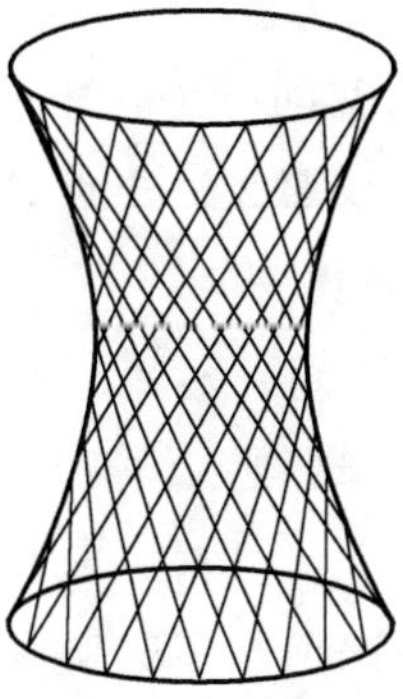

图 11.3　单叶双曲面

我们想象一下这个曲面是什么样子的;也就是说,我们来找出一个更熟悉的集合,它与这个曲面同胚. 为此,我们在每个直母线族中选取一条直线:第一个中是 l_0;第二个中是 l_1. 正如我们在第 9.4 节中看到的,每条射影直线都与圆 S^1 同胚. 另外,第二个母线族中的每条直线都由它与直线 l_0 的交点唯一确定,同样,第一个族中的每条直线都由它与直线 l_1 的交点确定. 最后,过曲面的每个点,恰好有两条线:一条来自第一个母线族,另一条来自第二个.

因此,在由方程(11.48) 给出的二次曲面的点与点对 (x,y) 之间建立了一个双射,其中 $x\in l_0$, $y\in l_1$,即集合 $S^1\times S^1$. 容易确定该双射是同胚. 集合 $S^1\times S^1$ 称为环面. 它可以最简单地表示为通过将圆绕与圆位于同一平面但不相交的轴旋转而得到的曲面. 如图 11.4. 这种曲面看起来像硬面包圈的表面. 因此,我们得到了三维实射影空间中由方程(11.48) 给出的二次曲面同胚于环面. 如图 11.4.

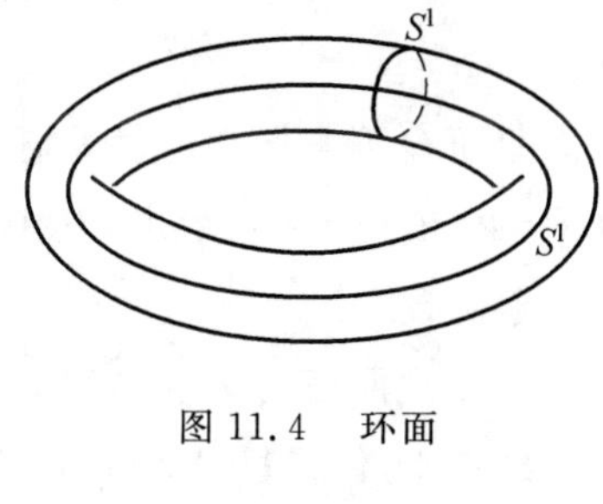

图 11.4　环面

11.5 实仿射空间中的二次曲面

现在,我们继续研究实仿射空间(V,L)中的二次曲面.我们在这个空间中选取一个参考标架$(O;\boldsymbol{e}_1,\cdots,\boldsymbol{e}_n)$.那么每个点$A\in V$由其坐标$(x_1,\cdots,x_n)$给出.二次曲面是所有点$A\in V$使得

$$F(x_1,\cdots,x_n)=0 \tag{11.49}$$

的集合,其中F是某个二次多项式.现在没有理由认为多项式F是齐次的(在射影空间中就是这样).

合并$F(\boldsymbol{x})$中的二次项、一次项和零次项,我们将它们写成

$$F(\boldsymbol{x})=\psi(\boldsymbol{x})+f(\boldsymbol{x})+c \tag{11.50}$$

其中$\psi(\boldsymbol{x})$是二次型,$f(\boldsymbol{x})$为线性型,c为标量.当$n=2$和3时,由此得到的二次曲面$F(\boldsymbol{x})=0$表示解析几何的课程中研究的二次曲线和曲面.

我们注意到,根据将二次曲面定义为满足关系式(11.49)的点集,即使在最简单的$n=2$和3的情形中,我们也得到了通常不属于二次曲线或曲面的集合.同样"奇怪"的例子表明,外观不同的二次多项式可以定义同一个二次曲面,即方程(11.49)的解集.

例如,在具有坐标x,y,z的实三维空间中,方程$x^2+y^2+z^2+c=0$没有x,y和z的解,如果$c>0$,因此对于任意$c>0$,它定义了空集.另一个例子是方程$x^2+y^2=0$,它仅当$x=y=0$时是满足的,但对于所有z是满足的,也就是说,该方程定义了一条直线,即z轴.但同一条直线(z轴)可由例如方程$ax^2+by^2=0$定义,其中数a和b同号.

我们来证明,如果我们排除这种"病态"情形,那么每个二次曲面都由一个方程定义,该方程在一个非零常数因子下是唯一的.在此,可以方便地将空集看作仿射子空间的一种特例.

定理 11.29 如果二次曲面Q不与任意仿射子空间的点集相等,并且可以由两个不同的方程$F_1(\boldsymbol{x})=0$和$F_2(\boldsymbol{x})=0$给出,其中F_i是二次多项式,那么$F_2=\lambda F_1$,其中λ是某个非零实数.

证明:由于根据给定条件,二次曲面Q不是空的,它必定包含某个点A.根据定理8.14,存在另一个点$B\in Q$,使得过A和B的直线l不完全位于Q中.

我们在仿射空间V中选取一个参考标架$(O;\boldsymbol{e}_1,\cdots,\boldsymbol{e}_n)$,其中点$O$等于$A$,向量$\boldsymbol{e}_1$等于$\overrightarrow{AB}$.过点$A$和$B$的直线由坐标为$(x_1,0,\cdots,0)$(对于所有可能的实

值x_1)的点构成.我们写出方程$F_i(\boldsymbol{x})=0, i=1,2$,在按照$x_1$的次数排列项后定义了我们的二次曲面.因此,我们得到了方程

$$F_i(x_1,\cdots,x_n)=a_i x_1^2+f_i(x_2,\cdots,x_n)x_1+\psi_i(x_2,\cdots,x_n)=0,\quad i=1,2$$

其中$f_i(x_2,\cdots,x_n)$和$\psi_i(x_2,\cdots,x_n)$是变量$x_2,\cdots,x_n$的一次和二次非齐次多项式.在定义了$f_i(0,\cdots,0)=f_i(\overline{O})$和$\psi_i(0,\cdots,0)=\psi_i(\overline{O})$之后,我们可以说关系式

$$a_i x_1^2+f_i(\overline{O})x_1+\psi_i(\overline{O})=0 \tag{11.51}$$

当$x_1=0$(点A)且$x_1=1$(点B)时成立,但对于所有实值x_1不恒成立.由此得出$\psi_i(\overline{O})=0$且$a_i+f_i(\overline{O})=0$.这说明$a_i\neq 0$,否则,我们将得到对于所有x_1都满足的关系式(11.51).通过将多项式F_i乘以a_i^{-1},我们可以假设$a_i=1$.

我们用$\overline{\boldsymbol{x}}$表示向量$\boldsymbol{x}$在子空间$\langle \boldsymbol{e}_2,\cdots,\boldsymbol{e}_n\rangle$上且平行于子空间$\langle \boldsymbol{e}_1\rangle$的投影,即$\overline{\boldsymbol{x}}=(x_2,\cdots,x_n)$.那么我们可以说两个方程

$$x_1^2+f_1(\overline{\boldsymbol{x}})x_1+\psi_1(\overline{\boldsymbol{x}})=0,\quad x_1^2+f_2(\overline{\boldsymbol{x}})x_1+\psi_2(\overline{\boldsymbol{x}})=0 \tag{11.52}$$

其中$f_i(\overline{\boldsymbol{x}})$是向量$\overline{\boldsymbol{x}}$的一次多项式,$\psi_i(\overline{\boldsymbol{x}})$是向量$\overline{\boldsymbol{x}}$的二次多项式,有相同的解.此外,我们知道,当$\overline{\boldsymbol{x}}=\boldsymbol{0}$时,它们都有两个解,$x_1=0$和$x_1=1$,也就是说,当$\overline{\boldsymbol{x}}=\boldsymbol{0}$时,每个二次三项式

$$p_i(x_1)=x_1^2+f_i(\overline{\boldsymbol{x}})x_1+\psi_i(\overline{\boldsymbol{x}}),\quad i=1,2$$

其中系数取决于向量$\overline{\boldsymbol{x}}$的判别式为正.

三项式$p_i(x_1)$的系数可以看作变量$x_2,\cdots,x_n$(即向量$\overline{\boldsymbol{x}}$的坐标)的多项式.因此,三项式$p_i(x_1)$的判别式也是变量$x_2,\cdots,x_n$的多项式,因此,它连续依赖于它们.根据连续性的定义可得,存在一个数$\varepsilon>0$,使得每个三项式$p_i(x_1)$的判别式都是正的,对于所有$\overline{\boldsymbol{x}}$使得$|x_2|<\varepsilon,\cdots,|x_n|<\varepsilon$.这个条件可以用单个不等式$|\overline{\boldsymbol{x}}|<\varepsilon$的形式简洁地表示,假设向量$\overline{\boldsymbol{x}}$的空间以某种方式转换为Euclid空间,其中定义了向量$|\overline{\boldsymbol{x}}|$的长度.例如,它可以由关系式$|\overline{\boldsymbol{x}}|^2=x_2^2+\cdots+x_n^2$定义.

因此,具有首项系数1以及系数$f_i(\overline{\boldsymbol{x}})$和$\psi_i(\overline{\boldsymbol{x}})$的二次三项式$p_i(x_1)$连续依赖于$\overline{\boldsymbol{x}}$,对于所有$|\overline{\boldsymbol{x}}|<\varepsilon$,每个都有两个根.但正如初等代数所知,这样的三项式是相等的.因此,对于所有$|\overline{\boldsymbol{x}}|<\varepsilon$,都有$f_1(\overline{\boldsymbol{x}})=f_2(\overline{\boldsymbol{x}})$且$\psi_1(\overline{\boldsymbol{x}})=\psi_2(\overline{\boldsymbol{x}})$.因此,基于以下引理,我们得出这些等式不仅对于$|\overline{\boldsymbol{x}}|<\varepsilon$是满足的,而且通常对于所有向量$\overline{\boldsymbol{x}}$也是满足的. □

引理 11.30 如果存在数 $\varepsilon > 0$，使得多项式 $f(\overline{\boldsymbol{x}})$ 和 $g(\overline{\boldsymbol{x}})$ 相等，对于所有 $\overline{\boldsymbol{x}}$ 使得 $|\overline{\boldsymbol{x}}| < \varepsilon$，那么它们对于所有 $\overline{\boldsymbol{x}}$ 恒相等.

证明：我们将多项式 $f(\overline{\boldsymbol{x}})$ 和 $g(\overline{\boldsymbol{x}})$ 表示为齐次项之和

$$f(\overline{\boldsymbol{x}}) = \sum_{k=0}^{N} f_k(\overline{\boldsymbol{x}}), g(\overline{\boldsymbol{x}}) = \sum_{k=0}^{N} g_k(\overline{\boldsymbol{x}}) \tag{11.53}$$

设 $\overline{\boldsymbol{x}} = \alpha \overline{\boldsymbol{y}}$，其中 $|\overline{\boldsymbol{y}}| < \varepsilon$，数 α 在 $[0,1]$ 中. 那么条件 $|\overline{\boldsymbol{x}}| < \varepsilon$ 显然满足，这说明 $f(\overline{\boldsymbol{x}}) = g(\overline{\boldsymbol{x}})$. 在等式(11.53) 中设 $\overline{\boldsymbol{x}} = \alpha \overline{\boldsymbol{y}}$，我们得到

$$\sum_{k=0}^{N} \alpha^k f_k(\overline{\boldsymbol{y}}) = \sum_{k=0}^{N} \alpha^k g_k(\overline{\boldsymbol{y}}) \tag{11.54}$$

一方面，等式(11.54) 对于所有 $\alpha \in [0,1]$(其中有无穷多个) 都成立. 另一方面，(11.54) 表示变量 α 的两个多项式之间的等式. 众所周知，对于变量的无穷多个值，取相同值的单变量多项式相等，也就是说，它们有相同的系数. 因此，我们得到了等式 $f_k(\overline{\boldsymbol{y}}) = g_k(\overline{\boldsymbol{y}})$(对于所有 $k = 0, \cdots, N$ 和所有 $\overline{\boldsymbol{y}}$，对其有 $|\overline{\boldsymbol{y}}| < \varepsilon$). 但由于多项式 f_k 和 g_k 是齐次的，因此这些等式一般对于所有 $\overline{\boldsymbol{y}}$ 都成立.

事实上，每个向量 $\overline{\boldsymbol{y}}$ 都可以用 $\overline{\boldsymbol{y}} = \alpha \overline{\boldsymbol{z}}$(具有标量 α 和向量 $\overline{\boldsymbol{z}}$，对其有 $|\overline{\boldsymbol{z}}| < \varepsilon$) 的形式表示. 例如，只需设 $\alpha = (2/\varepsilon)|\overline{\boldsymbol{y}}|$. 因此，我们得到 $f_k(\overline{\boldsymbol{z}}) = g_k(\overline{\boldsymbol{z}})$. 但是如果我们将这个等式的两边乘以 α^k 并调用 f_k 和 g_k 的齐性，我们得到等式 $f_k(\alpha \overline{\boldsymbol{z}}) = g_k(\alpha \overline{\boldsymbol{z}})$，即，$f_k(\overline{\boldsymbol{y}}) = g_k(\overline{\boldsymbol{y}})$，这就是要证明的. □

我们注意到，关于射影空间中的二次曲面及其定义方程之间的对应的唯一性，我们也提出了同样的问题. 但是在射影空间中，定义二次曲面的多项式是齐次的，这个问题可以更容易地解决. 为了避免重复，我们在更复杂的情形中考虑了这个问题.

现在，我们来研究一个在 2 维和 3 维空间的解析几何的课程中已经考虑过的问题：在任意维数 n 的仿射空间中，通过适当选取的参考标架，方程(11.49) 可以化为的最简单的形式是什么？这个问题等价于以下问题：在什么条件下，两个二次曲面可以通过非奇异仿射变换相互变换？

我们将考虑 n 维仿射空间 (V, L) 中的二次曲面，假设对于较小的 n 的值，这个问题已经解决. 在这方面，我们将不考虑二次曲面为柱面的情形，即有形式

$$Q = h^{-1}(Q')$$

其中 $(h, \mathcal{A})$ 是空间 (V, L) 到维数 $m < n$ 的仿射空间 (V', L') 的仿射变换，Q' 是 V' 的某个子集. 我们来确定，在这种情形中，Q' 是 V' 中的二次曲面.

设与仿射空间 V 的某个参考标架相关联的坐标系中的二次曲线 Q 由二次

方程$F(x_1,\cdots,x_n)=0$定义. 我们在m维仿射空间V'中选取某个参考标架$(O';e'_1,\cdots,e'_m)$. 那么$e'_1,\cdots,e'_m$是向量空间L$'$中的一组基. 在柱面的定义中,我们有条件$\mathcal{A}(\mathrm{L})=\mathrm{L}'$. 我们用$\boldsymbol{e}_1,\cdots,\boldsymbol{e}_m$表示向量$\boldsymbol{e}_i\in\mathrm{L}$使得$\mathcal{A}(\boldsymbol{e}_i)=\boldsymbol{e}'_i,i=1,\cdots,m$,我们来考虑它们生成的子空间$\mathrm{M}=\langle\boldsymbol{e}_1,\cdots,\boldsymbol{e}_m\rangle$. 根据推论3.31,存在一个子空间$\mathrm{N}\subset\mathrm{L}$使得$\mathrm{L}=\mathrm{M}\oplus\mathrm{N}$. 设$O\in V$为任意点,使得$h(O)=O'$. 那么,在与参考标架$(O';\boldsymbol{e}'_1,\cdots,\boldsymbol{e}'_m)$相关联的坐标系中,空间L在M上的平行于子空间N的投影,与仿射空间V在V'上的相伴投影h由以下条件定义

$$h(x_1,\cdots,x_n)=(x'_1,\cdots,x'_m)$$

其中,x'_i是相伴参考标架$(O';\boldsymbol{e}'_1,\cdots,\boldsymbol{e}'_m)$的坐标. 那么,$Q$是二次曲面的事实说明,如果坐标为$(x_1,\cdots,x_n)$的点属于集合$Q'$,那么我们对变量$x_{m+1},\cdots,x_n$代入任意值,其二次方程$F(x_1,\cdots,x_n)=0$都是满足的. 例如,我们可以设$x_{m+1}=0,\cdots,x_n=0$. 那么方程$F(x'_1,\cdots,x'_n,0,\cdots,0)=0$恰好是二次曲线$Q'$的方程.

同样的推理表明,如果多项式F取决于少于n个的未知数,那么由方程$F(\boldsymbol{x})=0$定义的二次曲面Q是柱面. 因此,后续,我们将只考虑不是柱面的二次曲面. 我们的目标是使用非奇异仿射变换对这些二次曲面进行分类. 两个二次曲面(可以通过这种变换将一个映射到另一个)称为仿射等价的.

首先,我们来考虑平移对二次方程的影响. 设与某个参考标架$(O;\boldsymbol{e}_1,\cdots,\boldsymbol{e}_n)$相关的坐标系中的二次曲线$Q$的方程有以下形式:

$$F(\boldsymbol{x})=\psi(\boldsymbol{x})+f(\boldsymbol{x})+c=0 \tag{11.55}$$

其中$\psi(\boldsymbol{x})$是二次型,$f(\boldsymbol{x})$是线性型,c是数. 如果$\mathcal{T}_a$是向量$\boldsymbol{a}\in\mathrm{L}$的平移,那么二次曲面$\mathcal{T}_a(Q)$由以下方程给出

$$\psi(\boldsymbol{x}+\boldsymbol{a})+f(\boldsymbol{x}+\boldsymbol{a})+c=0$$

我们来考虑在这些条件下二次曲面的方程如何变换. 设$\varphi(\boldsymbol{x},\boldsymbol{y})$为与二次型$\psi(\boldsymbol{x})$相关联的对称双线性型,即$\psi(\boldsymbol{x})=\varphi(\boldsymbol{x},\boldsymbol{x})$. 那么

$$\begin{aligned}\psi(\boldsymbol{x}+\boldsymbol{a})&=\varphi(\boldsymbol{x}+\boldsymbol{a},\boldsymbol{x}+\boldsymbol{a})=\varphi(\boldsymbol{x},\boldsymbol{x})+2\varphi(\boldsymbol{x},\boldsymbol{a})+\varphi(\boldsymbol{a},\boldsymbol{a})\\&=\psi(\boldsymbol{x})+2\varphi(\boldsymbol{x},\boldsymbol{a})+\psi(\boldsymbol{a})\end{aligned}$$

因此,我们在作平移$\mathcal{T}_a$后得出:

(a) 二次部分$\psi(\boldsymbol{x})$不变.

(b) 线性部分$f(\boldsymbol{x})$由$f(\boldsymbol{x})+2\varphi(\boldsymbol{x},\boldsymbol{a})$代换.

(c) 常数项c由$c+f(\boldsymbol{a})+\psi(\boldsymbol{a})$代换.

使用陈述(b),然后借助平移$\mathcal{T}_a$,有时可以消去二次曲面的方程中的一次项. 更确切地说,这是可能的,如果存在向量$\boldsymbol{a}\in\mathrm{L}$,使得

$$f(\boldsymbol{x}) = -2\varphi(\boldsymbol{x}, \boldsymbol{a}) \tag{11.56}$$

对于任意 $\boldsymbol{x} \in \mathrm{L}$ 都成立. 根据定理 6.3,通过某个线性变换 $\mathcal{A}: \mathrm{L} \to \mathrm{L}^*$,任意双线性型 $\varphi(\boldsymbol{x}, \boldsymbol{y})$ 都可以表示为 $\varphi(\boldsymbol{x}, \boldsymbol{y}) = (\boldsymbol{x}, \mathcal{A}(\boldsymbol{y}))$. 那么,条件(11.56) 可以写成 $(\boldsymbol{x}, \boldsymbol{f}) = -2(\boldsymbol{x}, \mathcal{A}(\boldsymbol{a}))(\boldsymbol{x} \in \mathrm{L})$, 即 $\boldsymbol{f} = -2\,\mathcal{A}(\boldsymbol{a}) = \mathcal{A}(-2\boldsymbol{a})$. 这说明条件(11.56) 等同于线性函数 $\boldsymbol{f} \in \mathrm{L}^*$ 包含在变换 $\mathcal{A}$ 的像中.

首先,我们来研究满足条件(11.56) 的二次曲面. 在这种情形中,存在仿射空间的参考标架,其中二次曲面可以表示为方程

$$F(\boldsymbol{x}) = \psi(\boldsymbol{x}) + c = 0 \tag{11.57}$$

该方程具有显著的对称性:它在向量 $\boldsymbol{x}$ 到 $-\boldsymbol{x}$ 的变换下是不变的. 我们来做进一步的研究.

定义 11.31 设 V 为仿射空间,A 为 V 的点. 关于点 A 的中心对称是映射 $V \to V$,它将每个点 $B \in V$ 映射到点 $B' \in V$,使得 $\overrightarrow{AB'} = -\overrightarrow{AB}$.

显然,根据该条件,点 B' 以及映射是唯一确定的. 平凡的验证表明,该映射是仿射变换,其线性部分等于 $-\mathcal{E}$.

定义 11.32 集合 $Q \subset V$ 称为关于点 $A \in V$ 是中心对称的,如果它在关于点 A 的中心对称下是不变的,在这种情形中,该点称为集合 Q 的中心.

根据定义,二次曲面上的点 A 是中心,当且仅当二次曲面通过线性变换 $-\mathcal{E}$ 变换为自身,也就是 $\boldsymbol{x} \mapsto -\boldsymbol{x}$,其中 $\boldsymbol{x} = \overrightarrow{AX}$(对于这个二次曲面的每个点 X 都成立).

定理 11.33 如果二次曲面与仿射空间不相等,不是柱面,并且有一个中心,那么该中心是唯一的.

证明:设 A 和 B 为二次曲面 Q 的两个不同的中心. 这说明,根据定义,对于每个点 $X \in Q$,存在一个点 $X' \in Q$ 使得

$$\overrightarrow{AX} = -\overrightarrow{AX'} \tag{11.58}$$

对于每个点 $Y \in Q$,存在一个点 $Y' \in Q$ 使得

$$\overrightarrow{BY} = -\overrightarrow{BY'} \tag{11.59}$$

我们将关系式(11.58) 应用于任意点 $X \in Q$,以及相伴点 $X' = Y$ 的关系式(11.59). 我们用 X'' 表示作为这些操作的结果而得到的点 Y'. 显然

$$\overrightarrow{XX''} = \overrightarrow{XA} + \overrightarrow{AB} + \overrightarrow{BX''} \tag{11.60}$$

从关系式(11.58) 和(11.59) 可知 $\overrightarrow{XA} = \overrightarrow{AX'}$ 且 $\overrightarrow{BX''} = \overrightarrow{X'B}$. 将最后的表达式代入(11.60),我们得到,$\overrightarrow{XX''} = 2\,\overrightarrow{AB}$. 换句话说,这说明如果向量 $\boldsymbol{e}$ 等于 $2\,\overrightarrow{AB}$,那么二次曲面 Q 在平移 $\mathcal{T}_{\boldsymbol{e}}$ 下是不变的;如图 11.5. 这一结论也可由对图 11.5 中的相似三角形 ABX' 和 $XX''X'$ 的检验得到.

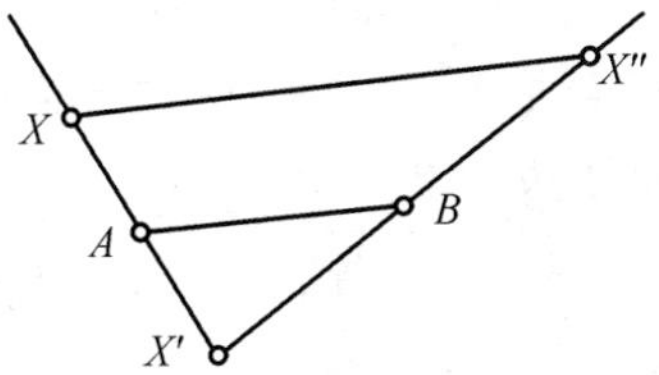

图 11.5　相似三角形

由于 $A \neq B$，向量 $\boldsymbol{e}$ 是非零的. 我们选取一个任意参考标架$(O;\boldsymbol{e}_1,\cdots,\boldsymbol{e}_n)$，其中$\boldsymbol{e}_1=\boldsymbol{e}$. 我们设$\mathrm{L}'=\langle \boldsymbol{e}_2,\cdots,\boldsymbol{e}_n\rangle$，并考虑仿射空间$V'=(\mathrm{L}',\mathrm{L}')$和映射$h:V\to V'$，它由以下条件定义：$h(O)=O,h(A)=O$，如果$\overrightarrow{OA}=\lambda\boldsymbol{e}$，$h(A_i)=\boldsymbol{e}_i$，如果$\overrightarrow{OA_i}=\boldsymbol{e}_i(i=1,\cdots,n)$. 显然，映射 h 是投射，集合 Q 是柱集. 因为根据我们的假设，二次曲面 Q 不是柱面，所以我们得到了一个矛盾. □

因此，通过选取原点位于二次曲面的中心的坐标系，我们可以通过方程

$$\psi(x_1,\cdots,x_n)=c \tag{11.61}$$

定义满足定理 11.33 的条件的任意二次曲面，其中 ψ 是非奇异二次型(在奇异型 ψ 的情形中，二次曲面将是柱面).

如果 $c\neq 0$，我们可以通过将等式两边(11.61) 乘以c^{-1} 来取得 $c=1$. 最后，我们可以作一个线性变换，它保持原点，并将二次型 ψ 变换为标准形(6.22). 因此，二次曲面的方程取以下形式

$$x_1^2+\cdots+x_r^2-x_{r+1}^2-\cdots-x_n^2=c \tag{11.62}$$

其中 $c=0$ 或 1，且数 r 为二次型 ψ 的惯性指数.

如果 $c=0,r=0$ 或 $r=n$，那么$x_1=0,\cdots,x_n=0$，也就是说，二次曲面由单个点构成，即原点，这与上述假设相矛盾，即它不与某个仿射子空间相等. 同样，当 $c=1$ 且 $r=0$ 时，我们得到，$-x_1^2-\cdots-x_n^2=1$，这对于实数$x_1,\cdots,x_n$ 是不可能的，那么二次曲面由空集构成，这再次与我们的假设相矛盾.

因此，我们证明了以下结论.

定理 11.34　如果二次曲面与仿射子空间不相等，不是柱面，并且有一个中心，那么在某个坐标系中，它由方程(11.62) 定义. 此外，$0<r\leqslant n$，并且如果 $c=0$，那么 $r<n$.

在 $c=0$ 的情形中，通过将二次曲面的方程乘以 -1，可以得到在(11.62)中，正项的个数不少于负项的个数，即 $r\geqslant n-r$，或等价地，$r\geqslant n/2$. 后续，我们将始终假设在 $c=0$ 的情形中，满足此条件.

定理 11.34 断言，每一个不是仿射子空间或柱面且有中心的二次曲面都可

以借助于合适的非奇异仿射变换变换为由方程(11.62)给出的二次曲面. 当 $c=0$(仅在这种情形中)时,二次曲面(11.62)是一个锥面(顶点位于原点),也就是说,对于它的每个点 $\boldsymbol{x}$,它还包含整条直线 $\langle\boldsymbol{x}\rangle$. 当 $c=0$ 时,可以指出由方程(11.62)给出的二次曲面的另一个特征性质:它不是光滑的,而在 $c=1$ 的情形中,二次曲面是光滑的. 这由奇点的定义(等式 $F=0$ 和 $\frac{\partial F}{\partial x_i}=0$)得出.

现在,我们来考虑没有中心的二次曲面. 这样的二次曲面 Q 由以下方程定义

$$F(\boldsymbol{x})=\psi(\boldsymbol{x})+f(\boldsymbol{x})+c=0 \tag{11.63}$$

其中 $\psi(\boldsymbol{x})$ 是二次型, $f(\boldsymbol{x})$ 是线性型, c 是标量. 如前所述,我们将把与二次型 $\psi(\boldsymbol{x})$ 相对应的对称双线性型 $\varphi(\boldsymbol{x},\boldsymbol{y})$ 写为 $\varphi(\boldsymbol{x},\boldsymbol{y})=(\boldsymbol{x},\mathcal{A}(\boldsymbol{y}))$,其中 $\mathcal{A}:\mathrm{L}\to\mathrm{L}^*$ 是线性变换. 我们已经看到,对于二次曲面 Q,没有中心等价于条件 $\boldsymbol{f}\notin\mathcal{A}(\mathrm{L})$.

我们在空间 L 中由线性齐次方程 $\boldsymbol{f}(\boldsymbol{x})=0$ 定义的超平面 $\mathrm{L}'=\langle\boldsymbol{f}\rangle^a$ 中选取任意一组基 $\boldsymbol{e}_1,\cdots,\boldsymbol{e}_{n-1}$,我们通过向量 $\boldsymbol{e}_n\perp\mathrm{L}'$(使得 $\boldsymbol{f}(\boldsymbol{e}_n)=1$)将这组基扩充为整个空间 L 的一组基(在此,当然,是关于双线性型 $\varphi(\boldsymbol{x},\boldsymbol{y})$ 的意义上理解正交性). 在得到的参考标架 $(O;\boldsymbol{e}_1,\cdots,\boldsymbol{e}_n)$ 中,方程(11.63)可写成以下形式

$$F(\boldsymbol{x})=\psi'(x_1,\cdots,x_{n-1})+\alpha x_n^2+x_n+c=0 \tag{11.64}$$

其中 ψ' 是二次型 ψ 对超平面 L' 的限制.

现在,我们在 L' 中选取一组新的基 $\boldsymbol{e}'_1,\cdots,\boldsymbol{e}'_{n-1}$,其中二次型 ψ' 有标准形

$$\psi'(x_1,\cdots,x_{n-1})=x_1^2+\cdots+x_r^2-x_{r+1}^2-\cdots-x_{n-1}^2 \tag{11.65}$$

显然,在这种情形中,坐标原点 O 和向量 $\boldsymbol{e}_n$ 保持不变. 因此,如果二次型 ψ' 取决于少于 $n-1$ 个的变量,那么方程(11.63)中的多项式 F 取决于少于 n 个的变量,正如我们所看到的,这说明二次曲面 Q 是柱面.

我们来证明,在公式(11.64)中,数 α 等于0. 如果 $\alpha\neq0$,那么根据显然的关系式 $\alpha x_n^2+x_n+c=\alpha(x_n+\beta)^2+c'$,其中 $\beta=1/(2\alpha)$ 且 $c'=c-\beta/2$,我们得到,通过向量 $\boldsymbol{a}=-\beta\boldsymbol{e}_n$ 的平移 $\mathcal{T}_{\boldsymbol{a}}$,方程(11.64)变换为

$$F(\boldsymbol{x})=\psi'(x_1,\cdots,x_{n-1})+\alpha x_n^2+c'=0$$

其中 ψ' 有型(11.65). 但这样的方程,很容易看出,给出了一个有中心的二次曲面.

因此,假设二次曲面 Q 不是柱面,并且没有中心,我们得到它的方程有以下形式

$$x_1^2+\cdots+x_r^2-x_{r+1}^2-\cdots-x_{n-1}^2+x_n+c=0$$

现在,我们作向量 $\boldsymbol{a}=-c\,\boldsymbol{e}_n$ 的平移 $\mathcal{T}_{\boldsymbol{a}}$. 因此,坐标 $x_1,\cdots,x_{n-1}$ 不变,而 x_n 变为

$x_n - c$. 在新坐标系中,二次曲面的方程取以下形式

$$x_1^2 + \cdots + x_r^2 - x_{r+1}^2 - \cdots - x_{n-1}^2 + x_n = 0 \tag{11.66}$$

通过将二次曲面的方程乘以 -1,并将坐标x_n 变为 $-x_n$,我们可以得到等式(11.66) 中的正平方的个数不小于负平方的个数,即 $r \geqslant n - r - 1$,或等价地,$r \geqslant (n-1)/2$.

由此,我们得到以下结果.

定理 11.35 每个不是仿射子空间或柱面且没有中心的二次曲面都可以在某个坐标系中由方程(11.66) 给出,其中 r 是满足条件$(n-1)/2 \leqslant r \leqslant n-1$ 的数.

因此,通过组合定理 11.34 和 11.35,我们得到以下结果:每个不是仿射子空间或柱面的二次曲面都可以在某个坐标系中由方程(11.62) 给出,如果它没有中心,由方程(11.66) 给出,如果它没有中心. 我们称这些方程为标准的.

定理11.34和11.35不仅给出了二次曲面的方程可以通过适当选取的坐标系变换为的最简形式. 除此之外,从这些定理可以看出,有标准形(11.62) 或(11.66) 的二次曲面是仿射等价的(即,通过非奇异仿射变换可相互变换),仅当它们的方程相同.

在证明这一结论的过程中,我们将首先证明由方程(11.66) 定义的二次曲面从来没有中心. 事实上,将二次曲面的方程写成(11.50) 的形式,我们可以说它有中心,仅当 $f \in \mathcal{A}(\mathrm{L})$. 但简单的验证表明,对于由方程(11.66) 定义的二次曲面,该条件不满足. 事实上,如果在空间 L 的某组基$\boldsymbol{e}_1, \cdots, \boldsymbol{e}_n$ 中,二次型 $\psi(\boldsymbol{x})$ 给定如下

$$x_1^2 + \cdots + x_r^2 - x_{r+1}^2 - \cdots - x_{n-1}^2$$

那么在选取对偶空间L^* 的对偶基$\boldsymbol{f}_1, \cdots, \boldsymbol{f}_n$ 时,我们得到通过关系式 $\varphi(\boldsymbol{x}, \boldsymbol{y}) = (\boldsymbol{x}, \mathcal{A}(\boldsymbol{y}))$ 与 ψ 关联的线性变换$\mathcal{A}: \mathrm{L} \to \mathrm{L}^*$,其中 $\varphi(\boldsymbol{x}, \boldsymbol{y})$ 是由二次型 ψ 确定的对称双线性型,有型$\mathcal{A}(\boldsymbol{e}_i) = \boldsymbol{f}_i (i = 1, \cdots, r)$,$\mathcal{A}(\boldsymbol{e}_i) = -\boldsymbol{f}_i (i = r+1, \cdots, n-1)$ 及 $\mathcal{A}(\boldsymbol{e}_n) = \mathbf{0}$, 并且线性型 x_n 与 $\boldsymbol{f}_n$ 相同. 因此, $\mathcal{A}(\mathrm{L}) = \langle \boldsymbol{f}_1, \cdots, \boldsymbol{f}_{n-1} \rangle$ 且 $\boldsymbol{f} = \boldsymbol{f}_n \notin \mathcal{A}(\mathrm{L})$.

我们现在来表述关于非奇异仿射变换的二次曲面的分类的基本定理.

定理 11.36 任意不是仿射子空间或柱面的二次曲面都可以在某个坐标系中用标准方程(11.62) 或(11.66) 表示,其中数 r 分别满足定理 11.34 和 11.35 中指定的条件. 反之,在某个坐标系中有标准方程(11.62) 或(11.66) 的每对二次曲面可以通过非奇异仿射变换相互变换,仅当它们的标准方程相同.

证明:只有定理的第二部分有待证明. 我们已经看到,由方程(11.62) 和

(11.66) 给出的二次曲面不能通过非奇异仿射变换相互映射，因为在第一种情形中，二次曲面有一个中心，而在第二种情形中则没有. 因此，我们可以分别考虑每种情形.

我们从第一种情形开始. 设给定两个二次曲面Q_1 和Q_2，由形如(11.62) 的不同标准方程给出(我们注意到，在这种情形中，标准方程的值对于$c=0$或1和下标 r 是不同的)，其中$Q_2=g(Q_1)$，$(g,\mathcal{A})$ 是非奇异仿射变换. 根据假设，每个二次曲面都有一个唯一的中心，该中心在其选定的坐标系中与点 $O=(0,\cdots,0)$ 相同.

我们把变换 g 写成(8.19)：$g=\mathcal{T}_{\boldsymbol{a}}g_0$，其中 $g_0(O)=O$. 根据假设，$Q_2=g(Q_1)$，这说明 $g(O)=O$，也就是说，向量 $\boldsymbol{a}$ 等于 $\mathbf{0}$. 在二次曲面的方程中，我们可以写成$F_i(\boldsymbol{x})=\psi_i(\boldsymbol{x})+c_i=0$，$i=1$ 和 2，显然，$F_i(\mathbf{0})=c_i$，这说明常数c_i 相等(后续，我们将用 c 表示它们). 因此，二次曲面Q_1 和Q_2 的方程仅在二次部分 $\psi_i(\boldsymbol{x})$ 不同.

根据定理 11.29，变换 g 将多项式$F_1(\boldsymbol{x})-c$ 变换为$\lambda(F_2(\boldsymbol{x})-c)$，其中$\lambda$ 是某个非零实数. 因此，二次型$\psi_1(\boldsymbol{x})$ 通过线性变换$\mathcal{A}$变换为$\lambda\psi_2(\boldsymbol{x})$. 如果我们用 r_i 表示二次型$\psi_i(\boldsymbol{x})$ 的惯性指数，那么根据惯性定律，可得要么$r_2=r_1(\lambda>0)$，要么$r_2=n-r_1(\lambda<0)$. 在 $c=0$ 的情形中，我们可以假设$r_i\geqslant n/2$，并且等式 $r_2=n-r_1$ 仅当$r_2=r_1$ 时成立. 在 $c=1$ 的情形中，同样的结果来自这一事实：变换$\mathcal{A}$将多项式$\psi_1(\boldsymbol{x})-1$ 变换为$\lambda(\psi_1(\boldsymbol{x})-1)$. 通过比较常数项，我们得到$\lambda=1$.

在二次曲面没有中心的情形中，我们可以重复相同的论证. 我们再次得到二次型$\psi_1(\boldsymbol{x})$ 通过非奇异线性变换变换为$\lambda\psi_2(\boldsymbol{x})$. 由于每个型$\psi_i(\boldsymbol{x})$ 根据假设包含项x_1^2，因此$\lambda=1$，根据惯性定律，可得$r_2=r_1(\lambda>0)$，或$r_2=n-1-r_1(\lambda<0)$. 因为根据假设，$r_i\geqslant(n-1)/2$，等式$r_2=n-1-r_1$ 仅当$r_2=r_1$ 时成立. □

因此，我们看到在 n 维实仿射空间中，只存在有限个仿射不等价二次曲面(不是仿射子空间或柱面). 它们中的每一个都等价于一个二次曲面，其可以用方程(11.62) 或方程(11.66) 表示.

可以计算仿射不等价二次曲面的类型的个数. 当 $c=1$ 时，方程(11.62) 给出了n种可能的类型. 其余情形取决于数n的奇偶性. 如果$n=2m$，那么$c=0$时，方程(11.62) 给出了 m 种不同类型，相同的个数由方程(11.66) 给出. 总的来说，在偶数 n 的情形中，我们得到 $n+2m=2n$ 种不同类型. 如果 $n=2m+1$，那么 $c=0$ 时，方程(11.62) 给出了 m 种不同类型，方程(11.66) 给出了相同的个数. 在这种情形中，我们总共得到 $n+2m-1=2n-2$ 种不同类型. 因此，在 n 维实仿射空间中，如果 n 为偶数，那么不是仿射子空间或柱面的仿射不等价二次曲面的类型的个数等于 $2n$，如果 n 为奇数，则等于 $2n-2$.

备注 11.37 容易看出，本节内容可化为二次多项式 $F(x_1,\cdots,x_n)$ 的分类，它由变量的非奇异仿射变换和非零标量系数的乘法决定. 与几何对象(二次曲面) 的联系由定理 11.29 建立. 我们排除了仿射子空间的情形，这与我们想要强调出现的几何对象之间的差异有关.

二次曲面不是柱面的假设是为了强调分类的归纳性质. 我们引入的限制本可以不受限制地完成. 通过重复完全相同的论证，我们得到了 n 维仿射空间中的任意集合，该集合通过将 n 个变量的二次多项式(点的坐标) 等于零给出，与以下方程定义的集合之一仿射等价

$$x_1^2+\cdots+x_r^2-x_{r+1}^2-\cdots-x_m^2=1,\quad 0\leqslant r\leqslant m\leqslant n \tag{11.67}$$

$$x_1^2+\cdots+x_r^2-x_{r+1}^2-\cdots-x_m^2=0,\quad r\geqslant \frac{m}{2},m\leqslant n \tag{11.68}$$

$$x_1^2+\cdots+x_r^2-x_{r+1}^2-\cdots-x_{m-1}^2+x_m=0,\quad r\geqslant \frac{m-1}{2},m<n \tag{11.69}$$

在此之后，容易看出，当 $r=0$ 时，在(11.67) 的情形中，得到了空集，而当 $r=0$ 或 $r=m$ 时，在(11.68) 的情形中，结果是仿射子空间. 在其余的情形中，容易得到一条直线，它与给定集合交于两个不同的点，并且不完全包含在其中. 根据定理 8.14，这说明这样的集合不是仿射子空间.

最后，我们来讨论仿射二次曲面的拓扑性质.

如果在方程(11.62) 中，我们有 $c=1$，惯性指数 r 等于 1，那么该方程可以改写为 $x_1^2=1+x_2^2+\cdots+x_n^2$，由此得出 $x_1^2\geqslant 1$，即 $x_1\geqslant 1$ 或 $x_1\leqslant -1$. 显然，坐标 x_1 大于 1 的二次曲面的点不可能连续形变为坐标 x_1 小于或等于 -1 的点，同时仍在二次曲面上(见第 11 页的定义). 因此，在这种情形中，二次曲面由两个分支构成，也就是说，它由两个子集构成，使得每个子集中的一个点不能连续形变为另一个点，同时仍在二次曲面上. 可以证明，这些分支中的每一个都是道路连通的(见第 10 页的定义)，就像由方程(11.66) 给出的每个二次曲面那样.

由两个道路连通分支构成的二次曲面的最简单的例子是平面中的双曲线；如图 11.6.

我们上面描述的拓扑性质有对于由方程(11.62)(当 $c=1$ 时，具有下标 r 的较小值，但仍然假设 $r\geqslant 1$) 定义的二次曲面的推广. 在此，我们仅简要说明，但不给出严格的表述，也省略证明.

当 $r=1$ 时，我们可以找到两点，$(1,0,\cdots,0)$ 和 $(-1,0,\cdots,0)$，它们不能通过沿二次曲面(它们可以在一维空间中表示为球面 $x_1^2=1$) 的连续运动相互变

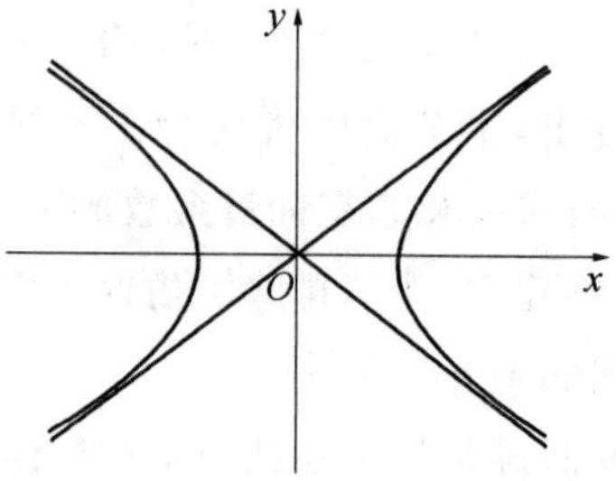

图 11.6　双曲线

换. 对于 r 的任意值，二次曲面包含球面

$$x_1^2+\cdots+x_r^2=1, x_{r+1}=0,\cdots,x_n=0$$

可以证明，该球面不能通过沿二次曲面的表面的连续运动收缩到单个点. 但对于每个 $m<r$ 和球面$S^{m-1}: y_1^2+\cdots+y_m^2=1$ 到二次曲面的连续映射，球面 $f(S^{m-1})$ 的像可以通过沿二次曲面的连续运动收缩到一个点（读者应该清楚，集合沿二次曲面的连续运动说明了什么，这是我们在 $r=1$ 的情形中已经遇到的）.

11.6　仿射 Euclid 空间中的二次曲面

我们仍需考虑仿射 Euclid 空间 V 中的非奇异二次曲面. 我们将一如既往地排除二次曲面是仿射子空间或柱面的情形. 由度量等价决定的此类二次曲面的分类恰好使用了与第 11.5 节中完全相同的论证. 在某种程度上，该节的结果可以应用于我们的情形，因为运动是仿射变换. 因此，我们只粗略地回忆一下推理过程.

推广问题的陈述，回到解析几何（其中考虑了 $\dim V=2$ 和 3 的情形），我们称两个二次曲面是度量等价的，如果它们可以通过空间 V 的某个运动相互变换. 这个定义是任意度量空间的度量等价的特例（见第 11 页），容易验证，仿射 Euclid 空间中的所有二次曲面都属于它.

首先，我们来考虑由方程给出的二次曲面，该方程的线性部分可以被平移零化. 这些二次曲面有一个中心（正如我们所看到的，它是唯一的）. 选取坐标原点（即参考标架$(O;\boldsymbol{e}_1,\cdots,\boldsymbol{e}_n)$ 的点 O）为二次曲面的中心，我们将其方程化为

$$\psi(x_1,\cdots,x_n)=c$$

其中 $\psi(x_1,\cdots,x_n)$ 是非奇异二次型，c 是一个数. 如果 $c\neq 0$，那么将方程乘以 c^{-1}，我们可以假设 $c=1$. 当 $c=0$ 时，二次曲面是锥面.

利用正交变换，可以将二次型 ψ 化为标准形

$$\psi(x_1,\cdots,x_n)=\lambda_1 x_1^2+\lambda_2 x_2^2+\cdots+\lambda_n x_n^2$$

其中所有的数$\lambda_1,\cdots,\lambda_n$ 都是非零的，因为根据假设，我们的二次曲面是非奇异的，既不是仿射子空间也不是柱面，这说明二次型 ψ 是非奇异的. 我们将正数与负数分开：假设$\lambda_1,\cdots,\lambda_k>0$ 且$\lambda_{k+1},\cdots,\lambda_n<0$. 根据解析几何的传统方法，我们将设$\lambda_i=a_i^{-2}(i=1,\cdots,k)$ 和$\lambda_j=-a_j^{-2}(j=k+1,\cdots,n)$，其中所有数$a_1,\cdots,a_n$ 均为正数.

因此，每个具有中心的二次曲面都度量等价于具有以下方程的二次曲面

$$\left(\frac{x_1}{a_1}\right)^2+\cdots+\left(\frac{x_k}{a_k}\right)^2-\left(\frac{x_{k+1}}{a_{k+1}}\right)^2-\cdots-\left(\frac{x_n}{a_n}\right)^2=c \qquad (11.70)$$

其中 $c=0$ 或 1. 当 $c=0$ 时，将方程(11.70) 乘以 -1，我们可以像仿射情形那样，假设 $k\geqslant n/2$.

现在，我们来考虑一种情形，其中二次曲面

$$\psi(x_1,\cdots,x_n)+f(x_1,\cdots,x_n)+c=0$$

没有中心，即 $\boldsymbol{f}\notin\mathcal{A}(\mathrm{L})$，其中$\mathcal{A}:\mathrm{L}\to\mathrm{L}^*$ 是通过关系式 $\varphi(\boldsymbol{x},\boldsymbol{y})=(\boldsymbol{x},\mathcal{A}(\boldsymbol{y}))$ 与二次型 ψ 相关联的线性变换，其中 $\varphi(\boldsymbol{x},\boldsymbol{y})$ 是给出二次型 ψ 的对称双线性型. 在这种情形中，容易验证，如第 11.5 节所述，我们可以找到空间 L 的一组标准正交基$\boldsymbol{e}_1,\cdots,\boldsymbol{e}_n$，使得

$$f(\boldsymbol{e}_1)=0,\quad \cdots,\quad f(\boldsymbol{e}_{n-1})=0,\quad f(\boldsymbol{e}_n)=1$$

在由参考标架$(O;\boldsymbol{e}_1,\cdots,\boldsymbol{e}_n)$ 确定的坐标系中，二次曲面由以下方程给出

$$\lambda_1 x_1^2+\lambda_2 x_2^2+\cdots+\lambda_{n-1} x_{n-1}^2+x_n+c=0$$

通过向量 $-c\boldsymbol{e}_n$ 的平移，这个方程可以化为

$$\lambda_1 x_1^2+\lambda_2 x_2^2+\cdots+\lambda_{n-1} x_{n-1}^2+x_n=0$$

其中所有系数λ_i 均非零，因为二次曲面是非奇异的且不是柱面.

如果$\lambda_1,\cdots,\lambda_k>0$ 且$\lambda_{k+1},\cdots,\lambda_{n-1}<0$，那么，通过将二次曲线的方程和坐标$x_n$ 乘以 -1，如有必要，我们可以假设 $k\geqslant(n-1)/2$. 如前所述，设$\lambda_i=a_i^{-2}$ $(i=1,\cdots,k)$ 和$\lambda_j=-a_j^{-2}(j=k+1,k+2,\cdots,n-1)$，其中$a_1,\cdots,a_n>0$，我们将前面的方程化为

$$\left(\frac{x_1}{a_1}\right)^2+\cdots+\left(\frac{x_k}{a_k}\right)^2-\left(\frac{x_{k+1}}{a_{k+1}}\right)^2-\cdots-\left(\frac{x_{n-1}}{a_{n-1}}\right)^2+x_n=0 \qquad (11.71)$$

因此，仿射 Euclid 空间中的每个二次曲面都度量等价于方程(11.70)(Ⅰ型) 或(11.71)(Ⅱ 型) 给出的二次曲面. 我们来验证(在给定条件和对 r 的限制下) 形式(11.70) 或形式(11.71) 的两个二次曲面是度量等价的，仅当所有数

$a_1,\cdots,a_n$(对于 Ⅰ 型)和$a_1,\cdots,a_{n-1}$(对于 Ⅱ 型)在它们的方程中是相同的.在此,我们可以分别考虑 Ⅰ 型和 Ⅱ 型二次曲面,因为它们在仿射等价的观点上有所不同.

根据定理 8.39,仿射 Euclid 空间的每个运动都是平移和正交变换的复合.正如我们在第 11.5 节中看到的,平移不会改变二次曲面的方程的二次部分.根据定理 11.29,两个二次曲面是仿射等价的,仅当方程中出现的多项式相差一个常数因子.但对于 $c=1$ 时的 Ⅰ 型二次曲面,该因子必须等于 1.对于 $c=0$ 时的 Ⅰ 型二次曲面,乘以 $\mu>0$ 说明所有数a_i 都乘以$\mu^{-1/2}$.对于 Ⅱ 型二次曲面,该因子也必须等于 1,以保持线性项x_n 中的系数 1.

因此,我们看到,如果排除常数项 $c=0$ 的 Ⅰ 型二次曲面(一个锥面),那么方程的二次部分必定是二次型(关于正交变换是等价的).但数λ_i 定义为相伴线性对称变换的特征值,因此,这也确定了数a_i.在锥面($c=0$时的 Ⅰ 型二次曲面)的情形中,所有的数λ_i 都可以乘以一个公因子,它是一个正数(因为对 r 的假设).这说明数a_i 可以乘以任意正公因子.

我们注意到,虽然我们的推理思路与仿射等价的情形完全相同,但我们得到的结果是不同的.相对于仿射等价,我们只得到了有限个不同类型的不等价二次曲面,而关于度量等价,其个数是无穷的:它们不仅由有限个下标 r 的值决定,还由任意数a_i 决定(在锥面的情形中,定义为与公共正因子相乘).这一事实是在解析几何的课程中提出的;例如,具有以下方程的椭圆

$$\left(\frac{x}{a}\right)^2+\left(\frac{y}{b}\right)^2=1$$

由其半轴 a 和 b 定义,如果两个椭圆的半轴不同,那么不能通过平面的运动将椭圆相互变换.

对于任意 n,具有标准方程(11.70)(其中 $k=n$ 且 $c=1$)的二次曲面称为椭球面.椭球面的方程可以改写为:

$$\sum_{k=1}^{n}\left(\frac{x_i}{a_i}\right)^2=1 \tag{11.72}$$

由此得出 $|x_i/a_i|\leqslant 1$,因此,$|x_i|\leqslant a_i$.如果这些数$a_1,\cdots,a_n$ 中的最大值用 a 表示,那么我们得到 $|x_i|\leqslant a$.这个性质可以表述为椭球面是一个有界集.感兴趣的读者容易证明,在所有二次曲面中,只有椭球面有这种性质.

如果我们对坐标重新编号,使得在椭球面的方程(11.72)中,系数为$a_1\geqslant a_2\geqslant\cdots\geqslant a_n$,那么,我们得到

$$\left(\frac{x_i}{a_1}\right)^2\leqslant\left(\frac{x_i}{a_i}\right)^2\leqslant\left(\frac{x_i}{a_n}\right)^2$$

对于位于椭球面上的每个点 $\boldsymbol{x}=(x_1,\cdots,x_n)$，我们都有不等式$a_n \leqslant |\boldsymbol{x}| \leqslant a_1$. 这说明从椭球面的中心 O 到点 $\boldsymbol{x}$ 的距离不大于到点 $A=(a_1,0,\cdots,0)$ 的距离，不小于到点 $B=(0,\cdots,0,a_n)$ 的距离. 这两个点，或者更确切地说，线段 OA 和 OB，称为椭球面的半长轴和半短轴.

11.7 实平面中的二次曲面*

在本节中，我们将不证明任何新的事实. 相反，我们的目标是在之前得到的结果与解析几何中熟悉的事实之间建立联系，特别是将实平面中的二次曲面解释为圆锥截线，这一点已为古希腊人所知.

我们从考虑最简单的例子开始，在这个例子中，可以看到二次曲面的仿射分类和射影分类（即在实仿射平面和实射影平面中的二次曲面）之间的区别. 但为此，我们必须首先完善（或回顾）问题的陈述.

根据第 9.1 节中的定义，我们可以用$\mathbb{P}(\mathrm{L})$ 表示任意维数为 n 的射影空间，其中 L 是 $n+1$ 维向量空间. 相同维数为 n 的仿射空间可以看作$\mathbb{P}(\mathrm{L})$ 的仿射部分，它由条件 $\varphi \neq 0$ 确定，其中 φ 是 L 上的某个非零线性函数. 它也可以用由条件 $\varphi(\boldsymbol{x})=1$ 定义的集合W_φ 来辨识. 该集合是 L 的仿射子空间（我们可以将 L 看作其自身的向量的空间）. 后续，我们将恰好用到仿射空间的这种构造.

射影空间$\mathbb{P}(\mathrm{L})$ 中的二次曲面$\overline{Q}$ 由方程 $F(\boldsymbol{x})=0$ 给出，其中 F 是齐次二次多项式. 在空间 L 中，所有向量（对其有 $F(\boldsymbol{x})=0$）的汇集构成一个锥面 K. 我们回忆一下，锥面是一个集合 K，使得对于每个向量 $\boldsymbol{x} \in K$，包含 $\boldsymbol{x}$ 的整条直线 $\langle \boldsymbol{x} \rangle$ 也包含在 K 中. 与二次曲面相关联的锥面称为二次锥面. 从这个角度来看，二次曲面的射影分类与二次锥面关于非奇异线性变换的分类相同.

因此，使用前面给定的记号W_φ 和K，仿射二次曲面 Q 可以表示为$W_\varphi \cap K$. 根据定义，二次曲面$Q_1 \subset W_{\varphi_1}$ 和$Q_2 \subset W_{\varphi_2}$ 是仿射等价的，如果存在非奇异仿射变换$W_{\varphi_1} \to W_{\varphi_2}$，它将$Q_1$ 映射到Q_2. 这说明我们有向量空间 L 的非奇异线性变换$\mathcal{A}$，对其有

$$\mathcal{A}(W_{\varphi_1})=W_{\varphi_2} \text{ 和 } \mathcal{A}(W_{\varphi_1} \cap K_1)=W_{\varphi_2} \cap K_2$$

其中K_1 和K_2 是与二次曲面Q_1 和Q_2 相关联的二次锥面.

首先，我们来考查映射$\mathcal{A}$如何作用于集合W_φ. 为此，我们回顾一下，在空间 L 上的线性函数的空间L^* 中，定义了对偶变换$\mathcal{A}^*$，对其有

$$\mathcal{A}^*(\varphi)(\boldsymbol{x})=\varphi(\mathcal{A}(\boldsymbol{x}))$$

对于所有向量 $\boldsymbol{x} \in \mathrm{L}$ 和 $\varphi \in \mathrm{L}^*$ 都成立. 换句话说，这说明如果$\mathcal{A}^*(\varphi)=\psi$，那么

线性函数 $\psi(\boldsymbol{x})$ 等于$(\varphi)(\mathcal{A}(\boldsymbol{x}))$. 由于变换$\mathcal{A}$是非奇异的，对偶变换$\mathcal{A}^*$ 也是非奇异的，因此，存在逆变换$(\mathcal{A}^*)^{-1}$. 根据定义，如果 $\varphi(\boldsymbol{x}) = 1$，那么$(\mathcal{A}^*)^{-1}(\varphi)\cdot(\mathcal{A}(\boldsymbol{x})) = 1$，也就是说，$\mathcal{A}$将$W_\varphi$ 变换为集合$W_{(\mathcal{A}^*)^{-1}(\varphi)}$.

因为在前面几节中，我们只考虑了非奇异射影二次曲面，所以在仿射情形中设置对应的限制也是很自然的. 为此，我们将如前所述，使用仿射二次曲面的表示，即 $Q=W_\varphi \cap K$. 二次锥面 K 确定了到二次曲面$\overline{Q}$ 的某个投影. 容易用坐标表示这种对应. 如果我们在 L 中选取坐标系$(x_0,x_1,\cdots,x_n)$，那么在W_{x_0} 中，通过公式$y_i=x_i/x_0$ 定义非齐次坐标$y_1,\cdots,y_n$. 如果二次曲面 Q 由二次方程

$$f(y_1,\cdots,y_n)=0$$

给出，那么二次曲面$\overline{Q}$(和锥面 K) 由方程

$$F(x_0,x_1,\cdots,x_n)=0,\quad \text{其中 } F=x_0^2 f\left(\frac{x_1}{x_0},\cdots,\frac{x_n}{x_0}\right)$$

给出. 因此，射影二次曲面$\overline{Q}$ 由仿射二次曲面 Q 唯一确定.

定义 11.38 仿射二次曲面 Q 称为非奇异的，如果相伴射影二次曲面$\overline{Q}$ 是非奇异的.

在任意维数为 n 的空间中，当 $m<n$ 时，具有标准方程(11.67)－(11.69)的所有二次曲面都是奇异的. 此外，当 $m=n$ 时，(11.68) 型的二次曲面也是奇异的. 这两个结论都可以直接根据定义进行验证；我们只需将坐标$x_1,\cdots,x_n$ 指定为$y_1,\cdots,y_n$，引入齐次坐标$x_0:x_1:\cdots:x_n$，设$y_i=x_i/x_0$，将所有方程乘以x_0^2. 容易写出二次型 $F(x_0,x_1,\cdots,x_n)$ 的矩阵.

特别地，当 $n=2$ 时，我们得到三个方程

$$y_1^2+y_2^2=1,\quad y_1^2-y_2^2=1,\quad y_1^2+y_2=0 \tag{11.73}$$

根据第 11.5 节的结果，当$n=2$时，每个非奇异仿射二次曲面都仿射等价于这三种类型中的一种(仅且一种). 对应的二次曲面称为椭圆，双曲线和抛物线.

另外，在第 11.4 节中，我们看到所有非奇异射影二次曲面都是射影等价的. 这个结果可以作为仿射二次曲面的图形表示. 正如我们所看到的，每个仿射二次曲面都可以表示为$Q=W_\varphi \cap K$，其中 K 是某个二次锥面. 它仿射等价于二次曲面

$$\mathcal{A}(W_\varphi \cap K)=W_{(\mathcal{A}^*)^{-1}(\varphi)} \cap \mathcal{A}(K)$$

其中$\mathcal{A}$是空间 L 的任意非奇异线性变换.

这里出现了 $n=2(\dim \mathrm{L}=3)$ 的情形的特殊性质. 根据前面已经证明的，与非奇异二次曲面相关的每个锥面 K 都可以通过非奇异变换$\mathcal{A}$映射到其他每个此类锥面. 特别地，我们可以假设$\mathcal{A}(K)=K_0$，其中锥面K_0在空间 L 的某个坐标

系x_0, x_1, x_2中由方程$x_1^2+x_2^2=x_0^2$给出. 该锥面通过其母线中的一条的旋转得到,即,绕轴x_0(即直线$x_1=x_2=0$)的完全位于锥面上的直线(例如,直线$x_1=x_0, x_2=0$). 在我们选取的锥面K_0中,母线与轴x_0之间的夹角等于$\pi/4$. 换句话说,这说明锥面K_0的每个极点是通过等腰直角三角形的边绕其平分线旋转而得到的.

设$(\mathcal{A}^*)^{-1}(\varphi)=\psi$,我们得到任意非奇异仿射二次曲面都仿射等价于二次曲面$W_\psi \cap K_0$. 在此,W_ψ是空间 L 中的一个任意平面,它不过锥面K_0的顶点,即点$O=(0,0,0)$. 因此,每个非奇异仿射二次曲面都仿射等价于直圆锥的平面截面. 这就解释了用于平面中的二次曲面的术语"二次曲线".

从解析几何中,我们知道我们发现的三条二次曲线(椭圆、双曲线和抛物线)是如何从一条(从射影分类的角度)曲线得到的. 如果我们从方程(11.73)开始,那么通过用齐次坐标写出这些方程,可以揭示这三种类型的差异. 设$y_1=x_1/x_0$且$y_2=x_2/x_0$,我们得到方程

$$x_1^2+x_2^2=x_0^2, \quad x_1^2-x_2^2=x_0^2, \quad x_1^2-x_0x_2=0 \tag{11.74}$$

这些方程之间的差异可以在与由方程$x_0=0$给出的无限直线l_∞相交的集合的不同性质中找到. 对于椭圆,该集合为空集;对于双曲线,它由两点$(0:1:1)$和$(0:1:-1)$构成;对于抛物线,它由单个点$(0:0:1)$构成(代入等式(11.73)表明直线l_∞在交点处与抛物线相切);如图 11.7.

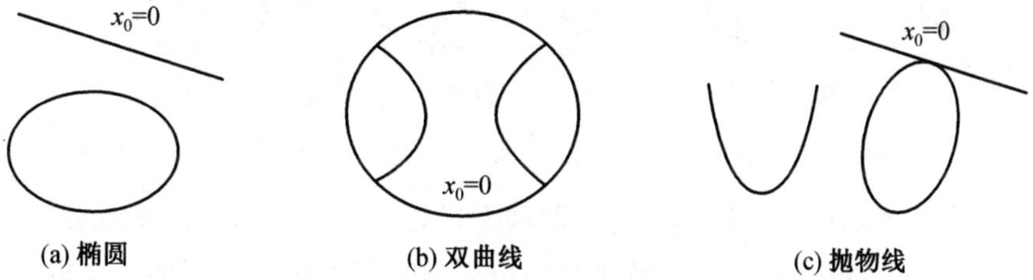

图 11.7　二次曲线与无限直线的交

我们在第 9.2 节中看到,仿射变换与保持直线l_∞的射影变换相同. 因此集合$\overline{Q} \cap l_\infty$的类型(空集,两点,一点)对于仿射等价二次曲面$Q$应该是相同的. 在我们的例子中,我们在第 11.4 节中证明的实际内容是集合$\overline{Q} \cap l_\infty$的类型确定了由仿射等价决定的二次曲面$Q$.

但是,如果我们从锥面K_0与平面W_ψ的相交处表示二次曲线开始,那么由于平面W_ψ关于锥面K_0的不同布置,会出现不同的类型. 我们回忆一下,锥面K_0的顶点O将其划分为两个极点. 如果锥面的方程的形式为$x_1^2+x_2^2=x_0^2$,那么

每个极点由x_0的符号确定.

我们用L_ψ表示平行于W_ψ且过点O的平面.该平面由方程$\psi=0$给出.如果L_ψ与锥面K_0的没有除O以外的交点,那么W_ψ与其一个极点相交(例如,W_ψ与轴x_0的交点所在的极点).在这种情形中,二次曲线$W_\psi\cap K_0$位于一个极点内,且是一个椭圆.

例如,在平面W_ψ与轴x_0正交的特殊情形中,我们得到一个圆.如果我们移动平面W_ψ(例如,减小其与轴x_0的夹角),那么在它与锥面K_0的相交处,得到一个椭圆,其离心率随着夹角的减小而增大;如图 11.8(a).当平面L_ψ与锥面K_0相切于一条母线,达到极限位置.那么,W_ψ再次与一个极点相交(包含与轴x_0相交的极点).该相交处是抛物线;如图 11.8(b).如果平面L_ψ与K_0相交于两条不同的母线,那么W_ψ与它的两个极点相交(在平面L_ψ的一侧,平面W_ψ与其平行).该相交处是双曲线;如图 11.8(c).

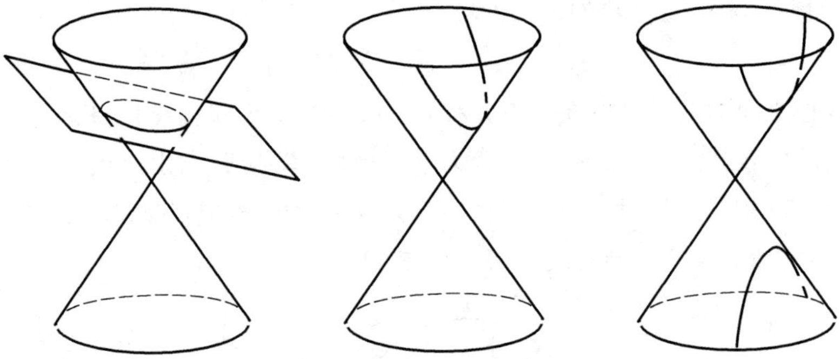

(a) (b) (c)

图 11.8 圆锥截线

平面二次曲面和圆锥截线之间的联系通过此类二次曲面的度量分类得到了特别清晰的揭示,这构成了解析几何中任何足够严格的课程的一部分.我们仅回顾主要结果.

正如在第 11.5 节中所做的那样,我们必须从考虑中排除作为柱面的那些二次曲面和作为向量子空间的并集的那些(在我们的例子中,是直线或点).那么第 11.5 节中得到的结果给出(用坐标x,y)以下三种类型的二次曲线

$$\frac{x^2}{a^2}+\frac{y^2}{b^2}=1,\quad \frac{x^2}{a^2}-\frac{y^2}{b^2}=1,\quad x^2+a^2y=0 \tag{11.75}$$

其中$a>0$且$b>0$.从上述仿射分类的角度来看,第一类曲线是椭圆,第二类曲线是双曲线,第三类曲线是抛物线.

我们回忆一下,在解析几何的课程中,这些曲线定义为满足某些条件的平

面的点的几何轨迹. 也就是说,椭圆是点的几何轨迹,其上的点与平面中的两个给定点的距离之和是常数. 双曲线的定义类似于用差替换和. 抛物线是距离给定点和不过给定点的给定直线等距的点的几何轨迹.

存在一个简洁的初等证明,证明了所有椭圆,双曲线和抛物线不仅是仿射地,而且是度量地,即作为点的几何轨迹,等价于直圆锥的平面截面. 我们回忆一下,所谓直圆锥,我们指的是三维空间中的一个锥面 K,它是一条直线绕另一条直线旋转所得,所绕直线称为锥面的轴. 构成锥面的直线称为它的母线;它们与锥面的轴交于一个公共点,称为它的顶点.

换句话说,这个结果说明不过锥面的顶点的直圆锥与平面的截面是椭圆、双曲线或抛物线,并且每个椭圆、双曲线和抛物线都和圆锥与合适平面的相交处重合[①].

---

① 这一事实的证明来自法国一比利时数学家 Germinal Pierre Dandelin. 例如,可以在 A. P. Veselov 和 E. V. Troitsky 的《解析几何讲义》(俄语);B. N. Delone 和 D. A. Raikov 的《解析几何》(俄语);P. Dandelin, *Mémoire sur l'hyperboloïde de révolution, et sur les hexagones de Pascal et de M. Brianchon*;D. Hilbert 和 S. Cohn-Vossen 的《直观几何》中找到.

双曲几何

第12章

双曲(或罗巴切夫斯基)几何的发现对数学的发展以及如何理解数学与现实世界之间的关系产生了巨大的影响. 围绕新几何学展开的讨论似乎也影响了许多人文学科人士的观点,在这方面,不幸的是,他们太多地被文学形象所吸引:“切合实际”的 Euclid 几何学与“超凡脱俗”的非 Euclid 几何学之间的对比是由博学的数学家发明的. 这两种几何之间的区别似乎在于,正如大家所明白的那样,在第一种几何中,平行线并不相交,而在第二种几何中,对智力正常的人来说,难以理解的是它们确实相交. 然而,当然,这与事实恰好相反:在罗巴切夫斯基的非 Euclid 几何中,给定直线外一点,无数条直线过该点而不与该直线相交. 正是这一点将罗巴切夫斯基的几何与 Euclid 的几何区别开来.

在陀思妥耶夫斯基的小说《卡拉马佐夫兄弟》中,伊万·卡拉马佐夫很可能在人文学科中散布了以下文学形象的困惑:

> 同时,过去甚至现在都有几何学家和哲学家,甚至他们中最杰出的某些人,他们怀疑整个宇宙,或者更广泛地说,整个存在,是完全按照 Euclid 几何创造的;他们甚至敢于梦想两条平行线,根据 Euclid 的说法,这两条平行线在地球上不可能相交,但可能在无穷远处的某个地方相交.

在这部小说写作期间,弗里德里希·恩格斯创作了《反杜林论》,其中使用了更生动的形象:

> 但在高等数学中，我们发现了另一个矛盾，即在我们眼前相交的直线，尽管距离它们的交点只有 5 或 6 厘米，也就是说，即使延伸到无穷远也不能相交的直线都被认为是平行的.

在此，作者看到了某种“辩证法”的表现.

甚至到目前为止，在出版物中也可能遇到这样的文学图像，他们反对 Euclid 几何和非 Euclid 几何，因为在前者中，平行线不相交，而在后者中，它们“在某处或其他地方相交”. 通常，非 Euclid 几何学是指罗巴切夫斯基的双曲几何，这对于任何通过某个技术学科的大学课程的人来说都是可以理解的，如今存在很多这样的人. 可以肯定的是，如今，这是在数学系的微分几何的更高级的课程中提出的. 但双曲几何与线性代数的第一门课程的联系如此紧密，所以在此不谈它将是一大遗憾.

12.1 双曲空间*

在本章中，我们将专门讨论实向量空间.

我们将定义 n 维双曲空间，在下文中记作$\mathbb{L}_n$ 或简记为$\mathbb{L}$，如果不需要指明维数，作为 n 维射影空间$\mathbb{P}(\mathrm{L})$ 的一部分，其中 L 是$(n+1)$ 维实向量空间. 我们将用 $\dim\mathbb{L}$表示空间$\mathbb{L}$的维数.

我们用伪 Euclid 乘积$(\boldsymbol{x},\boldsymbol{y})$ 装备 L；见第 7.7 节. 我们回顾一下，在那里，二次型$(\boldsymbol{x}^2)$ 有惯性指数 n，并且在某组基$\boldsymbol{e}_1,\cdots,\boldsymbol{e}_{n+1}$(称为标准正交的) 中，对于向量

$$\boldsymbol{x}=\alpha_1\boldsymbol{e}_1+\cdots+\alpha_n\boldsymbol{e}_n+\alpha_{n+1}\boldsymbol{e}_{n+1} \tag{12.1}$$

它取得以下形式

$$(\boldsymbol{x}^2)=\alpha_1^2+\cdots+\alpha_n^2-\alpha_{n+1}^2 \tag{12.2}$$

在伪 Euclid 空间 L 中，我们来考虑由条件$(\boldsymbol{x}^2)=0$ 定义的光锥 V. 我们称向量 $\boldsymbol{a}$ 位于锥 V 的内部，如果$(\boldsymbol{a}^2)<0$(回想一下，在第 7 章中，我们称这种向量为类时的). 显然，这对于直线$\langle\boldsymbol{a}\rangle$ 上的所有向量同样成立，因为$((\alpha\boldsymbol{a})^2)=\alpha^2(\boldsymbol{a}^2)<0$，我们将考虑实数域上的这个空间. 这些直线也称为位于光锥 V 的内部.

对应于位于光锥 V 的内部的空间 L 的直线的射影空间$\mathbb{P}(\mathrm{L})$ 的点称为空间$\mathbb{L}$的点. 因此，它们对应于满足以下不等式的形式(12.1) 的空间 L 的直线$\langle\boldsymbol{x}\rangle$

$$\alpha_1^2+\cdots+\alpha_n^2<\alpha_{n+1}^2 \tag{12.3}$$

考虑到条件(12.3)，集合$\mathbb{L}\subset\mathbb{P}(\mathrm{L})$ 包含在一个仿射子集$\alpha_{n+1}\neq 0$ 中(见第

9.1 节). 事实上,在$\alpha_{n+1}=0$的情形中,我们将在(12.3)中得到不等式$\alpha_1^2+\cdots+\alpha_n^2<0$,考虑到$\alpha_1,\cdots,\alpha_n$是实的,这是不可能的. 正如我们之前在第 9.1 节中所做的那样,我们可以用仿射子空间$E:\alpha_{n+1}=1$来辨识仿射子集$\alpha_{n+1}\neq 0$,因此将$\mathbb{L}$看作E的一部分;如图 12.1.

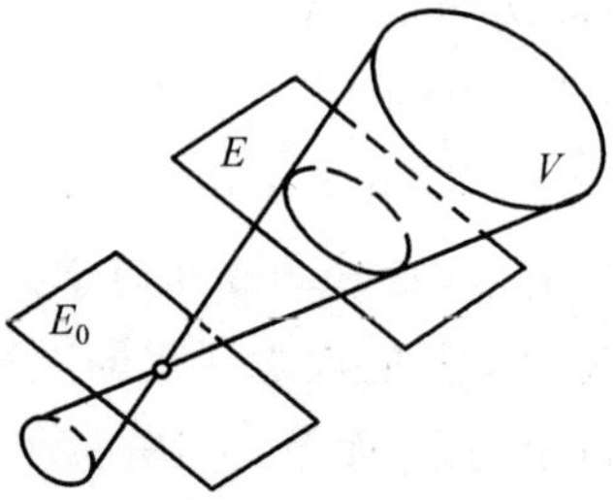

图 12.1　双曲空间的模型

仿射空间 E 的向量的空间是向量子空间$\mathrm{E}_0\subset \mathrm{L}$(由条件$\alpha_{n+1}=0$定义). 换句话说,$\mathrm{E}_0=\langle \boldsymbol{e}_1,\cdots,\boldsymbol{e}_n\rangle$. 我们注意到,向量$\mathrm{E}_0$的空间不仅仅是一个向量空间. 作为伪 Euclid 空间 L 的一个子空间,它似乎也应该是一个伪 Euclid 空间. 但事实上,从公式(12.2)中可以看出,内积$(\boldsymbol{x},\boldsymbol{y})$使其成为 Euclid 空间,其中向量$\boldsymbol{e}_1,\cdots,\boldsymbol{e}_n$构成一组标准正交基. 这说明$E$是仿射 Euclid 空间,空间 L 的基$\boldsymbol{e}_1,\cdots,\boldsymbol{e}_{n+1}$构成具有关于它的参考标架的双曲空间$\mathbb{L}\subset E$的一个点,其中坐标$(y_1,\cdots,y_n)$由以下关系式刻画

$$y_1^2+\cdots+y_n^2<1,\quad y_i=\frac{\alpha_i}{\alpha_{n+1}},\quad i=1,\cdots,n \tag{12.4}$$

该集合称为E中的单位球面的内部,记作U.

现在我们把注意力转向辨识双曲空间的子空间. 它们对应于这样的向量空间$\mathrm{L}'\subset\mathrm{L}$,它们与光锥$V$的内部有一个公共点,也就是说,它们包含一个类时向量$\boldsymbol{a}\in\mathrm{L}'$. 对于子空间$\mathrm{L}'\subset\mathrm{L}$中的所有向量,也明确定义了 L 中定义的内积$(\boldsymbol{x},\boldsymbol{y})$. 空间$\mathrm{L}'$包含类时向量$\boldsymbol{a}$,因此,根据引理 7.53,它是伪 Euclid 空间,因此,相伴双曲空间$\mathbb{L}'\subset\mathbb{P}(\mathrm{L}')$是定义的. 由于$\mathbb{P}(\mathrm{L}')\subset\mathbb{P}(\mathrm{L})$是一个射影子空间,因此$\mathbb{L}'\subset\mathbb{P}(\mathrm{L}')$. 但是双曲空间$\mathbb{L}'$在$\mathbb{P}(\mathrm{L})$和$\mathbb{P}(\mathrm{L}')$中都由条件$(\boldsymbol{x}^2)<0$定义,因此,$\mathbb{L}'\subset\mathbb{L}$. 在此根据定义,$\dim\mathbb{L}'=\dim\mathbb{P}(\mathrm{L}')=\dim\mathrm{L}'-1$. 这样构造的双曲空间$\mathbb{L}'$称为$\mathbb{L}$中的子空间.

特别地,如果L'是 L 中的超平面,那么$\dim\mathbb{L}'=\dim\mathbb{L}-1$,于是子空间$\mathbb{L}'\subset\mathbb{L}$称为$\mathbb{L}$中的超平面.

后续,我们需要用超平面$\mathbb{L}'\subset\mathbb{L}$将$\mathbb{L}$划分为两部分

$$\mathbb{L}\setminus\mathbb{L}'=\mathbb{L}^+\cup\mathbb{L}^-,\quad \mathbb{L}^+\cap\mathbb{L}^-=\varnothing \tag{12.5}$$

类似于第 3.2 节中那样，借助超平面$\mathrm{L}'\subset \mathrm{L}$将向量空间 L 划分为两个半空间.

空间$\mathbb{L}$的划分(12.5) 不能通过射影空间$\mathbb{P}(\mathrm{L})$ 的类似划分来实现. 事实上，如果我们利用第 3.2 节中的子集L^+ 和L^- 的定义，那么我们看到对于向量 $\boldsymbol{x}\in\mathrm{L}^+$，向量 $\alpha\boldsymbol{x}$ 在L^- 中，如果 $\alpha<0$，使得条件 $\boldsymbol{x}\in\mathrm{L}^+$ 对于直线$\langle\boldsymbol{x}\rangle$ 不成立. 但这种划分对于仿射 Euclid 空间 E 是可能的；它是在第 8.2 节中构造的(见第 279 页).

我们回忆一下，仿射空间 E 由超平面$E'\subset E$所作的划分是通过仿射空间E的向量的空间E_0 的借助对应于仿射超平面E' 的超平面$\mathrm{E}'_0\subset\mathrm{E}_0$ 的划分来定义的，即，由向量$\overrightarrow{AB}$ 构成，其中 A 和 B 都是E' 的可能点. 如果我们给定一个划分 $\mathrm{E}_0\setminus\mathrm{E}'_0=\mathrm{E}_0^+\cup\mathrm{E}_0^-$，那么我们必须选取任意点 $O\in E'$ 并将E^+ 定义为所有点 $A\in E$ 的集合，使得$\overrightarrow{OA}\in\mathrm{E}_0^+$($E^-$ 类似定义). 由此得到的集合E^+ 和E^- 称为半空间，它们不取决于点 $O\in E'$ 的选取. 因此，我们将集合 $E\setminus E'$ 划分为两个半空间：$E\setminus E'=E^+\cup E^-$.

设L'是伪 Euclid 空间 L 中的与光锥 V 的内部有非空交集的超平面，并设E'为仿射空间 E 中的相伴超平面，即$E'=E\cap\mathbb{P}(\mathrm{L}')$. 那么$E'$ 与单位球面 U 的内部有非空交集，由关系式(12.4) 给出，对于集合$\mathbb{L}\subset E$，我们得到了划分(12.5)，其中

$$\mathbb{L}'=\mathbb{L}\cap E',\quad \mathbb{L}^+=E^+\cap\mathbb{L},\quad \mathbb{L}^-=E^-\cap\mathbb{L} \tag{12.6}$$

由关系式(12.6) 定义的集合$\mathbb{L}^+$ 和$\mathbb{L}^-$ 称为空间$\mathbb{L}$的半空间.

简而言之，超平面E' 把用空间$\mathbb{L}$来辨识的球面 $U\subset E$ 的内部分为两部分，U^+ 和U^-(如图 12.2)，其对应于半空间$\mathbb{L}^+$ 和$\mathbb{L}^-$.

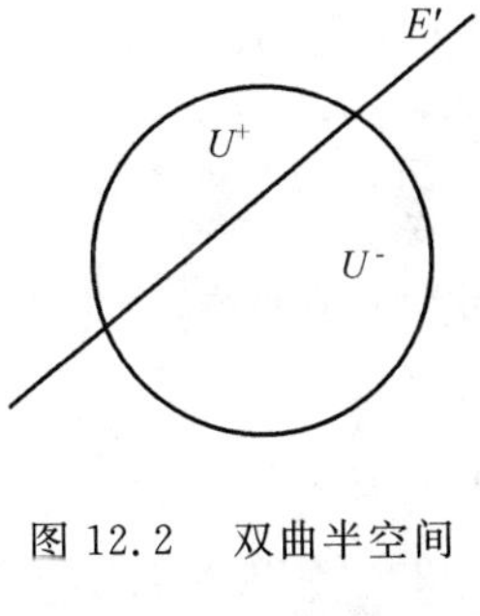

图 12.2　双曲半空间

我们来证明半空间$\mathbb{L}^+$ 和$\mathbb{L}^-$ 是非空的，尽管图 12.2 自身就足以令人信服. 我们给出对于$\mathbb{L}^+$ 的证明(对于$\mathbb{L}^-$，证明相似).

我们考虑一个任意点$O\in E'\cap\mathbb{L}$. 它对应于向量$\boldsymbol{a}=\alpha_1\boldsymbol{e}_1+\cdots+\alpha_n\boldsymbol{e}_n+\boldsymbol{e}_{n+1}$

且有$(\boldsymbol{a}^2)<0$(见第401页关于仿射空间E的定义). 设$\boldsymbol{c}\in \mathrm{E}_0^+$和$B\in E^+$为使得$\overrightarrow{OB}=\boldsymbol{c}$的点. 我们考虑向量$\boldsymbol{b}_t=\boldsymbol{a}+t\boldsymbol{c}\in \mathrm{L}$和点$B_t\in E$(对其有$\overrightarrow{OB_t}=\boldsymbol{b}_t$,对于不同的$t\in\mathbb{R}$值). 我们注意到,如果$t>0$,那么$B_t\in E^+$,如果在此$(\boldsymbol{b}_t^2)<0$,那么$B_t\in E^+\cap\mathbb{L}=\mathbb{L}^+$. 容易看出,标量平方$(\boldsymbol{b}_t^2)$是$t$的二次三项式

$$(\boldsymbol{b}_t^2)=((\boldsymbol{a}+t\boldsymbol{c})^2)=(\boldsymbol{a}^2)+2t(\boldsymbol{a},\boldsymbol{c})+t^2(\boldsymbol{c}^2)=P(t) \tag{12.7}$$

根据我们的选取,向量$\boldsymbol{c}\neq 0$属于Euclid空间E_0,因此,$(\boldsymbol{c}^2)>0$. 另外,根据假设,我们有$(\boldsymbol{a}^2)<0$. 由此得出,关系式(12.7)右边的二次三项式$P(t)$的判别式为正,因此,$P(t)$有两个实根t_1和t_2,并且由条件$(\boldsymbol{a}^2)<0$可得,它们异号,即$t_1 t_2<0$. 那么,容易看出,对于根t_1和t_2之间的每个t,都有$P(t)<0$. 我们将选取这样一个正数t.

由于双曲空间$\mathbb{L}$可以看作仿射空间E的一部分,因此,我们可以将线段的概念,位于线段上的三个点之间的概念和凸性的概念从E转移到$\mathbb{L}$上. 一个简单的验证(类似于我们在第8.2节的末尾所做的)表明,之前引入的集合$\mathbb{L}\setminus\mathbb{L}'$的子集$\mathbb{L}^+$和$\mathbb{L}^-$由凸性刻画:如果两点$A,B$在$\mathbb{L}^+$中,那么位于段$[A,B]$上的所有的点也在$\mathbb{L}^+$中(对于子集$\mathbb{L}^-$显然也成立).

我们来考虑向量空间L的线性变换$\mathcal{A}$,它们是关于对称双线性型$\varphi(\boldsymbol{x},\boldsymbol{y})$的Lorentz变换,对应于二次型$(\boldsymbol{x}^2)$和相伴射影变换$\mathbb{P}(\mathcal{A})$. 后一种变换显然将集合$\mathbb{L}$变换为自身:假设变换$\mathcal{A}$是Lorentz变换,并且根据条件$(\boldsymbol{x}^2)<0$,得出$(\mathcal{A}(\boldsymbol{x})^2)=(\boldsymbol{x}^2)<0$. 以这种方式得到的集合$\mathbb{L}$的变换称为双曲空间$\mathbb{L}$的运动.

因此,空间$\mathbb{L}$的运动是包含$\mathbb{L}$的射影空间$\mathbb{P}(\mathrm{L})$的射影变换,并且将二次型$(\boldsymbol{x}^2)$变换为自身. 至此,我们已经说过,光锥V的内部的定义可以在齐次坐标中写为

$$x_1^2+\cdots+x_n^2-x_{n+1}^2<0 \tag{12.8}$$

在非齐次坐标$y_i=x_i/x_{n+1}$中,写为

$$y_1^2+\cdots+y_n^2<1 \tag{12.9}$$

我们将双曲空间的运动看作集合$\mathbb{L}$的变换,即把由条件(12.9)给定的单位球面的内部变换为自身的变换.

我们写出运动的某些简单性质:

性质12.1 两个运动f_1和f_2(作为集合$\mathbb{L}$的变换)的顺序应用(复合)也是一个运动.

这是因为非奇异变换$\mathcal{A}_1$和$\mathcal{A}_2$的复合是非奇异变换,这对于对应的射影变换$\mathbb{P}(\mathcal{A}_1)$和$\mathbb{P}(\mathcal{A}_2)$也成立. 此外,如果$\mathcal{A}_1$和$\mathcal{A}_2$是关于双线性型$\varphi(\boldsymbol{x},\boldsymbol{y})$的

Lorentz 变换，那么其复合的结果有相同的性质.

性质 12.2 运动是$\mathbb{L}$到自身的双射.

这个结论源于这样一个事实，即对应边换$\mathcal{A}$:L → L 和$\mathbb{P}(\mathcal{A})$:$\mathbb{P}$(L) → $\mathbb{P}$(L)是双射. 但是根据双曲空间的定义，必须验证光锥 V 的内部包含的每条直线是一条相似直线的像. 如果我们有一条具有类时向量$\langle \boldsymbol{a}\rangle$ 的直线 $\boldsymbol{a}$，那么我们知道存在一个向量 $\boldsymbol{b}$，使得$\mathcal{A}(\boldsymbol{b})=\boldsymbol{a}$. 由于$\mathcal{A}$是伪 Euclid 空间 L 的 Lorentz 变换，我们有关系式$(\boldsymbol{b}^2)=(\mathcal{A}(\boldsymbol{b})^2)=(\boldsymbol{a}^2)<0$，由此得出向量 $\boldsymbol{b}$ 也是类时的. 因此，变换$\mathcal{A}$将位于 V 的内部的直线$\langle \boldsymbol{b}\rangle$ 变换为直线$\langle \boldsymbol{a}\rangle$，也在 V 的内部.

性质 12.3 与每个双射一样，运动 f 有逆变换f^{-1}. 它也是一个运动.

这个性质的验证是平凡的.

乍一看，双曲空间存在“足够多”的运动并不是显然的. 我们将在稍后建立这一点，但现在，我们将指出某些重要类型的运动.

变换 g 为(a) 型，如果 $g=\mathbb{P}(\mathcal{A})$，其中$\mathcal{A}$是空间 L 的 Lorentz 变换，使得$\mathcal{A}(\boldsymbol{e}_{n+1})=\boldsymbol{e}_{n+1}$.

由于伪 Euclid 空间 L 的基$\boldsymbol{e}_1,\cdots,\boldsymbol{e}_{n+1}$ 是标准正交的，我们有分解

$$\mathrm{L}=\langle \boldsymbol{e}_{n+1}\rangle \oplus \langle \boldsymbol{e}_{n+1}\rangle^{\perp},\quad \langle \boldsymbol{e}_{n+1}\rangle^{\perp}=\langle \boldsymbol{e}_1,\cdots,\boldsymbol{e}_n\rangle \tag{12.10}$$

并且具有指定性质的所有变换$\mathcal{A}$:L → L 把子空间$\mathrm{E}_0=\langle \boldsymbol{e}_1,\cdots,\boldsymbol{e}_n\rangle$ 变换为自身.

反之，如果我们把$\mathcal{A}$:L → L 定义为 Euclid 子空间E_0 的正交变换，并设$\mathcal{A}(\boldsymbol{e}_{n+1})=\boldsymbol{e}_{n+1}$，那么$\mathbb{P}(\mathcal{A})$ 当然将是双曲空间的运动. 换句话说，这些变换可以描述为非齐次坐标的正交变换. 空间$\mathbb{L}$的所有由此构造的运动都有对应于 L 中的直线$\langle \boldsymbol{e}_{n+1}\rangle$ 的不动点 O，或者换句话说，在非齐次坐标系$(y_1,\cdots,y_n)$ 中的点$O=(0,\cdots,0)$.

从双曲空间的角度来看，构造的运动与保持点 $O\in\mathbb{L}$不变的运动恰好相同. 事实上，正如我们所看到的，点 O 对应于直线$\langle \boldsymbol{e}_{n+1}\rangle$，运动 g 等于$\mathbb{P}(\mathcal{A})$，其中$\mathcal{A}$是空间 L 的 Lorentz 变换. 条件 $g(O)=O$ 说明$\mathcal{A}(\langle \boldsymbol{e}_{n+1}\rangle)=\langle \boldsymbol{e}_{n+1}\rangle$，即$\mathcal{A}(\boldsymbol{e}_{n+1})=\lambda\boldsymbol{e}_{n+1}$. 从$\mathcal{A}$是 Lorentz 变换的事实来看，$\lambda=\pm 1$. 通过将$\mathcal{A}$乘以$\pm 1$，这显然不会改变变换 $g=\mathbb{P}(\mathcal{A})$，我们可以得到条件$\mathcal{A}(\boldsymbol{e}_{n+1})=\boldsymbol{e}_{n+1}$ 是满足的，根据定义，g 是(a) 型变换.

(b) 型与双曲空间的某条直线$\mathbb{L}_1\subset\mathbb{L}$有关. 根据定义，直线$\mathbb{L}_1$ 由平面$\mathrm{L}'\subset \mathrm{L}$ 确定，$\dim \mathrm{L}'=2$. 根据假设，平面L' 必定至少包含一个类时向量 $\boldsymbol{x}$，根据引理7.53(第 253 页) 可得，它是一个伪 Euclid 空间. 根据公式(6.28) 和定理6.17(惯性定律)，由此得出，给定维数的所有此类空间都是同构的. 因此，我们可以选取L' 中具有任何方便的 Gram 矩阵的一组基，只要它定义了伪 Euclid 平面. 我们

已经看到(例 7.49,第 252 页)可以方便地选取类光向量$\boldsymbol{f}_1$,$\boldsymbol{f}_2$ 作为一组基,对其有

$$(\boldsymbol{f}_1^2)=(\boldsymbol{f}_2^2)=0,\quad (\boldsymbol{f}_1,\boldsymbol{f}_2)=\frac{1}{2}$$

这说明对于每个向量 $\boldsymbol{x}=x\boldsymbol{f}_1+y\boldsymbol{f}_2$,其标量平方$(\boldsymbol{x}^2)$等于 xy. 在例 7.61(第 259 页)中,我们在这组基中得到了伪 Euclid 平面的 Lorentz 变换的显式公式

$$\mathcal{U}\boldsymbol{f}_1=\alpha\boldsymbol{f}_1,\quad \mathcal{U}\boldsymbol{f}_2=\alpha^{-1}\boldsymbol{f}_2 \tag{12.11}$$

或

$$\mathcal{U}\boldsymbol{f}_1=\alpha\boldsymbol{f}_2,\quad \mathcal{U}\boldsymbol{f}_2=\alpha^{-1}\boldsymbol{f}_1 \tag{12.12}$$

其中 α 是任意非零数. 后续,我们只需要由公式(12.11)给出的变换.

由于L' 是一个非退化空间,因此根据定理 6.9,我们得到了分解 $\mathrm{L}=\mathrm{L}'\oplus(\mathrm{L}')^{\perp}$. 现在,我们根据以下条件来定义空间 L 的线性变换$\mathcal{A}$

$$\mathcal{A}(\boldsymbol{x}+\boldsymbol{y})=\mathcal{U}(\boldsymbol{x})+\boldsymbol{y},\quad 其中\ \boldsymbol{x}\in\mathrm{L}',\boldsymbol{y}\in(\mathrm{L}')^{\perp} \tag{12.13}$$

其中,$\mathcal{U}$是由公式(12.11)和(12.12)定义的伪 Euclid 平面L' 的 Lorentz 变换之一. 那么显然,$\mathcal{A}$是空间 L 的 Lorentz 变换.

空间$\mathbb{L}$的(b)型运动是在这一种情形中得到变换$\mathbb{P}(\mathcal{A})$:在公式(12.13)中,我们将由关系式(12.11)给出的变换作为$\mathcal{U}$. 由此构造的所有运动都有一条对应于平面L' 的固定直线$\mathbb{L}_1$.

显然,(a)和(b)型的运动不是双曲平面的所有运动,即使在(b)型运动的定义中,如公式(12.13)中的$\mathcal{U}$,我们使用的变换$\mathcal{U}$不仅由关系式(12.11)给出,而且也由(12.12)给出. 例如,它们当然不包括与具有三维循环子空间的 Lorentz 变换相关的运动(见推论 7.66 和例 7.67). 然而,为了进一步的目的,只需使用这两种类型的运动.

例 12.4 后续,我们将要求在双曲平面(即当 $n=2$ 时)的情形中,使用(b)型变换的显式公式. 在这种情形中,L 是三维伪 Euclid 空间,并且在标准正交基 $\boldsymbol{e}_1,\boldsymbol{e}_2,\boldsymbol{e}_3$ 中,使得

$$(\boldsymbol{e}_1^2)=1,\quad (\boldsymbol{e}_2^2)=1,\quad (\boldsymbol{e}_3^2)=-1$$

向量 $\boldsymbol{x}=x_1\boldsymbol{e}_1+x_2\boldsymbol{e}_2+x_3\boldsymbol{e}_3$ 的标量平方等于$(\boldsymbol{x}^2)=x_1^2+x_2^2-x_3^2$. 双曲平面$\mathbb{L}$的点包含在仿射平面$x_3=1$中,有非齐次坐标 $x=x_1/x_3$ 和 $y=x_2/x_3$,并满足关系式$x^2+y^2<1$.

为了写出变换$\mathcal{A}$,我们来考虑伪 Euclid 平面$\mathrm{L}'=\langle\boldsymbol{e}_1,\boldsymbol{e}_3\rangle$,并在其中选取一组基,它由与向量$\boldsymbol{e}_1$,$\boldsymbol{e}_3$ 由以下关系式关联的类光向量$\boldsymbol{f}_1$,$\boldsymbol{f}_2$ 构成

$$\boldsymbol{f}_1=\frac{\boldsymbol{e}_1+\boldsymbol{e}_3}{2},\quad \boldsymbol{f}_2=\frac{\boldsymbol{e}_1-\boldsymbol{e}_3}{2} \tag{12.14}$$

从中我们还得到了逆公式$\boldsymbol{e}_1=\boldsymbol{f}_1+\boldsymbol{f}_2$ 和$\boldsymbol{e}_3=\boldsymbol{f}_1-\boldsymbol{f}_2$.

我们注意到正交补$(\mathrm{L}')^{\perp}$ 等于$\langle \boldsymbol{e}_2\rangle$，根据定理 6.9，我们得到了分解 $\mathrm{L}=\mathrm{L}'\oplus\langle \boldsymbol{e}_2\rangle$. 那么根据公式(12.13)，对于向量$\boldsymbol{z}=\boldsymbol{x}+\boldsymbol{y}$，其中$\boldsymbol{x}\in \mathrm{L}'$且$\boldsymbol{y}\in\langle \boldsymbol{e}_2\rangle$，我们得到了值$\mathcal{A}(\boldsymbol{z})=\mathcal{U}(\boldsymbol{x})+\boldsymbol{y}$，其中$\mathcal{U}:\mathrm{L}'\to\mathrm{L}'$是由公式(12.11)在基$\boldsymbol{f}_1,\boldsymbol{f}_2$中定义的 Lorentz 变换. 由此，考虑到表达式(12.14)，我们得到

$$\mathcal{U}(\boldsymbol{e}_1)=\frac{\alpha+\alpha^{-1}}{2}\boldsymbol{e}_1+\frac{\alpha-\alpha^{-1}}{2}\boldsymbol{e}_3,\quad \mathcal{U}(\boldsymbol{e}_3)=\frac{\alpha-\alpha^{-1}}{2}\boldsymbol{e}_1+\frac{\alpha+\alpha^{-1}}{2}\boldsymbol{e}_3$$

我们设

$$a=\frac{\alpha+\alpha^{-1}}{2},\quad b=\frac{\alpha-\alpha^{-1}}{2} \tag{12.15}$$

那么$a+b=\alpha$ 且$a^2-b^2=1$. 显然，满足这些关系式的任意数a和b都可以根据公式(12.15)用数$\alpha=a+b$来定义. 因此，我们得到了线性变换$\mathcal{A}:\mathrm{L}\to\mathrm{L}$，对其有

$$\mathcal{A}(\boldsymbol{e}_1)=a\boldsymbol{e}_1+b\boldsymbol{e}_3,\quad \mathcal{A}(\boldsymbol{e}_2)=\boldsymbol{e}_2,\quad \mathcal{A}(\boldsymbol{e}_3)=b\boldsymbol{e}_1+a\boldsymbol{e}_3$$

容易看出，对于这种变换，向量$\boldsymbol{x}=x_1\boldsymbol{e}_1+x_2\boldsymbol{e}_2+x_3\boldsymbol{e}_3$ 变换为向量

$$\mathcal{A}(\boldsymbol{x})=(ax_1+bx_3)\boldsymbol{e}_1+x_2\boldsymbol{e}_2+(bx_1+ax_3)\boldsymbol{e}_3$$

在非齐次坐标系中，$x=x_1/x_3$ 且 $y=x_2/x_3$. 这说明具有坐标(x,y) 的点变换为具有坐标(x',y') 的点，其中

$$x'=\frac{ax+b}{bx+a},\quad y'=\frac{y}{bx+a},\quad a^2-b^2=1 \tag{12.16}$$

然而，这种特殊类型的运动产生了一个重要的一般性质：

定理 12.5 对于双曲空间的每对点，都存在一个运动，它将一点变换为另一点.

证明：设第一个点对应于直线$\langle \boldsymbol{a}\rangle$，第二个点对应于直线$\langle \boldsymbol{b}\rangle$，其中$\boldsymbol{a},\boldsymbol{b}\in\mathrm{L}$. 如果向量$\boldsymbol{a}$和$\boldsymbol{b}$成比例，即$\langle \boldsymbol{a}\rangle=\langle \boldsymbol{b}\rangle$，那么空间$\mathbb{L}$的恒等变换满足我们的要求(它可以以$\mathbb{P}(\mathcal{E})$ 的形式得到，其中$\mathcal{E}$是空间 L 的恒等变换).

但是如果$\langle \boldsymbol{a}\rangle\neq\langle \boldsymbol{b}\rangle$，即 $\dim\langle \boldsymbol{a},\boldsymbol{b}\rangle=2$，那么我们设$\mathrm{L}'=\langle \boldsymbol{a},\boldsymbol{b}\rangle$. 我们来考虑由公式(12.11)给出的(b)型的 Lorentz 变换$\mathcal{U}:\mathrm{L}'\to\mathrm{L}'$，由公式(12.13)定义的对应 Lorentz 变换$\mathcal{A}:\mathrm{L}\to\mathrm{L}$，和射影变换$\mathbb{P}(\mathcal{A}):\mathbb{P}(\mathrm{L})\to\mathbb{P}(\mathrm{L})$.

我们来证明构造的射影变换$\mathbb{P}(\mathcal{A})$ 将直线$\langle \boldsymbol{a}\rangle$ 对应的点变换为直线$\langle \boldsymbol{b}\rangle$ 对应的点，即线性变换$\mathcal{A}:\mathrm{L}\to\mathrm{L}$，它将直线$\langle \boldsymbol{a}\rangle$ 变换为直线$\langle \boldsymbol{b}\rangle$. 由于向量$\boldsymbol{a}$和$\boldsymbol{b}$包含在平面$\mathrm{L}'$中，根据定义，我们只需证明，对于数$\alpha$的适当选取，由公式(12.11)

给出的变换$\mathcal{U}$:L′ → L′ 将直线⟨$\boldsymbol{a}$⟩ 变换为直线⟨$\boldsymbol{b}$⟩.

容易在伪Euclid平面L′中通过使用由公式(12.14)给出的基$\boldsymbol{f}_1$,$\boldsymbol{f}_2$的简单计算来验证. 我们来考虑类时向量 $\boldsymbol{a}=a_1\boldsymbol{f}_1+a_2\boldsymbol{f}_2$ 和 $\boldsymbol{b}=b_1\boldsymbol{f}_1+b_2\boldsymbol{f}_2$. 由于在选定的基中,向量的标量平方等于其坐标的乘积,因此$(\boldsymbol{a}^2)=a_1a_2<0$且$(\boldsymbol{b}^2)=b_1b_2<0$. 由此可以看出,特别地,所有数$a_1$,$a_2$,$b_1$,$b_2$ 都是非零的.

根据公式(12.11),我们得出$\mathcal{U}(\boldsymbol{a})=\alpha a_1\boldsymbol{f}_1+\alpha^{-1}a_2\boldsymbol{f}_2$,条件$\langle\mathcal{U}(\boldsymbol{a})\rangle=\langle\boldsymbol{b}\rangle$说明$\mathcal{U}(\boldsymbol{a})=\mu\boldsymbol{b}$(存在这样的$\mu\neq0$). 这得出了关系式$\alpha a_1=\mu b_1$和$\alpha^{-1}a_2=\mu b_2$,即

$$\mu=\frac{\alpha a_1}{b_1},\quad a_2=\alpha\mu b_2=\frac{\alpha^2a_1b_2}{b_1},\quad \alpha^2=\frac{a_2b_1}{a_1b_2}=\frac{a_1a_2b_1b_2}{(a_1b_2)^2}$$

显然,后一个关系式可以求解实数α,如果$a_1a_2b_1b_2>0$,并且这个不等式是满足的,因为根据假设$a_1a_2<0$且$b_1b_2<0$. □

我们注意到,至此,我们尚未使用(a)型的运动. 我们需要它们来加强我们刚刚证明的定理. 为了做到这一点,我们将使用旗的概念,类似于第3.2节中对于实向量空间引入的概念.

定义 12.6 空间$\mathbb{L}$中的旗是子空间序列

$$\mathbb{L}_0\subset\mathbb{L}_1\subset\cdots\subset\mathbb{L}_n=\mathbb{L}\tag{12.17}$$

使得:

(a) 对于所有 $i=0,1,\cdots,n$,都有 $\dim\mathbb{L}_i=i$.

(b) 每对子空间$(\mathbb{L}_{i+1},\mathbb{L}_i)$都是有向的.

子空间$\mathbb{L}_i$是$\mathbb{L}_{i+1}$中的超平面,如我们所见(见公式(12.5)),它定义了$\mathbb{L}_{i+1}$到两个半空间:$\mathbb{L}_{i+1}\setminus\mathbb{L}_i=\mathbb{L}_{i+1}^+\cup\mathbb{L}_{i+1}^-$的划分. 如前所示,对$(\mathbb{L}_{i+1},\mathbb{L}_i)$称为有向的,如果半空间的顺序是指定的,例如用$\mathbb{L}_{i+1}^+$和$\mathbb{L}_{i+1}^-$表示它们. 我们注意到,在序列(12.17)定义的旗中,子空间$\mathbb{L}_0$的维数为0,即它由单个点构成. 我们将该点称为旗帜(12.17)的中心.

定理 12.7 对于双曲空间的任何两个旗,存在一个运动,它将第一个旗变换为第二个旗. 这种运动是唯一的.

证明:在空间$\mathbb{L}$中,我们来考虑两个旗Φ和Φ',中心分别在点$P\in\mathbb{L}$和$P'\in\mathbb{L}$上. 设$O\in\mathbb{L}$为对应于L中的直线$\langle\boldsymbol{e}_{n+1}\rangle$的点,即在关系式(12.4)中具有坐标$y_1=0,\cdots,y_n=0$的点. 根据定理12.5,存在运动$f$和$f'$分别把$P$变换为$O$和把$P'$变换为$O$. 那么旗$f(\Phi)$和$f'(\Phi')$的中心位于点$O$. 根据定义,每个旗是定义中的L中的子空间序列(12.17),其对应于向量空间L的子空间. 因此,旗$f(\Phi)$和$f'(\Phi')$对应于两个向量子空间序列

$$\langle \boldsymbol{e}_{n+1} \rangle = \mathrm{L}_0 \subset \mathrm{L}_1 \subset \cdots \subset \mathrm{L}_n = \mathrm{L}, \quad \langle \boldsymbol{e}_{n+1} \rangle = \mathrm{L}'_0 \subset \mathrm{L}'_1 \subset \cdots \subset \mathrm{L}'_n = \mathrm{L}$$

其中，对于所有 $i=0,1,\cdots,n$，都有 $\dim \mathrm{L}_i = \dim \mathrm{L}'_i = i+1$.

我们回想一下，空间$\mathbb{L}$用仿射 Euclid 空间 E 的一部分来辨识，即用由关系式(12.4)给出的单位球面$U \subset E$的内部来辨识. 为了将$\mathbb{L}$作为E的一部分进行研究(如图 12.1)，我们可以方便地将至少包含点 O 的一维仿射子空间 $\mathrm{N} \subset E$ 与包含向量$\boldsymbol{e}_{n+1}$ 的每个子空间 $\mathrm{M} \subset \mathrm{L}$ 联系起来. 为此，我们来首先将由分解 $\mathrm{M} = \langle \boldsymbol{e}_{n+1} \rangle \oplus \mathrm{N}$ 确定的向量子空间 $\mathrm{N} \subset \mathrm{M}$ 与包含向量$\boldsymbol{e}_{n+1}$ 的每个子空间 $\mathrm{M} \subset \mathrm{L}$ 联系起来. 利用之前引入的记号，我们得到

$$\mathrm{N} = (\langle \boldsymbol{e}_{n+1} \rangle^{\perp} \cap \mathrm{M}) = (\langle \boldsymbol{e}_1, \cdots, \boldsymbol{e}_n \rangle \cap \mathrm{M}) \subset \langle \boldsymbol{e}_1, \cdots, \boldsymbol{e}_n \rangle = \mathrm{E}_0$$

也就是说，N 包含在仿射空间 E 的向量的空间中. 因此，向量子空间 $\mathrm{N} \subset \mathrm{E}_0$ 确定了 E 中的一组平行仿射子空间，它们由与 N 相同的向量的空间刻画. 此类仿射子空间可以通过平移相互映射(见第 276 页)，并确定它们中一个是唯一的，只需指定包含在该子空间中的点. 对于这样一个点，我们将选取 O. 那么向量子空间 $\mathrm{N} \subset \mathrm{E}_0$ 唯一确定了仿射子空间 $\mathrm{N} \subset E$，其中显然，$\dim \mathrm{N} = \dim \mathrm{N} = \dim \mathrm{M} - 1$.

因此，我们在包含向量$\boldsymbol{e}_{n+1}$ 的 k 维向量子空间 $\mathrm{M} \subset \mathrm{L}$ 和包含点 O 的$(k-1)$维仿射子空间$\mathrm{N} \subset E$之间建立了一个双射. 在此显然，对$\mathrm{M}' \subset \mathrm{M}$ 和$\mathrm{N}' \subset \mathrm{N}$ 的有向性的概念相同. 特别地，中心为O的空间 L 的旗 $f(\Phi)$ 和$f'(\Phi')$ 对应中心位于点 O 的仿射 Euclid 空间 E 的两个特定的旗.

根据定理 8.40(第 295 页)，在仿射 Euclid 空间中，对于每对旗，都存在一个运动，它将第一个旗变换为第二个旗. 因为在我们的例子中，两个旗都有一个共同的中心 O，所以这个运动有不动点 O，根据定理 8.39，它是 Euclid 空间E_0 的正交变换$\mathcal{A}$. 我们来考虑 $g = \mathbb{P}(\mathcal{A})$，空间$\mathbb{L}$的(a) 型的运动对应于这个正交变换$\mathcal{A}$. 显然，它把旗 $f(\Phi)$ 变换为旗$f'(\Phi')$，即 $gf(\Phi) = f'(\Phi')$. 由此得到$f'^{-1}gf(\Phi) = \Phi'$，如定理中所断言的那样.

还需证明定理的陈述中关于唯一性的结论. 设f_1 和f_2 为两个运动，它们将中心位于点 P 的某个旗 Φ 变换为同一个旗，即$f_1(\Phi) = f_2(\Phi)$. 那么 $f = f_1^{-1} f_2$ 是一个运动，且 $f(\Phi) = \Phi$. 如果我们证明了 f 是恒等变换，那么由此得到所需等式$f_1 = f_2$.

根据定理 12.5，存在一个运动 g，它将点 P 变换为O. 我们设$\Phi' = g(\Phi)$. 那么Φ' 是一个中心位于点 O 的旗. 从等式 $f(\Phi) = \Phi$ 和 $g(\Phi) = \Phi'$ 可以得出 $gfg^{-1}(\Phi') = \Phi'$. 我们用 h 表示运动 gfg^{-1}. 显然，它将旗Φ' 变换为自身，特别地，它有性质 $h(O) = O$. 根据我们在第 405 页上所说的，可以得出 h 是(a) 型的

运动,即 $h=\mathbb{P}(\mathcal{A})$,其中 $\mathcal{A}$ 是空间 L 的 Lorentz 变换,反过来,它由 Euclid 空间 E_0 的某个正交变换 $\mathcal{U}$ 确定.

设 Φ'' 为 Euclid 空间 E_0 中的旗,对应于空间 $\mathbb{L}$ 的旗 Φ. 那么根据条件 $h(\Phi')=\Phi'$,可以得出 $\mathcal{U}(\Phi'')=\Phi''$,即变换 $\mathcal{U}$ 将旗 Φ'' 变换为自身. 因此(见第 211 页),变换 $\mathcal{U}$ 是恒等变换,由此得出其定义的运动 h 是恒等变换. 根据关系式 $h=gfg^{-1}$,那么得出 $gf=g$,即 f 是恒等变换. □

因此,双曲空间的运动具有与第 8.4 节(第 295 页)中建立的仿射 Euclid 空间的运动相同的性质. 正是这一点解释了双曲空间在几何中的特殊地位. 挪威数学家 Sophus Lie 将这一性质称为"自由移动性". 存在一个定理(我们不仅不能证明,甚至不能精确表述)表明,除了 Euclid 空间和 Lobachevsky 的双曲空间之外,仅存在一类空间表现出这一性质,称为 Riemann 空间(关于这一点,我们还会在第 12.3 节进行说明). 这个结论被称为 Helmholtz-Lie 定理. 对于其表述,首先有必要定义我们在这里所指的"空间"的含义,但我们不会深入研究这个.

我们推导的性质(定理 12.7)足以讨论双曲几何的公理基础.

12.2 平面几何公理*

历史上,双曲几何是在分析 Euclid 几何的公理系统的基础上产生的. 几何学是基于一小部分公设,而所有剩余的结果都是通过形式证明得出的,这一观点大约产生于公元前 6 世纪的古希腊. 传统上,这一观点与 Pythagoras 这个名字有关. Euclid 的《几何原本》(公元前 3 世纪)中包含了对这一观点的几何描述. 这一观点在现代科学的发展过程中为人们所接受,长期以来,几何学直接根据 Euclid 的书进行讲授,后来出现了简化的叙述. 此外,同样的观点渗透到了数学和物理的所有部分中. 以这种思想写成的书有,例如 Newton 的《自然哲学的数学原理》,称为《原理》. 在物理学和自然科学中,"自然定律"起着公理的作用.

在数学中,这一思考方向导致了对 Euclid 几何的公理系统的更深入的研究. Euclid 将其论述所依据的结论分为三种类型. 他称一个为"定义";另一个为"公理";第三个为"公设"(对现代的研究员而言,区分最后两个的原则并不明确). 他的许多"定义"似乎也有问题. 例如,"直线有长无宽"(未给出"长度"和"宽度"的定义). 一些"公理"和"公设"(我们称所有这些为公理)是其他公理的简单推论,因此也可以舍弃它们. 但最为人所关注的是"第五公设",在 Euclid 的书中，它是这样表述的：

> 如果一条直线落在两条直线上，使得同侧的内角小于平角，这两条直线如果无限延伸，那么在内角小于平角的那一侧相交.

这一公理与其他公理的不同之处在于，其表述尤为复杂. 因此，出现了以下问题(可能已经很古老了)：这个结论可以作为从其他公理导出的定理来证明吗？出现了大量的“第五公设的证明”，然而，在这些证明中，总是存在一个逻辑错误. 然而，这些研究有助于阐明这一情形. 例如，已经证明了，在其他公理的背景中，第五公设等价于以下关于平行线的结论，现在通常作为该公设提出：过不位于直线 a 上的每个点 A，恰好可以构造一条平行于 a 的直线 b(直线 a 和 b 称为平行的，如果它们不相交). 在此，平行于 a 且过点 A 的直线 b 的存在性是容易证明的. 第五公设的所有内容可化为关于其唯一性的结论.

最后，在 19 世纪初，一些研究员，其中之一是 Nikolai Ivanovich Lobachevsky(1792—1856)，提出了不可能证明第五公设的想法，因此其否定导致了一种新的几何学，在逻辑上完备程度不亚于 Euclid 的几何学，尽管它在某些方面包含一些不寻常的命题和关系.

由于公理化方法的发展，我们可以更精确地提出这个问题. 这是由 Moritz Pasch(1843—1930)，Giuseppe Peano(1858—1932) 和 David Hilbert(1862—1943) 在 19 世纪末完成的. 在《几何基础》一书中，Hilbert 特别阐述了公理系统的构造原理. 如今，这种方法已经司空见惯了；我们用它来定义向量和 Euclid 空间. 一般原理包括固定一组未定义的对象(例如，在向量空间的定义中，这些对象是标量和向量)，以及固定这些对象之间存在的某些关系，同样是未定义的(在向量空间的定义中，这些关系是向量的加法和向量与标量的乘法). 最后，引入公理，它们建立了引入概念的特定性质(对于向量空间的定义，这些在第 3.1 节中做了列举). 有了这样的表述，只剩下理论的相容性的问题，即是否可能从给定公理的同时推导出某些命题及其否命题. 后续，我们将引入双曲几何的公理系统(限于二维的情形)，并讨论其相容性的问题.

我们从讨论公理开始. Hilbert 和他的前辈在他们早期的工作中提出公理列表被证明具有某些逻辑缺陷. 例如，在演绎中，有必要使用公理中未包含的某些结论. 然后，Hilbert 补充了他的公理系统. 后来，为了清楚起见，简化这个公理系统.我们将使用德国几何学家 Friedrich Schur(1856—1932)[①] 提出的公理系统.在此,我们将把注意力(仅为简洁起见)限制在平面的公理上.

平面是某个集合Π,其元素A,B等等称为点.某些双射$f:\Pi\to\Pi$称为运动.这些是基本对象.它们之间的关系表述如下:

(1) 集合Π的某些特异子集l,l'等等称为直线.那样,元素$A\in\Pi$属于子集l,表述为"点A位于直线l上"或"直线l过点A".

(2) 对于位于给定直线l上的三个给定点A,B,C,当点C看作位于点A和B之间时,其是指定的.对于每条线l及位于其上的每三个点,其必是指定的.

这些对象和关系满足称为公理的条件,可以方便地将其合并到几个组中:

① 关系公理

(a) 对于每两点,存在过这两点的一条直线.

(b) 如果这些点是不同的,那么这样的直线是唯一的.

(c) 每条直线上至少有两个点.

(d) 对于每条直线,都存在一个不在其上的点.

② 次序公理

(a) 如果在某条直线l上,点C位于点A和B之间,那么它与点A和B不同,并且也位于点B和A之间.

(b) 如果A和C是某条直线上的两个不同点,那么在这条线上至少存在一点B,使得C位于点A和B之间.

(c) 在给定直线上的三点A,B和C中,不超过一个点位于其他两个点之间.

在表述该组的最后一个公理之前,我们给出一些新的定义.过点A和B的给定直线l上的所有点C(位于点A和B之间,包括这两点自身)的集合称为具有端点A和B的线段,记作$[A,B]$.Ⅱ 组的公理 2 可以重新表述为:$[A,C]\neq l\backslash(A\cup C)$,这里的不等式应理解为集合的不等式.根据(1) 组的公理和(2) 组的最后一个公理,可以证明线段$[A,B]$包含除A和B以外的点,我们现在转向其表述.不全部位于任意一条直线上的三个点A,B,C称为三角形,这种关系用$[A,B,C]$表示.线段$[A,B]$,$[B,C]$和$[C,A]$称为三角形$[A,B,C]$的边.

(d)Pasch 公理.如果点A,B,C不都位于同一直线上,它们都不属于直线l,

---

① 在此,我们将遵循 Boris Nikolaevich Delaunay 或 Delone(1890—1980) 在其小册子《双曲几何的相容性的初等证明》(1956) 中的思想.

并且直线 l 与三角形$[A,B,C]$的一边相交，那么它也与三角形的另一边相交.

换句话说，如果直线 l 与过点 A 和 B 的直线 l' 有一个公共点 D，其中 D 位于 l' 上的 A 和 B 之间，那么直线 l 要么与过 B 和 C 的直线 l_1 有一个公共点 E，其中 E 位于 l_1 上的 B 和 C 之间，要么与过 A 和 C 的直线 l_2 有一个公共点 F，其中 F 位于 l_2 上的 A 和 C 之间. 最后一个公理中讨论的两种情形如图 12.3 所示.

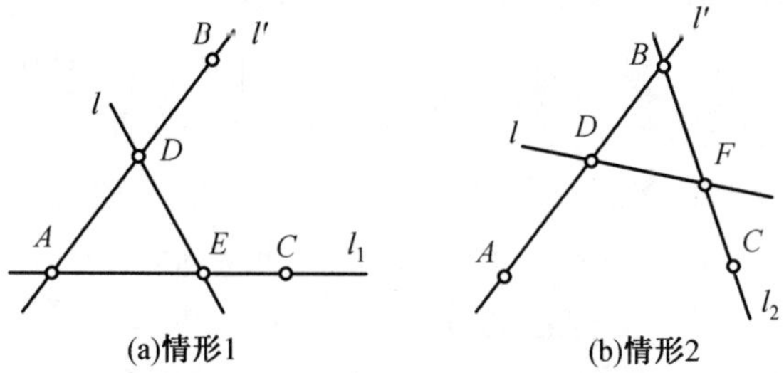

图 12.3　三角形的边与直线的交点

(3) 运动公理

(a) 对于每个运动 f，逆映射 f^{-1}(根据运动的定义，作为集合 Π 的双射而存在) 也是运动.

(b) 两个运动的复合是一个运动.

(c) 运动保持点的顺序. 也就是说，运动 f 将一条直线 l 变换为一条直线 $f(l)$，如果直线 l 上的点 C 位于该直线上的点 A 和 B 之间，那么直线 $f(l)$ 的点 $f(C)$ 位于点 $f(A)$ 和 $f(B)$ 之间.

运动的第四公理的表述需要某些结果，这些结果可以作为关系公理和次序公理的推论而得到. 我们在此不会证明它们，而仅给出其表述①.

我们从直线的性质开始. 我们在直线 l 上选取一个点 O. 同一直线上的点 A 和 B 都不同于 O，称为直线位于 O 的一侧，如果 O 不位于 A 和 B 之间. 如果我们选取不同从 O 的某个点 A，那么不同于 O 的点 B 与位于 O 同侧的 A 一起构成的直线 l 的点集的子集，称为射线，记作 l^+. 可以证明，如果我们在这个子集中选取另一个点 A'，那么由其构成的射线将与之前的相同. 在此重要的只是点 O 的选取. 如果我们选取一个点 A_1，使得 O 位于 A 和 A_1 之间，那么点 A_1 确定了另一条射线，记作 l^-. 射线 l^+ 和 l^- 由点 A 和 A_1 确定，它们不相交，并且它们的并集是 $l\backslash O$，即 $l^+ \cap l^- = \varnothing$ 且 $l^+ \cup l^- = l\backslash O$.

---

① 其中一些在几何的第一门课程中给出了证明，无论如何，所有这些结果的初等证明都可以在 N. V. Efimov(Mir，1953) 的《高等几何》一书的第 2 章中找到.

我们可以验证平面 Π 中的直线 l 的类似性质. 我们来考虑不属于直线 l 的两点 A 和 B. 一种说法是,它们位于 l 的一侧,如果过这两点的直线 l' 与直线 l 不相交,或者直线 l 和 l' 交于一点 C,该点不位于直线 l' 的点 A 和 B 之间. 不在直线 l 上且与点 A 位于 l 的同一侧的点集称为半平面. 同样,我们可以证明,由于在这个半平面中选取点 A' 而不是 A,我们定义了相同的集合. 存在两个不属于同一半平面的点 A 和 A'. 然而,我们选取这些点(给定一条固定直线 l),我们将始终得到平面 Π 的两个子集 Π^+ 和 Π^-,使得 $\Pi^+ \cap \Pi^- = \varnothing$ 且 $\Pi^+ \cup \Pi^- = \Pi \backslash l$.

假设我们得到一个点 O 和一条过该点的直线 l. 如果将 $l \backslash O$ 划分为两条射线,其中一条是特异的,而将 $\Pi \backslash l$ 划分为两个半平面,其中一个是特异的(例如,我们分别记作 l^+ 和 Π^+),那么对 (O,l) 称为旗,记作 Φ. 根据第 12.1 节中讨论的内容,这是之前引入的旗的概念的特例(当 $n=2$ 时).

每个运动都将一个旗变换为一个旗,即,如果 f 是运动且 Φ 是旗 (O,l),那么集合 $f(l)^+$ 和 $f(l)^-$(其并集为 $f(l) \backslash f(O)$)与 $f(l)^+$ 和 $f(l)^-$ 相等,其中 l^+ 和 l^- 是由点 O 确定的直线 l 上的射线. 在此,它们的顺序可以变换. 类似地,由直线 $f(l)$ 定义的半平面对 $f(\Pi)^+$ 和 $f(\Pi)^-$ 与对 $f(\Pi)^+$ 和 $f(\Pi)^-$ 相等,其中 Π^+ 和 Π^- 是由直线 l 确定的半平面. 它们的顺序也可以变换.

我们现在来表述运动的最后的(第四) 公理:

(d) 自由移动性公理. 对于任意两个旗 Φ 和 Φ',存在一个运动 f,它将第一个旗变换为第二个旗,即 $f(\Phi)=\Phi'$. 这种运动是唯一的,它由旗 Φ 和 Φ' 唯一确定.

(4) 连续公理

(a) 设某条直线 l 的点集可以任意表示为两个集合 M_1 和 M_2 的并集,其中集合 M_1 的任意点都不位于集合 M_2 的两个点之间,反之亦然. 那么在直线 l 上存在一个点 O,使得 M_1 和 M_2 与由点 O 确定的 l 的射线相等,点 O 可以联结到其中任意一条.

这个公理也称为 Dedekind 公理.

我们提出的公理(1) − (4) 称为"绝对几何" 公理. 它们对于 Euclid 几何和双曲几何都成立. 这两种几何的区别在于增加了一个处理平行线的公理. 我们回顾一下,平行线是没有公共点的直线. 因此,在这两种情形中,又增加了一个公理:

(5) 平行线公理

(a) 在 Euclid 几何中:对于每条直线 l 和不在其上的每个点 A,至多存在一条直线 l',它过点 A 并与 l 平行.

(b) 在双曲几何中：对于每条直线 l 和不在其上的每个点 A，至少存在两条不同的直线 l' 和 l'' 平行于 l.

对这两个公理感兴趣是因为在绝对几何中(即，仅用组(1)－(4) 中的公理)，可以证明对于每条直线 l 和不在 l 上的每个点 A，至少存在一条直线 l'，它过 A 并与 l 平行.

现在可以更精确地表述数学中以试图“证明第五公设”的目标，即从组(1)－(4) 的公理推导出组(5) 的结论(a). 但 Lobachevsky(和同时代的其他研究员) 得出，这是不可能的，这说明由组(1)－(4) 和公理(a)′ 构成的系统是相容的.

严格来说，我们本可以更早地提出这样的问题，它与我们在某些公理系统的基础上遇到的理论有关，例如向量空间的理论或 Euclid 空间的理论. 向量空间或 Euclid 空间的概念的相容性问题很容易回答：只需证明(在实空间的情形中) 任意有限维的$\mathbb{R}^n$ 上的向量空间或具有内积$(\boldsymbol{x},\boldsymbol{y})=x_1y_1+\cdots+x_ny_n$ 的 Euclid 空间的例子. 当然，这假设了实数理论的相容性的构造和证明，但这不在我们的研究范围内，我们不在此考虑. 然而，假设给定实数的性质是定义的且不引出任意不确定的内容，例如，我们可以说，如果第 3.1 节中给出了实向量空间的公理系统是不相容的，那么我们将能够导出关于空间$\mathbb{R}^n$ 的两个相互矛盾的结论. 然而，任意关于空间$\mathbb{R}^n$ 的结论都可以根据定义化为关于实数的结论，那么我们会在实数域中得到一个矛盾.

关于 Euclid 几何，也可以提出同样的问题，也就是说，关于由组(1)－(4) 的公理和组(5) 的公理(a) 构成的公理系统. 这里的答案事实上是已经知道的，因为我们已经构建了仿射 Euclid 空间的理论(即使在任意维数 n 中). 容易确定，当 $n=2$ 时，我们引入的 Euclid 几何的所有公理都是满足的. 可能只有在与次序公理相关的情形中才有必要进行一些改进.

这些公理不需要空间上的内积，并且在第 8.2 节中针对任意实仿射空间 V 制定. 构成次序公理的所有结论现在直接由实数的次序的性质得到，只有 Pasch 公理除外. 其想法是，如果直线“进入”三角形，那么它必定从中“退出”. 直觉上，这很有说服力，但用我们的方法，我们必定可以从仿射空间的性质中推导出这个结论. 这是一个非常简单的论点，我们将其证明细节留给读者.

具体来说，根据所给出的，点 A 和 B(我们将使用与公理的表述中相同的记号) 位于不同的半平面中，其中直线 l 将平面 Π 划分为这两个不同的半平面. 一切都取决于点 C 所属于的半平面：与 A 相同，或与 B 相同. 在第一种情形中，直线 l 与直线 l_2 有一个公共点，它位于 B 和 C 之间，而在第二种情形中，它与直线

l_1 有一个公共点,其位于 A 和 C 之间;如图 12.3. 在这两种情形中,如果我们回忆一下定义,那么 Pasch 公理的结论很容易验证.

事实上,我们以一种或另一种形式考查了剩余公理是否满足,即使是与任意维数相关的结论.

现在,我们将转而讨论双曲几何的公理,即组(1)-(4) 的公理和组(5) 的公理(a)′. 我们将根据实数集ℝ的通常性质(同样容易化为某些公理)的相容性,以及在此基础上构造的二维和三维 Euclid 空间的理论,证明它们是相容的. 在此基础上,我们将证明以下结果.

定理 12.8 双曲几何的公理系统是相容的.

证明:我们将在 Euclid 平面 L 中考虑开圆盘 K(例如,在某个坐标系中,由条件$x^2+y^2<1$ 给出). 我们将其点集称为"平面"(记作$\overline{\Pi}$),我们将仅称"点"为该圆盘的点. 平面 L 的每条直线 l 与该圆盘至少有一个公共点,这样的交集是某条线段的内部(这在上一节中得到了证明). 我们将这种非空交集 $l\cap K$ 称为"直线",记作$\overline{l}$,$\overline{l}'$,等. 最后,我们将平面 L 的射影变换(将圆盘 K 变换为自身)称为"运动".

由于射影变换的定义假设对射影平面进行了研究,并且第 9 章中用 $n+1$ 维向量空间定义了 n 维射影空间及其射影变换,因此,对于双曲平面的分析,我们必须在此使用与三维向量空间相关的概念. 然而,给出一个仅适用于 Euclid 平面的性质的表述并不困难.

现在,我们来定义"直线" 和"点" 之间的基本关系. "直线" $\overline{l}$ 过"点"$A\in\overline{\Pi}$ 将理解为条件:直线 $\overline{l}$ 过点 A. 因此,任意"直线" $\overline{l}$ 是位于其上的"点" 集. 设"点"A,B,C 位于"直线" $\overline{l}$ 上. 如果 A,B 和 C 是包含$\overline{l}$ 的 Euclid 直线 l 上的点,那么我们可以说"点"C 位于"点"A 和 B 之间(这是有意义的,因为 l 包含在 Euclid 空间中).

还需验证,提出的概念和关系是否满足双曲几何的公理,即组(1)-(4) 的公理和组(5) 的公理(a)′. 对于组(1)(2) 和(4) 的公理的验证是平凡的,因为对应的对象和关系的定义与环绕的 Euclid 平面完全相同. 对于组(3) 的公理(运动公理),所需的性质在前一节中已经证明了(事实上,对于任意 n 维空间的情形). 还需考虑组(5) 的公理(a)′.

设$\overline{l}$ 为与 Euclid 平面 L 中的直线 l 相关联的"直线". 那么,直线 l 与圆盘 K 的边界 S 交于两个不同的点: P' 和P''. 设 A 为不在直线 l 上的"平面" $\overline{\Pi}$ 的"点"(即圆盘 K 的点). 根据 Euclid 几何公理,过平面 L 中的点 A 和P',存在某条直线 l'. 它确定了平面"$\overline{\Pi}$ 的"直线" $\overline{l}'=l'\cap K$. 类似地,点P'' 确定了"直线" $\overline{l}''=$

$l'' \cap K$；如图 12.4.

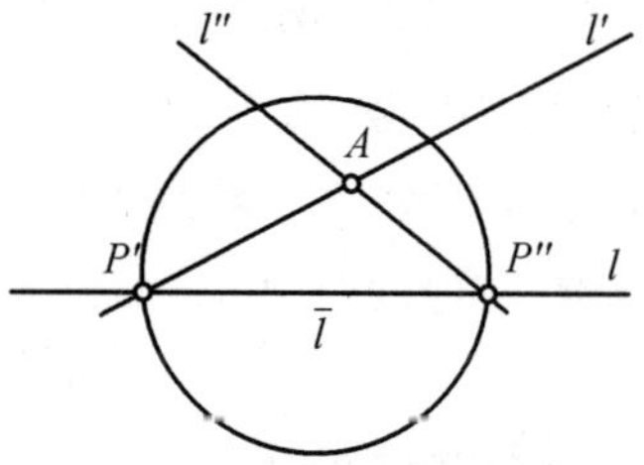

图 12.4　双曲平面的"直线"和"点"

直线 l' 和$\bar{l}''$ 是不同的，因为它们过平面 L 的不同点P' 和P''. 因此，根据 Euclid 几何公理，它们除了 A 之外没有公共点. 但是"直线"$\bar{l}'$ 和$\bar{l}''$ 作为 Euclid 直线的非空线段（不包含端点），包含无穷多个点，特别是"点" $B' \in \bar{l}'$ 和$B'' \in \bar{l}''$，其中$B' \neq B''$. 这说明"直线"$\bar{l}'$ 和$\bar{l}''$ 是不同的. 另外，在我们的定义的意义上，它们都平行于"直线"$\bar{l}$，也就是说，它们与它没有公共"点"（圆盘 K 的点）. 例如，直线 l' 与 l 在 Euclid 平面 L 中有公共点P'，这说明根据 Euclid 几何公理，它们没有其他公共点，特别是在圆盘 K 中没有公共点.

我们看到结论(a) 对于每条"直线"$\bar{l} \subset \overline{\Pi}$ 和每个"点"$A \notin \bar{l}$ 都成立. 现在，我们假设，从双曲几何的公理可以导出不相容性（即，某些结论及其否定）. 那么，我们可以将同样的推理应用到之前的概念上，用定理 12.8 的证明，我们在引号中写出："点""平面""直线" 和"运动". 因为我们已经看到，它们满足双曲几何的所有公理，我们再次得到矛盾. 但是"平面""直线" 和"运动" 的概念，以及直线上三点"位于之间" 的关系是根据 Euclid 几何定义的. 因此，我们将得出与 Euclid 几何自身的矛盾. □

我们把注意力集中在这个精细的逻辑构造上：我们在某些域中构造满足某个公理系统的对象，因此，如果可以从中得到必要对象的域的相容性，那么我们证明了该系统的相容性. 如今，我们说，这一公理系统的模型已由此在另一个域中构建. 特别地，我们之前在向量空间的理论中构造了双曲几何的模型. 只有通过构建这样一个模型，数学中才能确定"第五公设" 的可证明性的问题.

最后，我们有兴趣对这个问题的历史稍微进行探讨. 独立于 Lobachevsky，许多研究员得出，对"第五公设" 的否定导致了数学的一个有意义和相容的分支，一种"新几何学"，最终命名为"非 Euclid 几何". 这里不存在优先权的问题. 显然，所有研究员都是相互独立工作的（Gauss 在 19 世纪 20 年代的通信，Lobachevsky 在 1829 年发表的成果，János Bolyai 在 1832 年发表的成果）. 这些人中的大多数人后来是业余爱好者，而不是专业数学家. 但也存在一些例外：除了 Lobachevsky 之外,还有那个时代最伟大的数学家 ——Gauss. 我们所知的大多数研究员独立地准确得出了同样的结论也因其与 Gauss 的通信,这些结论与 Gauss 的其他论文一起在他死后发表. 从这些发表的成果中可以清楚地看出,Gauss 年轻时曾试图证明"第五公设",但后来得出,存在一类有意义且相容的几何学,其中不包含该公设. 在他的信中,Gauss 饶有兴趣地讨论了其通信者的类似观点.

Lobachevsky 的作品出现翻译版本时,Gauss 显然带着同情的理解接受了它,并在他的推荐下,Lobachevsky 当选为 Göttingen 科学院院士.

在 Gauss 的一则日记中可以看到 Nikolai Ivanovich Lobachevsky 的名字,用西里尔(古代斯拉夫语)字母写出

НИКОЛАЙ ИВАНОВИЧ ЛОБАЧЕВСКИЙ

但令人惊讶的是,Gauss 本人终其一生都没有发表过一篇关于这个主题的作品. 为什么会这样? 通常的解释是 Gauss 害怕不被理解. 事实上,他在一封信中触及了关于"第五公设"与非 Euclid 几何的问题,他写道,"因为我害怕皮奥夏人(愚钝之人)的呐喊."但这似乎不能完全解释他神秘的沉默. 在他的其他作品中,Gauss 并不害怕被他的读者误解[①]. 然而,有可能对 Gauss 的沉寂存在另一种解释. 他是少数几个意识到尽管对于非 Euclid 几何,可以推导出许多有趣的定理,但这可能无法得到确切的证明;从理论上讲,未来的推导将始终可能产生一个相互矛盾的结论. 也许 Gauss 理解(或意识到)在当时(19 世纪上半叶),以严格提出和解决这个问题的数学概念尚未形成.

显然,除了 Gauss 之外,Lobachevsky 是少数懂得这一点的数学家之一. 对于他来说,就像 Gauss 一样,存在"不可理解性"的问题. 首先,对于 Lobachevsky 来说,俄罗斯数学家缺乏理解力,尤其是分析学家,他们完全不接受他的工作. 无论如何,他总是试图找到他的几何学的相容基础. 例如,他发现它与球面几何的惊人对比,表达了"具有虚半径的球面的几何"的想法. 他的几何学确实可以用某个其他模型的形式来实现,如果模型的概念在当时已经得到充分的发展.

除此之外(正如法国数学家 André Weil(1906—1998) 所指出的那样),这里我们有一个最简单的例子,紧对称空间和非紧对称空间之间的对偶,它由 Élie Cartan 在 20 世纪发现.

---

① 例如,他出版的第一本书《算术研究》,在很长一段时间内被认为是无法理解的.

此外，Lobachevsky 证明了在三维双曲空间中，存在一个曲面（如今称为极限球面），使得如果我们只考虑其点集并将其上的特定类型的曲线作为直线（如今称为极限圆），那么 Euclid 几何的所有公理都是满足的. 由此得出，如果双曲几何是相容的，那么 Euclid 几何也是相容的. 即使我们接受了"第五公设"不成立的假设，Euclid 几何在极限球面上仍然成立. 因此，原则上，Lobachevsky 已经非常接近模型的概念. 但他没有成功地在 Euclid 几何的框架中构建双曲几何的模型. 这样的构造是不容易为数学家所得的.

下一段只提供了一个提示，而不是对应结论的精确表述.

首先，在 1868 年，Eugenio Beltrami(1835—1899) 在三维 Euclid 空间中构造了某个曲面，称为伪球面或 Beltrami 曲面，其在每个点处的高斯曲率（见第 248 页的定义）为相同的负数. 双曲几何可以在伪球面上实现，其中起直线的作用的是所谓的测地线[①]. 然而，我们在此讨论的只是一片伪球面和一片双曲平面. 在此，问题的提出必须彻底改变，因为大多数公理我们已经假设（例如，Euclid 几何）直线可以延拓到无穷远处. 从长度和角度的度量的相等的意义上理解两个有界片段的相等，关于其在双曲几何的情形，将在下一节中详细介绍. 此外，Hilbert 后来证明了双曲平面在这个意义上不能与三维空间中的任意曲面完全等同（很久以后证明了在五维空间中某个曲面是可能的）.

证明定理 12.8 的双曲几何的模型由 Felix Klein(1849—1925) 于 1870 年构造. 其出现的历史也令人震惊. 从形式上讲，这个模型是在 1859 年由英国数学家 Arthur Cayley(1821—1895) 构造的. 但他只是将其考虑为射影几何中的某个构造，显然没有注意到与非 Euclid 几何的联系. 在 1869 年，年轻的 Klein(20 岁）了解了他的工作. 他回忆道，在 1870 年，他在著名数学家 Weierstrass 的研讨会上给出了关于 Cayley 的工作的报告，他写道："我以一个问题结尾，Cayley 和 Lobachevsky 的思想之间是否存在联系. 我得到的答案是，这两个系统在概念上很大程度上是分离的."正如 Klein 所说，"我允许自己被这些反对意见所说服，把这个充分发展的想法搁置一旁."然而在 1871 年，他回到这个想法，作数学表述，并将其发表. 但他的工作并没有被很多人理解. 尤其是 Cayley 本人，只要他活着就确信其中存在某个逻辑错误. 仅在数年后，这些思想就被数学家完全理解.

---

① 有关这方面的更多内容可以在 A. Mishchenko 和 A. Fomenko 的《微分几何与拓扑学教程》(Mir，1988) 一书中找到.

当然,我们不仅可以对 Euclid 几何和双曲几何的存在性提出问题,也可以对一些不同的(在某种意义上)几何学提出问题. 在此,我们将仅阐述与当前讨论相关的结果[①].

首先,我们必须准确理解"不同的"或"相同的"几何学的含义. 这可以借助"几何"的同构的概念来实现,它类似于之前引入的向量空间的同构的概念. 在本节使用的公理系统的框架内,这可以按以下方式进行. 设 Π 和 Π' 为满足组(1)-(4)的公理的两个平面,并设 G 和 G' 为各自平面的运动的集合. 映射 $\varphi: \Pi \to \Pi'$ 和 $\psi: G \to G'$ 定义了这些几何的同构 (φ, ψ),如果满足以下条件:

(1) 映射 φ 和 ψ 都是双射.

(2) 映射 φ 将平面 Π 中的每条直线 l 变换为平面 Π' 中的某条直线 $\varphi(l)$.

(3) 映射 φ 保持了"位于之间"的关系. 这说明,如果点 A, B 和 C 位于直线 l 上,而 C 位于 A 和 B 之间,那么点 $\varphi(C)$ 位于直线 $\varphi(l)$ 上的 $\varphi(A)$ 和 $\varphi(B)$ 之间.

(4) 映射 φ 和 ψ 在以下意义上是一致的:对于每个运动 $f \in G$,其像 $\psi(f)$ 等于 $\varphi f \varphi^{-1}$. 这说明对于每个点 $A \in \Pi$,等式 $(\psi(f))(\varphi(A)) = \varphi(f(A))$ 都成立.

(5) 对于每个运动 $f \in G$,等式 $\psi(f^{-1}) = \psi(f)^{-1}$ 都成立,对于每对运动 f_1, $f_2 \in G$,我们得到 $\psi(f_1 f_2) = \psi(f_1)\psi(f_2)$.

我们注意到,其中某些条件可以从其他条件推导出来,但为了简单起见,我们将不这样做.

我们将考虑由同构决定的几何,正如刚才所描述的,也就是说,我们将考虑两个相同的几何,如果它们之间存在同构. 特别地,分别具有组(5)中的公理(a)和公理(a)′的几何显然彼此不同构,也就是说,它们是两种不同的几何. 从这个角度来看,满足公理(a)和公理(a)′的几何(在平面中)彼此有根本的不同. 也就是说,已经证明了满足组(5)中的公理(a)的所有几何都是同构的[②]. 但满足组(5)中的公理(a)′的由同构决定的几何由某个实数 c 刻画,该数称为其曲率. 通常假设该数为负数,那么它可以取任意值 $c < 0$.

Klein 提出,当曲率 c 接近于零时,Euclid 几何可以看作双曲几何的极限情

---

① 其证明在每门高等几何课程中都有给出,例如,之前提到的 N. V. Efimov 的《高等几何》一书.

② 当然,这里我们假设它们都满足组(1)-(4)的公理.

形[①]. 正如 Klein 进一步观察到的那样，如果(Euclid 的) 公理(a) 在我们的世界中是满足的，那么我们将永远不会知道它. 由于每个物理测量都有某种程度的误差，因此不可能建立精确的等式 $c=0$，因为始终存在以下可能的情形：数 c 小于零，但其绝对值小到超出我们测量的极限.

12.3 双曲几何的某些公式*

首先，我们将定义双曲平面中的点之间的距离，使用其作为射影平面$\mathbb{P}(\mathrm{L})$的点集的定义，它对应于光锥内的三维伪 Euclid 空间 L 的直线，并将其解释为仿射 Euclid 平面 E 中的单位圆 U 上的点集；见第 12.1 节.

距离的概念的含义是，在双曲平面的运动下，它应保持不变. 但我们已经将运动定义为射影平面$\mathbb{P}(\mathrm{L})$ 的某个特定的射影变换$\mathbb{P}(\mathcal{A})$. 定理 9.16 表明，在一般情形中，不可能将在任意射影变换下不变的数与两个点相关联，甚至与射影直线的三个点相关联. 但是，我们将利用这一事实，即双曲平面的运动并不是任意射影变换$\mathbb{P}(\mathrm{L})$，而只是那些将空间 L 中的光锥变换为自身的变换.

即，两个任意点 A 和 B 对应于位于光锥内部的直线$\langle \boldsymbol{a} \rangle$ 和$\langle \boldsymbol{b} \rangle$. 我们将证明它们确定了两个附加点，$P$ 和 Q，它们对应于光锥上的直线. 但是，直线上的射影空间的四个点已经确定了一个在任意射影变换下不变的数，即它们的交比(在第 9.3 节中定义). 我们将使用该数来定义点 A 和 B 之间的距离. 该定义的特点是，它使用了与光锥上的直线对应的点(P 和 Q)，因此，这些点不是双曲平面的点.

我们假设点 A 和 B 是不同的(如果它们重合，那么根据定义，它们之间的距离为零). 这说明向量 $\boldsymbol{a}$ 和 $\boldsymbol{b}$ 是线性无关的. 显然，存在唯一的射影直线 l 过这些点；它对应于平面$\mathrm{L}'=\langle \boldsymbol{a}, \boldsymbol{b} \rangle$. 直线 l 确定了仿射 Euclid 空间 E 中的直线 l'，如图 12.1 和 12.2 所示. 由于直线 l' 包含位于圆 U 内的点 A 和 B，因此，它与圆的边界交于两个点，我们将其取为 P 和 Q. 事实上，这已在第 12.1 节中得到证明，但我们现在将重复对应的论点.

l 的点是由与向量 $\boldsymbol{x}=\overrightarrow{OA}+t\overrightarrow{AB}$ 成比例的所有向量构成的直线$\langle \boldsymbol{x} \rangle$，其中 t 是任意实数. 在此，向量$\overrightarrow{OA}$ 等于 $\boldsymbol{a}$，向量$\overrightarrow{AB}=\boldsymbol{c}$ 属于子空间E_0，如果我们假设点 A，B 和直线 l 位于仿射空间 E 中. 这说明 $\boldsymbol{x}=\boldsymbol{a}+t\boldsymbol{c}$，其中向量 $\boldsymbol{c}$ 可以看作固

① Felix Klein, Nicht-Euklidische Geometrie, Göttingen, 1893，由 AMS Chelsea 重印，2000.

定的，数 t 可以看作变量. 点 $\boldsymbol{x}$ 位于直线 l' 与光锥 $V\subset\mathbb{L}$ 的交点，由条件 $(\boldsymbol{x}^2)=0$ 给出，即

$$((\boldsymbol{a}+t\boldsymbol{c})^2)=(\boldsymbol{a}^2)+2(\boldsymbol{a},\boldsymbol{c})t+(\boldsymbol{c}^2)t^2=0 \tag{12.18}$$

我们知道 $(\boldsymbol{a}^2)<0$，向量 $\boldsymbol{c}$ 属于 E_0. 由于 E_0 是 Euclid 空间且点 A 和 B 不同，因此 $(\boldsymbol{c}^2)>0$. 由此可知，未知数 t 的二次方程(12.18) 有两个异号的实根 t_1 和 t_2. 为了明确起见，假设 $t_1<t_2$. 那么当 $t_1<t<t_2$ 时，$((\boldsymbol{a}+t\boldsymbol{c})^2)$ 的值为负，并且该区间中的值 t 对应的直线 l' 的所有点都属于 $\mathbb{L}$. 我们看到，直线 l 与光锥 V 交于两点，它们对应于值 $t=t_1$ 和 $t=t_2$，而值 $t_1<t<t_2$ 与过 A 和 B 的直线 $\mathbb{L}_1$ (即一维双曲空间) 的点相关. 因此，直线 $\mathbb{L}_1$ 与具有端点 P 和 Q 的线段 $l\subset E$ 相等，两端点对应于值 $t=t_1$ 和 $t=t_2$；如图 12.5.

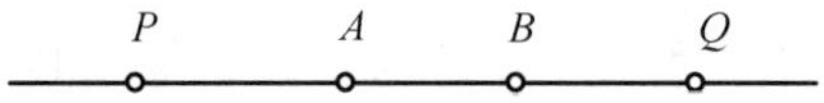

图 12.5　线段 $[P,Q]$

显然，点 A 包含在区间 (P,Q) 中. 将相同的论点应用于点 B，我们得到点 B 也在区间 (P,Q) 中.

我们以这样的方式标记点 P 和 Q，即 P 表示距离点 A 更近(Euclid 距离意义上) 的区间 (P,Q) 的端点，并通过 Q 表示距离 B 更近的端点，如图 12.5 所示.

现在可以给出点 A 和 B 之间的距离的定义了，我们记作 $r(A,B)$

$$r(A,B)=\log \mathrm{DV}(A,B,Q,P) \tag{12.19}$$

其中 $\mathrm{DV}(A,B,Q,P)$ 是交比(见第 313 页). 我们注意到，在定义(12.19) 中，我们没有指出对数的底. 我们可以取任意大于 1 的数为底，因为底数的变化只会使得所有距离乘以某个固定的正常数. 但无论如何，线段 AB 的长度包含一个乘法因数，该因数对应于直线上的单位长度的任意选取.

稍后，我们将解释为什么对数会出现在定义(12.19) 中. 使用交比的原因由以下定理给出解释.

定理 12.9　在双曲平面的任意运动 f 下，距离 $r(A,B)$ 不变，即 $r(f(A),f(B))=r(A,B)$.

证明：该定理的结论来自于这一事实，即双曲平面的运动 f 由某个射影变换 $\mathbb{P}(\mathcal{A})$ 确定. 该变换 $\mathbb{P}(\mathcal{A})$ 把过点 A 和 B 的直线 l' 变换为过点 $\mathbb{P}(\mathcal{A})(A)$ 和 $\mathbb{P}(\mathcal{A})(B)$ 的直线. 这说明变换将点 P 和 Q (直线 l 与圆盘 U 的边界的交点) 变换为点 P' 和 Q' (直线 $\mathbb{P}(\mathcal{A})(l')$ 与该边界的交点). 也就是说，$P'=\mathbb{P}(\mathcal{A})(P)$ 且 $Q'=\mathbb{P}(\mathcal{A})(Q)$，或相反地，$Q'=\mathbb{P}(\mathcal{A})(P)$ 且 $P'=\mathbb{P}(\mathcal{A})(Q)$. 此外，变换 $\mathbb{P}(\mathcal{A})$ 保持了

直线上的四个点的交比(定理 9.17). □

为了解释交比的作用,我们稍微超前一点,跳过验证公式(12.19) 中的对数的自变量是否大于 1,以及在 $r(A,B)$ 的定义中,出现在距离的定义(第 8 页)中的所有条件是否满足. 我们现在回到对此的讨论.

我们假设点 P,A,B,Q 的排列顺序如图 12.5 所示. 对于向量积,我们可以使用公式(9.28)

$$\mathrm{DV}(A,B,Q,P)=\frac{|AQ|\cdot|PB|}{|BQ|\cdot|PA|}>1 \tag{12.20}$$

因为显然,$|AQ|>|BQ|$ 且 $|PB|>|PA|$. 因此,公式(12.19) 中的对数的自变量是大于 1 的数,因此对数是正实数. 因此,对于所有不同点 A 和 B 的对,都有 $r(A,B)>0$.

我们注意到,如果没有我们选择点 P 和 Q 的顺序,这也可以做到. 为此,只需验证(这直接由交比的定义得到) 在点 P 和 Q 的对换下,交比 d 转换为 $1/d$. 因此,给出距离的对数(12.19) 包含符号,我们可以将距离定义为绝对值.

如果我们交换 A 和 B 的位置,那么以约定方式定义的点 P 和 Q 也交换位置. 容易验证交比确定了距离,根据公式(12.19),它不变. 换句话说,我们有等式

$$r(B,A)=r(A,B) \tag{12.21}$$

对于与 A 和 B 共线且位于两者之间的任意第三个点 C,条件

$$r(A,B)=r(A,C)+r(C,B) \tag{12.22}$$

都是满足的. 由此得出(用我们采取的记号)

$$\mathrm{DV}(A,B,Q,P)=\frac{|AQ|\cdot|BP|}{|BQ|\cdot|AP|}=\mathrm{DV}(A,C,Q,P)\cdot\mathrm{DV}(C,B,Q,P) \tag{12.23}$$

因为

$$\mathrm{DV}(A,C,Q,P)=\frac{|AQ|\cdot|CP|}{|CQ|\cdot|AP|},\mathrm{DV}(C,B,Q,P)=\frac{|CQ|\cdot|BP|}{|BQ|\cdot|CP|} \tag{12.24}$$

为了验证,只需将表达式(12.24) 代入公式(12.23).

在任何充分完整的几何学课程中,在不使用平行公设的情况下(即在“绝对几何”的框架内),证明存在满足以下条件的点对 A 和 B 的函数 $r(A,B)$:

(1) 如果 $A\neq B$,那么 $r(A,B)>0$;如果 $A=B$,那么 $r(A,B)=0$.

(2) 对于所有点 A 和 B,都有 $r(B,A)=r(A,B)$.

(3) 对于与 A 和 B 共线且位于两者之间的每个点 C,都有 $r(A,B)=r(A,$

$C)+r(C,B)$.

最重要的是：

(4) 函数 $r(A,B)$ 在运动下不变.

使用本书开头给出的定义，我们可以简述为，$r(A,B)$ 是所考虑平面中的点集上的度量，运动是该度量空间的等距变换.

这样的函数是唯一的，如果我们固定两个不同的点 A_0 和 B_0，对其有 $r(A_0,B_0)=1$（"测量单位"）. 这说明这些结论在双曲几何中也成立，公式(12.19) 定义了该距离(并且(12.19) 中的对数的底的选取与"测量单位"的选取一致.)

每三个点 A,B,C 都满足条件

$$r(A,B)\leqslant r(A,C)+r(B,C) \tag{12.25}$$

这是常见的三角不等式，在许多几何课程中，它是在不使用平行公设的情况下导出的，即作为"绝对几何"的一个定理. 因此，不等式(12.25) 在双曲几何中也成立. 但我们现在将给出一个直接(即，直接基于公式(12.19)) 证明，这是由 Hilbert 证明的.

我们回想一下，在我们考虑的模型中，双曲平面的点是 Euclid 平面 L 中的圆盘 K 的点，双曲平面的直线是位于圆盘 K 内的平面 L 的线段.

我们考虑圆盘 K 中的三个点 A,B,C. 我们将用 P 和 Q 表示过 A 和 B 的直线与圆盘 K 的边界的交点，并且过 A 和 C 的直线的类似点将用 U 和 V 表示，对于过 B 和 C 的直线，用 S 和 T 表示. 如图 12.6.

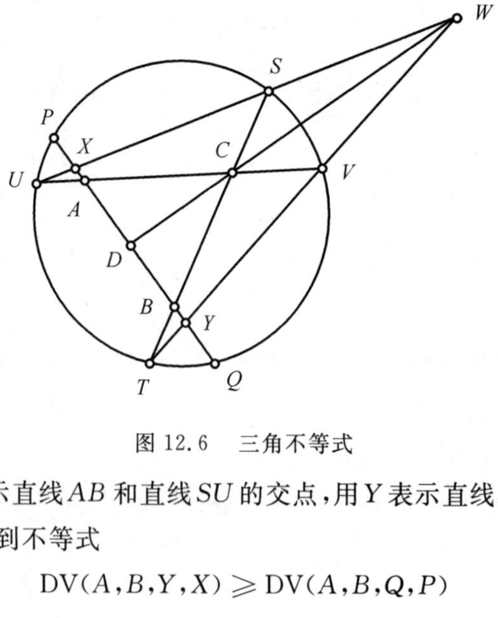

图 12.6　三角不等式

我们用 X 表示直线 AB 和直线 SU 的交点，用 Y 表示直线 AB 和直线 TV 的交点. 那么我们得到不等式

$$\mathrm{DV}(A,B,Y,X)\geqslant \mathrm{DV}(A,B,Q,P) \tag{12.26}$$

事实上，根据定义，(12.26) 的左边等于

$$\mathrm{DV}(A,B,Y,X)=\frac{|AY|\cdot|BX|}{|BY|\cdot|AX|} \tag{12.27}$$

其右边由关系式(12.20) 给出. 因此，不等式(12.26) 可得

$$\frac{|AY|}{|BY|}>\frac{|AQ|}{|BQ|},\quad \frac{|BX|}{|AX|}>\frac{|BP|}{|AP|} \tag{12.28}$$

我们来证明(12.28) 的第一个不等式. 我们定义 $a=|AB|$，$t_1=|BQ|$ 且 $t_2=|BY|$. 那么我们显然得到表达式 $|AQ|/|BQ|=(a+t_1)/t_1$ 和 $|AY|/|BY|=(a+t_2)/t_2$. 当 $a>0$ 时，变量 t 的函数 $(a+t)/t$ 随着 t 的增大而单调递减，因此，根据 $t_2<t_1$（根据图 12.6，它是显然的）可得(12.28) 的第一个不等式. 定义 $a=|AB|$，$t_1=|AX|$，$t_2=|AP|$，使用相同的论点，我们可以证明(12.28) 的第二个不等式.

我们用 W 表示直线 SU 和 TV 的交点，我们将该点与点 C 联结为直线，并用 D 表示由此得到的直线与直线 AB 的交点. 那么，点 X,A,D,Y 和点 U,A,C,V 通过透视映射相互得到，就像对点 Y,B,D,X 和 T,B,C,S 所做的那样. 那么考虑到定理 9.19，我们得到了关系式

$$\frac{|AY|\cdot|DX|}{|DY|\cdot|AX|}=\frac{|AV|\cdot|CU|}{|CV|\cdot|AU|},\quad \frac{|BX|\cdot|DY|}{|DX|\cdot|AY|}=\frac{|BS|\cdot|CT|}{|CS|\cdot|BT|}$$

将两个等式相乘，我们得到

$$\frac{|AY|\cdot|BX|}{|BY|\cdot|AX|}=\frac{|AV|\cdot|CU|}{|CV|\cdot|AU|}\cdot\frac{|BS|\cdot|CT|}{|CS|\cdot|BT|}$$

取最后的等式的对数，并考虑到 $\mathrm{DV}(A,B,Y,X)$ 的(12.27)，$\mathrm{DV}(A,C,U,V)$ 的类似表达式和 $\mathrm{DV}(B,C,S,T)$ 的类似表达式，以及定义(12.19)，我们得到了关系式

$$\log\mathrm{DV}(A,B,Y,X)=r(A,C)+r(B,C)$$

由此，考虑到(12.26)，我们得到了所需的不等式(12.25).

我们注意到，如果点 B 沿线段 PQ 趋向 Q（如图 12.6），那么 $|BQ|$ 趋向零，因此，$r(A,B)$ 趋向无穷大. 这说明，尽管过点 A 和 B 的直线在我们的图中由有限长度的线段表示，其在双曲平面中的长度是无穷大的.

角的测量类似于线段的测量. 我们知道，直线 l 上的任意点 O 将其分为两条射线. 具有点 O 的射线称为具有中心 O 的射线 h. 两条具有共同中心 O 的射线 h 和 k 称为一个角；我们假设射线 h 是通过逆时针旋转由 k 得到的. 该角记作 $\angle(h,k)$.

在"绝对几何"中，证明了对于顶点位于点 O 的每个角，都存在唯一的实数

$\measuredangle(h,k)$，满足以下四个条件：

(1) 对于所有 $h \neq k$，都有$\measuredangle(h,k) > 0$；

(2) $\measuredangle(k,h) = \measuredangle(h,k)$；

(3) 如果 f 是一个运动且 $f(h)=h'$，$f(k)=k'$ 和$O'=f(O)$ 是 $\angle(h',k')$ 的顶点，那么$\measuredangle(h',k') = \measuredangle(h,k)$.

为了表述第四个性质，我们必须引入一些额外的概念. 设构成角 $\angle(h,k)$ 的射线 h 和 k 位于直线 l_1 和 l_2 上. 平面中与射线 k 的点位于直线 l_1 的同一侧，与射线 h 的点位于直线 l_2 的同一侧的点称为角 $\angle(h,k)$ 的内点. 与射线 h 和 k 具有相同中心 O 的射线 l 称为角 $\angle(h,k)$ 的内部射线，如果它由该角的内点构成.

我们现在来表述最后一个性质：

(4) 如果 l 是 $\angle(h,k)$ 的内部射线，那么$\measuredangle(h,l) + \measuredangle(l,k) = \measuredangle(h,k)$.

与点之间的距离的情形那样，角的测量是唯一定义的，如果我们选取"单位测量"，即如果我们取特定角度 $\angle(h_0,k_0)$ 作为"单位角测量"

我们将指出一种定义双曲几何中的角的测量的显式方法，该方法在圆盘 K 中实现，由具有坐标 x，y 的 Euclid 平面 L 中的关系式$x^2 + y^2 < 1$ 给出.

设 $\angle(h',k')$ 为中心在点O' 处的角，并设 f 为将点O' 变换为圆盘K 的中心 O 的任意运动. 根据定义，显然，f 将射线h' 和k' 变换为中心在点O 处的某些射线 h 和k. 我们设$\measuredangle(h',k')$ 的度量等于射线 h 和k 之间的 Euclid 夹角. 这个定义的主要困难是它使用了运动 f，因此，我们必须证明由此得到的角的度量不取决于运动 f 的选取(当然，具有条件 $f(O')=O$).

设 g 为另一个具有相同性质 $g(O')=O$ 的运动. 那么$g^{-1}(O)=O'$，这说明 $fg^{-1}(O)=O$，即运动 fg^{-1} 使点 O 保持固定. 正如我们在第 12.1 节(第 405 页)中看到的，具有这种性质的运动是(a) 型的，这说明 fg^{-1} 对应 Euclid 平面 L 的正交变换；也就是说，$\angle(\overline{h},\overline{k})$ 通过正交变换 fg^{-1} 变换为角 $\angle(h,k)$，该变换保持了 L 中的内积，因此不会改变角的度量. 这就证明了我们引入的角的度量的定义的正确性. 同样容易验证性质(1)－(3).

双曲几何中的角的最著名的性质如下.

定理 12.10 在双曲几何中，三角形的三个角之和小于两个直角，即小于 π.

因为我们讨论的是一个三角形，我们可以将注意力限制在这个三角形所在的平面上，并假设我们是在双曲平面中进行论证的. 关键的结果与这一事实有关，即双曲几何中的 $\angle(h,k)$ 也确定了 Euclid 角，那么我们可以比较这些角的度量. 与之前一样,我们将用$\measuredangle(h,k)$表示$\angle(h,k)$在双曲几何中的度量,用$\measuredangle_{E}(h,k)$表示其 Euclid 度量.

引理 12.11 如果$\angle(h,k)$的一条射线(例如,h)过圆盘K的中心O,那么该角在双曲几何意义下的度量小于 Euclid 度量,即

$$\measuredangle(h,k) < \measuredangle_{E}(h,k) \tag{12.29}$$

首先,我们将证明定理 12.10 容易从引理推导出来,然后我们将证明引理自身.

定理 12.10 的证明:我们用A,B,C表示所讨论三角形的顶点. 由于角的度量在运动下是不变的,因此根据定理 12.5,我们可以选取一个运动,它将三角形的一个顶点(例如A)变换为圆盘K的中心O. 设顶点B和C变换为B'和C'. 如图 12.7.

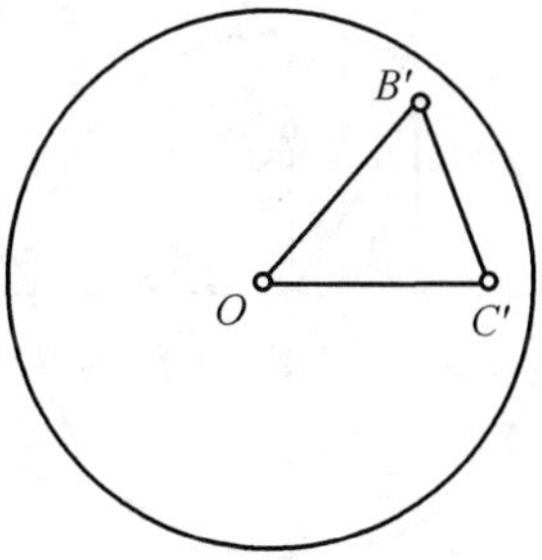

图 12.7 双曲平面中的三角形

只需对于$\triangle OB'C'$证明定理. 但是对于$\angle B'OC'$,根据定义,我们有等式

$$\measuredangle B'OC' = \measuredangle_{E} B'OC'$$

对于剩余的两个角,根据引理,我们有不等式

$$\measuredangle OB'C' < \measuredangle_{E} OB'C', \quad \measuredangle OC'B' < \measuredangle_{E} OC'B'$$

此外,我们得到了关于$\triangle OB'C'$的三个角之和的不等式

$$\measuredangle B'OC' + \measuredangle OB'C' + \measuredangle OC'B' < \measuredangle_{E} B'OC' + \measuredangle_{E} OB'C' + \measuredangle_{E} OC'B'$$

根据 Euclid 几何的一个常见定理,右边的和等于π,这就证明了定理 12.10. □

引理 12.11 的证明:我们必须使用角的度量的定义的显式形式. 设$\angle(h,k)$的射线h过点O. 为了描述圆盘K,我们将引入 Euclid 直角坐标系(x,y),并假设角$\angle(h,k)$的顶点位于坐标为$(\lambda,0)$的点O',其中$\lambda \neq 0$. 为此,有必要绕圆盘的中心进行旋转,使得点O'过直线$y=0$的某个点,并利用角在这种旋转下不变的事实.

现在,我们必须明确地写出双曲平面的运动f,它将点O变换为O'. 我们已经在第 12.1 节中构造了这样一个运动;见第 406 页的例 12.4. 在此,我们证明

了存在双曲平面的一个运动,该运动将坐标为(x,y)的点变换为坐标为(x',y')的点,由以下关系式给出

$$x'=\frac{ax+b}{bx+a},\quad y'=\frac{y}{bx+a},\quad a^2-b^2=1 \tag{12.30}$$

如果我们希望把点$O'=(\lambda,0)$移动到原点$O=(0,0)$,那么我们应该设$a\lambda+b=0$,或等价地,$\lambda=-b/a$. 不难验证可以在此形式中表示任意数λ. 因此,映射(12.30)有形式

$$x'=\frac{x-\lambda}{1-\lambda x},\quad y'=\frac{y}{a(1-\lambda x)} \tag{12.31}$$

设射线k与y轴交于点A,其坐标为$(0,\mu)$;如图 12.8.(我们注意到,该点不需要在圆盘K中.)

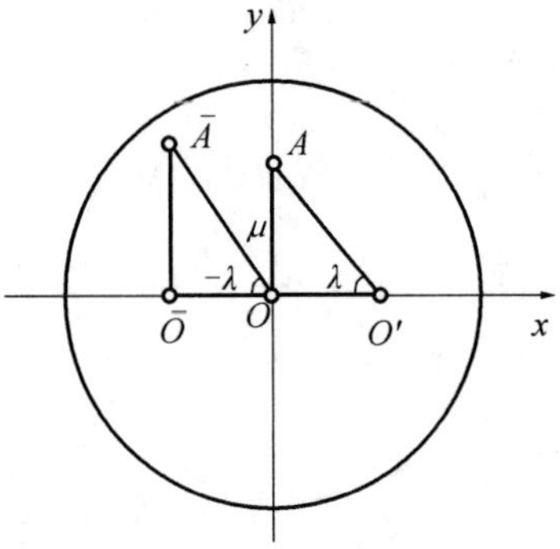

图 12.8 双曲平面中的角

根据公式(12.31),显然,我们的变换将铅垂线$x=c$变换为铅垂线$x=c'$. 点O变换为点$\overline{O}=(-\lambda,0)$,点$A=(0,\mu)$变换为点$\overline{A}=(-\lambda,\mu/a)$,铅垂线$OA$变换为铅垂线$\overline{OA}$. 根据双曲几何中的角的定义,$\measuredangle OO'A=\measuredangle_E\overline{O}O\overline{A}$. 我们知道 Euclid 角的正切

$$\tan(\measuredangle_E OO'A)=\frac{\mu}{\lambda},\quad \tan(\measuredangle_E\overline{O}O\overline{A})=\frac{\overline{OA}}{\lambda}=\frac{\mu}{\lambda a}$$

如图 12.8. 由于$a^2=1+b^2$,我们有$a>1$,我们可以看到在 Euclid 几何中,我们有不等式$\tan(\measuredangle_E\overline{O}O\overline{A})<\tan(\measuredangle_E OO'A)$. 正切是一个严格递增函数,因此对于 Euclid 角,我们有不等式$\measuredangle_E\overline{O}O\overline{A}<\measuredangle_E OO'A$. 但是$\measuredangle OO'A<\measuredangle_E\overline{O}O\overline{A}$,这说明$\measuredangle OO'A<\measuredangle_E OO'A$. □

有趣的是将定理 12.10 与球面几何的类似结果进行比较. 在这门课程中,我们还没有遇到球面几何,事实上在古代,尽管它比双曲几何发展得更完善且更早. 在球面几何中,球面上的大圆起着直线的作用,即过其中心的所有可能的

平面得到的球面的截面. 球面上的大圆与平面中的直线之间的类比在于,联结点 A 和 B 的大圆的弧的长度不大于球面上具有端点 A 和 B 的任意其他曲线的长度. 大圆的弧长(当然,它也取决于球面的半径 R) 称为球面上从点 A 到点 B 的距离.

球面上的长度和角度的测量通常可以用与 Euclid 几何或双曲几何中的完全相同的方式来定义. 在此,两条"直线"(即大圆) 之间的夹角等于由过这些大圆的平面构成的二面角的值. 我们得到了以下结果.

定理 12.12 球面上的三角形的三个角之和大于两个直角,即大于 π.

证明:在半径为 R 的球面上,给定一个顶点为 A,B,C 的三角形. 我们画出所有的大圆,其弧是 $\triangle ABC$ 的边 AB,AC 和 BC. 如图 12.9.

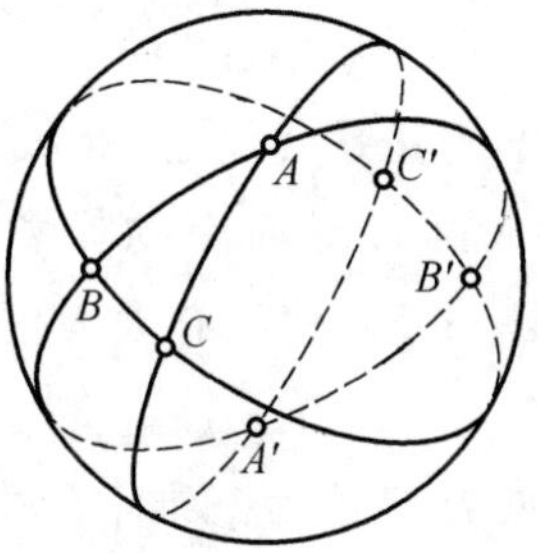

图 12.9 球面上的三角形

我们用Σ_A 表示在过点 A,B 的大圆和过点 A,C 的大圆之间包围的球体部分. 我们引入类似记号Σ_B 和Σ_C. 我们用$\hat{A}$ 表示二面角$B\hat{A}C$ 的度量,类似地,用$\hat{B}$ 和$\hat{C}$ 分别表示其他两个二面角的度量. 那么,定理的结论等价于结论$\hat{A}+\hat{B}+\hat{C}>\pi$.

但容易看出,Σ_A 的面积是球面的面积的分数,因为 $2\hat{A}$ 是 2π 的分数. 由于球面的面积等于 $4\pi R^2$,那么Σ_A 的面积等于

$$4\pi R^2 \cdot \frac{2\hat{A}}{2\pi}=4R^2\hat{A}$$

同样,我们得到了面积Σ_B 和Σ_C 的表达式;它们分别等于 $4R^2\hat{B}$ 和 $4R^2\hat{C}$. 现在,我们观察到,区域Σ_A,Σ_B 和Σ_C 一起覆盖整个球面. 在此,球面上不是 $\triangle ABC$ 或与其对称的 $\triangle A'B'C'$ 的球面部分的每个点只属于区域Σ_A,Σ_B 和Σ_C 中的一个,$\triangle ABC$ 或对称 $\triangle A'B'C'$ 中的每个点都包含在这三个区域中. 因此,我们有

$$4R^2(\hat{A}+\hat{B}+\hat{C})=4\pi R^2+2S_{\triangle ABC}+2S_{\triangle A'B'C'}=4\pi R^2+4S_{\triangle ABC}$$

由此,我们得到了关系式

$$\hat{A}+\hat{B}+\hat{C}=\pi+\frac{S_{\triangle ABC}}{R^2} \tag{12.32}$$

由此得出$\hat{A}+\hat{B}+\hat{C}>\pi$. □

公式(12.32) 给出了 Lobachevsky 系统发展的一系列关系式的例子：如果我们假设$R^2<0$(即，R 是纯虚数)，那么显然，我们将从(12.32) 得到不等式

$$\hat{A}+\hat{B}+\hat{C}<\pi$$

这是双曲几何的定理 12.10. 这就是为什么 Lobachevsky 认为他的几何是“在一个虚半径的球面上”实现的. 然而，许多研究这些问题的数学家(有些甚至早在 18 世纪) 已经注意到，在否定“第五公设”的基础上得到的定理与通过将R^2替换为负数而从球面几何中得到的公式之间存在类比.

读者应该注意到，球面几何与我们在第 12.2 节中考虑的公理系统是完全不相容的. 该系统不包括基本的关系公理之一：几条不同的直线可以过两个不同的点. 事实上，无穷多个大圆过球面上的任意两个对径点. 与此相关地，Riemann 提出了另一种与 Euclid 几何没有太大根本区别的几何. 我们将描述其二维情形.

为此，我们将把射影平面 Π 描述为三维空间中过某点 O 的所有直线的集合. 我们考虑中心位于 O 的球面 S. 每个点 $P\in S$ 与球面的中心 O 一起确定了一条直线 l，即射影平面 Π 的某个点 Q. 结合 $P\to Q$ 定义了球面 S 到射影平面 Π 的映射，从而将球面上的大圆精确地变换为 Π 的直线. 显然，球面的两个点正好映射到一个点 $Q\in\Pi$：与点 P 一起，还有直线 l 与球面相交的第二个点，即对径点P'. 但是将球面变换为自身的 Euclid 运动(我们可以称之为球面几何的运动) 给出了定义在射影平面 Π 上的某些变换，并满足运动公理. 也可以将长度和角的度量从球面 S 转移到射影平面 Π. 那么我们从球面几何中得到了定理 12.12 的类比.

这一几何分支称为椭圆几何①. 在椭圆几何中，每对直线都相交，因为在射影平面中就是这样. 因此，不存在平行线. 然而，在“绝对几何”中，证明了至少存在一条直线，它过任意给定点 A，该点不位于与 l 平行的给定直线 l 上. 这说明在椭圆几何中，并非所有的“绝对几何”公理都是满足的. 原因很容易确定：在椭圆几何中，没有“位于之间”的自然概念. 事实上，球面 S 的一个大圆映射到

① 椭圆几何有时称为 Riemann 几何，但该术语通常用于研究 Riemann 流形的微分几何的分支.

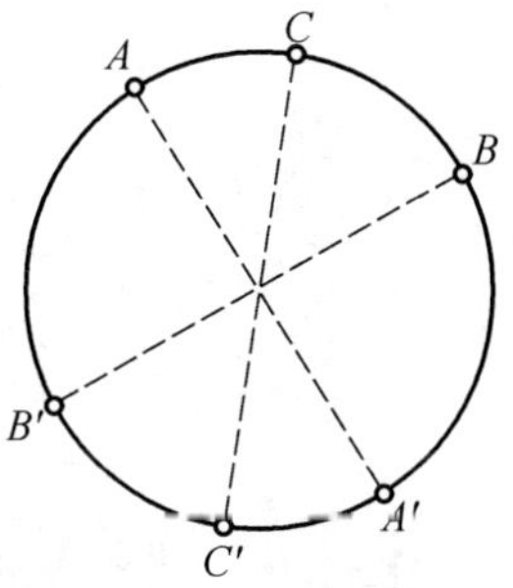

图 12.10　椭圆几何

射影平面 Π 的一条直线 l，其中球面的两个对径点（A 和 A'，B 和 B'，C 和 C'，等等）变换为平面 Π 的一个点. 如图 12.10. 从图中可以清楚地看出，在椭圆几何中，我们同样可以假设点 C 是否位于 A 和 B 之间.

然而，椭圆几何具有“自由移动性”的性质. 此外，我们可以证明（Helmholtz-Lie 定理），在所有几何（假设该术语有某些严格的定义）中，只有三种几何（Euclid 几何、双曲几何和椭圆几何）具有这一性质.

第13章 群，环和模

13.1 群与同态

群的概念是公理化定义的，类似于向量、内积和仿射空间的概念. 这样一个抽象的定义是合理的，在整个数学中有着丰富的群的例子.

定义 13.1 群是一个集合 G，在其上定义了一个运算，该运算给这个集合的每对元素分配第三个元素；即定义了一个映射 $G\times G\to G$. 根据这个规则，与元素 g_1 和 g_2 相关联的元素称为它们的乘积，记作 $g_1\cdot g_2$，或简记为 $g_1\,g_2$. 对于这个映射，还必须满足以下条件：

(1) 存在一个元素 $e\in G$，使得对于每个 $g\in G$，我们都有关系式 $eg=g$ 和 $ge=g$，这个元素称为单位元①.

(2) 对于每个元素 $g\in G$，存在一个元素 $g'\in G$，使得 $gg'=e$，并且存在一个元素 $g''\in G$ 使得 $g''g=e$. 元素 g' 称为元素 g 的一个右逆元，元素 g'' 称为元素 g 的一个左逆元.

(3) 对于每个三元组 $g_1, g_2, g_3\in G$，以下关系式成立

$$(g_1\,g_2)\,g_3=g_1(g_2\,g_3) \tag{13.1}$$

最后的性质称为结合性，这个性质我们已经多次遇到过，例如，关于映射的复合和矩阵乘法，以及在外代数的构造中. 我们在第 5 页上考虑了结合性质的最一般的形式，其中我们证明了等式(13.1) 使得可以定义任意个数的因数的乘积 $g_1\,g_2\cdots g_k$，这个乘积只取决于因数的顺序，而不取决于乘积中括号的排列. 那里给出的推理显然适用于每个群.

---

① 群的单位元是唯一的. 事实上，如果存在另一个单位元 $e'\in G$，那么根据定义，我们将得到等式 $ee'=e'$ 和 $ee'=e$，由此得出 $e=e'$.

结合性的条件还有其他重要的推论. 例如,由此推导出,如果g'是g的右逆元,g''是g的左逆元,那么

$$g''(gg')=g''e=g'',\quad g''(gg')=(g''g)g'=eg'=g'$$

由此得出$g'=g''$. 因此,任意给定元素$g\in G$的左逆元和右逆元相等. 这个唯一的元素$g'=g''$简称为g的逆元,记作g^{-1}.

定义 13.2 如果属于群G的元素的个数是有限的,那么群G称为有限群,否则称为无限群. 有限群G中的不同元素的个数称为它的阶,记作$|G|$.

设M为一个任意的集合,我们来考虑M和它自身之间的所有双射的汇集. 这样的映射也称为集合M的变换. 在本书的预备知识一章中,我们定义了任意集合的任意映射的复合运算(即序贯应用)(第 4 页). 根据在那里证明的性质,集合M的所有变换的汇集与复合运算一起构成一个群,其中每个变换$f:M\to M$的逆由逆映射$f^{-1}:M\to M$给出,而恒等变换显然由集合M上的恒等映射给出. 这样的群称为变换群,群的大多数应用都与这些变换群相关.

有时不需要考虑集合的所有变换,而是只限于考虑某个子集. 由此产生的情形可以方便地表述如下.

定义 13.3 群G的元素的子集$G'\subset G$称为G的一个子群,如果满足下列条件:

(a) 对于每对元素$g_1,g_2\in G'$,它们的乘积g_1g_2也在G'中.

(b) G'包含单位元e.

(c) 对于每个$g\in G'$,它的逆g^{-1}也在G'中.

显然,子群G'自身就是一个群. 因此,从所有变换群中,我们得到了一组例子(事实上,是群的大多数例子). 我们来列举一些最常遇到的例子.

例 13.4 以下的集合是在映射的复合运算下的群.

(1) 向量空间的非奇异线性变换的集合.

(2) Euclid 空间的正交变换的集合.

(3) Euclid 空间的固有正交变换的集合.

(4) 伪 Euclid 空间的 Lorentz 变换的集合.

(5) 仿射空间的非奇异仿射变换的集合.

(6) 射影空间的射影变换的集合.

(7) 仿射 Euclid 空间的运动的集合.

(8) 双曲空间的运动的集合.

以上列举的所有群都是变换群(集合M显然是给定空间的底集). 我们注意到,在向量空间和仿射空间的情形中,线性变换或仿射变换的非奇异性是一

个至关重要的要求，这保证了每个映射的双射性，因此保证了群的每个元素的逆元的存在性①.

然而，并非所有自然存在的群都是变换群. 例如，关于加法运算，所有整数的集合构成一个群，有理数、实数和复数的集合也是如此，同样地，属于任意向量空间的所有向量的集合也是如此.

我们注意到，在12.2节中引入的运动的公理(a)(b)和(c)可以一同表述为单个要求，即运动构成一个群.

例 13.5 我们来考虑由 n 个元素构成的一个有限集 M. 变换 $f:M\to M$ 称为一个置换，集合 M 的所有置换的群称为 n 次对称群，记作 S_n. 显然，群 S_n 是有限的.

在第2.6节中，我们考虑了与对称函数和反对称函数的概念相关的置换，并且我们看到，为了定义一个置换 $f:M\to M$，我们可以引入集合 M 的元素的一个计数，也就是说，我们可以把集合写成 $M=\{a_1,\cdots,a_n\}$，指定所有的元素 $a_1,\cdots,a_n$ 的像为 $f(a_1),\cdots,f(a_n)$. 即，设 $f(a_1)=a_{j1},\cdots,f(a_n)=a_{jn}$. 那么置换由以下矩阵定义：

$$A=\begin{pmatrix}1 & 2 & \cdots & n\\ j_1 & j_2 & \cdots & j_n\end{pmatrix} \tag{13.2}$$

其中上面一行依次为从1到 n 的所有自然数，下面一行中，在数 k 下面是数 j_k，使得 $f(a_k)=a_{jk}$. 由于置换 $f:M\to M$ 是一个双射，由此可见，下面一行包含了从1到 n 的所有数，除了它们是按其他的顺序写的. 换句话说，$(j_1,\cdots,j_n)$ 是数 $(1,\cdots,n)$ 的某个排列.

把置换写成(13.2)的形式，特别地，我们容易确定 $|S_n|=n!$. 我们对 n 用归纳法来证明这一点. 当 $n=1$ 时，这是显然的：群 S_1 由单个置换构成，它是由单个元素构成的集合 M 上的恒等映射. 设 $n>1$. 那么，通过以每种可能的方式枚举集合 M 的元素，我们得到 S_n 与形如(13.2)的矩阵 A 的集合之间的一个双射，该矩阵的第一行包含元素 $1,\cdots,n$，第二行的元素 $j_1,\cdots,j_n$ 取从1到 n 的所有可能值. 设 A' 为通过删除 A 的最后一列得到的矩阵，该列包含元素 j_n. 我们固定这个元素：$j_n=k$. 那么，矩阵 A' 的元素 $j_1,\cdots,j_{n-1}$ 假设所有可能的值取自 $n-1$ 个

---

① 不巧，在术语上存在一定程度的分歧，读者应该知道：如上所述，我们将集合的变换定义为映射到自身的双射，而同时，向量(或仿射)空间的线性(或仿照)变换根据定义不一定是双射，这里要有双射性，必须指定变换是非奇异的.

数的汇集$(1,\cdots,\check{k},\cdots,n)$，其中的符号"ˇ"和前面一样，表示省略了对应的元素. 显然，所有可能的矩阵A'的集合双射对应于S_{n-1}，并且根据归纳假设，不同的矩阵A'的个数等于$|S_{n-1}|=(n-1)!$. 但是因为元素$j_n=k$可以等于从1到n的任意自然数，所以不同的矩阵A的个数等于$n(n-1)!=n!$. 这就给出了等式$|S_n|=n!$.

我们注意到，用于写出置换的集合M的元素的计数与向量空间中引入的坐标(即，一组基)起着相同的作用. 此外，矩阵(13.2)类似于空间的线性变换的矩阵，它只有在选取了一组基之后才是定义的，并且取决于这组基的选取. 然而，为了我们进一步的目的，使用与元素的计数的选取无关的概念会更方便些.

我们将使用在第2.6节(第53页)引入的对换的概念. 那里给出的定义可以表述如下. 设a和b为集合M的两个不同的元素，那么对换是集合M的置换，即交换元素a和b的位置，而集合M中的其他元素保持不变. 用$\tau_{a,b}$表示这样的对换，我们可以用以下关系式来表示这个定义

$$\tau_{a,b}(a)=b,\quad \tau_{a,b}(b)=a,\quad \tau_{a,b}(x)=x \tag{13.3}$$

对于所有$x\neq a$与$x\neq b$都成立.

用这个记号，第2.6节的定理2.23可以表述如下：有限集的每个置换g是有限个对换的乘积，即

$$g=\tau_{a_1,b_1}\tau_{a_2,b_2}\cdots\tau_{a_k,b_k} \tag{13.4}$$

如我们在第2.6节中所见，在关系式(13.4)中，数k与元素$a_1,b_1,\cdots,a_k,b_k$的选取对于给定的置换g不是唯一定义的. 这说明对于给定的置换g，表示(13.4)不是唯一的. 然而，正如在第2.6节(定理2.25)中所证明的那样，置换g的数k的奇偶性是唯一确定的. 表示(13.4)中的数k为偶数的置换称为偶的，数k为奇数的置换称为奇的.

例13.6 n个元素的所有偶置换的汇集构成对称群S_n的一个子群(它显然满足子群的定义中的条件(a)(b)(c)). 它称为n次交错群，记作A_n.

定义13.7 设g为G的一个元素，那么对每个自然数n，元素$g^n=g\cdots g$(n重乘积)是定义的. 对于一个负整数m，元素g^m等于$(g^{-1})^{-m}$，并且对于零，我们有$g^0=e$.

容易验证，对于任意的整数m和n，我们都有关系式

$$g^m g^n=g^{m+n}$$

显然，由此可见，形如g^n(其中n取遍整数集)的元素的汇集构成一个子群. 它称为由元素g生成的循环子群，记作$\{g\}$.

可能出现两种情形：

(a) 当 n 取遍整数集时，所有的元素 g^n 都是不同的. 在这种情形中，我们称 g 是群 G 中的一个无限阶的元素.

(b) 存在整数 m 和 n，$m \neq n$，使得 $g^m = g^n$. 那么，显然，$g^{m-n} = e$，这说明存在一个自然数 k(例如 $|m-n|$)，使得 $g^k = e$. 在这种情形中，我们称 g 是群 G 中的一个有限阶的元素.

如果 g 是一个有限阶的元素，那么使得 $g^k = e$ 的最小的自然数 k 称为元素 g 的阶. 如果存在整数 n，使得 $g^n = e$，那么数 n 是元素 g 的阶 k 的一个整数倍. 事实上，如果不是这样，那么我们可以对 n 除以 k，带有非零余数：$n = qk + r$，其中 $0 < r < k$. 从等式 $g^n = e$ 和 $g^k = e$，我们可以得出 $g^r = e$，这与阶 k 的定义相矛盾. 如果在群 G 中存在一个元素 g，使得 $G = \{g\}$，那么群 G 称为一个循环群. 显然，如果 $G = \{g\}$，且元素 g 有有限阶 k，那么 $|G| = k$. 事实上，在这种情形中，$e, g, g^2, \cdots, g^{k-1}$ 是群 G 的所有不同的元素.

现在，我们将继续讨论群的映射(同态)，它在群论中所起的作用类似于线性代数中的向量空间的线性变换所起的作用. 设 G 和 G' 为任意两个群，设 $e \in G$ 和 $e' \in G'$ 为它们的单位元.

定义 13.8 映射 $f: G \to G'$ 称为一个同态，如果对于群 G 中的每对元素 g_1 和 g_2，我们都有关系式

$$f(g_1 g_2) = f(g_1) f(g_2) \tag{13.5}$$

其中它显然蕴涵在等式(13.5)的左右两边，元素的并置表示在各自的群中的乘法运算(左边在 G 中，右边在 G' 中).

从等式(13.5)可以容易地推导出同态的最简单的性质：

(1) $f(e) = e'$.

(2) 对于每个 $g \in G$，都有 $f(g^{-1}) = (f(g))^{-1}$.

(3) 对于每个 $g \in G$ 和每个整数 n，都有 $f(g^n) = (f(g))^n$.

为了证明第一个性质，我们在公式(13.5)中设 $g_1 = g_2 = e$. 那么，考虑到等式 $e = ee$，根据单位元的定义，这是显然的，我们得到

$$f(e) = f(ee) = f(e) f(e)$$

剩下只需将关系式 $f(e) = f(e) f(e)$ 两边乘以群 G' 的元素 $(f(e))^{-1}$，在此之后，我们得到所要求的等式 $e' = f(e)$. 第二个性质立即由第一个性质得到：在(13.5)中，设 $g_1 = g$ 和 $g_2 = g^{-1}$，并考虑到等式 $e = g g^{-1}$，我们得到

$$e' = f(e) = f(g g^{-1}) = f(g) f(g^{-1})$$

由此，根据逆元的定义，可得 $f(g^{-1}) = (f(g))^{-1}$. 最后，通过(13.5)中对正整数

n 作归纳法得到第三个性质，对于负整数 n，也需要应用性质(2).

定义 13.9 映射 $f:G\to G'$ 称为一个同构，如果它是一个同态，并且也是一个双射. 群 G 和 G' 称为同构的，是存在一个同构 $f:G\to G'$. 记作：$G\simeq G'$.

例 13.10 对 n 维向量空间 L 的每个非奇异线性变换分配其矩阵(在空间 L 的某组固定基中)，我们得到了该空间的非奇异线性变换的群与 n 阶非奇异方阵的群之间的一个同构.

同构的概念在群论中所起到的作用与同构的概念在向量空间中所起到的作用相同，同构的概念与任意线性变换(在任意维向量空间中) 的概念所起到的作用相同. 这些概念之间的类比特别揭示了这样一个事实：同态 $f:G\to G'$ 是否是一个同构的问题的答案可以用它的像和核来表述，就像线性映射的情形那样.

同态 f 的像是集合 $f(G)$，也就是，简单地说，作为集合的映射 $G\to G'$ 的 f 的像. 从关系式(13.5) 可知，$f(G)$ 是 G' 的一个子群. 同态 f 的核是使得 $f(g)=e'$ 的元素 $g\in G$ 的集合. 同样也不难从(13.5) 得出，核是 G 的一个子群.

利用像和核的概念，我们称同态 $f:G\to G'$ 是一个同构，当且仅当它的像包含整个群 G'，且它的核只包含单位元 $e\in G$. 这个结论的证明基于关系式(13.5) 与性质(1) 和(2)：如果对于群 G 的两个元素 g_1 和 g_2，我们有等式 $f(g_1)=f(g_2)$，那么通过两边右乘群 G' 的元素 $(f(g_1))^{-1}$，我们得到 $e'=f(g_2)(f(g_1))^{-1}=f(g_2g_1^{-1})$，由此得到 $g_2g_1^{-1}=e$，即 $g_1=g_2$.

然而，值得注意的是，群的同构和向量空间的同构之间的类比并没有那么远的扩展：第 3 章中的大多数定理没有群的适当类比，即使是有限群. 例如，第 3 章(定理 3.64) 的一个最重要结果指出，给定有限维的所有向量空间都是互相同构的. 但是，存在给定阶的有限群，它们不是同构的；见第 446 页的例 13.24.

群的另一个性质与群中的元素的乘积是否取决于它们相乘的顺序有关. 在群的定义中，没有施加此类条件，因此，我们可以假设在一般情形中，$g_1g_2\neq g_2g_1$. 通常情况就是这样. 例如，具有矩阵乘法的标准运算的给定阶为 n 的非奇异方矩阵构成一个群，第 2.9 节(第 70 页) 给出的例子表明，当 $n=2$ 时，通常情况下 $AB\neq BA$.

定义 13.11 如果在群 G 中，对于每对元素 $g_1,g_2\in G$，等式 $g_1g_2=g_2g_1$ 都成立，那么 G 称为交换群，或者通常称为 Abel 群①.

① 以纪念挪威数学家 Niels Henrik Abel(1802—1829) 而命名.

例如,具有加法运算的整数、有理数、实数和复数的群都是 Abel 的. 同样,向量空间是关于向量加法的运算的 Abel 群. 容易看出,每个循环群都是 Abel 的.

我们给出一个对所有有限群都成立的结果,但对于 Abel 群来说,这个结果特别容易证明(后续,我们将经常使用).

引理 13.12 对于每个有限 Abel 群 G,其每个元素的阶整除群的阶.

证明:我们用 $g_1, g_2, \cdots, g_n$ 表示 G 的元素的完全集(因此,我们显然有 $n = |G|$),我们用某个元素 $g \in G$ 右乘它们. 由此得到的元素 $g_1 g, g_2 g, \cdots, g_n g$ 也将是不同的. 事实上,给定等式 $g_i g = g_j g$,将两边右乘 g^{-1},得到等式 $g_i = g_j$. 由于群 G 总共包含 n 个元素,因此元素 $g_1 g, g_2 g, \cdots, g_n g$ 与元素 $g_1, g_2, \cdots, g_n$ 相同,但可能按其他顺序排列

$$g_1 g = g_{i_1}, \quad g_2 g = g_{i_2}, \quad \cdots, \quad g_n g = g_{i_n}$$

将这些等式相乘,我们得到

$$(g_1 g)(g_2 g)\cdots(g_n g) = g_{i_1} g_{i_2} \cdots g_{i_n} \tag{13.6}$$

由于群 G 是 Abel 的,我们有

$$(g_1 g)(g_2 g)\cdots(g_n g) = g_1 g_2 \cdots g_n g^n$$

由于 $g_{i_1}, g_{i_2}, \cdots, g_{i_n}$ 是相同的元素 $g_1, g_2, \cdots, g_n$,那么设 $h = g_1 g_2 \cdots g_n$,我们从(13.6)中得到等式 $h g^n = h$. 将最后一个等式的两边左乘 h^{-1},我们得到 $g^n = e$. 正如我们以上看到的,元素 g 的阶整除数 $n = |G|$. □

定义 13.13 设 $H_1, H_2, \cdots, H_r$ 为 G 的子群. 群 G 称为子群 $H_1, H_2, \cdots, H_r$ 的直积,如果对于不同子群中的所有元素为 $h_j \in H_j$ 和 $h_j \in H_j$,我们都有关系式 $h_i h_j = h_j h_i$,并且每个元素 $g \in G$ 都可以用以下形式表示

$$g = h_1 h_2 \cdots h_r, \quad h_i \in H_i, i = 1, 2, \cdots, r$$

对于每个元素 $g \in G$ 都成立,这种表示是唯一的. 群 G 是子群 $H_1, H_2, \cdots, H_r$ 的直积这一事实记作

$$G = H_1 \times H_2 \times \cdots \times H_r \tag{13.7}$$

在 Abel 群的情形中,通常使用不同的术语,与大多数感兴趣的例子有关. 也就是说,在群上定义的运算称为加法而不是乘法,它不是由 $g_1 g_2$ 表示,而是由 $g_1 + g_2$ 表示. 根据这种记号,单位元称为零元,由 0 表示,而不是由 e 表示. 逆元称为负元或加性逆,是由 $-g$ 表示,而不是由 g^{-1} 表示,并且指数记号 g^n 替换为乘法记号 ng,其定义类似:如果 $n > 0$,定义为 $ng = g + \cdots + g$(n 重和),如果 $n < 0$,定义为 $ng = (-g) + \cdots + (-g)$($n$ 重和),并且如果 $n = 0$,定义为 $ng = 0$. 同态的定义在这种情形中完全保持不变,其中只需要在公式(13.5)中替换

群的运算的符号

$$f(g_1+g_2)=f(g_1)+f(g_2)$$

在此,性质(1)－(3) 取以下形式:

(1) $f(0)=0'$.

(2) 对于所有 $g\in G$,都有 $f(-g)=-f(g)$.

(3) 对于所有 $g\in G$ 和每个整数 n,都有 $f(ng)=nf(g)$.

这一术语与整数集的例子一致,也与在我们前面使用的术语中,向量关于加法运算构成 Abel 群的例子一致.

在 Abel 群(具有加法运算)的情形中,我们要谈的不是子群 $H_1,H_2,\cdots,H_r$ 的直积,而是它们的直和. 那么直和的定义化为每个元素 $g\in G$ 可以用以下形式表示

$$g=h_1+h_2+\cdots+h_r,\quad h_i\in H_i, i=1,2,\cdots,r$$

并且对于每个元素 $g\in G$,表示是唯一的. 显然,这最后一个要求等价于只有当 $h_1=0,h_2=0,\cdots,h_r=0$ 时,等式 $h_1+h_2+\cdots+h_r=0$ 才成立. 群 G 是子群 H_1, $H_2,\cdots,H_r$ 的直和,记作

$$G=H_1\oplus H_2\oplus\cdots\oplus H_r$$

显然,在(13.7) 和(13.8) 两种情形中,群 G 的阶等于

$$|G|=|H_1|\cdot|H_2|\cdot\cdots\cdot|H_r| \tag{13.8}$$

完全类似于在 3.1 节中对于向量空间所做的那样,我们可以定义群的直积(或直和),这些群通常不是任意特定群的子群,甚至可能彼此具有完全不同的性质.

例 13.14 如果我们将 Euclid 空间的每个正交变换 $\mathcal{U}$ 映射到其行列式 $|\mathcal{U}|$,我们知道,该行列式等于 $+1$ 或 -1,我们得到了正交变换的群到 2 次对称群 S_2 的同态. 如果我们将伪 Euclid 空间的每个 Lorentz 变换 $\mathcal{U}$ 映射到第 7.8 节中定义的数对 $\varepsilon(\mathcal{U})=(|\mathcal{U}|,v(\mathcal{U}))$,我们得到了 Lorentz 变换的群到群 $S_2\times S_2$ 的同态.

例 13.15 设(V,L) 为 n 维仿射 Euclid 空间,G 为其运动的群. 那么定理 8.37 的结论可以表述为等式 $G=T_n\times O_n$,其中 T_n 是空间 V 的平移的群,O_n 是空间 L 的正交变换的群. 我们注意到,$T_n\simeq \mathrm{L}$,其中 L 理解为向量加法的运算下的群. 事实上,我们定义映射 $f: T_n\rightarrow \mathrm{L}$,它把向量 $\boldsymbol{a}$ 分配给向量 $\boldsymbol{a}$ 的每个平移 $T_{\boldsymbol{a}}$. 显然,映射 f 是双射,并且由于性质 $T_{\boldsymbol{a}}T_{\boldsymbol{b}}=T_{\boldsymbol{a}+\boldsymbol{b}}$,它是同构. 因此,定理 8.37 可以表述为关系式 $G\simeq \mathrm{L}\times O_n$.

13.2 有限 Abel 群的分解

在本章后面，我们将把注意力限于有限群的研究上. 群论这一领域的最高目标是找出一个构造，它能给出所有有限群的描述. 但这样的目标远非易事；至少在目前，我们还远远没有实现这一目标. 然而，对于有限 Abel 群，这个问题的答案出乎意料地简单. 此外，答案及其证明与定理 5.12 非常相似，该定理是关于将向量空间分解为循环子空间的直和. 为了进行证明，我们需要以下引理.

引理 13.16 设 B 为 A 的子群，a 为 k 阶群 A 的元素. 如果存在一个与 k 互素的数 $m \in \mathbb{N}$ 使得 $ma \in B$，那么 a 是 B 的元素.

证明：由于数 m 和 k 互素，因此存在整数 r 和 s，使得 $kr + ms = 1$. 将 ma 乘以 s，再将 kra 加到结果中(它等于零，因为 k 是元素 a 的阶)，我们得到 a. 但 $sma = s(ma)$ 属于子群 B. 由此可知，a 也是 B 的元素. □

引理 13.17 如果 $A = \{a\}$ 是 n 阶循环群，我们设 $b = ma$，其中 $m \in \mathbb{N}$ 与 n 互素，那么由元素 b 生成的循环子群 $B = \{b\}$ 与 A 相等.

证明：由于 $a \in A$，根据引理 13.12，我们得出元素 a 的阶 k 整除群 A 的阶，A 的阶等于 n，而数 m 和 n 互素蕴涵数 k 和 m 互素. 从引理 13.16 可知，$a \in B$，这说明 $A \subset B$，因为我们显然也有 $B \subset A$，我们就得到了所需的等式 $B = A$.

□

推论 13.18 在引理 13.17 的假设下，每个元素 $c \in A$ 可以用以下形式表示

$$c = md, d \in A, m \in \mathbb{Z} \tag{13.9}$$

事实上，如果用引理 13.17 的记号，群 A 是群 $\{b\}$，那么元素 c 的形式为 kb，并且由于 $b = ma$，我们得到等式(13.9)，其中 $d = ka$.

定义 13.19 群 A 的子群 B 称为极大的，如果 $B \neq A$ 且 B 不包含在 A 以外的子群中.

显然，每个有限群中都存在极大子群，这些子群不仅仅由一个元素构成. 事实上，从单位元子群(即，由单个元素构成的子群) 开始，如果它自身不是极大的，我们可以将它包含在不同于 A 的子群 B_1 中. 如果在 B_1 中，我们还没有得到极大子群，那么我们可以将其包含在不同于 A 的子群 B_2 中. 继续这个过程，我们最终无法继续进行，因为所有子群 $B_1, B_2, \cdots$ 包含在有限群 A 中. 当我们停止该过程时得到的最后一个子群是极大的. 我们注意到，我们没有断言(也不是对的) 我们构造的极大子群是唯一的.

引理 13.20 对于有限 Abel 群 A 的每个极大子群 B，存在一个不属于 B 的元素 $a \in A$，使得最小数 $m \in \mathbb{N}$（对其有 ma 属于 B）是素数，每个元素 $x \in A$ 都可以用以下形式表示

$$x = ka + b \tag{13.10}$$

对于整数 k，$b \in B$ 成立.

稍后，我们将用 p 表示引理 13.20 中出现的素数 m.

引理 13.20 的证明：我们把群 A 中不属于子群 B 的任意元素作为 a. 形如 $ka + b$ 的所有元素的汇集，其中 k 是任意整数，b 是 B 的任意元素，显然构成了一个包含 B 的子群（容易看出，B 由元素 x 构成，使得在表示 $x = ka + b$ 中，数 k 等于 0）. 显然，该子群不与 B 相等，因为它包含元素 a（当 $k=1$ 且 $b=0$ 时），这说明，考虑到子群 B 的极大性，它与 A 相等. 由此得出群 A 中的每个元素 x 的表示 (13.10).

还需证明存在素数 p，使得元素 pa 属于 B. 由于元素 a 是有限阶的，存在 $n > 0$，使得 $na = 0$. 特别地，$na \in B$. 我们取最小的 $m \in \mathbb{N}$，对其有 $ma \in B$，并证明它是素数.

假设情况并非如此，且 p 是 m 的素因子. 那么存在整数 $m_1 < m$，使得 $m = pm_1$. 我们设 $a_1 = m_1 a$. 如我们所见，形如 $ka_1 + b$（对于任意整数 k 和 $b \in B$）的所有元素的汇集构成一个包含 B 的群 A 的子群. 如果元素 a_1 包含在 B 中，那么这将与 m 取为使得 $ma \in B$ 的最小自然数相矛盾，这说明 $a_1 \notin B$，考虑到子群 B 的极大性，由形如 $ka_1 + b$ 的元素构成的子群与 A 相等. 特别地，它包含元素 a，即存在 k 和 b，使得 $a = ka_1 + b$. 由此得出，$pa = pka_1 + pb$. 但 $pa_1 = pm_1 a = ma \in B$，并且由于 $pb \in B$，这说明 $pa \in B$，这与 m 的极小性相矛盾. 这说明 m 有小于 m 的素因子的假设是错误的，因此 $m = p$ 是一个素数. □

备注 13.21 我们选取 a 作为群 A 中不包含于 B 的任意元素. 特别地，我们可以选取任意元素 $a' = a + b$ 代替 a，其中 $b \in B$. 事实上，根据 $a = a' - b$ 和 $a' \in B$，我们也有 $a \in B$.

我们现在可以来陈述 Abel 群的基本定理了.

定理 13.22 每个有限 Abel 群都是阶等于素数的幂的循环子群的直和.

因此，定理断言每个有限 Abel 群 A 都有分解

$$A = A_1 \oplus \cdots \oplus A_r \tag{13.11}$$

其中子群 A_i 是循环的，即 $A_i = \{a_i\}$，它们的阶是素数的幂，即 $|A_i| = p_i^{m_i}$，其中 p_i 是素数.

定理 13.22 的证明：我们通过对群 A 的阶作归纳进行证明. 对于 1 阶群，定

理是显然的.因此,为了对群 A 证明定理,我们可以假设对于所有子群 $B \subset A$,都有$B \neq A$,定义已经得到证明,因为对于任意子集 $B \subset A(B \neq A)$,B 的元素的个数小于 $|A|$.

特别地,设 B 为群 A 的一个极大子群.根据归纳假设,定理对于该子群成立,因此它有分解

$$B = C_1 \oplus \cdots \oplus C_r \tag{13.12}$$

其中C_i 是循环子群,每个循环子群的阶为素数的幂

$$C_i = \{c_i\}, \quad p_i^{m_i} c_i = 0$$

引理13.20对于子群B成立;设$a \in A$,$a \notin B$为这个引理的表述中给出的元素.根据假设,每个元素 $x \in B$ 都可以用以下形式表示

$$x = k_1 c_1 + \cdots + k_r c_r$$

特别地,这对于元素 $b = pa$(用引理 13.20 的记号) 成立

$$pa = k_1 c_1 + \cdots + k_r c_r$$

我们选取这个分解中的项$k_i c_i$,它可以写成 $p d_i$ 的形式,其中$d_i \in C_i$.首先,这些是 i 的项$k_i c_i$,使得$p_i \neq p$.这由推论 13.18 得出.此外,形如$k_i c_i$ 的所有元素都具有此性质,如果$p_i = p$,且k_i 可被p 整除.设所选元素为$k_i c_i (i=1,\cdots,s-1)$.对于其余元素$k_i c_i (i = s,\cdots,r)$,我们有$p_i = p$,且k_i 不可被 p 整除.设

$$k_i c_i = p d_i, \quad d_i \in C_i, \quad i = 1,\cdots,s-1, \quad d_1 + \cdots + d_{s-1} = d \tag{13.13}$$

我们得到

$$pa = pd + k_s c_s + \cdots + k_r c_r$$

如备注 13.21 所述,我们现在可以自由选取元素 $a \in A$,取元素$a' = a - d$ 代替 a,因为 $d \in B$,考虑到公式(13.13).那么我们有

$$p a' = k_s c_s + \cdots + k_r c_r \tag{13.14}$$

现在有两种可能的情形.

情形 1.数 $s-1$ 等于 r,那么等式(13.14) 给出

$$p a' = 0$$

在这种情形中,群 A 分解为循环子群的直和,如下所示

$$A = C_1 \oplus \cdots \oplus C_r \oplus C_{r+1}$$

其中$C_{r+1} = \{a'\}$ 是 p 阶子群.

事实上,引理 13.20 断言每个元素 $x \in A$ 都可以用$k a' + b$ 的形式表示,并且由于考虑到(13.12),元素 b 可以用以下形式表示

$$b = k_1 c_1 + \cdots k_r c_r$$

因此，x 有以下形式

$$x=k_1c_1+\cdots k_rc_r+ka' \tag{13.15}$$

这就证明了直和的定义中的第一个条件.

我们来证明表示(13.15)的唯一性.为此，只需证明等式

$$k_1c_1+\cdots+k_rc_r+ka'=0 \tag{13.16}$$

仅当$k_1c_1=\cdots=k_rc_r=ka'=0$时才成立.我们将(13.16)改写为

$$ka'=-k_1c_1-\cdots-k_rc_r \tag{13.17}$$

这说明元素 ka' 属于 B.如果数 k 不可被 p 整除，那么 k 和 p 互素，因为元素a'的阶为 p，根据引理13.16，我们将得到$a'\in B$.但这与元素 a 的选取和元素a'的构造相矛盾.这说明 p 必定整除k，并且由于 $pa'=0$，因此我们也有 $ka'=0$.因此，等式(13.17)化为$k_1c_1+\cdots+k_rc_r=0$，并且从群 B 是子群$C_1,\cdots,C_r$ 的直和这一事实出发，我们得到$k_1c_1=0,\cdots,k_rc_r=0$.

情形2.数 $s-1$ 小于 r.我们设$k_sc_s=d_s,\cdots,k_rc_r=d_r$，对于 $i=1,\cdots,s-1$，我们设$c_i=d_i$.根据引理13.17，元素d_i 与c_i 生成相同的循环子群C_i.当 $i\leqslant s-1$ 时，这个结论是重言式，当 $i>s-1$ 时，根据假设，数k_i 不可被 p 整除，且$p^{m_i}c_i=0(i\geqslant s)$.等式(13.14)可以改写如下

$$pa'=d_s+\cdots+d_r \tag{13.18}$$

设$m_s\leqslant\cdots\leqslant m_r$.我们用$C'_r$表示由元素$a'$生成的循环群，也就是说，我们设$C'_r=\{a'\}$.我们来证明元素$a'$的阶，因此也即群$C'_r$的阶，等于$=p^{m_r+1}$

$$|C'_r|=p^{m_r+1} \tag{13.19}$$

事实上，考虑到(13.18)，我们有

$$p^{m_r+1}a'=p^{m_r}d_s+\cdots+p^{m_r}d_r=0$$

由于$p^{m_i}d_i=0,m_i\leqslant m_r$.另外，考虑到关系式(13.18)，我们有

$$p^{m_r}a'=p^{m_r-1}d_s+\cdots+p^{m_r-1}d_r\neq 0$$

由于$p^{m_r-1}d_r\neq 0$，考虑到(13.12)，元素$p^{m_r-1}d_i\in C_i$ 之和不等于0，如果至少有一项不等于0.这就证明了(13.19).

现在，我们来证明

$$A=C_1\oplus\cdots\oplus C_{r-1}\oplus C'_r \tag{13.20}$$

即每个元素 $x\in A$ 都可以唯一表示为以下形式

$$x=y_1+\cdots+y_{r-1}+y'_r,y_1\in C_1,\cdots,y_{r-1}\in C_{r-1},y'_r\in C'_r \tag{13.21}$$

首先，我们来证明表示(13.21)的可能性.由于每个元素 $x\in A$ 可以用 $ka'+b(b\in B)$ 的形式表示，只需证明可以分别表示a' 和任意元素 $b\in B$ 为形式

(13.21). 这对于元素a'来说是显然的,因为它属于循环群$C'_r=\{a'\}$. 对于 B 的元素,每个 $b\in B$ 都可以用以下形式表示

$$b=k_1 d_1+\cdots+k_r d_r$$

根据公式(13.12),并考虑到$C_i=\{d_i\}$. 因此,只需证明每个元素d_i 都可以用(13.21) 的形式表示. 对于$d_1,\cdots,d_{r-1}$,这是显然的,因为

$$d_i\in C_i=\{d_i\},\quad i=1,\cdots,r-1$$

最后,考虑到(13.18),我们有

$$d_r=-d_s-\cdots-d_{r-1}+pa'$$

这就是我们需要的元素d_r 的表示.

现在,我们来证明表示(13.21) 的唯一性. 为此,只需证明等式

$$k_1 d_1+\cdots+k_{r-1} d_{r-1}+k_r a'=0 \tag{13.22}$$

仅当$k_1 d_1=\cdots=k_r a'=0$ 时才成立. 我们假设k_r 与 p 互素. 那么

$$k_r a'=-k_1 d_1-\cdots-k_{r-1} d_{r-1}$$

考虑到$p^{m_r+1}a'=0$,根据引理13.16,我们得到了$a'\in B$. 但是元素 $a\in A$ 取为不属于子群 B 的元素. 这说明元素a' 也不属于B.

现在,我们来考虑数k_r 可被 p 整除的情形. 设$k_r=pl$. 那么

$$pl\,a'=-k_1 d_1-\cdots-k_{r-1} d_{r-1}$$

我们在等式(13.18) 的基础上,用表达式$d_s+\cdots+d_r$ 替换该关系式左边的pa'. 将所有项移到左边,我们得到

$$ld_s+\cdots+ld_r+k_1 d_1+\cdots+k_{r-1} d_{r-1}=0$$

根据假设,群 B 是群$C_1,\cdots,C_r$ 的直和,由此得出,在这个等式中,$ld_r=0$. 由于元素d_r 的阶等于p^{m_r},只有当p^{m_r} 整除l 时才成立,这说明p^{m_r+1} 整除k_r. 但我们已经看到,元素a' 的阶等于p^{m_r+1},这说明$k_r a'=0$. 那么从等式(13.22) 可以得出,$k_1 d_1+\cdots+k_{r-1} d_{r-1}=0$. 因为根据归纳假设,群 B 是群$C_1,\cdots,C_r$ 的直和,所以$k_1 d_1=\cdots=k_{r-1} d_{r-1}=0$. 这就完成了定理的证明. □

13.3 分解的唯一性

关于 Jordan 标准形的唯一性的定理在有限 Abel 群的理论中有一个类比.

定理 13.23 对于有限 Abel 群 A 分解为循环子群的直和的不同分解,其中子群的阶为素数幂,其存在性在定理 13.22 中确定

$$A=A_1\oplus\cdots\oplus A_r,\quad |A_i|=p_i^{m_i} \tag{13.23}$$

循环子群A_i 的阶$p_i^{m_i}$ 是唯一的. 换句话说,如果

$$A = A'_1 \oplus \cdots \oplus A'_s$$

是另一个这样的分解，那么 $s = r$，并且子群 A'_i 可以重新排序，使得等式 $|A'_i| = |A_i|$ $(i = 1, \cdots, r)$ 是满足的.

证明：我们将展示分解(13.23)中的循环子群的阶如何由群 A 自身唯一确定. 对于任意自然数 k，我们用 kA 表示群 A 的元素 a 的汇集，它可以用 $a = kb$ 的形式表示，其中 b 是该群的某个元素. 显然，元素 kA 的汇集构成群 A 的子群. 我们来证明这些子群的阶 $|kA|$（对于各种 k）决定了分解(13.23)中的循环群的阶 $|A_i|$.

我们来考虑一个任意素数 p，并分析 k 是素数 p 的幂的情形，即 $k = p^i$. 我们将群 p^iA 的阶 $|p^iA|$ 分解为 p 的幂和与 p 互素的数 n_i 的乘积

$$|p^iA| = p^{r_i} n_i, \quad (n_i, p) = 1 \tag{13.24}$$

另外，对于素数 p，我们用 l_i 表示分解(13.23)中出现的 p^i 阶子群 A_i 的个数. 我们将给出用 r_i 表示数 l_i 的一个显式公式. 由于这些后面的数仅由群 A 确定，因此数 l_i 也不取决于分解(13.23)(特别地，它们都等于零，当且仅当所有素数 p_i（对其有 $lA_i| = p_i^{m_i}$）不同于 p).

首先，我们用另一种方法计算群 A 的阶. 我们注意到 $A = p^0A$，所以这是 $i = 0$ 的情形. 数 l_i 的定义表明，在分解(13.23)中，我们有 l_i 个 p 阶群，l_2 个 p^2 阶群，……，剩余的群的阶与 p 互素. 因此可得

$$|A| = p^{l_1} p^{2l_2} \cdots n_0, \quad (n_0, p) = 1$$

我们设

$$|A| = p^{r_0} n_0, \quad (n_0, p) = 1$$

那么，我们可以将以上关系式写为

$$l_1 + 2l_2 + 3l_3 + \cdots = r_0 \tag{13.25}$$

现在，我们来考虑 $k = p^i > 1$ 的情形，即数 i 大于 0. 首先，显然，对于每个自然数 k，从(13.23)得出

$$kA = kA_1 \oplus kA_2 \oplus \cdots \oplus kA_r$$

显然，直和的所有性质都是满足的.

现在，正如上面所讨论的情形，我们用另一种方法计算群 p^iA 的阶. 显然，$|p^iA| = |p^iA_1| \cdots |p^iA_r|$. 如果存在 j，使得 $|A_j| = p_j^{m_j}$ 且 $p_j \neq p$，那么引理 13.17 表明，$p^iA_j = A_j$，我们有 $|p^iA_j| = |A_j| = p_j^{m_j}$，它与 p 互素. 因此，在分解 $|p^iA| = |p^iA_1| \cdots |p^iA_r|$ 中，所有因式 $|p^iA_j|$（其中 $|A_j| = p_j^{m_j}$ 且 $p_j \neq p$）一起给出了一个与 p 互素的数，在公式(13.24)中，它们对数 r_i 没有贡

献.还需考虑$p_j = p$的情形.由于A_j是一个循环群,因此$A_j = \{a_j\}$.那么显然,$p^i A_j = \{p^i a_j\}$.我们来求出元素$p^i a_j$的阶.由于$p^{m_j} a_j = 0$,如果$i \leqslant m_j$,那么我们得到$p^{m_j - i}(p^i a_j) = 0$,如果$i = m_j$,那么$p^i a_j = 0$.

我们来证明$p^{m_j - i}$恰好与元素$p^i a_j$的阶相同.设这个阶等于某个数s.那么s必定整除$p^{m_j - i}$,这说明它的形式为p^t.如果$t < m_j - i$,那么等式$p^t(p^i a_j) = 0$将表明$p^{t+i} a_j = 0$,即元素a_j的阶小于p^{m_j}.这说明$|p^i A_j| = p^{m_j - i}(i \leqslant m_j)$.$p^i A_j = 0(i \geqslant m_j)$(这说明$|p^i A_j| = 1$)是显然的.

我们现在可以逐字重复前面的论证.我们看到在分解

$$p^i A = p^i A_1 \oplus p^i A_2 \oplus \cdots \oplus p^i A_r$$

中,当$m_j - i = 1$(即$m_j = i + 1$)时,出现了p阶子群,这说明在我们采用的记号中,它们出现了l_{i+1}次.同样,当$m_j = i + 2$时,出现了p^2阶子群,它们出现了l_{i+2}次,依此类推.此外,某些子群的阶与p互素.这说明

$$|p^i A| = p^{l_{i+1}} p^{2l_{i+2}} \cdots n_i, \quad \text{其中}(n_i, p) = 1$$

换句话说,根据我们前面的记号,我们有

$$l_{i+1} + 2l_{i+2} + \cdots = r_i \tag{13.26}$$

特别地,公式(13.25)由(13.26)当$i = 0$时得到.

如果我们现在从每个公式(13.26)中减去下一个公式,我们得到对于所有$i = 1, 2, \cdots$,我们都有等式

$$l_i + l_{i+1} + \cdots = r_{i-1} - r_i$$

重复同一过程,我们得到

$$l_i = r_{i-1} - 2r_i + r_{i+1}$$

这些关系式就证明了定理 13.23. □

定理 13.22 和 13.23 使得容易给出给定阶的不同(由同构决定)有限 Abel 群的个数.

例 13.24 例如,假设我们想确定$p^3 q^2$阶不同 Abel 群的个数,其中p和q是不同的素数.定理 13.22 表明,这样一个群可以用以下形式表示

$$A = C_1 \oplus \cdots \oplus C_s$$

其中C_i是阶为素数幂的循环群.从该分解可以看出

$$|A| = |C_1| \cdots |C_s|$$

换句话说,在群C_i中,要么有一个p^3阶循环群,要么有一个p^2阶循环群和一个p阶循环群,或三个p阶循环群.同样,存在一个q^2阶循环群或者两个q阶循环群.组合所有这些可能的情形(三个p^i阶群,两个q^j阶群),我们得到了六个变式.定理 13.23 保证了,在由此得到的六个群中,没有一个群与任意其他群同构.

13.4 Euclid 环上的有限生成挠模*

有限 Abel 群的定理和 Jordan 标准形的定理的证明(就像对应的唯一性定理的证明那样)显然相互平行,因此它们肯定是某些更一般的定理的特例.事实确实如此,本章的主要目的是证明这些一般的定理.为此,我们需要两个抽象(即公理化定义的)概念.

定义 13.25 环是一个集合 R,其上定义了两个运算(即两个映射 $R\times R\to R$),其中一个称为加法(两个元素 $a\in R$ 和 $b\in R$ 的像的元素称为它们的和,记作 $a+b$),其中第二个是乘法(两个元素 $a\in R$ 和 $b\in R$ 的像的元素称为它们的乘积,记作 ab).对于这些加法和乘法运算,必须满足以下条件:

(1) 关于加法运算,环是一个 Abel 群(单位元记作 0).

(2) 对于所有 $a,b,c\in R$,我们都有

$$a(b+c)=ab+ac,(b+c)a=ba+ca$$

(3) 对于所有 $a,b,c\in R$,结合性质成立

$$a(bc)=(ab)c$$

后续,我们将用字母 R 表示一个环,并假设它有乘法单位元,即它包含一个元素,我们将记作 1,满足条件

$$a\cdot 1=1\cdot a=a,\quad a\in R$$

在本章中,我们将只考虑交换环,即假定

$$ab=ba,\quad a,b\in R$$

在第 10 章中,我们已经遇到了环的最重要的特例,即代数,它与向量空间的外代数的构造有关.我们回忆一下,代数是一个向量空间的环,其中,当然假设了出现在这些定义中的概念的相容性.这说明对于每个标量 α(在定义了所讨论的向量空间的域中)和环 R 的所有元素 a,b,我们都有等式 $(\alpha a)b=\alpha(ab)$.另外,我们非常熟悉一个环的例子,它不是任何自然意义上的代数,即具有通常的加法和乘法运算的整数环$\mathbb{Z}$.

我们注意到我们引入的概念之间的一个联系.如果交换环的所有非零元素关于乘法运算构成一个群,那么这样的环称为域.我们假设读者熟悉域和环的最简单的性质.

推广具有在其上给出的线性变换的向量空间(在某个域$\mathbb{K}$上)和 Abel 群的概念的概念是模的概念.

定义 13.26 Abel 群 M(其运算写为加法)是环 R 上的模 M,如果定义了环 R 的元素与模 M 的元素相乘的附加运算,得到具有以下性质的模的元素

$$a(\boldsymbol{m}+\boldsymbol{n})=a\boldsymbol{m}+a\boldsymbol{n}$$

$$(a+b)\boldsymbol{m}=a\boldsymbol{m}+b\boldsymbol{m}$$

$$(ab)\boldsymbol{m}=a(b\boldsymbol{m})$$

$$1\boldsymbol{m}=\boldsymbol{m}$$

对于所有元素 $a,b\in R$ 和所有元素 $\boldsymbol{m},\boldsymbol{n}\in M$ 都成立.

为方便起见,我们将使用通常的字母 $a,b,\cdots$ 表示环的元素,并使用黑体字母 $\boldsymbol{m},\boldsymbol{n},\cdots$ 表示模的元素.

例 13.27 我们反复遇到的模的一个例子是任意域$\mathbb{K}$上的向量空间(在此,环 R 是域$\mathbb{K}$). 另外,每个 Abel 群 G 都是整数环$\mathbb{Z}$上的模:其上定义的整数乘法运算 $k\boldsymbol{g}$($k\in\mathbb{Z}$且 $\boldsymbol{g}\in G$) 显然具有所有要求的性质.

例 13.28 设L为向量空间(实的、复的或任意域$\mathbb{K}$上的),设$\mathcal{A}:\mathrm{L}\to\mathrm{L}$为固定线性变换. 那么,我们可以将 L 看作单变量 x 的多项式环 R 上的模(实的、复的或任意域$\mathbb{K}$上的),正如我们之前所做的那样,假设对于多项式 $f(x)\in R$ 和向量 $\boldsymbol{e}\in\mathrm{L}$,有

$$f(x)\boldsymbol{e}=f(\mathcal{A})(\boldsymbol{e}) \tag{13.27}$$

容易验证模的定义中出现的所有性质都是满足的.

我们的直接目标是找到覆盖向量空间和 Abel 群的模的一般概念的限制,然后证明推广了定理 5.12 和 13.22 的这些定理.

这两个例子 —— 单个复变量的整数环$\mathbb{Z}$和多项式环(为简单起见,我们仅限于关注特殊情形$\mathbb{K}=\mathbb{C}$,但许多结果在一般情形中都成立)—— 有许多相似的性质,其中最重要的是分解为不可约因式的唯一性,即,整数环中的素数以及具有复系数的多项式环中的线性多项式. 反过来,这两个性质都由一个性质得出:带余除法的可能性,我们将在某些环的定义中引入它,对于这些环,可以概括前面章节的推理.

定义 13.29 环 R 称为 Euclid 环,如果

$$ab\neq 0,\quad a,b\in R, a\neq 0 \text{ 且 } b\neq 0$$

对于环的非零元素 a 成立,定义了一个取非负整数值并具有以下性质的函数 $\varphi(a)$:

(1) 对于所有元素 $a,b\in R,a\neq 0,b\neq 0$,都有 $\varphi(ab)\geqslant\varphi(a)$.

(2) 对于所有元素 $a,b\in R$,其中 $a\neq 0$,存在 $q,r\in R$ 使得

$$b=aq+r \tag{13.28}$$

且 $r=0$ 或 $\varphi(r)<\varphi(a)$.

对于整数环,这些性质对于 $\varphi(a)=|a|$ 是满足的,而对于多项式环,它们对等于多项式的次数 a 的 $\varphi(a)$ 是满足的.

定义 13.30 环 R 的元素 a 称为单位或可逆元,如果存在元素 $b\in R$,使得 $ab=1$. 元素 b 称为元素 a 的因子(也可以说 a 可被 b 整除或 b 整除 a),如果存在元素 c,使得 $a=bc$.

显然,在 a 或 b 乘以一个单位的情况下,整除性的性质是不变的. 两个相差一个单位的元素称为相伴元. 例如,在整数环中,单位为 $+1$ 和 -1,相伴元是相等或相差一个符号的整数. 在多项式环中,单位是常数多项式,而不是等于零的多项式,相伴元是彼此相差一个常数的非零倍数的多项式.

环的元素 p 是素数,如果它不是单位,并且除了其相伴元和单位之外没有因子.

Euclid 环中分解为素因子的理论完全重复了已知的整数环的理论.

如果元素 a 不是素数,那么它有一个因子 b,使得 $a=bc$,其中 c 不是单位. 这说明 a 不是 b 的因子,并且存在表示 $b=aq+r$,其中 $\varphi(r)<\varphi(a)$. 但是 $r=b-aq=b(1-cq)$,因此 $\varphi(r)\geqslant\varphi(b)$,即,$\varphi(b)\leqslant\varphi(r)\leqslant\varphi(a)$,这说明 $\varphi(b)<\varphi(a)$. 将同样的推理应用于 b,我们最终得到了一个素因子 a,我们将证明每个元素都可以表示为素数的乘积. 在整数或多项式的情形中使用的相同论证在以下精确意义上证明了该分解的唯一性.

定理 13.31 如果 Euclid 环 R 中的某个元素 a 有两个素因子分解

$$a=p_1\cdots p_r,\quad a=q_1\cdots q_s$$

那么 $r=s$,通过适当的因子计数,p_i 和 q_i(对于所有 i) 是相伴元.

与整数环一样,在每个 Euclid 环中,不是单位的每个元素 $a\neq 0$ 都可以写成

$$a=up_1^{n_1}\cdots p_r^{n_r}$$

其中 u 是一个单位,所有 p_i 都是素元,其中没有两个是相伴元,n_i 是自然数. 这样的表示在自然意义上是唯一的.

正如在单变量的整数环或多项式环中那样,当 $r\neq 0$ 时,表示(13.28) 可以应用于元素 b 和 r,并重复,直到我们得到 $r=0$. 因此,我们将得到元素 a 和 b 的最大公因数(gcd),即这样一个公因数,使得每一个其他公因数都是它的因数. a 和 b 的最大公因数记作 $d=(a,b)$ 或 $d=\gcd(a,b)$. 与整数一样,这个过程称为 Euclid 算法(Euclid 环的名字就是从这里来的). 根据 Euclid 算法,元素 a 和 b 的最大公因数可以写成 $d=ax+by$ 的形式,其中 x 和 y 是环 R 的某些元素.

两个元素 a 和 b 称为互素的,如果它们唯一的公因数是单位. 那么,我们可

以考虑 $\gcd(a,b)=1$,根据 Euclid 算法,存在元素 $x,y\in R$ 使得

$$ax+by=1 \tag{13.29}$$

现在,我们回顾一下,关于 Jordan 标准形的定理在有限维向量空间中成立,而Abel群的基本定理对于无限Abel群成立.现在,我们来推导模的类似的有限性条件.

定义 13.32 模M称为有限生成的,如果它包含元素$\boldsymbol{m}_1,\cdots,\boldsymbol{m}_r$(称为生成元)的有限汇集,存在环$R$的元素$a_1,\cdots,a_r$,使得每个元素$\boldsymbol{m}\in M$都可以表示为

$$\boldsymbol{m}=a_1\boldsymbol{m}_1+\cdots+a_r\boldsymbol{m}_r \tag{13.30}$$

对于看作某个域上的模的向量空间,这是有限维的定义,表示(13.30)是向量$\boldsymbol{m}$的表示,其形式为向量$\boldsymbol{m}_1,\cdots,\boldsymbol{m}_r$的线性组合(我们注意到,向量组$\boldsymbol{m}_1,\cdots,\boldsymbol{m}_r$通常不会是一组基,因为我们没有引入线性无关性的概念).在有限Abel群的情形中,我们通常可以取$\boldsymbol{m}_1,\cdots,\boldsymbol{m}_r$为群的所有元素.

我们来表述一个相同类型的附加条件.

定义 13.33 环R上的模M的元素$\boldsymbol{m}$称为挠元,如果存在环R的元素$a_{\boldsymbol{m}}\neq 0$,使得

$$a_{\boldsymbol{m}}\boldsymbol{m}=\boldsymbol{0}$$

其中$\boldsymbol{0}$是模M的零元,引入的$a_{\boldsymbol{m}}$中的下标表明该元素取决于$\boldsymbol{m}$.模称为挠模,如果它的所有元素都是挠元.

在有限生成挠模中,存在环R的元素$a\neq 0$,使得对于所有元素$\boldsymbol{m}\in M$,都有$a\boldsymbol{m}=\boldsymbol{0}$.事实上,只需在表示(13.30)中对于元素$\boldsymbol{m}_1,\cdots,\boldsymbol{m}_r$,设$a=a_{\boldsymbol{m}_1}\cdots a_{\boldsymbol{m}_r}$.如果环$R$是Euclid的,那么我们可以得出$a\neq 0$.对于有限Abel群的情形,我们可以取$a$作为群的阶.

例 13.34 设M是由n维向量空间L和根据公式(13.27)的线性变换$\mathcal{A}$确定的模.对于任意向量$\boldsymbol{e}\in\mathrm{L}$,我们来考虑向量

$$\boldsymbol{e},\mathcal{A}(\boldsymbol{e}),\cdots,\mathcal{A}^n(\boldsymbol{e})$$

它们的个数$n+1$大于空间L的维数n,因此,这些向量是线性相关的,这说明存在一个多项式$f(x)$,它不等于零,使得$f(\mathcal{A})(\boldsymbol{e})=\boldsymbol{0}$,也就是说,在我们的模$M$中,元素$\boldsymbol{e}$是一个挠元.

但是,如果像我们在例13.27中所做的那样,我们将向量空间看作域$\mathbb{R}$或$\mathbb{C}$上的模,那么没有一个非零向量是模的挠元.

设M为环R上的模.群M的子群M'称为子模,如果对于所有元素$a\in R$和$\boldsymbol{m}'\in M'$,我们都有$a\boldsymbol{m}'\in M'$.

例 13.35 显然,看作整数环上的模的 Abel 群的每个子群都是一个子模.类似地,对于看作与合适域相等的环上的模的向量空间,每个子空间都是子模.如果 M 是由向量空间 L 和 L 的线性变换 $\mathcal{A}$ 根据公式(13.27) 定义的模,那么容易验证,M 的每个子模都是关于变换 $\mathcal{A}$ 不变的向量子空间.

如果 $M' \subset M$ 是子模,且 $\boldsymbol{m}$ 是模 M 的任意元素,那么容易验证形如 $a\boldsymbol{m}+\boldsymbol{m}'$(其中 a 是环 R 的任意元素,$\boldsymbol{m}'$ 是子模 M' 的任意元素) 的所有元素的汇集是子模.我们记作 $(\boldsymbol{m}, M')$.

由于我们假设环 R 是 Euclid 的,因此对于每个挠元 $\boldsymbol{m} \in M$,存在元素 $a \in R$ 具有性质 $a\boldsymbol{m}=\boldsymbol{0}$,并使得 $\varphi(a)$ 是具有该性质的所有元素中的最小元.那么每个元素 c(对其有 $c\boldsymbol{m}=\boldsymbol{0}$) 都可以被 a 整除.事实上,如果不是这样的话,我们会得到关系式

$$c=aq+r, \quad \varphi(r)<\varphi(a)$$

显然,$r\boldsymbol{m}=\boldsymbol{0}$,这与 a 的定义相矛盾.特别地,两个这样的元素 a 和 a' 互相整除;也就是说,他们是相伴元.元素 $a \in R$ 称为元素 $\boldsymbol{m} \in M$ 的阶.必须记住,这个表述并不十分精确,因为阶只由相伴元定义.

例 13.36 如例 13.28 所示,如果借助公式(13.27),模是看作多项式环 $f(x)$ 上的模的向量空间 L,那么每个元素 $\boldsymbol{e} \in$ L 都是挠元,其阶与向量 $\boldsymbol{e}$ 的极小多项式的次数相同(见第 142 页的定义),并且指出的性质(每个元素 c(对其有 $cm=0$) 可被元素 m 的阶整除) 与定理 4.23 一致.

定义 13.37 模 M 的子模 M' 称为循环的,如果它包含一个元素 $\boldsymbol{m}'$,使得模 M' 的所有元素都可以用 $a\,\boldsymbol{m}'$(具有某个 $a \in R$) 的形式表示.这可以写为 $M'=\{\boldsymbol{m}'\}$.

定义 13.38 模 M 称为其子模 $M_1, \cdots, M_r$ 的直和,如果每个元素 $\boldsymbol{m} \in M$ 可以写成和

$$\boldsymbol{m}=\boldsymbol{m}_1+\cdots+\boldsymbol{m}_r, \quad \boldsymbol{m}_i \in M_i$$

并且这种表示是唯一的.显然,为了建立这种分解的唯一性,只需证明如果 $\boldsymbol{m}_1+\cdots+\boldsymbol{m}_r=\boldsymbol{0}$, $\boldsymbol{m}_i \in M_i$,那么 $\boldsymbol{m}_i=\boldsymbol{0}$(对于所有 i).这可以写成等式

$$M=M_1 \oplus \cdots \oplus M_r$$

我们要证明的基本定理,包括作为特例的关于 Jordan 标准形的定理 5.12 和关于有限 Abel 群的定理 13.22,如下所示.

定理 13.39 Euclid 环 R 上的每个有限生成挠模 M 都是循环子模的直和

$$M=C_1 \oplus \cdots \oplus C_r, \quad C_i=\{\boldsymbol{m}_i\} \tag{13.31}$$

使得每个元素 $\boldsymbol{m}_i$ 的阶都是环 R 的素元的幂.

例 13.40 如果 M 是看作整数环上的模的有限 Abel 群，那么该定理直接归结为有限 Abel 群的基本定理(定理 13.22).

设模 M 由有限维复向量空间 L 和 L 的线性变换$\mathcal{A}$根据公式(13.27) 确定. 那么C_i 是关于$\mathcal{A}$不变的向量子空间，并且在每个向量子空间中，都存在一个向量$\boldsymbol{m}_i$，使得所有剩余向量都可以写成 $f(\mathcal{A})(\boldsymbol{m}_i)$ 的形式. 复多项式环中的素元是形如 $x-\lambda$ 的多项式. 根据假设，对于每个向量$\boldsymbol{m}_i$，存在某个λ_i 和一个自然数n_i，使得

$$(\mathcal{A}-\lambda_i\,\mathcal{E})^{n_i}(\boldsymbol{m}_i)=\boldsymbol{0}$$

如果我们取最小可能值n_i，那么如第 5.1 节所证明的，向量

$$\boldsymbol{m}_i,(\mathcal{A}-\lambda_i\,\mathcal{E})(\boldsymbol{m}_i),\quad\cdots,\quad(\mathcal{A}-\lambda_i\,\mathcal{E})^{n_i-1}(\boldsymbol{m}_i)$$

将构成该子空间的一组基，即C_i 是对应于主向量$\boldsymbol{m}_i$ 的循环子空间. 我们得到了 Jordan 标准形的基本定理(定理 5.12).

我们回忆一下，我们通过对空间的维数的归纳证明了定理 5.12. 更确切地说，对于空间 L 上的线性变换$\mathcal{A}$，我们构造了一个一维子空间L′，它关于$\mathcal{A}$是不变的，并在在假设对于L′已经证明的情况下对于 L 证明了定理. 事实上，这说明我们构造了一系列嵌套子空间

$$\mathrm{L}=\mathrm{L}_0\supset\mathrm{L}_1\supset\mathrm{L}_2\supset\cdots\supset\mathrm{L}_n\supset\mathrm{L}_{n+1}=(\boldsymbol{0})\tag{13.32}$$

它关于$\mathcal{A}$不变，并且使得 $\dim\mathrm{L}_{i+1}=\dim\mathrm{L}_i-1$. 那么我们将对于 L 的定理 5.12 的证明化为对于L_1 的定理证明，然后是对于L_2 的定理证明，依此类推. 现在，我们的第一个目标是在每个有限生成挠模中构造一个类似于子空间序列(13.32)的子模序列.

引理 13.41 在 Euclid 环 R 上的每个有限生成挠模 M 中，存在子模序列

$$M=M_0\supset M_1\supset M_2\supset\cdots\supset M_n\supset M_{n+1}=\{\boldsymbol{0}\}\tag{13.33}$$

使得$M_i\neq M_{i+1}$，$M_i=(\boldsymbol{m}_i,M_{i+1})$，其中$\boldsymbol{m}_i$ 是模 M 的元素，并且对于其中的每一个，存在环 R 的素元p_i，使得$\boldsymbol{m}_i\in M_{i+1}$.

证明：根据有限生成模的定义，存在有限个生成元$\boldsymbol{m}_1,\cdots,\boldsymbol{m}_r\in M$，使得当$a_1,\cdots,a_r$ 取遍环R 的所有元素时，元素$a_1\boldsymbol{m}_1+\cdots+a_r\boldsymbol{m}_r$ 穷举模M 的所有元素. 形如$a_k\boldsymbol{m}_k+\cdots+a_r\boldsymbol{m}_r$ 的元素的汇集，其中$a_k,\cdots,a_r$ 都是环R 的可能元素，显然构成了模 M 的子模. 我们记作$\overline{M}_k$. 显然，$\overline{M}_k\supset\overline{M}_{k+1}$ 且$\overline{M}_k=(\boldsymbol{m}_k,\overline{M}_{k+1})$. 在不失一般性的情况下，我们可以假设$\boldsymbol{m}_k\notin\overline{M}_{k+1}$，因为否则元素$\boldsymbol{m}_k$ 可以从生成元中排除. 构造的子模链$\overline{M}_k$ 仍然不是引理 13.16 中所示的子模链M_i. 我们通过在模$\overline{M}_k$ 和$\overline{M}_{k+1}$ 之间放置几个中间子模而从子模链$\overline{M}_k$ 得到该链.

由于$\boldsymbol{m}_k \in M$是挠元，存在元素$a \in R$，对其有$a\,\boldsymbol{m}_k = \boldsymbol{0}$，特别地，$a\,\boldsymbol{m}_k \in \overline{M}_{k+1}$. 设$\overline{a}$为环$R$的一个元素，对其有$\overline{a}\,\boldsymbol{m}_k \in \overline{M}_{k+1}$且$\varphi(\overline{a})$在具有该性质的元素中取最小值. 如果元素$\overline{a}$是素数，那么我们设$p_i = \overline{a}$，那么就不需要在$\overline{M}_k$和$\overline{M}_{k+1}$之间放置子模. 但是如果$\overline{a}$不是素数，那么设$p_1$是它的素因子之一，并且$\overline{a} = p_1\,\overline{b}$. 我们设$\boldsymbol{m}_{k,1} = \overline{b}\,\boldsymbol{m}_k$且$\overline{M}_{k,1} = (\boldsymbol{m}_{k,1}, \overline{M}_{k+1})$. 那么显然，$p_1\,\boldsymbol{m}_{k,1} \in \overline{M}_{k,1}$且$\overline{b}\,\boldsymbol{m}_k \in \overline{M}_{k,1}$. 正如我们所看到的，$\varphi(\overline{b}) < \varphi(\overline{a})$(严格不等式). 因此，重复这个过程有限次，我们将在$\overline{M}_k$和$\overline{M}_{k+1}$之间放置有限个具有所需性质的子模(13.33).

□

备注 13.42 可以证明满足引理13.16条件的形如(13.33)的每条链的长度都是同一个数n. 此外，每条子模链

$$M = M_0 \supset M_1 \supset M_2 \supset \cdots \supset M_m$$

其中$M_i \neq M_{i+1}$有长度$m \leqslant n$，这在环R和模M上的限制比我们在本章中假设的要温和得多. 这里最重要的是，在任意两个相邻子模M_i和M_{i+1}之间，不存在与M_i和M_{i+1}不同的“中间”子模M'_i，使得$M_i \supset M'_i \supset M_{i+1}$.

例如，我们来考虑域$\mathbb{K}$上的n维向量空间L作为环$R = \mathbb{K}$上的模. 设$\boldsymbol{a}_1, \cdots, \boldsymbol{a}_n$为某组基. 那么子空间$\mathrm{L}_i = \langle \boldsymbol{a}_i, \cdots, \boldsymbol{a}_n \rangle$，$i = 1, \cdots, n$有指定的性质. 利用这一点，我们可以给出向量空间的维数的定义，而不需要求助于线性相关的概念. 因此，满足引理13.16的条件的形如(13.33)的所有链的长度n是空间的维数对有限生成挠模的“正确”推广.

以下引理类似于我们在定理5.12和13.22的证明中使用的引理.

引理 13.43 如果模M的元素$\boldsymbol{m}$的阶是素元的幂，$p^n\boldsymbol{m} = \boldsymbol{0}$，循环子模$\{\boldsymbol{m}\}$的元素$\boldsymbol{x}$不可被$p$整除(即，不可表示为$\boldsymbol{x} = p\boldsymbol{y}$，其中$\boldsymbol{y} \in M$)，那么$\{\boldsymbol{m}\} = \{\boldsymbol{x}\}$.

证明：显然，$\{\boldsymbol{x}\} \subset \{\boldsymbol{m}\}$. 因此，仍需证明$\{\boldsymbol{m}\} \subset \{\boldsymbol{x}\}$，为此，只需确定$\boldsymbol{m} \in \{\boldsymbol{x}\}$. 根据假设，$\boldsymbol{x} = a\boldsymbol{m}$，其中$a$是环$R$的某个元素. 如果$a$可被$p$整除，那么显然，$\boldsymbol{x}$也可被$p$整除. 事实上，如果$a = pb$(具有某个$b \in R$)，那么从等式$\boldsymbol{x} = a\boldsymbol{m}$，我们得到$\boldsymbol{x} = p\boldsymbol{y}$，其中$\boldsymbol{y} = b\boldsymbol{m}$，这与$\boldsymbol{x}$不可被$p$整除的假设相矛盾.

这说明a和p互素，因此，考虑到分解为环R的素元的唯一性，a也与p^n互素. 那么在Euclid算法的基础上，我们可以在R中求出元素u和v，使得$au + p^n v = 1$. 将该等式的两边乘以$\boldsymbol{m}$，我们得到$\boldsymbol{m} = u\boldsymbol{x}$，这说明$\boldsymbol{m} \in \{\boldsymbol{x}\}$. □

引理 13.44 设M_1为Euclid环R上的模M的子模，使得$M = (\boldsymbol{m}, M_1)$且$M \neq M_1$. 那么如果存在$a, p \in R$，使得$a\boldsymbol{m} \in M_1$且$p\boldsymbol{m} \in M_1$，其中元素$p$是素数，那么$a$可以被$p$整除.

证明:我们假设 a 不可被 p 整除.由于元素 p 是素数,我们有$(a,p)=1$,根据环 R 中的 Euclid 算法,可以得出存在两个元素 $u,v\in R$,对其有 $au+pv=1$.将该等式的两边乘以 $\boldsymbol{m}$,考虑到包含 $a\boldsymbol{m}\in M_1$ 和 $p\boldsymbol{m}\in M_1$,我们得到 $\boldsymbol{m}\in M_1$.根据定义,$(\boldsymbol{m},M_1)$ 由元素 $b\boldsymbol{m}+\boldsymbol{m}'$(对于所有可能的 $b\in R$ 和$\boldsymbol{m}'\in M_1$)构成.因此,$M=(\boldsymbol{m},M_1)=M_1$,这与引理的假设相矛盾. □

定理 13.39 的证明:该证明几乎是定理 5.12 和 13.22 的证明的逐字重复.我们可以对链(13.33)的长度 n 使用归纳法,也就是说,我们可以假设定理对于模M_1 为真.设

$$M_1=C_1\oplus\cdots\oplus C_r \tag{13.34}$$

其中$C_i=\{\boldsymbol{c}_i\}$是循环子模,每个元素$\boldsymbol{c}_i$ 的阶都是素元的幂.根据引理13.16,$M=(\boldsymbol{m},M_1)$ 且 $p\boldsymbol{m}\in M_1$,其中 p 是素元.那么,根据分解(13.34),我们得到

$$p\boldsymbol{m}=\boldsymbol{z}_1+\cdots+\boldsymbol{z}_r,\quad \boldsymbol{z}_i\in C_i \tag{13.35}$$

我们将选取那些可被 p 整除的元素$\boldsymbol{z}_i$.通过改变计数,我们可以假设这些元素是前 $s-1$ 项.我们设$\boldsymbol{z}_i=p\,\boldsymbol{z}'_i(i=1,\cdots,s-1)$.我们现在必须考虑两种情形.

情形 1.数 $s-1$ 等于 r.那么 $p\boldsymbol{m}=p\,\boldsymbol{m}'$,其中$\boldsymbol{m}'=\boldsymbol{z}'_1+\cdots+\boldsymbol{z}'_r$.我们设$\boldsymbol{m}-\boldsymbol{m}'=\overline{\boldsymbol{m}}$.显然,$p\,\overline{\boldsymbol{m}}=\boldsymbol{0}$.我们将证明模 M 可以写成

$$M=\{\overline{\boldsymbol{m}}\}\oplus C_1\oplus\cdots\oplus C_r$$

事实上,根据假设,每个元素 $\boldsymbol{x}\in M$都可以用$\boldsymbol{x}=a\boldsymbol{m}+\boldsymbol{y}$(其中$a\in R$且$\boldsymbol{y}\in M_1$)的形式表示,也就是 $\boldsymbol{x}=a\,\overline{\boldsymbol{m}}+\boldsymbol{y}'$ 的形式,其中$\boldsymbol{y}'=a\,\boldsymbol{m}'+\boldsymbol{y}\in M_1$.

我们来证明,对于两个这样的表示

$$\boldsymbol{x}=a\,\overline{\boldsymbol{m}}+\boldsymbol{y},\quad \boldsymbol{x}=a'\,\overline{\boldsymbol{m}}+\boldsymbol{y}' \tag{13.36}$$

我们有等式 $a\,\overline{\boldsymbol{m}}=a'\,\overline{\boldsymbol{m}}$ 和 $\boldsymbol{y}=\boldsymbol{y}'$.由此可知

$$M=\{\overline{\boldsymbol{m}}\}\oplus M_1=\{\overline{\boldsymbol{m}}\}\oplus C_1\oplus\cdots\oplus C_r$$

在我们的例子中,这是关系式(13.31).

我们从等式(13.36)中得到$\overline{a\boldsymbol{m}}=\overline{\boldsymbol{y}}$,其中$\overline{a}=a-a'$,$\overline{\boldsymbol{y}}=\boldsymbol{y}'-\boldsymbol{y}$,并且根据假设,$\overline{\boldsymbol{y}}\in M_1$.根据引理 13.16,存在环 R 的素元 p,使得 $p\boldsymbol{m}\in M_1$,这说明 $p\,\overline{\boldsymbol{m}}\in M_1$.根据引理 13.20,从包含$\overline{a\boldsymbol{m}}\in M_1$ 和 $p\,\overline{\boldsymbol{m}}\in M_1$ 可知元素$\overline{a}$ 可以被 p 整除,也就是说,存在 $b\in R$,使得$\overline{a}=bp$.由此,我们显然得到了$\overline{a\boldsymbol{m}}=b(p\,\overline{\boldsymbol{m}})=\boldsymbol{0}$.因此,$a\,\overline{\boldsymbol{m}}=a'\,\overline{\boldsymbol{m}}$ 且 $\boldsymbol{y}=\boldsymbol{y}'$.

情形 2.数 $s-1$ 小于 r.如果元素 $\boldsymbol{c}_i$ 的阶为$p_i^{n_i}$ 且p_i 不是 p 的相伴元,那么 $p_i^{n_i}$ 不可被p 整除,因此,根据引理13.17,模$C_i=\{\boldsymbol{c}_i\}$ 的每个元素都可被 p 整除.因此,在所选的 $s-1$ 个子模C_i 中的所有元素都使得元素$\boldsymbol{c}_i$ 的阶为$p_i^{n_i}$,且p_i 不是

p 的相伴元. 由于元素的阶通常定义为仅用相伴元替换它决定,我们可以考虑在剩余子模$C_s = \{c_s\}, \cdots, C_r = \{c_r\}$ 中,元素c_i 的阶为 p 的幂.

通过构造,在分解(13.35) 中,我们得到了$z_i = p z'_i, z'_i \in C_i (i = 1, \cdots, s - 1)$. 设$z'_1 + \cdots + z'_{s-1} = z'$ 且 $m - z' = \overline{m}$,我们得到等式

$$p\overline{m} = z_s + \cdots + z_r \tag{13.37}$$

由于元素$c_i (i = s, \cdots, r)$ 的阶是 p 的幂,分解(13.37) 中的任意元素z_i 的阶也是 p 的幂. 我们记作p^{n_i}. 显然,我们可以选取公式(13.27) 中的项的计数方式,使得数n_i 不递减:$1 \leqslant n_s \leqslant n_{s+1} \leqslant \cdots \leqslant n_r$. 我们来证明元素$\overline{m}$ 的阶等于p^{n_r+1},并且我们有等式

$$M = \{\overline{m}\} \oplus C_1 \oplus \cdots \oplus C_{s-1} \oplus \cdots \oplus C_{r-1}$$

也就是说,在分解中,除C_r 之外,出现了所有子模C_i. 由此,关系式(13.31) 也在第二种情形中得到证明;也就是说,完成了定理 13.39 的证明.

将等式(13.37) 的两边乘以p^{n_r},并使用$p^{n_r} z_i = \mathbf{0} (i = s, \cdots, r)$ 这一事实,我们得到$p^{n_r+1}\overline{m} = \mathbf{0}$. 如果元素$\overline{m}$ 的阶 a 不是p^{n_r+1} 的相伴元,那么它整除它,直到为相伴元才等于p^k(存在这样的 $k < n_r + 1$). 将关系(13.39) 乘以p^{k-1},并利用子模$C_1, \cdots, C_r$ 构成直和这一事实,我们得到了$p^{k-1} z_i = \mathbf{0} (i = s, \cdots, r)$. 特别地,$p^{k-1} z_r = \mathbf{0}$,这与假设$k < n_r + 1$ 以及元素z_r 的阶等于p^{n_r} 相矛盾. 因此,元素$\overline{m}$ 的阶等于p^{n_r+1}.

我们注意到,通过构造,在分解(13.37) 中,元素z_r 不能被 p 整除.

根据我们证明的,在引理 13.17 的基础上,可以得出$\{z_r\} = \{c_r\} = C_r$. 由此可以得出,每个元素 $m \in M$ 都可以表示为以下模的元素之和

$$\{\overline{m}\}, C_1, \cdots, C_{s-1}, \cdots, C_{r-1} \tag{13.38}$$

事实上,类似的结论对于以下模成立

$$\{\overline{m}\}, C_1, \cdots, C_{s-1}, \cdots, C_r \tag{13.39}$$

因为通过我们的构造,$\overline{m} = m - z'$ 且$z' = z'_1 + \cdots + z'_{s-1}$,其中$z'_i \in C_i$. 因此,$m = \overline{m} + z'_1 + \cdots + z'_{s-1}$,这说明每个元素 $m \in M$ 都是模(13.39) 的元素之和.

我们现在必须验证子模C_r 的每个元素都可以表示为子模(13.38) 的元素之和. 由于$C_r = \{z_r\}$,只需对于单个元素z_r 验证这一点. 但关系式(13.37) 恰好给出了所需的表示

$$z_r = p\overline{m} - z_s - \cdots - z_{r-1}$$

还需验证直和的定义中出现的第二个条件:这种表示是唯一的. 为此,只需证明在关系式

$$a\overline{\boldsymbol{m}}+\boldsymbol{f}_1+\cdots+\boldsymbol{f}_{s-1}+\cdots+\boldsymbol{f}_{r-1}=\boldsymbol{0}, \quad \boldsymbol{f}_i\in C_i \tag{13.40}$$

中，所有项必定等于 $\boldsymbol{0}$.

事实上，根据关系式(13.40)，考虑到(13.34)，可以得出：$a\overline{\boldsymbol{m}}\in M_1$. 但根据元素 $\overline{\boldsymbol{m}}$ 的构造，我们也得到了 $a\boldsymbol{m}\in M_1$. 根据引理 13.20，从包含 $a\boldsymbol{m}\in M_1$ 和 $p\boldsymbol{m}\in M_1$ 可知，元素 a 可以被 p 整除，也就是说，存在 $b\in R$，使得 $a=bp$. 此外，我们知道

$$p\overline{\boldsymbol{m}}=\boldsymbol{z}_s+\cdots+\boldsymbol{z}_r$$

此外，元素 $\boldsymbol{z}_r$ 的阶为 p^{n_r}，而元素 $\overline{\boldsymbol{m}}$ 的阶是 p^{n_r+1}. 将所有这些关系式代入分解(13.40)，我们得到

$$b(\boldsymbol{z}_s+\cdots+\boldsymbol{z}_r)+\boldsymbol{f}_1+\cdots+\boldsymbol{f}_{s-1}+\cdots+\boldsymbol{f}_{r-1}=\boldsymbol{0}$$

那么从公式(13.34)得出 $b\boldsymbol{z}_r=\boldsymbol{0}$，由于元素 $\boldsymbol{z}_r$ 的阶等于 p^{n_r}，我们得到 p^{n_r} 整除 b. 这说明元素 a 可被 p^{n_r+1} 整除，且 $a\overline{\boldsymbol{m}}=\boldsymbol{0}$. 但从等式(13.40)得出，$\boldsymbol{f}_1+\cdots+\boldsymbol{f}_{r-1}=\boldsymbol{0}$. 再次使用归纳假设(13.34)，我们得到 $\boldsymbol{f}_1=\boldsymbol{0},\cdots,\boldsymbol{f}_{r-1}=\boldsymbol{0}$. 这就完成了定理 13.39 的证明. □

对于定理 13.39，我们有与定理 5.12 和定理 13.22 的情形中相同的唯一性定理. 即，如果

$$M=C_1\oplus\cdots\oplus C_r, \quad C_i=\{\boldsymbol{m}_i\}, \quad M=D_1\oplus\cdots\oplus D_s, \quad D_j=\{\boldsymbol{n}_j\}$$

是有限生成挠模 M 的两个分解，其中元素 $\boldsymbol{m}_i$ 和 $\boldsymbol{n}_j$ 的阶是素数幂，即 $p_i^{r_i}\boldsymbol{m}_i=0$ 且 $q_j^{s_j}\boldsymbol{n}_j=\boldsymbol{0}$，其中 p_i 和 q_j 是素元，那么通过对项 C_i 和 D_j 的适当计数，元素 p_i 和 q_j 是相伴元，且 $r_i=s_i$. 然而，这个定理的自然证明需要一些新概念，我们在此不继续讨论这个问题.

第14章 表示论基础

表示论是代数中应用最广泛的分支之一.它在数学和数学物理的各个分支中有众多应用.在本章中,我们将讨论找出有限群的所有有限维表示的问题.但是,对于某些类型的无限群,已经发展出来了一个类似的理论,它在数学的许多其他分支中有重要意义.

14.1 表示论的基本概念

我们来回顾一下上一章的一些定义,它们将在这里发挥关键作用.

群 G 到群 G' 的同态是这样一个映射 $f:G\to G'$,它对每对元素 $g_1,g_2\in G$,我们都有关系式

$$f(g_1\ g_2)=f(g_1)f(g_2)$$

群 G 到群 G' 的同构是双射同态 $f:G\to G'$.群 G 和 G' 称为同构的,如果它们之间存在同构 $f:G\to G'$.这用 $G\simeq G'$ 来表示.

定义 14.1 群 G 的一个表示是 G 到向量空间 L 的非奇异线性变换的群的同态 ,空间 L 称为空间的表示或表示空间、它的维度,即 dim L 是表示的维度.

因此,为了指定群 G 的一个表示,必须将每个元素 $g\in G$ 关联到一个非奇异线性变换 $\mathcal{A}_g$:L $\to$ L,使得对于 $g_1,g_2\in G$,满足条件

$$\mathcal{A}_{g_1 g_2}=\mathcal{A}_{g_1}\ \mathcal{A}_{g_2} \tag{14.1}$$

由于 n 维向量空间的非奇异线性变换的群同构于 n 阶非奇异方阵的群,为了给出一个表示,只需让每个元素 $g\in G$ 关联一个非奇异方阵 $\mathcal{A}_g$ 使得满足(14.1).

同时由(14.1)可以得出，对于一个表示$\mathcal{A}_g$ 和群 G 的任意个数的元素 $g_1,\cdots,g_k$，我们都有关系式

$$\mathcal{A}_{g_1\cdots g_k}=\mathcal{A}_{g_1}\cdots\mathcal{A}_{g_k} \tag{14.2}$$

此外，显然，如果 e 是 G 的单位元，那么

$$\mathcal{A}_e=\mathcal{E} \tag{14.3}$$

其中$\mathcal{E}$是空间 L 的恒等线性变换. 并且如果g^{-1} 是元素 g 的逆，那么

$$\mathcal{A}_{g^{-1}}=\mathcal{A}_g^{-1} \tag{14.4}$$

即$\mathcal{A}_{g^{-1}}$ 是$\mathcal{A}_g$ 的逆变换.

例 14.2 设 $G=\mathrm{GL}_n$ 为 n 阶非奇异方阵的群. 对于每个矩阵 $g\in\mathrm{GL}_n$，我们设

$$\mathcal{A}_g=|g|$$

由于 $|g|$ 是一个数，根据假设，它不等于零，那么我们有一个一维表示. 显然，对于每个整数 n，等式

$$\mathcal{B}_g=|g|^n$$

也定义了一个一维表示.

例 14.3 设 $G=S_n$ 为 n 次对称群，也就是一个 n 个元素的集合 M 的排列的群，并设 L 为一个 n 维向量空间，其中我们选定一组基$\boldsymbol{e}_1,\cdots,\boldsymbol{e}_n$. 对于表示

$$g=\begin{pmatrix}1 & 2 & \cdots & n\\ j_1 & j_2 & \cdots & j_n\end{pmatrix}$$

我们定义$\mathcal{A}_g$ 为线性变换，使得

$$\mathcal{A}_g(\boldsymbol{e}_1)=\boldsymbol{e}_{j_1},\quad \mathcal{A}_g(\boldsymbol{e}_2)=\boldsymbol{e}_{j_2},\quad \cdots,\quad \mathcal{A}_g(\boldsymbol{e}_n)=\boldsymbol{e}_{j_n}$$

那么我们就得到了群S_n 的一个 n 维表示.

为了避免必须使用集合 M 的元素的一组特定编号，我们把元素 $a\in M$ 关联基向量$\boldsymbol{e}_a$. 然后用以下公式给出上述表示，对于每个变换 $g:M\to M$，即有

$$\mathcal{A}_g(\boldsymbol{e}_a)=\boldsymbol{e}_b,\quad \text{如果 } g(a)=b$$

例 14.4 设 $G=S_3$ 为 3 次对称群，并设 L 为一个二维空间(带有基$\boldsymbol{e}_1,\boldsymbol{e}_2$). 我们定义一个向量$\boldsymbol{e}_3$(根据$\boldsymbol{e}_3=-(\boldsymbol{e}_1+\boldsymbol{e}_2)$). 对于表示

$$g=\begin{pmatrix}1 & 2 & 3\\ j_1 & j_2 & j_3\end{pmatrix}$$

我们定义$\mathcal{A}_g$ 为线性变换，使得

$$\mathcal{A}_g(\boldsymbol{e}_1)=\boldsymbol{e}_{j_1},\quad \mathcal{A}_g(\boldsymbol{e}_2)=\boldsymbol{e}_{j_2}$$

容易验证，通过这种方式，我们得到对称群S_3 的一个二维表示.

例 14.5 设$G=\mathrm{GL}_2$为 2 阶非奇异矩阵的群，并设 L 为两个变量 x 和 y 的多项式的空间，这两个变量的总次数不超过 n. 对于一个非奇异矩阵

$$g=\begin{pmatrix}a & b\\ c & d\end{pmatrix}$$

我们定义$\mathcal{A}_g$为空间 L 的线性变换，它把多项式 $f(x,y)$ 对应到 $f(ax+by,cx+dy)$，即

$$\mathcal{A}_g(f(x,y))=f(ax+by,cx+dy)$$

容易验证，在这种情形中，满足关系式(14.1)，也就是说，我们有 2 阶非奇异矩阵的群的一个表示. 它的维数等于 x 和 y(其维数(在两个变量组合时) 不超过 n) 的多项式的空间的维数；即易见其等于$(n+1)(n+2)/2$.

例 14.6 对于任意的群和一个 n 维空间 L，由公式$\mathcal{A}_g=\mathcal{E}$(其中$\mathcal{E}$是空间 L 上的恒等变换) 定义的表示称为 n 维恒等表示.

在表示的定义中，空间 L 也可以是无限维的. 在这种情形中，表示也称为是无限维的. 例如，就像在例 14.5 中定义的一个表示，但是将所有连续函数的空间取为 L，我们得到一个无限维表示. 后续我们将只考虑有限维表示，并且我们将始终考虑空间 L 是复的.

例 14.7 对称群S_n 的表示在许多问题中都有重要意义. 所有这样的表示都是已知的，但是我们在这里只描述群S_n 的一维表示. 在这种情形中，非奇异线性变换$\mathcal{A}_g$ 由 1 阶矩阵(即单个复数，当然，它是非零的) 给出. 因此，我们得到了一个在群上取数值的函数. 我们用 $\varphi(g)$ 表示这个函数. 那么根据定义，它必须满足 $\varphi(g)\neq 0$ 和对于群S_n 中的所有元素 g 和 h，都有

$$\varphi(gh)=\varphi(g)\varphi(h) \tag{14.5}$$

我们容易找到所有可能的值 $\varphi(\tau)$，如果 τ 是一个转置. 即，设 $g=h=\tau$，并利用$\tau^2=e$(恒等变换)，并且显然，$\varphi(e)=1$，我们从关系式(14.5) 得到$\varphi(\tau)^2=1$，由此得到 $\varphi(\tau)=\pm 1$. 理论上可能的情形是，存在转置，使得 $\varphi(\tau)=1$，而对于其他转置，$\varphi(\tau)=-1$. 然而，实际并非如此，而是 $\varphi(\tau)=1$ 与 $\varphi(\tau)=-1$ 中的一个对于所有的转置 τ 都成立，符号的选取仅取决于一维表示 φ. 我们来证明这一点.

设 $\tau=\tau_{a,b}$ 和$\tau'=\tau_{c,d}$ 为两个转置，其中 a,b,c,d 为集合 M 的元素(见公式(13.3)). 显然，存在集合 M 的一个置换 g，使得 $g(c)=a$ 且 $g(d)=b$. 那么，容易验证，根据转置的定义，我们有 $g^{-1}\tau_{a,b}g=\tau_{c,d}$，即$\tau'=g^{-1}\tau g$. 考虑到关系式(14.2)(14.4) 和(14.5)，我们从最后一个等式得到

$$\varphi(\tau')=\varphi(g)^{-1}\varphi(\tau)\varphi(g)=\varphi(\tau)$$

这就证明了我们对所有转置 τ 和τ' 的结论. 现在我们将利用这样一个事实:群S_n 中的每个元素g 都是有限个转置的乘积;见公式(13.4). 考虑到上述内容,由此得出

$$\varphi(g)=\varphi(\tau_{a_1,b_1})\varphi(\tau_{a_2,b_2})\cdots\varphi(\tau_{a_k,b_k})=\varphi(\tau)^k \tag{14.6}$$

其中 $\varphi(\tau)=+1$ 或 -1.

因此存在两种可能的情形. 第一种情形是,对于所有的转置 $\tau\in S_n$,$\varphi(\tau)$ 都等于1. 考虑到公式(14.6),对于每个转置$g\in S_n$,我们都有 $\varphi(g)=1$,即在S_n 上的函数 φ 恒等于1,因此,它给出了群S_n 的一维恒等表示. 第二种情况是,对于所有的转置$\tau\in S_n$,我们都有 $\varphi(\tau)=-1$. 那么,考虑到公式(14.6),对于一个转置 $g\in S_n$,我们有 $\varphi(g)=(-1)^k$,其中 k 对应置换g 的奇偶性. 换句话说,如果置换 g 是偶数的,则 $\varphi(g)=1$,如果置换 g 是奇数的,则 $\varphi(g)=-1$. 事实上,从关系式(13.4) 可以立即得出这样一个函数 φ,它确定了群S_n 的一个一维表示,我们用 $\varepsilon(g)$ 来表示.

由此我们得到了如下结果:对称群S_n 恰好有两个一维表示:恒等表示和 $\varepsilon(g)$.

群S_n 和相关的群(如交错群A_n)的一维表示在代数的各种问题中扮演着重要的角色. 例如,代数中最著名的结果之一是推导出了3次和4次方程的解的公式. 很长一段时间以来,数学家们试图为 5 次及以上的方程找到类似的公式,但遭到了挫折. 最后证明了这种尝试是徒劳的,也就是说,不存在用一般的算术运算和任意次根的提取来用系数表示 5 次及 5 次以上的多项式方程的根的公式. 证明这一结论的一个关键点是建立这样一个事实:对于 $n\geqslant 5$ 的交错群A_n,除了恒等表示之外没有其他的一维表示. 当 $n=3$ 和 4 时,存在群A_n 的这种表示,这就解释了 3 次和 4 次方程解的公式的存在性.

现在我们来确定哪些表示我们认为是相同的.

定义 14.8 同一个群G的两个表示$g\mapsto\mathcal{A}_g$ 和$g\mapsto\mathcal{A}'_g$(带有相同维数的两个空间 L 和L′) 称为等价的,如果存在向量空间L′ 和 L 的一个同构$\mathcal{C}$:L′ → L 使得对于每个元素 $g\in G$,都有

$$\mathcal{A}'_g=\mathcal{C}^{-1}\mathcal{A}_g\mathcal{C} \tag{14.7}$$

由于线性变换$\mathcal{C}$:L′ → L 是一个同构,设$e'_1,\cdots,e'_n$为空间L′ 的一组基,并设$\boldsymbol{e}_1=\mathcal{C}(\boldsymbol{e}'_1),\cdots,\boldsymbol{e}_n=\mathcal{C}(\boldsymbol{e}'_n)$ 为空间 L 的对应基. 比较关系式(14.7) 和矩阵变换公式(3.43), 我们看到,这个定义说明变换$\mathcal{A}'_g$(带有基$\boldsymbol{e}'_1,\cdots,\boldsymbol{e}'_n$) 的矩阵与变换$\mathcal{A}_g$(带有基$\boldsymbol{e}_1,\cdots,\boldsymbol{e}_n$) 的矩阵相等. 因此,表示$\mathcal{A}_g$ 和$\mathcal{A}'_g$是等价的,当且仅当在空间 L 和L′ 中,我们可以选取基,使得对于每个元素 $g\in G$,变换$\mathcal{A}_g$:L → L 和

$\mathcal{A}'_g: \mathrm{L}' \to \mathrm{L}'$ 有相同的矩阵.

设 $g \mapsto \mathcal{A}_g$ 为群 G 的一个表示，并设 L 为其表示空间. 一个子空间 $M \subset \mathrm{L}$ 称为关于表示 $\mathcal{A}_g$ 是不变的，如果它关于所有的线性变换 $\mathcal{A}_g: \mathrm{L} \to \mathrm{L}(g \in G)$ 都是不变的. 我们用 $\mathcal{B}_g$ 表示 $\mathcal{A}_g$ 对子空间 M 的限制. 显然，$\mathcal{B}_g$ 是群 G(带有表示空间 M) 的一个表示. 表示 $\mathcal{B}_g$ 称为由表示 $\mathcal{A}_g$(带有不变子空间 M) 诱导的表示. 这也可以表述为，表示 $\mathcal{B}_g$ 包含于表示 $\mathcal{A}_g$ 中.

例 14.9 我们考虑例 14.3 中描述的群 S_n 的 n 维表示. 容易验证，形式为 $\sum_{a \in M} \alpha_a \boldsymbol{e}_a$(其中 α_a 是满足 $\sum_{a \in M} \alpha_a = 0$ 的一个任意标量) 的所有向量的集合，构成一个 $(n-1)$ 维子空间 $\mathrm{L}' \subset \mathrm{L}$，关于这个表示不变. 由此，在 L' 中诱导出的表示是群 S_n 的一个 $(n-1)$ 维表示. 在 $n=3$ 的情形中，它等价于例 14.4 中描述的群 S_3 的表示.

例 14.10 在例 14.5 中，我们用 $\mathrm{M}_k(k=0,\cdots,n)$ 表示变量 x 和 y 的次数最高为 k 的多项式构成的子空间. 每个 M_k 都是每个 M_l(带有下标 $l \geqslant k$) 的一个不变子空间.

定义 14.11 一个表示称为可约的，如果它的表示空间 L 有一个异于 $(\mathbf{0})$ 且异于整个 L 的不变子空间. 否则，它就称为不可约.

例 14.3 和 14.5 给出了可约表示. 显然，n 维恒等表示是可约的，如果 $n > 1$：表示空间的每个子空间都是不变的. 每个一维表示都是不可约的.

我们来证明例 14.4 中的表示是不可约的. 事实上，任何异于 $(\mathbf{0})$ 和 L 的不变子空间必定是一维的. 设 $\boldsymbol{u}$ 为这个子空间的基向量. 不变性的条件说明对于每个 $g \in S_3$，都有

$$\mathcal{A}_g(\boldsymbol{u}) = \lambda_g \boldsymbol{u}$$

其中 λ_g 是取决于元素 g 的某个标量，也就是说，$\boldsymbol{u}$ 是对于所有变换 $\mathcal{A}_g$ 的共同的特征向量. 容易证明这是不可能的：变换 $\mathcal{A}_{g_1}$(其中 $g_1 = \begin{pmatrix} 1 & 2 & 3 \\ 2 & 1 & 3 \end{pmatrix}$) 的特征向量的形式为 $\alpha(\boldsymbol{e}_1 + \boldsymbol{e}_2)$ 和 $\beta(\boldsymbol{e}_1 - \boldsymbol{e}_2)$，变换 $\mathcal{A}_{g_2}$(其中 $g_2 = \begin{pmatrix} 1 & 2 & 3 \\ 3 & 2 & 1 \end{pmatrix}$) 的特征向量的形式为 $\gamma \boldsymbol{e}_2$ 和 $\delta(2\boldsymbol{e}_1 + \boldsymbol{e}_2)$，而这些显然不一致.

定义 14.12 一个表示 $\mathcal{A}_g$ 称为 r 个表示

$$\mathcal{A}_g^{(1)}, \cdots, \mathcal{A}_g^{(r)}$$

的直和，如果其表示空间 L 是 r 个不变子空间的直和

$$\mathrm{L} = \mathrm{L}_1 \oplus \cdots \oplus \mathrm{L}_r \tag{14.8}$$

并且在每个L_i中,$\mathcal{A}_g$诱导出一个等价于$\mathcal{A}_g^{(i)}$ $(i=1,\cdots,r)$的表示.

例 14.13 n维恒等表示是n个一维恒等表示的直和.为了证明这一点,只需将这个表示的空间以某种方式分解为一维子空间的一个直和.

例 14.14 在例 14.9 的情况下,我们用L_1表示一个$(n-1)$维不变子空间L',并用L_2表示由向量$\sum\limits_{a\in M}\boldsymbol{e}_a$张成的一维子空间.显然,$\mathrm{L}_2$也是这个表示的一个不变子空间,那么我们有分解$\mathrm{L}=\mathrm{L}_1\oplus\mathrm{L}_2$.特别地,在例 14.3 中引入的表示,当$n=3$时,是例 14.4 的表示与一维恒等表示的直和.

可能出现这样的情形,表示空间 L 有一个不变子空间L_1,但是不可能找到一个互补的不变子空间L_2使得$\mathrm{L}=\mathrm{L}_1\oplus\mathrm{L}_2$.换句话说,这个表示是可约的,但它不是其他两个表示的直和.

例 14.15 设$G=\{g\}$为一个无限循环群,设 L 为一个二维空间(带有基$\boldsymbol{e}_1$,$\boldsymbol{e}_2$).我们用$\mathcal{A}_n$表示在这组基中具有矩阵$\begin{pmatrix}1 & 0\\ n & 1\end{pmatrix}$的变换.显然,$\mathcal{A}_n\mathcal{A}_m=\mathcal{A}_{n+m}$.由此,设$\mathcal{A}_{g^n}=\mathcal{A}_n$,我们得到了群$G$的一个表示.直线$\mathrm{L}_1=\langle\boldsymbol{e}_2\rangle$是一个不变子空间:$\mathcal{A}_n(\boldsymbol{e}_2)=\boldsymbol{e}_2$.然而,不存在其他的不变子空间.因此,例如,变换$\mathcal{A}_1$除了$\boldsymbol{e}_2$没有其他的特征向量.因此,我们的表示是可约的,但它不是一个直和.

我们注意到,在例 14.15 中,群G是无限的.事实证明,对于有限群,这种现象是不可能发生的.即在下一节中,我们将证明,如果有限群的一个表示$\mathcal{A}_g$是可约的,也就是说,这个表示的向量空间 L 包含一个不变子空间L_1,那么 L 就是L_1与另一个不变子空间L_2的直和.因此,有限群的每个表示都是不可约表示的直和.关于不可约表示,在第 14.3 节中我们将证明(由等价性决定)它们的数量是有限的.

由此开始,直到本书的结尾,除了例 14.36 以外,我们始终假定群G是有限的.

14.2 有限群的表示

上一节最后所提出的有限群的表示的基本性质的证明利用了复向量空间的几个性质.

我们考虑有限群G的一个表示,设 L 为其表示空间.我们在 L 上定义某个 Hermite 型$\varphi(\boldsymbol{x},\boldsymbol{y})$,其对应的二次 Hermite 型$\psi(\boldsymbol{x})=\varphi(\boldsymbol{x},\boldsymbol{x})$是正定的,因此它对于所有的$\boldsymbol{x}\neq\boldsymbol{0}$取正值.例如,如果$\mathrm{L}=\mathbb{C}^n$,那么对于向量$\boldsymbol{x}$(其坐标为

$(x_1,\cdots,x_n)$）和 $\boldsymbol{y}$（其坐标为$(y_1,\cdots,y_n)$），我们设

$$\varphi(\boldsymbol{x},\boldsymbol{y})=\sum_{i=1}^{n}x_i\bar{y}_i$$

后续我们将用$(\boldsymbol{x},\boldsymbol{y})$表示$\varphi(\boldsymbol{x},\boldsymbol{y})$，并称其为空间 L 中的一个标量积. 我们在第 7 章中的关于 Euclid 空间的概念和证明的简单结果可以完全转移到这种情况下. 我们来列出这些我们现在将要用到的结果：

(1) 子空间$\mathrm{L}'\subset\mathrm{L}$的正交补是所有向量$\boldsymbol{y}\in\mathrm{L}$的集合，对于所有$\boldsymbol{x}\in\mathrm{L}'$，都有$(\boldsymbol{x},\boldsymbol{y})=0$. 子空间$\mathrm{L}'$的正交补本身是 L 的一个子空间，用$(\mathrm{L}')^{\perp}$表示. 我们有分解$\mathrm{L}=\mathrm{L}'\oplus(\mathrm{L}')^{\perp}$.

(2) 酉变换（在复空间中类似于正交变换）是一个线性变换$\mathcal{U}:\mathrm{L}\to\mathrm{L}$，使得对于所有的向量$\boldsymbol{x},\boldsymbol{y}\in\mathrm{L}$，我们都有关系式

$$(\mathcal{U}(\boldsymbol{x}),\mathcal{U}(\boldsymbol{y}))=(\boldsymbol{x},\boldsymbol{y})$$

(3) 定理 7.24 的复的类比是这样的：如果子空间$\mathrm{L}'\subset\mathrm{L}$关于酉变换$\mathcal{U}$是不变的，那么其正交补$(\mathrm{L}')^{\perp}$关于$\mathcal{U}$也是不变的.

定义 14.16 群 G 的一个表示$\mathcal{U}_g$称为可酉化的，如果可以在其表示空间 L 上引入一个标量积，使得所有的变换$\mathcal{U}_g$都是酉的.

在等价表示的变换下，表示是可酉化的性质显然仍然成立.

事实上，设$g\mapsto\mathcal{U}_g$为某个群G（带有空间 L 和 Hermite 型$\varphi(\boldsymbol{x},\boldsymbol{y})$）的一个可酉化表示. 我们考虑一个任意的同构$\mathcal{C}:\mathrm{L}'\to\mathrm{L}$. 如我们所知，它决定了某个群（带有空间$\mathrm{L}'$）的一个等价表示$g\mapsto\mathcal{U}'_g$. 我们来证明表示$g\mapsto\mathcal{U}'_g$也是可酉化的. 作为$\mathrm{L}'$中的标量积，我们选取由关系式

$$\psi(\boldsymbol{u},\boldsymbol{v})=\varphi(\mathcal{C}(\boldsymbol{u}),\mathcal{C}(\boldsymbol{v}))\tag{14.9}$$

$(\boldsymbol{u},\boldsymbol{v}\in\mathrm{L}')$定义的形式. 显然，$\psi(\boldsymbol{u},\boldsymbol{v})$是在$\mathrm{L}'$上的一个 Hermite 型，并且对于每个非零向量$\boldsymbol{u}\in\mathrm{L}'$，都有$\psi(\boldsymbol{u},\boldsymbol{u})>0$. 我们来验证标量积$\psi(\boldsymbol{u},\boldsymbol{v})$事实上建立了表示$g\mapsto\mathcal{U}'_g$的可酉化性. 把向量$\mathcal{U}'_g(\boldsymbol{u})$和$\mathcal{U}'_g(\boldsymbol{v})$代入等式(14.9)，考虑到等式(14.7)和表示$g\mapsto\mathcal{U}'_g$的可酉化性，我们得到关系式

$$\begin{aligned}\psi(\mathcal{U}'_g(\boldsymbol{u}),\mathcal{U}'_g(\boldsymbol{v}))&=\psi(\mathcal{C}^{-1}\mathcal{U}_g\mathcal{C}(\boldsymbol{u}),\mathcal{C}^{-1}\mathcal{U}_g\mathcal{C}(\boldsymbol{v}))\\&=\varphi(\mathcal{U}_g\mathcal{C}(\boldsymbol{u}),\mathcal{U}_g\mathcal{C}(\boldsymbol{v}))\\&=\varphi(\mathcal{C}(\boldsymbol{u}),\mathcal{C}(\boldsymbol{v}))=\psi(\boldsymbol{u},\boldsymbol{v})\end{aligned}$$

这说明表示$g\mapsto\mathcal{U}'_g$是可酉化的.

引理 14.17 如果群 G 的可酉化表示$\mathcal{U}_g$的空间 L 包含一个不变子空间L'，那么它也包含第二个不变子空间L''，使得$\mathrm{L}=\mathrm{L}'\oplus\mathrm{L}''$.

证明：我们把L''作为正交补$(\mathrm{L}')^{\perp}$. 那么空间L''关于所有的变换$\mathcal{U}_g$都是不

变的，于是我们有分解 $\mathrm{L}=\mathrm{L}'\oplus\mathrm{L}''$. □

这个引理在有限群的表示中的应用基于以下基本事实.

定理 14.18 有限群 G 的每个表示 $\mathcal{A}_g$ 都是可酉化的.

证明：我们在表示空间 L 上引入一个标量积，使得所有的线性变换 $\mathcal{A}_g$ 都变成酉的. 为此，我们在空间 L 中取一个任意的标量积 $[\boldsymbol{x},\boldsymbol{y}]$，它由一个任意的 Hermite 型 $\varphi(\boldsymbol{x},\boldsymbol{y})$ 定义，使得相关的二次型 $\varphi(\boldsymbol{x},\boldsymbol{x})$ 是正定的：对于每个 $\boldsymbol{x}\neq\boldsymbol{0}$，都有 $\varphi(\boldsymbol{x},\boldsymbol{x})>0$. 现在我们设

$$(\boldsymbol{x},\boldsymbol{y})=\sum_{g\in G}[\mathcal{A}_g(\boldsymbol{x}),\mathcal{A}_g(\boldsymbol{y})] \tag{14.10}$$

其和取遍群 G 的所有元素 g. 我们将证明 $(\boldsymbol{x},\boldsymbol{y})$ 也是一个标量积，并且关于它，所有的变换 $\mathcal{A}_g$ 都是酉的.

标量积 $(\boldsymbol{x},\boldsymbol{y})$ 所要求的性质来源于 $[\boldsymbol{x},\boldsymbol{y}]$ 的类似性质以及 $\mathcal{A}_g$ 是一个线性变换的事实：

(1) $(\boldsymbol{y},\boldsymbol{x})=\sum_{g\in G}[\mathcal{A}_g(\boldsymbol{y}),\mathcal{A}_g(\boldsymbol{x})]=\sum_{g\in G}\overline{[\mathcal{A}_g(\boldsymbol{x}),\mathcal{A}_g(\boldsymbol{y})]}=\overline{(\boldsymbol{x},\boldsymbol{y})}$.

(2) $(\lambda\boldsymbol{x},\boldsymbol{y})=\sum_{g\in G}[\mathcal{A}_g(\lambda\boldsymbol{x}),\mathcal{A}_g(\boldsymbol{y})]=\sum_{g\in G}\lambda[\mathcal{A}_g(\boldsymbol{x}),\mathcal{A}_g(\boldsymbol{y})]=\lambda(\boldsymbol{x},\boldsymbol{y})$.

(3) $(\boldsymbol{x}_1+\boldsymbol{x}_2,\boldsymbol{y})=\sum_{g\in G}[\mathcal{A}_g(\boldsymbol{x}_1+\boldsymbol{x}_2),\mathcal{A}_g(\boldsymbol{y})]=\sum_{g\in G}[\mathcal{A}_g(\boldsymbol{x}_1)+\mathcal{A}_g(\boldsymbol{x}_2),\mathcal{A}_g(\boldsymbol{y})]=(\boldsymbol{x}_1,\boldsymbol{y})+(\boldsymbol{x}_2,\boldsymbol{y})$.

(4) $(\boldsymbol{x},\boldsymbol{x})=\sum_{g\in G}[\mathcal{A}_g(\boldsymbol{x}),\mathcal{A}_g(\boldsymbol{x})]>0$，如果 $\boldsymbol{x}\neq\boldsymbol{0}$.

为了证明最后一个性质，必须注意到，在这个和中，所有的项 $[\mathcal{A}_g(\boldsymbol{x}),\mathcal{A}_g(\boldsymbol{x})]$ 都是正的. 这源于标量积 $[\boldsymbol{x},\boldsymbol{y}]$ 的类似性质，即对于所有 $\boldsymbol{x}\neq\boldsymbol{0}$，都有 $[\boldsymbol{x},\boldsymbol{x}]>0$. 由于线性变换 $\mathcal{A}_g:\mathrm{L}\to\mathrm{L}$ 是非奇异的，它将每个非零向量 $\boldsymbol{x}$ 对应到一个非零向量 $\mathcal{A}_g(\boldsymbol{x})$.

现在我们来验证关于标量积 $(\boldsymbol{x},\boldsymbol{y})$，每个变换 $\mathcal{A}_h\,(h\in G)$ 都是酉的. 考虑到等式 (14.10)，我们有

$$\begin{aligned}(\mathcal{A}_h(\boldsymbol{x}),\mathcal{A}_h(\boldsymbol{y}))&=\sum_{g\in G}[\mathcal{A}_g(\mathcal{A}_h(\boldsymbol{x})),\mathcal{A}_g(\mathcal{A}_h(\boldsymbol{y}))]\\&=\sum_{g\in G}[\mathcal{A}_g\mathcal{A}_h(\boldsymbol{x}),\mathcal{A}_g\mathcal{A}_h(\boldsymbol{y})]\end{aligned} \tag{14.11}$$

我们设 $gh=u$，考虑到性质 (14.1)，有 $\mathcal{A}_g\mathcal{A}_h=\mathcal{A}_{gh}=\mathcal{A}_u$. 因此，我们可以将等式 (14.11) 改写成这样的形式

$$(\mathcal{A}_h(\boldsymbol{x}),\mathcal{A}_h(\boldsymbol{y}))=\sum_{u=gh}[\mathcal{A}_u(\boldsymbol{x}),\mathcal{A}_u(\boldsymbol{y})] \tag{14.12}$$

现在我们观察到 g 取遍群 G 的所有元素，但 h 是固定的，元素 $u=gh$ 也取遍群

G 的所有元素. 这是根据以下事实得到的：对于每个元素 $u \in G$，元素 $g = uh^{-1}$ 满足关系式 $gh = u$，那么对于不同的g_1 和g_2，我们就得到不同的元素u_1 和u_2.

因此在等式(14.12) 中，元素 u 取遍整个群G，我们可以把这个等式改写成这样的形式

$$(\mathcal{A}_h(\boldsymbol{x}), \mathcal{A}_h(\boldsymbol{y})) = \sum_{g \in G} [\mathcal{A}_g(\boldsymbol{x}), \mathcal{A}_g(\boldsymbol{y})]$$

考虑到定义(14.10)，$(\mathcal{A}_h(\boldsymbol{x}), \mathcal{A}_h(\boldsymbol{y})) = (\boldsymbol{x}, \boldsymbol{y})$，也就是说，变换$\mathcal{A}_h$ 关于标量积$(\boldsymbol{x}, \boldsymbol{y})$ 是酉的. □

推论 14.19 如果有限群的表示的空间 L 包含一个不变子空间L′，那么它包含另一个不变子空间L″，使得 $\mathrm{L} = \mathrm{L}' \oplus \mathrm{L}''$.

这直接源于引理 14.17 和定理 14.18.

推论 14.20 有限群的每个表示都是不可约表示的一个直和.

证明：如果我们的表示$\mathcal{A}_g$ 的空间 L 没有异于$(\boldsymbol{0})$ 和整个 L 的不变子空间，那么这个表示本身是不可约的，于是我们的结论就是正确的(尽管是如此平凡地). 但是如果空间 L 有一个不变子空间L′，那么由推论 14.19，存在一个不变子空间L″ 使得 $\mathrm{L} = \mathrm{L}' \oplus \mathrm{L}''$.

我们对空间L′ 和L″ 都应用同样的论证. 持续这一过程，我们最终会停下来，因为所得到的子空间的维数在不断减小. 因此，我们得到了这样一个分解(14.8)(带有某数 $r \geqslant 2$)，使得不变子空间L_i 不包含除$(\boldsymbol{0})$ 和整个L_i 以外的不变子空间. 这恰好说明在子空间$\mathrm{L}_1, \cdots, \mathrm{L}_r$ 中由我们的表示$\mathcal{A}_g$ 诱导的表示$\mathcal{A}_g^{(1)}, \cdots, \mathcal{A}_g^{(r)}$ 都是不可约的，那么表示$\mathcal{A}_g$ 可以分解为$\mathcal{A}_g^{(1)}, \cdots, \mathcal{A}_g^{(r)}$ 的一个直和. □

定理 14.21 如果一个表示$\mathcal{A}_g$ 分解成不可约表示$\mathcal{A}_g^{(1)}, \cdots, \mathcal{A}_g^{(r)}$ 的一个直和，那么包含于$\mathcal{A}_g$ 中的每个不可约表示$\mathcal{B}_g$ 都等价于$\mathcal{A}_g^{(i)}$ 中的某一个.

证明：设 $\mathrm{L} = \mathrm{L}_1 \oplus \cdots \oplus \mathrm{L}_r$ 为表示 $\mathcal{A}_g$ 的空间 L 的一个分解，该分解把空间 L 对应到不变子空间的一个直和，使得在L_i 中，$\mathcal{A}_g$ 诱导出$\mathcal{A}_g^{(i)}$，并设M为不变子空间 L，在其中$\mathcal{A}_g$ 诱导出表示$\mathcal{B}_g$.

特别地，对于每个向量 $\boldsymbol{x} \in \mathrm{M}$，我们都有分解

$$\boldsymbol{x} = \boldsymbol{x}_1 + \cdots + \boldsymbol{x}_r, \boldsymbol{x}_i \in \mathrm{L}_i \tag{14.13}$$

它确定了一个线性变换$\mathcal{P}_i: \mathrm{M} \to \mathrm{L}_i$，也就是说，子空间 M 在$\mathrm{L}_i$ 上的投影平行于$\mathrm{L}_1 \oplus \cdots \oplus \mathrm{L}_{i-1} \oplus \mathrm{L}_{i+1} \oplus \cdots \oplus \mathrm{L}_r$；见第 103 页的例 3.51. 换句话说，变换$\mathcal{P}_i: \mathrm{M} \to \mathrm{L}_i$ 是由条件

$$\mathcal{P}_i(\boldsymbol{x}) = \boldsymbol{x}_i, i = 1, \cdots, r \tag{14.14}$$

定义的.

定理的证明基于关系式

$$\mathcal{A}_g\ \mathcal{P}_i(\boldsymbol{x})=\mathcal{P}_i\ \mathcal{A}_g(\boldsymbol{x}),i=1,\cdots,r \tag{14.15}$$

对于每一个向量 $\boldsymbol{x}\in \mathrm{M}$ 都是成立的. 为了证明关系式(14.15),我们对等式(14.13) 两边应用变换$\mathcal{A}_g$. 那么,我们得到

$$\mathcal{A}_g(\boldsymbol{x})=\mathcal{A}_g(\boldsymbol{x}_1)+\cdots+\mathcal{A}_g(\boldsymbol{x}_r) \tag{14.16}$$

由于$\mathcal{A}_g(\boldsymbol{x})\in \mathrm{M}$ 和$\mathcal{A}_g(\boldsymbol{x}_i)\in \mathrm{L}_i(i=1,\cdots,r)$,因此关系式(14.16) 是对于向量$\mathcal{A}_g(\boldsymbol{x})$ 的分解(14.13),由此得到等式(14.15).

根据表示$\mathcal{A}_g^{(1)},\cdots,\mathcal{A}_g^{(r)}$ 和$\mathcal{B}_g$ 的不可约性,由公式(14.14) 定义的投影$\mathcal{P}_i$ 要么等于零,要么是空间 M 和L_i 的一个同构. 事实上,设向量 $\boldsymbol{x}\in \mathrm{M}$ 包含于变换$\mathcal{P}_i$ 的核中,即$\mathcal{P}_i(\boldsymbol{x})=\mathbf{0}$. 那么显然,$\mathcal{A}_g\ \mathcal{P}_i(\boldsymbol{x})=\mathbf{0}$,考虑到关系式(14.15),我们得到$\mathcal{P}_i\ \mathcal{A}_g(\boldsymbol{x})=\mathbf{0}$,即向量$\mathcal{A}_g(\boldsymbol{x})$ 也包含于$\mathcal{P}_i$ 的核中. 根据$\mathcal{A}_g^{(i)}$ 的不可约性,现在可以得出,核要么等于$(\mathbf{0})$,要么与整个空间 M 相等(在后一种情形中,投影$\mathcal{P}_i$ 显然是零变换). 以完全相同的方式,从等式(14.15) 可以得出,变换$\mathcal{P}_i$ 的像要么等于$(\mathbf{0})$,要么与子空间L_i 相等.

然而,在数 $1,\cdots,r$ 中,肯定至少存在这样一个下标 i,其变换$\mathcal{P}_i$ 不等于零. 为此,我们必须取一个任意的非零向量 $\boldsymbol{x}\in \mathrm{M}$,它在分解(14.13) 中的一个分量 $\boldsymbol{x}_i$ 不等于零,因此,$\mathcal{P}_i(\boldsymbol{x})\neq\mathbf{0}$. 考虑到前面的论点,这表明对应的变换$\mathcal{P}_i$ 是向量空间 M 和L_i 的一个同构,关系式(14.15) 表明了对应的表示$\mathcal{B}_g$ 和$\mathcal{A}_g^{(i)}$ 的等价性. □

推论 14.22 在一个给定的表示中,仅包含有限多个不同的(在等价意义上) 不可约表示.

事实上,给定的所有包含的不可约表示都等价于在将这个表示任意分解为不可约表示的一个直和中所遇到的一个表示.

备注 14.23 由定理 14.21 可知,一个表示到不可约表示的分解具有唯一性. 也就是说,无论我们如何分解一个表示,在分解过程中我们都会遇到相同(由等价性决定) 的不可约表示. 事实上,我们选择我们的表示到不可约表示的某种分解. 在我们的表示中出现了在任何其他分解中遇到的不可约表示,这说明根据定理 14.21,它等价于所选分解中的一项. 唯一性的一个更强的性质在于这样一个事实:如果在一个分解中出现了 k 项等价于一个给定的不可约表示,那么在每个其他分解中也会出现相同数量的此类项. 后续我们将不要求这一结论,因此也不加以证明.

14.3 不可约表示

在本节中，我们将证明有限群只有有限个不同(由等价决定)的不可约表示. 为此，我们要构造一种特别重要的表示，称为正则表示，并为此证明每个不可约表示都包含在它里面. 这样的表示的数量的有限性将由推论 14.22 得到. 正则表示的空间由群上所有可能的函数组成. 这是任意集合上的函数的空间的一般概念的一种特殊情形(见第 96 页的例 3.36).

对于任意的有限群 G，我们考虑这个群上的函数的向量空间 $\mathrm{M}(G)$. 因为群 G 是有限的，所以空间 $\mathrm{M}(G)$ 具有有限维数：$\mathrm{di}M\ \mathrm{M}(G)=|G|$.

定义 14.24 群 G 的正则表示是表示 $\mathcal{R}_g$，其表示空间是群 G 上的函数的空间 $\mathrm{M}(G)$，在群中的元素 $g\in G$ 关联线性变换 $\mathcal{R}_g$，它把函数 $f(h)\in\mathrm{M}(G)$ 对应到函数 $\varphi(h)=f(hg)$

$$(\mathcal{R}_g(f))(h)=f(hg) \tag{14.17}$$

公式(14.17)说明对函数 f 应用线性变换 $\mathcal{R}_g$ 的结果是一个“平移”函数 f，从某种意义上说，元素 $h\in G$ 上的值 $\mathcal{R}_g(f)$ 等于 $f(hg)$. 我们将忽略这样一个明显的验证，即由此得到的空间 $\mathrm{M}(G)$ 的变换是线性的. 我们来验证 $\mathcal{R}_g$ 是一个表示，即它满足要求(14.1).

我们设 $\mathcal{R}_{g_1g_2}(f)=\varphi$，根据公式(14.17)，我们有

$$\varphi(h)=f(hg_1g_2)$$

设 $\mathcal{R}_{g_2}(f)=\psi$，那么

$$\psi(u)=f(ug_2)$$

最后，如果 $\mathcal{R}_{g_1}\mathcal{R}_{g_2}(f)=\varphi_1$，则 $\varphi_1=\mathcal{R}_{g_1}(\psi)$ 且 $\varphi_1(u)=\psi(ug_1)$. 把 $u=hg_1$ 代入上一个公式，我们得到，对每个元素 $u\in G$，$\varphi_1(u)=\psi(ug_1)=f(ug_1g_2)$，这说明 $\varphi=\varphi_1$ 且 $\mathcal{R}_{g_1g_2}=\mathcal{R}_{g_1}\mathcal{R}_{g_2}$.

例 14.25 设 G 为一个二阶群，由元素 e 和 g 构成，其中 $g^2=e$. 该群的一个特定实例是二次对称群 S_2. 空间 $\mathrm{M}(G)$ 是二维的，并且每个函数 $f\in\mathrm{M}(G)$ 由两个数 $\alpha=f(e)$ 和 $\beta=f(g)$ 定义，也就是说，它可以用向量 (α,β) 来识别. 与任何表示一样，$\mathcal{R}_e$ 是恒等变换. 我们来确定 $\mathcal{R}_g$ 是什么. 根据公式(14.17)，我们有

$$(\mathcal{R}_g(f))(e)=f(g)=\beta,\ (\mathcal{R}_g(f))(g)=f(g^2)=f(e)=\alpha$$

这说明线性变换 $\mathcal{R}_g$ 将向量 (α,β) 对应到了向量 (β,α)，也就是说，它表示关于直线 $\alpha=\beta$ 的一个反射.

定理 14.26 有限群 G 的每个不可约表示都包含在其正则表示 $\mathcal{R}_g$ 中.

证明：设$\mathcal{A}_g$ 为一个不可约表示(带有空间 L). 我们用 l 表示在空间 L 上的一个任意的非零线性函数，并且我们把每个向量 $\boldsymbol{x} \in$ L 关联上得到的函数 $f(h) = l(\mathcal{A}_h(x)) \in \mathrm{M}(G)$(当向量 $\boldsymbol{x}$ 是固定的且元素 h 取遍群 G 的所有可能的值). 显然，通过这种方式，我们得到一个由关系式

$$\mathcal{C}(\boldsymbol{x}) = l(\mathcal{A}_h(\boldsymbol{x})) \tag{14.18}$$

定义的线性变换$\mathcal{C}$:L → M′. 其中M′ 是向量空间 M(G) 的某个子空间. 在此，根据构造，$\mathcal{C}$(L) = M′，即M′ 是变换$\mathcal{C}$的像.

我们将证明以下性质：

(1) 对于所有的元素 $g \in G$ 和向量 $\boldsymbol{x} \in$ L，我们都有关系式

$$(\mathcal{C}\mathcal{A}_g)(\boldsymbol{x}) = (\mathcal{R}_g\mathcal{C})(\boldsymbol{x}) \tag{14.19}$$

(2) 子空间M′ 关于表示$\mathcal{R}_g$ 是不变的.

(3) 变换$\mathcal{C}$是空间 L 和M′ 的一个同构.

比较公式(14.19) 和(14.7)，考虑到剩下的两个性质，我们得出结论，不可约表示$\mathcal{A}_g$等价于由正则表示$\mathcal{R}_g$ 在不变子空间M′ ⊂ M(G) 中诱导出的表示. 根据上面给出的定义，这说明$\mathcal{A}_g$包含于$\mathcal{R}_g$ 中，正如定理陈述中断言的那样.

性质(1) 的证明：我们设$\mathcal{C}(\boldsymbol{x}) = f \in \mathrm{M}(G)$. 那么根据定义，对于每个元素 $h \in G$，都有 $f(h) = l(\mathcal{A}_h(\boldsymbol{x}))$. 应用公式(14.17)，我们得到关系式

$$(\mathcal{R}_g\ \mathcal{C})(\boldsymbol{x}) = \mathcal{R}_g(f) = \varphi \tag{14.20}$$

其中 φ 是在群 G 上的由关系式 $\varphi(h) = l(\mathcal{A}_{hg}(\boldsymbol{x}))$ 定义的函数.

另外，把向量$\mathcal{A}_g(\boldsymbol{x})$ 代入公式(14.18) 中的 $\boldsymbol{x}$，我们得到等式

$$\mathcal{C}(\mathcal{A}_g(\boldsymbol{x})) = (\mathcal{C}\mathcal{A}_g)(\boldsymbol{x}) = \varphi_1(h) \tag{14.21}$$

其中函数$\varphi_1(h)$ 由关系式

$$\varphi_1(h) = l(\mathcal{A}_h\mathcal{A}_g(\boldsymbol{x})) = l(\mathcal{A}_{hg}(\boldsymbol{x}))$$

定义. 并且显然，它与 $\varphi(h)$ 相等. 考虑到 $\varphi(h) = \varphi_1(h)$，我们看到等式(14.10) 和(14.21) 产生了$(\mathcal{C}\mathcal{A}_g)(\boldsymbol{x}) = (\mathcal{R}_g\ \mathcal{C})(\boldsymbol{x})$.

性质(2) 的证明：我们必须证明对于每个元素 $g \in G$，线性变换$\mathcal{R}_g$(M′) 的像包含于M′ 中. 设 $f \in$ M′，即根据像的定义，存在 $\boldsymbol{x} \in$ L，使得 $f = \mathcal{C}(\boldsymbol{x})$. 那么结合上面证明的公式(14.19)，我们有等式

$$\mathcal{R}_g(f) = (\mathcal{R}_g\ \mathcal{C})(\boldsymbol{x}) = (\mathcal{C}\mathcal{A}_g)(\boldsymbol{x}) = \mathcal{C}(\boldsymbol{y})$$

其中向量 $\boldsymbol{y} = \mathcal{A}_g(\boldsymbol{x})$ 在 L 中，根据我们的构造，这说明$\mathcal{R}_g(f)$ ⊂ M′. 这就证明了所要求的包含$\mathcal{R}_g$(M′) ⊂ M′.

性质(3) 的证明：由于通过构造，空间M′ 是变换$\mathcal{C}$:L → M′ 的像，剩下只需证明变换$\mathcal{C}$是双射的，即其核等于($\mathbf{0}$). 这说明我们必须证明通过等式$\mathcal{C}(\boldsymbol{x})$ =

$\mathbf{0}'$(其中 $\mathbf{0}'$ 表示在群 G 上的函数恒等于零)可以得到等式 $\boldsymbol{x}=\mathbf{0}$. 我们用$\mathrm{L}'$表示变换$\mathcal{C}$的核. 如我们所知,它是 L 的一个子空间. 我们来证明L'关于表示$\mathcal{A}_g$是不变的.

事实上,我们假设存在向量 $\boldsymbol{x}\in\mathrm{L}$,使得$\mathcal{C}(\boldsymbol{x})=\mathbf{0}'$,并且我们设 $\boldsymbol{y}=\mathcal{A}_g(\boldsymbol{x})$. 把变换$\mathcal{C}$应用到向量 $\boldsymbol{y}$ 上,考虑到公式(14.19),我们得到

$$\mathcal{C}(\boldsymbol{y})=(\mathcal{C}\mathcal{A}_g(\boldsymbol{x}))=(\mathcal{R}_g\ \mathcal{C})(\boldsymbol{x})=\mathcal{R}_g(\mathcal{C}(\boldsymbol{x}))=\mathcal{R}_g(\mathbf{0}')=\mathbf{0}'$$

但是根据表示$\mathcal{A}_g$的不可约性,现在得到$\mathrm{L}'=\mathrm{L}$或$\mathrm{L}'=(\mathbf{0})$. 前者说明对于所有的 $h\in G$ 和 $\boldsymbol{x}\in\mathrm{L}$,都有 $l(\mathcal{A}_h(\boldsymbol{x}))=\mathbf{0}$. 但即使对 $h=e$,我们也有等式 $l(\mathcal{A}_e(\boldsymbol{x}))=l(\mathcal{E}(\boldsymbol{x}))=l(\boldsymbol{x})=\mathbf{0}(\boldsymbol{x}\in\mathrm{L})$,这是不可能的,因为在变换$\mathcal{C}$的定义中,函数 l 被选为不等于零. 这说明子空间L'等于$(\mathbf{0})$,这就是我们要证明的. □

推论 14.27 一个有限群只有有限个不同(由等价决定)的不可约表示.

例 14.28 设$\mathcal{A}_g$为群 G 的一维恒等表示,那么空间 L 就是一维的. 设 $\boldsymbol{e}$ 是 L 的基. 我们用条件 $l(\alpha\boldsymbol{e})=\alpha$ 来定义函数 l. 对于向量 $\boldsymbol{x}=\alpha\boldsymbol{e}$,公式(14.18)给出了值

$$\mathcal{C}(\alpha\boldsymbol{e})=f,\quad 其中\ f(h)=l(\mathcal{A}_h(\alpha\boldsymbol{e}))=l(\alpha\boldsymbol{e})=\alpha$$

因此向量 $\alpha\boldsymbol{e}$ 关联函数 f,该函数对于所有的 $h\in G$,都取相同的值 α. 显然,这样的常数函数关于正则表示事实上构成一个不变子空间,并且在其中诱导出的表示是恒等表示,如定理 14.26 所断言的那样.

14.4 Abel 群的表示

首先我们回想一下,我们一直假设表示的空间 L 是复的.

定理 14.29 Abel 群的不可约表示是一维的.

证明:设 g 为群 G 的一个不动元素,其相关的线性变换$\mathcal{A}_g$:L→L 至少有一个特征值 λ. 设 $\mathrm{M}\subset\mathrm{L}$ 是对应于特征值 λ 的本征子空间,即所有向量 $\boldsymbol{x}\in\mathrm{L}$ 的集合使得

$$\mathcal{A}_g(\boldsymbol{x})=\lambda\boldsymbol{x}\tag{14.22}$$

根据构造,$\mathrm{M}\neq(\mathbf{0})$. 我们现在要证明 M 是我们的表示的一个不变子空间. 那么,根据表示的不可约性,M=L,于是等式(14.22)将对每个向量 $\boldsymbol{x}\in\mathrm{L}$ 都成立. 换句话说,$\mathcal{A}_g=\lambda\ \mathcal{E}$,并且变换$\mathcal{A}_g$ 的矩阵等于 $\lambda\ \mathcal{E}$. 这种类型的矩阵称为标量矩阵. 对于每个 $g\in G$,这个推理都成立;我们只需注意到公式(14.22)中的特征值 λ 取决于元素 g,而变量的其余部分不取决于它. 由此我们可以得出,所有变换$\mathcal{A}_g$ 的矩阵都是标量矩阵,并且如果 diM $\mathrm{L}>1$,那么空间 L 的每个子空间

都是不变的. 因此,如果一个表示是不可约的,那么它就是一维的.

还需要证明子空间 M 的不变性. 在此,我们将特别使用群 G 的交换性. 设 $\boldsymbol{x}\in$ M,$h\in G$. 我们将证明$\mathcal{A}_h(\boldsymbol{x})\in$ M. 事实上,如果$\mathcal{A}_h(\boldsymbol{x})=\boldsymbol{y}$,那么

$$\mathcal{A}_g(\boldsymbol{y})=\mathcal{A}_g(\mathcal{A}_h(\boldsymbol{x}))=\mathcal{A}_{gh}(\boldsymbol{x})=\mathcal{A}_{hg}(\boldsymbol{x})=\mathcal{A}_h(\mathcal{A}_g(\boldsymbol{x}))=\mathcal{A}_h(\lambda\boldsymbol{x})=\lambda\,\mathcal{A}_h(\boldsymbol{x})=\lambda\boldsymbol{y}$$

即向量 $\boldsymbol{y}$ 属于 M. □

考虑到定理 14.29,Abel 群的每个不可约表示都可以表示为$\mathcal{A}_g=\chi(g)$,其中 $\chi(g)$ 是一个数. 条件(14.1) 可以写成如下形式

$$\chi(g_1 g_2)=\chi(g_1)\chi(g_2) \tag{14.23}$$

定义 14.30 Abel 群 G 上的一个函数 $\chi(g)$ 取复值且满足关系式(14.23),则称为一个特征标.

根据定理 14.29,有限 Abel 群的每个不可约表示都是一个特征标 $\chi(g)$. 另外,根据定理 14.26,这个表示包含于正则表示中. 换句话说,在群 G 上的函数的空间 M(G) 中,存在一个不变子空间M′,在其中,正则表示诱导出一个与我们的表示等价的表示. 因为我们的表示是一维的,所以子空间M′ 也是一维的. 设某个函数 $f\in$ M(G) 是在M′ 中的基. 那么由于在M′ 中由正则表示诱导出的表示有矩阵 $\chi(g)$,且$\mathcal{R}_g(f)(h)=f(hg)$,我们必定有关系式

$$f(hg)=\chi(g)f(h)$$

在这个等式中,我们设 $h=e$,并设 $f(e)=\alpha$. 我们得到 $f(g)=\alpha\chi(g)$,也就是说,我们可以取特征标 χ 本身(事实上,它是在 G 上的一个函数,这说明 $\chi\in$ M(G))作为子空间M′ 的基. 如我们所见,我们于是得到 M(G) = M′ ⊕ M″,其中M″ 也是一个不变子空间. 将类似的参数应用到M″ 和我们沿途得到的所有维数大于 1 的不变子空间,我们最终得到子空间 M(G) 到一维不变子空间的一个直和的分解. 因此,我们证明了下面的结果.

定理 14.31 有限 Abel 群 G 上的函数的空间 M(G) 可以分解为关于正则表示不变的一维子空间的一个直和. 在每个这样的子空间中,可以取某个特征标 $\chi(g)$ 作为基向量. 那么在这个子空间中诱导出的表示的矩阵与这个特征标 $\chi(g)$ 相等.

显然,我们由此建立了群 G 的特征标与在该群上的函数的空间 M(G) 的一维不变子空间之间的一个双射. 事实上,两个不同的特征标χ_1 和χ_2 不能是同一个表示的基向量:这说明

$$\chi_1(g)=\alpha\,\chi_2(g),\quad g\in G$$

在此设 $g=e$,我们得到$\alpha=1$,由于χ_1 和χ_2 是群 G 到$\mathbb{C}$的同态,因此$\chi_1(e)=\chi_2(e)=1$.

因为由推论 14.19，正则表示可以分解为不可约表示的一个直和，所以对于每个有限 Abel 群，我们得到以下结果.

推论 14.32 特征标构成了在群 G 上的函数的空间 $\mathrm{M}(G)$ 的一组基.

这一结论可以重新表述如下.

推论 14.33 群 G 的不同特征标的个数等于群的阶.

这是从推论 14.32 和空间 $\mathrm{M}(G)$ 的维数等于群 G 的阶这一事实而来的.

推论 14.34 在群 G 上的每个函数都是特征标的一个线性组合.

例 14.35 设 $G=\{g\}$ 为一个有限 n 阶循环群，$g^n=e$. 我们用 $\xi_0,\cdots,\xi_{n-1}$ 表示 1 的不同的 n 次根，并且我们设

$$\chi_i(g^k)=\xi_i^k,\quad k=0,1,\cdots,n-1$$

容易验证，χ_i 是群 G 的一个特征标，并且与 1 的不同的 n 次根 ξ_i 对应的特征标 χ_i 本身是不同的. 由于它们的个数等于 $|G|$，它们必定是群 G 的所有特征标. 由推论 14.32，它们构成了空间 $\mathrm{M}(G)$ 的一组基. 换句话说，在一个 n 维空间中，对应于 1 的 n 次根的向量 $1,\xi_i,\cdots,\xi_i^{n-1}$ 构成一组基. 这也可以通过计算由这些向量的坐标构成的行列式(作为 Vandermonde 行列式，见第 49 页) 来直接验证.

例 14.36 我们用 S 表示圆在平面上的旋转的群. 群 S 的元素对应圆的点：如果我们把一个实数 φ 关联圆的点(带有幅角 φ)，那么圆的任意一点将关联一些数，这些数之间相差 2π 的一个整数倍. 因此，这个群 S 常被称为圆群.

在选取某个整数 m 之后，我们把圆 S(带有幅角 φ) 的点 t 关联数 $\cos m\varphi+\mathrm{i}\sin m\varphi$(其中 i 是虚数单位). 显然，对 φ 加上 2π 的一个整数倍不会改变这个数，这说明它是唯一由点 $t\in S$ 定义的. 我们设

$$\chi_m(t)=\cos m\varphi+\mathrm{i}\sin m\varphi,\quad m=0,\pm 1,\pm 2,\cdots \tag{14.24}$$

不难验证，函数 $\chi_m(t)$ 是群 S 的一个特征标. 对于一个无限群(比如 S)，除了要求(14.23) 之外，在特征标的定义中引入函数 $\chi_m(t)$ 是连续的，这样的要求是很自然的. 对群 S 有这样要求的原因是：函数 $\chi_m(t)$ 的实部和虚部必须是连续函数.

可以证明，由公式(14.24) 定义的特征标 $\chi_m(t)$ 是连续的，并且它们包含圆的所有连续特征标. 这在很大程度上解释了三角函数 $\cos m\varphi$ 和 $\sin m\varphi$ 在数学中的作用：它们是圆的连续特征标的实部和虚部.

推论 14.34 断言，在有限 Abel 群上的每个函数都可以表示为特征标的一个线性组合. 在无限群(比如 S) 的情形中，一些解析限制(我们将不在此明确指出) 自然地强加在这样的函数上. 我们只提及在群 S 上的函数的重要性. 这样一个函数 $f(t)$ 可以表示为点 $t\in S$ 的幅角 φ 的一个函数 $F(\varphi)$. 然而，它必不取决

于点 t 的幅角 φ 的选取，也就是说，在对 φ 加上 2π 的一个整数倍的条件下，它必不变. 换句话说，$F(\varphi)$ 必定是周期为 2π 的一个周期函数. 对于群 S 的推论 14.34 的类比断言，这样一个函数可以表示为函数 $\chi_m(\varphi)$ $(m=0, \pm 1, \pm 2, \cdots)$ 的一个线性组合(在给定的情形中是无限的). 换句话说，这是一个关于周期函数(带有某些解析限制)可以分解为一个 Fourier 级数的定理.

参考文献

我们首先回顾一下这本书所基于的讲座的时候那些流行的书籍. 这些书中有许多已经再版,我们也尽量提供其最新可获取版本的信息.

1. I. M. Gelfand, *Lectures on Linear Algebra* (Dover, New York, 1989)

2. A. G. Kurosh, *Linear Equations from a Course of Higher Algebra* (Oregon State University Press, Corvallis, 1969)

3. F. R. Gantmacher, *The Theory of Matrices* (American Mathematical Society, Chelsea, 1959)

4. A. I. Malcev, *Foundations of Linear Algebra* (Freeman, New York, 1963)

5. P. R. Halmos, *Finite-Dimensional Vector Spaces* (Springer, New York, 1974)

6. G. E. Shilov, *Mathematical Analysis: A Special Course* (Pergamon, Elmsford, 1965)

7. O. Schreier, E. Sperner, *Introduction to Modern Algebra and Matrix Theory*, 2nd edn. (Dover, New York, 2011)

8. O. Schreier, E. Sperner, *Einführung in die analytische Geometrie und Algebra* (Teubner, Leipzig, 1931)

希洛夫的书尤其值得关注的是它有大量的分析方面的应用. 我也推荐以下书籍. 然而,它们简洁的陈述和抽象的方法使它们远远超出了一般学生的学习能力.

9. B. L. Van der Waerden, *Algebra* (Springer, New York, 2003)

10. N. Bourbaki, *Algebra* I (Springer, Berlin, 1998)

11. N. Bourbaki, *Algebra* II (Springer, Berlin, 2003)

从给出本书所基于的讲座以来,出现了许多这个科目的书,此处,我们只给出一部分.

12. E. B. Vinberg, *A Course in Algebra* (American Mathematical Society, Providence, 2003)

13. A. I. Kostrikin, Yu. I. Manin, *Linear Algebra and Geometry* (CRC Press, Boca Raton, 1989)

14. A. I. Kostrikin, *Exercises in Algebra: A Collection of Exercises* (CRC Press, Boca Raton, 1996)

15. S. Lang, *Algebra* (Springer, 1992)

16. M. M. Postnikov, *Lectures in Geometry: Semester* 2 (Mir, Moscow, 1982)

17. D. K. Faddeev, *Lectures on Algebra* (Lan, St. Petersburg, 2005) (俄文)

18. R. A. Horn, C. R. Johnson, *Matrix Analysis* (Cambridge University Press, Cambridge 1990)

Roger A. Horn, Charles R · Johnson, 矩阵分析(原书第 2 版)(机械工业出版社, 2014)

关于力学的应用,见上文提到的甘特马赫尔的《矩阵论》一书和以下的书.

19. F. R. Gantmacher, *Oscillation Matrices and Kernels and Small Vibrations of Mechanical Systems* (American Mathematical Society, Providence, 2002)

我们在这门课中简要地提到过与微分几何的关系,例如,在以下的书中作出了描述.

20. A. S. Mishchenko, A. T. Fomenko, *A Course of Differential Geometry and Topology* (Mir, Moscow, 1988)

在介绍罗巴切夫斯基的双曲几何时,我们大部分都遵循下面的小册子.

21. B. N. Delone, *Elementary Proof of the Consistency of Hyperbolic Geometry* (State Technical Press, Moscow, 1956) (俄文)

所有我们略去证明的关于几何基础的结果都包含于下列书籍。

22. N. Yu. Netsvetaev, A. D. Alexandrov, *Geometry* (Nauka, Fizmatlit, Moscow, 1990)

23. N. V. Efimov, *Higher Geometry* (Mir, Moscow, 1980)

本书中简要提到的关于解析几何的事实,如与二次曲面理论的联系,可在以下书籍中找到.

24. P. Dandelin, *Mémoire sur l'hyperboloïde de révolution, et sur les hexagons de Pascal et de M. Brianchon. Nouveaux mémoires de l'Académie Royale des Sciences et Belles-Lettres de Bruxelles*, T. III (1826), pp. 3-16

25. B. N. Delone, D. A. Raikov, *Analytic Geometry* (State Technical Press, MoscowLeningrad, 1949) (俄文)

26. P. S. Alexandrov, *Lectures in Analytic Geometry* (Nauka, Fizmatlit, Moscow, 1968) (俄文)

27. D. Hilbert, S. Cohn-Vossen, *Geometry and the Imagination* (AMS, Chelsea, 1999)

28. A. P. Veselov, E. V. Troitsky, *Lectures in Analytic Geometry* (Lan, St. Petersburg, 2003) (俄文)

罗巴切夫斯基的双曲几何与射影几何的其他分支之间的联系在以下书中做了详细的描述.

29. F. Klein, *Nicht-Euklidische Geometrie* (Göttingen, 1893). Reprinted by AMS, Chelsea, 2000

关于表示论,推荐下面这本书.

30. J. -P. Serre, *Linear Representations of Finite Groups* (Springer, Berlin, 1977)

后　记

在此,我们将介绍本书中讨论的概念出现的简要时间顺序. 数学思想的发展一般是这样进行的:一些概念逐渐形成于其他概念中. 因此,一般不可能精确地确定某些独特思想的起源. 我们仅指出里程碑式的事件,并且不言而喻,只能粗略地这么做. 特别地,我们将把视野限定于西欧数学.

当然,主要的激励来源于 17 世纪由 Fermat 和 Descartes 对解析几何的创造. 这使得用数字(1,2 或 3)来指定点(在直线上、平面中和三维空间中)成为可能,用方程来指定曲线和曲面,并根据方程的代数性质对它们进行分类. 在这方面,线性变换在 18 世纪被频繁用到(特别是欧拉).

行列式(特别是作为求 n 个未知数的 n 个线性方程的方程组的解的一个符号系统)是 Leibniz 在 17 世纪提出来的(即便只是在一封私人信件中),并在 18 世纪由 Gabriel Gramer 做了详细的研究. 有趣的是,它们是在行列式的"一般展开"这个规则的基础上构造的,即定义它们的最复杂(我们在第 2 章中考虑过)的方式的基础上构造的. 这个定义是"根据经验"发现的,也就是说,是根据二元和三元线性方程组的解的公式猜想出来的. 行列式在 19 世纪(特别是在 Cauchy 和 Jacobi 的工作中)得到了广泛的使用.

"多维度"的概念,即从一个、二个和三个坐标到任意多个的过渡,是由力学的发展激发的,其中人们会考虑具有任意多个自由度的系统. 将几何直觉和概念扩展到这种情形的想法是由 Cayley 和 Grassmann 在 19 世纪系统地发展的. 与此同时,显然,人们必须研究任意维空间中的二次曲面(Jacobi 和 Sylvester 在 19 世纪研究过). 事实上,Euler 早已考虑过这个问题.

早在 19 世纪,在 Hamilton 和 Cayley 的工作中就出现了对由一组抽象公理定义的概念(群、环、代数、域)的研究,但它在 20 世纪才达到了鼎盛时期,主要是在 Emmy Noether 和 Emil Artin 的学派中.

射影空间的概念最初是在 17 世纪由 Desargues 和 Pascal 进行研究的,但在这个方向上的系统的工作直到 19 世纪才开始,开始于 Poncelet 的工作.

本书中给出的向量空间和 Euclid 空间的公理化定义最终打破了坐标的主导地位. 它最初几乎同时由 Hermann Weyl 和 John von Neumann 严格表述

的，他们都是由物理问题的研究中得到的. 于是，量子力学的两个版本被创造出来：Schrödinger 的“波动力学”和 Heisenberg 的“矩阵力学”. 有必要弄清楚的是，在某种意义上，它们完全是一回事.

数学家不仅发展了 Euclid 空间和向量空间的公理化理论，还证明了量子力学的理论与两个同构空间有关. 然而，这些理论与我们在这本书中展现的理论的不同之处是它们是在无限维空间中起作用的. 在任何情况下，对于有限维空间，存在一个不变量(即独立于坐标的选取)理论，到目前为止已被普遍接受.

在第 11 章中充分地讨论了公理化方法在几何中的引入，专门讨论了 Lobachevsky 的双曲几何. 该研究始于 19 世纪末，但它们在数学上的决定性影响始于 20 世纪初，其中心人物是 Hilbert. 例如，他对几何直觉在许多分析的问题上的应用做出了贡献.

刘培杰数学工作室
已出版(即将出版)图书目录——高等数学

书　　名	出版时间	定　价	编号
距离几何分析导引	2015—02	68.00	446
大学几何学	2017—01	78.00	688
关于曲面的一般研究	2016—11	48.00	690
近世纯粹几何学初论	2017—01	58.00	711
拓扑学与几何学基础讲义	2017—04	58.00	756
物理学中的几何方法	2017—06	88.00	767
几何学简史	2017—08	28.00	833
微分几何学历史概要	2020—07	58.00	1194
解析几何学史	2022—03	58.00	1490
曲面的数学	2024—01	98.00	1699

书　　名	出版时间	定　价	编号
复变函数引论	2013—10	68.00	269
伸缩变换与抛物旋转	2015—01	38.00	449
无穷分析引论(上)	2013—04	88.00	247
无穷分析引论(下)	2013—04	98.00	245
数学分析	2014—04	28.00	338
数学分析中的一个新方法及其应用	2013—01	38.00	231
数学分析例选:通过范例学技巧	2013—01	88.00	243
高等代数例选:通过范例学技巧	2015—06	88.00	475
基础数论例选:通过范例学技巧	2018—09	58.00	978
三角级数论(上册)(陈建功)	2013—01	38.00	232
三角级数论(下册)(陈建功)	2013—01	48.00	233
三角级数论(哈代)	2013—06	48.00	254
三角级数	2015—07	28.00	263
超越数	2011—03	18.00	109
三角和方法	2011—03	18.00	112
随机过程(Ⅰ)	2014—01	78.00	224
随机过程(Ⅱ)	2014—01	68.00	235
算术探索	2011—12	158.00	148
组合数学	2012—04	28.00	178
组合数学浅谈	2012—03	28.00	159
分析组合学	2021—09	88.00	1389
丢番图方程引论	2012—03	48.00	172
拉普拉斯变换及其应用	2015—02	38.00	447
高等代数.上	2016—01	38.00	548
高等代数.下	2016—01	38.00	549
高等代数教程	2016—01	58.00	579
高等代数引论	2020—07	48.00	1174
数学解析教程.上卷.1	2016—01	58.00	546
数学解析教程.上卷.2	2016—01	38.00	553
数学解析教程.下卷.1	2017—04	48.00	781
数学解析教程.下卷.2	2017—06	48.00	782
数学分析.第1册	2021—03	48.00	1281
数学分析.第2册	2021—03	48.00	1282
数学分析.第3册	2021—03	28.00	1283
数学分析精选习题全解.上册	2021—03	38.00	1284
数学分析精选习题全解.下册	2021—03	38.00	1285
数学分析专题研究	2021—11	68.00	1574
实分析中的问题与解答	2024—06	98.00	1737
函数构造论.上	2016—01	38.00	554
函数构造论.中	2017—06	48.00	555
函数构造论.下	2016—09	48.00	680
函数逼近论(上)	2019—02	98.00	1014
概周期函数	2016—01	48.00	572
变叙的项的极限分布律	2016—01	18.00	573
整函数	2012—08	18.00	161
近代拓扑学研究	2013—04	38.00	239
多项式和无理数	2008—01	68.00	22
密码学与数论基础	2021—01	28.00	1254

刘培杰数学工作室
已出版(即将出版)图书目录——高等数学

书　　名	出版时间	定　价	编号
模糊数据统计学	2008－03	48.00	31
模糊分析学与特殊泛函空间	2013－01	68.00	241
常微分方程	2016－01	58.00	586
平稳随机函数导论	2016－03	48.00	587
量子力学原理.上	2016－01	38.00	588
图与矩阵	2014－08	40.00	644
钢丝绳原理:第二版	2017－01	78.00	745
代数拓扑和微分拓扑简史	2017－06	68.00	791
半序空间泛函分析.上	2018－06	48.00	924
半序空间泛函分析.下	2018－06	68.00	925
概率分布的部分识别	2018－07	68.00	929
Cartan 型单模李超代数的上同调及极大子代数	2018－07	38.00	932
纯数学与应用数学若干问题研究	2019－03	98.00	1017
数理金融学与数理经济学若干问题研究	2020－07	98.00	1180
清华大学"工农兵学员"微积分课本	2020－09	48.00	1228
力学若干基本问题的发展概论	2023－04	58.00	1262
Banach 空间中前后分离算法及其收敛率	2023－06	98.00	1670
基于广义加法的数学体系	2024－03	168.00	1710
向量微积分、线性代数和微分形式:统一方法:第 5 版	2024－03	78.00	1707
向量微积分、线性代数和微分形式:统一方法:第 5 版:习题解答	2024－03	48.00	1708

受控理论与解析不等式	2012－05	78.00	165
不等式的分拆降维降幂方法与可读证明(第 2 版)	2020－07	78.00	1184
石焕南文集:受控理论与不等式研究	2020－09	198.00	1198

实变函数论	2012－06	78.00	181
复变函数论	2015－08	38.00	504
非光滑优化及其变分分析(第 2 版)	2024－05	68.00	230
疏散的马尔科夫链	2014－01	58.00	266
马尔科夫过程论基础	2015－01	28.00	433
初等微分拓扑学	2012－07	18.00	182
方程式论	2011－03	38.00	105
Galois 理论	2011－03	18.00	107
古典数学难题与伽罗瓦理论	2012－11	58.00	223
伽罗华与群论	2014－01	28.00	290
代数方程的根式解及伽罗瓦理论	2011－03	28.00	108
代数方程的根式解及伽罗瓦理论(第二版)	2015－01	28.00	423
线性偏微分方程讲义	2011－03	18.00	110
几类微分方程数值方法的研究	2015－05	38.00	485
分数阶微分方程理论与应用	2020－05	95.00	1182
N 体问题的周期解	2011－03	28.00	111
代数方程式论	2011－05	18.00	121
线性代数与几何:英文	2016－06	58.00	578
动力系统的不变量与函数方程	2011－07	48.00	137
基于短语评价的翻译知识获取	2012－02	48.00	168
应用随机过程	2012－04	48.00	187
概率论导引	2012－04	18.00	179
矩阵论(上)	2013－06	58.00	250
矩阵论(下)	2013－06	48.00	251
对称锥互补问题的内点法:理论分析与算法实现	2014－08	68.00	368
抽象代数:方法导引	2013－06	38.00	257
集论	2016－01	48.00	576
多项式理论研究综述	2016－01	38.00	577
函数论	2014－11	78.00	395
反问题的计算方法及应用	2011－11	28.00	147
数阵及其应用	2012－02	28.00	164
绝对值方程—折边与组合图形的解析研究	2012－07	48.00	186
代数函数论(上)	2015－07	38.00	494
代数函数论(下)	2015－07	38.00	495

刘培杰数学工作室
已出版(即将出版)图书目录——高等数学

书　　名	出版时间	定　价	编号
偏微分方程论:法文	2015－10	48.00	533
粒子图像测速仪实用指南:第二版	2017－08	78.00	790
数域的上同调	2017－08	98.00	799
图的正交因子分解(英文)	2018－01	38.00	881
图的度因子和分支因子:英文	2019－09	88.00	1108
点云模型的优化配准方法研究	2018－07	58.00	927
锥形波入射粗糙表面反散射问题理论与算法	2018－03	68.00	936
广义逆的理论与计算	2018－07	58.00	973
不定方程及其应用	2018－12	58.00	998
几类椭圆型偏微分方程高效数值算法研究	2018－08	48.00	1025
现代密码算法概论	2019－05	98.00	1061
模形式的 p－进性质	2019－06	78.00	1088
混沌动力学:分形、平铺、代换	2019－09	48.00	1109
微分方程,动力系统与混沌引论:第 3 版	2020－05	65.00	1144
分数阶微分方程理论与应用	2020－05	95.00	1187
应用非线性动力系统与混沌导论:第 2 版	2021－05	58.00	1368
非线性振动,动力系统与向量场的分支	2021－06	55.00	1369
遍历理论引论	2021－11	46.00	1441
动力系统与混沌	2022－05	48.00	1485
Galois 上同调	2020－04	138.00	1131
毕达哥拉斯定理:英文	2020－03	38.00	1133
模糊可拓多属性决策理论与方法	2021－06	98.00	1357
统计方法和科学推断	2021－10	48.00	1428
有关几类种群生态学模型的研究	2022－04	98.00	1486
加性数论:典型基	2022－05	48.00	1491
加性数论:反问题与和集的几何	2023－08	58.00	1672
乘性数论:第三版	2022－07	38.00	1528
交替方向乘子法及其应用	2022－08	98.00	1553
结构元理论及模糊决策应用	2022－09	98.00	1573
随机微分方程和应用:第二版	2022－12	48.00	1580

吴振奎高等数学解题真经(概率统计卷)	2012－01	38.00	149
吴振奎高等数学解题真经(微积分卷)	2012－01	68.00	150
吴振奎高等数学解题真经(线性代数卷)	2012－01	58.00	151
高等数学解题全攻略(上卷)	2013－06	58.00	252
高等数学解题全攻略(下卷)	2013－06	58.00	253
高等数学复习纲要	2014－01	18.00	384
数学分析历年考研真题解析.第一卷	2021－04	38.00	1288
数学分析历年考研真题解析.第二卷	2021－04	38.00	1289
数学分析历年考研真题解析.第三卷	2021－04	38.00	1290
数学分析历年考研真题解析.第四卷	2022－09	68.00	1560
数学分析历年考研真题解析.第五卷	2024－10	58.00	1773
数学分析历年考研真题解析.第六卷	2024－10	68.00	1774
硕士研究生入学考试数学试题及解答.第 1 卷	2024－01	58.00	1703
硕士研究生入学考试数学试题及解答.第 2 卷	2024－04	68.00	1704
硕士研究生入学考试数学试题及解答.第 3 卷	即将出版		1705

超越吉米多维奇.数列的极限	2009－11	48.00	58
超越普里瓦洛夫.留数卷	2015－01	48.00	437
超越普里瓦洛夫.无穷乘积与它对解析函数的应用卷	2015－05	28.00	477
超越普里瓦洛夫.积分卷	2015－06	18.00	481
超越普里瓦洛夫.基础知识卷	2015－06	28.00	482
超越普里瓦洛夫.数项级数卷	2015－07	38.00	489
超越普里瓦洛夫.微分、解析函数、导数卷	2018－01	48.00	852

统计学专业英语(第三版)	2015－04	68.00	465
代换分析:英文	2015－07	38.00	499

刘培杰数学工作室
已出版(即将出版)图书目录——高等数学

书　　名	出版时间	定　价	编号
历届美国大学生数学竞赛试题集.第一卷(1938—1949)	2015－01	28.00	397
历届美国大学生数学竞赛试题集.第二卷(1950—1959)	2015－01	28.00	398
历届美国大学生数学竞赛试题集.第三卷(1960—1969)	2015－01	28.00	399
历届美国大学生数学竞赛试题集.第四卷(1970—1979)	2015－01	18.00	400
历届美国大学生数学竞赛试题集.第五卷(1980—1989)	2015－01	28.00	401
历届美国大学生数学竞赛试题集.第六卷(1990—1999)	2015－01	28.00	402
历届美国大学生数学竞赛试题集.第七卷(2000—2009)	2015－08	18.00	403
历届美国大学生数学竞赛试题集.第八卷(2010—2012)	2015－01	18.00	404
超越普特南试题:大学数学竞赛中的方法与技巧	2017－04	98.00	758
历届国际大学生数学竞赛试题集(1994－2020)	2021－01	58.00	1252
历届美国大学生数学竞赛试题集(全3册)	2023－10	168.00	1693
全国大学生数学夏令营数学竞赛试题及解答	2007－03	28.00	15
全国大学生数学竞赛辅导教程	2012－07	28.00	189
全国大学生数学竞赛复习全书(第2版)	2017－05	58.00	787
历届美国大学生数学竞赛试题集	2009－03	88.00	43
前苏联大学生数学奥林匹克竞赛题解(上编)	2012－04	28.00	169
前苏联大学生数学奥林匹克竞赛题解(下编)	2012－04	38.00	170
大学生数学竞赛讲义	2014－09	28.00	371
大学生数学竞赛教程——高等数学(基础篇、提高篇)	2018－09	128.00	968
普林斯顿大学数学竞赛	2016－06	38.00	669
高等数学竞赛:1962—1991年米克洛什·施外策竞赛	2024－09	128.00	1743
考研高等数学高分之路	2020－10	45.00	1203
考研高等数学基础必刷	2021－01	45.00	1251
考研概率论与数理统计	2022－06	58.00	1522
越过211,刷到985:考研数学二	2019－10	68.00	1115
初等数论难题集(第一卷)	2009－05	68.00	44
初等数论难题集(第二卷)(上、下)	2011－02	128.00	82,83
数论概貌	2011－03	18.00	93
代数数论(第二版)	2013－08	58.00	94
代数多项式	2014－06	38.00	289
初等数论的知识与问题	2011－02	28.00	95
超越数论基础	2011－03	28.00	96
数论初等教程	2011－03	28.00	97
数论基础	2011－03	18.00	98
数论基础与维诺格拉多夫	2014－03	18.00	292
解析数论基础	2012－08	28.00	216
解析数论基础(第二版)	2014－01	48.00	287
解析数论问题集(第二版)(原版引进)	2014－05	88.00	343
解析数论问题集(第二版)(中译本)	2016－04	88.00	607
解析数论基础(潘承洞,潘承彪著)	2016－07	98.00	673
解析数论导引	2016－07	58.00	674
数论入门	2011－03	38.00	99
代数数论入门	2015－03	38.00	448
数论开篇	2012－07	28.00	194
解析数论引论	2011－03	48.00	100
Barban Davenport Halberstam 均值和	2009－01	40.00	33
基础数论	2011－03	28.00	101
初等数论100例	2011－05	18.00	122
初等数论经典例题	2012－07	18.00	204
最新世界各国数学奥林匹克中的初等数论试题(上、下)	2012－01	138.00	144,145
初等数论(Ⅰ)	2012－01	18.00	156
初等数论(Ⅱ)	2012－01	18.00	157
初等数论(Ⅲ)	2012－01	28.00	158

刘培杰数学工作室
已出版(即将出版)图书目录——高等数学

书　　名	出版时间	定　价	编号
Gauss,Euler,Lagrange 和 Legendre 的遗产:把整数表示成平方和	2022－06	78.00	1540
平面几何与数论中未解决的新老问题	2013－01	68.00	229
代数数论简史	2014－11	28.00	408
代数数论	2015－09	88.00	532
代数、数论及分析习题集	2016－11	98.00	695
数论导引提要及习题解答	2016－01	48.00	559
素数定理的初等证明.第2版	2016－09	48.00	686
数论中的模函数与狄利克雷级数(第二版)	2017－11	78.00	837
数论:数学导引	2018－01	68.00	849
域论	2018－04	68.00	884
代数数论(冯克勤　编著)	2018－04	68.00	885
范氏大代数	2019－02	98.00	1016
高等算术:数论导引:第八版	2023－04	78.00	1689
新编640个世界著名数学智力趣题	2014－01	88.00	242
500个最新世界著名数学智力趣题	2008－06	48.00	3
400个最新世界著名数学最值问题	2008－09	48.00	36
500个世界著名数学征解问题	2009－06	48.00	52
400个中国最佳初等数学征解老问题	2010－01	48.00	60
500个俄罗斯数学经典老题	2011－01	28.00	81
1000个国外中学物理好题	2012－04	48.00	174
300个日本高考数学题	2012－05	38.00	142
700个早期日本高考数学试题	2017－02	88.00	752
500个前苏联早期高考数学试题及解答	2012－05	28.00	185
546个早期俄罗斯大学生数学竞赛题	2014－03	38.00	285
548个来自美苏的数学好问题	2014－11	28.00	396
20所苏联著名大学早期入学试题	2015－02	18.00	452
161道德国工科大学生必做的微分方程习题	2015－05	28.00	469
500个德国工科大学生必做的高数习题	2015－06	28.00	478
360个数学竞赛问题	2016－08	58.00	677
德国讲义日本考题.微积分卷	2015－04	48.00	456
德国讲义日本考题.微分方程卷	2015－04	38.00	457
二十世纪中叶中、英、美、日、法、俄高考数学试题精选	2017－06	38.00	783
博弈论精粹	2008－03	58.00	30
博弈论精粹.第二版(精装)	2015－01	88.00	461
数学　我爱你	2008－01	28.00	20
精神的圣徒　别样的人生——60位中国数学家成长的历程	2008－09	48.00	39
数学史概论	2009－06	78.00	50
数学史概论(精装)	2013－03	158.00	272
数学史选讲	2016－01	48.00	544
斐波那契数列	2010－02	28.00	65
数学拼盘和斐波那契魔方	2010－07	38.00	72
斐波那契数列欣赏	2011－01	28.00	160
数学的创造	2011－02	48.00	85
数学美与创造力	2016－01	48.00	595
数海拾贝	2016－01	48.00	590
数学中的美	2011－02	38.00	84
数论中的美学	2014－12	38.00	351
数学王者　科学巨人——高斯	2015－01	28.00	428
振兴祖国数学的圆梦之旅:中国初等数学研究史话	2015－06	98.00	490
二十世纪中国数学史料研究	2015－10	48.00	536
数字谜、数阵图与棋盘覆盖	2016－01	58.00	298
时间的形状	2016－01	38.00	556
数学发现的艺术:数学探索中的合情推理	2016－07	58.00	671
活跃在数学中的参数	2016－07	48.00	675

刘培杰数学工作室
已出版(即将出版)图书目录——高等数学

书　　名	出版时间	定　价	编号
格点和面积	2012－07	18.00	191
射影几何趣谈	2012－04	28.00	175
斯潘纳尔引理——从一道加拿大数学奥林匹克试题谈起	2014－01	28.00	228
李普希兹条件——从几道近年高考数学试题谈起	2012－10	18.00	221
拉格朗日中值定理——从一道北京高考试题的解法谈起	2015－10	18.00	197
闵科夫斯基定理——从一道清华大学自主招生试题谈起	2014－01	28.00	198
哈尔测度——从一道冬令营试题的背景谈起	2012－08	28.00	202
切比雪夫逼近问题——从一道中国台北数学奥林匹克试题谈起	2013－04	38.00	238
伯恩斯坦多项式与贝齐尔曲面——从一道全国高中数学联赛试题谈起	2013－03	38.00	236
卡塔兰猜想——从一道普特南竞赛试题谈起	2013－06	18.00	256
麦卡锡函数和阿克曼函数——从一道前南斯拉夫数学奥林匹克试题谈起	2012－08	18.00	201
贝蒂定理与拉姆贝克莫斯尔定理——从一个拣石子游戏谈起	2012－08	18.00	217
皮亚诺曲线和豪斯道夫分球定理——从无限集谈起	2012－08	18.00	211
平面凸图形与凸多面体	2012－10	28.00	218
斯坦因豪斯问题——从一道二十五省市自治区中学数学竞赛试题谈起	2012－07	18.00	196
纽结理论中的亚历山大多项式与琼斯多项式——从一道北京市高一数学竞赛试题谈起	2012－07	28.00	195
原则与策略——从波利亚"解题表"谈起	2013－04	38.00	244
转化与化归——从三大尺规作图不能问题谈起	2012－08	28.00	214
代数几何中的贝祖定理(第一版)——从一道 IMO 试题的解法谈起	2013－08	18.00	193
成功连贯理论与约当块理论——从一道比利时数学竞赛试题谈起	2012－04	18.00	180
素数判定与大数分解	2014－08	18.00	199
置换多项式及其应用	2012－10	18.00	220
椭圆函数与模函数——从一道美国加州大学洛杉矶分校(UCLA)博士资格考题谈起	2012－10	28.00	219
差分方程的拉格朗日方法——从一道 2011 年全国高考理科试题的解法谈起	2012－08	28.00	200
力学在几何中的一些应用	2013－01	38.00	240
高斯散度定理、斯托克斯定理和平面格林定理——从一道国际大学生数学竞赛试题谈起	即将出版		
康托洛维奇不等式——从一道全国高中联赛试题谈起	2013－03	28.00	337
拉克斯定理和阿廷定理——从一道 IMO 试题的解法谈起	2014－01	58.00	246
毕卡大定理——从一道美国大学数学竞赛试题谈起	2014－07	18.00	350
拉格朗日乘子定理——从一道 2005 年全国高中联赛试题的高等数学解法谈起	2015－05	28.00	480
雅可比定理——从一道日本数学奥林匹克试题谈起	2013－04	48.00	249
李天岩－约克定理——从一道波兰数学竞赛试题谈起	2014－06	28.00	349
受控理论与初等不等式:从一道 IMO 试题的解法谈起	2023－03	48.00	1601
布劳维不动点定理——从一道前苏联数学奥林匹克试题谈起	2014－01	38.00	273
莫德尔－韦伊定理——从一道日本数学奥林匹克试题谈起	2024－10	48.00	1602
斯蒂尔杰斯积分——从一道国际大学生数学竞赛试题的解法谈起	2024－10	68.00	1605

刘培杰数学工作室
已出版(即将出版)图书目录——高等数学

书　　名	出版时间	定　价	编号
切博塔廖夫猜想——从一道1978年全国高中数学竞赛试题谈起	2024－10	38.00	1606
卡西尼卵形线——从一道高中数学期中考试试题谈起	2024－10	48.00	1607
格罗斯问题——亚纯函数的唯一性问题	2024－10	48.00	1608
布格尔问题——从一道第6届全国中学生物理竞赛预赛试题谈起	2024－09	68.00	1609
多项式逼近问题——从一道美国大学生数学竞赛试题谈起	2024－10	48.00	1748
中国剩余定理:总数法构建中国历史年表	2015－01	28.00	430
牛顿程序与方程求根——从一道全国高考试题解法谈起	即将出版		
库默尔定理——从一道IMO预选试题谈起	即将出版		
卢丁定理——从一道冬令营试题的解法谈起	即将出版		
沃斯滕霍姆定理——从一道IMO预选试题谈起	即将出版		
卡尔松不等式——从一道莫斯科数学奥林匹克试题谈起	即将出版		
信息论中的香农熵——从一道近年高考压轴题谈起	即将出版		
约当不等式——从一道希望杯竞赛试题谈起	即将出版		
拉比诺维奇定理	即将出版		
刘维尔定理——从一道《美国数学月刊》征解问题的解法谈起	即将出版		
卡塔兰恒等式与级数求和——从一道IMO试题的解法谈起	即将出版		
勒让德猜想与素数分布——从一道爱尔兰竞赛试题谈起	即将出版		
天平称重与信息论——从一道基辅市数学奥林匹克试题谈起	即将出版		
哈密尔顿－凯莱定理:从一道高中数学联赛试题的解法谈起	2014－09	18.00	376
艾思特曼定理——从一道CMO试题的解法谈起	即将出版		
一个爱尔特希问题——从一道西德数学奥林匹克试题谈起	即将出版		
有限群中的爱丁格尔问题——从一道北京市初中二年级数学竞赛试题谈起	即将出版		
糖水中的不等式——从初等数学到高等数学	2019－07	48.00	1093
帕斯卡三角形	2014－03	18.00	294
蒲丰投针问题——从2009年清华大学的一道自主招生试题谈起	2014－01	38.00	295
斯图姆定理——从一道“华约”自主招生试题的解法谈起	2014－01	18.00	296
许瓦兹引理——从一道加利福尼亚大学伯克利分校数学系博士生试题谈起	2014－08	18.00	297
拉姆塞定理——从王诗宬院士的一个问题谈起	2016－04	48.00	299
坐标法	2013－12	28.00	332
数论三角形	2014－04	38.00	341
毕克定理	2014－07	18.00	352
数林掠影	2014－09	48.00	389
我们周围的概率	2014－10	38.00	390
凸函数最值定理:从一道华约自主招生题的解法谈起	2014－10	28.00	391
易学与数学奥林匹克	2014－10	38.00	392
生物数学趣谈	2015－01	18.00	409
反演	2015－01	28.00	420
因式分解与圆锥曲线	2015－01	18.00	426
轨迹	2015－01	28.00	427
面积原理:从常庚哲命的一道CMO试题的积分解法谈起	2015－01	48.00	431
形形色色的不动点定理:从一道28届IMO试题谈起	2015－01	38.00	439
柯西函数方程:从一道上海交大自主招生的试题谈起	2015－02	28.00	440

刘培杰数学工作室
已出版(即将出版)图书目录——高等数学

书名	出版时间	定价	编号
三角恒等式	2015—02	28.00	442
无理性判定:从一道 2014 年“北约”自主招生试题谈起	2015—01	38.00	443
数学归纳法	2015—03	18.00	451
极端原理与解题	2015—04	28.00	464
法雷级数	2014—08	18.00	367
摆线族	2015—01	38.00	438
函数方程及其解法	2015—05	38.00	470
含参数的方程和不等式	2012—09	28.00	213
希尔伯特第十问题	2016—01	38.00	543
无穷小量的求和	2016—01	28.00	545
切比雪夫多项式:从一道清华大学金秋营试题谈起	2016—01	38.00	583
泽肯多夫定理	2016—03	38.00	599
代数等式证题法	2016—01	28.00	600
三角等式证题法	2016—01	28.00	601
吴大任教授藏书中的一个因式分解公式:从一道美国数学邀请赛试题的解法谈起	2016—06	28.00	656
易卦——类万物的数学模型	2017—08	68.00	838
“不可思议”的数与数系可持续发展	2018—01	38.00	878
最短线	2018—01	38.00	879
从毕达哥拉斯到怀尔斯	2007—10	48.00	9
从迪利克雷到维斯卡尔迪	2008—01	48.00	21
从哥德巴赫到陈景润	2008—05	98.00	35
从庞加莱到佩雷尔曼	2011—08	138.00	136
从费马到怀尔斯——费马大定理的历史	2013—10	198.00	Ⅰ
从庞加莱到佩雷尔曼——庞加莱猜想的历史	2013—10	298.00	Ⅱ
从切比雪夫到爱尔特希(上)——素数定理的初等证明	2013—07	48.00	Ⅲ
从切比雪夫到爱尔特希(下)——素数定理 100 年	2012—12	98.00	Ⅲ
从高斯到盖尔方特——二次域的高斯猜想	2013—10	198.00	Ⅳ
从库默尔到朗兰兹——朗兰兹猜想的历史	2014—01	98.00	Ⅴ
从比勃巴赫到德布朗斯——比勃巴赫猜想的历史	2014—02	298.00	Ⅵ
从麦比乌斯到陈省身——麦比乌斯变换与麦比乌斯带	2014—02	298.00	Ⅶ
从布尔到豪斯道夫——布尔方程与格论漫谈	2013—10	198.00	Ⅷ
从开普勒到阿诺德——三体问题的历史	2014—05	298.00	Ⅸ
从华林到华罗庚——华林问题的历史	2013—10	298.00	Ⅹ
数学物理大百科全书.第 1 卷	2016—01	418.00	508
数学物理大百科全书.第 2 卷	2016—01	408.00	509
数学物理大百科全书.第 3 卷	2016—01	396.00	510
数学物理大百科全书.第 4 卷	2016—01	408.00	511
数学物理大百科全书.第 5 卷	2016—01	368.00	512
朱德祥代数与几何讲义.第 1 卷	2017—01	38.00	697
朱德祥代数与几何讲义.第 2 卷	2017—01	28.00	698
朱德祥代数与几何讲义.第 3 卷	2017—01	28.00	699

刘培杰数学工作室
已出版(即将出版)图书目录——高等数学

书　　名	出版时间	定　价	编号
闵嗣鹤文集	2011—03	98.00	102
吴从炘数学活动三十年(1951～1980)	2010—07	99.00	32
吴从炘数学活动又三十年(1981～2010)	2015—07	98.00	491

斯米尔诺夫高等数学.第一卷	2018—03	88.00	770
斯米尔诺夫高等数学.第二卷.第一分册	2018—03	68.00	771
斯米尔诺夫高等数学.第二卷.第二分册	2018—03	68.00	772
斯米尔诺夫高等数学.第二卷.第三分册	2018—03	48.00	773
斯米尔诺夫高等数学.第三卷.第一分册	2018—03	58.00	774
斯米尔诺夫高等数学.第三卷.第二分册	2018—03	58.00	775
斯米尔诺夫高等数学.第三卷.第三分册	2018—03	68.00	776
斯米尔诺夫高等数学.第四卷.第一分册	2018—03	48.00	777
斯米尔诺夫高等数学.第四卷.第二分册	2018—03	88.00	778
斯米尔诺夫高等数学.第五卷.第一分册	2018—03	58.00	779
斯米尔诺夫高等数学.第五卷.第二分册	2018—03	68.00	780

zeta 函数,q-zeta 函数,相伴级数与积分(英文)	2015—08	88.00	513
微分形式:理论与练习(英文)	2015—08	58.00	514
离散与微分包含的逼近和优化(英文)	2015—08	58.00	515
艾伦·图灵:他的工作与影响(英文)	2016—01	98.00	560
测度理论概率导论,第 2 版(英文)	2016—01	88.00	561
带有潜在故障恢复系统的半马尔柯夫模型控制(英文)	2016—01	98.00	562
数学分析原理(英文)	2016—01	88.00	563
随机偏微分方程的有效动力学(英文)	2016—01	88.00	564
图的谱半径(英文)	2016—01	58.00	565
量子机器学习中数据挖掘的量子计算方法(英文)	2016—01	98.00	566
量子物理的非常规方法(英文)	2016—01	118.00	567
运输过程的统一非局部理论:广义波尔兹曼物理动力学,第 2 版(英文)	2016—01	198.00	568
量子力学与经典力学之间的联系在原子、分子及电动力学系统建模中的应用(英文)	2016—01	58.00	569

算术域(英文)	2018—01	158.00	821
高等数学竞赛:1962—1991 年的米洛克斯·史怀哲竞赛(英文)	2018—01	128.00	822
用数学奥林匹克精神解决数论问题(英文)	2018—01	108.00	823
代数几何(德文)	2018—04	68.00	824
丢番图逼近论(英文)	2018—01	78.00	825
代数几何学基础教程(英文)	2018—01	98.00	826
解析数论入门课程(英文)	2018—01	78.00	827
数论中的丢番图问题(英文)	2018—01	78.00	829
数论(梦幻之旅):第五届中日数论研讨会演讲集(英文)	2018—01	68.00	830
数论新应用(英文)	2018—01	68.00	831
数论(英文)	2018—01	78.00	832
测度与积分(英文)	2019—04	68.00	1059
卡塔兰数入门(英文)	2019—05	68.00	1060
多变量数学入门(英文)	2021—05	68.00	1317
偏微分方程入门(英文)	2021—05	88.00	1318
若尔当典范性:理论与实践(英文)	2021—07	68.00	1366
R 统计学概论(英文)	2023—03	88.00	1614
基于不确定静态和动态问题解的仿射算术(英文)	2023—03	38.00	1618

刘培杰数学工作室
已出版(即将出版)图书目录——高等数学

书　名	出版时间	定　价	编号
湍流十讲(英文)	2018－04	108.00	886
无穷维李代数:第3版(英文)	2018－04	98.00	887
等值、不变量和对称性(英文)	2018－04	78.00	888
解析数论(英文)	2018－09	78.00	889
《数学原理》的演化:伯特兰·罗素撰写第二版时的手稿与笔记(英文)	2018－04	108.00	890
哈密尔顿数学论文集(第4卷):几何学、分析学、天文学、概率和有限差分等(英文)	2019－05	108.00	891
数学王子——高斯	2018－01	48.00	858
坎坷奇星——阿贝尔	2018－01	48.00	859
闪烁奇星——伽罗瓦	2018－01	58.00	860
无穷统帅——康托尔	2018－01	48.00	861
科学公主——柯瓦列夫斯卡娅	2018－01	48.00	862
抽象代数之母——埃米·诺特	2018－01	48.00	863
电脑先驱——图灵	2018－01	58.00	864
昔日神童——维纳	2018－01	48.00	865
数坛怪侠——爱尔特希	2018－01	68.00	866
当代世界中的数学.数学思想与数学基础	2019－01	38.00	892
当代世界中的数学.数学问题	2019－01	38.00	893
当代世界中的数学.应用数学与数学应用	2019－01	38.00	894
当代世界中的数学.数学王国的新疆域(一)	2019－01	38.00	895
当代世界中的数学.数学王国的新疆域(二)	2019－01	38.00	896
当代世界中的数学.数林撷英(一)	2019－01	38.00	897
当代世界中的数学.数林撷英(二)	2019－01	48.00	898
当代世界中的数学.数学之路	2019－01	38.00	899
偏微分方程全局吸引子的特性(英文)	2018－09	108.00	979
整函数与下调和函数(英文)	2018－09	118.00	980
幂等分析(英文)	2018－09	118.00	981
李群,离散子群与不变量理论(英文)	2018－09	108.00	982
动力系统与统计力学(英文)	2018－09	118.00	983
表示论与动力系统(英文)	2018－09	118.00	984
分析学练习.第1部分(英文)	2021－01	88.00	1247
分析学练习.第2部分.非线性分析(英文)	2021－01	88.00	1248
初级统计学:循序渐进的方法:第10版(英文)	2019－05	68.00	1067
工程师与科学家微分方程用书:第4版(英文)	2019－07	58.00	1068
大学代数与三角学(英文)	2019－06	78.00	1069
培养数学能力的途径(英文)	2019－07	38.00	1070
工程师与科学家统计学:第4版(英文)	2019－06	58.00	1071
贸易与经济中的应用统计学:第6版(英文)	2019－06	58.00	1072
傅立叶级数和边值问题:第8版(英文)	2019－05	48.00	1073
通往天文学的途径:第5版(英文)	2019－05	58.00	1074

刘培杰数学工作室
已出版(即将出版)图书目录——高等数学

书　名	出版时间	定　价	编号
拉马努金笔记.第1卷(英文)	2019－06	165.00	1078
拉马努金笔记.第2卷(英文)	2019－06	165.00	1079
拉马努金笔记.第3卷(英文)	2019－06	165.00	1080
拉马努金笔记.第4卷(英文)	2019－06	165.00	1081
拉马努金笔记.第5卷(英文)	2019－06	165.00	1082
拉马努金遗失笔记.第1卷(英文)	2019－06	109.00	1083
拉马努金遗失笔记.第2卷(英文)	2019－06	109.00	1084
拉马努金遗失笔记.第3卷(英文)	2019－06	109.00	1085
拉马努金遗失笔记.第4卷(英文)	2019－06	109.00	1086
数论:1976年纽约洛克菲勒大学数论会议记录(英文)	2020－06	68.00	1145
数论:卡本代尔1979:1979年在南伊利诺伊卡本代尔大学举行的数论会议记录(英文)	2020－06	78.00	1146
数论:诺德韦克豪特1983:1983年在诺德韦克豪特举行的Journees Arithmetiques数论大会会议记录(英文)	2020－06	68.00	1147
数论:1985－1988年在纽约城市大学研究生院和大学中心举办的研讨会(英文)	2020－06	68.00	1148
数论:1987年在乌尔姆举行的Journees Arithmetiques数论大会会议记录(英文)	2020－06	68.00	1149
数论:马德拉斯1987:1987年在马德拉斯安娜大学举行的国际拉马努金百年纪念大会会议记录(英文)	2020－06	68.00	1150
解析数论:1988年在东京举行的日法研讨会会议记录(英文)	2020－06	68.00	1151
解析数论:2002年在意大利切特拉罗举行的C.I.M.E.暑期班演讲集(英文)	2020－06	68.00	1152
量子世界中的蝴蝶:最迷人的量子分形故事(英文)	2020－06	118.00	1157
走进量子力学(英文)	2020－06	118.00	1158
计算物理学概论(英文)	2020－06	48.00	1159
物质,空间和时间的理论:量子理论(英文)	即将出版		1160
物质,空间和时间的理论:经典理论(英文)	即将出版		1161
量子场理论:解释世界的神秘背景(英文)	2020－07	38.00	1162
计算物理学概论(英文)	即将出版		1163
行星状星云(英文)	即将出版		1164
基本宇宙学:从亚里士多德的宇宙到大爆炸(英文)	2020－08	58.00	1165
数学磁流体力学(英文)	2020－07	58.00	1166
计算科学:第1卷,计算的科学(日文)	2020－07	88.00	1167
计算科学:第2卷,计算与宇宙(日文)	2020－07	88.00	1168
计算科学:第3卷,计算与物质(日文)	2020－07	88.00	1169
计算科学:第4卷,计算与生命(日文)	2020－07	88.00	1170
计算科学:第5卷,计算与地球环境(日文)	2020－07	88.00	1171
计算科学:第6卷,计算与社会(日文)	2020－07	88.00	1172
计算科学.别卷,超级计算机(日文)	2020－07	88.00	1173
多复变函数论(日文)	2022－06	78.00	1518
复变函数入门(日文)	2022－06	78.00	1523

刘培杰数学工作室
已出版(即将出版)图书目录——高等数学

书　　名	出版时间	定　价	编号
代数与数论:综合方法(英文)	2020－10	78.00	1185
复分析:现代函数理论第一课(英文)	2020－07	58.00	1186
斐波那契数列和卡特兰数:导论(英文)	2020－10	68.00	1187
组合推理:计数艺术介绍(英文)	2020－07	88.00	1188
二次互反律的傅里叶分析证明(英文)	2020－07	48.00	1189
旋瓦兹分布的希尔伯特变换与应用(英文)	2020－07	58.00	1190
泛函分析:巴拿赫空间理论入门(英文)	2020－07	48.00	1191
典型群,错排与素数(英文)	2020－11	58.00	1204
李代数的表示:通过 gln 进行介绍(英文)	2020－10	38.00	1205
实分析演讲集(英文)	2020－10	38.00	1206
现代分析及其应用的课程(英文)	2020－10	58.00	1207
运动中的抛射物数学(英文)	2020－10	38.00	1208
2－扭结与它们的群(英文)	2020－10	38.00	1209
概率,策略和选择:博弈与选举中的数学(英文)	2020－11	58.00	1210
分析学引论(英文)	2020－11	58.00	1211
量子群:通往流代数的路径(英文)	2020－11	38.00	1212
集合论入门(英文)	2020－10	48.00	1213
酉反射群(英文)	2020－11	58.00	1214
探索数学:吸引人的证明方式(英文)	2020－11	58.00	1215
微分拓扑短期课程(英文)	2020－10	48.00	1216
抽象凸分析(英文)	2020－11	68.00	1222
费马大定理笔记(英文)	2021－03	48.00	1223
高斯与雅可比和(英文)	2021－03	78.00	1224
π与算术几何平均:关于解析数论和计算复杂性的研究(英文)	2021－01	58.00	1225
复分析入门(英文)	2021－03	48.00	1226
爱德华·卢卡斯与素性测定(英文)	2021－03	78.00	1227
通往凸分析及其应用的简单路径(英文)	2021－01	68.00	1229
微分几何的各个方面.第一卷(英文)	2021－01	58.00	1230
微分几何的各个方面.第二卷(英文)	2020－12	58.00	1231
微分几何的各个方面.第三卷(英文)	2020－12	58.00	1232
沃克流形几何学(英文)	2020－11	58.00	1233
彷射和韦尔几何应用(英文)	2020－12	58.00	1234
双曲几何学的旋转向量空间方法(英文)	2021－02	58.00	1235
积分:分析学的关键(英文)	2020－12	48.00	1236
为有天分的新生准备的分析学基础教材(英文)	2020－11	48.00	1237

刘培杰数学工作室
已出版(即将出版)图书目录——高等数学

书　　名	出版时间	定　价	编号
数学不等式.第一卷.对称多项式不等式(英文)	2021－03	108.00	1273
数学不等式.第二卷.对称有理不等式与对称无理不等式(英文)	2021－03	108.00	1274
数学不等式.第三卷.循环不等式与非循环不等式(英文)	2021－03	108.00	1275
数学不等式.第四卷.Jensen 不等式的扩展与加细(英文)	2021－03	108.00	1276
数学不等式.第五卷.创建不等式与解不等式的其他方法(英文)	2021－04	108.00	1277

冯·诺依曼代数中的谱位移函数:半有限冯·诺依曼代数中的谱位移函数与谱流(英文)	2021－06	98.00	1308
链接结构:关于嵌入完全图的直线中链接单形的组合结构(英文)	2021－05	58.00	1309
代数几何方法.第1卷(英文)	2021－06	68.00	1310
代数几何方法.第2卷(英文)	2021－06	68.00	1311
代数几何方法.第3卷(英文)	2021－06	58.00	1312

代数、生物信息和机器人技术的算法问题.第四卷,独立恒等式系统(俄文)	2020－08	118.00	1119
代数、生物信息和机器人技术的算法问题.第五卷,相对覆盖性和独立可拆分恒等式系统(俄文)	2020－08	118.00	1200
代数、生物信息和机器人技术的算法问题.第六卷,恒等式和准恒等式的相等 问题、可推导性和可实现性(俄文)	2020－08	128.00	1201
分数阶微积分的应用:非局部动态过程,分数阶导热系数(俄文)	2021－01	68.00	1241
泛函分析问题与练习:第2版(俄文)	2021－01	98.00	1242
集合论、数学逻辑和算法论问题:第5版(俄文)	2021－01	98.00	1243
微分几何和拓扑短期课程(俄文)	2021－01	98.00	1244
素数规律(俄文)	2021－01	88.00	1245
无穷边值问题解的递减:无界域中的拟线性椭圆和抛物方程(俄文)	2021－01	48.00	1246
微分几何讲义(俄文)	2020－12	98.00	1253
二次型和矩阵(俄文)	2021－01	98.00	1255
积分和级数.第2卷,特殊函数(俄文)	2021－01	168.00	1258
积分和级数.第3卷,特殊函数补充:第2版(俄文)	2021－01	178.00	1264
几何图上的微分方程(俄文)	2021－01	138.00	1259
数论教程:第2版(俄文)	2021－01	98.00	1260
非阿基米德分析及其应用(俄文)	2021－03	98.00	1261

刘培杰数学工作室
已出版(即将出版)图书目录——高等数学

书　　名	出版时间	定　价	编号
古典群和量子群的压缩(俄文)	2021－03	98.00	1263
数学分析习题集.第3卷,多元函数:第3版(俄文)	2021－03	98.00	1266
数学习题:乌拉尔国立大学数学力学系大学生奥林匹克(俄文)	2021－03	98.00	1267
柯西定理和微分方程的特解(俄文)	2021－03	98.00	1268
组合极值问题及其应用:第3版(俄文)	2021－03	98.00	1269
数学词典(俄文)	2021－01	98.00	1271
确定性混沌分析模型(俄文)	2021－06	168.00	1307
精选初等数学习题和定理.立体几何.第3版(俄文)	2021－03	68.00	1316
微分几何习题:第3版(俄文)	2021－05	98.00	1336
精选初等数学习题和定理.平面几何.第4版(俄文)	2021－05	68.00	1335
曲面理论在欧氏空间 En 中的直接表示	2022－01	68.00	1444
维纳－霍普夫离散算子和托普利兹算子:某些可数赋范空间中的诺特性和可逆性(俄文)	2022－03	108.00	1496
Maple中的数论:数论中的计算机计算(俄文)	2022－03	88.00	1497
贝尔曼和克努特问题及其概括:加法运算的复杂性(俄文)	2022－03	138.00	1498
复分析:共形映射(俄文)	2022－07	48.00	1542
微积分代数样条和多项式及其在数值方法中的应用(俄文)	2022－08	128.00	1543
蒙特卡罗方法中的随机过程和场模型:算法和应用(俄文)	2022－08	88.00	1544
线性椭圆型方程组:论二阶椭圆型方程的迪利克雷问题(俄文)	2022－08	98.00	1561
动态系统解的增长特性:估值、稳定性、应用(俄文)	2022－08	118.00	1565
群的自由积分解:建立和应用(俄文)	2022－08	78.00	1570
混合方程和偏差自变数方程问题:解的存在和唯一性(俄文)	2023－01	78.00	1582
拟度量空间分析:存在和逼近定理(俄文)	2023－01	108.00	1583
二维和三维流形上函数的拓扑性质:函数的拓扑分类(俄文)	2023－03	68.00	1584
齐次马尔科夫过程建模的矩阵方法:此类方法能够用于不同目的的复杂系统研究、设计和完善(俄文)	2023－03	68.00	1594
周期函数的近似方法和特性:特殊课程(俄文)	2023－04	158.00	1622
扩散方程解的矩函数:变分法(俄文)	2023－03	58.00	1623
多赋范空间和广义函数:理论及应用(俄文)	2023－03	98.00	1632
分析中的多值映射:部分应用(俄文)	2023－06	98.00	1634
数学物理问题(俄文)	2023－03	78.00	1636
函数的幂级数与三角级数分解(俄文)	2024－01	58.00	1695
星体理论的数学基础:原子三元组(俄文)	2024－01	98.00	1696
素数规律:专著(俄文)	2024－01	118.00	1697

狭义相对论与广义相对论:时空与引力导论(英文)	2021－07	88.00	1319
束流物理学和粒子加速器的实践介绍:第2版(英文)	2021－07	88.00	1320
凝聚态物理中的拓扑和微分几何简介(英文)	2021－05	88.00	1321
混沌映射:动力学、分形学和快速涨落(英文)	2021－05	128.00	1322
广义相对论:黑洞、引力波和宇宙学介绍(英文)	2021－06	68.00	1323
现代分析电磁均质化(英文)	2021－06	68.00	1324
为科学家提供的基本流体动力学(英文)	2021－06	88.00	1325
视觉天文学:理解夜空的指南(英文)	2021－06	68.00	1326

刘培杰数学工作室
已出版(即将出版)图书目录——高等数学

书　　名	出版时间	定　价	编号
物理学中的计算方法(英文)	2021－06	68.00	1327
单星的结构与演化:导论(英文)	2021－06	108.00	1328
超越居里:1903 年至 1963 年物理界四位女性及其著名发现(英文)	2021－06	68.00	1329
范德瓦尔斯流体热力学的进展(英文)	2021－06	68.00	1330
先进的托卡马克稳定性理论(英文)	2021－06	88.00	1331
经典场论导论:基本相互作用的过程(英文)	2021－07	88.00	1332
光致电离量子动力学方法原理(英文)	2021－07	108.00	1333
经典域论和应力:能量张量(英文)	2021－05	88.00	1334
非线性太赫兹光谱的概念与应用(英文)	2021－06	68.00	1337
电磁学中的无穷空间并矢格林函数(英文)	2021－06	88.00	1338
物理科学基础数学. 第 1 卷,齐次边值问题、傅里叶方法和特殊函数(英文)	2021－07	108.00	1339
离散量子力学(英文)	2021－07	68.00	1340
核磁共振的物理学和数学(英文)	2021－07	108.00	1341
分子水平的静电学(英文)	2021－08	68.00	1342
非线性波:理论、计算机模拟、实验(英文)	2021－06	108.00	1343
石墨烯光学:经典问题的电解解决方案(英文)	2021－06	68.00	1344
超材料多元宇宙(英文)	2021－07	68.00	1345
银河系外的天体物理学(英文)	2021－07	68.00	1346
原子物理学(英文)	2021－07	68.00	1347
将光打结:将拓扑学应用于光学(英文)	2021－07	68.00	1348
电磁学:问题与解法(英文)	2021－07	88.00	1364
海浪的原理:介绍量子力学的技巧与应用(英文)	2021－07	108.00	1365
多孔介质中的流体:输运与相变(英文)	2021－07	68.00	1372
洛伦兹群的物理学(英文)	2021－08	68.00	1373
物理导论的数学方法和解决方法手册(英文)	2021－08	68.00	1374
非线性波数学物理学入门(英文)	2021－08	88.00	1376
波:基本原理和动力学(英文)	2021－07	68.00	1377
光电子量子计量学. 第 1 卷,基础(英文)	2021－07	88.00	1383
光电子量子计量学. 第 2 卷,应用与进展(英文)	2021－07	68.00	1384
复杂流的格子玻尔兹曼建模的工程应用(英文)	2021－08	68.00	1393
电偶极矩挑战(英文)	2021－08	108.00	1394
电动力学:问题与解法(英文)	2021－09	68.00	1395
自由电子激光的经典理论(英文)	2021－08	68.00	1397
曼哈顿计划——核武器物理学简介(英文)	2021－09	68.00	1401

刘培杰数学工作室
已出版(即将出版)图书目录——高等数学

书　　名	出版时间	定　价	编号
粒子物理学(英文)	2021－09	68.00	1402
引力场中的量子信息(英文)	2021－09	128.00	1403
器件物理学的基本经典力学(英文)	2021－09	68.00	1404
等离子体物理及其空间应用导论.第1卷,基本原理和初步过程(英文)	2021－09	68.00	1405
伽利略理论力学:连续力学基础(英文)	2021－10	48.00	1416
磁约束聚变等离子体物理:理想 MHD 理论(英文)	2023－03	68.00	1613
相对论量子场论.第1卷,典范形式体系(英文)	2023－03	38.00	1615
相对论量子场论.第2卷,路径积分形式(英文)	2023－06	38.00	1616
相对论量子场论.第3卷,量子场论的应用(英文)	2023－06	38.00	1617
涌现的物理学(英文)	2023－05	58.00	1619
量子化旋涡:一本拓扑激发手册(英文)	2023－04	68.00	1620
非线性动力学:实践的介绍性调查(英文)	2023－05	68.00	1621
静电加速器:一个多功能工具(英文)	2023－06	58.00	1625
相对论多体理论与统计力学(英文)	2023－06	58.00	1626
经典力学.第1卷,工具与向量(英文)	2023－04	38.00	1627
经典力学.第2卷,运动学和匀加速运动(英文)	2023－04	58.00	1628
经典力学.第3卷,牛顿定律和匀速圆周运动(英文)	2023－04	58.00	1629
经典力学.第4卷,万有引力定律(英文)	2023－04	38.00	1630
经典力学.第5卷,守恒定律与旋转运动(英文)	2023－04	38.00	1631
对称问题:纳维尔—斯托克斯问题(英文)	2023－04	38.00	1638
摄影的物理和艺术.第1卷,几何与光的本质(英文)	2023－04	78.00	1639
摄影的物理和艺术.第2卷,能量与色彩(英文)	2023－04	78.00	1640
摄影的物理和艺术.第3卷,探测器与数码的意义(英文)	2023－04	78.00	1641
拓扑与超弦理论焦点问题(英文)	2021－07	58.00	1349
应用数学:理论、方法与实践(英文)	2021－07	78.00	1350
非线性特征值问题:牛顿型方法与非线性瑞利函数(英文)	2021－07	58.00	1351
广义膨胀和齐性:利用齐性构造齐次系统的李雅普诺夫函数和控制律(英文)	2021－06	48.00	1352
解析数论焦点问题(英文)	2021－07	58.00	1353
随机微分方程:动态系统方法(英文)	2021－07	58.00	1354
经典力学与微分几何(英文)	2021－07	58.00	1355
负定相交形式流形上的瞬子模空间几何(英文)	2021－07	68.00	1356
广义卡塔兰轨道分析:广义卡塔兰轨道计算数字的方法(英文)	2021－07	48.00	1367
洛伦兹方法的变分:二维与三维洛伦兹方法(英文)	2021－08	38.00	1378
几何、分析和数论精编(英文)	2021－08	68.00	1380
从一个新角度看数论:通过遗传方法引入现实的概念(英文)	2021－07	58.00	1387
动力系统:短期课程(英文)	2021－08	68.00	1382

刘培杰数学工作室
已出版(即将出版)图书目录——高等数学

书　　名	出版时间	定　价	编号
几何路径:理论与实践(英文)	2021-08	48.00	1385
广义斐波那契数列及其性质(英文)	2021-08	38.00	1386
论天体力学中某些问题的不可积性(英文)	2021-07	88.00	1396
对称函数和麦克唐纳多项式:余代数结构与 Kawanaka 恒等式	2021-09	38.00	1400
杰弗里·英格拉姆·泰勒科学论文集:第1卷.固体力学(英文)	2021-05	78.00	1360
杰弗里·英格拉姆·泰勒科学论文集:第2卷.气象学、海洋学和湍流(英文)	2021-05	68.00	1361
杰弗里·英格拉姆·泰勒科学论文集:第3卷.空气动力学以及落弹数和爆炸的力学(英文)	2021-05	68.00	1362
杰弗里·英格拉姆·泰勒科学论文集:第4卷.有关流体力学(英文)	2021-05	58.00	1363
非局域泛函演化方程:积分与分数阶(英文)	2021-08	48.00	1390
理论工作者的高等微分几何:纤维丛、射流流形和拉格朗日理论(英文)	2021-08	68.00	1391
半线性退化椭圆微分方程:局部定理与整体定理(英文)	2021-07	48.00	1392
非交换几何、规范理论和重整化:一般简介与非交换量子场论的重整化(英文)	2021-09	78.00	1406
数论论文集:拉普拉斯变换和带有数论系数的幂级数(俄文)	2021-09	48.00	1407
挠理论专题:相对极大值,单射与扩充模(英文)	2021-09	88.00	1410
强正则图与欧几里得若尔当代数:非通常关系中的启示(英文)	2021-10	48.00	1411
拉格朗日几何和哈密顿几何:力学的应用(英文)	2021-10	48.00	1412
时滞微分方程与差分方程的振动理论:二阶与三阶(英文)	2021-10	98.00	1417
卷积结构与几何函数理论:用以研究特定几何函数理论方向的分数阶微积分算子与卷积结构(英文)	2021-10	48.00	1418
经典数学物理的历史发展(英文)	2021-10	78.00	1419
扩展线性丢番图问题(英文)	2021-10	38.00	1420
一类混沌动力系统的分歧分析与控制:分歧分析与控制(英文)	2021-11	38.00	1421
伽利略空间和伪伽利略空间中一些特殊曲线的几何性质(英文)	2022-01	48.00	1422
一阶偏微分方程:哈密尔顿—雅可比理论(英文)	2021-11	48.00	1424
各向异性黎曼多面体的反问题:分段光滑的各向异性黎曼多面体反边界谱问题:唯一性(英文)	2021-11	38.00	1425

刘培杰数学工作室
已出版(即将出版)图书目录——高等数学

书　　名	出版时间	定　价	编号
项目反应理论手册.第一卷,模型(英文)	2021－11	138.00	1431
项目反应理论手册.第二卷,统计工具(英文)	2021－11	118.00	1432
项目反应理论手册.第三卷,应用(英文)	2021－11	138.00	1433
二次无理数:经典数论入门(英文)	2022－05	138.00	1434
数,形与对称性:数论,几何和群论导论(英文)	2022－05	128.00	1435
有限域手册(英文)	2021－11	178.00	1436
计算数论(英文)	2021－11	148.00	1437
拟群与其表示简介(英文)	2021－11	88.00	1438
数论与密码学导论:第二版(英文)	2022－01	148.00	1423
几何分析中的柯西变换与黎兹变换:解析调和容量和李普希兹调和容量、变化和振荡以及一致可求长性(英文)	2021－12	38.00	1465
近似不动点定理及其应用(英文)	2022－05	28.00	1466
局部域的相关内容解析:对局部域的扩展及其伽罗瓦群的研究(英文)	2022－01	38.00	1467
反问题的二进制恢复方法(英文)	2022－03	28.00	1468
对几何函数中某些类的各个方面的研究:复变量理论(英文)	2022－01	38.00	1469
覆盖、对应和非交换几何(英文)	2022－01	28.00	1470
最优控制理论中的随机线性调节器问题:随机最优线性调节器问题(英文)	2022－01	38.00	1473
正交分解法:涡流流体动力学应用的正交分解法(英文)	2022－01	38.00	1475
芬斯勒几何的某些问题(英文)	2022－03	38.00	1476
受限三体问题(英文)	2022－05	38.00	1477
利用马利亚万微积分进行 Greeks 的计算:连续过程、跳跃过程中的马利亚万微积分和金融领域中的 Greeks(英文)	2022－05	48.00	1478
经典分析和泛函分析的应用:分析学的应用(英文)	2022－05	38.00	1479
特殊芬斯勒空间的探究(英文)	2022－03	48.00	1480
某些图形的施泰纳距离的细谷多项式:细谷多项式与图的维纳指数(英文)	2022－05	38.00	1481
图论问题的遗传算法:在新鲜与模糊的环境中(英文)	2022－05	48.00	1482
多项式映射的渐近簇(英文)	2022－05	38.00	1483
一维系统中的混沌:符号动力学,映射序列,一致收敛和沙可夫斯基定理(英文)	2022－05	38.00	1509
多维边界层流动与传热分析:粘性流体流动的数学建模与分析(英文)	2022－05	38.00	1510

刘培杰数学工作室
已出版(即将出版)图书目录——高等数学

书　名	出版时间	定　价	编号
演绎理论物理学的原理:一种基于量子力学波函数的逐次置信估计的一般理论的提议(英文)	2022—05	38.00	1511
R^2 和 R^3 中的仿射弹性曲线:概念和方法(英文)	2022—08	38.00	1512
算术数列中除数函数的分布:基本内容、调查、方法、第二矩、新结果(英文)	2022—05	28.00	1513
抛物型狄拉克算子和薛定谔方程:不定常薛定谔方程的抛物型狄拉克算子及其应用(英文)	2022—07	28.00	1514
黎曼-希尔伯特问题与量子场论:可积重正化、戴森-施温格方程(英文)	2022—08	38.00	1515
代数结构和几何结构的形变理论(英文)	2022—08	48.00	1516
概率结构和模糊结构上的不动点:概率结构和直觉模糊度量空间的不动点定理(英文)	2022—08	38.00	1517
反若尔当对:简单反若尔当对的自同构(英文)	2022—07	28.00	1533
对某些黎曼—芬斯勒空间变换的研究:芬斯勒几何中的某些变换(英文)	2022—07	38.00	1534
内诣零流形映射的尼尔森数的阿诺索夫关系(英文)	2023—01	38.00	1535
与广义积分变换有关的分数次演算:对分数次演算的研究(英文)	2023—01	48.00	1536
强子的芬斯勒几何和吕拉几何(宇宙学方面):强子结构的芬斯勒几何和吕拉几何(拓扑缺陷)(英文)	2022—08	38.00	1537
一种基于混沌的非线性最优化问题:作业调度问题(英文)	即将出版		1538
广义概率论发展前景:关于趣味数学与置信函数实际应用的一些原创观点(英文)	即将出版		1539

纽结与物理学:第二版(英文)	2022—09	118.00	1547
正交多项式和 q—级数的前沿(英文)	2022—09	98.00	1548
算子理论问题集(英文)	2022—03	108.00	1549
抽象代数:群、环与域的应用导论:第二版(英文)	2023—01	98.00	1550
菲尔兹奖得主演讲集:第三版(英文)	2023—01	138.00	1551
多元实函数教程(英文)	2022—09	118.00	1552
球面空间形式群的几何学:第二版(英文)	2022—09	98.00	1566

对称群的表示论(英文)	2023—01	98.00	1585
纽结理论:第二版(英文)	2023—01	88.00	1586
拟群理论的基础与应用(英文)	2023—01	88.00	1587
组合学:第二版(英文)	2023—01	98.00	1588
加性组合学:研究问题手册(英文)	2023—01	68.00	1589
扭曲、平铺与镶嵌:几何折纸中的数学方法(英文)	2023—01	98.00	1590
离散与计算几何手册:第三版(英文)	2023—01	248.00	1591
离散与组合数学手册:第二版(英文)	2023—01	248.00	1592

刘培杰数学工作室
已出版(即将出版)图书目录——高等数学

书　　名	出版时间	定　价	编号
分析学教程.第1卷,一元实变量函数的微积分分析学介绍(英文)	2023－01	118.00	1595
分析学教程.第2卷,多元函数的微分和积分,向量微积分(英文)	2023－01	118.00	1596
分析学教程.第3卷,测度与积分理论,复变量的复值函数(英文)	2023－01	118.00	1597
分析学教程.第4卷,傅里叶分析,常微分方程,变分法(英文)	2023－01	118.00	1598
共形映射及其应用手册(英文)	2024－01	158.00	1674
广义三角函数与双曲函数(英文)	2024－01	78.00	1675
振动与波:概论:第二版(英文)	2024－01	88.00	1676
几何约束系统原理手册(英文)	2024－01	120.00	1677
微分方程与包含的拓扑方法(英文)	2024－01	98.00	1678
数学分析中的前沿话题(英文)	2024－01	198.00	1679
流体力学建模:不稳定性与湍流(英文)	2024－03	88.00	1680
动力系统:理论与应用(英文)	2024－03	108.00	1711
空间统计学理论:概述(英文)	2024－03	68.00	1712
梅林变换手册(英文)	2024－03	128.00	1713
非线性系统及其绝妙的数学结构.第1卷(英文)	2024－03	88.00	1714
非线性系统及其绝妙的数学结构.第2卷(英文)	2024－03	108.00	1715
Chip-firing中的数学(英文)	2024－04	88.00	1716
阿贝尔群的可确定性:问题、研究、概述(俄文)	2024－05	716.00(全7册)	1727
素数规律:专著(俄文)	2024－05	716.00(全7册)	1728
函数的幂级数与三角级数分解(俄文)	2024－05	716.00(全7册)	1729
星体理论的数学基础:原子三元组(俄文)	2024－05	716.00(全7册)	1730
技术问题中的数学物理微分方程(俄文)	2024－05	716.00(全7册)	1731
概率论边界问题:随机过程边界穿越问题(俄文)	2024－05	716.00(全7册)	1732
代数和幂等配置的正交分解:不可交换组合(俄文)	2024－05	716.00(全7册)	1733
数学物理精选专题讲座:李理论的进一步应用	2024－10	252.00(全4册)	1775
工程师和科学家应用数学概论:第二版	2024－10	252.00(全4册)	1775
高等微积分快速入门	2024－10	252.00(全4册)	1775
微分几何的各个方面.第四卷	2024－10	252.00(全4册)	1775
具有连续变量的量子信息形式主义概论	2024－10	378.00(全6册)	1776
拓扑绝缘体	2024－10	378.00(全6册)	1776
论全息度量原则:从大学物理到黑洞热力学	2024－10	378.00(全6册)	1776
量化测量:无所不在的数字	2024－10	378.00(全6册)	1776
21世纪的彗星:体验下一颗伟大彗星的个人指南	2024－10	378.00(全6册)	1776
激光及其在玻色—爱因斯坦凝聚态观测中的应用	2024－10	378.00(全6册)	1776

联系地址:哈尔滨市南岗区复华四道街10号　哈尔滨工业大学出版社刘培杰数学工作室

邮　　编:150006

联系电话:0451－86281378　　13904613167

E-mail:lpj1378@163.com